U0307104

# 中国石油地质志

## 第二版·卷十五

## 鄂尔多斯油气区（中国石油）

鄂尔多斯油气区（中国石油）编纂委员会　编

石油工业出版社

图书在版编目（CIP）数据

中国石油地质志 . 卷十五，鄂尔多斯油气区 . 中国石
油 / 鄂尔多斯油气区（中国石油）编纂委员会编 . —北
京：石油工业出版社，2023.8
ISBN 978-7-5183-5187-9

Ⅰ . ① 中… Ⅱ . ① 鄂… Ⅲ . ①石油天然气地质 – 概况
– 中国 ② 鄂尔多斯盆地 – 油气田开发 – 概况 Ⅳ .
① P618.13 ② TE3

中国版本图书馆 CIP 数据核字（2021）第 275173 号

责任编辑：孙　宇　邹杨格
责任校对：刘晓婷
封面设计：周　彦

审图号：GS 京（2023）1437 号

出版发行：石油工业出版社
　　　　　（北京安定门外安华里 2 区 1 号　　100011）
　　　　　网　　址：www. petropub. com
　　　　　编辑部：（010）64222261　图书营销中心：（010）64523633
经　　销：全国新华书店
印　　刷：北京中石油彩色印刷有限责任公司

2023 年 8 月第 1 版　　2023 年 8 月第 1 次印刷
787×1092 毫米　开本：1/16　印张：48
字数：1300 千字

定价：375.00 元

ISBN 978-7-5183-5187-9

# 《中国石油地质志》

## （第二版）

# 总编纂委员会

主　编：翟光明

副主编：侯启军　马永生　谢玉洪　焦方正　王香增

委　员：（按姓氏笔画排序）

| | | | | | |
|---|---|---|---|---|---|
| 万永平 | 万　欢 | 马新华 | 王玉华 | 王世洪 | 王国力 |
| 元　涛 | 支东明 | 田　军 | 代一丁 | 付锁堂 | 匡立春 |
| 吕新华 | 任来义 | 刘宝增 | 米立军 | 汤　林 | 孙焕泉 |
| 杨计海 | 李东海 | 李　阳 | 李战明 | 李俊军 | 李绪深 |
| 李鹭光 | 吴聿元 | 何文渊 | 何治亮 | 何海清 | 邹才能 |
| 宋明水 | 张卫国 | 张以明 | 张洪安 | 张道伟 | 陈建军 |
| 范土芝 | 易积正 | 金之钧 | 周心怀 | 周荔青 | 周家尧 |
| 孟卫工 | 赵文智 | 赵志魁 | 赵贤正 | 胡见义 | 胡素云 |
| 胡森清 | 施和生 | 徐长贵 | 徐旭辉 | 徐春春 | 郭旭升 |
| 陶士振 | 陶光辉 | 梁世君 | 董月霞 | 雷　平 | 窦立荣 |
| 蔡勋育 | 撒利明 | 薛永安 | | | |

# 《中国石油地质志》

第二版·卷十五

# 鄂尔多斯油气区（中国石油）编纂委员会

主　任：付锁堂　何江川

副主任：付金华　席胜利

委　员：徐黎明　赵　勇　喻　建　吕　强　王松练　姚泾利

　　　　刘新社　杨秀春　陈彦君

# 编　写　组

组　长：付金华

副组长：席胜利　刘新社

成　员：（按姓氏笔画排序）

| | | | | | |
|---|---|---|---|---|---|
| 马占荣 | 王飞雁 | 王学刚 | 王康乐 | 文彩霞 | 孔庆芬 |
| 邓秀芹 | 付勋勋 | 包洪平 | 冯胜斌 | 刘　燕 | 刘文香 |
| 刘汉斌 | 刘振兴 | 李士祥 | 李剑锋 | 杨亚娟 | 杨伟伟 |
| 杨秀春 | 张　辉 | 张才利 | 张文选 | 张晓磊 | 张海涛 |
| 张鹏豹 | 陈彦君 | 陈娟萍 | 范立勇 | 季海锟 | 周新平 |
| 孟培龙 | 赵小会 | 赵彦德 | 胡新友 | 郭正权 | 黄建松 |
| 程党性 | | | | | |

# 序

三十多年前，在广大石油地质工作者艰苦奋战、共同努力下，从中华人民共和国成立之前的"贫油国"，发展到可以生产超过 1 亿吨原油和几十亿立方米天然气的产油气大国，可以说是打了一个大大的"翻身仗"，获得丰硕成果，对我国油气资源有了更深的认识，广大石油职工充满无限信心、继续昂首前进。

在 1983 年全国油气勘探工作会议上，我和一些同志建议把过去三十年的勘探经历和成果做一系统总结，既可作为前一阶段勘探的历史记载，又可作为以后勘探工作的指引或经验借鉴。1985 年我到石油勘探开发科学研究院工作后，便开始组织编写《中国石油地质志》，当时材料分散、人员不足、资金缺乏，在这种困难的条件下，石油系统的很多勘探工作者投入了极大的热情，先后有五百余名油气勘探专家学者参与编写工作，历经十余年，陆续出版齐全，共十六卷 20 册。这是首次对中华人民共和国成立后石油勘探历程、勘探成果和实践经验的全面总结，也是重要的基础性史料和科技著作，得到业界广大读者的认可和引用，在油气地质勘探开发领域发挥了巨大的作用。我在油田现场调研过程中遇到很多青年同志，了解到他们在刚走出校门进入油田现场、研究部门或管理岗位时，都会有摸不着头脑的感觉，他们说《中国石油地质志》给予了很大的启迪和帮助，经常翻阅和参考。

又一个三十年过去了，面对国内极其复杂的地质条件，这三十年可以说是在过去的基础上，勘探工作又有了巨大的进步，相继开展的几轮油气资源评价，对中国油气资源实情有了更深刻的认识。无论是在烃源岩、油气储层、沉积岩序列、构造演化以及一系列随着时间推移的各种演化作用带来的复杂地质问题，还是在石油地质理论、勘探领域、勘探认识、勘探技术等方面都取得了许多新进展，不断发现新的油气区，探明的油气田数量逐渐增多、油气储量大幅增加，油气产量提升到一个新台阶。截至 2020 年底（与 1988 年相比），发现的油田由 332 个增至 773 个，气田由 102 个增至 286 个；30 年来累计探明石油地质储量增加 284 亿吨、天然气地质储量增加 17.73 万亿立方米；原油年产量由 1.37 亿吨增至 1.95 亿吨，天然气年产量由 139 亿立方米增至 1888 亿立方米。

油气勘探发现的过程既有成功时的喜悦，更有勘探失利带来的煎熬，其间积累的经验和教训是宝贵的、值得借鉴的。《中国石油地质志》不仅仅是一套学术著作，它既有对中国各大区地质史、构造史、油气发生史等方面的详尽阐述，又有对油气田发现历程的客观分析和判断；它既是各探区勘探理论、勘探经验、勘探技术的又一次系统回顾和总结，又是各探区下一步勘探领域和方向的指引。因此，本次修编的《中国石油地质志》对今后的油气勘探工作具有新的启迪和指导。

在编写首版《中国石油地质志》过程中，经过对各盆地、各地区勘探现状、潜力和领域的系统梳理，催生了"科学探索井"的想法，并在原石油工业部有关领导的支持下实施，取得了一批勘探新突破和成果。本次修编，其指导思想就是通过总结中国油气勘探的"第二个三十年"，全面梳理现阶段中国各油气区的现状和前景，旨在提出一批新的勘探领域和突破方向。所以，在 2016 年初本版编委会尚未完全成立之时，我就在中国工程院能源与矿业工程学部申请设立了 "中国大型油气田勘探的有利领域和方向" 咨询研究项目，全国有 32 个地区石油公司参与了研究实施，该项目引领各油气区在编写《中国石油地质志》过程中突出未来勘探潜力分析，指引了勘探方向，因此，在本次修编章节安排上，专门增加了"资源潜力与勘探方向"一章内容的编写。

本次修编本着实事求是的原则，在继承原版经典的基础上，基本框架延续原版章节脉络，体现学术性、承续性、创新性和指导性，着重充实近三十年来的勘探发展成果。《中国石油地质志》修编版分卷设置，较前一版进行了拆分和扩充，共 25 卷 32 册。补充了冀东油气区、华北油气区（下册·二连盆地）两个新卷，将原卷二"大庆、吉林油田"拆分为大庆油气区和吉林油气区两卷；将原卷七"中原、南阳油田"拆分为中原油气区和南阳油气区两卷；将原卷十四"青藏油气区"拆分为柴达木油气区和西藏探区两卷；将原卷十五"新疆油气区"拆分为塔里木油气区、准噶尔油气区和吐哈油气区三卷；将原卷十六"沿海大陆架及毗邻海域油气区"拆分为渤海油气区、东海一黄海探区、南海油气区三卷。另外，由于中国台湾地区资料有限，故本次修编不单独设卷，望以后修编再行补充和完善。

此外，自 1998 年原中国石油天然气总公司改组为中国石油天然气集团公司、中国石油化工集团公司和中国海洋石油总公司后，上游勘探部署明确以矿权为界，工作范围和内容发生了很大变化，尤其是陆上塔里木、准噶尔、四川、鄂尔多斯等四大盆地以及滇黔桂探区均呈现中国石油、中国石化在各自矿权同时开展勘探研究的情形，所处地质构造区带、勘探程度、理论认识和勘探进展等难免存在差异，为尊重各探区勘探研究实际，便于总结分析，因此在上述探区又酌情设置分册加以处理。各分卷和分册按以下顺序排列：

| 卷次 | 卷名 | 卷次 | 卷名 |
|---|---|---|---|
| 卷一 | 总论 | 卷十四 | 滇黔桂探区（中国石化） |
| 卷二 | 大庆油气区 | 卷十五 | 鄂尔多斯油气区（中国石油） |
| 卷三 | 吉林油气区 | | 鄂尔多斯油气区（中国石化） |
| 卷四 | 辽河油气区 | 卷十六 | 延长油气区 |
| 卷五 | 大港油气区 | 卷十七 | 玉门油气区 |
| 卷六 | 冀东油气区 | 卷十八 | 柴达木油气区 |
| 卷七 | 华北油气区（上册） | 卷十九 | 西藏探区 |
| | 华北油气区（下册） | 卷二十 | 塔里木油气区（中国石油） |
| 卷八 | 胜利油气区 | | 塔里木油气区（中国石化） |
| 卷九 | 中原油气区 | 卷二十一 | 准噶尔油气区（中国石油） |
| 卷十 | 南阳油气区 | | 准噶尔油气区（中国石化） |
| 卷十一 | 苏浙皖闽探区 | 卷二十二 | 吐哈油气区 |
| 卷十二 | 江汉油气区 | 卷二十三 | 渤海油气区 |
| 卷十三 | 四川油气区（中国石油） | 卷二十四 | 东海—黄海探区 |
| | 四川油气区（中国石化） | 卷二十五 | 南海油气区（上册） |
| 卷十四 | 滇黔桂探区（中国石油） | | 南海油气区（下册） |

　　《中国石油地质志》是我国广大石油地质勘探工作者集体智慧的结晶。此次修编工作得到中国石油、中国石化、中国海油、延长石油等油公司领导的大力支持，是在相关油田公司及勘探开发研究院 1000 余名专家学者积极参与下完成的，得到一大批审稿专家的悉心指导，还得到石油工业出版社的鼎力相助。在此，谨向有关单位和专家表示衷心的感谢。

中国工程院院士　　翟光明

2022 年 1 月　北京

# FOREWORD

Some 30 years ago, under the unremitting joint efforts of numerous petroleum geologists, China became a major oil and gas producing country with crude oil and gas producing capacity of over 100 million tons and billions of cubic meters respectively from an 'oil-poor country' before the founding of the People's Republic of China. It's indeed a big 'turnaround' which yielded substantial results, allowed us to have a better understanding of oil and gas resources in China, and gave great confidence and impetus to numerous petroleum workers.

At the National Oil and Gas Exploration Work Conference held in 1983, some of my comrades and I proposed to systematically summarize exploration experiences and results of the last three decades, which could serve as both historical records of previous explorations and guidance or references for future explorations. I organized the compilation of *Petroleum Geology of China* right after joining the Research Institute of Petroleum Exploration and Development (RIPED) in 1985. Though faced with the difficulties including scattered information, personnel shortage and insufficient funds, a great number of explorers in the petroleum industry showed overwhelming enthusiasm. Over five hundred experts and scholars in oil and gas exploration engaged in the compilation successively, and 16-volume set of 20 books were published in succession after over 10 years of efforts. It's not only the first comprehensive summary of the oil exploration journey, achievements and practical experiences after the founding of the People's Republic of China, but also a fundamental historical material and scientific work of great importance. Recognized and referred to by numerous readers in the industry, it has played an enormous role in geological exploration and development of oil and gas. I met many young men in the course of oilfield investigations, and learned their feeling of being lost during transition from school to oilfields, research departments or management positions. They all said they were greatly inspired and benefited from *Petroleum Geology of China* by often referring to it.

Another three decades have passed, and it can be said that though faced with extremely complicated geological conditions, we have made tremendous progress in exploration over the years based on previous works and acquisition of more profound knowledge on China's oil and gas resources after several rounds of successive evaluations. New achievements have been made in not only source rock, oil and gas reservoir, sedimentary development, tectonic evolution and a series of complicated geological issues caused by different evolutions over time, but also petroleum geology theories, exploration areas, exploration knowledge, exploration techniques and other aspects. New oil and gas provinces were found one after another, and with gradual increase in the number of proven oil and gas fields, oil and gas reserves grew significantly, and production was brought to a new level. By the end of 2020 (compared with 1988), the number of oilfields and gas fields had increased from 332 and 102 to 773 and 286 respectively, cumulative proved oil in place and gas in place had grown by 28.4 billion tons and 17.73 trillion cubic meters over the 30 years, and the annual output of crude oil and gas had increased from 137 million tons and 13.9 billion cubic meters to 195 million tons and 188.8 billion cubic meters respectively.

Oil and gas exploration process comes with both the joy of successful discoveries and the pain of failures, and experiences and lessons accumulated are both precious and worth learning. *Petroleum Geology of China*'s more than a set of academic works. It not only contains geologic history, tectonic history and oil and gas formation history of different major regions in China, but also covers objective analyses and judgments on discovery process of oil and gas fields, which serves as another systematic review and summary of exploration theories, experiences and techniques as well as guidance on future exploration areas and directions of different exploratory areas. Therefore, this revised edition of *Petroleum Geology of China* plays a new role of inspiring and guiding future oil and gas exploration works.

Systematic sorting of exploration statuses, potentials and domains of different basins and regions conducted during compilation of the first edition of *Petroleum Geology of China* gave rise to the idea of 'Scientific Exploration Well', which was implemented with supports from related leaders of the former Ministry of Petroleum Industry, and led to a batch of breakthroughs and results in exploration works. The guiding idea of this revision is to propose a batch of new exploration areas and breakthrough directions by summarizing 'the second 30 years' of China's oil and gas exploration works and comprehensively sorting out current statuses and prospects of different exploratory areas in China at the current stage. Therefore, before the editorial team was fully formed at the beginning of 2016, I applied to the Division of Energy and Mining Engineering, Chinese Academy of Engineering for the establishment of a consulting research project on 'Favorable Exploration Areas and Directions of Major Oil and Gas Fields in China'. A total of 32 regional oil companies throughout the country participated in the research project, which guided different exploratory areas in giving prominence to analysis on future exploration potentials in the course of compilation of *Petroleum Geology of China*, and pointed out exploration directions. Hence a new dedicated chapter of 'Exploration Potentials and Directions of Oil and Gas Resources' has been added in terms of chapter arrangement of this revised edition.

Based on the principles of seeking truth from facts and inheriting essence of original works, the basic framework of this revised edition has inherited the chapters and context of the original edition, reflected its academics, continuity, innovativeness and guiding function, and focused on supplementation of exploration and development related achievements made in the recent 30 years. This revised edition of *Petroleum Geology of China*, which consists of sub-volumes, has divided and supplemented the previous edition into 25-volume set of 32 books. Two new volumes of Jidong Oil and Gas Province and Huabei Oil and Gas Province (The Second Volume · Erlian Basin) have been added, and the original Volume 2 of 'Daqing and Jilin Oilfield' has been divided into two volumes of Daqing Oil and Gas Province and Jilin Oil and Gas Province. The original Volume 7 of 'Zhongyuan and Nanyang Oilfield' has been divided into two volumes of Zhongyuan Oil and Gas Province and Nanyang Oil and Gas Province. The original Volume 14 of 'Qinghai-Tibet Oil and Gas Province' has been divided into two volumes of Qaidam Oil and Gas Province and Tibet Exploratory Area. The original volume 15 of 'Xinjiang Oil and Gas Province' has been divided into three volumes of Tarim Oil and Gas Province, Junggar Oil and Gas Province and Turpan-Hami Oil and Gas Province. The original Volume 16 of 'Oil and Gas Province of Coastal Continental Shelf and Adjacent Sea Areas' has been divided into three volumes of Bohai Oil and Gas Province, East China Sea-Yellow Sea Exploratory Area and South China Sea Oil and Gas Province.

Besides, since the former China National Petroleum Company was reorganized into CNPC, SINOPEC and CNOOC in 1998, upstream explorations and deployments have been classified based on the scope of mining rights, which led to substantial changes in working range and contents. In particular, CNPC and SINOPEC conducted explorations and researches under their own mining rights simultaneously in the four major onshore basins of Tarim, Junggar, Sichuan and Erdos as well as Yunnan-Guizhou-Guangxi Exploratory Area, so differences in structural provinces of their locations, degree of exploration, theoretical knowledge and exploration progress were inevitable. To respect the realities of explorations and researches of different exploratory areas and facilitate summarization and analysis, fascicules have been added for aforesaid exploratory areas as appropriate. The sequence of sub-volumes and fascicules is as follows:

| Volume | Volume name | Volume | Volume name |
|---|---|---|---|
| Volume 1 | Overview | Volume 14 | Yunnan-Guizhou-Guangxi Exploratory Area (SINOPEC) |
| Volume 2 | Daqing Oil and Gas Province | Volume 15 | Erdos Oil and Gas Province (CNPC) |
| Volume 3 | Jilin Oil and Gas Province | | Erdos Oil and Gas Province (SINOPEC) |
| Volume 4 | Liaohe Oil and Gas Province | Volume 16 | Yanchang Oil and Gas Province |
| Volume 5 | Dagang Oil and Gas Province | Volume 17 | Yumen Oil and Gas Province |
| Volume 6 | Jidong Oil and Gas Province | Volume 18 | Qaidam Oil and Gas Province |
| Volume 7 | Huabei Oil and Gas Province (The First Volume) | Volume 19 | Tibet Exploratory Area |
| | Huabei Oil and Gas Province (The Second Volume) | Volume 20 | Tarim Oil and Gas Province (CNPC) |
| Volume 8 | Shengli Oil and Gas Province | | Tarim Oil and Gas Province (SINOPEC) |
| Volume 9 | Zhongyuan Oil and Gas Province | Volume 21 | Junggar Oil and Gas Province (CNPC) |
| Volume 10 | Nanyang Oil and Gas Province | | Junggar Oil and Gas Province (SINOPEC) |
| Volume 11 | Jiangsu-Zhejiang-Anhui-Fujian Exploratory Area | Volume 22 | Turpan-Hami Oil and Gas Province |
| Volume 12 | Jianghan Oil and Gas Province | Volume 23 | Bohai Oil and Gas Province |
| Volume 13 | Sichuan Oil and Gas Province (CNPC) | Volume 24 | East China Sea-Yellow Sea Exploratory Area |
| | Sichuan Oil and Gas Province (SINOPEC) | Volume 25 | South China Sea Oil and Gas Province (The First Volume) |
| Volume 14 | Yunnan-Guizhou-Guangxi Exploratory Area (CNPC) | | South China Sea Oil and Gas Province (The Second Volume) |

*Petroleum Geology of China* is the essence of collective intelligence of numerous petroleum geologists in China. The revision received vigorous supports from leaders of CNPC, SINOPEC, CNOOC, Yanchang Petroleum and other oil companies, and it was finished with active engagement of over 1,000 experts and scholars from related oilfield companies and RIPED, thoughtful guidance of a great number of reviewers as well as generous assistance from Petroleum Industry Press. I would like to express my sincere gratitude to relevant organizations and experts.

*Zhai Guangming*, *Academician of Chinese Academy of Engineering*

*Jan. 2022*, *Beijing*

# 前　言

鄂尔多斯油气区以鄂尔多斯盆地为主体，并包括其外围河套、巴彦浩特、渭河、沁水等盆地。其中，鄂尔多斯盆地面积约 $25 \times 10^4 km^2$，其他盆地面积较小，分别为 $1 \times 10^4 \sim 5 \times 10^4 km^2$。本油气区实际上是一个面积大小悬殊、成因机制互异、沉积厚薄不一、勘探程度有别的盆地群。

鄂尔多斯盆地油气资源丰富，素以低渗透闻名于世，油气藏具有典型的"低渗、低压、低丰度"三低特征。长庆油田作为鄂尔多斯盆地最大的油气田企业，历经几代人的艰苦创业，通过实践—认识—再实践—再认识，不断解放思想，不断挑战低渗透极限，坚持理论和技术创新。截至 2020 年底，已发现油田 35 个，累计探明石油地质储量 $59.29 \times 10^8 t$；发现气田 13 个，探明天然气地质储量 $6.67 \times 10^{12} m^3$（含基本探明地质储量 $2.54 \times 10^{12} m^3$）。2013 年油气产量突破 $5000 \times 10^4 t$ 油当量，2020 年油气产量达到 $6041 \times 10^4 t$ 油当量（其中石油产量 $2467 \times 10^4 t$、天然气产量 $448.5 \times 10^8 m^3$），成为中国第一大油田。

1992 年出版了《中国石油地质志·卷十二　长庆油田》，经过 30 余年的勘探，鄂尔多斯油气区在石油地质理论、勘探技术与勘探领域方面取得了一系列全新的进展和突破。在中生界石油勘探中，从侏罗系古地貌勘探转入三叠系大规模勘探，创新形成了大型陆相三角洲群成藏、多层系复合成藏、内陆坳陷湖盆中部成藏及页岩油成藏等多项地质理论认识，三叠系延长组低渗透—致密油藏勘探取得重大突破，发现了陕北、姬塬、华庆、陇东等 4 个 10 亿吨级整装含油富集区；同时，页岩油勘探发现了庆城 10 亿吨级大油田，并在陇东、陕北地区落实了 20 亿吨级规模储量区。在古生界天然气勘探中，从盆地周边局部勘探转入盆地腹部大规模勘探，1989 年陕参 1 井获高产工业气流以来，相继发现了靖边、榆林、乌审旗、苏里格、子洲、神木等多个千亿立方米级大气田，创建了"岩溶古地貌成藏"和"致密气成藏"两项地质理论新认识，有效指导了苏里格、靖边和神木—子洲 3 个万亿立方米级大气区的勘探与规模储量落实；同时，非常规煤层气勘探也取得了实质性突破，在盆地东缘发现了保德、三交、大宁—吉县、韩城等多个含气富集区。在外围盆地勘探中，沁水盆地煤层气勘探取得重大突破，2020 年煤层气产量 $13.3 \times 10^8 m^3$；河套盆地石油勘探获重大突破，2020

年生产原油 $14.5 \times 10^4$t。

为此，本卷在继承《中国石油地质志·卷十二 长庆油田》总体架构基础上，开展了大量修编、重编工作，系统总结了鄂尔多斯盆地中生界侏罗系石油、中生界三叠系石油、上古生界石炭系—二叠系天然气和下古生界奥陶系天然气四大勘探领域的油气资源特征、成藏条件和分布规律；新增了煤层气和页岩油、典型油气勘探案例、油气勘探技术进展3部分内容；外围盆地考虑到近30年来的油气勘探进展情况，增加了沁水盆地，修编了巴彦浩特盆地、河套盆地、渭河盆地，对于银川盆地、六盘山盆地、银根盆地、雅布赖盆地和定西盆地，由于勘探程度低及资料掌握不全，本次未进行修编。

本次修编是在《中国石油地质志（第二版）》总编纂委员会的直接领导下进行的，长庆油田成立了鄂尔多斯油气区（中国石油）编纂委员会，中国石油长庆油田公司付金华、席胜利制订了总体设计并全程参与指导修编工作。全书由席胜利、刘新社、孟培龙、赵小会进行统稿。其中，前言由刘新社编写；第一章、第二章由张才利、杨亚娟编写；第三章由张才利、黄建松、杨亚娟编写；第四章由包洪平编写；第五章由邓秀芹、张才利、郭正权、王飞雁、赵小会编写；第六章由李剑锋、孔庆芬、杨伟伟编写；第七章由邓秀芹、文彩霞、郭正权、刘燕编写；第八章由张辉、周新平、邓秀芹编写；第九章由杨秀春、冯胜斌编写；第十章由孟培龙、邓秀芹、郭正权、范立勇、李士祥编写；第十一章由李士祥、刘文香、陈娟萍编写；第十二章由孟培龙、邓秀芹、季海锟、郭正权、王康乐、张文选、付勋勋、张晓磊编写；第十三章由胡新友、赵彦德、程党性编写；第十四章由王学刚、刘汉斌、张海涛编写；第十五章由马占荣、陈彦君、张鹏豹、刘振兴编写；大事记由孟培龙、赵小会编写。

在编写过程中，中国石油长庆油田公司徐黎明，以及长庆油田公司勘探开发研究院姚泾利、罗安湘、赵会涛、孙六一、梁晓伟等领导和专家在章节讨论、工作安排、初稿审核等方面给予了大力帮助和支持。西北大学罗静兰、张成立参与了文稿的统编和修改。中国石油勘探开发研究院陶士振、邓胜徽、池英柳、赵长毅、方向，中国石油天然气集团公司咨询中心王世洪等专家对初稿提出了系统修改意见。在此一并致以深切谢意！

本卷修编主要采用了长庆油田历年来的科研成果及部分历史文献，煤层气资料源于中国石油煤层气有限责任公司及中国石油华北油田公司，同时中国石油华北油田公司提供了河套盆地的部分最新资料，其他相关资料均列在参考文献中。资料引用截止时间为2017年底，部分资料截止时间为2020年底。

由于编者水平有限，加之本油气区勘查矿业权单位多、勘探历史长、地质条件复杂、资料收集范围广，编写中定有不足或遗漏之处，敬请批评指正！

# PREFACE

The Ordos petroleum province includes its peripheral basins such as Hetao, Bayanhot, Weihe, and Qinshui (southeastern Shanxi province). The Ordos Basin covers an area of approximately $25 \times 10^4 km^2$, while other surrounding basins' are smaller, ranging from $1 \times 10^4$ to $5 \times 10^4 km^2$. This oil-gas province is a basin group with considerably different areas, diverse mechanism of genesis, various sedimentary thickness, and distinguishing degrees of exploration.

The Ordos Basin is rich in oil and gas resources, and its source-reservoir-caprock assemblage (SRCA) are typically characterized by 'low permeability and pressure on the reservoirs and low abundance of the reserves'. Changqing Oilfield, as the largest oil and gas field enterprise in Ordos Basin, has gone through several generations of intensive and pioneering effort by the methods of the combination of knowledge and practice, adherence to theoretical and technological innovation, constant challenges on the extremely-limiting low permeability, and solution to new difficulties. By the end of 2020, 35 oil fields were discovered with the cumulative-proven petroleum geological reserve of $59.29 \times 10^8 t$, and 13 gas fields were found with the gas geological proven-reserves of $6.67 \times 10^{12} m^3$ (including basic proven-reserves of $2.54 \times 10^{12} m^3$). Oil and gas production exceeded $5000 \times 10^4$ ton oil equivalent in 2013, and it reached $6041 \times 10^4$ ton oil equivalent in 2020 (including $2467 \times 10^4 t$ of the oil production and $448.5 \times 10^8 m^3$ of gas production). Since then, Changqing Oilfield has become the largest oilfield in China.

*Petroleum Geology of China* (Volume 12, Changqing Oilfield) was published in 1992. After more than 30 years of exploration, there have been achieved a wide variety of new progress and breakthroughs in the Ordos petroleum province, including petroleum geology theory, exploration technology and the exploration fields. In the Mesozoic petroleum exploration, a numerous cognition on geological theories have been formed from the Jurassic paleogeomorphic exploration to the large-scale Triassic exploration, including the formation on SRCA of large-continental delta groups, multi-layer composition, the middle of inland depressed-type lacustrine basin and shale oil reservoirs. There is a major breakthrough of tight oil exploration achieved in Triassic Yanchang Formation, and four integrated oil enrichment areas within 1 billion ton have been discovered in northern Shaanxi, Jiyuan, Huaqing and eastern Gansu. Simultaneously, Qingcheng Oilfield within 1 billion ton has been discovered through shale oil exploration, and 2-billion-ton reserves areas have been implemented in eastern Gansu and northern Shaanxi. The partial exploration of the surrounding basins has been converted to the large-scale exploration of the interior basin in the Paleozoic gas-exploration. Since the high-yielding industrial gasflow has been obtained from Shancan-1 Well in 1989, numerous large gas fields that production around $1\times10^{11}m^3$ have been discovered successively including Jingbian, Yulin, Wushen County, Sulige, Zizhou, Shenmu and the like. It has established two new acknowledgements on geological theories of 'karst-palaeogeomorphic SRCA' and 'tight gas SRCA', and effectively implemented the exploration effect and large-scale reserves of the three gas areas that around trillion $m^3$, namely Sulige, Jingbian and Shenmu-Zizhou. At the same time, substantial breakthroughs have been achieved in unconventional coalbed methane (CBM) exploration, there are a great number of the gas enrichment areas have been discovered in Baode, Sanjiao, Daning-jixian, and Hancheng. During the process of the exploration in the periphery of the basin, a significant breakthrough has been acquired in the CBM exploration of the Qinshui Basin with its production of $13.3\times10^8m^3$ in 2020, and a major outcome has been obtained in the oil exploration with the crude oil production of $14.5\times10^4t$ in the Hetao Basin at the same year.

Therefore, a tremendous amount of revision and re-edition have been carried out for this book in accordance with the original overall structure of the *Petroleum Geology of China* (Volume 12, Changqing Oilfield). The book systematically summarizes the characteristics, SRCA-forming conditions and distribution laws of hydrocarbon resources in the four exploration fields of Mesozoic-Jurassic oil, Mesozoic-Triassic oil, Upper Paleozoic Carboniferous-Permian gas and Lower-Paleozoic Ordovician gas in the Ordos Basin. Meanwhile, it adds three partial contents, involving typical oil-gas exploration cases, CBM as well as shale oil, and exploration engineering technology. Considering the progress of oil and gas exploration in the peripheral basins over the past 30 years, this book adds the content of Qinshui Basin, and the geological data of the Bayanhot Basin, Hetao Basin, and Weihe Basin for revision. For Yinchuan Basin, Liupan Mountain Basin,

Yingen Basin, Yabulai Basin and Dingxi Basin, there is no revision this time due to the low degree of exploration and incomplete data.

This revision was carried out by the guidance of the original General Editorial Committee of the *Petroleum Geology in China*. Currently, Changqing Oilfield has established the Ordos Petroleum-Province Editorial Committee, Fu Jinhua and Xi Shengli from PetroChina Changqing Oilfield Company formulated the overall design and participated in the whole process of the guidance for revision. The entire book was edited by Xi Shengli, Liu Xinshe, Meng Peilong and Zhao Xiaohui. Among them, the preface was written by Liu Xinshe; The first and second chapters were written by Zhang Caili and Yang Yajuan; Chapter 3 was written by Zhang Caili, Huang Jiansong and Yang Yajuan; Chapter 4 was written by Bao Hongping; Chapter 5 was written by Deng Xiuqin, Zhang Caili, Guo Zhengquan, Wang Feiyan and Zhao Xiaohui; Chapter 6 was written by Li Jianfeng, Kong Qingfen and Yang Weiwei; Chapter 7 was written by Deng Xiuqin, Wen Caixia, Guo Zhengquan and Liu Yan; Chapter 8 was written by Zhang Hui, Zhou Xinping and Deng Xiuqin; Chapter 9 was written by Yang Xiuchun and Feng Shengbin; Chapter 10 was written by Meng Peilong, Deng Xiuqin, Guo Zhengquan, Fan Liyong and Li Shixiang; Chapter 11 was written by Li Shixiang, Liu Wenxiang and Chen Juanping; Chapter 12 was written by Meng Peilong, Deng Xiuqin, Ji Haikun, Guo Zhengquan, Wang Kangle, Zhang Wenxuan, Fu Xunxun and Zhang Xiaolei; Chapter 13 was written by Hu Xinyou, Zhao Yande and Cheng Dangxing; Chapter 14 was written by Wang Xuegang, Liu Hanbin and Zhang Haitao; Chapter 15 was written by Ma Zhanrong, Chen Yanjun, Zhang Pengbao and Liu Zhenxing. The main events were written by Meng Peilong and Zhao Xiaohui.

During the process of writing, leaders such as Xu Liming from PetroChina Changqing Oilfield Company, and Yao Jingli, Luo Anxiang, Zhao Huitao, Sun Liuyi, Liang Xiaowei and experts from Changqing Oilfield Company Exploration and Development Research Institute gave great assistance and support in chapter discussion, work assignment and preliminary-draft examination. Luo Jinglan and Zhang Chengli from Northwest University participated in the compilation and revision of the manuscript. Experts such as Tao Shizhen, Deng Shenghui, Chi Yingliu, Zhao Changyi, Fang Xiang from Research Institute of Petroleum Exploration & Development, Wang Shihong from CNPC Advisory Center put forward systematic revision opinions on the initial draft. Sincerely thank you for all you have done.

The scientific payoffs of Changqing Oilfield for years and partial historical literature are mainly used in the revision of this book. Among them, the CBM data are derived from PetroChina Coalbed Methane Co., Ltd. and PetroChina Huabei Oilfield Company, some latest information of Hetao Basin is provided by the PetroChina Huabei Oilfield Company, and other relevant data are listed in the references. The deadline for using relative materials is at the end of 2017, and some data will be used until the end of 2020.

Due to the characteristics of various prospecting and mining right units for exploration, long exploration history, complex geological conditions and wide range of data collection in this petroleum province, there may be deficiencies or omissions in the writing process. Welcome to exchange and discuss !

# 目　录

# CONTENTS

# 第一章 概　　况

本章主要介绍鄂尔多斯盆地自然地理概况，以及自 1970 年以来长庆油田在不同历史时期顺应国内外油气领域发展特点及国家对油气资源的需求，针对鄂尔多斯盆地的油气勘探历程、地质理论认识及取得的油气勘探成果。

## 第一节　自　然　地　理

鄂尔多斯盆地是中国大型沉积盆地之一，位于东经 106°20′—110°30′、北纬 35°—40°40′，跨陕、甘、宁、内蒙古、晋五个省（自治区）（图 1-1）。其轮廓近似长方形，南北向长 770km、东西向宽 490km，盆地总面积约 37×10⁴km²，盆地本部面积约 25×10⁴km²，其中外围盆地包括河套盆地（面积为 4.0×10⁴km²）、雅布赖盆地（面积为 0.8×10⁴km²）、巴彦浩特盆地（面积为 1.8×10⁴km²）、银川盆地（面积为 0.7×10⁴km²）、六盘山盆地（面积为 1.4×10⁴km²）、定西盆地（面积为 1.0×10⁴km²）和渭河盆地（面积为 2.0×10⁴km²）。鄂尔多斯盆地是一个古生代地台及台缘坳陷与中—新生代台内坳陷叠合的克拉通盆地，已知沉积岩累计厚度为 5～18km，平均厚度约 6000m。

盆地周边断续被山系包围，盆地西侧是呈近南北向的贺兰山，延绵 200km，海拔高度在 2000m 以上，巍峨险峻，成为银川平原的天然屏障；盆地西南侧是突起于黄土高原之上的六盘山，海拔高度在 2500m 以上，有茂密森林涵养水源，是泾河和渭河的分水岭。六盘山山峰圆浑，坡陡路险，古盘道弯转六重。毛泽东主席曾作的《消平乐·六盘山》就感记于此。

盆地南缘是平均海拔在 2000m 以上的秦岭，为黄河流域和长江流域的主要分水岭；盆地东侧是以晋西高原山地为主体的吕梁山，海拔高度在 1500～2000m 之间；盆地北部的阴山山脉大部分海拔在 1500～2000m 之间，是中国内流区与外流区的分水岭之一。盆地内部地形总的趋势为西高东低、北高南低。西部地面海拔一般在 1300m 左右，地势较为平坦；东部地面海拔一般不足 1000m；北部地面海拔在 1400～2000m 之间，呈微波起伏，高差不超过 100m；南部地面海拔不足 1000m，但地势高差可达 500m 以上。

盆地大致以长城为界，北部为内蒙古半沙漠草原区、沙漠区，著名的沙漠有毛乌素沙漠、库布齐沙漠等。南部的陕北、陇西东部、宁夏东部和山西西部为黄土高原区，经长期风沙雨雪侵蚀和地表径流冲刷，切割成千沟万壑，保存着大小不等的塬、梁、峁、沟等地形地貌（图 1-2）。盆地外围临近三大冲积平原，即贺兰山以东的银川平原、狼山—大青山以南的黄河河套平原和秦岭以北的关中平原，地势平坦，交通便利，物产丰富，为本区油气勘探的发展提供了有利的自然地理条件。

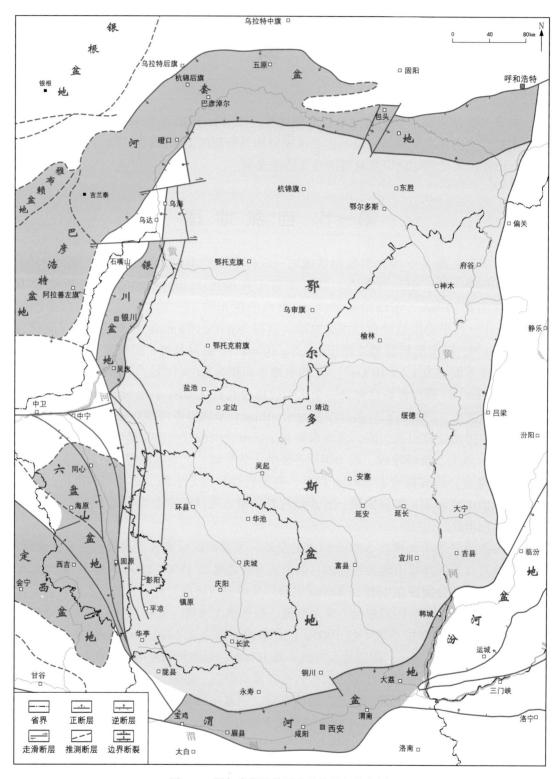

图例：
省界 | 正断层 | 逆断层
走滑断层 | 推测断层 | 边界断裂

图 1-1　鄂尔多斯及外围盆地位置与分布图

图 1-2　鄂尔多斯盆地地貌分布图

　　盆地的西北部、北部、东部为中华民族的母亲河——黄河环绕，在盆地东部成为陕西、山西两省的界河。盆地内的水系均属黄河水系。黄河最大支流是渭河，横贯南缘的关中平原，于风陵渡流入黄河；其他主要支流包括泾河、环江、洛河、延河、葫芦河、清涧河、无定河、秃尾河、窟野河等，自西北向流至东南向汇入黄河；清水河、苦水河、都思兔河自东南向流至西北向，汇入黄河。沙漠平原区多为间歇河，大都注入沙漠湖泊或盐沼地。地面河流年流量不大，旱季常干涸无水，且水质不佳，但地下水资源丰富，第四系、白垩系均有含水砂层，可获高产淡水，除满足油田工业及生活用水外，部分还支援了农业（长庆油田石油地质志编写组，1992）。

盆地范围内属大陆性半干旱和干旱气候，降水量较少。气温的年均差和月均差大，冬季严寒（1月气温为 –10～–30℃），春秋多风（4—5月和10—11月为风季）且多大风，夏季较热（7月气温为 22～30℃，极端气温可达 40℃以上）。全年风速在 2～4.5m/s 之间，风速较大时可达 18～28m/s；西部、西北部为风沙区，全年大风日数可达 30 天以上。全盆地年降水量少，为 250～300mm，南部年降水量大于北部，而且秋季雨量占全年降水量的一半以上，有利于农作物生长。

盆地北部内蒙古半沙漠草原区，年平均温度为 8℃，平均最低温度（1月）为 –10℃，平均最高温度（7月）为 24℃；北部内蒙古沙漠地区，冬季最低温度可降至 –30℃，夏季最高温度可达 40℃，年降水量在 150～450mm 之间，夏、秋季降水量约占 70%，但年降水量小于蒸发量。冬、春季多风沙，10月初开始降霜，结冰期始于 11 月初。南部黄土高原区，年温度为 9～10℃，最低温度（1月）为 –3～–10℃，最高温度（7月）为 22～24℃，夏季最高温度可达 40℃，无霜期为 6 个月左右。年降水量为 300～600mm，7—9月的降水量占全年降水量的一半以上，而且多暴雨，时有冰雹。

盆地幅员辽阔，地理风貌独特，民族风情多样，历史文化悠久，人文遗迹丰富。"鄂尔多斯"意为"宫殿部落群"和"水草肥美的地方"。盆地地处草原文化与黄河文化结合之地、游牧文化与农耕文化交错之处，既是华夏五千年文明圣地，也是新中国的摇篮——陕甘宁边区所在地和中国石油工业的起点，其历史像黄河一样源远流长。鄂尔多斯盆地作为丝绸之路的主干道，曾经是中国经济文化最繁荣的地区之一，著名的"丝绸之路""开元盛世""西夏王朝"周道之兴、教民稼穑等都曾发生在这里。

长城以北人口稀少，为汉族、蒙古族杂居区，以畜牧业为主。宁夏地区回族、汉族杂居，其他地区均以汉民为主，主要从事农业生产。邻区银川平原的大米久负盛名，关中平原主产小麦，产量占陕西全省产量的半数以上。陕北、陇东则产小麦、玉米、小米等。改革开放以来，特别是中国共产党中央委员会、中华人民共和国国务院"西部大开发"和"全面建成小康社会"战略决策、"实现中华民族伟大复兴"的"中国梦"的实施，盆地所在地区的经济发展迅速，西安作为"西部大开发"的桥头堡，引领着西北地区经济的发展，陕西、甘肃、宁夏、内蒙古、山西等各省（自治区）以习近平新时代中国特色社会主义思想统领全局，充分发挥各自的资源优势和特色，经济发展日新月异。

盆地内矿产资源丰富，煤炭资源广布于全区，尤以渭北、华亭、石嘴山、晋西等地为著称，近年来又探明了神木、府谷等特大煤田。铁、锰、铜、铅等金属矿产在外围山区已有发现，天然碱和食盐的储量也很丰富。

盆地内交通便利，已初步形成铁路、公路、水运、空运衔接的立体交通网络：包神、陇海、神黄、神延、京包、宝成、兰包等铁路形成四方交接、纵横贯通的格局；西安、延安、榆林、西峰、银川和呼和浩特等市（区）建有机场，与全国各主要城市通航；已建成西安—延安—榆林、西安—宝鸡、西安—潼关、西安—汉中等高速公路，以及国道 G210、G211、G307、G309，省道 S202、S203、S206、S303，还有县乡公路、油区自建公路，与全国各地和区内各市（县）、乡（镇）连接（图 1-3）。

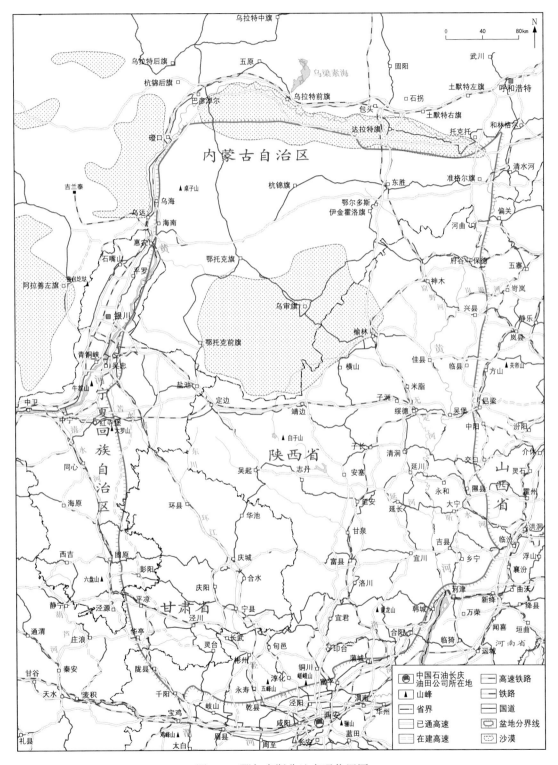

图1-3　鄂尔多斯盆地交通位置图

# 第二节 油 气 勘 探

## 一、完成的勘探工作量

2000 年以前长庆油田在鄂尔多斯盆地完成二维地震 114939.47km，测网密度 2km×4km～4km×10km，道距为 25～30m，覆盖次数以 24～48 次居多；2000—2015 年共计完成二维地震 161523.26km，测网密度 2km×2km～4km×8km，道距为 10～25m，覆盖次数达 80～2880 次；2016—2018 年共计完成二维地震 15503.8km，测网密度 2km×2km～4km×8km，道距为 10～25m，多采用高密度采集，覆盖次数达 408～1168 次；通过对全盆地二维地震资料品质分析与评价，优选出能够满足岩性储层预测及含油气性检测的二维地震剖面共计 113470.7km（均为 2000 年以后采集测线）。2000 年以前完成三维地震 136km$^2$，面元 25m×50m，覆盖次数为 48 次。2000—2015 年勘探开发共完成三维地震 4779km$^2$，面元 20m×20m，覆盖次数为 84～192 次。2016—2018 年共完成三维地震 866.5km$^2$，面元 20m×20m～20m×40m，覆盖次数为 224～616 次。2000—2018 年共计完成非地震二维电磁法 8388km，测量比例尺 0.2×（6×10），三维重、磁勘探 2563km$^2$，测量比例尺 0.5×0.5，常规磁力勘探 2358km$^2$，测量比例尺 0.5×1，常规重力勘探 13155km$^2$，测量比例尺 0.5×0.5；完成常规 VSP 测井 428 口，WalkawayVSP 测井 6 口，三维 VSP 测井 1 口。

另外盆地早期勘探阶段还完成了地质普查面积 21.5887×10$^4$km$^2$，其中详查面积 9.3736×10$^4$km$^2$，除了对盆地的地质概况基本查清以外，还对盆地西缘、南缘及晋西等地面局部构造发育区全部进行了详查、细测，其中重力普查、详查面积 59.194×10$^4$km$^2$，磁力普查、详查面积 47.87×10$^4$km$^2$；对鄂尔多斯盆地全境及部分外围地区进行了整体地球物理勘探，查明了盆地基底结构及沉积岩厚度，并对重点地区进行了重、磁力详查，其中重力详查面积 22.55×10$^4$km$^2$，磁力详查面积 11.23×10$^4$km$^2$。

油气地表化学勘探及航空物理化学勘探寻找油气田试验测线共计完成 28776km，取得了一定效果。天池、林家湾构造都见到含油显示，从而指出了部分钻探有利区；1989—1991 年在定边、吴起、横山、延安等地区完成了地球化学勘探 31960km$^2$、化探测点 33029 个、测点密度 1 点 /km$^2$（局部 2 点 /km$^2$），目的是探测该区域油气储层分布规律，寻找异常区，为综合勘探提供依据。在此期间还完成了电测深剖面 1.384×10$^4$km$^2$，大地电流详查剖面 3.7615×10$^4$km$^2$。

截至 2020 年底，中生界石油预探累计完钻探井 7281 口，进尺 1535.91×10$^4$m，其中 3425 口井获工业油流，发现油田 35 个；古生界天然气勘探累计完钻探井 2559 口，进尺 861.44×10$^4$km，获工业气流井 1168 口，发现气田 13 个。

## 二、探明油气储量及建产成果

从 1970 年首次提交石油地质探明储量以来到 2020 年底，长庆油田在鄂尔多斯盆地已探明 35 个油田，分别是马岭、城壕、华池、元城、镇北、樊家川、南梁、演武、五蛟、西峰、马坊、油房庄、吴起、绥靖、安塞、靖安、胡尖山、王洼子、白豹、东红庄、直罗、庙湾、姬塬、大水坑、红井子、李庄子、摆宴井、马家滩、华庆、彭阳、黄陵、新安边、环江、合水和庆城油田（图1-4），累计探明石油地质储量592919.06×10⁴t（图1-5）；已开发34个油田（包含直罗油田），动用地质储量47.84×10⁸t，2020年生产原油2467×10⁴t。

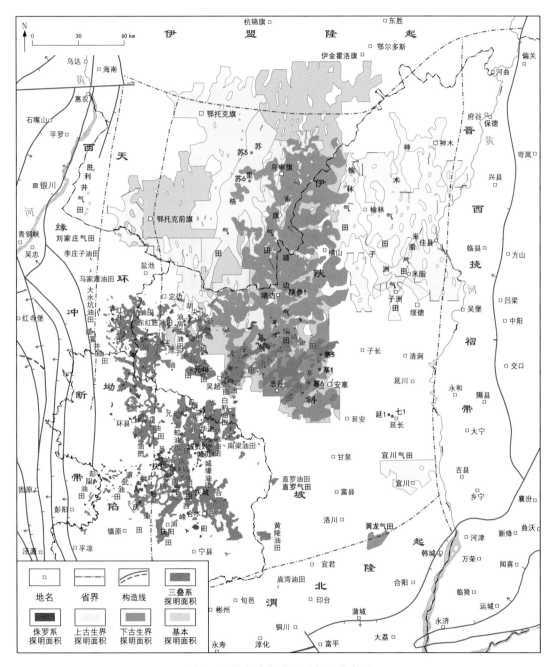

图1-4　鄂尔多斯盆地油气田分布图

从1984年首次提交天然气地质探明储量以来到2020年底，长庆油田在鄂尔多斯盆地已探明气田13个（图1-4），分别是靖边、榆林、苏里格、乌审旗、米脂、子洲、神木、宜川、黄龙、庆阳、胜利井、刘家庄和直罗气田，累计探明天然气地质储

量 $40088.13 \times 10^8 m^3$（含天然气地质基本探明储量 $25354.0 \times 10^8 m^3$）（图 1-6）；开发气田 7 个，分别是靖边、榆林、苏里格、子洲、神木、宜川和庆阳气田，2020 年生产天然气 $448.5 \times 10^8 m^3$，油气产量连续 8 年保持在 $5000 \times 10^4 t$ 油当量以上，2020 年油气产量达 $6041 \times 10^4 t$ 油当量，标志着长庆油田已建成中国首个年产 $6000 \times 10^4 t$ 油当量的特大型油气田，开创了中国石油工业发展史上的新纪元，鄂尔多斯盆地已成为中国重要的能源生产基地。

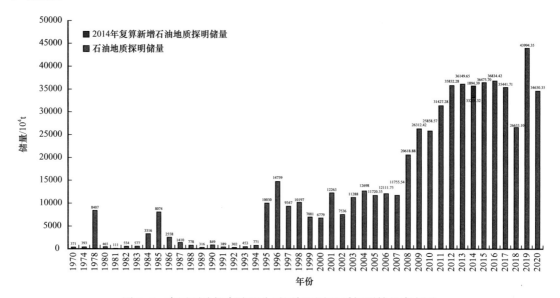

图 1-5　中国石油长庆油田公司历年石油地质探明储量直方图

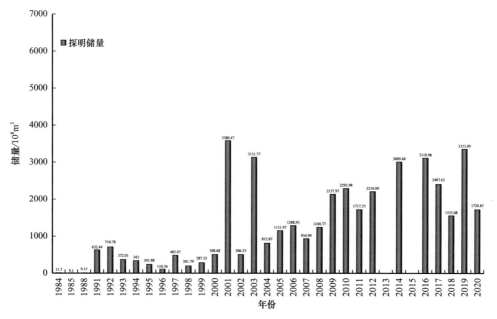

图 1-6　长庆油田分公司历年天然气地质探明储量直方图

截至 2020 年底，长庆油田已建成各类场站 2200 座、联合站及原油储备库 110 座、集输站点 1466 座、水处理及注入系统站场 507 座。建成各类管道 68229km，其中原油管道37232km、伴生气管道约7025km、供注水管道23972km。形成了以靖边—咸阳、靖边—惠安堡、西峰—咸阳等输油管线为骨干的"横跨东西、纵贯南北、区域相济、调配灵活"的闭合环状集输管网格局，年运销能力$3070 \times 10^4$t，承担着向兰州石化、长庆石化、宁夏石化、庆阳石化、呼和浩特石化、延安炼油厂、榆林炼油厂等10余个下游炼油厂的供油任务。

长庆气田已建成集气站349座，净化厂5座，处理厂12座，年处理能力$516 \times 10^8 m^3$，采集气管线37688km，输气干线19条947km，让长庆天然气通过陕京一线、陕京二线、陕京三线、陕京四线、长宁线、靖西一线、靖西二线、靖西三线、长呼线、长呼复线、长乌临线、长蒙线和苏东准线13条天然气外输管线，向北京、天津、石家庄、西安、银川、呼和浩特等40多个大中城市供气，成为中国陆上天然气管网枢纽（图1-7）。

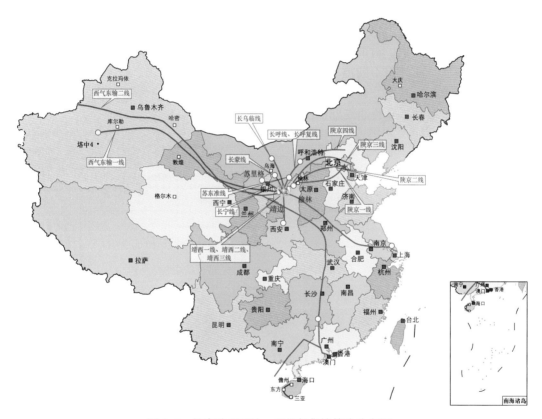

图1-7　长庆油田石油、天然气集输管线分布图

# 第二章　勘　探　历　程

鄂尔多斯盆地的油气勘探工作从 1907 年钻探第一口油井开始，已有 110 多年的历史。在此期间，油气勘探区域由陕北一隅扩展到全盆地；勘探深度由浅层扩展到深层；勘探层位由中生界扩展到古生界；勘探对象由背斜油气藏扩展到隐蔽油气藏；勘探领域从三角洲拓展到深湖区；勘探类型从碎屑岩发展到碳酸盐岩，由常规油气藏发展到非常规致密油气藏、页岩油、页岩气；勘探方法由单一工种发展到多工种联合作业；勘探地质理论认识由早期侏罗系常规油气藏认识阶段发展到中生界、古生界低孔、低渗石油天然气系统认识阶段，再到致密油气、页岩油气全新理论创新发展阶段。这是一个实践—认识—再实践—再认识、对油气地质规律不断深化认识的过程，也是一部开拓—发展—再开拓—再发展、油气田不断增多的创业历史。经过多年的发展，鄂尔多斯盆地已成为中国重要的能源生产基地，建成了"西部大庆"，长庆油田已成为中国陆上第一大油田。概括起来，鄂尔多斯盆地的油气勘探历程总体上可划分为六大阶段（图 2-1）。

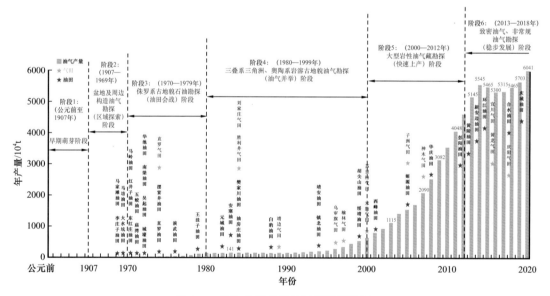

图 2-1　鄂尔多斯盆地油气勘探历程图

阶段 1：公元前至 1907 年，早期萌芽阶段。

阶段 2：1907—1969 年，盆地及周边构造油气勘探（区域探索）阶段。

阶段 3：1970—1979 年，侏罗系古地貌石油勘探（油田会战）阶段。

阶段 4：1980—1999 年，三叠系三角洲、奥陶系岩溶古地貌油气勘探（油气并举）阶段。

阶段 5：2000—2012 年，大型岩性油气藏勘探（快速上产）阶段。

阶段 6：2013—2018 年，致密油气、非常规油气勘探（稳步发展）阶段。

# 第一节　早期萌芽阶段（公元前至 1907 年）

鄂尔多斯盆地是中国陆上最早发现石油、率先开展地质调查和土法开采的地区。在盆地东南部延长、富县、宜君一带，中生界含油层系（三叠系延长组和侏罗系延安组）广泛出露地面，形成大量油苗。

关于石油的记载，可追溯到公元前。早在西汉末年的王莽时期，史书记载就有"高奴（今陕西省延长一带）出脂水"之说。公元 32—92 年，东汉历史学家班固所著的《汉书·地理志》有"高奴县有洧水可燃"的记载。公元 512—518 年，北魏郦道元在地理名著《水经注》中记载"高奴县有洧水，肥可燃。水上有肥，可接取用之"，这里所说的"肥"即后来所称的石油。公元 860 年，唐朝段成式所著的《酉阳杂俎》中记录"石漆，高奴县石脂水，水腻浮水上如漆，采以膏车及燃灯，极明"，说明当时陕北民众早已利用石油。公元 1031—1095 年，北宋时期著名科学家沈括在鄜延（今陕西省富县、延长）任安抚史时，考察陕北石油，采集油样，烧碳黑制墨，较为详细地试验和总结石油的名称、产状、性能、用途，在其所著的《梦溪笔谈》中对此有记载"鄜、延境内有石油，旧说'高奴县出脂水'，即此也。生于水际，沙石与泉水相杂，惘惘而出，土人以雉尾裛之，乃采入缶中。颇似淳漆，然之如麻，但烟甚浓，所沾幄幕皆黑。余疑其烟可用，试扫其煤以为墨，黑光如漆，松墨不及也，遂大为之。其识文为'延川石液'者是也。"他还赋诗描述陕北一带的"石烟"，"二郎山下雪纷纷，旋卓穹庐学塞人。化尽素衣冬不老，石油多似洛阳尘"。并预言"此物后必大行于世……石油至多，生于地中无穷"，提出"石油"这一命名。自此，"石油"一词沿用至今，世界通用。公元 1200—1280 年，宋朝著名诗人陆游在《老学庵笔记》中，对当时陕北延安出产的"石烛"作了生动具体的描写"烛出延安，予在南郑数见之，其坚如石，照席极明，亦有泪如蜡而烟浓……"。公元 1286—1303 年《元一统志》也记载"延长县南迎河有凿开石油一井，其油可燃……岁纳壹佰壹拾（市）斤。又延川县西北八十里永坪村有一井，岁办四百斤，入路之延丰库""石油，在宜君县西二十里姚曲村石井中，汲水澄而取之……"。可见，当时不仅有了油砂含油产状的描述，而且产生了将"凿井汲水"用于"凿井取油"的概念，诚然，当时的油井乃人工所凿。公元 1480—1490 年，明朝洪武年间，曹昭所著的《格古要论》中说"石脑油出陕西延安府。陕西客人云：此油出石岩下水中，作气息，以草拖引，煎过，土人多用以点灯。云：浸不灰土，浸一年点一年……"。公元 1762 年，清朝乾隆二十七年，王崇礼纂修的《延长县志》中有这样的记载，"油井波涵。城西翟河（即延河）岸边穿石井，水面浮油，拾之燃灯若炬。《通志》云：屏山之下，翟水经焉，水面汲油可以燃灯，距城十里河边亦有"。并附有延长县八景之一"油井波涵"的插图。公元 1831 年，清朝道光十一年，谢长清纂修《重修延川县志》中记载"石油井，地名石油沟，在县西北八十里"。清末《延安府志》也说"翟水南内有一孔，油水迸出，油浮其上，水沉其下。居民取以燃灯"。又云"甘泉县北十里，河中有一泉，其色青黑，闻之臭"。

鄂尔多斯盆地关于天然气的记载较石油更早，据《汉书·郊祀志》：西汉宣帝神爵元年（公元前 61 年），"祠天封苑火井于鸿门（即今陕西神木、榆林一带）"，同书《地理志》中也有"天封苑火祠,火从地出"的记载。书中所记载的鸿门火井即为中国最早的天然气井之一,由当地民众钻凿水井中发现,因天然气可燃,便建祠表示虔敬。

因为陕北油苗区接近中国内地,最易引起相关部门的注意,所以,早期的石油勘探活动理所当然地从此开始。因此,延长、延安、延川地区遂成为中国大陆上石油工业的发祥地。

# 第二节 盆地及周边构造油气勘探（区域探索）阶段
## （1907—1969 年）

该阶段的基本特点是盆地油气勘探处于区域探索时期,1949 年前主要根据油苗情况,参照国外的经验,用地面地质的方法从事石油勘探;中华人民共和国成立后,鄂尔多斯盆地勘探和开发走上了统一规划、全面发展的道路,主要以传统构造找油气理论为指导,在盆地周边进行油气勘探。这一阶段具体可以划分为六个时期。

## 一、清末石油官厂时期（1907—1913 年）

光绪二十九年（1903 年）,陕西省大荔县人于彦彪与德国商人（世昌洋行）合约开采陕北石油,陕西当局上奏清廷试办延长石油厂。次年 10 月获准,拨地方官款银八万一千两为开办资本,取油样化验,认为油质"胜于东洋,能敌美产",于是聘请日本技师,购买日本钻机在陕北进行石油勘探,于光绪三十三年（1907 年）6 月 5 日开始钻探中国大陆第一口油井——延 1 井,9 月 6 日钻至井深 68.89m 见油,9 月 10 日加深至 81m 完井,上三叠统延长组日产油 1.0~1.5t;1907—1934 年间累计产油 2550t,占石油厂同期总产量的 89%。该井的成功钻探标志着中国近代石油工业的诞生。

宣统二年（1910 年）6 月,当局又聘请日本大冢博士及 1 名测绘师,绘制延长县一带的地形图及地质图。次年钻了三口井深为 100~106m 的探井,其中 2 号井日产油 150kg,3 号井见少量原油,4 号井为干井。

该时期的石油勘探工作主要依靠日本技术,其主要成果是化验油样,使用机械动力钻井及绘制小范围的地质图,认识延长油井的低产特征。

## 二、地质调查时期（1914—1934 年）

1914 年 2 月,北洋政府与美孚石油公司签订《中美合办油矿条约》,并派熊希令为督办,成立中美油矿事务所,专职勘探、开发延长油矿。美孚石油公司派马栋臣（F. G. Clapp）、王国栋（L. M. Fuller）等 6 名地质师和 5 名测绘技师与中方的吴桂灵、何家亨等 9 人合作,在陕北地区开展地质调查、地形测量和钻探工作。1915—1918 年,先后钻井 7 口,其中黄陵县内 2 口、肤施（延安）县内 2 口、延长县内 2 口、同官（铜川）县内 1 口,井深 650~1000m,共投资 270 万元,因未获重大发现,乃决议停办油矿。

该阶段的勘探认识,反映在后来王国栋发表的《中国的勘探》❶一文中,"在陕北地区没有一口井的产量可以认为有工业价值,我认为勘探中没有获得成功的原因是砂岩

---

❶ L. M. Fuller, 1919, Exploration in China, AAPG., 3.

层系的巨大厚度……如果有页岩为盖层的话，含油远景将会好一些"。他在另一篇文章《中国东北部的含油远景》❶中提道，"陕北盆地整个地层剖面中砂岩含量太多，盆地边缘地区褶皱作用太强烈，变质作用可能太高，而盆地中部主要是单斜，倾角平缓，故不可能有大量石油聚集"。

马栋臣、王国栋等将上述观点向美孚石油公司报告后，美孚生产部又派阿士德等5名地质师及4名测绘师赴陕北，逐一复查马栋臣等人的观点。阿士德的结论是，"对陕西省经一年半之详细观察，凿井试油七处，既未证明其为有经济价值之油田，亦未能证实其为无经济价值之油田。但不论其有无经济价值，以今日该省交通及销售情况而论，殊不能经营获利。余今为断语曰：陕西中部有石油，其为小量之石油，已有充分证据，是否能有中量，尚在未可邃量，至于大量石油恐其未必能有❷"。

该时期的石油勘探工作主要依靠美国技术，其特点如下：（1）在区域上展开，向深部钻探；（2）认真做地质普查，按"背斜论"找油；（3）重视盖层作用；（4）考虑交通和销售，经营思想浓厚。

1923年，中央地质调查所派王竹泉来陕北进行石油地质调查。他根据采到的化石，纠正了美国地质师马栋臣对地层划分的错误。1931年王竹泉又与潘钟祥等调查侏罗系与三叠系的接触关系。次年继续在绥德、清涧、延川、延安、延长等地进行地质普查，特别对油页岩的分布进行了详细的了解，将其调查成果写成《陕北油田地质》一文，刊于《地质学报》第20期（1933年），为潘钟祥教授创立陆相生油理论奠定了基础。

1934年7月，在延长县成立陕北油矿勘探处。根据王竹泉等所定的井位，先后钻井7口，其中4口井在延长县，井号分别为101、102、103和104。101井于井深101m钻遇旺油，初日产油1.5t，其他3口井为低产，初日产油0.03～0.05t，产层都属上三叠统长6油层组；另外3口井在延川县永坪村，井号分别为201、202和203。201井产量较高，初日产油3t；202、203井产量甚低，层位属上三叠统长2油层组。

该时期的显著特点是中国地质家自己掌握石油勘探活动，不仅纠正了美孚石油公司地质家在判定地层年代方面的错误，并且发现了永坪油田和长2油层组这一延长组上部的新油层。

## 三、陕甘宁边区政府时期（1935—1949年）

1935年4月，陕北红军解放了延长油矿。在人、财、物极度困难的条件下，努力恢复原油生产并继续坚持石油勘探。1940—1941年，中国共产党中央军事委员会后勤保障部军工局派地质家汪鹏（亦名王家宝）到延长油矿进行地质勘查，终于在七里村一带找到新的鼻状构造，根据七里村油苗和局部构造变化所定的第一口探井七1井❸，于1941年9月钻至井深79.4m出油，产油274t；后于1943年7月加深至86.55m发生井喷，初日产油96.3t，这是鄂尔多斯盆地内的第一口高产自喷油井。位于七里村油苗东南180m的七3井，于1943年钻至126.94m发生井喷，1944年加深至139.78m又遇旺油，初日产油11.6t。汪鹏先后布井20口，其中15口井见油，有6口旺油井。

---

❶ L. M. Fuller, 1926, Oil Prospects in Northern China, AAPG., 10。

❷ 阿士德，1916，陕西省石油地质最后报告。

❸ 七1井即七里镇构造上的1号井（以下同），该构造经详探后发展为延长油田。

1945年夏，地质家佟诚也曾到陕北进行地质调查，他与汪鹏合作测得部分地区的地形图，并在呼家川至曹家疙瘩间进行标准层测量，又丈量了延长至黄河边的地层剖面，写有《延长石油地质概论》及《对于延长附近旧井位置的评论》等文章，他所布的6口井中有5口井出旺油，他还组织试验井下油层爆炸增产措施，在七2、七5井见到了增产效果。

1946年，中国石油有限公司成立。次年派田在艺等地质家在甘肃泾川、平凉、陕西陇县和宁夏固原进行石油及油页岩的地质调查，著有《甘肃东部及陕西陇县地质志》，这一工作为把石油勘探视野扩展到盆地南部作了准备。

特别需要提出的是，在20世纪30年代后期，对于延长油田的认识出现了2种观点：一种是以王竹泉、汪鹏为代表，他们根据延1井—延19井—延10井和七1井—七9井—七3井皆成一线出旺油的事实，提出"断层油藏说"，主张沿断层钻井；另一种是以潘钟祥、佟诚为代表提出的"背斜构造油藏说"，主张将探区向西扩展至曹家疙瘩。佟诚写道"尽管地层构造如此简单，不宜大量聚集石油，但一些局部小构造的存在，仍可聚集相当数量的油"。上述两种观点的出现，反映了中国地质家对延长油田认识的深化和勘探水平的提高。

总之，从1907年钻成第一口油井至中华人民共和国成立前的43年间，石油勘探活动主要集中在陕北局部地区，共钻井52口，进尺12994m，发现了延长油田和永坪油田，累计产油6035t。

## 四、区域石油普查时期（1950—1957年）

中华人民共和国成立初期，在中央领导同志关于加强陕北勘探工作和1950年4月第一次全国石油工业会议上，把勘探工作重点放在西北地区的方针指导下，决定在陕北地区进行地面地质调查和地球物理勘探工作[1]，为此燃料工业部在西安市成立了西北石油管理总局，并组建陕北勘探大队，负责陕北地区的石油勘探工作。当时，在仅有22名技术人员的情况下，开展了延安、延长至铜川、韩城一带的地质调查和重力概查，在中生界发现了20多个背斜构造和40多处油苗。同时，组织了地质、重力测量等17个队，对四郎庙、马栏、枣园等重点构造进行细测，提供钻探井位。1951—1954年，每年组建20～22个工种不同的勘探队，工作范围也由陕北一隅扩大到内蒙古及贺兰山地区。该时期，在延长钻井19口，在永坪钻井55口，在枣园钻井16口，在四郎庙构造钻井9口，在七里镇构造钻井7口；位于延长县胡家村重力高顶部的延深1井和位于四郎庙构造的郎9井也相继完钻。其中延深1井于1952年8月开钻，1955年2月23日完钻，井深为2846m，钻入奥陶系306m，建立了盆地东部比较完整的地层剖面，对比了二叠系石千峰组的侵蚀面，发现了奥陶系的含盐地层；朗9井于1952年6月30日开钻，1954年9月完钻，井深为2646m，钻入二叠系石千峰组423m，于延长组钻遇22层总厚度达168m的含油层。通过该时期的工作，基本搞清了鄂尔多斯盆地的轮廓；确认延长组分布广泛，是盆地的主要含油层系；认为盆地西缘沉积巨厚、背斜发育；并在宁夏地区的鸳鸯湖构造发现延长组油砂，其储油物性远比陕北地区好。而陕北地区几个构造探油失利的原因乃延长组物性太差所致。这种状况促成了石油勘探重点的西移，陕北勘探大队也于

---

❶ 宋四山等，1985，长庆油田大事记。

1954年5月由延安迁往宁夏吴忠。

1951年，王尚文在延长油矿进行标准层测量，编制油田构造图，建立钻井地质与井下电测工作要求，制订油井大修计划，开展试油试井作业，确立了正规的地质工作秩序和工作方法。经过系统工作后各种地质认识相继形成，当时与王尚文提出的"构造鼻油藏说"相争鸣的观点尚有黄先驯提出的"裂缝油藏说"和刘树人提出的"水驱油藏说"。1953年10月，以 A. A. 特拉菲姆克为首的苏联专家组到延长油矿指导工作，确定延长油田为"裂缝性油田"，指出油苗旺、地面裂缝发育和构造变陡是寻找裂缝油藏的必备条件。在实践中，地质工作者把延长油田的钻探、开发原则概括为"找油苗、顺节理、保持适当井距；封淡水、抽咸水、自上而下开采"。后来，又强调地面与井下相结合的分析方法，研究了裂缝的成因及其与油层的关系，提出根据油层和构造变化，结合钻采资料、地面节理与油苗找寻裂缝油藏的布井方法，使钻探裂缝油藏的成功率高达76.5%。另外，自从1953年大力开展油层爆炸增产、1954年试验油层水力压裂增产以来，对低渗透性岩层的孔隙出油潜力日益重视。在1956年提出了"延长油田应主攻孔隙出油区块，兼顾裂缝油藏钻探"的意见，明确指出严家湾区、冯家村区、胡家村—杨家沟区、北塬区、槐树坪区和曹家疙瘩区为油层合并、加厚的富集区块。

在此期间，燃料工业部于1953年撤销西北石油管理总局，组建地质局和钻探局，陕北地区勘探由陕北勘探大队负责；1955年燃料工业部撤销地质局和钻探局，在原陕北和潮水勘探大队的基础上成立西安地质调查处。

## 五、深化认识全盆地时期（1958—1964 年）

从1958年起，石油工业部决定将西安地质调查处改组为银川石油勘探处，后改名为陕甘宁石油勘探局，继后又改称银川石油勘探局。

随着石油勘探重点的西移、北上，形成了盆地西部、盆地北部和盆地东部3个探区遥相呼应的布局。地质部第二石油普查大队和银川石油勘探局、内蒙古石油勘探大队并肩在伊盟隆起区进行地质勘探工作。银川石油勘探局在全盆地范围内开展普查，并在黄土塬以北地区进行重、磁力详查。在盆地北部进行的电法勘探（电测深），共完成22条电法剖面，并在11个地区做了小面积详查，同时用大地电流法完成了泊尔江海子一带的面积详查。盆地西部以地震勘探为重点，开展了油田地层水、放射性等地球化学勘探。同时继续进行地质详查、综合研究以及参数井的钻探工作，以便进一步认识全盆地的石油地质条件及其含油性。

1960年，石油工业部、地质部和陕、甘、宁、内蒙古、晋五省（自治区）共同制定了关于对鄂尔多斯盆地进行2年的勘探规划。主张上地台，执行区域勘探与准备构造探油并重的方针，从而建立盆地内的地层层序，划分盆地大地构造单元，开展盆地西缘构造钻探，首先发现了李庄子、马家滩油田，在盆地北部和西部也相继钻遇了油砂。另外，在沙井子下白垩统砾岩中发现重质原油。经过地质综合研究明确了侏罗系延安组、三叠系延长组和石炭系—二叠系等3套生油岩和勘探目的层。认为雨强—旬邑一带是延长组生油的有利地区，中生界找油重点地区应在盆地南部，古生界找油地区应在盆地北部，并且得出延安组的物性比延长组的物性好、钻探中要二者兼顾的观点。由于区域勘探方法尚未解决，这一规划未能实施。

1962年，银川石油勘探局缩编为银川石油勘探处，1963年划归玉门石油管理局领导，负责鄂尔多斯盆地的石油勘探工作。

1964年，石油工业部决定，以盆地北部乌兰格尔长垣南坡为重点，自北而南勘探一块，搞清一块。即由长垣上的保1井开始，南经石股壕、泊尔江海子到纳林十里，结合物探成果钻10口参数井。之后在位于泊尔江海子鼻状构造上的东参3井于二叠系石盒子组见到含油显示。通过综合研究表明，盆地北部找油的关键是寻找构造圈闭，同时重视了岩性、断层对上古生界油气分布的控制作用。认为伊盟隆起可划分出4个二级构造带，自北而南为乌兰格尔长垣、石股壕鼻状构造带、鸡尔庙构造带和乌审召构造带。在此期间，地质部在乌6井、石油工业部在乌3井于二叠系相继试出少量轻质原油，地质部还在吴19孔见到天然气，为认识该区油气提供了重要信息。

1957年，延长油矿三延石油勘探队在青化砭钻井3口，在长2油层组见油，经进一步钻探，证明青化砭和永坪油田的主力产层相同。1960—1961年，陕西省地质局601队在青化砭东南的乌羊川钻井6口，发现长6油层组也含油，从而使青化砭油田的储量进一步增大。

## 六、加深认识重点地区时期（1965—1969年）

1965年8月，石油工业部银川石油勘探处在银川召开了大型技术座谈会，并邀请地质部第三普查大队、西北大学、延长油矿等单位的代表参加。会议在统一认识的基础上，决心突破地震方法、钻井试油工艺和测井解释3项关键技术，尽快在马家滩及其东南地区拿到油田。会议形成了对鄂尔多斯盆地南部的基本地质认识。（1）盆地南部生油面积广、成油条件好，其依据是已发现地面油苗215处、井下含油显示253处；延长组生油层平均厚度为300m，最大单层厚度为81.8m；延安组可能生油范围$2.2 \times 10^4 km^2$，生油层平均厚度为100m，最大单层厚度为8.4m。（2）油藏类型多、找油领域广，盆地西缘马家滩和盆地东南部四郎庙一带以背斜圈闭为主，盆地腹部地层平缓，目的层的岩性、物性相对变化大，岩性圈闭应是控制石油聚集的主要因素。（3）中小型油田在盆地南部肯定存在。

在上述认识的基础上，以马家滩东南一带作为勘探重点：（1）该区生油条件有利，大水坑以南负重力异常区可能为生油中心；（2）储集条件好，含油层位多，直罗组、延安组、延长组共有6套油层；（3）压裂效果好，能大幅度提高油田单井产量；（4）保存条件好，油质轻。

1966年，玉门石油管理局将银川石油勘探处改组为银川石油勘探指挥部，同年4月做出了马家滩东南区域的勘探部署。工作范围为李庄子油田以南、马家滩—于家梁以东、盐池以西、黄土塬以北的1500km²面积内。决定在加速钻探李庄子、马家滩和于家梁构造的同时，对这个地区部署5条东西向综合勘探剖面，共20口深探井，具体井位按构造高点、鼻褶、断层和天环向斜轴部安排，了解其沉积中心、生油坳陷和油气富集因素，创造开发条件。其中第一批探井9口，主要进行区域侦察，组成3条剖面（雨强—红庄、苦水—官滩和于家梁—甜瓜水）；第二批探井9口，主要进行区域解剖，组成2条剖面（老庄—长山子、大水坑—红井子）。当时的勘探方法包括地震加钻井、在低渗透性地层中找高渗透性地层、多油层中找高产油层、单斜层中找多种圈闭、见油层就取心，以及大力推行油层压裂等。

根据上述部署开展工作，李探 15 井见到含油岩屑，取心发现了李庄子油田的高产油层——侏罗系延 6 油层组，压裂后日产油 18t。此外，根据马探 5 井 0.47m 井段钻时变快取心，发现了上三叠统长 8 油层组，压裂后成为盆地西缘的第一口自喷井。接着相继发现了大东、王家场、马坊、东红庄等出油井点，成果十分喜人。1969 年 5 月，又在刘家庄构造的刘庆 1 井石炭系—二叠系获得日产天然气 57864m³，这是鄂尔多斯盆地内首次在古生界发现工业性天然气流。接着地质部第三普查大队在盆地北部石股壕构造上钻探的伊深 1 井，获得日产油 0.84t，日产气 $1.0 \times 10^4$m³。需要指出的是，在"上地台中部"的思想指导下，第三普查大队在吴起、志丹完钻的吴参井与志参井，以及在庆阳完钻的庆参井、在镇原完钻的镇参井、在华池完钻的华参井获得重要含油显示，促进了陇东探区油气勘探工作的开展。

1969 年 10 月，石油工业部决定以玉门石油管理局为主，组建石油工业部陕甘宁石油勘探会战筹备组；同年 12 月，由玉门石油管理局组建陇东石油勘探筹备处，负责鄂尔多斯盆地的石油勘探工作。

## 第三节　侏罗系古地貌石油勘探（油田会战）阶段
## （1970—1979 年）

该阶段的基本特点是根据石油工业部的要求，在鄂尔多斯盆地南部甩开勘探，组织陕甘宁石油勘探会战，成立了长庆油田会战指挥部，在盆地腹部石油勘探取得新突破，相继发现了马岭、元城、城壕、华池、南梁、吴起等一批侏罗系油田，形成并完善了侏罗系古地貌成藏地质理论，实现了盆地周边构造找油向盆地腹部古地貌找油的战略转移，迎来盆地第一个石油储量增长期。

1969 年 10 月，石油工业部根据当时"建设三线"的需要，决定以定边、志丹和环县为重点，在鄂尔多斯盆地内大范围开展钻探，猛攻黄土塬地震方法关，迅速找到大油田，提供一定储量的石油新基地。随后编制了《鄂尔多斯盆地 1970 年和"四五"期间的石油勘探初步方案》❶。该方案在盆地南部部署了 3 个探区，即宁夏的灵武、盐池和定边探区，陕西的志丹、富县探区，甘肃的庆阳、环县和华池探区，分 3 步实施：第 1 步（1970 年），猛攻黄土塬地震方法关，大范围、大井距进行钻探；第 2 步（1971—1973 年），在勘探重点地区，打开突破口，发现新油田；第 3 步（1974—1975 年），集中力量迅速勘探开发一批油田。具体部署是先进行区域勘探，1970 年部署盆地南部 18 口区域探井，构成纵贯南北、横跨东西的 5 条区域钻探剖面；在灵盐地区，根据整体解剖、深浅结合的原则，集中力量搞清区域含油气情况，发现新油田，力争建成年产 $10 \times 10^4$t 的原油生产能力；在陕北地区，以志丹、富县为重点，横穿走向，配合深井钻探，部署4 排中深井剖面，寻找中生界含油有利区；在陇东地区，横切天环向斜，打 3 排区域探井，探明向斜两侧含油气情况，力争有重大发现。

1970—1979 年，在上述方案部署的基础上，在盆地南部按照"区域展开、重点突

---

❶　长庆油田，1970—1972 年，石油地质勘探开发年报。

破、分区歼灭"的部署原则，开展大规模综合石油勘探。先后组织了区域侦查，围歼马岭；控制华池，发展吴起；出击姬塬，扩大侏罗系；改造延长组，侦查古生界；会战红井子五次会战，拿下了含油面积和石油地质储量。

在具体实施过程中，由于地震、钻井、测井、试油和地质研究五位一体的综合勘探工作组织严密，很快在盆地南部有了勘探重大发现。1970年相继在华池的庆3井、马岭的庆1井、元城的庆16井、吴起的吴1井获得高产工业油流，显示了大面积含油的前景，同时探明了大水坑油田；同年11月，中华人民共和国国务院、中国共产党中央军事委员会决定由兰州军区负责组织陕甘宁石油会战，组建了兰州军区陕甘宁地区石油勘探指挥部，设在甘肃省宁县长庆桥镇，其番号为"长庆油田会战指挥部"。

1971年，在继续完成整体解剖盆地南部天环向斜5条大剖面的同时，重点围绕庆阳、华池、吴起等地区进行勘探会战：在马岭地区完钻井21口，获日产油10m$^3$以上的油井7口，发现了马岭油田，控制含油面积300km$^2$；在吴起地区有6口油井在延安组见到油层，3口油井出油；同时在华池、城壕、南梁、山庄、姬塬、彭滩等地也相继打出了侏罗系油井，镇原地区三叠系探井见到油层，鸳鸯湖构造二叠系探井见轻质油；在灵盐地区详探了大水坑、红井子和东红庄油田。

1972年，按照"求质量、抓速度、拿面积、找高产"勘探方针，马岭油田含油面积进一步扩大，找到了城壕、华池、南梁、吴起等6个小油田，大水坑、东红庄和马坊油田加深勘探石油地质储量进一步加大；另外在山庄、刘坪、五蛟、上里塬、元城、合道川、黑河、庆阳、姬塬、薛岔、顺宁、八岔台、葫芦河、洛河、彭滩、马栏、庙湾等17处获得了工业油流。与此同时，地质认识也不断深化：陕甘宁盆地南部有2套生油层（延长组和延安组），2种聚油类型（盆地边缘的断块型和盆地内部的大面积含油区）；在大面积含油区内，勘探目的层属河流沉积，岩性变化大，油层物性差，油水关系复杂，油藏受构造与岩性双重控制；古隆起、古斜坡是油气聚集的有利方向。侏罗系古地貌成藏理论初步形成。

1973年，勘探重点转入上三叠统延长组 ❶，大力推行压裂技术，实施了吴起—屯子、土桥—太白镇2条钻探剖面，证实吴起、定边、华池、悦乐、城壕、马岭、庆阳、太白、西峰等地均有延长组油层组，完钻井压裂虽然见效，但增产幅度较小。侏罗系的勘探继续获得进展，在吴起和大水坑油田找到了新的产油区块，落实了王家场油田的面积，发现了摆宴井、玄马、直罗油田和樊家川、玄城沟、镇原、悦乐、姚新庄5处工业性油流。

1974—1975年，按照燃料化学工业部"稀井广探、稀井高产、稀井高质量"的勘探方针，先后在马岭、摆宴井、吴起和红井子油田进行油层复合连片勘探会战，成效卓著，控制了一批石油储量。其中，马岭油田新增探明含油面积58km$^2$，累计探明含油面积330km$^2$（1985年核销后油田面积为130.3km$^2$）；摆宴井油田探明含油面积6.9km$^2$；吴起油田探明含油面积36.7km$^2$；红井子油田从直罗组到延安组共发现24个油层（其中延6油层组获高产），落实6个建产区块，为油田全面开发建设奠定了基础。

与此同时，在实践中逐步形成了盆地石油勘探、开发的8项做法：（1）立足地台区，重视西部冲断带，以寻找高产大面积油田为主攻目标，总体上讲，侏罗系是高产目的层，三叠系是潜力目标层，古生界是远景目的层；（2）采用地震、钻井、测井、

---

❶ 长庆油田，1973—1975年，石油地质勘探开发年报。

试油和地质研究五位一体的勘探方法，把油层压裂作为拿面积、夺高产的重要手段；（3）以寻找马岭和摆宴井类型的油田为主要目标，对条件成熟的油田，努力使之实现复合连片，对有利的找油方向按地质结构采取整体解剖，对一般性的发现进行研究，认识清楚，再进行钻探；（4）石油勘探开发分区域侦查、控制连片和稳产开发三大阶段；（5）复合连片要重视主力油层，油田开发要重视大中型油砂体；（6）钻井取全取准9项资料53个数据，压裂试油取全取准10项资料88个数据；（7）油田开发要坚持"一压、二注、三抽"，对黄土塬区的岩性油田实行"分区布井、总体平衡、大体规划、加钻斜井、先搭骨架、及时调整"的井网原则；（8）抓好基层、基础工作和基本功的锻炼，认真总结工作经验并加以推广。

在上述勘探成果的基础上，1976—1979年先后组织红井子油田和马岭油田的产能建设会战[1]。1978年提交石油地质探明储量 $8407 \times 10^4$ t，累计探明石油地质储量 $9171 \times 10^4$ t；在盆地南部建成9个油田（不含延长油矿5个油田）和15个试采区块，形成年产原油 $140 \times 10^4$ t 的规模。同时，红井子—惠安堡（管径373mm）、惠安堡—石空（管径377mm）全长144km的输油管线及马岭—惠安堡（管径325mm）全长163.8km的输油管线分别于1978年7月1日和1979年6月15日正式竣工输油。在此期间，兰州军区长庆油田会战指挥部先后更名为石油化学工业部长庆油田指挥部、石油化学工业部长庆油田会战指挥部、石油工业部长庆油田会战指挥部。

在长庆油田会战取得丰硕成果的同时，侏罗系古地貌成藏理论也不断得到丰富和完善（杨华，2012）：盆地南部生油面积广，成油条件好，油藏主要受三叠系顶面古地貌的控制，深切的古河道是油气向上运移的主要通道，古地貌坡嘴、河间丘有利于形成披盖压实构造，是油气运聚的有利指向。古地貌成藏理论有效地指导了侏罗系石油勘探，为马岭、华池、元城、城壕等油田的发现奠定了地质基础，实现了盆地周边构造找油向盆地腹部古地貌找油的战略转移，迎来盆地第一个石油储量增长期。

## 第四节  三叠系三角洲、奥陶系岩溶古地貌油气勘探（油气并举）阶段（1980—1999年）

该阶段早期的油气勘探按照"扩大侏罗系、实验延长组、突破古生界、油气并举协调发展"的原则，在盆地本部继续坚持扩大前期侏罗系勘探成果，压开延长组寻找富集区，同时积极侦查河套盆地[2]，开辟西缘、晋西勘探新领域，该时期重点进行侏罗系石油勘探，天然气勘探尚处于探索阶段；中后期随着地质研究和认识的不断提升，通过引进河湖三角洲成藏理论和煤成气成藏理论，油气勘探相继发现并探明了安塞油田、发现了靖边气田，形成了"面上展开、多层发展、油气并举"的勘探新局面；1989年12月16日—18日，长庆石油勘探局召开了鄂尔多斯盆地油气勘探史上具有重要意义的大会，会上提出了"油气并举、协调发展"的战略决策，调整勘探部署思路，实现盆地油气勘

---

[1]  长庆油田，1976—1979年，石油地质勘探开发年报。

[2]  河套盆地的油气勘探于第十五章中详细讲述。

探由以侏罗系找油为主向以三叠系找油为主、中生界找油向古生界找气、下古生界碳酸盐岩找气向上古生界碎屑岩找气3个油气兼探的"战略性转变"。

## 一、石油勘探由侏罗系转向三叠系阶段（1980—1990年）

鄂尔多斯盆地的石油勘探由侏罗系向三叠系发展、开拓陕北地区三叠系三角洲勘探新局面是从20世纪80年代初开始的，当时长庆油田处于勘探开发调整时期，天然气勘探没有取得明显突破和进展，虽然发现了中国当时最大的整装安塞油田，但该油田是典型的特低渗油藏，开发难度大，国内外都没有开发此类油田的先例和经验可借鉴。因此，原油年产量一直都保持在140×10⁴t；投资规模压缩，资金紧张，油田设备老旧破损，自我发展能力微弱，只能维持简单再生产和保证职工工资，职工生活福利也没有多大改善。石油工业部又先后从长庆调出近3万名职工到辽河、中原等油田，职工队伍情绪低落、人心思走，技术干部中也曾一度出现过"一江春水向东流"的倾向，真可谓困境迭出、举步维艰。

面对如此严峻的形势，长庆人并没有怨天尤人、望井兴叹，更没有安于现状、裹足不前，而是积极探索、努力拼搏、锲而不舍，坚持在"磨刀石"上搞勘探、征服低渗透中求发展。

20世纪80年代初期，石油工业部〔83〕油劳字第729号文件决定，将长庆油田会战指挥部更名为长庆石油勘探局。在总结前人对鄂尔多斯盆地石油资源勘探工作的基础上，盆地石油勘探重点转向了较为现实和较有希望的五大油气领域，即盆地南部侏罗系4块有利地区（陕西省的定边、吴起；甘肃省华池的元城、庆阳马岭外围）、盆地西缘复式油气带、盆地北部和晋西古生界煤层气、陕北三叠系延长组三角洲以及外围的河套盆地。按照"扩大侏罗系、试验延长组、突破古生界、油气并举协调发展"的勘探方针，开展综合勘探。

1. 侏罗系油藏的扩大勘探

1980—1990年，在侏罗系勘探中通过研究古地貌油藏模式，深挖细找，在油房庄、吴起、元城、王洼子、马岭、华池、樊家川等区块有了新的收获，含油面积和储量进一步落实。

1）进一步落实已发现油田含油范围

1980年侏罗系完钻探井100口，下套管66口，获日产油10m³以上的油井31口。其中，马岭、城壕、华池、吴起和红井子油田详探井合计67口。仅红井子油田红29井区即完成详探井6口，新增石油地质储量1448×10⁴t。该区是在区域西倾单斜背景上发育的2个鼻褶，延6、延8油层组含油面积较大。除红井子油田外的4个油田，详探中虽未增加储量，但弄清了油层变化，为油田开发提供了资料。

姬塬东坡（包括王盘山、王洼子、长官庙、油房庄等地）预测延安组有边滩相砂体分布，是含油有利地区。1980年，按照"沿河道、追相带、钻残丘"的部署原则，钻探井28口，获日产油10m³以上的油井6口，基本控制了宁陕古河道走向，古河道以西是姬塬高地，古河道与古高地之间的王盘山、王洼子地区均有在古残丘基础上发育起来的鼻状构造。古河道以东是油房庄古低丘，油气受鼻状构造及岩性双重控制。

镇北（演武、西峰一带）完钻侦察探井5口，均失利。初步证实西庆古河西侧不存在延 10 油层组砂岩有利相带。

2）油房庄油田、吴起油田获储量

1981 年完钻侏罗系探井 50 口，获日产油 10m³ 以上的油井 12 口。其中马岭、城壕和华池油田详探井 17 口，获日产油 10m³ 以上的油井 7 口，无储量增长，但为开发准备了接替区块。

油房庄地区是 1981 年拿储量的重点地区，部署探井 19 口，完钻 16 口，获日产油 10m³ 以上的油井 2 口。通过钻探，查明古地貌为近南北向的两隆三凹，延安组构造发育继承了这一格局，发现 4 个富集区块、5 个油层组和 15 个油藏，在延 10 油层组为主力油层组、含油面积较大的定 43、定 60 和定 41 井区 3 个油藏计算石油地质储量。

吴起地区钻探井 11 口，获日产油 10m³ 以上的油井 3 口。以吴 88 井区钻探效果较好，完钻 8 口，获日产油 10m³ 以上的油井 2 口，共有 5 个油层组 9 个油藏，其中以延 10 油层连片性较好。

3）初步查明元城油田

1982 年，成立长庆油田勘探领导小组，加强对勘探工作的领导。在"夺取侏罗系储量不断增长"中，完钻侏罗系探井 56 口，获日产油 10m³ 以上的油井 10 口，新增了石油地质储量，其中元城地区控制延 10 油层组含油面积 6.5km²。

油房庄地区钻井 26 口，获日产油 10m³ 以上的油井 3 口，发现 4 个新油藏，扩大 1 个老油藏；吴起地区钻探井 19 口，获产 10m³ 以上油井 3 口，发现延 9、延 10 油层组出油点 5 个。

五蛟地区古地貌位于古河道中心部位，围绕华 28 井出油点钻探井 4 口，下套管 1 口，试油出水，证实该区油藏面积较小。

4）元城、油房庄和吴起油田储量进一步增加

1983—1984 年，在油房庄、吴起、元城及外围共钻探井 84 口，下套管 53 口，获日产油 10m³ 以上的油井 20 口。油房庄地区获日产油 10m³ 以上的油井 8 口；吴起地区获日产油 10m³ 以上的油井 5 口，已有含油区块的面积略有扩大；元城油田发现东部油层厚度增大，累计含油面积为 8km²；马岭油田东北侧获日产油 10m³ 以上的油井 1 口，证实属古河道中心部位的岩性小油藏；元城至樊家川一带，甩开钻探井 7 口，发现了樊家川油藏（樊 1 井延 9 油层组日产油 21.7m³）；镇北地区，在三岔长轴背斜上以 1～1.5km 井距追踪延 6、延 7 油层组钻探井 3 口，均失利，证实油藏面积不大；西缘断褶带的马家滩至摆宴井一带，侦察断块浅油层钻探井 4 口，下套管 1 口，日产油 1.9m³。

5）肯定樊家川、上里源出油点

1985 年，侏罗系勘探工作量缩减，完钻探井 10 口。其中，樊 1 井出油点钻探井 2 口，进一步肯定出油点的价值；上里源完成里 14 井试油工作，证实该区可获得一定储量。

6）马岭、元城、华池和王洼子油田滚动勘探取得重要进展，发现了白豹油田

1986—1989 年在马岭油田里 14 井区的滚动勘探，探明含油面积 4.8km²，探明石油地质储量 444×10⁴t；1988 年，在岭 29 井以北 900m 部署详探井里 23 井，试油获得工业油流后，以里 23 井区为中心进行滚动勘探，向北、向东钻探的里 24 井和里 25 井均发现侏罗系延 8、延 9 和延 10 油层组，初步控制了含油面积，提交石油地质控制储量达

$100 \times 10^4 t$。

1986—1989 年在元城油田的滚动勘探钻井 6 口，在侏罗系延 10 油层组见到不同含油显示。虽然没有获得工业油流，但是揭示了控制油藏形成的古地貌背景，并落实了古丘嘴位置。1990 年 6 月，沿构造上倾方向追踪，在东北方向部署庆 64、庆 65 井，在庆 64 井延 10 油层组获得日产 25.25t 纯油，庆 65 井产水 $24.1 m^3$，庆 64 井成为元西区发现井；12 月 5 日，在坪庄完钻的庆 101 井是元东区的发现井，在延 10 油层组获得日产 39t 纯油。

1988 年，为追踪华池油田华 27 井延 10 油层组，控制上倾方向含油范围，部署详探井乔 1、乔 2 井；1989 年，为落实华 78 井—华 90 井之间延 10 油层组连片性，部署滚动评价井 2 口，均钻遇延 10 油层组，试油平均单井日产 9.85t，日产水 $24.7 m^3$；1990 年，围绕剖 6 井，以长 3 油层组为目的层进行勘探，提交石油地质探明储量 $300 \times 10^4 t$，综合评价属中产、低丰度的中小型油田；同年，在吴起县白豹乡围绕剖 16 井延 10 油层组的滚动勘探，探明含油面积 $2 km^2$，探明石油地质储量 $123 \times 10^4 t$，从而发现了白豹油田。

1989—1990 年，为进一步扩大和控制王洼子油田元 21 井区延 10 油层组含油面积，相继部署探井 4 口，其中洼 1、洼 4 井在延 10 油层组分别获得日产 8.73t 和 13.32t 工业油流，同时分别在洼 1、洼 3 和洼 4 井延 9 油层组见到含油显示，经试油均获工业油流。

2. 探明整装特低渗透安塞油田

盆地东南部三叠系延长组三角洲含油有利区的勘探，是继 20 世纪 70 年代对侏罗系古地貌披盖油田的勘探取得重大成果并越过储量增长高峰之后的又一次找油突破。通过引进河湖三角洲成藏理论，详细研究盆地三叠系延长组沉积体系、砂体分布、储层演化和油气富集规律，提出了"东抓三角洲、西找湖底扇"的勘探思路（杨华，2012），组织对盆地东部安塞三角洲和盆地西部水下扇的镇北地区三叠系延长组油藏勘探。在 1984—1987 年探明了大型的安塞油田，探井成功率高达 62.3%，从而使延长组成为长庆油田的开发接替层系，后又相继发现了南梁油田长 4+5 油层组，探明了坪北油田。

1983 年 7 月 30 日，由 32756 钻井队在陕西省安塞区谭家营钻探第一口探井——塞 1 井，井深 1300m，在三叠系长 2 油层组试油，获得日产 64.45t 的高产工业油流，成为安塞油田的发现井。与此同时，安塞地区东部、中部的塞 5 井、塞 6 井也分别在长 2、长 6 油层组获得日产 18.2t、11t 的工业油流，开拓了陕北地区三叠系延长组找油新局面。这一勘探成果在 1983 年 8 月西北地区油气勘探会议上受到时任中华人民共和国国务委员康世恩的高度重视。在吴起侏罗系油田吴 143 井兼探延长组上部油层，长 2 油层组井深为 1401～1408m，日产油 $20.7 m^3$，日产水 $0.3 m^3$。在油房庄侏罗系油田定 214 井，兼探延长组上部油层，长 2 油层组井深为 1796～1798m，日产纯油 $22.2 m^3$。

1984 年，在陕北的横山、靖边以南，延安、志丹以北，子长以西，吴起以东 $1 \times 10^4 km^2$ 范围内进行区域勘探和重点勘探拿储量。全年完成地震剖面 74.1km，完钻探井 37 口，获工业油流井 10 口（其中日产油 $10 m^3$ 以上的油井 6 口）。通过 6 条东西向大剖面的钻探，证实安塞三角洲位于湖盆主要物源方向，纵向上砂体多期次、多旋回发育，横向上砂体复合广布，且浊沸石次生孔隙发育，对油气富集有利。到 1984 年底已发现 4 个油气富集区块（塞 1 井区、塞 5 井区—塞 11 井区、塞 5 井区—塞 18 井区和王家窑区），4 个出油层（长 2、长 3、长 4+5 和长 6 油层组），落实 2 块（塞 1 井区、塞 5 井区—塞 8 井区）含油面积 68km²。

1985 年安塞地区完钻探井 46 口，下套管 42 口，获工业油井 24 口，新增含油面积 67.7km²。1986 年，为进一步探明安塞油田，提出"一手抓储量增长，一手抓主要油层试采"的工作部署思路，围绕工业油流探井塞 5、塞 6 和塞 37 井滚动勘探，共钻探井 35 口，新增长 6 油层组探明含油面积 44km²，新增石油地质探明储量 2558×10⁴t，并在安塞三角洲前积砂体中找到坪桥、王窑和侯市 3 个高产区块。1987 年又围绕工业油流探井塞 63、塞 119、塞 37 和塞 5 井滚动勘探，新增长 2、长 6 油层组含油面积 19.6km²，新增石油地质探明储量 1016×10⁴t。1988 年再围绕工业油流探井塞 121 井和塞 127 井滚动勘探，在杏河区塞 40、塞 126 和塞 135 井等探明长 6₁ 油层含油面积 12.5km²，新增石油地质探明储量 423×10⁴t。

从 1983 年发现安塞油田，到 1988 年追踪三角洲主砂体，抓住次生溶孔发育区和相对高渗带，围绕工业油流井滚动勘探，在 2500km² 范围共钻井 121 口（其中探井 99 口、生产井 22 口），进尺 14.7786×10⁴m，试油 101 口，82 口获得工业油流，探明王窑、侯市、杏河、坪桥和谭家营 5 个含油区块。到 1988 年底，安塞油田 5 个含油区块累计探明含油面积 222.8km²，探明石油地质储量 10561×10⁴t，成为鄂尔多斯盆地第一个探明的以三叠系油藏为主、储量上亿吨级规模的大油田，也是当时中国大型整装的低渗透油田之一。

伴随安塞油田的发现，区域地质综合研究不断取得新认识，初步形成了延长组三角洲成藏理论。

安塞油田所处的区域构造属鄂尔多斯盆地伊陕斜坡中东部。该斜坡为向西倾的单斜构造，地层产状平缓，地层倾角小，断层不发育。在岩石差异压实作用下，形成起伏较小的鼻状隆起，成排成群展布。在伊陕斜坡上，由北向南发育 3 排较大的鼻隆褶皱带（大路沟—坪桥、杏河—谭家营和志丹—王窑鼻隆褶皱带），轴向在北部呈东西向，向南逐渐偏移呈北东向，甚至呈北北东向。这些排状鼻隆褶皱带又由多个较小的、次一级的局部鼻状隆起褶皱组成，大路沟—坪桥鼻隆褶皱带由大路沟、坪桥和白庙岔 3 个鼻隆构成；杏河—谭家营鼻隆褶皱带由杏河、侯市和谭家营 3 个鼻隆组成；志丹—王窑鼻隆褶皱带主要由王窑鼻隆构成，王窑鼻隆又由 6 个更次一级的鼻隆和局部小圈闭构造组成，这些更次一级的局部微小构造，呈北东、北西、东西和北东—南西向。此外，局部区域储层存在少数微细垂直裂缝，缝内常为方解石半充填，这对于改善油层物性、注采井组油井见效方面和见效程度上起到一定作用。这些鼻状隆起和微细裂缝的存在与由沉积相变引起的岩性变化有机结合，构成大面积成藏、局部富集的构造—岩性油藏。

安塞油田属内陆湖泊三角洲大油田，储层分布在中生界的侏罗系延安组和上三叠统延长组。延安组储层为一套以河流相、河流沼泽相和湖泊沼泽相为主的多旋回砂泥间互夹煤层沉积，仅在安塞油田南部呈点状分布，连片性差，面积小，油层物性较好。延长组储层是一套河流相、内陆湖泊相及三角洲相砂岩体，平面上多期砂体叠合连片，面积大，但渗透率低，油水分异程度低，油层产能低。常规钻井无初产，需压裂改造才具有工业油流，是典型的低渗、低压、低产油藏。

## 二、石油储量快速增长阶段（1991—1999 年）

该阶段长庆石油勘探局提出"有油找油、有气找气、油气兼探"的勘探思路，发现并探明中国当时最大的、探明石油地质储量最多的特低渗透靖安油田，还发现了镇北、绥靖等油田；同时安塞油田的滚动勘探和侏罗系老油田的滚动勘探（华池、城壕、樊家川、元城、吴起、庙湾等）也取得新的进展，石油储量大规模增长，新增石油地质探明储量 $53229 \times 10^4 t$，特别是 1995 年以来累计探明 $51314 \times 10^4 t$，迎来盆地第二个石油地质储量增长高峰期。

### 1. 发现及探明靖安油田

亿吨级储量安塞油田的发现证实鄂尔多斯盆地三叠系大型复合三角洲是石油勘探的主战场之一。1990 年在靖边气田勘探中，先后在陕 60、陕 62、陕 77、陕 79、青 1 等气探井中发现延 7、延 8、延 9、长 2、长 6 等油层组，引起了油田领导的高度重视，认为陕北除安塞三角洲，可能还有另外的三角洲，如果这些三角洲都含油含气，无疑将成为鄂尔多斯盆地潜力巨大的油气勘探领域。1994 年 4 月 15 日—17 日，中国石油天然气总公司在长庆召开第五次加快陕甘宁盆地油气勘探开发技术座谈会，会议要求长庆"在搞好天然气勘探的同时，要加大石油勘探的力度"，决定在安塞坪桥以北、靖边以南 $3500 km^2$ 的范围内，由中国石油天然气总公司勘探局新区事业部投资，依托长庆石油勘探局进行风险勘探。1994 年 8 月 22 日，长庆石油勘探局抽调地质、工程技术人员组成陕北中生界勘探项目经理部，按项目管理新机制，全面铺开了靖安油田的勘探。陕北中生界勘探项目经理部按照勘探局的部署，整体评价陕北志靖地区，确定 3 个三角洲分支体系，发现 3 个有利含油气聚集区带，即东部镰刀湾西—张渠、中部大路沟—五里湾和西部新城含油区带，并按照三角洲砂体控油规律，立足延长组兼探侏罗系、立足纵向上多层复合、横向上多油藏连片，沿主砂带展开勘探，以三叠系长 6、侏罗系延 9 和延 10 油层组为目的层进行详探。1995 年，初步确定志丹—靖边三角洲西部的新城—红柳沟砂体发育带，在长 6 油层组探明含油面积 $164.9 km^2$，探明石油地质储量 $9236 \times 10^4 t$。1995—1999 年在靖安油田共钻探井 194 口，进尺 $35.5636 \times 10^4 m$，探明 25 个含油区块，探明含油面积 $427 km^2$，探明石油地质储量 $25516 \times 10^4 t$。每吨储量成本仅为 3.01 元，从而开创了鄂尔多斯盆地低渗透岩性油藏高效勘探的先河。

地质综合研究和钻探表明，靖安油田区域构造位于鄂尔多斯盆地伊陕斜坡带中东部、志丹三角洲的前缘，是以三叠系油藏为主的油田。含油层位以三叠系长 6 油层组为主，西部可兼探侏罗系的延 9、延 10 油层组，东部可兼探三叠系长 2、长 4+5 油层组。长 4+5、长 6 油层组埋深为 $1560 \sim 1905 m$，储集体为三角洲平原分流河道、三角洲前缘水下分流河道和前缘河口坝砂体，单砂体厚度 $10 \sim 30 m$，呈北东—南西向条带状展布，为一套灰色细粒、中细粒硬砂质长石砂岩，有效孔隙度为 12.8%，渗透率为 1.43mD；延安组埋深 $1050 \sim 1386 m$，延 10 油层组为灰白色粗、中、细粒岩屑质长石砂岩；延 9 油层组为灰白色细、中粒岩屑质长石砂岩，均系构造—岩性油藏，平均有效孔隙度为 17.1%，渗透率为 269.33mD。原始地层压力为 $6.85 \sim 11.47 MPa$，饱和压力为 $0.31 \sim 7.64 MPa$。

### 2. 发现绥靖、镇北新油田，探明胡尖山、演武和王洼子油田

在勘探靖安油田时，完钻的 G47-10 井在侏罗系延 9、三叠系长 2 油层组发现含油

显示。1999 年，在该井以南以了解侏罗系延安组构造、岩性和含油特征为目的部署 2 口探井，其中，杨 1 井钻遇长 $2_1^3$ 油层，试油日产油 21.8t、日产水 12.8m³；杨 2 井钻遇延 9 油层组，试油日产油 0.5t、日产水 37m³，由此发现了绥靖油田。

1993—1994 年，长庆石油勘探局组织相关技术人员经过研究，认为镇北地区长 3 油层组大面积展布，决定以长 3 油层组为主要勘探目的层，兼探延 8、延 9 油层组，共计部署探井 12 口，完钻探井 11 口，获工业油流井 8 口，其中长 $8_1$ 油层获工业油流井 3 口（镇 6、镇 8 和镇 12 井），长 $3_2$ 油层获工业油流井 4 口（镇 7、镇 11、镇 13 和镇 14 井），长 $3_1$ 油层获工业油流井 1 口（镇 15 井），发现了镇北油田；1995 年钻探的镇 17 井发现长 $3_2$ 油层、镇 18 井发现延 8 油层组，在镇 17 井探明长 3 油层组含油面积 19.3km²、探明石油地质储量 373×10⁴t；1996 年，在镇 18 井区探明延 8 油层组含油面积 1.7km²、探明石油地质储量 100×10⁴t；探明延 9 油层组含油面积 2.3km²、探明石油地质储量 132×10⁴t；1997 年，镇北油田庆 31 井区长 $8_1$ 油层新增石油地质控制储量近 500×10⁴t，镇北油田含油面积不断扩大。

在此期间，胡尖山地区探明了 12 个含油区块，探明含油面积 49.9km²，探明石油地质储量 2711×10⁴t，发现并探明胡尖山油田。通过重新评价演武地区出油井点，筛选演 3 和庆 20 井区进行滚动勘探开发，获得了侏罗系高产叠合含油富集区，新增石油地质探明储量 219.92×10⁴t，探明了演武油田；在王洼子地区的滚动勘探也取得较好效果，新增石油地质探明储量 291×10⁴t，探明了王洼子油田。

3. 安塞油田和侏罗系老油田滚动勘探取得新进展

1）在开发中滚动扩边，安塞油田石油地质探明储量突破 2 亿吨

1990—1997 年，安塞油田进入全面开发建设阶段，在此期间（1989—1995 年），安塞油田的石油地质探明储量基本没有多大变化。20 世纪 90 年代后期，技术人员深入研究安塞油田的地质特征、开发动态，坚持"勘探开发一体化"、把评价勘探与滚动开发结合起来，不断扩大油田探明含油面积，不断增加石油地质探明储量。1996—1999 年，长 6、长 4+5 油层组新增含油面积 280.4km²，新增石油地质探明储量 9024×10⁴t；浅油层长 2、长 3 油层组新增含油面积 81.3km²，新增石油地质探明储量 3574.4×10⁴t。整个安塞油田探明石油地质储量达到 23159.2×10⁴t。

2）侏罗系老油田滚动勘探石油地质探明储量不断增加

1991—1999 年，华池油田以侏罗系油层为勘探目的层进行滚动勘探，共计探明含油面积 56.0km²，新增石油地质探明储量 3344.0×10⁴t；城壕油田新增探明含油面积 11.9km²，新增石油地质探明储量 421.0×10⁴t；樊家川油田新增探明含油面积 27.8km²，新增石油地质探明储量 822.0×10⁴t；元城油田新增探明含油面积 26.4km²，新增石油地质探明储量 1611.0×10⁴t；吴起油田新增探明含油面积 7.4km²，新增石油地质探明储量 331.0×10⁴t。

## 三、天然气勘探突破阶段（1980—1990 年）

1. 天然气勘探探索时期

该阶段的前期（1980—1985 年），天然气勘探都是伴随着石油勘探而发展，并以寻找构造气藏为出发点。1980—1981 年先后投入 21 个地震队和 8 部钻机，全年完成 6 次

约 698.6km² 的覆盖剖面，完成探井 8 口（龙 1、任 4、天深 1、庆深 2、马 62、金深 1、黄深 1 和新耀 2 井），其中天深 1 井进入奥陶系 160m 内钻时变快两段、井漏一次，取心的砾屑灰岩裂缝中可闻到油味。由于无深井中途测试手段，未能及时认识油气层。在上古生界钻井中遇到的油气显示较广泛，层位主要集中在石盒子组。完钻的龙 1、龙 2 井证实龙门构造为一断块隆起，由于下古生界剥蚀较多，认为无进一步勘探的必要。

1982 年，在西缘断褶带的横山堡和伊盟斜坡南部进行地震半详查和区域普查，完成 773.8km，并在横山堡的三眼井及胜利井南断块上布任 5、任 6 井，钻进中分别在石盒子组、山西组和石千峰组见油气显示；任 4 井继 1982 年在石盒子组试出日产 $3.95 \times 10^4 m^3$ 天然气后，是年，又在山西组获日产天然气 $0.3 \times 10^4 m^3$，凝析油 69kg；1983 年任 6 井石盒子组又试出日产气 $7.82 \times 10^4 m^3$，凝析油 2.38m³，从而落实了胜利井构造带的含气情况。

1984—1985 年主要对西缘断褶带和盆地中东部古生界煤成气进行勘探，探明了刘家庄和胜利井 2 个气田。在横山堡、马家滩地区通过地震勘探发现了多个构造圈闭，在胜利井气田北半斜坡高部位部署的任 11 井在石盒子组试气获 $25.86 \times 10^4 m^3$ 高产工业气流；同时对晋西地区开展地震和钻井工作，完钻 3 口（楼 1、蒲 1 和吉 1 井），证实该区石盒子组、山西组有含气显示，不足之处是储层物性差、厚度薄。

上述勘探虽然找到刘家庄、胜利井、直罗等气田和一些含气构造，也获得过一些工业气流井，但由于都是摸着构造顶部打井、断块破碎、圈闭面积小、气藏保存条件差，不能形成含气规模区，加之投资额度、技术手段和装备条件等限制，使天然气勘探没能取得大的突破和进展。在当时中国的能源消费结构中，煤炭占 67%，石油占 20%，天然气只占 3.4%，远远低于世界平均水平（23.5%）。发达国家天然气生产消费水平更高，美国天然气年产量达到 $5000 \times 10^8 m^3$ 以上；俄罗斯天然气年产量达到 $6000 \times 10^8 m^3$，仅莫斯科市天然气年消费就达到 $300 \times 10^8 m^3$。同这些天然气生产和消费大国相比，中国还处在天然气时代的初级发展阶段，中国石油与天然气产量比值低，约为 13：1，严峻的现实表明中国急需发展天然气工业。

2. 天然气勘探重大突破时期，发现了中国第一个大气田——靖边气田

为了改变中国能源结构和鄂尔多斯盆地天然气勘探的现状，1986 年 1 月 2 日，时任石油工业部和中华人民共和国国家计划委员会相关领导在北京听取长庆油田"七五"规划汇报时，就要求加快天然气勘探步伐，立足盆地西缘冲断带一万多平方千米的有利地区，着眼于发现高产大气田。随后长庆石油勘探局确定，1986 年要打好天然气勘探、石油稳产、科研攻关和多种经营 4 个"硬仗"，同年，在盆地西部天池构造上部署的第 2 口探井（由钻井二公司 6015 钻井队钻探）天 1 井中途测试获得日产 $16.4 \times 10^4 m^3$ 的工业气流；在盆地东部部署的洲 1 井（由钻井二公司 32701 钻井队钻探），试气也获得日产 $4.56 \times 10^4 m^3$ 的工业气流。1986 年 10 月 24 日，时任石油工业部领导在北京听取勘探局汇报时，进一步强调油气勘探并重的方针，从区域着眼，把重点放在天池附近天环向斜 $2.8 \times 10^4 km^2$ 的范围内，寻找大的含气区。

1987 年 3 月 23 日—4 月 11 日，中国石油工业长庆天然气代表团出访中欧五国，与欧洲经济共同体签订"关于陕甘宁盆地合作区块天然气勘探开发技术合作计划"。1987 年 5 月 3 日，勘探局成立了天然气勘探前线指挥部，组织协调天环向斜北端的天池地区

和盆地东部的镇川堡、子洲等地区的勘探。与此同时，承担了国家"六五"科研攻关项目"陕甘宁盆地上古生界煤层气藏形成条件及勘探方向"和"我国煤系的气油地球化学特征、煤成气藏形成条件及资源评价"，经过三年多攻关研究，基本认识了盆地古生界天然气成藏特点，改变了以往在单一构造思想指导下找气的局面，并对盆地含气领域做出科学预测，明确提出"1个平缓构造群"（指天环坳陷北段天池一带的小幅度穿隆构造群）、"2个相变带"（中央古隆起北端东侧靖边—绥德奥陶系云坪相变为盐膏相的相变带和渭北隆起东段北侧永寿—宜川奥陶系由海相灰岩相变为云坪相、盐膏相的相变带）、"4个复合区"（陕北地区奥陶系盐上、盐下、盐间成气复合区，盆地西部断褶带前缘及三角地带成气复合区，盆地北部上古生界、下古生界成气复合区和盆地西部断褶带滑脱面之上、下成气复合区）是天然气勘探的主要领域。这2项科研项目于1985年荣获国家"六五"科技攻关先进项目奖。勘探局及时调整勘探部署，将找气重点由西缘断褶带、晋西挠褶带转向盆地中部，实施天然气勘探的重大战略转移。

20世纪80年代初期，随着二维地震资料处理精度提高，在地质图上中央古隆起轮廓越来越清晰，地质专家们也越来越重视研究中央古隆起，认为中央古隆起面积大约 $6 \times 10^4 km^2$，呈北高南低的趋势，下古生界碳酸盐岩比较发育，是天然气富集的有利地区。

1987年5月19日，由石油工业部勘探开发研究院测井、地质专家与石油物探局有关人员共同研究，初步将探井井位定在806测线与87752测线交点上，海拔高度为1320.88m；5月28日，石油工业部勘探开发研究院和长庆石油勘探局共同完成了最终井位的确定，这就是1987年石油工业部确定的全国十口科学探井之一的陕参1井；12月，石油工业部勘探开发研究院完成了陕参1井的相关设计，井深4500m。1988年1月24日，陕参1井开钻，承钻方是长庆石油勘探局第三钻井公司6042钻井队，四川石油管理局负责地质和工程监督；11月，陕参1井钻至下古生界奥陶系顶部，在3441～3472.56m处的奥陶系风化壳发现了气层特征，但现场气测、地质录井均无油气显示，驻井人员结合岩心观察提出中途测试建议，后经过各方专家激烈讨论，科学探索井领导小组决定进行中途测试；12月3日，中途测试获日产 $5.98 \times 10^4 m^3$ 工业气流。1989年3月23日在4068.45m提前完钻，层位为奥陶系马五段，1989年6月经酸化压裂，获得日产 $13.9 \times 10^4 m^3$、无阻流量 $28.3 \times 10^4 m^3$ 的高产工业气流，使鄂尔多斯盆地天然气勘探获得重大发现，打破了鄂尔多斯盆地多年的沉寂，结束了长期以来"井井有油、井井不流"的局面。1989年下半年又部署3口探井，形成40km的含气剖面和相应的含气面积，其中1989年8月13日完钻的榆3井经酸化压裂，获得日产 $9.49 \times 10^4 m^3$、无阻流量 $13.8 \times 10^4 m^3$ 的高产工业气流。

从陕参1井重大发现到榆3井出气，标志着鄂尔多斯盆地天然气勘探取得重大发现和突破——发现靖边气田，从此拉开了长庆气区天然气勘探的序幕，使盆地实现了由中生界找油转向古生界找气、油气兼探的转变。

1990年，长庆石油勘探局按中国石油天然气总公司关于加快鄂尔多斯盆地天然气勘探的指示，提出了"油气并举，协调发展"的战略决策，对盆地中部3200km²的范围进行勘探，完钻探井11口，8口井获得工业气流，其中陕5、陕6井先后经酸化压裂，分别获得日产无阻流量 $110 \times 10^4 m^3$、$126 \times 10^4 m^3$ 的高产工业气流，由此靖边气田勘探获得重大突破。1990 年 6 月 21 日，新华通讯社报道《陕甘宁盆地天然气勘探获得重大成果》，中央人民广播电台用 6 种语言播发这一新闻，引起国内外广泛关注；12 月，长庆石油勘探局成立了由专家、科研人员、政工干部组成的前线指挥部，调集 5000 多名职工、300 多台设备，组成地震、钻井、测井、试气和地质综合研究五位一体的勘探队伍，在靖边—横山一带 3200km² 的范围内展开天然气勘探会战。

## 四、天然气储量快速增长阶段（1991—1999 年）

该阶段，长庆石油勘探局刚渡过勘探开发调整时期，跨入大发展阶段，加快了天然气勘探步伐，以探明中国当时最大的整装低渗透气田——靖边气田，并实施天然气勘探向新领域、新区域、新层系拓展，又探明榆林、乌审旗等气田，还发现了子洲、米脂、神木等上古生界气田，探明储量成倍增长，累计探明天然气地质储量 $3385.27 \times 10^8 m^3$，迎来了盆地第一个天然气地质储量增长高峰期。

1. 靖边气田勘探会战

该阶段，长庆石油勘探局组织制定了"地面服从地下、工程服从地质、部署服从效益"和"以中央古隆起为主，兼顾其邻区；以下古生界为主，兼顾上古生界；以奥陶系风化壳为主，兼顾盐下"的"三个服从""三为主、三兼顾"勘探原则，采用地震、钻井、测井、试气和地质综合研究五位一体的综合勘探方法与技术手段，对会战区域整体解剖，在"探规模、定类型、搞清成藏基本条件"基础上，控制气田面积，查明气藏控制因素，增加天然气地质控制储量。从 1991—1994 年，靖边气田经过 4 年的勘探会战，含气范围展布格局基本明朗，气田规模基本清楚。截至 1994 年底，完钻探井 181口，试气 179 口，获工业气流井 91 口，累计探明含气面积 3781km²，探明天然气地质储量 $2058.25 \times 10^8 m^3$，跻身世界第 83 位大气田。到 1999 年底，靖边气田探明含气面积 4314.12km²，探明天然气地质储量 $2345.75 \times 10^8 m^3$，三级储量接近 $5000 \times 10^8 m^3$，成为中国当时最大的、世界级整装低渗透大气田。

靖边气田区域构造位于鄂尔多斯盆地伊陕斜坡中部、中央古隆起东北侧的靖边—横山一带，为一宽缓的西倾斜坡，坡降一般为 3～10m/km。白垩纪，盆地东抬西降，区域构造成为西倾斜坡，奥陶系的岩盐、石膏沉积相随之变为构造上倾部位的区域性油气遮挡。因此，古隆起与古坳陷、古坳陷与今斜坡、运聚场与遮挡带配套，发育成靖边气田基本构造，具有下古生界奥陶系马家沟组海相碳酸盐岩和上古生界石炭系、二叠系海陆过渡相煤系地层暗色泥岩及石灰岩 2 套烃源岩，埋深为 3500m 以深。下古生界奥陶系风化壳碳酸盐岩是靖边气田的主要储层，气藏具有大面积、低丰度、深埋藏、中低产、无明显边底水和压力偏低的特点，为层状孔洞—裂缝型储层、地层—岩性复合圈闭风化壳气藏。

基于以上认识，以煤成气理论为指导，通过不断深化地质研究，初步形成了碳酸盐岩岩溶古地貌成藏理论（杨华，2012）：奥陶系古风化壳上、下分布的石炭系—二叠系和奥陶系 2 套烃源岩提供了充足的气源；奥陶系马五段发育的大面积含膏云岩，经历了 1 亿多年的风化淋滤，形成了有效溶蚀孔洞储层；东侧古沟槽充填石炭系泥质岩和古岩溶洼地成岩致密带构成上倾遮挡，形成了大型古地貌（地层）—成岩（岩性）复合圈闭，具备形成大型气藏的地质条件。正是在该理论认识的指导下，天然气的勘探思路"由盆地周边到腹部、由陆相到海相、由构造圈闭到地层—岩性圈闭"发生了转变，推动勘探取得重大突破。靖边气田的发现突破了构造圈闭找气的勘探思路，实现了盆地勘探的第三次重大战略转移，开拓了碳酸盐岩岩溶古地貌找气的新领域，丰富了中国海相碳酸盐岩天然气地质理论，开创了油田"油气并举、协调发展"的新局面。

2. 榆林、乌审旗、神木、米脂等地区天然气勘探获得新突破

在靖边气田勘探中，先后部署在榆林、乌审旗、靖边—神木、米脂等地区的探井，相继在上古生界获得工业气流。油田技术专家通过研究，提出了"上、下古生界兼探"的勘探部署思路，将勘探重点向新领域、新区域、新层系转移，在榆林、乌审旗、神木、米脂等地区获得上古生界天然气勘探新突破，发现一批上古生界气田。

1990—1995年，在靖边气田的勘探中，部署在榆林地区的陕9、陕140、陕141等井相继在上古生界二叠系山2段见到气层，其中陕9井山2段获日产无阻流量 $15.04 \times 10^4 m^3$ 的工业气流，成为榆林气田的发现井；陕141井山2段获得日产 $76.78 \times 10^4 m^3$ 的高产工业气流，标志着榆林地区上古生界勘探的重大突破，使天然气勘探由下古生界逐步转向上古生界。到1999年底，提交天然气地质探明储量 $737.2 \times 10^8 m^3$。在此期间，部署在乌审旗地区的召探1井盒8段试气获得日产 $7.57 \times 10^4 m^3$ 的无阻流量，陕175井马五$_1$亚段获得日产无阻流量 $45.36 \times 10^4 m^3$ 的高产工业气流，开拓了乌审旗地区勘探新局面。1997年完钻的陕231井盒8段试气获得日产无阻流量 $24.9 \times 10^4 m^3$ 的高产工业气流，随后相继完钻的陕234、陕235、陕239、陕243、陕244、陕246等井在下石盒子组或马家沟组均获得工业气流，使乌审旗气田探明储量规模进一步扩大。

1996—1999年长庆石油勘探局根据地质综合研究成果，决定加大盆地东部浅层天然气勘探，先后在神木地区 $1500 km^2$ 范围内钻探36口井，16口井获得天然气流，并首次在石千峰组发现工业气流，证实该区是个埋藏浅、多气层复合含气的岩性气田，探明天然气地质储量 $358 \times 10^8 m^3$，天然气地质控制储量达百亿立方米。与此同时，通过榆14井钻探和老井重新试气，结合地震储层横向预测综合描述等成果，米脂地区盒8段提交百亿立方米储量。

上述勘探成果的取得益于三角洲复合成藏理论认识的形成和指导：石炭系—二叠系煤系地层生烃能力强，气源充足；山西组、石盒子组三角洲分流河道储集砂体广泛分布；上覆的泥岩岩性致密，封盖能力强，与上倾方向的泥岩构成大型岩性圈闭，是天然气富集的有利场所。实现了盆地勘探的第四次重大战略转移：下古生界碳酸盐岩找气向上古生界碎屑岩找气的转移，先后发现了榆林、乌审旗、神木、米脂等大气田，为上古生界天然气的规模开发奠定了基础。

1999年，中国共产党中央委员会、中华人民共和国国务院实施"西部大开发"战略决策，决定建设"西气东输"管道工程，修建从新疆维吾尔自治区境内的塔里木气田，经长庆气区至上海的长输管道。根据中国石油天然气集团公司的安排部署，长庆气区至上海段为一期工程，要求于2003年10月1日前将长庆的天然气作为先锋气输往上海及华东地区。2000年3月17日，长庆石油勘探局成立了气田产能建设领导小组，在加快气田建设的同时，坚持"勘探开发一体化"，在靖边、榆林等气田滚动扩边，增储上产。2000年2月28日—3月1日、3月15日—17日和3月27日—29日、7月17日—18日、10月18日—21日，中国石油天然气集团公司、中国石油天然气股份有限公司和中加阿

尔伯达石油中心（CAPC）连续在长庆召开一系列会议，研讨鄂尔多斯盆地天然气、深盆气的勘探开发技术。

该阶段，随着靖边、榆林等气田的探明和滚动扩边，共探明古生界含气面积 5842km$^2$、探明天然气地质储量 3385.27×10$^8$m$^3$，9 年内，每年储量增长 300×10$^8$～400×10$^8$m$^3$，天然气储量快速增长，迎来了盆地第一个天然气储量增长高峰期。

# 第五节　大型岩性油气藏勘探（快速上产）阶段
## （2000—2012 年）

1999 年 9 月，根据中国石油天然气集团公司批复进行企业重组改制，将原长庆石油勘探局核心业务剥离，通过重组改制成立长庆石油勘探局和中国石油长庆油田公司，长庆石油勘探局与中国石油长庆油田公司分开、分立，对外统称长庆油田；2008 年 2 月 26 日，中国石油长庆油田公司与长庆石油勘探局进行专业化重组，油田公司跨入加快发展的新时期。

该阶段前期，中国石油长庆油田公司按照中国石油天然气集团公司提出的"稳定东部、发展西部"的战略，在总结前人对鄂尔多斯盆地油气资源勘探开发经验的基础上，提出并坚持具有哲学内涵的"三个重新认识"（重新认识鄂尔多斯盆地、重新认识长庆油田的低渗透、重新认识我们自己）和快速发展基本思路、发展战略；2008 年，中国石油长庆油田公司又按照中国石油天然气集团公司"发展大油田、建设大气田，把鄂尔多斯盆地建设成我国重要的石油天然气生产基地"的总体要求，制定了长庆油田实现 5000×10$^4$t 油当量油气产量的发展规划，确立了"2009 年年产油气产量达到 3000×10$^4$t 油当量、2015 年达到 5000×10$^4$t 油当量，在西部建成又一个大庆"的发展目标。在实际勘探过程中，坚持把地质理论创新作为突破口，在早期"盆地有多大、油气范围就有多广"的经验认识和 20 世纪末期"满盆气、半盆油"平面分布认识的基础上，不断解放思想、大胆创新，挑战特低渗透，构建辫状河三角洲成藏模式、退覆式三角洲沉积模式，创立湖盆中部成藏理论和多层系复合成藏理论（杨华，2012），指导西峰、华庆、姬塬等油田和合水、镇原等地区勘探取得重大突破和重大进展；进一步完善大型三角洲岩性油藏成藏理论和勘探主体技术，石油勘探范围进一步拓展；天然气勘探形成"上古生界致密气藏全盆地分布、下古生界碳酸盐岩风化壳大面积分布、奥陶系中下组合局部富集的多套成藏组合分布"的新认识，创立大型致密气藏成藏理论和盆地东部上古生界多层系复合成藏理论（杨华，2012），为苏里格、榆林、乌审旗、子洲、米脂、神木等气田的发现奠定了基础，在区域上形成了海相碳酸盐岩气藏和区域大面积岩性气藏等地质新认识，拓展了下古生界天然气勘探新领域；成功实现了盆地油气勘探的第五次战略转移：低渗透油气藏向超低渗透油藏和致密气藏的转移。地质理论的创新形成了对盆地油气资源宏观、立体、全方位的新认识，引领盆地大型岩性油气勘探不断取得大突破和新发现，为油气田勘探开发的良性接替打下了坚实的基础。在该阶段，长庆油田油气地质探明储量和油气产量实现了快速及跨越式增长：累计增加探明石油地质储量 226201.07×10$^4$t、平均年增加 17400.08×10$^4$t，累计增加天然气地质探明储

量 $21515.62 \times 10^8 m^3$、平均年增加 $1655.05 \times 10^8 m^3$，2007—2012 年累计增加基本天然气地质探明储量 $28899.15 \times 10^8 m^3$、平均年增加 $4816.525 \times 10^8 m^3$；油气产量于 2003 年突破 $1000 \times 10^4 t$ 油当量、2007 年实现 $2000 \times 10^4 t$ 油当量、2009 年攀上 $3000 \times 10^4 t$ 油当量、2011 年跨越 $4000 \times 10^4 t$ 油当量。

## 一、石油勘探

### 1. 探明了西峰、姬塬亿吨级大油田

西峰油田的勘探始于 20 世纪 70 年代长庆会战初期，经历了几上几下的艰苦历程。1997 年，在固城川完钻的固 1 井试油日产纯油 11.08t，提交探明含油面积 $7.3 km^2$，探明石油地质储量 $139.0 \times 10^4 t$。进入 21 世纪后，中国石油长庆油田公司提出了"重上老区、重上露头、重翻老资料"的研究思路，并且随着综合研究的不断深化和工艺技术的不断提高，对盆地西南部石油成藏取得新认识：西峰地区长 8 油层组发育辫状河三角洲前缘水下分流河道、河口坝，长 6、长 7 油层组发育深湖油页岩及滑塌浊积扇沉积；长 8 油层组主要发育"上生下储"型生储盖组合，长 7 油层组油页岩既是主要烃源岩，又是长 8 油层组油藏的区域盖层；垂向上长 8 油层组与长 7 油层组存在明显的过剩压力差，具备油气向下运移的动力条件，横向上西峰地区处于流体低势区，为油气运移的有利方向；在该背景下，大型砂岩储集体与上倾方向致密遮挡的配置，形成了典型的辫状河三角洲沉积的大型岩性圈闭油藏。

2001 年，在白马区部署的西 17 井压裂获日产纯油 34.7t 高产工业油流，西 17 井的重大发现拉开了西峰地区大规模石油勘探序幕；2002 年，以白马、板桥和董志 3 个区为重点部署探井 57 口，钻遇长 8 油层组井 46 口，获工业油流井 33 口，单井试油平均日产 19.73t，新增探明含油面积 $84.7 km^2$，新增石油地质探明储量 $3954 \times 10^4 t$，勘探成果显著。2002 年 12 月 12 日，《西峰油田的发现和综合勘探技术》被中国石油天然气集团公司列为 2002 年度石油勘探"十项重大突破"之首；中国石油长庆油田公司按照"勘探开发一体化"和"超前勘探、精细评价、整体部署、分步实施"的思路，通过勘探实施，新增石油地质探明储量 $7447 \times 10^4 t$；2004 年新增石油地质探明储量 $6710 \times 10^4 t$，同时在西峰油田周边的勘探也获得了好的效果，2004 年 5 月 27 日，新华通讯社发布在中国西部陇东地区发现西峰油田的消息，并称之为中国石油近十年来找到的第一个大油田，接着路透社、中国新闻社等国外媒体相继报道；2005 年，油藏评价向庆阳转移，并在西峰东西两侧新增长 6、长 8 油层组控制含油面积 $196.74 km^2$，新增三级储量 $1.5 \times 10^8 t$。

2008 年以来，在陇东地区坚持"发展侏罗系、突破三叠系、主攻低渗透"的思路指导下，长 8 油层组含油富集区进一步落实，储量规模达 $5 \times 10^8 t$；落实长 3 油层组含油面积 $350 km^2$，储量规模达 $1 \times 10^8 t$；长 4+5 油层组发现 6 个含油富集区；长 9 油层组新层系发现多个有利区，揭示延长组下部含油组合具有较大勘探潜力；同时在长 7 油层组致密油勘探过程中发现并落实多个有利区，致密油水平井体积压裂攻关试验在中国石油首次获得重大突破，阳平 1、阳平 2 井在长 $7_2$ 油层分别获得日产 105.83t、87.64t 的高产工业油流，为盆地非常规油藏评价打开新局面，从此揭开了盆地水平井体积压裂、开发低渗透油气藏的新篇章。随后又在阳平 3 井—阳平 10 井等 8 口水平井体积压裂获得上百立方米以上工业油流，投产单井日产 10t 以上。截至 2012 年底，西峰油田累计探明石

油地质储量达 $23966.92 \times 10^4$t。

姬塬油田的勘探经历过"六上五下"的艰辛历程。即 1968—1969 年玉门石油管理局银川石油勘探指挥部寻找侏罗系油藏的区域勘探，1970—1971 年玉门石油管理局陇东石油勘探指挥部和长庆会战指挥部对姬塬北部侏罗系的勘探，1972—1976 年长庆会战指挥部对姬塬东部侏罗系的勘探，1979—1981 年对姬塬南坡侏罗系的勘探，1997—2000 年中国石油长庆油田公司对姬塬延长组上部油层的勘探。虽然前后发现过油层，提交过 $3410 \times 10^4$t 地质储量，但因该区油藏复杂、储层物性差，没能取得突破。随着石油勘探的不断深化，中国石油长庆油田公司地质专家通过分析大量岩心和沉积特征，类比预测湖盆东北三角洲演化迁移规律，结合老井资料复查、试油，决定重上姬塬。2001 年，在该区探明 4 个小型侏罗系延安组油藏，新增石油地质探明储量 $188 \times 10^4$t，拉开了"六上姬塬"的勘探序幕。2002—2005 年，在该区以研究为先导：长 4+5 油层组沉积期虽是继长 7 油层组沉积期之后的一个短暂湖侵期，但仍发育有三角洲储集砂体，具有与长 6 油层组类似的成藏地质背景，姬塬地区是东北三角洲空间上迁移、时间上持续发育的最有利地区，长 4+5 油层组处于三角洲前缘砂体最发育的地区，具备良好的勘探前景；勘探过程中采取地震、钻井、测井、油层改造和单井试采五位一体综合勘探方法，取得重大突破：自东向西发现吴仓堡、铁边城、堡子湾和麻黄山等 4 个长 4+5 油层组含油砂带，初步落实了铁边城、堡子湾和小涧子 3 个亿吨级储量目标，同时在长 2、长 6 油层组也取得新发现，截至 2005 年底，铁边城三级储量合计达 $1.3 \times 10^8$t，在盆地西北部姬塬地区发现了姬塬油田，姬塬油田勘探的重大突破，荣获中国石油天然气集团公司 2005 年度重大发现一等奖。

2006 年，在姬塬地区采取整体评价与立体评价相结合的勘探思路，当年提交石油地质探明储量 $16934 \times 10^4$t、控制储量 $5000 \times 10^4$t、预测储量近 $1.0 \times 10^8$t，三级储量达 $3.0 \times 10^8$t，标志着鄂尔多斯盆地又探明一个超亿吨级的整装特低渗透大油田（窦伟坦等，2010；付金华等，2013b）。"姬塬地区石油勘探突破及综合勘探技术"荣获中国石油天然气集团公司 2006 年度技术创新二等奖、中国石油天然气股份有限公司科技创新一等奖；2007 年，通过储量升级又新增石油地质探明储量 $1.18 \times 10^8$t；2008 年，在堡子湾南、铁边城北和吴仓堡整体评价中，新增石油地质探明储量 $1.19 \times 10^8$t，同时在延长组下部的组合评价也取得重要进展，在长 7 油层组发现罗 38、安 81 和黄 14 3 个高产富集区块；2009 年，在姬塬油田不断扩大长 4+5、长 6 油层组勘探评价的基础上，又发现长 8 油层组整装储量区，新增石油地质预测储量 $2.15 \times 10^8$t；2010 年，在加大长 4+5、长 6 油层组勘探的同时，坚持立体勘探，长 8 油层组新增石油地质控制储量 $2.05 \times 10^8$t，新增石油地质预测储量 $2.6 \times 10^8$t，长 8 油层组油田的勘探成效荣获中国石油天然气股份有限公司 2010 年度重大发现一等奖，此间，长 9 油层组新层系勘探也有重大发现，2011 年，新增石油地质探明储量 $2.1 \times 10^8$t；2012 年，长 4+5 油层组新增石油地质预测储量 $3.5 \times 10^8$t，进一步落实了长 6 油层组 3.0 亿吨级储量规模的复合含油区和长 7 油层组致密油藏含油面积，新增长 8 油层组石油地质探明储量 $2.02 \times 10^8$t，新发现长 9 油层组 6 个含油富集区。截至 2012 年底，姬塬油田探明石油地质储量达 $81767.64 \times 10^4$t。

2. 挑战低渗透，发现储量规模近 $10 \times 10^8$t 的华庆油田

2004 年，部署在白豹地区的白 209 井（白豹地区长 6、长 8 油层组于 2008 年划入

华庆油田）在长6₃油层试油获得日产21.93t的高产工业油流，拉开了华庆亿吨级油田的勘探序幕。2005—2006年，通过整体研究认为：华庆长6油层组沉积期处于湖退早期的侵蚀基准面下降阶段，物源充沛，西南沉积体系和东北沉积体系同时快速向湖盆中心推进，三角洲携带了大量碎屑沉积物，进积的三角洲为湖盆中心厚层砂体的形成奠定了物质基础，具备油气成藏的地质条件；勘探过程中坚持整体部署、整体预探、整体评价，获得重要发现（杨华等，2012），改变了以往白豹—坪庄地区长6油层组沉积期半深湖—深湖沉积砂体不发育、不利于成藏的地质认识，沿长6₃油层主砂带追踪勘探，发现并初步落实了元284、白209—里70、白255及陕139等4个含油砂带，含油面积850km²，同时在长8油层组也发现多个出油井点，华庆勘探取得重要进展；2007年，在白209砂带—里70砂带长6₃油层新增石油地质控制储量1.32×10⁸t，在元284砂带新增长6油层组石油地质预测储量1.56×10⁸t，荣获中国石油天然气股份有限公司2007年度油气勘探重大发现成果一等奖；2008年，元284砂带新增石油地质控制储量1.4×10⁸t，白255砂带新增石油地质预测储量1.2×10⁸t，荣获中国石油天然气股份有限公司2008年度油气勘探重大发现成果一等奖；2009—2011年继续围绕长6₃油层主砂带勘探评价，落实长6油层组三级储量7.3×10⁸t，在华庆东西两侧新发现午69、午58和虎2等3条含油砂带，同时在长8油层组落实3个含油富集区，通过进一步勘探评价认为，该区整体储量规模可达10.0×10⁸～12.0×10⁸t；2012年，在长6油层组新增石油地质控制储量2.66×10⁸t。截至2012年底，华庆油田累计探明石油地质储量52170.99×10⁴t。

3. 发现并落实石油地质储量规模超4×10⁸t的合水含油富集区

合水地区的勘探始于20世纪90年代中期。1997年，长庆石油勘探局在西峰地区固城川钻探的固1井试油日产11.08t，提交石油地质探明储量139×10⁴t。通过钻探，认为长6油层组—长8油层组含油显示普遍，油层厚度大，但低渗、低产，不具备开发价值。2000年，中国石油长庆油田公司决定重上西峰，9月完钻的庄9井在长8₂油层获日产13.4t工业油流，拉开了合水地区的勘探序幕；2003年，在长8₂油层以及长7、长2油层组新增石油地质预测储量达1.0×10⁸t；2004年，在长8油层组新增石油地质预测储量达4000×10⁴t，长6油层组新增石油地质预测储量达7000×10⁴t，形成长6油层组—长8油层组亿吨级储量规模的含油富集区；2005年，长6油层组石油地质预测储量升级，新增石油地质控制储量近8000×10⁴t，长8油层组落实石油地质控制储量达3000×10⁴t。2006年以来，在合水地区以落实长6油层组—长8油层组含油规模、甩开预探、评价寻找新发现为目标进行部署，在庄31井区长6油层组提交石油地质探明储量5000.0×10⁴t；新发现并落实了长3、长4+5、长7、长8和长9油层组含油富集区，长4+5油层组新层系勘探发现木31等6个含油富集区，落实含油面积约400km²，截至2012年底，合水地区已落实石油地质储量规模4.0×10⁸t。在立足常规勘探的同时，对长7油层组致密油试验水平井进行勘探，宁平1井水平段1206m、1543m、1555m，油层钻遇率大于87%，试油获得日产100.5t的高产工业油流，水平井在致密油勘探中取得重大突破。

4. 深化勘探，安塞、靖安油田储量规模超5×10⁸t

在探明西峰、姬塬、华庆亿吨级大油田的同时，中国石油长庆油田公司把油藏评价勘探和滚动勘探开发相结合，继续深化安塞油田和靖安油田的勘探。安塞油田先后在真

6、塞 5、塞 158、塞 431、沿 5、沿 10、塞 110、塞 227、化 100、青 12 等井区和长 6、长 3、长 2 油层组新增探明含油面积 286.2km²，新增石油地质探明储量 13052.0×10⁴t，使安塞油田探明含油面积达到 803.9km²，石油地质探明储量增加到 34668.0×10⁴t。靖安油田老区长 6 油层组探明含油面积也不断扩大，同时还发现了盘古梁长 6 油层组外围的新 52、新 56、盘 32-21 等井侏罗系出油井点，还在五里湾南部、张渠一区、张渠二区和虎狼峁等地区发现延安组和长 2、长 6 油层组，初步形成侏罗系延安组和三叠系延长组油藏的叠合，到 2005 年底，靖安油田探明含油面积 487.1km²，累计探明石油地质储量 31624×10⁴t。2008 年以来，坚持勘探开发一体化，进一步落实含油富集区，使安塞、靖安油田探明含油面积和石油地质探明储量不断增长。其中 2012 年在安塞—志靖地区新增长 6 油层组石油地质探明储量 1.2×10⁸t，实现了陕北油区复合大连片，成为中国石油长庆油田公司"六大规模石油储量区"之一，同时在侏罗系和长 2、长 8、长 10 油层组获得新发现。截至 2012 年底，安塞油田探明石油地质储量达 49973.98×10⁴t，靖安油田探明石油地质储量达 50510.11×10⁴t。

**5. 发现并落实了储量规模超亿吨级的环江含油富集区**

2004 年，在环江地区完钻的耿 73 井发现长 8 油层组有利区，2007 年完钻的罗 38 井，在环江地区南部也发现长 8 油层组含油有利区。2008 年以来，按照集中勘探落实含油富集区、积极寻找新发现的勘探思路，先后在长 8、长 6、长 4+5 和长 3 油层组及侏罗系勘探获得重要进展，进一步落实了长 8、长 6 油层组油藏规模，初步形成了新的亿吨级含油富集区，同时还发现一批长 3、长 4+5 油层组油藏和侏罗系油藏，长 8、长 6 油层组油藏储量规模达 1.776×10⁸t。截至 2012 年底，环江地区累计探明石油地质储量 17127×10⁴t。

**6. 发现彭阳油田**

2006 年，在彭阳地区侏罗系勘探中获得新发现，其中演 25 井延 7 油层组获得日产 51.26t 的高产工业油流，初步展示了彭阳地区侏罗系油藏较好的勘探前景。围绕新发现，通过地震与地质结合，精细刻画小幅度构造，相继在侏罗系延 7 油层组—延 9 油层组和长 3 油层组发现多个"小而肥"油藏。截至 2012 年底，提交石油地质探明储量 1088.07×10⁴t，彭阳油田也是自 20 世纪 60 年代初在宁夏发现李庄子、马家滩油田，20 世纪 60 年代后期发现马坊、大水坑油田，20 世纪 70 年代初—中期会战指挥部发现红井子、摆宴井油田之后，时隔三四十年又在宁夏发现的新油田。

**7. 新区域、新领域和新层系勘探取得重大突破和进展**

该时期，除在安塞、姬塬、西峰、合水、华庆等油田和地区开展新层系勘探外，还在区域勘探中开展新领域、新层系和延长组下组合勘探，均取得新的重大突破和进展。

2005 年，在宁夏古峰庄地区新发现长 9、长 8、长 4+5 油层组复合含油富集区；在盆地姬塬、陇东等地区延长组下组合发现长 9 油层组含油有利区累计达 29 个，储量规模超亿吨级，并发现了陕北地区高 52 井区长 10 油层组；在塔尔湾地区新发现长 6 油层组含油富集区，7 口井均钻遇油层，4 口获工业油流；在旬邑—黄陵地区发现以长 6、长 7 油层组为主力油层的复合含油区带；还在盆地北部高桥—西河口等地区钻探 32 口井，均钻遇长 8 油层组，14 口井获工业油流；同时在盆地长 2 油层组以上及侏罗系勘探也取得新进展。2000—2012 年，新发现 205 个侏罗系油藏，新增石油地质探明储量

593×10⁴t；长 2 油层组新增石油地质预测储量达 $10 \times 10^4$t，长 3 油层组新增石油地质控制储量达 $200 \times 10^4$t，为当年的油田开发提供了现实的建产目标。

截至 2012 年底，鄂尔多斯盆地长庆探区石油勘探已累计探明油田 30 个，已累计探明含油面积 5435.52km²、探明石油地质储量 307609.07×10⁴t，落实了姬塬、华庆、镇北—合水和陕北 4 个 10 亿吨级含油富集区。

## 二、天然气勘探

20 世纪末、21 世纪初，北京、天津地区天然气供应紧张，正在筹划建设陕京（陕西省靖边县—北京市）二线；陕西地区也计划建设靖西（靖边县—西安市）长输管线复线；加之国家"西部大开发"重点工程"西气东输"的先锋气要从长庆气区输往上海及华东地区，各地急需天然气的呼声很高，需求量急剧增长。在这样的形势下，中国石油长庆油田公司按照中国石油天然气集团公司"西气东输"的安排部署，立足全盆地，主攻岩性气藏，又在广袤的大沙漠打响了天然气勘探的硬仗。

1. 探明苏里格大气田

苏里格气田的勘探始于 20 世纪 90 年代中期，当时在勘探靖边气田的过程中，就发现盆地上古生界广覆式生烃、大面积含气，并在陕 9、陕 140 和陕 141 井上古生界见到含气显示，同时在向西甩开部署的陕 56、陕 188 及桃 1 井见到含气显示，拉开了上古生界规模勘探的序幕；同时研究认为，苏里格地区与乌审旗气田成藏条件类似，是上古生界二叠系盒 8 段和山 1 段勘探的有利地区，从而加大了苏里格地区勘探力度。

2000 年 3 月，在苏里格地区部署的苏 2 井在盒 8 段试气获得日产 $4.18 \times 10^4$m³ 的天然气流，坚定了在苏里格地区上古生界寻找高产富集区的信心。同年，按照"南北展开、重点突破"的思路部署了苏 5、苏 6 井，其中苏 6 井在盒 8 段获日产 $50.0 \times 10^4$m³ 的高产工业气流，后经压裂改造获日产无阻流量 $120.16 \times 10^4$m³ 的高产工业气流，成为苏里格气田的发现井和勘探获得重大突破的重要标志。在苏 6 井获得高产之后，中国石油长庆油田公司在总结榆林、乌审旗等上古生界气田勘探经验的基础上，应用地震、地质等多学科综合勘探技术，以盒 8 段为主要目的层、兼带山 1 段进行部署勘探，获得突破性进展，完钻探井 21 口，获工业气流井 14 口，盒 8 段探明含气面积 2500km²，探明天然气地质储量 $2204.75 \times 10^8$m³，控制天然气地质储量 $1000.0 \times 10^8$m³。

2001 年 1 月 20 日，中国石油天然气集团公司在北京召开新闻发布会，宣布发现中国陆上第一个大气田——苏里格气田。中国石油长庆油田公司按照中国石油天然气集团公司、中国石油天然气股份有限公司领导现场办公的指示精神，部署探井 23 口，17 口井获得工业气流，新增天然气地质探明储量 $3820 \times 10^8$m³，被列为中国石油天然气股份有限公司 2001 年度油气勘探的"八项重大进展"之一。在钻探盒 8 段的同时，山 1 段也取得重大进展，新增天然气地质探明储量 $827.49 \times 10^8$m³。"苏里格气田的发现及综合勘探技术"荣获中国石油天然气集团公司 2001 年度科技进步特等奖。

2002 年 5 月 22 日，中华人民共和国科学技术部在北京召开专题新闻发布会，向国内外媒体介绍苏里格气田勘探取得的重大突破，引起国内外广泛关注，每年都有上百家新闻媒体报道苏里格气田。

2003 年 1 月 26 日，中国科学院、中国工程院公布评选的"2002 年中国十大科技进展"中，"我国发现首个世界级大气田，探明储量 6000 多亿立方米"入选。2003 年 2 月 28 日，《苏里格大型气田发现及综合勘探技术》荣获国家 2002 年度科技进步一等奖。

1999—2003 年，苏里格气田已探明复合含气面积 4067.2km²，探明天然气地质储量 5336.52×10⁸m³，三级储量达 8606×10⁸m³。至此，苏里格气田已成为中国陆上又一个世界级整装大气田，长庆气区也成为中国第一个拥有探明储量上万亿立方米的大气区。2004 年，围绕低成本战略，开展一系列评价和攻关试验，并着手编制苏里格气田开发方案与开发规模论证；2005 年加大苏里格气田勘探力度，在苏 14 井区东南部开展精细数字地震勘探与钻探。

2006 年，在苏里格气田西侧勘探中，发现上古生界主力含气砂体发育，分布稳定，是勘探的主要接替目标区。自 2007 年以来，苏里格天然气勘探以提交规模储量为目的，坚持勘探开发一体化，坚持整体研究整体部署、整体勘探和整体运行：2007 年，在苏里格东一区新增天然气地质探明储量 5652.23×10⁸m³；2008 年加大了在西一区、东一区、西二区和南部地区的勘探力度，西一区提交基本天然气地质探明储量 5803.94×10⁸m³，东一区初步落实探明天然气地质储量 1240.77×10⁸m³，在西二区和南部地区分别发现 3 条有利含气砂带；2009 年，该区新增三级储量 10930×10⁸m³；2010 年，新增基本天然气地质探明储量 5518.3×10⁸m³，探明天然气地质储量 2292.98×10⁸m³；2011 年，新增基本天然气地质探明储量 3081.3×10⁸m³，探明天然气地质储量 1717.55×10⁸m³；2012 年，新增基本天然气地质探明储量 3273.23×10⁸m³。自 2007 年以来，苏里格气田连续 6 年新增规模储量超 5000×10⁸m³，已形成三级储量超 3.0×10¹²m³ 的大气区。截至 2012 年底，苏里格气田探明加基本探明天然气地质储量达 3.494341×10¹²m³。

2. 探明榆林、乌审旗、米脂、神木、子洲等大气田

2000 年，为追踪榆林气田陕 211 井区山 2 段向南延伸情况，进一步了解该区二叠系太原组、山西组、石盒子组、石炭系本溪组和奥陶系马家沟组的含气情况，部署钻探的陕 215、陕 217 井压裂均获日产 15×10⁴m³ 以上工业气流。至此，榆林气田整体上分为长北合作区和榆林南区，当年累计探明天然气地质储量 1132.81×10⁸m³，探明含气面积 972.1km²。2001—2005 年先后发现榆林南、镇北台和统万城 3 个含气富集区，在太原组提交天然气地质预测储量 1916.88×10⁸m³，在山西组提交天然气地质探明储量 812.87×10⁸m³，控制天然气地质储量 867.5×10⁸m³，预测天然气地质储量 1802.88×10⁸m³；2008—2012 年，通过深化该区勘探，发现了 8 个本溪组含气富集区，有利面积 15000km²，形成了 500×10⁸～1000×10⁸m³ 储量规模，同时开展多层系压裂攻关试验，采用套管滑套分层压裂技术（TAP）首次连续分压 9 层以上，创该技术国内分层数新纪录，有效改造了盆地东部以石盒子组为代表的大面积低渗透气藏，使单井产量提高 2～3 倍；2012 年，开展水平井工程试验，在榆平 1 井盒 8 段试气日产 11.27×10⁸m³，为规模开发盆地北部致密砂岩气创造了条件。截至 2012 年底，榆林气田探明储量累计达 1807.5×10⁸m³。

在探明榆林气田的同时，创建了"自主开发 + 国际合作"的榆林气田开发模式。1999 年，中国石油长庆油田公司按照中国石油天然气集团公司、中国石油天然气股份有限公司的指示，大胆创新、积极探索，在中国陆上油气开发领域首次采取"自主开发 + 国际合作"的新思路，将整装的榆林气田划分为南区自主开发区和长北合作开发区，通

过面向世界招标，与中标的荷兰皇家壳牌公司合作开发长北区块，使长庆油田在中国陆上油气勘探开发领域首次大规模引入资本、技术、管理、人才等国际资源，走出了一条"一个气田，两种开发思路、两种开发技术、两种开采模式、两种管理体制"的发展之路，创新了气田勘探开发的管理体制、运营机制和勘探开发模式，使榆林气田的勘探开发在短短的九年时间里，由"零"起步，实现了跨越式增长，天然气生产能力在2004年突破 $14.1 \times 10^8 m^3$，到2008年就跃过 $50 \times 10^8 m^3$，成为长庆油气田增储上产、高速发展的主力气田之一；长北合作项目也被中国石油天然气集团公司和荷兰皇家壳牌公司誉为开展国际合作的典范和样板。

2000年加大了在乌审旗气田的勘探力度，在山231、陕191井区提交盒8段天然气地质探明储量 $508.68 \times 10^8 m^3$，2001年，又在陕147井区新增天然气地质探明储量 $196.64 \times 10^8 m^3$。同年，在米脂地区根据储层预测盒8段综合地质研究成果，在榆14井南北部署完钻的榆17、榆18井均钻遇盒8段气层，而在米1井—州5井之间的米4井钻遇6、盒8段气层，试气获工业气流，在这2个区块盒6、盒8段探明天然气地质储量 $258.44 \times 10^8 m^3$，探明含气面积 $362.6 km^2$，探明了米脂气田，在后期的多层系复合勘探中，新增三级储量 $1118.0 \times 10^8 m^3$。截至2012年底，乌审旗气田累计探明天然气地质储量达 $1012.1 \times 10^8 m^3$；米脂气田累计探明天然气地质储量达 $358.48 \times 10^8 m^3$。

2001年，在神木地区神8井石千峰组获得日产 $13.0 \times 10^4 m^3$ 的工业气流，拓展了盆地东部浅层天然气勘探领域；2002年又发现神17、榆17和盟5等3个含气富集区，新增天然气地质控制储量 $267.4 \times 10^8 m^3$，形成鄂尔多斯盆地又一个大型复合含气区带；2003年，通过钻探又有3口井（神9、神25和榆25井）获得工业气流，进一步落实了该区石千峰组的含气面积；2007年，在神木地区新层系太原组新增天然气地质探明、控制储量 $1337.31 \times 10^8 m^3$，形成千亿立方米级储量规模的大气田；2008年，在神木—米脂地区针对太原组、山2段、盒8段等开展多层系立体勘探，初步落实天然气地质预测储量 $1000.0 \times 10^8 m^3$。截至2012年底，神木气田累计探明天然气地质储量达 $934.99 \times 10^8 m^3$。

2003年，在子洲地区追踪山2段主砂体并部署2口探井（榆28、榆29井），榆29井在山2段获日产无阻流量 $27.779 \times 10^4 m^3$ 的高产工业气流，拉开了子洲—清涧地区山2段的大规模勘探序幕。2004年，在该区提交天然气地质预测储量 $1043.99 \times 10^8 m^3$；2005年，在山2段、盒8段探明含气面积 $1189.01 km^2$，探明天然气地质储量 $1151.97 \times 10^8 m^3$，使子洲气田成为鄂尔多斯盆地东部上古生界继榆林气田之后发现并探明的又一个千亿立方米级储量规模的气田，被中国石油天然气股份有限公司列为2005年度天然气勘探"十大规模储量区块"的第一位。

3. 靖边—高桥地区上、下古生界勘探获得新进展

在发现并探明靖边气田以后，自2003年以来，加大了靖边古潜台的勘探，在其南部高桥地区上、下古生界的勘探也取得新的进展。2006年，山2段新增天然气地质预测储量 $800 \times 10^8 m^3$；2008—2009年，在盒8段落实有利含气面积 $1500 km^2$，下古生界马家沟组落实有利含气面积 $2500 km^2$，山2段有利勘探范围 $1600 km^2$；2010年，靖边西侧下古生界新增天然气地质预测储量 $1000 \times 10^8 m^3$，上古生界落实盒8段含气面积 $6000 km^2$，形成 $3000 \times 10^8 m^3$ 的储量规模，山2段新增天然气地质控制储量 $1000 \times 10^8 m^3$；2011年，

下古生界天然气地质控制储量 $2000 \times 10^{12} \mathrm{m}^3$，进一步落实盒8段含气面积 $6000 \mathrm{km}^2$，山2段含气面积 $1700 \mathrm{km}^2$，山1段落实陕358、陕383两大有利含气区。

4. 靖边气田南部地区天然气勘探获得重大进展

靖边气田南部地区位于苏里格气田南部，行政区划隶属陕西省定边、吴起、志丹、靖边、安塞、延安市和甘肃省华池、环县。区域构造位置位于伊陕斜坡西侧，处于苏里格南部勘探目标区。靖边气田南部的天然气勘探是伴随着靖边、苏里格气田向南扩大逐步展开的。在1990年发现并探明靖边气田之后，为进一步向南扩大风化壳气藏含气面积，长庆油田于1992年向南甩开部署探井4口，其中陕15井在下古生界马五$_{1+2}$亚段段钻遇白云岩储层，试气获得日产 $2.87 \times 10^4 \mathrm{m}^3$ 低产气流，证实该区马五$_{1+2}$亚段与靖边气田中部主力气层一致，展示了下古生界良好的勘探潜力；1993—2000年，沿靖边潜台南北向甩开部署的12口探井均钻遇马家沟组气层，试气多口井获工业气流，其中陕100井获得日产 $19.35 \times 10^4 \mathrm{m}^3$ 的工业气流。综合地质研究表明，该区马家沟组保存完整，岩溶作用相对较弱，储层物性较差，单井产量普遍较低，因此放慢了下古生界的勘探节奏，但同时在上古生界盒8段、山2段、本溪组见到好的含气显示；2006年，在该区陕100井区马家沟组提交天然气地质探明储量 $65.6 \times 10^8 \mathrm{m}^3$；2007—2009年，落实盒8段有利含气面积约 $3500 \mathrm{km}^2$，发现多个山2段含气富集区带；2010—2013年，在该区进行整体勘探，苏203井马五$_5$亚段气层试气获日产无阻流量 $104.09 \times 10^4 \mathrm{m}^3$ 的高产工业气流，2012年，在陕339井区马家沟组风化壳气藏提交天然气地质探明储量 $755.4 \times 10^8 \mathrm{m}^3$，在盒8段、山1段提交基本探明天然气地质储量 $33.2 \times 10^8 \mathrm{m}^3$。截至2012年底，靖边气田南部地区累计探明天然气地质储量达 $9687.82 \times 10^8 \mathrm{m}^3$。

5. 天然气区域勘探取得新突破

在此期间（2000—2012年），中国石油长庆油田公司加大了天然气区域勘探力度，不断取得新突破。2002年，在鄂尔多斯市钻探的鄂8井盒8段、山1段合试求产日产 $2.3 \times 10^4 \mathrm{m}^3$，新增盒8段天然气地质预测储量 $175.61 \times 10^8 \mathrm{m}^3$，鄂9井山1段试气获日产无阻流量 $9.69 \times 10^4 \mathrm{m}^3$，新增天然气地质控制储量 $237.97 \times 10^8 \mathrm{m}^3$；2004年，在中央古隆起甩开勘探部署的镇探1井山1段试气日产无阻流量 $6.4 \times 10^4 \mathrm{m}^3$，开拓了盆地西南部勘探新领域；2006年，在盆地西部鄂托克前旗完钻的尔1井、盆地北部鄂托克旗完钻的鄂18井分别钻遇盒8段、山1段气层，试气获日产 $2.0 \times 10^4 \sim 3.0 \times 10^4 \mathrm{m}^3$ 的低产气流，在盆地北部鄂托克旗钻探的察1井在山西组和石盒子组均获得新发现，进一步落实了苏里格西侧的含气范围；2008年，在盆地中央古隆起东北侧合水、华池地区分别部署的风险井合探1、合探2井，开辟了马四段白云岩勘探新领域；2010年在盆地东南部黄龙地区部署的宜6井在马五$_{1+2}$亚段试气获得工业气流，初步落实了宜川—黄龙2个有利勘探目标，面积约 $3300 \mathrm{km}^2$；2012年，在陇东庆城、环县地区部署的庆探1、庆探2井分别在山1段、盒8段试气获得日产无阻流量 $6.62 \times 10^4 \mathrm{m}^3$、$11.15 \times 10^4 \mathrm{m}^3$，形成了千亿立方米级规模储量区，展现盆地新领域良好的勘探前景。

截至2012年底，鄂尔多斯盆地长庆探区已累计探明气田10个，累计探明天然气地质储量 $24930.83 \times 10^8 \mathrm{m}^3$，含气面积 $24378.59 \mathrm{km}^2$；累计探明和基本探明天然气地质储量 $22217.62 \times 10^8 \mathrm{m}^3$，含气面积 $18252.76 \mathrm{km}^2$，落实了苏里格、盆地东部、靖边—高桥3个整装含气富集区；长庆探区油气产量达到 $4574.11 \times 10^4 \mathrm{t}$ 油当量，相比2011年

净增 $513.73 \times 10^4$ t 油当量，净增长量、增长幅度已连续 14 年居中国石油天然气股份有限公司之首，跃居全国首位，成为中国油气产量最高的油田，为 2013 年年产油气攀登 $5000 \times 10^4$ t 油当量、建成"西部大庆"奠定了坚实的基础。

# 第六节　致密油气、非常规油气勘探（稳步发展）阶段
## （2013—2018 年）

在该阶段，随着储量高峰期工程持续推进，2013 年底，在鄂尔多斯盆地长庆探区实现油气产量 $5000 \times 10^4$ t 油当量，建成"西部大庆"；随后按照中国石油天然气集团公司全面建成世界水平综合性能源公司的目标要求，长庆油田主动适应国际经济发展新常态，在总结西部大庆建设成果的基础上，梳理油田的发展思路，按照"总结、完善、优化、提升"的工作方针，坚持稳中求进，坚持资源创新低成本战略，突出提升质量效益，持续推进创新驱动，努力实现油田的可持续发展。

在盆地油气勘探过程中，坚持资源战略，围绕落实致密油气规模储量区和非常规页岩油战略新发现两大重点，持续推进储量增长高峰期工程；立足全盆地油气成藏规律新认识，进一步解放思想、大胆探索，坚持认识无止境、勘探无禁区、探索不停步，注重理论创新，强化技术攻关，逐步形成并完善了致密油气成藏理论、内陆坳陷湖盆中部成藏理论、大型三角洲群多层系复合成藏理论、下古生界碳酸盐岩成藏理论和非常规页岩油成藏理论、技术，油气勘探不断取得新突破、大发现，在鄂尔多斯盆地长庆探区落实了陕北、姬塬、陇东、华庆 4 个超 10 亿吨级大油区，以及下古生界碳酸盐岩、苏里格、盆地东部 3 个万亿立方米级大气区，开创了油气勘探开发的新局面，建成"西部大庆"后连续 5 年实现油气产量 $5000 \times 10^4$ t 油当量以上稳产，油田制定的"稳油增气、持续发展"目标资源基础进一步夯实。

## 一、石油勘探

2013—2018 年，石油勘探突出陇东、姬塬、华庆规模储量的落实，强化老区新层系预探，积极推进非常规页岩油领域勘探评价，深化侏罗系效益勘探，不断取得勘探新进展、新突破、新发现，新增石油地质探明储量 $206685.29 \times 10^4$ t，年均新增石油地质探明储量 $34447.55 \times 10^4$ t，发现探明了环江、合水、黄陵和庆城大油田。

1. 探明环江、合水整装大油田

陇东镇北、合水地区具有与西峰油田类似的成藏地质条件。2013 年，通过深化长 8 油层组沉积体系与砂体展布规律研究、精细刻画长 3 油层组低幅度构造及砂体形态，同时积极勘探长 4+5 油层组新层系，完钻探井、评价井 175 口，93 口获工业油流，相继发现并落实了环 42、里 47、镇 83、镇 258 等 8 个镇北长 $8_1$ 油层和罗 152、环 82、里 91、里 81、庄 9 等 5 个合水长 $8_2$ 油层相对高渗高产富集区，在长 4+5 油层组落实了环 91、木 31、镇 142、镇 336、木 23、镇 320 等 6 个含油有利区，有利含油面积 $350km^2$，在长 3 油层组新发现了镇 184、宁 125、塔 205、镇 441 等 10 个含油有利区，并在庄 73、西 91、正 52 等井区新增石油地质探明储量 $4863 \times 10^4$ t。

2014 年，通过深化沉积特征和油藏富集规律研究，立足长 8、长 6 油层组，加大勘探评价力度，在镇北地区加强整体勘探，在镇 53 井区新增石油地质探明储量 $7229.58 \times 10^4$t，在镇 339 井区—镇 246 井区新增石油地质控制储量近 $3 \times 10^8$t；合水地区长 8 油层组属西南辫状河三角洲沉积体系，发育水下分流河道砂体，通过进一步勘探，落实了庄 58、宁 42 等 2 个含油富集区，面积约 $650km^2$，区内已有工业油流井 46 口，单井平均试油日产 10.13t；该区长 6 油层组位于湖盆中部，重力流浊积砂体发育，具有与华庆油田类似的成藏条件，完试井 15 口，获工业油流井 9 口，单井平均试油日产 10.83t，落实了塔 2、庄 97、庄 206 等 4 个含油富集区，总计面积 $950km^2$；2014 年，陇东地区原油产量达 $687 \times 10^4$t；2015 年，重点在环江地区通过不断深化盆地西部沉积体系与成藏地质条件研究，精细刻画砂体形态，以落实整装规模储量为目的，共有 25 口井获工业油流，新增石油地质探明储量 $1.11 \times 10^8$t，新发现了亿吨级整装环江大油田。

2016 年，在合水地区沿主砂带及有利成岩相带进行整体部署，分批实施，落实了庄 49、庄 74 井区含油面积，新增石油地质预测储量 $3.02 \times 10^8$t；针对环江地区储集砂体横向变化快、西部发育低阻油层的特点，重点加强了地震储层预测、测井精细评价，探评井有 17 口获工业油流，完钻水平井 27 口，初期日产 6.4t，新增石油地质探明储量 $1.0019 \times 10^8$t，实现了环江油田的整体连片。同时加大向西甩开勘探力度，有 7 口井获工业油流，其中里 350 井试油获日产 31.28t 高产油流，勘探范围进一步向西扩大。

2018 年，在合水地区为实现资源向储量快速转化，重点开展了优势砂体刻画、储层精细评价和压裂技术攻关，立足长 8 油层组规模储量集中勘探，兼探长 6 油层组及浅层油藏，29 口探评井获工业油流，其中庄 286 井获日产 21.93t 高产油流，新增石油地质探明储量 $2.2 \times 10^8$t，发现了合水亿吨级大油田；在环江地区继续向西甩开勘探，获工业油流井 13 口，环江油田面积进一步向西扩大，在长 8 油层组和侏罗系油层共计提交石油地质探明储量 $3185 \times 10^4$t。

自西峰油田发现以来，通过深化沉积和成藏控制因素研究，进一步创新完善了辫状河三角洲成藏理论，明确西峰油田两侧长 8 油层组分流河道砂体分布稳定，具有类似的成藏条件，易于形成大型岩性油藏；鄂尔多斯盆地长 8 油层组沉积期沉积水体较浅（5～10m），主要发育西南、东北、西北三大沉积体系；陇东地区长 8 油层组以辫状河三角洲平原和前缘亚相为主，发育多支北东—南西向条带状展布的分流河道砂体，有利于形成大面积展布的砂岩储集体；受不同沉积—成岩作用控制，各区储层物性差异较大，粒间孔和长石溶孔发育，局部发育相对高渗区；工艺上形成了针对不同地质特征的定点多级、组合体积和井下控砂压裂改造工艺技术。

截至 2018 年底，环江油田累计探明石油地质储量 $24936.84 \times 10^4$t；合水油田累计探明石油地质储量 $24936.84 \times 10^4$t，建成产能 $177 \times 10^4$t。

## 2. 姬塬多层系勘探获新进展

2013 年，通过不断深化姬塬地区多层系成藏规律研究，加强外协攻关，科学组织生产，持续推进规模储量区立体勘探，在长 1、长 2、长 4+5 油层组和侏罗系新增石油地质探明储量 $2.13 \times 10^8$t，探明储量规模突破 $11.49 \times 10^8$t，长 8 油层组勘探获得新发现，新增石油地质预测储量 $3.09 \times 10^8$t，成为鄂尔多斯盆地和中国 2013 年唯——个新增石油地质探明储量超过亿吨级的大油田。

2015 年，重点加强了姬塬地区多油层叠合的延长组中下组合长 6、长 8 油层组油藏分布规律的研究，持续推进规模储量区立体勘探，共完钻探井、评价井 258 口，完试 243 口，工业油流井 149 口，其中钻遇长 6 油层组井 103 口，完试井 91 口，获工业油流井 50 口，新增石油地质预测储量近 $3 \times 10^8 t$，已建产能 $104.7 \times 10^4 t$。姬塬地区长 6 油层组是继安塞和华庆油田之后发现的又一新的规模储量区，预计储量规模达 $6 \times 10^8 t$；在长 $8_2$ 油层有 29 口井钻遇油层，完试井 23 口，获工业油流井 14 口，在盐 67、池 109 等 8 个井区新增石油地质探明储量 $1.3 \times 10^8 t$，截至 2015 年 12 月底，该区长 $8_2$ 油层累计探明石油地质储量 $1.8 \times 10^8 t$，已建产能 $121.5 \times 10^4 t$。

2016 年，重点围绕黄 44 等井区原有 $2.70 \times 10^8 t$ 预测储量升级为目的，通过精细井位部署、精细方案措施、精细现场施工，有 23 口井获工业油流，单井平均试油日产 10.94t，其中试油产量最高的黄 405 井获日产 22.02t 工业油流。在黄 292、黄 43、黄 67、池 70 等区块新增石油地质探明储量 $5781.92 \times 10^4 t$，在黄 44、黄 120 和黄 116 井区提交了 $2.86 \times 10^8 t$ 的石油地质控制储量，开发建成产能 $70 \times 10^4 t$，顺利实现了储量升级。

2017 年，以储量升级为目的，有 38 口井获工业油流，单井平均试油日产 11.63t，最高日产 32.64t（黄 450 井），提交石油地质探明储量 $1.35 \times 10^8 t$。长 6 油层组勘探的新突破，进一步夯实了姬塬油田原油稳产的资源基础。

姬塬油田 ❶ 早期主要以侏罗系和长 2 油层组为勘探对象，发现了一批小型油藏，延长组勘探未获得实质性突破；2003 年以来，在深化沉积特征研究的基础上，重点开展了石油运聚成藏机理研究，创建了姬塬地区多层系复合成藏模式：长 7 油层组优质烃源岩的生烃增压作用，使生成的原油通过互相叠置的相对高渗透砂体、微裂缝和侏罗纪前古河流向上、下运移，在长 4+5、长 6、长 8 和长 9 油层组形成大规模岩性油藏，在长 2 油层组及侏罗系形成了高产的构造—岩性油藏。同时积极开展黄土塬非纵地震新技术的攻关和多种复杂油水层测井识别技术，坚持立体勘探，长 4+5、长 6、长 8、长 9 油层组等层系不断取得新突破。

截至 2018 年底，姬塬油田探明含油面积 $2542.67 km^2$，探明石油地质储量 $145338.24 \times 10^4 t$。

3. 华庆油田整装规模储量进一步落实扩大

2013 年，以长 6、长 8 油层组为重点，进一步加大华庆东部含油砂带部署力度，不断扩大含油规模，通过加强储层控制因素分析，共完钻探井 14 口、评价井 28 口，有 35 口获工业油流，进一步落实了山 156、午 49、张 22 井 3 个长 $6_3$ 油层含油富集区和白 246、白 306、午 105、午 221 等 4 个长 8 油层组含油有利区；2017 年，持续加大该区延长组中下组合勘探力度，以长 8 油层组油藏连片及长 6 油层组储量升级为目标，有 15 口井在长 8 油层组获工业油流，其中日产 20t 以上的井 8 口，最高日产 53.64t（山 200 井），新增石油地质预测储量 $3.0 \times 10^8 t$；在长 6 油层组有 6 口井获工业油流，平均单井试油日产 25.84t，最高日产 51.0t（白 532 井），实现南梁—华池地区长 6 油层组油藏规模复合连片，新增石油地质探明储量 $1.1 \times 10^8 t$；2018 年，在长 $8_1$ 油层完试探评井 24 口，18 口井获工业油流，其中白 82 井获日产 51.77t 高产油流，新增石油地质控制储量

---

❶ 姬塬油田的勘探情况于第十一章中详细讲述。

$3.0 \times 10^8 t$。

华庆油田的发现突破得益于内陆坳陷湖盆中部成藏理论的创立：通过物源分析、湖盆底形、等时地层沉积充填特征研究，建立了晚三叠世坳陷湖盆三角洲—重力流复合沉积模式，湖盆中心存在坡折带，具备大型重力流发育的底形特征，湖盆中部可形成大面积分布的砂岩储集体，突破湖盆中部难以形成有效储集砂体的传统认识，创新多级加砂、混合水压裂技术，坚持勘探开发一体化。截至 2018 年底，华庆油田探明含油面积 $944.85 km^2$，探明石油地质储量 $63117.78 \times 10^4 t$。

4. 姬塬、陕北地区延长组下部层系勘探获新突破

2014—2015 年，在长 6、长 8 油层组大型岩性油藏勘探取得重大突破的基础上，在姬塬地区加大了延长组下部组合长 9 油层组新层系的地质研究与勘探力度：姬塬地区长 9 油层组已有工业油流井 118 口，单井平均试油日产 10.17t，最高日产 61.97t（黄 302 井），落实 12 个含油富集区，含油面积 $450 km^2$，预计储量规模超亿吨级，在黄 39、池 141 等井区已建产能 $110.9 \times 10^4 t$，开发效果良好。截至 2018 年底，该区长 $9_1$ 油层已完钻探井、评价井 2221 口，获工业油流井 192 口，已探明石油地质储量 $7737.00 \times 10^4 t$，发现了姬 113、涧 163 等 17 个含油富集区，落实有利区面积约 $470 km^2$，预计可形成 $1.0 \times 10^8 t$ 储量规模。

在陕北地区石油勘探围绕"安塞下面找安塞"的思路，2014 年，安塞长 10 油层组获工业油流井 12 口，截至 2014 年底共有工业油流井 39 口，平均试油日产 17.52t，最高日产 113.73t（王 517 井），新增石油地质探明储量 $3735 \times 10^4 t$，预测石油地质储量 $6000 \times 10^4 t$，高 52 井区累计已建产能 $49 \times 10^4 t$；2015 年，在长 10、长 8 油层组钻遇油层井 66 口，完试井 63 口，获工业油流井 32 口，落实了新 405、顺 99、高 52 三大含油有利区，面积约 $500 km^2$；在长 8 油层组获工业油流井 30 口，发现了新 237、高 303 井含油富集区，有利面积 $460 km^2$；2016 年，围绕三角洲前缘有利砂带展开勘探，有 65 口井钻遇油层，完试井 42 口，获工业油流井 29 口，平均试油日产 10.34t，其中 5 口井日产大于 20t，最高日产 41.65t（顺 117 井）。进一步落实了新 237、新 85、高 303、丹 49 等 4 个长 8 油层组含油有利区，含油面积 $920 km^2$；在长 10 油层组钻遇油层井 25 口，获工业油流井 6 口，平均试油日产 18.45t，最高日产 52.45t（顺 99 井）；进一步扩大了高 52、顺 99、新 405 三大含油富集区含油范围，落实含油面积 $456 km^2$。

2017 年，在陕北长 8 油层组钻遇油层井 111 口，获工业油流井 57 口，其中 11 口井获日产 20t 以上高产油流，最高日产 41.31t（新 479 井），落实了新 237、高 303 等 5 个含油有利区，面积约 $800 km^2$，展现出亿吨级含油场面；在顺宁地区长 9 油层组勘探取得了重要突破，完试的顺 116 井获得日产 111.10t 的高产油流，相继发现了顺 112、顺 116 井 2 个高产含油区；2018 年，在长 10 油层组获工业油流井 9 口，新 285、高 52 等含油有利区进一步扩大。陕北老区下部新层系呈现出复合连片的态势，预计储量规模可达 $2 \times 10^8 t$。

自 2014 年以来，通过深化陕北地区石油富集规律研究，建立延长组下组合成藏模式，明确了长 8、长 9、长 10 油层组具有有利的成藏条件，是重要的勘探接替层系：陕北地区除长 7 油层组烃源岩外，长 9 油层组烃源岩发育，厚度 5～12m，TOC 大于 2%；长 8、长 9 和长 10 油层组水下分流河道砂体发育，纵向叠置，平面连片；建立了"远源

主导，近源辅助"双源供烃成藏模式：长7、长9油层组烃源岩生成的烃类，在异常压力驱动下，通过叠置砂体和裂缝垂向、侧向运移，在长8、长9和长10油层组相对高渗区聚集成藏。

姬塬长9油层组和陕北长8、长9、长10油层组的勘探发现，展示了延长组下部层系石油勘探具有良好的前景，开拓了盆地延长组勘探新领域，也为陕北油区持续稳产奠定了基础，具有重大战略意义。

5. 长7油层组页岩油勘探获历史性突破，探明了10亿吨级庆城大油田

鄂尔多斯盆地长7油层组页岩油的早期勘探和基础地质研究可以追溯到20世纪70年代，具体的勘探开发过程以2011年和2017年为界限划分为3个阶段，2011年之前的生烃评价与兼探认识阶段、2011—2017年的勘探评价探索技术及提产提效阶段和2018年以来的整体勘探与水平井规模开发示范区建设阶段（详细介绍见第九章）。

1）2011年之前的生烃评价与兼探认识阶段

20世纪70年代初，鄂尔多斯盆地在针对中生界石油整体勘探过程中，有40余口井在陇东地区长7油层组钻遇油层，并在庆阳井组开展了压裂试验，有6口井获得工业油流，其中阳11井获日产8.86m³的油流。但是该阶段的勘探开发攻关以侏罗系为重点，且限于当时的地质认识和工艺技术水平，并未认识到长7油层组的勘探潜力，钻遇油层被视为无开采价值的油层。20世纪80年代初，随着盆地勘探方针的转变，加强了对三叠系延长组的勘探，且首轮油气资源评价明确了中生界油藏的油源主要来自长7油层组烃源岩。在合水地区长7油层组完钻井12口，其中固3井长7油层组试油获日产8.76t的工业油流，其余井产量较低。20世纪90年代之后，在盆地长8油层组勘探过程中兼探长7油层组，共有一百余口井试油获工业油流，在固3、西22、庄23等井区长7油层组提交石油地质控制储量 $5132 \times 10^4$t、石油地质预测储量 $6913 \times 10^4$t。

进入21世纪，随着国内外石油地质理论发展和技术进步，从优质烃源岩、有利储集相带、低渗透储层发育特征及成藏动力等方面综合分析了延长组大型低渗透岩性油藏形成的主控因素和石油富集规律。通过地质露头古水流测定、轻重矿物组合等多项技术手段的综合应用，在湖盆中部发现了重力流沉积砂体，颠覆了以往认为湖盆中部只发育泥页岩而不发育砂岩的传统观念，继而开展系统资源评价，认为长7油层组存在一定的非常规油气资源。多项勘探理论和地质认识的不断深化为有效指导长7油层组勘探部署提供了支撑。2010年底，长7油层组共有300余口预探井和评价井试油获工业油流，但由于储层物性差（一般孔隙度为5%～11%，渗透率小于0.3mD），工艺措施难以实现有效改造，探井、评价井试采情况并不理想，单井试采产量极低。2005年，完试的西233直井长 $7_2$ 油层试油获日产24.2t的工业油流，试采初期日产油3.96t，累计生产1433天，累计产油1679t，2010年6月后试采日产液为零，直井生产产量未取得实质性突破，无法实现经济有效开发。如何有效提高单井产量和落实地质"甜点"成为困扰长7油层组规模勘探、有效开发的最大难题。

2）2011—2017年的勘探评价探索技术及提产提效阶段

2011年，长庆油田着眼于 $5000 \times 10^4$t稳产资源及技术储备，以地质理论创新为突破口，积极转变盆地长7油层组页岩油勘探评价思路，借鉴国外非常规油气"水平井＋体积压裂"开发理念，坚持勘探开发一体化，积极开展地质、地球物理、测井、工程等多

学科一体化攻关试验。综合储层特性、含油性、烃源岩特性、脆性及地应力等"甜点"评价因素，针对不同类型开展了试验选区，优选陇东西233井区，首次开展阳平1、阳平2井"双水平井水力喷射分段多簇同步压裂"改造攻关试验，获得重大突破，2口井试油分别获得日产124.5m³、103.2m³的高产。

按照"搞清资源、准备技术、突破重点、稳步推进"的勘探原则，立足资源向储量、储量向产量转变的攻关目标，进一步深化长7油层组页岩油成藏条件和富集规律研究，通过改进工艺方法及参数优化，使新技术应用规模不断扩大，特别是大力推广自主开发的装备和压裂材料，使储层改造成本逐步降低，具备长7油层组规模开发条件，取得了丰硕的勘探研究成果。2014年，在安83井区以提交整装规模储量为目的，获工业油流井43口，平均单井日产13.72t，新增石油地质探明储量$1.0 \times 10^8$t，首次探明了致密油（页岩油）储量超亿吨级的新安边大油田；在陇东地区先后建成西233、庄183、宁89等水平井攻关试验区，25口水平井试油平均日产超百立方米。投产后试验区25口水平井前三个月平均单井日产油12.75t，截至2019年12月，平均单井日产油5.42t，投产时间平均5.8年，平均单井累计产油$1.82 \times 10^4$t，最高单井累计产油达到$4.2 \times 10^4$t（阳平7井），试验区累计产油$45.38 \times 10^4$t，呈现出良好的稳产潜力。

此外，油田开发积极跟进，开展不同井排距、不同水平段水平井、五点井网、七点井网水平井开发试验，以期进一步提高单井产量，提高开发效益，形成稳定的开发政策。规模运用水平段1500～2000m、井距400m长水平井压裂蓄能开发，水平井压裂段数由12～14段增加到22段，单井入地液量由$1.2 \times 10^4$m³上升到$2.9 \times 10^4$m³，加砂量由1000～1300m³提高到3500m³，投产后初期单井日产量由8～9t上升到17～18t，形成了主体开发技术。

3）2018年以来的整体勘探与水平井规模开发示范区建设阶段

2018年以来，长庆油田加大了非常规油气勘探力度，按照"直井控藏、水平井提产"的总体思路，集中围绕长7油层组泥页岩层系进行系统勘探评价开发工作，加大了石油预探评价直井的井位部署。同时以"建设国家级开发示范基地、探索黄土塬地貌工厂化作业新模式、形成智能化—信息化劳动组织管理新架构"为目标，根据"多层系、立体式、大井丛、工厂化"的思路，按照水平井水平段1500～2000m、井距400m为主，同时开展200m小井距试验，进行水平井规模开发；2019年，在庆城地区有39口井获工业油流，18口日产油量超过20t，新增石油地质探明储量$3.58 \times 10^8$t、石油地质预测储量$6.93 \times 10^8$t，发现了10亿吨级的庆城大油田，为中华人民共和国成立70周年献上了一份厚礼，引起了广泛关注和巨大反响！

截至2019年底，围绕庆城地区长7油层组泥页岩层系内砂质发育"甜点区"共实施直井248口，225口井获工业油流，69口日产油量超过20t，控制有利含油范围3000km²，实现了长7油层组烃源岩内油藏勘探突破。同时，针对黄土塬地貌井场受限、干旱缺水、作业周期长等难题，创新形成了以"大井丛水平井布井、连续供水供砂系统保障、高效施工装备配套、钻试投分区同步作业"等为特色的作业新模式，国家级页岩油开发示范基地建设进展顺利。庆城油田开发示范区已完钻水平井154口，平均水平段长度1715m，投产97口，平均单井初期日产油18.6t，截至2019年底，日产油11.4t，已建产能$114 \times 10^4$t，日产油水平1003t。其中的一口开发井XP238-77井，水平段长度

2740m，体积压裂改造加砂1565.6m³，入地液量$3.02 \times 10^4$m³，2017年1月开始生产，初期日产油22.42t，含水73.3%，截至2019年底，日产油23.63t，含水18.8%，累计生产947天，累计产油已达24894t。长7油层组页岩油的开发，实现了纵向上多层动用，大幅提高了储量动用程度，多项技术指标创优，一次储量动用程度由50%提高到85%，初期采油速度由0.6%达到1.8%，单井钻井周期由29天降低到19天，单井试油周期由45天降低到30天。投产井平均单井累计产油2564t，投产满1年单井累计产油4126t，投产满3年累计产油达到8525t，开发效果大幅提升，建成了长7油层组页岩油开发示范区。

通过持续科技创新，大力实施勘探开发、工程工艺、生产组织等一体化联合攻关，实现了页岩油勘探开发的重大突破，探明了储量规模超$10 \times 10^8$t、中国最大的页岩油田——庆城油田。通过勘探区同开发区地质条件类比，有利含油范围内，油层厚度大于4m，对应水平井日产油量可达6.3t，应用水平井均可实现有效开发，10亿吨级庆城页岩油田资源落实程度高。

6. 盆地浅油层勘探发现黄陵油田

黄陵地区位于盆地东南部，主要含油层系为长6油层组，油藏埋深一般在1000m左右。长6油层组主要为半深湖沉积，有效砂体分布规律不明确、储层致密、裂缝发育、油层改造难度大、产量低，多年来勘探未获突破。近年来积极开展砂岩成因分析、裂缝性储层特征研究，加大工艺技术攻关，2013年，在该区正33井区钻遇长$6_3$油层井13口，平均油层厚20.2m，平均孔隙度为8.5%，平均渗透率为0.09mD，完试井7口，获工业油流井4口，单井平均试油日产10.76t，最高日产21.68t（正104井），该区内已有工业油流井13口，新增石油地质探明储量$3895.08 \times 10^4$t，发现黄陵油田；钻遇长$6_2$油层井8口，平均油层厚10.2m，平均孔隙度为8.3%，平均渗透率为0.12mD，完试井7口，获工业油流井4口，单井平均试油日产12.67t，最高日产33.92t（正121井），新增石油地质预测储量$2724 \times 10^4$t，开发试验跟进，建成产能$11.80 \times 10^4$t。

7. 侏罗系高效勘探成果显著

为了突出效益勘探，在立足延长组大型岩性油藏勘探的同时，通过精细刻画古地貌形态，分析油藏分布规律，评价勘探潜力，开展侏罗系石油精细勘探。共有576口探井与评价井获得工业油流，150口井油气日产量大于20t油当量，新增石油地质探明储量$2.45 \times 10^8$t，新建产能近$500 \times 10^4$t，浅层高效勘探成果显著，有效支撑了油田产能建设。

## 二、天然气勘探

2013—2018年，天然气勘探突出下古生界碳酸盐岩新领域，加强盆地东部多层系、苏里格地区整体勘探，加大盆地南部甩开勘探，积极推进盆地"四新领域"风险勘探，不断取得勘探新突破、新进展、新发现，新增天然气地质探明储量$1.0 \times 10^{12}$m³，基本探明天然气地质储量$1.42 \times 10^{12}$m³，发现了宜川、黄龙和庆阳气田；在盆地东部盐下马四段、盆地西缘奥陶系乌拉力克组页岩气、太原组铝土岩等领域获得重大突破和新进展。

1. 碳酸盐岩天然气勘探取得重大突破

1）奥陶系马五$_4$、马五$_5$亚段和盐下马五$_6$、马五$_7$亚段新层系发现高产含气富集区

通过持续深化盆地奥陶系碳酸盐岩天然气成藏富集规律研究，强化新区、新层系

勘探力度，加大碳酸盐岩酸化压裂技术攻关力度，勘探取得重大突破。奥陶系盐下勘探发现高产富集区：针对盐下甩开部署的统74井，马五$_7$亚段酸化压裂改造后试气获日产 $127.98 \times 10^4 m^3$ 的高产，一举实现了奥陶系盐下天然气勘探的重大突破；2016—2017年，有34口探井钻遇马五$_6$亚段气层，完试的桃59、莲92、统99、莲108、统97和桃72井分别获得日产 $25.12 \times 10^4 m^3$、$24.59 \times 10^4 m^3$、$12.31 \times 10^4 m^3$、$13.05 \times 10^4 m^3$、$12.51 \times 10^4 m^3$、$12.06 \times 10^4 m^3$ 的高产气流，发现了统99、桃59、苏295等5个新的含气富集区，展示了马五$_6$亚段良好的勘探潜力；2018年，针对马五$_{6-10}$亚段加大预探力度，同时优选上古生界开发井加深，完钻井29口，22口井钻遇气层，7口井获工业气流，其中桃90井马五$_6$亚段试气获日产 $11.51 \times 10^4 m^3$ 高产气流，马五$_6$亚段新增天然气地质预测储量 $722 \times 10^8 m^3$，预计可形成万亿立方米级大气区。

2014—2015年，靖西中上组合含气区带进一步落实，持续加大中组合马五$_5$亚段勘探力度，落实了桃33、召44、桃15、苏203和苏127等5个含气富集区，在桃33、苏203井区建成 $16 \times 10^8 m^3$ 的年生产能力；2017年，完钻的桃85、桃75井马五$_5$亚段试气分别获得日产 $63.35 \times 10^4 m^3$、$12.61 \times 10^4 m^3$ 的高产气流，区内有21口探井试气获工业气流，其中5口井日产量大于 $50 \times 10^4 m^3$，落实含气面积 $2886.9 km^2$，新增天然气地质预测储量 $1397.84 \times 10^8 m^3$；2018年，完钻井24口（含开发井9口），19口井钻遇气层，平均厚3.4m，6口井获工业气流，其中苏东J12-5、桃99井分别获日产 $30.27 \times 10^4 m^3$、$14.24 \times 10^4 m^3$ 的高产气流，落实了桃33、召44、桃45等5个含气富集区，新增天然气地质控制储量 $1377 \times 10^8 m^3$。

在中组合马五$_5$亚段勘探的同时，进一步落实了上组合马五$_4$亚段的含气面积，有66口探井钻遇马五$_4$亚段气层，试气获工业气流井23口，落实了陕234、桃54、陕356和陕373等4个含气有利区，共计面积 $2000 km^2$，在陕234、陕356井区建成 $11.6 \times 10^8 m^3$ 的年生产能力，整个靖西地区中上组合已形成千亿立方米级的储量规模，2017年新增天然气地质预测储量 $608.79 \times 10^8 m^3$，2018年新增天然气地质探明储量 $526 \times 10^8 m^3$，新增天然气地质控制储量 $630 \times 10^8 m^3$。截至2018年底，马五$_4$、马五$_5$亚段累计完钻开发井759口，建成年产能 $22 \times 10^8 m^3$，实现了资源向产量的快速转化。

2）奥陶系深层马三、马四段发现新苗头

2018年积极探索奥陶系深层，优选28口井"打下去"，有15口井钻穿奥陶系，其中5口井钻遇马三、马四段气层（0.7～15.1m），平均厚4.7m，完试的桃91、桃90和桃95井马三段试气分获日产 $4532 m^3$、$2576 m^3$、$1063 m^3$，神100、米104井马四段试气分获日产 $7269 m^3$、$6406 m^3$，展现了深层具有一定的勘探潜力。

通过持续深化成藏地质条件技术攻关，下古生界碳酸盐岩勘探领域不断取得新突破，实现了勘探领域从风化壳—盐下—深层的有序接替。截至2019年底，已有三级储量累计 $9921 \times 10^8 m^3$，其中探明天然气地质储量 $7103 \times 10^8 m^3$、控制天然气地质储量 $2096 \times 10^8 m^3$、预测天然气地质储量 $722 \times 10^8 m^3$，通过进一步的勘探，预计可形成新的万亿立方米级大气区。

2. 盆地东部多层系勘探获得重要进展和突破

盆地东部具有多层系复合含气特征，气藏埋藏浅（1700～2700m），含气面积大。为落实资源潜力，2013年加大了该区勘探部署力度，完钻探井53口，完试41口，工业气流井 17 口，在神木—双山地区新增天然气地质控制储量 $2222 \times 10^8 \mathrm{m}^3$；绥德地区新增天然气地质预测储量 $3247 \times 10^8 \mathrm{m}^3$，形成了新的规模储量接替区；2014—2015 年，以扩大含气面积、提交规模储量为目的完钻 99 口井，获工业气流井 54 口，发现了神 58、神 60、米 46 和双 138 等 4 个新的含气富集区，太原组勘探领域持续向北、向东扩大，其中双 126 井太原组试气获日产无阻流量 $13.33 \times 10^4 \mathrm{m}^3$，含气面积进一步落实，太原组、山西组新增天然气地质探明储量 $2485.93 \times 10^8 \mathrm{m}^3$，神木气田累计探明天然气地质储量达 $3421 \times 10^8 \mathrm{m}^3$；有 64 口井钻遇盒 8 段气层，获工业气流井 25 口，落实有利含气范围 $7000 \mathrm{km}^2$，新增天然气地质控制储量 $2000.0 \times 10^8 \mathrm{m}^3$，形成了新的整装含气富集区；2016 年，在神木—米脂地区以扩大含气面积和提高单井产量为目标，通过优选含气富集区块，强化工艺技术试验，有 24 口井钻遇盒 8 段气层，获工业气流井 6 口，在榆平 1 井区提交天然气地质控制储量 $2194 \times 10^8 \mathrm{m}^3$；2017 年，持续深化上古生界多层系复合成藏富集规律，加大地震储层预测、储层改造等提产增效一体化技术攻关力度，完钻探井 40 口，完试 22 口，获工业气流井 12 口，盒 8 段、山 1 段新增天然气地质控制储量 $2006 \times 10^8 \mathrm{m}^3$，在太原组有 5 口探井钻遇气层，完试的米 70 井获日产 $54.25 \times 10^4 \mathrm{m}^3$ 的高产气流，含气范围向南、向北进一步扩大，发现了米 70 井含气富集区，为气田储量增长提供了有利目标区块；2018 年，围绕储量升级和落实 $50 \times 10^8 \mathrm{m}^3$ 产能目标，完钻探井 65 口，完试 62 口，获工业气流井 31 口，其中有 7 口井单井日产量大于 $10 \times 10^4 \mathrm{m}^3$，盒 8 段新增天然气地质探明储量 $1236 \times 10^8 \mathrm{m}^3$，太原组发现了 5 个新的含气富集区，新增天然气地质预测储量 $1091 \times 10^8 \mathrm{m}^3$。

在地质研究与技术攻关的基础上，本溪组的勘探按照"北部寻找分流河道砂体，南部主抓障壁沙坝和潮道"的思路，强化有利目标评价，精细井位优选，勘探取得重大突破。38 口探井在本溪组获工业气流，其中双 136、麒 13、麒 20、双 142、双 126、统 87、米 46 和米 62 井分别获日产 $73.84 \times 10^4 \mathrm{m}^3$、$56.24 \times 10^4 \mathrm{m}^3$、$31.45 \times 10^4 \mathrm{m}^3$、$22.44 \times 10^4 \mathrm{m}^3$、$21.45 \times 10^4 \mathrm{m}^3$、$12.29 \times 10^4 \mathrm{m}^3$、$10.85 \times 10^4 \mathrm{m}^3$、$10.42 \times 10^4 \mathrm{m}^3$ 的高产气流，落实了陕 295、陕 382、双 55、双 126、双 136 等 16 个高产富集区，有望形成千亿立方米优质储量，对油田快速建产及调峰供气具有十分重要的意义。

自 2013 年以来，针对盆地东部具有大面积、多层系复合含气、气藏埋藏浅、岩屑石英砂岩储层较致密的特点，围绕提高单井产量，持续深化综合地质研究，开展工程攻关试验，创建多层系复合成藏模式：明确本溪—太原海侵型三角洲、山西海退型三角洲、石盒子湖泊型三角洲体系控制多套生储盖组合，发育源内、近源、远源 3 套成藏组合，储层应力敏感性和水锁效应明显；自主研发机械封隔器、套管滑套 2 套多层连续分压工具，有效提高储层纵向动用程度，攻关研发了低浓度胍胶压裂液体系，配套研发高效助排剂 TGF-1 和黏土稳定剂 COP-2，降低了储层伤害，研发防水锁滑溜水体系，大幅降低储层水锁伤害，同时积极开展 $CO_2$ 体积压裂试验，见到增产效果。多层系复合成藏理论的深化和勘探工程技术的突破，有力推动了盆地东部天然气勘探及致密气资源的有效动用，截至 2018 年底，盆地东部累计探明天然气地质储量 $6081 \times 10^8 \mathrm{m}^3$，三级储量 $1.4 \times 10^{12} \mathrm{m}^3$，成为继苏里格之后又一个新的万亿立方米级规模储量区，建成年产能 $60 \times 10^8 \mathrm{m}^3$，成为长庆天然气增储上产的主力区。

### 3. 苏里格天然气整体勘探稳步推进

苏里格地区天然气勘探继续推进整体勘探，坚持勘探开发一体化，以提交规模储量为目标：2013年，在苏里格西一区新增天然气地质探明储量 $2659 \times 10^8 m^3$，含气面积 $2631.08 km^2$，在南一区新增天然气地质基本探明储量 $4208.87 \times 10^8 m^3$，南二区落实有利含气面积 $2500 km^2$，形成新的规模储量接替区；2014—2015年东三区完试的统54井盒8、山1段合试获日产无阻流量 $20.60 \times 10^4 m^3$，区内有52口探井、评价井获工业气流，新增天然气地质基本探明储量 $3195.96 \times 10^8 m^3$，含气面积 $3554.9 km^2$；西二区鄂46井盒8段试气获日产 $5.66 \times 10^4 m^3$，结合以往成果，在盒8段、山1段、山2段、太原组落实含气面积 $3134.01 km^2$，提交天然气地质探明储量 $3445.17 \times 10^8 m^3$，可采储量 $1833.99 \times 10^8 m^3$；苏里格南部加大体积压裂工艺技术试验，完钻探井54口，有27口井获工业气流，苏416井盒8段最高试气获日产 $62.81 \times 10^4 m^3$，新增天然气地质基本探明储量 $3482.49 \times 10^8 m^3$，同时落实有利勘探范围 $3000 km^2$；2016年，按照"西北部储量升级、南部扩大含气规模、西南部寻找新发现"部署思路，持续推进苏里格整体勘探，完钻探井50口，完试37口，获工业气流井17口，南部新增天然气地质基本探明储量 $3303.79 \times 10^8 m^3$，西二区完钻完试探井58口，工业气流井25口，新增天然气地质探明储量 $3110.98 \times 10^8 m^3$，西南甩开部署，完钻探井11口，落实了李4、苏307等2个含气富集区，面积约 $2500 km^2$，形成新的储量接替领域；2017年，坚持勘探开发一体化，保持气田稳产，积极落实含气富集区，加快基本探明储量升级，部署探井109口，完钻52口，完试46口，获工业气流井23口，在苏里格南部新增天然气地质探明储量 $2150 \times 10^8 m^3$。

苏里格气田的成功勘探与开发得益于致密气成藏理论的创建和不断完善。苏里格气田上古生界发育陆相河流—三角洲沉积，储层非均质性强，气层有效厚度薄，气藏具有"低渗、低压、低丰度"的特征，单井产量较低；面对苏里格致密砂岩气藏勘探开发的复杂问题，通过不断创新地质理论，深化致密气成藏规律认识，加大地球物理、压裂工艺等关键技术攻关，有效推动了苏里格气田的整体勘探和规模有效开发：盆地石炭系—二叠系煤层和暗色泥岩呈广覆式分布，表现为广覆式生烃特征，盆地大部分地区处在有效供烃范围；经历了150Ma的抬升剥蚀后，鄂尔多斯地区形成了平缓的古底形，为二叠系砂体大面积发育创造了有利地质条件；二叠系石盒子组—山西组发育大型缓坡型三角洲沉积体系，盒8段辫状河三角洲砂体和山1段曲流河三角洲砂体纵向叠置、厚度大，横向连片分布；大面积分布的储集砂体与广覆式分布的有效气源岩相匹配，为古生界大面积含气奠定了基础，古生界普遍存在的异常压力、孔缝网状输导体系为天然气运移提供条件，在此基础上构建了源储交互叠置、孔缝网状输导、近距离运聚、大面积成藏的致密气成藏模式；通过"常规地震勘探向全数字地震勘探、单分量地震勘探向多分量地震勘探、叠后储层预测向叠前有效储层预测"三大技术转变，实现了岩性体刻画、有效储层预测、流体检测，提高了勘探成功率；通过降低压裂液伤害、多薄层压裂改造、控水增气工艺措施、水平井分段压裂等工艺技术攻关，提高了单井产量。通过以上综合地质研究和工程技术攻关，按照"整体研究，整体勘探，整体部署，分步实施"的部署思路，苏里格气田探明的含气面积不断扩大，自2007年以来，苏里格地区已实现了连续10年新增天然气地质储量超 $5000 \times 10^8 m^3$。截至2018年底，苏里格地区形成探明＋基本探明天然气地质储量 $4.72 \times 10^{12} m^3$，其中探明天然气地质储量 $1.86 \times 10^{12} m^3$，基本探明天然气地质储量 $2.86 \times 10^{12} m^3$，开创了致密气勘探的成功典范。

4. 盆地南部甩开预探获得新进展

盆地南部上古生界石盒子组、山西组发育西南、东南部沉积体系储集砂体，具有横向变化大、厚度薄、普遍致密等特点；盆地南部石炭系—二叠系煤系烃源岩大面积发育，成熟度高，可形成自生自储、下生上储等多层复合含气成藏配置关系，成藏条件有利。

在盆地东南部宜川—黄龙地区重点以落实石盒子组、山西组含气范围为勘探目标，扩大含气范围，兼探马家沟组风化壳气藏，勘探不断获得新发现。2016 年，在该区实施探井 13 口，有 12 口井在盒 8 段、山 1 段、山 2 段及本溪组钻遇含气砂体，气藏叠合发育，其中宜 32、宜 36、宜 39、宜 51 等井获日产 $2.11 \times 10^4 \sim 28.77 \times 10^4 m^3$ 的工业气流，初步落实盒 8 段、山 1 段复合有利区面积 $4000 km^2$；2017 年，实施探井 8 口，完试 7 口，5 口获工业气流井，在山 1 段、本溪组、马五 $_{1+2}$ 亚段共提交天然气地质探明储量 $257.17 \times 10^8 m^3$，发现了宜川和黄龙气田，对促进革命老区经济发展具有重要意义。

自 2013 年以来，在盆地西南部陇东地区持续深化地质研究，加强黄土塬地震勘探薄砂体预测技术攻关，推广应用以"大排量、大液量、多尺度支撑剂、低砂比、低伤害"为特征的体积压裂技术，落实了庆探 1、庆探 2、莲 52 和城探 3 井 4 个含气富集区，有利勘探面积约 $6000 km^2$，2016 年，首次在陇东地区提交天然气地质预测储量 $2054.69 \times 10^8 m^3$。其中庆探 1 井区开发评价效果较好，完试 7 口井，5 口获工业气流，水平井庆 1–12–64H2 井试气日产量达 $75.3 \times 10^4 m^3$，证实该区具有良好的天然气勘探开发潜力。

2018 年，聚焦庆探 1 井区山 1 段含气富集区，加强勘探开发结合，按照探井控制含气范围，水平井提高单井产量的思路，甩开预探，加大水平井产能评价力度，有效提高单井产量，实现了储量升级和有效开发：陇东庆探 1 井区共完钻探井、开发井 22 口（含 4 口水平井），平均气层厚 5.6m；完试的 7 口直井日产量为 $1.26 \times 10^4 \sim 8.74 \times 10^4 m^3$；完试的 3 口水平井日产量为 $24.43 \times 10^4 \sim 102.89 \times 10^4 m^3$，勘探与开发评价联手，落实含气面积 $643.71 km^2$，提交天然气地质探明储量 $318.86 \times 10^8 m^3$，发现了庆阳气田；庆探 1 井区山 1 段储层相对致密，物性非均质性较强，但含气砂体分布相对连续稳定，水平井砂体与气层钻遇率高，实施效果较好；区内共完试开发水平井 11 口，日产量 $15.18 \times 10^4 \sim 102.89 \times 10^4 m^3$，平均单井日产量为 $56 \times 10^4 m^3$；与直、定向井相比，水平井产量大幅度提高，实现了该区深层天然气资源的效益开发。

庆阳气田是长庆油田在甘肃境内发现的首个中型气田，2020 年底已建成年产能 $9.3 \times 10^8 m^3$，改变了该区近 50 年有油无气的历史，形成了"油气并重、同步发展"新格局。随着盆地西南部地区天然气二次加快发展的推进，预计可形成千亿立方米级储量规模，为带动革命老区扶贫攻坚、推动经济社会发展做出新贡献。

5. "四新领域"勘探获得新发现、新突破

自 2005 年以来，针对鄂尔多斯盆地新区带、新层系和新类型以及外围盆地等"四新领域"，着眼战略性、前瞻性和全局性的重大目标需求，不断深化区域地质研究和区带成藏潜力分析，先后在盆地南部上古生界、奥陶系盐下、太原组铝土岩和石灰岩、盆

地西缘奥陶系台缘相带、羊虎沟组源内致密砂岩气和乌拉力克组页岩气、外围盆地等新区带、新领域实施了区域甩开及风险勘探部署工作，取得了较好成效，推动盆地油气勘探不断取得新发现、新突破。

1）盆地南部上古生界

盆地分析与上古生界沉积体系整体研究认为，与盆地北部相比，东南部仍发育有利储集砂体，2012年，在吉县—宜川地区以寻找砂岩岩性气藏为目标，部署实施风险井组1个（4口井），其中，吉探1井在山1段获日产$2.1632 \times 10^4 m^3$，吉探2井在盒8段、太原组合试获日产$2.2235 \times 10^4 m^3$，吉探3井在本溪组、盒8段合试获日产$0.5883 \times 10^4 m^3$，吉探4井在山2段获日产$2.6958 \times 10^4 m^3$，发现了上古生界含气新区带，在风险勘探的引领下，天然气预探积极跟进，2017年新增天然气地质探明储量$257.17 \times 10^8 m^3$，发现了宜川和黄龙气田。

陇东地区上古生界发育西南物源沉积体系，具有较好的天然气成藏地质条件。2011—2013年，风险勘探针对该区古生界部署二维地震600km，探井2口（城探1、城探2井），在上、下古生界均获得发现：城探2井盒8段试气获日产$7.34 \times 10^4 m^3$，城探1井钻遇马二段风化壳气层2.2m，试气获日产$1.26 \times 10^4 m^3$的低产气流；在风险钻探发现推动下，陇东地区盒8、山1段有利含气砂带逐步落实，在庆探1、庆探2、莲54和城探2井区圈定有利含气范围5000km²，2016年新增天然气地质预测储量$2054.69 \times 10^8 m^3$，2018年提交天然气地质探明储量$318.86 \times 10^8 m^3$，发现了庆阳气田；同时有6口井在奥陶系下组合及寒武系试气获日产$1 \times 10^4 \sim 10 \times 10^4 m^3$的天然气流，展现出了陇东地区下古生界风化壳的勘探潜力。

2）奥陶系盐下

鄂尔多斯盆地奥陶系马家沟组发育巨厚的膏盐岩沉积地层，尤以马五₆亚段的膏盐岩分布范围最广，面积约50000km²，主要发育在盆地中东部的陕北盐洼沉积区，膏盐层极佳的封盖性能为油气的富集提供了良好条件。为探索古隆起东侧马五段中下部及马四段白云岩的天然气成藏潜力，2008年在庆阳东目标部署实施风险探井2口（合探1、合探2井）；其中合探2井在马五₉亚段获得日产396m³的低产气流，从而奠定了古隆起东侧中组合勘探发现的基础。

2007年、2010年先后针对东部盐下部署实施2口风险探井（龙探1、龙探2井），在盐下发现白云岩储层，其中龙探1井在马五₇亚段钻遇白云岩储层，试气获日产407m³的低产气流，龙探2井在马三段白云岩测井解释裂隙层3.8m，试气日产$CO_2$气$5.6320 \times 10^4 m^3$，这2口井的钻探深化了盆地东部盐下海相烃源岩生烃潜力的评价。2013年，按照上古生界煤系烃源岩侧向供烃成藏的认识，在临近西侧供烃窗口的膏—盐相变带部署风险探井靳探1井，盐下钻遇马五₇亚段白云岩气层3.5m，试气获日产$2.44 \times 10^4 m^3$，证实膏岩下含气普遍，具有规模成藏的潜力。

针对以上勘探新发现，科研人员持续研究、不断探索，综合认为盆地中东部奥陶系盐下发育古隆起控制下的多层系自生自储型白云岩岩性圈闭气藏的有利条件。2020年，在马四段云—灰相变带、云灰隆起带有利区内，寻找可靠白云岩上倾尖灭及构造高部位实施风险探井米探1、靖探1井，其中靖探1井在马四段钻遇含气层4段9.2m，气测峰值2.4982%～5.5145%；米探1井钻遇马四₂亚段气层11.2m/3层，马四₃亚段气层

24.1m/3层，2021年，马四$_3$亚段试气获日产$20.73 \times 10^4 m^3$的高产工业气流，马四$_2$、马四$_3$亚段合试获日产$35.2 \times 10^4 m^3$的高产工业气流，这是首次突破盆地马四段工业气流关，奥陶系盐下天然气风险勘探获得重大突破，有望在盐下形成新的万亿立方米勘探接替领域，支撑长庆油田油气产量$6000 \times 10^4 t$油当量以上持续高效稳产上产。

3）太原组铝土岩

长期以来盆地上古生界铝土质泥岩一直作为风化壳盖层，2020年，在对陇东地区常规天然气勘探同时发现的太原组铝土质泥岩气测异常显示现象引起了科研人员的重视，通过复查发现有40口井在太原组有2m以上含气显示，当年完试的陇11、陇52、陇54和庆1–14–62井分别获得日产$2.8 \times 10^4 m^3$、$1.5 \times 10^4 m^3$、$2.2 \times 10^4 m^3$和$1.3 \times 10^4 m^3$的低产气流，证明了铝土质泥岩具有天然气勘探潜力。初步研究表明，陇东地区铝土质泥岩厚2～40m；铝土岩沉积特征为早期原地残积粗粒和晚期海侵改造后形成的细粒富铝高岭石泥岩层，具有一定的储集性，并为天然气向寒武系运移提供通道，其含气性与寒武系有一定的继承性；铝土质泥岩具有高密度、高自然伽马、高中子、中低声波时差、高铀、高钍的电性特征，储层孔隙结构以溶孔和裂缝为主。下一步要加强这种新气藏类型基础地质和工程研究，从测井识别、气源判识、沉积相带、古地貌及储层微观特征方面入手，分析铝土质泥岩的形成机理及分布规律，明确气藏主控因素及富集规律，圈定有利勘探目标，实现铝土岩气藏勘探新突破。

4）太原组石灰岩

鄂尔多斯盆地上古生界石炭系—二叠系煤系地层厚80～160m，其中8号、5号煤为主力烃源岩。二者之间形成于局限陆表海潮坪环境下的太原组石灰岩厚10～30m，分布面积约$14 \times 10^4 km^2$。目前，太原组石灰岩有706口探井见较明显的气测显示，其中有70口探井测井解释为气层、含气层，平均厚度为5.19m，共完试40口井，日产量大于$1.0 \times 10^4 m^3$的井有16口，其中有8口工业气流井，展现出良好的勘探潜力。研究表明：太原组沉积期，鄂尔多斯地区水体较浅，为陆表海沉积环境；石灰岩主要分布于乌审旗—定边—延安—吴堡区域，纵向上细分为庙沟、毛儿沟、斜道和东大窑等4段，其中斜道段石灰岩厚度最大，单层厚5～20m，分布最广；石灰岩主要为泥晶灰岩、（含）生物碎屑泥晶灰岩和（泥晶）生物碎屑灰岩，储集空间包括大气淡水淋滤的溶蚀孔洞、埋藏阶段有机羧酸溶蚀孔缝和构造成因的裂缝三大类，孔隙度为0.37%～9.8%，孔隙度大于2%的比例占27%，渗透率为0.01～31.2mD，渗透率大于0.1mD的比例占34%，具一定的储集及渗流能力；初步计算太原组石灰岩天然气资源量为$2.62 \times 10^{12} m^3$。

2020年，针对太原组石灰岩开展风险勘探，部署了2口水平井（榆探1、洲探1井）提产提效，其中2021年完钻的榆探1井显示较好，水平段1500m，钻遇含气石灰岩段1405m，钻遇率为93.67%，气测峰值90.93%，有望取得勘探新突破。

5）盆地西缘奥陶系台缘相带、羊虎沟组源内致密砂岩气

自2007年以来，中国石油长庆油田公司加大了盆地西缘的勘探力度，研究认为该区台缘相带礁滩体储层发育，先后在盆地西缘以台缘相带礁滩体为目标部署风险探井6口（棋探1、古探1、麟探1、梁探1、驿探1和布探1井），二维地震2300km，发现了有利的礁滩体储层、烃源岩层及含气苗头，其中，古探1井在克里摩里组钻遇滩相石灰岩气层6.0m，试气获日产$1.62 \times 10^4 m^3$；麟探1井在奥陶系马家沟组、平凉组钻遇礁滩

相储层，马家沟组试气产水，平凉组见气显示；2019年，完钻的棋探3井在克里摩里组钻遇礁滩相储层，厚3.6m，试气获日产$2.2262 \times 10^4 m^3$。地震—地质结合，综合研究认为，陶乐目标、烟墩山目标是台缘礁滩体岩性圈闭探的有利目标，但勘探未获得实质性突破。

在围绕台缘相带勘探的同时，发现在局部保存条件相对较好的韦州—石沟驿向斜区，具有源内致密砂岩气成藏的潜力：盆地西部惠—沙断裂以西祁连海域范围内石炭系沉积早于盆地本部，主要发育滨岸沼泽（潟湖）—滨浅海沉积环境，发育了巨厚的靖远组—羊虎沟组煤系地层，厚度为500~1300m，煤层主要发育在上段，分布连续；煤系烃源岩累计厚度为518~616m，煤岩TOC均值为73.1%，暗色泥岩TOC为0.30%~31.81%，$R_o$为1.81%~2.36%，烃源条件较好；羊虎沟组沉积期主体处于海湾—潟湖沉积相带，石沟驿—韦州地区发育潮道—障壁岛沉积砂体，岩性以岩屑石英砂岩为主，单层厚5~26m，孔隙度平均值为2.72%，渗透率平均值为0.023mD，储层普遍致密，局部"甜点"储层发育溶孔、晶间孔。2019年，在石沟驿向斜实施的忠6井羊虎沟组厚达1242m，上段煤系烃源岩夹粉—细砂岩段含气显示活跃，试气获日产$2052m^3$，突破出气关；2020年，部署完钻的韦参1井在羊虎沟组见到较好含气显示，韦州—石沟驿向斜区面积约$1300km^2$，羊虎沟组源内砂岩含气普遍，保存条件好，忠6井已突破出气关，韦参1井按照非常规气勘探思路试气力争获工业气流，一旦突破，将开辟西缘向斜区非常规气勘探新领域。

6）乌拉力克页岩气

中—晚奥陶世乌拉力克组沉积期，鄂尔多斯盆地西部位于华北海与祁连海的交接处，为北方陆缘海沉积。一方面，乌拉力克组沉积期全球海平面快速上升，另一方面，盆地西部发生差异沉降，造成盆地西部发育一套深水海相沉积，岩性以泥页岩、泥质碳酸盐岩为主，具有海相页岩气成藏的有利条件。

在盆地西部下古生界天然气勘探过程中，多口探井在乌拉力克组钻探过程中见到较好的气测异常显示，在非常规油气成藏理论的启示下，对部分探井乌拉力克组含气泥页岩段进行了工业测试，9口探井以低产气流为主，日产量多为$0.1 \times 10^4$~$0.45 \times 10^4 m^3$。特别值得注意的是，忠4井在钻井过程中于乌拉力克组发生气侵，中途测试获日产$4.18 \times 10^4 m^3$的工业气流。同时，为进一步提高单井产量，2018年部署实施的水平井（忠平1井）于乌拉力克组试气获日产无阻流量$26.48 \times 10^4 m^3$的高产气流，盆地西部乌拉力克组海相页岩气勘探获得重大突破。忠平1、忠4井在乌拉力克组海相页岩气勘探的成功，一方面证实了盆地西部乌拉力克组具备海相页岩气有利地质条件；另一方面反映了盆地西部地区乌拉力克组虽然含气性普遍，但存在局部富集的特点。研究表明，盆地西部乌拉力克组页岩气具有"三低两高一深"的地质特征：有机质丰度较低，含气量低，压力系数低；成熟度较高，脆性高；埋深大。针对这些地质特征，开展了地质—工程一体化攻关，形成地质—工程"甜点"评价及预测技术系列，落实了李庄子和铁克苏庙—横山堡2个局部洼地页岩气"甜点区"；初步形成了水平井分段多簇＋大规模体积压裂的水平井压裂改造工艺技术；创新开展气体增能压裂试验，并建立大型气液两相管流模型优化排液措施及参数，升级数字化采集控制系统，形成控压排采配套技术，实现低压页岩气大液量下的连续自喷生产。

忠平 1 井的突破证实了盆地西部海相页岩气具有良好的勘探潜力，目前已落实海相页岩气含气范围 $1.5 \times 10^4 km^2$，资源量 $1.0 \times 10^{12} m^3$，有望形成新的非常规天然气勘探领域。

2013 年 12 月 22 日，长庆油田油气产量突破 $5000 \times 10^4 t$ 油当量，全年达到 $5195 \times 10^4 t$ 油当量，在鄂尔多斯盆地建成中国油气产量最高的现代化大油气田，原油和天然气产量分别占中国石油天然气集团公司国内总产量的 1/4 和 1/3，长庆气区 13 条外输管线，会同 2 条西气东输管线，成为中国陆上天然气管网枢纽中心，为保障国家能源安全、促进国民经济的发展做出了突出贡献。在鄂尔多斯盆地建设"西部大庆"，是中国石油工业发展进展中的重大部署，是中国石油天然气集团公司发展战略中的重点布局，也是几代长庆石油人梦寐以求的热切期盼和不懈追求。从 2008 年中国石油天然气集团公司党组批准长庆油田实施油气产量 $5000 \times 10^4 t$ 油当量发展规划以来，油田广大干部员工在中国共产党中央领导视察长庆油田指示精神激励下，认真贯彻落实中国石油天然气集团公司党组各项决策部署，以"我为祖国献石油"的高度责任感和使命感、"敢为人先、挑战低渗透极限"的发展意识和"攻坚啃硬、拼搏进取"的实干精神，创新地质理论，在鄂尔多斯盆地展开了一场静悄悄的油气大会战，取得了重大成果，实现了长庆油田发展的历史性跨越。长庆油田实现第一个 $1000 \times 10^4 t$ 油当量（2003 年）用了 33 年，第二个 $1000 \times 10^4 t$ 油当量（2007 年）仅用了 4 年，第三个（2009 年）、第四个（2011 年）、第五个（2013 年）分别只用了 2 年，在中国油气田开发史上创造了新的奇迹。

截至 2020 年底，长庆油田在鄂尔多斯盆地已经探明 35 个油田，探明石油地质储量 $592919.06 \times 10^4 t$；已开发 34 个油田（包含直罗油田），动用地质储量 $47.84 \times 10^8 t$；探明气田 13 个，累计探明地质储量 $35014.19 \times 10^8 m^3$，含气面积 $34987.92 km^2$，累计探明天然气地质储量 $40088.13 \times 10^8 m^3$（含天然气基本探明储量 $25354.0 \times 10^8 m^3$），开发气田 7 个，分别是靖边、榆林、苏里格、子洲、神木、宜川和庆阳气田，2020 年生产天然气 $446 \times 10^8 m^3$，油气产量连续 7 年保持 $5000 \times 10^4 t$ 油当量以上，2020 年油气产量达 $6041 \times 10^4 t$ 油当量，标志着长庆油田已建成中国首个年产 $6000 \times 10^4 t$ 油当量的特大型油气田，开创了中国石油工业发展史上的新纪元，鄂尔多斯盆地已成为中国重要的能源生产基地。

长庆油田所在的鄂尔多斯盆地，属于典型的"低渗、低压、低丰度"油气藏，曾被国际多家权威机构断定为没有开发效益的边际油气田。近 50 年来，几代长庆石油人秉持"我为祖国献石油"的核心价值观，坚持"磨刀石上闹革命"，与"三低"油气藏的严峻现实斗、与传统的思想观念斗，矢志不渝，奋力拼搏，在被称为世界级难题的"三低"油气田上创造了一个又一个奇迹。

特别是进入"十二五""十三五"以后，长庆油田面对油气田大规模建设管理及 $5000 \times 10^4 t$ 油当量油气产量稳产中遇到的一系列难题，进一步解放思想，开拓进取，通过创新和发展油气勘探理论，坚持在"磨刀石"里找资源、要储量，在先后找到了以 35 个油田、13 个气田为基础的陕北、姬塬、陇东、华庆等 4 个超 10 亿吨级大油区，以及下古生界碳酸盐岩、苏里格、盆地东部 3 个万亿立方米级大气区，始终将制约"三低"油气田高效发展的瓶颈问题作为最终攻关目标，大力进行技术和管理创新，打了一场油气勘探开发攻坚战和持久仗，推动了油气田"资源向储量、储量向产量、产量向效益"

的重大转变，实现了低渗透油气田的高效开发。

站在新时代的历史方位，长庆油田深入贯彻落实党的二十大精神，以习近平新时代中国特色社会主义思想为指导，贯彻落实新发展理念，提出了"三步走"发展目标，确立了长庆油田"十四五"及中长期高质量发展"六大战略"，到 2035 年油气产量突破 $7000 \times 10^4 t$ 油当量。"六大战略"即资源保障战略、创新驱动战略、效益优先战略、绿色低碳战略、人才强企战略和品牌价值战略。"三步走"发展目标为，到 2025 年，油气产量突破 $6800 \times 10^4 t$ 油当量，国内第一大油气田的地位持续巩固，成为国内油气田高质量发展的标杆企业；到 2035 年，油气产量突破 $7000 \times 10^4 t$ 油当量并保持长期稳产，低渗透油气田勘探开发技术达到国际领先水平，全面建成智慧油田，绿色低碳发展步入良性循环，成为党建优势突出、油气安全保供、经济效益显著、创新动力强劲、资源节约利用、发展成果共享的国有企业典范；到 21 世纪中叶，油气产量继续保持稳定发展势头，新能源占比持续提升，国内国际资源统筹利用，全面实现治理体系和治理能力现代化，质量效益、科技能力、价值贡献、品牌形象跻身世界同类企业前列，建成国际一流的现代化油公司。

# 第三章 地 层

本章主要介绍鄂尔多斯盆地沉积盖层（中—新元古界、古生界、中生界、新生界）的岩性、生物化石组合、地层结构、接触关系、地层厚度及其区域分布变化规律。适当讨论了以往有争议地层的层、组、段的划分，以及区域上与之相当地层单位的对比。

## 第一节 概 述

鄂尔多斯盆地基底由太古宇及古元古界变质岩组成，其上覆沉积盖层从下至上依次为中元古界滨海相碎屑岩与开阔台地相碳酸盐岩、新元古界冰碛砾岩与浅变质岩、下古生界台地相碳酸盐岩和大陆斜坡相深水碎屑岩，以及上古生界—中生界滨浅海相、海陆过渡相及陆相碎屑岩，新生界陆相碎屑岩仅在盆地局部地区分布。盆地内各地史时期地层发育状况、主要沉积相类型及其与构造演化的关系详见表3-1、图3-1、图3-2。

## 第二节 元 古 宇

元古宇是鄂尔多斯盆地的第一套沉积盖层，包括中元古界长城系、蓟县系，新元古界震旦系，其地层层序如图3-3所示。

### 一、长城系（Pt₂Ch）

长城系主要分布于杭锦旗—东胜—乌审旗—榆林—志丹—太白—甘泉—大宁—河津一线以西及黄河以东的吕梁山、太岳山、中条山和洛南等地区。在杭锦旗地区，地层尖灭线附近以河流冲积扇相砂砾岩为主，向西南方向逐渐相变为滨海相砂岩、裂谷砂页岩和火山喷发岩。盆地西部贺兰山、桌子山一带的长城系称黄旗口组，其中，贺兰山黄旗口冰沟（东经105°52.9′，北纬38°38.3′）长城系下部为灰白色、浅紫色、粉红色石英岩状砂岩夹杂色板岩（贺兰石），与古元古界贺兰山群和赵池沟群呈角度不整合接触，厚150m；上部为灰色、灰黑色粉砂质板岩、硅质板岩、灰色燧石条带白云岩夹石英砂岩，厚13～200m，白云岩含化石 *Leiopsophosphaera* sp.（光球藻，未定种）、*Leiominuscula* sp.（光面小球藻，未定种）。桌子山地区岗德尔山东山口（东经106°52.1′，北纬39°29.8′）长城系下部为厚层细粒石英岩状砂岩夹泥质砂岩及泥岩，发育斜层理及波痕，底部有2m底砾岩，与下伏古元古界千里山群呈角度不整合接触；上部为浅灰白色厚层块状石英岩状砂岩，发育波痕，厚266～545.7m。盆地东南部中条山二峪口一带的长城系厚达5557m，由下至上分为白草坪组、北大尖组和崔庄组，由石英岩状砂岩、紫色和黑色千枚岩化浅变质页岩夹硅质灰岩组成，与下伏中元古界马家河组安山岩（相当于豫陕地区的熊耳群）呈平行不整合接触；洛南黄龙铺一带的长城系高山河群分为鳖盖子组、二道河组和陈家涧

表 3-1　鄂尔多斯盆地地层系统、沉积相类型及其与构造演化的关系

| 界 | 系 | 统 | 组（群） | 代号 | 构造幕 | 性质 | 主要沉积相类型 | | 大地构造分期 |
|---|---|---|---|---|---|---|---|---|---|
| 新生界 | 第四系 | 全新统 | | $Q_4$ | 喜马拉雅运动 | 右旋拉张 | 分割性干旱湖 | 河流相及风成相 | 盆地形成到结束时期 |
| | | 更新统 | | $Q_{1-3}$ | | | | | |
| | 新近系 | 上新统 | | $N_2$ | | | | | |
| | | 中新统 | | $N_1$ | | | | | |
| | 古近系 | 渐新统 | | $E_3$ | | | | | |
| | | 始新统 | | $E_2$ | | | | | |
| 中生界 | 白垩系 | 下统 | 志丹群 | $K_1$ | | | | | |
| | 侏罗系 | 上统 | 芬芳河组 | $J_3f$ | 燕山运动 | 左旋剪切 | 滨海相海陆过渡相 | 湖泊沼泽相 | 槽台统一时期 |
| | | 中统 | 安定组 | $J_2a$ | | | | | |
| | | 中统 | 直罗组 | $J_2z$ | | | | | |
| | | 中统 | 延安组 | $J_2y$ | | | | | |
| | | 下统 | 富县组 | $J_1f$ | | | | | |
| | 三叠系 | 上统 | 延长组 | $T_3y$ | 印支运动 | | | | |
| | | 中统 | 纸坊组 | $T_2z$ | | | | | |
| | | 下统 | 和尚沟组 | $T_1h$ | | | | | |
| | | 下统 | 刘家沟组 | $T_1l$ | | | | | |
| 古生界 | 二叠系 | 上统 | 石千峰组 | $P_3s$ | 海西运动 | 相对宁静 | | | |
| | | 中统 | 上石盒子组 | $P_2s$ | | | | | |
| | | 中统 | 下石盒子组 | $P_2x$ | | | | | |
| | | 下统 | 山西组 | $P_1s$ | | | | | |
| | | 下统 | 太原组 | $P_1t$ | | | | | |
| | 石炭系 | 上统 | 本溪组 | $C_2b$ | | | | | |
| | 奥陶系 | 上统 | 背锅山组 | $O_3b$ | 加里东运动 | 升降运动 | 海相碳酸盐岩相 | | 槽台对立时期 |
| | | 上统 | 平凉组 | $O_3p$ | | | | | |
| | | 中统 | 马家沟组 | $O_2m$ | | | | | |
| | | 下统 | 亮甲山组 | $O_1l$ | | | | | |
| | | 下统 | 冶里组 | $O_1y$ | | | | | |
| | 寒武系 | 上统 | 凤山组 | $Є_3f$ | | | | | |
| | | 上统 | 长山组 | $Є_3c$ | | | | | |
| | | 上统 | 崮山组 | $Є_3g$ | | | | | |
| | | 中统 | 张夏组 | $Є_2z$ | | | | | |
| | | 中统 | 徐庄组 | $Є_2x$ | | | | | |
| | | 中统 | 毛庄组 | $Є_2m$ | | | | | |
| | | 下统 | 馒头组 | $Є_1m$ | | | | | |
| | | 下统 | 辛集组 | $Є_1x$ | | | | | |
| 新元古界 | 震旦系 | | 罗圈组 | $Z_1l$ | 燕辽运动 | | | | |
| 中元古界 | 蓟县系 | | | $Pt_2Jx$ | | | | | |
| | 长城系 | | | $Pt_2Ch$ | 渣尔泰运动 | | | | |
| 古元古界 | | | 滹沱群 | $Pt_1Ht$ | 吕梁运动 | | | | |
| 太古宇 | | | 五台群 | $Ar_3W$ | 五台运动 | | | | |
| | | | 阜平群 | $Ar_3F$ | | | | | |

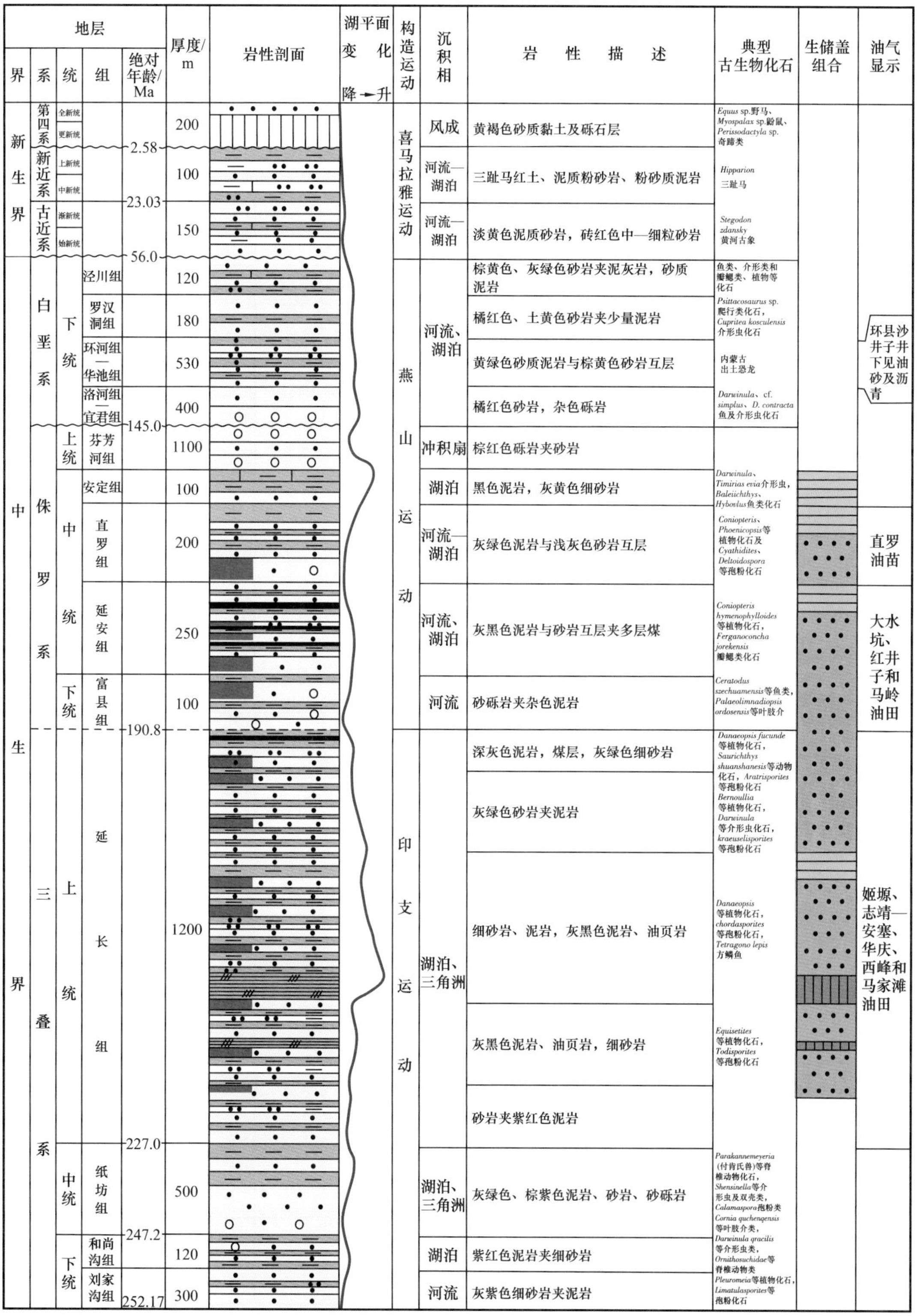

图 3-1 鄂尔多斯盆地中—新生界综合柱状图

| 界 | 系 | 统 | 组 | 绝对年龄/Ma | 厚度/m | 构造运动 | 沉积相 | 岩性描述 | 典型古生物化石 | 油气显示 |
|---|---|---|---|---|---|---|---|---|---|---|
| 新生界 | 第四系 | 全新统·更新统 | | 2.58 | 200 | 喜马拉雅运动 | 风成 | 黄褐色砂质黏土及砾石层 | *Equus* sp.野马、*Myospalax* sp.鼢鼠、*Perissodactyla* sp. 奇蹄类 | 环县沙井子井下见油砂及沥青 |
| | 新近系 | 上新统·中新统 | | 23.03 | 100 | | 河流—湖泊 | 三趾马红土、泥质粉砂岩、粉砂质泥岩 | *Hipparion* 三趾马 | |
| | 古近系 | 渐新统·始新统 | | 56.0 | 150 | | 河流—湖泊 | 淡黄色泥质砂岩，砖红色中—细粒砂岩 | *Stegodon zdansky* 黄河古象 | |
| 中生界 | 白垩系 | 下统 | 泾川组 | | 120 | 燕山运动 | 河流、湖泊 | 棕黄色、灰绿色砂岩夹泥灰岩，砂质泥岩 | 鱼类、介形类和瓣鳃类、植物等化石 | 环县沙井子井下见油砂及沥青 |
| | | | 罗汉洞组 | | 180 | | | 橘红色、土黄色砂岩夹少量泥岩 | *Psittacosaurus* sp. 爬行类化石，*Cypridea kosculensis* 介形虫化石 | |
| | | | 环河组—华池组 | | 530 | | | 黄绿色砂质泥岩与棕黄色砂岩互层 | 内蒙古出土恐龙 | |
| | | | 洛河组 宜君组 | 145.0 | 400 | | | 橘红色砂岩，杂色砾岩 | *Darwinula*, cf. *simplus*, *D. contracta* 鱼及介形虫化石 | |
| | | 上统 | 芬芳河组 | | 1100 | | 冲积扇 | 棕红色砾岩夹砂岩 | | |
| | 侏罗系 | 中统 | 安定组 | | 100 | | 湖泊 | 黑色泥岩，灰黄色细砂岩 | *Darwinula*、*Timirias evia* 介形虫、*Baleiichthys*、*Hyboius* 鱼类化石 | 直罗油苗 |
| | | | 直罗组 | | 200 | | 河流—湖泊 | 灰绿色泥岩与浅灰色砂岩互层 | *Coniopteris*, *Phoenicopsis* 等植物化石，*Cyathidites*, *Deltoidospora* 等孢粉化石 | |
| | | 下统 | 延安组 | | 250 | | 河流、湖泊 | 灰黑色泥岩与砂岩互层夹多层煤 | *Coniopteris hymenophylloides* 等植物化石，*Ferganoconcha jorekensis* 瓣鳃类化石 | 大水坑、红井子和马岭油田 |
| | | | 富县组 | 190.8 | 100 | | 河流 | 砂砾岩夹杂色泥岩 | *Ceratodus szchuamensis* 等鱼类，*Palaeolimnadiopsis ordosensis* 等叶肢介 | |
| 中生界 | 三叠系 | 上统 | 延长组 | | 1200 | 印支运动 | 湖泊、三角洲 | 深灰色泥岩，煤层，灰绿色细砂岩；灰绿色砂岩夹泥岩；细砂岩、泥岩，灰黑色泥岩、油页岩；灰黑色泥岩、油页岩，细砂岩；砂岩夹紫红色泥岩 | *Danaeopsis fucunde* 等植物化石，*Saurichthys shuanshanensis* 等动物化石，*Aratrisporites* 等孢粉化石，*Bernoullia*、*Darwinula* 等介形虫化石，*kraeuselisporites* 等孢粉化石；*Danaeopsis* 等植物化石，*chordasporites* 等孢粉化石，*Tetragono lepis* 方鳞鱼；*Equisetites* 等植物化石，*Todisporites* 等孢粉化石 | 姬塬、志靖—安塞、华庆、西峰和马家滩油田 |
| | | 中统 | 纸坊组 | 227.0 | 500 | | 湖泊、三角洲 | 灰绿色、棕紫色泥岩、砂砾岩 | *Parakannemeyeria*（付肯氏兽）等脊椎动物化石，*Shensinella* 等介形虫及双壳类，*Calamaspora quchengensis* 等孢粉类 | |
| | | 下统 | 和尚沟组 | 247.2 | 120 | | 湖泊 | 紫红色泥岩夹细砂岩 | *Darwinula gracilis* 等介形虫类，*Ornithosuchidae* 等脊椎动物类 | |
| | | | 刘家沟组 | 252.17 | 300 | | 河流 | 灰紫色细砂岩夹泥岩 | *Pleuromeia* 等植物化石，*Limulatasporites* 等孢粉化石 | |

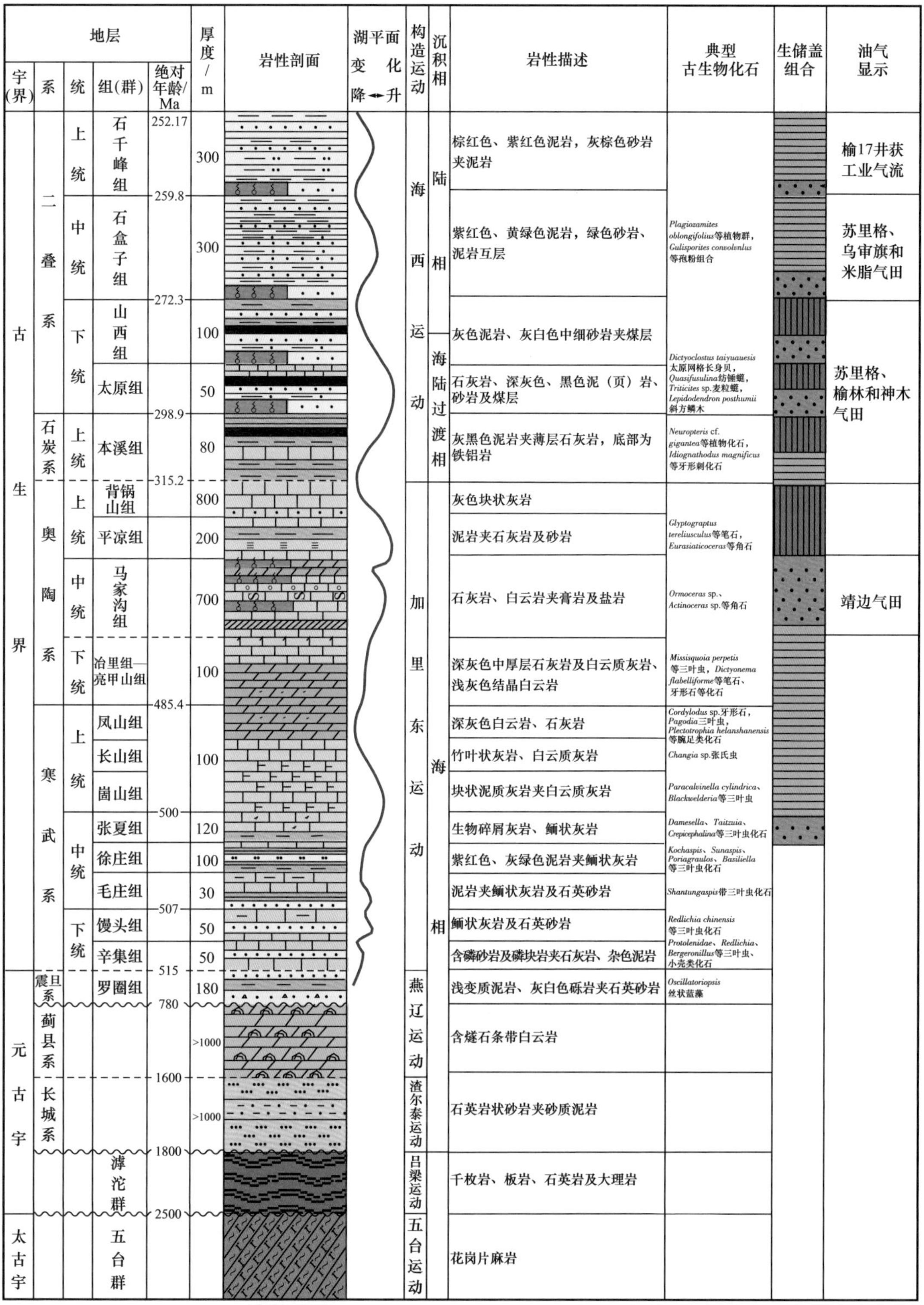

图 3-2 鄂尔多斯盆地太古宇—古生界综合柱状图

| 地层 | | | | | 厚度/m | 岩性剖面 | 湖平面变化 降↔升 | 构造运动 | 沉积相 | 岩性描述 | 典型古生物化石 | 生储盖组合 | 油气显示 |
|---|---|---|---|---|---|---|---|---|---|---|---|---|---|
| 宇(界) | 系 | 统 | 组(群) | 绝对年龄/Ma | | | | | | | | | |
| 古生界 | 二叠系 | 上统 | 石千峰组 | 252.17 | 300 | | | 海西运动 | 陆相 | 棕红色、紫红色泥岩，灰棕色砂岩夹泥岩 | | | 榆17井获工业气流 |
| | | 中统 | 石盒子组 | 259.8 | 300 | | | | | 紫红色、黄绿色泥岩，绿色砂岩，泥岩互层 | Plagiozamites oblongifolius等植物群，Gulisporites convolvolus等孢粉组合 | | 苏里格、乌审旗和米脂气田 |
| | | 下统 | 山西组 | 272.3 | 100 | | | | 海陆过渡相 | 灰色泥岩、灰白色中细砂岩夹煤层 | | | 苏里格、榆林和神木气田 |
| | 石炭系 | 上统 | 太原组 | 298.9 | 50 | | | | | 石灰岩、深灰色、黑色泥（页）岩、砂岩及煤层 | Dictyoclostus taiyuaensis太原网格长身贝，Quasifusulina纺锤蜓，Triticites sp.麦粒蜓，Lepidodendron posthumii斜方鳞木 | | |
| | | 上统 | 本溪组 | 315.2 | 80 | | | | | 灰黑色泥岩夹薄层石灰岩，底部为铁铝岩 | Neuropteris cf. gigantea等植物化石，Idiognathodus magnificus等牙形刺化石 | | |
| | 奥陶系 | 上统 | 背锅山组 | | 800 | | | 加里东运动 | | 灰色块状灰岩 | | | |
| | | | 平凉组 | | 200 | | | | | 泥岩夹石灰岩及砂岩 | Glyptograptus tereliusculus等笔石，Eurasiaticoceras等角石 | | |
| | | 中统 | 马家沟组 | | 700 | | | | 海相 | 石灰岩、白云岩夹膏岩及盐岩 | Ormoceras sp.、Actinoceras sp.等角石 | | 靖边气田 |
| | | 下统 | 冶里组—亮甲山组 | 485.4 | 100 | | | | | 深灰色中厚层石灰岩及白云质灰岩，浅灰色结晶白云岩 | Missisquoia perpetis等三叶虫，Dictyonema flabelliforme等笔石，牙形刺化石 | | |
| | 寒武系 | 上统 | 凤山组 | | 100 | | | | | 深灰色白云岩、石灰岩 | Cordylodus sp.牙形石，Pagodia三叶虫，Plectotrophia helanshanensis等腕足类化石 | | |
| | | | 长山组 | 500 | | | | | | 竹叶状灰岩、白云质灰岩 | Changia sp.张氏虫 | | |
| | | | 崮山组 | | | | | | | 块状泥质灰岩夹白云质灰岩 | Paracalvinella cylindrica、Blackweideria等三叶虫 | | |
| | | 中统 | 张夏组 | | 120 | | | | | 生物碎屑灰岩、鲕状灰岩 | Damesella、Taitzuia、Crepicephalina等三叶虫化石 | | |
| | | | 徐庄组 | | 100 | | | | | 紫红色、灰绿色泥岩夹鲕状灰岩 | Kochaspis、Sunaspis、Poriagraulos、Basiliella等三叶虫化石 | | |
| | | | 毛庄组 | 507 | 30 | | | | 相 | 泥岩夹鲕状灰岩及石英砂岩 | Shantungaspis带三叶虫化石 | | |
| | | 下统 | 馒头组 | | 50 | | | | | 鲕状灰岩及石英砂岩 | Redlichia chinensis等三叶虫化石 | | |
| | | | 辛集组 | 515 | 50 | | | | | 含磷砂岩及磷块岩夹石灰岩、杂色泥岩 | Protolenidae、Redlichia、Bergeronillus等三叶虫、小壳化石 | | |
| 元古宇 | 震旦系蓟县系 | | 罗圈组 | 780 | 180 | | | 燕辽运动 | | 浅变质泥岩、灰白色砾岩夹石英砂岩 | Oscillatoriopsis丝状蓝藻 | | |
| | 长城系 | | | 1600 | >1000 | | | 渣尔泰运动 | | 含燧石条带白云岩 | | | |
| | | | | 1800 | >1000 | | | 吕梁运动 | | 石英岩状砂岩夹砂质泥岩 | | | |
| | | | 滹沱群 | 2500 | | | | | | 千枚岩、板岩、石英岩及大理岩 | | | |
| 太古宇 | | | 五台群 | | | | | 五台运动 | | 花岗片麻岩 | | | |

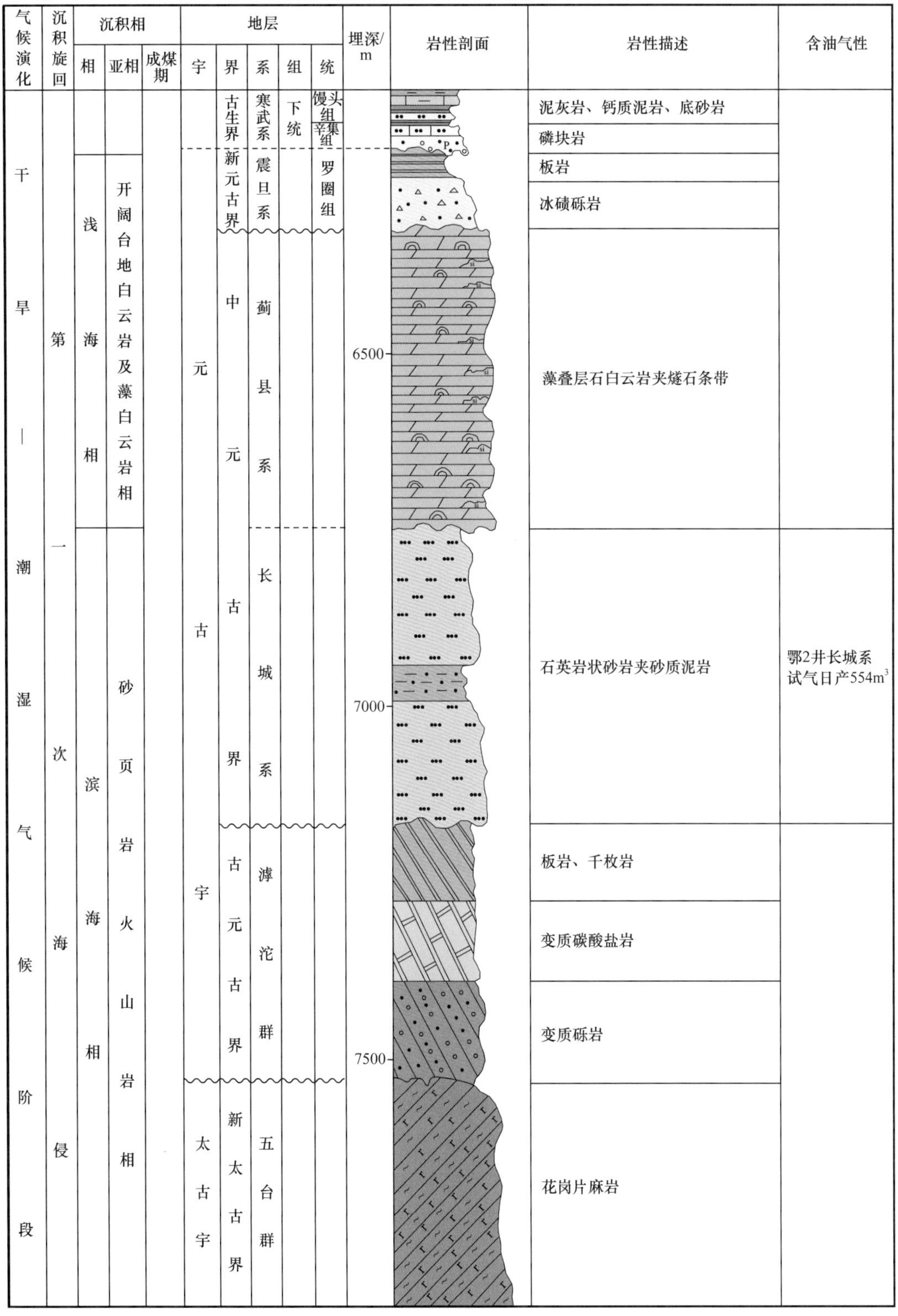

| 气候演化 | 沉积旋回 | 沉积相 | | 成煤期 | 地层 | | | | 埋深/m | 岩性剖面 | 岩性描述 | 含油气性 |
|---|---|---|---|---|---|---|---|---|---|---|---|---|
| | | 相 | 亚相 | | 宇 | 界 | 系 | 组 | 统 | | | |
| 干旱—潮湿气候阶段 | 第一次海侵 | 浅海相 | 开阔台地白云岩及藻白云岩相 | | 元古宇 | 古生界 | 寒武系 | 下统 | 馒头组辛集组 | | | 泥灰岩、钙质泥岩、底砂岩 | |
| | | | | | | 新元古界 | 震旦系 | | 罗圈组 | | | 磷块岩 | |
| | | | | | | | | | | | | 板岩 | |
| | | | | | | | | | | | | 冰碛砾岩 | |
| | | | | | | 中元古界 | 蓟县系 | | | 6500 | | 藻叠层石白云岩夹燧石条带 | |
| | | 滨海相 | 砂页岩火山岩相 | | | | 长城系 | | | 7000 | | 石英岩状砂岩夹砂质泥岩 | 鄂2井长城系试气日产554m³ |
| | | | | | 古元古界 | | 滹沱群 | | | | | 板岩、千枚岩 | |
| | | | | | | | | | | | | 变质碳酸盐岩 | |
| | | | | | | | | | | 7500 | | 变质砾岩 | |
| | | | | | 太古宇 | 新太古界 | 五台群 | | | | | 花岗片麻岩 | |

图 3-3  鄂尔多斯盆地元古宇综合柱状图

组，总厚度约为8000m（图3-4），岩性为石英岩状砂岩和泥板岩，与下伏熊耳群杏仁状安山玢岩、细碧岩、玄武玢岩和石英斑岩呈平行不整合接触。盆地东部晋西地区的长城系称"汉高山砂岩"及"霍山砂岩"，其中"汉高山砂岩"在临县汉高山一带厚度大于350m，向南向北变薄至数米，乃至消失，岩性为灰黄色、肉红色厚层状细—粗粒含砾石英岩状砂岩、石英岩状砂岩，夹安山岩、紫色页岩，底部发育50～60m的底砾岩，与下伏古元古界黑茶山群变质砾岩和长石石英岩呈不整合接触。"汉高山砂岩"之上的"霍山砂岩"广泛分布于晋西地区的吕梁山、霍山（太岳山）山区，厚10～60m，岩性以浅灰白色、浅肉红色石英岩状含砾砂岩为主，局部地区发育粉红色泥质细砂岩，仅离石马头山一带发育近100m厚的砾岩和砾状砂岩。盆地北部的长城系渣尔泰群主要分布在阴山地区的色尔腾山、渣尔泰山、狼山和伊盟隆起北部边缘的达拉特旗吴四圪堵石合拉沟一带。在乌拉特前旗小余太以西的书记沟—梁五沟一带，渣尔泰群分为书记沟、增隆昌、阿古鲁沟和刘洪湾组，总厚度达9926m，为石英岩状砂砾岩、浅灰色大理岩、黑色泥板岩夹绿帘二云母片岩和浅成辉绿岩侵入体，大理岩中产 Conophyton（叠锥层石）、Cononnella（圆柱叠层石）等藻类化石。盆地内的伊盟隆起西部杭锦旗以西地区的长城系厚50～1500m，岩性为浅肉红色、浅灰白色石英岩状砂岩。位于中央古隆起上的庆深1井长城系厚116m，岩性为杂色含砾粗砂岩、砾状砂岩和砂质砾岩。天环北段的天深1、古探1井和伊陕斜坡上的桃59、宜探1井分别钻遇长城系270.6m、331m、265m和222.4m，4口井均未见底；城川1、莲1、莲3、合探1、合探2、富探1、陇29、陇32等8口井则刚钻入长城系数米至五六十米，其岩性基本均为灰白色、肉红色、褐灰色石英岩状砂岩夹暗紫色、灰绿色粉砂质页岩及辉绿岩等浅成侵入岩。结合重、磁、电法及深部地震勘探资料，鄂尔多斯盆地各次级构造单元发育的长城系的岩性基本一致，但厚度相差悬殊。盆地东南部洛南一带沉积最厚，达到8000m左右，其次是盆地西南部的麟游、镇原，西北部的灵武、铁克苏庙等长城系的厚度都达到2500～3500m，由盆地西南部各沉积中心向东北方向厚度逐渐减薄，鄂托克旗—鄂托克前旗—定边—环县—庆城—合水—旬邑一线以东厚度降至数百米，再往东则逐渐尖灭缺失（图3-4）。

## 二、蓟县系（Pt₂Jx）

蓟县系为盆地内第一次全面海侵所沉积的地层。其分布范围自东向西退缩至惠农—鄂托克前旗—定边—环县—华池—合水—旬邑—韩城一线西南地区，在蓟县系地层尖灭线附近以发育滨海砂页岩和泥质白云岩为主，向西南方向变为含硅质条带藻白云岩。盆地西部贺兰山、青龙山、阴石峡、固原炭山闵家沟、官厅养花台一带的蓟县系称王全口组，主要岩性为灰色、棕红色白云岩、残余颗粒白云岩、藻白云岩、叠层石白云岩及泥质白云岩，含燧石结核、条带及团块，夹少许砂岩及页岩，含化石 Conophyton wangquangouensio（王全沟锥叠层石）；Conophyron garganicus（加尔加诺锥叠层石），Minjaria sp.（米雅尔叠层石，未定种），Colonnella sp.（圆柱叠层石，未定种），Tielingella sp.（铁岭叠层石，未定种），Cryptozoon sp.（包心菜叠层石，未定种），其底与长城系呈平行不整合接触。蓟县系厚度变化较大，由贺兰山王全口（东经106°29.2′，北纬39°10.0′）以北的数十米，到青龙山鸽堂沟（东经106°35.6′，北纬37°17.7′）的708m（未见底），总的趋势由北向南变厚（图3-5）。盆地西南缘和盆地南部地区蓟县系岩性组合特征与盆地东南缘洛南地区类似，从下至上可分为龙家园、巡检司、杜关和冯家湾 4 个组，主要岩性为灰色、浅灰色厚层、块状夹薄层泥晶—粉晶白云岩，夹褐红色泥质白云岩和白云质砂泥岩，发育大量燧石（化）藻纹层结构、燧石条带及燧石团块。

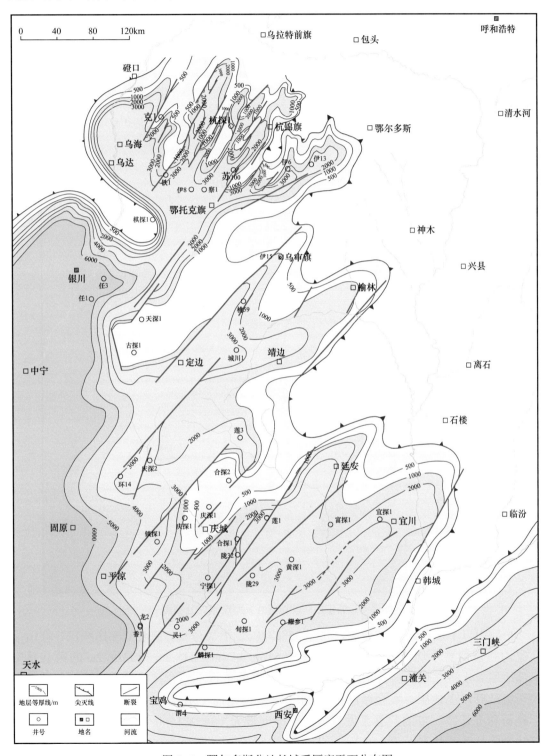

图 3-4　鄂尔多斯盆地长城系厚度平面分布图

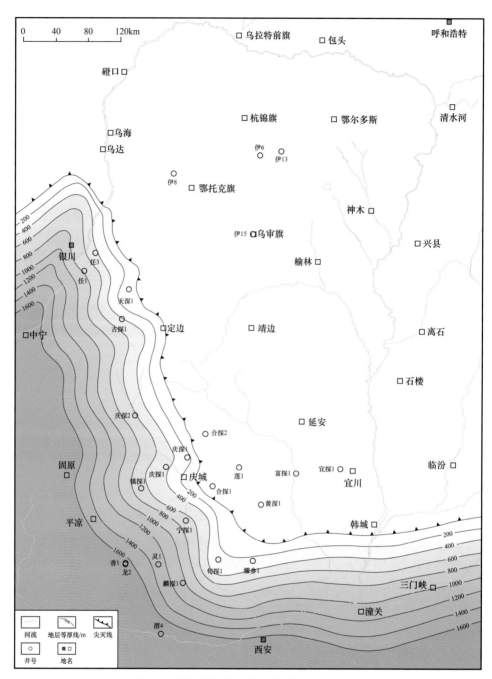

图 3-5　鄂尔多斯盆地蓟县系厚度平面分布图

平凉山口子（东经 106°42.5′，北纬 35°23.9′）、华亭马峡、陇县景福山峡口、岐山下蒲家沟一带蓟县系均未见底，分别出露 1351m、974m、845.2m 和 1706.2m 的蓟县系中上部地层。永济二峪口蓟县系底部与下伏长城系的平行不整合接触关系清楚，但缺失巡检司组及其以上地层，残余厚度仅 243m。洛南黄龙铺（东经 110°2.9′，北纬 34°20.2′）、巡检司和寺耳镇一带的蓟县系发育最全、厚度最大（可达 1500～1932m）。目前盆地内部钻遇蓟县系的井有天深 1（42m）、庆深 1（310.5m）、庆深 2（522m）、镇探 1（323m）、宁探 1（616.3m）、龙 2（106m）、灵 1（88.6m）、香 1（58m）、旬探 1（235m）、陇 27

（82.8m）等 10 口井。除天深 1、庆深 1 和香 1 井外，其他井均未钻穿蓟县系。天深 1、庆深 1 井蓟县系岩性为暗紫色、棕红色、浅灰色细—粉砂岩夹泥岩、白云岩及喷发岩，其余井岩性为灰色细粉晶白云岩、残余颗粒白云岩、竹叶状砾屑白云岩和燧石结核白云岩，与下伏长城系呈平行不整合接触。

## 三、震旦系罗圈组（$Z_1l$）

罗圈组仅分布于盆地西部和南部边缘地区，由盆地边缘向盆地内部迅速尖灭（图 3-6）。

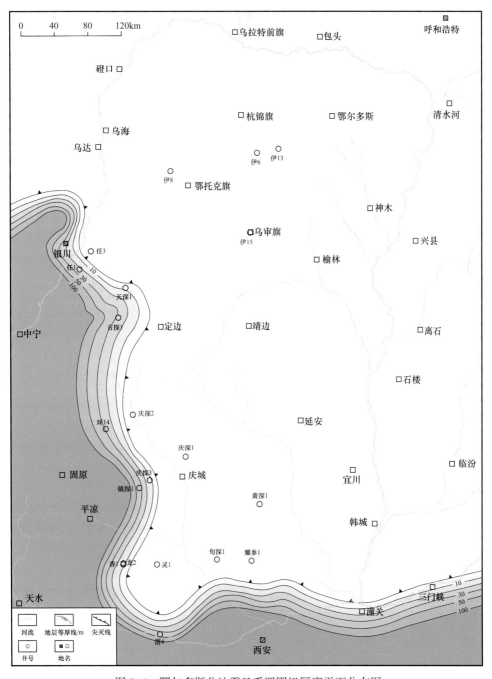

图 3-6　鄂尔多斯盆地震旦系罗圈组厚度平面分布图

在宁夏贺兰山等地的震旦系称为正目观组，下部为紫红色、黄绿色、紫灰色、黄灰色泥砾岩与浅灰色、灰色块状砾岩，上部为砂质页岩和板岩，厚度从紫花沟（东经105°53.5′，北纬38°31.9′）的9m至镇木关（东经105°53.1′，北纬38°42.5′）的144m。青龙山及其以南的阴石峡地区缺失上部的泥板岩段，仅剩下部砾岩段，厚度也明显减薄。青龙山鸽堂沟厚36m，阴石峡厚度则降至7m左右。盆地南缘的震旦系称为罗圈组，洛南上张湾厚度最大（94m），纵向下粗上细的二元结构也比较明显。其他如永济二峪口、岐山蒲家沟、陇县周家渠的厚度都仅有10m左右，岩性以褐红色粉细砂岩和泥岩为主，偶见白云质冰碛砾石。盆地内部仅在天深1、镇探1井分别钻遇8m和42m震旦系冰碛岩，其岩性以白云质砾岩和泥砾岩为主。震旦系罗圈组（正目观组）冰碛泥砾岩沉积说明晋宁运动曾使华北地台上升为陆，并在地台与周围的海域过渡带沉积了一套寒冷气候下的冰碛沉积物。该套冰碛沉积与上、下地层均呈平行不整合接触。

鄂尔多斯盆地元古宇总的变化趋势是在盆地的南缘、西缘较厚，向东、向北变薄直至缺失。

# 第三节  下 古 生 界

晋宁运动后，华北地台接受了来自南北两面的持续海侵，形成地槽型及地台型以海相碳酸盐岩为主的早古生代沉积。自早寒武世晚期开始，鄂尔多斯盆地遭受第二次海侵，海水主要从西、南两个方向入侵，地层向北东方向超覆。纵向上鄂尔多斯盆地下古生界包括寒武系和奥陶系2套地层（图3-7）。

## 一、寒武系

1. 下寒武统

下寒武统自下而上划分为辛集组、馒头组。

1）辛集组（$\in_1 x$）

辛集组（在盆地南缘进一步分为辛集组和朱砂洞组，在盆地西缘称为苏峪口组）分布在地台边缘的贺兰山、老爷山、陇县、岐山及中条山地区。盆地南部地区的辛集组下部为浅肉红色泥质粉砂岩、粉砂岩、含磷砂岩、砂质白云岩夹生物灰岩，底部发育磷块岩，含 *Protolenidaes*、*Redlichia*、*Bergeronillus* 等三叶虫、小壳类化石，厚度为5～25m；上部为一套灰色—深灰色块状含石英砂质白云岩、鲕粒白云岩和藻白云岩等沉积（朱砂洞组），厚度为15～50m。盆地西缘的辛集组（苏峪口组）为一套含磷钙质碎屑岩，含 *Protolenid*、*Bergeronillus* 等三叶虫化石，厚度为10～40m，在贺兰山苏峪口（东经105°55.1′，北纬38°45.1′）最厚可达44m。辛集组平行不整合于罗圈组（正目观组）之上。

2）馒头组（$\in_1 m$）

馒头组（在盆地西部贺兰山命名为五道淌组）主要分布在盆地西部和南部。南部陇县牛心山（东经106°44.1′，北纬34°59.2′）一带下部为紫灰色、灰色粉晶白云岩、鲕粒白云岩、砂质白云岩；中上部为粉—中粒石英砂岩；上部为紫红色、紫灰色石灰岩，厚76m。岐山曹家沟一带以白云岩为主，厚112m。耀参1井为浅灰色石灰岩、鲕粒灰岩、白云岩，上部为紫红色、黄绿色泥页岩，厚84m（未钻穿）。盆地西部平凉大台子白杨沟一带，底

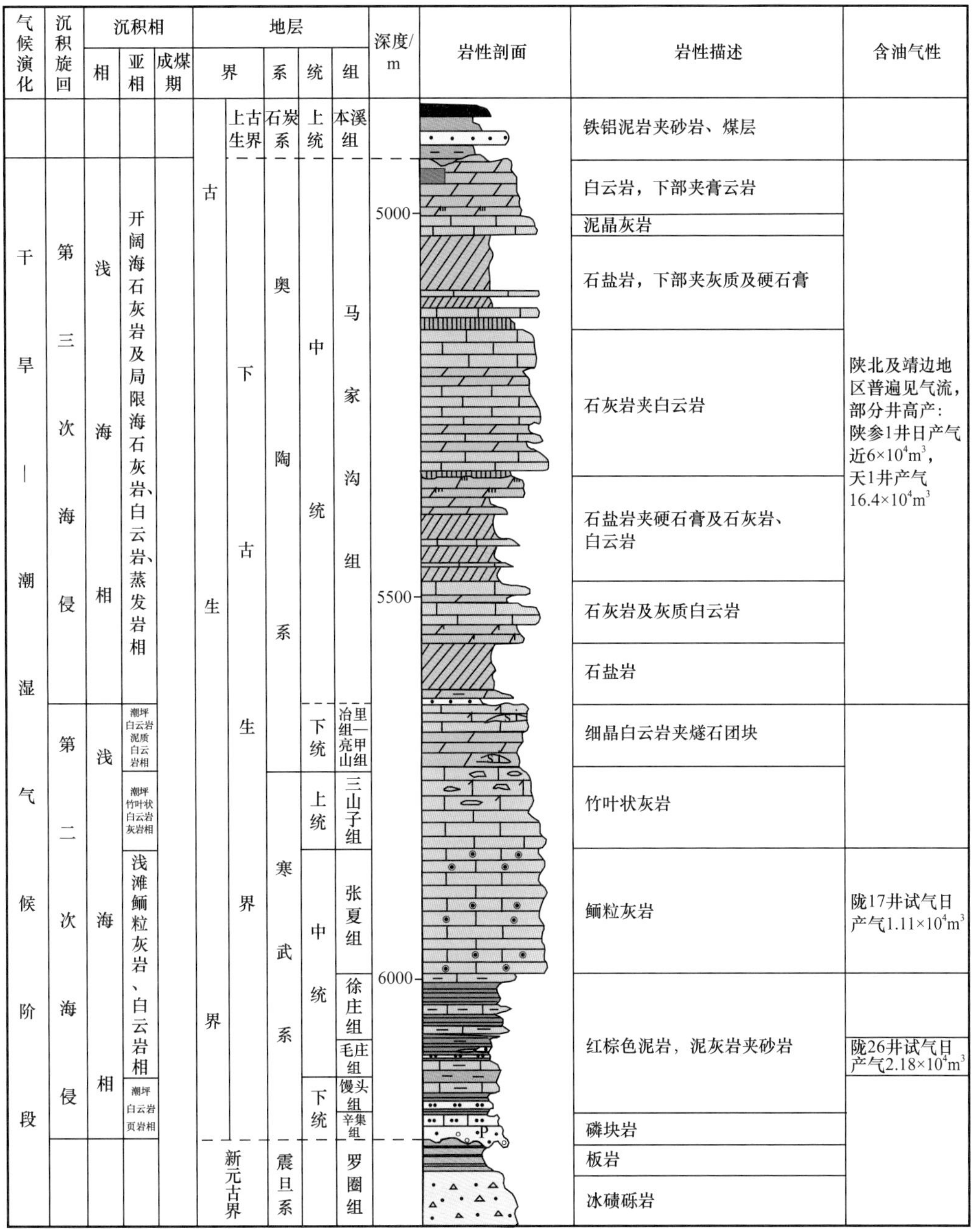

| 气候演化 | 沉积旋回 | 沉积相 | | | 地层 | | | | 深度/m | 岩性剖面 | 岩性描述 | 含油气性 |
|---|---|---|---|---|---|---|---|---|---|---|---|---|
| | | 相 | 亚相 | 成煤期 | 界 | 系 | 统 | 组 | | | | |
| 干旱—潮湿气候阶段 | 第三次海侵 | 浅海相 | 开阔海石灰岩及局限海石灰岩、白云岩、蒸发岩相 | | 上古生界 | 石炭系 | 上统 | 本溪组 | | | 铁铝泥岩夹砂岩、煤层 | |
| | | | | | 古生界 | 奥陶系 | 中统 | 马家沟组 | 5000 | | 白云岩，下部夹膏云岩 | 陕北及靖边地区普遍见气流，部分井高产：陕参1井日产气近6×10⁴m³，天1井产气16.4×10⁴m³ |
| | | | | | | | | | | | 泥晶灰岩 | |
| | | | | | | | | | | | 石盐岩，下部夹灰质及硬石膏 | |
| | | | | | | | | | | | 石灰岩夹白云岩 | |
| | | | | | | | | | | | 石盐岩夹硬石膏及石灰岩、白云岩 | |
| | | | | | | 下古生界 | | | 5500 | | 石灰岩及灰质白云岩 | |
| | | | | | | | | | | | 石盐岩 | |
| | 第二次海侵 | 浅海相 | 潮坪白云岩泥质白云岩相 | | | | 下统 | 冶里组—亮甲山组 | | | 细晶白云岩夹燧石团块 | |
| | | | 潮坪竹叶状白云岩灰岩相 | | | 寒武系 | 上统 | 三山子组 | | | 竹叶状灰岩 | |
| | | | 浅滩鲕粒灰岩、白云岩相 | | | | 中统 | 张夏组 | | | 鲕粒灰岩 | 陇17井试气日产气1.11×10⁴m³ |
| | | | | | | | | 徐庄组 毛庄组 | 6000 | | 红棕色泥岩，泥灰岩夹砂岩 | 陇26井试气日产气2.18×10⁴m³ |
| | | | 潮坪白云岩页岩相 | | | | 下统 | 馒头组 辛集组 | | | 磷块岩 | |
| | | | | | | 新元古界 | 震旦系 | 罗圈组 | | | 板岩 | |
| | | | | | | | | | | | 冰碛砾岩 | |

图 3-7 鄂尔多斯盆地（内部）下古生界综合柱状图

部为纯石英砂岩，上部为结晶白云岩，厚 55m。贺兰山南段苏峪口的五道淌组为薄层—厚层状灰质白云岩、灰质页岩及细粒石英砂岩，厚 42~82m。至贺兰山北段，沉积物显著变粗，为灰白色、土黄色薄—中厚层石英砂岩夹含砾砂岩及少许泥灰岩、竹叶状灰岩，底部是砾岩，厚度为 47m。任 3、天深 1 井馒头组中上部为灰色细晶白云岩夹泥云岩，下部为石英砂岩，厚度分别为 65m 和 42m。河津西磑口一带，为浅土黄色、灰褐色、灰黄绿色薄—中层状粒屑灰岩、泥晶灰岩、白云岩、泥质白云岩夹砾屑灰岩及红色钙质泥页岩，底部为石英质砾岩，总厚度为 51m。该组主要产 *Redlichia chinensis* 等三叶虫化石。

下寒武统仅局限于盆地西缘与南缘，并有向西向南加厚的趋势（图 3-8）。

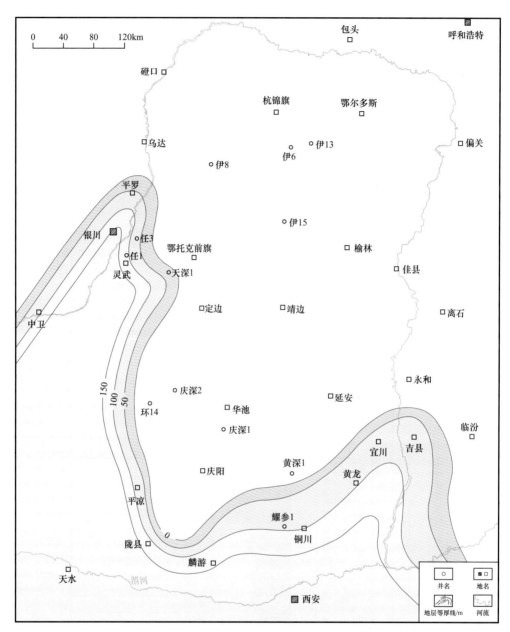

图 3-8　鄂尔多斯盆地下寒武统厚度平面分布图

2. 中寒武统

中寒武统自下而上划分为毛庄组、徐庄组及张夏组。

1）毛庄组（$\epsilon_2 m$）

在盆地西南部陇县牛心山（东经106°44.1′，北纬34°59.2′）一带，毛庄组上部为紫红色钙质页岩夹生物碎屑灰岩、泥灰岩、鲕粒灰岩；下部为灰紫色、紫红色白云岩、泥质白云岩及石英细粉砂岩，厚77m。耀州区一带岩性与陇县近似，耀参1井厚223m。庆阳古隆起上的毛庄组主要为暗棕色、棕灰色、紫棕色钙质碎屑岩夹碳酸盐岩，与下伏蓟县系呈平行不整合接触，其中，庆深1井厚63m，庆深2井厚77m。西部桌子山地区的岗德尔山一带为灰色白云岩、砂质白云岩及灰色、灰绿色页岩，与下伏长城系呈平行不整合接触，厚24m。横山堡、天池一带岩性为黑灰色、暗紫褐色石灰岩夹含陆屑的细粉晶白云岩及石英粉砂岩等，任3井厚44m，天深1井厚37m。韦州青龙山鸽堂沟一带厚68m。盆地东部毛庄组岩性为紫红色粉砂岩夹泥页岩、厚层石灰岩。内蒙古自治区清水河杨家窑乡西山沟村一带厚31m，与下伏太古宇呈角度不整合接触。该组产 *Shantungaspis* 带三叶虫化石。

2）徐庄组（$\in_2 x$）

徐庄组在盆地南部陇县牛心山、平凉大台子白杨沟（东经106°43.1′，北纬35°22.8′）、环县阴石峡（东经106°29.5′，北纬36°34.3′）一带厚132～161m，下部为紫色页岩夹亮晶鲕粒灰岩、颗粒灰岩、粉砂质灰岩等；上部为灰色泥晶灰岩、砾屑灰岩及鲕粒灰岩夹灰绿色钙质泥页岩。向东至岐山二郎沟一带变为灰绿色钙质页岩夹碳酸盐岩，厚219m。耀参1井徐庄组上部为灰绿色、灰黑色白云质泥岩、暗紫色泥岩、灰黑色白云岩、鲕粒灰岩及海绿石粉砂岩；中部为灰色白云岩、白云质灰岩、鲕粒灰岩夹泥岩；下部为深灰色、紫灰色、浅灰色白云质灰岩、石灰岩夹鲕状灰岩，厚315m。庆阳古隆起徐庄组厚约50m。盆地西部贺兰山苏峪口徐庄组为灰色鲕状灰岩、瘤状灰岩、薄层石灰岩与深绿色页岩不等厚互层夹白云质灰岩及竹叶状灰岩，厚168m。盆地东部徐庄组呈现南厚北薄、南细北粗的特征，东北部清水河一带为紫红色粉砂质泥岩夹中—薄层粉砂岩，顶部发育褐灰色中—薄层状藻纹层灰岩，厚约40m；南部河津西礓口一带为紫红色、灰绿色页岩与灰色中层石灰岩、鲕状灰岩互层，厚100m。该组含丰富的 *Kochaspis*、*Sunaspis*、*Poriagraulos*、*Basiliella* 等三叶虫化石。

3）张夏组（$\in_2 z$）

张夏组为中寒武世海侵高潮期的沉积，岩性主要为颗粒（砾屑、砂屑、鲕粒、生物碎屑）灰岩和残余颗粒（砾屑、砂屑、鲕粒、生物碎屑）结晶白云岩，小型竹叶状砾屑和鲕粒结构非常发育，并伴以大量生物碎屑和砂屑结构。在盆地南部张夏组岩性较单一，岐山二郎沟一带（东经107°38.8′，北纬34°31.4′）为浅灰—深灰色粉—细晶白云岩与残余鲕粒白云岩互层，厚200m。庆阳古隆起庆深1井厚92m，庆深2井厚65m。其上覆地层为奥陶系马家沟组。盆地西部贺兰山苏峪口、桌子山岗德尔山地区，张夏组为灰色泥质条带鲕粒灰岩、竹叶状灰岩与页岩的不等厚互层，厚248～259m。由贺兰山向南至横山堡、天池一带地层厚度相对稳定，局部区域减薄，天深1井厚88m。盆地东部张夏组总厚度较薄，一般不超过100m，但单层厚度很厚，一般在剖面上呈厚层、块状或巨厚层状，其中的鲕、砂砾屑和生物碎屑含量特别丰富。河津西礓口厚96m，中阳车鸣峪厚53m，兴县恶虎滩厚79m，清水河杨家窑厚66m，该组含丰富的 *Damesella*、*Taitzuia*、*Crepicephalina* 等三叶虫化石。

中寒武统的厚度仍有向西、向南增厚的趋势（图3-9），由100m增厚至500m，厚度多在100～300m之间。

3. 上寒武统

上寒武统岩性主要为灰色中—薄层状含泥质粉细—粉晶白云岩、泥质白云岩夹竹叶状白云岩，盆地东北部清水河—偏关一带为石灰岩，只在贺兰山、河津西礓口和内蒙古清水河等地的剖面有化石依据，可划分为崮山、长山、凤山3个组。其余地区均不能详细划分，现统称为三山子组（图3-10）。

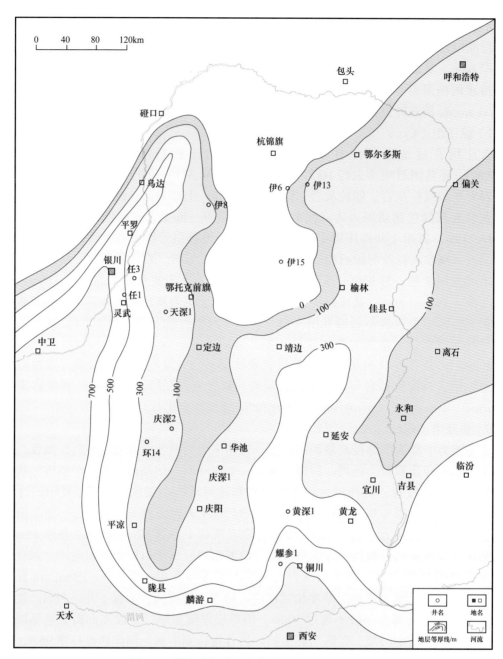

图 3-9　鄂尔多斯盆地中寒武统厚度平面分布图

1）崮山组（$\in_3 g$）

在宁夏贺兰山苏峪口强岗岭（东经 105°54.1′，北纬 38°45.8′）、桌子山岗德尔山东山口（东经 106°49.8′，北纬 39°36.6′）地区，崮山组具有厚度大、不含或少含页岩和鲕粒灰岩的特征，主要由薄层泥质白云岩、泥质条带白云岩夹钙质泥岩组成。该组在强岗岭厚 133.3m，在贺兰山北段陶思沟厚 44.3m，在青龙山鸽堂沟厚 97.5m。青龙山以南地区则以泥质白云岩和钙质泥岩互层为主，该区崮山组含三叶虫 Paracalvinella cylindrica（筒状副卡尔文虫）、Plectotrophis helanshanensis（贺兰山曲大头虫）。

在盆地南部陇县牛心山一带，崮山组主要为紫灰色—灰黄色薄层泥灰岩，夹石灰岩、

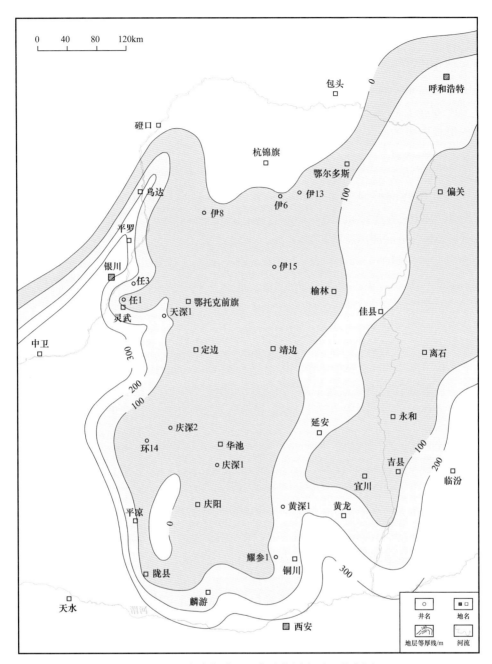

图 3-10 鄂尔多斯盆地上寒武统厚度平面分布图

白云质灰岩及砾状、竹叶状灰岩，厚 90m ；至岐山二郎沟以浅灰色、灰白色、棕红色等白云岩为主，厚约 225m ；韩城华子山附近为黄灰色、灰色薄板状、厚层状白云岩、泥灰岩，厚约 52m ；清水河杨家窑一带为褐红色、灰黄色泥灰岩与钙质泥岩薄互层，厚约 30m。崮山组含三叶虫 *Blackwelderia*、*Cyclolorenzella*、*Liaoningaspis* sp. 和 *Homagnostus* sp. 等。

2）长山组（$\epsilon_3 c$）

在宁夏贺兰山地区，长山组由泥质灰岩、竹叶状灰岩、白云岩及少量泥质条带石灰岩组成，苏峪口强岗岭厚80.7m；受加里东运动的风化剥蚀作用影响，贺兰山北段缺失长山组。青龙山鸽堂沟及其以南地区未获古生物化石，其岩性仍以泥质白云岩、竹叶状灰岩和条带状白云岩为主。长山组含 *Changia* sp. 张氏虫（未定种）。

长山组在盆地南部陇县一带缺失；在韩城华子山—泾阳鱼车山一带为中—厚层白云岩，厚30～60m；岐山二郎沟为白云岩夹砂页岩，厚度小于30m；盆地东北部清水河杨家窑一带长山组为浅灰色、褐红色竹叶状含泥质石灰岩与薄层钙质泥岩，厚约50m。

3）凤山组（$\epsilon_3 f$）

盆地西部凤山组的分布范围与长山组一致，岩性以厚层—块状白云岩、白云质灰岩为主，苏峪口强岗岭厚度为132.9m；青龙山鸽堂沟长山组和凤山组总厚度约75m，凤山组与下奥陶统为连续沉积。凤山组含有 *Cordylodus* sp. 牙形石、*Pagodia* 三叶虫和 *Plectotrophia helanshanensis* 腕足类化石。

盆地南部凤山组的分布与长山组相同，在韩城华子山附近为浅黄色—深灰色中、厚层白云岩夹竹叶状灰岩或石灰岩，厚37m。盆地东南部山西河津西礠口为浅灰绿色厚层白云岩，含三叶虫 *Calvinella*、*Prosaukia* 和腕足类等化石；盆地东北部清水河县城南的平头山为灰色厚层状颗粒（砂屑、鲕粒）灰岩，厚35m。*Calvinella* 系中国北方凤山组的标准分子。

从上述寒武系各统的厚度来看，以盆地西缘最大，其中贺兰山的苏峪口最厚，其次是青龙山。从纵向看，中寒武统最厚，上统及下统较薄。从岩性看，寒武系下统与中统的下部泥质岩发育，上统白云岩发育。中统上部的张夏组石灰岩以竹叶状灰岩与鲕状灰岩为特征。

## 二、奥陶系

下奥陶统和上寒武统为连续沉积，其沉积古地貌格局也没有明显变化，但受早奥陶世末的怀远运动风化剥蚀作用的影响，盆地内吕梁山以西绝大部分地区的下奥陶统，乃至部分上寒武统均被剥蚀殆尽，并在中、下奥陶统（奥陶系／寒武系）之间形成一风化剥蚀面。怀远运动之后的海侵活动在盆地内形成了稳定的中奥陶统马家沟组，以及峰峰组碳酸盐岩和蒸发岩；峰峰组沉积后的早加里东运动又使盆地内部再次大范围抬升，普遍缺失晚奥陶世的沉积，盆地内部的峰峰组和马家沟组也被部分风化剥蚀；上奥陶统仅发育于盆地西南边缘地区。

1. 下奥陶统

下奥陶统包括冶里组、亮甲山组，主要分布于盆地周边地区，盆地内部基本缺失。

1）冶里组（$Q_1 y$）

冶里组仅残留于盆地的东、西和南缘地区。在东缘吕梁山区，该组岩性为灰色、浅灰色、灰黄色含泥质白云岩、泥质白云岩夹灰绿色薄层状白云质泥页岩和少量竹叶状白云岩，厚15～35m，由南向北厚度变小。在偏关老营鸭子坪（东经111°53.6′，北纬39°32.3′）产头足类爱丽斯木角石及树笔石。盆地南缘，仅韩城华子山、泾阳鱼车山和岐山曹家沟及黄深1、耀参1、永参1、旬探1、淳探1、麟探1等探井所在区域发育冶里组，其泥页岩含量较盆地东部明显减少，但厚度明显增加，岩性以灰色、黄灰色薄—中层状白云岩、泥质白云岩为主，厚35～80m。在盆地西缘和西南缘，受怀远运动风化剥蚀作用的影响，冶里组的分布时断时续，各地的岩性变化也较大。贺兰山下岭南沟组厚约110m，岩性为灰色薄—中层状含泥质白云岩、泥质白云岩夹竹叶状白云岩；青龙山鸽堂沟为灰色薄层状含泥质白云岩夹灰绿色钙质泥岩，残余厚度为15m；平凉水泉岭麻川甘沟的冶里组厚度仅10m左右，岩性为灰绿色钙质泥岩与灰黄色泥质白云岩薄互层。陇县及贺兰山北部、桌子山均缺失冶里组。冶里组与下伏上寒武统凤山组为连续沉积，在贺兰山下岭南沟组含有丰富的化石，包括 *Missisquoia perpetis*、*Yosimuraspis*、*Wanliangtinga*、*Asaphellus trinodosus* 三叶虫和 *Dictyonema flabelliforme*、*Callograptustaizehoensis-Dictyonema flabelliforme orientale*、*Adelograptus-Clonograptus* 笔石、牙形石等化石。

2）亮甲山组（$O_1l$）

亮甲山组的分布范围与冶里组类似，但受怀远运动风化剥蚀的影响，其在各地的厚度变化更加明显。亮甲山组岩性特征为富含硅质（燧石条带）藻纹层及含燧石团块中厚层结晶白云岩。作为标志之一的燧石结核和燧石层，在盆地南部的亮甲山组普遍发育，并集中分布于该套地层的中部，顶、底部含量逐渐降低；但在盆地西部及盆地东北部清水河—偏关一带基本不含燧石。该套地层在盆地东北部偏关鸭子坪（东经111°53.6′，北纬39°32.3′）一带残余厚度约110m，而在盆地东南缘河津西磴口仅剩约20m；在盆地南部泾阳鱼车山、岐山曹家沟，厚度也在100m以上，在贺兰山下岭南沟一带的前中梁子组厚度最大可达180m，但在陇县景福山等地则被剥蚀殆尽，平凉麻川甘沟残余厚度也不足20m。在临汾晋王坟、河津西磴口燧石纹层较发育，泾阳鱼车山和礼泉唐王岭的燧石条带特别发育，而平凉麻川甘沟和偏关鸭子坪基本见不到燧石条带和燧石结核，以发育厚层块状结晶白云岩为特征。亮甲山组在偏关一带产 *Yehlioceras yehliensis*（冶里冶里角石）、*Manchuroceras pianguanensis*（偏关东北角石）、*Manchuroceras munutum*（小型东北角石）、*Manchuroceras yazipingense*（鸭子坪东北角石）、*Kaipingoceras slenderforme*（细长开平角石）、*Koreanoceras breviculus*（短锥朝鲜角石）、*Kirkocers pianguanense*（偏关柯克角石）、*Kirkocers laoyingense*（老营柯克角石）等头足类化石，以及 *Drepanodus homocurvatus*（似弯曲镰刺）、*Oistodusinaequalis*（不等箭刺）、*Scolopodus giganteus*（巨大尖刺）等牙形刺化石。

下奥陶统厚度变化趋势明显，由盆地内部向外，逐渐由20m增至100m以上（图3-11）。

2. 中奥陶统马家沟组（$O_2m$）

中奥陶统马家沟组包括下马家沟组、上马家沟组和峰峰组，除中央古隆起和伊盟隆起外，盆地其他地区基本都有分布。根据岩性和生物化石组合特征，通常将上、下马家沟组和峰峰组合称为马家沟组，并分为6个岩性段：马一段—马三段属下马家沟组，马四、马五段属上马家沟组，马六段属峰峰组。

1）盆地中东部和渭北地区

在盆地中东部地区，马一、马三、马五段岩性以含泥质准同生白云岩、泥质白云岩和白云质泥岩为主，发育大量硬石膏、盐岩等蒸发岩类，并在陕北地区形成资源量达 $10000 \times 10^8$t 以上的巨大石盐矿；马二、马四、马六段以发育中厚层状及块状泥晶灰岩为主，马四段中下部以发育大量云斑灰岩为标志。

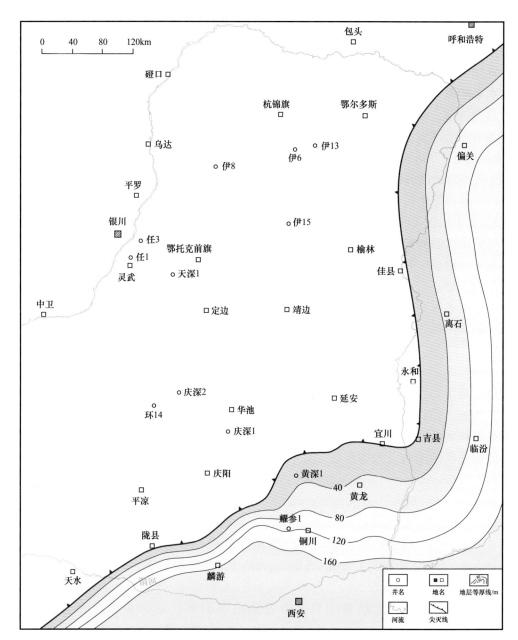

图 3-11　鄂尔多斯盆地冶里组—亮甲山组厚度平面分布图

马一段又称贾汪页岩段或贾汪组，在盆地东缘吕梁山区厚 10～30m，以发育灰黄色、灰绿色泥质白云岩和白云质泥岩为主，夹浅灰色薄层状准同生白云岩，底部发育数层厘米级砂砾岩（砂砾成分为下伏亮甲山组中的燧石）。临汾晋王坟（东经 111°27.2′，北纬 36°10.6′）在马一段中部发育数米硬石膏岩。陕北地区因发育蒸发岩最厚可达 130m，在延安以南地区马一段发育 50～110m 盐岩。盆地南部渭北地区以浅灰黄色含泥质白云岩为主，厚度约为 30m。

马二段在盆地中东部地区的岩性和厚度都比较稳定，纵向上由 3 套厚度稳定的厚层块状泥晶灰岩（局部地区顶部石灰岩发生了后生白云岩化），夹 2 套灰黄色薄层含泥质白云岩和泥质白云岩，组成三厚两薄的剖面结构。偏关鸭子坪厚约 70m，柳林下白霜厚

80m，临汾晋王坟厚 66m，河津西磴口厚 53m。陕北地区在 2 套泥质白云岩中往往发育硬石膏或盐岩层。渭北地区白云岩段中的泥质含量明显降低，但三厚两薄的剖面结构仍较清楚，泾阳东陵沟厚 95m。马二段普遍发育 *Ormeroceras* sp.（链角石）、*Wutinoceras* sp.（五顶角石）和 *Tangshanodus tangshanensis*（唐山刺）。

马三段在盆地中东部岩性以灰黄色泥质白云岩和白云质泥岩为主，夹薄层准同生白云岩，厚度一般为 50m 左右；在陕北地区因发育大量硬石膏和盐岩层，厚度增加至 130～160m；在渭北地区，马三段以浅灰色准同生含泥质白云岩或含泥质石灰岩为主，泾阳东陵沟厚度亦为 50m 左右。

马四段中下部为灰色厚层、块状云斑灰岩（豹皮灰岩），上部为灰色泥晶灰岩夹浅灰色准同生白云岩，局部发育云斑灰岩、硬石膏夹层。该段在全区的岩性和厚度都比较稳定，除河津西磴口、临汾晋王坟、蒲县峡村等吕梁隆起核部厚度不足 100m，中央古隆起和伊盟地区受后期风化剥蚀以外，其他地区基本稳定在 150～170m 之间。马四段产 *Stereolasmoceras pseudoseptatum*（假隔壁灰角石）、*Armenoceras tani Grabau*（谭氏阿门角石）、*Tofangoceras pauciannulatum*（少环豆房沟角石）等化石。

在晋西地区，马五段厚度为 50～70m，下部为灰黄色泥质白云岩和白云质泥岩互层，中部发育 10～20m 的深灰色中厚层状泥晶灰岩（中部石灰岩），上部为灰黄色泥质白云岩、浅灰色准同生白云岩。临汾晋王坟在中部石灰岩之上、下分别发育 140 余米和 20m 的硬石膏岩，地层厚度达到 200 余米。盆地中东部地区，根据马五段的岩性组合特征，从上至下将其分为 10 个亚段。其中，马五$_1$、马五$_2$ 和马五$_4$ 亚段顶部发育膏溶孔洞白云岩，是盆地中部地区靖边气田的主要储层段；马五$_3$ 亚段和马五$_4$ 亚段上部发育泥质硬石膏岩和泥质白云岩；马五$_4$ 亚段下部和马五$_6$、马五$_8$、马五$_{10}$ 亚段发育巨厚的盐岩和硬石膏岩等蒸发岩类（尤其是马五$_6$ 亚段的蒸发岩厚度可达 130～180m，其余各层厚度在 20～60m 之间）；马五$_7$、马五$_9$ 亚段为褐灰色准同生白云岩，厚度约为 30m。马五$_5$ 亚段的深灰色厚层块状灰岩在盆地内部厚度为 20～25m，其岩性和厚度非常稳定，是整个华北地区奥陶系划分对比的主要标志层，由发育于其中的藻礁破碎并白云岩化后形成的颗粒滩相白云岩是奥陶系马家沟组中组合的主要储层。位于台地边缘开放环境的渭北地区缺乏蒸发岩沉积，但具有与盆地内部相似的沉积水体的深浅变化过程，与马五$_{6-10}$ 亚段和马五$_{1-4}$ 亚段相当的地层以发育浅水潮坪沉积的藻纹层准同生白云岩为主，夹泥质白云岩，与马五段中部石灰岩相当的地层则为厚层块状生物灰岩，除发育大量已破碎的直角石、菊石等头足类化石碎片以外，还产完整的 *Armenoceras* sp.（阿门角石）和 *Orthis* sp.（正形贝）等化石。

在盆地中东部及吕梁山区，马六段仅残余下部深灰色中厚层状泥晶灰岩，产 *Actinoceras* sp.（珠角石）、*Gorbyoceras* sp.（戈比角石）等，残余厚度仅为 10～20m。盆地南部渭北地区马六段发育最全，厚度也最大。其底部在蒲城尧山、泾阳鱼车山和岐山县崛山沟发育 20m 厚的重力流沉积砾屑灰岩，下部为灰色中厚层状泥晶灰岩，夹少量云斑灰岩，上部为浅灰色或灰黄色薄层状藻纹层准同生白云岩，局部可见燧石团块，总厚度为 180～250m。该套地层在岐山地区已全部白云岩化。

2）盆地西部地区

盆地西部地区的中、下奥陶统划分界限和命名都比较混乱，至今没有完全统一。

（1）西缘南段。

过去将盆地西缘南段平凉地区的中、下奥陶统从下至上分为麻川组、水泉岭组和三道沟组（安泰庠，1990；甘肃省地层表编写组，1980；宁夏回族自治区区域地层表编写组，1980；费安琦等，1983）。受黄土和植被覆盖影响，前人对平凉水泉岭及其周围地区奥陶系的标志层判识和地层划分对比都出现了较大错误。林宝玉在1975年创立的麻川组不仅是一个跨层（包括上寒武统、下奥陶统、中奥陶统）的地层名称，而且与水泉岭组的绝大部分地层重复，水泉岭组与三道沟组的界限位置和厚度也不太合适。现根据近年来对平凉麻川村甘沟、水泉岭和三道沟采石场新剥露的奥陶系剖面的研究结果描述如下：

在麻川甘沟，中奥陶统马一段底部以1m左右的浅褐红色粉砂岩夹3～4层厚度小于1cm的红色钙质泥岩薄层与下奥陶统亮甲山组顶部的灰色厚层、块状结晶白云岩呈平行不整合接触，其上为褐红色白云质泥砾岩和灰黄色白云质泥岩；马二段为灰色厚层泥晶灰岩夹一层浅灰黄色泥质白云岩；马三段为浅灰黄色准同生白云岩和含泥质石灰岩，发育泥质纹层和藻纹层构造。虽然该地马一段—马三段的厚度很薄（马一段厚度仅3m左右，马二段厚度仅4m左右，马三段厚度也不足8m），但其地层层序结构及其反映的沉积水体的深浅变化趋势很清楚，与盆地中东部可以进行很好的对比。

相当于马四段的麻川组上部和水泉岭组，岩性为厚层块状云斑灰岩和泥晶灰岩，厚度约为150m。

马五段出露于三道沟中部，其岩性组合与渭北地区类似，下部为厚约20m的浅灰色薄层泥质白云岩，发育泥质纹层和藻纹层构造，中部发育25m厚层泥晶灰岩，上部为约80m薄层泥质白云岩。

马六段出露于三道沟中部平台的边缘部位，厚度约为90m，岩性为灰色中厚层泥晶灰岩。

青龙山地区中奥陶统的岩性组合特征与平凉地区类似，在青龙山鸽堂沟马一段为15m左右的浅灰色、浅灰黄色含泥质白云岩；马二段为50余米的灰色厚层、块状泥晶灰岩夹浅灰色薄层泥质白云岩和泥质灰岩，具明显的三厚两薄剖面结构特征；马三段为浅灰色薄层泥质灰岩；马四段为厚约120m的厚层、块状云斑灰岩和泥晶灰岩；马五段为上、下两段薄层泥质灰岩夹深灰色厚层块状生物灰岩（中部石灰岩），厚度约为80m；青龙山酸枣沟马六段为薄层泥晶灰岩、瘤状灰岩夹紫红色和薄层灰黄色凝灰岩，厚度约为250m。

（2）贺兰山地区。

贺兰山地区中奥陶统分为中梁子组和樱桃沟组。中梁子组相当于盆地中东部的马一段—马五段，岩性基本为厚层块状泥晶灰岩，除局部的层理厚度和泥质含量变化以外，纵向上基本没有明显的变化，在贺兰山西麓中梁子组厚度约为300m。樱桃沟组岩性为浅变质泥板岩、粉砂岩夹巨厚层状重力流沉积砾屑灰岩（其中发育粒径达10m以上的大型漂砾），中梁子以北的樱桃沟厚约140m，阿拉善左旗胡吉台一带厚度大于2700m。

桌子山地区中奥陶统分为三道坎组、桌子山组和克里摩里组。三道坎组相当于马一、马二和马三段，岩性为浅红色石英砂岩与浅灰色白云岩互层，老石旦东山厚度约85m；桌子山组的中下部相当于马四段，岩性为含完整生物的中厚层泥晶灰岩与中薄层云斑灰岩互层，厚度约为200m；桌子山组上部150m相当于马五段，岩性为薄层含泥质纹层泥晶灰岩夹厚层、块状含完整生物化石泥晶灰岩（厚约30m）；在乌海海南收费站附近，克里摩里组总厚度约为180m，其下部为中厚层瘤状灰岩，中部为薄层泥晶灰岩夹泥岩薄层，上部为深灰色薄板状泥岩夹薄层泥灰岩。

在桌子山三道坎组近底部产三叶虫 *Eoisotelus* sp.（古等称虫）、*Pseudasaphus* sp.（假栉虫）及头足类 *Parakogenoceras wuense*（乌海拟高原角石），近顶部产 *Pseudowutinoceras wuhaiense*（乌海假五顶角石）、*Actinoceras wuhaiense*（乌海珠角石）；桌子山组产 *Polydesmia zuezshanensis*（桌子山多泡角石）、*Ordosoceras quasilineatum*（准线型鄂尔多斯角石）、*Pomphoceras* sp.（泡角石）、*Dideroceras undulatum*（波状双房角石）；克里摩里组产 *Pterograptus elegans*（精美翼笔石）、*Amplexog raptus confer tus*（紧密围笔石）等化石。

中奥陶统马家沟组的沉积厚度仍向盆地西南缘明显增大，由500m增大至1000～2000m，榆林—米脂地区厚600～900m，庆阳古隆起厚度仅为100m（图3-12）。

3. 上奥陶统

鄂尔多斯盆地的上奥陶统仅分布在盆地西南缘，分为平凉组和背锅山组。

1）平凉组（$O_3p$）

根据岩相类型，平凉组又分为壳灰岩相和笔石页岩相2种沉积类型。壳灰岩相仅分布于渭北扶风县以东的永寿好时河、礼泉东庄水库、泾阳铁瓦店、耀州区桃曲坡、富平将军山、赵老峪、金粟山等地，岩性为深灰黑色薄层—薄板状泥质灰岩，夹重力流沉积砾屑灰岩透镜体和灰黄色砂质蚀变凝灰岩。在富平将军山、耀州区桃曲坡和永寿好时河等地发育由小型藻类、珊瑚、层孔虫等组成的点礁体，地层厚度为250～450m。

笔石页岩相分布于扶风西北方向的瓦罐岭、岐山崛山沟、交界、陇县段家峡、李家坡、平凉银洞官庄、固原贺家川、环县石板沟、贺兰山榆树青沟、桌子山拉什仲等地，岩性为深灰色薄层钙质泥岩、灰绿色泥质粉砂岩夹深灰色薄板状泥灰岩，发育重力流沉积砾屑灰岩。该组在盆地西南缘下部称平凉组，上部称段家峡组；贺兰山地区下部称山字沟组，上部为银川组；在桌子山地区从下至上分为乌拉力克、拉什仲、公乌素和蛇山4个组，厚度从数百米至两千余米。平凉组泥岩中产丰富的笔石，如桌子山乌拉力克组产 *Glyptograptus tereliusculus*（圆滑雕笔石）；拉什仲组产 *Nemagraptusgracilis*（纤细丝笔石）、*Climacograptus bicornis*（双刺栅笔石）、*Syndyograptus*（栾笔石）；公乌素组产 *Amplexograptus gansuensis*（甘肃围笔石）；蛇山组产 *Eurasiaticoceras*（欧亚角石）、*Sheshanoceras*（蛇山角石）等化石。

平凉组的沉积厚度由盆地边缘向西、南方向明显增厚，由200m增加到800m甚至2000m（图3-13）。

2）背锅山组（$O_3b$）

上奥陶统背锅山组仅分布于鄂尔多斯盆地西南边缘的泾阳铁瓦店、陇县背锅山、彭阳石碣子沟一带。陇县地区背锅山组岩性为浅灰色及玫瑰红色块状砾屑灰岩、泥粉晶灰岩及钙藻灰岩、生物碎屑灰岩，厚439m。在固原王洼石碣子沟厚126m，含丰富的珊瑚、三叶虫、腕足类化石。其中珊瑚有 *Favistella*（蜂房星珊瑚）及 *Plasmoporella*（似网膜珊瑚）等，是青海门源上奥陶统扣门子组上部的重要分子。腕足类 *Sowerbyeylla*（小苏维伯贝）、*Zygospira*（轭螺贝属）也是甘肃北山地区上奥陶统锡林柯鄂博组下石灰岩段中的重要分子，而且岩性也与以上2个地区相似。

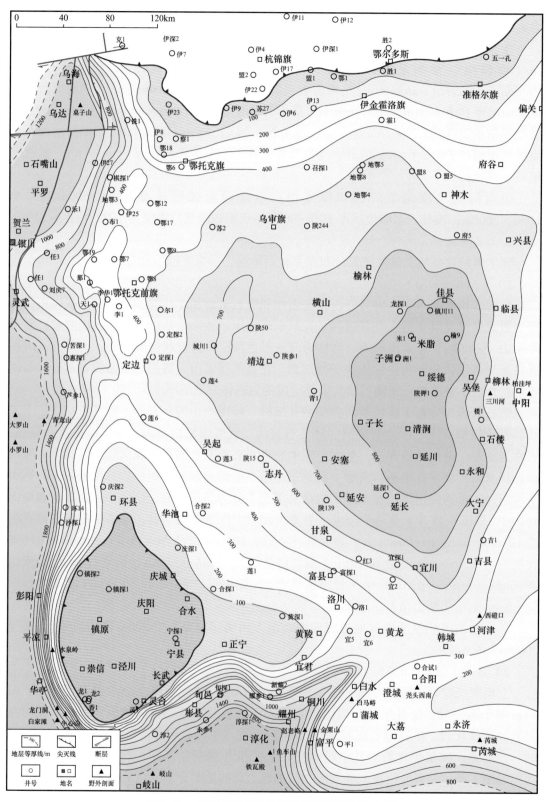

图 3-12　鄂尔多斯盆地马家沟组厚度平面分布图

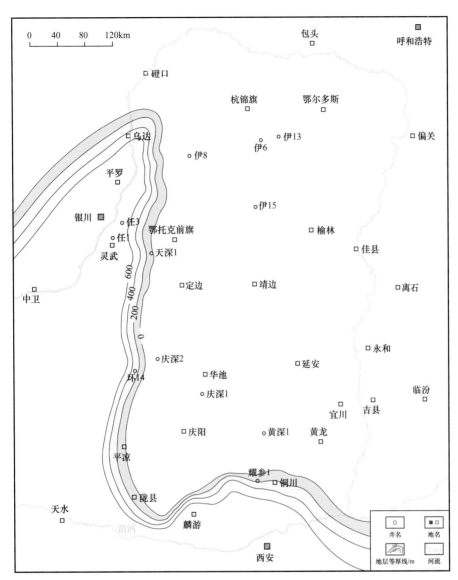

图 3-13　鄂尔多斯盆地平凉组厚度平面分布图

　　由盆地周缘向中央古隆起核部，奥陶系各组段依次减薄尖灭，明显反映出盆地中央古隆起的形态。在中央古隆起核心部位的镇探 1 井缺失古生界沉积，中央古隆起东西两侧的岩性也有变化。古隆起东部发育马家沟组盐膏湖沉积，地层厚度也由靖边陕参 1 井的 600 余米向东至榆 9 井一带（米脂县以东）增厚至 900 余米，西部和南部则以正常石灰岩和白云岩为主。

# 第四节　上古生界

　　鄂尔多斯盆地是华北克拉通的重要组成部分，由于加里东运动造成华北地区抬升及风化剥蚀，鄂尔多斯盆地在志留纪、泥盆纪及早石炭世没有接受沉积，只发育上石炭统和二叠系（图 3-14）。上古生界山西组、石盒子组是鄂尔多斯盆地主要的天然气产层。

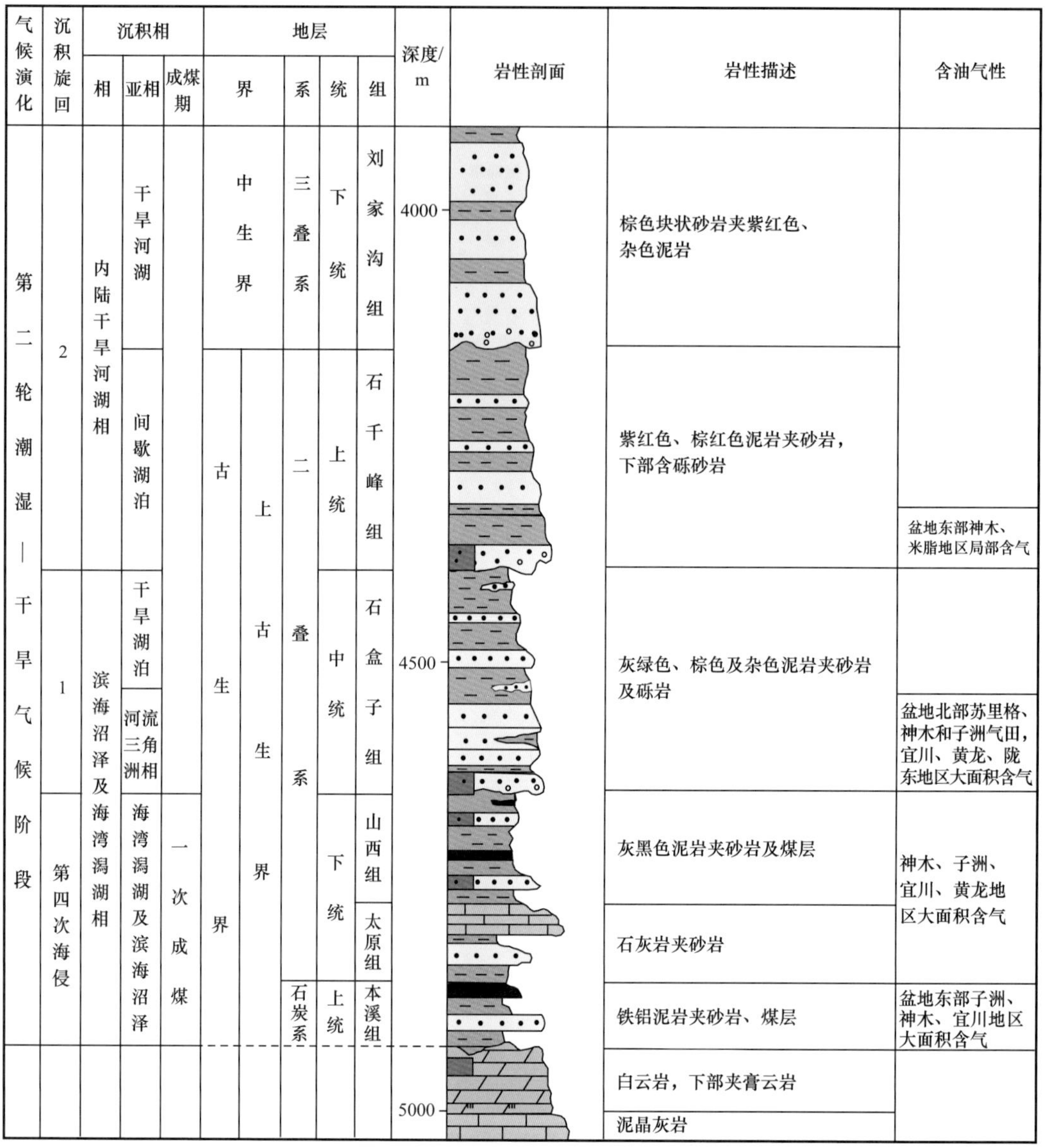

| 气候演化 | 沉积旋回 | 沉积相 | | | 地层 | | | | 深度/m | 岩性剖面 | 岩性描述 | 含油气性 |
|---|---|---|---|---|---|---|---|---|---|---|---|---|
| | | 相 | 亚相 | 成煤期 | 界 | 系 | 统 | 组 | | | | |
| 第二轮潮湿—干旱气候阶段 | 2 | 内陆干旱河湖相 | 干旱河湖 | | 中生界 | 三叠系 | 下统 | 刘家沟组 | 4000 | | 棕色块状砂岩夹紫红色、杂色泥岩 | |
| | | | 间歇湖泊 | | 古生界 | 二叠系 | 上统 | 石千峰组 | | | 紫红色、棕红色泥岩夹砂岩，下部含砾砂岩 | 盆地东部神木、米脂地区局部含气 |
| | 1 | 滨海沼泽及海湾潟湖相 | 干旱湖泊 | | 上古生界 | | 中统 | 石盒子组 | 4500 | | 灰绿色、棕色及杂色泥岩夹砂岩及砾岩 | 盆地北部苏里格、神木和子洲气田，宜川、黄龙、陇东地区大面积含气 |
| | | | 河流三角洲相 | 一次成煤 | | | 下统 | 山西组 | | | 灰黑色泥岩夹砂岩及煤层 | 神木、子洲、宜川、黄龙地区大面积含气 |
| | | 海湾潟湖及滨海沼泽 | | | | | | 太原组 | | | 石灰岩夹砂岩 | |
| | | 第四次海侵 | | | | 石炭系 | 上统 | 本溪组 | | | 铁铝泥岩夹砂岩、煤层 | 盆地东部子洲、神木、宜川地区大面积含气 |
| | | | | | | | | | 5000 | | 白云岩，下部夹膏云岩 | |
| | | | | | | | | | | | 泥晶灰岩 | |

图 3-14　鄂尔多斯盆地上古生界综合柱状图

# 一、上石炭统

上石炭统在盆地西部为靖远、羊虎沟组，在盆地东部为本溪组。盆地西缘和中东部的上石炭统在岩性组合、矿物特征、生物群落、海侵方向等方面都不相同，所涵盖的地层年代也不完全一致。

1. 靖远组

靖远组分布范围仅限于盆地西缘的中北部地区，北起贺兰山北部的乌达和桌子山南缘雀儿沟一带，经贺兰山的沙巴太、石炭井、呼鲁斯太，向南至甘肃陇东北部的环县甜水堡形成一狭长地带。靖远组以宁夏石炭井剖面（东经106°20.5′，北纬39°11.6′）为代表，厚188.45m，为一套淡化潟湖相含煤的砂泥岩，由灰黑色粉砂质泥岩、灰白色石英砂岩夹薄层生物碎屑灰岩、钙质泥岩和薄煤层组成。产植物化石 *Linopterfis neuropteroides*、*L.densissinia*、*Neuropteris kaipingiana*、*N.gigantea*，牙形刺化石 *Idiognathoides atteullata*，菊石化石 *Ramosites* sp.、*Cancelloceras* sp. 等。

按岩性、沉积特点及动物、植物化石特征可与甘肃靖远县磁窑剖面的靖远组中、上部对比，与中国菊石带 R—G 带的地层相当。岩性、厚度变化较大，总的趋势是北部岩性较粗，石英砂岩含量高，乌海市乌达剖面厚度可达 412.40m；向南石英砂岩厚度减薄，地层厚度变小，至宁夏同心韦州红城水一带厚度仅为 50m。

2. 羊虎沟组

羊虎沟组和本溪组属层位基本相当的 2 个地层单位，羊虎沟组主要分布在盆地西缘乌海—定边—从探 2 井一线以西地区，而本溪组主要分布于盆地东部及南缘地区。

羊虎沟组是在靖远组填平补齐的基础上，祁连海向东进一步推进的产物。其分布范围与靖远组相似而略大于靖远组。岩性以灰黑色泥岩和粉砂质泥岩为主，还发育灰色—灰白色薄层中—细粒砂岩，夹数层深灰色生物屑泥晶灰岩和薄煤层，底部常以一层较厚的中厚层石英砂岩与靖远组分界。产较多的动物、植物化石。其中植物化石包含 *Linopterisneuropteroides*、*L.brongniartii*、*L.densissina*、*L.simplex*、*Lepidodedron ninghsiacnse*；蜓类化石包含 *Fusiella shanxieensis*、*fusulina cylindriea*、*F.mayiensis*、*Profusulinella simplex*、*P.rhomboides*、*Ozawainella shanxiensis*、*O.angulata*、*Eostafflla* sp. 等；牙形刺化石包含 *Idiognathodus delicatus*、*I.magnifirus*、*I.shanxiensis*、*Declinognathedus lateralis*、*D.noduliferus* 等。

该组北厚南薄，盆地西北部乌海雀儿沟（东经 106°48.8′，北纬 39°15.2′）剖面厚 1136.66m，乌达剖面厚 784.1m，向南至石炭井、呼鲁斯太一带厚度在 200m 以上，韦州太阳山一带厚 150～200m，甘肃环县石板沟厚度小于 50m。各地岩性亦有变化，石炭井、沙巴台地区岩性较细，生物灰岩层数较多；韦州和北部雀儿沟、乌达地区岩性变粗，中、粗粒砂岩增多而石灰岩减少。

3. 本溪组（$C_2b$）

本溪组为奥陶系风化剥蚀面上的第一套沉积地层，一般由 3 部分构成。在太原西山月门沟（东经 112°26.4′，北纬 37°50.6′）下部称湖田段，岩性为浅灰色、浅灰绿色和紫红色含褐铁矿铝土质泥岩、铝土岩；中部为畔沟段，岩性为深灰色、灰黑色碳质泥岩夹浅灰色潮坪沉积粉细砂岩和 1～4 层生物碎屑泥晶灰岩（畔沟灰岩）；上部为晋祠段，岩性为灰黑色碳质泥岩与潮坪沉积粉细砂岩互层，夹泥质生物碎屑灰岩（吴家峪灰岩）透镜体，底部发育中厚层含砾石英砂岩透镜体（晋祠砂岩）。该组含动物、植物化石。其中植物化石包含 *Neuropteris* cf.*gigantea*、*N.kaipaingiana*、*Linopteris* cf. *obligua*、*L.intricata*；蜓类化石包含 *Fusulina konnoi*、*F.cylindrica*、*F.usiella*、*F.pulcholla*、*F.rawi*、*F.psedo konnoi*、*Fusulinellaobesa*、*Pseudostaffella sphaeroidea caboides*、*P.*cf.*subaudrta*、*Ozawanella vozhgalica*、*O.pseudorhomboides*；牙形刺化石包含 *Idiognathodus magnificus*、*I.delicatus*、*I.shanxiensis*、*Neognathodthodus bassleri*、*Ozarkodina delicatula* 等。

作为在风化剥蚀面上填平补齐的沉积地层，本溪组厚度变化较大。总的趋势是东厚西薄，中部厚而南北薄。在离石—绥德一线，有一个东西向加厚带，厚 75～80m；其南北两侧，尚有一个北东—南西向和一个北西—南东向次一级的厚度增大带，即窑沟—准格尔旗带和黑龙关—吉县带，厚度为 45～60m（图 3-15）。

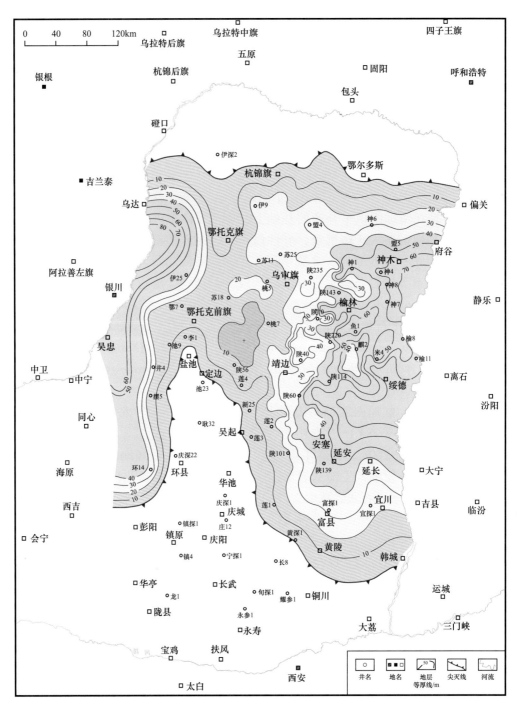

图 3-15  鄂尔多斯盆地上石炭统羊虎沟组与本溪组厚度平面分布图

# 二、二叠系

## 1.下二叠统

### 1）太原组（$P_1t$）

太原组沉积时盆地东西已连成一片。除乌兰格尔凸起和渭北隆起的较高部位缺失外，全区均有太原组沉积，但东西存在差别。盆地西缘贺兰山呼鲁斯太（东经106°15.3′，北纬

39°13.1′）太原组为灰白色块状石英砂岩、黑色碳质泥页岩、黏土岩互层，夹薄层生物碎屑灰岩及可采煤层，厚度为 50～100m（图 3-14）。太原西山七里沟太原组底部为灰色粉细砂岩，含菱铁矿结核；其上发育庙沟、毛儿沟、斜道、东大窑等 4 套含泥质生物碎屑石灰岩和夹于石灰岩之间的桥头、马兰、七里沟砂岩。石灰岩和砂岩之间还发育黑色碳质泥岩和潮坪相粉细砂岩及可采煤层，地层厚度为 30～50m（图 3-16）。

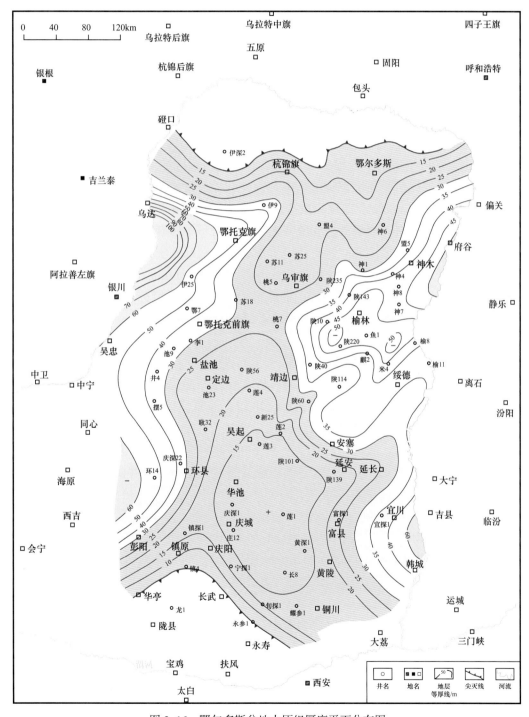

图 3-16　鄂尔多斯盆地太原组厚度平面分布图

煤层中含硫量高，称"臭煤"。生物组合以含 *Dictgoleostus taiyuauesis*（太原网格长身贝）、*Quasifusulina*（纺锤蜓）、*Triticites* sp.（麦粒蜓）、*Pseudoschwagerina* sp.（假希瓦格蜓）、*Lepidodendronoculis-filis*（猫眼鳞木）、*Lepidodendron posthumii*（斜方鳞木）为特征。盆地西部发育 *Peudolycospora radiatis*（放射假鳞木孢）-*Gulisporites distcersus*（蝶饰匙唇孢）-*Thumonspora theissenii*（什氏瘤面单缝孢）组合。无环三缝孢明显居于优势地位，占 47.1%～59.7%，特别是 *Punctatlsporites*（瘤面三缝孢属）、*Lecotriletes*（光面三缝孢属）和 *Gulispo rites*（喉唇三缝孢属）很丰富。盆地东部发育 *Gulisporites cochlearius*（匙唇三缝孢）-*Thymospora theissenii*（什氏瘤面单缝孢）-*Torispora securis*（小斧一头沉孢）组合，唯单缝孢含量更高，具环孢则较单调且少。有孔虫以 *Tetrataxis Plana*（低平四排虫）-*Clima-camminagigus*（大型梯状虫）组合为特征。

太原组与下伏上石炭统本溪组（羊虎沟组）呈整合接触。

2）山西组（$P_1s$）

山西组除在乌兰格尔凸起顶部及盆地南部的岐山、麟游一带缺失外，全区均有分布。盆地东西部岩性组合与沉积特征基本一致，柳林成家庄山西组底部以一套石英砂岩（北岔沟砂岩）与太原组整合接触，在盆地西南缘一带超覆于奥陶系之上。底部砂岩之上为灰色岩屑石英砂岩、岩屑砂岩和深灰色碳质泥岩不等厚互层，夹厚度较大的可采煤层（5 号、6 号煤层）、煤线和菱铁矿透镜体。盆地东南部乡宁甘草山山西组下部发育泥灰岩和海相泥岩夹层，其中可见海相化石。山西组厚 90～120m（图 3-17）。中部以一套分布稳定的岩屑石英砂岩（船窝砂岩）的底部为界，将山西组分为山 1、山 2 段，各段分别发育 3 个以砂岩开始、碳质泥岩（煤层）结束的正粒序旋回。

2. 中二叠统石盒子组（$P_2x$、$P_2s$）

石盒子组又分为下石盒子组（$P_2x$）和上石盒子组（$P_2s$），其中上石盒子组包括盒 1 段—盒 4 段，下石盒子组包括盒 5 段—盒 8 段。下石盒子组除盆地北部乌兰格尔凸起和盆地西南部岐山、麟游一带缺失外，全区均有分布，以河流相粗碎屑岩沉积为主。下石盒子组与下伏山西组呈整合接触。柳林成家庄（东经 110°52.4′，北纬 37°33.2′）下石盒子组下部以浅灰色、灰绿色—黄绿色块状含砾粗砂岩为主，夹灰黄色、灰绿色、褐红色砂质泥岩；上部为灰绿色、褐红色砂质泥岩夹黄绿色砂岩，并由砂泥岩组成多个正粒序旋回。盆地东南部韩城桑树坪常夹暗色泥岩及煤线，厚 120～150m（图 3-18）。该组以黄绿色（井下多为灰褐色、灰绿色）与山西组的灰黑色在地面形成明显分界。

石盒子组植物化石组合与山西组相近，同属中期华夏植物群，*Plagiozamite oblongifolius*（椭圆斜羽叶）广泛分布其中；孢粉组合为 *Gulisporites convolvnlus*（突起匙唇孢）-*Sinula tisporites corrugatus*（具皱曲缝孢），孢子占 77.2%～90.4%，花粉其次。具环三缝孢只有 *Sinula tisporites*（曲环三缝孢属），含量高于山西组，在太原组中基本消失。单缝孢在石盒子组明显下降，花粉中双气囊粉明显增加，类型更为复杂，并开始出现 *Vitreisporites*（开通粉属）、*Platyaccus*（宽囊粉属）。无环三缝孢占绝对优势，达 62.6%～70.7%。因此，从孢粉的角度，把具环孢的衰减、匙唇孢的再度上升及单缝孢的明显下降作为石盒子组的底界。

上石盒子组（厚 140～160m）的分布范围与下石盒子组相同，向东有加厚的趋势

（图 3-19）。该组最显著的特征是一套暗紫红、灰紫红色（茄子色）的湖相泥岩夹杂色砂岩及薄层凝灰岩、菱铁矿、燧石层。泥岩含砂，具蓝灰色斑块。砂岩成分复杂，以含长石岩屑砂岩为主。重矿物中绿帘石含量普遍较下石盒子组高，含数层色彩鲜艳的玻屑凝灰岩、晶屑凝灰岩及沉积凝灰岩等。

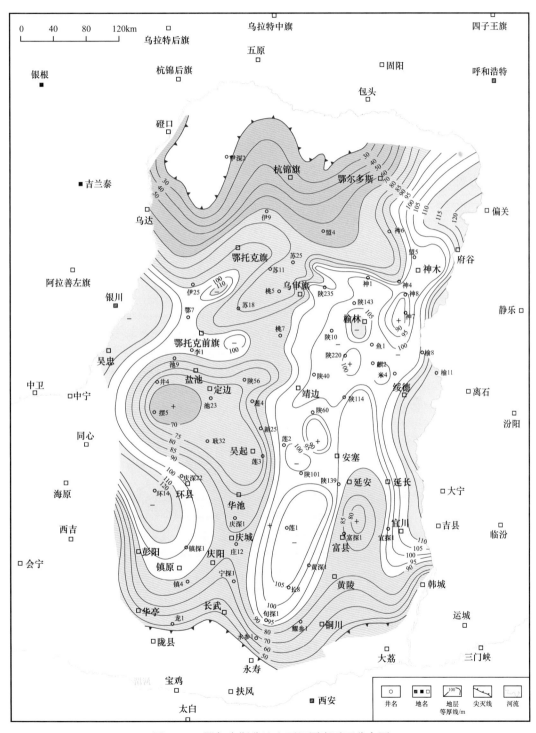

图 3-17　鄂尔多斯盆地山西组厚度平面分布图

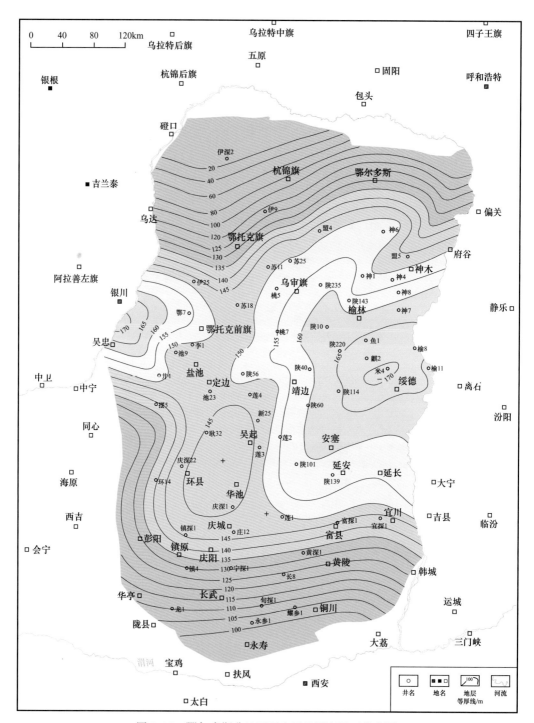

图 3-18 鄂尔多斯盆地下石盒子组厚度平面分布图

李星学在 1979 年将中国上石盒子组植物群称为晚期华夏植物群，即 *Gigantonoclea hallei*（栗叶单网羊齿）-*Fascipteris* sp.（束羊齿，未定种）-*Lonsysnnulstidrndigolis*（剑瓣轮叶）组合。*Taeniopteris* 带羊齿特别繁盛。该组合的典型分子在上石盒子组均较普遍。孢粉中花粉的含量进一步增高，接近或超过孢子含量，主要为松柏纲的分子，气囊分化较好，本体多具肋条或短缝。与早二叠世比较发生了质的变化。孢子中具环三缝孢含量增高。

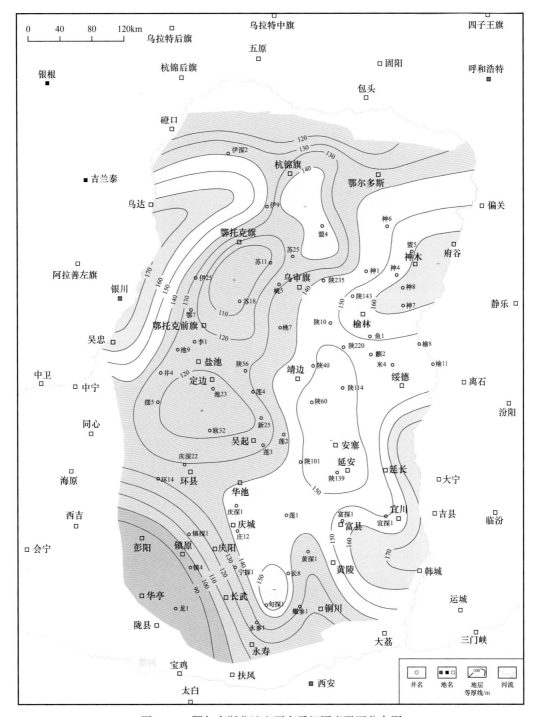

图 3-19　鄂尔多斯盆地上石盒子组厚度平面分布图

### 3. 上二叠统石千峰组（$P_3s$）

石千峰组在全盆地均有分布，为紫灰色含砾砂岩与紫红色砂质泥岩互层，局部地区在其中上部夹薄层石灰岩及泥灰岩。石千峰组自成一正旋回沉积，在盆地西缘与上石盒子组呈平行不整合接触，中东部为整合接触。与上石盒子组比较，石千峰组的特点是：泥岩为紫红、棕红色，色彩鲜艳，质不纯，普遍含钙质结核。砂岩成分以岩屑、钾长石为主，一般为长石岩屑石英砂岩和岩屑长石砂岩。重矿物中绿帘石含量普遍增高。电性特征：一般自然电位曲线呈长齿状，视电阻率曲线为梳状或箭状，与上石盒子组湖相泥岩的平滑曲线可截然分开。石千峰组厚 250～320m（图 3-20）。向盆地南部、北部有增厚趋势。

鄂尔多斯盆地上石炭统厚度小，变化不大。下二叠统夹暗色含煤地层，上统为红色或杂色砂、泥岩，各地厚度变化不大。

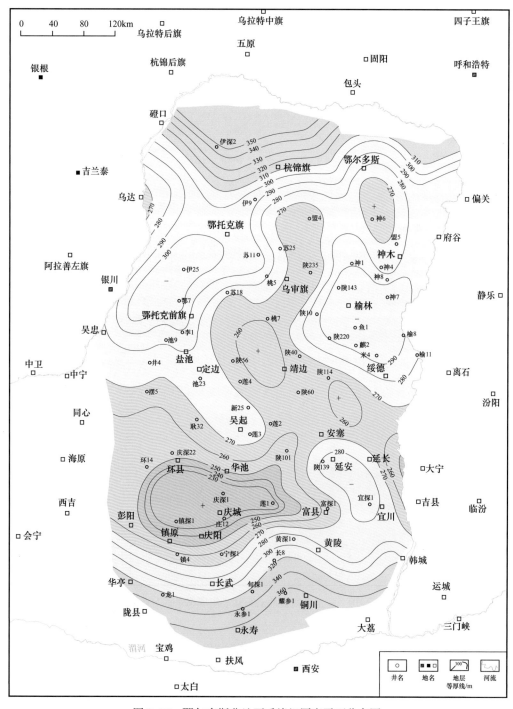

图 3-20　鄂尔多斯盆地石千峰组厚度平面分布图

# 第五节　中　生　界

鄂尔多斯盆地中生界包括三叠系、侏罗系与白垩系（图 3-21）。其中，上二叠统石千峰组与三叠系基本为连续沉积，局部呈轻微角度不整合关系。晚三叠世末的印支运动使盆地整体抬升，三叠系顶部遭受不同程度的剥蚀并在局部地区缺失，致使三叠系与侏罗系呈平行不整合接触。侏罗纪末的燕山运动使盆地周缘上升，造成侏罗系与白垩系呈平行不整合或角度不整合接触。上三叠统延长组、侏罗系延安组是鄂尔多斯盆地中生界石油勘探的主要目的层。

## 一、三叠系

鄂尔多斯盆地及周边地区三叠系比较发育，可分为下统、中统及上统。下统由刘家沟组与和尚沟组组成，中统为纸坊组，上统为延长组（图 3-21）。

1. 下三叠统

1）刘家沟组（$T_1l$）

刘家沟组标准剖面点位于山西宁武孙家沟（东经 112°7.6′，北纬 38°47.9′）。刘家沟组除在盆地西南缘华亭、陇县一带可能未沉积外，其余地区均有沉积。在盆地东缘及南缘，其岩性上部为略等厚互层的灰白色、浅紫灰色、灰紫色厚层块状细粒砂岩，棕红色、灰紫色薄—厚层粉砂岩，棕红色、紫红色粉砂质泥岩及灰紫色中砾岩，而以细砂岩为主；下部以浅灰紫色、紫灰色中—厚层细粒砂岩为主，夹灰紫色薄层粉砂岩及紫红色、棕红色泥质粉砂岩。自下而上粉砂岩增多，泥质岩颜色加深，含云母较多，层理清晰。该组由东北向西南方向厚度减小，岩性变粗，砾岩增多，长石含量增加。准噶尔旗榆树湾和府谷清水一带厚 383～408m，往南至韩城薛峰川、铜川印台镇厚度仅为 133～165m（图 3-22），与下伏地层为连续沉积。

在西南缘麟游紫石崖（东经 107°54.4′，北纬 34°39.1′）一带，刘家沟组岩性下细上粗。下部砂岩中富含泥砾，交错层理发育；底部为深灰色、蓝灰色粉砂质泥岩、泥岩、泥质粉砂岩与深灰色、紫灰色细粒长石砂岩互层，砂岩斜层理发育。于其中采有海相瓣鳃类海蛇尾、腕足类等化石，经顾知微、杨遵义、俞隆美等（1983）鉴定为 *Pteria* sp.［cf.*P.murchisoni*（*Geinitz*）］翼始属（疑间属）近似宽翼蛤，*Unionites* sp.［cf.*U.fassaensis*（*Wissmann*）］蚌形蛤（疑间种）近似法萨蚌形蛤。麟游一带地层厚度较大，约为 350m，泾河、耀州区、铜川一带厚 100～150m。与下伏上二叠统石千峰组呈轻微角度不整合接触。

西缘本组在平凉三道沟、环县石板沟、贺兰山汝箕沟、呼鲁斯太、桌子山东麓苦利亚哈萨图等地均有出露，岩性主要是一套暗红色砾岩、石英砾状砂岩、灰紫色石英粗砂岩夹不规则紫红色砂岩条带。

盆地北部鄂尔多斯市以东地区的刘家沟组可以分为上、下两套，上部主要为紫红色、灰绿色、灰白色砂岩与含砾砂岩的不等厚互层，砂岩成分以石英为主，分选差，钙质胶结；下部为灰绿色、紫红色砂岩夹紫红色泥质砂岩、砂质、粉砂质泥岩，岩性略细于上部。向西至东参 1 井刘家沟组上部变细，泥岩夹层增多、加厚；下部变粗为含砾粗砂岩。再往西到杭参 8 井则为一套灰紫色含砾砂岩，上、下两套不可分。刘家沟组与下伏石千峰组为连续沉积，一般厚 400m，黑桃沟地区厚 609m，柳沟地区最厚，为 823m。

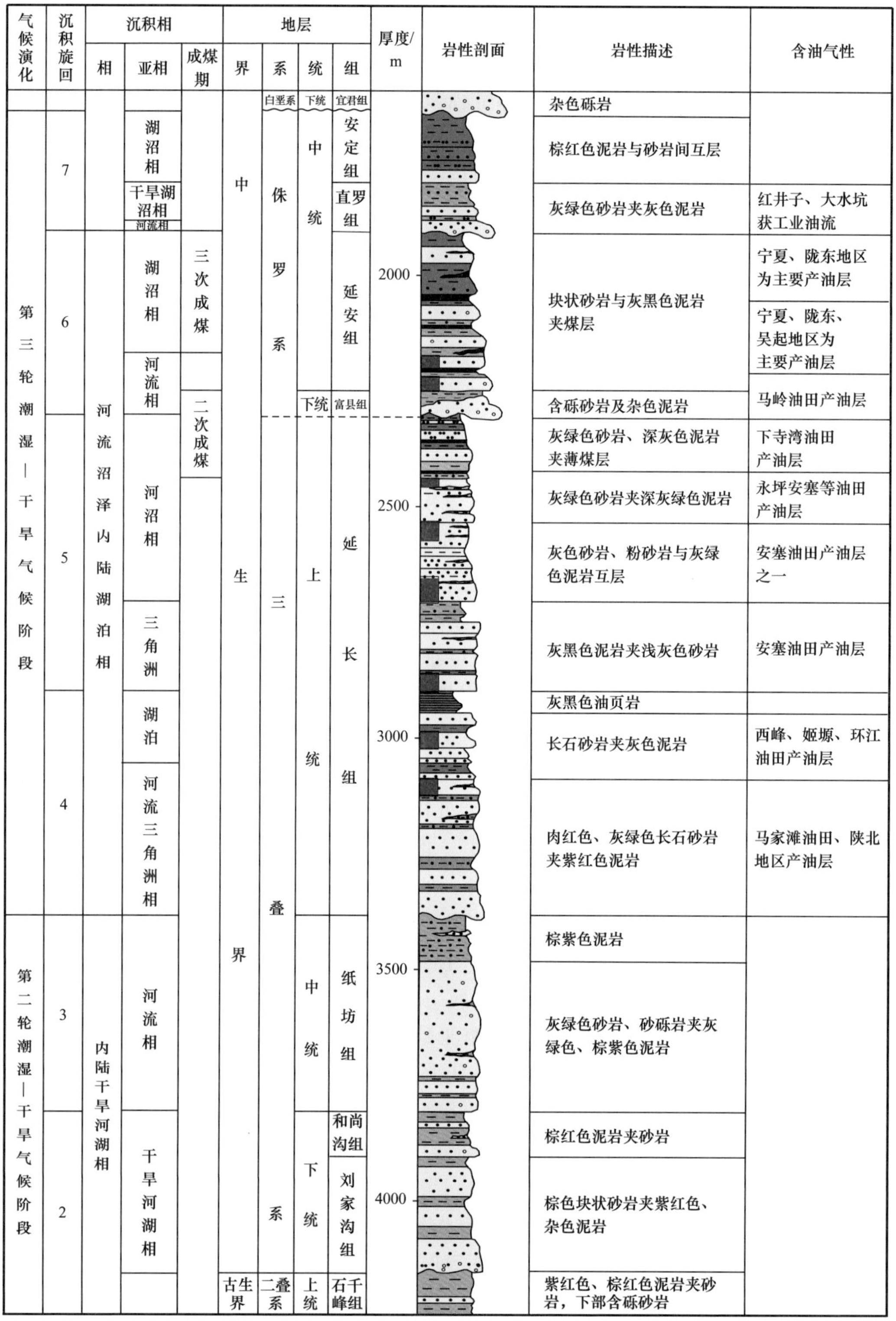

| 气候演化 | 沉积旋回 | 相 | 亚相 | 成煤期 | 界 | 系 | 统 | 组 | 厚度/m | 岩性剖面 | 岩性描述 | 含油气性 |
|---|---|---|---|---|---|---|---|---|---|---|---|---|
| | | | | | | 白垩系 | 下统 | 宜君组 | | | 杂色砾岩 | |
| 第三轮潮湿—干旱气候阶段 | 7 | 河流沼泽内陆湖泊相 | 湖沼相 | 三次成煤 | 中 生 界 | 侏 罗 系 | 中统 | 安定组 | | | 棕红色泥岩与砂岩间互层 | |
| | | | 干旱湖沼相 | | | | | 直罗组 | 2000 | | 灰绿色砂岩夹灰色泥岩 | 红井子、大水坑获工业油流 |
| | | | 河流相 | | | | | 延安组 | | | 块状砂岩与灰黑色泥岩夹煤层 | 宁夏、陇东地区为主要产油层 |
| | 6 | | 湖沼相 | | | | 下统 | | | | | 宁夏、陇东、吴起地区为主要产油层 |
| | | | 河流相 | 二次成煤 | | | | 富县组 | | | 含砾砂岩及杂色泥岩 | 马岭油田产油层 |
| | | | 河沼相 | | | 三 叠 系 | 上 统 | 延 长 组 | | | 灰绿色砂岩、深灰色泥岩夹薄煤层 | 下寺湾油田产油层 |
| | 5 | | | | 生 | | | | 2500 | | 灰绿色砂岩夹深灰绿色泥岩 | 永坪安塞等油田产油层 |
| | | | 三角洲 | | | | | | | | 灰色砂岩、粉砂岩与灰绿色泥岩互层 | 安塞油田产油层之一 |
| | | | 湖泊 | | 界 | | | | 3000 | | 灰黑色泥岩夹浅灰色砂岩 | 安塞油田产油层 |
| | | | | | | | | | | | 灰黑色油页岩 | |
| | 4 | | | | | | | | | | 长石砂岩夹灰色泥岩 | 西峰、姬塬、环江油田产油层 |
| | | | 河流三角洲相 | | | | | | | | 肉红色、灰绿色长石砂岩夹紫红色泥岩 | 马家滩油田、陕北地区产油层 |
| 第二轮潮湿—干旱气候阶段 | 3 | 内陆干旱河湖相 | 河流相 | | | | 中 统 | 纸 坊 组 | 3500 | | 棕紫色泥岩 | |
| | | | | | | | | | | | 灰绿色砂岩、砂砾岩夹灰绿色、棕紫色泥岩 | |
| | 2 | | 干旱河湖相 | | | | 下 统 | 和尚沟组 | | | 棕红色泥岩夹砂岩 | |
| | | | | | | | | 刘家沟组 | 4000 | | 棕色块状砂岩夹紫红色、杂色泥岩 | |
| | | | | | 古生界 | 二叠系 | 上统 | 石千峰组 | | | 紫红色、棕红色泥岩夹砂岩，下部含砾砂岩 | |

图 3-21　鄂尔多斯盆地（内部）中生界综合柱状图

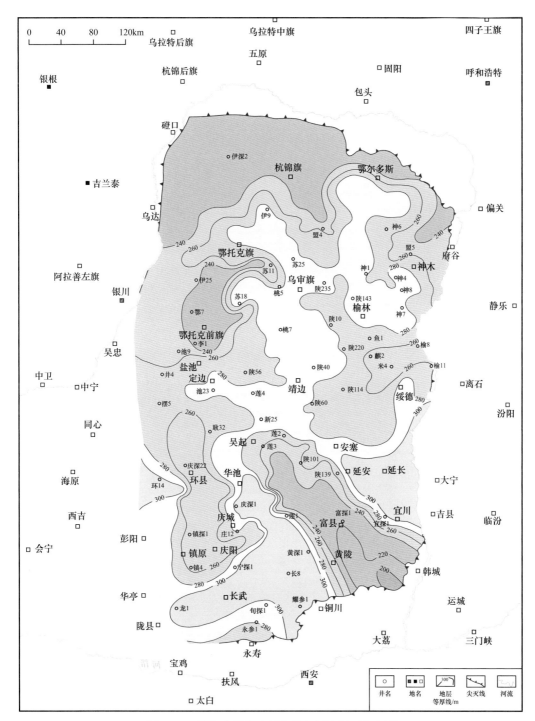

图 3-22 鄂尔多斯盆地刘家沟组厚度平面分布图

该组所含植物化石主要包含 *Pleuromeia*、*Jiaochengensis*；孢粉化石主要包含 *Limatulasporites*、*Equisctosporites*；介形虫化石主要包含 *Darwinutlaretundata*、*Delangata*、*Daddncta* 等。

2）和尚沟组（$T_1h$）

和尚沟组标准剖面点也位于山西宁武孙家沟。和尚沟组除在盆地的西缘同心—环县石板沟一带后期遭受剥蚀，华亭策底街、陇县景福山一带可能无沉积外，全盆地均有沉积，岩性也相对稳定，为一套以橘红色、棕红色、紫红色泥岩、砂质泥岩为主的沉积，富含灰质结核，夹少量紫红色砂岩（如东部及南部）或砂砾岩（如在东部）。与下伏刘家沟组为连续沉积，组成一个沉积旋回。厚度各地不一，以准噶尔旗榆树湾最厚，为182.98m；耀州区石川河最薄，为42.39m（图3-23）。

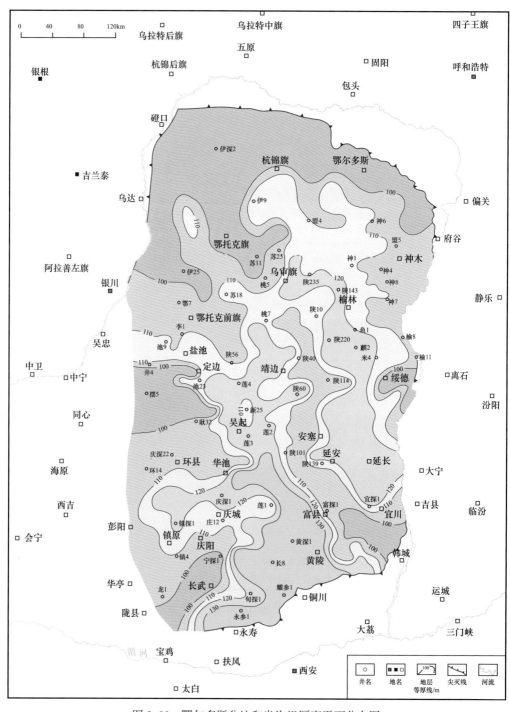

图 3-23　鄂尔多斯盆地和尚沟组厚度平面分布图

在和尚沟组中采到了叶胶介、介形类、孢粉以及脊椎动物、植物等不同门类的化石，为确定地层年代提供了较充分的依据。其中府谷戏楼沟剖面、贺家畔剖面、吴堡清水河剖面与韩城薛峰川剖面均发现：叶肢介类包括 Cornia quchenqensis、Diaplexa uaridicta、P.lonqouata；介形虫类包括 Darwinula qracilis、D.inqrata、D.triassiana；脊椎动物类包括 Brnthosuchidae、Fugusuchus hejiapanensis；孢子类包括 Lundbtadispara、Punctatispor tes，以及轮藻化石 Porosphaera maxima 等。其中叶肢介类 Glyptoasmussia quadrata 见于西西伯利亚泰梅尔地区早三叠世马尔采夫组上部。Cornia（椎顶叶肢介）多属早三叠世，介形虫类的 D.triassiana Belousova 等大量发育于原苏联维特鲁日阶和中国苍房沟群韭菜园子组。盆地西南缘麟游紫石崖剖面中发现的 Ceratodus watangensis.n.（角齿鱼）、Psedosuchia（假鳄类）自三叠纪开始出现，古生代尚未见及，该套地层属于早三叠世。

2. 中三叠统纸坊组（$T_2z$）

纸坊组标准剖面点位于陕西铜川纸坊村（东经 109°4.8′，北纬 35°10.6′）。纸坊组主要出露在盆地边缘，盆地内部在探井中多钻遇。除北部柳沟缺失外全盆地均有分布。

在盆地东缘及东南缘，纸坊组的岩性为紫褐色、紫红色粉砂质泥岩与淡红色长石砂岩互层，普遍含灰质结核，见虫迹。砂岩中长石含量较高，超过 40%，泥质胶结为主，向上泥质岩增多，从北向南沉积物粒度变细，厚度增大，且在上部夹有灰绿色、黄绿色粉砂质泥岩及细砂岩的互层，北部含有植物化石及脊椎动物化石。府谷—佳县地区厚 160m，石楼、吴堡一带厚 280m，韩城薛峰川一带厚 400～500m（图 3-24）。与下伏和尚沟组为平行不整合接触。

盆地南缘铜川以西至麟游地区纸坊组岩性分为两段。上段根据岩性组合又可分为上、中、下三部分：上部为灰色、灰绿色中厚层细—中粒砂岩与深灰色、暗绿色、灰绿色泥岩、砂质泥岩不等厚互层夹薄层泥灰岩、页岩及煤线；中部为灰色、深灰色泥岩、砂质泥岩夹中厚层细—粉砂岩及煤线，砂岩以中厚层状为多，块状较少，成分基本上同上部，粒度较细，灰质、泥质胶结，多具斜层理；下部为灰绿色、绿色中厚—厚层状细、粉砂岩与黄褐色、灰绿色砂质泥岩、泥岩的不等厚互层，夹页岩及煤线。砂岩以石英为主，含长石、白云母及黑色矿物，灰质胶结，圆—次圆状，细粒多，斜层理发育。

下段为灰绿色块状—厚层细粒长石砂岩，夹紫红色、棕红色泥岩及砂质泥岩。砂岩以石英为主，含长石较多，富含黑云母，颗粒为次圆—次棱角状，灰质胶结，具斜层理，其上部在纵、横向上变化均大。在麟游一带厚 414m，泾川最厚达 1066m，石川河、铜川一带厚 687～866m。与下伏地层呈平行不整合接触。

在盆地西南缘平凉崆峒山一带该组亦有出露，上段厚 207.2m，下段厚 297.3m。

盆地北部自东往西纸坊组厚度减小。上部为灰绿色、灰白色块状含砾中—粗粒砂岩与暗紫红色粉砂质泥岩互层；下部为灰绿色、黄绿色、灰紫色块状含砾中—粗粒砂岩夹紫红色粉砂质泥岩。砂岩交错层理发育，向西变为灰绿色、暗紫棕色泥质粉砂岩、砂质泥岩及中粗粒砂岩、细砾岩，与下伏地层呈平行不整合接触。在准格尔旗石窑沟厚 213.6m，东参 3 井厚 149.0m，杭参 8 井厚 69.5m，柳沟缺失。

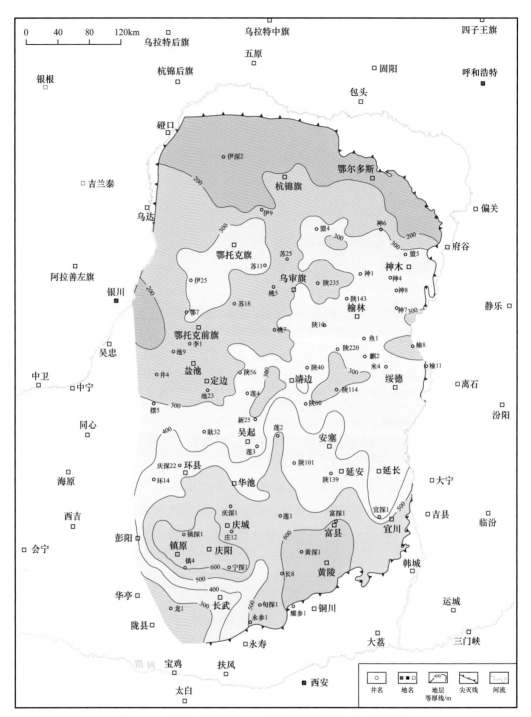

图 3-24  鄂尔多斯盆地中三叠统纸坊组厚度平面分布图

纸坊组所含古生物化石较为丰富。地表剖面中所采化石的门类主要有脊椎动物、介形虫、叶肢介、植物、孢粉及瓣鳃类等。其中脊椎动物化石主要包含 *Parakannemeyeria* sp.（付肯氏兽）、*Shansisuehus* sp.（山西鳄）、*kannemeyeriidae indet*（肯氏兽科）、*Shansiodon* sp.（山西兽）；介形虫及双壳类主要包含 *Shensinella*、*Lutkevichinella*、*Praeccipua*、*Darwinula gcrdac*、*Unionidae* 等；孢粉类主要包含 *Calamaspara*、*Marattiopsis*、

*Bernoullia*、*Danaeopsis*、*Punctatisporites*、*Leiotrilrtrs*、*Neocalamitites* 等；花粉类主要包含 *Caytoniales*、*Protopicca*、*Chordasporites*、*Bennettitales*、*Danaeopsis* 等。需要指出的是，上述脊椎动物化石与南非卡鲁系（*karoosystem*）的早三叠世犬颌鲁相比较，有一定进化。植物类组合与西伯利亚楔利西宾睉中部的科彼依组及乌拉尔依尔肯地区中三叠世的孢粉组合基本相同，如 *Neocalamitites*、*Danaeopsis* 孢子的大量出现及可对比的花粉 *Bennettitales* 的存在，确定为纸坊组的时代归属。

3. 上三叠统延长组（$T_3y$）

上三叠统延长组[1][2]是鄂尔多斯盆地中生界石油勘探的主要目的层之一，研究较为详细，它以延长地区发育最为标准而得名，约以北纬38°线为界，界线以北沉积物粒度粗、厚度小（100～600m），界线以南沉积物粒度细、厚度大（1000～1400m）（图3-25）。盆地西缘的石沟驿与华亭2个局部地区加厚，超过2400m。该组岩性总体上为一套灰绿色砂岩与灰黑色、蓝灰色泥岩的互层，自下而上由3个由粗到细的正旋回组成，是印支晚期最后一次构造旋回的沉积产物。其沉积发育过程经历了早期平原河流环境、中期湖泊—三角洲环境、晚期泛滥平原环境。根据岩性及古生物组合将该组划分为5段、10个油层组，自下而上分述如下。

第一段（$T_3y_1$）（长10油层组）：该段为河流、三角洲及部分浅湖沉积，以厚层、块状细—粗粒长石砂岩为主，沸石胶结，普遍见麻斑状结构。长10油层组在盆地北部厚度不足百米，南部厚300m左右，视电阻率曲线一般呈指状高阻，自然电位大段偏负。陇东—铜川金锁关一带为沸石胶结，孢粉中以孢子含量占绝对优势（达60%～70%），尤以三缝孢为主。该段岩性、岩石学特征、电性特征明显，是井下地层对比划分的重要标志层之一。在盆地陕北、陇东和姬塬地区的长10油层组中已获工业油流井，截至2015年底，在陕北地区已提交石油地质探明和预测储量$1.01 \times 10^8 t$。长10油层组也是马家滩油田的主要产层之一。盆地西缘碎探1、积参3、杨1井均为一套砂砾岩沉积，厚82.5～483.5m（未见底）。与下伏纸坊组呈平行不整合接触。

第二段（$T_3y_2$）（长9、长8油层组）：除盆地东北部府谷—郡1井以北地区没有沉积外，其他地区均有沉积。与第一段比较，沉积范围扩展很大，其特点是盆地北东部粗而薄以至尖灭，西南缘细而厚。除东参1、石探1井为含砾砂岩外，该段是一套黑色泥页岩。上部岩性相对较粗，细砂岩相对集中。盆地南部广泛发育黑色页岩及油页岩（表现为高电阻、高声速、高自然伽马、自然电位偏正的特征）。盆地东部佳芦河以北—窟野河地区，中段油页岩分布稳定，习称"李家畔页岩"，为地层对比的重要标志层。盆地北部及南部周边地区，黑色页岩或油页岩相变为砂质页岩、泥质粉砂岩。该段厚度在盆地北部为100m左右，在南部金锁关为200m左右。

该段为延长组重要生油层和储油层之一，包含长9、长8等2个油层组，下部泥页岩段为长9油层组，上部砂岩相对集中段为长8油层组，长9油层组在区域上既是生油层之一，也是盆地重要的产层之一，已成为姬塬、陕北和华庆地区重要的勘探目的层，其中在姬塬地区已提交石油地质探明储量$1.1 \times 10^8 t$。长8油层组为全盆地的主要

---

❶　孙肇才等，1974，陕甘宁盆地石油地质普查总结报告。

❷　李克勤等，1974，陕甘宁盆地上三叠统延长组地层对比报告。

产层，相继发现了西峰、姬塬、镇北、环江等大油田，截至 2015 年底，累计探明石油地质储量达 $10.21 \times 10^8$t。长 9 油层组下部开始出现高绿帘石、高榍石组合，长 8 油层组出现了含喷发岩碎屑的高石榴子石组合，特征明显而突出，是区域性岩矿对比的主要依据。

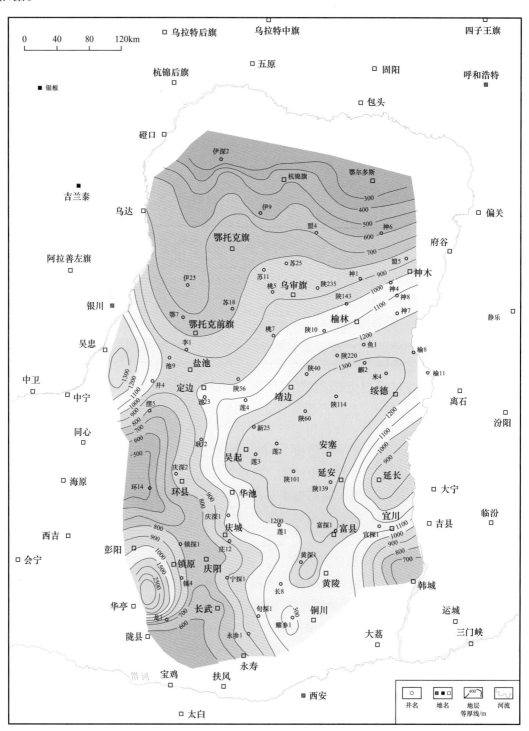

图 3-25　鄂尔多斯盆地延长组厚度平面分布图

第一段、第二段含 *Equisetites*、*Neocalamites*、*Plenromeia*、*Tongchuanophyllum* 等植物化石；在孢粉组合特征上，属托第蕨孢属—瘤面三缝孢属组合带。*Todisporites* 托第孢含量高，达 30.8%，最高可达 76%。瘤面三缝孢主要为 *Cycloverrutriletes presselensis* 普鲁塞尔圆瘤面三缝孢，占 13.8%。

第三段（$T_1y_3$）（长 7、长 6、长 4+5 油层组）：除盆地内南部的局部地区因后期遭受剥蚀而缺失外，盆地内广大地区均有分布，沉积上表现为南厚北薄、南细北粗的特点，总体上表现为一套砂泥岩互层沉积，夹灰黑色页岩及煤线，其内部细分为多个次级旋回。

盆地南部，该段顶、底均以厚层黑灰色泥岩为主，尤以底部发育，常为油页岩或碳质页岩，被称为"张家滩页岩"，是区域对比的标志层。盆地东部为灰绿色细砂岩、灰黑色泥、页岩互层，砂岩向上厚度增大；盆地南部砂岩主要集中发育于中部，上下均以泥质岩类为主，底部发育厚层黑色油页岩；盆地西南部华亭沔水河一带为一套黄绿色、灰绿色砂岩，与第二段不好分开，甘肃平凉大台子—崆峒山一带为紫红色、灰紫色砾岩夹紫红色砂岩条带，习称"崆峒山砾岩"；盆地北部东端该段与第四段不易区分，岩性总体为浅灰色、黄绿色块状中—粗粒砂岩，局部含砾，中夹紫红色、暗绿色砂质泥岩；盆地西缘北段贺兰山汝箕沟为灰色细—中粒砂岩，中夹深灰色泥岩。该段按沉积旋回划分为长 4+5、长 6、长 7 油层组，长 7 油层组以泥页岩为主，是盆地最主要的生油层，底部（长 7 油层组中下部）岩性主要为黑色泥岩、页岩、碳质泥岩、凝灰质泥岩，铜川金锁关剖面何家坊为油页岩，电性特征表现为高声波时差、高自然伽马、高电阻率、自然电位偏负，是全盆地中生界延长组地层对比的主要标志。长 7 油层组中发育的砂岩粒度较细，物性较差，是盆地致密油的主要勘探开发目的层。

长 6 油层组以砂岩为主，含有 3 套薄层的黑色泥岩、页岩、凝灰岩或碳质泥岩、粉砂质泥岩，电性上表现为高声速、高电位、低电阻、低密度的特征，是陕北地区延长组地层对比的重要标志层。在全盆地姬塬、陕北、陇东和华庆地区为主要勘探目的层之一。

长 4+5 油层组岩性主要为粉细砂岩与泥岩互层，俗称"细脖子段"，是盆地姬塬和华庆地区主要的勘探和开发层系之一。该段在盆地北部厚 120m 左右，往南厚度渐增至 300~344m。

该段含有 *Danaeopsis*、*Cladophlebis*、*Neocalamites* 等植物化石；在孢粉组合上，为旋脊孢属—单脊双囊粉属组合带。除 *Chordasporites* 单脊双囊粉和 *Alisporites* 阿里粉有较大幅度增长外，*Duplexisporites* 旋脊孢的大量出现是该组合的一大特色。

第四段（$T_3y_4$）（长 3、长 2 油层组）：该段岩性比较单一，全盆地内基本一致，延长县黑家堡（东经 109°53.2′，北纬 36°39.2′）延河剖面为灰绿色中—细砂岩夹灰色—深灰色泥岩、页岩，具有 2 个砂岩集中段，下段砂岩以中上部较发育，向下变为泥岩夹粉、砂岩薄层。该段电性特征为自然电位偏负，砂岩部分电阻较低，泥岩夹粉砂岩电阻较高，呈尖峰状，岩性相对较细，划分为长 3 油层组，在安塞、南梁、镇北和彭阳等地区见工业性油流，为油田的勘探和开发建产的主力层系之一。上段岩性相对较粗，在地层对比中划分为长 2 油层组，为永坪、青化砭油田的产层。由于晚三叠世末期盆地整体抬升而遭受了不同程度的风化和剥蚀，在盆地西南的庆阳、镇原、合水等地区，上部砂岩段长 2 油层组常被剥蚀殆尽，甚至长 3 油层组也保存不全。该段地层厚度为 250～300m。

该段含有 *Bernoullia*、*Otozamites*、*Asterotheca*、*Thinnfeldia* 等植物化石和 *Darwinula*、*Lutkeriohinellao* 等介形虫化石；孢粉组合上属稀饰环孢属—单束多肋粉属组合，与第三段颇近似，明显的变化表现在 *kraeuselisporites* 稀饰环孢，*Protohaploxypinus* 单束多肋粉百分含量增加，花粉中除 *chordasporites* 单脊双囊粉外，*Taeniaesporites* 四肋粉、*Striatites* 多肋粉占显著地位。

第五段（$T_3y_5$）（长 1 油层组）：该段为一套河湖相含煤沉积，在盆地腹部横山区以南、甘泉县以北形成陕北三叠纪煤田。在延安市姚店（东经 109°40.4′，北纬 36°40.9′）附近，其岩性主要为深灰色泥岩、页岩夹煤层，有些地区底部发育块状砂岩，总体上岩性比第四段要细，泥岩碳化现象较重，常见碳质页岩和煤线，地层中植物化石碎片丰富。在盆地东北部的刀兔地区和西部姬塬地区的一些井中，其底部可见油页岩，泥岩中含凝灰质成分。电阻一般表现为低电阻、特低电阻特征，受印支运动的影响使该段顶部遭受剥蚀，厚度残缺不全，保存较好的铜川漆水河（东经 108°59.3′，北纬 35°17.7′）剖面，厚度为 226m，在子长地区，厚度达 321m。该段地层主要分布在环县—庆城—正宁以东地区，宁陕古河和蒙陕古河河道发育区该段地层侵蚀严重。该段下部砂岩较集中部位常含油，在直罗、城华地区含油较好，命名为长 1 油层组。

该段产丰富的植物和淡水动物化石，植物化石包含 *Danaeopsis fucunde*、*Equisetites sarrani*、*Cladophlebis kaoiana*、*C.graeilis*、*Neocalamites carrerei*、*N.carcioides*；动物化石包含 *Sauriochthys huanshanesis*、*Perleidus* cf.*woodwardi*、*Unioschamiella zichaugnsis*、*Unio wayaopuensis* 等；孢粉组合以单缝孢含量较高，达 27%～38%，其中 *Aratrisrporites* 离层单缝孢由下伏地层的 2.5% 猛增至 12.6%，个别样品中高达 28.1%。

## 二、侏罗系

鄂尔多斯盆地侏罗系十分发育，分布广泛，其下、中、上三统发育齐全。受印支运动末期抬升的影响，早侏罗世早期鄂尔多斯沉积区处于剥蚀阶段，至晚期仅在盆地东北部、中东部及南部局部地区接受沉积。到中侏罗世延安组沉积以后，受早燕山运动影响，盆地抬升，延安组上部遭受部分剥蚀。中侏罗世直罗组、安定组沉积结束后，受燕山运动第一幕及其引起的盆地西部大规模造山运动影响，盆地内出现了明显的东西分异。盆地东部全面抬升并结束了侏罗系的沉积；但盆地西部千阳—平凉—盐池—鄂托克旗一线形成近南北向展布的前陆沉降带，沉积了巨厚的上侏罗统芬芳河组。到晚侏罗世晚期，受燕山运动第二幕的影响，鄂尔多斯盆地进一步抬升，盆地周边断裂褶皱作用也进一步加强，仅在盆地西缘局部地区接受沉积（图 3-26）。

1. 下侏罗统富县组（$J_1f$）

由于盆地在晚三叠世末期抬升，延长组遭受剥蚀，上覆下侏罗统富县组呈现填平补齐式填充，其岩性、厚度变化较大。主河道沉积以砾状砂岩或砾岩为主，下粗上细，顶部发育泥质，组成一个完整的正旋回沉积。上部的泥岩段常被侵蚀，使砂砾岩与延安组底部砂岩相连接，二者难以分开。厚度为 0～156m，下与延长组呈平行不整合接触，上与延安组或呈连续、或呈平行不整合接触。不同沉积类型的富县组岩性特征差异明显。

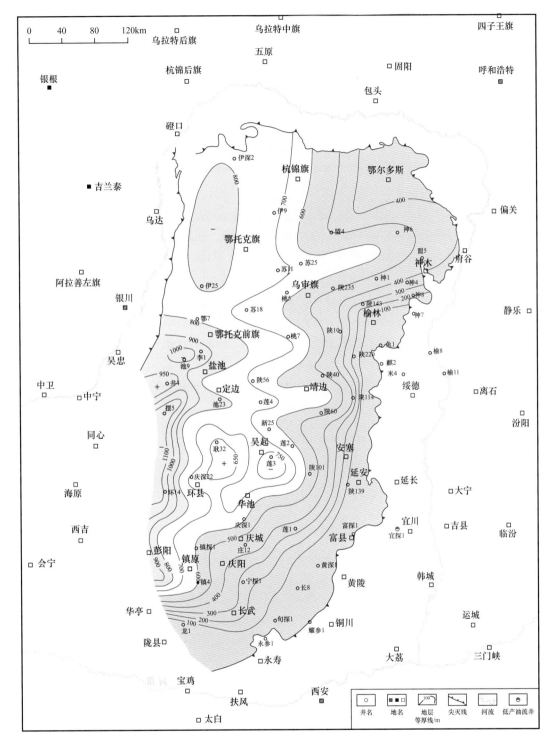

图 3-26 鄂尔多斯盆地侏罗系厚度平面分布图

洪积或冲积洼地沉积以富县大申号沟为代表，其岩性以一套紫红色、棕褐色、暗绿色、灰绿色、灰黑色块状泥岩、粉砂质泥岩为主，上部夹浅灰色、灰绿色纯石英砂岩、长石质砂岩或薄层泥灰岩；下部夹灰质结核层、黑色碳质泥岩，含球状黄铁矿结核、灰质角砾岩，其中含植物化石 *Coniopteris hymenophylloides* 膜蕨型椎叶蕨、*Cladophlebis* cf.*shansiensis* 山西枝脉蕨（相似种）、*E.lateralis* 侧生似木贼、*Neocalamites* sp. 新芦木（未定种）、*Equisetites* cf.*Sarranni* 沙浪纳拟木贼（相似种），厚度为 16.5～110m。其下与三叠系延长组为平行不整合或超覆不整合接触。

阶地沉积类型：该类型往往是一些被改造过的风化壳堆积，其中夹坡积及河漫堤的沉积，在神木五堂村一带岩性以紫红色、灰褐色夹深灰色、灰绿色泥岩为主，不显层理，呈球状剥落，夹富含假鲕状球粒状菱铁矿泥岩、疙瘩状灰岩、砾状灰岩或角砾岩，其中化石贫乏，厚度一般较小，为 19.7～48.5m，与其上下层均呈平行不整合接触。

以浅湖相为主的沉积类型：主要分布在陕北神木以北、内蒙古准格尔旗以南的广大地区，府谷新民镇附近下部岩性为褐红色泥页岩，局部发育薄层煤，底以一层绿色砾状石英砂岩或砾岩不整合于纸坊组或延长组之上。上部为黄绿色砾状砂岩，砂岩与紫红色、灰绿色、黄绿色杂色砂质泥岩、泥岩不等厚互层。在湖相泥岩中采到了化石，包括鱼类 *Ceratodus szechuamensis* 泽川角齿鱼、叶肢介 *Palaeolimnadiopsis ordosensis* 鄂尔多斯古似鱼乡叶肢介、瓣鳃类 *Ferganoconcha* cf.*anodontoides* 费尔干蚌（比较种）、植物 *Czekanowskia rigida* 竖直茨康诺斯基叶，还采到孢粉。厚度变化较大（0～142m），与上覆延安组为平行不整合或轻微不整合接触。

关于富县组的时代，按古植物化石组合属于 *Coniopteris* 锥叶蕨—*phoenicopsis* 拟刺葵植物群，以中侏罗世分子为主，也出现部分较老的分子，如 *M.muensteri* 敏斯特拟合囊蕨、*C.raciborskii* 拉契波斯基枝脉蕨、*B.guilanumati* 基尔豪马特古银杏属和 *P.nathorsti* 那托斯侧羽叶，故定为早—中侏罗世为宜。

下侏罗统的厚度为 200～1200m。总的变化趋势是由盆地东部向西部增厚，局部地区厚度可达 1000～1200m。

2. 中侏罗统

中侏罗统自下而上分为延安组、直罗组、安定组，直罗组—安定组厚度平面分布特征如图 3-27 所示。

1）延安组（$J_2y$）

延安组自下而上分为 4 段、10 个油层组。

第一段（延 10 油层组—延 9 油层组）❶：该段即宝塔山砂岩，地面分布在富县以北、子长以南、佳芦河以北、准格尔旗以南地区。在延安宝塔山（东经 109°29.5′，北纬 36°35.7′）剖面上，岩性主要为黄灰色、灰白色巨厚块状中—粗粒含长石砂岩夹含砾砂岩，底部为灰紫色含砾砂岩和砾岩透镜体，上部含泥岩透镜体，其中夹煤及炭屑，发育大型槽状斜层理、板状斜层理。向上岩性变细，顶部为灰白色浅肉灰色细粒长石砂岩透镜体，横向相变为暗灰色、灰绿色泥岩页岩、泥质粉砂岩，该顶部岩性变化带的砂岩体，是盆地内的主要含油层，自然电位曲线表现为明显的负异常，灵武石沟驿（东经 106°26.8′，北纬 37°43.5′）—马家滩地区上部发育块状煤层，称作"蜂窝状煤"，可作为地层对比的辅助标志。该段粉砂岩、泥质岩中含植物化石 *Coniopteris hymenophylloides* 膜蕨型锥叶蕨，瓣鳃类化石 *Ferganoconcha jorekensis* 若瑞费尔干蚌，厚度为 0～115m。该段与富县组呈平行不整合接触，当富县组缺失时，与下伏延长组呈平行不整合接触。

---

❶ 延 10 油层组—延 1 油层组为延安组内油层的编号，也惯用于更细的地层划分。

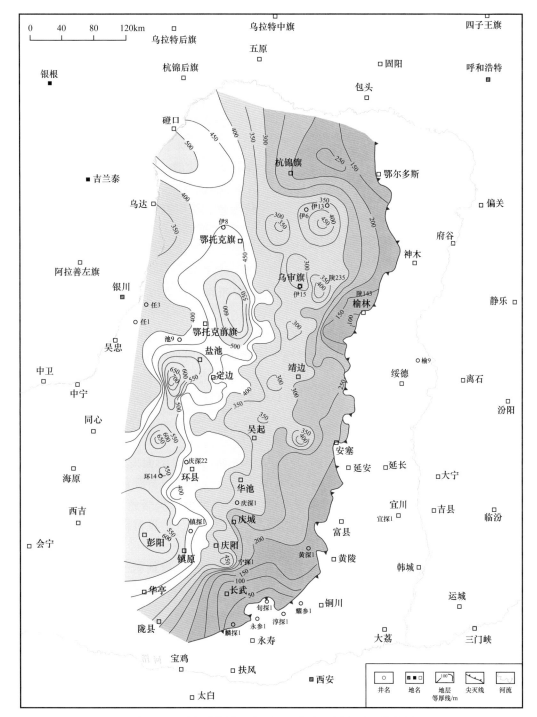

图 3-27　鄂尔多斯盆地直罗组—安定组厚度平面分布图

盆地东北部岩性比较稳定，在神木考考乌素沟（东经110°24.2′，北纬39°1.8′），上部岩性为灰白色高岭石质长石石英砂岩，横向上岩性比较稳定；中部为蓝灰色、紫红色粉砂质泥岩、深灰色泥岩、页岩，黑灰色碳质页岩；下部为灰黄色、灰白色粗粒灰质长石岩屑质石英砂岩和砾岩。含植物化石 *podozamltes lanceolatus* 披针苏铁杉、*Baieraguilaumati* 基尔豪马特古银杏属、*Stenopteris dinosaurensis* 丁诺索狭羊齿。地层厚度变化较大，在4～125m之间。与富县组为充填接触，当富县组缺失时可超覆不整合或平行不整合于延长组或纸坊组之上。

第二段（延8油层组—延6油层组）：在延安西杏子河（东经109°23.0′，北纬36°37.7′）剖面，上部岩性为灰绿色、灰黑色泥岩、粉砂质泥岩、页岩，局部为碳质页岩夹煤线或菱铁矿泥灰岩透镜体，中夹块状细粒硬砂质长石砂岩或富含岩屑砂岩，习称"裴庄砂岩"，砂岩、粉砂岩多呈透镜状分布，多含喷发岩岩屑。发育板状斜层理，可见波痕和包卷变形层理、水平层理，往往含植物、昆虫、软体、鱼鳞片及鱼化石，厚度较稳定（20～40m），为该区对比的主要标志层，在灵武、盐池、定边、马岭、庆阳、城壕等地区顶部煤层发育。该段自然电位曲线显示为偏正段，电阻率曲线呈低锯齿状，煤层发育时呈剑状高阻。在东部地区，该段下部为黄绿色、黄白色、灰白色细—中粒长石砂岩，夹灰色、灰黑色泥岩、粉砂质泥岩和页岩，向西顶部和中部发育2～3个煤层，在灵武、盐池、定边、姬塬、环县一带此套地层顶煤（延7油层组顶煤）比较稳定。全段厚度一般为80～100m，灵武、盐池、定边及姬塬一带较厚（100～300m）。

第三段（延5油层组—延4油层组）：在延安西杏子河剖面，为灰黑色页岩、碳质页岩夹灰白色粉砂岩，页岩具水平层理，含完好的软体动物及植物化石，粉砂岩具不规则波状层理。下部为灰色细砂岩夹灰色粉砂质泥炭、泥岩及页岩，泥质岩中具微细水平层理，含软体动物化石，砂岩具水平层理、不规则波状层理，多以石膏质胶结为特征。往西至灵武—盐池—定边，向北至内蒙古，该段上部夹2～3层煤。西南—庆阳遭不同程度剥蚀。该段上部自然电位偏正，下部为块状负异常，电阻率曲线为块状高阻层，电性比较稳定，可视为灵武—盐池—定边与吴起地区的分层标志。厚度稳定（40～50m），仅灵武—盐池—定边较厚，可达80～90m。

第四段（延3油层组—延1油层组）：在延安西杏子河剖面发育2个次一级旋回，上旋回上部为蓝绿色、灰绿色、紫红色砂、泥岩互层，下部为黄绿色细粒硬砂质长石砂岩，含大小不一的钙质砂岩球状体；下旋回上部为灰褐色、灰绿色粉—细砂岩、泥岩、页岩的互层，下部为灰白色—灰黄色细粒硬砂质长石砂岩，常见黄褐色铁质斑点，具板状层理，底部有冲刷现象，含泥砾及黄铁矿结核，习称"真武洞砂岩"。往西到灵武—盐池—定边地区顶部发育煤层。西南至庆阳，北至内蒙古已遭到剥蚀。电性特征为自然电位曲线上部偏正，下部呈箱状负异常，电阻率曲线基值偏高，常呈尖峰状，煤层发育时高阻更明显。因剥蚀程度较强而残留厚度（0～97m）变化较大。该段地层中化石丰富，主要有植物、介形类、瓣鳃类等。

2）直罗组（$J_2z$）

直罗组在全盆地均有分布，岩性比较单一，主要为河流相，仅西部局部地区为湖泊沉积。延安西杏子河剖面可细分为2个旋回，下旋回的下部为黄绿色块状中粗粒长石砂岩，习称"七里镇砂岩"，由上往下变粗，底部含砾石，发育槽状及板状斜层理；上部为灰绿色、蓝灰色及暗紫色泥岩、粉砂质泥岩与粉砂岩互层；上旋回的下部为黄灰色中细粒块状长石砂岩或硬砂质长石砂岩，习称"高桥砂岩"，具板状斜层理，底部有冲刷现象，含泥砾及铁化植物树干；上部为黄绿色、紫红色等杂色泥岩、粉砂质泥岩及粉砂岩的互层，延安西杏子河地区局部夹石膏层。往北至内蒙古地区夹煤线及薄煤层。沮水—镇原一线以南，其上部泥质岩全部变为紫红色，砂质岩亦变为灰白色，且岩性变粗，砾状砂岩、含砾砂岩增多。往西至灵武盐池、甜水堡马坊沟、庆阳地区仍可划分为

2个沉积旋回：下部砂岩亦比较粗，含砾石；上部泥质页岩虽夹紫红色，但往往变成灰褐色、深灰色及黑色泥页岩。在2个旋回的下部自然电位曲线一般为箱状负异常，2个旋回的上部则表现为偏正，电阻率值偏低，底部常有一高阻层。厚度变化从东往西增厚，东部厚100~250m，西部厚250~670m。与下伏延安组呈平行不整合接触。直罗组含 *Coniopteris*、*Phoenicopsis*、*Ginkgoites* 等植物化石及 *Cyathidites*、*Deltoidospora*、*Lycopodiumsporites*、*Neoraistrickia* 等孢粉化石，按古植物资料划为中侏罗世。

3）安定组（$J_2a$）

安定组除在盆地南部沮水—庆7井—镇参井以南，北部成吉思汗—巴汗淖—乌杭4井、鸡探1井东西一线及庆阳部分钻孔缺失外，全盆地均有分布。在延安西杏子河砖窑湾该组从下往上进一步划分为3段，即黑色页岩段、砂岩段、泥灰岩段。黑色页岩仅发育于陕北延安、吴起地区。井下对比以泥灰岩高阻段作为安定组顶界的标准层。大约从盐17井以西—马家滩构造带，泥灰岩之上尚有一段较厚的泥质岩，但盆地其他地区均无保存。安定组岩性在全盆地可以分为2段，即顶部泥灰岩段和下部砂岩与黑色页岩段。该段电性特征明显，电阻率在整个剖面表现为显著高值，自然伽马值也比较高，自然电位曲线一般偏正。在盆地东部安定组厚度为17m，盐17井厚24m，吴起、华池一带厚40~50m。

关于安定组的时代，据盆地西缘所含的 *Darwinula*、*Timirias evia* 介形虫和 *Baleiichthys*、*Hybovlus* 鱼类化石鉴定认为安定组属中侏罗世。

3. 上侏罗统芬芳河组（$J_3f$）

上侏罗统芬芳河组仅在鄂尔多斯盆地西缘局部地区出露，如陕西千阳、甘肃环县甜水堡和贺兰山等地，为盆地边缘山麓堆积，由棕红色及紫灰色块状砾岩、巨砾岩夹少量棕红色砂岩和粉砂岩等组成。贺兰山北部阿拉善左旗二道岭红石崖为钙质粉砂岩、钙质泥岩夹砂岩。该组与下伏地层呈微角度不整合接触，厚度变化较大，千阳冯坊河厚1046m，环县甜水堡厚121m，左旗红石崖厚971m。按照上、下地层层序及接触关系，地层年代划归为晚侏罗世。

# 三、下白垩统志丹群（$K_1$）

侏罗纪末期的燕山运动第二幕，使鄂尔多斯地台的周缘上升，在盆地边缘形成了下白垩统志丹群粗碎屑边缘相堆积体。在盆地东部晋西吕梁山地区未见下白垩统，推断为沉积缺失。由此，可以认为独立的鄂尔多斯盆地形成于早白垩世，从此开始其独立盆地的沉积历史，并形成了早白垩世—第四纪内陆干旱河流湖沼相沉积建造。该阶段的地层发育简况如图3-28所示。下白垩统自下而上依次发育宜君组、洛河组、华池组、环河组、罗汉洞组和泾川组。

## 1. 宜君组

宜君组分布在盆地南缘沮水及其以南的宜君、旬邑、彬县、千阳一带。在沮水南川（东经108°57.1′，北纬35°27.1′）一带岩性为灰色，局部为紫灰色的砾岩，成分以石英岩、石灰岩藻纹层白云岩为主，含少量火成岩。砾径1~8cm，圆度与球度中等，基底式胶结，局部夹砖红色砂岩透镜体，厚20m，与下伏直罗组呈平行不整合接触。往西南至彬县水帘洞一带主要为紫红色砾岩，砾石成分以石英岩、片岩、花岗岩为主，石灰岩、片麻岩、硅质灰岩次之，分选差，砾径1~100cm，次圆状，坚硬，灰质胶结，风化成陡坎，厚30m，与下伏直罗组呈平行不整合接触。至千阳草碧镇一带，岩性为浅棕色、紫红色块状砾岩，主要成分为石灰岩和花岗岩等，厚65.4m。在冯坊河及长1井，宜君组与洛河组无法分开，都是以一套砾岩为主的沉积，中夹巨型斜层理的砂岩透镜体，厚度巨大，冯坊河厚339.3m，长1井厚达576.6m。向盆地内部成楔状体迅速变薄或相变为砾状砂岩而消失。在平凉崆峒山，宜君砾岩与下伏崆峒山砾岩为不整合接触。

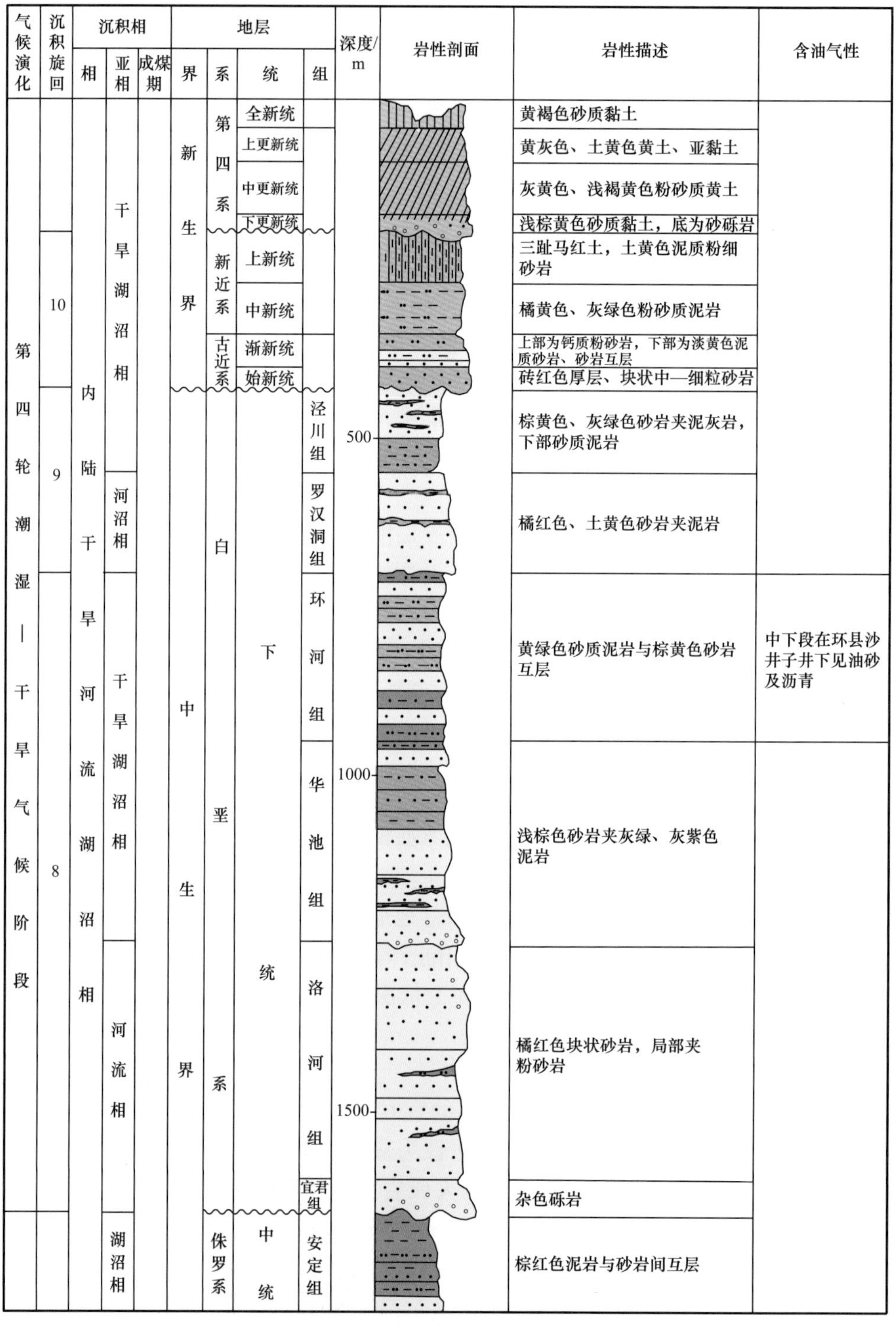

| 气候演化 | 沉积旋回 | 相 | 亚相 | 成煤期 | 界 | 系 | 统 | 组 | 深度/m | 岩性剖面 | 岩性描述 | 含油气性 |
|---|---|---|---|---|---|---|---|---|---|---|---|---|
| 第四轮潮湿—干旱气候阶段 | | 内陆干旱 | 干旱湖沼相 | | 新生界 | 第四系 | 全新统 | | | | 黄褐色砂质黏土 | |
| | | | | | | | 上更新统 | | | | 黄灰色、土黄色黄土、亚黏土 | |
| | | | | | | | 中更新统 | | | | 灰黄色、浅褐黄色粉砂质黄土 | |
| | | | | | | | 下更新统 | | | | 浅棕黄色砂质黏土，底为砂砾岩 | |
| | 10 | | | | | 新近系 | 上新统 | | | | 三趾马红土，土黄色泥质粉细砂岩 | |
| | | | | | | | 中新统 | | | | 橘黄色、灰绿色粉砂质泥岩 | |
| | | | 河沼相 | | | 古近系 | 渐新统 | | | | 上部为钙质粉砂岩，下部为淡黄色泥质砂岩，砂岩互层 | |
| | 9 | | | | | | 始新统 | | | | 砖红色厚层、块状中—细粒砂岩 | |
| | | | 干旱河流湖沼相 | | 中生界 | 白垩系 | 下统 | 泾川组 | 500 | | 棕黄色、灰绿色砂岩夹泥灰岩，下部砂质泥岩 | |
| | | | | | | | | 罗汉洞组 | | | 橘红色、土黄色砂岩夹泥岩 | |
| | | | | | | | 中统 | 环河组 | | | 黄绿色砂质泥岩与棕黄色砂岩互层 | 中下段在环县沙井子井下见油砂及沥青 |
| | 8 | | | | | | | 华池组 | 1000 | | 浅棕色砂岩夹灰绿、灰紫色泥岩 | |
| | | | 河流相 | | | 侏罗系 | 下统 | 洛河组 | 1500 | | 橘红色块状砂岩，局部夹粉砂岩 | |
| | | | | | | | | 宜君组 | | | 杂色砾岩 | |
| | | | 湖沼相 | | | | 中统 | 安定组 | | | 棕红色泥岩与砂岩间互层 | |

图3-28 鄂尔多斯盆地（内部）中—新生界综合柱状图

## 2. 洛河组

该组以风成砂岩沉积为主，在陕西靖边龙州闫家寨波浪谷、安塞砖窑湾西河口、志丹县永宁洛河两岸和甘泉雨岔洛河组岩性为紫红色、灰紫色巨厚层状、块状细—粉砂石英砂岩和长石石英砂岩，夹同色含砾砂岩及薄层泥岩，以发育巨型槽状交错层理、板状交错层理为特征，局部产鱼及介形类化石（*Darwinula*、cf.*simplus*、*D.contracta*）。除杭锦旗东北一带缺失外，在全盆地中均有分布，且分布较为稳定，可作为标志层进行对比。洛河组总体沉积环境为沙漠，盆地边缘为冲积扇、辫状河。盆地北部鄂尔多斯高原西区为冲积扇、辫状河沉积，局部为滨浅湖亚相；东区边缘为辫状河沉积，内部为沙漠相沙丘与丘间亚相。盆地南部的陇东地区西缘为辫状河沉积，往东为沙漠相沙丘、丘间和沙漠湖亚相；陕北地区主要为沙漠相沙丘亚相，局部沙漠湖亚相，沙漠沉积中心在陕西的志丹、吴起一带，沉积厚度为200～300m，剖面上表现为多个沙丘相互叠置，交错层理、板状层理极为发育，岩石结构疏松，孔隙性较好，主要为石英长石砂岩。洛河组河床和边滩相快速堆积细、粉砂岩的顶部和华池组底砾岩接触，底部与安定组泥岩接触。洛河组砂岩的岩石稳定性较好，井壁平直、井径曲线小且光滑，电阻率低，自然电位负异常非常明显，自然伽马曲线也呈大段低值箱形。低自然伽马、低电阻率的洛河组砂岩与下伏高自然伽马、高电阻的侏罗系安定组泥灰岩或钙质泥岩之间形成一明显的台阶，成为二者地层划分对比的主要依据。

## 3. 华池—环河组

华池—环河组是盆地中分布最广的一套地层，在盆地边缘发育砾岩、含砾砂岩等冲（洪）积扇、辫状河粗粒沉积岩；由盆地四周向中心地区逐渐演变为河流、三角洲和浅湖沉积环境。盆地西缘和北缘都可见该套地层超覆于不同老地层之上的现象。盆地北部主要发育冲（洪）积扇、辫状河沉积砾岩和砾状砂岩等粗粒沉积物；盆地中部鄂托克前旗、盐池一带相变为曲流河、滨浅湖相砂泥岩；盐池以南主要为滨浅湖、半深湖和三角洲相泥质粉砂岩和粉砂质泥岩；盆地南部边缘又逐渐相变为辫状河相砂砾岩。盐池—靖边以北，华池组与环河组难以区分，岩性为中—小型交错层理的黄绿色、灰绿色、橙红色、橘红色长石砂岩、硬砂质长石砂岩及长石硬砂岩与黄绿色砾岩的不等厚互层，夹紫色、褐色、灰绿色泥岩、粉砂质泥岩、泥质粉砂岩及多层凝灰岩、酸性火山玻屑凝灰岩和凝灰质砂岩。定边往东颜色逐渐以紫红色为主，其他颜色逐渐减少，直至最终消失。盐池—靖边以南，华池组主要为暗棕红色、紫红色中厚层—块状细砂岩、粉砂岩及泥岩。该组以泥质含量明显增多与下伏洛河组砂岩区分。环河组上部为灰白色、灰黄色、灰绿色泥岩和浅灰色粉砂质泥岩夹泥质粉砂岩、细砂岩，下部为暗紫红色细砂岩与泥岩互层，局部夹泥灰岩，富含盐类及石膏晶屑。该组以粒度细、颜色深等特点与下伏华池组相区别。

华池—环河组产鱼类（如吴起白于山及陈家砭的 *Sinamia Zdanskyi*）、介形虫（定边的 *Orgolyopris Cirrita Crpridea unicostata C.cf.kosculensis C.onerusa*）等化石，在盆地北部产大量恐龙和龟鳖类脊椎动物化石。华池—环河组的沉积中心近南北向展布，其岩性变化表现为北粗南细、东粗西细；盆地北部地层厚度为74.5～915.5m，盆地南部厚度为43.5～914.0m。由于发育大量凝灰岩和凝灰质泥岩，华池组底部的自然伽马值极高，视电阻率则从华池组底部开始向上逐渐升高，其形态呈漏斗状；华池组下部为河床底砾岩沉积，电性特征表现为大井径、中声速、低自然伽马和极高电阻；华池组上部和环河组以氧化条件的河漫滩沉积红色砂泥岩为主，沉积物粒度较细，电性特征为中井径、高电阻、高自然伽马。

4. 罗汉洞组

罗汉洞组出露于鄂尔多斯—鄂托克旗以北与鄂托克旗—定边—庆阳—长武一线以西的凹陷区内，呈"Г"形分布。与下伏地层相比，该组往西、往北超覆。地层厚度为29.5～562m，多为100～200m。罗汉洞组岩性总体比较稳定，可作为标志层在全盆地进行对比。盆地南部泾川罗汉洞为罗汉洞组的命名地，其底部以发育巨型斜层理的浅黄色中—粗粒长石砂岩与下伏环河组为界；下部为紫红色、浅红色、浅棕色泥岩、砂质泥岩、泥质粉砂岩，夹发育斜层理的细粒长石砂岩；上部为发育巨型斜层理的浅棕红色、橘红色、橘黄色块状含细砾和泥砾的细—粗粒长石砂岩，夹暗紫色砂质泥岩与绿色泥质粉砂岩。据露头典型剖面以及众多钻井资料和薄片鉴定分析，盆地南部主要为沙漠沉积，边缘为辫状河沉积，局部为滨浅湖亚相。镇原县三岔一带沙漠沉积最发育，估计为当时的沙漠沉积中心。在盆地北部主要为一套棕红色、紫红色、橘黄色交错层砂岩，夹透镜状泥岩、砂质泥岩，局部地段上部夹伊丁石化玄武岩。盆地西、北边缘为一套冲积扇、辫状河沉积，粒度变粗，其下部发育砾岩，局部地区可全部相变为砾岩，并以砾状砂岩之底作为罗汉洞组之底界。电性上自然伽马和声速较稳定，其他测井曲线特征不明显。内蒙古境内采到爬行类化石 *Psittacosaurus* sp.、*Eotomistoma multidentata*，以及介形虫化石 *Cupritea kosculensis*、*Djungarica stolida*、*Darwinula simplus*、*Rhinocypris foveata*、*Lycopterocpris infamtilis*。

5. 泾川组

泾川组分布于鄂托克旗布隆庙—盐池—环县—泾川一线以西，呈南北向条带状断续分布，在东胜—杭锦旗一线以北地区呈东西向展布。岩性南北差异明显，沉积物粒度北粗南细，颜色北部鲜艳而南部暗淡，地层残留厚度为46～50m。鄂尔多斯—杭锦旗一线以北，泾川组下部为典型的山麓冲（洪）积相黄绿色、灰绿色砾岩夹灰白色、棕红色、灰黄色钙质砂岩，底部偶见泥砾；上部为土红色、黄绿色中细砂岩、含砾粗砂岩与砾岩互层，富含灰质结核。盆地西北部鄂托克旗布隆庙、鄂托克前旗西部大庙、北大池一带岩性为蓝灰色、灰绿色、棕灰色及暗棕色、砖红色中薄层状泥岩，夹灰绿色、黄灰色钙质细砂岩和泥灰岩，局部夹多层薄层状、假鲕状灰岩透镜体，残留厚度一般小于120m，为残留湖泊相。南部陇东地区为暗紫色、浅灰色砂质泥岩与泥质粉砂岩互层，中部夹浅灰色泥灰岩和浅灰色、浅黄色砂岩，主要为淡水湖泊相和曲流河相，具高自然伽马的电性特征。该套地层化石极丰富，产鱼类、介形类和瓣鳃类、植物等化石：鱼类 *Lycoptera woodwardi*、*Ikechaoamia orientalis*、*Sinamia zdanskyi*、*kansuensis*、*L.tungi*、*Sinemys* sp.；爬行类 *Psittacosaurus youngi*；叶肢介 *Yanjiestheria* spp.，*Ordusestheria wujiamiaoensis*；双壳类 *Sphaerium wiliuicum*、*Nakamuranaia chingshanensis*；介形类 *Darwinula* cf.*contracta*、*Djungarica* spp.、*Lycopterocypris* spp.、*Cypridea*（*Yumenia*）sp.、*C.*（*ulwellia*）spp.；瓣鳃类 *Unio* sp.；植物类 *Zamiophyllum*；*Buchianum*；*Otozamites* sp.；*Equisetites* sp.；*Pagiophyllum* sp.。

下白垩统志丹群沿鄂托克旗—天深1井—庆深2井—泾川一线厚度大于1000m；由此南北向沉积轴线向四周厚度逐渐减小，尤其向东厚度减少明显（约200m），说明盆地中的坳陷在东西方向上是不对称的（图3-29）。

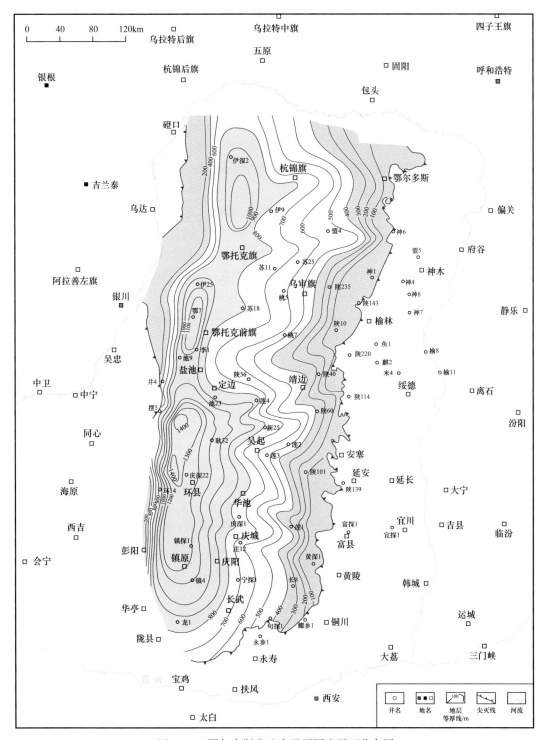

图3-29 鄂尔多斯盆地志丹群厚度平面分布图

# 第六节　新　生　界

新生界自下而上分为古近系、新近系和第四系，新生界在鄂尔多斯盆地中零星分布，极为有限。

## 一、古近系

1. 始新统（$E_2$）

始新统在鄂尔多斯盆地中的分布范围极为有限，仅在盆地西缘的六盘山东麓固原一带呈南北向条带状展布（《宁夏回族自治区区域地质志》命名为寺口子组），以河流—湖泊相为主，局部为山麓相堆积，岩性为砖红色砂岩夹少量砾岩，以固原寺口子地区发育较好。

2. 渐新统（$E_3$）

渐新统主要分布在盆地西缘及西北缘的灵武、盐池、陶乐、鄂托克旗布伦庙及杭锦旗罗布召一带，厚 150～360m。

杭锦旗罗布召（东经 107°50.8′，北纬 40°2.5′）三盛公大沟，底部以一层厚度极薄且不稳定的细砾岩与白垩系不整合接触；下部岩性为一套盐湖相的灰绿色、灰黑色、棕红色泥岩、砂质泥岩，夹厚约 10m 的 2～3 套较稳定的石膏层（可供开采）及中细砂岩，厚 75.11m；上部为黄棕色、浅红灰色、灰白色的块状中—细砂岩与棕红色粉砂质泥岩、泥岩不等厚互层，夹同色的细—粉砂岩，厚 292.44m，产介形虫及脊椎动物化石。

1955 年，在灵武清水营、刘家庄地区，该套地层（清水营组）中亦采到脊椎动物化石：*Cyclomylus*、*Indricothrinm*、*Archeotherium*，经杨钟健、周明镇鉴定地层年代属渐新世。

## 二、新近系

1. 中新统（$N_1$）

中新统在鄂尔多斯盆地分布极为零星，仅分布在盆地西缘北部千里山西麓霍络图和西缘南部平凉麻川一带。前者岩性主要为土黄色、浅橘黄色中细粒砂砾岩与含砾中粗粒砂岩互层，夹透镜状浅棕红色泥岩，底部含钙质结核，厚度大于 77m，含介形类 *Condoniella albicans*、*Candona* sp. 等；后者下部岩性为橘红色、砖红色石英砂岩夹细砂岩，不整合于清水营组之上，厚 217m，上部为淡红色、橘红色含砾泥岩夹石英砂岩及泥钙质结核，厚 55m。

2. 上新统（$N_2$）

该统分布于盆地北部及西部边缘，不整合于年代不同的老地层之上。岩性稳定，为一套土红色红黏土，富含灰质结核，显层理，局部地区夹泥灰岩透镜体，富含脊椎动物化石。

在达拉特旗哈什拉川哈勒正壕，该套地层厚 20～70m，其底部往往有一层 2～8m 厚的灰质胶结粉红色砾岩，在其中采到丰富的介形类化石。

## 三、第四系

以北纬 38° 为界，北部第四系为一套河湖沉积，南部为黄土沉积，在西峰塬最大厚度 297.1m。现以无定河上游剖面为主，综合描述如下。

### 1. 下更新统（$Q_1$）

下更新统岩性为浅肉红色、灰色、褐灰色砂砾岩层。砂粒成分以石英为主，砾石成分以灰色、紫色砂、页岩碎块为主，次为石英、燧石等，厚 10m，分布极为零星，多位于河谷两岸，与下伏上新统呈不整合接触。

1966 年，仅在内蒙古托克托县黄河南岸边采到 *Lamprotnla* sp. 丽蚌（未定种）、*L.Choui Lee* 周氏丽蚌、*L.antigua* 对丽蚌及鲤类喉齿化石；在鄂托克旗、黑岱沟曾采到过 *Ochotona* sp. 鼠兔（未定种），年代均属下更新世。

### 2. 中更新统（$Q_2$）

中更新统岩性为黄褐色、红棕色亚砂土、亚黏土（俗称"老黄土"），夹红棕色条带状黏土（古土壤层），具大孔隙，垂直节理发育，富含灰质结核及零星的蜗牛化石，南部地区厚度大于 130m，与下伏地层呈不整合或平行不整合接触。

### 3. 上更新统（$Q_3$）

更新统以北纬 38°线为界，界线以南岩性为浅灰白色、微黄色砂质黄土（俗称"新黄土"，打窑洞均在此层位），具大孔隙，无层理，垂直节理发育，含蜗牛壳，分布面积广阔，厚约 80m；界线以北岩性为土黄色、灰褐色砂层，具水平层理及微细交错层，含脊椎动物化石 *Equus* sp. 野马（未定种）、*Myospalax* sp. 鼢鼠（未定种）、*Perrisodactyla* sp. 奇蹄类（未定种），顶部为浅灰白色白垩土，含螺化石，底部为不稳定之泥炭层，习称"萨拉乌苏河系"，著名的"河套人"化石即产于该套地层中（萨拉乌苏河又名红柳河，属无定河上游），厚度为 75～143m。无定河中上游以南地区全部缺失。

### 4. 全新统（$Q_4$）

全新统大约以北纬 38°线为界，界线以北为近代风沙沉积及河谷中的冲积层和沙漠中的湖泊沉积；界线以南为近代黄土沉积和河谷中的冲积层，厚度不等，最大厚度为 60m。

# 第四章 构 造

本章简要介绍鄂尔多斯盆地结晶基底的时代属性、基底岩性、基底结构与沉积盖层演化特征，构造—岩浆活动特点与阶段及其产物在盆地中的分布，区域构造单元与局部构造发育特征，并讨论了构造与油气藏形成及油气田分布的关系。

## 第一节 结晶基底形成

鄂尔多斯盆地是在太古宙—古元古代结晶基底之上发育起来的一个多旋回叠合盆地。其沉积地层发育较全，平均厚度约 6000m，主要有元古宇长城系、蓟县系；下古生界寒武系、奥陶系，上古生界石炭系、二叠系；中生界三叠系、侏罗系、白垩系；新生界古近系、新近系及第四系。南华系—青白口系在盆地本部基本缺失，震旦系仅在盆地西缘及南缘的局部地区有零星分布，整体缺失志留系、泥盆系及下石炭统。

### 一、基底结构

鄂尔多斯盆地基底主要由新太古界（$Ar_3$）—古元古界（$Pt_1$）变质岩系构成。基底岩石广泛出露于盆地周缘，如盆地东缘有阜平群（$Ar_3$）、界河口群（$Ar_3$）、涑水群（$Ar_3$）、五台群（$Ar_3$）、吕梁群（$Ar_3$—$Pt_1$）、绛县群（$Pt_1$）、滹沱群（$Pt_1$）、岚河群（$Pt_1$）、中条群（$Pt_1$）等；北缘有集宁群（$Ar_3$）、乌拉山群（$Ar_3$）、阿拉善群（$Ar_3$—$Pt_1$）、色尔腾山群（$Pt_1$）、二道凹群（$Pt_1^2$）等；西缘则有贺兰山群（$Ar_3$）、千里山群（$Pt_1$）、赵池沟群（$Pt_1$）、海原群（$Pt_2$）等；南缘有太华群（$Ar_3$）、中条群（$Pt_1$）、铁洞沟群（$Pt_1$）、秦岭群（$Pt_1$）、宽坪群（$Pt_2$）等。

盆地内部仅有少量探井（不足 20 口）钻达变质基底，其分布极不均匀，主要集中在基底埋藏较浅的伊盟隆起区及盆地东北部地区，目前尚难据此对盆地内的基底岩性及分布等特征形成全面、系统的认识，仅可粗略划分大的基底时代分区（图 4-1）。在综合前人对盆地周缘露头的研究成果以及近年来不断丰富的盆地内探井基底岩石取心资料分析的基础上，对盆地基底的基本属性特征从整体上可以得出以下初步认识。

### 二、年代属性

多数学者认为鄂尔多斯盆地的基底主要形成于太古宙—古元古代（张抗，1989）。部分基底岩石的同位素年龄数据偏年轻（董春艳等，2007；胡健民等，2012），这是因为基底岩石形成后经历了复杂的变质作用改造过程，其同位素年龄可能主要反映最晚期变质事件的年龄（张抗，1989；霍福臣等，1989）。

也有学者根据盆地内近期几口探井基底岩石取心样品的同位素年龄普遍小于 2.5Ga

（Yusheng Wan et al.，2013）的测试结果，认为鄂尔多斯盆地基底主要形成于古元古代，而对其是否存在太古宙变质基底提出质疑。

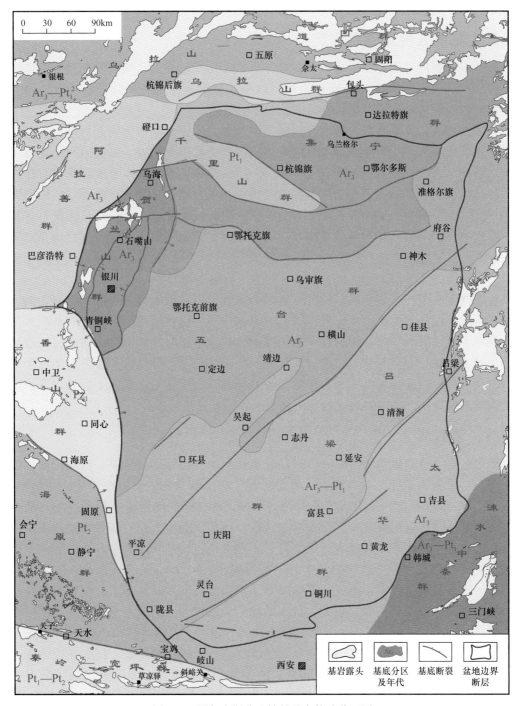

图 4-1　鄂尔多斯盆地结晶基底构造分区图

张成立等（2018）根据华北克拉通西部陆块阴山地块与孔兹岩带、鄂尔多斯地块现代河流沙锆石 U—Pb 和 Hf 同位素资料，以及最新获得的鄂尔多斯地块钻井岩心基底正、副片麻岩及盖层继承碎屑锆石 U—Pb 年龄及 Hf 同位素年龄，证明鄂尔多斯地块基底有约 2.7Ga 的继承锆石记录，西部陆块存在古—中太古代陆壳物质，证明新太古代存在一期重要的陆壳生长，自新太古代以来先后发生了新太古代约 2.7Ga、2.55—2.45Ga，以及古元古代 2.2—2.0Ga 和 1.95—1.85Ga 等多期构造热事件。

## 三、基底岩性及变质程度

鄂尔多斯盆地基底岩石组成极为复杂，大多经历了较强的区域变质作用，变质程度一般达到了（高）角闪岩相—麻粒岩相，以变质程度较深的各种片岩、片麻岩及变粒岩、石英岩、大理岩及花岗片麻岩为主。

从成因上讲，盆地基底岩石既有副变质岩（如盆地西北部伊盟隆起西段的克 1 井所钻遇的古元古界大理岩及变质砂岩等基底岩石），又有正变质岩（如盆地东部龙探 1 等井所钻遇的太古宇花岗片麻岩等基底岩石），且二者常混杂为一体而缺乏成层有序的原始产状结构，反映其经历了多期复杂构造变形作用的改造。从变质程度看，一般达到了（高）角闪岩相—麻粒岩相的变质级别，常见石榴石、矽线石、透闪石、透辉石等特征的变质矿物，局部可见含石墨的大理岩；另外还可见到强烈混合岩化，如盆地东北部胜 2 井的混合岩化花岗片麻岩基底岩心，可见其中基体与脉体的强烈分异，说明基底岩石最强变质阶段的温压条件已达到可使岩石发生部分熔融的程度。

盆地内基底岩性在某些区域具有一定的分区性。以盆地东部的伊盟隆起区为例，在一条东西向的区域地震剖面上，大体以乌兰格尔为界，西侧大范围内的变质基底大多在地震剖面上可以看到零星变形的层状残余反射，具该类反射特征的基底向西可一直延伸至盆地西缘地区，延伸距离达 200~300km。而乌兰格尔东侧的基底则主要呈现出杂乱或空白反射特征，较少见到层状有序的反射特征。这可能在一定程度上反映出西侧以沉积变质的基底为主，东侧以火成岩变质基底为主的基底结构特征。

## 四、基底演化

鄂尔多斯是华北地块的一部分，其基底演化的历史也是华北地块基底克拉通化过程的一部分。据前人研究，全球陆壳大部分形成于中—新太古代（3.0—2.5Ga）（赵国春，2009），其中形成在 2.9—2.7Ga 之间的约占 55%，称为陆壳的巨量生长期。华北陆壳的增生与全球一致，也主要发生在中—新太古代。一般认为太古宙的陆壳增生是围绕古老陆核形成微陆块。根据不同研究者的划分，华北太古宙微陆块有 5~10 个，鄂尔多斯是比较明确的 7 个太古宙微陆块的其中之一（翟明国，2011）。在经历新太古代晚期微陆块拼合的克拉通化过程中，形成长英质陆壳（TTG 质花岗片麻岩为主）与绿岩带交互分布的构造格局，成为早期华北新太古代末的稳定大陆。在之后的古元古代又局部活动发育了裂谷—俯冲—碰撞为主的、具板块体制的构造作用（翟明国，2012）。

但也有学者认为，鄂尔多斯陆块及其周缘广泛分布的孔兹岩系（沉积变质的表壳岩系）及其与 TTG—辉长质片麻岩基底杂岩的不整合接触关系，实际上记录了新太古代鄂尔多斯即已具有沉积盖层—基底杂岩的大陆克拉通"二元结构"的历史（李江海等，1996；钱祥麟等，1999）。

近几年又有学者提出，鄂尔多斯基底是华北克拉通早期的三个太古宙微陆块（东部陆块、阴山陆块和鄂尔多斯陆块）之一（赵国春，2009），其在距今约 1.95Ga 与阴山陆块拼接为西部陆块，其间以沉积变质的孔兹岩带相衔接，随后在距今约 1.85Ga，西部陆块与东部陆块合而为一，其间又以中部碰撞带相"焊接"，形成统一的华北克拉通基底。

Chengli Zhang et al.（2015）根据最新的同位素测年数据研究结果，认为鄂尔多斯盆地结晶基底是在主体年龄约为 2.5Ga 的太古宇（Ar）和古元古界（$Pt_1$）副片麻岩变质结晶陆核基础上，由经历了绿片岩相至麻粒岩相区域变质变形作用的中—新太古界 TTG（英云闪长岩、奥长花岗岩、花岗闪长岩）片麻岩、镁铁质—超镁铁质层状侵入岩和表壳岩（双峰式火山喷发岩、沉积岩）高级地体及分布其间的新太古界、古元古界孔兹岩（由稳定克拉通内或稳定的大陆克拉通边缘沉积的高成熟度高变质石墨石榴硅线钾长片麻岩、长英质变粒岩、细粒片麻岩、浅粒岩、磁铁石英岩、钙硅酸盐岩等富铝与长英质矿物岩类和大理岩及少量斜长角闪岩、变玄武岩等）带，经过迁西、阜平、五台、吕梁等多次构造运动的拼贴焊接后形成的。

从盆地内基底岩石钻井岩心的同位素年龄分析结果普遍偏年轻、较集中分布在古元古代的趋势看，古元古代末可能是鄂尔多斯地块与华北地块拼合为一体的关键时期，代表了具有一定强度和规模的构造—热事件，与前人古元古代微陆块拼合的结论基本上吻合。

总体而言，鄂尔多斯基底是华北克拉通形成过程中的太古宇微陆块之一，古元古代末可能是其与华北地块拼合为一体的关键时期。

## 五、基底构造走向

由地震、重力及航磁异常综合反映的盆地基底断裂分布特征来看（图 4-2），总体呈现以北东向为主的分布趋势，尤其是在盆地本部地区，基底断裂与盆地现今构造走向以及古生代和中生代各期构造的主体走向均不一致，仅盆地东缘及西缘的构造主要与中—新生代以来的晚期构造活动有关，与原始的变质基底结构并无直接关系。因此与磁性异常所反映的沉积盖层形成前的原始基底结构（构造特征）多呈截切关系。但与中—新元古代的主体构造方向有一定的一致性，说明基底构造与中—新元古界可能有一定的继承性。

同样磁性异常在盆地本部也总体表现出北东向的分布格局，在一定程度上反映出基底结构的北东向格局，高磁性异常体可能主要代表火成岩变质为主的基底属性，因其多富含铁磁性矿物（如磁铁矿等副矿物）；而低磁性的异常区，则可能主要代表了沉积变质的基底部分，因其所含磁性矿物通常很少。

这种沉积变质的基底可能与前人所研究的阴山南缘孔兹岩带的岩性基本一致，如盆地西北部克 1 井所钻遇的古元古界基本岩性组合，主体岩性为大理岩和绢云母石英片岩，主要由碳酸盐岩和粉砂质泥岩变质而来。

# 第二节 构造演化特征

鄂尔多斯盆地所处区域构造位置较为特殊，尤其是向南与属于特提斯构造域的秦岭造山带相比邻，向西又处于华北地块与阿拉善地块及祁连构造带的分界处，因此在盆地的构造—沉积演化过程中自然无可避免地受到各大构造域的影响。其中盆地周边地区受影响的程度尤为突出（尤其是西缘和南缘），与盆地本部地区在不同的构造演化阶段都产生了较强烈的构造差异演化与沉积分异作用，这似乎也是盆地与周边造山带"盆—山耦合"关系的一种特殊表现形式。

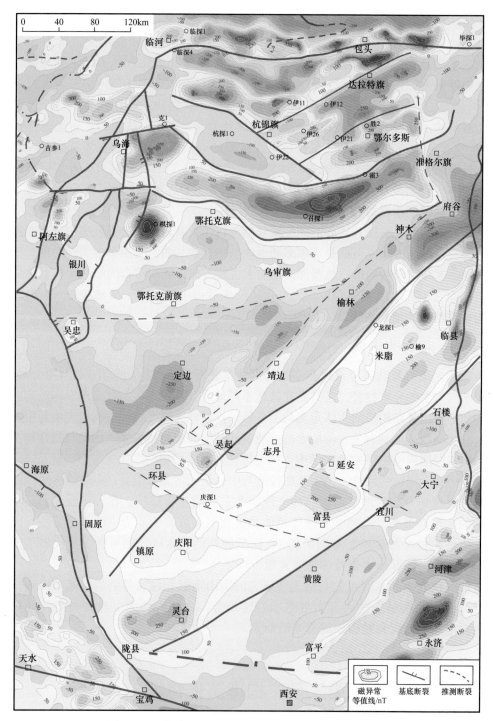

图 4-2　鄂尔多斯地区航磁异常与基底断裂分布叠合图

# 一、构造演化阶段分析

综合分析表明，盆地构造及沉积演化，按主要构造层系发育特征的不同，可划分为中元古代、新元古代、加里东期、海西期、印支期、燕山期、喜马拉雅期七大演化阶段，直至新生代喜马拉雅期，盆地整体的构造格局才完全定型（图4-3）。

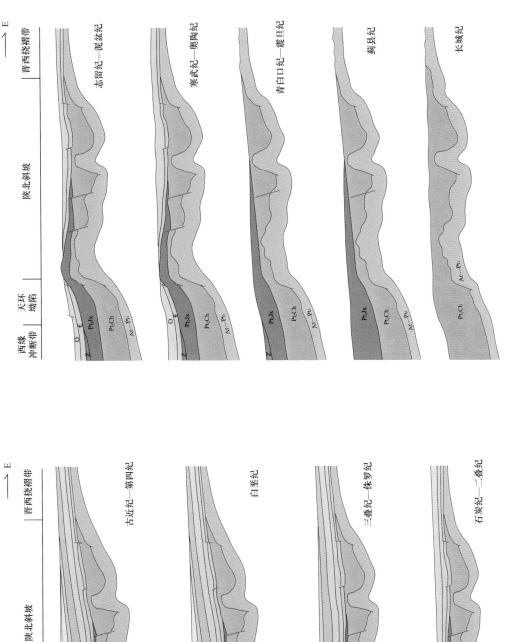

图 4-3 鄂尔多斯盆地构造演化图（东西向）

1. 中元古代——裂谷充填—坳陷沉降阶段

长城系是鄂尔多斯盆地基底固化后最早期的沉积层，与新太古界—古元古界变质基底呈角度不整合接触，主要形成于与华北陆块一致的区域拉张构造背景下，发育与燕辽裂谷、熊尔裂谷大体相似的裂谷沉积体系（赵文智等，2018；包洪平等，2019），主体为滨浅海相陆源碎屑沉积建造，地层厚度横向变化较大，局部裂陷槽地层厚度可达2000m以上。

蓟县纪则整体构造背景趋于稳定，逐渐转换为以西南边缘的整体坳陷沉降为主的构造环境，主要发育浅海台地相碳酸盐岩沉积建造，向西、向南沉积地层厚度逐渐加大，而鄂尔多斯本部的大部分地区则缺失蓟县系沉积层。

2. 新元古代——整体隆升阶段

新元古代的青白口纪—南华纪，鄂尔多斯地区整体构造抬升，缺失同期沉积地层；震旦纪仅在局部地区发育山岳冰川型的冰碛砾岩建造，地层厚度横向变化较大，总体表现出风化残积的沉积特征，表明震旦纪在鄂尔多斯地区也没有明显的构造沉降作用发生。这与扬子地台新元古代的早期沉积盖层发育特征存在显著差异。

3. 早古生代（加里东期）——活动大陆边缘阶段

在经历了蓟县纪—震旦纪长达5亿~9亿年的隆升剥蚀作用后，从早寒武世晚期开始，鄂尔多斯地区又开始整体沉降、接受早古生代的海相沉积作用，这与华北陆块的整体构造—沉积作用基本同步。至中—晚奥陶世，由于秦岭洋板块拉张及晚期的俯冲、碰撞作用，在鄂尔多斯南缘形成边缘海型的构造及沉积环境，发育厚度较大的中—上奥陶统海相碳酸盐岩及泥页岩。晚奥陶世之后，鄂尔多斯地区与华北地块一起进入了整体构造抬升的演化阶段，经历了长达1.4亿年之久的风化剥蚀，直至晚石炭世才开始接受晚古生代的沉积。

4. 晚古生代（海西期）——整体沉降阶段

在经历了加里东末—海西早期一亿多年的抬升剥蚀后，晚石炭世本溪组沉积期鄂尔多斯地区又开始构造沉降、接受晚古生代的沉积作用，形成了石炭系本溪组—二叠系太原组海陆交互相地层，以及其后的山西组—石盒子组—石千峰组陆相沉积。在盆地南部地区，由于受早古生代中央古隆起的继承性影响，其沉降先后顺序又存在着明显的横向差异。主要表现在盆地西南部沉降明显晚于盆地本部及东南部地区，西南部整体缺失石炭系本溪组—二叠系太原组沉积，使上、下古生界由盆地本部向西南部呈超覆不整合式的接触关系。因西南部镇原—陇县地区正好是早古生代中央古隆起核部所在区域，也反映出在长达1.4亿年的抬升剥蚀期，中央古隆起核部所在区域也是构造抬升较强烈的区域，一直持续到石炭系沉积前仍处于区域构造相对较高部位的状态。

5. 印支期（三叠纪）——陆内坳陷阶段

在鄂尔多斯本部的大范围内，三叠纪沉积基本上与二叠纪连续发育，其间虽有一定的沉积间断但并不十分显著，表明印支期基本延续了海西期的构造特征，仍处于连续沉降状态。但是这种状态在印支晚期发生了明显变化，主要表现在晚三叠世延长组鄂尔多斯西南部内陆坳陷湖盆型沉积体系的大规模发育，且早古生代的原中央古隆起核部所在区域也转而变为湖盆坳陷最深的部位，反映出这时鄂尔多斯南部的构造格局已开始发生较深刻的变化。

6. 燕山期（侏罗纪—白垩纪）——差异沉降—隆升剥蚀阶段

三叠系沉积后，鄂尔多斯地区构造格局发生了较强烈的变化。首先经历了强烈的抬升剥蚀作用，尤其盆地南部及西缘地区广泛可见三叠系与侏罗系之间的不整合接触关系，以及三叠系顶部的下切河谷充填构造；其次是主体构造方向的变化，印支期主体构造方向为西北—东南向，而到了侏罗纪与白垩纪主体构造方向则转变为近南北向为主（汤锡元等，1988）。另外，由于燕山期盆地西缘逆冲推覆构造开始发育，导致侏罗系、白垩系厚度在横向上变化也较大，表明推覆也导致了横向上强烈的构造分异作用（包洪平等，2018）。

此外，燕山期以来，鄂尔多斯地区构造变动渐趋频繁，除侏罗系与三叠系之间存在区域性不整合外，白垩系与侏罗系之间也呈现显著的区域性角度不整合接触关系，尤其是在西缘南段还可见白垩系角度不整合覆盖于三叠系、上古生界乃至下古生界及中元古界蓟县系等不同年代地层之上的现象。

晚白垩世开始，鄂尔多斯地区又开始整体隆升，尤其是在盆地东部强烈抬升剥蚀的构造背景下，导致侏罗系、三叠系乃至古生界的广泛剥露。另外，南缘的渭北隆起地区局部尚可见燕山期的逆冲推覆构造，但构造活动强度显然不及盆地西缘白垩纪的逆冲推覆活动。

7. 喜马拉雅期（古近纪—第四纪）——差异隆升—沉降阶段

进入喜马拉雅构造期，盆地周缘邻近造山带地区的差异隆升—沉降的构造活动进一步加剧，并伴随着整体构造格局的进一步转换。突出表现在盆地周边地堑盆地的形成和外缘褶皱山系的隆升加剧，在盆地南缘及东缘形成了汾渭地堑系，并伴随着秦岭、吕梁山系的进一步隆升；北缘及西北缘形成了河套地堑与银川地堑，也伴随着阴山、贺兰山的隆升加剧。另外在地堑盆地的内缘靠近盆地一侧，也大多伴随有一定的均衡翘升作用。如在盆地南部最具标志性的构造活动是渭北隆起的形成和渭河地区的大规模沉陷，形成了分布范围广、沉降幅度大的渭河地堑，即渭河新生代断陷盆地。这时的主体构造方向已转换为北东东向，明显不同于燕山期的近南北向构造格局。

## 二、沉降中心迁移与构造格局转换

1. 沉降中心迁移

早古生代以来，鄂尔多斯地区的沉降中心曾发生了多次的迁移变化，显示出不同构造阶段盆地的构造格局存在较大的差异性。图 4-4 显示出不同地质时期构造沉降中心的位置分布，并可由此看出盆地主体构造格局变迁的规律性。

早古生代：鄂尔多斯地区存在西南部和盆地东部两个沉降中心，二者以中央古隆起为界，西侧属秦—祁海域，寒武系沉积厚度多在 600m 以上，奥陶系沉积层厚度一般在 1000m 以上，局部地区逾 2000m；古隆起东侧属华北海域，寒武系厚度与古隆起区差异不大，但奥陶系厚度在米脂—延长的盐洼区厚达 800m 以上，而在邻近古隆起区则多在 400m 以内，因此米脂—延长一带是奥陶纪的另一沉降中心。

晚古生代：在经历了加里东末—海西早期一亿多年的抬升剥蚀后，晚石炭世本溪组沉积期鄂尔多斯地区又开始构造沉降、接受晚古生代的沉积作用，形成了石炭系本溪组—二叠系太原组海陆交互相地层，以及其后的山西组—石盒子组—石千峰组陆相沉

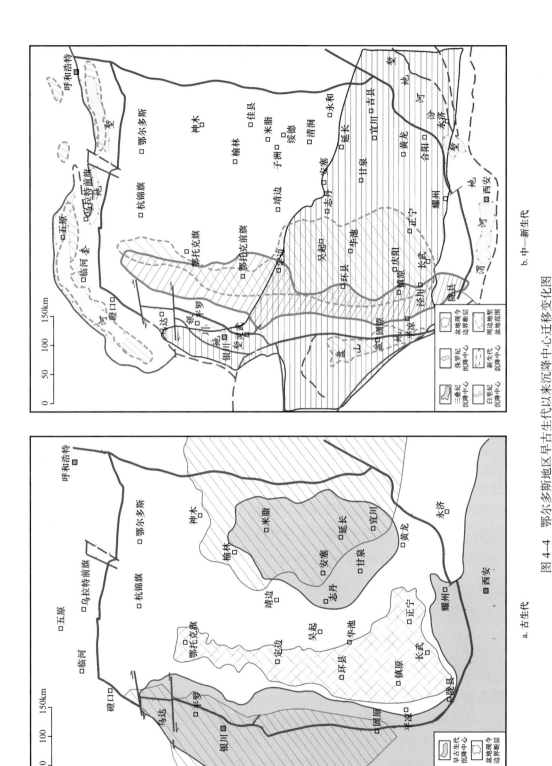

图 4-4 鄂尔多斯地区早古生代以来沉降中心迁移变化图

a. 古生代

b. 中—新生代

积。中央古隆起对石炭纪—二叠纪沉积仍有一定影响，在其东、西两侧各存在一个沉降中心。古隆起西侧的沉降中心区石炭系厚度多在 500m 以上，最厚可达 900m 左右，而盆地本部石炭系厚度则仅有 30～50m，西缘石炭系最早还发育有靖远组—羊虎沟组，乃至在更西侧的中宁、中卫地区还发育有下石炭统的前黑山组—臭牛沟组（包洪平等，2018）；古隆起东侧的沉降中心沉降幅度相对较小，但石炭纪—二叠纪早期的沉积特征与古隆起区仍存在明显差异，主要表现在沉降中心区除了地层厚度相对较大外，一般都发育有多段正常海相的石灰岩层，而古隆起区则基本缺失石灰岩沉积层。

三叠纪：进入中生代早期沉降中心发育趋向于单一化。鄂尔多斯地区最为显著的沉降作用主要发生在盆地西南部地区，尤其是晚三叠世的延长组沉积期，盐池—华池—黄陵成为西南部构造沉降较为显著的沉降中心区，沉积地层厚度多在 1200m 以上（局部可达 2000m 以上），并由此控制了长 7 油层组优质湖相烃源层的形成。

侏罗纪：沉降中心主要分布在盆地西部的天环坳陷区。侏罗纪开始鄂尔多斯西部地区的构造活动性逐渐加剧，尤其是西缘开始了强烈的冲断推覆构造活动，在冲断带东侧的天池—环县地区形成近南北向坳陷，侏罗系沉积层厚度多在 1000m 以上，成为侏罗纪的主沉降中心，基本反映天环坳陷发育初期的构造沉降格局。

白垩纪：早白垩世区域伸展构造背景下，鄂尔多斯地区发育多个沉降中心，主要分布在北部的河套地区、盆地西部的天环地区、西缘的六盘山地区三个大区。北部河套地区主要包括河套、呼和浩特、固阳、武川等白垩纪小盆地，白垩系厚度多在 600m 以上，局部厚者可达 1000～1500m；盆地西部沉降中心则基本处于天环坳陷地区，与侏罗纪沉降中心近于平行、但主体位置明显向东迁移，是天环坳陷构造沉降进一步发展定型的主要沉积响应；西缘六盘山地区沉降中心白垩纪沉降幅度最大，白垩系厚度多在 2000m 以上，局部可达 3000m 左右（白云来，2010）。

新生代：始新世在右旋剪切构造背景下，鄂尔多斯周边形成了多个地堑盆地，主要包括北部的河套地堑、银川地堑，南部的渭河地堑和汾河地堑。地堑沉降幅度最大的地区（沉降中心）多在靠近主造山带一侧，如阴山山前的北部深凹陷新生界厚度可达 10000m 以上，秦岭山前的西安凹陷新生界厚度也可达 8000～9000m。

2. 构造格局转换

众所周知，鄂尔多斯盆地是多旋回的叠合盆地，其在早古生代、晚古生代、中生代乃至新生代的构造样式及沉积格局各不相同。由前述沉降中心的迁移特征看，不同时期沉积层的叠合并非简单的加盖或叠覆，而是表现出在进入不同地质演化阶段时存在着重大构造格局的转换。近期研究表明，自早古生代以来，鄂尔多斯地区主要发生了 4 次大的构造格局转换：一是海西期开始南缘与西缘"分道扬镳"；二是印支期西南部地区由隆到坳的"构造转换"；三是印支—燕山期的"构造转向"；四是燕山期末—喜马拉雅期盆地周缘的"构造反转"。

1）海西期开始——南缘与西缘"分道扬镳"

中—新元古代西缘、南缘构造活动特征具较高的一致性。盆地西缘及南缘中—新元古代的构造活动特征虽与盆地本部地区有一定差异，但西缘与南缘几乎是同步沉降的。进入早古生代，盆地本部地区对元古宙在构造体制上并没有明显的继承性发育特征，但西缘及南缘却是例外，对中—新元古代表现出很好的继承性，即西缘与南缘在早古生代仍然是较强烈的构造沉降区，沉积厚度都明显高于盆地本部地区，且沉降开始及结束的时间也基本一致，仍表现出同步沉降的构造活动特征；但是到了晚古生代，南缘整体处于隆升状态，早古生代广泛发育的"秦岭海"已不复存在，说明在经历了1.5亿年的抬升剥蚀期间，鄂尔多斯地区的整体构造格局确已发生了明显的变化（却无踪迹可寻），但从现存的沉积记录来看，确实表明从海西期开始，南缘与西缘确已各自分别发展，中—新元古代一直延续到早古生代的"西缘与南缘同步沉降"的构造活动特征，从海西期开始已不复存在，二者从此彻底"分道扬镳"了。

2）海西期—印支期——由隆到坳的"构造转换"

早古生代开始，鄂尔多斯西南部由于中央古隆起的存在，总体处于相对隆起的状态，古隆起核部大致位于环县—镇原—崇信一带，缺失奥陶系乃至寒武系；至晚古生代，西南部地区仍为继承性隆起区，以致从鄂尔多斯本部向西南部上古生界呈现为超覆覆盖于下古生界之上的不整合接触特征。这二者均说明在古生代主要沉积期内，盆地西南部地区一直处于相对隆起的"正地形"状态。

而到了印支期（尤其是印支晚期），西南部地区则进入了局部快速坳陷沉降的构造演化阶段，形成了分布广泛、厚度巨大的上三叠统半深湖—深湖相陆源碎屑沉积层，表明此时该区无论在构造上还是沉积上均处于相对于低洼的"负地形"状态，且无论是沉积中心还是沉降中心，都与早古生代的原中央古隆起核部所在位置有较大程度的重叠。这无疑说明了西南部地区在印支期发生了构造格局的重大转换，由古生代的隆起区转变为中生代的坳陷区，出现了"由隆到坳"的根本性转变（包洪平等，2020）。

3）印支晚期—燕山期——由西北—东南向到南北向的"构造转向"

海西期—印支期，鄂尔多斯地区的基本构造走向总体以西北—南东向为主。而进入燕山构造期，盆地构造走向的主体方向则以近南北向为主，尤其是西缘冲断带及吕梁造山带的形成，使这一时期构造格局的主体走向基本定型，加之天环坳陷的形成使燕山期南北走向的构造格局更显突出。由此可见，印支晚期—燕山期也出现了显著的构造格局转换，主体构造走向由印支晚期的西北—东南向转变为燕山期的近南北向，发生了重大的"构造转向"作用。

4）燕山晚期—喜马拉雅期——周缘由强烈隆升到快速沉陷的"构造反转"

燕山晚期（晚白垩世）伴随盆地东部的构造抬升，盆地南缘的渭河地区及北缘的河套地区也发生了强烈的隆升和风化剥蚀作用。以渭河地区为例，现今渭河地堑所在区域大部缺失上古生界—中生界，说明该区在晚白垩世所经历的构造抬升及风化剥蚀作用异常强烈。而在进入新生代喜马拉雅期，构造特征又发生了巨大转变，此时渭河地区开始大规模沉陷，发育分布广泛、厚度巨大的地堑型沉积地层，主要由古近系的始新统红河组、渐新统白鹿塬组、新近系的中新统高陵群和蓝田—灞河组、上新统张家坡组以及第四系的三门组和秦川群构成，主要为滨浅湖—半深湖相的中—细碎屑沉积。因此，由上述对比分析可见，燕山晚期—喜马拉雅期，盆地南缘的渭河地区确曾发生了由强烈隆升到快速沉陷的"构造反转"事件（图4-5）。这一时期盆地北缘与南缘有较高的一致性，在河套地堑的新生代沉积区也表现出了相似的由强烈隆升到快速沉陷的"构造反转"特征。

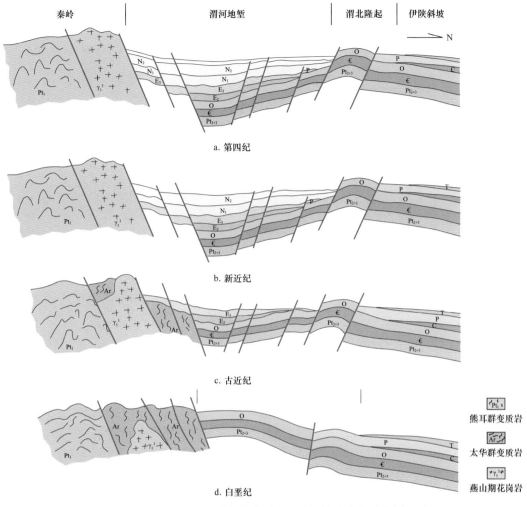

a. 第四纪

b. 新近纪

c. 古近纪

d. 白垩纪

熊耳群变质岩

太华群变质岩

燕山期花岗岩

图 4-5　鄂尔多斯地区南部由隆升—沉陷的构造演化示意剖面图

## 三、古隆起构造

在鄂尔多斯盆地构造演化过程中，曾存在过三个重要的（大型）区域性隆起构造，即伊盟隆起、中央古隆起、渭北隆起。其中伊盟隆起是长期的继承性隆起；中央古隆起是早古生代的隆起，海西构造期以后即已消亡；渭北隆起则是中—新生代以来的晚期隆起。由于其各自形成于不同的构造演化阶段，对盆地沉积及成藏的控制作用也各不相同。

### 1. 中央古隆起

鄂尔多斯盆地的中央古隆起发育在定边—环县—庆阳—黄陵一带，主轴近南北走向，南端于宁县一带向东转向黄陵方向，平面上呈"L"形展布，面积约 10000km²。空间上，呈西陡东缓、南陡北缓的古构造特征，隆起核部位于镇原—龙门一带，核部出露地层为震旦系正目观组。在邻近核部的环县—陇县—宁县一带形成一个寒武系、奥陶系渐次缺失的三角形地带（图 4-6）。古隆起西侧和南侧边界均与基底断裂有关，斜坡带也较窄陡。而向东部、北部方向则呈现平缓过渡的渐变关系，至盆地本部的伊陕斜坡区基本都保留有奥陶系。

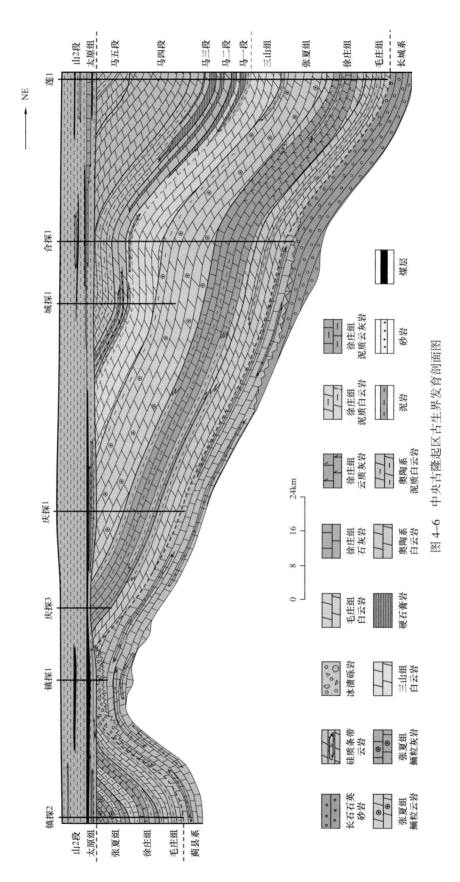

图 4-6 中央古隆起区古生界发育剖面图

对古隆起成因学术界有各自不同的观点和认识（汤锡元等，1992；郭忠铭等，1994；解国爱等，2005），比较有代表性的观点主要有伸展背景下的均衡翘升（内蒙古石油学会，1983；何登发等，1997）、构造地体拼贴（任文军等，1999；解国爱等，2003）、继承基底构造（贾进斗等，1997；安作相，1998）。

中央古隆起的演化大体可分为三个主要阶段：中晚寒武世初始形成阶段（形成古隆起雏形）、奥陶纪发展阶段（控制沉积、晚期隆升剥蚀）和海西期调整、消亡阶段（石炭纪—二叠纪早期古隆起仍有一定显示，之后即基本消隐）。中—晚二叠世以后则不存在古隆起形态，至印支期及燕山期，中央古隆起所在位置则逐渐为三叠纪西南部的内陆湖盆坳陷及侏罗纪—白垩纪的前陆盆地坳陷（即现今天环坳陷）等反向构造特征所取代。因而在以中—新生代构造格局为主的盆地现今构造单元划分中，看不到"中央古隆起"这一重要的"古"构造单元名称。

2. 乌兰格尔古隆起

位于鄂尔多斯的北部，即现今伊盟隆起所在区域，早期文献中多称之为乌兰格尔古陆，是横亘于鄂尔多斯北部、中—新元古代即已存在的正向构造单元，为一长期存在的古陆核。该区在长城系沉积后即处于隆升状态，为一继承性发育的古隆起区，缺失蓟县系—石炭系，二叠系直接覆盖于长城系或变质基底岩石之上。沿古陆向南，奥陶系逐渐加厚，并呈现出一定的"下超上截"的地层接触关系，也反映其在加里东末期古隆起南侧区域奥陶系沉积后可能还经历了一定规模的剥蚀。海西早期随盆地整体构造抬升仍处于隆升状态，直至海西中晚期隆起形态才基本消失。

# 第三节　区域构造单元划分

鄂尔多斯盆地是一个多旋回的叠合盆地，其形成演化经历了早古生代华北陆表海盆、晚古生代华北滨浅海盆、中生代内陆湖盆和新生代周缘断陷盆地等多旋回演化过程。因此，鄂尔多斯地区前中生代的沉积层序主体属类似于现代板块构造体制下华北克拉通盆地的组成部分，主要受古亚洲洋演化的控制。它真正作为独立沉积盆地的形成演化，则主要发生在中—新生代的大陆动力学演化阶段。盆地基本构造面貌的定型主要发生在晚白垩世，以东部地区的整体抬升和吕梁山的崛起为主要标志。根据现今构造格局，结合盆地的演化历史，尤其是中—新生代以来的演化历史，通常将鄂尔多斯盆地划分为伊陕斜坡、伊盟隆起、渭北隆起、天环坳陷、西缘冲断带、晋西挠褶带六个一级构造单元（图4-7）。

## 一、伊陕斜坡

又称为陕北斜坡，是鄂尔多斯盆地最大的一个构造单元，占据着盆地中部广大范围，也是盆地构造的主体，主要形成于早白垩世以后。总体为一东西宽约300km、南北长约500km的近长方形结构，占盆地面积的一半多。整体构造为一西倾的平缓单斜，坡降一般在6~10m/km，倾角不足1°，较少发育规模性的局部构造。

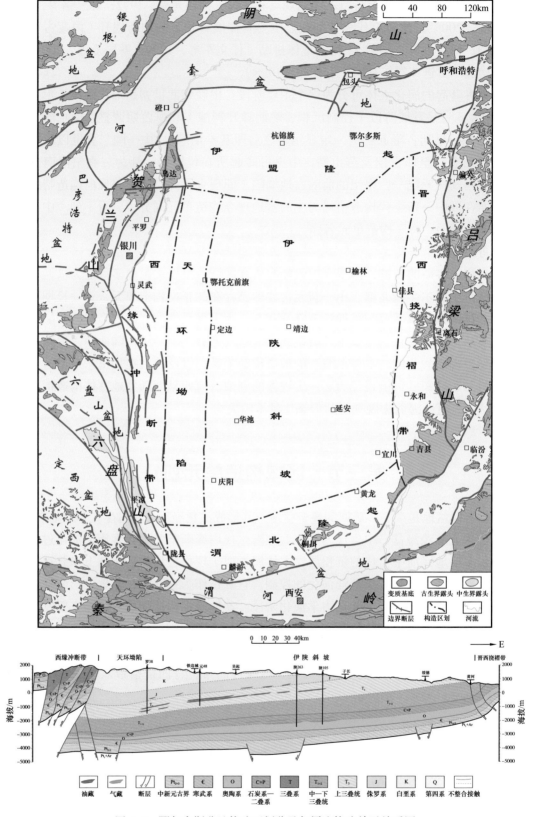

图 4-7　鄂尔多斯盆地构造区划分及与周边构造单元关系图

## 二、伊盟隆起

是鄂尔多斯盆地本部最北边的一个东西向构造单元。北部与河套地堑盆地相邻，西、南、东方向则分别与西缘冲断带、天环坳陷、伊陕斜坡及晋西挠褶带相接，向南与盆地本部呈一定的渐变关系。伊盟隆起为一继承性隆起区，整体缺失中元古界蓟县系—下古生界沉积层，晚古生代石炭系本溪组—二叠系太原组也大部分缺失，由南向北古生界向古隆起方向有减薄或尖灭趋势。

隆起区核部附近发育一些短轴背斜及鼻状构造，并发育近东西向的正断层及北西、北东向挠曲。局部构造、断层与挠曲走向平行、具伴生关系。

## 三、渭北隆起

是鄂尔多斯盆地南部一个东西向构造单元，早古生代中期—早石炭世与整个鄂尔多斯盆地一起隆起遭受剥蚀，到晚石炭世海水入侵，渭北隆起以东沉积了地层，西段同期处于隆起状态，中生代晚期隆起、遭受剥蚀，新生代盆地周边断陷、与盆地本部地块脱离，形成渭河盆地，渭北地区也随之均衡翘倾抬升，形成了渭北隆起的现今构造面貌。

隆起核部附近断裂发育，以逆断层居多，局部构造成排成带，地面构造多为长轴背斜，区内大部分地区古生界剥露地表，对于油气成藏而言，整体保存条件相对较差。

## 四、天环坳陷

为一南北向的长条状构造单元，主体坳陷形成于中生代。向西与西缘冲断带以断层相接触，向东则与伊陕斜坡呈逐渐过渡关系，南北分别与渭北隆起和伊盟隆起相邻。早古生代处在中央古隆起附近，晚古生代具东倾斜坡特征，晚三叠世才开始坳陷，侏罗纪、白垩纪坳陷断续发展，但沉降中心渐次向东偏移。坳陷带整体呈西翼陡、东翼缓的不对称向斜结构。地面发育短轴背斜，南部为北西向、北部为北北西向，向西靠近冲断带附近发育高角度正断层，倾角60°～85°，但断距不大（仅5～10m）。

## 五、西缘逆冲带

鄂尔多斯盆地西缘处在阿拉善地块、鄂尔多斯地块及北祁连褶皱带之间的特殊构造位置，因而也是构造—沉积演化特征明显不同于盆地本部地区的一个复杂构造区。古生代处于贺兰海、祁连海沉积区，三叠纪中晚期及中侏罗世属于陆相鄂尔多斯盆地西部，晚侏罗世开始挤压冲断活动强烈，形成南北向构造变形带断裂。早白垩世以来分化解体，新生代晚期，挤压冲断活动进一步加强，现今构造格局基本形成。

## 六、晋西挠褶带

位于鄂尔多斯盆地的东部边缘，是燕山运动抬升并向西推挤、加之基底断裂活动的影响所形成的南北向构造带，该构造带向东以离石—偏关断裂为界与吕梁山紧密相邻，在邻近吕梁山地区基底及古生界多已出露地表。

# 第四节　局部构造发育特征

盆地内局部构造发育程度差异较大。盆地边缘局部构造明显，面积相对较大，幅度高、方向性强，多成排成带分布；盆地边缘断裂挠曲也较为发育，盆地西缘及东缘地区边缘断裂挠曲尤其发育。而盆地内部的广大地区整体构造较平缓，局部构造发育不明显，以面积小、幅度低的鼻状构造为特征，大多无一定的方向性。现按不同构造单元分区叙述如下。

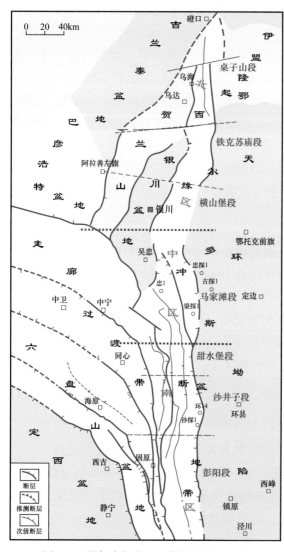

图 4-8　鄂尔多斯盆地西缘构造单元划分

## 一、西缘冲断构造带

1. 西缘冲断带的整体构造特征

根据前人研究成果（汤锡元等，1988），通常将鄂尔多斯盆地西缘冲断带划分为南北向构造带和六盘山弧形构造带两个次级构造单元（图4-8）。

南北向的构造带，向东紧邻天环坳陷，是主要出近于南北向冲断推覆构造构成的逆冲推覆体系，其形成时间最早发生在侏罗纪末期，后期经历多期冲断推覆的叠加，其主要的冲断活动可能在古近纪末已基本停止（张家声等，2008）。

六盘山弧形构造带位于南北向构造带的西侧、阿拉善地块以南。主要形成于新生代，特别是始新世，由于东特提斯洋的最后封闭，导致印度板块向欧亚板块俯冲碰撞，由此引发鄂尔多斯盆地西缘地区强烈的以南北向为主的挤压和右旋剪切，形成弧形冲断构造，并在早先南北向冲断构造基础上叠加了较强的走滑运动。

2. 南北向构造带

西缘冲断带的南北向构造带整体具有"东西分带""南北分段"的构造特征。

东西分带：盆地西缘的冲断推覆构造体系，按照其横向构造变化特征可划分为推覆构造体系和冲断前锋带两部分。根据推覆构造在剖面结构上的双重叠置特征，又可识别出其中的原地岩体这一特殊的构造单元。图4-9是根据西缘南段人工地震剖面、CEMP（连续大地电磁测深）测线并结合钻井及地质露头资料所做的综合地质解释剖面，因其跨越了不同的构造单元，有助于对西缘南段的冲断构造特征形成较为完整的认识。

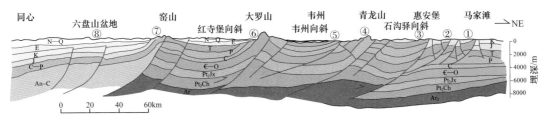

图4-9 鄂尔多斯盆地西缘中段同心—马家滩构造剖面图

①马家滩逆冲席；②烟墩山逆冲席；③石沟驿逆冲席；④青龙山逆冲席；⑤韦州逆冲席；⑥罗山逆冲席；
⑦窑山逆冲席；⑧清水河逆冲席

南北分段：西缘冲断带以南北向构造带为主体，大体可划分为桌子山段、横山堡段、吴忠段、沙井子段及平凉段等几个块段，各块段在冲断结构特征上存在一定的差异。从石油地质的角度看，横山堡段与吴忠段局部构造较发育，20世纪70—80年代曾对此进行了较大规模的油气勘探，发现了马家滩、大水坑、红井子、摆宴井等油田，以及胜利井、刘家庄等气田，但由于冲断带地区晚期构造活动性较强，油气藏保存条件相对较差，所发现的油气藏规模均相对较小。

3. 六盘山弧形构造带

即六盘山盆地所在区域。指夹持在青铜峡—固原断裂与六盘山西麓断裂之间的一个构造单元，由一系列近北西走向并向北东方向弧形突出的断裂构成。东侧与南北向构造带相连，向北以中宁—中卫断裂为界与阿拉善地块相邻，向西南方向与秦—祁褶皱带相邻。

中生代具有拉分盆地性质，沉积了三叠系、侏罗系及巨厚的白垩系，新生代受印度板块向欧亚板块俯冲碰撞远程效应的影响，形成弧形冲断构造体系。

依据近年勘探成果，将盆地划分为中央坳陷和东部斜坡两大构造单元（杨福忠等，1997；汤济广等，2009）。其中，中央坳陷构成了六盘山盆地的主体，面积约5800km²，可进一步分为兴仁堡凹陷、梁花坪凸起、贺家口子凹陷、海原凹陷、固原凹陷、沙沟断阶六个二级构造单元；东部斜坡总面积约3200km²，表现为向东抬升的斜坡，至窑山—炭山一线侏罗系已出露地表。东部斜坡可进一步分为桃山—石峡口断阶、同心凹陷、窑山凸起、炭山断阶四个二级构造单元（图4-10）。

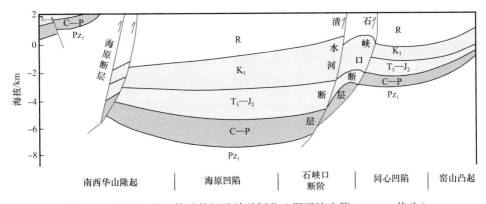

图4-10 六盘山盆地构造特征及单元划分（据汤济广等，2009，修改）

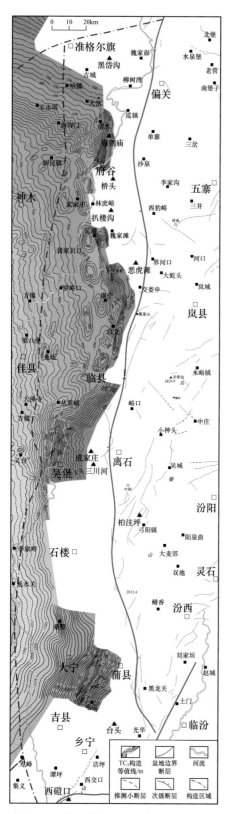

图4-11　盆地东部TC₂反射层（上古界底）构造及前石炭纪地质露头图

图例（图中标注）：
TC₂构造等值线/m
盆地边界断层
河流
推测小断层
次级断层
构造区域

# 二、盆地东部

## 1.晋西挠褶带

晋西挠褶带是盆地最东部的一个长条状构造单元，向东即为盆地东界的离石—偏关断裂，向西与伊陕斜坡呈逐渐过渡关系。根据其南北向的长条状展布特征，可大体分为北部准格尔—保德、中部兴县—柳林、南部石楼—乡宁三个段，各段的构造发育特征存在较明显差异（图4-11）。

### 1）准格尔—保德段

该段向北与伊盟隆起相邻，因此北端存在一个南北向构造，向东西方向为构造过渡的转换带（海则庙—神木一带为其枢纽），转换带附近鼻隆构造较为发育；在西侧的海则庙以南发育多个背斜构造，宽2～3km、长5～10km，构造幅度多在30～80m之间，长轴近于南北向，大小多在十到几十平方千米；黄河以东地区基本处于古生界的出露区，由西向东依次出露上古生界二叠系—石炭系及下古生界奥陶系—寒武系。

### 2）兴县—柳林段

该段处于晋西挠褶带的中部，燕山期以来的构造活动性较之北段及南段更为强烈，突出表现在两个方面：一是局部发育燕山期侵入岩体（如紫金山岩体）；二是边界断层以东地区大面积出露基底岩石。黄河河曲在此区域显著西凸，因此该区大部处于河东地区。在黄河东侧发育多个背斜构造，宽2～4km、长7～15km，构造幅度多在30～80m之间，长轴近南北向，大小多在数十平方千米；西凸河曲以南地区则局部构造发育程度相对较低，规模也相对较小。

### 3）石楼—乡宁段

该段向南与渭北隆起相邻，因此南端存在一个南北向构造向东西向构造过渡的转换带（枢纽在乡宁—吉县一带），转换带附近发育低幅度鼻隆构造；在黄河东侧的石楼—蒲县一带发育多个背斜构造及鼻隆构造，宽2～3km、长5～10km，构造幅度多在30～50m之间，长轴也呈近南北向展布；离石断裂以东地区则处于古生界的出露区，大面积出露有下古生界奥陶系—寒武系及太古宇变质基底。

2. 奥陶系盐岩（底劈）构造

鄂尔多斯盆地东部（靖边以东地区）奥陶系马家沟组发育巨厚的膏盐岩沉积地层，按照沉积旋回划分，其主要分布在马一、马三、马五段三个海退期沉积层序中。其中马五段是马家沟组最后一期蒸发旋回形成的沉积地层，内部又可进一步细分为马五$_{10}$、马五$_8$、马五$_6$和马五$_4$亚段四个主要的膏盐岩层段，尤以马五$_6$亚段的膏盐岩分布范围最广，面积约 $5 \times 10^4 km^2$，主要分布在盆地中东部的陕北米脂盐洼沉积相区。因而，通常以马五$_6$亚段为界将奥陶系膏盐岩划分为盐上和盐下两个层段。

2007—2010 年，为探索奥陶系盐下天然气成藏的可能性，长庆油田公司重点针对盆地东部的马五$_6$亚段厚层盐岩分布的盐洼中心区域开展了奥陶系盐下天然气成藏地质研究，精细勾绘了马五$_6$亚段盐下的局部构造图，在米脂—子洲地区发现了数排盐下的局部构造圈闭，但圈闭规模相对较小，多在 1.5～5km$^2$ 之间，之后优选有利目标部署实施了风险探井。

实钻仅在龙探 2 井马三段盐下白云岩中试气获 $CO_2$ 型天然气流，证实了盐下局部圈闭的有效性。该类圈闭的形成主要与盐岩层在局部挤压构造环境下的塑性流动及底劈作用有关，初步分析这种局部挤压构造可能主要来自深部的岩浆侵位所导致的横向挤压，并与局部深断裂的活动有一定的相关性。

## 三、盆地本部

### 1. 伊陕斜坡

伊陕斜坡是涵盖盆地本部的最大构造单元，呈整体向西缓倾的单斜构造背景，构造极为平缓，但也发育一些幅度极低的低缓鼻隆构造（图 4-12）。

据 TC$_2$ 地震反射层构造（大体相当于上古生界的底面）图显示，在西倾单斜构造大背景上，大体等间距（15～20km）地发育东西向的低幅度鼻隆构造，隆起幅度多不足 20m，仅在邻近晋西挠褶带的米脂、子洲及绥德等地区见到一些小规模的背斜构造，闭合面积都很小，多不足 10km$^2$，小者仅 1～3km$^2$。

### 2. 天环坳陷

天环坳陷总体为西翼陡、东翼缓的不对称向斜构造，其东翼基本延续伊陕斜坡的构造特征，在向西倾斜的构造背景上发育平缓的东西向低幅鼻隆构造，但地层倾角向西明显变陡，可达 10～20m/km。陡倾的西翼由于与西缘冲断带呈断层接触关系，大多很窄，有的甚至看不到翼部的构造特征（图 4-12）。

另外，天环坳陷又由南北两个深凹陷（铁克苏庙凹陷、环县凹陷）与两凹中间的鞍部（天池—布伦庙凸起）所组成，在鞍部的凸起带上发育多个局部的背斜构造，如天池构造、李家场构造、布拉格构造、布伦庙构造等，曾是 20 世纪 70—80 年代古生界天然气勘探所关注的重要目标。

## 四、伊盟隆起与渭北隆起

### 1. 伊盟隆起

伊盟隆起位于鄂尔多斯盆地北部，北接河套地堑，南与伊陕斜坡相邻。是一个长期发育的继承性古隆起，在太古宇—古元古界基底之上主要发育长城系、上古生界和中生界。基本缺失蓟县纪—早古生代及石炭纪沉积，二叠纪—晚白垩世以后也呈现整体抬升的格局，与渭北隆起具有一定的对称性发育特征。在隆起南部普遍具有下古生界寒武系—奥陶系及上古生界石炭系—下二叠统向北超覆发育的不整合接触关系。

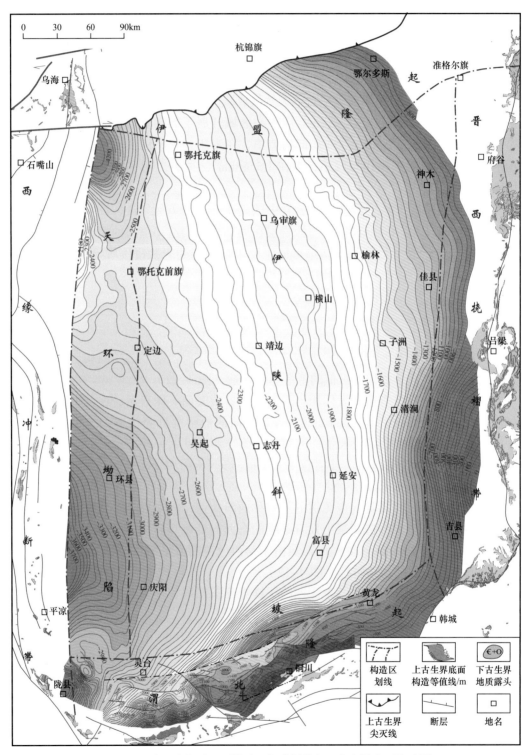

图 4-12　盆地本部（天环坳陷—伊陕斜坡）上古生界底面构造图

现今伊盟隆起的构造格局大体呈北高南低、东高西低的构造特点。整体表现为一向西南倾伏的大型单斜构造，区内发育三条较大规模的断层，分别为泊尔江海子断层、乌兰吉林庙断层和三眼井断层，其中泊尔江海子断层由加里东运动形成，是一条具走滑性质的非生长性逆断层，该断层将伊盟隆起大致分为南北两个部分（图4-13）。

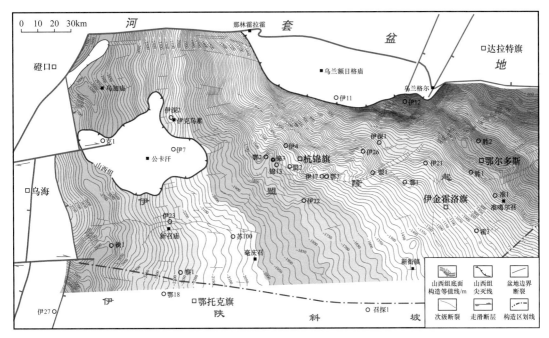

图4-13　伊盟隆起区上古生界底面构造图

## 2.渭北隆起

渭北隆起位于鄂尔多斯盆地南缘，北接伊陕斜坡，南隔渭河断陷与秦岭造山带相望，是处于活动性的秦岭造山带与稳定的鄂尔多斯地块之间的过渡地带（图4-14）。其南北均以断层分界，其中南界为乾县—富平大断裂，该断裂为正断层，向南倾斜，它也是渭河断陷盆地的北部界线；隆起带北界为宜（君）—黄（龙）逆冲大断裂，向西可与灵台—马栏逆冲断裂相接。渭北隆起与华北板块具有统一的结晶基底，其上发育有中元古界长城系、蓟县系，下古生界寒武系、奥陶系，上古生界石炭系、二叠系，以及中生界三叠系、侏罗系及下白垩统。晚期由于经历了强烈的抬升剥蚀，古生界在隆起核部大多已出露地表。任战利等（2015）根据磷灰石、锆石裂变径迹分析方法及热史模拟方法对渭北隆起的低温热年代学研究，认为渭北隆起主要经历了早白垩世晚期（107—102Ma）及40Ma以来的两期快速隆升，与秦岭造山带北缘的隆升具有同时性，与渭河盆地新生代以来的快速沉降具有很好的耦合关系。

渭北隆起为一略向西南倾伏的北东东向长条状构造带。大体以铜川东断层和彬县西断层为界，可分为东段、中段、西段三段。中段局部构造较发育，早期地震勘探曾发现了四郎庙、马栏、庙湾、瑶曲、润镇、旬邑鸡儿嘴等小规模的局部断背斜构造，实施钻探后虽都见到一些含油气显示，但均未取得实质性的勘探发现，究其原因，主要是由于新生代以来该区仍具较强的构造活动性，油气成藏后的晚期保存条件整体较差所致；东段处于向北拐弯与晋西挠褶带过渡的区域，整体构造以北西倾伏趋势为主，相对平缓；

西段呈逐渐向西倾没的趋势，发育数排近南北向的鼻隆构造，晚期断裂破坏程度相对较弱，整体应具备相对较好的油气藏保存条件。

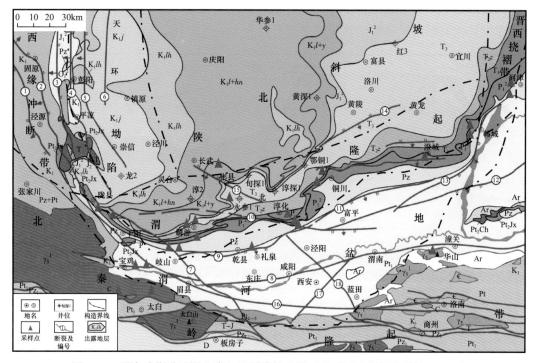

图4-14　鄂尔多斯盆地渭北隆起及周缘构造单元关系图（据任战利等，2015）

# 第五章　沉积环境与相

　　鄂尔多斯盆地沉积盖层的演化经历了由海相—海陆过渡相—陆相的发展过程，包括中—新元古代拗拉谷阶段、早古生代陆表（浅）海台地阶段、晚古生代滨浅海平原阶段、中生代内陆坳陷盆地阶段、新生代盆地周边断陷五大发展演化阶段（图5-1），最终形成了中—新元古界、下古生界、上古生界、中生界与新生界五套沉积盖层（表5-1）。本章主要讨论这五套盖层的沉积特征与沉积环境、发育演化历史、时空展布特征。

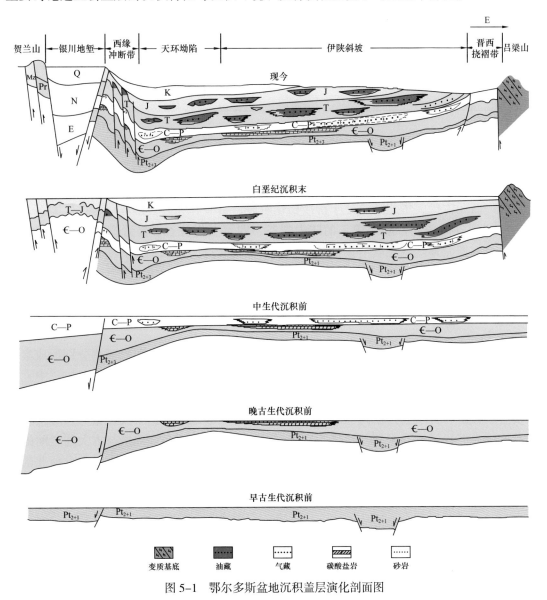

图5-1　鄂尔多斯盆地沉积盖层演化剖面图

表 5-1　鄂尔多斯盆地沉积盖层划分表

| 阶段 | 地质时代 | 沉积相类型 | 气候旋回 | 构造幕 | 勘探目标 |
|---|---|---|---|---|---|
| I | 中—新元古代 Pt—Z | 由地台型陆相及槽台过渡砂岩、页岩变为浅海开阔台地白云岩及藻白云岩 | 干旱—潮湿气候 | 吕梁 | |
| II | 寒武纪—奥陶纪 ∈—O | 以海相沉积为主，包括潮坪含泥白云岩、颗粒白云岩、开阔海及局限海石灰岩 | 干旱—潮湿气候 | 加里东 | 溶蚀孔洞白云岩、残余颗粒白云岩和藻白云岩体圈闭气藏 |
| III | 石炭纪—二叠纪 C—P | 由海陆过渡相海湾潟湖、滨海沼泽渐变为内陆河流三角洲 | 潮湿—干旱气候 | 海西 | 大型河流—三角洲砂体、潮道砂体圈闭气藏 |
| IV | 三叠纪—侏罗纪 T—J | 内陆大型湖泊相渐变为河流湖沼相及干旱湖沼相 | 潮湿—干旱气候 | 印支—燕山 | 河流三角洲、浊积扇砂体圈闭油藏和深湖相致密油、页岩油 |
| V | 白垩纪—新生代 K—Q | 内陆湖沼相 | 潮湿—干旱气候 | 燕山—喜马拉雅 | |

# 第一节　中—新元古代海相沉积

中—新元古代，华北陆块处于拼接稳化阶段，秦—祁大裂谷形成后，产生了一系列由秦—祁裂谷向华北古陆块楔入的陆内裂谷，即贺兰拗拉谷、秦晋拗拉谷、秦豫拗拉谷。鄂尔多斯盆地就是在贺兰拗拉谷和秦晋拗拉谷夹持的背景下发展演化形成的。中元古界长城系、蓟县系，新元古界震旦系海相沉积为鄂尔多斯盆地变质基底之上的第一套盖层，其沉积过程经历了中元古代长城—蓟县纪及新元古代震旦纪的大规模海侵。

## 一、长城纪

中元古代早期受吕梁运动影响，原始大陆裂解，于华北地台南北两侧分别形成秦—祁海槽和兴蒙大陆裂谷以及一系列深入地台内部的裂陷槽（拗拉槽）（图 5-2）。中元古代长城纪，在拉张型裂谷背景上发生了华北地台的第一次海侵。海水从秦—祁海槽分别沿贺兰拗拉槽和晋陕拗拉槽向鄂尔多斯和阿拉善古陆腹地浸漫，不仅在秦—祁海槽和两个拗拉槽内沉积了近万米的基性喷发岩和深海相砂页岩，还在裂陷槽与古大陆之间的过渡地带沉积了厚度相差悬殊的滨海相和冲积平原相砂岩与砂页岩。其中，在盆地北部鄂尔多斯以西的杭锦旗、乌审召和磴口一带，沉积了数十米至数百米厚的冲积平原相砂砾岩；在吴忠—银川—鄂托克前旗—定边—平凉—陇县—麟游—旬邑—洛川—黄龙—合阳一线与鄂尔多斯古陆和阿拉善古陆之间沉积了数百米至 2000m 的冲积平原与滨浅海相含砾砂岩、砂页岩和少量含泥质藻白云岩；在鄂托克前旗—固原—西吉—天水—宝鸡—西安—铜川—潼关一带的海槽区沉积了总厚度达 5000m 以上的基性喷发岩和深海相砂页岩（图 5-3）。

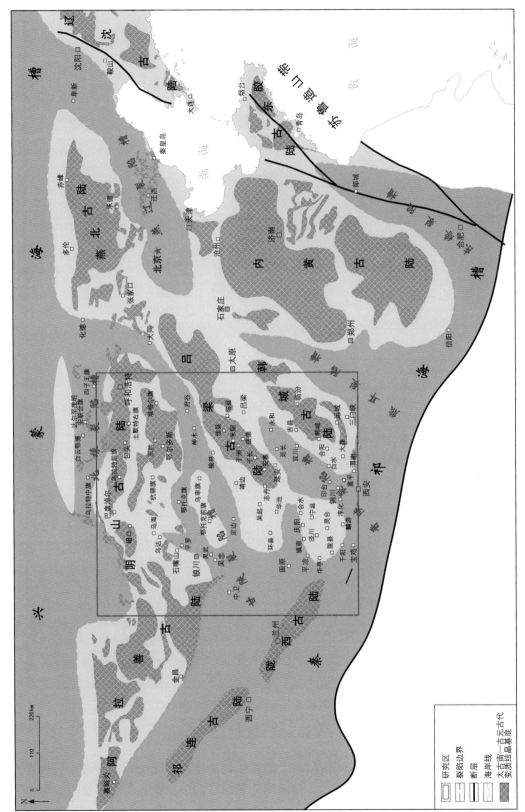

图 5-2 华北克拉通长城纪原型盆地恢复简图

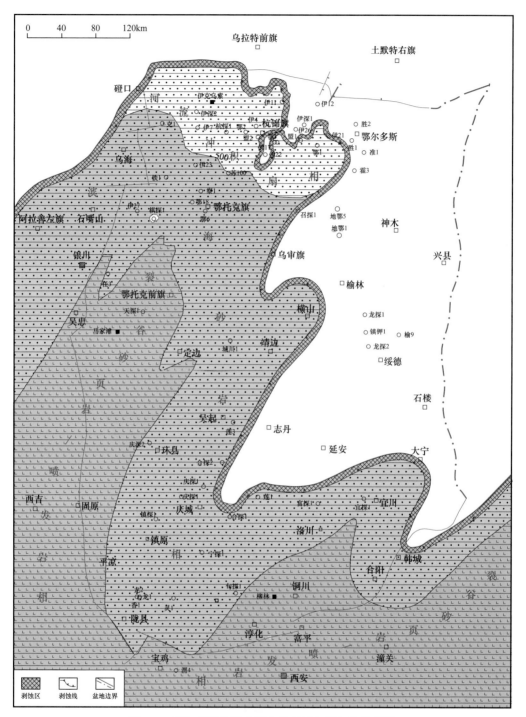

图 5-3　鄂尔多斯盆地中元古代长城纪岩相古地理图

## 二、蓟县纪

　　中元古代晚期蓟县纪，祁连海槽与贺兰、晋陕拗拉槽已转化为坳陷盆地，阿拉善古陆和鄂尔多斯古陆也在经历了长时间的持续风化剥蚀后准平原化，失去了提供大量陆源碎屑物的能力，沉积相类型转为滨浅海相含硅质藻白云岩，沉积边界位于阿拉善左旗—

桌子山—定边—合水—正宁—韩城一线，沉积厚度由地台边缘向西南方向逐渐增厚。在惠农—庆城—旬邑—合阳一带的滨海亚相带沉积了厚度不足 300m 的干旱环境下含砂泥质白云岩；在银川—平凉—陇县—岐山—潼关一带发育开阔台地相白云岩和硅质藻白云岩相，厚度可达 1700 余米（图 5-4）。

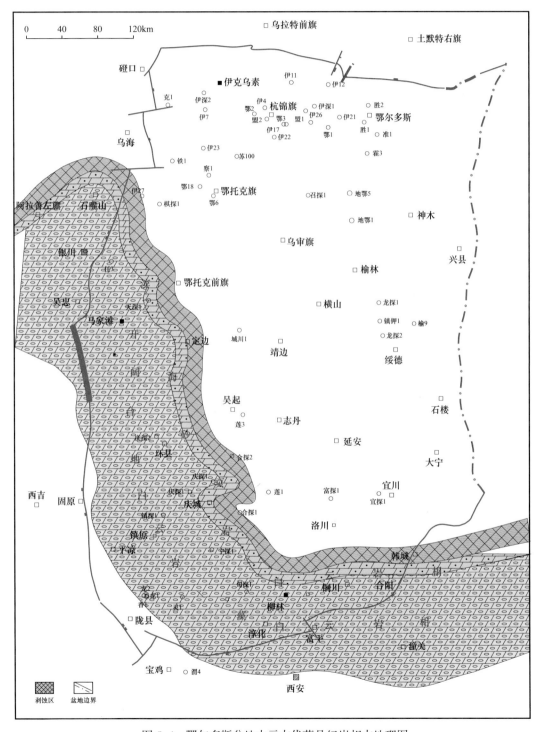

图 5-4　鄂尔多斯盆地中元古代蓟县纪岩相古地理图

### 三、震旦纪

蓟县系沉积结束后，受晋宁运动影响华北地台整体抬升，造成约700Ma的沉积间断，鄂尔多斯地区普遍缺失中元古代晚期、新元古代青白口纪和南华纪早期的沉积。

鄂尔多斯盆地的震旦系罗圈组为一套与冰川活动有关的沉积。在贺兰山和洛南地区，其底部为厚数米至50m的大陆冰川型冰碛砾岩，之上发育最厚可达70余米、发育水平纹层理含冰坠石的冰水（冰湖）砂泥（页）岩。该冰期沉积范围仅沿鄂尔多斯盆地西缘、南缘的贺兰山—青龙山—阴石峡—陇县—岐山—洛南一带呈环带状分布（图5-5），厚数米至百余米。

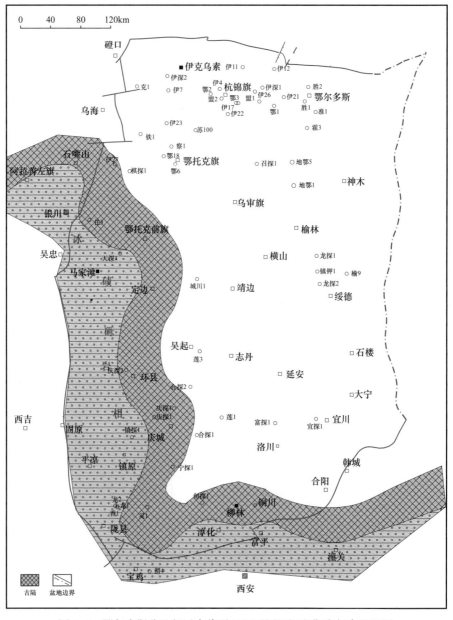

图5-5 鄂尔多斯盆地新元古代震旦纪罗圈组沉积期岩相古地理图

罗圈组沉积之后，受蓟县运动影响，华北地台再次上升为陆，并遭受风化剥蚀，直至早寒武世辛集组沉积期才迎来了又一次海侵。

# 第二节 寒武纪—奥陶纪海相沉积

新元古代震旦纪、早古生代寒武纪和早—中奥陶世冶里组沉积期、亮甲山组沉积期和马家沟组沉积期，华北陆块南北两侧的秦—祁、西伯利亚古洋盆均处于构造扩张时期，鄂尔多斯西缘的南北向贺兰拗拉槽亦处于活动阶段。鄂尔多斯地台内部处于稳定沉降的碳酸盐岩台地发展阶段，形成了大面积分布且厚度稳定的早古生代第二套沉积盖层，这套沉积在鄂尔多斯盆地北部伊盟隆起、西南部中央古隆起和东部吕梁隆起区发育较为局限或断续分布。该套盖层是叠加在中—新元古代沉积之上的一套海相沉积，其沉积过程经历了早古生代寒武纪—早奥陶世冶里组沉积期—亮甲山组沉积期、早奥陶世马家沟组沉积期—晚奥陶世两次大规模的海侵。地台周边以发育被动大陆边缘缓坡型深水陆棚沉积泥晶石灰岩和滩坝相颗粒石灰岩为主，局部发育骨架生物礁相石灰岩（白云岩）。

## 一、寒武纪沉积相发育特征

早古生代鄂尔多斯地区南北为加里东地槽所控制，东西为残存的拗拉谷所夹持，形成了北部高南部低、中间高东西两侧低的古地貌背景。盆地内下古生界沉积了浅海台地相碳酸盐岩，南缘和西缘濒临秦—祁海槽，属于被动大陆边缘，形成了向秦—祁海槽倾斜的广阔陆架区，沉积了碳酸盐岩、海相碎屑岩和浊积岩。

1. 早寒武世

寒武纪黔东世南皋组沉积期，海水从古陆南部和西部缓慢侵进，形成辛集组及其上部的朱砂洞组沉积。另外，海岸线形态受早先拗拉谷控制，在古陆西侧，海水沿贺兰拗拉谷向北伸向鄂尔多斯古陆与阿拉善古陆结合部位的深处侵入；在古陆南侧，海水沿早先蓟县纪的岐山—延安拗拉谷伸向古陆腹地。

辛集组沉积期鄂尔多斯地区以陆地为主，沿古陆形成较窄的含磷砂砾质滨岸内缓坡，向外侧经外缓坡过渡为深水陆棚相环境。受古拗拉谷的影响，古陆西部和南部的形态不是"L"形，而是南部中段呈三角形凹向古陆内部，海岸线呈不规则状展布。

朱砂洞组沉积期鄂尔多斯地区为碳酸盐缓坡沉积环境，陆源物质明显减少，主要形成碳酸盐岩，而低位体系域和海侵体系域主要为浑水砂砾质占主导的缓坡沉积。沉积相沿古陆边部呈不规则带状分布。由于受拗拉谷控制，在西部和南部中端也伸向古陆内部。

馒头组沉积期沉积范围在西缘略有扩大，表明海水自西向古陆进一步侵入。在盆地南缘，原有的古拗拉谷范围明显向东迁移，而海侵作用不十分明显，表明古陆西南侧的祁连洋初步发生扩张，而南侧秦岭洋的扩张作用并未发生。古陆东南部以潟湖相为主，西南部主要为浅海陆棚相。西部南段主要为砂砾滩及云灰坪，北部主要为云坪相（图5-6）。

2. 中—晚寒武世

毛庄组沉积期，本区岩相古地理发生了明显的变化，海侵范围显著扩大，海水已侵入鄂尔多斯古陆腹地。南部仅残留镇原古陆，中西部形成伊盟古陆，东部形成吕梁古陆。该期来自古秦岭洋的海侵作用大于古祁连洋。潮坪十分发育是该时期岩相古地理的主要特点，陆块周围几乎全为潮坪，靠近古陆区多形成泥砂坪，远离古陆则发育灰坪、云灰坪及泥云坪。其中镇原古陆西南和东侧除发育泥砂坪之外，还发育鲕粒滩相。北部桌子山一带除发育云灰坪之外，也发育鲕粒滩，东北部为砂泥坪及泥灰坪。

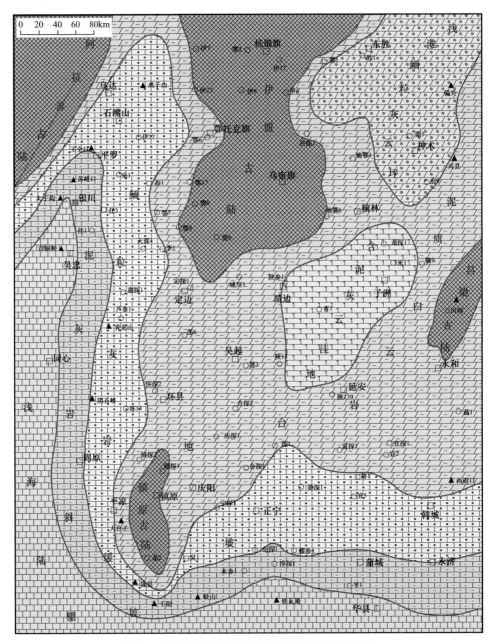

图 5-6　鄂尔多斯地区馒头组沉积期岩相古地理图

徐庄组沉积期海侵范围进一步扩大，三个古陆面积进一步缩小。南部拗拉谷形态已不明显而呈现海湾的特点。伊盟古陆西侧桌子山一带海水相对较深，主要为中下缓坡—陆棚相，伊盟古陆东侧主要为沙滩、砂泥坪、泥云坪及泥灰坪，盆地中部以潟湖相为主。环绕盆地西缘、南缘及东缘以出现鲕粒滩、灰质砾滩、泥坪及灰坪、云坪为主要特征。缓坡鲕粒滩的出现，表明寒武纪缓坡已明显向台地相过渡。

张夏组沉积期，由于受祁连洋俯冲作用的影响，古陆面积进一步缩小，古陆走向发生明显变化，呈北东向展布。伊盟古陆南部分解形成了乌审旗古陆，乌审旗古陆与镇原古陆之间有明显的水下隆起。伊盟古陆—乌审旗古陆—镇原古陆基本上形成"鄂尔多斯盆地中央古陆"的雏形。吕梁古陆四周特别是向西南水下的延伸比较明显，东北部海水进一步加深，盆地由近南北分异的构造格局变为近东西分异的构造格局。张夏组沉积期以台地相为主，中部发育台内洼陷，盆地西缘和南缘发育鲕粒滩，靠近伊盟古陆和乌审旗古陆发育潟湖相及碳酸盐泥（图5-7）。

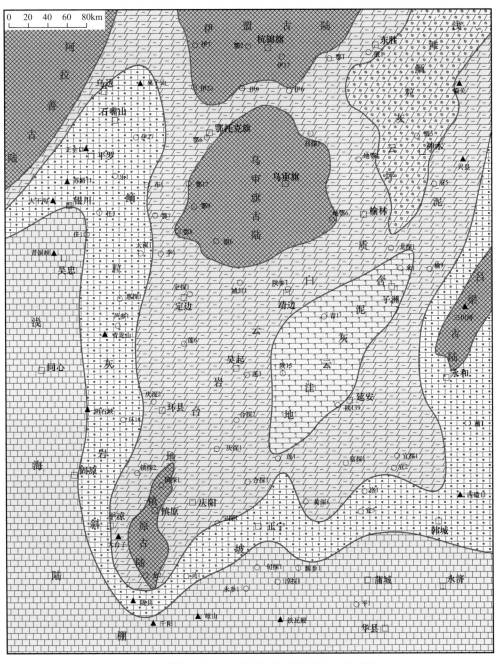

图5-7　鄂尔多斯地区张夏组沉积期岩相古地理图

三山子组沉积期岩相古地理分布格局发生了巨大的变化，主要表现在广泛海退背景下，古陆面积有显著扩大，原来的伊盟古陆、乌审旗古陆及镇原古陆之间的水下隆起全部上升，中央古陆初具规模。而东侧的吕梁古陆则沉没水下，成为水下隆起。在近南北向中央古陆控制下，古陆东北部为局限台地潟湖相，局限台地砾滩—潟湖相（台缘相）基本上是围绕中央古陆及东北部的潟湖相呈半环带状分布；苏峪口、青龙山一带为陆棚海—斜坡相；陇县周家渠、平1井以南也应为陆棚相（图5-8）。

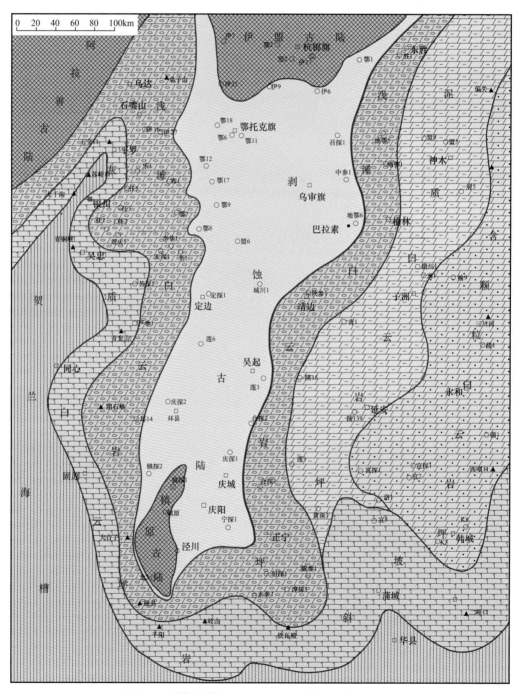

图 5-8 鄂尔多斯地区三山子组沉积期岩相古地理图

3.沉积演化

进入早古生代，鄂尔多斯地区再次整体下沉，接受海相沉积，尤其是寒武纪的整体沉积面貌与华北台地更趋向于一致。

早寒武世，沉积范围基本继承了震旦纪的特征，盆地本部整体缺失下寒武统，仅在盆地西缘及南缘发育馒头组—毛庄组沉积，岩性主要为滨浅海相陆源碎屑岩夹白云岩。

中寒武世徐庄组沉积期—张夏组沉积期，海侵进一步扩大，尤其张夏组沉积期是盆地早古生代海侵最大的时期，沉积范围基本覆盖了除伊盟隆起及中央古隆起核部以外的全盆地范围，主要岩性为一套浅水碳酸盐岩台地浅滩相的鲕粒白云岩或鲕粒灰岩，其沉积特征与整个华北地区基本一致，具有"陆表海"碳酸盐岩台地的沉积特征，反映了中寒武世沉积环境的稳定性。地层厚度在盆地本部一般为100～200m，在西缘及南缘则可达400～600m。

晚寒武世（崮山组沉积期—长山组沉积期—凤山组沉积期），沉积范围与中寒武世相近，古隆起区的缺失范围略有扩大，主要岩性为潮坪相竹叶状白云岩，地层厚度一般在30～100m之间。

## 二、奥陶纪沉积相发育特征

寒武纪末期华北地台有一次短暂的构造抬升（兴凯运动），使局部地区寒武系受到一定程度的剥蚀。早奥陶世开始鄂尔多斯盆地发生一次海侵。中奥陶世末是华北地台和鄂尔多斯盆地构造沉积发展的转换期，秦—祁和古西伯利亚古洋盆由新元古代以来的构造扩张转为分别从南北两面向华北地台下俯冲消减。华北地台也由持续沉降转为整体隆升，并自晚奥陶世开始接受长达140Ma（晚奥陶世—早石炭世）的风化剥蚀。地台周边的古地貌则由被动大陆边缘缓坡逐渐变为镶边型陡岸（活动大陆边缘）。

1.早奥陶世

早奥陶世冶里组是鄂尔多斯盆地奥陶纪第一次海侵的产物，海水从东、南、西南三个方向侵入鄂尔多斯盆地，在陆地边缘向海一侧形成台地相。东部以潮坪相为主，发育大量准同生白云岩（在柳林三川河等剖面见竹叶状白云岩）；南部为局限台地相；西南部以地势相对较陡的缓坡为主。东部和南部的台地相向外过渡并与盆地西南部的缓坡沉积连成一体，由内到外依次发育中缓坡—外缓坡—深海盆地。其中，中缓坡范围较窄，仅分布在青龙山、岐山、西礌口、恶虎滩一带；外缓坡范围稍有扩大，主要发育在南部和西南部；深海盆地仅存在于盆地的南部和西南部。

亮甲山组沉积期鄂尔多斯盆地海侵范围有所扩大，沉积相带整体向陆发生了推进，但保留了冶里组沉积期的沉积古地理格局。盆地东部是潮坪沉积，南部是局限台地沉积，与冶里组沉积期不同的是潮坪的范围有所缩小，而局限台地相对扩大，二者的过渡地带在延川附近；西部为中缓坡沉积。东部和南部的中缓坡沉积与盆地西部的中缓坡连成一体，沉积了含硅质条带和团块的粉细晶白云岩；向外盆地的东、南、西三个方向依次过渡到外缓坡和深海盆地环境，其中外缓坡与冶里组沉积期相比相带稍窄。亮甲山组沉积后期，因怀远运动使整个鄂尔多斯盆地抬升剥蚀，形成了广泛分布的不整合面。

马一段是鄂尔多斯盆地经历怀远运动抬升剥蚀后第一次海侵的产物，海水从东、南、西三个方向再次侵入盆地，海侵范围较前两次扩大，古陆范围大大缩小，仅剩北面连在一起的伊盟隆起和中央古陆，其余隆起（如白水、合阳、韩城一线）均呈水下隆起。此时的鄂尔多斯盆地沉积环境和古地理格局发生了重大变化。盆地的中东部以台地相为主，并发育一个广泛的潟湖（北到府5井，南至洛1井，东抵楼1井，西临青1井一线），潟湖及周围沿陆地边缘发育盆缘蒸发坪，沉积了大量盐岩、膏岩或膏质白云岩；中东部的台地向南逐渐进入缓坡沉积环境，在过渡地带白水、合阳、韩城一线发育了一东西向的泥云坪带，沉积以泥质白云岩为主；盆地南部和西部以缓坡沉积为主，南部向海依次发育一局限内缓坡（北起耀参1井和铜川，南到泾阳铁瓦殿）——中缓坡环境，内缓坡形成了广泛的白云岩，中缓坡沉积以石灰岩为主，再向外盆地南、西两侧均过渡到外缓坡环境（以泥灰岩为主），最后过渡到深海盆地相；盆地西北部发育混积陆棚相。该沉积模式贯穿了整个马家沟组沉积期。

马五段沉积期，整体上表现为震荡性海退，该阶段中央隆起仍是水下隆起，仅剩南部的庆阳隆起未被海水淹没，中东部的华北海和西南部的祁连海在中央古隆起中部连通。沉积环境和岩相古地理格局与马一段沉积期基本相似，盆地的中东部以台地相为主，南部和西部以缓坡相为主（图5-9）。

马六段是鄂尔多斯盆地奥陶系马家沟组最后一个层序，受加里东运动影响，盆地东部升西部降，中东部地区遭受长达1亿多年之久的风化剥蚀，仅残留部分地层，南部和西部则保存完好。从仅存的地层来推测，马六段沉积期的海侵范围与马四段沉积期相近，中央隆起仍然是水下隆起，仅剩南部的庆阳隆起未被海水淹没，中东部的华北海和西南部的祁连海在中央古隆起中部连通。沉积环境和岩相古地理格局与之前相比有所变化。盆地中东部为开阔台地相，发育泥晶灰岩；开阔台地以西，古隆起偏东一侧为浅水台地相；盆地南部古隆起以南发育局限台地相，以白云岩为主；向外为中缓坡，再向外则为深海盆地相；盆地西北部阿拉善古陆东南缘向东南方向发育一中缓坡，向南与开阔台地在桌子山地区过渡（图5-10）。

2. 中奥陶世

中奥陶世平凉组沉积期，华北海已经退出鄂尔多斯盆地，南部和西部由于受祁连海的影响继续接受沉积。盆地整体上为台地相，但沉积相带的分布较为狭窄。盆地的南部和西部由陆到海依次是开阔台地相（沉积以泥粉晶灰岩为主，由陆地边缘至铁瓦殿、鱼车山等地发育具一定规模的台缘礁滩体）、斜坡相［发育大量（含凝灰质）泥页岩，在盆地西部的北段吴忠、桌子山等地斜坡重力流沉积较为发育］、深海盆地相（图5-11），盆地西北部与阿拉善古陆之间发育混积陆棚相。

3. 晚奥陶世

背锅山组沉积沿袭了平凉组的沉积特征，海侵范围未发生大的变化，整体上仍表现为台地相，沉积相带的分布较为狭窄，但这一时期重力流较为发育。盆地的南部和西部，由陆到海依次为开阔台地相——斜坡相——深海盆地相。开阔台地相以泥粉晶灰岩为主，范围由陆地边缘至永济、桃曲坡、陇县一线；斜坡相范围包括芮城、富平、岐山等地，这一时期的斜坡环境最显著的特点是发育了大量重力流沉积，如铁瓦殿、岐山等地。

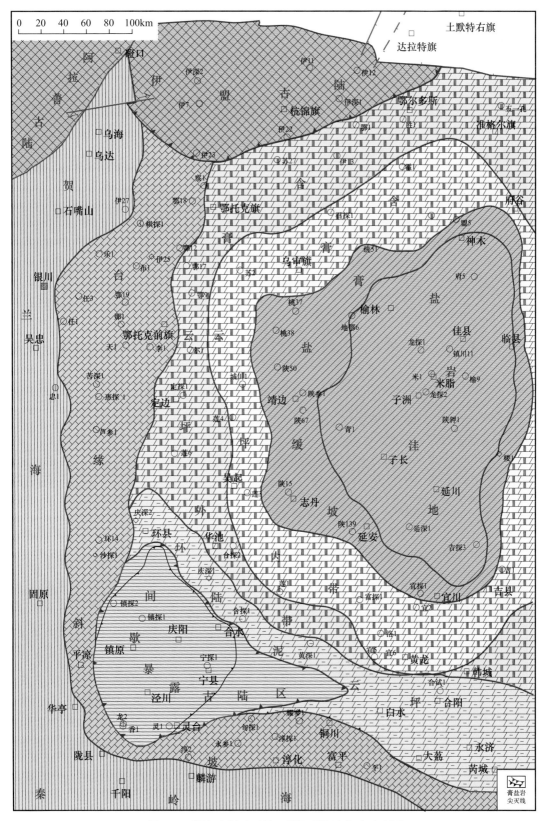

图 5-9  鄂尔多斯地区马五段沉积期岩相古地理图

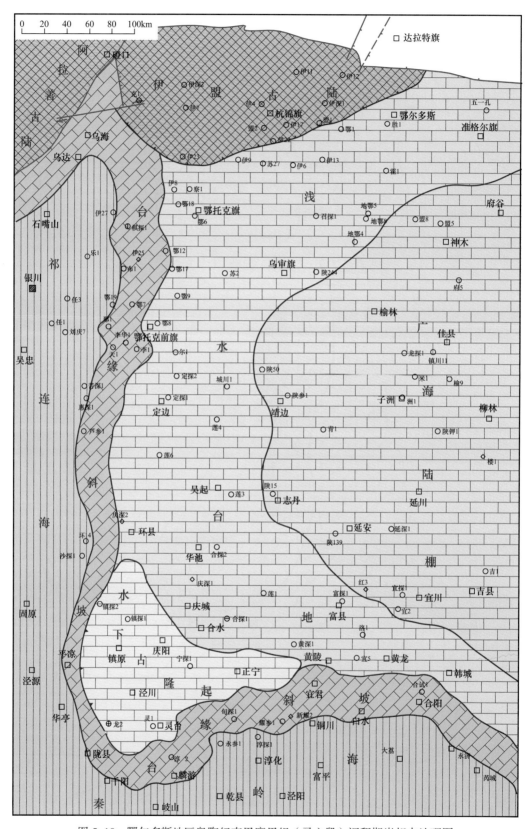

图 5-10 鄂尔多斯地区奥陶纪克里摩里组（马六段）沉积期岩相古地理图

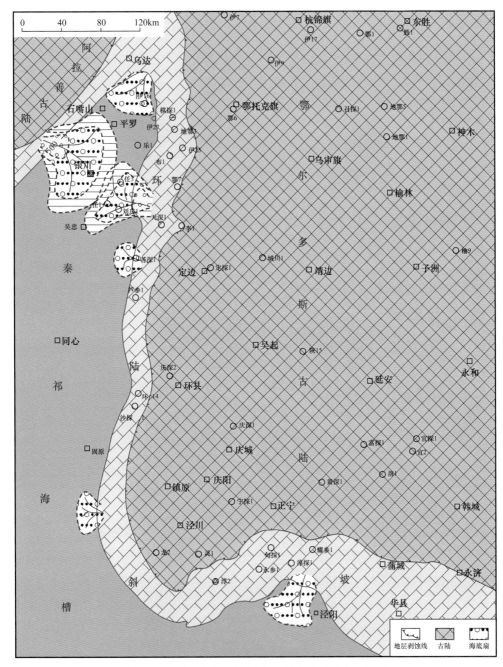

图 5-11 鄂尔多斯地区平凉组沉积期岩相古地理图

### 4. 沉积演化

早奥陶世马家沟组沉积期，鄂尔多斯地区的沉积特征与华北地区的差异进一步明显，突现出鄂尔多斯从华北台地逐渐分化的演化特征。华北地区马家沟组主要为广海相的石灰岩，而鄂尔多斯地区主要为局限海相的蒸发岩，形成碳酸盐岩与膏盐岩交互的旋回性沉积地层结构，厚度一般为 300～500m，最厚达 891m。（图 5-12）。

早奥陶世末期（克里摩里组沉积期），构造及沉积环境的分异进一步加大，开始进入较强烈的构造转换期。自此地层岩性由原来以白云岩、膏盐岩为主，快速转化为以石灰岩为主（图5-13），岩性的横向相变也明显增强，表现出较明显的由台地—台地边缘—广海陆棚的相带分异特征。

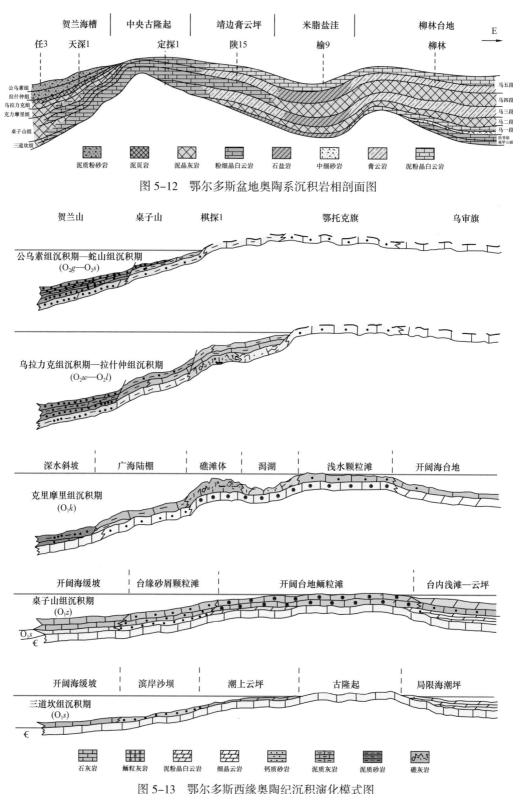

图 5-12 鄂尔多斯盆地奥陶系沉积岩相剖面图

图 5-13 鄂尔多斯西缘奥陶纪沉积演化模式图

从早奥陶世末—晚奥陶世，盆地西缘、南缘与盆地本部地区表现出对称性的地层发育特征。盆地本部从早奥陶世末期开始逐渐抬升为陆，缺失中—晚奥陶世沉积；而西缘、南缘地区则加速下沉，发育巨厚的中—晚奥陶世地层，厚度逾1000m，最厚达2000m以上。随快速沉降，局部发育深海相放射虫硅质岩，且地层中凝灰岩夹层明显增多，同期岩浆及火山作用也随之加剧，反映了该时期构造活动性加强。

# 第三节　石炭纪—二叠纪海陆交替相—陆相沉积

晚古生代，鄂尔多斯地区在阴山火山弧向南俯冲、秦岭火山弧向北俯冲的双重作用下，北缘和南缘相对仰冲而隆升；贺兰坳拉谷于中石炭世再度拉开接受沉积，形成晚古生代区域性沉降带。晚石炭世发生海侵，沉积范围扩大，西侧祁连海向中部古隆起东超，东侧华北海向中部古隆起西超。下二叠统山西组为煤系地层，中部仍有古隆起的残存，西部和东部为浅凹陷。石盒子组继承了山西组的沉积背景，形成了河流相的杂色碎屑岩。石千峰组沉积时地壳沉降发生变化，南部和北部的沉降代替了前期东部和西部的沉降，中部古隆起趋于消亡（图5-14）。

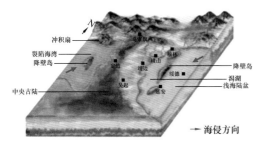

晚石炭世本溪组沉积期潟湖—潮坪沉积体系

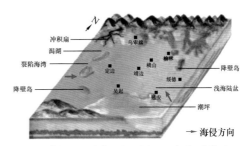

早二叠世太原组沉积期潟湖—潮坪、三角洲沉积体系

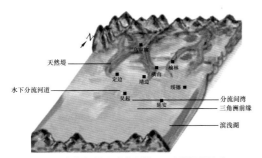

早二叠世山西组沉积期河流—三角洲沉积体系

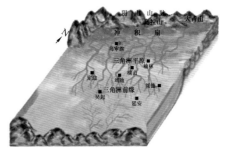

中二叠世石盒子组河流—三角洲沉积体系

图5-14　鄂尔多斯盆地晚石炭世—中二叠世沉积格局模式图

按沉积物特征和充填层序特点，鄂尔多斯盆地晚古生代的沉积演化经历了由海相—海陆过渡相—陆相的发展过程。可划分出晚石炭世本溪组沉积期—早二叠世早期太原组沉积期陆表海沉积、早二叠世山西组沉积期海陆过渡沉积、中—晚二叠世石盒子组沉积期和石千峰组沉积期陆相沉积三大演化阶段，整体表现为一完整的海侵—海退沉积序列（何义中等，2001；付锁堂等，2003）。

# 一、晚石炭世—早二叠世沉积相发育特征

## 1. 晚石炭世

加里东运动之后，秦—祁海槽关闭，上升为陆，与华北地块连成一片。晚石炭世为华北地台的第四次海侵，海水从东、西两个方向入侵，中间构成"L"形的古陆梁，东西两侧的岩性、岩相与生物群落均不同。中央古隆起以西属祁连海域，海水自西向东侵入，沉积了一套海陆过渡环境（包括潟湖、潮坪及障壁岛等）下的碎屑滨岸砂泥质沉积，称为羊虎沟组。羊虎沟组沉积期的海岸线在吉兰泰—鄂托克前旗—定边—环县—海原一带，形成半环带状海湾，岩性为黑色泥岩、页岩与砂岩互层，间夹泥粉晶白云岩、灰质白云岩及煤线，羊虎沟组砂体向东延展至鄂托克旗以北，在桌子山、贺兰山区最为发育，最厚可达250m。中央古隆起以东属于华北海域，海水自东而西侵入，为碳酸盐岩台地相，以石灰岩占绝对优势，间有零星沙坝，东部称为本溪组。

盆地水体浅、沉积基底平缓，盆地北部浅水三角洲发育，物源主要来自阴山古陆，中南部发育潮坪—障壁岛（图5-15），水动力条件以潮汐作用为主，海岸线在伊金霍洛旗—神木—榆林—吴起—黄陵—蒲城一带，围绕古隆起形成障壁岛—潮坪—潟湖沉积体系，岩性组合上，下部为1~2m风化壳的铁铝质泥岩，上部为障壁沙坝和潮坪相砂泥岩、煤层夹薄层石灰岩透镜体。本溪组沉积期海平面上升过程中发育大范围的泥炭沼泽，形成了规模大、分布广、区域稳定的8号主煤层，是盆地重要的烃源岩层。

本溪组地台东缘地势平坦，海域较开阔，沿岸线在北部准格尔旗—南部韩城地区为古喀斯特背景上的滨海沉积，该相带以东为滨浅海相石英砂岩、泥岩夹薄层石灰岩，沉积厚度仅20~30m。

从砂体平面分布来看，东北部和西北部海域边缘发育小型三角洲沉积，其中东北部海域在杭锦旗、伊金霍洛旗地区发育小型海陆过渡三角洲沉积体系；在西部海域西北边缘发育了一个由西北物源供给的、分布于乌海、石炭井一线西北地区的三角洲沉积体系，其中三角洲平原、三角洲前缘及前三角洲各相带均有发育；在南部地区沿古海岸线走向分布有障壁沙坝，岩性以中—粗粒石英砂岩为主。从本溪组砂体形态及分布规律来看，此时陆缘部分的冲积扇—河道砂体呈"条带状"近南北向分布，但主要分布在北部地区。陆表海中的障壁沙坝砂体受古隆起的控制，以呈"透镜状"沿古海岸线呈环带状分布，向南逐渐减薄。砂岩厚度一般为5~10m，最厚可达15~20m。

## 2. 早二叠世

早二叠世太原组沉积期海水逐渐漫过早期的古隆起区，东部华北海与西部祁连海连通，成为统一的陆表海（席胜利等，2009），海侵来自东南方向，造成石灰岩在大华北盆地全覆盖分布，厚度具有由西北向东南增厚的特点，鄂尔多斯盆地整体开始接受沉积。沉积面貌表现为不连续的幕式海侵，主要发育河流—三角洲—潮坪—潟湖—障壁岛沉积体系，形成陆源碎屑与碳酸盐岩的混合沉积。北部杭锦旗—东胜一带发育冲积扇和冲积平原，乌达地区以三角洲为主，中部和南部地区主要发育潮坪，中东部主要为滨岸和浅水陆棚环境，发育微晶灰岩、生物碎屑灰岩和煤层沉积，夹厚度不大的三角洲砂体。西缘坳陷区为海湾潟湖沉积，有障壁岛发育。鄂尔多斯盆地本部为浅海陆棚沉积（图5-16）。

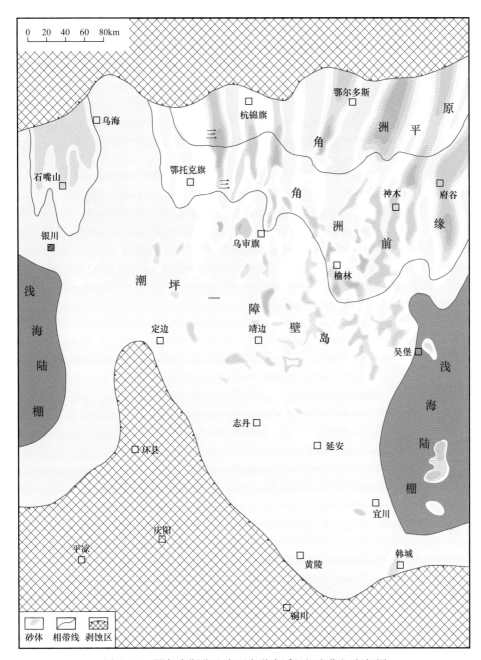

图 5-15　鄂尔多斯盆地晚石炭世本溪组沉积期沉积相图

　　太原组沉积期发生了 4 次海侵作用，这种海平面多期反复升降形成碳酸盐岩与碎屑岩相互叠置的沉积。平面上盆地北部和北东部发育向南的陆源碎屑沉积，南部发育碳酸盐潮坪沉积。地层剖面上可识别出 4 套具有区域性意义的石灰岩层，自下而上依次为庙沟段石灰岩、毛儿沟段石灰岩、斜道段石灰岩及东大窑段石灰岩，分别代表不连续的幕式海侵作用，其中斜道段石灰岩是最大海侵期的产物，其分布范围最广，在现今盆地北部山西省保德地区仍有分布。太原组沉积期古地理演化表现为早期海侵、晚期海退的特点，这种幕式海侵—海退变化的直接影响就是在每次海侵后的海退阶段，均发育一定规模的碎屑岩，与 4 套石灰岩在时空上共生，自下而上依次发育桥头砂岩、马兰砂岩及七里沟砂岩。

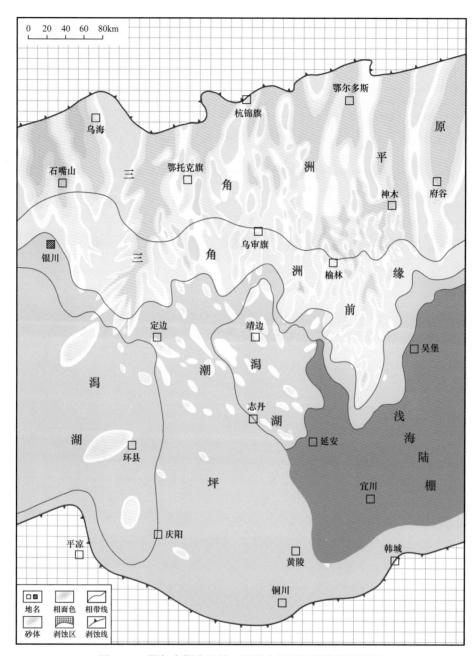

图 5-16 鄂尔多斯盆地早二叠世太原组沉积期沉积相图

在多期海侵作用背景下，海平面升降频繁，造成盆地大范围的碳酸盐岩连片分布，并在缓慢海退过程中逐渐过渡为障壁沙坝及浅水三角洲沉积，自北向南依次发育三角洲平原、三角洲前缘、潮坪潟湖、浅海陆棚沉积，三角洲平原相带发育范围广，主要分布于东部神木—米脂地区，岩性以岩屑石英砂岩、石英砂岩为主，浅海沙坝规模较小，仅在现今盆地中部零散发育。从砂体特征上看，从北向南太原组砂体形态依次发育"条带状"的海陆过渡相三角洲分流河道、水下分流河道、"朵叶状"的河口坝及呈"透镜状"展布的障壁沙坝，砂体规模（长度、宽度、厚度等）具有自北向南逐渐变小的趋势。整体表现为盆地西北部砂岩最厚，最大可达50m，北部地区砂岩的厚度较大，一般为 15～35m，盆地南部地区基本以石灰岩及泥岩为主，砂岩厚度一般小于 5m。

早二叠世山西组沉积期，盆地主要为三角洲—潮坪—浅水陆棚相，由北向南依次发育冲积平原、三角洲平原、三角洲前缘过渡到滨浅海—滨浅湖亚相，并随地质时间的演化，基本转变为陆源碎屑含煤沉积。早期山 2 段沉积时，华北板块由于受北部西伯利亚板块向南的推挤作用，海水向东南退却，处于大华北盆地西北部的鄂尔多斯地区的构造格局和沉积环境也相应发生了显著变化，沉积环境由陆表海逐渐转变为滨海平原，形成了在陆表海沉积背景上的水体浅、沉积基底平缓的海相浅水三角洲沉积，发育了由北向南广泛分布的冲积平原—辫状河三角洲沉积体系（图 5-17）。同时，研究发现在现今鄂尔多斯盆地中部及南部地区，特别是在盆地东南部横山—榆林—佳县一带多口井中发现

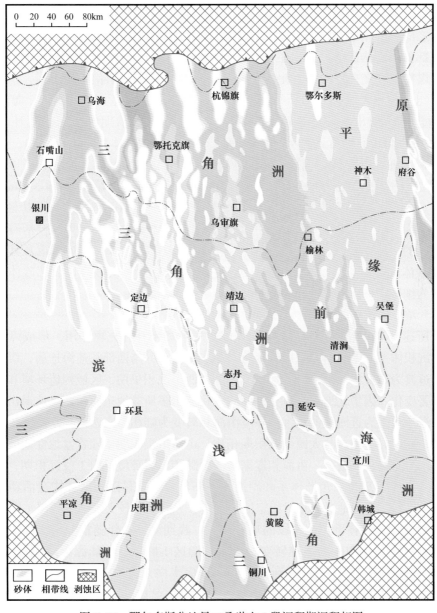

图 5-17　鄂尔多斯盆地早二叠世山 2 段沉积期沉积相图

了海相特征的标志，如双众数粒度分布、双向交错层理等典型海相沉积构造、腕足类化石、棘皮类化石碎片等古生物标志以及泥岩中 Sr/Ba、Th/U 等微量元素的海相标志；在中部靖边南部地区的部分探井中可见到不足一米的薄层石灰岩；东南缘的山 2 段下部比山 2 段中上部的海相特征更明显，为海相环境的存在提供了充分证据。这说明鄂尔多斯南部地区山 2 段存在海相地层或者曾经被海侵作用过，同时证明山西组沉积早期鄂尔多斯地区是一个海退的沉积过程。

盆地北部由北向南广泛分布冲积平原—辫状河三角洲沉积体系，冲积平原分布于乌达—鄂多克旗—伊金霍洛旗一线以北地区，发育河道砂体，厚度为 14～25m，最大厚度可达 35m 以上；三角洲平原分布于平罗—鄂多克前旗—横山—榆林—万镇一线以北至冲积平原以南地区，分流河道砂体厚度一般为 10～15m，最小厚度为 4m，最大厚度为 20m；三角洲前缘发育潮汐沙坝与河口坝微相，以水下分流河道砂体为主，厚度在 10～15m 之间，在靖边、米脂等地区砂体厚度最大（最厚达 25m）。山 2 段主要的储集体为其底部的北岔沟砂岩，岩性主要为浅灰色石英砂岩、岩屑石英砂岩，灰—灰黑色砂质泥岩夹煤层的一套含煤岩系，此时的石英砂岩为后期有利的储集岩。

山西组沉积晚期（山 1 段沉积期），盆地沉积格局发生了重大转变，海水基本从鄂尔多斯沉积区退出，构造活动相对平静，沉积环境由前期的海陆过渡环境转化为陆相湖盆，三角洲沉积体系也从前期的海退型三角洲沉积体系演化为湖泊三角洲沉积（图 5-18）。盆地北部由北向南广泛分布冲积平原—三角洲沉积体系，冲积平原分布于乌达—鄂多克旗—伊金霍洛旗—准格尔旗一线以北地区，砂体厚度多为 10～15m，最大可达 25m；三角洲平原分布在平罗—鄂多克前旗—衡山—榆林—府 5 井一线以北地区；三角洲平原以南为三角洲前缘相区。这一时期，储集砂体的主要成因类型包括辫状河的心滩、曲流河的边滩、三角洲平原的分流河道、三角洲前缘的水下分流河道及其相互叠置的复合型砂体。岩石类型以岩屑石英砂岩为主，泥质含量相对较高，北部砂体的粒度较粗，主要为细砾岩—含砾粗砂岩，向南变细，南端以中细砂岩为主。

3. 沉积演化

综上所述，本溪组沉积期整体表现为广覆式的填平补齐充填作用，形成障壁岛—潮坪—潟湖沉积体系。太原组沉积期陆表海进一步演化，并与西部祁连海连通，缓慢海退过程中逐渐过渡为障壁沙坝及浅水三角洲沉积。山西组沉积早期，区域构造环境和沉积格局发生了显著变化。因华北地台整体抬升，海水从鄂尔多斯盆地东西两侧迅速退出，盆地性质由陆表海盆演变为近海湖盆，沉积环境由海相转变为陆相，东西差异基本消失，南北差异沉降和相带分异增强。与太原组沉积期相比，山西组沉积期伴随着盆地性质的转化，沉积盆地中心向南有较大迁移，由海相逐渐转变为陆相沉积环境，山 1 段沉积期，构造活动相对平静，盆地表现为三角洲体系和湖泊的分布特征。但是随着区域构造活动的日趋稳定，物源供给减小，盆地进入相对稳定沉降阶段，并发生了较大规模的湖侵（图 5-18）。

晚石炭世—早二叠世这一阶段的早期海侵、晚期海退，伴随整个华北板块向北的漂移，气候逐渐由湿热向干旱炎热转变，北部物源区不断隆升，陆源碎屑供给逐渐增大，砂体规模逐渐变大，分布范围逐渐向南延伸，海水向东南方向逐渐退出，南部及西南物源的影响逐渐显现，至山 2 段沉积期，南部物源在盆内已经形成了相对独立的沉积体系，其岩石类型组成、分布趋势与北部均存在明显的差别。

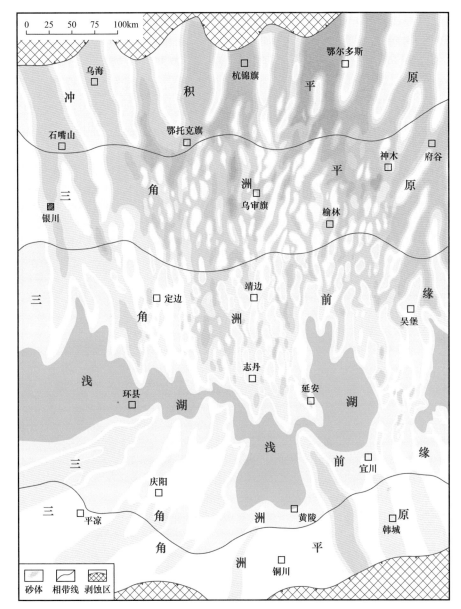

图 5-18　鄂尔多斯盆地早二叠世山 1 段沉积期沉积相图

## 二、中二叠世—晚二叠世沉积相发育特征

### 1. 中二叠世

中二叠世石盒子组沉积期，海水从大华北盆地大部分地区退出。石盒子组沉积早期属于北部古陆的快速隆升阶段，北部物源区继续抬升，气候由温暖潮湿变为干旱炎热，植被大量减少，物源供给充足，季节性水系异常活跃，河流三角洲沉积达到高峰，发育缓坡型浅水辫状河三角洲沉积。冲积平原大致位于石嘴山—鄂托克旗—召探 1 井—府 2 井区以北，河道砂体厚度多为 40～50m，最大可达 60m 以上；三角洲平原展布于灵武—鄂托克旗—横山—临县一线以北，发育毯式浅水辫状河三角洲平原沉积，分流河道砂体厚度一般为 30～50m，最大可达 50m 以上；南部发育毯式浅水辫状河三角洲前缘，水下

分流河道砂体厚度为 30～40m。由北部冲积平原—三角洲沉积体系快速向湖盆推进，三角洲平原相带向南不断迁移且规模增加，三角洲前缘相对发育（图 5-19）。下石盒子组岩性为一套浅灰色含砾粗砂岩、灰白色中粗粒砂岩及灰绿色岩屑质石英砂岩，砂岩发育大型交错层理；盒 8 段底部发育了一套骆驼脖子砂岩，夹紫棕色、棕褐色、灰黑色泥岩。此外，由于辫状河三角洲分流河道改道频繁和洪水期的冲裂作用，废弃河道充填沉积，越岸沉积和水下分流河道间沉积较为发育，河口沙坝和远沙坝相对不发育。

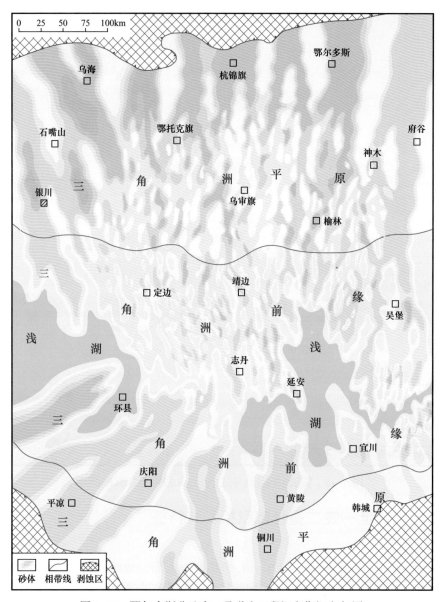

图 5-19 鄂尔多斯盆地中二叠世盒 8 段沉积期沉积相图

石盒子组沉积晚期，鄂尔多斯盆地北部构造抬升作用减弱，冲积体系萎缩，湖泊沉积体系向北扩展，气候变得较为干燥，形成上石盒子组一套以紫红色、暗紫红色、灰紫色泥岩夹杂色砂岩为主的沉积，化石稀少，砂岩类型以岩屑石英砂岩、岩屑砂岩为主。岩相古地理格局为三角洲与湖泊沉积体系共存。

2. 晚二叠世

晚二叠世石千峰组沉积期继承了中二叠世以来稳定克拉通盆地的沉积背景，盆地腹地坡度平坦，内部缺乏大型断陷，控制沉积充填的主要因素是盆地周边的构造活动及其对物源区的影响。

石千峰组沉积期受海西旋回末期秦岭海槽再度发生向北的俯冲消减、北缘兴蒙海槽因西伯利亚板块与华北板块对接而消亡的影响，华北地台整体抬升，海水自此撤出华北大盆地，鄂尔多斯盆地演变为内陆湖盆，沉积环境完全转化为陆相沉积环境，以发育河流、三角洲和湖泊沉积体系为特征（图 5-20）。该时期气候变得更为干燥，沉积了一套紫红色碎屑岩建造，盆地北部发育冲积平原—三角洲平原沉积，湖泊沉积体系主要分布于盆地中南部地区。冲积平原发育在石嘴山—杭锦旗—准格尔旗一带，吴忠—鄂托克

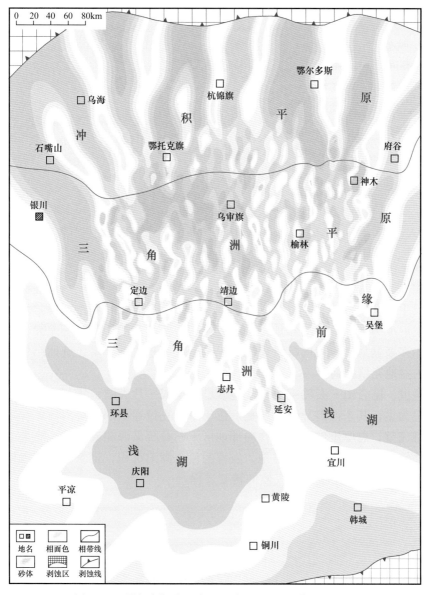

图 5-20　鄂尔多斯盆地晚二叠世千 5 段沉积期沉积相图

旗—兴县地区为三角洲平原亚相，马家滩—靖边—米脂以南一带发育三角洲前缘。三角洲分流河道砂体是砂层集中发育带，河口沙坝和前缘席状砂不发育，水下分流河道砂体构成三角洲前缘砂体骨架。石千峰组下部为肉红色块状砂岩夹棕红色泥岩、砂质泥岩；上部以棕红色含钙质结核泥岩为主，夹中厚层肉红色砂岩，厚度为 250～300m。

3. 沉积演化

中二叠世石盒子组沉积期及晚二叠世石千峰组沉积期为陆相河流及湖泊三角洲沉积体系广泛发育时期。伴随北部造山带的碰撞隆升，沉积期物源供给充足，气候干旱炎热，砂体发育规模及分布范围远远超过下二叠统太原组与山西组，石盒子组及石千峰组成为两个最为典型的大面积富砂层位。盒 8 段沉积期，随着盆地北部物源区快速隆升，充足的陆源碎屑物质供给及极强的水动力条件，导致相对湖平面的迅速下降，三角洲体系快速向湖中推进，三角洲明显向南进积，致使三角洲平原相带向南迁移，平原相区增大，前缘相区缩小。石千峰组沉积期，华北地区受南、北双向挤压更加强烈，全区隆升更加明显。海水自北撤出大华北盆地，沉积环境完全转化为陆相沉积体系，以发育河流、三角洲和湖泊沉积体系为特征。

总之，随着盆地北缘逐步抬高，鄂尔多斯盆地晚古生代石炭纪—二叠纪经历了早期海相—潮坪沉积体系到陆相河流—三角洲沉积体系的演变，其沉积格局由东西分异变为南北分异。鄂尔多斯地区的三角洲沉积在本溪组沉积期、太原组沉积期及山西组沉积早期为海相三角洲，石盒子组沉积期—石千峰组沉积期则为湖泊三角洲；沉积相影响着砂体的规模及分布，从本溪组到石千峰组，自下向上发育堡岛砂体、海进三角洲砂体、海退三角洲砂体、湖泊三角洲砂体和河道砂体，构成了多套不同成因的储集砂体。

# 第四节　三叠纪—侏罗纪陆相沉积

中生代受古特提斯洋扩张的影响，扬子板块和华北板块对接，在该过程中，中国东南部基底发生向北的滑移，并在对接带两侧形成了近东西向的差异沉降盆地。鄂尔多斯地区逐渐发展成为独立沉积的盆地。这种区域构造格局的转变和时空差异，直接影响和控制了鄂尔多斯盆地中生代的沉积演化进程，造成沉积体系丰富、旋回结构清晰、层序类型多样的盆地充填序列。

晚二叠世，昆仑山—秦岭一线以北地区已经连成一片大陆，华北克拉通三叠纪以陆相沉积环境为主，其东西差异更加明显。位于华北克拉通西部陆块南部的鄂尔多斯盆地三叠系发育完整，总厚度约 2500m，局部地区下三叠统见海相夹层。晚三叠世，鄂尔多斯盆地全面转变为大型内陆坳陷盆地，发育河流—湖泊沉积，记录了鄂尔多斯盆地气候由干旱、半干旱气候向温暖潮湿气候的转变过程。

## 一、三叠纪沉积相发育特征

1. 早—中三叠世

1）早三叠世

刘家沟组和尚沟组沉积物以紫红色、灰紫色中层砂泥岩质沉积为主，砂岩中多发育交错层理，代表干旱气候条件下的河流和湖泊沉积。

早三叠世刘家沟组沉积期主要为内陆河湖沉积环境，局部发育海陆过渡相（图5-21）。盆地南缘刘家沟组主要为长石砂岩、泥质砂岩及砾岩；麟游一带刘家沟组的灰色泥岩中发现海相腕足类、双壳类化石，推测早三叠世早期，海水从甘肃渭源、秦安一带侵入到盆地南缘岐山、麟游一带；铜川以北地区早期为河床亚相的细砂岩、粉砂岩、粉砂质泥岩，含植物化石及叶肢介化石；晚期为河流、湖泊相的细砂岩与粉砂岩、泥岩互层沉积，含软体动物及介形虫。

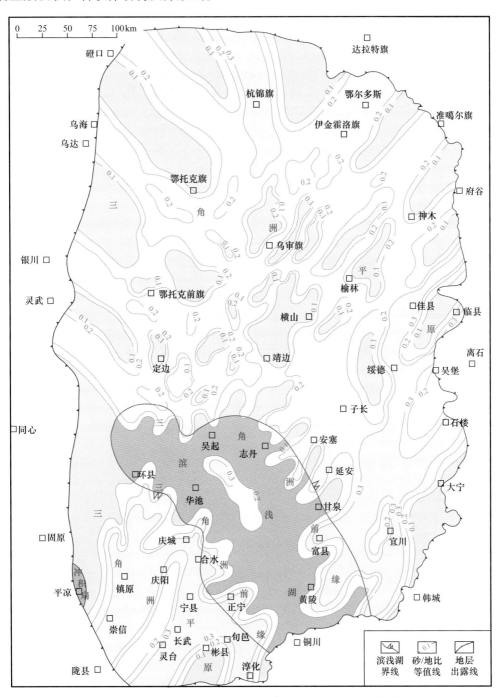

图5-21　鄂尔多斯盆地三叠系刘家沟组沉积相平面展布图

和尚沟组可划分为河流沉积、湖泊沉积。河流沉积分布于府谷、延长一带，早期为河流沉积的粗、中细粒长石砂岩、砂质泥岩、泥质砂岩；晚期以块状长石砂岩为主，延长、子长一带具有河漫沼泽的特征。湖泊沉积主要发育在铜川一带；在韩城、耀州区一带发现有半咸水生活的斜蚌、石灰质蠕虫化石，该地区可能与早三叠世海侵有关（图5-22）。

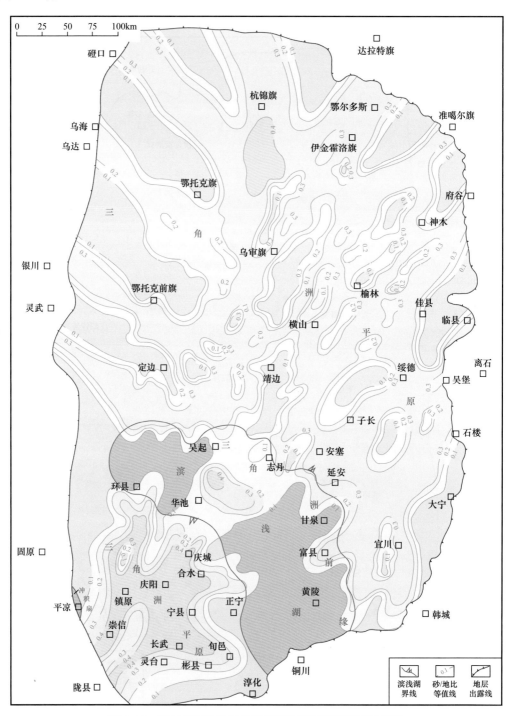

图5-22　鄂尔多斯盆地三叠系和尚沟组沉积相平面展布图

2）中三叠世

中三叠统纸坊组在盆地内整体仍属于干旱气候下的河流、湖泊沉积。纸坊组下段以灰绿、黄绿色砂岩为主，夹紫红色泥岩、粉砂岩、砾岩，厚约250m；上段为暗紫红色灰绿色泥岩、砂质泥岩互层，厚度变化大，在158～731m之间。纸坊组厚度在盆地南、北差别显著，南部沉积厚度达1000m，北部厚度一般为300～400m，且在纸坊组沉积晚期南部为温湿环境下的湖泊—三角洲沉积，俗称"黑纸坊"，为一套灰色的砂岩与深灰色、灰黑色泥岩互层，其中见叶肢介、瓣鳃类、介形类化石。在永寿、礼泉、旬邑等野外地质剖面和庆城、合水、正宁、宁县一带的多口钻孔中发育纸坊组这套灰色的砂岩与深灰色、灰黑色泥岩互层沉积，面积约 $2×10^4km^2$（图5-23）。

2. 中—晚三叠世

中—晚三叠世延长组沉积期，鄂尔多斯盆地真正进入内陆坳陷湖盆发展阶段，沉积物以细砂岩、泥岩、页岩为主，颜色主要为黄绿色，泥岩颜色以黑色、灰黑色为主。其中的长7油层组"张家滩页岩"和长9油层组"李家畔页岩"是延长组主要的两套页岩层，代表了晚三叠世盆地演化过程中重要的两次湖侵。延长组富含 *Daeniopsis-Bernoullia* 植物群和其他动物化石，说明当时盆地处于温暖潮湿、半潮湿气候环境。盆地周缘不同物源区的碎屑向汇水区搬运，形成类型多样的沉积体系，可划分出东北、西南、西部、西北、南部等沉积体系（图5-24）。各油层组沉积期沉积特征如下（图5-25）。

1）长10油层组沉积期

长10油层组沉积期盆内主要发育冲积平原相、三角洲平原亚相和浅湖亚相，沉积中心位于志丹—富县地区，由于处在延长组湖盆的初始形成期，湖泊面积小。盆地西南、西部和西北部物源活跃，沉积速率快。在环县—庆城以西地区，物源供给充沛，地层砂/地比一般大于50%，局部地区砂/地比甚至超过80%，以中砂岩、粗砂岩为主。西部和西南部物源可以影响到吴起—张岔以东的部分地区。来自西北物源区的盐池三角洲延伸到盐池—定边一带。而自南部物源区形成的黄陵三角洲向北推进到富县一带。东北物源影响相对较弱，砂体止于湖盆中心志丹—安塞一带，以细砂岩和中砂岩为主。

2）长9油层组沉积期

长9油层组沉积期代表延长组沉积早期的一次重要湖侵作用，以浅湖和三角洲沉积环境为主，局部地区发育半深湖及深湖亚相，湖泊面积约 $9×10^4km^2$。在安塞—黄陵一带为半深湖及深湖亚相，沉积了5～15m厚的富有机质页岩和暗色泥岩，代表长9油层组沉积期的湖盆沉积中心。西北、西部和西南三角洲发育，尤其是西北部的盐池三角洲，形成的砂体厚度大，以中砂岩和细砂岩为主，砂/地比一般大于50%，局部地区甚至达到60%～90%，砂体分布稳定，向东抵达定边一带。西部环县三角洲，在华池一带与来自西南物源的崇信—庆阳三角洲汇合，向东北方向继续延伸至吴起地区。南部三角洲萎缩，向北仅影响到近黄陵一带。东北三角洲建设作用相对较弱，砂体厚度相对较薄，该三角洲延伸到靖边—安塞一带。

3）长8油层组沉积期

长8油层组沉积期，湖泊水域宽广，湖水整体较浅，主要发育滨湖、浅湖亚相和三角洲相。湖底地形较平坦，发育超过40km的滨湖沉积，随着湖岸线迁移摆动，水上、水下沉积交替发育，常可见到煤线、根土岩、变形层理、垂直虫孔等。盆地总体上为浅水沉积环境，在靠近湖盆中心地区，仍发育大量的垂直虫孔。沉积中心位于吴起—志丹—富县一带，砂/地比一般小于20%。长8油层组沉积期为鄂尔多斯盆地重要的三角洲建设时期，各个物源控制下的三角洲均衡发育，砂岩主要为中、细砂岩。三角洲砂体在向前推进过程中，迁移改道频繁，形成了枝状分布特征。在长8油层组沉积早期，滨浅湖区发育成排成带平行湖岸线分布的滩坝沉积。

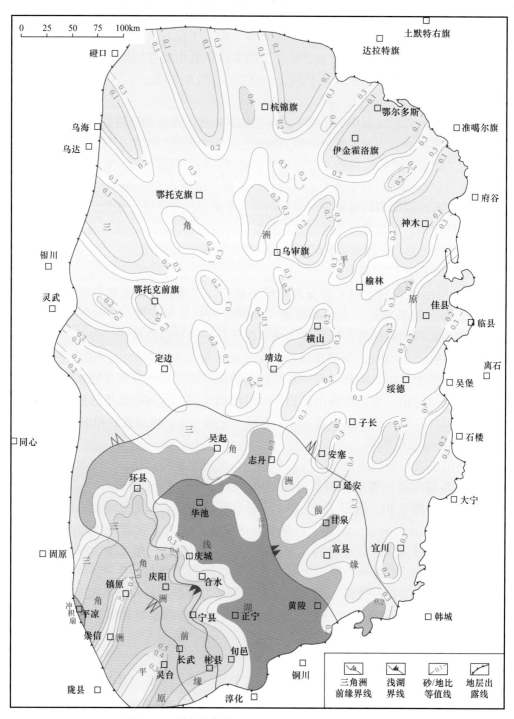

图 5-23  鄂尔多斯盆地三叠系纸坊组沉积相平面图

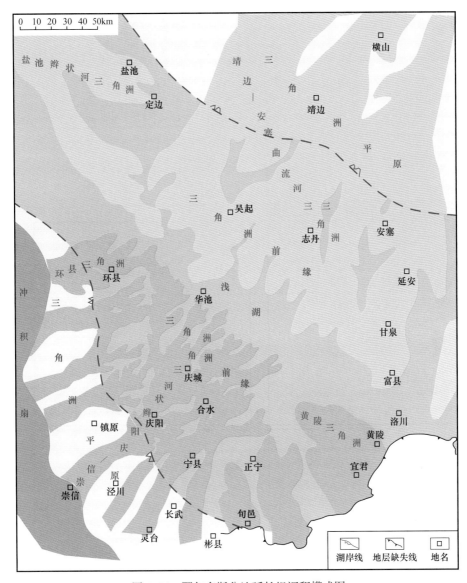

图 5-24　鄂尔多斯盆地延长组沉积模式图

4）长 7 油层组沉积期

长 7 油层组底部稳定发育凝灰岩层，从西南向东北其厚度逐渐减薄直至消失，说明火山灰来源于西南方向（邓秀芹等，2009）。受构造事件的影响，长 7 油层组沉积期的盆地古地理格局发生了显著的变化。主要表现为：鄂尔多斯湖盆的西缘、西南缘和西北缘均快速隆升，遭受风化剥蚀，在平凉及贺兰山山前一带形成了一系列的冲积扇；长 7 油层组沉积早期盆地整体快速沉降，中南部地区几乎全部被湖泊覆盖，面积超过 $10 \times 10^4 \text{km}^2$，并出现了大面积的深湖区，湖盆发展进入全盛时期；沉积中心发生了迁移，由早期的吴起—志丹—富县一带向西南迁移至华池—正宁—黄陵一带；湖底地形强烈不对称，东北部斜坡长且缓、相带宽，而西南和西部斜坡较陡、相变快；长 7 油层组沉积中晚期，在湖盆中心深水区大面积发育重力流沉积体，砂体厚度较大，砂/地比一般为 20%～50%，以粉砂岩和细砂岩为主，具"断根"分布特征（图 5-26）。

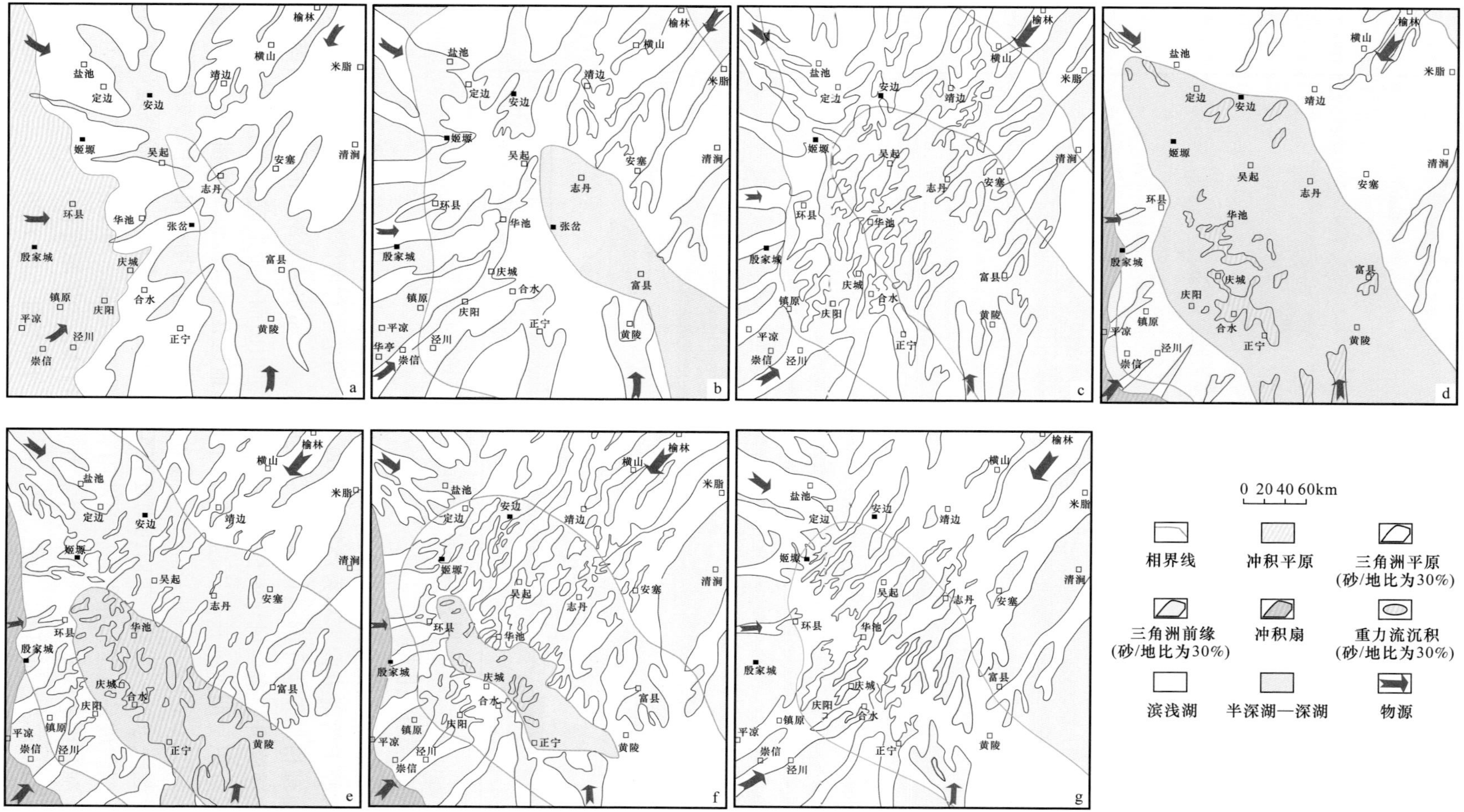
榆林
横山
米脂
靖边
清涧
安塞
志丹
盐池
定边
安边
姬塬
吴起
华池
张岔
环县
殷家城
庆城
合水
富县
镇原
庆阳
正宁
黄陵
平凉
泾川
崇信
华亭
a
b
c
d
e
f
g
0 20 40 60km
相界线
冲积平原
三角洲平原
(砂/地比为30%)
三角洲前缘
(砂/地比为30%)
冲积扇
重力流沉积
(砂/地比为30%)
滨浅湖
半深湖—深湖
物源

图 5-25　鄂尔多斯盆地上三叠统延长组各油层组沉积相图

a. 长 10 油层组沉积相图；b. 长 9 油层组沉积相图；c. 长 8 油层组沉积相图；d. 长 7 油层组沉积相图；e. 长 6 油层组沉积相图；f. 长 4+5 油层组沉积相图；g. 长 3 油层组—长 2 油层组沉积相图

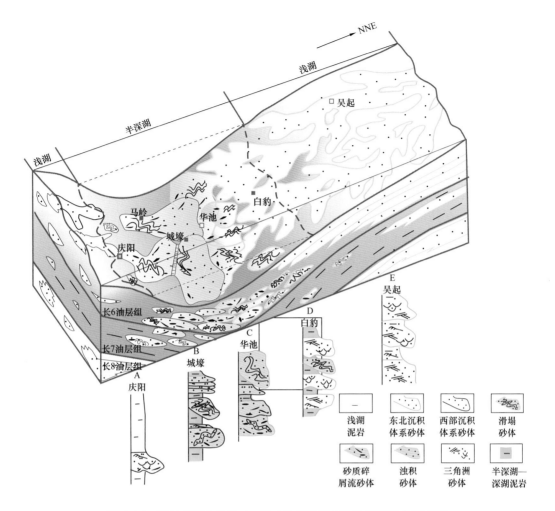

图 5-26　鄂尔多斯盆地长 6、长 7 油层组深水砂岩沉积组合模式图

5）长 6 油层组沉积期

长 6 油层组沉积期，湖泊逐渐萎缩，但湖盆面积仍比较广，以半深湖—深湖区重力流沉积砂体和东北物源靖边—安塞三角洲的建设作用显著为特征。在沉积中心华池—正宁—黄陵一带发育大致平行于相带界线、呈北西—南东向分布、以细砂岩和粉砂岩为主的大型重力流复合沉积砂体，延伸长约 150km，宽 15～70km。西南陡坡带三角洲与重力流砂体呈现出"断根"分布特征。东北地区由于源远坡缓，重力流沉积围绕三角洲前缘呈群状、带状分布。其中，东北体系的靖边—安塞三角洲建设作用异常显著，不断向湖盆中心进积，形成大型复合三角洲群。而西南体系随着湖退，早期大面积带状分布的重力流复合沉积砂带逐渐解体为小型的孤立砂体。

6）长 4+5 油层组沉积期

长 4+5 油层组沉积期，湖盆进一步萎缩，水体变浅，半深湖—深湖亚相和重力流沉积面积缩小，在长 4+5 油层组沉积中期发生了一次短暂的湖侵。与长 6 油层组沉积期相比，西部和西南三角洲建设作用有所增强，而东北地区的三角洲规模却明显减小。整体上，长 4+5 油层组砂体厚度较薄，常与浅湖泥呈互层。靖边—安塞三角洲延伸至姬塬—华池—黄陵一带。崇信—庆阳三角洲向东北延伸到庆城—合水一带。

7）长 3 油层组沉积期—长 2 油层组沉积期

长 3 油层组沉积期—长 2 油层组沉积期，湖泊仅局限于庆阳—环县—安边—志丹—富县所围区域，为浅湖沉积。该时期是重要的三角洲建设期，西南部崇信—庆阳三角洲、西北部盐池三角洲和东北部靖边—安塞三角洲沉积作用活跃，并不断向沉积中心推进，于华池地区会合。崇信—庆阳三角洲沉积的砂 / 地比一般为 30%～45%，靖边—安塞三角洲砂 / 地比一般为 30%～60%。西部和南部三角洲规模相对较小，延伸距离较短，主砂带的砂 / 地比约为 30%。

8）长 1 油层组沉积期

长 1 油层组沉积期湖盆全面沼泽化，地层中常夹煤线、煤层、根土岩和大量的炭屑和植物化石。在陕北地区，长 1 油层组普遍发育瓦窑堡煤系地层。在横山、子长等地区，长 1 油层组中发现了油页岩和浊积岩（王起琮等，2006b）。指示长 1 油层组沉积期是鄂尔多斯盆地统一的湖盆解体时期，在平原沼泽背景下发育了多个小型湖泊。

3. 三叠纪沉积演化

综上所述，三叠纪沉积演化具有如下特征：

（1）鄂尔多斯盆地三叠纪经历了由早期的干旱河流、湖泊沉积向晚三叠世温暖潮湿的内陆坳陷盆地河流、湖泊沉积的转变。

（2）印支期华北板块北部的掀斜作用、南部秦岭碰撞造山共同造成华北板块南缘沉积了巨厚的三叠系，并在延长组底部、顶部形成沉积间断面。

（3）中三叠世盆地地形具有北高南低的特征，南部为沉降中心；晚三叠世沉降中心位于盆地西缘，在崇信、石沟驿等地区形成多个局部沉积中心。

（4）延长组沉积期，鄂尔多斯湖盆水进水退频繁。盆地从长 10 油层组沉积期的初始沉降、长 9 油层组沉积期—长 8 油层组沉积期的加速扩张、长 7 油层组沉积期的最大湖泛、长 6 油层组沉积期—长 4+5 油层组沉积期的逐渐萎缩、长 3 油层组沉积期—长 1 油层组沉积期的湖盆消亡，经历了一个完整的水进和水退旋回。除长 7 油层组沉积期最大湖泛作用外，还发育长 9 油层组沉积中晚期、长 4+5 油层组沉积中期等多个次一级的湖侵作用。

（5）受以长 7 油层组底部凝灰岩层为代表的构造事件影响，盆地快速沉降，湖盆底形强烈不对称，且沉积中心发生迁移。长 10 油层组沉积期—长 8 油层组沉积期水体较浅，主要为河流相、浅水三角洲相、浅湖亚相，沉积中心位于志丹—富县一带；长 7 油层组沉积期—长 6 油层组沉积期，水深湖广，半深湖—深湖亚相、重力流事件沉积发育，沉积中心迁移至华池—正宁一带（图 5-27、图 5-28）。

（6）延长组的不同沉积期，五大三角洲呈现此消彼长的演化特征。早期，西北物源、西南物源和西部物源控制的三角洲建设作用显著，而中晚期，东北物源控制的三角洲的建设作用突出，其他三角洲逐渐萎缩。

## 二、侏罗纪沉积相发育特征

三叠纪末的印支运动使盆地整体不均衡抬升，总体呈现西高东低的地形格局，在此背景下延长组顶部遭受风化剥蚀及河流侵蚀等地质作用，形成沟壑纵横、丘陵起伏、高地广布的古地貌景观。主要的古地貌单元有甘陕一级河谷，庆西、宁陕、蒙陕二级河谷，以及由这几大河谷切割而成的姬塬、演武、子午岭高地（图 5-29），这种古地貌背景制约了侏罗纪早期的沉积（郭正权等，2008）。

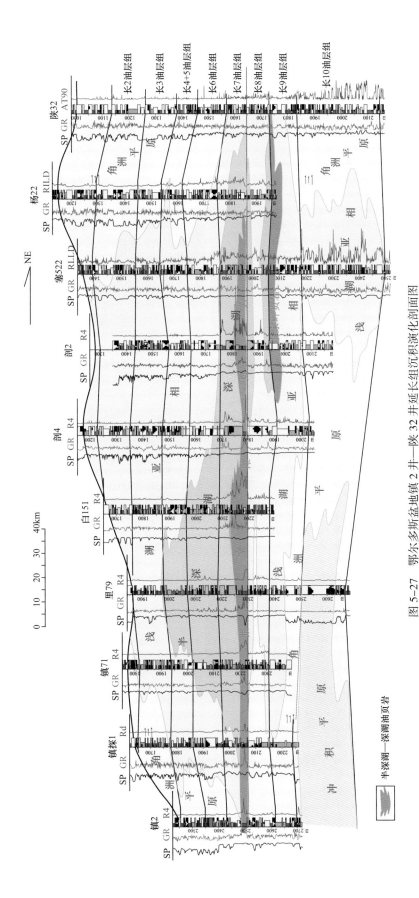

图 5-27 鄂尔多斯盆地镇 2 井—陕 32 井延长组沉积演化剖面图

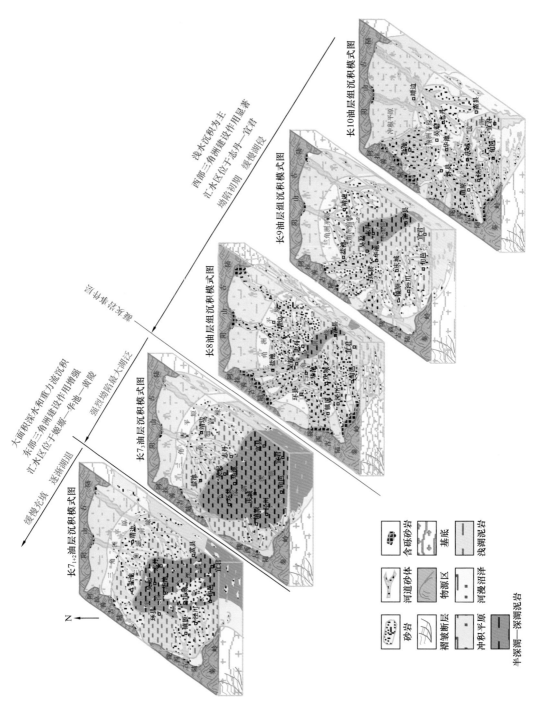

图 5-28　鄂尔多斯盆地延长组沉积早中期岩相古地理演化模式图

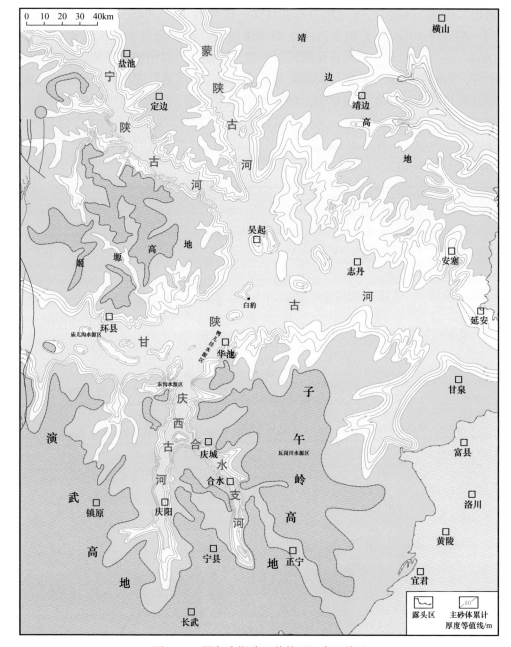

图 5-29 鄂尔多斯盆地前侏罗纪古地貌图

## 1. 早侏罗世

早侏罗世富县组沉积期—延10油层组沉积期沉积相的展布受控于前侏罗纪的古地貌格局。表现出充填式沉积类型,谷地充填河流相粗碎屑沉积,两侧阶状平原和残丘则分布河漫滩沉积。主要发育甘陕、庆西、宁陕、蒙陕四大河流体系,甘陕古河自西而东流经区内,庆西河自南而北汇入甘陕古河,宁陕、蒙陕古河自西北向东南汇入甘陕古河。河流相可细化为河床滞留亚相、边(心)滩亚相、河漫亚相等。河床滞留亚相分布在甘陕一级古河谷,以及庆西、宁陕、蒙陕二级古河谷及斜坡带上的三级支河谷中。一级古河谷中的河床滞留亚相宽为20~27km,主砂体累计厚度80~120m,最厚处位于主河道，可达190m。心滩亚相分布在甘陕一级河谷中，砂体形态均呈近椭圆形，单个面积一般40～80km²，吴起北心滩亚相砂体较大，面积超过240km²，砂层累计厚度80～160m。边滩亚相分布在河谷两侧的斜坡带、阶地上。其中姬塬南坡、马岭阶地坡度较为平缓，边滩亚相极为发育，相带宽为4～12km，砂层累计厚度40～80m。与姬塬南坡边滩亚相带相比，子午岭斜坡带上的边滩亚相带较窄，因而该带延10油层组古貌油藏规模较小。演武北坡较陡，又处于甘陕古河的凹岸侵蚀区，不利于发育边滩亚相，储集条件差。河漫（沼泽）亚相主要分布于高地周围较为平缓的地带，向河谷方向与边滩亚相共生（图5-30）。

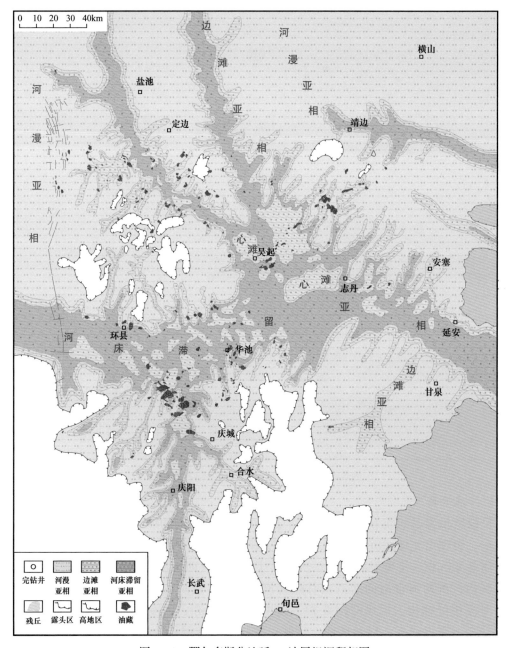

图5-30　鄂尔多斯盆地延10油层组沉积相图

平面上，从古河谷到高地，相序组合依次是河床滞留亚相、边滩亚相、河漫（沼泽）亚相、风化残积相；垂向上，自下而上依次为河床滞留亚相、边滩亚相、河漫（沼泽）亚相，具有河流相典型的二元结构特征。延10油层组沉积期末，演武、子午岭高地大面积未接受沉积，姬塬高地为多个支离破碎的残丘。

富县组沉积期的气候条件属干旱氧化环境，以富县组顶部的紫红色、灰绿色、灰黄色杂色泥岩为特征；进入延安组沉积期，气候逐渐转为温暖潮湿；延10油层组沉积后期气候温暖潮湿，植被繁茂，以河漫沼泽环境广布，煤层、煤线发育为佐证。

至延9油层组沉积时，随着河流沉积的填平补齐及大面积沼泽化，演化进入湖泊沉积体系，此时气候温暖潮湿，雨量充沛，水体扩大。延9油层组沉积早期在姬塬地区、演武地区及子午岭地区，与延10油层组沉积期古高地缺失对应区尚有一定的起伏，仍处于高地形；到中晚期，渐趋平原化，洪水期汪洋一片，枯水期河流纵横交错，湖沼星罗棋布，犹如"古云梦泽"式的沉积环境。区域上可划分为三角洲平原沼泽、三角洲前缘（滨浅湖）亚相，根据煤层、煤线的分布，湖岸线位于富县—庆城—华池东—吴起—镰刀湾一线，汇水区以延安为中心。湖岸线以西、以北、以南地区广泛发育煤系沉积，其中分流河道纵横交织，砂岩广布（图5-31）。

延8油层组沉积期—延6油层组沉积期继承了延9油层组沉积期的沉积格局，只是湖盆水体渐次加深，是延安组沉积期湖盆形成的鼎盛期。在延安西杏子河延安组地面露头延7、延6油层组顶部发育灰黑色页岩（裴庄延6油层组顶部页岩为延安组区域对比标志之一）。延4+5油层组沉积期—延1油层组沉积期水体变浅，沼泽范围扩大，湖盆逐渐收缩、消亡，反映在西杏子河露头剖面岩性组合上，泥页岩颜色变浅，单层厚度减薄，有粉砂质泥岩、泥质粉砂岩夹层。至延安组沉积期末，由于燕山运动Ⅰ幕的影响，整体抬升遭受剥蚀，结束了早侏罗世沉积。

早侏罗世，鄂尔多斯盆地内基本上是一个比较完整的湖盆，盆地周缘沿剥蚀区前缘发育河流沼泽相，向盆内发育湖沼相及滨浅湖亚相，湖盆中心位于延安。在盆地边缘中卫、宝鸡附近还有小面积的洪积相。

2. 中—晚侏罗世

中侏罗统直罗组、安定组为连续沉积。其中，直罗组为半干旱气候下的河流沉积，岩性为中—粗粒长石砂岩，底部含砾，向上逐渐变细、砂层减少、泥岩增多，砂岩以灰白色、灰黄色为主，泥岩为灰色、灰白色、灰绿色。由上下两套正旋回组成，下部砂岩俗称"七里镇砂岩"（西杏子河剖面），上部砂岩俗称"高桥砂岩"，安定组沉积早期为温暖潮湿湖泊环境，晚期以干旱蒸发湖泊（类似于潟湖环境）结束其沉积。在西杏子河剖面，安定组由上下两套组合构成，下部为深灰色、灰黑色页岩，上部为紫红色泥质灰岩。由直罗组到安定组自成一由粗到细的正旋回。

中侏罗世直罗组沉积期沉积相的平面变化与早侏罗世延安组沉积期相似，相带分布具有环带状特点，盆地北、西、南沿物源区边缘发育洪积—河流（辫状河—曲流河）相，在榆林—乌审旗—定边—华池—富县所在地区发育三角洲—湖泊相，湖盆中心在吴起—延安地区（图5-32）。中侏罗安定组沉积期沉积格局与直罗组沉积期具有较好的继承性，不同之处在于三角洲—湖泊相北界萎缩至靖边，并且汇水区水体加深，出现半深湖—深湖亚相（图5-33）。

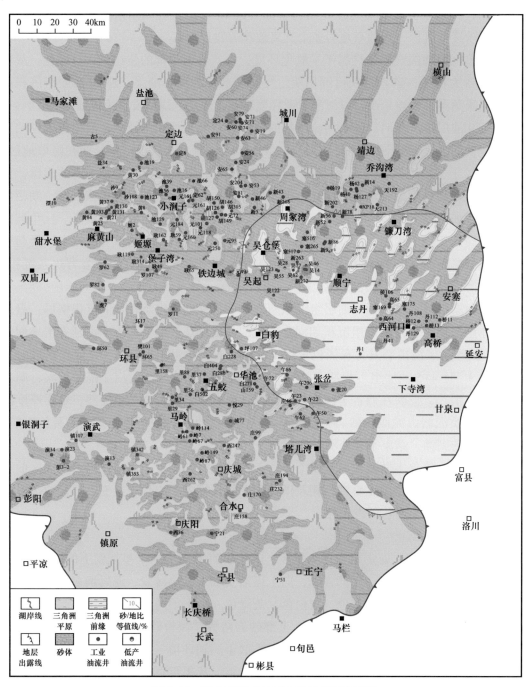

图5-31　鄂尔多斯盆地延9油层组沉积相图

上侏罗统芬芳河组山麓洪积相只残存在盆地西部盐池、千阳、凤翔局部地区，据此难以恢复其区域沉积格局。芬芳河组沉积以后，发生了剧烈的燕山运动，致使盆地西缘及东缘褶皱上升，西南缘则伴有火山活动。造成下白垩统与下伏地层间的角度不整合；而盆地中部则仅为升降运动，下白垩统与下伏地层间表现为平行不整合接触。

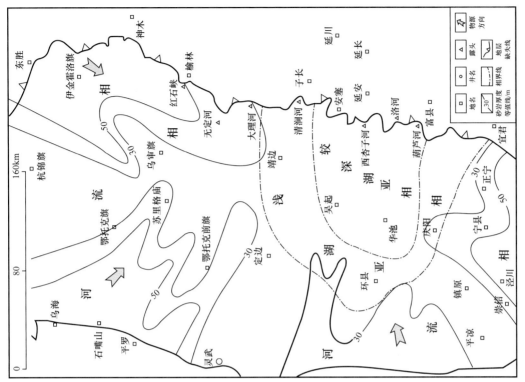

图 5-33 中侏罗世安定组沉积期沉积相图

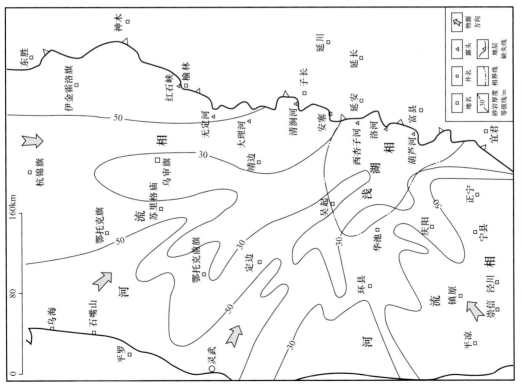

图 5-32 中侏罗世直罗组沉积期沉积相图

整体上，鄂尔多斯盆地侏罗纪经历了两个河流—湖泊相沉积旋回。第一个旋回从早侏罗世富县组沉积期—延 10 油层组沉积期的河流相演变为延 9 油层组沉积期—延 1 油层组沉积期的湖泊相环境，之后的燕山运动 I 幕结束了这一旋回。第二个旋回从中侏罗世直罗组沉积期的河流相演变为安定组沉积期的湖泊相环境，之后经历燕山 II 幕盆地抬升结束这一次沉积旋回。晚侏罗世芬芳河组沉积期进入第三个旋回，由于芬芳河组地层残缺不全，其沉积演化过程不详。第一、第二个沉积旋回相带的演化具有很好的继承性，沉积中心均在延安一带，最大水深都达到了半深湖—深湖亚相环境之深度范围。

在此地史时期经历了一次主要的构造运动，即燕山构造运动。其中，燕山运动 I 幕在盆地内主要表现为升降运动，形成早、中侏罗统之间的平行不整合。燕山运动 II 幕是盆地边缘主要构造的形成期，燕山运动 III 幕是盆地内底层变形定型时期。

# 第五节　白垩纪—新生代沉积

白垩纪—新生代为鄂尔多斯盆地第四个沉积盖层（包括下白垩统、古近系、新近系、第四系的洪积、坡积、河流三角洲相，局部发育咸水湖、干旱湖泊沉积）发育时期。古近纪开始，鄂尔多斯盆地东部相对隆升，盆地周边的河套、银川、六盘山、汾—渭地堑相继下陷沉降，沉积了巨厚的新生代河湖沉积。第四纪以遍布全盆地的黄土（南部）和沙漠（北部）沉积为主。

## 一、沉积相发育特点

### 1. 白垩纪

燕山运动使得鄂尔多斯盆地东缘吕梁地区上升为山，南缘和西缘在几大板块挤压作用下继续上升，形成了周缘为山系包围的盆地形态。盆地内白垩系志丹群自下而上为宜君组、洛河组、环河—华池组、罗汉洞组和泾川组（陕西省地质矿产局，1989）。

纵向上，白垩纪沉积可划分两大旋回。第一个沉积旋回是从洛河组下部杂色含砾砂岩及砾岩（称宜君砾岩）的洪积相和上部紫红、橘红色洛河砂岩的河流—三角洲相（图 5-34），演变为灰绿色、紫红色华池环河组的河流、浅水湖泊沉积；第二个沉积旋回是由紫红色、棕红色的罗汉洞组河流相演化为泾川组的湖泊相泥灰岩（杨友运，2006）。平面上，盆地边缘发育冲积扇、河流和三角洲平原分流河道沉积，以砂砾岩和砂岩为主；盆地内部主要为风成沙漠相、三角洲前缘亚相和湖泊相，以砂岩和泥岩为主。

### 2. 新生代

燕山运动后盆地整体抬升，受构造运动和古地貌控制，古近系和新近系沿河谷零星分布，盆地内基本缺失古新统和始新统，渐新统局部分布在天环坳陷北部（图 5-35）。总体上为干旱气候条件下的河流—湖泊沉积，下部是一套灰绿色、灰黑色、棕红色泥岩和砂质泥岩夹石膏，为盐湖沉积；上部渐变为黄棕色、浅红色厚层中细粒砂岩与棕红色砂质泥岩、泥岩，为河流沉积。在河套、银川、六盘山和渭河地堑均有分布，各有其独立的沉积中心。

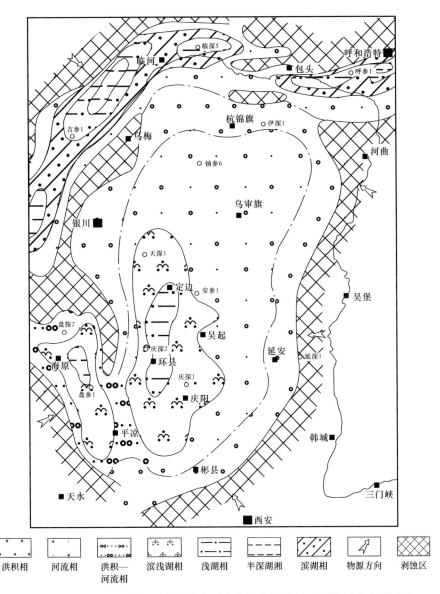

图 5-34　鄂尔多斯盆地白垩纪洛河组沉积期沉积相图（据长庆油田石油地质志编写组，1992）

第四纪，鄂尔多斯地块发生差异抬升，周缘各地堑盆地的沉积速率与沉降速率较大，其中，河套地堑、渭河地堑、山西地堑等沉积厚度均达到1000m以上，以干旱湖泊相、河流冲积相和洪积相为主。盆地内黄河水系发育，黄土高原本部主要为风积砂和黄土堆积，黄土层的厚度一般都达100m以上，其中陕北和陇东局部地区达150m，陇西地区可超过200m。黄土高原区河流侵蚀改造强烈，主要为下切河谷和河流阶地两种形式。

## 二、沉积演化

古近纪以来，鄂尔多斯盆地整体处于衰退、消亡阶段，沉积范围进一步缩小。沉积中心向西迁移，沉积中心由侏罗纪时的延安、吴起一带，到白垩纪迁移至环县、庆阳、镇原一带。受晚期燕山运动和喜马拉雅运动影响，盆地内的构造得以定型。

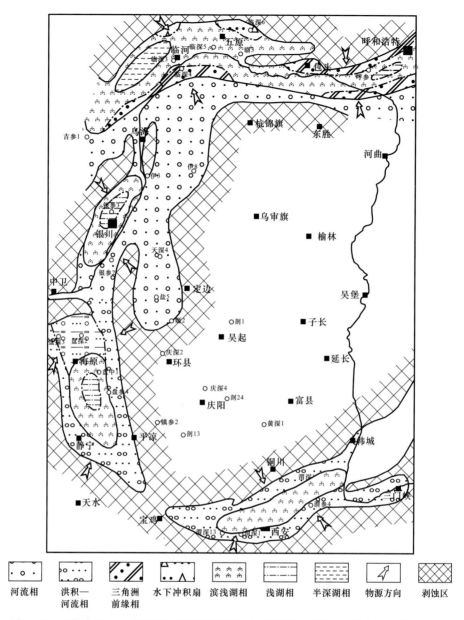

河流相　洪积—　三角洲　水下冲积扇　滨浅湖相　浅湖相　半深湖相　物源方向　剥蚀区
　　　　　河流相　前缘相

图 5-35　鄂尔多斯盆地古近纪渐新世沉积相图（据长庆油田石油地质志编写组，1992）

　　鄂尔多斯盆地古气候则由温暖湿润逐渐向半湿润、半干旱及干冷气候转变，体现在沉积物颜色上，以棕红色、棕黄色、紫红色为主，局部层段夹灰色和灰绿色沉积。

# 第六章  烃 源 岩

鄂尔多斯盆地自下而上主要发育中—新元古界及下古生界海相、上古生界煤系和中生界湖相三套烃源岩。其中，中—新元古界烃源岩是发育于结晶基底之上第一套沉积盖层中的滨浅海相烃源层系，也是迄今为止盆地内发现的最古老的可能烃源岩。下古生界寒武系在盆地西缘、南缘发育浅海台地边缘相烃源岩。受"L"形中央古隆起控制，盆地西缘及南缘在中—晚奥陶世接受台缘斜坡—广海陆棚相泥质碳酸盐、灰质泥岩及页岩沉积，形成有利的海相烃源岩层段；盆地中东部中奥陶统马家沟组发育局限蒸发台地和开阔浅海台地相烃源岩，近年来，盆地西缘奥陶系台缘相带和盆地东部奥陶系盐下"油型气"的发现，证实了奥陶系海相烃源岩的生烃潜力。上古生界上石炭统本溪组—下二叠统山西组海陆过渡相发育"广覆式"分布的煤系烃源岩，生烃强度大，供气能力好，与上古生界各层系（石炭系本溪组、二叠系太原组、山西组、石盒子组及石千峰组）发育的大型三角洲沉积砂体和盆地中东部奥陶系马家沟组顶部风化壳形成良好的源—储配置关系，是鄂尔多斯盆地上古生界和下古生界风化壳天然气的供烃源岩。中生界上三叠统湖相烃源岩主要形成于延长组内陆湖泊发育的鼎盛时期，长7油层组半深湖—深湖相黑色页岩、暗色泥岩是鄂尔多斯盆地中生界含油气系统（三叠系延长组、侏罗系延安组）的主力烃源岩；发育于志丹、英旺等地区的长9油层组暗色泥岩属于区带性油源岩；长8、长6、长4+5油层组发育的滨浅湖相薄层状暗色泥岩可作为辅助性烃源岩。各套烃源岩发育层位、沉积相带、岩石类型详见表6-1。

表6-1  鄂尔多斯盆地烃源岩划分表

| 烃源岩类型划分 | 层位 | | | | | 沉积相类型 | 岩石类型 |
|---|---|---|---|---|---|---|---|
| 中—新元古界及下古生界海相烃源岩 | 中元古界蓟县系—新元古界 | | | | | 开阔台地 | 暗色藻白云岩 |
| | 下古生界 | 中寒武统 | | | | 浅海台地相 | 深灰色石灰岩 灰黑色泥岩 |
| | | 奥陶系 | 中统 | 马家沟组 | | 开阔台地 蒸发岩台地 | 暗色白云质泥岩、泥质（含泥）白云岩 |
| | | | | 克里摩里组 | | 台缘斜坡相 | 暗色泥（页）岩、泥质（含泥）碳酸盐岩 |
| | | | 上统 | 乌拉力克组（平凉组） | | | |
| 上古生界煤系烃源岩 | 上古生界 | 上石炭统本溪组（羊虎沟组） | | | | 滨—浅海沉积潮坪潟湖相 | 暗色泥岩、薄煤层 |
| | | 下二叠统太原组 | | | | 滨海沼泽相障壁岛潟湖 | 煤、暗色泥岩、石灰岩 |
| | | 下二叠统山西组 | | | | 近海湖盆沼泽相 | 煤、碳质泥岩 |
| 中生界湖相烃源岩 | 中生界 | 上三叠统延长组 | | | | 深、浅内陆湖相 | 油页岩、黑色泥岩、粉砂质泥岩、碳质泥岩 |

# 第一节　中—新元古界及下古生界海相烃源岩

中—新元古代发生在鄂尔多斯盆地的第一次大规模海侵，在变质基底上形成第一套盖层沉积的同时，在盆地西部、南部发育了中—新元古界开阔台地海相烃源岩层系，也是迄今为止盆地内发现的最古老的可能烃源岩。早古生代寒武纪、早—中奥陶世，鄂尔多斯地台处于稳定沉降的碳酸盐岩台地发展阶段，形成了厚度稳定、大面积分布的下古生界第二套沉积盖层中的海相烃源岩。

## 一、烃源岩基本特征及平面分布

### 1. 中—新元古界海相烃源岩

中—新元古代蓟县纪是本区第一次大规模海侵（何自新，2003），在盆地西部、南部形成一套滨浅海开阔台地海相暗色藻白云岩，暗色岩类累计厚度为103～1151m，是本区最古老的可能烃源岩地层。

这套古老层系有机质丰度整体偏低，有机碳（TOC）分布于0.07%～0.86%之间，平均值为0.18%，氯仿沥青"A"为0.0031%～0.0034%，平均值为0.0033%（表6-2）。由于中—新元古代尚无陆生植物，这一时期烃源岩的母质来源主要为菌藻类等低等水生生物，有机质类型属于腐泥型。根据沥青反射率（$R_{ob}$）资料，盆地西缘蓟县系热演化程度较低，$R_{ob}$为1.26%～1.47%，平均值为1.33%，处于成熟生油阶段；盆地南缘有机质演化程度较高，$R_{ob}$范围在2.32%～2.67%之间，达到高成熟—过成熟阶段。与华北地区蓟县系洪水庄组、铁岭组和青白口系下马岭组相比，鄂尔多斯盆地蓟县系的有机质丰度低，生烃能力较差，生烃潜量有限。

**表6-2　鄂尔多斯盆地中—新元古界烃源岩有机质含量**

| 层位 | TOC/% | | 氯仿沥青"A"平均值/% | $S_1+S_2$/（mg/g） | 氢指数/（mg/g） |
|---|---|---|---|---|---|
| | 范围值 | 平均值/样品数 | | | |
| 蓟县系 | 0.07～0.86 | 0.18/37 | 0.0033 | 0.04 | 14.2 |
| 长城系 | 0.39～0.75 | 0.53/3 | — | — | — |

长城系沉积期，盆地的杭锦旗、乌审召和磴口一带为冲积平原相砂砾岩；吴忠—银川—定边—平凉—陇县—洛川—合阳一线与鄂尔多斯古陆和阿拉善古陆之间为滨浅海相含砾砂岩、砂页岩和少量含泥质藻白云岩；鄂托克前旗—西吉—固原—天水—宝鸡—西安—铜川—潼关一带为巨厚（>5000m）的深海相砂岩与页岩。资料显示（赵文智等，2018），盆地北缘中元古界长城系可能的烃源岩有机质丰度高、厚度大，但成熟度偏高，$R_o$为2.2%～3.5%；而在盆地南缘丰度偏低，厚度较薄。盆地内部桃59井在长城系钻遇灰黑色泥岩，累计厚约3m（未穿），TOC均值为0.53%（表6-2），等效$R_o$为1.8%～2.2%。该套烃源岩在多条地震剖面显示裂陷槽内普遍发育强波反射，推测盆地内部裂陷槽范围内发育长城系规模烃源岩的可能性较大。

2. 寒武系海相烃源岩

中寒武世张夏组沉积期是本区第二次海侵高潮（何自新，2003），在盆地西缘、南缘发育浅海台地边缘相深灰色灰岩，厚度达 68～237m，由西缘、南缘向盆地内部逐渐减薄。此外，这套沉积在盆地东北部东胜地区厚度较大。

该套地层有机质丰度低（表 6-3），TOC 分布于 0.04%～0.58%，平均值为 0.16%，氯仿沥青 "A" 为 0.0054%，生烃潜量一般小于 0.11mg/g。就生物演化历史来看，寒武纪尚未出现陆相高等植物，生源构成主要为藻类、疑源类、细菌和其他低等水生生物，干酪根显微组分以腐泥型为主。但由于低有机质丰度碳酸盐岩的沉积环境为偏氧化，生烃母质均经受了不同程度的氧化，致使其干酪根类型变差，相当于 II 型和 III 型。寒武系有机质热演化程度高，$R_{ob}$ 介于 2.32%～3.73%，已达到高—过成熟阶段。综合判断寒武系这套暗色岩类属于非烃源岩—差烃源岩。目前的勘探尚未发现来自该套烃源岩中的天然气。

表 6-3　鄂尔多斯盆地寒武系海相烃源岩有机质含量

| 层位 | TOC/% | | 氯仿沥青 "A"/% | $S_1+S_2$（mg/g） | 氢指数 /（mg/g） |
| --- | --- | --- | --- | --- | --- |
| | 范围值 | 平均值 / 样品数 | | | |
| 崮山组 | 0.08～0.22 | 0.15/10 | 0.0055 | — | — |
| 张夏组 | 0.04～0.58 | 0.16/75 | 0.0054 | — | — |
| 徐庄组 | 0.04～0.37 | 0.15/72 | 0.0081 | — | — |
| 毛庄组 | 0.05～0.67 | 0.16/41 | — | 0.04 | 16.17 |
| 馒头组 | 0.08～0.46 | 0.13/14 | — | — | — |

3. 奥陶系海相烃源岩

奥陶系沉积期，鄂尔多斯盆地 "L" 形中央古隆起（近南北向）持续发展，形成两大沉积环境：盆地西南部为古祁连洋和秦岭洋，中东部为华北海域。奥陶系受 "L" 形中央古隆起的控制，隆起两侧发育的烃源岩组成与分布有别。

盆地中东部中奥陶统马家沟组发育局限蒸发台地和开阔浅海台地相，烃源岩类型主要包括暗色泥质岩、泥质云（灰）岩、泥质膏云岩、含泥云（灰）岩等，累计厚度为 0～240m，发育乌审旗、靖边两个沉积中心，米脂盐洼地区烃源岩厚度较小，古隆起周缘厚度最薄。

盆地西缘、南缘在早奥陶世马六段沉积期（克里摩里组沉积期）到中奥陶世平凉组沉积期（乌拉力克组沉积期）以深水斜坡相为主，发育的烃源岩类型包括暗色泥质（页）岩、泥质云（灰）岩、含泥云（灰）岩等，最大累计厚度达 600m，整体呈现由东向西、由北向南增厚的趋势（图 6-1）。该套烃源岩 V/（V+Ni）大于 0.5，Zr/Rb 小于 2，Rb/K（×10⁴）大于 30，盐度 Z 大于 122‰，Zn 及 Mo 等富集，$\delta^{18}O$ 及 $\delta^{13}C$ 正向偏移，反映出水动力弱、盐度较高的缺氧环境（腾格尔等，2004）。

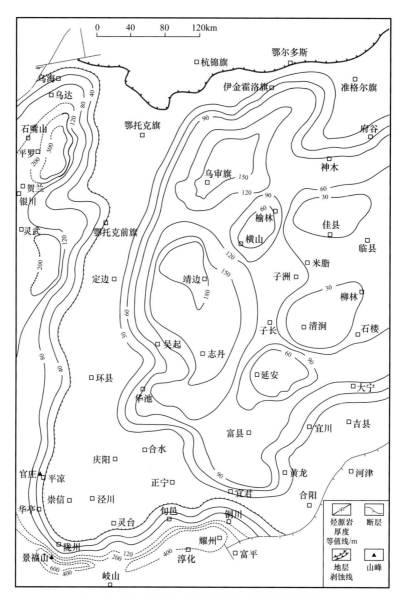

图 6-1 鄂尔多斯盆地奥陶系海相烃源岩等厚图

## 二、奥陶系海相烃源岩有机地球化学特征

1. 有机质丰度

1) 中奥陶统马家沟组

中奥陶统马一段—马五段在全盆地均有分布。其中，暗色泥质岩、泥质云（灰）岩、泥质膏云岩、含泥云（灰）岩等主要分布于中东部地区，其有机质丰度低。中东部马一段—马五段 TOC 主要分布在 0.05%～1.98%，平均值为 0.26%，氯仿沥青 "A" 为 0.0050%。垂向上，马五、马二段有机质丰度相对较高。在整体低有机质丰度背景上，马家沟组局部可见高值，其中，黑色纹层状泥质岩的 TOC 含量最高（TOC 介于 0.72%～2.22%，平均值为 1.14%），但这类泥岩单层厚度薄，统计其累计厚度较困难。西缘、南缘地区马一段—马五段泥质岩不发育，有机质丰度低（表 6-4）。

表 6-4 奥陶系烃源岩有机质丰度表

| 地区 | 地球化学指标 | | 层位 | | | | | | |
|------|------|------|------|------|------|------|------|------|------|
| | | | 平凉组 | 马六段 | 马五段 | 马四段 | 马三段 | 马二段 | 马一段 |
| 中东部地区 | TOC/% | 范围值 | — | — | 0.05～1.98 | 0.08～0.69 | 0.14～0.47 | 0.15～0.99 | 0.16～0.28 |
| | | 均值/样品数 | — | — | 0.26/286 | 0.24/42 | 0.26/25 | 0.34 | 0.21/4 |
| | 氯仿沥青"A"/% | | | | 0.0052 | 0.0037 | 0.0036 | 0.0054 | 0.0064 |
| | 总烃/（μg/g） | | — | — | 25.05 | 14.50 | 10.31 | 55.93 | 39.30 |
| 盆地西缘 | TOC/% | 范围值 | 0.05～4.08 | 0.05～2.08 | 0.08～0.57 | 0.05～0.56 | 0.07～0.83 | 0.03～0.85 | 0.06～0.27 |
| | | 均值/样品数 | 0.53/124 | 0.25/111 | 0.17/65 | 0.18/144 | 0.17/78 | 0.17/35 | 0.17/44 |
| | 氯仿沥青"A"/% | | 0.0286 | 0.0154 | 0.0241 | 0.0069 | 0.0068 | 0.0067 | 0.0077 |
| | 总烃/（μg/g） | | 174.2 | 119.66 | 81.32 | 50.35 | 39.98 | 38.93 | 55.70 |
| | $S_1+S_2$/（mg/g） | | 0.28 | 0.22 | 0.09 | | | | |
| 盆地南缘 | TOC/% | 范围值 | 0.11～1.04 | 0.10～0.53 | 0.05～0.25 | 0.07～0.27 | 0.07～0.44 | 0.08～0.22 | 0.10～0.16 |
| | | 均值/样品数 | 0.27/1.04 | 0.19/65 | 0.14/26 | 0.14/11 | 0.16/21 | 0.14/18 | 0.13/10 |
| | 氯仿沥青"A"/% | | 0.0047 | 0.0049 | 0.0043 | 0.0076 | 0.0087 | 0.0040 | — |
| | 总烃/（μg/g） | | 26.21 | 26.81 | 15.39 | 51.59 | 57.13 | 21.74 | — |

盆地中东部地区奥陶系马家沟组烃源岩的岩性、有机质丰度受沉积环境控制作用明显，盐度较高的膏盐湖、膏云坪环境泥质岩相对发育，TOC 含量较高；而盐度较低的云坪及浅水开阔台地，主要发育纯碳酸盐岩，有机质丰度低；水体动荡的滩相沉积环境的 TOC 含量最低。

2）中奥陶统克里摩里组

中奥陶统马六段主要分布于盆地西缘（克里摩里组）和南缘"L"形地区，西缘地区克里摩里组的有机质丰度较平凉组（乌拉力克组）为低，TOC 分布于 0.05%～2.08% 之间，平均值为 0.25%；氯仿沥青"A"为 0.0018%～0.0767%，平均值为 0.0154%（表 6-4）。盆地南缘马六段 TOC 约 0.19%，氯仿沥青"A"为 0.0049%，岩石 $S_1+S_2$ 为 0.08mg/g，有机质丰度整体偏低。

3）上奥陶统平凉组

盆地西缘上奥陶统平凉组（乌拉力克组）的 TOC 为 0.05%～4.08%，平均值为 0.53%；氯仿沥青"A"为 0.0012%～0.1322%，平均值为 0.0286%；$S_1+S_2$ 为 0.28mg/g（表 6-4），是本区有机质丰度最高的层段。其中，泥质岩和泥质碳酸盐岩有机质丰度高于纯质碳酸盐岩，该段石灰岩、白云岩的 TOC 平均值为 0.27%，泥质岩的 TOC 含量平均为 0.75%。盆地南缘上奥陶统平凉组 TOC 含量分布于 0.11%～1.04% 之间，平均值为 0.27%，氯仿沥青"A"为 0.0047%，较西缘地区有机质丰度显著偏低。

2. 有机质类型

干酪根镜检、干酪根碳同位素、饱和烃色谱等资料综合分析结果表明（表 6-5），奥陶系烃源岩的有机质类型以腐泥型为主。盆地西缘、南缘奥陶系烃源岩的母质来源主要为藻类、疑源类等低等水生生物，但在浅水偏氧化环境中沉积的碳酸盐岩，受氧化和菌解作用的影响，有机质丰度降低，有机质类型明显变差。盆地中东部奥陶系烃源岩的生源构成也以浮游生物、藻类为主，在马五$_6$亚段等蒸发岩发育层段 $\delta^{13}C_干$ 显著偏重，各项地球化学参数均显示为缺氧超盐的沉积环境，利于有机质保存（表 6-6）。

表 6-5　鄂尔多斯盆地奥陶系有机质类型表

| 地区 | 沉积环境 | 干酪根显微组分类型 | $\delta^{13}C_干$/‰ |
|---|---|---|---|
| 中东部 | 深水斜坡相 | 腐泥型为主 | −28.09 |
| | 局限蒸发台地相 | 腐泥型为主 | −24.99 |
| 西缘、南缘 | 台缘斜坡相 | 腐泥型为主 | −30.03 |

表 6-6　盆地中东部马五$_6$亚段烃源岩饱和烃色谱特征

| 沉积环境 | TOC/% | $\delta^{13}C_干$/‰ | 饱和烃特征 | | | | | | | |
|---|---|---|---|---|---|---|---|---|---|---|
| | | | 主峰碳数 | $C_{21}/C_{22+}$ | $(C_{21}+C_{22})/(C_{28}+C_{29})$ | OEP | CPI | Pr/$n$-$C_{17}$ | Ph/$n$-$C_{18}$ | Pr/Ph |
| 正常海相 | 0.32 | −28.2 | 18 | 2.76 | 8.68 | 2.27 | 1.19 | 0.44 | 0.48 | 0.42 |
| 膏盐蒸发环境 | 0.22 | −25.0 | 18 | 2.77 | 6.05 | 1.71 | 1.09 | 0.46 | 0.49 | 0.61 |

3. 热演化及其平面展布特征

鄂尔多斯盆地奥陶系由于尚未有高等植物生源输入，缺乏镜质组，故选定沥青反射率（$R_{ob}$）作为有机质热演化程度指标。利用沥青反射率（$R_{ob}$）划分油气演化阶段的界限值见表 6-7。

表 6-7　划分海相烃源岩有机质各演化阶段的 $R_{ob}$ 界限值

| 烃类形成阶段 | 石油形成带 | 凝析油、湿气带 | 甲烷带 |
|---|---|---|---|
| $R_{ob}$/% | 0.47～1.6 | 1.6～2.23 | >2.23 |

鄂尔多斯盆地奥陶系 $R_{ob}$ 总的变化趋势是东高西低（图 6-2）。盆地西缘以石嘴山—永宁—芦参 1 井—环 14 井一线的断裂带（黄河断裂、韦州—蟠龙坡断裂）为界，东部地区 $R_{ob}$ 一般大于 1.6%，以产湿气和干气为主；断裂带西部青铜峡以南，$R_{ob}$ 小于 1.6%，以生油为主；北部苏峪口一带存在热演化高点，$R_{ob}$ 达 4.94%；盆地中部、东部广大地

区有机质热演化程度较高，以延安—延长—清涧为中心向周缘，奥陶系烃源岩的沥青反射率值逐渐降低。整体上，除神木、米脂以北地区处于湿气阶段外，其他区域奥陶系的$R_{ob}$均大于2.2%，达到高—过成熟阶段，以产干气为主。

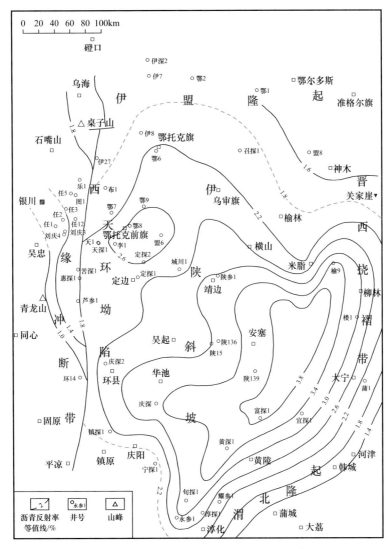

图6-2 鄂尔多斯盆地奥陶系沥青反射率等值线

综合分析，盆地西缘上奥陶统平凉组和下奥陶统克里摩里组暗色泥质（页）岩和泥质碳酸盐岩有机质丰度高，类型好，具有较好的生、排烃能力，在低热演化区域具有一定的石油勘探前景，在具有较高成熟度的推覆体下盘有可能成为好的气源岩，是本区相对有利的生排烃层段，也是下古生界的主力生烃层段。但该套烃源岩分布范围较小，规模有限。

盆地中东部地区马家沟组暗色泥质岩、泥质云（灰）岩、泥质膏云岩、含泥云（灰）岩等平面分布范围广，厚度大，有机质丰度低，成烃作用分散，虽然对奥陶系风化壳和盐上气藏的贡献要比上古生界煤系气源小，但对于受厚层膏盐岩封隔的盐下气藏，可提供一定量的气源。

# 三、奥陶系天然气成因与气源分析

## 1. 天然气地球化学特征

鄂尔多斯盆地奥陶系天然气组分以烃类气体为主，非烃组分含量低。烃类气体总体呈现高甲烷、低重烃的"干气"特征，仅在区域热演化程度较低的东北部神木—米脂地区重烃组分含量较高，表现出"热解湿气"特征。非烃气体主要由二氧化碳和氮气组成，氢气、氦气等组分的含量极低（表 6-8）。

表 6-8 奥陶系天然气组分含量统计

| 井号 | 层位 | 烃类气体组分 /% | | | | 非烃气体组分 /% | | | |
|---|---|---|---|---|---|---|---|---|---|
| | | $C_1$ | $C_2$ | $C_3$ | $C_1/\sum C_1 - C_n$ | $H_2S$ | $N_2$ | $H_2$ | $CO_2$ |
| 召 54 | 马五$_4$亚段 | 89.09 | 2.14 | 0.34 | 0.97 | — | 7.46 | 0.09 | 0.66 |
| 桃 36 | 马五$_1$亚段 | 92.43 | 0.78 | 0.14 | 0.99 | — | 2.72 | — | 3.81 |
| 苏 277 | 马五$_5$亚段 | 93.17 | 1.56 | 0.22 | 0.98 | — | 4.53 | — | 0.45 |
| 苏 345 | 马五$_5$亚段 | 91.04 | 0.35 | 0.08 | 0.99 | — | 2.74 | — | 5.70 |
| 召 98 | 马五$_6$亚段 | 90.54 | 0.14 | — | 1.00 | — | 2.61 | — | — |
| 桃 41 | 马五$_4$亚段 | 81.43 | 0.53 | 0.06 | 0.99 | — | 7.67 | — | 10.28 |
| 桃 15 | 马五$_5$亚段 | 87.17 | 0.38 | 0.04 | 1.00 | — | 8.06 | — | 4.31 |
| 莲 20 | 马五$_5$亚段 | 29.94 | 0.03 | — | 1.00 | — | 66.03 | — | 3.95 |
| 陕 310 | 马五$_5$亚段 | 94.71 | 0.19 | 0.01 | 1.00 | — | 1.50 | — | 3.58 |
| 米 58 | 马五$_1$亚段 | 93.92 | 2.19 | 0.22 | 0.97 | — | 1.82 | — | 1.80 |
| 陕 441 | 马五$_1$亚段 | 85.03 | 0.21 | 0.04 | 1.00 | — | 0.00 | — | 14.65 |
| 陕 430 | 马五$_4$亚段 | 55.54 | 0.27 | 0.05 | 0.99 | — | 12.58 | — | 31.54 |
| 统 74 | 马五$_7$亚段 | 89.77 | 0.77 | 0.12 | 0.99 | — | 8.42 | — | 0.83 |
| 米 75 | 马五$_5$亚段 | 93.10 | 3.17 | 0.95 | 0.95 | — | 1.24 | — | 0.70 |
| 龙探 1 | 马五$_7$亚段 | 96.87 | 1.79 | 0.28 | 0.98 | — | 0.67 | — | 0.07 |
| 余探 1 | 克里摩里组 | 57.03 | 0.76 | 0.06 | 0.99 | — | 35.94 | — | 6.18 |
| 桃 38 | 马五$_9$亚段、马五$_{10}$亚段 | 89.413 | 0.185 | 0.187 | 0.996 | 9.897 | 0.165 | 0.018 | 0.135 |
| 统 75 | 马五$_7$亚段 | 85.04 | 1.59 | 0.30 | 0.98 | 9.02 | 2.30 | — | 1.62 |
| 双 97 | 马五$_6$亚段、马五$_7$亚段 | 70.853 | 7.312 | 3.301 | 0.85 | — | 6.848 | — | 9.768 |
| 双 97 | 马五$_4$亚段、马五$_5$亚段 | 65.767 | 6.738 | 3.296 | 0.846 | — | 10.063 | — | 12.23 |
| 双 99 | 马五$_5$亚段 | 81.17 | 7.941 | 3.85 | 0.85 | — | 3.322 | — | 1.174 |

值得注意的是，盆地古隆起东侧的桃38、靳探1、统75等膏盐岩下高产工业气流井产出的天然气中硫化氢含量普遍较高，主要分布于9.02%～23.23%之间，平均值为11.58%，属于高含硫天然气。结合区域地质特征、产气层深度、硫化氢含量等，认为盐下高硫天然气的生成与膏盐岩地层发生硫酸盐热化学还原（TSR）反应有关。

奥陶系天然气组分的碳同位素组成分布范围广，变化幅度大，根据其特征，可划分为A、B、C、D四种类型（表6-9）。其中，A类天然气：甲烷和乙烷等碳同位素组成均偏重，一般$\delta^{13}C_1$大于$-35‰$、$\delta^{13}C_2$大于$-28‰$。B类天然气：甲烷碳同位素组成介于A类与D类天然气之间，主要分布于$-38‰$～$-35‰$，$\delta^{13}C_2$大于$-28‰$或小于$-28‰$。C类天然气：甲烷碳同位素组成与A类天然气相近，乙烷等重烃组分的碳同位素组成显著偏轻，一般$\delta^{13}C_1$大于$-35‰$、$\delta^{13}C_2$小于$-29‰$，吴起—华池、高桥—西河口、绥德—清涧等局部区域$\delta^{13}C_1$大于$\delta^{13}C_2$，天然气组分碳同位素序列部分倒转。D类天然气：甲烷碳同位素组成偏轻，乙烷碳同位素与A类天然气相近或偏轻，$\delta^{13}C_1$通常小于$-38‰$。

表6-9 鄂尔多斯盆地下古生界奥陶系烷烃气组分碳同位素组成

| 天然气类别 | 井号 | 层位 | 甲烷化系数（$C_1/\Sigma C_n$） | $\delta^{13}C$（PDB）/‰ | | | | | 产出位置 | 成因类型 |
| --- | --- | --- | --- | --- | --- | --- | --- | --- | --- | --- |
| | | | | $C_1$ | $C_2$ | $C_3$ | $i\text{-}C_4$ | $n\text{-}C_4$ | | |
| A类 | 召54 | 马五$_4$亚段 | 0.971 | −31.66 | −23.19 | −26.58 | −23.25 | −24.26 | 奥陶系顶部风化壳 | 煤成气 |
| | 桃36 | 马五$_1$亚段 | 0.989 | −34.54 | −24.65 | −24.49 | −20.02 | −20.10 | 奥陶系顶部风化壳 | |
| | 桃70 | 马五$_4$亚段 | — | −32.85 | −25.94 | −27.66 | | | 奥陶系顶部风化壳 | |
| | 苏277 | 马五$_5$亚段 | 0.981 | −29.22 | −24.47 | −26.86 | −21.58 | −24.46 | 靖西奥陶系中组合 | |
| | 苏345 | 马五$_5$亚段 | 0.994 | −33.37 | −29.35 | — | | | 靖西奥陶系中组合 | |
| | 苏203 | 马五$_5$亚段 | 0.992 | −33.51 | −26.46 | | | | 靖西奥陶系中组合 | |
| B类 | 召98 | 马五$_6$亚段 | 0.998 | −36.41 | −27.84 | −23.91 | | | 距风化壳顶部148m | 混源气 |
| | 桃41 | 马五$_4$亚段 | 0.992 | −37.65 | −25.90 | −19.85 | | | 距风化壳顶部52m | |
| | 桃15 | 马五$_5$亚段 | 0.995 | −35.68 | −30.45 | −26.81 | | | 距风化壳顶部84m | |
| | 莲20 | 马五$_5$亚段 | 0.997 | −35.91 | −24.23 | — | | | 距风化壳顶部80m | |
| | 陕310 | 马五$_5$亚段 | 0.998 | −35.15 | −34.30 | −27.89 | | | 距风化壳顶部65m | |
| C类 | 米58 | 马五$_1$亚段 | 0.974 | −33.87 | −40.27 | −40.49 | | | 清涧—绥德 | 煤成气 |
| | 陕441 | 马五$_1$亚段 | 0.996 | −32.16 | −36.83 | −29.74 | | | 高桥—西河口 | |
| | 陕430 | 马五$_5$亚段 | 0.996 | −32.16 | −33.84 | −27.41 | −31.69 | −28.41 | 吴起—华池 | |
| | 陇18 | 马二段 | 0.971 | −32.76 | −37.61 | −37.29 | | | 盆地南部 | |
| D类 | 统74 | 马五$_7$亚段 | 0.989 | −39.50 | −29.90 | −21.67 | −15.07 | −20.24 | 盐下 | 自生自储油型气 |
| | 米75 | 马五$_5$亚段 | 0.949 | −40.21 | −23.76 | −23.10 | | | 盐下 | |
| | 龙探1 | 马五$_7$亚段 | 0.976 | −39.26 | −23.78 | −19.72 | −19.27 | −20.45 | 盐下 | |

| 天然气类别 | 井号 | 层位 | 甲烷化系数 $(C_1/\Sigma C_n)$ | $\delta^{13}C$（PDB）/‰ | | | | | 产出位置 | 成因类型 |
|---|---|---|---|---|---|---|---|---|---|---|
| | | | | $C_1$ | $C_2$ | $C_3$ | $i\text{-}C_4$ | $n\text{-}C_4$ | | |
| D类 | 余探1 | 乌拉力克组 | 0.976 | −39.11 | −28.65 | −27.62 | −19.63 | −26.32 | 岩溶洞穴（孔洞）型储层 | 自生自储油型气 |
| | 桃38 | 马五$_9$亚段、马五$_{10}$亚段 | 0.996 | −36.85 | −25.60 | — | — | — | 盐下（高硫天然气） | |
| | 靳探1 | 马五$_9$亚段 | 0.978 | −36.62 | — | — | — | — | 盐下（高硫天然气） | |
| | 统75 | 马五$_7$亚段 | 0.977 | −32.43 | −22.63 | −22.43 | −21.38 | −21.81 | 盐下（高硫天然气） | |

2. 天然气类型及分布与气源对比

A类天然气主要分布于奥陶系顶部的风化壳储层或靖边气田西侧与上古生界煤系地层直接接触的奥陶系中组合白云岩岩性圈闭中。其烷烃气组分偏重的碳同位素组成特征（通常 $\delta^{13}C_1 > -35‰$、$\delta^{13}C_2 > -30‰$）与广覆型分布的上古生界煤系气源岩相吻合，属典型的煤成气（图6-3、表6-9）。

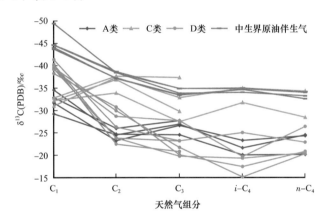

图6-3  A、C、D类天然气组分碳同位素组成对比

D类天然气主要分布于盆地中东部奥陶系膏盐岩下和西缘天环坳陷的奥陶系岩溶洞穴（孔洞）型储层，除古隆起东侧的高硫天然气外，其 $\delta^{13}C_1$ 通常小于 −38‰，乙烷碳同位素与A类天然气相近或偏轻。通过气—气、气—源比对和源—储—盖空间组合分析，综合判识D类天然气属于奥陶系自生自储的油型气。盆地古隆起东侧桃38、靳探1、统75等井奥陶系盐下高硫天然气的甲烷、乙烷碳同位素组成显著偏重则与膏盐岩地层发生硫酸盐热化学还原（TSR）反应有关（表6-9）。

根据成藏组合特征，在厚达百米的优质盖层——膏盐岩直接封盖下，上古生界煤成气难以倒灌进入盐下储层，与上古生界和奥陶系顶部风化壳煤成气（A类天然气）相比，鄂尔多斯盆地奥陶系盐下天然气甲烷碳同位素组成显著偏轻的特征是其自身属性的客观反映（图6-3、图6-4）。

由于蕴含丰富的地球化学信息，$C_5$—$C_{10}$ 之间的轻烃组分常用于石油天然气成因类型的判识。通过鄂尔多斯盆地奥陶系盐下天然气与上古生界煤成气轻烃组分碳同位素组成的对比，并结合中生界原油伴生气的相关资料分析发现（图6-5），盐下天然气的 $C_{5+}$ 轻烃组分具有显著富 $^{12}C$ 的特点，与中生界原油伴生气接近或略微偏重，较上生古生界煤成气显著偏轻，二者之间相同烃类分子的 $\delta^{13}C$ 相差 5‰ 以上，反映其不同的成因类别和来源。鄂尔多斯盆地奥陶系盐岩下天然气属于自生自储油型气。

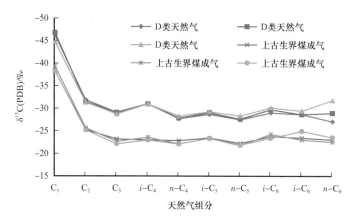

图6-4　D类天然气与上古生界煤成气组分碳同位素组成比对

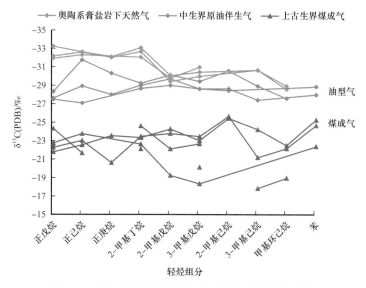

图6-5　古生界天然气轻烃组分碳同位素分馏模式图

此外，利用天然气的甲烷碳同位素组成与气源岩热演化程度之间的线性关系进行气源对比，结果显示，应用油型气的 $\delta^{13}C_1$ 与 $R_o$ 关系式计算的气源岩热演化程度（$R_o$）与地质实际更为接近（表6-10），表明盐下天然气与上古生界煤系烃源岩亲缘性差，主要来源于奥陶系海相烃源岩。

B类天然气主要分布于盆地中东部奥陶系中、下组合（距奥陶系顶部50m以上）的白云岩储层，$\delta^{13}C_1$ 范围为 $-38‰ \sim -35‰$，介于A类煤成气与D类油型气（表6-9）。根据甲烷碳同位素特征与成藏组合特点，判断该类天然气属于混源气，气源岩以上古生界煤系地层为主，同时混入了少量奥陶系自生自储的油型气，奥陶系低有机质丰度、高热演化的海相泥质碳酸盐岩具有一定提供油型气的能力。

表 6-10 奥陶系盐下天然气可能气源岩 $R_o$ 计算

| 井号 | 层位 | $C_1/\sum C_n$ | $\delta^{13}C_1$ (PDB) /‰ | 计算 $R_o$/% | |
|---|---|---|---|---|---|
| | | | | 煤成气 | 油型气 |
| 桃 36 | 马三段 | 0.999 | -37.29 | 0.84 | 2.17 |
| 桃 37 | 马五 $_{10}$ 亚段 | 0.999 | -38.20 | 0.73 | 2.01 |
| 桃 38 | 马五 $_9$ 亚段、马五 $_{10}$ 亚段 | 0.996 | -36.848 | 0.89 | 2.25 |
| 靳探 1 | 马五 $_9$ 亚段 | 0.978 | -36.62 | 0.92 | 2.30 |
| 桃 39 | 马五 $_8$ 亚段 | 0.997 | -35.73 | 1.05 | 2.48 |
| 桃 45 | 马五 $_6$ 亚段 | 0.992 | -39.05 | 0.65 | 1.87 |
| 统 74 | 马五 $_7$ 亚段 | 0.989 | -39.503 | 0.61 | 1.80 |
| 统 51 | 马四段 | 0.931 | -42.12 | 0.41 | 1.44 |
| 统 52 | 马五 $_{10}$ 亚段 | 0.935 | -41.74 | 0.44 | 1.49 |
| 龙探 1 | 马五 $_7$ 亚段 | 0.976 | -39.26 | 0.63 | 1.84 |
| 双 97 | 马五 $_6$ 亚段、马五 $_7$ 亚段 | 0.850 | -45.90 | 0.24 | 1.05 |
| 双 97 | 马五 $_4$ 亚段、马五 $_5$ 亚段 | 0.846 | -45.82 | 0.24 | 1.05 |
| 双 99 | 马五 $_5$ 亚段 | 0.850 | -43.54 | 0.34 | 1.28 |

C 类天然气主要发现于吴起—华池、高桥—西河口、绥德—清涧等高热演化区域，奥陶系各层段甚至上古生界均有分布。其 $\delta^{13}C_1$ 大于 -35‰，与 A 类煤成气相近，明显偏重于 D 类油型气；乙烷等重烃组分碳同位素组成显著偏轻，$\delta^{13}C_2$ 小于 -29‰，部分与中生界原油伴生气相近（图 6-3、表 6-9）。以甲烷碳同位素作为高、过成熟干气成因判识的主要依据，C 类天然气属于煤成气。

综上所述，鄂尔多斯盆地奥陶系顶部的风化壳储层、靖西地区与上古生界煤系地层直接接触的奥陶系中组合白云岩岩性圈闭中的天然气属于煤成气；分布于盆地中东部奥陶系中、下组合（距奥陶系顶部 50m 以上）白云岩储层的天然气属于混源气，以煤成气为主，混入了少量自生自储油型气；盆地中、东部奥陶系膏（盐）岩下碳酸盐岩储层或西缘天环坳陷的奥陶系岩溶洞穴（孔洞）型储层的天然气属于自生自储"油型气"；分布于吴起—华池、高桥—西河口、绥德—清涧等高热演化区域的甲烷碳同位素组成（$\delta^{13}C_1 > -35‰$）与煤成气相近，乙烷碳同位素组成显著偏轻（$\delta^{13}C_2 < -30‰$）的天然气也属于煤成气。由此可见，鄂尔多斯盆地奥陶系海相烃源岩具有一定的供气能力，可作为奥陶系盐上储层的辅助气源和盐下气藏的主力烃源岩。

3. 生气量计算

根据生气强度计算结果（图 6-6），鄂尔多斯盆地中东部奥陶系生气中心位于乌审旗、靖边—志丹一带，生烃强度大于 $5 \times 10^8 m^3/km^2$，米脂盐洼地区生烃强度较弱，古隆起周缘生烃最弱。盆地西缘以石嘴山为生气中心，生烃强度最高达 $10 \times 10^8 m^3/km^2$，盆地南缘的生气中心位于陇县、耀州地区，生烃强度最高为 $20 \times 10^8 m^3/km^2$。全盆地奥陶系生气总量约为 $62.01 \times 10^{12} m^3$，排气量为 $24.8 \times 10^{12} m^3$。

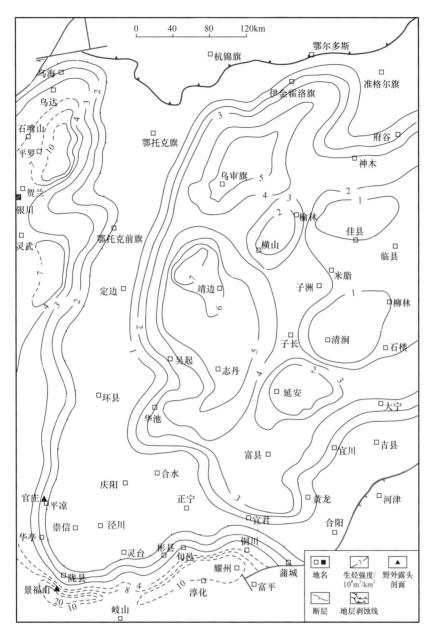

图 6-6　奥陶系生气强度分布图

# 第二节　上古生界煤系烃源岩

　　由晚石炭世本溪组沉积期—早二叠世早期太原组沉积期、经过早二叠世山西组沉积期，至中二叠世石盒子组沉积期和晚二叠世石千峰组沉积期，鄂尔多斯盆地经历了由海相、海陆过渡相到陆相的发展演化过程。本溪组沉积期—太原组沉积期主要为陆表海—三角洲—潮坪—潟湖环境；早二叠世山西组沉积期由海退型三角洲—潮坪—浅水陆棚环境过渡为湖泊—三角洲沉积环境；中二叠世石盒子组沉积期—晚二叠世石千峰组沉积期为陆相河流—三角洲—湖泊沉积环境。在本溪组沉积期—太原组沉积期，形成了鄂尔多斯盆地第二套区域上大面积分布的上古生界煤系烃源岩。

## 一、烃源岩基本特征及平面分布

上古生界煤层分布广（图 6-7），但其沉积厚度受单层厚度和单层个数的影响较大。盆地东北部和西北部厚度最大，可达 30m 以上；盆地东部子洲—清涧、北部的乌审旗—榆林—横山一带煤层厚度在 10m 以上，靖边一带煤层厚度大于 8.0m。而盆地南部煤层厚度相对较薄，在富县、莲花寺、正宁地区煤层累计厚度仅为 2.0m。

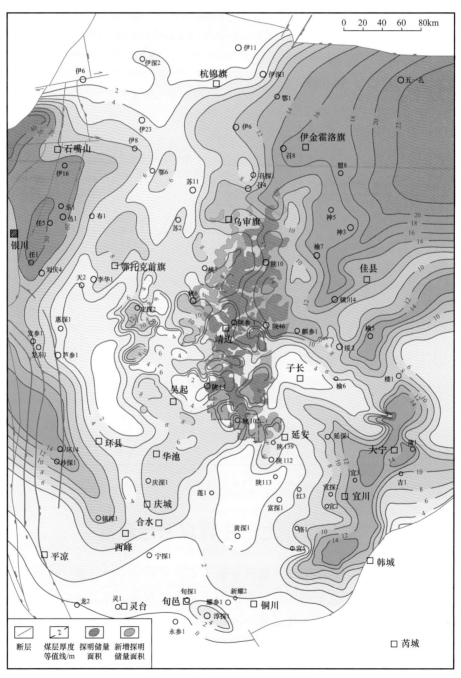

图 6-7　上古生界煤厚度分布图

上古生界泥岩（包括暗色泥岩和碳质泥岩）广泛分布于整个盆地中（图 6-8），总的趋势也是东部与西部厚、中部较厚、南北较薄。

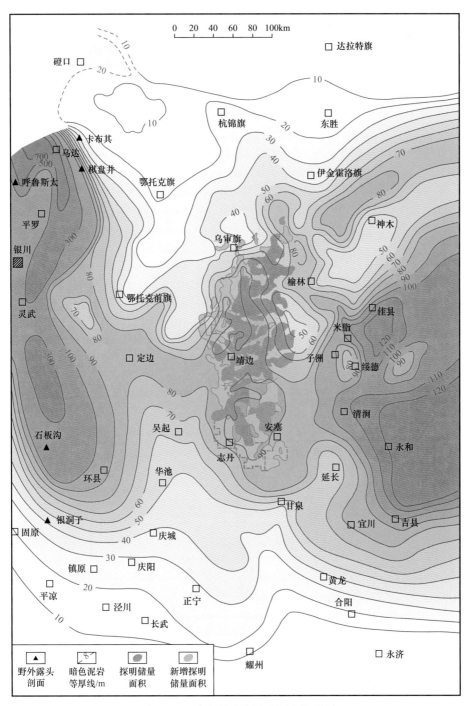

图 6-8　上古生界暗色泥岩厚度分布图

上古生界碳酸盐岩以下二叠统太原组的斜道、毛儿沟石灰岩为主，其在盆地中东部沉积厚度相对较大，由东向西至定边一带逐渐变薄；盆地西缘上古生界碳酸盐岩沉积厚度相对较薄（图 6-9）。

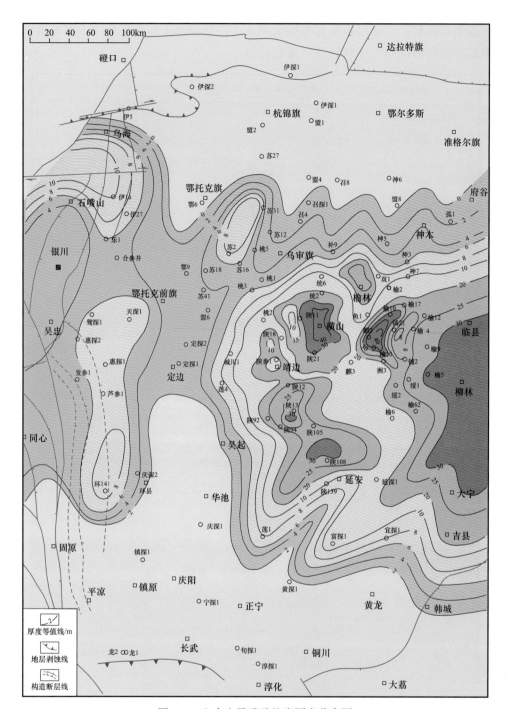

图 6-9　上古生界碳酸盐岩厚度分布图

## 二、有机地球化学特征

1. 有机质丰度

1）暗色泥岩、碳质泥岩有机质丰度

上古生界暗色泥岩、碳质泥岩主要分布于上石炭统本溪组—下二叠统山2段。其中，本溪组暗色泥岩的 TOC 含量平均为 3.64%；下二叠统太原组、山2段泥岩的 TOC 平均含量分别为 4.10% 和 3.32%。上石炭统本溪组、下二叠统太原组、山 2 段泥岩中 TOC 含量大于 1.0% 的样品数约占该层泥岩样品总数的 70% 以上，表现出相对较高的有机质丰度。下二叠统山 1 段、中二叠统石盒子组泥岩以浅灰色—灰白色为主，TOC 以小于 1.0% 的为主（表 6-11），有机质丰度相对较低。根据鄂尔多斯盆地上古生界泥岩吸附烃含量与有机碳含量关系以及烃含量与样品埋藏深度的关系，推断出当泥岩中有机碳含量大于 1.0% 时，具有较强的生、排烃能力，即可作为有效烃源岩[1]。

上石炭统本溪组、下二叠统太原组、山 2 段暗色泥岩、碳质泥岩的可溶有机质平均含量分别为 0.0489%、0.0438%、0.0523%，烃/碳比（HC/C）分别为 0.87%、0.62%、0.69%，岩石的生烃潜量分别为 8.37mg/g、2.58mg/g、3.52mg/g（表 6-11）。本溪组、太原组、山 2 段暗色泥岩、碳质泥岩的生烃潜量、可溶有机质含量均高于山 1 段、石盒子组泥岩，但烃/碳比相对略低。根据生烃潜量、可溶有机质、烃/碳比值，总体表现出非生油岩的特征。

表 6-11　上古生界泥岩有机质丰度统计表

| 层位 | | TOC/% | 生烃潜量 /（mg/g） | 可溶有机质 /% | HC/C/% |
|---|---|---|---|---|---|
| 石盒子组 | | $\dfrac{0.10\sim1.38}{0.42}$（277） | $\dfrac{0.01\sim0.76}{0.19}$（73） | $\dfrac{0.0065\sim0.0152}{0.0143}$（43） | $\dfrac{0.74\sim1.88}{0.95}$（34） |
| 山西组 | 山 1 段 | $\dfrac{0.15\sim2.37}{1.22}$（153） | $\dfrac{0.49\sim5.14}{1.53}$（22） | $\dfrac{0.0178\sim0.0478}{0.0215}$（21） | $\dfrac{0.63\sim1.14}{0.84}$（18） |
| | 山 2 段 | $\dfrac{1.09\sim21.89}{3.32}$（329） | $\dfrac{0.63\sim15.02}{3.52}$（35） | $\dfrac{0.0208\sim0.0796}{0.0523}$（61） | $\dfrac{0.46\sim1.59}{0.69}$（51） |
| 太原组 | | $\dfrac{0.75\sim18.39}{4.10}$（223） | $\dfrac{0.12\sim21.36}{2.58}$（66） | $\dfrac{0.0310\sim0.0958}{0.0438}$（56） | $\dfrac{0.49\sim1.13}{0.62}$（27） |
| 本溪组 | | $\dfrac{0.23\sim31.06}{3.64}$（90） | $\dfrac{1.27\sim29.76}{8.37}$（15） | $\dfrac{0.0194\sim0.2720}{0.0489}$（24） | $\dfrac{0.59\sim1.87}{0.87}$（17） |

注：$\dfrac{最小值\sim最大值}{平均值}$（样品数）。

2）煤有机质丰度

上古生界煤的 TOC 含量相对较高。其中，山西组煤的 TOC 含量平均为 64.77%，太原组煤的 TOC 含量平均为 66.82%，本溪组煤的 TOC 含量平均为 56.27%（表 6-12）。煤的 TOC 含量是对应层位暗色泥岩 TOC 含量的 15～20 倍，具有较强的生烃能力。

表 6-12　上古生界煤有机质丰度统计表

| 层位 | TOC/% | 生烃潜量 /（mg/g） | 可溶有机质 /% | HC/C/% |
|---|---|---|---|---|
| 山西组 | $\dfrac{33.33\sim70.32}{64.77}$（49） | $\dfrac{42.55\sim116.7}{99.38}$（3） | $\dfrac{0.6823\sim2.357}{0.9217}$（7） | $\dfrac{0.14\sim0.59}{0.36}$（6） |
| 太原组 | $\dfrac{31.33\sim77.25}{66.82}$（66） | $\dfrac{71.45\sim209.3}{94.07}$（11） | $\dfrac{0.5760\sim2.038}{1.4038}$（9） | $\dfrac{0.39\sim1.55}{0.62}$（5） |
| 本溪组 | $\dfrac{31.00\sim83.75}{56.27}$（7） | 69.1（1） | 0.3505（1） | 0.17（1） |

[1] 张文正，李剑峰，徐正球，2005，鄂尔多斯西缘前陆盆地烃源岩生烃潜力评价，内部资料。

煤由于其结构的特殊性，可溶有机质含量远远高于泥岩，其氯仿沥青"A"含量分布于 0.3505%～2.357% 之间，平均值为 1.143%，煤岩生烃潜量最高达 209.3mg/g，烃、碳转化率分布于 0.14%～1.55% 之间，平均值仅为 0.45%，略低于暗色泥岩烃碳转化率。

3）泥灰岩有机质丰度

分布于下二叠统太原组泥灰岩的 TOC 含量平均为 0.83%，高于下古生界泥质碳酸盐岩的 TOC 含量（0.25%），可溶有机质含量平均为 0.0052%，烃碳比相对较低，平均值为 0.77%。

2. 有机质性质

1）泥岩、泥灰岩干酪根、煤有机质特征

（1）干酪根、煤显微组分特征。

鄂尔多斯盆地上古生界中二叠统石盒子组泥岩的有机质以高等植物木质部分凝胶化所形成的镜质组为主，无定形、壳质组含量相对较微。下二叠统山西组泥岩、泥页岩有机质虽也以镜质组为主，但部分样品泥岩干酪根中以无定形为主的稳定组相对含量明显增大，显示出相对较好的有机母质类型特征。下二叠统太原组泥岩的干酪根类型变化较大，大部分样品显示腐殖腐泥型组分与组成特征；石灰岩、泥灰岩干酪根类型与太原组泥岩干酪根组分与组成特征接近，类型相对较好。纵向上泥岩、泥页岩干酪根类型以太原组相对要好于山西组、石盒子组，而山 2 段优于山 1 段。

上古生界煤显微组分以无结构的镜质体为主，石炭系煤的无结构镜质体含量处于80%～90% 之间，基质镜质组含量占 10%～20%；稳定组分含量占 5%～10%。山西组煤中无结构的镜质体含量在 70%～80% 之间，基质镜质组含量约为 10%（图 6-10），稳定组分含量相对石炭系煤较低。对盆地周缘煤矿区成熟度较低的煤组分的定量统计结果表明，鄂尔多斯盆地石炭系—二叠系煤系烃源岩中的有机显微组分组成具有富镜质组、贫壳质组、惰质组的特点，沉积环境相对还原。

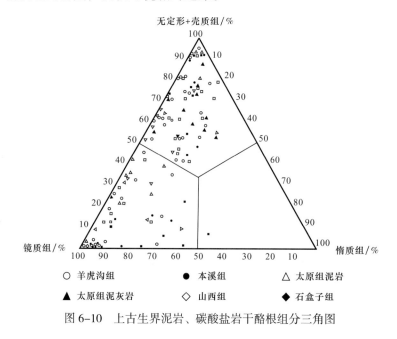

图 6-10 上古生界泥岩、碳酸盐岩干酪根组分三角图

（2）干酪根、煤碳同位素特征。

中二叠统石盒子组泥岩干酪根的 $\delta^{13}C$ 分布于 –24‰～–22‰之间，平均值为 –24‰；下二叠统山西组泥岩干酪根的 $\delta^{13}C$ 分布于 –26‰～–21‰之间，平均值为 –23.99‰；太原组泥岩干酪根 $\delta^{13}C$ 分布于 –24‰～–22‰之间，平均值为 –24.39‰；上石炭统本溪组泥岩干酪根的 $\delta^{13}C$ 分布于 –27‰～–24‰之间，平均值为 –25.95‰（图 6-11）。泥岩干酪根的碳同位素值从上石炭统到中二叠统，干酪根碳同位素具有由轻变重的趋势。太原组泥灰岩、石灰岩中的有机质主要来源于浮游生物和动物，干酪根碳同位素值相对上古生界泥岩干酪根碳同位素值有所偏轻，主要分布于 –29‰～–26‰之间。鄂尔多斯盆地上古生界煤显微组分以均质镜质组为主，碳同位素值主要分布于 –25‰～–22‰之间（图 6-12），碳同位素明显偏重。

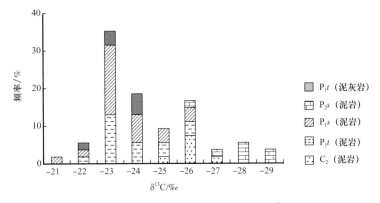

图 6-11　上古生界泥岩、泥灰岩干酪根 $\delta^{13}C$ 分布图

2）可溶有机质性质

（1）岩石饱和烃色谱特征。

对盆地上古生界泥岩干酪根、煤和上三叠统湖相泥岩干酪根的碳同位素与相应岩石饱和烃的 Pr/Ph 值的关系分析显示，具有腐殖型有机母质的中生界侏罗系延安组泥岩、上古生界煤的饱和烃 Pr/Ph 值一般大于 2.0，具有姥鲛烷优势的特征；上古生界所有泥岩的饱和烃 Pr/Ph 值小于 1.0，具有植烷优势或姥、植均势的特征（图 6-13）。因此，上古生界泥岩与煤饱和烃的 Pr/Ph 值差别较大。

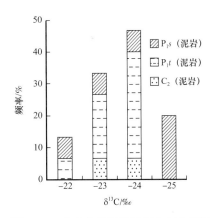

图 6-12　上古生界煤的碳同位素分布图

（2）饱和烃生物标志化合物特征。

鄂尔多斯盆地上古生界烃源岩饱和烃生物标志化合物中长链三环萜主要分布于 $C_{19}$ 到 $C_{24}$ 之间，其中 $C_{22}$ 含量相对较高；四环萜以 $C_{24}$ 烷为主；五环萜中以 $C_{30}$ 藿烷为主，其中五环萜中伽马蜡烷指数在不同层位、不同的岩性中有一定差别。太原组泥灰岩的伽马蜡烷指数分布在 0.27 左右，泥岩分布于 0.33～0.78 之间，煤分布于 0.18～0.36 之间；山西组泥岩该值为 0.37，煤分布于 0.02～0.05 之间。指示沉积水体咸度变化的伽马蜡烷指数显示出，鄂尔多斯盆地上古生界泥岩、碳酸盐岩、太原组煤沉积水体的咸度相对较高，山西组煤沉积水体的咸度较低。

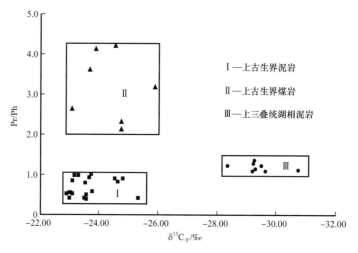

图6-13　上古生界泥岩干酪根、煤碳同位素值与其饱和烃Pr/Ph值关系图

3）饱和烃单体碳同位素特征

鄂尔多斯盆地上古生界煤模拟油、煤饱和烃与上古生界泥岩饱和烃之间存在较为明显的差别。煤模拟油、煤饱和烃正构烷烃分子 $\delta^{13}C$ 主要分布在 $-29‰\sim-24‰$ 之间，从未逾越 $-30‰$ 这一界限。上古生界下二叠统太原组泥灰岩、上古生界泥岩与下古生界碳酸盐岩、泥质碳酸盐岩、泥岩的饱和烃正构烷烃分子碳同位素值均轻于 $-30‰$，主要分布在 $-34‰\sim-30‰$ 之间。唯一不同的是上古生界泥岩饱和烃 $n\text{-}C_{21}$ 之前的正构烷烃单体碳同位素值相对偏重于下古生界泥岩、泥质碳酸盐岩、碳酸盐岩 $-2‰$ 左右，$n\text{-}C_{21}$ 之后则完全趋于一致。

暗色泥岩与煤的可溶烃特征的差异，不仅表明二者之间存在生烃母质的不同，同时也暗示二者之间在生排烃特征方面可能存在一定差异。

3. 有机质热演化特征

1）有机质热演化纵向变化特征

盆地中东部、天环凹陷北段不同层段有机质热演化与埋藏深度均呈两段式分布：上段为中生界—中二叠统上石盒子组，有机质 $R_o$ 随埋藏的深度呈线性变化；下段为中二叠统下石盒子组以下的上古生界，有机质 $R_o$ 随埋藏的加深而急剧增大。杨俊杰（2002）对鄂尔多斯盆地现今地温梯度进行了统计，纵向上随着深度的增加和地层由新变老，地温梯度逐渐降低，但至石炭系—二叠系煤系地层，地温梯度明显增大，穿过该层后，地温梯度又急剧变小，并随深度的增加逐渐减小，这种现象在盆地中东部表现尤为突出（表6-13）。

因此，鄂尔多斯盆地中东部、天环凹陷上古生界石炭系—下二叠统有机质热演化程度与埋藏深度的变化关系应与泥岩、煤层具有隔热效应，热的传导在这些层内受阻，造成地层温度急剧增大，有机质 $R_o$ 也随之急剧增大。

2）有机质热演化平面变化特征

鄂尔多斯盆地从晚古生代—早中生代为统一而稳定的华北地块的一部分，印支运动发生前为一稳定的台地，上石炭统—三叠系为持续沉积，未见明显的岩浆活动，古地温梯度较低，一般认为达到 $2.2\sim3.0℃/100m$；进入燕山运动早期，盆地的构造分异仍然不明显，也未见有明显的岩浆活动，因而认为该期也基本属于正常的地温热场，古地温梯度为 2.8~4.0℃/100m。燕山中晚期是华北盆地晚古生代以来最重要的岩浆热事件发生时期，地壳深部热流机制发生变化，出现了异常高的古地温场，古地温梯度增加到 3.5~5.5℃/100m。之后，盆地又逐渐冷却，古地温场恢复正常（表6-14）（何自新，2003）。因此，鄂尔多斯盆地石炭系—二叠系煤系的有机成熟度是在白垩纪之前（即燕山晚期）形成并一直保存至今，受热历史比较简单。

表 6-13　鄂尔多斯盆地部分井地温梯度（据杨俊杰，2002）　　　　单位：℃/100m

| 地区 | 井号 | K | J | T | P | C | O | € |
|---|---|---|---|---|---|---|---|---|
| 盆地东部 | 楼1、吉1 | — | — | 2.78 | 2.85 | 4.43 | 2.03 | — |
| | 洲2、ZK912 | — | 3.02 | 2.99 | 2.85 | 4.33 | — | — |
| | 麒参1、ZK308 | — | 2.95 | 2.90 | 2.85 | 6.18 | — | — |
| 盆地中部 | 陕85 | 3.11 | 3.10 | 2.89 | 2.77 | 3.68 | 2.00 | — |
| | 陕62 | — | 3.00 | 2.92 | 2.71 | — | — | — |
| 西南部 | 庆深1、阳1 | — | 3.01 | 2.94 | 2.38 | — | — | — |
| | 天深1、镇参1 | 2.97 | 2.73 | 2.59 | 2.00 | 2.19 | 2.09 | 1.34 |
| | 鸳探1、李探6 | — | 3.19 | 2.87 | 2.93 | — | 2.13 | — |
| | 发东1、陇县井 | — | 2.52 | 2.09 | 2.27 | — | — | — |
| | 新耀2、长武井 | 2.71 | 2.83 | — | 2.52 | — | 1.77 | 1.95 |

表 6-14　鄂尔多斯盆地晚古生代以来古地温演变

| 热演化阶段 | 地质时代 | 构造运动 | 古地温场特征 | 古地温梯度/℃/100m |
|---|---|---|---|---|
| 第一阶段 | 晚石炭世—晚三叠世 | 印支运动 | 正常 | 2.2~3.0 |
| 第二阶段 | 晚三叠世—中侏罗世 | 燕山运动 | 过渡型 | 2.8~4.0 |
| 第三阶段 | 晚侏罗世—早白垩世末 | 燕山中晚期 | 异常高 | 3.5~5.5 |
| 第四阶段 | 晚白垩世—第四纪 | 燕山晚期—喜马拉雅运动 | 过渡型 | 2.7~3.1 |

有机质 $R_o$ 的平面分布特征可用来分析平面上有机质热演化特征。鄂尔多斯盆地下二叠统太原组烃源岩有机质 $R_o$ 的平面分布表现出一定规律（图6-14）。

盆地南部的富县、延安、志丹、甘泉一带，如富探1井，太原组有机质 $R_o$ 高达 3.2%；以这个高值区为中心，分别由南向北、由西向东 $R_o$ 逐渐降低。其中靖边、子洲

地区太原组有机质 $R_o$ 在 2.0% 以上；横山、佳县地区有机质 $R_o$ 分布在 1.7%～2.0% 之间；榆林、乌审旗地区有机质 $R_o$ 为 1.4%～1.6%。由于分别受伊盟隆起和晋西挠褶带构造演化的影响，北部伊盟隆起带、盆地东北部神木地区有机质热演化程度明显偏低，其中伊盟隆起带有机质 $R_o$ 分布于 0.5%～0.9% 之间；神木地区有机质 $R_o$ 约为 1.0%。

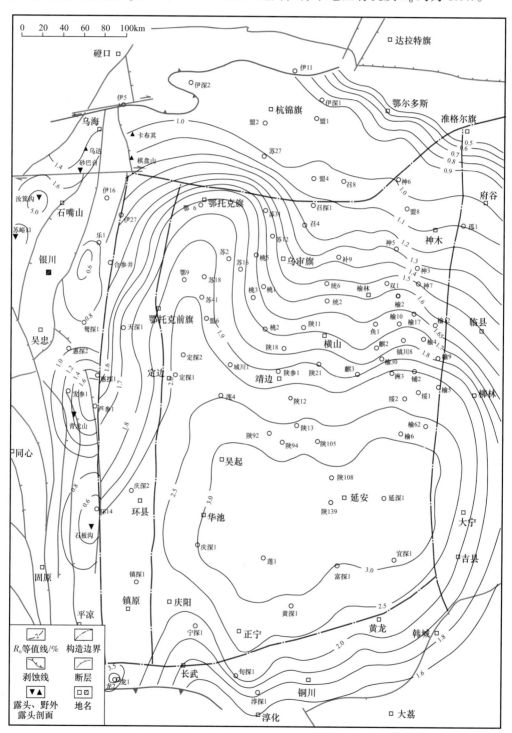

图 6-14　下二叠统太原组有机质 $R_o$ 等值线图

盆地西部天环坳陷上古生界的有机质热演化程度相对较高，如布 1 井太原组有机质 $R_o$ 为 1.61%、天 1 井太原组有机质 $R_o$ 为 1.72%，并具有由南向北逐渐降低的趋势，如南部的庆深 1 井、庆深 2 井太原组有机质 $R_o$ 分布在 2.60%～2.90% 之间，定探 1 井、定探 2 井太原组有机质 $R_o$ 分布在 2.00%～2.10% 之间。

鄂尔多斯盆地西缘由于受构造、沉积、地热场的分布等因素的影响，靠近银川古隆起、分布于推覆带的任家庄气田、刘家庄气田上古生界有机质热演化程度相对较低。统计结果显示，石炭系太原组有机质 $R_o$ 主要分布在 0.7%～1.0% 之间，位于推覆带上的芦参 1 井、苦深 1 井的热演化程度相对较高，太原组有机质 $R_o$ 主要分布在 1.20%～1.60% 之间；而天环凹陷的环 14 井其太原组有机质 $R_o$ 仅为 0.54%。这种特征受盆地西缘构造特征因素的影响和控制。

总体来看，鄂尔多斯盆地上古生界有机质热演化处于高成熟—过成熟阶段。

## 三、煤系有机质成烃机制与生烃能力

1. 煤系有机质的成烃趋向与自然演化特征

1）煤系有机质的成烃趋向

煤和腐殖型干酪根是一种以芳核结构为主体、通过各式桥键相联结的复杂聚合物，具有"贫氢高氧贫脂链（环）、富芳核、脂肪链短"的特点，具有明显的三个成烃趋向（杨俊杰，1996）。

（1）低成烃趋向：其成烃转化率只相当于生油干酪根的 1/3 左右。

（2）低分子烃类产出趋向：以产气为主，产油为辅，产油多少与其性质及最终烃产率呈正相关关系。

（3）大量产出二氧化碳等非烃的趋向：和它以高等植物为主的母源组成与形成于还原性不强的地质环境有关。

2）煤系有机质的自然演化特征

在古地温和地质时间的作用下，煤和腐殖型干酪根随着各种挥发物的产出，自身性质会发生一系列的变化。

（1）碳化趋势：随烃类、二氧化碳、水等易挥发物的排出，由泥炭阶段的五种元素组成（C、H、O、N、S）逐步演变到只含一种碳元素。其中氢元素的下降和烃类生成、脱水关系密切。

（2）结构单一化趋势：由泥炭阶段含多种官能团结构逐步演变到无烟煤阶段，只含缩合芳核结构，最后演变到石墨。煤化过程实际上是顺序排除不稳定结构的过程。

（3）结构致密化和定向排列趋势：随着煤化作用的进行，芳香性增强，叠合芳香片逐步加大，层数增多，并转向有秩序地排列，结果使密度增大，反射率升高。

（4）煤和干酪根显微组分的一致性趋势：随着煤化作用的进行，煤和干酪根间显微组分的差异消失，变得不易区分。

2. 煤中各种显微组分的成烃贡献

利用重液浮选法，分离出纯度大于 90% 的稳定组、镜质组、丝质组组分，经过热模拟产烃试验，获得的主要认识是：煤的成烃能力与煤的显微组分关系密切。煤中四种组分成烃贡献的总趋势是藻质体＞稳定组＞镜质组＞丝质组（图 6-15），最终成烃效率

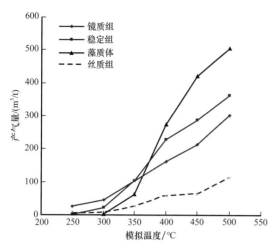

图 6-15 煤显微组分产气态烃特征（据傅家漠等，1990）

比为 1.67 : 1.20 : 1 : 0.38。煤中藻质体、稳定组、镜质组三种组分在成油高峰期也可生成一定量的油，其中藻质体、稳定组在成熟阶段主要生油；镜质组以产气为主，但煤中如果存在一定的基质镜质组也可生成一定量的油，所生成的油以轻质油为主，如上古生界储层中存在大量的凝析油；丝质组一般只生气。

3. 煤系烃源岩的生烃能力

烃源岩生烃潜力的评价主要应用盆地模拟法和热压模拟法两种手段。热压模拟试验是根据动态平衡原理对试验样品分阶段进行热模拟试验，通过温度的变化，缩短和弥补了地质演化时间，是一个应用比较广泛、最直接的研究有机质演化和生烃能力、生烃特征的手段。

1）煤与煤系泥岩成烃特征的差异

煤热模拟结果表明，煤有机质在成熟度 $R_o$ 处于 1.0%～1.3% 时具有一定量的液态烃生成能力。偏关剖面太原组煤在 $R_o$ 为 1.05% 时，液态烃总产率为 49.81kg/t（1t 有机碳的液态烃产率）；煤显微组分以镜质组为主，在有机质 $R_o$ 为 1.32% 时最大，其液态烃生成量为 80.56kg/t，高于偏关剖面太原组煤液态烃生成能力的一倍左右。朱家川剖面山西组煤的最大生成液态烃的能力为 57.81kg/t。以上结果表明，鄂尔多斯盆地上古生界煤具有较强的液态烃生成能力。上古生界煤的气态烃产率随成熟度增加，表现出缓慢增加的特征，当有机质成熟度 $R_o$ 在 1.8%～2.0% 时（即在液态烃生成结束时），发生一个小幅度的跃迁。主要原因在于腐殖型干酪根成烃化学键的活化能分布范围较为宽广，稳定组分含量相对较低，液态烃生成产率远远低于腐泥型或混合型有机母质的液态烃生成能力，即便是在高演化阶段，液态烃裂解生成气态烃的量也相对较小。

鄂尔多斯盆地上古生界泥岩模拟试验所收集到的液态烃主要为残渣样品的氯仿沥青"A"抽提物，其产率明显偏低，最大产率仅为 5.07kg/t，而且随有机质热演化程度的增大急剧下降。上古生界泥岩液态烃的生成相对较低可能是由于：（1）泥岩有机质较为分散；（2）泥岩干酪根在沉积过程中，由于泥岩中无机矿物的催化作用，造成具有一定生液态烃能力的镜质组早于煤发生凝胶化作用，致使泥岩干酪根中具有绝对比例的镜质组的组成特征有别于煤中镜质组的组成特征。如煤中含有一定量的无结构的、具有一定类脂组混入的基质镜质组的存在，而干酪根中则以无结构的均质镜质组为主；（3）在成熟—高成熟阶段，由于无机矿物的催化作用，造成泥岩有机质生成的大分子化合物急剧分解。泥岩、特别是含腐殖型有机质泥岩在热模拟的高温阶段（400℃后）具有大量的氢气生成，氢气组分的产出并非为有机质在热动力作用下发生裂解、缩合的过程中发生的排氢现象，而是由于热模拟温度高于水的临界温度（374.5℃），致使水与碳元素发生水—煤—气反应所生成的（熊永强等，2004）。

2）煤的生烃能力

对鄂尔多斯盆地上古生界成熟度相对较低的偏关剖面下二叠统太原组、图 6-16 中的某井太原组、朱家川剖面下二叠统山西组等 3 块煤样品进行了热压模拟试验。以太原组煤岩模拟结果为例，在 $R_o$ 为 1.32% 时，气态烃的产率为 36m³/t；在 $R_o$ 为 2.0% 时，气态烃的产率仅为 74m³/t，在模拟温度为 600℃，即有机质热演化达到最终状态时，气态烃产率为 310m³/t（图 6-16）。

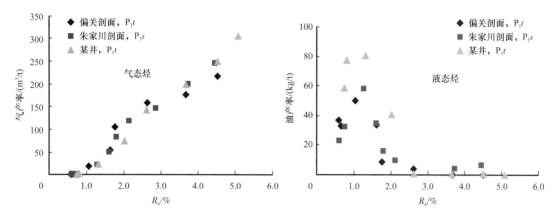

图 6-16　鄂尔多斯盆地上古生界煤热模拟烃产率曲线图

3）泥岩的生烃能力

泥岩样品选择环 14 井山西组、任 5 井太原组泥岩进行热压模拟实验，模拟试验结果表明（图 6-17），盆地上古生界泥岩热模拟气态烃的生成、演化过程和上古生界煤气态烃的生成、演化过程基本相近，都随有机质热演化程度的增大气态烃产率相对缓慢地增大。上古生界泥岩最终气态烃生成率为 200～220m³/t；在成熟度 $R_o$ 为 2.0% 时气态烃产率为 100m³/t 左右。

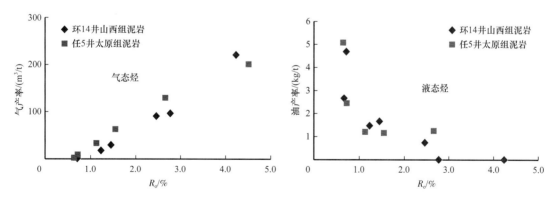

图 6-17　鄂尔多斯盆地上古生界泥岩热模拟烃产率曲线图

4）碳酸盐岩的生烃能力

碳酸盐岩液态烃生成能力相对较低，主要原因是，在有机质沉积时虽有一定量的浮游动物、藻类和菌类物质存在，但由于浅海—陆表海沉积环境相对氧化，浮游动物、藻类和菌类中的脂类物质遭受较为强烈的演化而分解，造成有机质的 H/C 原子比较低、O/C 原子比较高，严重影响了液态烃的生成能力。根据热模拟结果（图 6-18），上古生界碳酸盐岩最大生成气态烃的能力约为 350m³/t，这一结果与郜建军等（1996）所总结和数学模拟计算的弱还原—弱氧化环境的碳酸盐岩最大生成气态烃的能力（360～420m³/t）基本一致，说明碳酸盐岩的液态烃生成能力相对较低。

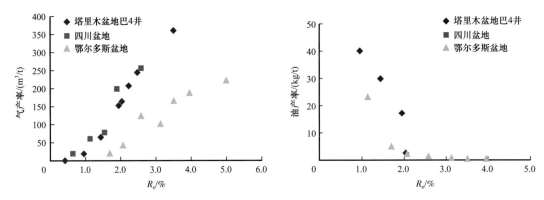

图 6-18　鄂尔多斯盆地上古生界碳酸盐岩热模拟烃产率曲线图

根据煤、泥岩热模拟试验结果，结合煤、泥岩的有机质性质，统计出不同演化阶段、不同类型烃源岩的生烃产率，见表 6-15。

表 6-15　鄂尔多斯盆地上古生界不同类型烃源岩有机质气态烃生成产率

| $R_o/\%$ | 烃产率 /（m³/t） | | |
| --- | --- | --- | --- |
| | 碳酸盐岩 | 泥岩 | 煤岩 |
| 0.8 | 19.05 | 17.81 | 4.18 |
| 1.0 | 28.19 | 27.77 | 15.00 |
| 1.2 | 47.70 | 37.64 | 24.08 |
| 1.4 | 74.38 | 47.49 | 38.39 |
| 1.6 | 105.46 | 57.38 | 56.89 |
| 1.8 | 138.62 | 67.30 | 76.19 |
| 2.0 | 172.00 | 78.18 | 96.11 |
| 2.2 | 204.18 | 89.12 | 113.32 |
| 2.4 | 234.21 | 98.13 | 130.06 |
| 2.6 | 261.56 | 105.64 | 144.57 |
| 3.0 | 308.43 | 121.57 | 166.90 |

## 四、上古生界油气源对比与生烃规模评价

### 1. 油气源对比

鄂尔多斯盆地上古生界泥岩饱和烃碳数主要分布在 $C_{14}$—$C_{35}$ 之间，主碳峰集中在 $C_{20}$ 左右，Pr/Ph 值均小于 1.0，主要分布于 0.4～0.8 之间；煤饱和烃的 Pr/Ph 值一般大于 2.0；

上古生界太原组碳酸盐岩及下古生界奥陶系碳酸盐岩饱和烃中的 Pr/Ph 趋于 1.0。盆地上古生界暗色泥岩饱和烃的 Pr/Ph 值普遍偏低，主要受沉积水体盐度相对较高的影响和控制（梅博文，1980）。凝析油的 $\delta^{13}C$、Pr/Ph 值与煤抽提物的 $\delta^{13}C$、Pr/Ph 值分布特征基本一致。煤模拟油及煤正构烷烃单体分子的 $\delta^{13}C$ 分布区间主要集中在 $-28‰\sim-24‰$ 之间；暗色泥岩、生物灰岩及其下古生界碳酸盐岩正构烷烃单体分子的 $\delta^{13}C$ 主要分布在 $-34‰\sim-30‰$ 之间。凝析油正构烷烃单体分子的碳同位素分布趋势与上古生界煤模拟油及煤饱和烃单体分子的 $\delta^{13}C$ 分布趋势、分布区间一致（图6-19）。上古生界泥岩、煤、碳酸盐岩等烃源岩饱和烃与凝析油的 Pr/Ph、正构烷烃单体分子的 $\delta^{13}C$ 分布特征均显示，凝析油主要来自上古生界煤。

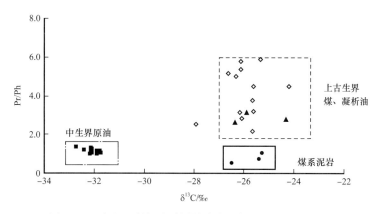

图 6-19　古生界凝析油碳同位素与姥鲛烷、植烷特征图

　　煤系泥岩与煤的有机母质类型一致，但饱和烃正构烷烃单体分子存在差异，表明暗色泥岩与煤在热演化过程中有机质碳同位素分馏机理具有明显的差别。鄂尔多斯盆地古生界天然气中伴生的凝析油的地球化学特征显示，凝析油主要来自上古生界煤，其与上古生界泥岩、下古生界碳酸盐岩的地球化学特征具有较大的差别。鄂尔多斯盆地古生界与凝析油伴生的天然气甲烷的平均含量为 91.86%，甲烷化系数平均为 94.28%，甲烷碳同位素主要分布在 $-37.34‰\sim-31.78‰$ 之间；乙烷碳同位素主要分布在 $-28.31‰\sim-23.43‰$ 之间；丙烷碳同位素主要分布在 $-26.00‰\sim-21.45‰$ 之间，如陕 8 井奥陶系天然气的 $\delta^{13}C_1$ 为 $-35.03‰$、$\delta^{13}C_2$ 为 $-28.31‰$、$\delta^{13}C_3$ 为 $-26.0‰$，天然气中析出的凝析油的碳同位素值为 $-25.84‰$，与凝析油伴生的天然气烃类碳同位素相对偏重，显示煤成烃的特征；而且与凝析油伴生的天然气主要存在于上古生界煤层总厚度相对较大的地区。暗示上古生界大量煤或煤的生成物参与了凝析油伴生的天然气的形成过程。

　　上古生界天然气中烃类组分含量相对较高，烃含量基本大于 90%。盆地中东部大部分天然气样品的甲烷化系数相对较高，显示出干气的组成特征；纵向上天然气甲烷系数具有由老地层向新地层逐渐变小的趋势。天环坳陷北段上古生界天然气甲烷化系数均高于 90%。西缘横山堡区除兔东 1 井石盒子组、任 13 井山西组天然气甲烷含量相对较低、甲烷化系数分别为 83.95%、82.58% 外，大部分同样具有干气的特征。

　　上古生界天然气的 $\delta^{13}C_1$ 分布于 $-37.85‰\sim-32.04‰$ 之间，$\delta^{13}C_2$ 分布于 $-29.87‰\sim-23.69‰$ 之间，$\delta^{13}C_3$ 分布于 $-27.72‰\sim-20.45‰$ 之间，且丙烷碳同位素随乙烷碳同位素的变负而变负。按照腐泥气 $\delta^{13}C_2$ 小于 $-30‰$ 为天然气类型的划分标准，上古生界天然气

应属于煤系气；上古生界天然气的乙、丙碳同位素平面上变化较大，局部地区相对偏负（表 6-16），主要受煤层、暗色泥岩厚度的控制与影响。

表 6-16　鄂尔多斯盆地上古生界天然气地球化学特征

| 区块 | 层位 | 组分 /% | | | | | 碳同位素 /‰ | | |
|---|---|---|---|---|---|---|---|---|---|
| | | $C_1$ | $C_{2+}$ | $CO_2$ | $N_2$ | $C_1/C_n$ | $C_1$ | $C_2$ | $C_3$ |
| 中东部 | $P_3q$ | 91.40 | 4.67 | | 4.06 | 94.62 | −36.62 | −28.02 | −24.74 |
| | $P_2x$ | 92.31 | 5.02 | 0.73 | 1.94 | 94.94 | −33.34 | −24.17 | −25.46 |
| | $P_1s$ | 92.52 | 4.77 | 1.31 | 1.28 | 95.16 | −33.24 | −24.65 | −23.78 |
| | $P_1t$ | 94.14 | 2.26 | 1.74 | 2.04 | 97.65 | −33.81 | −23.59 | −22.89 |
| | $C_2b$ | 91.24 | 2.34 | 1.46 | 5.08 | 97.67 | −35.69 | −24.82 | −26.20 |
| 天环 | $P_1x$ | 91.70 | 4.33 | 0.32 | 3.46 | 0.95 | −33.03 | −25.02 | −24.41 |
| | $P_1s$ | 92.16 | 1.87 | 1.96 | 3.88 | 0.98 | −32.84 | −25.4 | −23.79 |
| | $O_1$ | 94.09 | 2.51 | 1.65 | 1.66 | 0.97 | −34.46 | −25.06 | −21.65 |
| 西缘 | $P_1x$ | 90.03 | 6.51 | 0.53 | 2.82 | 0.93 | −33.78 | −26.36 | −24.05 |
| | $P_1s$ | 90.15 | 6.23 | 0.50 | 3.07 | 0.94 | −32.04 | −25.58 | −24.22 |
| | $P_1t$ | 93.59 | 5.02 | 0.09 | 1.02 | 0.95 | −35.01 | −24.31 | — |

2. 烃源岩生烃强度计算

烃源岩的生气强度指单位面积烃源岩中的有机质在现今热演化程度下生成的天然气在标准状态下的体积。上古生界烃源岩的密度、有机碳参数见表 6-17。

表 6-17　鄂尔多斯盆地上古生界烃源岩密度、有机碳含量数据表

| 岩性 | 暗色泥岩 | 煤岩 | 碳酸盐岩 |
|---|---|---|---|
| $\rho/$（$10^8$t/km$^3$） | 23.0 | 14.2 | 26.0 |
| TOC/% | 5.20 | 68.56 | 0.83 |

热模拟试验表明，腐殖型有机母质相应演化程度下的有机碳转化率、有机碳恢复系数 $K$ 为 1.25 左右，有机碳恢复系数为 1.08～1.10。盆地不同区块上古生界烃源岩生烃强度如图 6-20 所示。上古生界烃源岩生烃强度不仅受烃源岩厚度的影响，而且受有机质热演化程度的影响。厚度较大、具较高的热演化程度的烃源岩生烃强度相对较高；如果烃源岩厚度相对较小，但其高的热演化程度仍可对烃源岩较薄的厚度进行弥补。在暗色泥岩、煤、碳酸盐岩三种烃源岩中，以煤的生烃强度最大，暗色泥岩次之，碳酸盐岩虽然有较高的烃碳转化率，但由于其有机质丰度相对较低，生烃强度最弱，对天然气的成藏贡献相对较小。

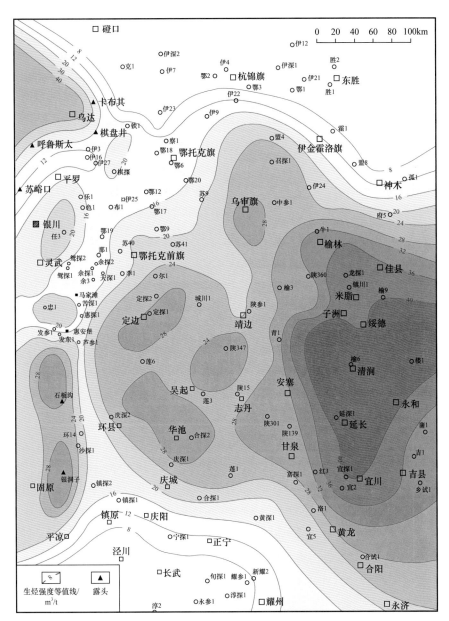

图 6-20  鄂尔多斯盆地上古生界烃源岩生烃强度分布图

# 第三节  中生界湖相烃源岩

晚三叠世以来，鄂尔多斯盆地逐渐发展成为独立的大型内陆坳陷湖盆，发育了三叠系延长组、侏罗系延安组两套含油层系，及三叠系长 7 油层组与长 9 油层组两套烃源岩。其中，晚三叠世长 7 油层组沉积期为鄂尔多斯盆地湖盆发育鼎盛时期，发育了分布最广、品质最好的"张家滩"黑色泥页岩优质烃源岩；长 9 油层组沉积期为湖盆扩展期，由于湖泛规模较小，仅在盆地西南部、南部局部地区形成区带性暗色泥岩"李家畔"烃源岩。

# 一、烃源岩基本特征及平面分布

晚三叠世延长组的沉积过程记录了鄂尔多斯湖盆从发生、发展到消亡的整个演化历史。长 10 油层组沉积期湖盆开始发育，长 9 油层组沉积期—长 8 油层组沉积期为湖盆扩展期，长 7 油层组沉积期处于湖盆发育的鼎盛时期，长 6 油层组沉积期湖盆开始萎缩，长 4+5 油层组沉积期湖盆局部扩展，长 3 油层组沉积期—长 1 油层组沉积期湖盆再次萎缩。其中，长 7 油层组发育了分布最广、规模最大、品质最好且对中生界油藏油气聚集与成藏贡献最大的"张家滩"优质烃源岩，岩性为黑色页岩和暗色泥岩（杨华等，2005）；长 9 油层组沉积期湖泛规模较小，仅在英旺、志丹等局部地区发育厚度较大的暗色泥岩，形成区带性油源岩（张文正等，2007）。长 8、长 6、长 4+5 油层组以发育有机质丰度较低的粉砂质泥岩为主，同时发育薄层状暗色泥岩，累计厚度一般小于 10m，为辅助性烃源岩，另外还发育有机质丰度高的碳质泥岩，但其有机质类型较差，生烃能力有限，不属于有效烃源岩。

盆地长 7 油层组烃源岩发育规模较大，包含黑色页岩、暗色泥岩，在空间上的分布具有一定的差异性与规律性。纵向上，长 7 油层组下、中段主要发育黑色页岩，长 7 油层组上、中段则主要发育暗色泥岩；平面上，两类烃源岩的分布具有互补性（图 6-21、图 6-22），黑色页岩主要发育于湖盆中部的深湖相，最大厚度可达 35m；而黑色泥岩发育于邻近湖盆中部的半深湖相带，最大累计厚度可达 100m 以上，以盆地西北部最为发育（图 6-22）。长 9 油层组暗色泥岩主要发育在盆地的志丹、英旺等地区，发育规模小，累计厚度一般在 4～16m 之间（图 6-23）。

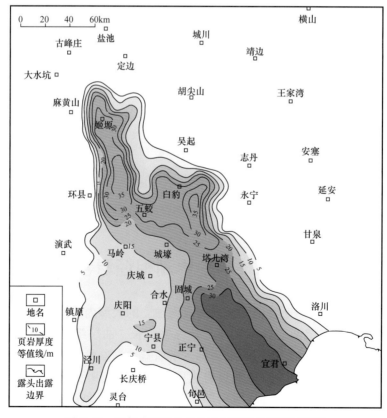

图 6-21　鄂尔多斯盆地长 7 油层组黑色页岩厚度图

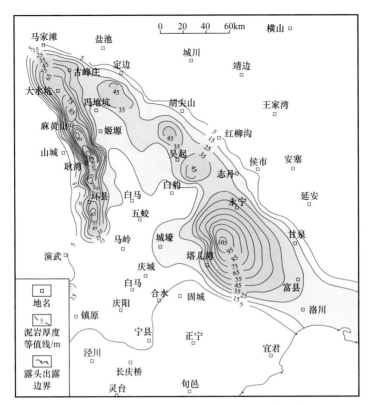

图 6-22　鄂尔多斯盆地长 7 油层组暗色泥岩厚度图

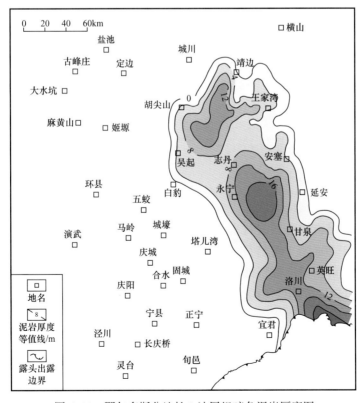

图 6-23　鄂尔多斯盆地长 9 油层组暗色泥岩厚度图

## 二、有机地球化学特征

1. 有机质丰度

1）黑色页岩

长 7 油层组黑色页岩为有机质十分富集的优质烃源岩，在陆相盆地中极为罕见。黑色页岩的有机质丰度达到高—极高，残余有机碳含量主要分布于 6%～14% 之间，最高可达 30% 以上，平均值为 14% 左右；残留可溶有机质含量（即氯仿沥青"A"）大都分布于 0.6%～1.2% 之间，最高可达 2% 以上；热解生烃潜量（$S_1+S_2$）主要为 30～50mg/g，最高可达 150mg/g 以上。

2）暗色泥岩

长 7 油层组暗色泥岩的有机质丰度较高，残余有机碳含量主要分布于 2%～5% 之间，平均 TOC 约为 4%；残留氯仿沥青"A"分布于 0.2%～1.2% 之间，平均值为 0.6%；热解生烃潜量为 4～42mg/g，平均值约为 11.7mg/g。

在盆地的志丹、英旺等地区，长 9 油层组发育一套有机质相对富集的暗色泥岩烃源岩，其残余有机碳含量主要分布于 2%～8% 之间，平均 TOC 约为 4.5%；残留氯仿沥青"A"含量分布于 0.5%～1.3%，平均值在 0.8% 左右；热解生烃潜量为 5～30mg/g，平均值约为 12.9mg/g。

除此之外，长 4+5、长 6、长 8 油层组在湖盆振荡期也发育有暗色泥岩，有机质丰度较高，各油层组平均 TOC 在 2.0%～3.0% 之间，但以薄层状为主，累计厚度一般小于 10m，具有一定的供烃能力。

3）粉砂质泥岩

长 4+5、长 6、长 8 油层组以发育有机质丰度较低的粉砂质泥岩为主，累计厚度大，但残余有机碳含量大都小于 2%，残留氯仿沥青"A"含量大都小于 0.1%，热解生烃潜量一般小于 2mg/g，生烃潜力较低。

4）碳质泥岩

长 4+5、长 6、长 8 等油层组还发育有碳质泥岩，残余有机碳含量高低不一，TOC 分布于 1%～10% 之间，大都在 2%～4% 之间。但是碳质泥岩往往发育于三角洲平原相或沼泽相，生烃能力不强。

2. 有机质性质

1）岩石热解色谱参数

中生界长 7 油层组黑色页岩具有高生烃潜量、较高氢指数（IH 为 200～400mg/g）和低氧指数（IO 小于 20mg/g）等特征，有机质类型以 I 型为主（图 6-26）。长 4+5—长 9 各层位暗色泥岩的热解色谱参数特征与长 7 油层组黑色页岩基本相似，氢指数较高（IH 为 200～400mg/g）而氧指数偏低（IO 大都小于 20mg/g），有机质类型以 I 型为主，部分为 II 型（图 6-26）。而粉砂质泥岩、碳质泥岩的热解氢指数较低（IH 均小于 300mg/g），氧指数较高—高（IO 大都分布于 40～150mg/g），有机质类型属于 II$_2$—III 型（图 6-24）。

2）干酪根性质

（1）有机显微组成。

盆地黑色页岩（长 7 油层组）、各油层组（长 4+5 油层组—长 9 油层组）暗色泥岩的干酪根以无定形类脂体（腐泥组）为主（图6-25），组分单一，前生物以湖生低等生物—藻类为主。在透射光下呈棕褐色、淡黄色，紫外光和蓝光激发下呈亮黄色、棕褐色荧光。在黑色页岩的干酪根内，细条状发亮黄色荧光的类脂体更为富集，并清晰可见分散状和条带状黄铁矿。然而，粉砂质泥岩、碳质泥岩的干酪根腐泥组组分含量相对较低，镜质组组分含量较高，属于腐殖—腐泥混合型和偏腐殖型干酪根。

（2）稳定碳同位素特征。

鄂尔多斯盆地延长组黑色页岩、暗色泥岩的干酪根均具有富稳定同位素 $^{12}C$ 特征，干酪根的 $\delta^{13}C$ 值十分接近，主要分布在 $-30‰\sim-28.5‰$ 之间（图6-26）。与中国东部地区古近系半咸水—咸水沉积的生油岩相比，长7油层组烃源岩的 $\delta^{13}C$ 值明显偏负，如东营凹陷沙四段烃源岩干酪根的总体碳同位素峰值在 $-28‰\sim-27‰$ 之间（张林晔等，1999），反映出它们在发育环境和生物种类等方面存在较大的差异。偏

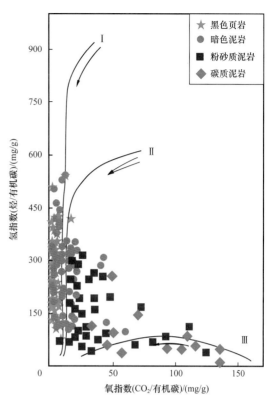

图6-24 鄂尔多斯盆地延长组烃源岩热解色谱交会图

低的碳同位素值指示延长组黑色页岩、暗色泥岩的干酪根以湖生低等水生生物为主，其沉积水体含盐度较低。粉砂质泥岩、碳质泥岩的干酪根同位素偏高，分布于 $-28.0‰\sim-23.5‰$ 之间，与偏高的镜质组组分相对应。

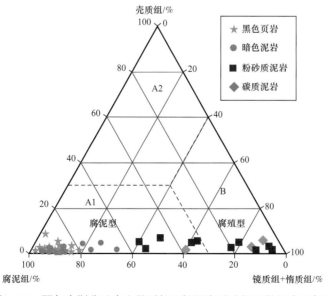

图6-25 鄂尔多斯盆地中生界延长组烃源岩干酪根显微组成三角图

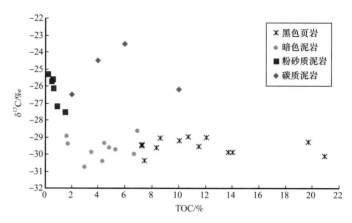

图6-26 鄂尔多斯盆地中生界延长组烃源岩干酪根碳同位素与TOC含量交会图

3）可溶有机质性质

（1）氯仿沥青"A"族组成特征。

由于鄂尔多斯盆地延长组黑色页岩的排烃程度比较高，使得残留烃性质较差（张文正等，2006）。残留氯仿沥青"A"族组成中，烃类（饱和烃＋芳香烃）含量在45%～60%之间，饱/芳比值较低，为0.86～3.00。相比而言，暗色泥岩的氯仿沥青"A"族组成中烃类含量较高，大都在50%～90%之间，绝大部分样品的饱/芳比值大于2。粉砂质泥岩与碳质泥岩的生烃能力差，排烃能力也较差，其残留氯仿沥青"A"族组成中烃类组分含量较低，一般小于40%。

（2）饱和烃色谱特征。

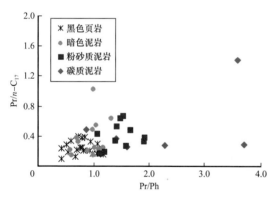

图6-27 鄂尔多斯盆地中生界延长组烃源岩Pr/Ph
与Pr/$n$-C$_{17}$交会图

黑色页岩、暗色泥岩的饱和烃色谱特征基本相似，呈单峰形，碳数范围在C$_{13}$—C$_{35}$之间，主峰碳为$n$-C$_{16}$—$n$-C$_{19}$，高碳数（＞C$_{30}$）正构烷烃的相对含量较低；呈奇偶均势（OEP值为0.95～1.21），具有低—较低的Pr/Ph比值（为0.56～1.17），较低的Pr/$n$-C$_{17}$和Ph/$n$-C$_{18}$比值（分别为0.11～0.33和0.16～0.34）（图6-27）。指示延长组黑色页岩、暗色泥岩的水体环境偏氧化，有机生物来源以低等水生生物为主。与黑色页岩、暗色泥岩相比较，粉砂质泥岩、碳质泥岩最显著的特征是Pr/Ph比值偏高（Pr/Ph＞1.0），说明二者的沉积环境更加氧化，不利于有机质的保存。

（3）甾萜烷生物标志物分布特征。

延长组烃源岩的甾烷类化合物特征相似：以规则甾烷为主，重排甾烷含量相对较低；规则甾烷中，C$_{29}$甾烷的相对含量普遍较高，C$_{28}$甾烷的相对含量略低，C$_{27}$甾烷含量较低；甾烷异构化程度较为一致，大部分样品的C$_{29}$ααα甾烷20$S$/（20$S$+20$R$）异构化参数（0.52～0.55）已达到或接近其平衡终点值，C$_{29}$甾烷αββ/（αββ+ααα）异构化参数为0.67～0.71。指示各类烃源岩母源与成熟度基本相似，其中碳质泥岩的高等植物来源贡献略大。

萜烷类化合物中三环萜烷含量相对较低，五环萜烷含量较高；伽马蜡烷含量很低，反映其形成于盐度较低的沉积环境；$C_{31}$霍烷 $22S/$（$22S+22R$）值比较接近，主要分布于 0.44～0.57 之间，均已成熟。最大的差别体现在 $C_{30}$ 重排霍烷（$C_{30}^*$）的相对含量（Zhang W Z，et al.，2009；Weiwei Y，et al.，2016），可大致分为低丰度 $C_{30}^*$、较高—高丰度 $C_{30}^*$ 与异常丰富 $C_{30}^*$ 三类。其中绝大多数黑色页岩的萜烷特征表现为低丰度 $C_{30}^*$，部分样品的 $C_{30}^*$ 相对含量偏高；暗色泥岩的萜烷特征略为复杂，主要表现为较高—高丰度 $C_{30}^*$ 和异常丰富 $C_{30}^*$ 的特征，少数样品的 $C_{30}^*$ 含量较低；粉砂质泥岩和碳质泥岩的 $C_{30}^*$ 丰度一般较低，个别样品表现为较高特征（图 6-28）。

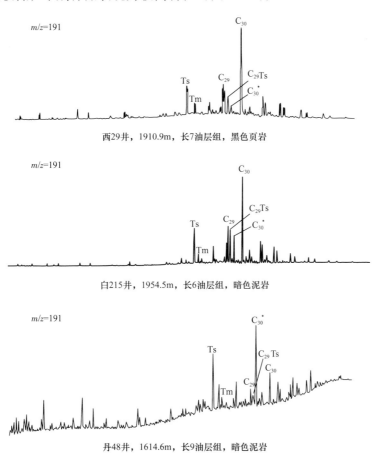

图 6-28　鄂尔多斯盆地中生界延长组烃源岩代表性萜烷类化合物分布特征

3. 成熟度

长 4+5 油层组—长 9 油层组烃源岩的 $R_o$ 主要分布在 0.7%～1.2% 之间，普遍达到成熟阶段。长 7 油层组烃源岩埋深主要分布在 1200～2600m 之间，绝大部分地区均已达到了成熟—高成熟早期，其 $R_o$ 分布于 0.9%～1.2%，岩石热解 $T_{max}$ 为 445～455℃，处于生油高峰的成熟阶段。此外，饱和烃各组分呈奇偶均势（OEP 值为 0.95～1.21），甾烷异构化指数 $C_{29}\alpha\alpha\alpha$ 甾烷 $20S/$（$20S+20R$）平均值为 0.50，$C_{29}$ 甾烷 $\alpha\beta\beta/$（$\alpha\beta\beta+\alpha\alpha\alpha$）平均值为 0.42，$C_{31}$ 霍烷 $22S/$（$22S+22R$）主要分布于 0.44～0.57，均达到或接近其热平衡终点值，同样反映了长 7 油层组优质烃源岩经历了较高的成熟作用。

志丹、英旺等地区长9油层组烃源岩的实测 $R_o$ 为0.92%～1.05%，岩石热解 $T_{max}$ 为450℃左右，饱和烃色谱参数OEP值为1.03～1.06，主峰碳为 $n\text{-}C_{17}$—$n\text{-}C_{19}$，甾萜烷成熟度参数 $C_{29}\alpha\alpha\alpha$ 甾烷 $20S/（20S+20R）$ 为0.50～0.51，$C_{31}$ 藿烷 $22S/（22S+22R）$ 为0.48～0.53，各项地球化学参数均一致反映出长9油层组烃源岩已达到生油高峰演化阶段。

## 三、油气成因与演化

### 1. 油气性质与原油类型划分

盆地中生界各地区、各产层原油均具有姥植均势、低伽马蜡烷、$\alpha\alpha\alpha\text{-}（20R）C_{27}$、$C_{28}$、$C_{29}$ 原生甾烷呈"V"形分布，原油及轻烃和正构烷烃单体烃碳同位素偏轻的淡水—微咸水湖相油型油的特征（中国含油气盆地烃源岩评价编委会，1989；张文正等，1997，2001）。但从原油的甾萜烷分布特征来看，原油中 $17\alpha（H）\text{-}C_{30}$ 重排藿烷（$C_{30}^{*}$）的丰度存在着明显的差异性。以 $C_{30}^{*}$ 的相对丰度（以 $C_{30}^{*}/C_{30}$ 藿烷比值反映）为主要依据，结合其他地球化学参数，可将中生界原油划分为三类：

Ⅰ类原油以低 $C_{30}^{*}$ 为特征。重排甾烷、降新藿烷（$C_{29}Ts$）、Ts等也为低—较低（图6-29）。$C_{30}^{*}/C_{30}$ 藿烷比值一般低于0.3，$C_{29}Ts/C_{29}$ 降藿烷比值一般低于0.6，$C_{30}$ 莫烷/$C_{30}$ 藿烷比值低于0.15，伽马蜡烷/$C_{30}$ 藿烷比值一般低于0.2，Ts/Tm比值变化较大，分布于0.5～2.0。Ⅰ类原油在盆地中生界各地区、各油层组广泛分布，是最主要的原油类型。

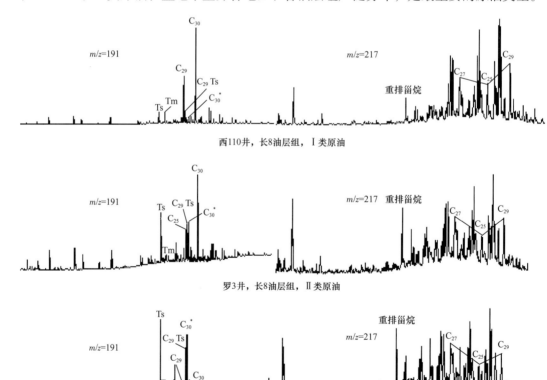

西110井，长8油层组，Ⅰ类原油

罗3井，长8油层组，Ⅱ类原油

罗44-18井，长8油层组，Ⅲ类原油

图6-29　鄂尔多斯盆地中生界各类原油的甾烷、萜烷质量色谱图

Ⅲ类原油的 $C_{30}^*$ 异常丰富。重排甾烷相对丰度也高，Ts 丰度高，相应地，$C_{30}$ 藿烷等正常藿烷的相对丰度明显偏低（图 6-30）。因而，呈高 $C_{30}^*/C_{30}$ 藿烷比值（＞1.85）、$C_{29}Ts/C_{29}$ 降藿烷比值（＞1.0）、$C_{30}$ 莫烷 $/C_{30}$ 藿烷比值（＞0.45）、伽马蜡烷 $/C_{30}$ 藿烷比值（＞0.25）、Ts/Tm 比值（＞3.5）等特征，与Ⅰ类原油的差异十分显著。该类原油目前仅发现于长 9 油层组暗色泥岩较发育的志丹地区。

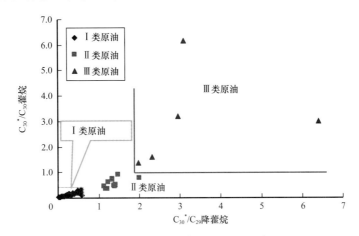

图 6-30　鄂尔多斯盆地中生界原油 $C_{30}^*/C_{30}$ 藿烷—$C_{30}^*/C_{29}$ 降藿烷分类图解

Ⅱ类的 $C_{30}^*$ 相对丰度较高—高。各项参数介于Ⅰ类原油与Ⅲ类原油。其主要特征为 $C_{29}Ts$、Ts、$C_{30}^*$ 明显比Ⅰ类原油高，$C_{30}^*$、$C_{29}Ts$ 与 $C_{29}$ 降藿烷的峰高相近，重排甾烷的丰度也相对较高（图 6-29）。相应地，$C_{30}^*/C_{30}$ 藿烷（0.35~1.6）、$C_{29}Ts/C_{29}$ 降藿烷（0.95~1.62）、$C_{30}$ 莫烷 $/C_{30}$ 藿烷（0.13~0.24）、伽马蜡烷 $/C_{30}$ 藿烷（0.07~0.74）、Ts/Tm（2.29~4.6）等参数也较高。Ⅱ类原油目前主要发现于盆地西北部姬塬地区的长 4+5、长 8、长 9 油层组和盆地中部上里塬地区的长 $8_2$ 油层。

在已分析的 123 个原油样品中（图 6-30），Ⅰ类原油占绝对多数，共有 104 个（占 84.55%）；Ⅱ类原油次之，为 14 个（占 11.38%）；Ⅲ类原油少，仅有 5 个（占 4.07%）。说明盆地中生界原油以Ⅰ类原油为主，与Ⅰ类原油相对应的烃源岩为主要烃源岩。

2. 热演化史

结合地层埋藏史、地热史，利用盆地模拟方法可以研究烃源岩的热演化史。研究结果显示，自中生代以来，鄂尔多斯盆地分别在三叠纪末、侏罗纪延安组沉积期末、侏罗纪末和早白垩世末发生了四期不均匀抬升和剥蚀事件（陈瑞银等，2006a，2006b），各时期地层剥蚀厚度差异较大。任战利等（2006，2007）对盆地构造热事件的研究表明，在中生代晚期的早白垩世（140—100Ma），盆地发生了一期构造热事件。据此，在盆地模拟过程中，盆地早白垩世的大地热流为 73~76mW/m²，现今大地热流为 60~65mW/m²。

长 7 油层组烃源岩规模最大、分布最广（图 6-31），品质较好，因而以该烃源岩为例，研究其热演化史特征。长 7 油层组烃源岩从晚侏罗世末期开始成熟（$R_o$ 为 0.5%），到早白垩世末期完全成熟（$R_o$ 为 0.8%~0.9%）（图 6-32），主要处于生油阶段。从长 7 油层组烃源岩底的生油速率图上可以看出，在距今 100Ma 左右的早白垩世末期，长 7 油层组烃源岩的生油速率最大，达到最大生烃期，对应盆地延长组地层最大埋深时期

（图6-32）。因此，盆地三叠系油藏形成的最早时间为晚侏罗世末期，石油聚集成藏的主要时期为早白垩世末期。

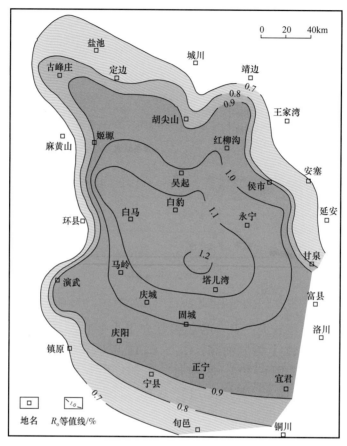

图6-31　鄂尔多斯盆地长7油层组烃源岩热演化程度平面图

3. 油气生成特征

盆地中生界延长组各层位烃源岩（包含黑色页岩、暗色泥岩）的有机质类型基本一致、成熟度接近，油气生成特征相差不大。长7油层组黑色页岩为全盆地最为重要的一套烃源岩，因而选取低成熟黑色页岩样品进行了热模拟实验。张文正等（2006）对盆地西缘逆冲带上盘的解Ⅱ-674井中的低成熟烃源岩（黑色页岩）样品进行了热模拟实验，该样品的TOC为11.2%，$R_o$为0.49%，氯仿沥青"A"转化率为3%，有机显微组分富类脂组，干酪根碳同位素值为-29.53‰，与盆地长7油层组优质烃源岩相似，代表性好。热模拟实验结果表明（图6-33、图6-34），长7油层组优质烃源岩的热演化生烃具有以下特征：（1）在成熟演化阶段（$R_o$在0.55%～1.30%，温度低于320℃），以产油为主，产气量相对较少；进入高演化阶段（$R_o$>1.64%，温度高于340℃），液态烃大量裂解成气态烃，气态烃含量增加；（2）总烃产率较高，液态烃产出高峰在280～320℃（$R_o$为0.71%～1.30%），液态烃产率达357～417kg/t，热模拟温度为600℃（$R_o$为5.44%）时，气态烃产率可达777m³/t；（3）氯仿沥青"A"产率在280℃（$R_o$为0.71%）达到峰值，随后逐步热降解或热裂解为轻质油，轻质油产出高峰在320℃（$R_o$为1.30%），产率达377kg/t。

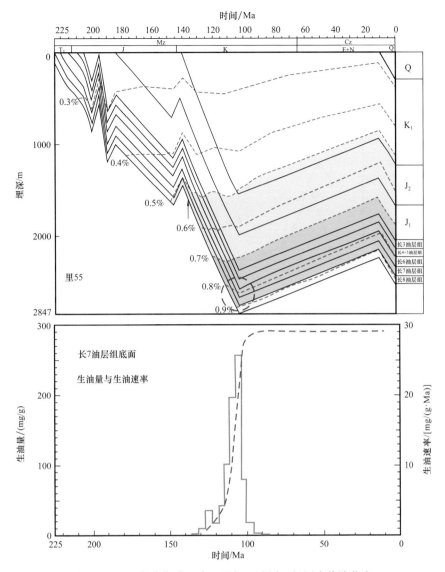

图 6-32　鄂尔多斯盆地中生界长 7 油层组烃源岩热演化史

总体而言，盆地长 7 油层组优质烃源岩的累计烃产率、油产率较高，在热演化成熟阶段，以生油为主，处于生油高峰阶段。高累计油产率与低—较低的氯仿沥青 "A" 转化率之间存在明显反差，尤其是 TOC 大于 10% 的样品，其氯仿沥青 "A" 转化率仅在 5% 左右，反映了这些优质烃源岩已发生了强烈的排烃作用，排烃程度高（张文正等，2006）。

4. 油源对比

盆地演化与烃源岩的有机地球化学特征表明，长 7 油层组沉积期是晚三叠世鄂尔多斯湖盆的最大湖泛期，在湖盆中心的广大范围沉积了富含有机质的黑色页岩（优质烃源岩）（杨华等，2005）。在湖盆西北部的半深湖相带，暗色泥岩较为发育，累计厚度可达30～100m。长 9 油层组沉积期为湖盆发展初期的次一级湖泛期，仅在志丹地区南部的局部凹陷发育厚度为 5～18m 的暗色泥岩（张文正等，2007）。长 4+5、长 6、长 8 油层组暗色泥岩不太发育，仅在湖盆振荡沉降期的较深水区发育暗色泥岩，单层厚度小，累计厚度一般小于 10m。此外，长 4+5 油层组—长 8 油层组粉砂质泥岩、碳质泥岩发育，但其有机质类型较差，生烃能力差。因此，以长7油层组黑色页岩、长4+5油层组—长9油层组暗色泥岩为对象对比分析有效烃源岩。

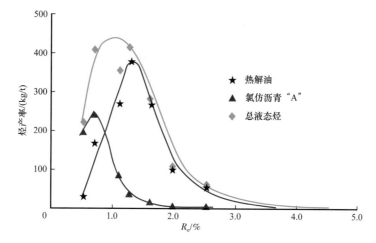

图6-33 解674井长7油层组黑色页岩热模拟液态烃产率曲线

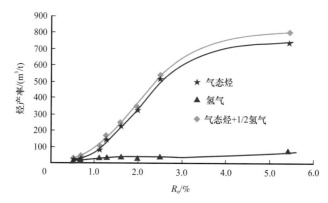

图6-34 解674井长7油层组黑色页岩热模拟气态烃产率曲线

与原油相类似，长4+5油层组—长9油层组烃源岩的$C_{30}^*$相对丰度差异明显，表现为低丰度重排藿烷、较高—高丰度重排藿烷与异常丰富的重排藿烷特征。其中呈现异常丰富重排藿烷特征的烃源岩样品主要发育于志丹地区的长7、长9油层组暗色泥岩中，与Ⅲ类原油分布地区一致。呈低重排藿烷相对丰度特征的长7油层组黑色页岩（优质烃源岩）样品具有独立的分布区（图6-35、图6-36），其特征与Ⅰ类原油特征相似，该类烃源岩为中生界主要的油源岩。具较高—高丰度重排藿烷特征的Ⅱ类原油与部分长7油层组黑色页岩、长4+5油层组—长8油层组暗色泥岩均存在较好的亲缘关系（图6-35、图6-36）。但Ⅱ类原油主要分布于姬塬地区，即长7油层组暗色泥岩、黑色页岩较为发育的地区，在这些地区长4+5、长6、长8、长9油层组暗色泥岩的发育规模十分有限，因而长7油层组暗色泥岩（黑色页岩次之）应是这些地区Ⅱ类原油的主要油源岩，此外，其他层段的暗色泥岩可作为辅助油源岩。Ⅲ类原油具有高丰度的重排藿烷特征，与Ⅲ类原油分布区（如志丹南部地区）的长7油层组暗色泥岩、长9油层组暗色泥岩的甾萜烷特征十分相似，但与长7油层组黑色页岩特征明显不同。这些地区长9油层组暗色泥岩比较发育，长7油层组暗色泥岩不发育，因而长9油层组暗色泥岩为志丹南部地区的主要油源岩。

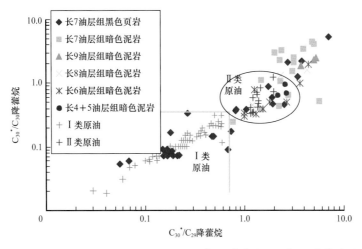

图 6-35　鄂尔多斯盆地中生界原油—烃源岩 $C_{30}^{*}/C_{29}$ 降藿烷—$C_{30}^{*}/C_{30}$ 降藿烷对比图解

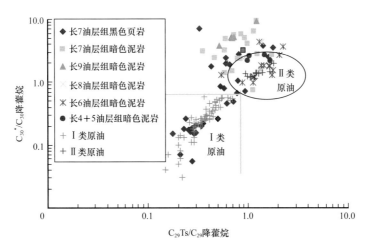

图 6-36　鄂尔多斯盆地中生界原油—烃源岩 $C_{29}Ts/C_{29}$ 降藿烷—$C_{30}^{*}/C_{30}$ 降藿烷对比图解

5. 主力优质烃源岩发育机理

在长 7 油层组发育早期，盆地区域构造活动十分强烈，地震、火山、热水等活动频繁（张文正等，2009，2010），引起大规模湖泛，湖盆快速扩张，发育了大范围的半深湖—深湖沉积环境。湖底热水和中、酸性火山灰的水解作用提供了大量无机营养盐，促进了富营养湖盆的形成。尤其是湖底热水作用，在一定程度上提高了水体（底层）的温度、促进水体的循环和火山灰的水解，在营养物质的供给、促进生物勃发中起着关键性的作用（张文正等，2010）。这些因素共同引起高生物生产力的产生，表现为 $P_2O_5$、Fe、Mo、V、Cu、Mn 等营养元素的富集及其与 TOC 之间的正相关关系，说明高生产力是沉积物中有机质富集的先决条件。

同时，高生产力形成的有机质堆积，可引起强烈的细菌降解等生化作用，菌解作用等的耗氧性可促进底层水或表层沉积物缺氧环境的形成，从而有利于有机质的保存和富集。另外，湖泛期的湖盆中心欠补偿沉积相带—深湖相带更有利于有机质的富集。在此有利环境与条件下，形成了厚度较稳定、分布最广、规模最大、品质最好、有机质十分富集的长 7 油层组黑色页岩烃源岩，为鄂尔多斯盆地中生界的主力油源岩。

## 四、烃源岩生排烃规模评价

长 7 油层组黑色页岩有机质丰度高—极高，有机质类型好，处于生油高峰期，因而该套烃源岩生烃能力强，最高生烃强度可达 $550 \times 10^4 t/km^2$（图 6-37），平均生烃强度约为 $300 \times 10^4 t/km^2$，总生烃量达 $720 \times 10^8 t$。长 7 油层组黑色页岩生烃能力强，油产率高而残余孔隙度较低，决定了其具有较高的排烃效率（平均排烃率高达 72%），排烃强度可达 $400 \times 10^4 t/km^2$，总排烃量约为 $520 \times 10^8 t$。同时这一优质烃源岩能够提供富烃、低含水的"优质流体"，为中生界低渗透—致密油藏的石油富集创造了十分有利的条件（张文正等，2006）。

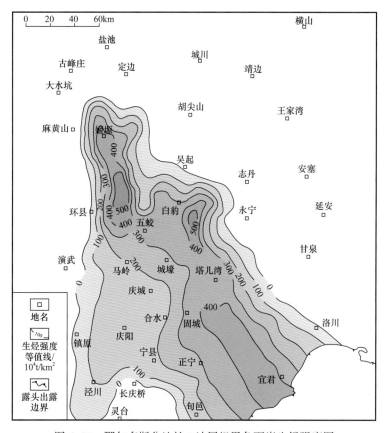

图 6-37　鄂尔多斯盆地长 7 油层组黑色页岩生烃强度图

长 7 油层组暗色泥岩有机质丰度略低于黑色页岩，平均约为 4%，但其在姬塬、塔尔湾等地区厚度较大，生烃强度可达 $400 \times 10^4 t/km^2$（图 6-38），总生烃量约为 $400 \times 10^8 t$。长 7 油层组暗色泥岩排烃强度中等，平均排烃率约为 44%，最大排烃强度约为 $177 \times 10^4 t/km^2$，总排烃量约为 $170 \times 10^8 t$，在盆地局部地区的石油富集中起到了重要作用。

鉴于长 9 油层组暗色泥岩有机质类型、成熟度与长 7 油层组黑色页岩基本一致，因而其烃产率相近，取烃产率 400kg/t，平均 TOC 约为 4.5%，平均排烃率为 33% 左右（张文正等，2007），进行生排烃评价。长 9 油层组暗色泥岩生烃强度主要分布在 $20 \times 10^4 \sim 90 \times 10^4 t/km^2$（图 6-39），排烃强度主要为 $5 \times 10^4 \sim 30 \times 10^4 t/km^2$，总生烃量约为 $107 \times 10^8 t$，排烃量约为 $35 \times 10^8 t$，可为局部地区储层提供油源。

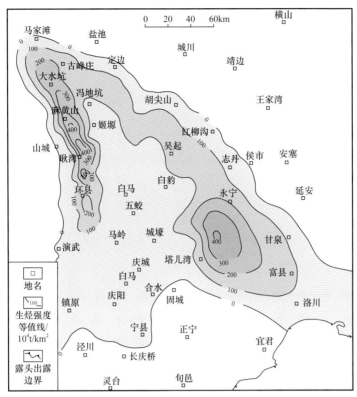

图 6-38　鄂尔多斯盆地长 7 油层组暗色泥岩生烃强度图

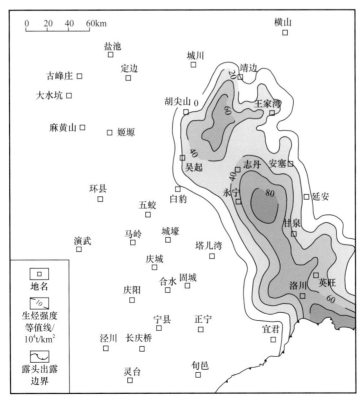

图 6-39　鄂尔多斯盆地长 9 油层组暗色泥岩生烃强度图

总之，长 7 油层组黑色页岩在鄂尔多斯盆地中生界含油气系统的油气成藏富集中起到了最重要的作用，该套页岩虽然厚度不大，但是有机质极为富集、有机质热演化程度适中、分布十分稳定，因而其生排烃规模较大，为主力油源岩；其次为长 7 油层组暗色泥岩，其有机质较为富集、热演化程度适中，与长 7 油层组黑色页岩呈相互补偿关系，在姬塬、塔尔湾等地区的油气富集中起到重要作用；再次为长 9 油层组暗色泥岩，有机质丰度较高、热演化程度适中、生排烃规模较小，可为局部地区提供油源，属于区带性油源岩；此外，长 8、长 6、长 4+5 油层组发育一些薄层状暗色泥岩，累计厚度一般小于 10m，可作为辅助性烃源岩。

# 第七章　储　　层

鄂尔多斯盆地沉积盖层中发育了 3 套含油气储层。由老到新依次为：下古生界奥陶系海相碳酸盐岩天然气储层；上古生界石炭系本溪组，二叠系太原组、山西组、石盒子组和石千峰组碎屑岩天然气储层；中生界三叠系延长组和侏罗系延安组、富县组陆相碎屑岩油气储层。本章主要从储层岩石类型与岩石学特征，孔隙类型、孔隙结构与物性特征，储层平面分布规律，成岩作用及孔隙演化特征，储层分类评价等方面论述。

## 第一节　下古生界海相碳酸盐岩储层

根据沉积环境的差异、岩性、储集空间类型、孔隙成因机理等特点，可将鄂尔多斯盆地奥陶系有效储集体类型划分为风化壳型、白云岩型、岩溶缝洞型和台缘礁滩型。各类型储集体发育层位和分布特征在盆地不同构造单元有所差异。其中，风化壳型和白云岩型储集体主要分布于中央古隆起以东的盆地中东部地区，岩溶缝洞型和台缘礁滩型储集体分布于中央古隆起以西的盆地西部地区（表 7-1）。

表 7-1　鄂尔多斯盆地下古生界储集体类型及特征表

| 储集体类型 | 岩石类型 | 储集空间类型 | 孔隙成因 | 发育层位 | 代表气田（地区） |
|---|---|---|---|---|---|
| 风化壳型 | 泥粉晶白云岩 | 溶孔、铸模孔 | 大气淡水淋溶 | 马五$_{1-4}$亚段、马二段、马三段 | 靖边气田 |
| 白云岩型 | 粗粉晶—细晶晶粒状白云岩 | 晶间孔 | 混合水白云岩化 | 马五$_{5-10}$亚段、马四段 | 靖西中组合 |
| | | | 埋藏白云岩化 | 寒武系 | 陇东地区 |
| 岩溶缝洞型 | 石灰岩 | 孔洞、洞穴充填砾间微孔及裂缝 | 风化壳期缝洞系岩溶作用 | 克里摩里组 | 盆地西部 |
| 台缘礁滩型 | 颗粒灰岩及礁灰岩 | 溶孔骨架孔 | 台缘礁滩体早表生期溶蚀或云化 | 克里摩里组（马六段） | 盆地西部、南缘 |
| | 细晶—中晶白云岩 | 晶间孔残余格架孔 | | | |

## 一、风化壳型

### 1.岩石学特征

风化壳型储层以泥粉晶白云岩和细粉晶白云岩为主，部分为泥晶白云岩，少量含泥云岩和次生灰化云岩以及细晶白云岩，一般都含硬石膏结核，局部可见硬石膏条带或团块。矿物组成以白云石为主，占 50%～99%，方解石占 0～50%，泥质占 1%～15%，其他如黄铁矿、石英、萤石、磷铁矿等含量通常不足5%。白云石晶体的晶形一般较差，自形程度低，呈紧密镶嵌状排列；方解石多充填孔隙，或为次生交代矿物。白云岩基质多呈泥粉晶结构，略显微细纹层或干裂角砾化构造，其中存在准同生期形成的膏质或膏云质结核及膏盐矿物晶体等易溶矿物。

2. 孔隙类型与孔喉结构特征

靖边地区下古生界储层主要发育在奥陶系马家沟组上部的白云岩中。岩心观察及岩石薄片、扫描电镜等综合分析表明，储集空间主要由溶孔、膏（盐）晶体铸模孔、晶间微孔及各种类型的微裂缝构成，基本不发育原生孔隙。此外，还可见缝合线、角砾间孔等次要孔隙类型。

1）球状溶孔（核模孔）

该区奥陶系白云岩储层中的孔隙类型主要是选择性溶孔，其形成主要与易溶膏盐矿物的淡水溶解作用有关，其中最主要的球状（斑状）溶孔可能主要由（硬）石膏结核或膏云质结核在表生期或风化壳形成期的淋滤溶解而成。因此该类溶孔应叫作"核模孔"似乎更合适。球状溶孔或核模孔孔径大小一般在3～5mm之间，呈近圆形或椭圆形，大小较均匀，多成层集中分布，是本区白云岩储层中占主导地位的储集空间，主要分布在马五$_1^3$小层和马五$_4^1$小层两个主力储集层段。在这两个主力储集层段中，斑状溶孔极为发育，溶孔面积占岩心面积的10%～30%，大多被泥粉晶白云石、方解石、自生石英等半充填，局部地区为方解石及白云石完全充填，常可见明显的"示底"充填构造特征（图7-1a、b、c）。

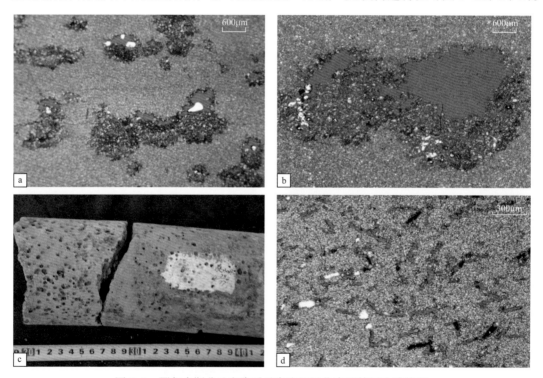

图7-1　鄂尔多斯盆地奥陶系马家沟组风化壳型储层孔隙特征

a. 泥晶白云岩，发育溶孔，3915.50m，马五$_1$亚段，陕344井；b. 泥晶白云岩，发育溶孔，3273.89m，马五$_4^1$小层，陕234井；c. 泥晶白云岩，发育溶孔，3273.89m，马五$_1$亚段，陕230井；d. 粉晶白云岩，发育膏模孔，3629.10m，马五$_4$亚段，陕30井

2）晶体铸模孔

马家沟组白云岩中的晶体铸模孔隙也较为普遍，以膏模孔最为发育，如果膏模孔集中发育则可成为有效储集层段。如靖边地区的马五$_2^2$小层白云岩储层即以膏模孔为主要储集空间，面孔率可达 3%～6%。除膏模孔外，局部层段还可见石盐晶体溶解形成的盐模孔，但明显不及膏模孔发育得那么普遍。

膏模孔在靖边地区主要呈板条状和针状两种形态，部分层段为方解石或自生石英充填，成为石膏假晶。板条状膏模孔由较大的板条状石膏溶解而成，孔隙形态较规则，多在 0.3～0.6mm 之间，孔隙长 / 宽比一般小于 5/1，当局部被充填时多以方解石充填为主，次为白云石及少量自生石英。针状膏模孔则由晶体较小的针状（或毛发状）石膏溶解而成，具明显单向延长特征，孔隙长轴 0.3～0.5mm，短轴 0.02～0.05mm，孔隙长 / 宽比一般大于 10/1，当局部被充填时以方解石充填为主，次为自生石英（图 7-1d）。

3）微裂缝

马家沟组储层中普遍发育微裂缝，根据其成因可分为构造裂缝、成岩收缩缝、风化裂隙（重力缝）、层间缝及缝合线等多种类型。但对储层物性与储、渗性能起关键作用的主要是风化裂隙、构造缝和层间缝。另外，各种裂隙都可因溶蚀改造扩大而成为溶蚀缝。

毛细管压力曲线特征能很好地反映储层孔隙结构特征，其曲线形态是表征各级喉道所连通的孔隙占总孔隙的百分数并且包括了孔隙和喉道两方面的内容，从三维空间反映了孔隙的大小及其与喉道的匹配关系。

风化壳溶孔型储集体孔喉类型较多，根据本区奥陶系储层的孔隙和喉道的配置关系，储层类型比较好的主要有两种：大中孔细喉型和中小孔细喉型。其中大中孔细喉型储集空间以豆状溶孔、晶间溶孔、粒间溶孔、膏模孔等为主，并在此基础上赋存大量晶间孔。孔隙分布相对较均一，孔隙度一般为 8%～14%，孔喉宽度一般为 2.34～49.02μm，排驱压力很低，多在 0.015MPa 左右，曲线呈宽缓台阶型形态，较粗歪度，进汞饱和度高达 85%～95%，具有裂缝—孔洞型特征。中小孔细喉型储集空间以溶蚀孔洞为主，并伴生少量晶间孔、晶间溶孔、膏模孔及网状微裂缝为通道的孔、洞、缝网络。孔隙度为 27.1%～5.63%，渗透率为 0.2～5.23mD，有效面孔率一般为 7.2%～109%，孔隙喉道半径为 0.06～2.05μm，排驱压力小，喉道半径较大，毛细管压力曲线形态有上凸的趋势，细歪度，孔喉分选较好，具有孔隙型特征，为较好的储层类型（图 7-2）。

3. 成岩作用及孔隙演化特征

成岩作用指沉积物沉积下来以后直到遭受风化作用或变质作用这一过程之前所经受过的所有物理、化学、生物及有机—无机和水—岩之间发生的一切变化。成岩作用对碳酸盐岩储层储集性能的影响既有充填导致储层物性降低的破坏性成岩作用，又有改善原有孔隙或形成次生孔隙、提高储集性能的建设性成岩作用。对风化壳型储层的储集性具有明显影响的成岩作用类型以白云岩化、压溶压实、胶结交代、重结晶等作用为主。其中古岩溶作用、胶结交代作用是对该类储层孔隙的形成与演化起关键性的成岩作用。

按照新颁布的碳酸盐岩成岩阶段划分规范标准（SY/T 5478—2019），将风化壳型储层所经历的成岩阶段划分为准同生成岩、表生成岩、早成岩、中成岩和晚成岩五个阶段（图 7-3）。不同阶段的成岩作用和孔隙演化特征如下所述。

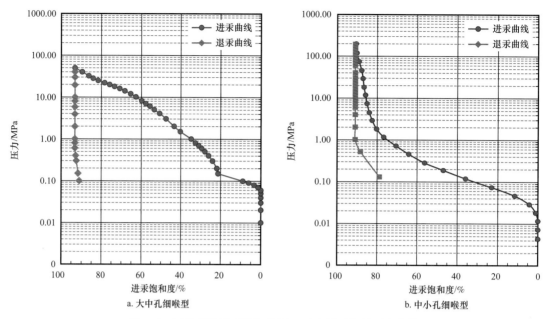

图 7-2　风化壳溶孔型储集体马五 $_4^1$ 小层毛细管压力曲线

准同生成岩阶段：灰泥沉积物从搬运状态稳定下来，由于埋深很浅仍维持常温状态，主要处于氧化环境和弱碱性条件。沉积物中的孔隙水尚未脱离沉积盆地底层水体的影响，在盆地内表现为高盐度，含较高浓度的 $Mg^{2+}$、$Ca^{2+}$、$Sr^{2+}$ 等离子。该阶段主要发生海底胶结作用和准同生白云岩化作用，原始沉积灰泥的大部分在未固结或半固结状态下经高盐度卤水交代形成泥晶—细粉晶白云岩，其在后期可局部重结晶形成颗粒稍粗的粉晶—细晶白云岩。疏松灰泥沉积物的原生孔隙经海底胶结和白云岩化作用后大量减少，该阶段一般残留孔隙仅在 5% 以下。

表生成岩阶段：自马六段沉积期末的海退之后，研究区经历了漫长的表生成岩阶段。该阶段马家沟组位于距地表 100m 以内的深度范围，基本仍处于古常温状态、氧化和弱酸性条件。影响成岩作用的水介质为大气淡水及其在地下运动时受到一定程度改造的地层水。该阶段的成岩作用主要为近地表的古岩溶作用，在垂直淋滤带和水平潜流带中形成大量的淋溶管道、溶缝、溶孔、溶洞、溶模孔等储集空间，虽然这些储集空间多数很快被水流所携带的地表风化物或岩溶过程中所产生的各种碎屑物质，以及稍晚的各种淡水胶结组分所充填（图 7-4），但仍会保留部分半充填的缝、孔、洞和微细缝隙，为其后埋藏期岩溶水提供了良好的渗流溶解基础。

早成岩阶段：主要处于浅—中深的（埋深数十米至 2000m）埋藏环境，温度范围大致在常温至 85℃。由于有机质和细菌作用，水介质开始呈弱碱性和弱还原条件。该阶段早期的成岩作用是以碳酸盐类自生矿物的胶结交代作用为主导的成岩作用，主要形成颗粒细小、较为洁净的淡水方解石或白云石，这一期的碳酸盐胶结使表生古岩溶形成的孔、缝空间进一步减少。该阶段晚期，有机质的热演化已接近生油窗，由于干酪根中的含氧基团脱落、氧化等作用而形成大量有机酸，开始了埋藏期的古岩溶作用，主要对表生岩溶阶段形成的各类储集空间再溶和扩溶，使各类缝隙边界受溶拓宽。另外，由于溶解和邻近泥岩压释流体的进入，为储层流体介质提供了大量 $Si^{4+}$、$Na^+$、$K^+$、$Al^{3+}$、$Ca^{2+}$、

$Fe^{3+}$ 和 $Mg^{2+}$ 等离子，故在一定条件下可引起埋藏白云石化，形成沿缝合线的畸形白云石或在部分含泥质泥晶灰岩中分散分布的菱形白云石晶体。同时在一些局部环境中引起少量自生矿物的沉淀胶结作用，主要有自生石英、硬石膏、高岭石等（图7-4）。由于孔隙水性质的改变，白云岩的重结晶作用在晚期开始增强。由于早期的岩溶作用所产生的次生孔隙，该阶段可使储层的平均孔隙度增加6%～8%。

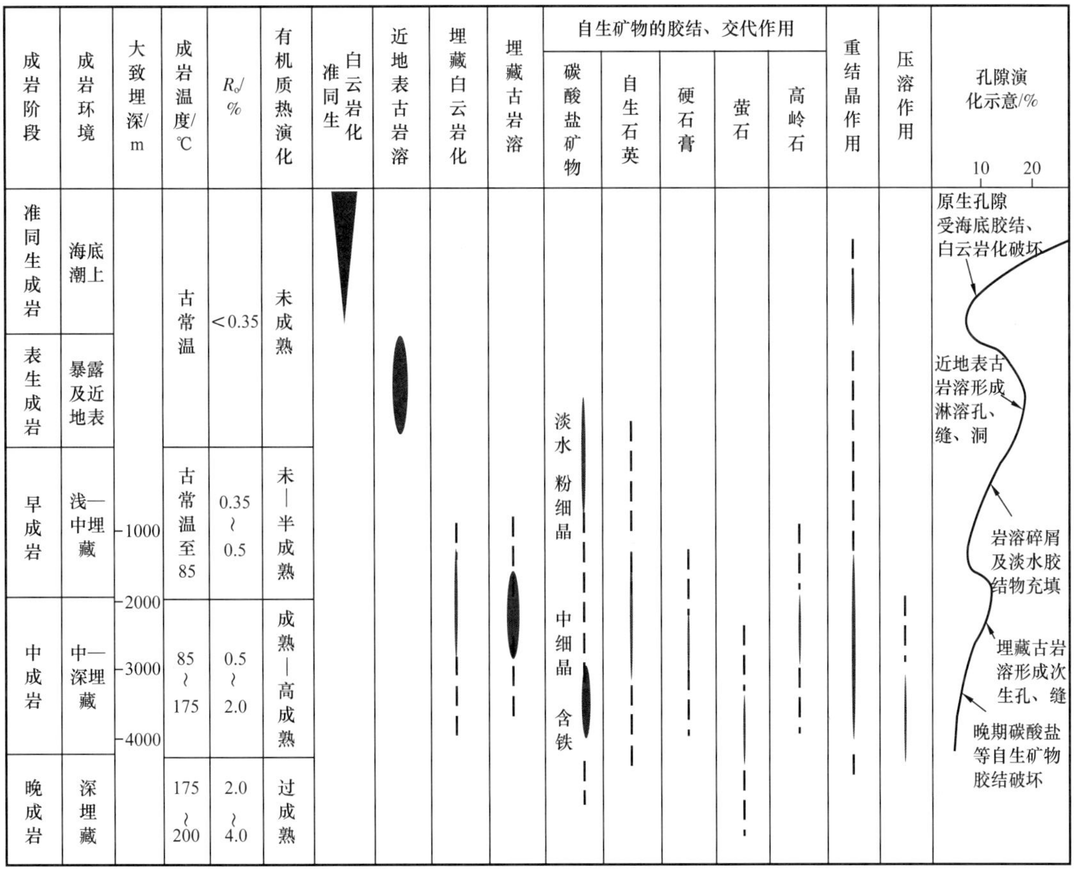

| 成岩阶段 | 成岩环境 | 大致埋深/m | 成岩温度/℃ | $R_0$/% | 有机质热演化 | 白云岩化准同生 | 近地表古岩溶 | 埋藏白云岩化 | 埋藏古岩溶 | 自生矿物的胶结、交代作用 | | | | | 重结晶作用 | 压溶作用 | 孔隙演化示意/% |
|---|---|---|---|---|---|---|---|---|---|---|---|---|---|---|---|---|---|
| | | | | | | | | | | 碳酸盐矿物 | 自生石英 | 硬石膏 | 萤石 | 高岭石 | | | 10  20 |
| 准同生成岩 | 海底潮上 | | 古常温 | <0.35 | 未成熟 | | | | | 淡水粉细晶 中细晶 含铁 | | | | | | | 原生孔隙受海底胶结、白云岩化破坏 |
| 表生成岩 | 暴露及近地表 | | | | | | | | | | | | | | | | 近地表古岩溶形成淋溶孔、缝、洞 |
| 早成岩 | 浅—中埋藏 | -1000 | 古常温至85 | 0.35~0.5 | 未—半成熟 | | | | | | | | | | | | 岩溶碎屑及淡水胶结物充填 |
| 中成岩 | 中—深埋藏 | -2000 -3000 -4000 | 85~175 | 0.5~2.0 | 成熟—高成熟 | | | | | | | | | | | | 埋藏古岩溶形成次生孔、缝 |
| 晚成岩 | 深埋藏 | | 175~200 | 2.0~4.0 | 过成熟 | | | | | | | | | | | | 晚期碳酸盐等自生矿物胶结破坏 |

图 7-3　鄂尔多斯盆地风化壳储层成岩作用阶段及孔隙演化特征

中成岩阶段：埋深为2000～3700m，温度为85～170℃。该阶段早期，埋藏岩溶作用仍较强烈，使储层的平均孔隙度增加3%～5%，但由于自生石英、硬石膏、高岭石的胶结作用、埋藏白云石化和重结晶作用的继续进行，对新形成的次生孔隙有一定程度的破坏。该阶段中晚期，由于有机酸的脱羧作用，其浓度逐渐降低，体系的pH值有所增加，同时伴随 $CO_2$ 分压的升高，引起深埋藏期碳酸盐矿物（包括白云石、含铁—铁白云石、方解石、含铁—铁方解石等）的胶结作用（图7-4）。这些碳酸盐矿物除充填残余的原生孔隙和次生孔隙外，同时对颗粒及先期形成的胶结组分进行较强烈的交代作用，对储集性具有较大的破坏性，可使孔隙度减少3%～6%。

晚成岩阶段：石炭纪之后，中奥陶统开始快速由浅埋藏过渡为中、深埋藏阶段，到白垩纪达到最大埋深，埋藏深度大于4000m，温度在85~170℃。随着埋藏深度的增加、温度升高，成岩水介质特征可能有热水参与的地层水介质，有机溶液明显参与了成岩反应。岩石发生压实、压溶、重结晶作用、在风化壳溶蚀孔洞中大量中—巨晶方解石、中—巨晶白云石、萤石、石英充填，并伴随生排烃有机酸产生的埋藏期溶蚀作用，埋藏期及早期物质发生溶蚀，溶蚀孔洞内见沥青充填现象。

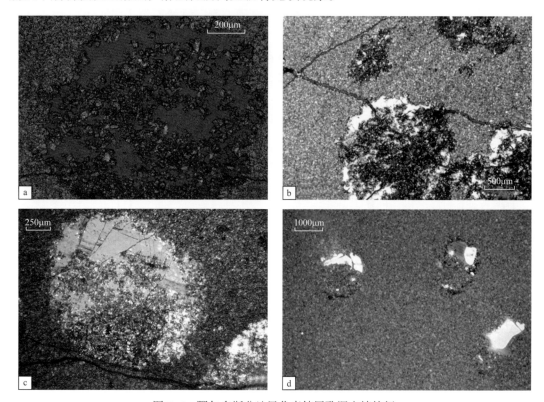

图 7-4 鄂尔多斯盆地风化壳储层孔洞充填特征

a. 白云石充填，3754.33m，马五$_4^1$小层，陕 356 井；b. 白云石、淡水方解石充填，3829.7m，马五$_1^3$小层，陕 291 井；c. 硬石膏和方解石充填，3256.6m，马五$_4^1$小层，陕 109 井；d. 石英、高岭石和黄铁矿充填，4126.19m，马五$_4^1$小层，陕 371 井

### 4. 储层分布

风化壳溶孔型储集体主要发育于奥陶系马五段蒸发潮坪白云岩中，主要分布在盆地中东部地区（杨华等，2013）。由于经历了海退—海进沉积旋回，有效储集层段在纵向上具有旋回性分布的特征，其中主力储层主要分布在马五$_1^3$和马五$_4^1$两个小层中（图 7-5、图 7-6）。近期勘探发现，除马五$_1$亚段—马五$_4$亚段之外，在马五$_6$、马五$_8$及马五$_{10}$亚段膏盐岩段也发育类似的溶孔型储集体。该类储集体的空间分布特征是单层厚度较薄，通常为 1～3m，局部受风化壳期侵蚀沟槽的影响，其分布常有中断外，该类储集体横向分布极为稳定，在百千米以上范围内都可追踪对比。通常风化壳储层的发育深度多在奥陶系顶面以下 30～50m 的范围内，盆地偏西靠近古隆起的岩溶高地（台地）区略深，可达 60～80m，而到盆地东部的岩溶盆地区略浅，局部在 30m 以内。

## 二、白云岩型

### 1. 岩石学特征

该类储集体储层的岩石主要为粗粉晶—细晶结构白云岩。白云石晶粒大小一般在 40～150μm，通常自形程度较高，多为半自形—自形粒状，晶粒结构，结构较均一，多为块状或厚层状构造，纹层一般不太发育。

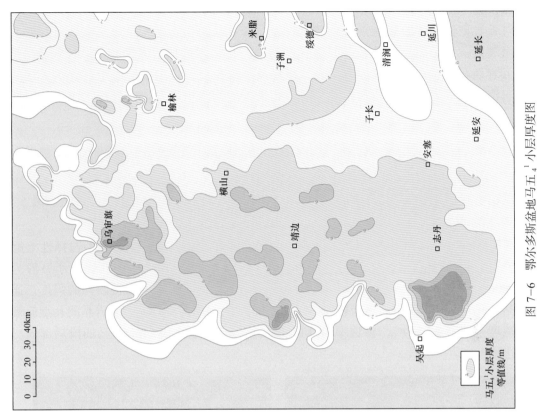

图 7-6 鄂尔多斯盆地马五₄¹小层厚度图

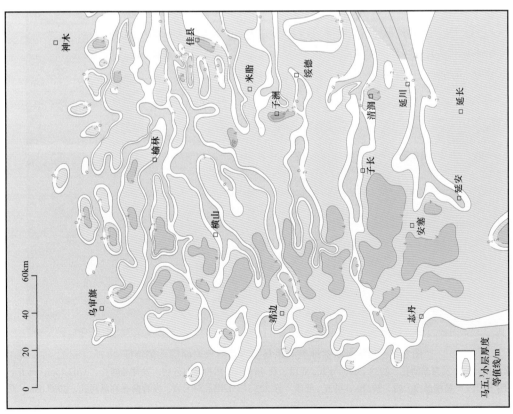

图 7-5 鄂尔多斯盆地马五₁³小层厚度图

2.孔隙类型及孔喉结构特征

白云岩型储集体的储集空间类型主要为白云石晶间孔（局部同时发育晶间溶孔），次为微裂缝。白云岩晶间孔及晶间溶孔的形成与白云岩的成因紧密相关。以马五$_5$亚段白云岩及马四段白云岩成因为代表，粗粉晶—细晶白云岩主要形成于混合水云化的近地表浅埋藏成岩环境，晶间孔及晶间溶孔是碳酸盐沉积物发生白云石化作用的同期产物。

1）晶间孔

由于储层岩石中的白云石晶体通常具有较好的自形程度，晶粒支架构成的晶间孔多为多面体或三角形几何形态，孔壁平直光滑，孔径大小一般为10~50μm，面孔率为1%~5%，少数可达10%以上，是最重要的储集空间类型，如古隆起东侧的统46等井（图7-7）。

2）晶间溶孔

晶间溶孔是在晶间孔的基础上经过淡水溶蚀扩大或碳酸盐等矿物发生选择性溶解所致。镜下常见白云石晶体被溶蚀成港湾状，孔隙形态呈不规则状，孔径大小一般为30~200μm，大小悬殊，分布不均。其发育程度取决于岩石结构及其被溶蚀的强度。通常细晶白云岩较泥晶及粗晶白云岩的晶间溶孔更为发育（图7-7）。白云岩晶间孔型储集体孔隙度一般为2%~9%，渗透率为0.1~6mD，厚度一般在3~10m。马四段局部储层厚度达数十米。

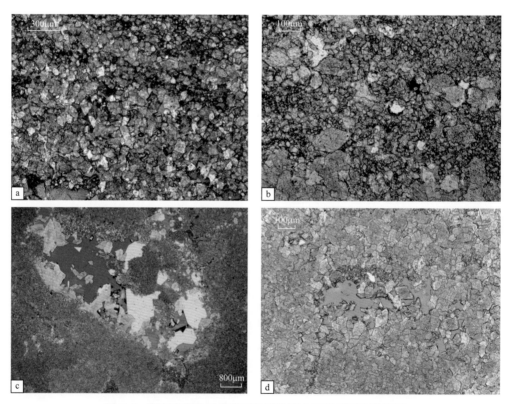

图7-7 鄂尔多斯盆地奥陶系马家沟组白云岩储层孔隙特征

a.粗粉晶白云岩，发育晶间孔，2989.78m，马五$_5$亚段，统46井；b.粗粉晶白云岩，发育晶间孔，3702.15m，马五$_5$亚段，桃10井；c.粉细晶白云岩，3921m，马五$_5$亚段，苏203井；d.细晶白云岩，发育溶孔和晶间孔，3983.08m，马五$_5$亚段，苏345井白云岩晶间孔型储集体发育大量晶间（溶）孔，平均孔隙度为4.6%，平均渗透率为0.431mD。毛细管压力曲线形态为低平斜坡型，排驱压力一般为0.2～3.0MPa，喉道中值半径主要为0.02～0.5μm，储层孔喉分选好，歪度值（$S_{kp}$）为0.53～1.69，属于粗歪度。总体上看，具宽缓平台是晶间孔型粉—中细晶白云岩储层的显著特征，主力储层孔隙结构总体表现为孔喉相对较大、分选较好、较粗歪度（图7-8），具较好的储渗性能，是研究区较好的孔隙性储层。

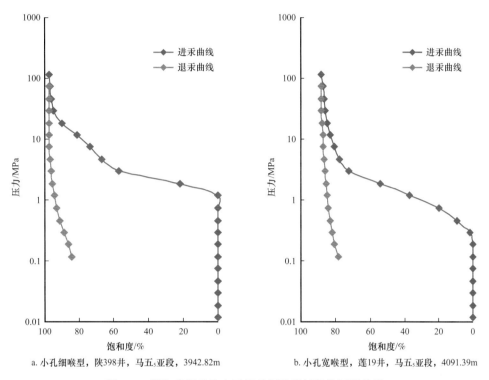

a. 小孔细喉型，陕398井，马五₅亚段，3942.82m　　b. 小孔宽喉型，莲19井，马五₅亚段，4091.39m

图 7-8　鄂尔多斯盆地白云岩晶间孔型储集体压汞曲线

**3. 成岩作用及孔隙演化特征**

根据白云岩晶间孔型储层钻井的岩心观察及铸体薄片、阴极发光、电子探针、流体包裹体及同位素、元素等分析结果，认为碳酸盐岩储层主要经历了如下成岩作用：藻粘结作用、压实压溶作用、胶结充填作用、白云化作用、重结晶作用、溶蚀作用、去云化作用、构造破裂作用等。其中对储层改造具有建设性作用的主要包括白云化作用、溶蚀作用、构造破裂作用等，起破坏作用的主要包括压实作用、胶结充填作用、重结晶作用等。

综合储层形成机理研究，研究区存在晶间（溶）孔型、溶孔型和裂缝—溶孔型三种类型的储层，它们的形成过程存在较大的差异。研究区储层孔隙的形成改造过程主要包括以下四种类型（图7-9）。

1）"白云化—晶间孔隙—部分充填"型储层

研究区白云化程度适中—较强的白云岩储层，多以微—粉晶、粉晶白云岩为主，白云石晶形较好，晶间孔为最重要的储集空间。由于该类白云岩具有较好的稳定性，表生期的岩溶作用对该类岩石的影响和改造主要表现为部分灰质成分被溶蚀，增加晶间孔隙；埋藏期温压条件的升高使白云石发生一定的溶蚀，形成部分晶间扩大溶孔，会有效增加储层的孔隙。由于孔隙空间流体性质的变化，部分晶间孔在埋藏期会发生一定程度的充填，但大部分该类型储层仍保留了较多孔隙。该类型白云岩主要分布于渗透回流白云化靠近卤水源头位置，具有发生较强白云化的合适条件。该类孔隙形成改造过程主要受白云化作用控制。

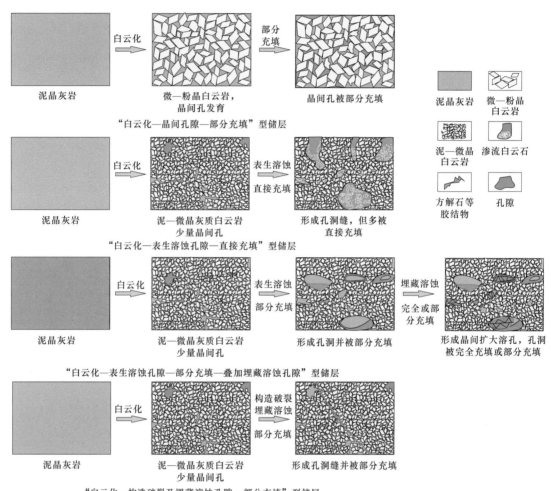

图 7-9  鄂尔多斯盆地奥陶系中组合储层孔隙演化过程示意图

2）"白云化—表生溶蚀孔隙—直接充填"型储层

受白云石化流体中 $Mg^{2+}$ 浓度和原始石灰岩孔渗性能在空间上的分布差异等因素影响，白云石化作用会在不同位置形成不同大小的白云石晶体，具有明显的不均一性。由于中奥陶世末期强烈的表生岩溶作用，在潜水面附近往往使上述白云岩类储层发生溶蚀，形成较大规模的溶蚀孔洞缝，这些溶蚀的孔洞缝中会被溶蚀形成的渗流白云石充填。另外由于潜水面附近大气淡水的氧化环境易于形成方解石胶结物，后者往往使溶蚀孔洞缝很快发生较大程度的充填。但这类岩石在埋藏期受埋藏流体作用可能发生一定程度的溶蚀，在白云石和方解石胶结物表面形成少量溶蚀孔，一定程度上可以改善储层的储集性能。该类孔隙的形成改造过程主要受岩溶和胶结充填作用的控制，残留孔隙较少。

3）"白云化—表生溶蚀孔隙—部分充填—叠加埋藏溶蚀孔隙"型储层

具有该类孔隙改造过程的白云岩主要为泥晶、泥—微晶白云岩、部分微—粉晶白云岩和含灰质白云岩。在表生岩溶带划分标准中，多分布于水平潜流带和岩溶叠加混合带。受表生岩溶作用影响，往往形成近水平状分布的孔洞缝，这些孔隙在表生期的充填程度较低，保留了较多的孔隙。在埋藏期受大气淡水下渗和地层水的混合流体作用，往往会形成一定的方解石胶结物，但仍可保留大部分残余孔隙。随着埋藏深度增加，埋藏期的岩溶作用会对白云石造成一定程度的溶蚀，增加了储层的有效孔隙空间。该类孔隙形成改造过程主要受岩溶作用的控制。

4）"白云化—构造破裂及埋藏溶蚀孔隙—部分充填"型储层

距离不整合面较远的奥陶系，受表生岩溶作用的影响较弱。其孔隙改造过程主要受构造裂缝和埋藏溶蚀作用的影响，研究区主体部位奥陶系马五$_7$亚段—马五$_{10}$亚段往往发育较多构造裂缝，可以明显改善储层的孔渗性能，同时有利于溶蚀流体的流动，从而产生较多的溶蚀孔隙，这些溶蚀孔隙往往表现为沿构造裂缝分布的特点。与该孔隙产生过程相伴生的是一些胶结物的充填，但晚期胶结的充填程度相对较低。该类孔隙形成改造过程主要受构造破裂和岩溶作用控制。

4.储层成因及分布特征

鄂尔多斯盆地奥陶系可分为上组合（马五$_1$亚段—马五$_4$亚段）、中组合（马五$_5$亚段—马五$_{10}$亚段）及下组合（马四段）三套组合。

1）储层成因

古隆起东侧的奥陶系上组合浅水碳酸盐岩在马五$_4$亚段蒸发岩沉积期，由于区域海平面下降导致的古隆起区间歇暴露，形成大气淡水与蒸发卤水混合的混合水云化成岩作用环境而发生大规模的白云岩化作用，并由此在先期颗粒滩沉积基础上，形成粗粉晶结构的白云岩储层（图7-10）。这种白云岩化作用与经典的混合水云化模式有较大不同，经典的混合水云化指正常海水与大气淡水混合的白云石化作用，而鄂尔多斯盆地白云岩化作用特指大气淡水与富镁卤水混合的白云石化作用（杨华等，2011a）。

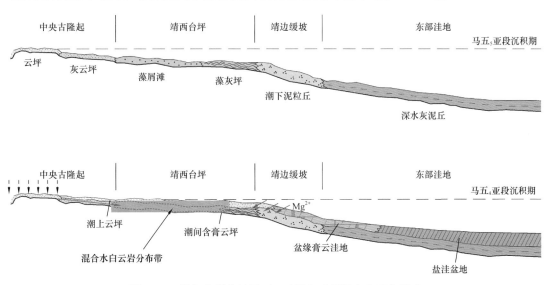

图7-10　鄂尔多斯盆地马五$_5$亚段白云岩混合水云化模式

奥陶系中组合白云岩储集体的主力储层以夹在蒸发潮坪泥粉晶白云岩中的粗粉晶白云岩为主，其成因受短期海侵形成的藻屑滩沉积体控制，单个储集体在横向上的分布规模有限，但由于受大的沉积相带的控制，沿古隆起东侧成群分布，形成一个大的滩相储集体发育区带。

对盆地东部盐洼区沉积层序的研究表明，纵向上马五$_5$、马五$_7$、马五$_9$亚段同为夹在蒸发岩层序中的短期海侵沉积，结合区域岩相古地理格局分析，古隆起东侧在马五$_5$、马五$_7$、马五$_9$亚段沉积期海侵期均处于相对浅水高能环境，发育有利的滩沉积，经沉积期后的白云岩化改造后，均有利于形成白云岩晶间孔型有效储层（杨华等，2011a）。

下组合的马四段白云岩储集体则以细晶结构的晶粒白云岩储层为主，横向上多呈大段厚层状连续分布，空间展布规模较大，因此也较难形成有效的圈闭体系。

2）储层分布特征

白云岩晶间孔型储集体主要分布在奥陶系中组合（马五$_5$亚段—马五$_{10}$亚段）及下组合（马四段）地层中。平面上该类储层呈环带状分布于古隆起东侧，厚度为4.0～20.0m，连片性好，向东白云岩储层呈透镜状展布（图7-11）。白云岩在平面上呈南北向带状展布，一般厚10～40m，厚度分布呈现出明显的南北分区性：北部白云岩具有"厚度大，分布范围广，白云岩连片性较好"的特点，一般厚20～40m；南部白云岩分布区域及厚度明显减小，一般为10～30m，分布范围也明显变小，呈现南北向条带状展布，但在部分地区存在丘状较厚带，最厚可达40～60m。

## 三、岩溶缝洞型

### 1. 岩石类型

岩溶缝洞型储集体主要发育在石灰岩地层中。石灰岩由于其易溶性、再叠加构造抬升导致的张裂作用，极易在风化壳期形成较大规模的岩溶缝洞体系（包括地下暗河等）。由于后期的岩溶塌陷，大多数岩溶洞穴均已垮塌，因此现今所见的岩溶缝洞型储层，实际上多为洞穴充填的泥质角砾岩，只不过由于周围地层的围限，洞穴充填物通常未经强烈的压实，成岩程度相对较低，多数充填洞穴也仍具一定的储集性。岩溶缝洞型储集体的岩性主要为褐灰色含云灰岩、泥晶灰岩、生屑灰岩、泥垮塌角砾灰岩夹灰黑色灰质泥岩，一般岩心破碎较严重，可见有多层凝灰岩质薄层，并见有腹足类、棘皮类、笔石、三叶虫等大量化石碎片。

### 2. 孔隙类型及孔喉结构特征

岩溶缝洞型储层的孔隙类型主要为塌陷半充填型缝洞和垮塌充填型缝洞两种类型（表7-2）（王红伟等，2011）。

塌陷半充填型：为洞穴塌积岩、洞穴冲积岩、洞穴淀积岩对洞穴的充填，当充填不完全时，可以形成有效的储集空间。塌陷半充填型储层在测井响应特征上表现为低自然伽马、低电阻、低密度、高声波时差和扩径明显的特点，地震上表现为中强振幅反射。

塌陷充填型：为洞穴塌积岩、洞穴填积岩对洞穴的完全充填，一般较难形成有效储集空间。塌陷充填型储层在测井响应特征上表现为高自然伽马、电阻率差异明显、高声波时差和扩径的特点，地震上表现为中振幅反射。

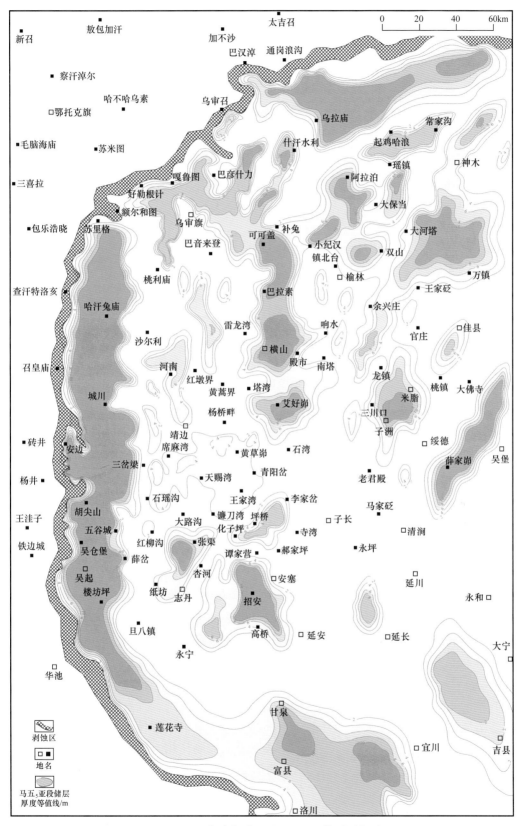

图 7-11　鄂尔多斯盆地马五₅亚段储层厚度图

新召

敖包加汗

太吉召

加不沙

巴汉淖

通岗浪沟

察汗淖尔

哈不哈乌素

乌审召

乌拉庙

常家沟

鄂托克旗

什汗水利

起鸡哈浪

神木

毛脑海庙

苏米图

巴彦什力

瑶镇

三喜拉

嘎鲁图

阿拉泊

大保当

好勒根计

额尔和图

乌审旗

可可盖

补兔

大河塔

包乐浩晓

苏里格

巴音来登

小纪汉

镇北台

双山

桃利庙

榆林

万镇

查汗特洛亥

哈汗兔庙

巴拉素

王家砭

沙尔利

雷龙湾

响水

余兴庄

召皇庙

河南

横山

官庄

佳县

城川

红墩界

殿市

南塔

龙镇

桃镇

大佛寺

黄蒿界

塔湾

米脂

杨桥畔

艾好峁

三川口

砖井

安边

靖边

黄草峁

石湾

老君殿

绥德

薛家峁

吴堡

杨井

三岔梁

席麻湾

天赐湾

青阳岔

马家砭

王洼子

石瑶沟

王家湾

李家岔

子长

清涧

永坪

铁边城

胡尖山

大路沟

镰刀湾

坪桥

寺湾

五谷城

红柳沟

化子坪

郝家坪

延川

吴仓堡

薛岔

张渠

谭家营

安塞

永和

吴起

楼坊坪

纸坊

杏河

招安

延安

延长

大宁

旦八镇

志丹

高桥

永宁

甘泉

莲花寺

宜川

吉县

华池

富县

洛川

剥蚀区

地名

马五₅亚段储层
厚度等值线/m

0　　20　　40　　60km

－ 231 －

**表7-2　鄂尔多斯盆地西部奥陶系岩溶缝洞洞穴体储集特征对比表**

| 岩溶孔洞类型 | 测井响应 | 地震响应 | 钻井、录井 | 岩性特征 | 模式示意图 | 代表井 |
|---|---|---|---|---|---|---|
| 塌陷半充填型 | 低自然伽马、低电阻、低密度、高声波时差、扩径严重 | 中强振幅反射，对应为波峰 | 钻时加快、放空、钻井液漏失 | 以洞穴塌积岩、洞穴冲积岩、洞穴淀积岩为主 | | 天1 |
| 垮塌充填型 | 高自然伽马、高声波时差、电阻率差异明显、扩径 | 地震响应为中振幅反射，对应为波谷 | 钻时加快 | 以洞穴塌积岩、洞穴填积岩为主 | | 鄂19 |

3. 储层成因及分布特征

风化壳形成晚期，由于岩溶垮塌及石炭系被埋藏的影响，大部分洞穴体经历了塌陷、充填的致密化过程。由于塌陷、充填的非均衡性，导致了岩溶缝洞型储集体的储集空间及储集性上具较强的非均质性，形成未充填洞穴、洞穴充填角砾间孔及岩溶裂缝等储层，其成因主要与风化壳形成期的岩溶作用及构造抬升导致的张裂成缝作用两方面的因素有关。各类型储层其分布特征也有一定差别。

1）未充填洞穴

主要发育于较纯的厚层石灰岩地层中，围岩多为泥晶灰岩或生屑灰岩。在钻井过程中的钻具放空、大规模井漏等是其存在的最直接证据，另外在地震剖面及测井曲线上也有明显的响应特征。

2）洞穴充填角砾间孔型

存在于垮塌充填的岩溶洞穴中，由于围岩垮塌及泥质物的灌入，垮塌洞穴多被泥质角砾岩充填，其中砾间充填物大多疏松多孔，具一定的储集性。

3）岩溶裂缝型

与岩溶洞穴的形成相伴生，存在于垮塌充填岩溶洞穴体的周围，局部可形成裂缝密集发育的裂缝性储层。钻进过程中无放空及钻时明显变化的突发性井漏是其存在的直接证据。

4）岩溶缝洞型

岩溶缝洞型储集体主要分布在盆地西部的克里摩里组—拉什仲组石灰岩及泥灰岩地层中。由于构造作用对岩溶缝洞体发育也有明显的控制作用，因此在靠近中央古隆起西北侧的天环中部地区最有利于岩溶缝洞体的形成。

平面上岩溶缝洞体型储层发育于斜坡—斜坡脚相带，相对于台缘礁滩体型储层，岩溶缝洞体型储层的分布更靠西，发育层位主要为克里摩里组，岩性以石灰岩为主，储集空间为孔洞、洞穴充填角砾间微孔及裂缝，为风化壳期缝洞系岩溶作用所形成。

## 四、台缘礁滩型

### 1. 岩石类型

台缘礁滩孔隙型储集体的岩石主要有两类：一类是石灰岩，另一类是晶粒结构白云岩。石灰岩目前所发现的发育有效储层的岩性主要有藻屑颗粒灰岩和海绵礁灰岩。白云岩发育有效储层的岩性主要为细晶及细中晶结构的白云岩，常可见颗粒结构及可疑生物骨架结构的残余，反映其形成与礁滩体的成岩期强烈白云岩化改造有关。

### 2. 孔隙类型及孔喉结构特征

石灰岩礁滩相储集体发育的储集空间主要为组构选择性溶孔及海绵礁骨架孔，白云岩礁滩相储集体则主要发育白云石晶间孔、礁残余格架孔（图7-12）（杨华等，2010）。

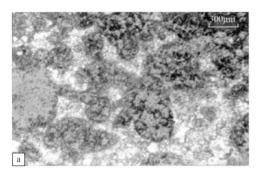

天1井，3936m(岩屑)，$O_1t$，藻屑灰岩，发育组构选择性溶孔 　　棋深1井，4444m(岩屑)，$O_1t$，海绵藻灰岩，发育格架孔隙

句深1井，3299.98m，马六段，细晶白云岩，晶间孔发育 　　句深1井，3142.11m，马六段，细晶白云岩发育晶间孔及格架孔

图7-12　鄂尔多斯盆地奥陶系礁滩体储层孔隙特征

### 1）组构选择性溶孔

这类孔隙主要发育于高能的颗粒滩相碳酸盐沉积中，孔隙大小及形态受特殊碳酸盐岩结构组分的控制，基本保留原始颗粒组分形态，大小为50～300μm，分布较均一，原始的颗粒间灰泥基质保存完整，灰质成分只是受到新生变形及重结晶作用改造而微亮晶化。

### 2）格架孔

格架孔为保留生物礁体骨架结构的架状孔隙。在未发生白云岩化的石灰岩礁体中，该类孔隙大部分由于沉积成岩作用而为灰泥基质及方解石充填而致密化，仅在局部地区得到了有效保留；但在发生强烈白云岩化作用的白云岩礁体中则可得到较好的保存。

3）晶间孔

该类储层岩石的白云石晶粒较粗，多为半自形—自形白云石晶粒结构，孔隙发育较均一，孔径大小一般为30～70μm，孔隙特征与古隆起东侧奥陶系下组合马四段白云岩储层的晶间孔特征较接近。

3.储层成因及分布特征

台缘礁滩体型储层发育层位为克里摩里组（马六段），其分布受台地边缘礁滩相带的控制，平面上发育于盆地北部的台缘礁滩相带。岩性以颗粒灰岩、礁灰岩为主，储集空间为溶孔、晶间孔和骨架孔，主要形成在表生期，为台缘礁滩体在早表生期通过淡水淋滤溶解作用或云化而成。其中，溶孔的成因与风化壳溶孔的形成有显著的成因差异，前者是在早表生期通过淡水淋滤溶解作用而成；后者主要形成于风化壳期，由膏盐矿物的风化溶滤作用而成。生物礁体骨架结构的架状孔隙，是原始生物礁体格架结构间原有孔隙经历成岩演化的残留孔隙。

盆地西部克里摩里组以石灰岩为主，礁滩体发育规模虽较大，但孔隙保存概率有限，因而有效储层的发育规模总体有限。生物礁骨架孔和藻屑滩组构选择性溶孔型储层主要发育在克里摩里组顶部附近，其平面分布受沉积相带控制，横向发育具有一定的成层性。纵向上由于礁、滩发育后期，水体变浅，存在短期暴露的条件，溶蚀孔洞段的发育受沉积旋回控制，旋回顶部的礁盖、滩顶最有利于礁滩孔隙型储层的发育。

盆地南部克里摩里组礁滩体，由于强烈的白云岩化作用，其孔隙空间大多得以有效保存，因而发育大规模分布的厚层白云岩储集体；而平凉组沉积期礁滩体因云化程度较弱，礁滩体仍以石灰岩为主，岩性较为致密，总体不具太大的储集意义。

# 第二节　上古生界陆相碎屑岩储层

鄂尔多斯盆地上古生界含油气层系主要包括石炭系本溪组和二叠系太原组、山西组、石盒子组、石千峰组。其中，本溪组和太原组发育海相陆源碎屑岩储层，山西组发育海陆过渡相陆源碎屑岩储层，石盒子组和石千峰组发育陆相碎屑岩储层。

## 一、储集砂体类型

受沉积环境的影响，上古生界碎屑岩储集砂体有以下几种类型。

1.障壁岛砂体

障壁岛主要分布在盆地中部和南部，发育于上古生界本溪组和太原组，由一套中粗粒—中细粒石英砂岩组成，砂岩成分成熟度和结构成熟度较高，发育冲洗层理、爬升砂纹层理、低角度交错层理及变形层理。砂岩具有向上变粗和变细两种沉积序列，分别代表了海退型障壁岛和海进型障壁岛两种成因类型砂体。

2.陆表海潮下沙坝

陆源碎屑潮坪沉积分为潮下带沙坪、潮间带砂泥混合坪和朝上带泥坪。潮下沙坝主要发育于潮下带沙坪，以细粒石英砂岩为主，夹粉砂岩及泥岩薄层，向上粒度变细，分选好，见人字形交错层理、潮汐层理、砂纹层理等沉积构造，含有植物化石及炭屑。陆表海潮下沙坝分布在盆地中南部，发育于上古生界石炭系本溪组和二叠系太原组中。

3. 冲积扇砂体

冲积扇在盆地北部周缘的本溪组、太原组、山西组和石盒子组中均有发育，其内常见有规模不等的煤层或煤线，属于潮湿型冲积扇。冲积扇砂体由中粗砾岩、砾质粗砂岩、砾质砂岩及中粗粒杂砂岩组成，根据砂体所处部位与相带、岩石类型组合及其垂向变化特征可进一步划分为扇根、扇中和扇端亚相。

4. 河道砂体

河道砂体主要分布在盆地北部，早二叠世（太原组沉积期—山西组沉积期）河流类型以网状水系为主，局部地段发育曲流河。中二叠世早期（石盒子组沉积期）河流类型为辫状水系，沙坝类型以心滩为主，剖面上表现为多个砂体重复叠置，期间以冲刷接触，缺乏砂体二元结构。

5. 分流河道砂体

分流河道砂体是三角洲平原的骨架砂体，主要由含砾中粗粒石英砂岩、岩屑石英砂岩组成，砂岩中发育平行层理、楔状交错层理或块状层理以及大中型板状交错层理、槽状交错层理等。砂岩底部常有明显的底冲刷构造，冲刷面上广泛见冲刷泥砾，砂体本身常由多个正粒序韵律叠加而成。山西组和石盒子组的分流河道沉积之上缺乏二元结构，属于典型的心滩沉积。分流河道砂体是上古生界主要的砂体类型，主要分布在盆地中北部地区。

6. 水下分流河道砂体

水下分流河道是三角洲平原分流河道的水下延伸部分，砂岩储层主要为中粗粒砂岩、中粒砂岩，偶含细小砾石，发育粒序层理、平行层理、板状层理、楔状层理等，具有底冲刷。水下分流河道砂体是上古生界主要的砂体类型之一，分布在盆地中南部。

## 二、岩石学特征

1. 碎屑组分特征

通过对上古生界各层段碎屑组分统计对比发现，不同层段碎屑成分存在一定差异（图7-13、表7-3）。总体上，从本溪组—石千峰组，砂岩中的石英类（包括石英、燧石和石英岩岩屑）组分呈逐渐减少、长石碎屑组分呈逐渐增加的趋势。其中，本溪组和山$2_3$亚段石英类组分含量最高，分别占岩石组分的77.8%和78.9%，而其他层段的石英含量一般小于60%；岩屑组分以火成岩岩屑和变质岩岩屑为主，沉积岩岩屑含量较低，从岩屑类型来看，从本溪组—石千峰组砂岩的物源特征大体相似。进一步对比发现，以本溪组和山$2_3$亚段岩屑组分含量最低，这主要是由于在本溪组沉积期和山$2_3$亚段沉积期处在浅水海相三角洲环境，受海水的影响，不稳定的变质岩岩屑和火成岩岩屑不断地受到淘洗和分解，致使岩屑含量较低、而稳定的石英类组分含量增高。从本溪组—石千峰组砂岩中长石组分含量不断增加的原因主要是由于从本溪组沉积期—石千峰组沉积期，古气候由潮湿演化为干旱环境造成的。

2. 填隙物成分特征

上古生界各层段砂岩的填隙物以黏土杂基为主，并含有一定量的硅质和碳酸盐类及少量的凝灰质。

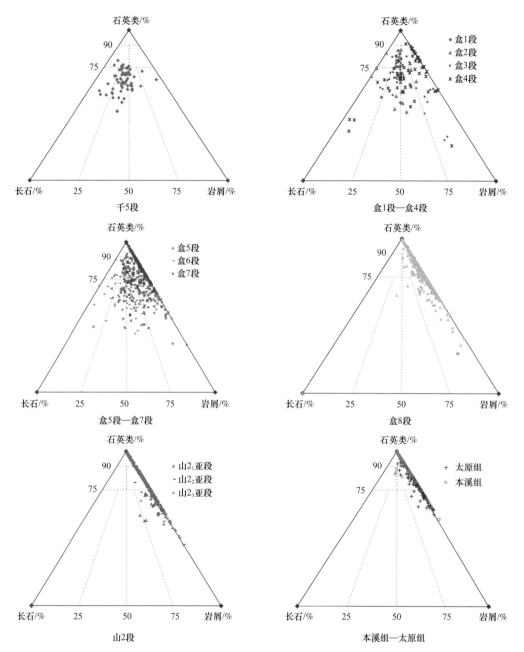

图7-13 鄂尔多斯盆地上古生界各层段砂岩类型与碎屑成分三角图

1）黏土充填物

上古生界砂岩中富含黏土矿物，主要为伊利石、高岭石和绿泥石。其中大部分高岭石、绿泥石与凝灰质蚀变有关。高岭石常呈碎屑外形，是碱性长石和火山碎屑的蚀变产物，部分呈杂基形态的高岭石则由火山灰蚀变而成。绿泥石具有薄膜和杂基两种产状，前者属于沉积期后的自生产物，后者则为火山物质的蚀变产物。伊利石除了部分为凝灰质的蚀变产物和微量自生成因外，大部分来自物源区，是真正意义上的黏土杂基。黏土矿物充填物的含量在不同层段存在一定差异，在本溪组、山$2_3$亚段、盒1段—千4段黏土填隙物含量相对较低（5%～8%），其他层段一般在9%以上（表7-4）。

表 7-3　鄂尔多斯盆地上古生界各层段砂岩中碎屑组分统计表

| 层位 | 石英类 /% | 长石 /% | 岩屑 /% | | | |
| --- | --- | --- | --- | --- | --- | --- |
| | | | 火成岩屑 | 变质岩屑 | 沉积岩屑 | 岩屑总量 |
| 千 4 段 | 48.5 | 26.1 | 4.6 | 8.45 | 0.13 | 14.2 |
| 千 5 段 | 53.5 | 19.6 | 6.0 | 6.72 | 0.3 | 13.7 |
| 盒 1 段 | 47.3 | 25.6 | 4.5 | 5.8 | 0.2 | 11.2 |
| 盒 2 段 | 57.3 | 15.6 | 6.6 | 5.2 | 0 | 12.1 |
| 盒 3 段 | 49.9 | 24.6 | 4.0 | 6.28 | 0.1 | 11.2 |
| 盒 4 段 | 57.6 | 12.2 | 5.6 | 8.2 | 0.4 | 15.7 |
| 盒 5 段 | 46.5 | 5.2 | 4.1 | 12.3 | 2.2 | 26.9 |
| 盒 6 段 | 58.4 | 10.4 | 4.0 | 8.5 | 1.1 | 16.2 |
| 盒 7 段 | 60.5 | 2.4 | 3.6 | 13.8 | 0.4 | 22.2 |
| 盒 8 段 | 60.1 | 1.0 | 3.9 | 13.7 | 0.5 | 22.1 |
| 山 1 段 | 59.0 | 1.0 | 4.7 | 14.7 | 0.7 | 24.3 |
| 山 $2_1$ 亚段 | 49.7 | 0.9 | 6.5 | 14.5 | 0.2 | 29.0 |
| 山 $2_2$ 亚段 | 59.1 | 0.7 | 3.9 | 11.5 | 0.9 | 19.5 |
| 山 $2_3$ 亚段 | 78.9 | 0.1 | 1.1 | 1.4 | 0 | 3.8 |
| 太原组 | 66.2 | 0.6 | 4.2 | 9.3 | 0.2 | 15.2 |
| 本溪组 | 77.8 | 0 | 1.5 | 0.8 | 0 | 3.3 |

表 7-4　鄂尔多斯盆地上古生界各层段填隙物成分统计表

| 层位 | 伊利石 /% | 高岭石 /% | 绿泥石 /% | 黏土总计 /% | 硅质 /% | 碳酸盐类 /% | 凝灰质 /% |
| --- | --- | --- | --- | --- | --- | --- | --- |
| 千 4 段 | 4.7 | 0 | 2.7 | 7.4 | 2.3 | 0.8 | 0 |
| 千 5 段 | 4.5 | 0.4 | 1.5 | 6.4 | 2.9 | 0.7 | 3.0 |
| 盒 1 段 | 6.6 | 0 | 0.4 | 7.0 | 4.4 | 0.4 | 0 |
| 盒 2 段 | 6.4 | 2.5 | 0.4 | 9.3 | 2.4 | 2.4 | 0 |
| 盒 3 段 | 3.5 | 1.2 | 4.7 | 9.4 | 1.3 | 2.4 | 1.1 |
| 盒 4 段 | 3.8 | 3.6 | 2.0 | 9.4 | 1.7 | 1.5 | 1.6 |
| 盒 5 段 | 8.4 | 1.4 | 1.4 | 11.2 | 1.1 | 5.2 | 3.6 |
| 盒 6 段 | 3.2 | 2.7 | 3.2 | 9.1 | 2.1 | 2.0 | 1.3 |
| 盒 7 段 | 5.6 | 3.0 | 0.31 | 8.91 | 2.7 | 1.1 | 1.4 |
| 盒 8 段 | 7.6 | 1.7 | 0.6 | 9.9 | 2.5 | 2.1 | 1.2 |
| 山 1 段 | 7.5 | 1.9 | 0.1 | 9.5 | 1.8 | 3.5 | 0.6 |

| 层位 | 伊利石 / % | 高岭石 / % | 绿泥石 / % | 黏土总计 / % | 硅质 / % | 碳酸盐类 / % | 凝灰质 / % |
|------|-----------|-----------|-----------|-------------|----------|-------------|-----------|
| 山 $2_1$ 亚段 | 13.1 | 0.9 | 0 | 14 | 1.4 | 4.8 | 0.6 |
| 山 $2_2$ 亚段 | 7.6 | 2.5 | 0.2 | 10.3 | 2.4 | 4.4 | 0.9 |
| 山 $2_3$ 亚段 | 2.5 | 3.7 | 0.2 | 6.4 | 7.7 | 2.4 | 0.2 |
| 太原组 | 7.8 | 1.4 | 0.6 | 9.8 | 2.5 | 4.2 | 0.6 |
| 本溪组 | 5.8 | 2.6 | 0 | 8.4 | 5.1 | 3.8 | 0.6 |

2）硅质胶结物

硅质胶结物是上古生界普遍存在的胶结物。其含量一般在 2%～4%，以山 $2_3$ 亚段含量最高，平均值为 7.7%，主要分布在石英砂岩中，主要以微晶石英孔隙式充填、石英次生加大两种方式产出。

3）碳酸盐类胶结物

碳酸盐类胶结物包括方解石、铁方解石、铁白云石、菱铁矿，含量一般在 2%～4%。方解石和铁方解石在东部地区上古生界各层段都有分布，而铁白云石和菱铁矿胶结物主要分布在山西组、太原组和本溪组（表 7-5）。

表 7-5　鄂尔多斯盆地上古生界各层段碳酸盐类胶结物统计表

| 层位 | 方解石 /% | 铁方解石 /% | 铁白云石 /% | 菱铁矿 /% | 合计 /% |
|------|-----------|-------------|-------------|-----------|---------|
| 千 4 段 | 0.2 | 0.6 | 0 | 0 | 0.8 |
| 千 5 段 | 0.5 | 0.2 | 0 | 0 | 0.7 |
| 盒 1 段 | 0.3 | 0.1 | 0 | 0 | 0.4 |
| 盒 2 段 | 1.7 | 0.7 | 0 | 0 | 2.4 |
| 盒 3 段 | 0.1 | 2.3 | 0 | 0 | 2.4 |
| 盒 4 段 | 0.9 | 0.6 | 0 | 0 | 1.5 |
| 盒 5 段 | 0 | 5.2 | 0 | 0 | 5.2 |
| 盒 6 段 | 0.2 | 1.8 | 0 | 0 | 2.0 |
| 盒 7 段 | 0.2 | 0.9 | 0 | 0 | 1.1 |
| 盒 8 段 | 0.7 | 1.4 | 0 | 0 | 2.1 |
| 山 1 段 | 0.2 | 2.4 | 0.2 | 0.7 | 3.5 |
| 山 $2_1$ 亚段 | 0 | 2.3 | 0.7 | 1.8 | 4.8 |
| 山 $2_2$ 亚段 | 0.4 | 1 | 1.3 | 1.7 | 4.4 |
| 山 $2_3$ 亚段 | 0.1 | 0.3 | 1.7 | 0.3 | 2.4 |
| 太原组 | 0.3 | 0.9 | 2.9 | 0.1 | 4.2 |
| 本溪组 | 0.3 | 0.3 | 0.8 | 2.4 | 3.8 |

4）凝灰质

凝灰质指充填于粒间、以胶结物产状出现的火山灰物质。平均含量为1.26%，呈黑褐色絮状，溶蚀后呈现残片状。在未溶地层中大部分已经转变为伊利石。凝灰质的保存和溶蚀因岩性而异，在杂基含量较低的砂岩中凝灰质物质遭受了不同程度的溶蚀，而在岩屑砂岩中则得以大量保存。

## 三、物性特征

上古生界砂岩储层的孔隙度主要分布在4%～8%，空气渗透率在0.01～0.5mD，覆压渗透率一般小于0.1mD，整体属于低孔低渗—致密砂岩储层（图7-14）。

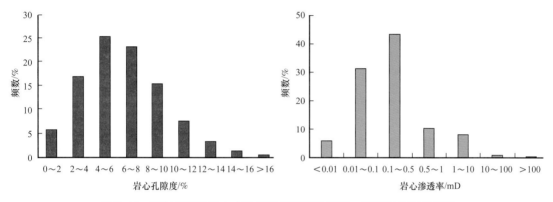

图7-14　鄂尔多斯盆地上古生界砂岩储层孔隙度、渗透率分布直方图

恒速压汞分析表明，上古生界致密砂岩储层的孔隙半径主峰为80～200μm（图7-15）；喉道主峰半径为0.2～2μm，孔喉比大（主要分布在100～300），孔喉组合为大孔—细、微喉型（表7-6）。

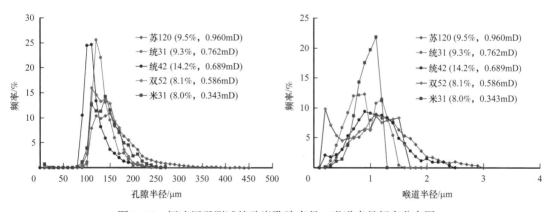

图7-15　恒速压汞测试的砂岩孔隙半径、喉道半径频率分布图

上古生界致密砂岩储层的细、微喉道在应力作用下易发生缩小或闭合，渗流能力减弱。随着应力增大，渗透率减小，应力敏感伤害率急剧上升。石英砂岩储层的孔隙结构相对稳定，应力敏感性较弱，伤害率最大约为40%；岩屑砂岩的应力敏感性最强，可达80%。上古生界致密砂岩储层普遍显示亲水性，加之喉道细、微，遇水在毛细管力作用下便发生快速自吸，最大含水饱和度可达80%～90%。外来水体优先聚集在孔隙边角处，引发喉道缩颈或堵塞，储层渗流能力急剧下降，水锁伤害强。

表 7-6　孔隙和喉道大小划分方案（据长庆油田分类）

| 孔隙大小分类 | 孔隙直径 /μm | 喉道粗细分类 | 喉道半径 /μm |
| --- | --- | --- | --- |
| 大孔隙 | >40 | 粗喉道 | >4.0 |
| 中孔隙 | 20~40 | 中喉道 | 2.0~4.0 |
| 小孔隙 | 4~20 | 细喉道 | 1.0~2.0 |
| 微孔隙 | 0.05~4 | 微细喉道 | 0.5~1.0 |
| | | 微喉道 | 0.025~0.5 |
| 难流动孔隙 | <0.05 | 吸附喉道 | <0.025 |

## 四、孔隙类型及孔隙结构

### 1. 孔隙类型

铸体薄片显示，上古生界砂岩的储集空间可分为原生粒间孔、次生孔隙、收缩孔和微裂隙四种类型，次生孔隙按形态和成因可分为粒间溶孔、粒内溶孔和晶间孔（图 7-16），不同层段孔隙类型的分布存在一定的差异（图 7-17、图 7-18）。

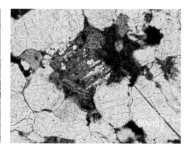

粒间孔，2880.74m，山2₃亚段，榆37井　　长石溶孔，1830.88m，千5段，神25井　　岩屑溶孔，2683.71m，盒8段，榆24井

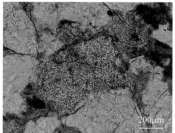

粒间溶孔，2743.3m，山2₂亚段，榆24井　　高岭石晶间孔，2128.69m，盒8段下亚段，米47井　　高岭石晶间孔，2659.37m，山2₃亚段，麒28井

图 7-16　鄂尔多斯盆地上古生界砂岩储层孔隙类型

#### 1）原生粒间孔

本溪组、太原组、山西组和下石盒子组由于受煤系地层的影响，经历了较强的压实作用，粒间孔隙的数量已经很少，形态也趋于简单化，粒间孔隙主要表现为经石英加大后保存下来的原生剩余粒间孔隙，其形态规则，呈三角形，孔中干净，孔的大小和分布较均匀，孔隙最大直径为 0.3mm，一般为 0.02~0.1mm，在石英砂岩比较发育的本溪组和山 2₃ 亚段砂岩中粒间孔比较发育。

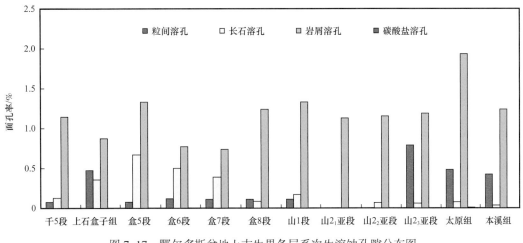

图 7-17　鄂尔多斯盆地上古生界各层系次生溶蚀孔隙分布图

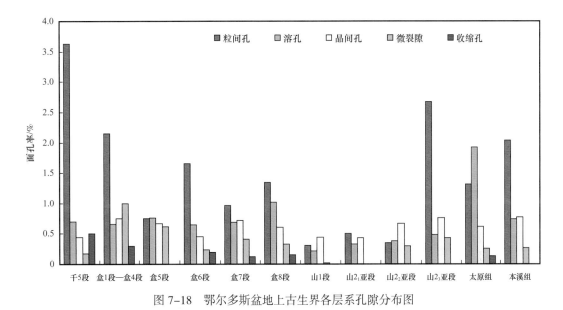

图 7-18　鄂尔多斯盆地上古生界各层系孔隙分布图

上石盒子组和石千峰组一方面处在上古生界的上部，另一方面又远离煤系地层，压实作用较弱，储集空间中保留有较多的粒间孔隙。

2）次生孔隙

（1）粒内溶孔：常见于长石与岩屑颗粒中，一种为长石沿解理发生溶蚀，受溶者一般呈蜂窝状或窗格状溶孔，仍保留长石的主体，如果溶蚀强烈将成为铸模孔；另一种为火山岩屑中长石斑晶或基质长石微晶被溶形成岩屑内溶孔。粒内溶孔常与其他孔隙连通，增加储层的孔渗性。

长石粒内溶孔主要见于长石比较发育的石千峰组、上石盒子组和盒5、盒6段；岩屑溶孔在各层段都有发育，其中盒7段、盒8段、山$2_1$亚段、山$2_2$亚段和太原组的溶蚀孔隙都以岩屑溶孔为主。太原组岩屑溶孔对储层面孔率的贡献最大，可达1.9%。

（2）粒间溶孔（包括粒间溶蚀扩大孔）：粒间溶孔是由粒间杂基、胶结物或者碎屑颗粒被溶蚀而形成的溶蚀孔隙。这类孔隙分布不均，大小悬殊。当粒间溶孔或者粒间孔隙继续被溶蚀，甚至溶去颗粒的部分或全部，使孔隙的直径大于颗粒的直径，可称其为粒间溶蚀扩大孔，这种溶孔极有可能是颗粒与杂基或胶结物同时发生溶蚀的综合结果。这类孔隙增加了砂岩的孔隙度，并且改善了砂岩的渗透性。

（3）晶间孔：主要指高岭石晶间微孔隙。通过铸体薄片与扫描电镜能够清晰地看到高岭石书页状、蠕虫状自形晶形及其间的微孔隙。这种晶间微孔隙是本区相当重要的一种孔隙类型，在盒7段、盒8段、山西组、太原组、本溪组砂岩中高岭石晶间孔相对比较发育，这可能与下部层段接近煤系地层或含有煤系地层，在煤系地层酸性水介质条件下有利于高岭石胶结物的形成有关。

（4）碳酸盐溶孔：沿方解石、白云岩解理缝或边缘溶蚀而成。孔隙形态一般为线状、蚕蚀状和港湾状，大小为10～20μm，在次生孔隙中对面孔率的贡献较小，不是主要的次生孔隙类型。

3）微裂隙

微裂隙宽度为几微米，面孔率小于0.5%，它不仅是一种储集空间，更重要的是沟通各类孔隙，特别是沟通了黏土间的微孔，提高了储层的渗透率。

2. 孔隙结构分类

上古生界砂岩储层具有排驱压力较高，喉道偏细，以毛细管喉道和超毛细管喉道为主，孔喉分选差，分区性明显等孔隙结构特点。

上古生界砂岩储层的压汞曲线可分为5种类型：低平台型、明显的斜平台型、双平台型、高角度斜平台型、上凸平台型。苏里格地区盒8段砂岩的压汞曲线主要表现为明显的斜平台型、双平台型和少量高角度斜平台型等三种类型；榆林地区山2段砂岩的压汞曲线特征具有非常明显的宽缓低平台型和斜平台型。

3. 孔隙结构特征

根据上古生界砂岩储层的孔隙度与渗透率、毛细管压力测试的孔隙结构参数，可将上古生界砂岩储层的孔隙结构分为以下五种类型。

1）Ⅰ类孔隙结构

储集体具有孔隙大、喉道粗的特点。主要发育粒间孔和粒间溶孔，喉道为孔隙缩小型或缩颈型。表现在毛细管压力曲线上为排驱压力小于0.1MPa，曲线为宽缓低平台，喉道中值半径大于1.5μm，最终进汞量大于80%。孔隙度大于10%，渗透率大于5mD。孔喉均值约为8φ，分选系数大，平均值为3.3，孔喉分选性较差（表7-7、图7-19）。这类孔隙结构在鄂尔多斯盆地上古生界砂岩储层中分布有限，仅在苏里格地区盒8段和榆林地区山2段石英砂岩储层中有少许分布，如榆林气田榆77井山西组，苏里格地区苏69井盒8段等。

2）Ⅱ类孔隙结构

储集体孔喉相对小，歪度大，孔喉分选相对好。孔隙类型主要是粒间孔、粒间溶孔、岩屑溶孔和晶间孔的组合孔，喉道主要为缩颈型和片状喉道，表现在毛细管曲线上排驱压力相对增高，一般在0.1～0.5MPa，曲线为一宽缓下凹平台，喉道中值半径为0.5～1.5μm，最终进汞量一般大于80%，孔隙度4%～10%，渗透率为0.1～5mD。孔隙体积平均值为0.91cm³，分选系数1.7～2.0，孔喉分选相对Ⅰ类好。这类孔隙结构是鄂尔多斯盆地上古生界碎屑岩优质储层主要的孔隙结构类型，属于这一类型的储集体有山2段和盒8段石英砂岩储层以及盒8段岩屑石英砂岩储层（表7-7、图7-19）。

表 7-7　鄂尔多斯盆地上古生界砂岩储层孔隙结构分类表

| 级别 | I 类 | II 类 | III 类 | IV 类 | V 类 |
|---|---|---|---|---|---|
| 曲线形态 | 低平台 | 斜平台 | 双平台 | 高角度斜平台 | 上凸平台 |
| 排驱压力 $p_d$/MPa | <0.1 | 0.1～0.5 | 0.5～1 | 1～2 | >2 |
| 喉道中值半径 / μm | >1.5 | 0.5～1.5 | 0.1～0.5 | <0.1 | <0.05 |
| 渗透率 /mD | >5 | 0.1～5 | 0.1～1 | 0.1～0.5 | 0.01～0.15 |
| 孔隙度 /% | >10 | 4～10 | 4～8 | 4～8 | 2～8 |
| 主要岩性 | 粗粒石英砂岩、细砾岩 | 中—粗粒石英砂岩 | 粗—中粒石英砂岩、中—粗粒岩屑石英砂岩 | 粗—中粒岩屑石英砂岩、岩屑砂岩 | 岩屑砂岩 |
| 孔隙类型 | 粒间孔、溶孔 | 溶孔、粒间孔、晶间孔 | 溶孔、晶间孔 | 溶孔、晶间孔 | 微孔或晶间孔 |
| 喉道类型 | 孔隙缩小型、缩颈型 | 缩颈型、片状 | 片状、弯片状、管束状 | 片状、弯片状、管束状 | 管束状 |
| 孔喉均值 $\phi$ | 8 | 10 | 12 | 12.5 | 13.0 |
| 分选系数 $\sigma$ | 1.9～5.1 | 1.7～2.0 | 1.5～1.8 | 1.1～1.8 | 1.1～1.6 |
| 变异系数 $C$ | 0.39 | 0.21 | 0.15 | 0.13 | 0.11 |
| 歪度 $S_k$ | 0.6 | 0.7 | 0.3 | −0.2 | −0.7 |
| 最终进汞量 /% | >80 | >80 | >80 | 60～80 | 50～60 |
| 举例 | 榆林山 2 段石英砂岩 | 榆林山 2 段石英砂岩 | 苏里格盒 8 段岩屑石英砂岩 | 苏里格盒 8 段岩屑砂岩 | 盆地山 1 段岩屑石英砂岩 |

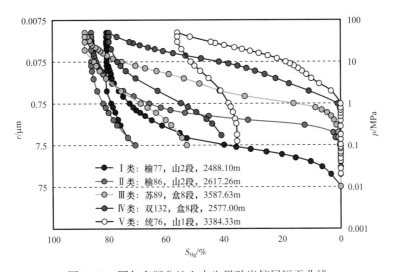

图 7-19　鄂尔多斯盆地上古生界砂岩储层压汞曲线

3）Ⅲ类孔隙结构

储集体以岩屑溶孔为主，粒间孔、粒间溶孔和晶间孔为辅，喉道类型主要是片状和弯片状喉道，发育晶间孔的地方为管束状喉道。排驱压力一般为0.5～1MPa，曲线为一宽缓倾斜平台，喉道中值半径一般为0.1～0.5μm，最终进汞量仍然在80%以上，孔隙度为4%～8%，渗透率为0.1～1mD。孔喉分选系数为1.5～1.8，孔喉分选好。这类孔隙结构也是鄂尔多斯盆地上古生界碎屑岩储层的主要类型，除了石英砂岩储层发育该类孔隙结构外，盒8段与山1段岩屑石英砂岩、盒8段岩屑砂岩均普遍发育该类孔隙结构（表7-7、图7-19）。

4）Ⅳ类孔隙结构

储集体以岩屑溶孔、晶间孔、长石溶孔为主，由于岩屑含量高，片状、弯片状及管束状喉道发育。压汞曲线上排驱压力较高，一般为1～2MPa，曲线上倾或上凸，喉道中值半径0.01～0.1μm，最终进汞量在60%～80%，孔隙度为4%～8%，渗透率为0.1～0.5mD。孔喉分选系数1.1～1.8，孔喉分选好。这类孔隙结构在鄂尔多斯盆地上古生界碎屑岩储集体中广泛分布，主要的层位是盒8段和山1段岩屑含量相对较高的岩屑石英砂岩和岩屑砂岩储层（表7-7、图7-19）。

5）Ⅴ类孔隙结构

储集体的岩屑含量高，胶结致密，发育少量微孔或致密无孔。毛细管压力试验排驱压力非常高，一般大于2MPa，曲线上凸，喉道中值半径在小于0.05μm，最大进汞量一般在50%～60%，孔隙度为2%～8%，渗透率为0.01～0.15mD。同Ⅳ类孔隙结构砂岩类似，这类孔隙结构主要分布在岩屑含量非常高、压实和胶结致密的岩屑石英砂岩和岩屑砂岩中。主要分布在盒8、山1段岩屑石英砂岩和岩屑砂岩储层中（表7-7、图7-19）。

对于致密砂岩储层，加大储层改造规模是提高致密砂岩气藏单井产量的根本。通过这种措施可将孔隙型储层改造为孔缝双介质储层，以减弱微细喉道对渗流能力的控制。依据力学性质差异可将喉道分为刚性和塑性两类。当碎屑主要由硅质胶结时，喉道为刚性，储层压裂改造效果较好；当储层主要由黏土矿物胶结时，喉道偏塑性，压裂改造效果相对较差。

## 五、成岩作用及孔隙演化特征

### 1.成岩作用类型

通过普通薄片、铸体薄片观察以及扫描电镜、阴极发光分析，根据成岩矿物类型及其产状与分布，成岩矿物与碎屑组分间的关系，上古生界砂岩储层的主要成岩作用类型包括压实压溶作用、硅质胶结作用、碳酸盐胶结与交代作用、高岭石胶结充填作用、溶蚀作用等。

1）压实压溶作用

压实作用是砂岩原生孔隙减少导致储层低渗的主要成岩作用之一。随着埋深的加大，压实压溶作用使刚性组分排列紧密，颗粒间由点接触依次演化为线接触、凹凸面接触和缝合线接触，导致颗粒间的原生孔隙减少或丧失。中、细砂岩中大量千枚岩、泥岩、板岩等塑性岩屑在压实作用下发生形变和假杂基化充填孔隙（图7-20a），形成以微孔为特征的致密储层，严重影响了储层的孔渗性。

2）硅质胶结作用

硅质胶结物是上古生界储层普遍存在的自生胶结物，含量一般为5%～10%，最高可达10%～18%，随岩性不同其含量差别较大，在杂基含量低的石英砂岩中硅质成为主要胶结物。硅质胶结多数形成次生加大边（图7-20b），厚约0.03mm，并随成岩演化进程逐渐增厚趋向自形加大，最终可形成自形锥状石英晶体，次生加大胶结强烈时，次生石英晶面相互呈焊接状接触，形成石英加大镶嵌致密结构，导致粒间孔隙大大缩小甚至丧失殆尽。

a. 压实作用，3018.70m，盒8段下亚段，召25井

b. 硅质胶结，3564.72m，盒8段，苏46井

c. 铁方解石胶结，3457.35m，盒8段，苏56井

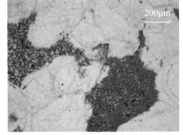

d. 铁白云石交代作用，2698.41m，太原组，双17井

e. 高岭石充填作用，3624.74m，山1段，苏44井

f. 溶蚀作用，2007.12m，太原组，双87井

图7-20　鄂尔多斯盆地上古生界砂岩储层成岩作用特征

3）碳酸盐胶结与交代作用

上古生界砂岩储层中的碳酸盐胶结物主要为含铁方解石、方解石，含量最高可达28%，呈粒状、斑块状、衬边状、连晶状产出（图7-20c、d），以连晶胶结最为普遍。从早成岩阶段到晚成岩阶段均有碳酸盐胶结物的形成，晚期碳酸盐的沉淀作用形成于石英次生加大以及溶蚀作用之后。铁方解石除作为胶结物出现外，大量铁方解石作为交代作用的产物出现，对碎屑颗粒、杂基、次生加大边进行交代，形成残晶及漂浮结构。

4）高岭石充填作用

上古生界砂岩储层中的高岭石有蚀变高岭石与自生高岭石两种类型。由长石、岩屑蚀变的高岭石具有一定的自形，晶形中可见蚀变时析出的泥质物，部分保持长石、岩屑的基本晶形和颗粒轮廓。孔隙水中沉淀的自生高岭石干净、明亮，呈自形书页状集合体或蠕虫状集合体，主要充填于粒间孔及粒间溶孔内（图7-20e）。自生高岭石的晶间孔可作为一种储集空间。苏里格地区自生高岭石并不发育，主要是蚀变高岭石充填粒间。

5）溶蚀作用

溶蚀作用主要造成储层中骨架颗粒和胶结物的溶蚀。骨架颗粒主要是长石、岩屑的溶蚀（图 7-20f），可见长石、岩屑颗粒的溶蚀残余。长石的溶蚀多沿解理进行，形成粒内蜂窝状溶孔，当长石被完全溶解后即形成长石铸模孔。也常见石英次生加大边被不同程度地溶蚀，以及碳酸盐胶结物被溶后形成长条状溶蚀孔隙。

在以上成岩作用类型中，压实压溶作用、硅质胶结作用、碳酸盐胶结与交代作用以及高岭石充填作用是物性变差的主要成岩作用。溶蚀作用是建设性成岩作用，对次生孔隙的形成、储层物性的改善起着至关重要的作用。

2. 成岩演化序列

上古生界不同地层的成岩历史既有相同或类似之处，也存在一定差异。石千峰组和上石盒子组较少受到煤系地层产生的酸性流体的影响，具有类似的成岩流体性质和成岩历史；下石盒子组和山西组受煤系地层酸性流体的影响较强；太原组既受到与煤系地层有关的酸性流体的影响，同时还受到海相流体的影响；本溪组主要受到海相流体的影响。上古生界砂岩成岩序列和成岩历史总体特征如下（图 7-21）。

1）早成岩 A 期（$C_2$—$P_1$）

盆地处于稳定下沉阶段，埋深小于 900m，温度小于 45℃，镜质组反射率 $R_o$ 小于 0.35%，有机质演化处于未成熟阶段。

该阶段的成岩流体主要受大气淡水和早期煤系地层酸性水的影响，流体性质主要为中性和酸性水特征，在特定的沉积环境中也可出现碱性流体，从而导致钙质层的出现。

早成岩阶段主要的成岩作用有：（1）压实作用，这一阶段由于压实作用的影响可能造成 20% 左右的孔隙损失，储层孔隙类型以原生粒间孔为主；（2）水化作用，主要是黑云母等铝硅酸盐骨架颗粒和火山物质发生水化作用；（3）部分早期方解石胶结作用，主要发生在局部 pH 值相对较高的环境中，形成连生方解石胶结物或钙质层；（4）部分溶蚀作用，主要是在大气淡水和煤系地层产生的酸性流体作用下，易溶骨架颗粒（主要是长石等不稳定矿物）开始溶解，伴生高岭石沉淀和 $H^+$ 的有效储备，同时形成一些次生孔隙；（5）该阶段晚期，在一些特定环境下，如细结构沉积物相对集中的场所，可能发生有机质和锰的还原作用。

大致在压实作用使碎屑颗粒间的关系基本固定后，主要存在于石千峰组和上石盒子组中的纤维状绿泥石环边开始生长，形成孔隙衬里，压实作用因此受到一定程度的阻碍，并使石千峰组和上石盒子组等在深埋藏条件下仍能保持 8% 左右的孔隙度。

2）早成岩 B 期（$P_2$—$J_2$）

埋深 900～1700m，古地温约 65℃，镜质组反射率 $R_o$ 小于 0.5%，有机质处于半成熟阶段。这个阶段除早已存在的与煤系地层腐殖型有机质有关的酸性流体外，更多的是腐泥型有机质成熟，孔隙介质 pH 值进一步降低，砂岩中大量长石等易溶铝硅酸盐组分继续溶解，一部分岩屑也开始溶解。

长石等铝硅酸盐组分的溶解作用产生了 $K^+$、$Na^+$、$Ca^{2+}$ 和 $Si^{4+}$ 等离子，同时流体中 $K^+$ 浓度的增高加速了蒙皂石向伊利石转化，反过来又向孔隙流体提供 $Na^+$、$Ca^{2+}$、$Fe^{3+}$、$Mg^{2+}$、$Si^{4+}$。因而，该阶段晚期自生石英、碳酸盐和（含）铁碳酸盐矿物的沉淀作用加快。受海相流体影响的太原组（可能还包括山西组）储层中白云石的沉淀作用可能主要发生在该阶段。白云石沉淀作用发生在早于大多数方解石沉淀阶段。

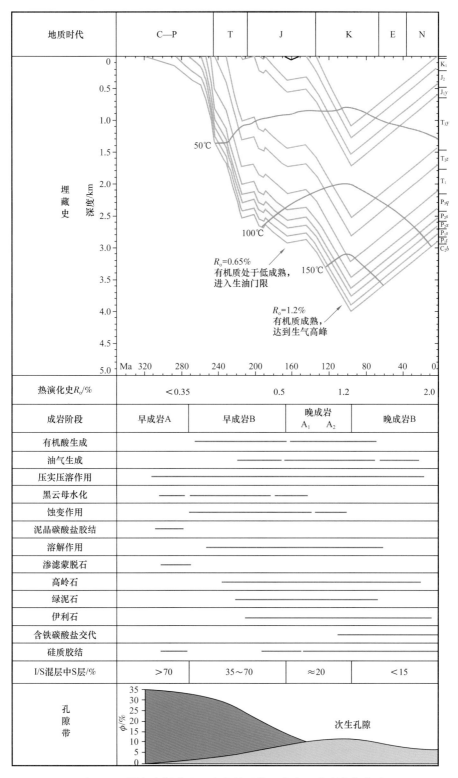

| 地质时代 | C—P | | T | J | | K | E | N |
|---|---|---|---|---|---|---|---|---|

| 热演化史$R_o$/% | <0.35 | | 0.5 | | 1.2 | | 2.0 |
|---|---|---|---|---|---|---|---|

| 成岩阶段 | 早成岩A | 早成岩B | 晚成岩 $A_1$ $A_2$ | 晚成岩B |
|---|---|---|---|---|
| 有机酸生成 | | | | |
| 油气生成 | | | | |
| 压实压溶作用 | | | | |
| 黑云母水化 | | | | |
| 蚀变作用 | | | | |
| 泥晶碳酸盐胶结 | | | | |
| 溶解作用 | | | | |
| 渗滤蒙脱石 | | | | |
| 高岭石 | | | | |
| 绿泥石 | | | | |
| 伊利石 | | | | |
| 含铁碳酸盐交代 | | | | |
| 硅质胶结 | | | | |
| I/S混层中S层/% | >70 | 35~70 | ≈20 | <15 |
| 孔隙带 | | | 次生孔隙 | |

图7-21　鄂尔多斯盆地上古生界埋藏—成岩—孔隙演化序列

这个阶段成岩作用的特点是：（1）压实作用增强，粒间孔进一步减小；（2）溶解作用不仅使大量长石发生溶解，一部分易溶岩屑也开始溶蚀；（3）伴随着长石的溶解发生早期碳酸盐胶结（方解石、白云石）、自生高岭石沉淀、少量第Ⅰ期硅质胶结形成；（4）大致在压实作用使碎屑颗粒关系基本固定后，纤维状绿泥石衬里开始在孔隙中沿颗粒环边定向生长，绿泥石薄膜衬里形成，使压实作用受到一定程度阻碍，由于绿泥石薄膜含量很低，该作用的实际效果有限，但在富石英的石英砂岩中，绿泥石薄膜的存在抑制了自生石英的沉淀，使得粒间孔隙得到一定程度的保存；（5）该阶段蒙皂石开始向伊利石转化。

3）晚成岩阶段 $A_1$—$A_2$ 期（$J_3$—$K_1$）

地层埋深在 1700～3100m 之间，古地温为 90～110℃，镜质组反射率 $R_o$ 为 0.5%～1.2%，有机质成熟并达到生烃高峰。

晚成岩 $A_1$ 期，受煤系地层影响下的下石盒子组、山西组和太原组等地层中，酸性流体对残余长石等铝硅酸盐及其他易溶组分继续溶解，该阶段末期，山西组和太原组等砂岩的骨架颗粒中已基本没有长石。对于长石溶解殆尽的岩石，含易溶组分较多的岩屑发生溶解，形成岩屑溶孔。

晚成岩 $A_2$ 期，受高岭石伊利石化的驱动，钾长石继续溶解，成岩流体中 $K^+$ 浓度增加，加之成岩温度升高，蒙皂石向伊利石的转化加快，流体中的 $Na^+$、$Ca^{2+}$、$Fe^{3+}$、$Mg^{2+}$、$Si^{4+}$ 浓度与 pH 值升高，流体由酸性向碱性转化，自生石英开始沉淀，晚期钙质胶结物形成。

该阶段最重要的成岩作用是高岭石伊利石化驱动钾长石的溶解作用，为深埋藏条件下的砂岩提供一定数量的次生孔隙。上古生界大多次生孔隙均与这一过程有关。伴随着成岩作用的进行，流体性质转为碱性，第Ⅱ期硅质胶结物开始沉淀，晚期碳酸盐胶结物开始沉淀。

4）晚成岩 B 期（$K_1$ 末—$K_2$）

埋藏深度在 3100m 以上，最深可达 4100m，古地温达 140～170℃，镜质组反射率 $R_o$ 在 1.2%～2.0% 之间，有机质处于高成熟阶段。干酪根成熟并转化为烃类，羧基的脱落减弱或趋于终结，成岩环境为碱性水介质还原环境，有利于碳酸盐胶结物的形成。几乎所有石英均具宽的加大边，自生石英晶体相互连接呈镶嵌状；高岭石的稳定性逐渐变弱，在介质水中富 $K^+$ 和 $Al^{3+}$ 时转化为伊利石，在富 $Mg^{2+}$ 和 $Al^{3+}$ 时，则变为绿泥石。伴随盆地构造活动，在构造应力作用下，岩石破裂形成微裂隙。

3. 成岩孔隙演化

根据包裹体测温及磷灰石裂变径迹分析结果，苏里格地区最高古地温为 140℃（肖红平等，2012），榆林地区、子洲—清涧地区最高古地温达到 150～170℃（李艳霞等，2011），成岩阶段多已达到中成岩阶段 A—B 期，多为中成岩 B 期。由于成岩作用对储层孔隙演化的影响较强，岩性逐渐变得致密，孔隙度为 2%～12%，渗透率一般小于 1mD，但储层普遍存在次生孔隙发育段。总体上，上古生界储层的成岩—孔隙演化阶段可分为三期。

1）早成岩压实期——原生孔隙大量破坏损失期

准同生期—埋藏早期，储层中的孔隙水主要受煤系沉积环境控制，水介质偏酸偏淡，胶结作用相对不发育，压实作用是最主要的成岩方式。从而盒 8 段储层中有少量早期方解石的胶结作用，此外，局部可见到菱铁矿、黄铁矿、绿泥石、高岭石等胶结物。对山 2 段和盒 8 段代表性储集砂岩计算的原始孔隙度为 29%～36%，结合孔隙度测定、镜下砂岩铸体薄片定量统计结果，按 Lundegard 公式：压实作用损失的孔隙度 = 砂岩原始孔隙度 – 平均粒间体积（包括杂基 + 胶结物 + 孔隙），计算出由压实作用损失的孔隙度为 15%～20%。

尽管早期酸性水的溶解作用，以及不整合面附近淡水的溶解作用增加了上古生界砂岩储层的一部分孔隙，但压实导致的孔隙损失依然是该阶段的主导成岩作用。

2）早成岩 B 期—晚成岩 $A_1$ 期——有机酸溶蚀—次生孔隙发育期

伴随埋深增加，在地温为 80～120℃ 时，烃源岩中的干酪根进入成熟高峰期，干酪根中羧基以及 O、N、S 等派生出一元、多元有机酸、$CO_2$、$NH_4$、$H_2S$ 等酸溶性组分，石英砂岩中易溶组分如早期沉积的粒间填隙物，碎屑长石与不稳定岩屑，片岩岩屑中的叶绿泥石、黑云母、碎屑状片状矿物等普遍发生溶蚀，形成大量次生孔隙。

3）晚成岩 $A_2$ 期——埋藏压溶再胶结—胶结减孔期

地层的 $R_o$ 大于 1.3%，古地温大于 130℃，埋深为 3500～4000m，有机质演化已进入湿气阶段，羧酸基团已丧失产生一元、二元水溶性有机酸的能力，残余组分裂解而转化为 $CH_4$ 和 $CO_2$，孔隙水的酸度变弱，pH 值向中性、碱性转化。

晚成岩 B 期，上古生界储层中形成的成岩矿物有（含）铁方解石、（含）铁白云石、绿泥石、石英自生加大边及晶柱形自形石英，这些晚期成岩矿物的形成在很大程度上降低了储层的孔隙度。

4. 成岩相及优质储层分布

二叠系盒 8 段是鄂尔多斯盆地上古生界碎屑岩储层分布范围最广的主力层系，在成岩作用定量研究基础上，通过定量成岩作用强度与孔隙组合，将盒 8 段致密砂岩储层划分为以下 7 种成岩相类型（表 7-8）。

表 7-8　鄂尔多斯盆地盒 8 段碎屑砂岩成岩相类型划分标准

| 成岩相 | 成岩强度 | | | 划分依据 | 孔隙度 /% | 渗透率 /mD | 主要孔隙类型 |
|---|---|---|---|---|---|---|---|
| | 视压实率 /% | 视胶结率 /% | 视溶解率 /% | | | | |
| 硅质 + 高岭石胶结粒间孔相（Ⅰ） | <50 | <50 | 25～50 | 杂基<6% 孔隙度>10% | 10～29.6 | 1～121.9 | 粒间孔 |
| 高岭石 + 硅质胶结粒间孔 + 粒间溶孔相（Ⅱ） | <50 | <50 | >50 | 杂基<6% 孔隙度>10% | 6～21.5 | 0.5～561 | 粒间孔、粒间溶孔 |
| 凝灰质 + 高岭石胶结溶孔 + 微裂缝 + 晶间孔相（Ⅲ） | 50～75 | 50～75 | 25～50 | 杂基<6% 孔隙度>6% | 5～15.5 | 0.5～7.86 | 溶孔、晶间孔 |
| 伊利石 + 高岭石 + 硅质胶结溶孔 + 晶间孔相（Ⅳ） | 50～75 | >75 | 25～50 | 杂基>6% 孔隙度>5% | 5～8 | 0.1～1 | 溶孔、晶间孔 |
| 伊利石 + 高岭石胶结粒内溶孔 + 微孔相（Ⅴ） | 50～75 | >75 | 25～50 | 杂基>6% 孔隙度>5% | 5～6 | 0.1～0.5 | 粒内溶孔、微孔 |

| 成岩相 | 成岩强度 | | | 划分依据 | 孔隙度 / % | 渗透率 / mD | 主要孔隙类型 |
|---|---|---|---|---|---|---|---|
| | 视压实率 /% | 视胶结率 /% | 视溶解率 /% | | | | |
| 伊利石 + 绿泥石胶结粒内溶孔 + 微孔相（Ⅵ） | >75 | 50～75 | <25 | 杂基>6% 孔隙度>3% | 3.5～10.5 | 0.01～1.9 | 粒内溶孔、微孔 |
| 伊利石 + 绿泥石胶结晶间微孔相（Ⅶ） | >75 | 50～75 | <25 | 杂基>6% 压实率>75% | 2～6 | 0.01～0.5 | 微孔 |

1）成岩相Ⅰ：硅质 + 高岭石胶结粒间孔相

岩石类型以长石石英砂岩为主，杂基（含量<6%）和塑性岩屑含量低，以凝灰质蚀变高岭石和石英次生加大为主要胶结物。孔隙类型以粒间孔为主，孔隙度一般大于10%，渗透率大于1mD，储层物性最好，是盒8段储层最有利成岩相之一。

2）成岩相Ⅱ：高岭石 + 硅质胶结粒间孔 + 粒间溶孔相

岩石类型以石英砂岩、岩屑石英砂岩为主，杂基（含量<6%）和塑性岩屑含量低，蚀变高岭石和石英次生加大非常普遍，常见凝灰质、长石溶蚀蚀变。凝灰质粒间溶孔和长石铸膜孔是最主要的孔隙类型，孔隙度一般大于10%，渗透率多数达到0.8mD，储层物性好，是盒8段储层最有利成岩相之一，也是苏里格气区最主要的成岩相类型。

3）成岩相Ⅲ：凝灰质 + 高岭石胶结溶孔 + 微裂缝 + 晶间孔相

岩石类型以石英砂岩、岩屑石英砂岩为主，杂基（含量<6%）和塑性岩屑含量低，凝灰质蚀变高岭石和石英次生加大普遍，凝灰质收缩缝、高岭石晶间孔、长石粒内溶孔常见，孔隙类型以粒间溶孔和粒内溶孔为主，并常见少量晶间孔，孔隙度一般大于6%，渗透率大于0.3mD，储层物性好，是盒8段储层有利的成岩相之一。

4）成岩相Ⅳ：伊利石 + 高岭石 + 硅质胶结溶孔 + 晶间孔相

石英砂岩、岩屑石英砂岩和长石石英砂岩中均可见该成岩相，伊利石、高岭石和石英次生加大是主要的胶结物类型，长石、岩屑和填隙物粒内溶孔发育，凝灰质蚀变形成的高岭石晶间孔常见，孔隙度一般为5%～8%，渗透率0.1～1mD，储层物性较好，是盆地东部盒8段致密砂岩储层之一。

5）成岩相Ⅴ：伊利石 + 高岭石胶结粒内溶孔 + 微孔相

岩石类型以石英砂岩、岩屑石英砂岩为主，杂基和塑性岩屑含量高，黏土矿物杂基含量高，普遍在6%以上，胶结物主要为高岭石和碳酸盐，岩屑粒内溶孔和黏土矿物晶间微孔是主要的孔隙类型，孔隙度一般为5%～6%，渗透率在0.1～0.5mD，是盆地南部盒8段主要储层之一。

6）成岩相Ⅵ：伊利石 + 绿泥石胶结粒内溶孔 + 微孔相

岩石类型以岩屑石英砂岩、岩屑砂岩为主，杂基和塑性岩屑含量高，黏土杂基含量大于6%，常见长石、岩屑粒内溶孔和黏土矿物晶间微孔，孔隙度变化大，多在3.5%～10.5%之间，渗透率在0.01～1.9mD，多小于0.1mD，储层物性较差，是盆地东北部盒8段储层的主要成岩相之一。

7）成岩相Ⅶ：伊利石＋绿泥石胶结晶间微孔相

岩石类型以岩屑砂岩、岩屑石英砂岩为主，杂基和塑性岩屑含量非常高，黏土杂基含量普遍大于6%，孔隙极少，以微孔隙为主，需借鉴扫描电镜等技术才能观察到少量黏土矿物晶间微孔，孔隙度一般为2%～6%，渗透率在0.01～0.5mD，储层物性差，是盒8段致密层之一。

大量的单井成岩相分析，认为硅质＋高岭石胶结粒间孔相、高岭石＋硅质胶结粒间孔＋粒间溶孔相、凝灰质＋高岭石胶结溶孔＋微裂隙＋晶间孔相为盆地盒8段致密砂岩储层的优势成岩相。其中，高岭石＋硅质胶结粒间孔＋粒间溶孔相主要发育于苏里格气田主砂带，该带孔隙发育良好，孔隙间的连通性好，孔隙度一般为8%～10%，渗透率多数在1mD左右，孔喉半径大，进汞率高，具备油气储集—保存的有利条件，是盒8段主要的优质储层发育相带；凝灰质＋高岭石胶结溶孔＋微裂隙＋晶间孔相主要发育于苏里格东、西砂带，该带主要发育溶孔和晶间孔，孔隙间的连通性较好，孔隙度一般大于6%，渗透率普遍大于0.5mD，孔喉半径较大，进汞率高，是油气储集—保存的有利区和盒8段主要的优质储层发育相带；硅质＋高岭石胶结粒间孔相分布比较局限，仅分布于盆地西部的低热演化区，孔隙度一般大于10%，渗透率普遍大于1mD，保存了大量的粒间孔隙，砂岩物性好，是盒8段优质储层发育的相带之一。伊利石＋高岭石＋硅质胶结溶孔＋晶间孔相主要发育于苏里格南部和子洲—延长地区，该成岩相发育少量溶孔和晶间孔，砂岩孔隙度一般为5%～6%，渗透率普遍小于1mD；盆地东部地区主要发育伊利石＋绿泥石胶结粒内溶孔＋微孔相（图7-22），孔隙喉道细小，进汞率低，储层物性较差，必须经过水平井的压裂改造才能获得产能。

盒8段砂层内部砂岩类型变化大，矿物成分及其含量多变，成岩作用类型相对复杂。以上七种成岩相类型在不同区带、不同井发育与分布存在一定差异，往往形成纵向上复杂的成岩相带，并以优质储层与非优质储层的组合形式出现。

## 六、储层分类与评价

### 1. 储层分类

根据鄂尔多斯盆地上古生界砂岩储层高石英、高岩屑组分、低长石和以各种类型次生孔隙为主的特点，在储层岩石学特征、成岩作用、成岩相及成岩演化阶段研究基础上，基于储层的物性与主要孔隙结构参数，结合沉积相、砂体组合的展布特征，将上古生界砂岩储层分为四类，并对上古生界砂岩储层进行了储层评价和预测。

1）Ⅰ类储层基本特征

Ⅰ类储层的压汞曲线形态往往呈对角线状，孔隙平台低斜，反映储层孔隙大小不均、分选较差的特征。砂岩以粒间和粒间溶孔为主，次为晶间孔，孔隙大小差别大，最大孔径3～6mm，一般介于0.2～2.0mm之间，渗透率大于1.0mD，排驱压力小于0.5MPa，榆林地区储层排驱压力多小于0.2MPa，平均孔隙半径大于70μm，最大喉道半径大于1.5μm。进汞饱和度大于60%，最高达80%～90%。东部榆林地区山2段和西部苏里格地区盒8段砂体中都发育这类储层，但分布比较局限，仅见于榆37、陕141、陕211、苏2、苏6等井的局部层段，砂体组合类型多为分流河道和水下分流河道单砂体（表7-9）。

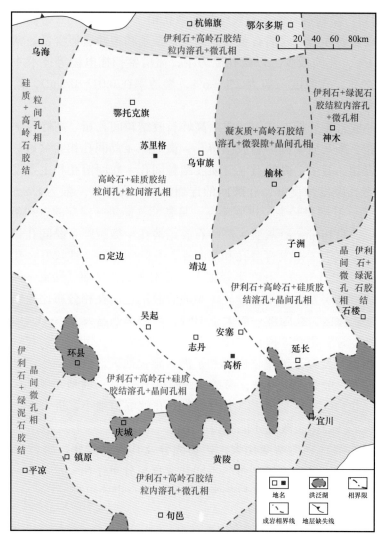

图 7-22 鄂尔多斯盆地上古生界盒 8 段砂岩成岩相平面分布图

2）Ⅱ类储层基本特征

Ⅱ类储层的压汞曲线形态具有平台，孔径大小相对均匀，以溶蚀孔隙为主，少量高岭石晶间孔。孔隙度介于 8%～12%，渗透率为 0.5～1.0mD，排驱压力为 0.2～0.5MPa，最大连通喉道半径为 1.25～1.5μm，平均喉道半径为 0.1～0.2μm，进汞饱和度为 50%～60%。这类储层在中东部榆林地区陕 211 井区、陕 215 井区、陕 141 区块、榆 20 井区、子洲—清涧地区、西部苏里格和北部乌审旗区块比较普遍，这类储层的硅质胶结较强烈。砂体组合多为分流河道叠置砂体和水下分流河道叠置砂体，山 2 段主要为边滩和河口坝复合砂体。

3）Ⅲ类储层基本特征

Ⅲ类储层其压汞曲线上孔隙平台不明显。孔隙度介于 6%～8%，渗透率为 0.1～0.5mD，排驱压力较高，介于 0.5～1.5MPa，多集中在 1MPa 左右，进汞饱和度明显降低，一般 15%～50% 之间，多为 20%～30%，最大连通喉道半径为 0.5～1.25μm，平均喉道半径为 0.05～0.1μm。中值压力升高明显，达 3.75～7.5MPa。孔隙以黏土微孔为主，偶见岩屑溶孔，面孔率一般为 1%～2%，其对应的成岩相主要为压实蚀变致密相和蚀变微孔相。该类型储层在盆地中东部榆林地区统万城、镇北台、陕 207 井区附近地层中大量见及，砂体组合类型主要是河道侧翼砂体组合，盒 8 段主要为心滩复合砂体和滑塌扇复合砂体。

表 7-9　鄂尔多斯盆地上古生界碎屑岩储层综合评价标准

<table>
<tr><td colspan="2">分类</td><td>优质储层</td><td>较好储层</td><td>一般储层</td><td>远景储层</td></tr>
<tr><td colspan="2">等级</td><td>Ⅰ</td><td>Ⅱ</td><td>Ⅲ</td><td>Ⅳ</td></tr>
<tr><td rowspan="2">物性</td><td>孔隙度 /%</td><td>＞12</td><td>8～12</td><td>6～8</td><td>＜6</td></tr>
<tr><td>渗透率 /mD</td><td>＞1.0</td><td>0.5～1.0</td><td>0.1～0.5</td><td>＜0.1</td></tr>
<tr><td rowspan="8">毛细管压力曲线特征</td><td>排驱压力 /MPa</td><td>＜0.5</td><td>0.2～0.5</td><td>0.5～1.5</td><td>＞1.5</td></tr>
<tr><td>最大连通喉道半径 /μm</td><td>＞1.5</td><td>1.25～1.5</td><td>0.5～1.25</td><td>＜0.5</td></tr>
<tr><td>平均喉道半径 /μm</td><td>＞0.2</td><td>0.1～0.2</td><td>0.05～0.1</td><td>＜0.05</td></tr>
<tr><td>中值压力 /MPa</td><td>＜1.85</td><td>1.85～3.75</td><td>3.75～7.5</td><td>＞7.5</td></tr>
<tr><td>中值半径 /μm</td><td>＞0.4</td><td>0.2～0.4</td><td>0.1～0.2</td><td>＜0.1</td></tr>
<tr><td>进汞饱和度 /%</td><td>＞60</td><td>50～60</td><td>15～50</td><td>＜15</td></tr>
<tr><td>分选系数</td><td>＞2.00</td><td>1.75～2.00</td><td>1.25～1.75</td><td>＜1.25</td></tr>
<tr><td>歪度</td><td>＞0</td><td>−0.5～0</td><td>−2.0～−0.5</td><td>＜−2</td></tr>
<tr><td rowspan="6">微观特征</td><td>平均孔隙半径 /μm</td><td>＞70</td><td>10～70</td><td>0.5～10</td><td>＜0.5</td></tr>
<tr><td>面孔率 /%</td><td>＞6.0</td><td>3.0～6.0</td><td>0.5～3.0</td><td>＜0.5</td></tr>
<tr><td>孔隙组合</td><td>粒间孔、粒间溶孔</td><td>岩屑溶孔、晶间孔</td><td>岩屑溶孔、晶间孔</td><td>晶间孔、微孔</td></tr>
<tr><td>岩性特征</td><td colspan="2">中—粗粒石英砂岩，含砾不等粒石英砂岩，杂基常见</td><td></td><td>岩屑砂岩，杂基含量高</td></tr>
<tr><td>成岩特征</td><td colspan="2">硅质加大发育，溶蚀强烈</td><td>溶蚀、高岭石蚀变强烈</td><td>致密压实石英胶结致密</td></tr>
<tr><td>成岩相</td><td>强压溶—石英加大—溶蚀相</td><td>压溶—中溶蚀—高岭石交代和溶蚀—弱杂基充填—高岭石交代相</td><td>强压实—黏土胶结相</td><td>强压实—碳酸盐胶结、交代相</td></tr>
<tr><td>砂体组合</td><td></td><td>（水下）分流河道单砂体</td><td>（水下）分流河道单、叠置砂体，山 2 段边滩和河口坝复合砂体</td><td>河道侧翼砂体、盒 8 段心滩、滑塌扇砂体组合</td><td>天然堤与决口扇复合砂体，决口扇单砂体</td></tr>
</table>

4）Ⅳ类储层基本特征

该类储层的压汞曲线形态呈明显负歪度。孔隙度小于 6%，渗透率小于 0.1mD，一般为 0.01～0.05mD。孔隙以黏土物质中不可压缩的微孔隙为主，铸体薄片中基本上见不到宏观孔隙。成岩相以强压实—碳酸盐胶结、交代相为主。该类储层主要分布于盆地东部、神木、佳县、绥德、米脂等区块中。在东部多为天然堤与决口扇砂体组合。

2. 储层分布特征

Ⅰ类储层本区极为少见，仅存在于西部苏里格区块和中东部榆林、榆林南部高产区个别井段；Ⅱ类储层主要分布在盆地西部和西北部、中东部；Ⅲ类储层主要分布于盆地中部地区；Ⅳ类储层广布于盆地东部（图7-23）。

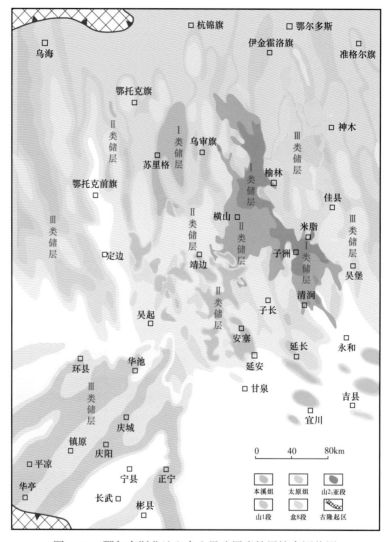

图7-23　鄂尔多斯盆地上古生界碎屑岩储层综合评价图

# 第三节　中生界陆相碎屑岩储层

鄂尔多斯盆地中生界含油岩系主要发育于三叠系延长组和侏罗系延安组、富县组陆相碎屑岩储层。其中，三叠系延长组主要为低渗透、致密储层，局部层段和地区发育中低渗透储层，侏罗系延安组储层品质相对较好，中低渗透储层发育。

## 一、三叠系延长组

受勘探程度的限制，进行储层统计的资料点在层系上和平面上分布不均匀；受地层保存和钻井取心限制，长1、长2油层组化验分析资料较少，资料点主要分布在环县北、定边、吴起一带，长 10 油层组资料主要分布在陕北志丹地区和盆地西北缘马家滩—古峰庄一带。其他油层组资料点在盆地内分布较均匀。

1. 岩石学特征

1）岩石类型及特征

延长组砂岩成分自下而上由低成分成熟度向高成分成熟度演化。以长 7 油层组底部凝灰岩层为界，延长组下部与延长组中、上部砂岩在矿物组合分区性上显示出较大的差异（表 7-10）。

表 7-10　鄂尔多斯盆地延长组碎屑组分统计表

| 区块 | 层位 | 石英/% | 长石/% | 岩屑/% | | | 云母 + 绿泥石/% |
|---|---|---|---|---|---|---|---|
| | | | | 岩浆岩屑 | 变质岩屑 | 白云岩岩屑 | |
| 东北地区 | 长 1 油层组 | 28.9 | 29.7 | 2.6 | 9.8 | 0.5 | 3.5 |
| | 长 2 油层组—长 3 油层组 | 27.8 | 43.7 | 2.5 | 7.8 | 0.6 | 6.2 |
| | 长 4 油层组—长 7 油层组 | 23.0 | 44.8 | 2.3 | 6.3 | 0.5 | 7.4 |
| | 长 8 油层组—长 9 油层组 | 24.3 | 32.2 | 4.9 | 11.0 | 0.3 | 8.4 |
| | 长 10 油层组 | 22.9 | 43.7 | 2.9 | 6.4 | 0.2 | 5.3 |
| 西部及西南地区 | 长 1 油层组 | 49.7 | 16.3 | 3.8 | 5.6 | 2.2 | 3.0 |
| | 长 2 油层组—长 3 油层组 | 47.1 | 17.6 | 3.5 | 9.8 | 4.2 | 2.7 |
| | 长 4 油层组—长 7 油层组 | 44.9 | 17.3 | 4.0 | 9.3 | 3.6 | 3.0 |
| | 长 8 油层组—长 9 油层组 | 32.5 | 29.4 | 7.5 | 12.1 | 0.2 | 5.2 |
| | 长 10 油层组 | 27.6 | 39.2 | 5.3 | 13.8 | 0.1 | 2.3 |

长 10 油层组—长 8 油层组，砂岩的岩石类型相似，主要为岩屑长石砂岩和长石砂岩，砂岩类型在盆地范围内的差异性不明显（表 7-10）。长 7 油层组—长 1 油层组，岩石类型具有显著的东西分带性。其中，西部和西南物源控制区的碎屑沉积具有石英含量较高，长石含量较低的特征。由于西部和西南物源区地质体有早古生代海相碳酸盐岩地层的参与，在盆地西部、西南部和湖盆中部地区砂岩碎屑中含有大量的白云岩岩屑，砂岩以长石岩屑砂岩为主，岩屑长石砂岩次之；东北物源控制区的碎屑岩中石英含量较低，长石含量较高，基本不含白云岩岩屑，以长石砂岩、岩屑长石砂岩为主（图 7-24）。

长 8—长 10、长 3—长 1 储层粒度相对较粗，以细砂岩、中砂岩为主，颗粒间以点接触、点—线接触为主。长 4+5、长 6 储层以细砂岩为主，颗粒间以点—线接触、线接触为主。长 7 储层以粉、细砂岩为主，颗粒间主要为点—线接触、线接触、凹凸接触。砂岩的分选性中等—好，磨圆度以次棱角状为主，次棱角—次圆状次之。

2）填隙物组合特征

受物源和沉积相带影响，延长组不同层位、不同区块砂岩中的填隙物成分有较大差异（图 7-25、表 7-11）。储层填隙物主要为绿泥石、碳酸盐、伊利石，并含有少量高岭石、硅质，其中以碳酸盐胶结物、伊利石和绿泥石黏土矿物胶结物为主。

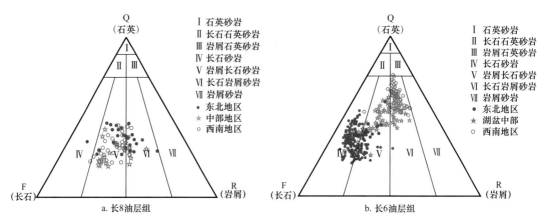

图 7-24　鄂尔多斯盆地不同地区延长组不同油层组砂岩类型三角图

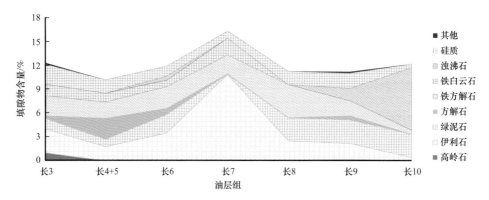

图 7-25　鄂尔多斯盆地延长组不同油层组填隙物组成特征

表 7-11　鄂尔多斯盆地不同地区长 6、长 8 储层填隙物组成

| 地层 | 地区 | 伊利石 / % | 绿泥石 / % | 高岭石 / % | 铁方解石 / % | 铁白云石 / % | 浊沸石 / % | 硅质 / % | 总量 / % | 沉积相 |
|---|---|---|---|---|---|---|---|---|---|---|
| 长 6 储层 | 安塞 | 0.3 | 5.3 | 0 | 3 | 0 | 3.3 | 0.8 | 12.7 | 水下分流河道 |
| | 姬塬 | 2.7 | 2.0 | 2.1 | 2.3 | 0.8 | 0 | 1.4 | 11.3 | 水下分流河道 |
| | 华池北 | 3.1 | 2.8 | 0 | 4 | 1.4 | 0 | 1.1 | 12.5 | 水下分流河道 |
| | 合水—华池 | 8.6 | 0.5 | 0 | 3.5 | 1.9 | 0 | 1.4 | 15.9 | 重力流沉积 |
| 长 8 储层 | 西峰 | 1.2 | 3.4 | 0.2 | 1.8 | 0 | 0 | 2.4 | 9.2 | （水下）分流河道 |
| | 姬塬 | 2.9 | 3.2 | 0 | 3.4 | 0 | 0 | 1.5 | 11.0 | （水下）分流河道 |
| | 华池 | 2.9 | 3.6 | 0 | 5.4 | 0 | 0 | 1.3 | 13.2 | 水下分流河道 |
| | 合水 | 3.0 | 1.5 | 0 | 6.3 | 0 | 0 | 1.6 | 12.6 | 水下分流河道 |

纵向上，延长组各油层组填隙物含量为10.6%～16.5%，碳酸盐胶结物在长3储层—长8储层中含量相对较稳定，在长9、长10储层中含量较低，尤其是在长10储层中，其含量平均不足1%。在长7储层中伊利石含量异常高，平均含量高达10%，由此造成延长组各层系中以长7储层中填隙物的含量最高。在延长组各油层组储层中绿泥石都占较高的比例，仅长7储层基本不发育绿泥石膜。浊沸石胶结物主要发育在长9、长10储层中，以及陕北地区长6储层中。

以主要含油层组长6、长8油层组为例，可以看到不同地区储层中填隙物的组分、含量具有差异性和规律性。长6、长8砂岩储层中填隙物含量较高，总体变化趋势是从湖盆边部向沉积中心，绿泥石膜胶结含量逐渐减少、含铁碳酸盐胶结物和伊利石含量逐渐增高，碳酸盐胶结物由以铁方解石为主、铁白云石胶结作用较弱，变化为铁白云石胶结物含量逐渐增高。尤其在华池—合水地区，以长6储层为代表的重力流沉积储层，具有伊利石含量异常高（平均含量为8.6%）和绿泥石含量异常低（平均含量为0.5%）的特征，铁白云石含量平均为1.9%。

3）粒度

延长组储层主要由细砂岩组成，其次是中细砂岩、粉砂岩。纵向上，从长10储层—长1储层，砂岩的粒度由粗逐渐变细再变粗（图7-26）。其中以长10油层组砂岩最粗，主要为中细砂岩，并见少量的粗—中砂岩。长7油层组砂岩粒度最细，主要为细砂岩和粉细砂岩。不同的沉积相带，砂岩的粒度也存在较大的差异，以长6油层组为例，虽然从粒度组成上都是以细砂岩为主，但在三角洲平原分流河道沉积储层中，中砂所占的比例平均达到19.5%；三角洲前缘水下分流河道沉积储层中，细砂岩占绝对优势；在重力流沉积中，粉砂和泥占比较高（图7-27）。

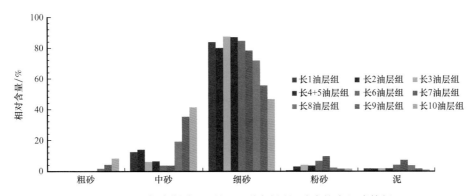

图7-26　鄂尔多斯盆地延长组不同油层组砂岩粒度组成特征

2.孔隙类型及孔隙结构特征

1）孔隙类型

延长组储集空间由孔、缝组成，孔占绝对优势。常见孔隙有下列五类。

粒间孔隙指以颗粒支撑的岩石中，颗粒之间未被杂基和胶结物充填的空间。各个油层组的粒间孔大小和含量差异较大，如在长10、长9、长1储层粒间孔含量超过4%，平均孔径超过55μm，局部地区甚至超过100μm；但湖盆中部重力流沉积形成的长6、长7储层中粒间孔常常为碳酸盐胶结物、杂基堵塞，粒间孔平均残留0.7%，平均孔径仅有长10、长9等相对较好的储层的一半。

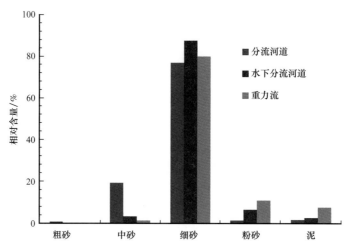

图 7-27　鄂尔多斯盆地长 6 油层组不同沉积成因的砂岩粒度组成特征

次生溶孔指岩石中可溶组分溶解后形成的孔隙。延长组储层主要发育长石溶孔、岩屑溶孔、碳酸盐溶孔和杂基溶孔等类型。整体上延长组矿物成分成熟度相对较低，储层碎屑矿物中长石、火山岩屑和变质岩屑含量较高，沉积岩岩屑较少，因此发育长石溶孔和岩屑溶孔，偶见碳酸盐溶孔。各油层组溶孔的平均含量处于 1.2%～2.0% 之间。但在陕北地区长 6 储层中，浊沸石溶孔非常发育，其中志靖油田长 6 储层浊沸石溶孔平均为 1.3%，造成溶蚀孔平均含量明显高于其他层系和地区，达到 2.8%，有效改善了储层的储集性能。

微孔为原生孔隙的一种，指泥状杂基沉积石化时收缩形成的极为微小的孔隙；晶间孔指自生黏土矿物和重结晶作用生成的黏土矿物晶间孔隙。微孔和晶间孔在延长组储层中占有较大的比例，尤其是在长 6、长 7 重力流沉积的储层中，黏土矿物含量高，平均分别达到 8.6% 和 11.0%，因此造成其孔隙度与三角洲砂岩储层孔隙度相近，可以达到 10% 左右，但可见孔率明显偏低的特征，微孔、晶间孔等不可见孔平均可以达到 7% 以上。

微裂缝（隙）指由于沉积、成岩或构造作用形成的裂缝（隙）。延长组微裂缝发育程度相对较差，平均小于 0.1%，尽管含量很少，但它对沟通储层中无效的微孔和孤立的溶孔具有重要的作用，除了可提高砂岩的渗透率外，还可通过促进流体对流交替，加速溶解作用形成次生孔隙，同时又可以作为油气渗流的通道。

2）孔隙组合与分布

延长组储层储集性能较差，面孔率普遍较低，各油层组储层面孔率平均为 2.02%～6.43%，孔隙类型以粒间孔和次生溶孔为主（图 7-28）。

从长 10 油层组—长 1 油层组，储层面孔率总的变化趋势为，面孔率由大逐渐减小再逐渐增大。其中，长 2、长 10、长 9 砂岩储层的面孔率最大，平均值为 6% 左右；长 7、长 6 储层面孔率最小，平均值仅 2% 左右。孔隙组成上，长 2、长 10、长 9 储层残余粒间孔高达 4% 以上，而长 7、长 6 储层仅余 0.7%。各油层组的溶孔绝对含量虽然也展示了类似粒间孔的变化特征，但在相对面孔率的占比上却呈现出不一样的变化趋势，即溶孔与面孔率的相对比率从长 10 油层组—长 1 油层组表现为由低到高再变低的特征。陕北地区安塞、志靖等油田长 6 储层具有高面孔率、高粒间孔、高次生溶孔的特征，这在盆地长 6 储层面孔率普遍较低背景下是个例外。志靖油田长 6 储层发育浊沸石溶孔，平均含量达 1.3%。发育的浊沸石溶孔对储层的储集性能和渗流性能起到了积极的改善作用，这与该区储层胶结物中发育浊沸石胶结作用及其溶蚀作用有关。

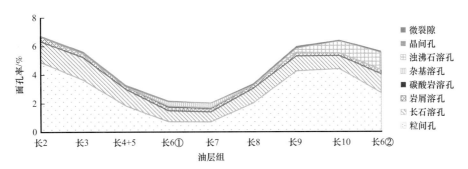

图 7-28　鄂尔多斯盆地延长组不同油层组储层孔隙组合特征对比图
长 6①为重力流沉积砂岩；长 6②为志靖地区三角洲成因砂岩

以长 6、长 8 油层组为例（表 7-12），从湖盆边部的三角洲平原、前缘亚相砂岩（西峰、姬塬、安塞等区）向中部的三角洲前缘亚相或重力流浊积砂岩（华池、合水等区），储层面孔率逐渐降低，而且呈现出残余粒间孔减少、溶蚀孔所占比例增加的特征，孔隙组合由粒间孔型、粒间孔—溶孔型向溶孔型转变。

表 7-12　鄂尔多斯盆地不同地区长 6、长 8 储层孔隙组合特征表

| 地层 | 地区 | 粒间孔 / % | 长石溶孔 / % | 岩屑溶孔 / % | 浊沸石溶孔 / % | 晶间孔 / % | 面孔率 / % | 孔隙度 / % | 渗透率 / mD |
|---|---|---|---|---|---|---|---|---|---|
| 长 8 储层 | 西峰 | 3.74 | 0.46 | 0.18 | 0 | 0 | 4.38 | 10.3 | 2.07 |
| | 姬塬 | 3.06 | 0.55 | 0.10 | 0 | 0 | 3.71 | 8.1 | 0.57 |
| | 华池 | 1.61 | 0.85 | 0.15 | 0 | 0 | 2.62 | 10.9 | 1.47 |
| | 合水 | 1.67 | 1.31 | 0.15 | 0 | 0 | 3.13 | 11.7 | 0.45 |
| 长 6 储层 | 安塞 | 2.81 | 0.79 | 0.28 | 0.72 | 0.3 | 4.90 | 12.1 | 1.36 |
| | 姬塬 | 2.07 | 0.78 | 0.15 | 0 | 0.05 | 3.05 | 12.0 | 0.74 |
| | 华池北 | 1.97 | 0.75 | 0.13 | 0 | 0 | 2.85 | 11.7 | 0.6 |
| | 合水—华池 | 0.30 | 1.65 | 0.16 | 0 | 0 | 2.11 | 10.4 | 0.23 |

3）孔隙结构

孔隙结构直接影响储层的储集性能、渗流性能和产能。通常采用毛细管压力测试和铸体薄片分析结果，研究孔隙和喉道的几何形状、大小、分布、相互连通情况，评价延长组储层孔隙结构在纵向上和平面上的分布特征（图 7-29、表 7-13）。

（1）孔喉大小分布特征。

延长组各油层组储层的孔径平均值均小于 60μm，以小孔隙为主，其次为中孔隙和细孔隙；各油层组平均喉道中值半径均小于 0.5μm，以微细喉道为主，其次为微喉道，见少量的细喉道。

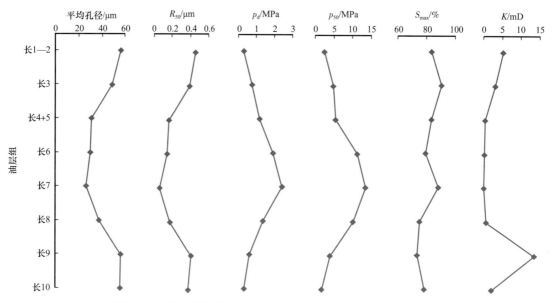

图 7-29 鄂尔多斯盆地延长组不同油层组孔喉发育特征对比图

表 7-13 鄂尔多斯盆地不同地区长 6、长 8 储层孔喉特征分区对比表

| 层系 | 地区 | 均值系数 | 歪度系数 | 分选系数 | 变异系数 | 中值压力/MPa | 中值半径/μm | 门槛压力/MPa | 最大进汞饱和度/% | 退出效率/% | 残余汞饱和度/% | 未饱和汞饱和度/% | 最大孔喉半径/μm | 孔隙度/% | 渗透率/mD |
|---|---|---|---|---|---|---|---|---|---|---|---|---|---|---|---|
| 长6储层 | 安塞 | 10.64 | 0.59 | 1.88 | 0.24 | 7.19 | 0.16 | 1.03 | 82.87 | 29.73 | 58.53 | 17.24 | 1.47 | 10.3 | 2.07 |
| | 姬塬 | 11.37 | 0.57 | 1.87 | 0.20 | 7.65 | 0.18 | 1.24 | 80.98 | 30.39 | 56.31 | 19.02 | 1.04 | 8.1 | 0.57 |
| | 华池北 | 11.21 | 0.62 | 1.58 | 0.15 | 9.93 | 0.14 | 1.99 | 77.53 | 25.14 | 57.53 | 22.47 | 0.78 | 10.9 | 1.47 |
| | 合水—华池 | 12.03 | 0.51 | 1.23 | 0.15 | 14.02 | 0.09 | 2.88 | 73.33 | 28.13 | 51.54 | 26.67 | 0.45 | 11.7 | 0.45 |
| 长8储层 | 西峰 | 11.12 | 0.75 | 2.04 | 0.22 | 7.31 | 0.31 | 0.97 | 78.35 | 25.89 | 57.61 | 22.65 | 1.26 | 12 | 1.36 |
| | 姬塬 | 11.57 | 0.37 | 1.89 | 0.22 | 10.13 | 0.20 | 1.36 | 74.18 | 32.70 | 50.25 | 25.82 | 1.16 | 12.0 | 0.74 |
| | 华池 | 11.06 | 0.69 | 2.00 | 0.22 | 11.77 | 0.14 | 1.60 | 73.13 | 26.93 | 53.58 | 26.87 | 1.12 | 11.7 | 0.6 |
| | 合水 | 11.90 | 0.23 | 1.42 | 0.18 | 13.74 | 0.12 | 1.83 | 72.57 | 27.33 | 51.61 | 27.43 | 0.95 | 10.4 | 0.23 |

延长组上部（长 1 储层—长 3 储层）和下部（长 9、长 10 储层）孔隙相对较大，喉道相对较粗。平均孔径超过 55μm，主要由中孔隙和部分大孔隙组成；喉道中值半径约 0.4μm，主要为中喉道、细喉道，并含一定比例的粗喉道；孔喉类型以中小孔中喉型为主，少量的大中孔粗喉型、中孔中细喉型、小孔细喉型。

长 6 储层—长 8 储层孔隙喉道发育较差，平均孔径为 30μm 左右，主要由小孔隙组成；喉道中值半径为 0.09～0.21μm，以微细喉道和微喉道为主，发育小孔微细喉型和小孔细喉型孔喉组合。长 8、长 6 三角洲储层以小孔微细喉和小孔细喉型为主，并可见少量中孔细喉型；长6、长7重力流浊积砂岩储层主要发育细孔微喉型和小孔微细喉型孔喉组合。

（2）孔喉结构。

延长组储层孔喉结构主要显示细歪度特征、排驱压力和中值压力较高，各个油层组平均排驱压力为0.29～2.44MPa，中值压力为1.93～13.68MPa，其中延长组的上部和下部储层的排驱压力和中值压力相对较低，而中部较高。延长组中、下部油层组储层最大进汞饱和度平均一般小于80%，而上部平均大于80%。平均孔喉比大，一般为44.5～101。单井最大喉道半径/中值半径比一般为2～25，平均超过10倍以上。储层退汞效率一般为20%～40%，其中，上部地层储层的退汞效率平均超过30%，下部储层的退汞效率平均小于30%。

在长6、长8油层组，同一油层组从湖盆的边部向沉积中心，呈现出排驱压力、中值压力、最大喉道半径、中值喉道半径都逐渐减小的特征，分选系数也逐渐降低（表7-13）。

3.成岩作用及孔隙演化特征

1）成岩作用及成岩序列

（1）机械压实作用。

延长组储层碎屑颗粒较细，陆源杂基和抗压性弱的塑性颗粒（云母、泥质岩、浅变质岩类等）含量高，压实作用强，主要表现为：颗粒之间线—凹凸状接触为主（图7-30a），条状碎屑颗粒的定向—半定向排列（图7-30b、d），塑性变形颗粒挤入孔隙，其至造成泥质岩屑和云母假杂基化（图7-30e），小颗粒嵌入大孔隙内，原生粒间孔隙损失较多，面孔率较低。此外，刚性颗粒如石英和长石颗粒表面可见裂纹以及微小的成岩缝（图7-30c、f）。

（2）胶结作用。

延长组主要的胶结作用有碳酸盐胶结、硅质胶结和黏土矿物胶结。其中黏土矿物胶结和碳酸盐胶结较为发育，并直接引起孔喉变窄、孔隙结构复杂化。

绿泥石胶结：往往形成于富铁的弱碱性介质环境，主要以绿泥石膜的形式产出。其形成相对较早，在压实作用开始后不久碎屑颗粒间以点接触为主时自生绿泥石便开始沿粒间孔隙内壁垂直生长。薄片中常常可以见到石英加大边包裹绿泥石膜的现象（图7-30g、h），说明绿泥石膜形成于石英加大之前。此外，未发现绿泥石膜包裹长石粒内溶孔，但却大量存在绿泥石膜包围长石铸膜孔的现象，因此判断绿泥石膜形成于长石溶解之前。

碳酸盐胶结：延长组储层碳酸盐胶结物可划分出三期，早期主要为泥晶或微晶的方解石（图7-31a、b）。中期为早期形成的泥质或微晶方解石发生重结晶，形成自形程度较高的细晶方解石，常呈连晶状分布于孔隙中（图7-31c、d）。这类方解石在重结晶过程中，一般会吸收孔隙水中少量的$Mg^{2+}$到其晶格中，形成少量的粒状白云石。随着储层埋藏深度的增加，储集岩中大量赋存的暗色矿物和黏土矿物发生蚀变或转化，析出$Fe^{2+}$和$Mg^{2+}$，它们结合到早先形成的碳酸盐晶格后，形成含铁的碳酸盐胶结物。长4+5储层—长9储层以发育晚期形成的铁方解石和铁白云石为主，主要呈分散的斑块状充填于剩余粒间孔中或以颗粒交代物的形式存在（图7-31e）。含铁碳酸盐胶结形成于偏碱性的介质条件下，在中成岩阶段大量出现。

图 7-30　鄂尔多斯盆地延长组储层压实作用与绿泥石、硅质胶结作用显微特征

a. 颗粒线—凹凸状接触，长 8 油层组，L216 井；b. 碎屑颗粒定向排列，长 8 油层组，L94 井；c. 石英颗粒表面的裂纹，长 8 油层组，L1 井；d. 云母塑性变形并且定向排列，长 8 油层组，H75 井；e. 黑云母假杂基化，长 8 油层组，H74 井；f. 成岩裂缝，长 8 油层组，H38 井；g. 石英加大边包裹绿泥石膜，长 8 油层组，B210 井；h. 石英加大边包裹绿泥石膜，长 6 油层组，D28 井

图 7-31　鄂尔多斯盆地延长组储层碳酸盐胶结与溶蚀作用显微特征

a. 早期碳酸盐胶结，长 8 油层组，H31 井；b. 早期碳酸盐胶结，长 8 油层组，H76 井；c. 中期碳酸盐胶结，长 8 油层组，H160 井；d. 中期碳酸盐胶结，长 8 油层组，X85 井；e. 晚期碳酸盐胶结，长 8 油层组，L42 井；f. 长石溶蚀孔和分布于剩余粒间孔中被油浸的高岭石，长 8 油层组，L120 井；g. 岩屑溶蚀，长 8 油层组，T15 井；h. 浊沸石溶蚀强烈，长 6 油层组，P40-20 井浊沸石胶结：盆地长 10、长 9 和陕北地区长 6 储层中浊沸石胶结物发育。吴起—顺宁一带和姬塬地区长 10 储层中浊沸石胶结物的平均含量分别达到 6.6% 和 5.4%；在陕北地区长 6 储层中平均值为 3.3%。研究认为浊沸石一般是通过斜长石蚀变形成的（黄思静等，2001），主要以孔隙充填方式产出，还可作为包裹石英次生加大的方式产出，或在绿泥石环边形成之后生长发育。扫描电镜下，浊沸石单晶呈柱状，集合体呈放射状。

硅质胶结：延长组自生硅质以石英加大边为主，常见 Ⅰ、Ⅱ 级石英加大，延长组上部层系见 Ⅲ 级石英加大。部分沿孔隙壁呈自形微晶石英充填孔隙，含量一般小于 2.5%。硅质胶结在各成岩阶段都可以形成，其加大级别主要与硅的来源富集程度有关。

伊利石胶结：在富 $K^+$ 的碱性条件下，高岭石、蒙皂石、绿泥石有利于向伊利石转化。自生伊利石往往呈毛发状、纤维状，它常常使有效孔隙变成无效的微孔，大大降低储层的渗流能力。黏土矿物向伊利石转化常发生于中、晚成岩阶段。伊利石在长 6、长 7 重力流成因的砂岩储层中非常发育，平均含量超过 8%。

（3）溶蚀作用。

在特定介质条件下，孔隙水对储层中不稳定的碎屑颗粒及胶结物可以产生溶蚀，从而增加储层的储集空间。与溶解作用有关的成岩机制主要有两种，一种是与大气淡水淋滤有关的溶解作用，主要发生于浅层或邻近不整合面附近的储层中；另一种是与有机酸作用有关的溶解作用，主要发生于生油门限深度以下及邻近生油岩的储层中。

延长组常见的溶蚀孔主要与有机酸溶蚀作用有关。延长组储层富含长石、火山岩屑、变质岩屑等不稳定组分，在有机酸作用下形成较多的长石溶孔与岩屑溶孔（图 7-31f、g）。此外，陕北地区长 6 油层组三角洲水下分流河道储层中普遍发育浊沸石溶孔（图 7-31h），它与有机酸的溶蚀作用密切相关，根据溶蚀强度，可将浊沸石溶蚀区带划分为浊沸石微溶区、轻溶区和强溶区（图 7-32）。

（4）成岩序列。

不同阶段成岩环境相应发生规律性的变化，即随着烃源岩的成熟，孔隙水由早期的中性（或偏碱性）变为弱酸性，至成岩阶段中晚期，生烃结束，水—岩作用导致孔隙水 pH 值逐渐上升，成岩环境变为弱碱性。依据成岩矿物成分、成岩矿物间的接触关系、成岩介质环境，鄂尔多斯盆地延长组超低渗透储层主要成岩矿物的成岩演化序列如下：绿泥石膜→硅质胶结→含铁碳酸盐胶结→伊利石胶结。

2）孔隙演化特征

受周缘构造带演化的影响，延长组经历了约 2 亿年的成岩改造，储层的孔隙和孔隙组合也随之发生变化。总体上，延长组储层的孔隙演化经历了四个演化阶段（图 7-33）。

（1）早成岩作用早期——快速埋藏压实减孔阶段。

受燕山运动影响，盆地在早侏罗世末和晚侏罗世末发生了两次小幅度的抬升，但抬升剥蚀规模很小，延安组和安定组顶部地层剥蚀不明显，延长组在盆地腹部整体处于持续埋藏状态。该阶段由于上覆地层压力的快速增大，储层的原始孔隙度不断降低，尤其是早侏罗世沉积阶段，为延长组储层成岩作用早期，地层压实排水作用强烈，原始粒间孔快速降低。该阶段造成延长组储层 8%～18% 的原生孔隙丧失。

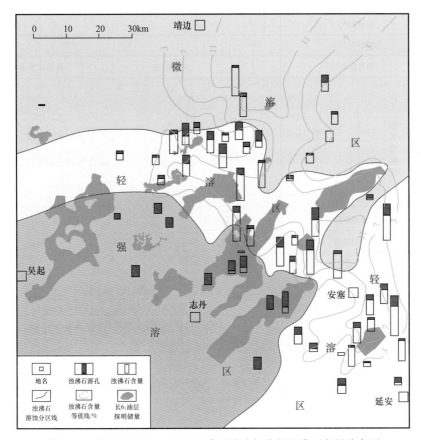

图 7-32　陕北地区长 $6_1$ 油层浊沸石溶孔与残留浊沸石含量分布图

（2）早成岩阶段中晚期——保持性成岩作用与缓慢压实减孔阶段。

早成岩阶段中晚期，绿泥石膜和石英加大边开始形成。它们的缓慢生长一方面充填了粒间孔隙，造成孔隙的进一步减少；另一方面栉壳状绿泥石和石英加大边的形成增大了碎屑颗粒的粒径，并使刚性组分增多，砂岩的抗压实能力增强，对粒间孔起到很好的保护作用。因此，延长组储层发育的绿泥石膜和硅质胶结可以称作保持性成岩作用，这种成岩作用造成了早成岩作用的中晚期储层孔隙演化呈现缓慢降低的特征。该阶段造成的孔隙降低一般在 2.5%～9.0% 之间。

（3）早成岩作用晚期和中成岩作用早中期——有机酸溶蚀增孔阶段。

早成岩阶段晚期，随着埋深的增大，地层温度升高，至埋藏深度为 1500m 左右时进入生烃门限，长 7、长 9 半深湖—深湖亚相泥页岩中的有机质逐渐成熟，干酪根热降解脱羧形成有机酸，进入相邻储层，使储层中的易溶碎屑组分和早期形成的碳酸盐、浊沸石胶结物发生溶解，溶蚀作用在早白垩世大量油气生成阶段最强。该阶段各个层、区平均溶蚀增孔 1%～2%，但局部地区可达 3% 以上。

（4）中成岩作用阶段——晚期胶结致密化阶段。

中成岩阶段，随着生烃作用的减弱乃至停止和水—岩反应的持续，地层水由酸性逐渐向弱碱性转变。该阶段形成大量含铁碳酸盐胶结物和伊利石黏土矿物，它们一方面堵塞了孔隙，另一方面分隔了一些大孔隙，使得大孔隙变成多个小孔隙或微孔，从而进一步降低了储层的孔渗性能。该阶段由碳酸盐胶结作用造成的孔隙损失一般为 2%～15%。

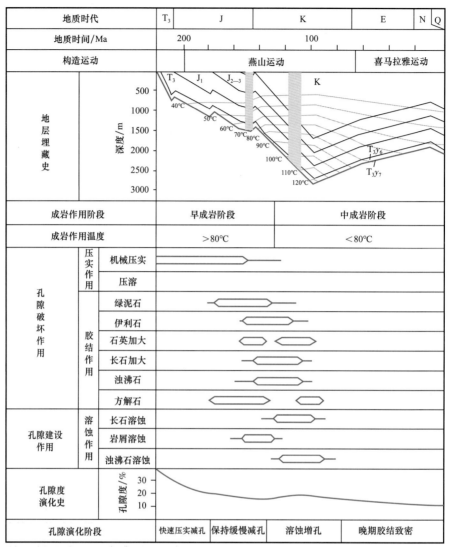

图 7-33 鄂尔多斯盆地延长组储层成岩作用和孔隙演化史综合图

**4. 储层分类与评价**

在延长组储层综合研究的基础上，筛选出反映储层孔隙结构的参数和储层非均质性的参数作为储层分类评价的依据（表 7-14），并将储层划分为 4 类（图 7-34）。

表 7-14　鄂尔多斯盆地延长组储层分类评价表

| 储层分类 | Ⅰ类 | Ⅱ类 | Ⅲ类 | Ⅳ类 |
|---|---|---|---|---|
| 特征 | 中高孔低渗储层 | 中低孔特低渗储层 | 中低孔超低渗储层 | 低孔致密储层 |
| 成岩作用 | 中等压实弱胶结 | 中强压实中强胶结 | 强压实中强胶结 | 强压实强胶结 |
| 沉积微相 | 分流河道、<br>水下分流河道 | 水下分流河道、<br>河口坝 | 水下分流河道、<br>河口坝、滩坝 | 远沙坝、<br>重力流沉积储层 |
| 砂岩粒度及<br>岩石类型 | 中—细砂岩 | 细砂岩 | 粉—细砂岩 | 细—粉砂岩 |

| 储层分类 | Ⅰ类 | Ⅱ类 | Ⅲ类 | Ⅳ类 |
|---|---|---|---|---|
| 填隙物含量 /% | 3～13 | 6～15 | 8～20 | 11～25 |
| 孔隙度 /% | >13 | 8～15 | 6～14 | 4～12 |
| 渗透率 /mD | >5.0 | 1.0～5.0 | 0.3～1.0 | <0.3 |
| 主要孔隙类型 | 粒间孔 | 粒间孔 | 粒间孔、溶孔 | 溶孔、粒间孔 |
| 平均孔径 /μm | 120～40 | 100～30 | 60～20 | <30 |
| 排驱压力 /MPa | 0.1～0.5 | 0.2～1.2 | 0.5～2 | >1.5 |
| 渗流特征 | 达西—非达西流 | 非达西流 | 非达西流 | 非达西流 |
| 主要分布层位 | 长 10、长 9、长 1—长 3 油层组 | 陕北长 6、西峰长 8 油层组 | 盆地长 4+5、长 6、长 8 油层组 | 湖盆中部长 6、长 7 油层组 |

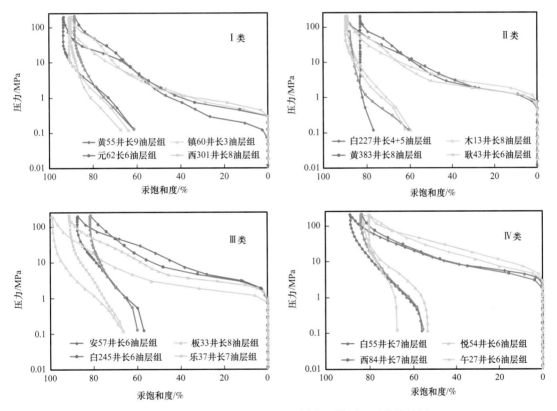

图 7-34　鄂尔多斯盆地延长组不同类型储层压汞曲线特征

**1）Ⅰ类：中高孔低渗储层**

主要特征为中—细砂岩中等压实弱胶结。砂岩为中砂岩、细砂岩，杂基和胶结物含量较低。该类储层一方面由于粒度粗，抗压实能力强，另一方面早成岩阶段绿泥石膜的形成和石英次生加大，进一步增强了储层的抗压实能力。因此，早成岩阶段快速深埋过程中的压实减孔相对较弱，属于中等压实强度，孔隙保存相对较好，储层的孔隙度一般大于13%，渗透率一般大于5mD，渗透能力较强。孔隙类型主要为粒间孔，溶孔也占有一定的比例。孔隙结构类型为大中孔中粗喉型和中小孔中喉型。该类储层主要分布于长1—长3、长9和长10油层组。

2）Ⅱ类：中低孔特低渗储层

主要特征为细砂岩中强压实中强胶结。砂岩以细砂岩和中细砂岩为主，杂基含量较低，胶结物含量相对较高。该类储层由于粒度较细，抗压实能力减弱，但储层中由于富含早成岩阶段的绿泥石膜，使得储层的抗压实能力有所增强。因此，早成岩阶段快速深埋过程中的压实减孔相对较强，属于中—强压实强度。储层的孔隙度一般为8%～15%，渗透率一般为1～5mD，渗透能力较强。孔隙类型主要为粒间孔，溶孔在可见孔中占较高的比例，局部区块溶蚀增孔可占面孔率的40%以上，如志靖地区长6储层中的浊沸石溶孔、长石溶孔和岩屑溶孔平均增孔2.8%。孔隙结构类型为中小孔中细喉型。西峰长8、陕北长6等三角洲成因的砂体属于该类储层，部分环江、姬塬、镇北、南梁地区的长8三角洲前缘主砂带砂岩也属于该类储层。此外，长1—长4+5、长9和长10油层组也有部分区块砂体属于该类储层。

3）Ⅲ类：中低孔超低渗储层

主要特征为粉细砂岩强压实中强胶结。储层以细砂岩和粉砂岩为主，杂基含量较高，胶结物含量高。该类储层粒度更细，抗压实能力差，含有一定量的绿泥石膜，但储层压实减孔作用强。储层的孔隙度一般为6%～14%，渗透率为0.3～1mD。孔隙中仍以粒间孔为主，溶孔虽然含量不高（一般为0.9%～1.6%），但溶孔在可见孔中所占比例较高，一般占20%～45%。孔隙结构类型主要为小孔微细喉型和小孔细喉型。该类储层是长8、长4+5、长6等三角洲成因的砂体中最常见的储层类型。

4）Ⅳ类：低孔致密储层

细—粉砂岩强压实强胶结储层。储层以粉砂岩和细砂岩为主，塑性岩屑、杂基和胶结物含量高，绿泥石膜不发育，造成储层抗压实能力弱，压实减孔作用强烈。储层的孔隙度一般在4%～12%之间，平均渗透率小于0.3mD。可见孔较少，面孔率一般为1.0%～3.5%，孔隙中粒间孔、溶孔含量接近。孔隙结构类型主要为细孔微喉型和小孔微细喉型。该类储层主要见于长6、长7重力流成因的砂体和部分靠近沉积中心的长4+5、长8砂体中。

## 二、侏罗系延安组

侏罗系主力油层为延9、延10油层组，其次是延8、延7、延6油层组，个别地区存在富县组含油层。侏罗系储层特征主要针对延9、延10油层组进行分析。

延10油层组系河道充填沉积，以河流边滩亚相砂体为主力储层，其河流边滩亚相主要是中细粒石英砂岩，单层厚度大，分布较稳定，分选较好，胶结物含量少（<20%），平均渗透率大于50mD，最大平均渗透率为822.6mD，单块最高渗透率为3000mD，由于物性好，且邻近河漫滩亚相低渗透层的遮挡，储集体与侧向遮挡条件良好，成为盆地油气的主力产层。

延9、延8油层组沉积期湖沼相分布广泛，在盆地边缘发育众多的分流河道砂体，以中细粒砂体为主，粒度较均匀，砂体在平面上呈带状，渗透率为30～108mD，储油物性较好，这些砂体在其侧缘方向为泥岩所包围，容易形成岩性油藏。

1. 储层岩石学特征

延9储集体的砂岩类型主要是岩屑砂岩，其次为长石岩屑砂岩和石英砂岩。延10储层的砂岩类型主要为岩屑砂岩，其次为长石岩屑砂岩、石英砂岩和长石砂岩。

延9储层的填隙物主要有高岭石、伊利石、含铁矿物和硬石膏，其次为方解石、白云石、硅质等；延10储层的填隙物类型与延9储层相似，只是硬石膏含量低于延9储层，碳酸盐胶结物含量高于延9储层。

伊利石主要在沉积期或成岩早期形成，其含量的高低与砂岩平均粒径为反比关系，因而对储层物性不利。高岭石有两种类型：一种是砂岩中的长石碎屑发生蚀变的产物，另一种为由孔隙水直接沉积而形成。两种高岭石受压实作用明显，后期多结晶，其内有晶间孔存在，对储层物性有一定改善作用。长石、岩屑等易溶组分在不同的成岩阶段都会形成次生孔隙特别是对长石类碎屑含量较高的砂岩物性改善最为明显，一方面可以形成粒内溶孔，另一方面可以改造扩大粒间孔隙的孔喉半径，提高渗透性，主要集中在砂体内部原生孔隙发育、孔隙水活跃的部位；硬石膏的形成属破坏性成岩作用，充填了延9、延10储层孔隙，被溶蚀改造的可能性较小，降低了储层孔隙度。

2. 孔隙类型及孔喉结构特征

1）孔隙类型与分布特征

延安组砂岩储层的主要孔隙类型有粒间孔隙、粒内溶蚀孔隙、晶间微孔隙和微裂缝四种类型。

粒间孔隙属原生粒间孔隙和溶蚀扩大形成的混合成因孔隙，占孔隙总量的60%以上。粒内溶蚀孔隙主要沿长石解理缝及成岩解理蚕蚀而成，包括部分岩屑粒内孔隙，形态很不规则，分布不均匀，占孔隙总量的5%~20%，这类孔隙类型的连通性较差。晶间微孔主要为自生高岭石晶间微孔，微裂缝主要发育于长石、石英碎屑颗粒中，晶间微孔与微裂缝的形成贯穿于成岩作用的始终，占总孔隙的5%，该类孔隙对油气的储集意义不大，但有利于提高砂体的渗透性。

上述孔隙类型在砂体中的分布与砂体的岩性组合及成岩作用的强度有关，一般分选差、不稳定组分含量高的砂体，次生溶蚀作用较发育，形成的粒内溶孔含量高。在煤系地层延9分流河道砂体及延10边滩相砂体中，溶蚀孔隙相对含量高。富县组的砂砾岩储层中溶蚀孔隙相对不发育，以粒间孔为主。高岭石晶间孔在延9、延10韵律层上部的煤系地层砂岩中特别发育，这与成岩过程中强还原酸性介质环境有很大的关系。

总的看来，延安组砂体的储集空间仍以粒间孔为主。但由于盆地不同地区受来自不同源区母岩成分，以及由源到汇搬运距离的长短、水动力条件强弱等因素的影响，砂岩类型及其孔隙发育程度存在一定差异性。位于近源地区及古河道附近的长石砂岩、长石岩屑砂岩因其为具有两高（高长石、高杂基含量）一低（低石英含量）特点的岩屑质砂岩，在成岩过程中遭受强烈的压实、变形及胶结作用，原生粒间孔隙大量损失，普遍成为差储层和非储层。而距离物源较远的高成熟石英砂岩和较高成熟度的长石质石英砂岩，其刚性碎屑含量高，胶结物较少，组构抗压能力强，因而原生粒间孔隙发育，储层的渗透性高，因此，这类砂岩是延安组的主力储集岩。

2）孔隙结构

延安组砂岩储层具有较好的储集条件，孔隙度和渗透率较高，孔隙度为13%～20%，主要分布在15%～18%之间，渗透率变化范围大，主要为20～60mD。孔隙结构以小孔中喉和小孔细喉为主，其孔喉分选性和物性变化与岩石类型及沉积相均有很好的相关性（表7-15）。岩屑砂岩、岩屑质长石砂岩以粒间孔、小孔中喉型为主，随着砂岩粒度的变细、砂岩中塑性碎屑组分的增加、结构成熟度的降低，粒间孔减少，孔隙类型变为以溶孔为主（表7-16）。

表7-15 姬塬—合道川地区储层孔隙结构特征表

| 井号（区） | 井深 / m | 层位 | 孔隙度 / % | 渗透率 / mD | $p_{d}$ / MPa | 喉道均值 / μm | 最大喉径 / μm | $S_{Hg}$ / % |
|---|---|---|---|---|---|---|---|---|
| 樊家川 | — | 延 8 油层组 | 16.1 | 9.6 | 0.08 | 9.38 | 9.97 | 95.0 |
| 里 14 | — | 延 8 油层组 | 15.4 | 81.7 | 0.06 | | 15.2 | 90.9 |
| 里 23 | 1563.24 | 延 9 油层组 | 15.2 | 107 | 0.05 | 8.54 | — | 90.1 |
| | 1563.9 | 延 9 油层组 | 17.7 | 84.4 | 0.05 | 9.51 | — | 79.6 |
| 樊家川 | — | 延 9 油层组 | 16.4 | 88.6 | 0.09 | 9.18 | 14.3 | 88.2 |
| 里 14 | — | 延 9 油层组 | 14.1 | 101.6 | 0.05 | — | 17.9 | 92.7 |
| 庆 40 | 1403.9 | 延 10 油层组 | 15.5 | 353 | 0.28 | 8.52 | — | — |
| | 1405.0 | 延 10 油层组 | 15.8 | 477 | 0.25 | 7.04 | — | — |
| 庆 43 | 1394.1 | 延 10 油层组 | 15.1 | 73.3 | 0.32 | 7.99 | — | — |
| | 1397.8 | 延 10 油层组 | 18.4 | 481 | 0.32 | 7.04 | — | — |
| 里 23 | 1592.4 | 延 10 油层组 | 12.2 | 0.7 | 0.87 | 11.6 | — | 84.5 |
| | 1594.4 | 延 10 油层组 | 15.2 | 15.1 | 0.09 | 10.7 | — | 76.3 |
| 里 14 | — | 延 10 油层组 | 15.5 | 65.2 | 0.14 | — | 9.01 | 92.2 |

表7-16 鄂尔多斯盆地延 9—延 10 油层组砂岩孔隙结构类型

| 岩石类型 | 孔隙度 / % | 渗透率 / mD | 孔喉组合类型 | 孔隙组合类型 | 相带 | 资料来源 |
|---|---|---|---|---|---|---|
| 岩屑中砂岩 | 16.3 | 15.4 | 小孔细喉 | 粒间孔 + 溶孔 | 分流河道 | 合 10 井，延 9 油层组 |
| 岩屑长石砂岩 | 18.4 | 17.2 | 小孔中细喉 | 粒间孔 + 溶孔 | 分流河道 | 合 10 井，延 9 油层组 |
| 岩屑长石砂岩 | 17.3 | 12.0 | 小孔中细喉 | 粒间孔 + 溶孔 | 分流河道 | 合 10 井，延 9 油层组 |
| 岩屑长石砂岩 | 15.8 | 5.67 | 小孔中细喉 | 粒间孔 + 溶孔 | 河流相 | 里 1 井，延 10 油层组 |
| 长石细砂岩 | 16.3 | 9.04 | 小孔细喉 | 粒间孔 + 溶孔 | 心滩 | 合 7 井，延 10 油层组 |
| 粉砂岩 | 13.3 | 2.45 | 小孔细喉 | 粒间溶孔 | 边滩 | 元 10 井，延 10 油层组 |

### 3. 成岩作用与储层孔隙演化

成岩作用过程对延安组低渗砂岩储集性能的影响极为重要，不同的成岩阶段对储层储集性能的影响迥异（表 7–17）。

**表 7–17 鄂尔多斯盆地延 10 砂岩油层成岩作用与孔隙演化**

| 地区或油田 | | 马岭油田北区 | 马岭油田南区 | 城华油田 |
|---|---|---|---|---|
| 岩性 | | 石英砂岩 | 石英砂岩 | 长石质石英砂岩 |
| 早成岩阶段 | 压实作用孔隙损失量 /% | 15.27 | 33.02 | 19.03 |
| | 压实作用后原生孔隙保存 /% | 24.97 | 13.96 | 20.97 |
| | 早期胶结作用孔隙损失 /% | 9.90 | 3.93 | 6.27 |
| | 早期胶结作用后孔隙保存 /% | 15.01 | 3.05 | 14.70 |
| 中成岩阶段 | 中期胶结作用孔隙损失 /% | 2.38 | 1.51 | 1.96 |
| | 胶结作用后孔隙保存 /% | 14.19 | 1.54 | 12.74 |
| | 次生溶蚀孔隙 /% | 1.18 | 4.54 | 2.13 |
| | 中期再胶结与压实后孔隙损失 /% | 1.43 | 0.14 | 4.30 |
| | 再胶结与压实后孔隙保存 /% | 12.77 | 1.40 | 8.40 |
| | 次生孔隙 /% | 1.02 | 0.44 | 0.35 |
| 最终次生孔隙总量 /% | | 2.20 | 4.98 | 2.48 |
| 最终总孔隙 /% | | 14.97 | 6.38 | 10.88 |
| 最终孔隙损失量 /% | | 62.57 | 84.05 | 72.80 |

注：砂岩原始孔隙以 40% 计算。

（1）成岩早期的机械压实作用对储层孔隙的破坏最为严重，原生孔隙损失最大，其损失量一般都在 35% 以上，最高可达 65%。机械压实作用对储层孔隙的破坏程度与岩石类型和砂岩的成熟度有关，岩石类型单一，成熟度高的石英砂岩其孔隙被破坏的程度最低，原生孔隙损失量最小，一般在 37% 左右。而成熟度低、成分较为复杂的长石质砂岩类的压实作用对其孔隙的破坏程度最大，原生孔隙损失量都在 60% 以上。

（2）较之成岩中期，成岩早期的胶结作用对储层的破坏更严重，由此造成的原生孔隙损失最高可达 25%，是成岩中期孔隙损失量的 2 倍以上。成熟度越高的砂岩由成岩早期的胶结作用造成的孔隙损失越严重。

（3）侏罗系储层的破坏性成岩作用主要是早期机械压实作用和石英次生加大与自生伊利石薄膜胶结作用，其结果使粒间孔隙缩小和堵塞，是导致形成低渗透砂岩的主要成岩作用。侏罗系储层的建设性成岩作用主要是成岩中期有机酸性流体所造成的溶蚀作用，使碎屑长石、岩屑中的易溶组分、石英加大边和高岭石胶结物部分溶解，产生了石英加大边溶蚀、长石粒内溶孔和高岭石晶间溶孔与微溶孔，使砂岩的孔隙结构与渗透性能得到较大改善。成分复杂、成熟度低的砂岩，由于含有较多的可溶性组分，因而可溶蚀形成较多的次生孔隙。

次生孔隙对改善延安组储层的储集性能具有重要的意义。剩余粒间孔和次生溶蚀孔隙共同构成了储层的主力储集空间，溶蚀孔隙更重要的是起到了连通孔隙喉道的作用，是提高储层渗透性的关键。

4.储层孔隙结构特征

1）孔隙结构分类

根据毛细管压力测试结果，应用炬法计算出孔隙结构参数，然后与储层渗透率（$K$）、孔隙度（$\phi$）、孔/渗比（$K/\phi$）等参数进行数学回归，优选出排驱压力（$p_d$）、中值压力（$p_{50}$）与喉道均值（$\bar{x}$）、分选系数（$\sigma$）、变异系数（$\sigma/\bar{x}$）、均匀系数（$\sigma/S_{200}$）等六项参数，该六项参数与渗透率关系密切者，作为孔隙结构参数研究的基础参数。

用上述六种参数，结合铸体薄片孔喉结构分析，以 Q 型群分析方法将孔隙结构共分成三大类十亚类。其中，三大类以均匀系数为主、结合其他参数予以划分，十亚类则以喉道均值、分选系数、孔隙平均截距等参数划分。其命名原则是喉道分四级，粗喉道大于 2m、细喉道为 0.6～2m、微细喉道为 0.3～0.6m、微喉道小于 0.3m；孔隙分三级，大孔隙直径大于 30m、中孔隙为 20～30m、小孔隙小于 20m，具体分类结果见表 7-18。

表 7-18　鄂尔多斯盆地延安组储层孔隙结构分类表

| 类型 | 均匀系数 | 亚类 | | 喉道半径平均值 /μm | 喉道分选系数 σ | 主要分布区 |
| --- | --- | --- | --- | --- | --- | --- |
| | | 名称 | 性质 | | | |
| 较均匀孔喉型 I | 0.68～2.15 | 大孔粗喉型（Ⅰa） | 有效层 | 2.5～7.2 | 1.2～2.0 | 红井子、摆宴井 |
| | | 小孔微喉型（Ⅰe） | 非储层 | 0.08 | 0.51 | |
| 不均匀孔喉型 Ⅱ | 1.55～2.91 | 中孔粗喉型（Ⅱa） | 有效层 | 2.1～3.4 | 2.2～2.7 | 马岭油田、红井子油田、摆宴井油田 |
| | | 中孔细喉型（Ⅱb） | 有效层 | 1.2～2.1 | 2.0～2.5 | |
| | | 小孔细喉型（Ⅱc） | 有效层 | 0.6～1.6 | 1.5～2.3 | |
| | | 小孔微细喉型（Ⅱd） | 非有效层（马岭南） | 0.24～0.6 | 1.3～1.8 | |
| | | 小孔微细喉型（Ⅱe） | 非储层 | 0.07～0.3 | 0.7～1.5 | |
| 混杂孔喉型 Ⅲ | 2.93～3.82 | 大孔粗喉型（Ⅲa） | 有效层 | 3.0～11.0 | 2.5～3.0 | |
| | | 大孔中喉型（Ⅲb） | 有效层 | 1.5～2.3 | 2.2～2.5 | |
| | | 小孔微细喉型（Ⅲc） | 非有效层 | 0.4 | 1.5～1.9 | |

2）孔隙结构特征

延安组储层孔隙结构有三大特点。

（1）物性与喉道分选性为反比关系，即渗透率越高喉道均匀程度越差，水驱油效率随之而降低。

（2）喉道分布属正偏态粗歪度，而孔隙分布为负偏态细歪度。孔隙贡献主峰区与渗透率贡献主缝区基本一致，尤其是高渗透层其符合程度更好，说明所测空气渗透率主要为少数大喉道的贡献。

（3）有效孔喉半径与渗透率大小间为正比关系，即砂岩的有效孔喉半径越大其渗透率越高。

# 第八章 油气田水文地质

鄂尔多斯盆地与油气田相关的地层水主要分布在下古生界奥陶系马家沟组、上古生界石盒子—山西组、中生界三叠系延长组以及侏罗系延安组。本章从地层水性质及化学成分特征、地层水赋存状态、地层水演化特征、地层水分布的主控因素等方面讨论各主要层系地层水的水文地质特征。

## 第一节 奥陶系水文地质特征

下古生界奥陶系产水层主要为马五段，以气藏的边水、底水出现。地层水以偏酸性为主，$Cl^-$、$Ca^{2+}$占优势，属于$CaCl_2$水型，矿化度大多达到了卤水级别。其分布受构造格局和储层非均质性的双重控制，主要分布在深层以及区域水动力相对停滞的还原环境，对烃类聚集成藏与赋存非常有利。

### 一、地层水类型与化学组分

地层水中各种离子的含量，反映了所在地层的水动力特征和水文地球化学环境，在一定程度上可以反映油气的保存和破坏条件。在矿化度随深度增加的同时，发生水型更替或出现水化学分带。

1. 地层水类型

原苏联地球化学家苏林根据钠/氯比值等特征系数，提出地层水水型分类，并指出烃类聚集与水型关系的密切程度序列为：$CaCl_2$型＞$NaHCO_3$型＞$MgCl_2$型＞$Na_2SO_4$型。苏林认为，天然水就其形成环境而言，主要是大陆水和海水两大类，并以$Na^+/Cl^-$、（$Na^+-Cl^-$）/$SO_4^{2-}$和（$Cl^--Na^+$）/$Mg^{2+}$这三个成因系数，将天然水划分成四个基本类型（表8-1）（邸世祥，1991）。一般来说，$Na_2SO_4$型形成于大陆环境，$NaHCO_3$型也存在并形成于大陆环境，$MgCl_2$型存在并形成于海洋环境，而$CaCl_2$型则是地壳内部深成环境中的主要类型。

表 8-1 苏林有关地层水的分类标准

| 类型 | $Na^+/Cl^-$ | （$Na^+-Cl^-$）/$SO_4^{2-}$ | （$Cl^--Na^+$）/$Mg^{2+}$ |
|---|---|---|---|
| $CaCl_2$型 | ＜1 | ＜0 | ＞1 |
| $MgCl_2$型 | ＜1 | ＜0 | ＜1 |
| $NaHCO_3$型 | ＞1 | ＞1 | ＜0 |
| $Na_2SO_4$型 | ＞1 | ＜1 | ＜0 |

马五段地层水中的阳离子主要有 $K^+$、$Na^+$、$Ca^{2+}$、$Mg^{2+}$，阴离子主要为 $Cl^-$、$SO_4^{2-}$ 和 $HCO_3^-$，阳离子以 $Ca^{2+}$ 为主，阴离子以 $Cl^-$ 为主，按苏林地层水水型分类，马五段地层水水型绝大多数属 $CaCl_2$ 型。该 $CaCl_2$ 型地层水主要分布于区域水动力相对停滞区，地层水处于还原环境，在纵向水文地质剖面上，深层水具有交替缓慢的特征，反映储层具有良好的封闭条件，对烃类聚集成藏与赋存非常有利。

2. 地层水矿化度及离子组成

马五段地层水总矿化度为 0.25～268g/L，可明显分为两组：一组以总矿化度高（其矿化度主要分布在 50～268g/L 之间，远高于海水的盐度 35g/L，达到了卤水级别）、正变质程度深为特点，表现出明显的封闭、埋藏型地层水特点；另一组则呈现出低矿化度（主要分布在 0.25～50g/L 之间）、淡化地层水、凝析水特征（图 8-1、表 8-2）。

从地层水阴、阳离子组成三角图可以看出（图 8-2），马五段地层水的阳离子组成以 $Ca^{2+}$ 占优势（离子质量分数大于 50%），$K^+$+$Na^+$ 次之（离子质量分数介于 0～50%），$Mg^{2+}$ 贫乏（离子质量分数一般小于 20%），基本上为贫镁水型。阴离子组成以 $Cl^-$ 占

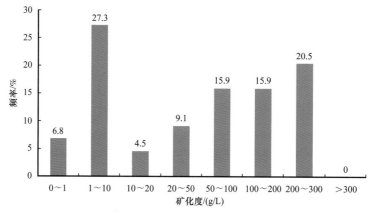

图 8-1　鄂尔多斯盆地马五段地层水矿化度分布直方图

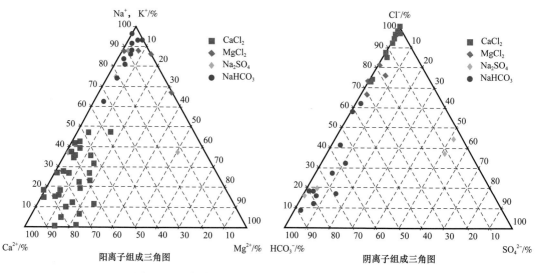

图 8-2　鄂尔多斯盆地马五段地层水离子组成三角图

优势（离子质量分数大多超过了 70%），$SO_4^{2-}$ 和 $HCO_3^-$ 分数较低（离子质量分数小于 40%）。因此，鄂尔多斯盆地奥陶系地层水水型既有封闭环境中形成的 $CaCl_2$ 型，也有过渡环境中形成的过渡水型、开放环境中形成的 $NaHCO_3$ 型、$Na_2SO_4$ 或 $MgCl_2$ 型，但整体地层水是以 $CaCl_2$ 型为主。在油气田地层剖面的上部，地层水常以 $NaHCO_3$ 型为主；随着埋藏加深，过渡为 $MgCl_2$ 型；最后成为 $CaCl_2$ 型。数据显示（表 8-2），马五段主要见 $CaCl_2$ 型、$NaHCO_3$ 型和 $Na_2SO_4$ 型地层水。

表 8-2 鄂尔多斯盆地下古生界气藏马五段地层水化学特征分析参数表

| 井号 | 离子含量 /（mg/L） | | | | | | 总矿化度 / g/L | 水型 | 分类 |
| | $K^+ + Na^+$ | $Ca^{2+}$ | $Mg^{2+}$ | $Cl^-$ | $SO_4^{2-}$ | $HCO_3^-$ | | | |
|---|---|---|---|---|---|---|---|---|---|
| G48-4A | 9018.45 | 8156.28 | 2226.19 | 34501.71 | 24.73 | 518.16 | 54.4 | $CaCl_2$ | 地层水 |
| 陕 181 | 12183.54 | 9706.98 | 654.18 | 37717.03 | 77.49 | 143.74 | 60.5 | $CaCl_2$ | 地层水 |
| G47-5 | 19625.43 | 5626.91 | 396.14 | 40921.35 | 16.49 | 730.48 | 67.3 | $CaCl_2$ | 地层水 |
| 陕 30 | 15174.12 | 13130.21 | 1990.99 | 52148.72 | 39.57 | 419.24 | 82.9 | $CaCl_2$ | 地层水 |
| G48-4A | 12350.75 | 18563.05 | 1335.83 | 55411.9 | 32.97 | 573.73 | 88.3 | $CaCl_2$ | 地层水 |
| G45-5 | 11378.35 | 21102.12 | 2275.42 | 61044.9 | 54.41 | 718.69 | 96.6 | $CaCl_2$ | 地层水 |
| G45-5 | 15890.84 | 22701.31 | 2753.84 | 72424.35 | 4.95 | 437.09 | 114.2 | $CaCl_2$ | 地层水 |
| 陕 49 | 7209.78 | 38077.6 | 2986.48 | 86923.4 | 52.76 | 375.3 | 135.6 | $CaCl_2$ | 地层水 |
| G45-6 | 23962.66 | 26765.42 | 2756.75 | 91992.75 | 41.22 | 512.37 | 146 | $CaCl_2$ | 地层水 |
| 陕 93 | 17184.31 | 41689.21 | 4273.7 | 112465.13 | 19.78 | 374.17 | 176 | $CaCl_2$ | 地层水 |
| 陕 93 | 24364.91 | 47925.26 | 3583.78 | 132558.19 | 19.78 | 363.19 | 208.8 | $CaCl_2$ | 地层水 |
| 陕 6 | 31690.19 | 42645.12 | 3233.23 | 133618.14 | 52.76 | 93.73 | 211.3 | $CaCl_2$ | 地层水 |
| G25-5 | 40021.76 | 32950.57 | 4868.32 | 134001 | 46.16 | 236.48 | 212.1 | $CaCl_2$ | 地层水 |
| G25-5 | 7347.44 | 60398.96 | 11149.54 | 150485.25 | 42.87 | 290.55 | 229.7 | $CaCl_2$ | 地层水 |
| G25-5 | 37283.16 | 47831.47 | 3697.55 | 152612.25 | 72.54 | 335.39 | 241.8 | $CaCl_2$ | 地层水 |
| 陕 49 | 21675.13 | 31707.29 | 3205.27 | 98494.28 | 112.11 | 461.48 | 155.7 | $CaCl_2$ | 地层水 |
| G46-3 | 9542.21 | 47268.75 | 4778.37 | 112022 | 8.24 | 399.51 | 174 | $CaCl_2$ | 地层水 |
| 陕 30 | 807.83 | 66964.06 | 398.2 | 120606.22 | 14.84 | 423.72 | 189.2 | $CaCl_2$ | 地层水 |
| G26-3 | 35628 | 39390.62 | 3981.98 | 135489.9 | 595.17 | 479.13 | 215.6 | $CaCl_2$ | 地层水 |
| G25-5 | 30518.82 | 43418.66 | 4580 | 136978.8 | 18.14 | 361.7 | 215.9 | $CaCl_2$ | 地层水 |
| G25-5 | 40124.12 | 38213.88 | 3437.43 | 139207.9 | 44.51 | 390.53 | 221.4 | $CaCl_2$ | 地层水 |

| 井号 | 离子含量 / (mg/L) | | | | | | 总矿化度 / g/L | 水型 | 分类 |
|---|---|---|---|---|---|---|---|---|---|
| | $K^+ + Na^+$ | $Ca^{2+}$ | $Mg^{2+}$ | $Cl^-$ | $SO_4^{2-}$ | $HCO_3^-$ | | | |
| G25-5 | 7347.44 | 60398.96 | 11149.54 | 150485.25 | 42.87 | 290.55 | 229.7 | $CaCl_2$ | 地层水 |
| 陕49 | 97.01 | 58.73 | 17.81 | 252.62 | 53.07 | 23.33 | 0.5 | $CaCl_2$ | 淡化地层水 |
| 陕181 | 563.32 | 333.45 | 57.78 | 1581.07 | 9.89 | 65.84 | 2.6 | $CaCl_2$ | 淡化地层水 |
| 陕181 | 748.83 | 1252.8 | 148.41 | 3753.16 | 9.01 | 74.65 | 6 | $CaCl_2$ | 淡化地层水 |
| 陕181 | 1514.39 | 1140.6 | 153.74 | 4745.87 | 11.54 | 78.83 | 7.6 | $CaCl_2$ | 淡化地层水 |
| 陕181 | 1840.6 | 815.63 | 222.62 | 4870.83 | 9.89 | 87.58 | 7.8 | $CaCl_2$ | 淡化地层水 |
| G31-1 | 2999.53 | 4462.03 | 1077.03 | 15304.83 | 247.3 | 292.86 | 24.4 | $CaCl_2$ | 淡化地层水 |
| 陕181 | 4620.69 | 4857.7 | 736.59 | 17560.16 | 275.38 | 171.83 | 28.2 | $CaCl_2$ | 淡化地层水 |
| 陕49 | 3989.63 | 8500.97 | 1227.66 | 24584.22 | 2.5 | 312.42 | 38.6 | $CaCl_2$ | 淡化地层水 |
| G45-6 | 9477.27 | 4678.14 | 354.68 | 23194.94 | 885.33 | 118.53 | 38.7 | $CaCl_2$ | 淡化地层水 |
| G45-6 | 9900.16 | 8209.39 | 497.93 | 27097.98 | 4.95 | 7112.1 | 52.8 | $CaCl_2$ | 淡化地层水 |
| G33-2 | 44.5 | 134.93 | 16.37 | 165.76 | 41.22 | 273.37 | 0.7 | $CaCl_2$ | 凝析水 |
| G44-5 | 1296.46 | 929.38 | 409.96 | 4466.7 | 6.59 | 630.61 | 7.7 | $CaCl_2$ | 凝析水 |
| G22-3 | 1178.59 | 1641.68 | 560.1 | 5299.78 | 4.95 | 1808.63 | 10.5 | $CaCl_2$ | 凝析水 |
| G44-4 | 1159.65 | 929.38 | 384.34 | 4187.53 | 8.24 | 617.47 | 7.3 | $CaCl_2$ | 凝析水 |
| 陕71 | 503.62 | 2837.66 | 1376.92 | 9455.4 | 8.24 | 602.88 | 14.8 | $CaCl_2$ | 凝析水 |
| G45-6 | 1365.66 | 1267.33 | 512.45 | 5583.38 | 8.24 | 433.54 | 9.2 | $CaCl_2$ | 凝析水 |
| G32-4 | 436.97 | 397.27 | 137.69 | 1609.43 | 9.89 | 277.32 | 2.9 | $CaCl_2$ | 凝析水 |
| 陕71 | 944.21 | 194.43 | 84.23 | 1429.34 | 9.01 | 1048.13 | 3.7 | $NaHCO_3$ | 凝析水 |
| G32-4 | 482.67 | 48.94 | 112.79 | 721.05 | 6.41 | 746.52 | 2.1 | $NaHCO_3$ | 凝析水 |
| G46-4 | 37.74 | 12.67 | 51.25 | 55.83 | 3.3 | 295.68 | 0.5 | $Na_2SO_4$ | 凝析水 |
| 陕71 | 832.12 | 44.35 | 73.37 | 1292.49 | 0.8 | 485.24 | 2.7 | $MgCl_2$ | 凝析水 |
| G35-5 | 253.24 | 97.13 | 22.44 | 394.86 | 1.65 | 398.5 | 1.2 | $MgCl_2$ | 凝析水 |

马五段地层水主要离子浓度与总矿化度的关系密切。从图8-3中可以看出，$Cl^-$浓度随总矿化度的增大而增高，具有很好的正相关性；$Na^+$、$K^+$、$Ca^{2+}$浓度也随总矿化度的增大而升高，但其相关性比$Cl^-$与矿化度的相关性稍差；$Mg^{2+}$、$SO_4^{2-}$和$HCO_3^-$含量较低，其与矿化度间的相关性较差。

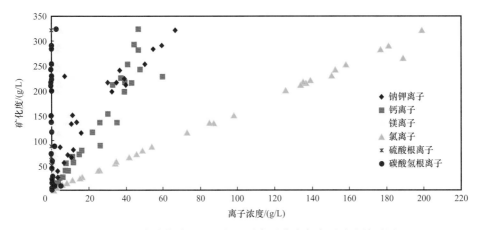

图 8-3　鄂尔多斯盆地马五段地层水矿化度与离子浓度关系图

3.地层水化学参数特征

离子组合系数相对于矿化度及水型更具有继承性，能真实地反映地层水的运移、变化及其赋存状态。

1）钠/氯系数 $r(Na^+)/r(Cl^-)$

钠/氯系数 $r(Na^+)/r(Cl^-)$ 能反映地层水的浓缩变质作用程度以及储层水文地球化学环境特征。通常认为，地下水的封闭性越好，浓缩度越高，变质程度越深，其 $r(Na^+)/r(Cl^-)$ 比值越小，对油气的保存越有利（熊亮等，2011）。最重要的是钠/氯系数 $r(Na^+)/r(Cl^-)$ 能够反映地层水的水动力条件。

博雅尔斯基按照钠/氯系数对地下水进行了分类（李英华，1998）：当 $r(Na^+)/r(Cl^-)$ 大于 0.85 时，地层水为 $CaCl_2$ I 型水，地下水活跃，最不利于油气藏的保存；当 $r(Na^+)/r(Cl^-)$ 为 0.75～0.85 时，为 $CaCl_2$ II 型水，处在地下静水带与交潜带之间，由于受地表水的影响，油气保存条件相对较差；当 $r(Na^+)/r(Cl^-)$ 为 0.65～0.75 时，为 $CaCl_2$ III 型水，封闭条件较好，处于水—岩作用充分的水动力场；当 $r(Na^+)/r(Cl^-)$ 为 0.5～0.65 时，为 $CaCl_2$ IV 型水，封闭条件良好，显示为与地表隔绝的环境；当 $r(Na^+)/r(Cl^-)$ 小于 0.5 时，地层水为 $CaCl_2$ V 型水，为封存的古代残余海水，水流慢或静止环境，属于原始沉积—高度变质水，油气保存最好。奥陶系的实际水样计算结果表明，其钠/氯系数主要为 0.01～0.74，平均值为 0.36，属深埋藏封闭环境下的变质水（图 8-4）。

2）脱硫系数 $r(SO_4^{2-}) \times 100/r(Cl^-)$

脱硫系数 $r(SO_4^{2-}) \times 100/r(Cl^-)$ 是油气藏保存好坏的环境指标。通常认为脱硫系数越小，反映地层水封闭性越好，有利于油气的保存。据国内大量油气田水的研究，脱硫系数可以作为还原条件好坏的界线指标。脱硫系数小于 1 的地层水，通常表明地层水还原彻底，埋藏于封闭良好地区；反之，则认为还原作用不彻底，可能受到浅表层氧化作用的影响。

马五段地层水的脱硫系数计算表明（图 8-5），脱硫系数主要为 0～2.82，除个别井之外，脱硫系数均小于 1。因此，马五段地层水大部分是在还原作用下形成的，但局部存在受氧化作用比较明显的事实。

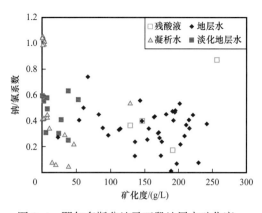

图 8-4　鄂尔多斯盆地马五段地层水矿化度—
钠/氯系数关系图

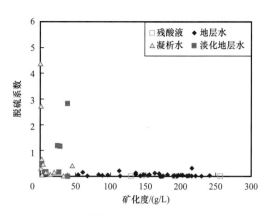

图 8-5　鄂尔多斯盆地马五段地层水矿化度—
脱硫系数关系图

3）变质系数 $r(\text{Cl}^- - \text{Na}^+)/r(\text{Mg}^{2+})$

变质系数 $r(\text{Cl}^- - \text{Na}^+)/r(\text{Mg}^{2+})$ 可说明地层水在运移过程中水—岩作用的强度和离子交替置换的程度。通常，地下径流越慢，或水—岩作用时间越长，离子交换作用越彻底，地层水中的 $\text{Na}^+$、$\text{Mg}^{2+}$ 可能越少，而 $\text{Ca}^{2+}$ 相对越多，水的变质程度越深，越有利于油气保存。在地下深处，沿水—岩作用和生物化学作用加强的方向，$\text{Ca}^{2+}$、$\text{Cl}^-$ 增加，而 $\text{Mg}^{2+}$ 减少，$\text{Na}^+$ 逐渐被 $\text{Ca}^{2+}$ 置换，表现为变质系数增大。据国内外众多油气田研究，与油气伴生的地层水变质系数一般大于 1（熊亮等，2011）。

从马家沟组地层水分析数据统计，区内变质系数主要为 2～101.5，平均值为 10.5，远大于 1，属于高凝缩阶段的地层水（图 8-6）。

4）钠/钙系数 $r(\text{Na}^+)/r(\text{Ca}^{2+})$

一般来讲，地表河、淡水湖及雨水钠/钙系数值比较小，在 1 以下。原因是 $\text{Na}^+ + \text{K}^+$ 含量低，仅几毫克/升至几十毫克/升，在阳离子中的浓度仅占第三位，而 $\text{Ca}^{2+}$ 含量达几百毫克，在阳离子中占第一位。沉积盆地浅层水钠/钙系数略有增加，在 1～4 之间。深层地下水及油田水一般都超过 5。海水的钠/钙系数最高达 23.2（陈万钢等，2012）。马五 $_{1+2}$ 亚段地层水的钠/钙系数在 0.42～13.70 之间，平均值为 2.60。靖边气田西侧地层水的钠/钙系数为 0.11～3.03（图 8-7），平均值为 0.69，低于正常油田水，推测可能是残酸液等混入导致的结果。

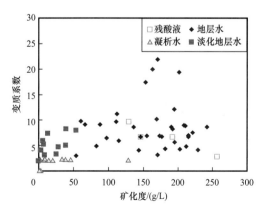

图 8-6　鄂尔多斯盆地马五段地层水矿化度—
变质系数关系图

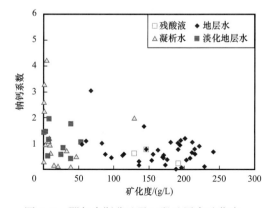

图 8-7　鄂尔多斯盆地马五段地层水矿化度—
钠钙系数关系图

#### 4. Stiff 水型特征图分析

Stiff 水型特征图是依据产出水的化学组成，选取主要的阴、阳离子，按一定比例绘制出的不同类型水型特征图，为研究各类地下水的时空变化提供了一种手段。马五段地层水研究表明，地层水、淡化地层水、凝析水离子含量相对稳定，酸化残液离子组分变化不定（图 8-8）。

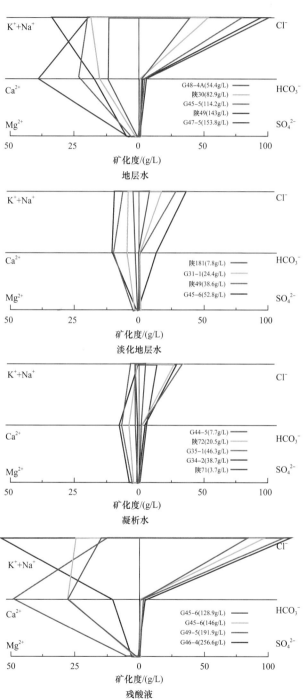

图 8-8　鄂尔多斯盆地马五段地层水 Stiff 水型特征图

## 二、地层水演化历史及主控因素分析

### 1. 地层水演化过程

马五段地层水的演化经历了以下六个阶段。

1）沉积—同生成岩水阶段

在沉积—同生成岩水阶段，地层孔隙中充满了海水和经过同生白云岩化作用而残余的水。

2）表生岩溶期岩溶水阶段

在表生岩溶期岩溶水阶段，孔隙中为与岩石发生反应而残留的大气淋滤水，其矿化度低。整个地层处于开放体系中，应为开放体系渗入水阶段。

3）开放体系中承压水流动阶段

该阶段马五段埋深一般在 2000m 以深，本溪组沉积时的泥沼相咸—半咸水取代了原马五$_{1+2}$亚段储层中的岩溶水，随后本溪组泥岩中的压实水进入马五段储层，形成开放体系中的承压水动力场。

4）有机水—结晶水析出的承压水流动阶段

埋深增加达到有机质成熟门限时，在本溪组泥沼相煤系岩及奥陶系本身的有机质热解生成烃类的同时，析出大量富含有机酸的有机水及本溪组泥岩中由蒙—伊转化析出的结晶水。这些流体形成了承压水动力场，一方面作为烃类运移的"载体"，另一方面与马五$_{1+2}$亚段储层发生水—岩反应，这种溶蚀和混渗作用改变了储层孔隙水介质的特点，使烃类在有利地区形成初步富集；同时在烃类相对不富集区的储层孔隙中富含这一时期的地层水。

需要指出的是，马五$_{1+2}$亚段储层经表生岩溶作用就已经产生了非均质现象，在有机质成熟时期储层因再次的溶蚀—充填改造，其非均质性进一步增强。非均质特征是决定或制约目前储层中水分布形式的主导因素之一。

5）构造反转期的气排水阶段

在构造反转期的气排水阶段，成熟的烃类物质随载体进入马五$_{1+2}$亚段储层中，产生烃排水作用，并按重力分异原理逐渐向高处，即构造上倾的西北方向运移富集，其遮挡体为西部沟槽中充填的石炭系泥岩。排水方向应为西南构造低部位区。燕山期，研究区构造发生反转，由原来的"西高东低"变为"东高西低"，这时早已赋存于马五$_{1+2}$亚段储层中的天然气因构造反转，在重力—浮力驱动下重新分异，并向东北部高部位运移并排出孔隙水，在高部位排出的孔隙水随后逆向向西南构造低部位方向排出。这一构造反转造成的气排水方向和过程是决定目前马五$_{1+2}$亚段储层中气—水分布的重要事件。该时期靖边气田西侧马五$_{1+2}$亚段产生弱变形，形成鼻隆构造，由于鼻隆幅度的高差，气—水发生局部调整。据统计，鼻隆幅度都不大，一般在 30m 以内，所以这种调整作用相对较弱，对气—水分布的影响较小。

6）深盆地滞留水形成阶段

从构造反转期的气排水阶段到喜马拉雅期构造运动时期，马五$_{1+2}$亚段在长期封闭条件下，孔隙水经过水—岩反应达到准平衡状态，逐渐形成目前的深盆地滞留水。由于封闭环境，反应不完全，残留有机酸造成气藏的弱酸性滞留水。

2. 地层水分布主控因素分析

1）区域构造格局是控制地层水分布的基本条件

马五$_{1+2}$亚段形成后经历了盆地早期西高东低的构造格局，这一时期承压水流方向主要由东向西。

当地层埋深在2000m左右时，上覆石炭系山西组—本溪组烃源岩演化进入生油气阶段，有机质演化进入"液态烃窗"，油气运移进入马五$_{1+2}$亚段储层中，并在西部构造高部位形成一定规模的聚集。

燕山运动中期，地层埋藏至3000m左右时，山西地块的上升将盆地东部掀起，使盆地的构造由东倾单斜反转为西倾单斜。该时期生成的烃类不断进入马五$_{1+2}$亚段储层，加之原来西部储层中相对聚集的油气（或进入裂解气阶段的天然气），按最小阻力原则，通过气排水由高孔部位到低孔部位依次向东部构造高部位运移逐渐进入马五$_{1+2}$亚段储层。在气排水过程中，由于受储层非均质性的影响，当一部分地层水遇到周围致密岩性的阻隔而滞留，或者被排到西部相对低部位，即形成目前任何一独立系统中西部富水、东部富气的现象（图8-9）。因此，地层水的分布受构造反转后区域构造格局的控制。如G66-7井区和G74-12井区马五$_1^2$小层和马五$_1^3$小层在构造低部位形成了相对富水区。

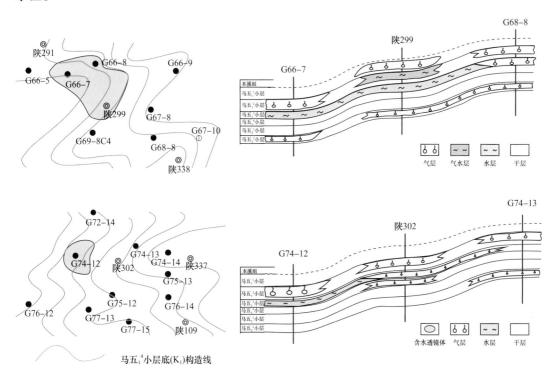

图8-9 鄂尔多斯盆地马五$_{1+2}$亚段气藏地层水分布平面及剖面示意图

2）储层的非均质性是决定地层水分布的主要因素

由于受多种地质因素的影响，马五$_{1+2}$亚段储层具有较强的非均质性。宏观上体现在风化剥蚀期岩溶作用进一步加大了孔、洞、缝及岩溶管道和沟槽和潜坑的发育，这些沟槽和潜坑对储层具有明显的分割作用。微观上，由于风化岩溶期不同微地貌单元溶蚀强弱的差异，造成储层溶蚀孔洞发育程度不同。埋藏成岩期储层又经历了多次复杂的成岩溶蚀、胶结、充填作用，特别是埋藏期的压释水岩溶作用改变了风化壳储层水的化学环境，伴随烃类的成熟，有机质热解析出大量压释水进入马五$_{1+2}$亚段储层，通过对前期岩溶孔隙的调整改造，进一步增强了储层非均质性的程度。研究认为，在构造反转期及其之后，马五$_{1+2}$亚段储层的非均质性特征已初步定型，储层致密带和相对独立的气水系统也已形成。

储层的非均质性在构造反转过程中可形成一系列"相对富水区"。如陕291井马五$_1^2$、马五$_1^3$含水层和G66-8井马五$_1^3$含水层，是典型的受岩性和储渗条件变化而形成的独立含水透镜体（图8-10）。在气—水系统中，由于构造高差小，气排水能量弱，沿构造下倾方向若储层岩性和物性逐渐变差，则上倾方向上好储层段中的残留水体被滞留在其中，形成相对富水区。

3）构造鼻隆对局部气水分布有一定影响

喜马拉雅期，鄂尔多斯盆地形成11排鼻隆构造，由于鼻隆幅度较小（一般小于30m），对区域上地层水的分布影响不大。目前出水井点的分布特征显示，局部独立的含水区域一般分布于鼻隆末端，如G66-7、G74-12井马五$_1^3$小层相对富水区（图8-9），说明虽然西部鼻隆构造隆起幅度较小，也对局部气、水分布有一定的控制作用，但不是主要控制因素，特别是储层物性相对较差的高桥区更是如此。

总之，马五$_{1+2}$亚段地层水的分布受构造格局和储层非均质性的双重控制，区域构造特征是控制地层水分布的基本条件，它控制了成藏过程中气水运移的方向；储层的非均质性是决定地层水分布的主要因素；构造鼻隆对局部气水分布有一定影响，但不是主要控制因素。

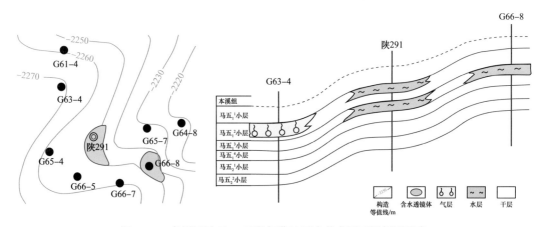

图8-10 高桥区马五$_{1+2}$亚段气藏地层水分布平面及剖面示意

## 三、地层水分布模式

通过对马五$_{1+2}$亚段、马五$_4^1$小层中地层水演化过程、形成机理及气、水分布的主要地质因素分析，将储层中地层水的分布归纳为四种模式（图8-11）。

1. 分布于孔隙中的束缚水或气排水残余残留水

通常情况下，残余水饱和度不完全等于束缚水饱和度，残余水饱和度的高低取决于储层本身的毛细管阻力和气体运移动力的变化。残余水在马五₁亚段储层孔隙中广泛分布，尤其是储层相对致密时。据测定，马五₁亚段储层中束缚水膜的厚度约为 $0.031\mu m$。

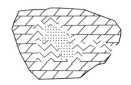

$S_{ws}$—残余水饱和度

$S_{wi}$—束缚水饱和度

$S_{ws} > S_{wi}$

a. 孔隙中的束缚水或残余水分布形式

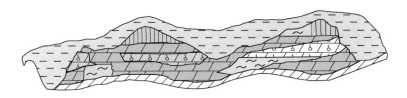

b. 构造底部位残存的局部边水型"相对富水区"

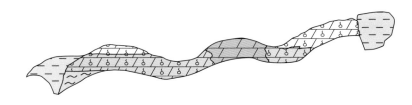

c. 气排水能量小形成的"残余水"，通常以"气水同层"形式出现

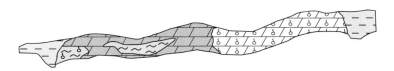

d. 无供气的相对"孤立透镜状"储层，成为"透镜状"富水区

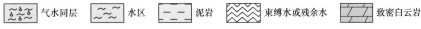 含气白云岩  气水同层  水区  泥岩  束缚水或残余水 ▨ 致密白云岩

图 8-11　靖边气田气水分布模式图

2. 岩性或储渗条件变化形成独立"含水透镜体"

如陕 6 井区相对高产气区，位于其构造上倾部位的 G26-3 井试气日产水 $5.4m^3$，日产气 $4.4165 \times 10^4 m^3$。分析认为，在气水分异过程中，由于 G26-3 井周围储层储渗条件发生了变化，而形成独立的"含水透镜体"（图 8-12）。

3. 气排水能量弱下倾方向储层致密而形成的"相对富水区"

例如剖面中 G48-4、G47-4、G46-4 及陕 123 井马五₄¹a 小层均解释为气水层，该井区马五₄¹a 气藏在气水系统中，由于构造高差小（尤其是 G48-4 和 G46-4 井之间），气排水能量弱，沿构造下倾方向储层依次由好变差，则上倾方向好储层段中的残留水体被滞留在其中，形成"相对富水区"（图 8-13）。

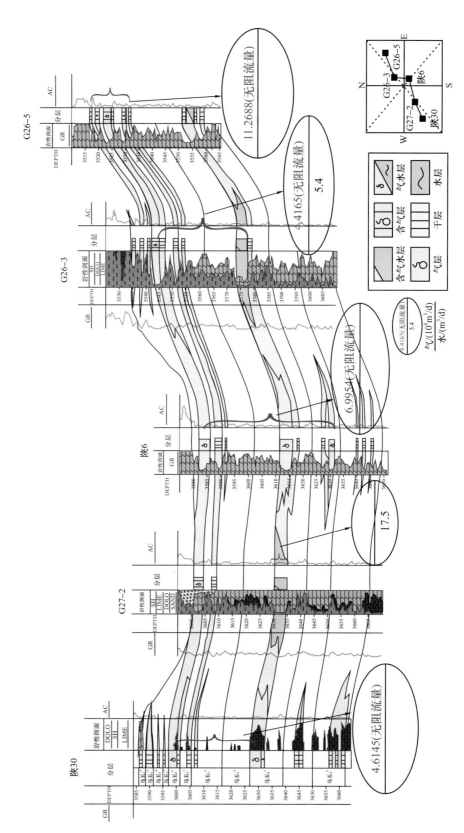

图 8-12　鄂尔多斯盆地陕 30 井—G26-5 井马五$_{1-4}$ 亚段气水分布剖面图

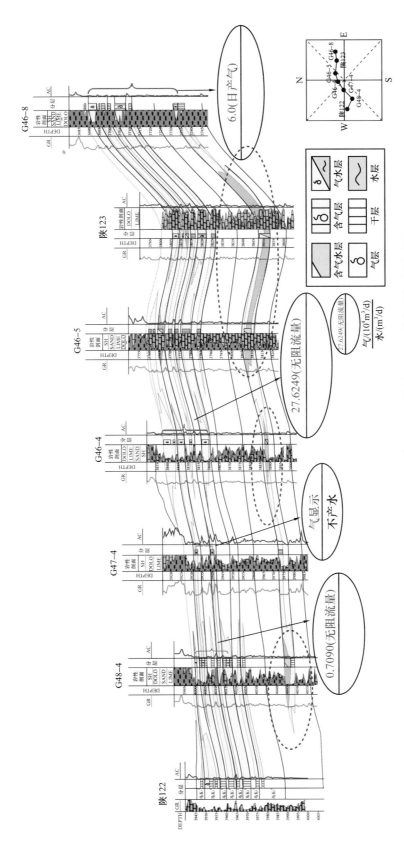

图 8-13 鄂尔多斯盆地陕 122 井—G46-8 井马五$_{1-4}$ 亚段气水分布剖面图

# 第二节　石炭系—二叠系水文地质特征

上古生界石炭系—二叠系产水层主要为苏里格地区二叠系盒 8 段、山 1 段及盆地东部子洲—清涧地区山 $2_3$ 亚段。地层水属于偏酸性—酸性，以 $Cl^-$、$Ca^{2+}$ 占优势，属于 $CaCl_2$ 水型，矿化度偏低，反映地层水处于还原的阻滞—停滞水文地质环境。其中，山 $2_3$ 亚段地层水的矿化度及主要阳离子、阴离子含量明显高于盒 8 段、山 1 段地层水。上古生界地层水的分布主要受生烃强度和储层非均质性控制，主要分布在盆地边缘。其相对独立、不连片、无统一气水界面。

## 一、地层水地球化学特征

### 1. 主要离子组成及矿化度特征

苏里格地区盒 8 段、山 1 段地层水以具有较高的矿化度为特征，总矿化度主要集中在 29.12～68.30g/L，平均值为 48.37g/L；子洲—清涧地区山 $2_3$ 亚段地层水的总矿化度变化大，总矿化度介于 84～282g/L，平均值为 156.85g/L（表 8-3）。地层水常规离子组分中阳离子含量大小依次为 $Ca^{2+}>Na^++K^+>Mg^{2+}$，$Ca^{2+}$ 含量一般可达 6～51g/L，阴离子中 $Cl^-$ 含量达 18～42g/L。矿化度及主要阳离子、阴离子含量均高于现今海洋水。这类高矿化度地层水以 $Ca^{2+}$、$Na^++K^+$ 和 $Cl^-$ 占绝对优势，钠／氯系数 $r(Na^+)/r(Cl^-)$ 均小于 0.65，按 $CaCl_2$ 型地层水的详细分类标准判定，属 "Ⅳ—Ⅴ" 型 $CaCl_2$ 型地层水，表明其为封闭条件下与外界隔绝的残余水。

表 8-3　鄂尔多斯盆地地层水化学特征

| 井号 | 层位 | $K^++Na^+/$ g/L | $Ca^{2+}/$ g/L | $Mg^{2+}/$ g/L | $Ba^{2+}/$ g/L | $Cl^-/$ g/L | $SO_4^{2-}/$ g/L | $HCO_3^-/$ g/L | 总矿化度／g/L | 水型 |
|---|---|---|---|---|---|---|---|---|---|---|
| E11 | 盒 8 段 | 6.151 | 12.115 | 0.06 | 0.207 | 31.134 | 0 | 0.107 | 49.77 | $CaCl_2$ |
| E6 | 盒 8 段 | 9.592 | 13.911 | 0.612 | 0 | 41.109 | 0 | 0.115 | 65.34 | $CaCl_2$ |
| S57 | 盒 8 段 | 8.4 | 11.9 | 0.11 | 0.326 | 34.500 | 0 | 0.0769 | 55.31 | $CaCl_2$ |
| S66 | 盒 8 段 | 7.626 | 11.209 | 0.338 | 0 | 32.325 | 0.149 | 0.229 | 51.88 | $CaCl_2$ |
| Zh50 | 盒 8 段 | 6.061 | 6.069 | 0.225 | 0 | 20.499 | 0.149 | 0.216 | 33.22 | $CaCl_2$ |
| H2 | 盒 8 段 | 5.616 | 5.821 | 0.225 | 0 | 19.316 | 0.149 | 0.318 | 31.45 | $CaCl_2$ |
| Zh50 | 盒 8 段 | 5.384 | 5.945 | 0.225 | 0 | 19.162 | 0.149 | 0.344 | 31.21 | $CaCl_2$ |
| S60 | 盒 8 段 | 6.252 | 5.202 | 0.188 | 0 | 19.080 | 0.149 | 0.337 | 31.21 | $CaCl_2$ |
| S56 | 盒 8 段 | 5.945 | 11.785 | 0.2717 | 0 | 29.510 | 0.245 | 0.420 | 48.18 | $CaCl_2$ |
| S66 | 盒 8 段 | 7.409 | 11.642 | 0.038 | 0 | 31.635 | 0.297 | 0.464 | 51.49 | $CaCl_2$ |
| S184 | 盒 8 段 | 9.902 | 10.768 | 0.503 | 0 | 35.347 | 0.397 | 0.236 | 57.15 | $CaCl_2$ |

| 井号 | 层位 | K⁺+Na⁺/ g/L | Ca²⁺/ g/L | Mg²⁺/ g/L | Ba²⁺/ g/L | Cl⁻/ g/L | SO₄²⁻/ g/L | HCO₃⁻/ g/L | 总矿化度 / g/L | 水型 |
|---|---|---|---|---|---|---|---|---|---|---|
| S51 | 盒 8 段 | 8.296 | 13.623 | 0.501 | 0 | 37.903 | 0.495 | 0.134 | 60.95 | CaCl₂ |
| Ch1 | 盒 8 段 | 9.588 | 15.295 | 0.338 | 0 | 42.239 | 0.594 | 0.248 | 68.30 | CaCl₂ |
| Zh10 | 山 1 段 | 7.591 | 11.419 | 0.945 | 0 | 33.692 | 1.244 | 0.076 | 54.97 | CaCl₂ |
| E11 | 山 1 段 | 7.879 | 10.058 | 0.484 | 0 | 30.102 | 1.531 | 0.201 | 50.26 | CaCl₂ |
| S164 | 山 1 段 | 8.34 | 10.271 | 0.603 | 0 | 31.536 | 1.588 | 0.127 | 52.47 | CaCl₂ |
| S43 | 山 1 段 | 4.54 | 5.78 | 0.334 | 0.1 | 18.200 | 0 | 0.165 | 29.12 | CaCl₂ |
| Y29 | 山 2₃ 亚段 | 22.92 | 41.31 | 0.06 | 1.83 | 109.35 | 0 | 0.30 | 175.76 | CaCl₂ |
| Y40 | 山 2₃ 亚段 | 25.76 | 33.57 | 1.39 | 4.53 | 105.38 | 0 | 0.15 | 170.77 | CaCl₂ |
| Y43 | 山 2₃ 亚段 | 19.16 | 40.77 | 0.84 | 2.67 | 105.38 | 0 | 0.21 | 169.03 | CaCl₂ |
| Y44 | 山 2₃ 亚段 | 22.31 | 47.98 | 3.38 | 2.50 | 130.28 | 0 | 0.19 | 206.63 | CaCl₂ |
| Y47 | 山 2₃ 亚段 | 15.20 | 41.33 | 1.45 | 4.16 | 102.85 | 0 | 0.09 | 165.07 | CaCl₂ |
| Y54 | 山 2₃ 亚段 | 18.10 | 29.04 | 3.32 | 2.68 | 90.22 | 0 | 0.16 | 143.51 | CaCl₂ |
| Y56 | 山 2₃ 亚段 | 9.98 | 19.70 | 0.96 | 0.00 | 53.37 | 0 | 0.05 | 84.06 | CaCl₂ |
| Y6 | 山 2₃ 亚段 | 26.06 | 32.01 | 0.36 | 8.16 | 101.95 | 0 | 0.19 | 168.73 | CaCl₂ |
| Y60 | 山 2₃ 亚段 | 32.40 | 32.40 | 2.61 | 9.39 | 120.00 | 0 | 0.03 | 196.83 | CaCl₂ |
| Q8 | 山 2₃ 亚段 | 27.39 | 21.94 | 3.47 | 0 | 89.36 | 2.29 | 0.17 | 144.62 | CaCl₂ |
| Y90 | 山 2₃ 亚段 | 24.86 | 27.49 | 2.47 | 0 | 90.33 | 4.88 | 0.37 | 150.41 | CaCl₂ |
| Y95 | 山 2₃ 亚段 | 48.27 | 50.70 | 4.31 | 0 | 172.72 | 4.86 | 0.58 | 281.44 | CaCl₂ |
| Y98 | 山 2₃ 亚段 | 20.26 | 20.28 | 2.46 | 0 | 68.67 | 7.29 | 0.38 | 119.34 | CaCl₂ |
| Y99 | 山 2₃ 亚段 | 22.65 | 14.20 | 1.85 | 0 | 63.47 | 2.43 | 0.25 | 104.83 | CaCl₂ |
| Y117 | 山 2₃ 亚段 | 23.20 | 20.33 | 1.30 | 0 | 73.38 | 2.57 | 0.39 | 121.17 | CaCl₂ |
| Y119 | 山 2₃ 亚段 | 27.72 | 25.76 | 2.89 | 0 | 93.25 | 4.57 | 0.17 | 154.36 | CaCl₂ |
| Y120 | 山 2₃ 亚段 | 15.03 | 18.33 | 1.85 | 0 | 57.32 | 4.88 | 0.10 | 97.52 | CaCl₂ |
| S200 | 山 2₃ 亚段 | 19.28 | 37.84 | 4.07 | 0 | 101.64 | 9.18 | 0.16 | 172.17 | CaCl₂ |
| Y42 | 山 2₃ 亚段 | 12.00 | 43.25 | 1.37 | 2.31 | 100.14 | 0 | 0.06 | 159.13 | CaCl₂ |

苏里格地区总体构造格局呈北高南低、东高西低的特征，但地层水矿化度等值线并没有表现出与构造大格局一致的特征，相邻井之间地层水矿化度值的差异较大（图8-14），表明地层水以局部的滞留水为主，水动力不活跃，水体交换弱。

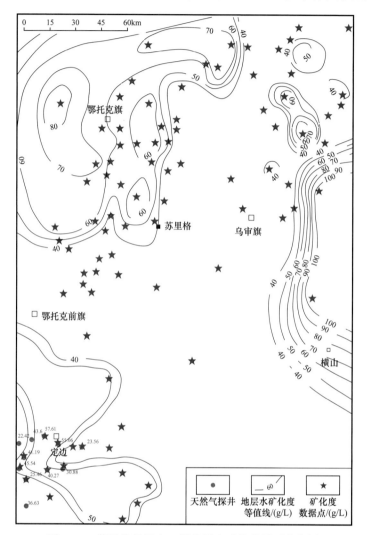

图8-14　苏里格地区盒8段地层水矿化度平面分布图

2. 地层水化学参数特征

地层水的钠/氯系数 $[r(Na^+)/r(Cl^-)]$ 为0.30~0.8，钠钙系数 $[r(Na^+)/r(Ca^{2+})]$ 为0.44~2.46，脱硫系数 $[r(SO_4^{2-})\times100/r(SO_4^{2-}+Cl^-)]$ 为0~3.76，变质系数 $[r(Cl^--Na^+)/r(Mg^{2+})]$ 为7.81~180.01，总体上以变质的古沉积水为主。

3. 地层水同位素特征

盒8段、山1段地层水同位素分析结果表明，主要储层段地层水的同位素组成基本相同（图8-15）。氢（$\delta^2 D$）和氧（$\delta^{18}O$）同位素中，$\delta^2 D$最大值为-60.5‰，最小值为-82.7‰，平均值为-73.77‰；$\delta^{18}O$最大值为-3.39‰，最小值为-6.3‰，平均值为-4.70‰，为典型的浓缩成因古沉积水。氢、氧同位素呈线性关系，外延后与全球大气降水线（$\delta D = 8\delta^{18}O + 10$）（韩吟文等，2003）相交，交点值与苏里格地区雨水的平均值（侯光才等，2007）基本一致，证实了研究区地层水没有被淡水混合。

盒8、山1段地层水的锶同位素分析结果显示，其 $^{87}Sr/^{86}Sr$ 值均分布在 0.71365～0.71718。在化学和生物学过程中由于锶元素不会产生同位素分馏，是研究物质迁移和变化有效的示踪剂，虽然蒸发等地质作用可以改变锶同位素的浓度，但锶同位素在同一地质时期、同一水域组分中，其 $^{87}Sr/^{86}Sr$ 比值几乎不变。对比苏里格气田上古生界主力气层段地层水与该区白垩系地层水的锶同位素组成（杨郿城等，2007）可看出，前者的锶同位素特征明显区别于后者，且其曲线分布比较稳定，具有很好的同源性（图8-16），表明苏里格气田主力气层段地层水未受浅层白垩系地层水的影响，反映了其具有较好的保存条件。

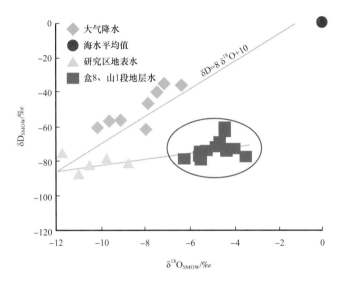

图 8-15　苏里格地层水氢、氧同位素关系

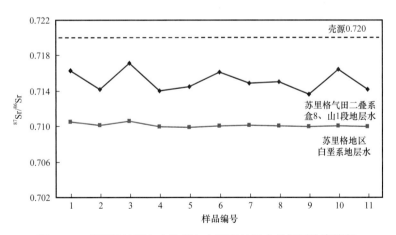

图 8-16　苏里格地区上古生界与白垩系地层水的锶同位素特征

## 二、地层水赋存状态

地层水在储层孔隙中的产状主要受孔隙大小、喉道及岩石颗粒表面吸附性的控制。苏里格气田平面上出水井分布零散，纵向上出水层气、水关系复杂，出水量大小不一，

显示了地层条件下地层水具有明显不同的赋存状态。依据地层水赋存状态，结合研究区储层微观孔隙结构复杂和石英砂岩储层具有较强亲水性的特点，将地层水划分为束缚水、毛细管水和自由水3类（图8-17），其中毛细管水为地层水的主要类型，约占87%。

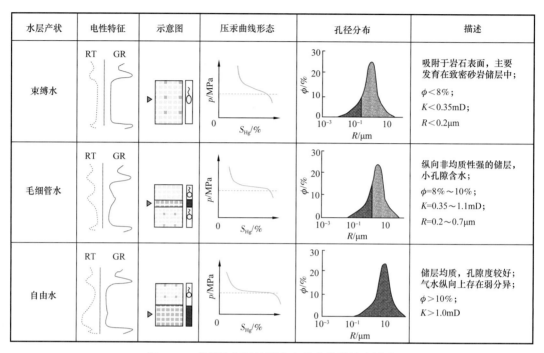

图 8-17　苏里格气田地层水产状分类及综合描述

束缚水指束缚在矿物颗粒表面或存在于孔隙的边、角部位，非连续相，不能流动的地下水。其在研究区分布较广泛，含束缚水砂岩的测井电性响应显示具有气层特征，储层孔隙度小于8%、渗透率小于0.35mD，试气过程中一般不产水。

毛细管水发育在低孔隙度、低渗透率且非均质性较强的储层的微—细孔喉中，因天然气充注时，驱替地层水不彻底而残留在微—细孔喉中。在重力作用下这类水不能自由移动，压裂改造后可能出水，日出水量一般为1~12m³。主要发育在河道侧翼或主河道沉积旋回顶面的细粒砂岩储层中。其测井电性参数水层特征不明显，储层孔隙度为8%~10%、渗透率为0.35~1.0mD。

自由水发育在部分孔隙结构和物性较好的储层中，储层孔隙度大于10%，渗透率大于1.0mD。自由水在重力作用下可自由移动，储层压裂改造后一般气、水同时产出，日出水量较大，一般大于12m³。主要分布于主河道构造下倾部位或周围被致密层封闭的孤岛透镜状渗透性砂体储层中，测井电性参数具有明显的水层特征。

### 三、控制气、水分布的主要因素

1. 生烃强度对气水分布的控制作用

鄂尔多斯盆地上古生界烃源岩主要为发育于海陆交互相的石炭系—二叠系含煤层系，以山西组、太原组和本溪组煤层、暗色泥岩为主，具广覆式沉积特点。苏里格地区暗色泥岩厚30～80m，煤层厚6～12m，$R_o$为1.4%～2.0%，生烃强度为$12×10^8$～$28×10^8m^3/km^2$，表现为广覆式生烃的特征（付金华等，2008；刘新社等，2000；闵琪等，2000），生烃强度大于$14×10^8m^3/km^2$的区域占区块总面积的80%以上。

苏里格气田储层成岩演化史和成藏史研究表明，气藏的天然气充注时间主要为晚侏罗世—早白垩世，此时储层中水—岩作用已相对较弱，砂岩的孔隙度降至10%以下，储层已经致密化，可动水较少（杨华等，2007；刘新社等，2007）。静水环境中天然气在浮力作用下克服毛细管阻力运移需要最小的连续气柱高度为68～148m（李仲东等，2008；赵林等，2000），天然气呈连续相运移需要的临界气柱高度远大于砂岩的单层厚度。在区域地层平缓的构造背景下，天然气难以沿构造上倾方向进行大规模运移。同时勘探实践、成藏物理模拟试验、天然气地球化学特征等也同样反映出该区天然气主要为近距离运移聚集成藏。

在近距离运移聚集模式的控制下，生烃强度大的地区，可以源源不断地获得气源供给，维持天然气的运聚动态平衡，易于天然气富集和大气田形成。从苏里格气田上古生界生烃强度与气、水分布关系来看（图8-18），出水井点主要分布在生烃强度小于$16×10^8m^3/km^2$的西部和北部地区，其余大部分地区由于气源条件好，以产气为主，表明生烃强度控制了气、水分布的宏观格局。

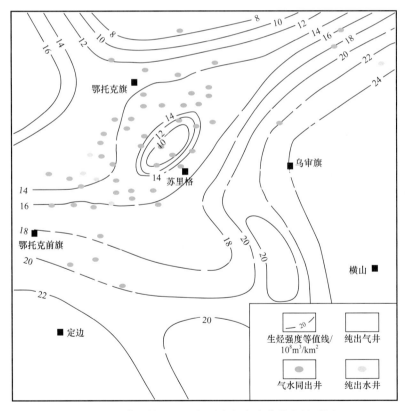

图8-18　苏里格地区生烃强度与产水井分布关系图

2. 储层非均质性影响了天然气的富集程度

苏里格气田上古生界气藏属于低孔隙、低渗透、低压力、低丰度的大型岩性气藏，储层具有较强的非均质性。对于该类储层，天然气形成聚集需要一定的渗透率级差（邹才能等，2009），天然气主要富集在相对高渗的砂岩储层中。高渗透率砂岩储层的天然气充注起始压力低，运移阻力小，气容易驱替水，而渗透率较低的储层其天然气充注起始压力高，运移阻力大，气较难进入，易形成差气层、干层或水层。

苏里格气田虽然具有广覆式生烃的特征，但由于气源岩生气期偏早，主生气期持续时间长且距今时间也长，天然气散失量大，仍属于低效气源灶（赵文智等，2005），后期气源供应不充足，因而在储层非均质性条件下，气藏内部的分隔性十分明显。从苏里格气田近南北向盒8段气藏剖面图来看（图8-19），S61、S59井盒8段储层物性较好，天然气充注程度高，试气日产量分别为$12.60\times10^4m^3$和$8.78\times10^4m^3$，不产水；S18、S118井储层物性较差，天然气充注程度低，试气日产量分别为$1.50\times10^4m^3$和$0.02\times10^4m^3$，日产水量分别为$15.6m^3$和$16.8m^3$。储层非均质性控制下的差异充注成藏作用，造成天然气主要富集于相对高孔隙度高渗透率的砂岩储层中，气水层多分布在物性较差的砂岩储层中。

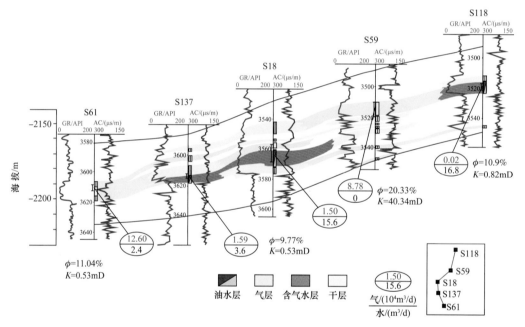

图8-19　苏里格地区盒8段气藏南北向剖面

3.构造对气水分布的控制作用

苏里格气田位于鄂尔多斯盆地伊陕斜坡宽缓西倾单斜的西北部，整体表现出东高西低、北高南低，局部构造不发育，平均坡降为3～5m/km，地层倾角小于1°的特征。开发评价证实，可连通的单砂体长度为100～500m，厚度为5～20m，气柱高度不超过25m，单个气藏的气柱高度仅为8～20m。由气柱高度所产生的最大浮力为0.15MPa，明显小于该地区阻流层的排驱压力（大于1.2MPa）（赵文智等，2005）。在这种储层致密、连通砂体规模小、构造倾角小于1°的背景下，天然气向上的浮力难以有效地克服低孔隙、低渗透致密储层的毛细管阻力，气、水分异作用不明显，气、水分布基本不受区域构造的控制，未见边、底水和统一的气—水界面（图8-20）。

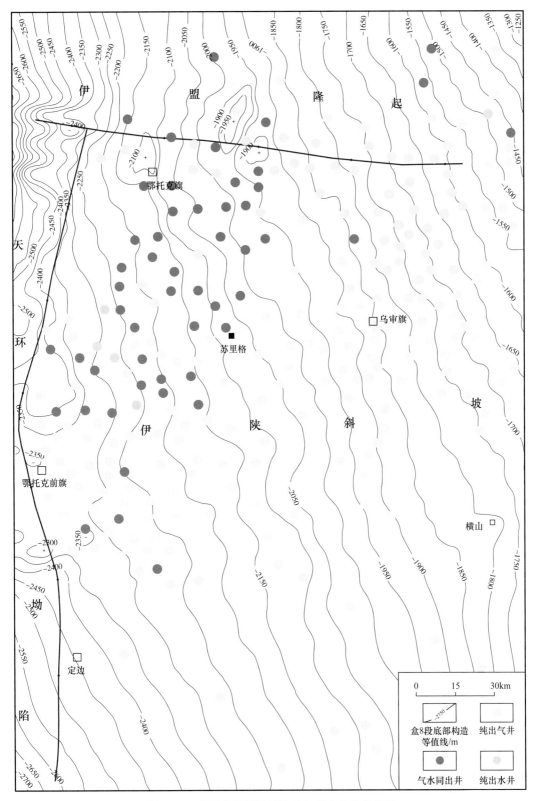

图 8-20 苏里格地区区域构造与产水井分布关系

**4. 山西组底部冲刷面对山 $2_3$ 亚段气藏封闭性影响**

鄂尔多斯盆地东部山西组与下部太原组呈突变接触关系（图 8-21），榆 30 井的岩心观察表明，在太原组石灰岩顶部存在铝土质泥岩，表明太原组和山西组之间存在沉积间断。

图 8-21　山西柳林成家庄剖面

通过统计研究区 80 口试气井的山 $2_3$ 亚段砂体与下部地层的接触关系，发现有山 $2_3$ 亚段砂体与煤层接触型、与泥岩接触型、与砂质泥岩接触型、与石灰岩接触型 4 种类型。从储层底部岩性接触关系与测井解释对比分析，与石灰岩接触时，气藏圈闭保存条件相对较差，出水概率大（图 8-22）。

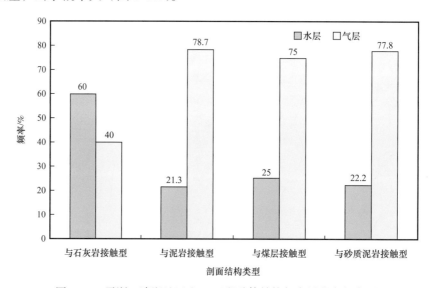

图 8-22　子洲—清涧地区山 $2_3$ 亚段砂体结构与水层分布频率图

从盆地东部东大窑石灰岩厚度与山 $2_3$ 亚段产水井分布叠合图中可以看出，产大水的井主要分布在石灰岩厚度高值区（图 8-23）。这是由于石灰岩裂缝发育，不利于气藏保存。

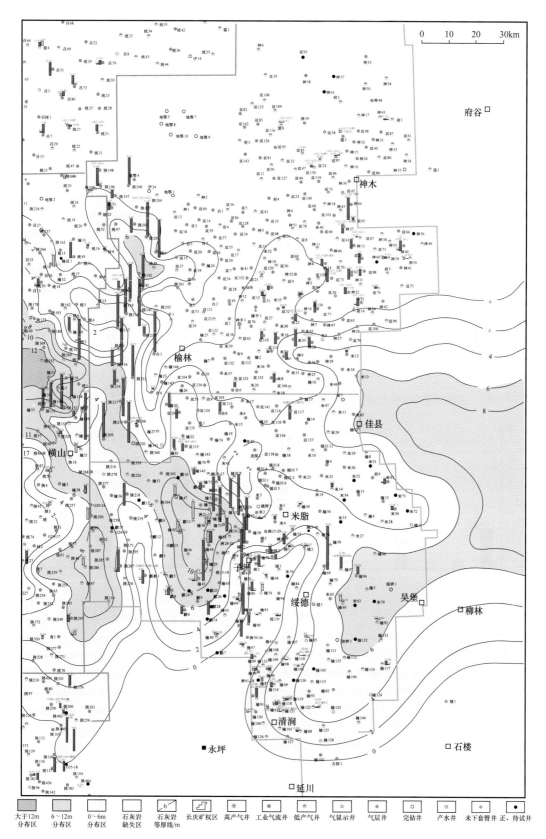

大于12m 分布区　6～12m 分布区　0～6m 分布区　石灰岩 缺失区　石灰岩 等厚线/m　长庆矿权区　高产气井　工业气流井　低产气井　气显示井　气层井　完钻井　产水井　未下套管井　正、待试井

图 8-23　盆地东部东大窑石灰岩厚度与山 $2_3$ 亚段产水井分布叠合图

# 第三节　三叠系水文地质特征

中生界三叠系延长组、侏罗系延安组地层水矿化度分区分带展布，地层水矿化度自下而上呈先增大后减小的趋势（李士祥等，2017）。受剥蚀暴露或断裂影响，大气水淋滤作用造成延长组顶部地层水矿化度变低（矿化度范围为 10～100g/L），延长组地层水属于中等—强矿化度地层水，水型以 $CaCl_2$ 型为主。但各油层组都存在多种类型的水型分布，其水文地质条件与油藏关系密切。

## 一、地层水化学组分

鄂尔多斯盆地延长组地层水阳离子包括 $Na^+$、$K^+$、$Ca^{2+}$、$Mg^{2+}$ 等，阴离子主要为 $Cl^-$、$SO_4^{2-}$、$HCO_3^-$、$CO_3^{2-}$ 等。其中 $Cl^-$、$K^+$、$Na^+$ 浓度较高，$Ca^{2+}$、$SO_4^{2-}$ 次之，其他离子浓度较低。地层水矿化度范围为 10～100g/L，平均值为 48.9g/L，主要分布在 10～80g/L，属于中等—强矿化度地层水（图 8-24）。延长组不同油层组 $Cl^-$、$K^+$、$Na^+$ 浓度有差异，延长组下组合较低，地层水矿化度普遍低于 30g/L，长 7 油层组以上地层水的离子浓度相差不大，矿化度均高于 50g/L（表 8-4）。离子浓度与矿化度具有一定的相关性，$Cl^-$、$K^+$、$Na^+$ 与矿化度呈线性分布，地层水的特征参数钠/氯系数、脱硫系数与矿化度呈负相关关系，变质系数与矿化度呈正相关关系（图 8-25）。

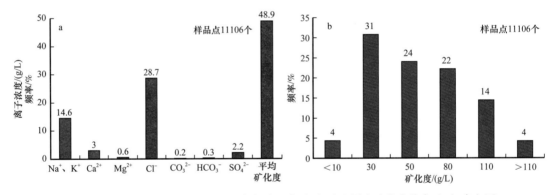

图 8-24　鄂尔多斯盆地延长组地层水离子组成（a）及地层水矿化度分布（b）直方图

## 二、地层水水型

根据苏林（1946）分类，地层水水型可划分为 $CaCl_2$ 型、$NaHCO_3$ 型、$MgCl_2$ 型及 $Na_2SO_4$ 型。地表水或浅层地层水主要是 $Na_2SO_4$ 型，矿化度比较低；深层主要是 $CaCl_2$ 型水，矿化度较高；矿化度介于两者的是 $MgCl_2$ 型水；$NaHCO_3$ 型水在深层、浅层均有分布，浅层矿化度一般低于深层。同时，不是所有的 $Na_2SO_4$ 型水均为浅层地层水或地表水，也不是所有的 $CaCl_2$ 型水都为深层水（郑荣才，1999；李继宏等，2009；梁晓伟等，2012；马海勇等，2013）。鄂尔多斯盆地延长组地层水水型以 $CaCl_2$ 型为主，占绝对比例，其他水型较少（图 8-26）。通过不同油层组水型分布来看，各油层组中都存在多种水型的地层水分布（图 8-27）。$CaCl_2$ 型地层水通常反映较封闭的地层环境，对油气成藏、保

表8-4 鄂尔多斯盆地延长组地层水离子组成

| 层位 | 样品数量 | 矿化度/(g/L) | | 主要离子含量/(g/L) | | | | | | | | | | | | | | |
| --- | --- | --- | --- | --- | --- | --- | --- | --- | --- | --- | --- | --- | --- | --- | --- | --- | --- |
| | | | | $Cl^-$ | | $SO_4^{2-}$ | | $CO_3^{2-}$ | | $HCO_3^-$ | | $Na^+ + K^+$ | | $Ca^{2+}$ | | $Mg^{2+}$ | |
| | | 范围 | 平均值 | 范围 | 平均值 | 范围 | 平均值 | 范围 | 平均值 | 范围 | 平均值 | 范围 | 平均值 | 范围 | 平均值 | 范围 | 平均值 |
| 长1油层组 | 19 | 29.96~101.51 | 56.06 | 16.01~62.95 | 33.60 | 0~6.32 | 1.22 | 0~0.26 | 0.03 | 0~0.95 | 0.24 | 10.80~26.68 | 17.01 | 0~8.34 | 2.92 | 0~1.23 | 0.52 |
| 长2油层组 | 211 | 1.39~138.14 | 53.68 | 1.81~85.14 | 37.98 | 0~10.98 | 1.48 | 0~0.85 | 0.07 | 0~5.34 | 0.43 | 1.24~43.55 | 18.99 | 0~11.72 | 3.55 | 0~6.71 | 0.61 |
| 长3油层组 | 86 | 2.56~146.33 | 69.90 | 6.89~89.31 | 43.09 | 0~23.82 | 1.76 | 0~0.58 | 0.03 | 0~5.83 | 0.31 | 0~43.78 | 21.5 | 0~10.26 | 4.17 | 0~5.91 | 0.73 |
| 长4+5油层组 | 271 | 2.11~192.90 | 67.00 | 0.41~118.08 | 45.33 | 0~54.61 | 1.51 | 0~28.4 | 0.14 | 0~5.83 | 0.24 | 0~80.25 | 22.83 | 0~23.47 | 4.65 | 0~6.18 | 0.74 |
| 长6油层组 | 958 | 1.14~180.06 | 55.37 | 0.14~104.04 | 37.17 | 0~50.7 | 1.28 | 0~61.5 | 0.09 | 0~6.63 | 0.26 | 0~64.24 | 16.73 | 0~32.14 | 5.1 | 0~14.41 | 0.58 |
| 长7油层组 | 121 | 8.86~121.91 | 42.07 | 4.70~71.64 | 30.84 | 0~6.40 | 1.22 | 0~1.01 | 0.08 | 0~6.86 | 0.28 | 2.43~43.54 | 15.26 | 0~9.88 | 3.6 | 0~1.89 | 0.49 |
| 长8油层组 | 261 | 1.90~129.61 | 30.83 | 0~74.70 | 15.63 | 0~14.88 | 1.44 | 0~7.99 | 0.06 | 0~7.4 | 0.34 | 0~40 | 7.90 | 0~2.01 | 0.29 | 0~10.06 | 2.53 |
| 长9油层组 | 282 | 1.84~159.95 | 26.29 | 1~55.49 | 14.27 | 0~21.89 | 1.92 | 0~0.87 | 0.05 | 0~19.16 | 0.35 | 1.03~20.68 | 7.28 | 0~12.32 | 2.59 | 0~7.54 | 0.32 |
| 长10油层组 | 307 | 1.17~99.11 | 27.97 | 0~37.86 | 5.98 | 0~3.73 | 0.12 | 0~0.75 | 0.02 | 0~5.63 | 0.23 | 0~15.46 | 2.56 | 0~7.25 | 1.21 | 0~0.59 | 0.04 |

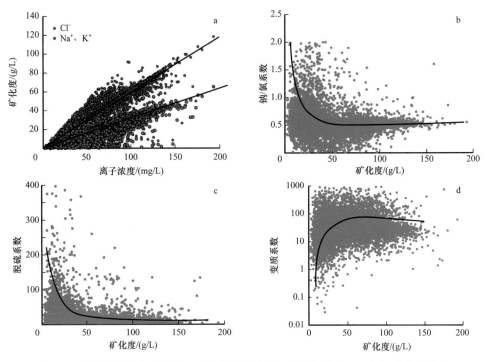

图 8-25 鄂尔多斯盆地延长组地层水离子（a）、特征参数（b—d）与矿化度关系

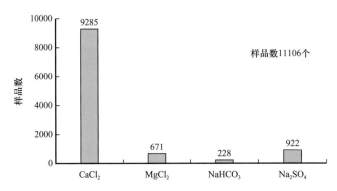

图 8-26 鄂尔多斯盆地延长组地层水水型分布

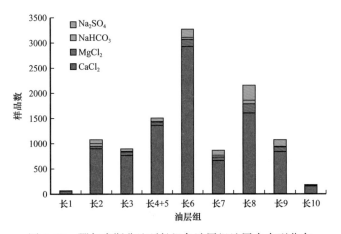

图 8-27 鄂尔多斯盆地延长组各油层组地层水水型分布

存有利，Na₂SO₄型地层水则反映较开放的环境，不利于油气保存（孙永祥，1990；楼章华等，2006）。但根据盆地延长组地层水水型分布，盐池地区西缘大断裂附近地层水水型有少数CaCl₂型，天环坳陷轴部深层也有Na₂SO₄型地层水。因此，影响地层水水型的因素较多，沉积、成岩环境，流体—流体、流体—围岩相互作用都可能造成离子浓度的改变，从而形成地层水水型的差异（沈忠民等，2010）。

另外，博雅尔斯基等通过钠/氯系数研究，将CaCl₂型地层水进一步划分为5类（楼章华等，2006）。其中，钠/氯系数大于0.85的为Ⅰ类，0.75～0.85的为Ⅱ类，0.65～0.75的为Ⅲ类，0.50～0.65的为Ⅳ类，小于0.50的为Ⅴ类。地层水的钠/氯系数越小，说明地层水保存条件越好，对油藏的保存越有利。依据此分类，进一步分析了盆地延长组下组合的地层水水型，长8油层组—长10油层组各类CaCl₂型地层水的分布相差不大。对比来看，姬塬地区长9油层组及陕北地区长10油层组中Ⅴ类CaCl₂型地层水相对较多（图8-28）。

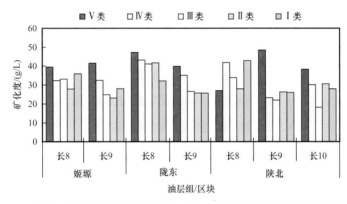

图8-28　鄂尔多斯盆地延长组下组合不同CaCl₂地层水类型矿化度分布图

地层水水型和试油结果的对比分析表明，鄂尔多斯盆地延长组72%的出油（油水）井点的水型为CaCl₂型，这也说明CaCl₂型地层水封闭性较好，有利于油气的保存。据统计，出油（油水）井点CaCl₂型地层水的47%为Ⅰ、Ⅱ、Ⅲ类，尤其是陇东地区长8油藏及陕北地区长8油藏，试油段中Ⅰ、Ⅱ、Ⅲ类CaCl₂型地层水分布最多，而姬塬地区长9油藏和陕北地区长10油藏，试油段中Ⅴ类和Ⅳ类CaCl₂型地层水分布最多。上述结果表明，对于储层致密、以岩性油藏为主的长8油层组，半开放的CaCl₂型Ⅰ类和Ⅱ类、Ⅲ类水型的水文地质条件可能更有利于原油的聚集与保存；而对于储层物性好、一定程度上受构造影响的长9、长10油层组，越封闭的Ⅳ类和Ⅴ类越有利于原油的聚集与保存（图8-29）。

## 三、地层水分布特征

地层水矿化度、离子浓度等物理化学性质在纵向上的变化规律不是简单地随埋深的增大或地层变老而单调地增加（或减小），而是具有垂向上分带性。从延长组矿化度平均值直方图可以看出，延长组地层水矿化度自下而上经历了先增加后减小的过程（图8-30）。

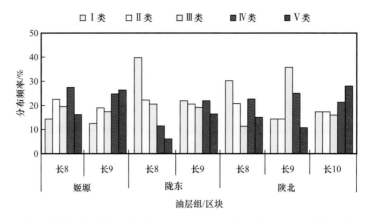

图 8-29 鄂尔多斯盆地不同区块延长组下组合试油出油段 CaCl₂ 型地层水类型分布图

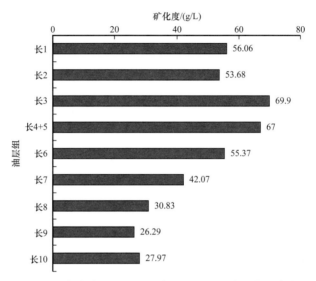

图 8-30 鄂尔多斯盆地延长组各油层组地层水矿化度直方图

地层水矿化度可以划分为三个区带，第一区带为延长组下组合（长 10 油层组—长 8 油层组），矿化度主要分布在 10～50g/L，平均值为 30g/L，属于中等矿化度地层水；第二区带为长 7 油层组—长 3 油层组，矿化度相对较高，主要分布在 20～90g/L，平均值为 63g/L，属于强矿化度地层水；第三区带为长 2 油层组—长 1 油层组，矿化度相对第二区带减小，但仍高于第一区带地层水矿化度，主要分布在 20～70g/L，平均值为 60g/L，属于强矿化度地层水。

鄂尔多斯盆地延长组地层水矿化度平面上具有分区分布的特征。其中，盐池地区矿化度较低，平均值为 15g/L，可能与该区断裂系统发育，使地层水与地表水沟通有关；天环坳陷埋深相对较深，地层流体相对封闭，矿化度平均值为 47.07g/L；姬塬、镇北、华庆、陕北地区地层水矿化度相差不大，平均值分布在 30～35g/L 之间，合水地区地层水矿化度平均值为 25.67g/L。长 8₁ 油层地层水的海拔深度范围为 -1300～300m，受西倾构造单斜的影响，地层水矿化度随深度变浅呈逐渐降低的趋势（图 8-31）。

以长 8 油层组地层水为例，陇东地区总体矿化度较高，姬塬地区矿化度分异大，陕北地区矿化度分异小。整体来看，天环坳陷轴部以西矿化度明显较小，可能与西缘冲断带及天环坳陷局部断层及裂缝发育，地层水水文地质环境相对较为开放有关。天环坳陷轴部以东，地层水矿化度呈逐渐变小的趋势。湖盆中部地层水矿化度较小，矿化度分布在一定程度上可能受沉积相和泥岩压实脱水的影响（图8-32）。燕山期西缘冲断带逆冲推覆形成的断层和裂缝，使天环坳陷轴部以西地层封闭性变差，地层水受渗入水的影响，天环坳陷西部长8油层组的钠/氯系数呈高值，封闭性差；天环坳陷轴部以东钠/氯系数较低，呈带状分布；向湖盆中部钠/氯系数有逐渐增大的趋势（图8-33）。

脱硫系数高值区主要分布在天环坳陷轴部以西以及局部区域，对油气聚集不利。天环坳陷轴部以东的盆地中西部大部分地区，长8油层组地层水的脱硫系数均小于5，反映姬塬及陇东地区长8油层组的封闭程度好，为油气富集有利区域。陕北地区东部局部区域长8油层组地层水脱硫系数低，封闭程度好（图8-34）。

长8油层组地层水变质系数位于0～3的区域分布较多，变质系数整体上偏低，但并不能说明长8地层的封闭程度低。变质系数小于0的区域主要分布在天环坳陷轴部以西及靠近湖盆中部的局部区域，说明这些局部区域的地层封闭程度相对较差（图8-35）。

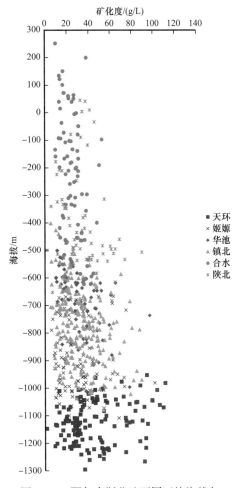

图8-31　鄂尔多斯盆地不同区块海拔与矿化度分布图

## 四、地层水性质与油藏的关系

地层水作为原油运聚的载体，其水文地质条件在一定程度上能反映油藏的保存条件。

根据盆地构造及油藏特征，对延长组深层、西缘断裂带、盆地斜坡带地层水的研究显示，陕北地区长 $10_1^1$ 小层地层水的矿化度低，主要分布在10～30g/L，平均值为28g/L。吴起、志丹地区油藏范围内地层水的矿化度存在差异。其中，吴起地区地层水矿化度范围30～50g/L，平均值为39g/L；志丹地区地层水矿化度范围为10～20g/L，平均值为26g/L。长 $10_1^1$ 油藏在吴起地区主要分布在较高矿化度地层水范围，而在志丹地区，油藏主要位于相对较低矿化度地层水范围（图8-36）。在姬塬地区长 $9_1$ 油层也有这种现象出现，该区长 $9_1$ 油层地层水矿化度较低，主要分布在10～30g/L，平均值为27g/L，冯地坑、姬塬、胡尖山等局部地区矿化度为30～50g/L（图8-37）。

从盆地边缘到姬塬、陕北地区，地层水的矿化度呈增大趋势，古峰庄—麻黄山一带地层水的矿化度低，很可能与该区断裂系统发育有关。西缘断裂带发育一系列微小断层，断层断距小（10～30m）、倾角陡（>30°），呈北西、南东向雁行式展布。受断

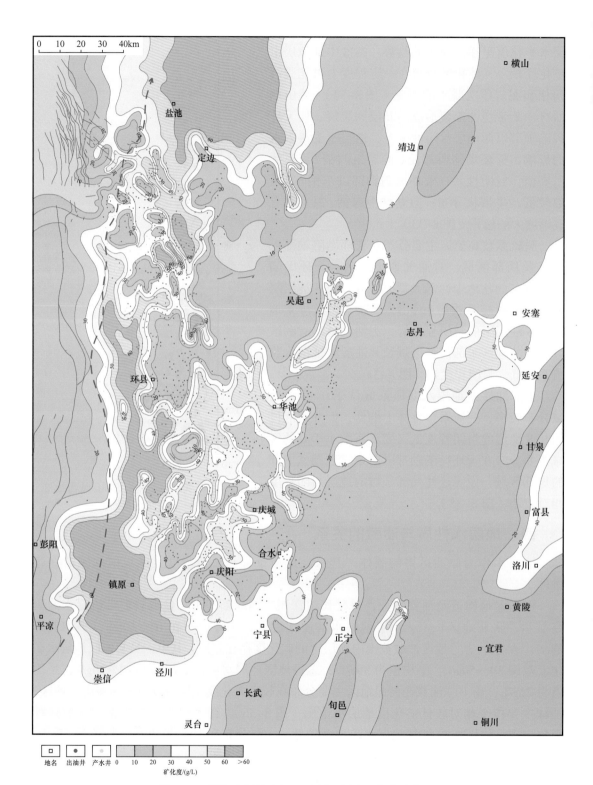

图 8-32　鄂尔多斯盆地长 $8_1$ 油层地层水矿化度分布图

图 8-33　鄂尔多斯盆地长 $8_1$ 油层地层水钠 / 氯系数分布图

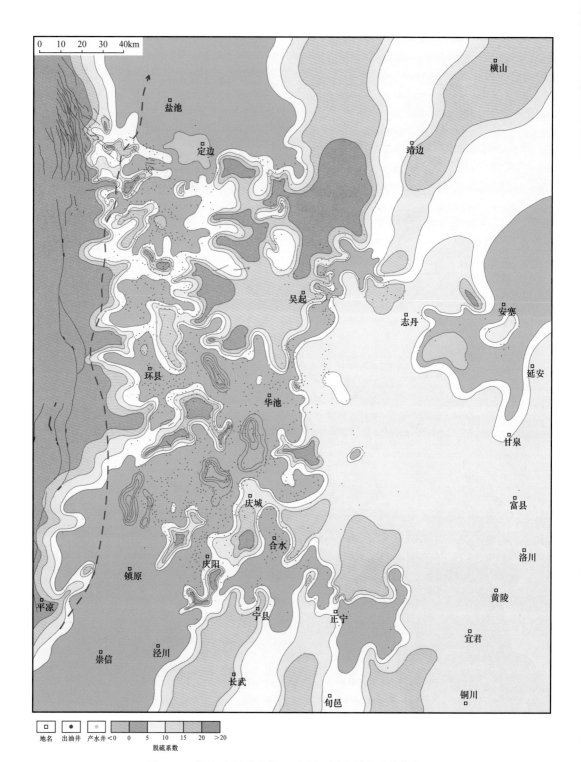

图 8-34　鄂尔多斯盆地长 $8_1$ 油层地层水脱硫系数分布图

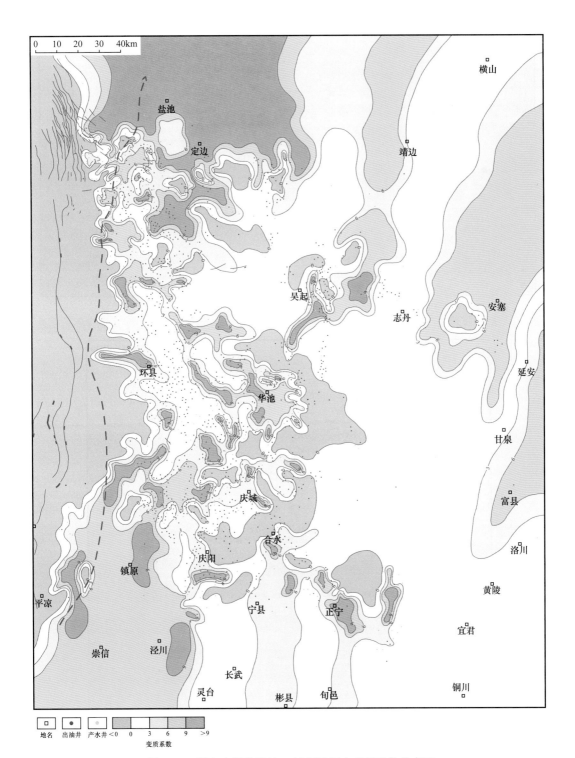

图 8-35 鄂尔多斯盆地长 $8_1$ 油层地层水变质系数分布图

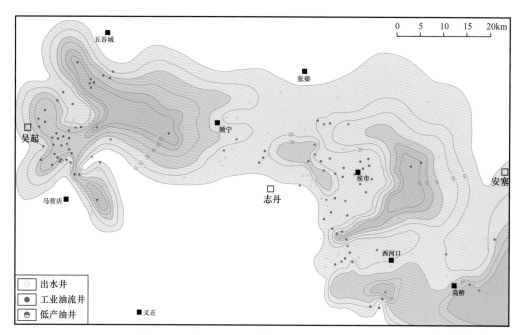

图 8-36　陕北地区长 $10_1^1$ 小层地层水矿化度分布

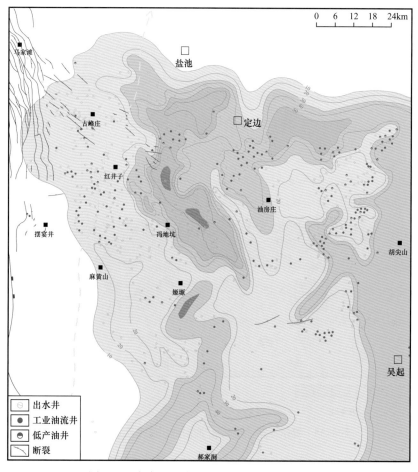

图 8-37　姬塬地区长 $9_1$ 油层地层水矿化度分布

裂影响，盆地西缘地层水的矿化度较低（＜20g/L），地层水水型以 Na₂SO₄、MgCl₂ 型为主，断裂带的断层、裂缝促进了地层中流体的流动，大气淡水的渗滤形成了淡化地层水（图 8-38）。另一方面，断层作用造成了部分油藏调整破坏，但也为后期原油充注提供了输导通道。被破坏油藏的地层水矿化度普遍较低，一般低于 20g/L，水型包括 CaCl₂ 型、Na₂SO₄ 型两种（图 8-39）（姚泾利等，2019；周新平等，2019）。

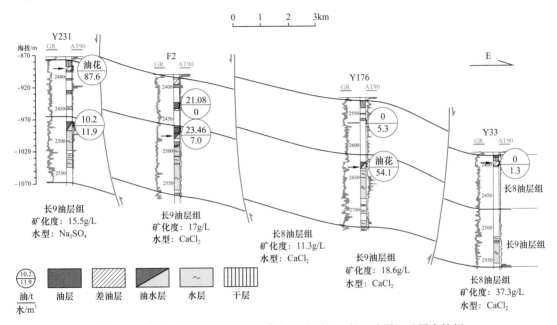

图 8-38　鄂尔多斯盆地西缘断裂带长 8 油层组—长 9 油层组地层水特征

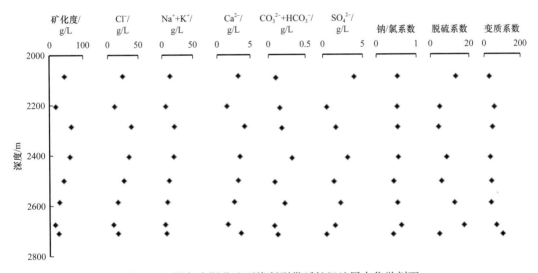

图 8-39　鄂尔多斯盆地西缘断裂带延长组地层水化学剖面

　　姬塬地区长 6₁ 油藏油水关系复杂，该区东部、西部为油藏，中部出水。长 6₁ 油层地层水平均矿化度为 80g/L，其中西部、中部和东部区域地层水的平均矿化度分别为 80g/L、74g/L 和 81g/L，平面上具有西部和东部高、中部稍低的特征（图 8-40）。

　　从已发现的油藏分布与地层水矿化度关系可看出，油藏主要分布在地层水平均矿化度较高、且高矿化度区间占比较大的西部区域和东部区域，而中部区域地层水矿化度相对较低，保存条件较差，出水井较多，油藏较少。但在中部地层水矿化度稍低的区域也有一些出油井，在西部和东部高矿化度区域也有因成藏圈闭等因素未有效聚集油气而出水的井。这是因为总体的保存条件较好，在中部区域钻井过程中普遍可以见到含油显示，但中部区域砂体可能是油气由西部向东部运移的输导体，由于砂岩未有效遮挡而缺少有效圈闭，成藏圈闭条件相对较差，使得中部区域出水井居多。也正是基于这样的条件，通过对地层水矿化度在东部区域、中部区域和西部区域的微弱差别进行研究，发现中部区域地层水的矿化度总体略低于东部区域和西部区域，可见地层水矿化度越高的区域，越有利于油藏的保存和聚集。

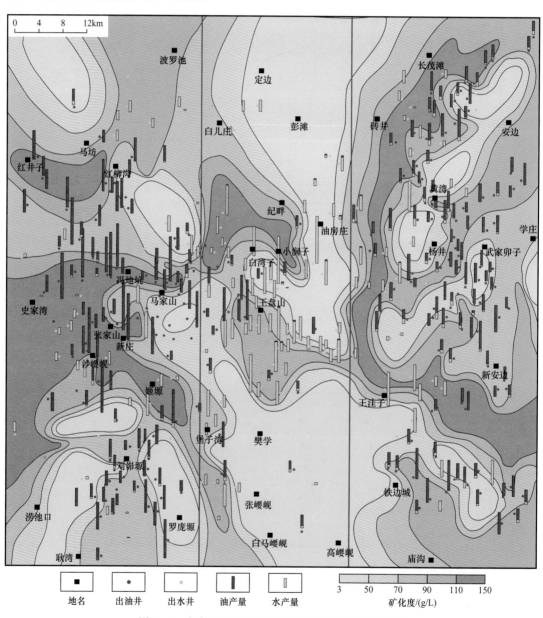

图 8-40　姬塬地区长 $6_1$ 油层地层水矿化度等值线图

西部区域、中部区域和东部区域长 $6_1$ 油层地层水钠／氯系数平均值分别为 0.49、0.52 和 0.51，具有西部和东部低、中部稍高的特点（图 8-41）。地层水的钠／氯系数分布规律反映了西部区域油藏保存条件好于东部区域，中部区域稍差，这与平面上西部区域出油井多、东部区域次之、中部区域以出水井为主具有很好的吻合性。

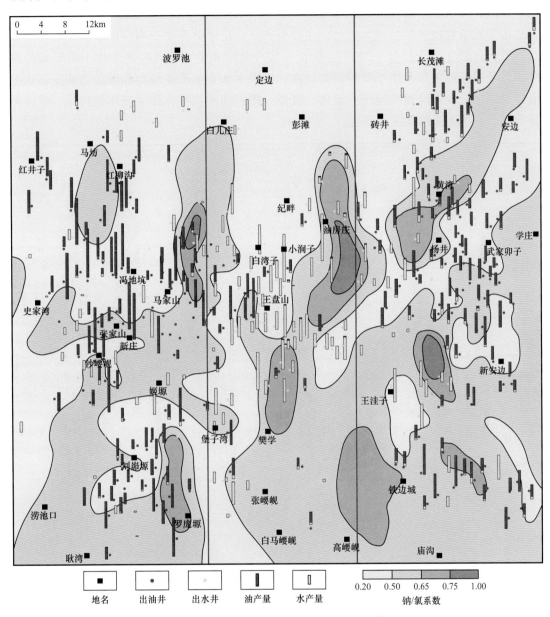

图 8-41　姬塬地区长 $6_1$ 油层地层水钠／氯系数等值线图

地层水的脱硫酸系数与油藏的分布具有一定的相关性，地层水脱硫酸系数的低值区往往有利于油藏的保存。鄂尔多斯盆地西部区域、中部区域和东部区域长 $6_1$ 油层地层水脱硫酸系数平均值分别为 5.2、7.0 和 6.2，具有西部和东部低、中部较高的特征（图 8-42）。该系数反映了东部区域油藏保存条件好于西部区域，中部区域保存条件较差。从长 $6_1$ 油层已出油井点与地层水脱硫系数的关系可以看出，出油井点一般分布在保存条件有利的低值区，出水井往往分布在高值区或紧邻高值区。

地层水的变质系数与油藏的保存程度有紧密的关系，其值的高低可判识油藏的保存条件。长 $6_1$ 油层地层水变质系数平均值为 51，西部区域、中部区域和东部区域分别为 55、56 和 47，差别不大，但其平面展布具有高值区局部分布、且与低值区相间分布的特点（图 8-43）。长 $6_1$ 油层地层水变质系数的平面展布与油井分布具有一定的规律性，地层水变质系数较高的区域为油井的主要分布区，出水井主要分布在地层水变质系数相对较低的区域（李士祥等，2017）。因此，现今地层水的性质在一定程度上可反映油藏的形成及保存环境，但由于受控因素较多，地层水水文地质条件与油藏的关系还不十分清楚，特别是成藏过程中流体—流体、流体—围岩间的相互作用、流体的演化、流体差异分布成因等还需继续深入研究。

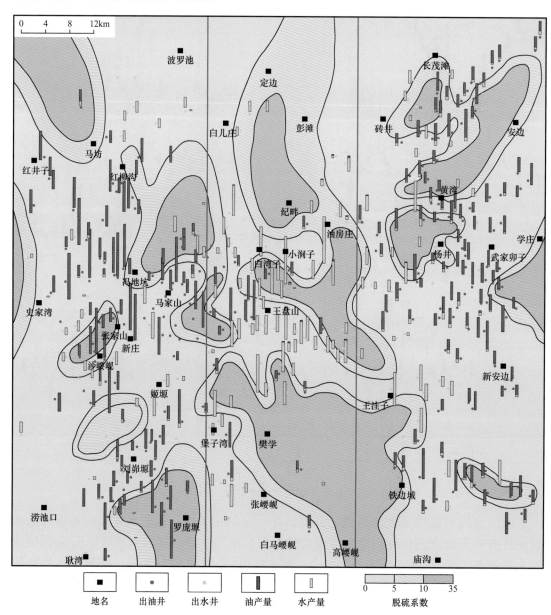

图 8-42　姬塬地区长 $6_1$ 油层地层水脱硫系数等值线图

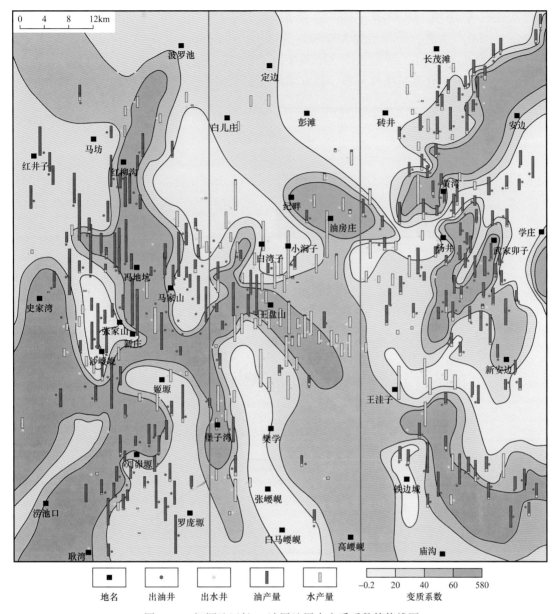

图 8-43　姬塬地区长 $6_1$ 油层地层水变质系数等值线图

# 第四节　侏罗系水文地质特征

侏罗系延安组、富县组地层水的矿化度相对较低，地层水水型以 $Na_2SO_4$ 型和 $NaHCO_3$ 型为主，$CaCl_2$ 型水分布局限。相对开放的水文地质环境及煤系地层特征造成了侏罗系具有水文地质环境活跃、地层封闭性较差、油藏保存环境相对较差的特征。

## 一、地层水化学组分与分布特征

延安组、富县组地层水的阳离子组分中，$K^+$、$Na^+$ 浓度较高，平均值为 11.22g/L；

Ca$^{2+}$次之，平均值为0.81g/L；Mg$^{2+}$含量最低。阴离子中，Cl$^-$浓度最高，平均值为15.96g/L；SO$_4^{2-}$次之，平均值为3.54g/L；再次为HCO$_3^-$，含极少量的CO$_3^{2-}$。地层水矿化度范围为5~120g/L，平均值为33.17g/L，主要分布在8~80g/L（图8-44、表8-5）。Cl$^-$、K$^+$、Na$^+$与矿化度呈线性分布，具有很好的相关性（图8-45）。

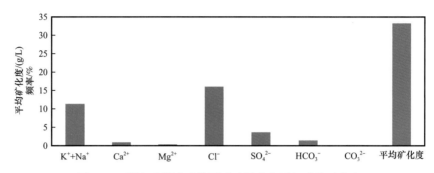

图8-44 鄂尔多斯盆地侏罗系地层水离子组成及矿化度

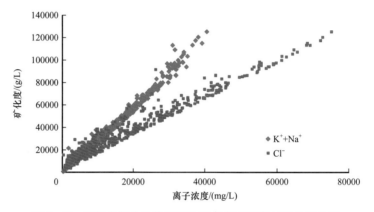

图8-45 鄂尔多斯盆地侏罗系地层水离子浓度与矿化度关系

表8-5 鄂尔多斯盆地侏罗系延安组、富县组地层水化学特征统计表

| 井号 | 层位 | pH | Na$^+$+K$^+$/ mg/L | Ca$^{2+}$/ mg/L | Mg$^{2+}$/ mg/L | Cl$^-$/ mg/L | CO$_3^{2-}$/ mg/L | HCO$_3^-$/ mg/L | SO$_4^{2-}$/ mg/L | 矿化度/ g/L | 水型 |
|---|---|---|---|---|---|---|---|---|---|---|---|
| C35 | 延2油层组 | 7.0 | 2356 | 104 | 56 | 4758 | 0 | 235 | 378 | 9.1 | NaHCO$_3$ |
| Y283 | 延2油层组 | 6.0 | 4057 | 189 | 574 | 3069 | 0 | 297 | 6801 | 15.0 | Na$_2$SO$_4$ |
| L180 | 延3油层组 | 6.5 | 5756 | 1145 | 347 | 6655 | 0 | 0 | 6859 | 21.1 | Na$_2$SO$_4$ |
| Y314 | 延3油层组 | 6.0 | 7446 | 1135 | 172 | 10373 | 0 | 461 | 4534 | 24.1 | Na$_2$SO$_4$ |
| Z380 | 延4+5油层组 | 6.0 | 7956 | 1026 | 830 | 7773 | 438 | 0 | 11476 | 29.5 | Na$_2$SO$_4$ |
| H427 | 延4+5油层组 | 6.0 | 16673 | 2187 | 1568 | 19878 | 0 | 938 | 18582 | 59.8 | Na$_2$SO$_4$ |
| Y85 | 延4+5油层组 | 8.0 | 15691 | 187 | 170 | 24575 | 204 | 129 | 224 | 41.2 | CaCl$_2$ |
| Z467 | 延6油层组 | 6.0 | 13604 | 509 | 988 | 16383 | 142 | 0 | 11224 | 42.9 | Na$_2$SO$_4$ |
| L305 | 延6油层组 | 7.1 | 5023 | 819 | 333 | 5666 | 828 | 0 | 5439 | 18.1 | Na$_2$SO$_4$ |

| 井号 | 层位 | pH | Na⁺＋K⁺/ mg/L | Ca²⁺/ mg/L | Mg²⁺/ mg/L | Cl⁻/ mg/L | CO₃²⁻/ mg/L | HCO₃⁻/ mg/L | SO₄²⁻/ mg/L | 矿化度/ g/L | 水型 |
|---|---|---|---|---|---|---|---|---|---|---|---|
| Y81 | 延6油层组 | 6.0 | 9343 | 821 | 187 | 15731 | 0 | 209 | 738 | 27.0 | CaCl₂ |
| L88 | 延6油层组 | 6.7 | 9837 | 464 | 218 | 10664 | 0 | 617 | 7585 | 29.4 | Na₂SO₄ |
| C84 | 延7油层组 | 7.5 | 15583 | 79 | 14 | 21394 | 0 | 189 | 984 | 41.4 | NaHCO₃ |
| G173 | 延7油层组 | 6.3 | 32564 | 8729 | 184 | 66048 | 0 | 207 | 0 | 20.2 | CaCl₂ |
| W515 | 延7油层组 | 7.0 | 10190 | 596 | 241 | 12002 | 0 | 3953 | 4288 | 5.5 | NaHCO₃ |
| B417 | 延7油层组 | 7.5 | 5221 | 365 | 119 | 3006 | 0 | 287 | 7949 | 17.0 | Na₂SO₄ |
| Y81 | 延7油层组 | 7.0 | 3268 | 204 | 124 | 3318 | 780 | 0 | 2694 | 10.4 | Na₂SO₄ |
| X72 | 延7油层组 | 6.5 | 17412 | 1291 | 308 | 24563 | 0 | 1387 | 6297 | 51.3 | Na₂SO₄ |
| Z164 | 延8油层组 | 6.5 | 25354 | 422 | 384 | 32288 | 3343 | 0 | 9095 | 70.9 | NaHCO₃ |
| W276 | 延8油层组 | 6.0 | 1908 | 117 | 70 | 1994 | 194 | 0 | 1571 | 27.4 | Na₂SO₄ |
| L205 | 延8油层组 | 6.0 | 8218 | 741 | 257 | 14230 | 0 | 530 | 254 | 24.2 | CaCl₂ |
| A162 | 延8油层组 | 6.5 | 6913 | 305 | 62 | 9792 | 866 | | 1464 | 19.4 | Na₂SO₄ |
| Z175 | 延9油层组 | 6.0 | 24276 | 3174 | 428 | 44138 | 0 | 245 | 0 | 72.3 | CaCl₂ |
| G190 | 延9油层组 | 8.0 | 7128 | 994 | 241 | 5370 | 0 | 1500 | 9529 | 18.7 | Na₂SO₄ |
| G285 | 延9油层组 | 6.5 | 17263 | 2021 | 164 | 10124 | 0 | 246 | 3512 | 33.2 | CaCl₂ |
| H184 | 延9油层组 | 7.4 | 14033 | 463 | 117 | 21128 | 0 | 481 | 1873 | 38.0 | Na₂SO₄ |
| H91 | 延9油层组 | 6.5 | 21912 | 2974 | 516 | 40076 | 0 | 469 | 255 | 66.2 | CaCl₂ |
| Z67 | 延10油层组 | 6.0 | 19631 | 1157 | 234 | 29137 | 0 | 419 | 4887 | 55.5 | Na₂SO₄ |
| Z497 | 延10油层组 | 6.0 | 22531 | 2365 | 1377 | 39944 | 238 | 0 | 3854 | 70.3 | CaCl₂ |
| Z29 | 延10油层组 | 6.0 | 28215 | 3623 | 738 | 50317 | 0 | 314 | 2099 | 85.3 | CaCl₂ |
| H53 | 延10油层组 | 6.6 | 22856 | 3164.32 | 608 | 41477 | 0 | 223 | 1344.84 | 70.0 | CaCl₂ |
| Li231 | 延10油层组 | 6.0 | 7191 | 596 | 965 | 4994 | 192 | 0 | 13341 | 27.3 | Na₂SO₄ |
| Li323 | 延10油层组 | 6.0 | 30259 | 1988 | 1005 | 49920 | 404 | 0 | 3970 | 87.6 | CaCl₂ |
| Li345 | 延10油层组 | 6.0 | 10960 | 189 | 57 | 17103 | 214 | 0 | 227 | 28.8 | CaCl₂ |
| Li40 | 延10油层组 | 6.0 | 13932 | 850 | 258 | 18562 | 0 | 1131 | 6109 | 40.8 | Na₂SO₄ |
| Li51 | 延10油层组 | 8.0 | 4334 | 48 | 58 | 3080 | 276 | 969 | 4018 | 12.8 | NaHCO₃ |
| L132 | 延10油层组 | 6.0 | 36671 | 3893 | 539 | 64165 | 0 | 223 | 955 | 106.5 | CaCl₂ |
| L164 | 延10油层组 | 6.5 | 26543 | 2187 | 879 | 46815 | 0 | 401 | 408 | 77.2 | CaCl₂ |
| Sh219 | 延10油层组 | 8.0 | 6420 | 362 | 188 | 5495 | 0 | 82 | 6568 | 20.2 | Na₂SO₄ |

| 井号 | 层位 | pH | Na⁺+K⁺/mg/L | Ca²⁺/mg/L | Mg²⁺/mg/L | Cl⁻/mg/L | CO₃²⁻/mg/L | HCO₃⁻/mg/L | SO₄²⁻/mg/L | 矿化度/g/L | 水型 |
|------|------|-----|------|------|------|------|------|------|------|------|------|
| Sh22 | 延10油层组 | 6.0 | 4180 | 613 | 744 | 8353 | 445 | 0 | 1470 | 15.8 | MgCl₂ |
| X126 | 延10油层组 | 6.0 | 8169 | 10278 | 544 | 32218 | 0 | 195 | 1390 | 51.8 | CaCl₂ |
| X154 | 延10油层组 | 6.5 | 3514 | 216 | 175 | 7619 | 0 | 120 | 350 | 12.0 | MgCl₂ |
| X321 | 延10油层组 | 6.5 | 5591 | 724 | 251 | 5598 | 475 | 0 | 6444 | 19.1 | Na₂SO₄ |
| Y57 | 延10油层组 | 7.0 | 3536 | 211 | 96 | 5886 | 0 | 0 | 253 | 10.0 | CaCl₂ |
| S1 | 富县组 | 6.0 | 8614 | 1270 | 514 | 12824 | 0 | 779 | 5072 | 29.1 | Na₂SO₄ |

平面分布上地层水的化学性质也存在较大的差异，并显示出较好的规律性。由西向东地层水矿化度逐渐降低，如马岭—城壕地区延安组地层水的平均矿化度为48.01g/L，向东至吴起—华池地区矿化度平均为28.44g/L，定边—姬塬地区延安组地层水的平均矿化度为26.81g/L，再向东至志靖—安塞地区地层水的平均矿化度降至13.53g/L。地层水中占比最高的K⁺、Na⁺和Ca²⁺也相应地呈现出自西向东含量逐渐降低的趋势（图8-46）。

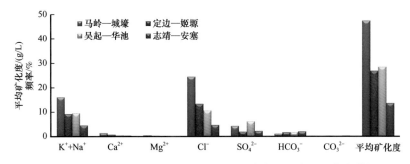

图8-46 鄂尔多斯盆地不同地区侏罗系地层水离子组成及矿化度特征图

纵向上，延安组地层水的化学特征分布也具有明显的规律性。虽然不同区块矿化度存在较大的差异，但每个区块自下而上地层水的矿化度都一致呈现出逐渐降低的趋势（图8-47）。

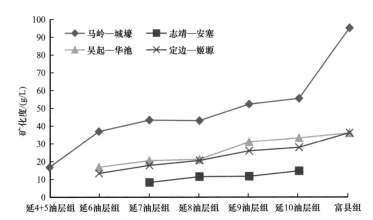

图8-47 鄂尔多斯盆地侏罗系不同区、不同层地层水矿化度分布对比图

## 二、地层水水型特征

侏罗系地层水水型以 $Na_2SO_4$ 型和 $NaHCO_3$ 型为主，分别占 34.2% 和 38.8%，$CaCl_2$ 型水占 20.9%，$MgCl_2$ 型占 6.1%。

纵向上，富县组地层水以 $CaCl_2$ 型水为主，$Na_2SO_4$ 型次之；延 8 油层组—延 10 油层组砂岩中 $CaCl_2$ 型、$Na_2SO_4$ 型和 $NaHCO_3$ 型均衡发育；延 4+5 油层组—延 7 油层组以 $Na_2SO_4$ 型水和 $NaHCO_3$ 型水为主，前者含量略高。$MgCl_2$ 型地层水较少，多见于富县组和延安组下部储层，向上含量逐渐降低（图 8-48）。总体上呈现出自下而上 $CaCl_2$ 型、$MgCl_2$ 型地层水含量减少，$Na_2SO_4$ 型地层水含量增高的趋势。

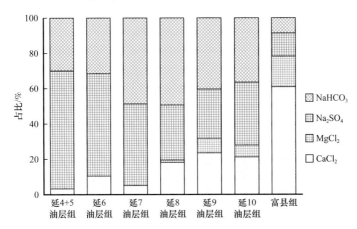

图 8-48　鄂尔多斯盆地侏罗系不同层系地层水水型分布对比图

平面上，古地貌位置不同，水型也存在明显差异。以延 10 油层组为例，一级、二级古河发育地区地层水的类型常常为 $Na_2SO_4$ 型，部分地区为 $Na_2SO_4+NaHCO_3$ 型（图 8-49）；斜坡和阶地，尤其是在西部地区，常常为 $CaCl_2$ 型水为主，向东水型逐渐过渡为 $CaCl_2+Na_2SO_4$ 型。

以上分析展示了侏罗系水化学特征的复杂性，各种水型均有不同程度的发育，不同层、相带差异明显，但其变化有一定的规律性。总体上侏罗系储层的封闭性、保存条件相对较差，但差中有优，其中富县组和延 10 油层组的斜坡、阶地、河间丘等位置保存条件相对较好。

## 三、地层水化学参数

钠/氯系数 $[r(Na^+)/r(Cl^-)]$ 是地层水变质程度和活动性的重要指标，钠/氯系数越低，反映水体环境越还原，越有利于油气的保存。$[r(Na^+)/r(Cl^-)]$ 值大于 1，指示地层水封闭条件相对较差。延安组和富县组地层水 $[r(Na^+)/r(Cl^-)]$ 一般为 0.1～3.5，平均值为 1.1。

脱硫系数 $[r(SO_4^{2-})\times100/r(SO_4^{2-}+Cl^-)]$ 是地层水氧化还原环境的重要指标，表征脱硫酸作用的程度，作用完全时为 0，表明封闭浓缩程度好。该值越低反映封闭性越好；当脱硫系数大于 10 时或越高，则表明封闭条件相对较差。延安组、富县组地层水脱硫系数主要分布区间为 0～60，平均值为 15.9，各层系平均分布范围为 11.1～26.3。

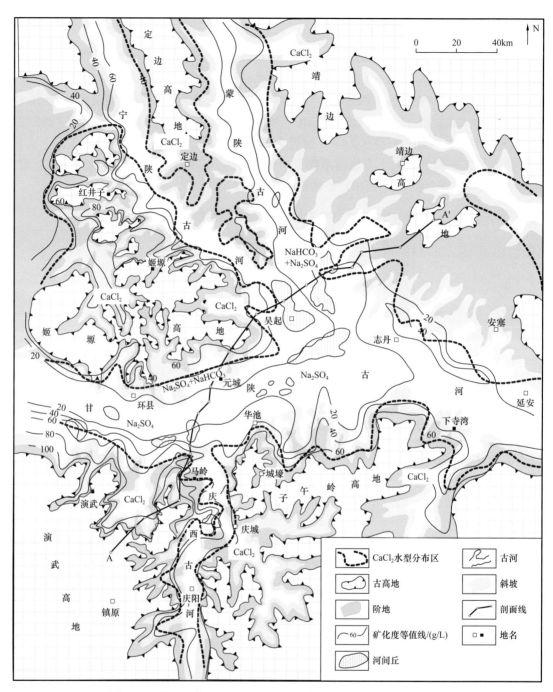

图 8-49 侏罗系富县组—延 10 油层组水型分布及矿化度等值线图

变质系数 $[r(Cl^- - Na^+)/r(Mg^{2+})]$ 值越大，表明封闭程度越好，水岩作用强；为负值时，则表征地层水受到大气降水淋滤作用的影响。延安组、富县组地层水变质系数主要分布区间为 -30～10，平均值为 -10.9。

地层水的钠／氯系数、脱硫系数、变质系数等参数分析表明，延安组、富县组整体上封闭、保存条件较差。

# 四、地层水分布特征及影响因素分析

## 1.纵向上混合交替作用对地层水分布的影响

前侏罗纪，在延长组顶面形成了侵蚀沟谷，这些沟谷在侏罗纪早期进一步受河流的冲蚀，下伏的延长组进一步遭受切割。在盆地东部地区，一级古河、二级古河一般切割到长1或长2油层组，在西部地区常常切穿长3油层组，甚至切穿长4+5油层组，而与长6油层组直接接触（郭正权等，2008）。河谷中沉积了富县组和延10油层组粗碎屑沉积物。随着上覆地层加厚，压实作用造成侏罗系下部沉积水与延长组上部的渗入水或沉积水混合更替，因此侏罗系底部地层水具有延长组上部地层水的特征。富县组—延10油层组地层水矿化度较高，具有相对高的 $Cl^-$、$Ca^{2+}$ 浓度，低 $SO_4^{2-}$ 和 $HCO_3^-$ 浓度，$CaCl_2$ 型水占比相对较高。而延8油层组以上地层水矿化度较低，$SO_4^{2-}$ 和 $HCO_3^-$ 浓度相对较高，$Cl^-$、$Ca^{2+}$ 浓度相对较低，水型以 $Na_2SO_4$ 型为主，局部地区为 $Na_2SO_4+NaHCO_3$ 型（表8-6）。由此可知，纵向地层水的混合交替作用，造成侏罗系不同层系地层水化学特征的差异。

表8-6 鄂尔多斯盆地不同油田延安组、富县组地层水特征对比

| 地区 | 油田 | 层位 | 地层水 | |
|---|---|---|---|---|
| | | | 矿化度/（g/L） | 主要水型 |
| 西部 | 红井子 | 延4油层组—延5油层组 | 44.83 | $Na_2SO_4$、$CaCl_2$ |
| | | 延6油层组—延8油层组 | 56.71 | $CaCl_2$ |
| | | 延10油层组 | 90.80 | $CaCl_2$ |
| | 演武—镇北 | 延6油层组—延8油层组 | 39.81 | $CaCl_2$、$Na_2SO_4$ |
| | | 延10油层组 | 57.55 | $CaCl_2$ |
| 中部 | 马岭 | 延8油层组及以上 | 40.39 | $Na_2SO_4$ |
| | | 延9油层组 | 53.40 | $CaCl_2$、$Na_2SO_4$ |
| | | 延10油层组、富县组 | 55.80 | $CaCl_2$ |
| | 城壕 | 延7油层组 | 25.75 | $Na_2SO_4$、$NaHCO_3$ |
| | | 延9油层组 | 45.97 | $CaCl_2$、$MgCl_2$ |
| | 元城 | 延8油层组及以上 | 21.16 | $MgCl_2$、$CaCl_2$ |
| | | 延9油层组 | 27.36 | $CaCl_2$、$Na_2SO_4$ |
| | | 延10油层组 | 23.32 | $CaCl_2$、$Na_2SO_4$ |
| | 华池 | 延8油层组及以上 | 26.92 | $Na_2SO_4$、$CaCl_2$ |
| | | 延9油层组 | 26.43 | $CaCl_2$、$Na_2SO_4$ |
| | | 延10油层组 | 28.13 | $Na_2SO_4$、$CaCl_2$ |
| 东部 | 下寺湾 | 延9、10油层组 | 31.56 | $NaHCO_3$、$Na_2SO_4$ |
| | 安塞—志靖 | 延9油层组 | 11.70 | $NaHCO_3$、$CaCl_2$ |

## 2. 构造特征对地层水分布的影响

天环坳陷于中—晚侏罗世已形成雏形。中—晚侏罗世以来，盆地无论是整体抬升还是沉降，红井子—环县—镇原一线基本处于坳陷的轴部，地层的埋深大，向东西两侧，埋藏深度变浅。其中天环坳陷的东翼变化平缓，向东渐变为宽缓西倾单斜，坳陷西翼受西缘逆冲推覆构造活动影响，抬升急剧，显示出强烈的不对称性。延安组沉积后，盆地经历了多次抬升，如中侏罗世末的燕山运动Ⅰ幕造成盆地整体抬升，上侏罗统和下白垩统基本不发育；早白垩世末的燕山运动Ⅱ幕，盆地再次上升，缺失上白垩统等等。由此可知，延安组沉积以后，渗入水文地质阶段远超过沉积水文地质阶段。盆地东部地区和西缘逆冲带，始终处于构造高部位，埋藏较浅，或出露地表，渗入水交替活跃，因此矿化度低，$SO_4^{2-}$ 和 $HCO_3^-$ 浓度相对较高，水型为 $Na_2SO_4$ 型，局部为 $NaHCO_3$ 型；而红井子—环县—镇原一线处于天环坳陷的轴部，埋藏深度大，处于相对封闭滞留环境，与渗入水的交替作用也相对较弱，矿化度高（图 8-49）。因此，构造与沉积演化导致地层水矿化度和水化学特征的东西分带性。

## 3. 古地貌发育特征对地层水分布的影响

古地貌对地层水的运动方向与分布起到重要的控制作用。河谷地带沉积物粒度粗，一般是厚层含砾粗砂岩、粗砂岩等，物性好，是渗入水补给、交替的优势通道；古河两侧的斜坡和阶地主要为中粗砂岩与泥岩互层，粒度相对较细，物性较差，为地层水相对滞留的环境，渗入水补给、交替较弱。为了说明这种变化特征，用过演武高地—甘陕古河—姬塬高地—宁陕与蒙陕古河—靖边高地的大剖面（图 8-50），以及剖面不同位置的富县组与延 10 油层组地层水水化学参数特征（图 8-51），展示不同古地貌单元地层水变化。

（1）水型：在河谷地带，受延长组地层水侵入影响的富县组—延 10 油层组高矿化度的 $CaCl_2$ 型水更易于被富 $SO_4^{2-}$ 和 $HCO_3^-$ 的渗入水替换，使得矿化度降低，水型转化为 $Na_2SO_4$ 型或 $NaHCO_3$ 型。而古河两侧的斜坡、阶地，渗入水的影响较小，保留了 $CaCl_2$ 水型。因此，由靠近高地的阶地、斜坡到河谷地带，富县组、延 10 油层组地层水类型从 $CaCl_2$ 型变为 $Na_2SO_4$ 型，或从 $CaCl_2$ 型过渡到 $NaHCO_3$ 型到 $Na_2SO_4$ 型（图 8-49）。

（2）矿化度：矿化度呈现出由古河向高地方向增高的趋势。在演武高地和姬塬高地附近，这种变化特征尤为显著，矿化度由斜坡、阶地的 100g/L 左右，到河谷降低到 20g/L 左右，河间丘的矿化度比河道略高（图 8-51a—d）。

（3）水化学参数：不同地貌单元，变质系数和钠/氯系数也有差异。从钠/氯系数分析（图 8-51e—h），古河地区样品的钠/氯系数一般大于 1，河间丘近等于 1，斜坡、阶地一般小于或近等于 1。从变质系数来看（图 8-51i—l），古河发育区的地层水变质系数小于 0 的占比较高，河间丘地区变质系数在 0 附近，而斜坡、阶地区的样品以变质系数大于 0 为主。

综上所述，古地貌单元的发育特征决定了各个沉积单元中地层水矿化度、水化学参数、水型的规律性变化。

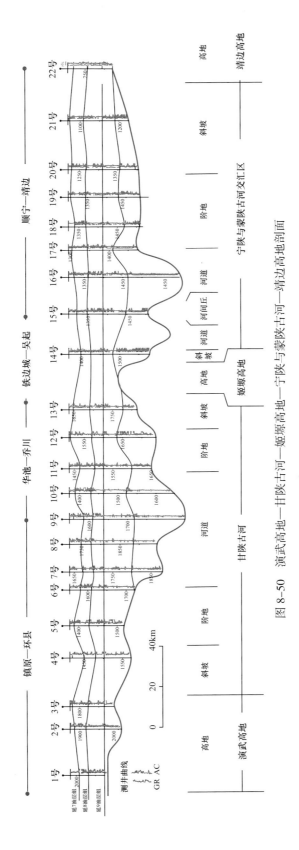

图 8-50 演武高地—甘陕古河—姬塬高地—宁陕与蒙陕古河—靖边高地剖面

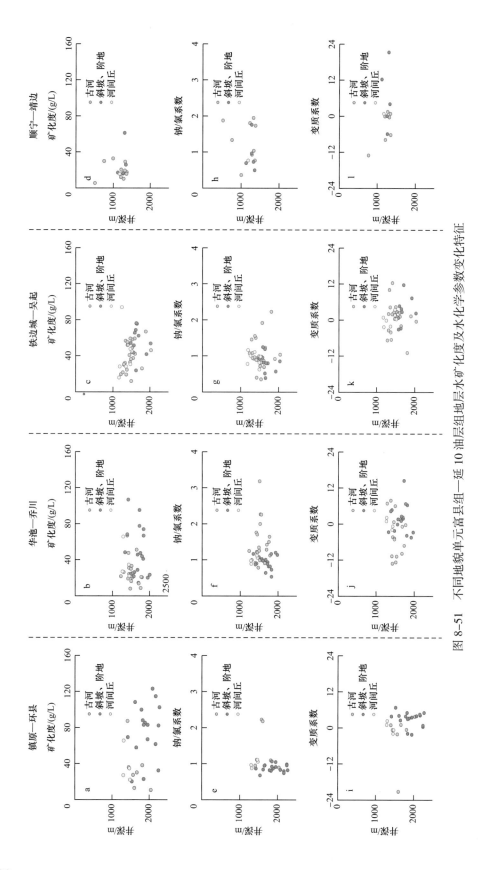

图 8-51　不同地貌单元富县组—延 10 油层组地层水矿化度及水化学参数变化特征

## 五、油田水文地质、水化学特征与油藏形成的关系

延安组油田水的形成经历了复杂而漫长的地质过程，是油气运聚和成藏的动力和载体。在长期的演化过程中，地下水与油气相互作用、相互影响，经历了一系列的封闭、浓缩、溶滤和扩散作用，形成了现今的水化学特征。通过对地层水特征、地质条件、油藏分布特征的综合分析，可以进一步了解地层水对油气富集的影响。

早白垩世为鄂尔多斯盆地生排烃高峰期，延长组发育流体过剩压力，主要集中在长4+5油层组—长9油层组，延安组主要为正常压力。延安组发育中高渗储层，浮力是油气运移的重要动力。因此在流体过剩压力与浮力的双重作用下，油气或呈游离相或溶解于地层水中由具有高过剩压力的延长组向常压的延安组运移。

在侏罗系古河发育地区，富县组、延安组发育大套厚层中粗砂岩，由于河流下切延长组较深部位，造成作为盖层的延长组上部地层保留不全。这种局部较薄的盖层，不利于将油气有效封堵于延长组内部，而成为油气向上运移的薄弱带和优势通道。从延长组沿着古河运移上来的油气，在古河内继续随着流体由古河向两侧和河间高地运移，并在延安组下部发育的坡嘴、河间丘、压实披盖构造、超覆尖灭砂体和延安组中上部的分流河道砂体等位置聚集，成为石油聚集成藏的有利场所，并与河间、坡谷等古地貌低部位的细粒沉积形成有效圈闭（图8-52）。

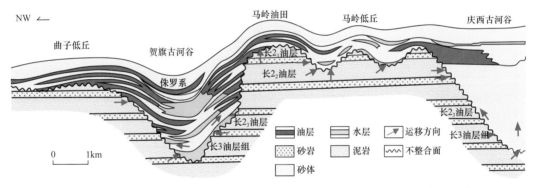

图8-52 鄂尔多斯盆地侏罗系古河道作为长3油层组石油运移通道示意图（据席胜利等，2005）

在石油运移过程中，原油的物理性质随之发生变化。表8-7显示（长庆油田石油地质志编写组，1992），以岭132井位代表的贺旗支沟为该区延安组下部油藏的石油充注点，具有高饱和压力（8.39MPa）、高气油比（93.4m³/t）、相对低密度（0.74）、低黏度（1.7mPa·s）的特征，由充注点向北的曲子坡嘴和向南的马岭坡嘴，随着运移距离的增大，原油密度、黏度增大，饱和压力和气油比降低。延安组底部延9、延10油藏与延8及以上油藏地层水化学性质和原油物性对比结果显示（表8-8）（长庆油田石油地质志编写组，1992），延安组下部与中上部具有较大的差异。同一地区，延安组下部具有矿化度高，水型以 $CaCl_2$ 型或 $NaHCO_3$ 型为主，原油密度和黏度较低、饱和压力较高的特征，随着层位向上、运移距离的增加，矿化度降低，水型以 $NaHCO_3$ 型或 $Na_2SO_4$ 型为主，原油密度和黏度增大、饱和压力降低。

表 8-7　鄂尔多斯盆地延安组底部油气运移与古地貌、原油物性的关系

| 井号 | 岭2 | 北39 | 316 | 岭91 | 岭132 | 岭218 | 岭256 | 中10 | 岭4 |
|---|---|---|---|---|---|---|---|---|---|
| 饱和压力 /MPa | 4.03 | 5.18 | 5.22 | 6.01 | 8.39 | 5.75 | 4.51 | 5.73 | 4.32 |
| 气油比 /（m³/t） | 47.8 | 56.9 | 55.6 | 62.5 | 93.4 | 57.8 | 34.8 | 60 | 43.7 |
| 黏度 /（mPa·s） | 2.6 | 2.47 | 2.6 | 2 | 1.7 | 2.4 | 4.8 | 2.7 | 3.1 |
| 相对密度 | 0.79 | 0.77 | 0.77 | 0.77 | 0.74 | 0.76 | 0.79 | 0.77 | 0.78 |
| 古地貌及油气运移方向 | 北←曲子坡嘴（3.2km） | | | | 贺旗支沟（充注点） | 马岭坡嘴→南（6.6km） | | | |

表 8-8　鄂尔多斯盆地延安组下部油藏和中上部油藏地层水化学性质和原油物性对比

| 地区 | | 马岭 | | 城壕 | | 马坊 | | 红井子 | | | 华池 | | 下寺湾 |
|---|---|---|---|---|---|---|---|---|---|---|---|---|---|
| 层位 | | 延8油层组及以上 | 延9、延10油层组 | 延8油层组 | 延9油层组 | 延8油层组及以上 | 延9、延10油层组 | 延5油层组及以上 | 延6油层组—延8油层组 | 延9、延10油层组 | 延8油层组及以上 | 延9、延10油层组 | 延9、延10油层组 |
| 油田水 | 矿化度 / g/L | 20～60 | 60～120 | 20～40 | 40～60 | 20～40 | 50～100 | 10～20 | 30～80 | 80～138 | 15～26 | 15～60 | 6～40 |
| | 主要水型 | Na₂SO₄、NaHCO₃ | CaCl₂ | Na₂SO₄ | CaCl₂ | Na₂SO₄ | CaCl₂ | Na₂SO₄ | CaCl₂ | CaCl₂ | NaHCO₃ | Na₂SO₄、NaHCO₃ | NaHCO₃、Na₂SO₄ |
| 原油物性 | 原油密度 / g/cm³ | 0.78～0.81 | 0.75～0.81 | 0.8～0.81 | 0.75～0.82 | 0.79～0.80 | 0.75～0.78 | 0.78～0.82 | 0.76～0.80 | 0.77～0.78 | 0.79～0.81 | 0.73～0.84 | 0.82～0.85 |
| | 黏度 / mPa·s | 3.0～7.6 | 2.1～5.6 | 5.4～5.8 | 2.3～5.7 | 2.5～8.7 | 3.4～5.3 | 2.5～5.3 | 1.0～3.6 | 1.5～2.3 | 3.8～4.8 | 1.5～6.0 | 7.0～9.3 |
| | 饱和压力 / MPa | 0.80～3.04 | 5.27～8.41 | 1.00～1.31 | 2.04～5.35 | 2.49～3.21 | 3.95～5.37 | 0.67～1.98 | 3.08～3.76 | 5.42～6.01 | 0.5～1.6 | 0.4～2.1 | 0.47 |

# 第九章　煤层气和页岩油

鄂尔多斯盆地低渗透、致密、页岩等油气藏的勘探开发经几代石油人的克难攻坚已取得显著成效。其中，低渗透和致密油气藏已实现规模勘探和有效开发，页岩油在2019年取得突破性进展，发现了10亿吨级庆城大油田，建成了百万吨级规模效益开发示范区；煤层气取得了较为丰硕的勘探开发成果，已经建成鄂尔多斯盆地东缘（以下简称"鄂东缘"）国家级煤层气产业示范基地。本章主要介绍鄂尔多斯盆地煤层气和页岩油的基本特征、形成条件、富集规律及资源前景。

## 第一节　煤　层　气

煤层气，俗称"瓦斯"，是在煤化作用过程中形成的、主要以吸附状态赋存在煤层中的烃类气体，是一种优质的清洁能源。开发利用煤层气，对保障煤矿安全生产、增加清洁能源供应、减少温室气体排放具有重要意义。20世纪80年代开始对鄂尔多斯盆地东缘煤层气的勘探开发，取得了较为丰硕的勘探开发成果，已经建成鄂东缘国家级煤层气产业示范基地。

### 一、勘探开发历程

1. 勘探开发阶段

鄂东缘指从北部内蒙古自治区准格尔旗至南部陕西省韩城市、合阳县的沿黄河两岸狭长地带，地跨山西、陕西两省和内蒙古自治区，地理坐标为东经$109°00'00''\sim111°30'00''$，北纬$34°30'00''\sim39°30'00''$，南北长约500km，东西宽$30\sim60$km，总面积约$3\times10^4$km$^2$。鄂东缘煤层气勘探开发历程大致可以划分为两个阶段，即前期勘探评价阶段和规模勘探开发阶段。

1）前期勘探评价阶段（1980—2008年）

鄂东缘煤层气勘探评价始于20世纪80年代。20世纪80—90年代，煤炭科学研究总院和陕西省煤田地质局等单位依托煤田钻孔等资料开展了煤层气地质条件研究和资源评价，研究结果显示，鄂东缘煤层气资源丰富，储层条件较为有利，具有较大的商业性开发潜力。

1996年3月30日，出于加快煤层气产业发展之目的，经中华人民共和国国务院批准，由中华人民共和国煤炭工业部、中华人民共和国地质矿产部、中国石油天然气总公司三方出资组建中联煤层气有限责任公司（以下简称"中联公司"），该公司负责全国范围内的煤层气资源勘探、开发、输送、销售和利用，并且享有对外合作开采煤层气资源专营权。1996—2008年，中联公司在韩城区块实施二维地震测线1227km，钻探煤层气井 20 口，申报鄂东缘首个煤层气探明储量 $50.78×10^8m^3$。在此期间，中联公司签署 7 份对外合同，对保德、韩城合作、石楼南、石楼北、三交、三交北、紫金山等 7 个区块进行对外合作产品分成。德士古、安然等外资企业累计实施二维地震测线 163.6km，钻探煤层气井 64 口。

1997—2008 年，中国石油勘探开发研究院廊坊分院、长庆油田、北京中煤大地技术开发有限公司、美国阿科公司等在大宁—吉县区块实施二维地震测线 350km，钻探煤层气井 43 口。

该阶段主要完成鄂东缘煤层气资源的评价工作，勘探开发工作量较少，累计实施二维地震测线 1740.6km，钻探煤层气井 130 口，申报煤层气探明储量 $50.78×10^8m^3$。

2）规模勘探开发阶段（2009—2020 年）

2008 年 9 月 25 日，中国石油天然气集团公司在原中联公司划转的矿权、资产和人员基础上，独资成立了中石油煤层气有限责任公司（以下简称"煤层气公司"），主要负责鄂东缘中石油矿权内的煤层气勘探开发。

韩城区块是煤层气公司第一个投入规模开发的区块，也是鄂东缘第一个煤层气规模开发建产区块。该阶段累计实施三维地震 $100km^2$、二维地震测线 1048.2km，钻探探井 47 口、开发井 1070 口，新增煤层气探明储量 $289.25×10^8m^3$，年建设产能 $8.3×10^8m^3$，区块最高日产气量 $52×10^4m^3$，建成鄂东缘首个中高煤阶煤层气开发区。

2009 年保德区块的勘探开发从必拓公司退出后转为自营区块，2010 年开始勘探评价，2011 年进行勘探开发一体化先导试验，2012 年开始规模建产。该阶段累计实施三维地震 $181km^2$、二维地震测线 359.61km，钻探探井 59 口、开发井 939 口，提交煤层气探明储量 $343.54×10^8m^3$，年建设产能 $7.7×10^8m^3$，区块日产气量 $150×10^4m^3$ 左右。建成中国首个规模最大的中低煤阶煤层气开发区。

大宁—吉县区块自 2009 年 5 月煤层气公司接管以来，在埋深 1500m 以浅地区，实施二维地震测线 1745.95km，钻探探井及评价井组 118 口、一体化试采井组 150 口，提交煤层气探明储量 $222.31×10^8m^3$，年建设产能 $3×10^8m^3$，区块日产气量 $11×10^4m^3$。

韩城、石楼南、石楼北、三交、三交北、紫金山等 6 个区块继续进行对外合作，该阶段累计实施二维地震测线 2252.08km，钻探煤层气井 237 口，提交探明煤层气储量 $850.94×10^8m^3$。

该阶段鄂东缘勘探开发工作量快速增长，累计实施三维地震 $281km^2$、二维地震测线 5926.84km，钻探煤层气井 492 口、开发井 2159 口，累计探明煤层气储量 $1706.04×10^8m^3$。

2. 勘探开发成果

自 20 世纪 80 年代以来，对鄂尔多斯盆地煤层气的勘探开发工作取得了丰硕成果。落实了山西组和太原组两套主要煤层气勘探目的层，截至 2020 年底，累计探明煤层气储量 $1756.82×10^8m^3$。建成鄂东缘国家级煤层气产业示范基地，2016 年以来，煤层气年产量超过 $8×10^8m^3$ 以上，2020 年煤层气产量 $8.4×10^8m^3$，累计产气 $57.78×10^8m^3$。成为中国煤层气继沁水盆地之后的第二个产业基地。保德、三交、大宁—吉县、韩城等 4 个区块进入开发，其中保德区块高效建成中国首个规模最大的中低煤阶煤层气田，韩城区块建成鄂东缘首个中高煤阶煤层气规模开发区。同时，在理论技术方面也获得了以下创新或突破。

（1）在对鄂东缘煤层气地质条件及富集成藏规律分析研究基础上，初步形成了鄂东缘"沉积控藏—水动力控气—构造调整"煤层气成藏富集理论。沉积控藏主要体现在沉积体系决定煤层展布及封盖能力，鄂东缘多为潮坪、浅湖、三角洲间湾相带，煤层厚度大且稳定分布，煤层顶底板多为厚层泥质岩，顶底板封盖性强；水动力控气主要体现在弱径流—滞留区为地下水高势区，对煤层气形成水动力封堵散失小，含气量高；构造调整主要体现在开放性正断层导致煤层气大量散失，从而调整富集区分布。在上述三种因素作用下，鄂东缘煤层气藏类型包括构造主导型、水力主导型、次生生物气补充型三种。

（2）创建形成了一套适用于不同煤阶煤层气特点的勘探开发工艺技术系列。保德区块作为典型的中低煤阶煤层气，采取丛式井、分压合排、小液量压裂、双控制逐级排采区域降压的开发模式，三交区块作为典型的中煤阶煤层气，采用多分支水平井、双控制逐级排采区域降压的开发模式，韩城区块作为典型的中高煤阶煤层气，采用丛式井、大液量的间接压裂、双控制逐级排采区域降压的开发模式。

## 二、煤层发育特征

### 1. 构造特征

鄂东缘大地构造位置属于华北板块鄂尔多斯盆地晋西挠褶带、渭北隆起和伊盟隆起的东段。主力煤层顶面整体为一西倾斜坡，在该斜坡背景上发育了断层和褶皱构造。断层以北东、北北东向为主，近东西向断层少（图9-1），断距一般5～50m，规模小。其中较大断层有5条，分别是离石、三交北、午城窑渠、前高和薛峰断层，断层延伸距离20～60km，断距50～300m。通常与断层伴生有背斜、断背斜、断鼻等局部构造。

### 2. 含煤层系与目的层

鄂东缘发育地层与鄂尔多斯盆地一致。鄂东缘含煤层系自下而上分别为上石炭统本溪组、下二叠统太原组、下二叠统山西组，其中本溪组仅

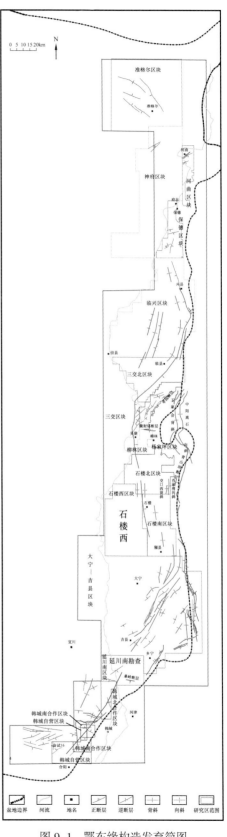

图9-1　鄂东缘构造发育简图

有煤线发育，太原组和山西组为主要含煤地层，其中，山西组 4+5 号煤层和太原组 8+9 号煤层为分布稳定且厚度较大的主力煤层。

4+5 号煤层埋深介于 300~2500m，总体呈东浅西深的南北向条带状分布，在南部韩城地区变为北西向带状分布。但由于受控于构造形态，煤层埋深呈现"三高两低"的分布格局。在河曲—保德、三交—柳林、韩城地区煤层埋深较浅，在临县—佳县、石楼地区埋深较大（图 9-2a）。4+5 号煤层全区发育，煤层厚度为 1~15m，一般大于 2.5m。自北往南呈"厚—薄—厚—薄"相间分带，在准格尔—河曲—保德、吴堡—柳林、吉县—延川、韩城南地区，煤层厚度一般大于 4.5m。在准格尔东北部最大煤层厚度超过15m。兴县—临县、石楼—大宁地区煤层厚度较小，一般小于 3m（图 9-2b）。

8+9 号煤层埋深等值线形态与 4+5 号煤层类似，整体呈现东浅西深的趋势，埋深介于 400~2600m，普遍比 4+5 号煤层埋深加深 100m 左右，在河曲—保德、三交—柳林、韩城三个地区埋深较小，而在临县—佳县、石楼两个地区埋深较大。受鄂东缘单斜构造形态的影响，东部地区由于地层倾角相对较大，煤层埋深相对加快，往西进入缓坡带，煤层埋深缓慢增加（图 9-2c）。8+9 号煤层厚度介于 2~20m，一般大于 3.5m，自北向南有变薄的趋势。准格尔—河曲地区煤层发育最好、厚度最大，可达 20m 以上；其次为保德—临县—三交地区，煤层发育较好，厚度普遍大于 6.5m；柳林以南地区煤层厚度相对较小，仅在大宁—吉县地区煤层厚度大于 6.5m，其他地区煤层厚度一般小于 4.5m（图 9-2d）。

## 三、煤储层特征

1. 煤岩煤质特征与分布

1）煤岩

石炭系—二叠系煤层宏观煤岩类型以光亮型煤和半亮型煤为主，其次为半暗型煤和暗淡型煤。自北向南，光亮型煤和半亮型煤所占比例逐渐增加，暗淡型煤和半暗型煤所占比例逐渐减少。纵向上，下部煤层一般以半亮型煤和光亮型煤为主，上部以半亮型煤或半暗型煤和暗淡型煤为主，有时可进一步细分为几个光亮型煤 + 半亮型煤—半暗型煤 + 暗淡型煤的煤相旋回。

煤岩有机显微组分以镜质组为主，镜质组含量一般大于 60%，其次为惰质组，含量一般小于 30%，壳质组含量最低，一般小于 10%。4+5 号煤层镜质组含量介于58.7%~95.6%，北部准格尔地区镜质组含量小于 50%，往南逐渐增加，保德—兴县—临县地区含量介于 50%~70%，柳林—石楼地区含量介于 70%~80%，大宁—吉县地区含量介于 65%~75%，表现出东高西低的特点，其中韩城地区含量大于 80%。8+9 号煤层镜质组含量介于 11%~87%，镜质组含量变化趋势呈现北低南高、东低西高的总体趋势。

2）煤质

4+5 号煤层水分含量介于 0.36%~5.82%，北部准格尔地区水分较高，最高可达5.82%，保德—兴县地区水分介于 1%~3%，临县以南小于 1.2%。4+5 号煤层灰分含量介于 5.59%~43.57%，各区变化较大，保德、柳林地区相对较高，在 10.69%~32.05%之间，其他地区介于 10%~25%；挥发分含量在 4.82%~35.12% 之间，准格尔—保

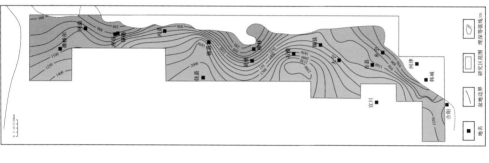

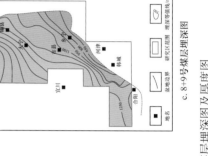

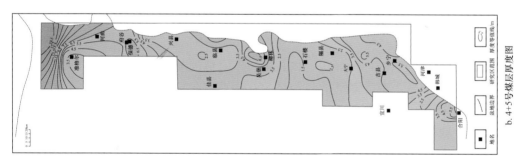

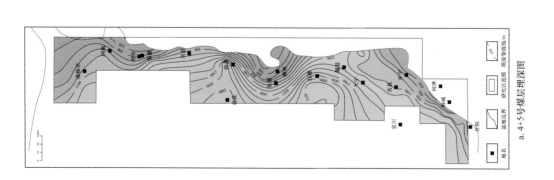

a. 4+5号煤层埋深图　　　b. 4+5号煤层厚度图　　　c. 8+9号煤层埋深图及厚度图　　　d. 8+9号煤层厚度图

图9-2　鄂东缘主力煤层埋深图及厚度图

德—柳林—石楼地区介于 20%～30%，南部韩城、延川南地区一般为 10% 左右；固定碳含量在 43.3%～80.79% 之间，一般大于 50%，北部准格尔、保德、兴县地区介于 50%～60%，柳林、石楼地区介于 60%～70%，南部大宁、韩城地区介于 65%～80%，整体呈现北低南高的趋势。

8+9 号煤层水分含量介于 0.28%～12.1%，北部水分较高，准格尔地区最高可达 5.82%，保德地区最高达 8.7%，南部水分含量较低，一般小于 1%；灰分含量介于 3.33%～31.77%，各区变化较大，柳林、韩城地区相对较高，分别为 12.94%～19.64%、9.83%～31.77%，其他地区多在 3%～15% 之间；挥发分含量介于 6.34%～36.21%，准格尔—保德—柳林地区相对较高，在 14.76%～34.21% 之间，南部韩城、延川南地区多在 10% 左右；固定碳含量在 47.41%～82.22% 之间，一般大于 60%。

3）煤阶

4+5 号煤层镜质组反射率（$R_o$）介于 0.59%～2.35%，受燕山期岩浆活动的影响，临县附近煤层 $R_o$ 出现高异常（达 4% 以上），明显高于周围地区。平面上 $R_o$ 整体呈现南高北低、西高东低的变化趋势，准格尔地区煤层的 $R_o$ 最低，4+5 号煤层的 $R_o$ 介于 0.59%～0.64%，府谷—保德地区煤层的 $R_o$ 介于 0.59%～0.81%，柳林地区煤层的 $R_o$ 在 1.23%～1.56% 之间，石楼和大宁地区东部煤层 $R_o$ 介于 1.1%～1.7%，西部煤层的 $R_o$ 普遍大于 2.0%，韩城地区煤层的 $R_o$ 在 1.7%～2.6% 之间。

8+9 号煤层的 $R_o$ 介于 0.44%～2.11%，平面上同样呈现南高北低、西高东低的变化趋势。其中，准格尔地区煤层的 $R_o$ 介于 0.44%～0.63%，河曲—保德地区煤层的 $R_o$ 在 0.7%～09% 之间，中部柳林地区煤层的 $R_o$ 介于 1.1%～1.7%，石楼—大宁—韩城地区煤层的 $R_o$ 在 1.4%～2.6% 之间。

2. 煤储层物性

1）孔隙度、渗透率

4+5 号煤层的渗透率介于 0.012～15.8mD，不同地区渗透率变化较大，自北向南，随着煤变质程度增高，渗透率呈下降趋势。北部准格尔地区 4+5 号煤层的渗透性最好，最高可达 15mD，中部柳林地区普遍在 1.0mD 左右，南部韩城地区在 0.01～1.0mD 之间，只有少数样品渗透率达 1.0mD 以上。孔隙度介于 2.7%～7.9%，呈现北高南低的趋势。

8+9 号煤层的渗透率介于 0.005～15.3mD，与 4+5 号煤层渗透率变化趋势类似，平面上呈现北部渗透率高、南部渗透率低的特点。北部准格尔、保德地区渗透性最好，渗透率最高可达 16mD，其次是中部柳林地区，渗透率介于 0.1～5.0mD，南部渗透性较差，渗透率介于 0.01～2.0mD，一般小于 1.0mD。孔隙度介于 2.4%～13.4%，同样呈现北高南低的趋势。

2）孔隙结构

煤层孔隙类型以小于 100nm 的微小孔为主，大孔和中孔都不甚发育，个别样品大孔比例异常高，可能是构造裂隙发育所致。毛细管压力实验结果表明，煤层中大孔所占比例介于 5.35%～22.07%，中孔所占比例在 2.34%～18.98% 之间，微小孔占绝对优势，所占比例在 64.82%～91.8% 之间。准格尔地区孔隙连通性较好，渗透性好，其他地区孔隙连通性不好，渗透性差。

3. 等温吸附特征

4+5号煤层平衡水基兰氏体积介于9.05~25.1m³/t，干燥无灰基兰氏体积介于12.13~28.04m³/t。其中，北部准格尔地区平衡水基兰氏体积最小，在9.05m³/t左右，南部韩城地区平衡水基兰氏体积最大，最大值超过28m³/t。8+9号煤层平衡水基兰氏体积介于10.23~25.53m³/t，干燥无灰基兰氏体积介于13.2~28.36m³/t，北部地区平衡水基兰氏体积较小，准格尔平衡水基兰氏体积在11.0m³/t左右，河曲平衡水基兰氏体积介于10.23~13.55m³/t，南部韩城地区较高，介于23.62~25.53m³/t。总体上，自北向南，随着煤阶的升高，兰氏体积逐渐增大。

4+5号煤层平衡水基兰氏压力介于2.22~4.72MPa，干燥无灰基兰氏压力介于2.22~4.72MPa。北部平衡水基兰氏压力较大，准格尔地区为4.31MPa，往南随着煤岩变质程度增加，兰氏压力减小，南部韩城地区在2.22MPa左右。8+9号煤层平衡水基兰氏压力介于1.67~5.18MPa，干燥无灰基兰氏压力介于1.67~5.18MPa，北部准格尔地区在4.48MPa左右，往南逐渐减小，南部韩城地区在2.48MPa左右。

4. 煤层含气性

1）气体组分

煤层气井气体组分分析结果表明，煤层气组分以甲烷为主，平均含量大于80%，呈现明显的地区性变化，中部柳林、三交、石楼等地区甲烷含量普遍大于95%，北部保德、临县地区甲烷含量较低，介于70%~85%，南部大宁、吉县、韩城地区甲烷含量介于70%~99%。重烃含量总体偏低，在北部和中部地区含量很低，南部含量较高，最高可达10%；非烃气体主要为$N_2$，其次为$CO_2$，$CO_2$含量介于0~30%，与$CH_4$含量的地区变化趋势相逆。

2）含气量及其变化规律

4+5号煤层含气量介于1.5~16.8m³/t，总体呈现北低南高、东低西高的趋势，这主要受控于煤质变质程度与煤层埋深（图9-3a）。存在三个含气量大于15m³/t的煤层气富集中心，分别为三交—柳林、大宁—吉县、韩城地区。北部准格尔—河曲—保德地区含气量在4.0m³/t以下，自北向南含气量逐渐增加，介于3.0~11.0m³/t。三交—柳林地区含气量展布形态与离石鼻状隆起一致，东部较低，往西逐渐增加至16m³/t。石楼及其以南地区含气量等值线大致呈北东—南西向展布，东南部含气量较低，小于7m³/t，往西北方向增加，达14m³/t以上。大宁—吉县地区中部由于受午城—窑渠断层和褶皱的影响，形成有利的煤层气富集区。

8+9号煤层含气量介于0.5~17.5m³/t，与4+5号煤层含气量展布规律类似，亦呈北低南高的趋势，三交—柳林—石楼煤层气富集区含气量最高可达17.0m³/t，一般大于13.0m³/t（图9-3b）。北部准格尔—河曲—保德地区含气量介于0.5~5.5m³/t，含气量等值线呈南北向展布，东部含气量较低，介于0.5~2.0m³/t，往西逐渐增加至5.5m³/t。临县—兴县地区含气量介于2.0~11.0m³/t，含气量等值线呈东西向展布，北部含气量低，往南逐渐增加。大宁地区东部含气量较低，西部较高，西部边缘部分地区达12.0m³/t。南部韩城—乡宁地区含气量介于4.0~10.0m³/t，含气量等值线呈北东—南西方向分布，东南部含气量较低，往西北逐渐增加。

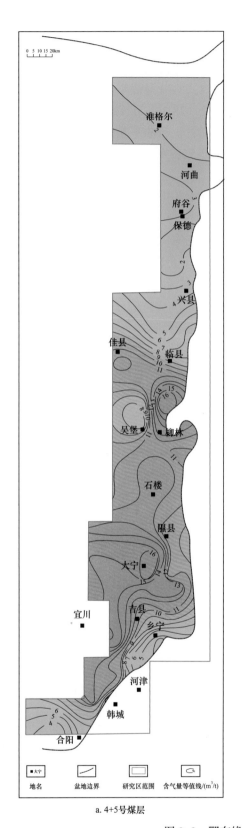

a. 4+5号煤层      b. 8+9号煤层

图 9-3 鄂东缘主力煤层含气量等值线图

## 四、煤层气富集高产规律

1.煤层气富集高产特征

1）煤层气高产规律

鄂东缘煤层气富集高产区煤层气类型包括构造主导型、水力主导型、次生生物气补充型三种。构造主导型主要指在鄂东缘整体大型单斜构造的基础上，与断层伴生的背斜、断背斜、断鼻等局部构造，这些局部构造形成富集"甜点区"；水力主导型指在水文条件作用下，强水动力条件不利于煤层气保存，中高煤阶富集高产区一般分布在滞流区，而低煤阶富集高产区一般分布在缓流区；次生生物气补充型指次生生物气为主要气源的煤层气藏。水动力条件一方面可以封堵煤层气，阻止气体往上运移散失，在单斜的弱水动力部位形成煤层气富集区；另一方面，促使甲烷细菌活动、繁殖，形成次生生物气。

2）煤层气富集高产模式

鄂东缘北部主要发育次生生物气补充型煤层气藏，北部地区发育中低煤阶煤层，且水动力条件较弱，甲烷细菌可被地下水携带至煤层中并持续活动与繁殖，大量的生物气补充到煤层气藏中（图9-4）。这种模式与中高煤阶煤层气藏的区别在于其存在生物气的补充，并且生物气所占比例较大。保德区块属于该成藏模式的典型区块，该区块位于晋西挠褶带北段，表现为向西倾的单斜构造，地层倾角为5°～10°，构造条件简单，断层相对不发育。煤层镜质组反射率 $R_o$ 介于0.60%～0.97%，平均值为0.8%，以气煤为主。煤层含气量介于1～6$m^3$/t，平均值为4$m^3$/t，甲烷浓度介于62%～96%，平均值为75%（图9-4）。

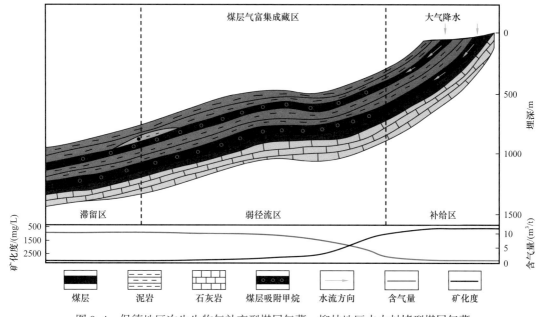

图9-4 保德地区次生生物气补充型煤层气藏、柳林地区水力封堵型煤层气藏
（据陈跃等，2013，修改）

鄂东缘中部主要发育水力主导型煤层气藏，中部地区由于受地质应力作用相对较小，地层受地质改造程度低，构造条件相对简单，断层和褶皱发育较少，煤体结构相

对完整。煤层气含气量与地下水活动强度呈现很好的负相关关系，通常地下水活动较弱的弱径流区和滞留区一般是煤层气的富集区，从而构成水力封堵型煤层气藏。三交、柳林区块属于水力主导型煤层气藏模式的典型区块，区内地质构造简单，断层相对不发育，煤层埋深相对较浅，大气降水从盆地边缘地层露头处进行补给，进入地层后沿地层倾向顺层流动，随着流动距离的增加，活动强度逐渐减弱。在该种煤层气成藏模式中，含气量与地下水矿化度具有较好的正相关关系，地下水活动对煤层气藏具有至关重要的作用。

鄂东缘南部地区主要发育构造主导型煤层气藏，韩城区块、大宁—吉县区块属于该成藏模式的典型区块。不同构造位置，煤层含气量差异较大，以大宁—吉县区块吉试 10 井为例。吉试 10 井位于向斜轴部，4+5 号、8+9 号煤层含气量分别为 $18.76m^3/t$、$3.79m^3/t$，煤层含气量差异很大。造成这种现象的原因有两个，一是受泥岩和石灰岩不同封闭性的影响，4+5 号煤层顶板为泥岩，封闭性强，而 8+9 号煤层顶板为石灰岩，封闭性差，气体逸散多；二是承受的应力状态不同，8+9 号煤层受拉张性的应力作用，气体逸散，4+5 号煤层受挤压性的应力作用，利于气体保存。

2. 煤层气富集主控因素

1）沉积控气作用

（1）8+9 号煤层发育特征及其沉积控制作用。

鄂尔多斯盆地太原组古地理格局总体表现为三角洲、潮坪—浅水陆棚碳酸盐岩、障壁岛等沉积体系共存，并形成陆源碎屑与碳酸盐岩的混合沉积，其中煤层主要形成于障壁海岸沉积体系的泥炭坪和三角洲平原泥炭沼泽环境。

鄂东缘太原组分为上、下两段，8+9 号煤层分布于下段，其沉积环境为三角洲—障壁海岸—潟湖沉积体系，以吉县—乡宁地区为界，下段存在南北两个物源及多种沉积环境。准格尔地区为三角洲平原沉积环境，有利于煤层稳定发育，煤层厚度达 20m 以上；河曲—保德、吉县—韩城地区为潮坪沉积环境，泥炭坪是煤层发育的有利环境，煤层厚度大，分布稳定，其中河曲—保德地区煤层厚度介于 6.5～19.5m，吉县—韩城地区煤层厚度介于 5.1～10.8m；保德以南至临县、大宁附近为潟湖沉积环境，煤层厚度一般介于 5.5～9.5m；石楼地区为浅海陆棚沉积环境，水深较大，不利于煤层的稳定发育，其煤层厚度小于 5.5m。

（2）4+5 号煤层发育特征及其沉积控制作用。

鄂尔多斯盆地山西组沉积期海水向东西两侧退出，盆地转换为陆相淡水盆地，发育冲积扇、扇间洼地、辫状河、潟湖三角洲等沉积环境。4+5 号煤层主要形成于河流—三角洲沉积环境，与发育于障壁海岸—潟湖沉积体系的太原组 8+9 号煤层相比，煤层发育特征明显不同，4+5 号煤层具有厚度较小、煤层发育带易分叉、稳定性不高和连续性较差的特点。

鄂东缘 4+5 号煤层厚度介于 1.0～7.5m。由于北部准格尔为靠近北部物源的冲积扇沉积体系，地势相对较高，在扇间洼地淤积形成沼泽环境，其面积较小，形成的煤层厚度较小，分布局限；保德—河曲地区发育辫状河、河漫沼泽等，其中河漫沼泽为有利的成煤环境，煤层分布稳定，煤层厚度大，一般介于 5～12m；兴县向南逐渐由河流沉积体系过渡到三角洲沉积体系，三交—柳林地区分流间湾淤积形成平原沼泽成煤环境，

4+5 号煤层厚度一般介于 3～5m，煤层分叉现象普遍；石楼地区为浅湖沉积环境，水深较大，不利于煤层持续发育，煤层厚度一般介于 1.0～2.5m；大宁—吉县地区为三角洲前缘环境，是南、北物源的交会区，是有利的成煤环境，煤层厚度一般为 5m；韩城地区为三角洲平原沉积环境，沼泽发育，4+5 号煤层厚度较大，介于 2.5～5.5m。

2）构造控气作用

（1）正断层。

正断层的断层面附近为低压区，煤层甲烷大量解吸，使含气量下降；而在远离断层面的两侧，一般形成两个构造应力高压区，平行断层的煤层呈对称条带状分布，含气量相对较大。正断层对含气量起到破坏作用的典型例子是延川南地区，该区块内最大规模正断层 $F_{10}$ 和 $F_9$ 周边含气量仅为 $2m^3/t$ 左右。

（2）逆断层。

逆断层的断层面为密闭型，封闭性能好，煤层气一般难以透过断层面运移。同时，断层面附近为构造应力集中带，煤层气吸附量增加，而且近断层的煤层裂缝较发育，有利于煤层气渗流。典型例子为大宁—吉县区块午城—窑渠逆断层附近，该逆断层与周围的次级褶皱相互配置形成煤层气富集区，含气量高达 $20m^3/t$。

（3）褶皱。

向斜核部一般主要为受压应力地带，地层压力一般较高，同时向斜一般处于水文滞流区，有利于形成水力封堵型煤层气藏。向斜构造富气最典型的例子是韩城区块北部的4+5 号煤层，表现在向斜轴部煤层含气量高，一般介于 $8～15m^3/t$，背斜轴部煤层含气量低，一般介于 $5～12m^3/t$。

（4）单斜构造。

单斜构造易于形成水力封堵气藏，主要分布在承压区，水充填于孔隙、裂隙中，形成水力圈闭，如三交、柳林等区块。三交区块位于晋西挠褶带中部离石鼻状隆起的北翼，为一大型北西倾向的单斜构造，4+5 号煤层海拔为 −150～700m，东南高、西北低。4+5 号煤层含气量介于 $5～13m^3/t$，区块东部含气量低，往西北方向含气量增高，区块西部含气量高达 $13m^3/t$。

3）水文地质控气作用

水文地质条件对煤层气具有水力封闭和水力驱替—运移双重作用。水力封闭作用有利于煤层气的保存，而水力驱替运移作用则引起煤层气的逸散。一般而言，若地下水的压力大，则煤层气含量高，反之则低。地下水的强径流带煤层气含量低，而滞流带煤层气含量高。

煤层产出水矿化度是表征水动力活跃程度的重要指标之一，高矿化度往往代表滞留水环境，煤层气保存条件好，有利于煤层气富集成藏。煤层含气量随煤层气井产出水矿化度的增大而增高，说明高矿化度、弱径流—滞留的水动力条件有利于煤层气保存。鄂东缘东、南边缘的构造作用强烈，断裂较为发育，岩层产状变陡，形成一系列北东、北北东向的压性或压扭性断层，煤系地层与下伏奥陶系石灰岩岩溶裂隙含水层强径流带产生水力联系的可能性较大，水力运移逸散控气作用易发生，对煤层气的保存不利。而向深部，地层平缓，构造简单，水动力逐渐减弱，矿化度逐渐增高，水动力处于弱径流、滞留区，煤层含气量增高。大气降水由浅部向深部流动，在弱径流—滞留区对煤层气形成水动力封堵，形成煤层气富集区。因此，鄂东缘中南部煤层气富集高产区主要分布在高矿化度水动力滞留区。

## 五、煤层气资源及勘探前景

### 1. 资源综合评价

鄂东缘是中国发现早、勘探程度高、探明储量多、产量高且同时涵盖中低煤阶和中高煤阶的煤层气盆地，是中国重要的煤层气产业基地之一。根据中国石油第四次油气资源评价结果，埋深小于2000m的煤层气资源量为$3.19×10^{12}m^3$，其中4+5号煤层和8+9号煤层煤层气资源量分别为$1.2×10^{12}m^3$和$1.99×10^{12}m^3$。从埋藏深度分布看，风化带至1000m、1000～1500m、1500～2000m煤层气地质资源量分别为$0.83×10^{12}m^3$、$1.33×10^{12}m^3$、$1.03×10^{12}m^3$。煤层气资源丰度介于$0.62×10^8$～$1.61×10^8m^3/km^2$，平均值为$1.04×10^8m^3/km^2$。资源丰度大于$1.0×10^8m^3/km^2$的地区有三个，分别为保德—三交—柳林、石楼、大宁—吉县—韩城地区，尤其是保德地区资源丰度更是达到$1.08×10^8m^3/km^2$，在中低煤阶煤层气中其资源条件十分优越。截至2020年底，中国石油矿权区内鄂东缘累计提交探明煤层气地质储量$1756.82×10^8m^3$，累计建设煤层气年产能$23×10^8m^3$，煤层气年产量$8.4×10^8m^3$，充分证实了鄂东缘的煤层气勘探开发潜力。

近年来，大规模的煤层气勘探开发主要集中在鄂东缘埋深1500m以内的中浅层煤层气，并取得了较好的效果，中浅层煤层气仍然是今后煤层气勘探的重要领域。2018年以来，开展了1500m以深煤层气地质评价，完成13口井试采，显示较好产能，表明深部煤层气可成为勘探开发的重要方向。

### 2. 勘探有利区带优选

利用多层次模糊数学法进行富集高产区的优选。首先根据煤层气井产能与地质因素耦合分析结果，确定鄂东缘煤层气勘探富集高产区的优选指标体系（表9-1），其次确定各四级指标的隶属度函数，然后采用特尔菲法确定各四级指标的权重，最后计算不同区块的综合评价值。根据综合评价结果，将鄂尔多斯盆地煤层气区块分成4类：Ⅰ类区，综合评价系数大于0.7，为极有利区块；Ⅱ类区，综合评价系数介于0.6～0.7，为有利区块；Ⅲ类区，综合评价系数介于0.5～0.6，为一般性区块；Ⅳ类区，综合评价系数小于0.5，为不利区块。据此评价参数与标准，对主力煤层气段有利区带做出如下评价与预测。

1）4+5号煤层气区块

Ⅰ类区主要集中在河曲—保德、三交—柳林地区以及韩城的部分地区（图9-5），这些地区煤层厚度大，构造简单，埋深适中，渗透率高，含气量相对较高，水文地质条件相对简单，利于煤层气开发，与当前区内煤层气勘探开发现状比较吻合。Ⅱ类区占绝大部分面积，主要分布在准格尔西南部、保德南部、三交北、石楼、大宁—吉县、延川南和韩城。准格尔西南部、保德南部等Ⅱ类区含气量稍低，但是其煤变质程度低，孔隙发育，渗透性较高，煤层厚度较大，煤层气开发潜力仍然较大（图9-6）。石楼地区由于煤层分叉减薄，加之埋深较大，使其煤层气开发潜力较Ⅰ类区差，但是其煤层变质程度高，气源充足，煤岩吸附能力强，含气量较高，仍然具有较好的开发潜力。大宁—吉县地区煤层含气量高，煤层厚度大，但其埋深普遍较大，渗透率低，构造相对复杂，在一定程度上增加了煤层气的开发难度。延川南和韩城地区构造相对简单，煤层厚度大，含气量高，资源条件好，但其煤层渗透率普遍较低，综合开发潜力较Ⅰ类区差。Ⅲ类区主要分布在准格尔东北部、临县—兴县地区和石楼与大宁之间的部分地区。准格尔东北部煤层变质程度低，含气量偏低，加之埋藏浅，气藏保存条件差，导致煤层气开发潜力有限。临县—兴县地区煤层含气量普遍偏低，而且埋深较大，渗透性差，其煤层气开发潜力有限，但其煤层上下砂岩发育，以煤层作为烃源岩的致密砂岩气开发潜力大。Ⅳ类区面积小，主要分布在临县—兴县地区紫金山附近，该区由于受燕山期岩浆活动影响，煤层变质程度异常高，煤层镜质组反射率 $R_o$ 一般大于3.0%，煤热演化程度达到过成熟阶段，煤岩孔隙少，不利于煤层气的吸附赋存，导致煤层含气量非常低，且煤层埋深大，渗透性差，不利于煤层气开发。

表 9-1　鄂东缘煤层气富集高产区优选指标体系

| 目标 | 二级指标 | 三级指标 | 四级指标 |
|---|---|---|---|
| 煤层气富集高产区 U | 资源条件 $U_1$ | 含煤性 $U_{11}$ | 煤层厚度 $U_{111}$ |
| | | | 煤岩组分 $U_{112}$ |
| | | | 灰分 $U_{113}$ |
| | | 含气性 $U_{12}$ | 变质程度 $U_{121}$ |
| | | | 含气量 $U_{122}$ |
| | | | 气体组分 $U_{123}$ |
| | 保存条件 $U_2$ | 封闭性 $U_{21}$ | 构造条件 $U_{211}$ |
| | | | 顶板岩性 $U_{212}$ |
| | | | 成藏水文地质条件 $U_{213}$ |
| | 开发条件 $U_3$ | 可采性 $U_{31}$ | 原始渗透率 $U_{311}$ |
| | | | 临储压力比 $U_{312}$ |
| | | | 煤层埋深 $U_{313}$ |
| | | | 兰氏体积 $U_{314}$ |
| | | | 兰氏压力 $U_{315}$ |
| | | 可改造性 $U_{32}$ | 煤层稳定性 $U_{321}$ |
| | | | 有效地应力 $U_{322}$ |
| | | | 开发水文地质条件 $U_{323}$ |

2）8+9号煤层气区块

8+9号煤层气开发潜力总体上比4+5号煤层差，以Ⅱ类区和Ⅲ类区为主，Ⅳ类区次之，Ⅰ类区面积最小。Ⅰ类区仅分布于三交—柳林地区的局部地区。Ⅱ类区主要分布在河曲—保德、三交—柳林—石楼和韩城等地区，这些地区具有构造简单、煤层厚度大、含气量较高、煤层渗透性较好等特点，是8+9号煤层气开发的有利区。Ⅲ类区主要分布

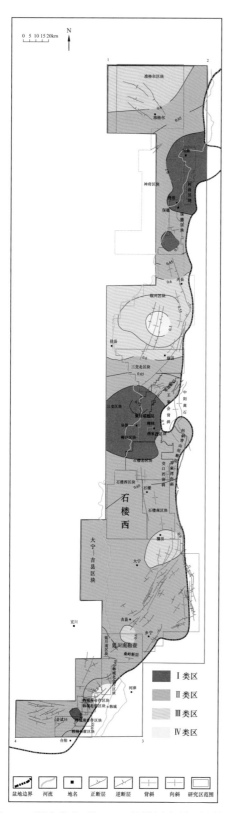

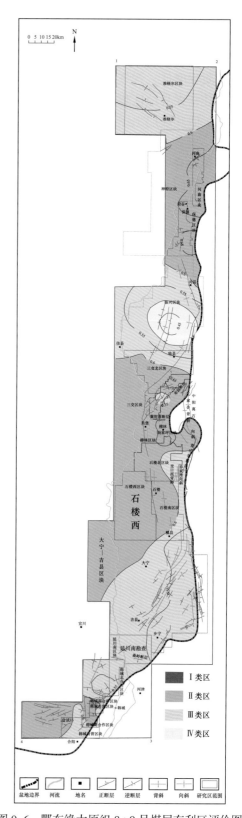

图 9-5　鄂东缘山西组 4+5 号煤层有利区评价图　　图 9-6　鄂东缘太原组 8+9 号煤层有利区评价图

在准格尔、临兴、大宁—吉县、延川南和韩城北部地区。准格尔地区由于煤阶低，埋藏浅，煤层气资源条件比较一般。临县—兴县地区煤层埋深大，渗透性较差，其煤层气开发潜力也较为一般。大宁—吉县、延川南和韩城北部地区由于煤层上下围岩含水性强，地下水动力条件复杂，给煤层气开发造成一定困难。Ⅳ类区主要分布于临县—兴县地区紫金山岩体附近，推测其与4+5号煤层类似，同为受岩浆活动影响（图9-6）。

## 六、气田简况

1. 保德区块

1）气田简况

保德区块矿权面积为476.249km$^2$，行政区划隶属于山西省忻州市，构造位置位于晋西挠褶带北端。2000年开始该区的煤层气勘探，2011年开始一体化先导试验与规模产能建设，截至2020年底，累计实施三维地震181km$^2$、二维地震测线352.61km，钻探各类煤层气井1191口，累计探明储量343.54×10$^8$m$^3$。

2）富集特征

主力煤层具有煤层厚度大、埋藏浅、物性条件较好、水文地质条件相对复杂的特点。

（1）煤层气富集成藏的物质基础好，煤层厚度大、埋藏浅。山西组4+5号煤层和太原组8+9号煤层厚度大，4+5号煤层厚度介于3.5～15.0m，平均值为7.2m，8+9号煤层厚度介于2.2～17.5m，平均值为9.7m，两套煤层平面上分布稳定，连续性较好，平均埋深分别为680m、740m。

（2）煤储层物性条件较好。煤岩热演化程度低，主力煤层镜质组反射率介于0.68%～0.99%，以气煤、肥煤为主，属于中低煤阶。煤储层渗透率高，介于3～12mD，其中4+5号煤层渗透率在3～12mD之间，8+9号煤层渗透率在3～11mD之间。区块北部主力煤层平均渗透率大于5mD，相比较于沁水盆地煤层渗透率（0.1～1.9mD），保德区块煤储层的渗透率在已规模开发的煤层气区块中属于渗透率最高的区块。

（3）水文地质条件相对复杂。相对于北部，区块南部的水动力场更加活跃，其地层水矿化度大于2000mg/L，而中南部地层水矿化度小于2000mg/L。反映在生产上，南部地区煤层气井产水量比北部高，通常北部煤层气井日产水量介于15～25m$^3$，而南部煤层气井日产水量介于30～60m$^3$。

3）开发简况

2011—2013年，保德气田建成年产能规模8.3×10$^8$m$^3$，2015年产量5×10$^8$m$^3$。2017—2020年底，开展滚动扩边，建设产能规模3×10$^8$m$^3$。主力开发层系为4+5号、8+9号两个煤层，采用丛式井组、350m×350m菱形井网，分层压裂合层开采，通过区块滚动接替和层系接替方式保持稳产。截至2020年底，保德区块共有排采井896口，2020年产气量5.2×10$^8$m$^3$。累计产气36.41×10$^8$m$^3$。

2. 韩城区块

1）气田概况

韩城区块矿权面积为361.648km$^2$，行政区划隶属于陕西省渭南市及延安市，构造位置位于渭北隆起东北部。20世纪90年代开始煤层气勘探，2009年开始产能建设。截至 2020 年底，累计实施三维地震 100km²、二维地震测线 2275.2km，钻探各类煤层气井 1137 口，累计探明煤层气储量 340.03×10⁸m³。

2）富集特征

该区主力煤层具有煤层厚度大、分布稳定、含气量大、埋深适中的特点。

（1）煤层厚度大、稳定分布。韩城区块主力煤层为山西组 3 号、5 号煤层和太原组 11 号煤层，3 号煤层分布较为稳定，厚度介于 1～4m，平均厚度为 1.9m；5 号煤层厚度介于 1～10m，平均厚度为 3.5m；11 号煤层厚度介于 1～17.3m，平均厚度为 5.4m，是该区块产量贡献最大的主力煤层。

（2）煤层埋深适中、渗透率较差。由东南向西北，煤层埋深逐渐增大，埋深 500～1000m 的面积占全区面积的 60% 以上，总体有利于煤层气勘探开发。韩城区块煤储层渗透性较差，渗透率为 0.01～0.4mD，约 77% 煤层气井日产水量小于 5m³，向西煤层埋深加大，储层渗透性变差。

（3）煤岩热演化程度高，含气量较高。主力煤层镜质组反射率介于 1.5%～2.0%，属于中高煤阶，以瘦煤为主，浅部有零星焦煤分布区，深部由瘦煤逐渐过渡到贫煤和无烟煤。煤层气含量较高，3 号、5 号、11 号煤层含气量分别为 3.0～16.07m³/t、3.75～14.7m³/t、3.68～15.06m³/t。

3）开发简况

中国石油煤层气有限责任公司于 2009—2015 年完成 7.7×10⁸m³ 年产能建设工作量。开发层系为 3 号、5 号、11 号三个煤层，采用直井井型、350m×350m 正方形井网，分层压裂合层开采，通过区块滚动接替和层系接替方式保持稳产，最高日产气 52×10⁴m³。截至 2020 年底，韩城区块共有排采煤层气井 586 口，其中产气井 412 口，年产气量 1.35×10⁸m³，累计产气 12.23×10⁸m³。

3. 大宁—吉县区块

1）气田概况

大宁—吉县区块矿权面积为 5784.175km²，横跨山西和陕西两省，以黄河为界，河西行政区划隶属于陕西省延川、延长、宜川县，河东隶属于山西省永和、大宁、吉县、隰县，构造位置位于晋西挠褶带南端与伊陕斜坡东南缘。20 世纪 90 年代中期开始煤层气勘探，截至 2020 年底，累计实施二维地震测线 2095.95km，钻探各类煤层气井 555 口，累计提交探明储量 222.31×10⁸m³。

2）富集特征

主力煤层具有煤层厚度大、埋藏较深、含气量高、煤层上下含气砂岩发育的特点。

（1）煤层厚度大。区块内发育山西组 4+5 号煤层和太原组 8+9 号煤层，其中 4+5 号煤层厚度介于 2～9m，8+9 号煤层厚度介于 2～10m，单层厚度一般都在 4m 以上。

（2）埋深较大，煤层热演化程度较高。煤层埋深普遍较大，由东向西埋深呈现增大趋势，一般大于 800m，其中埋深 800～1500m 的面积 2625km²，占区块总面积的 45.4%，埋深 1500～2000m 的面积 3010km²，占区块总面积的 52%。煤层镜质组反射率介于 1.4%～3.1%，由东向西呈增大趋势，东部以中煤阶焦煤、瘦煤为主，中部和西部以高煤阶贫煤、无烟煤为主。

（3）煤层含气量高。主力煤层含气量介于 10～20m³/t，由东向西呈增大趋势，5 号

煤层平均含气量 $13m^3/t$，8 号煤层平均含气量 $10m^3/t$。煤层埋深 $800\sim1500m$，煤层气地质资源量 $5525\times10^8m^3$，资源丰度 $2.1\times10^8m^3/km^2$，是煤层气勘探开发的主力地区。

（4）煤层上、下含气砂岩发育。煤层上、下砂岩发育，具备规模勘探开发的有利条件，已提交天然气探明储量 $242.88\times10^8m^3$，并且开展了每年 $2\times10^8m^3$ 试采先导试验，试气结果显示，多口直井日产气量超过 $1\times10^4m^3$。

3）开发简况

中国石油煤层气有限责任公司于 2011 年启动每年 $1.0\times10^8m^3$ 勘探开发一体化先导试验工程建设，2017—2019 年开展每年 $2\times10^8m^3$ 产能建设，累计钻开发井 455 口，截至2020 年底，完成每年 $3\times10^8m^3$ 产能建设。开发层系为山西组 5 号、太原组 8 号两套煤层，采用直井井型、$250m\times300m$、$300m\times350m$、$350m\times350m$ 菱形/矩形井网，分层压裂合层开采。共有排采井 391 口，其中产气井 321 口，区块年产气量 $0.39\times10^8m^3$，累计产气 $2.48\times10^8m^3$。

4. 三交区块

1）气田概况

三交区块矿权面积 $383.202km^2$，行政区划隶属于山西省吕梁市临县和柳林县，构造位置位于晋西挠褶带中段。20 世纪 90 年代开始煤层气勘探，截至 2020 年底，累计实施二维地震测线 $405.28km$，钻探煤层气井 168 口，累计提交探明储量 $435.42\times10^8m^3$。

2）富集特征

主力煤层具有煤层厚度大、埋藏浅、煤储层物性条件较好、保存条件较好的特点。

（1）主力煤层厚度大、埋藏浅。山西组 3+4+5 号煤层和太原组 8+9 号煤层厚度较大，分布稳定，3+4+5 号煤层厚度介于 $2.5\sim10.1m$，平均厚度为 $4.6m$，8+9 号煤层厚度介于 $2.8\sim11.5m$，平均厚度为 $5.7m$。两套主力煤层埋深适中，主体埋深介于 $350\sim750m$，适合煤层气开发。

（2）煤储层物性、含气性条件较好。煤层镜质组反射率随埋深增大逐渐增加，3+4+5 号煤层 $R_o$ 介于 $0.91\%\sim1.19\%$，平均值为 $1.06\%$，属于肥煤，平均含气量为 $9.3m^3/t$；8+9 号煤层 $R_o$ 介于 $1.02\%\sim1.44\%$，平均值为 $1.18\%$，属于肥、焦煤，平均含气量为 $8.5m^3/t$。渗透率随煤层埋藏深度加大而降低，其中 3+4+5 号煤层渗透率介于 $0.028\sim5.62mD$，8+9 号煤层渗透率介于 $0.096\sim3.83mD$，总体渗透条件相对较好，有利于煤层气开采。

（3）保存条件较好。主力煤层顶底板以泥岩为主，地层水类型为碳酸氢钠（$NaHCO_3$）型、硫酸钠（$Na_2SO_4$）型，pH 值介于 $7.8\sim11.8$，处于弱径流区；同时煤层具有相对独立的水动力系统，地下水对煤层气运移起封堵作用，总体有利于煤层气的保存。

3）开发简况

2015 年 10 月，三交区块《山西省三交地区三交—碛口区块煤层气 $5\times10^8m^3/a$ 总体开发方案》获得中华人民共和国商务部批复。主要开发层系为山西组 3+4+5 号煤层。截至 2020 年底，建设年产能规模 $2.02\times10^8m^3$，共有排采井 135 口，区块年产气量 $1.04\times10^8m^3$，累计产气 $6.67\times10^8m^3$。

# 第二节 页 岩 油

鄂尔多斯盆地中生界油藏以"低渗透"著称，以西峰油田、姬塬油田、华庆油田等为代表的储层空气渗透率大于0.3mD的低渗透—致密油藏目前已规模有效开发。根据鄂尔多斯盆地实际情况以及为聚焦攻关目标，长庆油田所指页岩油为赋存于三叠系长7油层组富有机质泥页岩层系内的石油，储层包含泥页岩及其中的粉砂岩、粉细砂岩和细砂岩。鄂尔多斯盆地长7油层组页岩油是中国陆相盆地页岩油的典型代表，取得突破对中国类似资源的勘探开发具有重要的战略意义和示范引领作用。2020年，长庆油田在油田的发祥地——甘肃庆阳，发现了10亿吨级庆城页岩油大油田，建成了百万吨级页岩油开发示范区。

## 一、勘探开发概况

1. 页岩油勘探开发历程

鄂尔多斯盆地长7油层组页岩油的勘探开发历程可划分为三个阶段。

1）生烃评价，兼勘探认识阶段（1970—2007年）

该阶段的基本特点是以长7油层组生油岩的生烃评价为重点，兼顾认识长7油层组油层特征。

长7油层组页岩油的勘探和地质研究可追溯到20世纪70年代。1970年，陇东石油勘探会战指挥部在陇东探区部署了庆6井 [1]，在1534.4～1572.7m井段见到好的油气显示。综合岩性、含油性、电性评价定为二类油层，累计厚度14.6m，层位属长7油层组，该井为鄂尔多斯盆地长7油层组钻遇页岩油油层的第一口井。1971年为了认识延安组含油性之目的部署在马岭地区的岭3井，在钻穿延安组未发现油气显示后，按燃料化学工业部指示加深打穿长7油层组黑色页岩，至井深2196.01m完钻，在1858.4～1890.6m井段发现17.2m的长7油层组含油砂岩 [2]。油层孔隙度为6.9%～10.96%、渗透率为0.10～0.5mD、残余含油饱和度为25.5%～40%、含水饱和度为19.9%～44.2%。1972年3月13日—4月8日，对该井1873.2～1880.6m和1883.6～1890.58m两段油层压裂求产，获日产4.7m³纯油，成为鄂尔多斯盆地长7油层组页岩油第一口工业油流井。1973—1975年，长庆油田以寻找三叠系延长组油藏为勘探重点的勘探过程中，陇东地区40余口井在长7油层组钻遇到了页岩油油层，并在庆阳井组开展了压裂试验，有6口井获得工业油流，其中，阳11井获日产8.9m³的油流。

20世纪80年代，鄂尔多斯盆地开展首轮系统、综合油气资源评价，设立了"陕甘宁盆地中生界生油层特征及评价"专题研究，对长7油层组总结了三点主要认识 [3]：（1）长7油层组沉积期半深湖—深湖相呈北西—南东方向的"葫芦瓜形"展布（图9-7）；（2）长7油层组发育以混合Ⅰ型为主的富介形虫泥岩和以混合Ⅱ型为主的油页岩2种生油

---

[1] 长庆油田，1971，陕甘宁盆地庆6井完井总结报告。

[2] 长庆油田，1972，陕甘宁盆地马岭地区岭3井试油质总结。

[3] 长庆油田勘探开发研究院，1984，陕甘宁盆地中生界生油层特征及评价。

岩类型；（3）中生界原油主要来自长 7 油层组生油岩。该阶段，在油气地质条件研究基础上，对延长组的勘探确定了"盆地东部寻找三角洲、西部寻找水下扇"的方针。1983 年，陇东地区以延长组水下扇为目的的镇 2 井，层位钻至长 10 油层组，虽然长 7 油层组由于岩性变细未见油气显示，但认识到陇东地区既有生油母质丰富、厚度大、条件完备的生油岩系，又有三角洲、浅湖和水下扇沉积的各种砂体，储层和生油层紧密接触，具自生自储的条件 ❶。

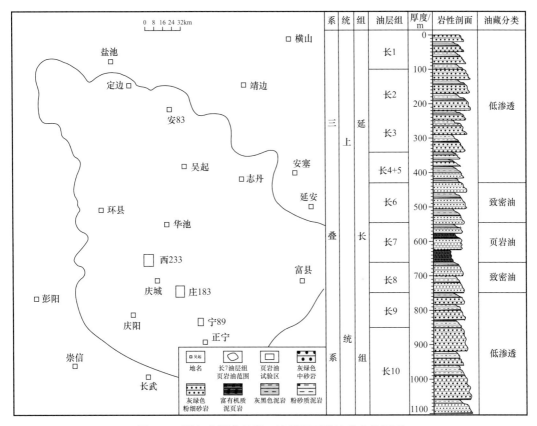

图 9-7　鄂尔多斯盆地长 7 油层组页岩油分布位置图

20 世纪 90 年代，在合水地区以长 7 油层组为目的层部署探井，发现了多个页岩油有利勘探目标。其中，固 3 井在长 7 油层组试油获得了日产 8.76t 的工业油流，但大部分井受储层物性和压裂工艺限制，试油日产量低于 4.0t。90 年代末期，长庆油田设立了"鄂尔多斯盆地中生界延长组烃源岩分布与评价研究"专题 ❷，在长 7 油层组生油岩中第一次鉴定出褐藻、红藻、绿藻 3 种生油母质的原始生物体；认识到烃源岩的成熟演化生烃是一个连续过程，而烃类的初次运移是间歇性的爆发过程。进入 21 世纪的前 7 年中，长庆油田在探明西峰长 8 油层组、姬塬长 8 油层组和白豹长 6 油层组等亿吨级油田过程中，兼顾勘探长 7 油层组，共有 86 口井在长 7 油层组获工业油流，其中，正宁地区的宁 33 井获日产 30.6t 的高产工业油流。同时开展了对长 7 油层组烃源岩特征的持续深化研究，认识到烃源岩的生烃作用可使其体积膨胀 8%～18.7%，提出长 7 油层组烃源岩

❶　长庆油田勘探开发研究院，1983，陕甘宁盆地镇原地区镇 2 井完井地质总结报告。

❷　长庆油田勘探开发研究院，1999，鄂尔多斯盆地中生界延长组烃源岩分布与评价研究。

生烃产生超压的认识，认为连续油相运移是长 7 油层组烃源岩的主要排烃方式（张文正等，2006）。

2）综合研究，新层系勘探阶段（2008—2010 年）

2008 年 2 月长庆油田依据中国石油天然气集团公司企业重组方案整合后，加大新层系和延长组下组合（长 8、长 9、长 10 油层组）的综合研究和勘探力度。这一时期针对长 7 油层组，先后设立了系列研究专题❶❷❸❹，在沉积体系、沉积相、砂体展布及成藏特征等方面开展了深入研究，认识到长 7 油层组具有巨大的潜在资源量。长 7 油层组作为新层系，不仅在姬塬、西峰、合水、华庆等油田和地区开展勘探，还在旬邑—黄陵地区等新的勘探地区进行勘探，均取得了重大的突破和进展，获得工业油流井 221 口，其中日产油大于 20t 井 28 口，发现了环 56、里 89、里 47、塔 1、庄 43、安 83 等含油富集区。同时，该阶段对一些探井和评价井开展页岩油试采效果评价，并于 2010 年在安 83 井区进行丛式井开发试验，但由于受储层致密及压裂工艺技术的制约，单井产量低，初期单井日产油 1.5t，一年后日产油降到 1t 以下。

3）多学科、一体化联合攻关，规模勘探开发阶段（2011—2020 年）

该阶段是长 7 油层组页岩油勘探开发建设的快速发展时期，取得"发现 10 亿吨级庆城页岩油大油田"和"建成百万吨页岩油整装示范区"两大标志性成果。

2011 年，长庆油田着眼 $5000 \times 10^4 t$ 稳产资源及技术储备，借鉴国外页岩油"水平井 + 体积压裂"开发理念，石油评价优选庆阳地区西 233 井区，首次开展阳平 1、阳平 2 "双水平井水力喷射分段多簇同步体积压裂"攻关试验，试油分别获日产 $124.5 m^3$、$103.2 m^3$，投产初期日产油分别为 10.2t、14.2t，试验获得重大突破，长 7 油层组页岩油久攻不克的单井产量低的难题终于得到破解。2012 年 3 月，中国石油天然气股份有限公司科技部组织开题论证设立了"鄂尔多斯盆地致密油勘探开发关键技术研究"重大科技专项。至此，长庆油田拉开了针对长 7 油层组的地质与地震、测井、钻井、压裂一体化的多学科研究与联合攻关和规模勘探开发的序幕。

2012—2014 年，按照"搞清资源、准备技术、突破重点、稳步推进"的勘探原则，石油评价先后在陇东地区西 233、庄 183、宁 89 井区开展水平井体积压裂试验攻关，实施水平井 23 口，平均试油日产量达 $128.1 m^3$，投产初期平均日产油为 12.2t。其中，西 233 井区的阳平 6、阳平 7、阳平 8、阳平 9 井持续自喷生产，该井区成为中国石油首个页岩油开发先导性试验区。2014 年在陕北新安边地区安 83 井区提交探明地质储量 $10060.31 \times 10^4 t$。

2015—2017 年，石油开发加大页岩油开发试验，进行短水平井注水和长水平井大井距准自然能量开发试验，探索页岩油合理的开发方式和技术政策。2017 年国家科学技术部设立了"鄂尔多斯盆地页岩油（致密油）开发示范工程"重大科技专项，油田确定了"建设国家级页岩油开发示范基地、探索黄土塬地貌工厂化作业新模式、形成智能化劳动组织管理新架构"目标。

---

❶ 长庆油田勘探开发研究院，2008，盆地长 7、长 8 沉积体系及砂体展布研究。

❷ 长庆油田勘探开发研究院，2008，鄂尔多斯盆地延长组长 7 沉积特征研究及勘探目标优选。

❸ 长庆油田勘探开发研究院，2010，鄂尔多斯盆地延长组长 7 成藏控制因素分析及目标评价。

❹ 长庆油田勘探开发研究院，2011，陇东地区长 7 沉积微相及储层微观孔隙结构特征研究。

2018—2019 年，油田以建设页岩油开发示范区和落实规模储量为目标。在陇东地区西 233、庄 183 井区进行长水平井小井距大井丛立体式开发试验，探索页岩油规模效益开发模式，建设百万吨页岩油整装示范区。同时，加大地质综合研究和勘探部署力度，对西 233 井区控制储量和庄 183 井区预测储量升级，落实 10 亿吨级庆城页岩油大油田。2019—2020 年在陇东庆城地区西 233 和庄 183 井区提交探明地质储量 $50210.13 \times 10^4 t$。

2. 勘探开发进展

历经近 50 年漫长而曲折的勘探历程，鄂尔多斯盆地长 7 油层组页岩油的勘探开发取得了重大突破。截至 2020 年底，探评井累计 1400 余口井获得工业油流，其中日产油大于 20t 的井 375 口，落实 14 个页岩油含油有利区，提交探明地质储量 $60294.62 \times 10^4 t$、控制地质储量 $5637 \times 10^4 t$、预测地质储量 $81818 \times 10^4 t$，发现了 10 亿吨级庆城页岩油大油田；水平井完钻 1000 余口，建产能 $400 \times 10^4 t$，年产油能力达 $100 \times 10^4 t$，累计产油 $631.5 \times 10^4 t$，建成了百万吨页岩油整装示范区。同时，在页岩油成藏理论与勘探开发技术方面获得以下创新和突破。

（1）通过对泥页岩富有机质形成机理、深水区富砂机制及源内成藏机理的研究，创新形成了陆相淡水湖盆大型源内非常规石油成藏理论。火山灰和深部热液营养元素输入促进高生产力、低陆源碎屑补偿的有机质低稀释与缺氧环境的低消耗的共同作用，形成了陆相淡水湖盆泥页岩有机质丰度高，TOC 含量分布于 3%～28%。频繁的构造事件、较陡的湖盆底形和广阔的可容纳空间的有利地质条件控制形成了湖盆深水区发育大面积重力流复合沉积体，突破了烃源岩内砂岩储集体不发育的传统认识。细粒级沉积整体生烃、砂岩储层微纳米级孔喉发育和源内高强度持续充注控制形成了长 7 油层组页岩油高饱和度，含油饱和度达 70% 以上。

（2）创新集成了页岩油规模效益开发的勘探开发关键技术系列。创新黄土塬区高精度可控震源与井炮联合激发（炮振混采）、高性能单点接收等三维地震勘探技术；形成黄土塬超深微测井约束表层校正、衰减补偿、超级螺旋道集优化和五域成像等处理技术；构建了孔隙结构、砂体结构、脆性、地应力等关键参数的测井精细解释模型。创新形成空间圆弧剖面设计方法 + 高增斜钻具组合 + 强抑制防塌钻井液为核心的水平井优快钻井技术；研发出球型化可变型材料及聚丙烯纤维为添加剂的新型高强韧性水泥浆体系；集成极限分簇射孔 + 可溶球座硬封隔 + 多级暂堵转向为核心的体积压裂工艺；研发了 DMS 全金属可溶球座、全程携砂滑溜水、渗吸驱油剂、可降解暂堵转向剂等关键工具材料。创建形成了大液量超前补能渗吸置换的准自然能量开发方式和大井丛、立体式、长水平井布井效益建产开发模式。

（3）创建了页岩油开发全生命周期组织管理新模式。研发了具有自主知识产权的远程决策一体化软件，实现远程三维水平井随钻分析、压裂实时监控与效果评价以及远程专家决策；形成了以"超大井丛、材料保障、施工组织"为特色的工厂化作业新模式；建成首座智能化无人值守联合站，实现无人值守、实时监控、定期巡检生产运行新模式。

## 二、页岩油基本特征

### 1. 多类型细粒级沉积组合发育

长 7 油层组沉积期，半深湖—深湖沉积广布于鄂尔多斯盆地腹地。深水区面积达 $5.5 \times 10^4 km^2$，水生生物和浮游生物繁盛，形成了以富有机质的黑色页岩与暗色泥岩为主的沉积建造。深湖区外围环绕浅水湖相，形成了以暗色泥岩和粉砂质泥岩为主的沉积建造。盆地西南部，湖盆底形较陡、构造事件频繁，三角洲前缘砂体滑塌注入深湖区，形成纵向上与泥页岩互层发育、平面上大面积分布的重力流沉积砂体。盆地东北部，湖盆底形较缓，三角洲延伸入湖，形成水下分流河道与暗色泥岩和粉砂质泥岩互层沉积的特征。同期，盆地西南缘构造活动强，火山频繁喷发，泥页岩中凝灰岩夹层发育。由此，形成了长 7 油层组呈黑色页岩、暗色泥岩、粉砂质泥岩、泥质粉砂岩、细砂岩及凝灰岩等多类型细粒级沉积组合发育的特征。粉砂岩、细砂岩虽在长 7 油层组沉积建造中占比小，一般小于 30%，但其为长 7 油层组有机整体的重要构成部分，页岩油主要赋存于此。

### 2. 储层致密，孔喉结构复杂

砂岩储层是页岩油勘探开发的主要对象。鄂尔多斯盆地长 7 油层组沉积形成于低能量的水介质环境，砂岩粒度偏细，以极细砂和粉砂为主。受沉积作用影响，砂岩储层初始渗透率偏低，建设性成岩作用对物性的改善程度较弱，压实和胶结两种破坏性成岩作用对物性的改造程度较大，致使储层致密，物性较差，储层孔隙度均值为 8.18%，渗透率均值为 0.076mD；喉道细小，恒速压汞法测得储层喉道半径主要分布于 0.28～0.42μm，孔喉半径比大，主要分布于 400～700，孔喉结构复杂。

### 3. 天然裂缝较发育，水平两向应力差较小

鄂尔多斯盆地长 7 油层组宏观裂缝主要为构造裂缝，以高角度剪切裂缝为主，裂缝产状稳定，可见剪切裂缝派生的次级张裂缝，走向以北东东和北西西向为主。微裂缝主要为张裂缝或张剪复合型裂缝，可与宏观剪切裂缝及基质孔喉系统连通。每 10m 发育天然裂缝 2～3 条。选取代表性样品的应力实验测试结果表明，垂向应力 $\sigma_1$ 为 49.5MPa，水平两向应力差 $\sigma_2 - \sigma_3$ 为 6.3MPa，水平两向应力差相对较小，具备通过大规模体积压裂形成复杂缝网的储层地质条件。

### 4. 含油饱和度高，原油性质好

鄂尔多斯盆地长 7 油层组砂岩储层岩心含油显示普遍较好，录井一般为油斑—油浸级，现场取心油味浓。长 7 油层组油层密闭取心样品的含油饱和度主要分布在 55%～80% 之间。长 7 油层组页岩油地面原油密度一般为 0.83～0.85g/cm³，平均值为 0.84g/cm³，地面原油黏度主要分布在 4.1～8.0mPa·s 之间，平均值为 5.65mPa·s，凝固点为 19.7℃，初馏点为 69.1℃；地层原油黏度平均值为 1.56mPa·s，原始气油比为 72～125m³/t，平均值为 92.2m³/t（表 9-2）。

### 5. 压力系数低

鄂尔多斯盆地中生界地层压力系数整体偏低，地层压力分布范围为 6～22MPa，地层压力系数主要分布在 0.6～0.9 之间，平均值为 0.76。

表 9-2　鄂尔多斯盆地长 7 油层组页岩油原油性质表

| 项目 | 密度 / g/cm³ | 黏度 / mPa·s | 饱和压力 / MPa | 气油比 / m³/t | 凝固点 / ℃ | 初馏点 / ℃ | 样品数 / 口井 |
|------|------|------|------|------|------|------|------|
| 地面 | 0.84 | 5.65 | — | — | 19.66 | 69.13 | 262 |
| 地层 | 0.75 | 1.56 | 7.71 | 92.15 | — | — | 18 |

## 三、页岩油的形成地质条件

### 1. 构造背景

鄂尔多斯盆地长 7 油层组沉积期具广覆式烃源岩和大面积砂体沉积的有利湖盆底形和构造环境，沉积期后具源储一体成藏体系封闭的稳定构造背景。长 7 油层组沉积期对应于秦岭造山带晚三叠世印支构造运动最为活跃的地质历史时期（邓秀芹等，2013），鄂尔多斯湖盆差异沉降明显，形成一呈北西—南东向展布的大型坳陷，其东北部底形宽缓（地形坡度为 2.0°～2.5°），西南部底形相对较陡（地形坡度为 3.5°～5.5°），大型坳陷的半深湖—深湖区面积达 $6.5 \times 10^4 \text{km}^2$（杨华等，2017）。同沉积期，盆地周缘构造事件、火山事件、地震事件频繁发生（张国伟等，2001；张文正等，2006；邓秀芹等，2011b），这为广覆式分布的优质烃源岩和湖盆中部大规模重力流沉积体系的形成奠定了地质基础。延长组沉积后，鄂尔多斯盆地虽经历了燕山运动和喜马拉雅运动两次大的构造演化，但盆地本部总体为一稳定的构造单元（何自新，2003），长 7 油层组页岩油体系未遭受地层剥蚀及断层切割的影响，源储一体成藏体系封闭性好。

### 2. 烃源岩

鄂尔多斯盆地具备形成大规模页岩油的有利烃源岩条件（付金华等，2015；杨华等，2016a）。根据沉积构造、岩石组成特征和有机碳含量，长 7 油层组富有机质烃源岩可划分为黑色页岩和暗色泥岩两种岩相类型。黑色页岩有机质纹层发育，有机质类型为 $\text{II}_1$ 型和 I 型，TOC 含量平均为 13.81%；暗色泥岩中陆源泥质与粉砂质含量较高，有机质类型为 $\text{II}_1$ 型和 $\text{II}_2$ 型，TOC 含量平均为 3.75%。长 7 油层组富有机质的黑色页岩和暗色泥岩烃源岩呈大面积、广覆式分布，其中，黑色页岩分布面积达 $4.3 \times 10^4 \text{km}^2$，暗色泥岩面积达 $6.2 \times 10^4 \text{km}^2$（图 9-8）。两种岩相在平面上呈互补性分布，黑色页岩发育区暗色泥岩不发育或厚度较薄，反之亦然（图 9-9）。

黑色页岩厚度分布在 4～60m 之间，平均厚度为 16m，沉积厚度最大区分布于姬塬—华池—宜君一带；暗色泥岩厚度分布在 4～124m 之间，平均厚度为 17m，大水坑—耿湾和吴仓堡—洛川一线沉积最厚。纵向上，长 7 油层组黑色页岩主要分布在长 7 油层组下部，连片性好，在长 7 油层组中部和上部呈多凹陷控制分布格局，厚度较长 7 油层组下部薄；暗色泥岩在不同地区发育规模存在较大差异，古峰庄—耿湾地区长 7 油层组下部最为发育，吴仓堡—太白地区长 7 油层组下部和上部较发育。盆地长 7 油层组烃源岩形成于半深湖—深湖的淡水环境，有机质母源以湖生藻类为主，有机母质类型为腐泥型—混合型，长 7 油层组烃源岩镜质组反射率 $R_o$ 分布于 0.7%～1.2% 之间，达到了热成熟和生排烃阶段。长 7 油层组黑色页岩、暗色泥岩的热压模拟结果表明，在 $R_o$ 分布在

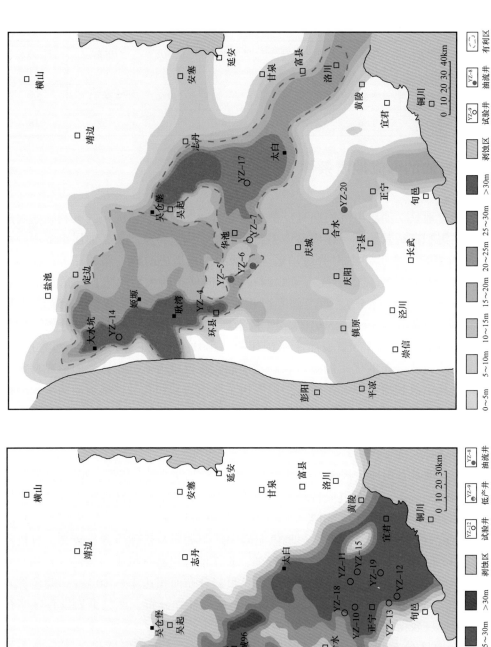

图 9-8　鄂尔多斯盆地长 7 油层组黑色页岩、暗色泥岩厚度分布图

$0.7\% \sim 1.3\%$ 时，黑色页岩液态烃产率达 $357 \sim 417 kg/t$、气态烃产率达 $30 \sim 151 m^3/t$，暗色泥岩液态烃产率达 $50 \sim 242 kg/t$、气态烃产率达 $30 \sim 92 m^3/t$，这种特征为长 7 油层组页岩油形成高含油饱和度和较高气油比奠定了物质基础。

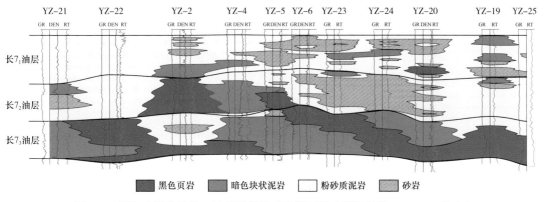

图 9-9  鄂尔多斯盆地长 7 油层组岩性对比剖面图（据杨华等，2016a，修改）

3. 沉积砂体

鄂尔多斯盆地长 7 油层组具有形成规模页岩油大面积分布的砂体基础。延长组沉积期鄂尔多斯盆地周缘存在多个古陆，北部为阴山古陆，西北缘为阿拉善古陆，南部为祁连—秦岭古陆，西南缘为陇西古陆，这些古陆构成了盆内碎屑物质的主要来源。根据物源方向及沉积影响区域，长 7 油层组沉积期划分为东北物源、西北物源、西部、西南物源及南部物源，对盆地沉积影响最大的为东北物源及西南物源（图 9-10）。东北物源体系控制形成了曲流河三角洲—湖泊沉积体系；西南物源体系控制形成了辫状河三角洲—重力流—湖泊沉积体系（表 9-3）（付金华等，2013a）。长 7 油层组主要沉积相类型为曲流河三角洲前缘亚相和重力流沉积，曲流河三角洲前缘亚相主要发育在东北物源发育区，分为水下分流河道、支流间湾、河口沙坝、远沙坝微相；重力流沉积主要发育在西南物源控制下的湖盆中部，发育水道、堤岸、前端朵叶 3 种亚相，微相主要为砂质碎屑流沉积、浊流沉积、滑塌沉积 3 种类型（付金华等，2013a，2015）。其中，三角洲前缘水下分流河道和砂质碎屑流沉积微相构成长 7 油层组页岩油的主要储层类型。在三角洲与重力流沉积复合作用控制下，长 7 油层组砂体在空间上呈横向上连片、纵向上复合叠加、平面上大面积展布的格局（图 9-11）（杨华等，2017）。

4. 储集性能

1）砂岩储层

（1）岩石学特征。

长 7 油层组砂岩的碎屑颗粒主要为石英、长石和岩屑，含有一定量的云母和绿泥石，偶见钙化碎屑和泥化碎屑。其中，石英含量主要分布在 $20\% \sim 50\%$ 之间，平均值为 $36.2\%$；长石含量主要分布在 $10\% \sim 40\%$ 之间，平均值 $25.3\%$；岩屑含量主要分布在 $5\% \sim 25\%$ 之间，平均值为 $16.3\%$。

砂岩碎屑组成、岩石类型、填隙物组成及矿物成分成熟度受物源区母岩性质影响，呈鲜明的分区性分布特征。东北和西北物源控制沉积区，砂岩具有低石英（平均值 $27.1\%$）、高长石（平均值为 $37.9\%$）、低岩屑（平均值为 $11.1\%$）组合特征，岩石

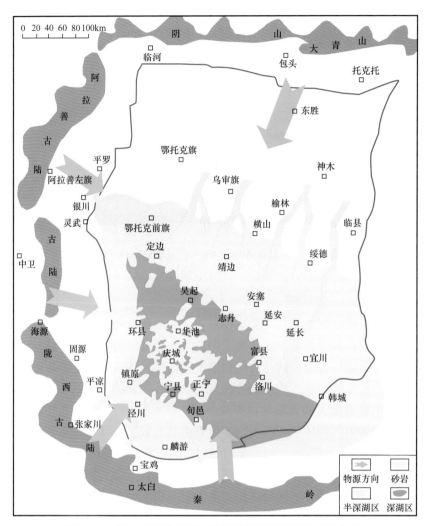

图 9-10  鄂尔多斯盆地长 7 油层组沉积期物源体系分布图

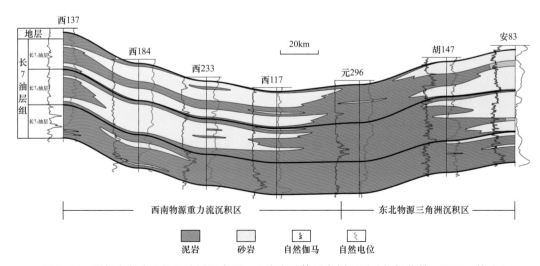

图 9-11  鄂尔多斯盆地长 7 油层组南西—北东向砂体展布剖面图（据杨华等，2017，修改）

类型主要为长石砂岩，其次为岩屑长石砂岩，其矿物成分成熟度低，一般在 0.3～0.8 之间，平均值为 0.60。西南、西部和南部物源控制沉积区，砂岩具有较高石英（平均值为 39.2%）、低长石（平均值为 21.4%）和较高岩屑（平均值为 18.0%）组合特征（表 9-4），岩石类型主要为岩屑长石砂岩，其次为长石岩屑砂岩，其矿物成分成熟度一般在 0.6～1.4 之间，平均值为 1.06（表 9-4）。

表 9-3　鄂尔多斯盆地长 7 油层组沉积体系划分表

| 沉积体系 | 沉积相 | 亚相 | 微相 | 分布区域 |
|---|---|---|---|---|
| 曲流河三角洲—湖泊沉积体系 | 曲流河三角洲 | 曲流河三角洲平原 | 分流河道、天然堤、决口扇、分流间洼地 | 盆地东北部 |
| | | 曲流河三角洲前缘 | 水下分流河道、支流间湾、河口沙坝、远沙坝 | |
| | 湖泊 | 半深湖—深湖 | 半深湖—深湖泥 | |
| 辫状河三角洲—重力流—湖泊沉积体系 | 辫状河三角洲 | 辫状河三角洲前缘 | 水下分流河道、分流间湾、席状砂 | 盆地西南部 |
| | 重力流沉积 | 水道、堤岸、前端朵叶 | 滑塌沉积、砂质碎屑流沉积、浊流沉积、原地沉积 | |
| | 湖泊 | 半深湖—深湖 | 半深湖—深湖泥 | |

表 9-4　鄂尔多斯盆地长 7 油层组砂岩岩石组分表

| 分区 | 石英 /% | 长石 /% | 岩屑 /% | 云母 /% | 绿泥石 /% | 填隙物 /% | 其他 /% |
|---|---|---|---|---|---|---|---|
| 东北、西北物源沉积区 | 27.06 | 37.86 | 11.08 | 7.10 | 0.66 | 15.04 | 1.22 |
| 西南、西部、南部物源沉积区 | 39.16 | 21.36 | 18.00 | 5.16 | 0.23 | 15.43 | 0.66 |
| 盆地平均值 | 36.25 | 25.33 | 16.33 | 5.63 | 0.33 | 15.34 | 0.79 |

填隙组分由杂基和胶结物两部分组成。杂基可分为黏土杂基和由塑性泥岩岩屑与云母蚀变压实变形的假杂基，普遍吸附重油。胶结物类型组合特征及含量在盆地范围内差异性较大，重力流沉积（砂质碎屑流沉积为主）砂岩，胶结物为伊利石、铁白云石、铁方解石与硅质类型组合，其中伊利石含量最高（平均值为 9.3%）；三角洲前缘水下分流河道砂岩的胶结物为铁方解石、绿泥石、高岭石和硅质组合，其中铁方解石含量最高（平均值为 4.2%）。

鄂尔多斯盆地长 7 油层组砂岩碎屑颗粒粒径小，平均粒径和中值粒径均为 0.12mm。1200 余块砂岩薄片的图像粒度数据统计显示，长 7 油层组砂岩以极细砂岩为主，占 60.43%，其次为细砂岩。砂岩的磨圆度主要为次棱角状，占 90% 以上，砂岩的粒度标准偏差主要分布于 0.50～2.00，分选较好、中等和较差三种类型含量相近。砂岩颗粒间以线接触为主（占 35% 以上），其次为点—线和线—点接触，有少量的凹凸—线和线—凹凸接触。胶结类型多样，以孔隙胶结为主，占 60% 以上。

（2）微观孔隙特征。

长 7 油层组砂岩储层呈多类型孔隙组合和微米—纳米级多尺度孔隙发育特征。光学显微镜下，长 7 油层组砂岩致密，可见孔隙少，储层面孔率平均值为 1.88%。应用高精度的场发射扫描电镜、双束电镜、微米级 CT 和纳米级 CT 扫描与成像、数字岩心扫描技术对长 7 油层组砂岩储层表征表明，储层中发育丰富的微（纳）米级尺度孔隙。孔隙类型为残余粒间孔、颗粒及粒间溶蚀孔、黏土矿物间微孔和矿物晶间微孔隙。储层孔隙大小呈从几十微米到纳米级多尺度连续分布特征（表 9-5）。其中，大孔隙数量少，但所占孔隙体积比例较大；小孔隙占孔隙体积比例最大；微孔隙和纳米孔隙数量较多，但所占孔隙体积比例最小。代表性样品统计结果显示，长 7 油层组砂岩储层中大于 $2\mu m$ 的孔隙所占体积超过 95%。喉道为纳米级尺度，半径主要分布范围为 20～150nm，长 7 油层组砂岩储层孔喉系统呈簇状分布特征（图 9-12）。

表 9-5　鄂尔多斯盆地长 7 油层组砂岩储层孔隙尺度及孔隙类型划分表

| 孔隙大小分类 | 大孔隙 | 中孔隙 | 小孔隙 | 微孔隙 | 纳米孔隙 |
|---|---|---|---|---|---|
| 孔隙半径 /μm | >20 | 10～20 | 2～10 | 0.5～2 | <0.5 |
| 孔隙类型 | 原生粒间孔、铸模孔 | 粒间孔隙、颗粒溶孔、岩屑溶孔 | 残余粒间孔、粒内溶孔、杂基溶孔 | 残余粒间孔、溶蚀微孔隙、晶间孔隙、黏土矿物晶间孔 | 微溶孔、晶间孔隙、晶内孔隙、晶体缺陷 |
| 孔隙数量 | 少 | 较少 | 多 | 丰富 | 很丰富 |
| 孔隙图像 | 500μm | 50μm | 10μm | 4μm | 500nm |

a. 喉道分布图　　　　　　　　　　b. 孔喉连通体积图

图 9-12　鄂尔多斯盆地长 7 油层组砂岩储层三维孔喉网络特征

（3）物性特征。

鄂尔多斯盆地长 7 油层组砂岩储层呈"相对高孔、低渗"特性，储层物性因其砂岩成因类型不同而存在差异。重力流沉积砂岩储层的孔隙度主要分布在 6%～12% 之间，平均值为 8.5%，渗透率主要分布在 0.03～0.4mD 之间，平均值为 0.085mD；三角洲沉积砂岩储层的孔隙度主要分布在 6%～11% 之间，平均值为 7.3%，渗透率主要分布在 0.03～0.3mD 之间，平均值为 0.062mD（图 9-13）。

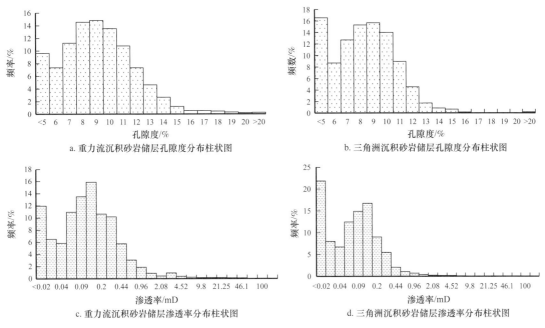

a. 重力流沉积砂岩储层孔隙度分布柱状图

b. 三角洲沉积砂岩储层孔隙度分布柱状图

c. 重力流沉积砂岩储层渗透率分布柱状图

d. 三角洲沉积砂岩储层渗透率分布柱状图

图 9-13　鄂尔多斯盆地长 7 油层组致密砂岩储层孔隙度与渗透率柱状图

2）泥页岩储层

（1）岩石学特征。

长 7 油层组泥页岩储层主要发育黑色页岩和暗色泥岩两种岩相类型。二者沉积特征差异明显，前者为黑色，页理发育，呈纹层状；后者颜色较前者浅，层理不发育，呈块状构造。黑色页岩多为陆源粉砂、泥岩与有机质纹层的互层，以有机质纹层为主；暗色泥岩的陆源泥与粉砂含量增高，有机质呈分散状分布（图 9-14）。

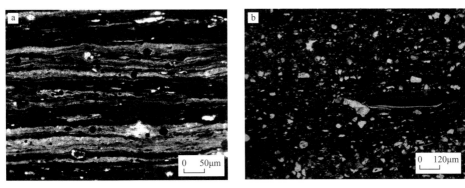

图 9-14　鄂尔多斯盆地长 7 油层组页岩油储层显微特征

a. 黑色页岩呈有机质纹层与陆源粉砂、泥互层，长 7 油层组，铜川地区霸王庄剖面；b. 暗色泥岩中有机质分散分布，2541.07m，长 7 油层组，里 211 井

全岩 X 射线衍射分析表明，长 7 油层组泥页储层中，石英、长石、黄铁矿等刚性组分矿物含量达 70% 以上，黏土矿物含量小于 30%，综合评价认为，长 7 油层组页岩油

储层脆性较好（表9-6）。暗色泥岩类型储层中石英、碳酸盐组分含量较黑色页岩高，说明暗色泥岩较黑色页岩可压裂性好。

表9-6　鄂尔多斯盆地长7油层组泥页岩储层矿物组成表

| 储层类型 | 矿物含量/% | | | | | |
| --- | --- | --- | --- | --- | --- | --- |
| | 刚性组分 | | | | | 黏土 |
| | 石英 | 长石 | 碳酸盐 | 黄铁矿 | 合计 | |
| 黑色页岩 | 28.78 | 16.50 | 8.38 | 16.89 | 70.55 | 29.19 |
| 暗色泥岩 | 39.56 | 13.37 | 12.23 | 7.81 | 72.97 | 26.97 |

（2）微观孔隙特征。

长7油层组泥页岩储层的储集空间为粒间孔、粒内孔和有机质孔并存的孔隙组合。不同类型孔隙在丰度、分布和孔隙连通等方面差异大。粒间孔分为脆性颗粒间、脆性颗粒与黏土间、黏土集合体间、有机质与黏土间、黄铁矿晶粒与黏土间等5种孔隙类型。其中，黏土集合体间粒间孔是最发育的一种粒间孔隙类型，且连通性好；粒内孔隙分为黏土颗粒内（片状、不规则形）、伊利石晶间、黄铁矿晶间、颗粒溶蚀和化石体腔5种类型，其中伊利石晶间孔出现频率最高，多以互为连通的孔隙群形式发育，其次为黏土颗粒内片状粒内孔；有机质孔不发育，且呈分散、孤立状分布（图9-15）。

泥页岩储层的孔隙、喉道为纳米级尺度。黑色页岩的孔隙半径众数值为88nm，暗色泥岩的孔隙半径众数值为150nm，暗色泥岩较黑色页岩的孔隙半径大、分布谱宽。黑色页岩与暗色泥岩的喉道半径众数值相近，为60nm，相比暗色泥岩，其喉道半径分布谱宽，且以大于60nm的喉道为主（图9-16）。

（3）物性特征。

长7油层组泥页岩储层的孔隙度、渗透率较低。应用致密岩石分析技术（TRA）测得黑色页岩、暗色泥岩的总孔隙度平均值分别为4.11%、4.77%。应用氦孔隙度法测得长7油层组泥页岩储层有效孔隙度值主要分布在0.87%～2.85%之间，其中黑色页岩平均值为1.35%，暗色泥岩平均值为1.51%。应用脉冲法测得长7油层组泥页岩储层渗透率主要分布在0.004～0.29mD之间。

## 四、页岩油成藏富集规律

### 1. 页岩油类型

根据纵向上岩性组合、砂/地比和单砂体厚度特征，长7油层组页岩油划分为多期叠置砂岩发育型（Ⅰ型）、泥页岩夹薄层砂岩型（Ⅱ型）和纯页岩型（Ⅲ型）三种类型（表9-7）。其中Ⅰ型是最为有利的页岩油类型，庆城油田为典型代表，已实现规模勘探开发；Ⅱ型是次有利类型，2019年在庆阳地区部署城页1、城页2风险勘探井开展攻关试验，试油分别获日产121.38t、108.38t；Ⅲ型具有原位改质开采的有利地质条件。

### 2. 聚集机理与成藏模式

1）Ⅰ、Ⅱ型页岩油

生烃增压驱动持续充注、近源运聚主导形成了鄂尔多斯盆地长7油层组Ⅰ、Ⅱ

型页岩油呈高含油饱和度的特征。长 7 油层组页岩油成藏期砂岩储层的古压力为 18～26MPa，源储压力差为 8～16MPa，长 7 油层组Ⅰ、Ⅱ型页岩油具有高压充注的成藏动力条件。连续油相运移是长 7 油层组烃源岩的主排烃方式（张文正等，2006）。长 7 油层组总沉积厚度为 90～110m，因此，与长 7 油层组富有机质泥页岩共生或紧邻的砂岩储层具"近水楼台先得月"的短距离运移有利条件。

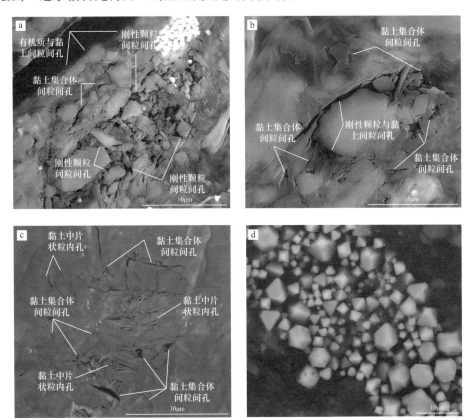

图 9-15　鄂尔多斯盆地长 7 油层组泥页岩储层孔隙特征

a. 黑色页岩中脆性颗粒间粒间孔，呈孔隙群出现，孔隙间连通性好，2371.8m，长 7 油层组，里 211 井；b. 暗色泥岩中脆性颗粒形态不规则，脆性颗粒边缘的粒间孔形态、宽度不一，1946.8m，长 7 油层组，白 522 井；c. 黑色页岩黏土颗粒内片状粒内孔隙，片状孔隙相互平行、未穿过颗粒，1959.5m，长 7 油层组，白 522 井；d. 黑色页岩黄铁矿微球粒中的纳米级晶间孔，2371.8m，长 7 油层组，里 211 井

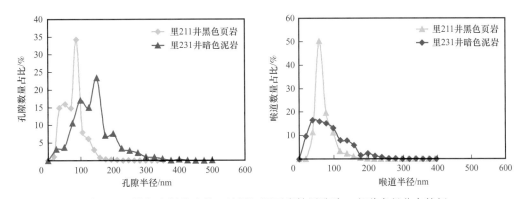

图 9-16　鄂尔多斯盆地长 7 油层组泥页岩储层孔隙、喉道半径分布特征

表 9-7 鄂尔多斯盆地长 7 油层组页岩油类型划分表

| 类型 | Ⅰ 型 | Ⅱ 型 | Ⅲ 型 |
|---|---|---|---|
| 岩性组合 | 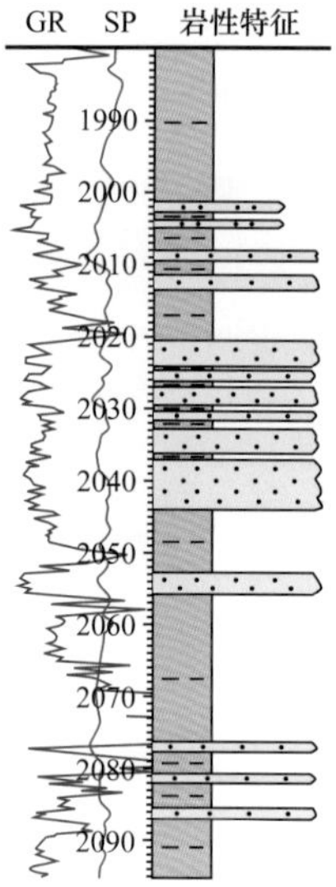 | 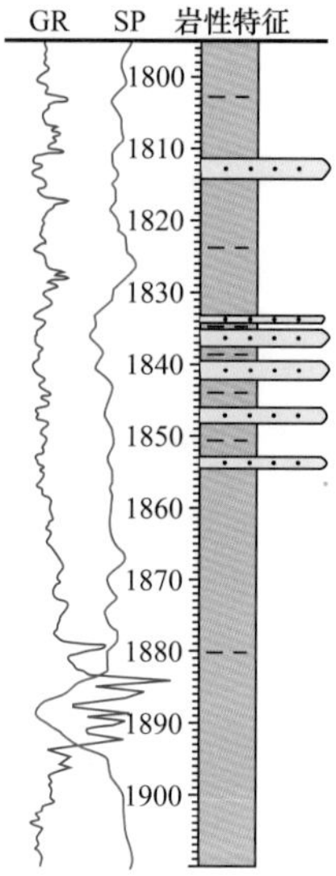 | 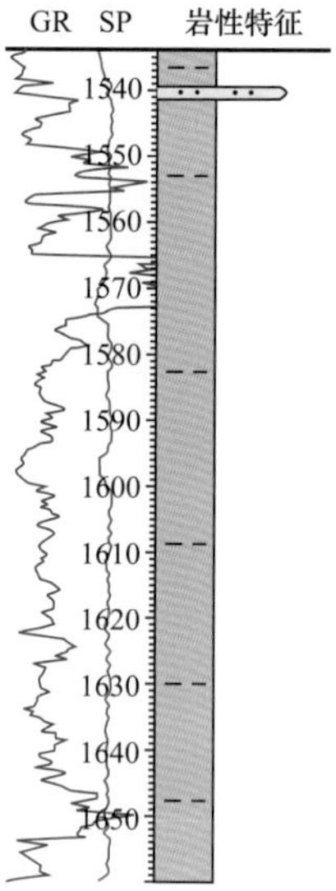 |
| | 多期叠置砂岩发育型 | 泥页岩夹薄层砂岩型 | 纯页岩型 |
| 砂/地比/% | >20 | 5~20 | <5 |
| 单砂体厚度/m | >4 | 2~4 | <2 |

在低渗透油气田勘探开发国家工程实验室模拟了致密砂岩储层的石油运移、聚集过程。实验样品为延长组真实砂岩岩心,样品规格为 2.50cm×5.75cm,储层渗透率为 0.01~0.17mD,孔隙度为 5.6%~12.6%。实验按照分段恒压(0.5~12.0MPa)、石油反复驱替充注、持续进行孔隙排水、含油饱和度逐渐升高的思路进行石油驱替成藏模拟。模拟结果表明,致密砂岩储层中的原油呈活塞式驱替运移成藏,聚集过程分早期快速成藏和后期持续充注富集两个阶段(吴凯等,2013)。早期成藏阶段,原油以活塞式驱动,油进入储层后完全置换孔隙水,致密砂岩储层中的大部分原油在这一阶段聚集,含油饱和度可达 26.40%~78.83%。后期富集阶段,随着原油持续充注及驱动压力的增高,储层中早期尚未波及的孔隙水和一些早期波及的孔隙角隅的残余水被驱出,储层含油饱和度提高到 65% 以上。

鄂尔多斯盆地长 7 油层组Ⅰ、Ⅱ型页岩油为"富有机质泥页岩供烃、生烃增压高强度持续充注、砂岩微纳米孔喉储集"的成藏模式。在自生自储、源储一体及生烃增压异常高压有利成藏条件下,长 7 油层组Ⅰ、Ⅱ型页岩油不受水动力效应的影响,为无明显圈闭和油水界面的大面积连续性油藏(图 9-17)。

2)Ⅲ型页岩油

鄂尔多斯盆地长 7 油层组Ⅲ型页岩油以暗色泥岩、黑色页岩两种岩相为主要储层,其次包括不能单独开发的薄砂岩夹层,成藏机理为典型的滞留成藏。

长 7 油层组Ⅲ型页岩油具有较好的滞留成藏地质条件。长 7 油层组泥页岩有机质类型为以产液态烃为主的Ⅰ型和Ⅱ型;长 7 油层组泥页岩 TOC 含量远高于"富含有机质"

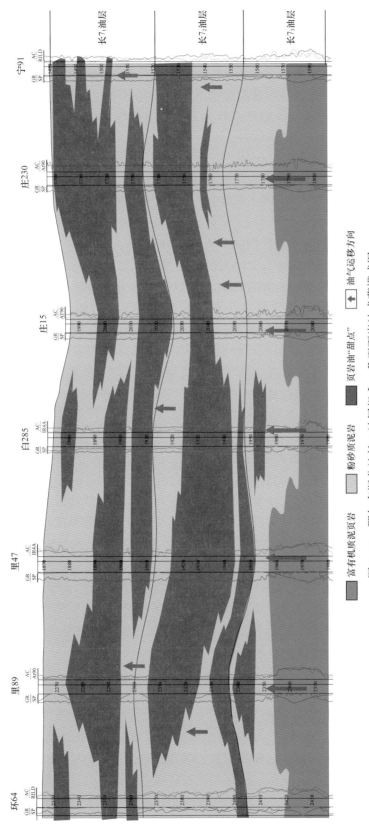

图 9-17 鄂尔多斯盆地长 7 油层组 I、II 型页岩油成藏模式图

■ 富有机质泥页岩　□ 粉砂质泥岩　■ 页岩油"甜点"　← 油气运移方向

长7₁油层　长7₂油层　长7₃油层

岩石的经验标准值 2.5%；长 7 油层组泥页岩的镜质组反射率 $R_o$ 主要分布在 0.8%～1.0% 之间，最高热解峰温 $T_{max}$ 主要分布在 440～460℃之间，热演化达生油成熟阶段；长 7 油层组泥页岩热解生烃潜量（$S_1+S_2$）分布在 4～50mg/g 之间，最高可达 150mg/g 以上。

长 7 油层组泥页岩中氯仿沥青"A"含量、热解 $S_1$ 与 TOC 间具有较好的正相关性，有机质丰度越高，泥页岩储层中滞留烃的含量越多，因此，长 7 油层组泥页岩中滞留烃主要受有机质丰度的控制。按照页岩油气资源分级评价标准（卢双舫等，2012），长 7 油层组Ⅲ型页岩油达富集资源级别，含油性好。长 7 油层组黑色页岩的热解 $S_1$ 一般为 1.49～8.90mg/g，平均值为 4.02mg/g，氯仿沥青"A"含量一般为 0.4061%～1.5055%，平均值为 0.7809%；暗色泥岩的热解 $S_1$ 一般为 0.51～4.34mg/g，平均值为 2.11mg/g，氯仿沥青"A"含量一般为 0.2013%～1.1735%，平均值为 0.6527%。

3. 分布规律

1）富有机质泥页岩分布范围控制页岩油分布区带

前已述及，鄂尔多斯盆地长 7 油层组发育黑色页岩和暗色泥岩两种烃源岩岩相类型，两种类型烃源岩在空间上叠合发育，形成广覆式分布特征。页岩油出油井点统计显示，试油获得 4t/d 以上的井基本分布于富有机质泥页岩展布范围内，说明富有机质泥页岩的分布范围控制了页岩油的油气运移和成藏区带，泥页岩厚度、生烃强度和排烃效率控制页岩油砂岩储层的石油充注程度。长 7 油层组黑色页岩平均生烃强度为 $249.08 \times 10^4 t/km^2$，排烃率主要在 70%～90% 之间，长 7 油层组黑色页岩分布区带砂岩储层中石油充注强度高，油藏含油饱和度达 70% 左右；长 7 油层组暗色泥岩平均生烃强度为 $47.71 \times 10^4 t/km^2$，排烃率主要分布在 20%～80% 之间，长 7 油层组暗色泥岩区带砂岩储层中原始含油饱和度为 65.5% 左右。

2）湖盆底形控制页岩油类型空间分布

盆地内部长 7 油层组 15 口全取心井岩心剖面精细描述表明，受湖盆古地形特征控制，长 7 油层组岩性组合在平面上分区分布特征明显，因此其页岩油类型亦呈区带性分布的规律。应用印模法对长 7 油层组沉积期湖盆底形恢复，鄂尔多斯湖盆西南部呈多级坡折带发育的古地形特征，岩性组合以细砂岩、粉砂岩 + 暗色泥岩、黑色页岩和暗色泥岩、黑色页岩 + 细砂岩、粉砂岩为主，为Ⅰ、Ⅱ型页岩油发育区；湖盆东北部地形宽缓，岩性组合以细砂岩、泥质粉砂岩 + 暗色泥岩、粉砂质泥岩和粉砂质泥岩、暗色泥岩 + 薄层细砂岩为主，为Ⅰ、Ⅱ型页岩油发育区；湖盆中部呈多坳陷分布的古地形特征，岩性组合以黑色页岩、暗色泥岩 + 薄层细砂岩、粉砂岩和黑色页岩 + 暗色泥岩为主，形成了Ⅱ、Ⅲ型页岩油发育区带。

3）储集性能控制页岩油富集特征

长 7 油层组砂岩储层岩心的含油性一般为油斑—饱含油级别，含油级别与储层孔隙度的相关性明显。孔隙度大于 10% 的储层一般达饱含油级别；孔隙度为 9%～10% 的储层一般为富含油级别；孔隙度为 8%～9% 的储层一般含油呈斑块状不均匀分布，多为油浸级别；孔隙度为 6%～8% 的储层一般为油斑级别。长 7 油层组致密砂岩储层在低孔低渗背景上的相对"高孔、高渗"储层与高有机碳含量烃源岩分布叠合区，油藏富集度高，储层热解烃含量一般大于 9mg/g，含油饱和度达 70% 以上，这种区带水平井开发初期产量和累计产量高、递减慢、含水率低。

长 7 油层组泥页岩储层中的游离烃含量与其孔喉尺度具有较好的对应关系。用氯仿沥青 "A" 表征烃含量，计算得到黑色页岩吸附烃为 0.54%，暗色泥岩吸附烃为 0.162%；黑色页岩、暗色泥岩游离烃分别为 0.2409%、0.4907%（杨华等，2016a）。另外，长 7 油层组泥页岩储层中的氯仿沥青 "A" 簇组成分析表明，黑色页岩中饱和烃 + 芳香烃含量主要分布在 30.1%～50.4% 之间，其中饱和烃含量平均为 29.17%，非烃 + 沥青质平均含量为 53.13%；暗色泥岩中饱和烃 + 芳香烃含量主要分布在 60.1%～88.5% 之间，其中饱和烃含量平均为 48.90%，非烃 + 沥青质平均含量为 31.26%（表 9-8）。综合评价，暗色泥岩中的游离烃含量高于黑色页岩、烃类可动性好于黑色页岩。前已论述，暗色泥岩较黑色页岩的孔喉尺度大，这说明泥页岩中的游离烃含量、烃类可动性可能受储层孔喉尺度大小控制。

表 9-8　鄂尔多斯盆地长 7 油层组泥页岩储层中氯仿沥青 "A" 簇组成表

| 储层类型 | 饱和烃 /% | 芳香烃 /% | 非烃 /% | 沥青质 /% | 饱和烃 + 芳香烃 /% | 非烃 + 沥青质 /% |
| --- | --- | --- | --- | --- | --- | --- |
| 黑色页岩 | 29.17 | 16.50 | 16.68 | 36.46 | 45.67 | 53.13 |
| 暗色泥岩 | 48.90 | 16.26 | 15.98 | 15.28 | 65.16 | 31.26 |

4）气油比是页岩油富集区开发高产、稳产的决定性因素

三个页岩油典型试验区对比结果显示，西 233 试验区气油比平均值为 110.10m³/t，地层原油黏度为 1.15mPa·s，地层原油密度为 0.73g/cm³，原油压缩系数为 1.47；庄 183 试验区气油比平均值为 95.03m³/t，地层原油黏度为 1.39mPa·s，地层原油密度为 0.74g/cm³，原油压缩系数为 1.43；安 83 试验区气油比平均值为 76.8m³/t，地层原油黏度为 1.86mPa·s，地层原油密度为 0.75g/cm³，原油压缩系数为 1.26。安 83 试验区气油比较西 233 和庄 183 试验区低 18～33m³/t，安 83 试验区单井产量低、递减快，而西 233 和庄 183 两个试验区水平井呈持续高产、稳产特征。

长 7 油层组黑色页岩气态烃产率为 30.41～83.36m³/t，暗色泥岩气态烃产率为 15.76～43.90m³/t。相对高气油比页岩油主要分布于黑色页岩厚度大于 10m 以上的区域。在烃源岩类型和厚度相同条件下，气油比受砂岩储层厚度的控制作用明显，砂体厚度大于 20m 以上的油层气油比一般大于 120m³/t。储层品质与气油比也具有一定的相关性，优质储层气 / 油比一般大于 90m³/t。综合评价认为，鄂尔多斯盆地长 7 油层组页岩油气油比受烃源岩有机质丰度、成熟度和储层厚度、物性、裂缝等多种因素控制，高有机碳含量的黑色页岩、有机质 $R_o$ 大于 0.8% 的较高热成熟度和优质储层叠合区是高气油比页岩油富集区，为页岩油高产、稳产开发目标（表 9-9）。

表 9-9　鄂尔多斯盆地长 7 油层组页岩油 "甜点区" 评价主要参数

| 烃源岩 | | | 储层 | | | | 含油气特征 | | | |
| --- | --- | --- | --- | --- | --- | --- | --- | --- | --- | --- |
| 岩相类型 | 厚度 /m | $R_o$ /% | 砂体结构 | 砂体厚度 /m | 孔隙度 /% | 平均孔喉半径 /nm | 可动流体饱和度 /% | 裂缝密度 /m⁻¹ | 含油饱和度 /% | 气油比 /m³/t |
| 黑色页岩 | >10 | >0.8 | 叠置厚层型、厚层等厚型 | >10 | >8 | 150 | 40 | 0.1 | 65 | >90 |

## 五、页岩油资源潜力

### 1. 页岩油资源评价方法

对比分析鄂尔多斯盆地长 7 油层组页岩油与国内外其他盆地页岩油资源富集特点及目前石油资源各类评价方法（郭秋麟等，2011，2013），以及借鉴北美地区对页岩油资源的评价方法和关键参数的选取（Almanza，2011；Cook，2013；Gaswirth et al.，2013），综合评估，认为体积法、资源丰度类比法和 EUR（Estimated Ultimate Recovery）法适合鄂尔多斯盆地长 7 油层组 I、II 型页岩油资源的评价。评价涉及的一些关键参数值为：油层厚度大于 4m、砂体厚度大于 10m（对应日试油产量 2.0t 以上）为含油面积计算边界；储层有效孔隙度下限为 6%；页岩油采收率 7.52%；选取西 233 和安 83 试验区为刻度区。

### 2. 页岩油资源量

应用体积法计算的长 7 油层组 I、II 型页岩油资源量为 $41.52 \times 10^8 t$，EUR 法计算的资源量为 $36.68 \times 10^8 t$，类比法评价资源量为 $43.17 \times 10^8 t$。考虑三种方法的可靠性，应用特尔菲综合法对三种方法取权重系数，综合评估鄂尔多斯盆地长 7 油层组 I、II 型页岩油的资源量为 $40.5 \times 10^8 t$。对于 III 型页岩油，目前总体认识程度低，资源评价参数难以确定，无法科学准确地评价页岩油的资源量。

### 3. 页岩油勘探前景

鄂尔多斯盆地长 7 油层组 I、II 型页岩油具有油层叠合厚度大、分布面积大、资源量大的特点。2011 年以来，通过对其多学科、一体化联合攻关，丰富和发展了页岩油地质理论与认识，形成了"稀井广探"的页岩油勘探思路；创新突破"水力喷砂体积压裂技术、速钻桥塞分段多簇压裂技术、EM30 滑溜水压裂液体系、水平井准自然能量开发技术"四项关键技术；集成了致密砂岩储层地震识别及含油性分析技术、长水平段水平井钻井及地质导向技术及"三品质"页岩油测井评价技术三项配套技术。地质理论与勘探开发关键技术的突破，为推动鄂尔多斯盆地页岩油"资源向储量、储量向产量、产量向效益"的重大转变奠定了基础。截至 2020 年底，鄂尔多斯盆地长 7 油层组 I、II 型页岩油提交三级储量 $13.77 \times 10^8 t$，探明率为 11.3%，I、II 型页岩油剩余资源量大；长 7 油层组 I、II 型页岩油开发动用地质储量 $2.95 \times 10^8 t$，探明未开发储量加上控制、预测储量升级资源，I、II 型页岩油可开发地质储量达 $6 \times 10^8 t$，按照长庆油田分公司规划，2021—2025 年油田二次加快发展期间，年均建产能 $116 \times 10^4 t$，至 2025 年页岩油产量达到 $380 \times 10^4 t$。同时，后续持续加强页岩油研究，长 7 油层组 I、II 型页岩油可新增 $10 \times 10^8 \sim 20 \times 10^8 t$ 储量规模。

以长 7 油层组黑色页岩、暗色泥岩的巨大体积推算，长 7 油层组具形成大规模 III 型页岩油资源的地质基础。从孔喉尺度、游离烃和饱和烃含量、储集体体积以及勘探效果等方面分析（杨华等，2016a），长 7 油层组暗色泥岩储层较黑色页岩储层具更有利的形成页岩油的地质条件（表 9-10），认为暗色泥岩储层发育区是长 7 油层组页岩油最有利的勘探区带。至 2019 年底，长 7 油层组页岩油的勘探仅开展了直井的混合水压裂改造试验，暗色泥岩型页岩油采用水平井体积压裂开发模式有望取得更大的进展。另外，以合水—宜君地区为代表的长 7 油层组为例，黑色页岩分布极稳定、厚度较大、有机质丰

表 9-10 鄂尔多斯盆地长 7 油层组黑色页岩与暗色块状泥岩主要地质参数对比表

| 岩相类型 | 泥页岩规模 | | 储集特征 | | | | | 生烃指标 | | | 滞留烃特征 | | | | 脆性 | 原油物性 | | |
| --- | --- | --- | --- | --- | --- | --- | --- | --- | --- | --- | --- | --- | --- | --- | --- | --- | --- | --- |
| | 厚度/m | 体积规模/$10^8 m^3$ | 孔隙类型 | 孔隙尺度/nm（众数值） | 喉道尺度/nm（众数值） | 有效孔隙度/% | 有效储集体积/$10^8 m^3$ | 有机质类型 | TOC/% | $R_o$/% | 原油密度/$g/cm^3$ | 原油黏度/$mPa \cdot s$ | 氯仿沥青"A"饱和烃/% | 含气性 | 脆性组分/% | 原油密度/$g/cm^3$ | 原油黏度/$mPa \cdot s$ | 氯仿沥青"A"饱和烃/% |
| 黑色页岩 | 4~60 | 5636 | 伊利石晶间孔、黏土集合体内孔、脆性颗粒与黏土间粒间孔、黄铁矿晶间孔 | 88 | 60 | 1.35 | 76 | $II_1$、I | 13.81 | 0.8~1.2 | 1.49~8.90 | 0.41~1.51 | 0.24 | 伴生气 | 71 | 0.81~0.85 | 5.5~6.4 | 66~82 |
| 暗色泥岩 | 4~124 | 7002 | 脆性颗粒与黏土间粒间孔、脆性颗粒间孔、伊利石晶间孔、黏土集合体间孔 | 155 | 60 分布谱宽 | 1.51 | 105 | $II_1$、$II_2$ | 3.75 | 0.8~1.2 | 0.51~4.34 | 0.20~1.17 | 0.49 | 伴生气 | 73 | 0.81~0.85 | 5.5~6.0 | 66~82 |

度极高，埋藏深度浅（埋深在 700～1900m 之间），黑色页岩储层具备采用原位加热改质开采技术进行开采的优势（邹才能等，2015）。若长 7 油层组黑色页岩和暗色泥岩两类储层类型页岩油取得工业化开采的突破，丰富的Ⅲ型页岩油资源将成为鄂尔多斯盆地又一重要的石油接替资源类型。

# 第十章　油气藏形成与分布

鄂尔多斯盆地隶属于华北克拉通西部陆块的南部，其东、西、南、北分别为吕梁山、贺兰山—六盘山、祁连—秦岭造山带、阴山所加持。由于其所处的特殊区域构造位置，周缘造山带构造演化过程及山脉隆升不仅制约和控制了盆内物质充填与沉积格局的时空分布，而且对盆地烃源岩成熟与生烃排烃、油气运移聚集与圈闭也产生了重要影响，形成了多种油气藏类型共存、时空配置及广泛分布的局面。本章主要介绍鄂尔多斯盆地下古生界、上古生界、三叠系延长组、侏罗系延安组等主要含油气层系油气藏的类型及其特征，各类油气藏的聚集与分布规律。

## 第一节　油气藏类型与油气藏序列

油气藏的形成与烃类生成、运移、聚集、圈闭和保存等因素密不可分。这些因素又与盆地在演化、叠加改造过程中所形成的内部结构密切相关。鄂尔多斯盆地的地质演化与构造特征貌似简单，但其地质结构复杂，盆内的油气运移、聚集也呈现出复杂、多变的状况，从而形成了丰富多彩的油气藏类型。对油气藏分布规律的研究，对于深化老区认识，开拓油气新区块、新领域、新类型和挖掘深层油气藏具有重要的实际意义。

鄂尔多斯盆地的油气勘探实践证明，不论是中生界油藏还是古生界气藏均以非构造隐蔽油气藏为主，不同层系油气藏的主要类型及主控因素有区别。上古生界气藏和三叠系油藏以岩性油气藏为主要类型，下古生界碳酸盐岩气藏和侏罗系下部油藏为主要受古地貌影响的油气藏，如下古生界碳酸盐岩气藏分布于奥陶系风化壳下部，而侏罗系下部油藏则分布于三叠系顶部侵蚀面之上，两者同受古地貌控制，但其油气藏的形成控制机理不同，其油气藏类型及油气藏分布规律也迥异。

油气藏序列指一组受油气聚集及地质条件的制约，有成因联系的不同类型油气藏有规律地排列出现的现象。鉴于鄂尔多斯盆地油气聚集条件的复杂性，现分为下古生界、上古生界、三叠系及侏罗系等四个含油气层系叙述（表10-1）。

### 一、下古生界气藏类型与气藏序列

早古生代鄂尔多斯地区存在华北海与秦—祁海两大海域，其沉积体系发育特征的差异明显，各海域成藏要素时空配置、含气性及其规模与空间分布存在较大差异，并导致其天然气的成藏地质特征、气藏序列存在明显差异。盆地中东部华北海域奥陶系发育风化壳气藏、白云岩岩性气藏、盐下侧向供烃岩性气藏序列；盆地西部祁连海域奥陶系发育穹隆构造气藏、岩溶洞穴气藏、白云岩岩性气藏序列。

表 10-1　鄂尔多斯盆地含油气系统表

| 地层 | | | | 厚度 /m | 含油气系统 | 沉积建造 |
|---|---|---|---|---|---|---|
| 界 | 系 | 统 | 组 | | | |
| 中生界 | 白垩系 | | | | 中生界含油系统 | 碎屑岩沉积建造 |
| | 侏罗系 | 上统 | | | | |
| | | 中统 | 延安组 | 250 | | |
| | | 下统 | | | | |
| | 三叠系 | 上统 | 延长组 | 1200 | | |
| | | 中统 | | | | |
| | | 下统 | | | | |
| 上古生界 | 二叠系 | 上统 | 石千峰组 | 300 | 古生界含气系统 | |
| | | 中统 | 石盒子组 | 300 | | |
| | | 下统 | 山西组 | 100 | | |
| | | | 太原组 | 50 | | |
| | 石炭系 | 上统 | 本溪组 | 80 | | |
| 下古生界 | 奥陶系 | 中统 | 马家沟组 | 700 | | 碳酸盐岩沉积建造 |
| | 寒武系 | | | | | |

1. 盆地中东部

1）风化壳气藏

盆地中东部奥陶系马五$_{1+2}$、马五$_4$亚段发育岩溶风化壳储层，可形成大型岩溶古地貌圈闭。天然气的聚集和成藏主要受古地貌形态和古沟槽切割及充填封堵的控制。由于其具有无边底水、低孔低渗、低丰度的特性，属于典型的定容气藏。这类气藏含气层位多，分布面积大，复合连片含气，是下古生界的主力气藏。风化壳气藏形成的圈闭主要有古地貌圈闭、古地貌—成岩圈闭、差异溶蚀透镜体圈闭和构造—成岩圈闭等四种基本类型。每个单一圈闭内由于气层间隔层一般较薄、裂缝较发育，往往形成统一的含气单元。

（1）古地貌（地层）圈闭气藏。

该圈闭中的正向地貌单元（溶丘、残丘及溶梁）形成储集体，负向地貌单元与上覆充填沉积构成顶、底板及封堵遮挡（图 10-1a）。这类圈闭主要发育在奥陶系古地貌单元中。

（2）古地貌—成岩圈闭气藏。

在正向古地貌单元的基础上，由岩溶充填及成岩作用导致储集体周围形成致密岩性带，并与地层遮挡复合构成的圈闭（图 10-1b）。

（3）差异溶蚀透镜体圈闭气藏。

由古岩溶作用使不同层段产生差异溶蚀而形成的透镜状储集体，与周围致密基岩或成岩致密带组成的圈闭（图 10-1c）。

（4）构造—成岩圈闭气藏。

在西倾单斜的鼻隆构造部位的储集体上倾方向被充填封堵，或在残丘、断隆基础上形成的穹隆背斜与岩溶空间相互配置，组成以构造为基础、成岩遮挡为条件的复合圈闭（图 10-1d）。

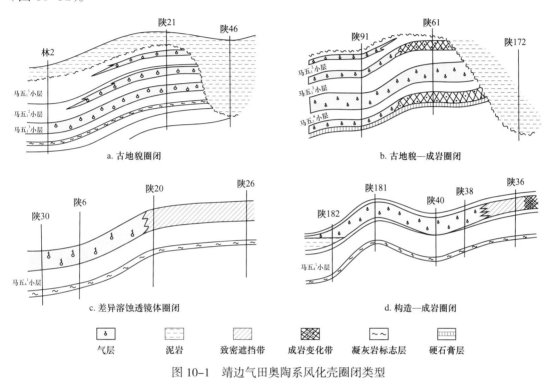

a. 古地貌圈闭

b. 古地貌—成岩圈闭

c. 差异溶蚀透镜体圈闭

d. 构造—成岩圈闭

| 气层 | 泥岩 | 致密遮挡带 | 成岩变化带 | 凝灰岩标志层 | 硬石膏层 |

图 10-1　靖边气田奥陶系风化壳圈闭类型

2）白云岩岩性气藏

奥陶系中组合（马五$_5$、马五$_7$、马五$_9$亚段）发育礁滩相白云岩晶间孔型储层，并围绕古隆起呈环带状分布而形成区域性展布的岩性相变带。白云岩储层厚度大，平面上连片分布，向东相变为石灰岩。燕山期盆地东部的抬升构成有效的上倾遮挡条件，形成岩性圈闭（图 10-2）；邻近古隆起地区，白云岩储层与上古生界煤系烃源岩配置关系良好，有利于煤系生烃的规模运聚。其中岩性相变带附近是岩性圈闭天然气聚集成藏的有利区带，形成了中组合白云岩岩性气藏。

此外，由于马五$_6$亚段膏盐岩厚度较大、区域性连续分布，是膏岩下成藏的绝佳封盖层，膏盐下（马五$_{6-10}$亚段）白云岩存在区域岩性相变，也可形成有效的岩性圈闭体系。

2. 盆地西部

由于盆地西部下古生界整体处在盆地现今相对低洼部位，构造条件不是十分有利，圈闭的有效性是控制本区天然气成藏的关键因素。基于下古生界发育的选择性溶孔、岩溶洞穴（孔洞）、晶间（溶）孔三种基本储集空间类型，结合奥陶系成藏地质特征以及已有探井的含气显示分析，该区主要存在穹隆构造圈闭、岩性圈闭、岩溶洞穴圈闭等三种有效圈闭类型。

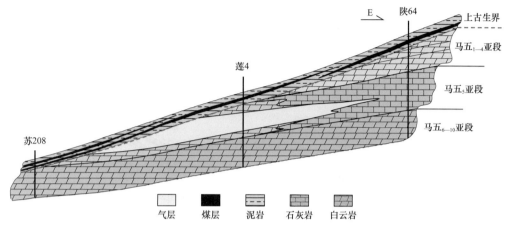

图 10-2 奥陶系中组合马五₅亚段白云岩岩性圈闭模式图

1）穹隆构造圈闭

指由局部发育的穹隆构造构成有效的封堵遮挡条件，形成的天然气的工业聚集。这类构造圈闭分布局限，局部构造对气藏分布的控制作用明显，气藏规模一般较小。

2）白云岩岩性圈闭气藏

盆地西部奥陶系发育台缘礁滩相白云岩储层和白云岩晶间孔型储层。礁滩相白云岩与致密围岩构成有效的储集与遮挡条件，可形成有利的地层—岩性圈闭体。白云岩晶间孔型储层在平面上呈南北分区，北部白云岩连片性较好，西侧相变为石灰岩，东侧与中央古隆起接触，构成地层—岩性圈闭。

3）岩溶洞穴圈闭气藏

由局部发育的岩溶洞穴与致密围岩构成有效储集与遮挡条件形成的圈闭。岩溶洞穴在盆地内克里摩里组广泛发育，存在未被完全充填的岩溶洞穴（孔洞）型有效储层。

## 二、上古生界气藏类型与气藏序列

盆地上古生界沉积分异作用不明显，易于造成陆相砂岩、泥岩的互层与混杂沉积而形成平面上和垂向上不同类型储集岩相互叠置，有利于发育多种类型的岩性圈闭。这类气藏的储层往往邻近烃源岩，气源充足，储盖配置条件良好，是盆地最重要的气藏类型之一。盆地上古生界目前发现的大型气藏均属于岩性圈闭，主要分布于盆地中部。盆地西缘以构造气藏为主。

### 1. 盆地中部

鄂尔多斯盆地上古生界石炭系—二叠系气藏属于典型的特低渗透岩性气藏。沉积物源、沉积体系类型是控制成藏的地质基础。

1）气藏序列

上古生界气藏序列即可按沉积物源划分，亦可按沉积体系类型划分。

按沉积物源划分：盆地物源体系可分为北部阴山古陆和南部秦岭造山带两大类。主要来自北部阴山古陆物源体系的气田包括苏里格气田、乌审旗气田、榆林气田、子洲气田以及神木气田等；来自南部秦岭造山带物源体系者包括宜川气田、黄龙气田以及陇东地区等。

按沉积体系类型划分：盆地上古生界为一套典型的海相、海陆过渡相到陆相的沉积，海侵型、海退型、湖泊型三种类型的三角洲沉积体系控制了多套生储盖组合。海侵型三角洲沉积如盆地中东部的本溪组气藏、神木气田的太原组气藏等；海退型三角洲沉积如榆林气田、子洲气田的山 2 段气藏；湖泊型三角洲沉积如苏里格气田的盒 8 段、山 1 段气藏。

上古生界气藏类型与下古生界有区别。上古生界气藏序列均以各种岩性圈闭和复合圈闭为主。砂岩气藏上倾部位岩性致密封堵，侧向泥岩遮挡，上覆区域泥岩封盖。气层展布不受局部构造的控制，一般呈大面积复合连片，未见边、底水。

2）气藏类型

根据岩性圈闭成因及遮挡条件的差异，上古生界气藏可划分为上倾尖灭岩性气藏、透镜体岩性气藏、砂岩成岩圈闭气藏和层间裂缝岩性气藏 4 种。

（1）上倾尖灭岩性气藏。

上倾尖灭岩性气藏的特点是储层沿其上倾方向发生尖灭或岩性侧变，并被不渗透岩层所围限，而形成可遮挡与聚集油气的圈闭。

这类圈闭的形成必须是岩性尖灭带和构造（单斜、背斜、向斜围翼）相配合，在岩性尖灭线的高部位，同一构造等值线与尖灭线相闭合才能形成圈闭，这类气藏在盆地上古生界分布最为广泛。如苏里格地区盒 8 段、山 1 段三角洲相砂体由北向南呈树枝状展布，宽数百米至数十千米，厚几米至十几米，其砂体侧翼的上倾方向为分流间湾泥质岩，形成良好的遮挡，发育不同规模的岩性圈闭，从而形成上倾尖灭岩性气藏（图 10-3）。

榆林气田处于陕北斜坡的东北部，由砂体分布和区域构造形态分析，岩性尖灭线和构造走向基本一致，在局部鼻状构造与岩性尖灭复合区及砂体走向弯曲部位均发育上倾砂岩尖灭圈闭。总体而言，上倾尖灭圈闭主要为向东上倾方向为侧向岩性遮挡圈闭，向北上倾方向为致密岩性带和断层遮挡的圈闭。

（2）透镜体岩性气藏。

由透镜状和各种不规则状的砂岩储集体构成，其四周皆为不渗透或渗透性差的岩层所围限（图 10-4）。鄂尔多斯盆地岩性透镜体主要发育于中东部，由废弃河道、决口扇砂、点沙坝砂等组成。本溪组、太原组、山西组、石盒子组均有发现，其中，山西组—石盒子组河流成因的透镜体极为普遍，透镜体长轴方向与河流流向一致，多个透镜体往往呈串珠状排列。

岩性上倾尖灭油气藏与砂岩透镜体圈闭的区别在于，后者强调砂体三维尖灭，而储层上倾尖灭圈闭仅强调上倾方向的遮挡作用。

（3）砂岩成岩圈闭气藏。

主要指在整体低渗透背景下，砂岩储层在成岩过程中由于差异性溶蚀作用，致使不同岩性、不同期次砂体的渗透率差异较大，渗透率相对高的砂岩聚集天然气，而渗透率低的致密砂岩则成为遮挡条件。这类气藏在石炭系—二叠系三角洲砂体中分布较为广泛，伴随砂体渗透性多变，气藏可分布于砂体的底部、中部和顶部，其形态各异，有层

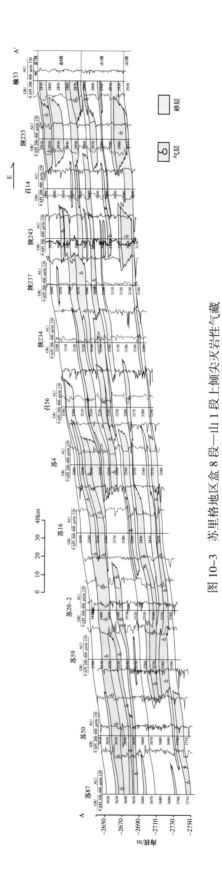

图 10-3　苏里格地区盒 8 段—山 1 段上倾尖灭岩性气藏

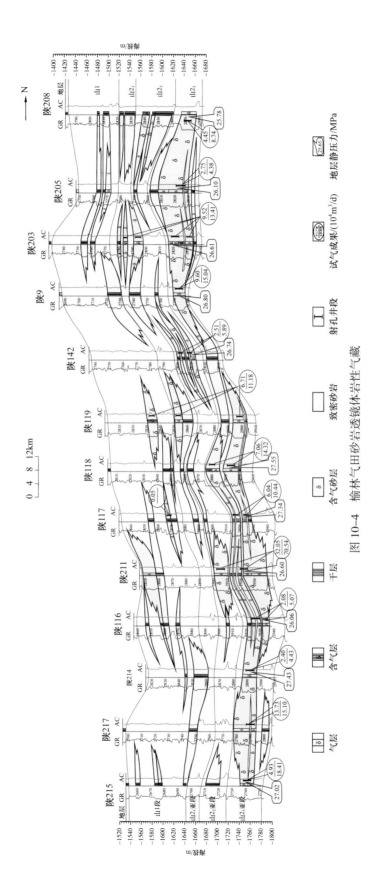

图 10-4 榆林气田砂岩砂岩透镜体岩性气藏

状、透镜状和不规则状等。

（4）层间裂缝岩性气藏。

构造作用和成岩次生作用使脆性石灰岩产生层间裂缝或局部裂缝发育区，成为有利的储层空间和渗透通道，从而形成层间裂隙岩性油气藏。如石炭系太原组斜道灰岩，在裂缝发育段形成了层间裂缝岩性气藏，该类圈闭紧邻生油岩或为其所围限，油源充足，含气丰度较高，如子洲太原组气藏属于该类型（图 10-5）。

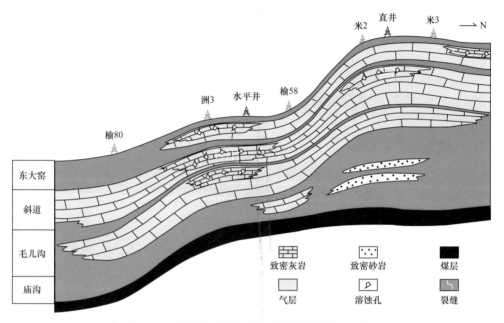

图 10-5　子洲太原组石灰岩层间裂缝岩性油气藏

2. 盆地西部

鄂尔多斯盆地西缘冲断带逆冲断裂发育，地层变形显著，背斜构造成排成带分布，该带主要为受控于背斜、断层等局部构造圈闭的气藏类型，气藏序列属构造气藏类。背斜闭合高度和形态控制天然气在三维空间的聚集，多有统一的油气水系统、压力系统和热流系统，以层状气藏为主。气藏类型包括背斜构造气藏、断背斜气藏等。

## 三、三叠系油藏类型与油藏序列

1. 盆地中南部

鄂尔多斯盆地三叠系延长组油藏属于典型的低—特低渗透岩性油气藏。盆地中南部沉积背景、沉积环境是成藏的主导因素，因而油藏序列的划分即可按沉积体系划分，亦可按沉积环境、沉积相划分。

1）油藏序列

按沉积体系：可划分为西南体系油藏序列、西北体系油藏序列、东北体系油藏序列和湖盆中部油藏序列。其中西南体系油藏序列包括西南体系油藏类、西峰油田及其两侧、黄陵油田；西北体系油藏序列包括西北体系油藏类和姬塬油田；东北体系油藏序列包括东北体系油藏类和安塞油田、靖安油田；湖盆中部体系油藏序列包括湖盆中部油藏类和华庆油田。

按沉积环境、沉积相：可分为三角洲平原油藏序列、三角洲前缘油藏序列、深水重力流油藏序列三类。三角洲平原油藏序列如姬塬油田西北侧部分区块、安塞和靖安油田东北侧部分区块、西峰油田西南侧部分区块等。三角洲前缘油藏序列如姬塬油田、安塞油田、靖安油田、西峰油田主体等。深水重力流类油藏序列如华庆油田等。

2）油气藏类型

不同油藏序列均以各种岩性圈闭和复合圈闭为主，其中常见的岩性圈闭油藏类型有上倾方向砂岩尖灭岩性油藏、砂岩透镜体岩性油藏、成岩圈闭（次生圈闭）油藏等，复合圈闭油藏以构造（差异压实）—岩性油藏为主。

（1）上倾尖灭岩性油气藏。

油气藏分布主要受沉积相带演化和区域构造共同作用，由三角洲分流河道（水下分流河道）砂体和河口坝等骨架砂体与盆地边缘隆起（斜坡）其上倾方向的分流间湾泥岩相相配合，使砂岩上倾尖灭线与储层顶面构造等高线相交，形成上倾岩性尖灭圈闭。油藏中的油气往往聚集在沿上倾方向尖灭或渗透性变差的储集砂层内，圈闭规模往往较大，其边界常与岩性边界一致。这类油气藏主要分布在延长组各油层组的三角洲前缘亚相带，储集体为前缘水下分流河道和河口坝砂体，围岩为分流间湾相泥岩或者粉砂质泥岩。

（2）透镜体岩性油气藏。

砂岩透镜体油藏多分布在长8、长6、长4+5、长3和长2油层组中的三角洲平原或者前三角洲亚相区，储层由分流河道砂、河口沙坝以及远沙坝组成，周围被非渗透性泥岩所包围。砂岩透镜体中的储集体规模控制着油气的聚集数量，相对于其他岩性油藏，其规模较小，常见底水或边水。另外，在浊积砂以及低渗透岩层中因成岩变化形成的局部高渗砂体透镜带中也可出现透镜体油藏。

（3）砂岩成岩圈闭油气藏。

砂岩成岩圈闭主要由沉积微相和成岩作用共同控制。在砂岩成岩圈闭油藏中，不仅储层有明显的溶蚀改造，并且局部的遮挡盖层是由成岩作用形成的致密砂岩，而非泥质岩类，储层非均质性强，油藏的边界并非岩性边界，具有油水分异较差、产水较高、油藏预测难度较大的特点。这类油气藏主要分布于长8、长6、长4+5油层组三角洲平原分流河道中。

（4）差异压实构造—岩性复合油藏。

这是延长组三角洲体系中最常见的复合油气藏，受构造活动或差异压实作用以及岩性变化的共同作用。延长组各个含油层组顶面在现今鄂尔多斯盆地西倾单斜构造上形成了一系列近东西向的鼻状隆起，其规模有限，幅度较小，这种鼻状隆起与各含油层组在上倾方向近北东—南西方向分布的三角洲分流河道以及河口坝带状砂岩储层以及河间泥质类相互配置，形成较好的差异压实构造—岩性复合圈闭油气藏。油藏规模小，储层主要受沉积作用的影响，物性及油水分异好，单井产量高。这类油藏主要分布于长3、长2油层组中。如华池剖6井区长3₃油藏即属于构造—岩性油藏，由于砂体规模及厚度的变化引起的差异压实形成南、北两个鼻状隆起，砂体控制鼻隆，鼻隆控制圈闭，圈闭控制成藏。砂体规模及物性是决定成藏的主要因素，构造对油水分异起一定作用，构造高部位产纯油，低部位油水同出（图10-6）。

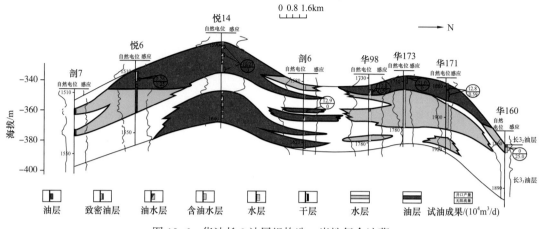

图10-6　华池长3油层组构造—岩性复合油藏

（5）上倾岩性尖灭与次生成岩复合圈闭油藏。

该类复合圈闭既有上倾方向砂岩尖灭形成的圈闭，又有上倾方向成岩致密形成的圈闭，如安塞油田河庄坪区长$6_1$油层下部油藏为上倾岩性致密形成成岩圈闭油藏，上部油藏为上倾砂岩尖灭形成岩性尖灭油藏（图10-7）。

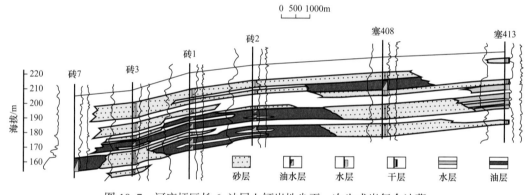

图10-7　河庄坪区长$6_1$油层上倾岩性尖灭—次生成岩复合油藏

2. 盆地西部

盆地西部逆冲断裂带之断层、断块、断鼻等局部构造是成藏的主导因素。油藏序列属构造油藏类。油藏类型为背斜构造油气藏，如马家滩油田（图10-8）。

## 四、侏罗系油藏类型与油藏序列

1. 盆地南部古地貌油藏区

侏罗系延安组、特别是延安组下部延10、延9油层组的油藏分布明显受前侏罗纪古地貌的控制，延8油层组沉积后之后已经进入湖泊—三角洲环境，基本不受古地貌的控制，但油气运聚成藏仍然受古地貌的制约。根据油藏类型、分布与古地貌的关联，建立了与古地貌相关的三类油藏序列。

1）坡系前缘（高地斜坡）类

该类油藏序列的油藏类型以披盖压实成因的构造及岩性—构造油藏为主，以地层及砂岩透镜体岩性油藏为辅。油藏分布在古高地斜坡的倾没端或者一、二级古河的斜坡处，其油藏数量、储量占侏罗系储量的绝对优势。主要有姬塬高地南坡樊家川—元城油田、姬塬高地东坡王盘山—王洼子油田、演武高地东北坡马岭油田、子午岭高地西北坡华池—玄马油田、靖边高地西坡靖安油田、宁陕河东岸油坊庄—胡尖山油田。该类油藏序列的油藏类型包括构造油藏、复合油藏、不整合—地层超覆油藏。

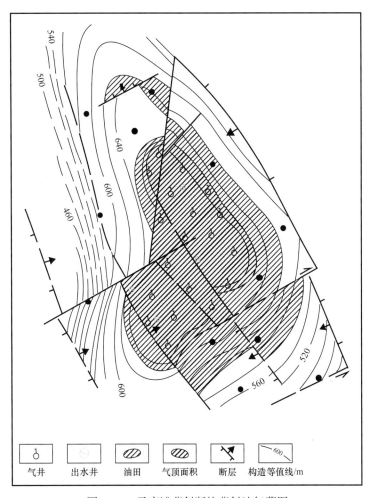

图 10-8　马家滩背斜断块背斜油气藏图

（1）构造油藏。

马岭地区前侏罗纪古地貌位于演武高地的东北倾末端，处于甘陕古河、庆西古河的交汇区，属低丘地貌，地形开阔，高差小，在该地貌背景上接受了延安组沉积早期延10油层组河流边滩砂体沉积，由于后期压实作用，在低丘刚性背景上形成压实披覆背斜、半背斜、局部形成小穹隆构成构造圈闭而聚油。如贺旗古河谷两侧马岭低丘延10、延8油藏、曲子低丘延9油藏均属构造油藏（图10-9）。

姬塬南坡位于姬塬高地与甘陕古河斜坡带，其上发育多条近似等间距分布的三、四级分流河道，将姬塬斜坡切割为多个向南倾没的坡嘴，形成河流边滩沉积，相对高地形处沉积薄，分流河道谷沉积厚，后期压实作用在坡嘴处形成压实披覆构造，表现为小穹隆、半背斜，这些局部构造形成的构造圈闭聚集油气后即为构造油藏。这类油藏在姬塬南坡自西而东均有分布（图10-10），尤以元城油田最为典型，元城油田延10油层组顶面构造显示为东、西两个构造高点，闭合幅度大于 15m，这两个圈闭严格控制了该油田的含油面积，圈闭形态与含油面积基本一致，说明构造是该油田成藏的主控因素。

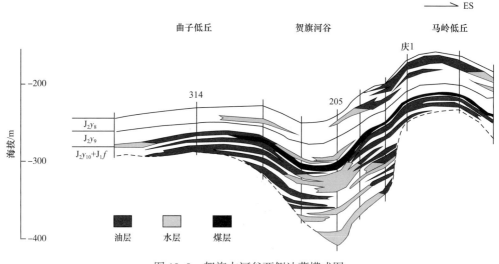

图 10-9　贺旗古河谷两侧油藏模式图

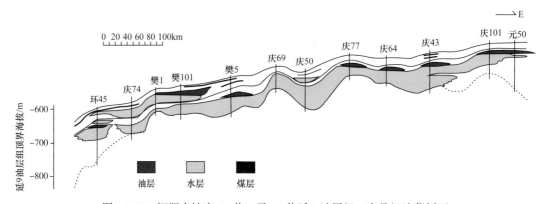

图 10-10　姬塬南坡庆 45 井—元 50 井延 9 油层组—富县组油藏剖面

（2）复合油藏。

侏罗系油藏或者圈闭主要受沉积和岩性、地层超覆间断变化、前侏罗系古地形以及成岩差异压实作用引起的鼻隆构造等多种因素控制，这些因素共同对油气聚集起大体相同或相似的圈闭作用。常见的成因复合类型有构造—岩性复合油藏、岩性—构造复合油藏等。典型代表为马岭中区侏罗系延 10 岩性—构造复合油藏。该油藏的成藏背景受压实披覆构造控制，同时侧向又受岩性尖灭控制，所以该油藏为构造为主、岩性为辅的岩性—构造复合油藏（图 10-11）。马岭地区前侏罗纪古地貌主要为古河道和侵蚀残留丘塬，后期在古河道沉积的延安组中，因沉积微相变化和差异压实作用形成了大量的压实构造—岩性复合油气藏。

（3）不整合—地层超覆油藏。

主要发育在延安组沉积早期古河谷斜坡带上，由于河床不断迁移、摆动，河谷逐渐加宽，使得河流边滩砂体超覆于不整合面（侵蚀面）之上，不整合面（侵蚀面）构成地层遮挡，形成了不整合圈闭，油气运移其中则形成不整合油藏。这种油藏类型在马岭低丘（图10-12）、玄马斜坡上最为发育，均为河道砂体向古高地超覆，侵蚀面形成遮挡而构成地层超覆不整合油藏。

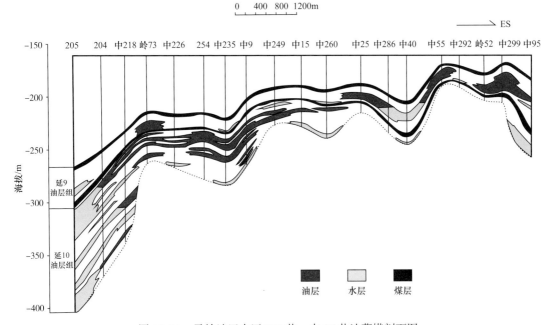

图 10-11　马岭油田中区 205 井—中 95 井油藏横剖面图

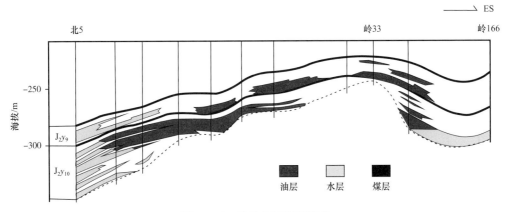

图 10-12　马岭北区油藏模式

2）丘陵（高地）外围类

该类油藏序列位于古地貌高地腹部及外围地区，含油层位以延 8 油层组以上为主。该类油藏以岩性油藏为主，古地貌高地控制油气的运聚成藏指向。岩性圈闭是侏罗系延安组中最主要的圈闭类型之一。由储层岩性变化所形成的岩性差异圈闭油气藏，常见的有上倾尖灭油气藏和透镜体油气藏两类。上倾尖灭油气藏主要分布在延 9 油层组以上的三角洲沉积体系中，多在沉积过程中形成。主要油田有红井子—王家场油田、东红庄油田、麻黄山油田、演武—彭阳油田、城华油田、绥靖油田等。该类油藏序列的油藏类型主要有：上倾岩性尖灭油藏、透镜体岩性油藏、河谷平原类油藏、成岩圈闭油藏。

（1）上倾岩性尖灭油藏。

延安组在盆地腹地的湖泊沉积演化过程中，沉积环境或水动力条件有多期韵律性改变，湖岸线和三角洲不断进积和退积变化，引起沉积相和岩性在纵横向上发生相变，当含油砂岩层向一个方向变薄，直至上、下层面相交于在泥岩中时，就会形成岩性尖灭圈闭。

（2）透镜体岩性油藏。

当砂岩层向两边尖灭时，往往形成透镜体圈闭。其发育分布与河流、湖泊以及三角洲沉积体系的展布特征有关，砂岩透镜体在延安组三角洲相、滨浅湖相、河流相中最常见，如延10油层组河流边滩、心滩孤立透镜状砂体，或延9油层组及其以上三角洲砂体横向相变为泥岩而成为透镜体（纵向顺砂体表现为岩性尖灭）。如马坊油田延6、延7油藏，红井子油田延7、延8油层组亦发育透镜体油藏。

（3）河谷平原类油藏。

该类油藏序列位于甘陕一级古河谷内。含油层位以延10油层组为主，多由延10油层组沉积期河流相心滩砂体在谷地河涧潜丘背景上形成小型披覆构造圈闭，或者由延10油层组沉积末期河流沙坝形成的局部砂岩透镜体圈闭成藏。油藏类型有砂岩透镜体油藏、小型披覆压实构造油藏（图10-13）。这类油田主要有木钵—五蛟—白豹油田、吴起油田等。

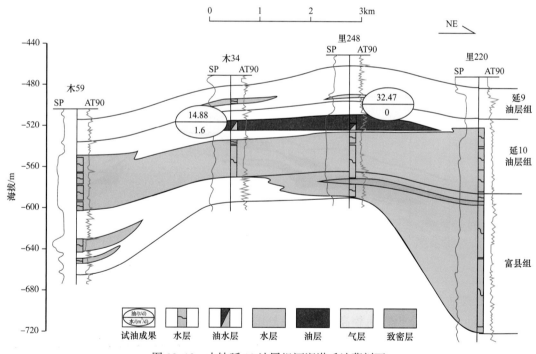

图10-13　木钵延10油层组河涧潜丘油藏剖面

（4）成岩圈闭油藏。

表现为大套厚层河道砂体，因成岩差异形成局部透镜型高孔渗区构成成岩圈闭油藏。如吴起地区吴116、吴111井延10油藏即为典型代表，厚层河道砂由于成岩作用局部形成高孔渗区而成藏，油藏的分布完全受控于储层物性的优劣（图10-14）。

2. 盆地西部

指盆地西部逆冲构造带的中、南段，该带油气藏类型主要受控于冲断构造，以各类构造油藏为主，根据冲断构造的东西分带，可将其油藏序列细化为两种类型。

1）冲断叠瓦区构造油藏类

大水坑、摆宴井油田属之，油藏类型有断块背斜油藏（图10-15）、断层鼻褶油藏（图10-16）。

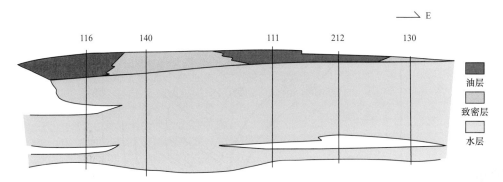

图10-14　吴起沙洲延9油层组砂岩渗透性差异油藏模式

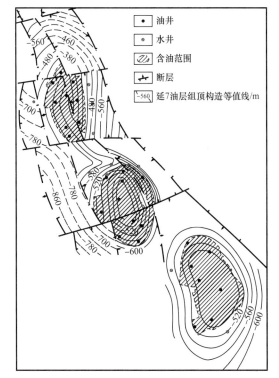

图10-15　摆宴井断块背斜油藏图（据长庆油田石油地质志编写组，1992）

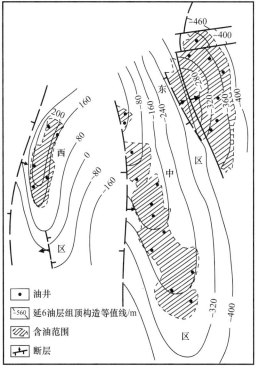

图10-16　大水坑断层鼻褶油藏图（据长庆油田石油地质志编写组，1992）

2）冲断前缘区油藏类

李庄子油田属之。油藏类型有背斜油藏（图10-17）、岩性油藏。

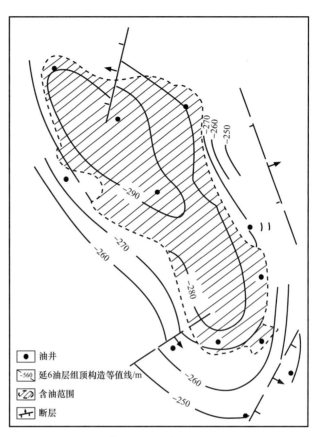

图 10-17　李庄子背斜油藏图（据长庆油田石油地质志编写组，1992）

# 第二节　油气藏特征

鄂尔多斯盆地油气藏类型复杂多样，油气资源丰富，具有"满盆气、半盆油，上油下气"的油气分布格局。其中，古生界天然气主要分布在盆地的北部，中生界石油主要分布在盆地的中南部。纵向上具有"上油下气"的分布特点。本节分别讨论下古生界、上古生界气藏和中生界三叠系与侏罗系油藏特征与分布格局。

## 一、下古生界碳酸盐岩常规气藏

鄂尔多斯盆地下古生界为碳酸盐岩气藏。奥陶系马家沟组可划分为三套含气组合：马五$_{1-4}$亚段为上部含气组合，储层主要为风化壳岩溶储层；马五$_{5-10}$亚段为中部含气组合，储层主要为白云岩晶间孔储层；马四段及其以下为下部含气组合，储层主要为白云岩晶间孔储层。目前已发现的下古生界碳酸盐岩气藏主要分布于乌审旗—靖边一带，储层物性相对好，属于常规气藏。

### 1. 存在上、下古生界两套气源

鄂尔多斯盆地古生界具有上古生界海陆过渡相煤系烃源岩和下古生界海相碳酸盐岩两套烃源岩，气源供给充足。晚古生代，盆地在陆表海背景上沉积了晚石炭世—二叠纪近海平原—海陆过渡相—陆相含煤碎屑岩建造，煤层累计厚度一般为10～30m，其有机碳含量高达 70.8%～83.2%，分布范围广且厚度稳定，并在晚侏罗世—早白垩世末期达到生排烃高峰，其生气强度为 $10 \times 10^8 \sim 50 \times 10^8 \mathrm{m^3/km^2}$，与奥陶系储集体形成了上生下储的配置关系，是盆地下古生界气藏的主要气源。

鄂尔多斯盆地下古生界海相烃源岩有机质丰度整体较低，局部层段存在较好的烃源岩（表 10-2、表 10-3）。纯碳酸盐岩的有机碳含量一般小于 0.30%，而泥质岩、泥质碳酸盐岩平均有机碳含量为 0.38%，其有机质丰度明显高于纯碳酸盐岩。奥陶系海相烃源岩包括中奥陶统碳酸盐岩和上奥陶统暗色泥页岩和泥灰岩。中奥陶统碳酸盐岩有效烃源岩以暗色泥质灰岩为主，主要分布于盆地东部盐下马家沟组，集中分布于马三、马五段，有机质类型为腐殖腐泥型，$R_\mathrm{o}$ 为 2.07%～2.86%，生气强度为 $1 \times 10^8 \sim 2 \times 10^8 \mathrm{m^3/km^2}$，生烃潜力较小。上奥陶统烃源岩仅分布于盆地西缘和南缘台缘斜坡相带，岩性以暗色泥页岩为主，夹暗色泥质灰岩薄层，厚度为 20～200m，西厚东薄，有机质类型以腐泥型为主，生气强度为 $8 \times 10^8 \sim 16 \times 10^8 \mathrm{m^3}$，具有一定的生烃潜力。近年来，在盆地西部奥陶系台缘相带和盆地东部奥陶系盐下发现了自生自储型气藏，证实了奥陶系海相烃源岩的生烃潜力（杨华等，2014）。

表 10-2　鄂尔多斯盆地奥陶系海相烃源岩有机碳含量统计表

| 岩性 | 层位 | TOC/% | | | 样品数 |
| --- | --- | --- | --- | --- | --- |
| | | 最小值 | 最大值 | 平均值 | |
| 石灰岩 | $O_{2-3}$ | 0.03 | 0.85 | 0.23 | 586 |
| 灰色泥岩、泥灰岩 | $O_{2-3}$ | 0.14 | 2.91 | 0.38 | 146 |

表 10-3　鄂尔多斯盆地奥陶系海相烃源岩有机碳分布频率统计表

| 岩性 | 不同 TOC 段的频率值 /% | | | | | | | 样品数 |
| --- | --- | --- | --- | --- | --- | --- | --- | --- |
| | <0.1 | 0.1～0.2 | 0.2～0.3 | 0.3～0.5 | 0.5～0.8 | 0.8～1.0 | >1.0 | |
| 石灰岩 | 12.1 | 53.2 | 19.9 | 8.8 | 3.0 | 1.4 | 1.6 | 586 |
| 泥岩、泥灰岩 | 6.2 | 32.9 | 17.1 | 14.4 | 14.4 | 5.5 | 9.5 | 146 |

2. 奥陶系发育多种类型储层

受区域沉积环境差异的控制，鄂尔多斯盆地奥陶系发育多种类型储层，其发育层位和分布区域也各有不同。

盆地中东部马家沟组上部发育风化壳溶孔型储层。奥陶系马家沟组沉积期，由于近南北向展布的中央古隆起（西部古隆起，沉积期以间歇性暴露为主）的分隔作用，加之沉积期气候干旱炎热，盆地东部凹陷区为膏盐洼地，围绕其呈环带状发育膏云坪、含膏云坪及环陆泥云坪沉积。马五段沉积期，含硬石膏云岩坪相带在盆地中部靖边地区近南北向展布，分布面积近 15000km²；岩性以泥—细粉晶准同生白云岩为主，并普遍含石膏结核、石膏砂屑等易溶矿物；分布范围基本与加里东风化壳期岩溶斜坡位置一致，经历风化壳期淋滤溶蚀后，易于形成溶蚀孔洞型储层。而且由于含膏层段的成层性好，储层在平面上分布连续、稳定，为风化壳气藏大面积分布奠定了基础。

古隆起东侧（靖边气田西侧）发育以白云岩为主的储层。奥陶纪，盆地中西部地区存在分隔祁连、华北海域的近南北向展布的中央古隆起（也称西部古隆起）。在马四段沉积期，以及马五₅、马五₇、马五₉亚段等沉积期的海侵阶段，古隆起东侧水体较浅，形成了台内滩相以颗粒灰岩为主的沉积。在其后海退阶段的蒸发岩发育期，由于古隆起的间歇性暴露，来源于古隆起方向的大气淡水与来自东部膏盐洼地区的富 $Mg^{2+}$ 流体在古隆起东侧地区混合，形成混合水云化环境，有利于形成白云岩储层。这种滩相白云岩储集体与上覆石炭系—二叠系煤系烃源岩相配置，可以形成有效天然气聚集，是盆地中部奥陶系岩性圈闭成藏的有利组合。

盆地西部、南部两大台缘斜坡相带发育有效礁滩型储层。鄂尔多斯盆地的沉积演化与其南侧的秦岭海槽和西侧的贺兰海槽密切相关。早奥陶世马家沟组沉积末期至中—晚奥陶世，鄂尔多斯盆地西缘、南缘分别处于贺兰海槽、秦岭海槽与鄂尔多斯台地的过渡部位，存在有利的台地边缘礁滩相带，礁滩相经历后期改造主要发育石灰岩与白云岩两类有效储集体。

3. 奥陶系顶部岩性的差异形成不同类型的岩溶储集体

奥陶纪末—早石炭世，鄂尔多斯盆地内部由于盆地西部地区存在近南北向古隆起，古地势是西高东低，奥陶系在遭受长期的风化剥蚀及岩溶作用后，自西向东依次发育岩溶高地、岩溶台地、岩溶斜坡以及岩溶洼地。其中岩溶高地（台地）区及岩溶斜坡区岩溶作用强烈，形成了以溶蚀角砾岩、古土壤及铝土岩等典型风化残积物为主的沉积，并在距风化壳顶部一定深度范围内发育大小不等的溶洞、溶孔、溶斑和溶缝等，是形成奥陶系有效储层的关键。

鄂尔多斯盆地奥陶系沉积横跨华北、祁连两大海域，造成盆地中东部、西部沉积特征存在显著区别。中东部以下奥陶统沉积为主，顶部马家沟组岩性以含膏云岩为主；而西部发育下—中奥陶统，顶部中奥陶统岩性以石灰岩为主。由于不同地区奥陶系顶部出露地层岩性的差异，形成了不同成因类型的孔隙（图 10-18）。盆地中东部奥陶系顶部出露地层以马五段薄层含膏云岩为主，而且由于马五段中上部大量泥质夹层的存在，岩溶深度不大（一般在 80m 以内），主要发育含膏物质溶解后残余的溶蚀孔洞，且分布较为稳定。盆地中西部苏里格地区奥陶系顶部主要出露中奥陶统马四段及桌子山组颗粒白云岩（邻近靖边气田的局部地区出露马五段中下部白云岩），原岩中发育较多的白云石晶间孔。由于在裸露岩溶环境条件下白云石的溶蚀能力比方解石弱，所以在马四段这种

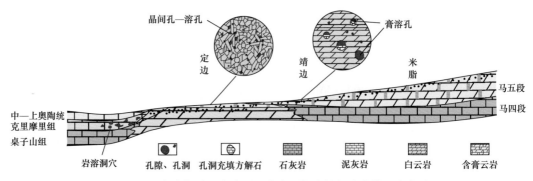

图 10-18　鄂尔多斯盆地奥陶系风化壳顶部岩性与岩溶储层发育关系

厚层白云岩连续分布的地层中，风化溶蚀对早期形成的晶间孔进行了改造，形成了以晶间孔—溶孔为主的储集空间。而盆地西部发育中—上奥陶统沉积，地层向西逐渐加厚，天环地区主要出露下奥陶统克里摩里组和中—上奥陶统。克里摩里组以台缘相石灰岩为主，由于石灰岩较白云岩更易于发生溶蚀，在经历长期的风化溶蚀之后，可以形成以规模较大的溶洞、洞穴为主的储集空间。目前该区已经有多口井钻遇洞穴体并获得较好的含气显示，证实了这类储集空间的有效性。

4. 奥陶系发育三套含气组合

按照储层类型及成藏特征，鄂尔多斯盆地奥陶系海相碳酸盐岩划分为 3 套含气组合（图 10-19），其烃源岩主要为上古生界煤系烃源岩。上部含气组合：主要层位为马五$_1$亚段—马五$_4$亚段，储集空间含膏云岩溶孔，以奥陶系顶部铝土质泥岩为盖层，多个含气层分布稳定，连片性好，气藏规模大，是靖边气田的主体。中部含气组合：主要层位为马五$_5$亚段—马五$_{10}$亚段白云岩，储集空间以滩相白云岩晶间孔为主，向东侧上倾方向一般相变成致密灰岩，可以成为有效封堵而形成岩性圈闭。尽管气藏规模较小，但具有局部高产富集的特点。下部含气组合：马四段及其以下地层，储层以白云岩晶间孔、晶间溶孔型储层为主，岩性相变可形成岩性圈闭。

5. 气藏单井产能相对较高，稳产能力强

靖边气田属于下古生界碳酸盐岩常规气藏，天然气组分主要以高的甲烷含量为特征，甲烷含量为 85.12%～96.82%，平均值为 94.24%；乙烷含量为 0.23%～4.93%，平均值为 0.93%。天然气的相对密度为 0.57～0.64，平均值为 0.60；二氧化碳含量为 0.33%～8.25%，平均值为 4.15%；硫化氢含量为 0～24576.20mg/m³，平均值为 954.50mg/m³。从气体组分看，为低含硫干气气藏。

天然气井经酸化改造后，具备一定稳产能力，气井平均无阻流量 24.8m³，初期产量 4.4×10⁴m³，在平均日生产量 2×10⁴～4×10⁴m³ 下可稳产 5 年；递减期前 5 年平均递减率为 13.15%，后 10 年平均为 8.46%。靖边气田 2003 年建成年产 55×10⁸m³ 的生产规模，2017 年生产天然气 53.30×10⁸m³，截至 2017 年底，累计动用储量 4100×10⁸m³、生产天然气 874×10⁸m³，已稳产 14 年。投产气井 978 口，日产气 1670×10⁴m³，综合递减率 12.3%，油压 6.1MPa，地层压力 12.0MPa。84.43% 气井井口压力接近系统压力，气体稳产及调峰能力逐年减弱，气田调峰主要依靠当年投产新井实现。

## 二、上古生界砂岩致密气藏

鄂尔多斯盆地上古生界为砂岩含气层系，砂岩气藏的物性较差，渗透率普遍小于 1mD，属于非常规致密气藏。这类气藏具有多层系含气、大面积分布，储层类型多样、非均质性强、非浮力聚集成藏、圈闭界限不清，典型三低特征、单井产量低等特点。

上古生界致密气藏在全盆地广泛分布，已先后发现榆林、子洲、乌审旗、苏里格、神木等大气田，是长庆油田增储上产的主要领域，2017 年致密气产量占长庆油田天然气总产量的 88% 以上（图 10-20）。概括而言，鄂尔多斯盆地上古生界气藏具有以下几个特征。

1. 含气层系多，分布面积大

鄂尔多斯盆地致密气主要分布在上古生界石炭系本溪组和二叠系太原组、山西组、石盒子组及石千峰组碎屑岩中。自下而上，发育本 1、本 2 段两个含气层段，太 1、太

2段两个含气层段，山1、山2段两个含气层段，盒1段—盒8段八个含气层段，千1段—千5段五个含气层段，共19个含气层组。主力含气层段为盒8段、山1段和太1段，单井发育气层5～10段，单个气层厚3～8m。天然气藏的分布主要受沉积砂体和烃源岩的控制。上古生界各层系发育的大型三角洲沉积砂体与"广覆式"分布的煤系烃源

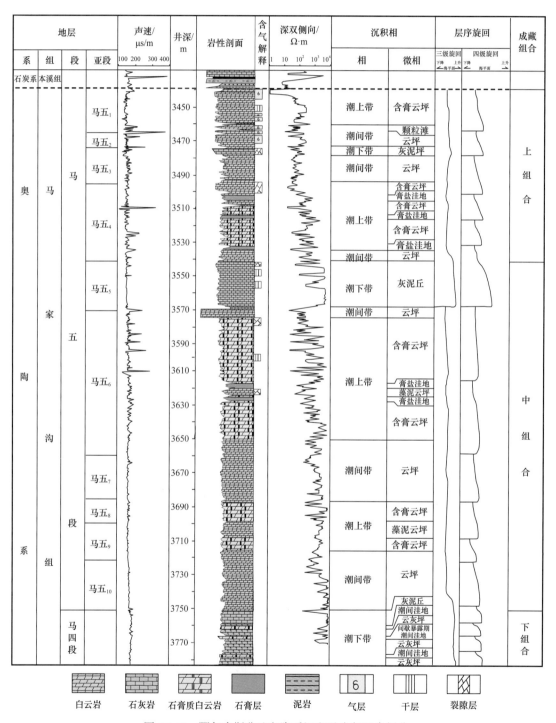

图 10-19 鄂尔多斯盆地奥陶系沉积及含气组合划分

岩形成了良好的生储成藏组合，依据源储配置关系，纵向上可划分为源内、近源、远源三套成藏组合，不同的成藏组合在纵向上相互叠置，形成多套含气层系。其中，源内、近源含气组合气源充足，含气饱和度高，气藏规模大；远源组合以次生气藏为主，含气规模相对较小（图10-21）。

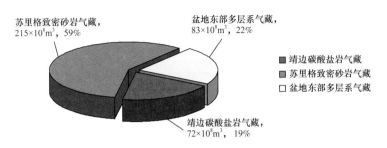

图 10-20 长庆油田 2017 年天然气藏产量构成图

鄂尔多斯盆地上古生界天然气分布十分普遍，表现在横向上整个盆地几乎都含气，真正意义上的干井很少。在平缓的区域构造背景下，天然气主要分布在盆地中部斜坡部位，气藏埋深从西向东逐渐变浅，西部地区 2800~4000m，东部地区 1900~2600m。气层纵向上相互叠置，平面上叠合连片分布，大面积含气，气藏多无明确的边界，在现有的气田内几乎划分不出单个气藏的边界，整个气田由众多中小型岩性气藏或"甜点"组成，从而构成大面积分布的气田面貌。钻井证实，盆地含气范围达 $18 \times 10^4 km^2$，在大面积含气背景下，局部相对富集。如鄂尔多斯盆地苏里格气田气层厚 5~20m，单个含气砂体规模一般长 1000~2500m，宽 100~250m，纵向发育多个含气层段，含气面积超过 $4 \times 10^4 km^2$（付金华等，2008）。

2. 致密气藏具有典型的"低渗、低压、低丰度"特征

鄂尔多斯盆地上古生界天然气藏具有典型的"低渗、低压、低丰度"特征。地表条件下砂岩孔隙度小于 8% 的样品占 50.01%，孔隙度为 8%~12% 的样品占 41.12%，孔隙度大于 12% 的样品只占 8.87%；储层渗透率小于 1mD 的占 88.6%，其中小于 0.1mD 的占 28.4%（图 10-22）。覆压条件下，基质渗透率小于 0.1mD 的储层占 89%，具有典型致密气储层特征。在开发过程中发现，储层渗透性随着气藏压力的降低而下降，并具有不可逆性，渗透率越低，应力敏感性越强，渗透率下降得越快。

气藏压力系统复杂，多具负压异常。根据对全盆地 466 个井层的测压结果，上古生界储层压力系数变化较大，压力系数为 0.77~1.10，负压、常压、超压均有，但以负压为主，约占全盆地测压井层数的 80%。纵向上，压力系数的分布表现出较强的规律性，自本溪组向上至盒 8 段，总的变化趋势是负压比例升高，常压和超压比例降低（图 10-23）。横向上，根据 115 个测压数据统计结果，上古生界地层压力系数具有盆地东部和西部高、中部低，南部高、北部低的特点。盆地西缘平均压力系数为 0.97，以常压为主；伊盟隆起和苏里格气田平均压力系数分别为 0.83 和 0.87，以负压为主，其中伊盟隆起压力系数为全盆地最低；向东至榆林气田和盆地东缘，压力系数明显增大并转为以常压为主。而且，即使是同一个气田甚至同一气田的同一层位，其压力变化也较大，在压力—深度关系图上表现为压力数据点比较分散，反映气藏内部存在多个压力系统，气藏的连通性较差。由于地层压力系数低，气层厚度薄，气藏自然能量不足，储量丰度

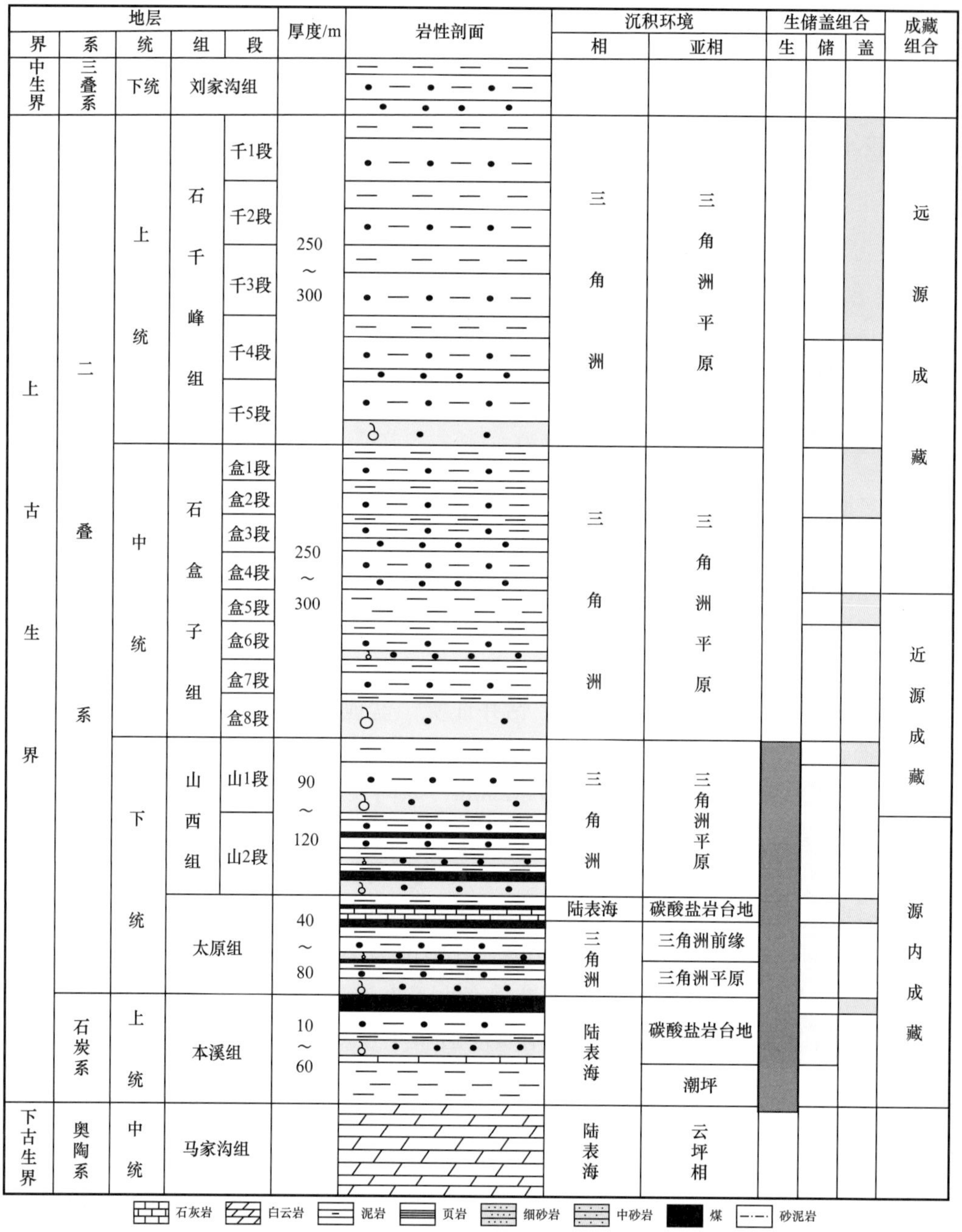

| 地层 | | | | | 厚度/m | 岩性剖面 | 沉积环境 | | 生储盖组合 | | | 成藏组合 |
|---|---|---|---|---|---|---|---|---|---|---|---|---|
| 界 | 系 | 统 | 组 | 段 | | | 相 | 亚相 | 生 | 储 | 盖 | |
| 中生界 | 三叠系 | 下统 | 刘家沟组 | | | | | | | | | |
| 上古生界 | 二叠系 | 上统 | 石千峰组 | 千1段 | 250～300 | | 三角洲 | 三角洲平原 | | | | 远源成藏 |
| | | | | 千2段 | | | | | | | | |
| | | | | 千3段 | | | | | | | | |
| | | | | 千4段 | | | | | | | | |
| | | | | 千5段 | | | | | | | | |
| | | 中统 | 石盒子组 | 盒1段 | 250～300 | | 三角洲 | 三角洲平原 | | | | 近源成藏 |
| | | | | 盒2段 | | | | | | | | |
| | | | | 盒3段 | | | | | | | | |
| | | | | 盒4段 | | | | | | | | |
| | | | | 盒5段 | | | | | | | | |
| | | | | 盒6段 | | | | | | | | |
| | | | | 盒7段 | | | | | | | | |
| | | | | 盒8段 | | | | | | | | |
| | | 下统 | 山西组 | 山1段 | 90～120 | | 三角洲 | 三角洲平原 | | | | 源内成藏 |
| | | | | 山2段 | | | | | | | | |
| | | | 太原组 | | 40～80 | | 陆表海 | 碳酸盐岩台地 | | | | |
| | | | | | | | 三角洲 | 三角洲前缘 | | | | |
| | | | | | | | | 三角洲平原 | | | | |
| | 石炭系 | 上统 | 本溪组 | | 10～60 | | 陆表海 | 碳酸盐岩台地 | | | | |
| | | | | | | | | 潮坪 | | | | |
| 下古生界 | 奥陶系 | 中统 | 马家沟组 | | | | 陆表海 | 云坪相 | | | | |

图例: 石灰岩　白云岩　泥岩　页岩　细砂岩　中砂岩　煤　砂泥岩

图 10-21　鄂尔多斯盆地上古生界成藏组合关系图

低，储量丰度一般为 $0.8×10^8～1.5×10^8 m^3/km^2$，属于大面积分布的低—特低储量丰度气田（杨华等，2012）。

目前盆地天然气已探明、基本探明地质储量 $6.21×10^{12} m^3$，其中特低渗透探明储量为 $5.23×10^{12} m^3$，占84.2%。

3. 非浮力聚集成藏，圈闭界限不清

鄂尔多斯盆地上古生界砂岩储层致密化时间为晚三叠世—中侏罗世，而天然气的大规模生、排烃时间为晚侏罗世—早白垩世末，储层致密时间要早于天然气运聚成藏期

（杨华等，2011c）。在区域构造非常平缓的背景下，天然气浮力克服不了储层毛细管阻力，天然气难以沿构造上倾方向发生大规模的侧向运移，以一次运移或短距离的二次运移为主，构造对气藏的控制作用不明显，天然气就近运移聚集成藏。在强的储层非均质性控制下，渗透率级差影响了天然气的富集程度，相对高渗透储层天然气的充注起始压力低，运移阻力小，气容易驱替水；而渗透率较低的储层天然气充注起始压力高，运移阻力大，气较难进入，储层非均质性控制下的差异充注成藏造成天然气主要富集于相对高渗透砂岩储层中。

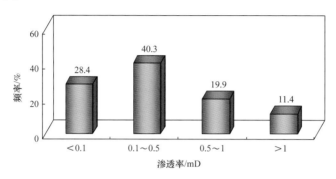

图 10-22　鄂尔多斯盆地上古生界储层渗透率分布直方图

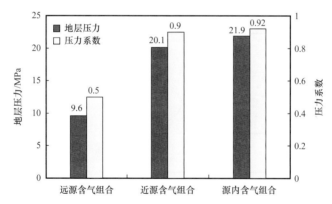

图 10-23　鄂尔多斯盆地不同含气组合地层压力及压力系数对比

在近距离运聚成藏条件下，天然气主要富集于紧邻烃源岩的储层中。如本溪组、山西组源储共生，属于源内含气组合，含气饱和度平均 70%；盒 8 段紧邻烃源岩，属于近源含气组合，含气饱和度为 65%；石盒子组上部及石千峰组远离烃源岩，属于远源含气组合，含气饱和度平均为 50%（图 10-24）。但浮力作用对近距离运聚成藏十分有限。

油气水分异差，气藏无边、底水，无统一的气、水界限，在不同期次砂体中，存在上气下水、气水倒置以及气水同层等多类型气水赋存状态，气藏圈闭边界不清晰。

4. 储层类型多样、微裂缝发育

上古生界天然气储层主要形成于陆相沉积环境，由于物源区岩性复杂，河流—三角洲水动力能量多变，决定了沉积物成分、粒度变化快，后期成岩作用复杂，储层非均质性强。储层岩性主要为石英砂岩、岩屑石英砂岩及岩屑砂岩，以中—粗粒结构为主，主要粒径区间分布在 0.3~1.0mm 范围内，结构成熟度和成分成熟度较低。储层骨架组分稳定而填隙物组分复杂多变的特征决定了储层成岩类型的多样性和储层物性的强非均质性。空间上，上古生界储层岩性、孔隙类型分区、分层位明显。纵向上，受沉积体系控制，本溪组—太原组—山2段主要发育粒间孔型石英砂岩储层，盒8段—山1段主要发育溶孔型石英砂岩储层。平面上，受物源的影响，盆地西部大面积发育石英砂岩储层，储集空间以粒间孔、溶孔、高岭石晶间孔为主，物性相对较好；盆地东部地区发育岩屑石英砂岩、岩屑砂岩储层，储集空间以黏土微孔为主，偶见岩屑溶孔以及少量晶间孔和层间微裂隙，物性相对较差。尽管上古生界致密砂岩气藏大面积发育区具有构造平缓、断裂不发育的特点，但通过野外露头剖面观察、钻井岩心描述、地震资料和成像测井资料解释发现，微裂缝和小型裂缝非常发育。岩心尺度裂缝具有三类产状：平行层面缝、低角度斜向缝（与岩层层面的夹角一般小于45°）和近垂直缝（与岩层层面的夹角多数大于70°）。平行层面缝和低角度斜向缝多数发育于层面结构发育的泥岩、泥质砂岩及岩性界面附近，裂缝面有明显滑移的痕迹，如光亮的摩擦面、条状划痕及阶步等。近垂直缝主要发育在相对致密的砂岩中，层面结构不发育（图10-25）。上古生界砂岩储层中的裂缝系统主要为垂直缝，次为斜交缝，走向以北西西至近东西向为主，其次为北东东向和北东向。裂缝纵向分布研究结果表明，泥岩中的区域性裂缝主要分布在盒1段以下地层，少量分布于盒2段，盒3段中很少见，因此裂缝向上的沟通作用影响的层位可能限于盒3段及下伏地层。微裂缝与大面积分布砂体背景下局部发育的相对高孔、渗"甜点"在空间上构成良好的匹配，形成良好的孔—缝网状输导体系。

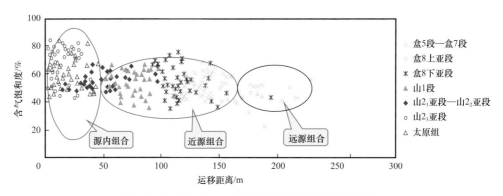

图10-24　运移距离与天然气含气饱和度关系统计

5. 气藏单井产量低，递减快

上古生界天然气主要来源于高演化的煤系烃源岩，成烃以天然气为主。天然气组分主要以高的甲烷含量为特征，甲烷含量为90.08%～96.78%，平均值为94.10%；乙烷含量为1.29%～7.38%，平均值为3.78%。天然气的相对密度为0.5659～0.6247，平均值为0.5976；二氧化碳含量为0～2.48%，平均值为0.43%。各气藏中无论是天然气组分，还是相对密度均有较好的一致性，天然气组分分析中未见$H_2S$，属无硫干气。

天然气井一般无自然产能，经储层压裂改造后，直井日产量为$1×10^4$～$2×10^4m^3$，水平井平均日产量为$5×10^4m^3$。气井在生产动态中表现出初期压降速率较大，产量下降较快；中后期压力下降比较平稳，在较低井底流压下，表现出一定的稳产能力。

苏里格气田是上古生界砂岩致密气藏的典型代表，2013年底建成$230×10^8m^3$规模，截至2017年底，累计动用储量$1.6×10^{12}m^3$、生产天然气$1706.7×10^8m^3$，已稳产4年。投产气井10804口，日均产气$6751×10^4m^3$，综合递减率为23.5%，套压7.8MPa。通过开展储层精细描述技术、多井型大井组立体开发和工厂化作业等新技术应用，苏里格气田可持续稳产 20 年。

a. 近垂直缝，盒8段，苏117井

b. 层面缝，盒8段，苏148井

c. 斜向缝，山1段，苏87井

d. 粉砂岩，盒8段，苏76井，荧光×50

图 10-25　鄂尔多斯盆地上古生界裂缝发育特征

## 三、三叠系延长组油藏

鄂尔多斯盆地三叠系油藏大面积分布于湖盆中部地区的上三叠统延长组，长 10 油层组—长 1 油层组均发现了油藏，其中，长 8、长 6、长 4+5 油层组为主力勘探层系，油藏规模大、分布面积广；长 10、长 9 油层组局部地区油藏富集；长 7 油层组致密油规模储量已经落实；长 3、长 2、长 1 油层组发育规模较小的油藏。延长组以三角洲前缘、三角洲平原和浊流沉积砂体为主要储层，储层孔隙类型以粒间孔为主，其次为长石溶孔，物性整体较差，主要为低渗透和超低渗透油藏。延长组油藏主要具有以下特点。

1. 油层埋藏适中，油藏大面积分布

鄂尔多斯盆地中生界低渗透和超低渗透油藏的埋藏深度主要在 1500~2200m，其中西峰油田、姬塬油田、华庆油田油层的平均埋深分别为 2000m、1985m、2050m，油层埋藏适中。

延长组岩性油藏的分布主要受沉积相带和烃源岩分布范围的控制。各层系发育的优质砂体与长 7 油层组厚层烃源岩形成了中生界良好的成藏组合，纵向上，在延长组下组合（长 10 油层组—长 8 油层组）、中组合（长 7 油层组—长 4+5 油层组）和上组合（长 3 油层组—长 1 油层组）均发现了良好的产油层段（图 10-26）。其中低渗和超低渗油藏主要分布于长 4+5、长 6、长 7 和长 8 油层组，以重力流沉积和三角洲前缘沉积为主，碎屑岩储集体的粒度相对较细，物性较差，渗透率一般为 0.1～1.0mD，但也是中生界主要的规模油藏富集层段。同时，在姬塬地区长 9 油层组、安塞地区长 10 油层组、陇东地区长 3 油层组、陕北地区长 2 油层组、姬塬地区长 1 油层组也发现了不同程度的油气富集。

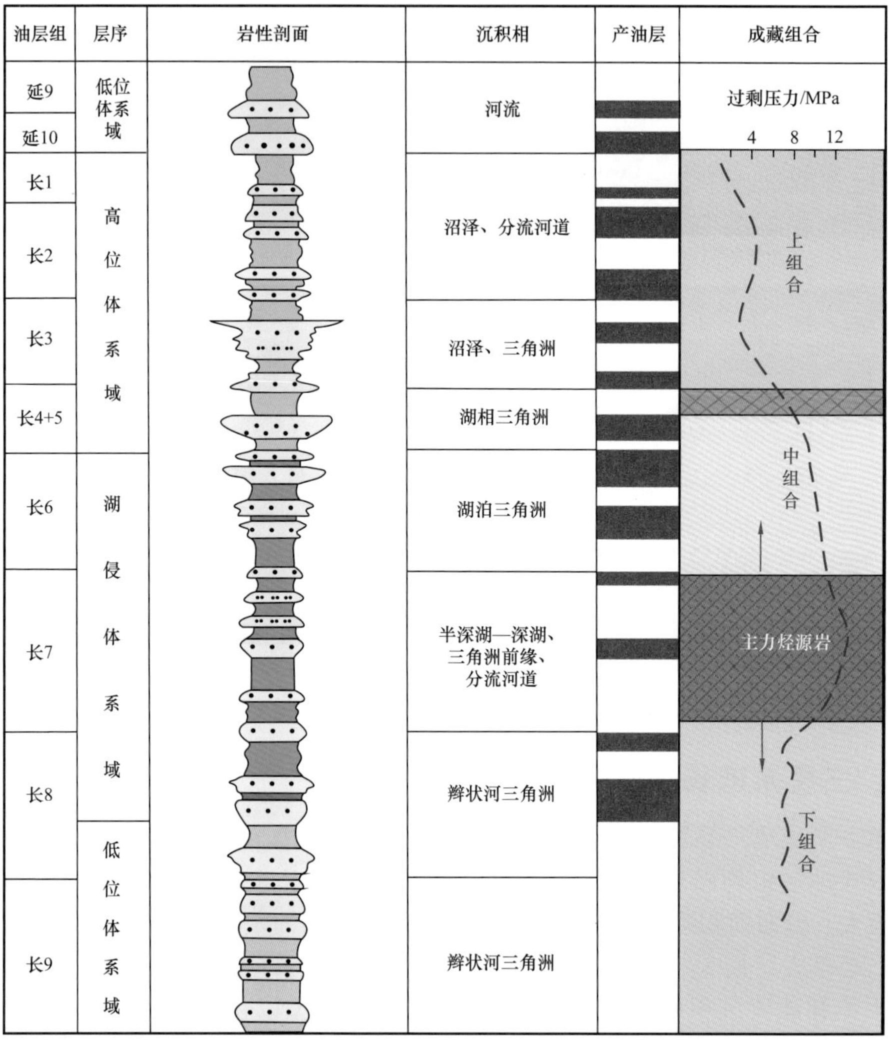

图 10-26　鄂尔多斯盆地中生界成藏组合图

　　平面上，延长组油藏主要处于或靠近湖盆沉积中心的位置，这些地带也是长 7 油层组暗色泥岩和黑色页岩烃源岩分布地带，延长组油藏的分布主要受长 7 油层组烃源岩范围的控制（刘显阳等，2012）。鄂尔多斯盆地已发现的大型岩性油藏主要分布于优质烃源岩分布的范围内（图 10-27）。

　　2. 油藏具有低渗、低压、低丰度的"三低"特性

　　长 4+5 油层组—长 10 油层组的渗透率主要分布在 0.1～2.0mD 之间，长 1 油层组—长 3 油层组及姬塬地区西部长 9 油层组的物性相对较好，渗透率主要为 1.0～20mD，总体显示为低渗透储层特点。

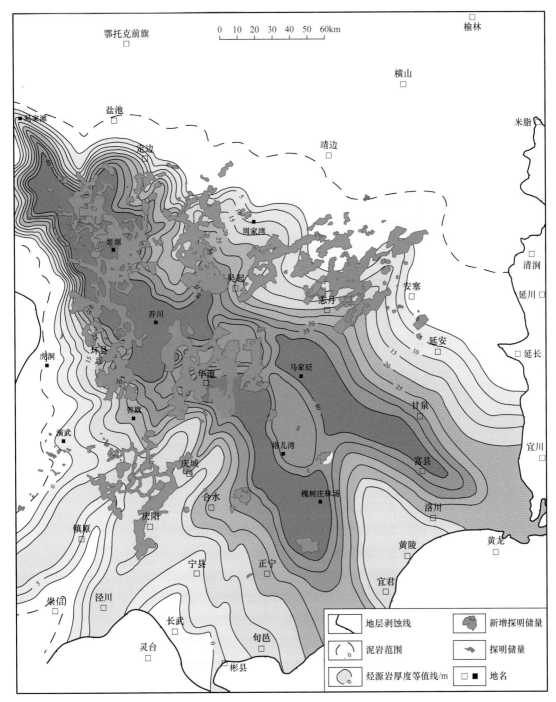

图 10-27　鄂尔多斯盆地长 7 油层组烃源岩与油藏分布图

　　通过对鄂尔多斯盆地中生界延长组 582 个实测地层压力数据的统计，其地层压力分布范围为 6～22MPa，地层压力系数主要分布在 0.6～0.9 之间，平均值为 0.74（李士祥等，2013）。按照国内现行应用较广的分类方案（黄海平等，2000；金博等，2004；张立宽等，2004）（压力系数小于 0.75 为超低压，0.75～0.9 为异常低压，0.9～1.1 为常压，1.1～1.5 为异常高压，大于 1.5 为超高压），盆地中生界延长组地层压力以超低压和异常低压为主，常压及高压较少。因此，中生界延长组油藏属于异常低压、超低压油藏。

鄂尔多斯盆地中生界地层压力和压力系数垂向分布特征与地层埋深关系密切。地层压力随深度增加呈线性增大，地层压力普遍偏离静水压力的趋势线，且随深度增加其偏离的程度有所增加；压力系数也具有随埋深增加而逐渐增大的趋势（图10-28）。延长组各层系平均压力系数变化不大，分布在0.70～0.77，长1、长2、长3、长4+5、长6、长7、长8和长9油层组的平均地层压力系数分别为0.74、0.70、0.76、0.74、0.73、0.74、0.75和0.77（图10-29）（李士祥等，2013），整体属于异常低压、超低压。

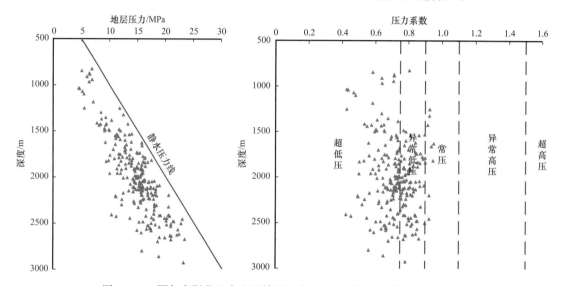

图10-28 鄂尔多斯盆地中生界储层压力、压力系数与埋藏深度关系图

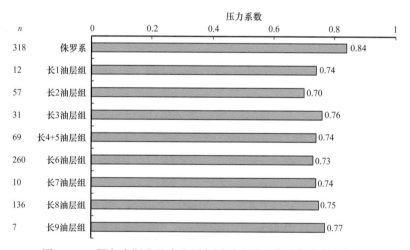

图10-29 鄂尔多斯盆地中生界各层系地层压力系数分布直方图

延长组油藏总体显示出储量丰度低的特点。2017年在延长组提交的$3.35×10^8$t探明储量中，储量丰度主要分布在$25×10^4～45×10^4$t/km²，平均值为$37.2×10^4$t/km²，总体为低丰度储量。

3. 油水分异差，油水关系复杂

延长组主力勘探开发的长4+5油藏—长8油藏大多属于低渗透和超低渗透油藏。由于低渗透砂岩孔喉狭窄，毛细管阻力大，浮力对油气运移的作用非常有限，导致低渗透砂岩油藏内油水重力分异不明显，油气藏无明确的油水边界和统一的油水界面，油水关系复杂，油水分布规律也存在差异，并可出现油水关系倒置现象。

以姬塬地区长6油藏为例，说明油水分异及油水关系特点。姬塬地区长6油层组油藏剖面特征表明（图10-30），砂岩内常见油水同层，油水分异不彻底，无底水，没有明确的油水边界，很难确定单个油藏的边界和大小。姬塬地区长$6_1$油层不同区块含油差异性较大。西部区域位于生烃中心，充注程度高，含油饱和度大，为纯油层型，试油以出纯油为主。中部区域砂体较发育，但充注程度低，试油主要出水，工业油流井较少。东部区域烃源岩厚度较薄，长4+5油藏与长6油藏叠加发育，充注程度低，主要为油水同出型。

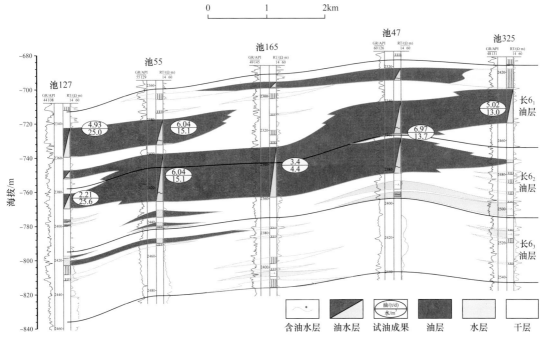

图10-30　姬塬地区池12井—池325井长6油层组油藏剖面图

因此，低渗透砂岩油藏往往连片分布，为多个油藏的集合体。受源储组合关系影响较大，不同区块延长组不同层位油水分布特征各不相同。

**4. 储层类型多样，天然裂缝发育**

延长组储层在盆地内的三角洲平原、三角洲前缘、半深湖—深湖区均有分布，分流河道砂体、水下分流河道砂体、浊积砂体等是其主要的储集砂体类型。受复杂沉积相组合的控制，砂体在平面上大面积复合连片分布，但单砂体延伸范围小，纵向上砂岩叠加厚度大。储层类型多样，孔隙类型主要为粒间孔、溶蚀孔，发育一定程度的微裂缝，平均面孔率一般小于5%。

在不同构造应力场作用下，延长组形成了纵横交错的裂缝体系，岩心和野外露头剖面中均可见到广泛发育的构造裂缝，以高角度缝和垂直缝为主，有一组或多组平行裂缝，存在不同方向相互切割的多组裂缝（图10-31）。靖安、安塞和固城川地区的岩心裂缝古地磁定向及露头区研究，认为延长组发育东西向、北西向、南北向和北东向四组区域性裂缝（李士祥等，2010），分布比较规则，产状较稳定。

a. 多期不同的裂缝相互切割

b. 多组裂缝相互平行，部分可见方解石充填

图 10-31　鄂尔多斯盆地延长组不同期次裂缝特征

## 四、侏罗系油藏

1. 原油具有低密度、低黏度、低凝固点的特征

黏度、密度是原油最主要的物性参数，它们与生油母质的性质、成烃环境、演化程度、次生稠变作用等都具有十分密切的关系。侏罗系延安组各含油气层系的流体性质存在一定差异，但总体上有一定的规律性。侏罗系延安组原油密度均小于 0.88g/cm³，原油黏度均小于 15mPa·s，根据原油评价标准，侏罗系原油呈现出低密度、低黏度、低凝固点的特点（图 10-32），为轻质油。

2. 渗透性地层、裂缝和不整合面是油气的主要运移输导体

输导层中的渗透性地层、不整合面以及断层、裂缝都是油气侧向和垂向运移的主要通道，但油气总是沿渗透率最大和阻力最小的路径运移。鄂尔多斯盆地周缘沉积盖层变形强烈，构造发育，而盆地内部沉积盖层变形较弱，断层和褶皱不发育，绝大部分地区的构造性质十分稳定，具有稳定型盆地的特征。通过对钻井岩心、物性、地球化学特征以及含油性的研究，认为孔隙型砂体、断层和裂缝以及不整合面是原油运移的主要通道（郭正权等，2008）。

不整合面是控制侏罗系油藏分布的重要因素。鄂尔多斯盆地三叠系和侏罗系之间存在角度、平行、侵蚀不整合等三种不整合接触关系，不整合面之上的厚层砂岩往往是石油运移的有利通道；在紧邻厚层砂岩相对较薄处的砂岩，是油气聚集的有利场所。

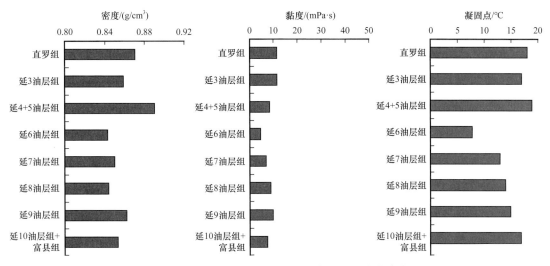

图 10-32　鄂尔多斯盆地侏罗系原油物性垂向变化直方图

**3. 前侏罗纪古地貌控制了延 10 油藏的分布**

侏罗系沉积前，印支运动使盆地整体抬升，形成一个西南高、东北低的大型平缓斜坡，延长组顶面遭受剥蚀，在相对低洼的地区加剧了河流下切作用，所以在侏罗纪早期本区河流十分发育。其中，横贯盆地中部最大的一条甘陕古河，近东西向自木钵流经白豹直至延安，河谷开阔，宽 10～20km，盆地内长达 200km，属于本区一级古河。宁陕古河与蒙陕古河二级古河直插盆地中部，略呈南北向延伸，河谷宽 3～10km，长 100km，均在白豹一带汇入甘陕古河。这几条主干河流将盆地南部切割为四大区域，即姬塬丘陵区、镇北坡系区（演武高地北坡）、城华坡系区（子午岭高地北、西坡）、陕北平原区。将盆地刻画成一幅北部丘陵起伏、阶地层叠，南部坡系连绵、沟壑纵横，东部平原开阔的古地貌景观。在主河谷的两侧又发育着一系列次一级支流，古水系形态呈树枝状分布，间距为 3～5km。这种古地貌形态既控制了侏罗纪早期沉积，又制约了沉积相带的分布。后期充填沉积起到了填平补齐作用，逐渐使负地形漫平。

依据盆地沉积和侵蚀比率、侏罗系沉积厚度的演变以及古河道充填砂体的展布，可将侏罗纪早期的古地貌景观划分为山地区、斜坡区、丘陵区和平原区四个大区，它们不仅控制着古水系的分布，而且决定着当时的沉积基准面。

勘探实践表明，现已发现的所有古地貌油田和出油井点绝大多数分布在斜坡带的丘嘴、坡嘴和河谷内的河间丘上。古地貌斜坡带是延 10 油藏最有利分布区，该带具有优先捕获油气的条件，受次一级支流的切割有利于形成压实披盖构造，它也是河流边滩亚相分布区，储集条件好。在目前已发现的油藏中位于斜坡区的占到油藏总数的 69.94%，河道占 19.94%，高地占区 15.18%，河间丘占 3.87%（图 10-33）。古地貌斜坡带之所以成为油气富集带是因为它处于油气运移、沉积相带、压实披盖构造、地下水流动交替等因素最有利于成藏的地带（郭正权等，2001）。

**4. 低幅度鼻状构造对油藏的控制作用明显**

延长组侵蚀面的构造形态与前侏罗纪古地貌具有很好的一致性。甘陕、宁陕、庆西

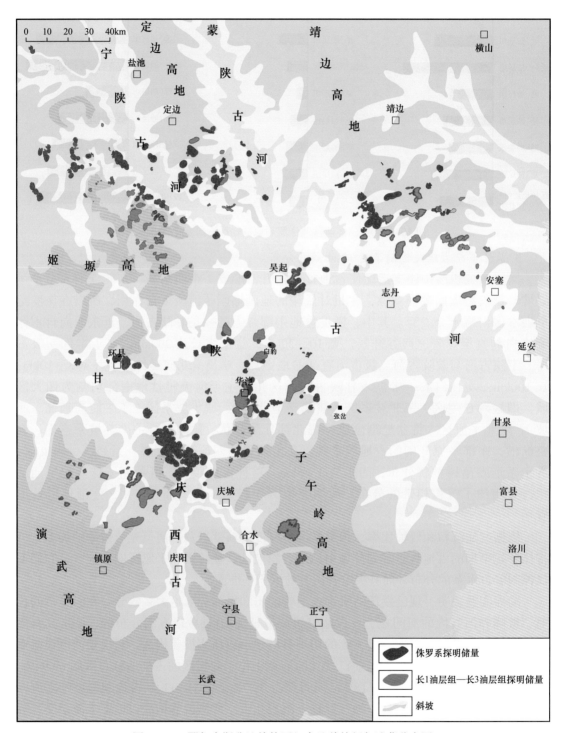

图 10-33　鄂尔多斯盆地前侏罗纪古地貌特征与油藏分布图

地图内文字标注：

0 10 20 30 40km

定边　蒙　靖　边　高　地

宁　盐池　陕　高　古　横山

陕　定边　河　地

古　靖边

河

古　河

姬　塬　高　地　吴起

志丹　安塞

古　河

陕　白豹　延安

环县　华池

甘　张岔　甘泉

子　富县

庆城　午　岭

演　合水　高　洛川

武　镇原　地

高　庆阳

地　古

河　宁县　正宁

长武

图例：

■ 侏罗系探明储量

长1油层组—长3油层组探明储量

□ 斜坡

河谷表现为幅度较大的洼槽，姬塬、演武、子午岭高地表现为隆起幅度较大的鼻隆，局部为穹隆，在姬塬斜坡有多个局部小高点分布，且与丘嘴一一对应，这些小高点控制了延10油藏的分布，如元城油田和王洼子油田等。位于甘陕河谷中的木钵、华182井河间丘其穹隆构造清晰可辨，构造高点与油藏位置完全吻合。马岭阶地由于贺旗支谷的切割，延长组顶面构造表现为南、北两个向西南倾没的鼻隆，这两个鼻隆控制了马岭油田延10油藏的分布（图10-34）。

延10油层组顶面构造总体形态与延长组侵蚀面起伏形态一致，具有较好的继承性，只是高差明显减小，这是因为延10油层组沉积末期区内基本填平补齐，延10油层组顶面起伏缩小。由于延10油层组＋富县组厚度及岩性差异形成的压实构造继承了延长组顶面的高地形，所以两者构造高点较为吻合。延10油层组顶面构造总体为西倾单斜上分布成排的鼻隆构造，从它的成排成带性表明，局部差异压实构造受到了后期构造应力的改造。盆地构造演化研究表明，西倾单斜构造是各期燕山运动的结果，而延长组油气成熟、运移始于白垩纪（燕山运动中期），晚于构造运动或与构造运动同步，这种构造与油气运移的时空配置关系最有利于延安组古地貌油藏的形成而不被构造运动破坏。

姬塬、子午岭高地表现为隆起幅度较大的鼻隆，局部为穹隆，在姬塬斜坡有多个局部小高点分布，这些小高点控制了延10油藏的分布，马岭阶地延长组顶面构造表现为南、北两个向西南倾没的鼻隆，这两个鼻隆控制了马岭油田延10油藏的分布（图10-34）。延9、延8油层组顶构造具有成排分布的鼻状隆起，这些鼻状隆起控制延9、延8油藏的分布（图10-35）。

5. 侏罗系成藏模式与组合

古地貌不但控制了延10油层组及富县组的沉积特征，同时也控制了圈闭的形成、油藏类型及其组合特征。侏罗系主要发育斜坡式、河间丘式、古河式和高地式四种成藏模式（图10-36）。充注强度、古河输导、裂缝沟通、古地貌和低幅度构造控藏是侏罗系油藏成藏的主要特征（李树同等，2011）。侏罗系富县组、延10油藏主要分布于古地貌斜坡和河间丘部位；延9油层组及以上侏罗系油藏主要位于分流河道中部及与鼻状隆起配合部位。富县组、延10油藏主要受古地貌控制；延9油层组及以上油藏主要受沉积相和构造控制。晚期构造活动对侏罗系油藏进行了再调整。

## 五、主力油田中生界产能及递减特征

截至2016年底，长庆油田已开发油田32个，动用石油地质储量39.3×10⁸t，2016年生产原油产量2535×10⁴t，有46420口油井开井和18949口注水井开井，延长组单井日产油能力约1.5t。侏罗系单井日产量稍高为3.5t，单井产量低，且综合含水达到58.5%。

长庆油田近八年来，自然递减主要控制在10.7%～13.1%，综合递减主要控制在7.9%～9.9%，自然递减和综合递减呈波浪式变化的特征（图10-37），2017年自然递减控制在11.9%，综合递减控制在9.6%，主力油田递减呈稳定或减少的趋势。

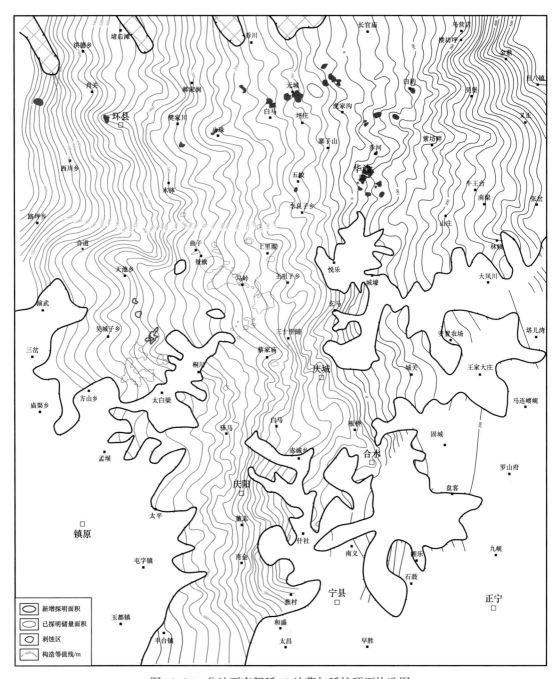

图 10-34　盆地西南部延 10 油藏与延长顶面构造图

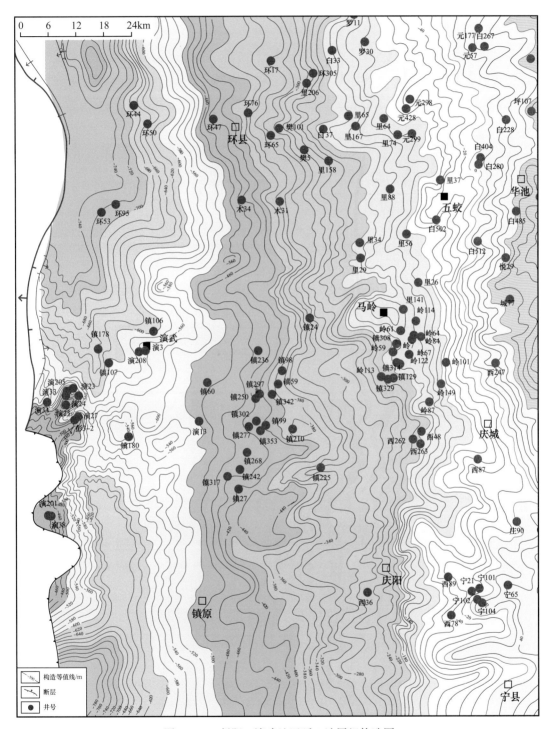

图 10-35　彭阳—演武地区延 8 油层组构造图

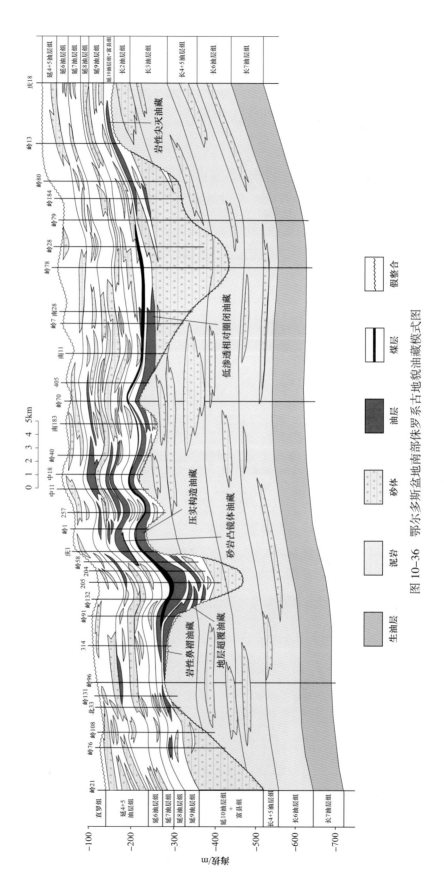

图 10-36　鄂尔多斯盆地南部侏罗系古地貌油藏模式图

图 10-37　长庆主力油田 2010—2017 年递减变化曲线

# 第三节　油气富集分布规律

通过对鄂尔多斯盆地砂体成因类型、储层条件和裂缝特征、生烃强度、生储盖组合、沉积—构造演化、油气藏类型以及形成条件等的研究，结合多年来的勘探实践，认为沉积—构造演化、烃源岩和储层特征等不仅是油气成藏的基础，亦控制了油气富集与分布规律。

## 一、下古生界天然气富集分布规律

鄂尔多斯盆地下古生界煤成气主要分布在奥陶系海相碳酸盐岩储层中，上覆的石炭系—二叠系煤系烃源岩为奥陶系海相碳酸盐岩提供了丰富的气源，大面积发育的风化壳岩溶储层与煤系烃源岩直接接触，构成良好的源储配置关系。气层分布稳定，含气面积大，无统一气、水界面。

1. 古岩溶作用控制了风化壳储层的展布

加里东期，鄂尔多斯盆地整体抬升，奥陶系顶部经过长达 1.5 亿年的风化剥蚀作用，自西向东形成了岩溶高地、岩溶斜坡、岩溶盆地等古地貌单元（图 10-38），其岩溶作用类型及强度的不同造成储层展布特征和储集性能差异明显。

岩溶斜坡地带储层中的充填物以白云石为主（图 10-39a），充填程度较低（约为67%），岩溶作用强烈，以层状岩溶作用为主，易于形成溶蚀孔、洞、缝，有效储集空间为溶孔、晶间孔，平均孔隙度为 5.7%，平均渗透率为 3.48mD，储集性能良好。储层呈大面积展布，且含气层位分布稳定，是风化壳储层发育的最有利地区，如已发现的靖边大气田。

岩溶盆地的岩溶作用较弱，储层的充填程度高（约为 90%），充填物以方解石、白云石为主（图 10-39b），平均孔隙度为 3.4%，平均渗透率为 0.84mD，有效储层主要分布在岩溶残丘或中等规模的台地部位（吴亚生等，2006）。

岩溶高地地势整体较高，岩溶作用以垂向渗滤为主。尽管奥陶系马五段遭受区域剥蚀，但岩溶高地与岩溶斜坡过渡地带的马五$_{1+2}$亚段保存较完整，储层充填程度较低（为70%～80%），充填物以白云石为主（图 10-39c），岩溶作用强烈，以层状岩溶作用为主，有效储集空间为溶孔、晶间孔，平均孔隙度为 5.1%，平均渗透率为 1.68mD，储集

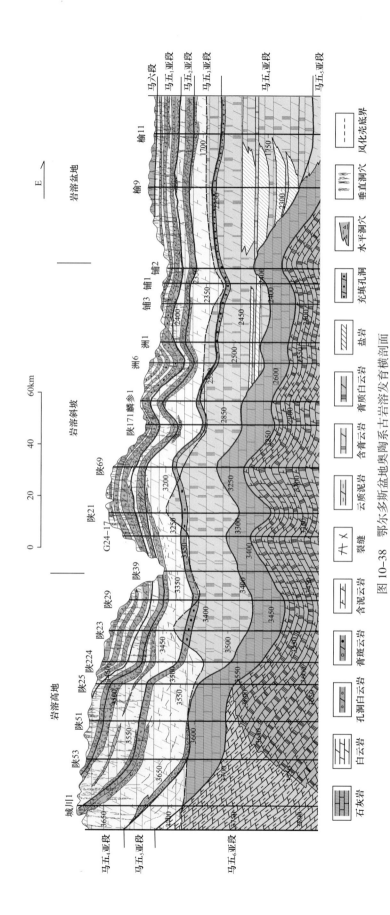

图 10-38　鄂尔多斯盆地奥陶系古岩溶发育横剖面

图例：

石灰岩　白云岩　孔洞白云岩　膏斑云岩　含泥云岩　云质泥岩　含膏云岩　膏质白云岩　盐岩　充填孔洞　水平洞穴　垂直洞穴　风化壳底界

裂缝

性能较好。在马五$_{1+2}$亚段遭受区域剥蚀后，马五$_4$亚段含膏云岩处于风化淋滤作用范围内，形成风化壳溶孔型储层，储集空间主要为溶孔，充填物以白云石为主（图10-39d），平均孔隙度为7.4%，平均渗透率为1.26mD。

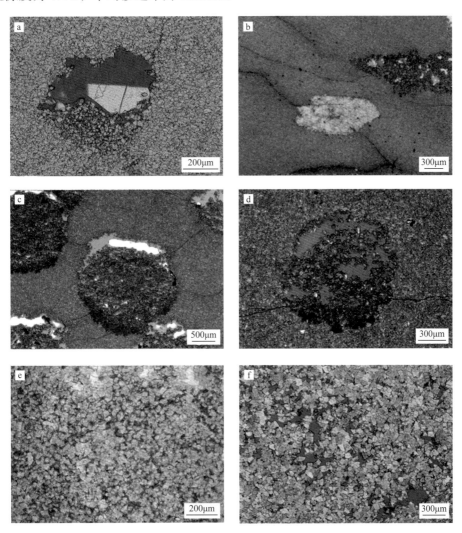

图10-39 鄂尔多斯盆地奥陶系碳酸盐岩储层显微图像

a.细粉晶白云岩，膏模孔被白云石半充填，马五$_1$亚段，陕137井，铸体薄片；b.微晶白云岩，膏模孔被方解石半—全充填，马五$_1$亚段，榆36井，铸体薄片；c.细粉晶白云岩，膏模孔被白云石充填，马五$_1$亚段，陕290井，铸体薄片；d.细粉晶白云岩，膏模孔被白云石半充填，马五$_4$亚段，陕356井，铸体薄片；e.粗粉晶白云岩，发育晶间孔，马五段，陕21井；f.粉—细晶白云岩，发育晶间（溶）孔，马五段，召探1井

2. 混合白云岩化作用控制了白云岩储层的形成

奥陶纪，在混合水白云岩化作用的控制下，白云岩储层呈环带状分布于苏里格—吴起—富县一带，厚4.0～20.0m，连片性好（图10-40）。白云岩主要为粗粉晶—细晶结构（白云石晶粒大小一般介于40～150μm），多为自形—半自形状，颗粒结构，原生孔隙多为由白云石菱面体构成的网络岩石骨架间的孔隙，孔壁平直光滑，孔径大小一般介于10～50μm；有效储集空间以白云石晶间（溶）孔为主（图10-39e、f）。储层平均孔隙度为4.6%，平均渗透率为0.431mD，储集性能良好。

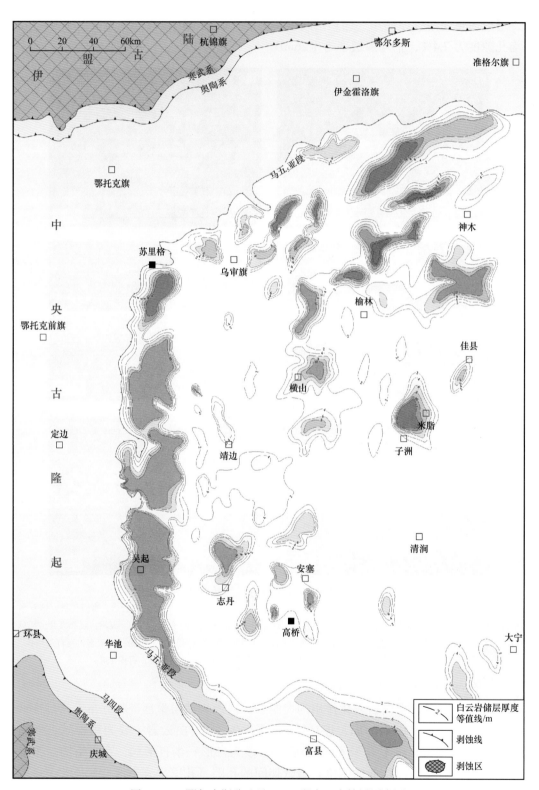

图 10-40　鄂尔多斯盆地马五₅亚段白云岩储层厚度图

**3. 双向运聚成藏模式控制了不同类型气藏的分布**

加里东风化壳期，奥陶系顶部遭受了长期的风化剥蚀，自东向西，马家沟组逐层剥露，使上部组合的风化壳储层、中下部组合的白云岩储层均与上古生界煤系烃源岩直接接触，形成两类天然气运聚成藏模式。

一是上部含气组合，在生排烃高峰期，天然气沿古沟槽及不整合面垂直向下运移，在风化壳储层中聚集成藏（图 10-41），形成了大型的地层—岩性气藏，气藏呈大面积展布，含气层位稳定，连片性好。

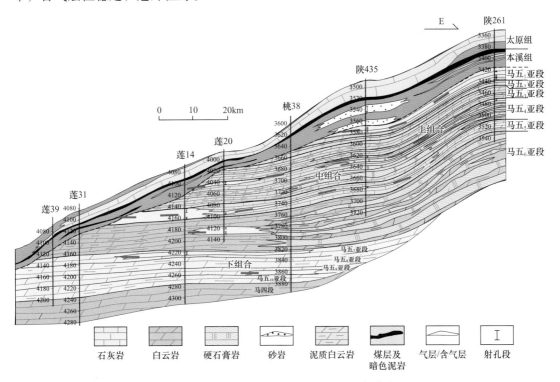

图 10-41　鄂尔多斯盆地奥陶系天然气成藏模式图

二是中部、下部含气组合，天然气也来源于上古生界煤系烃源岩，以烃类气体为主，甲烷含量普遍在 95% 以上，干燥系数（$C_1/C_{1-5}$）大于 95%，甲烷碳同位素组成为 $-36.31‰\sim-32.62‰$，乙烷碳同位素组成为 $-30.71‰\sim-26.46‰$（表 10-4）。该组合中天然气既有垂向运移、也有侧向运移，是上古生界煤系烃源岩生成的天然气在奥陶系石膏层下聚集成藏的主要模式。如桃 38 井马五$_7$、马五$_9$亚段的白云岩储层试气获日产 $12.91\times10^4 m^3$ 的工业气流，甲烷碳同位素组成为 $-35.75‰$，乙烷碳同位素组成为 $-26.5‰$。该产气层上覆的马五$_6$亚段石膏层厚 42m，未见断裂，天然气不大可能穿过石膏层直接运移到下面成藏。应该是上覆煤系烃源岩生成天然气后首先经垂向运移进入奥陶系。再经过长距离侧向运移至白云岩储层中聚集成藏（图 10-41）。该类气藏分布不连续，具有局部高产富集特点。

在下古生界奥陶系马家沟组三套含气组合中，上组合马五$_{1+2}$、马五$_4$亚段主要分布在盆地中东部，以靖边气田为代表；中下组合马五$_5$亚段—马五$_{10}$亚段呈环带状展布，局部富集。在盆地西缘、南缘缝洞体、礁滩相和奥陶系深层也发现一些气藏。如盆地奥陶系深层已发现的马四段含气层发育薄夹层白云岩，向东相变为石灰岩，为自生自储型白云岩岩性气藏，主要分布在盆地中东部的靖边—榆林地区。桃90井马三段在钻井过程中发生气侵，气测峰值94.59%，基值0.23%。证实奥陶系深层具备一定的形成气藏的成藏条件。盆地西部克里摩里组发育礁滩体、岩溶缝洞及白云岩三类储集体，且乌拉力克组烃源岩品质较好，可与克里摩里组储层形成较好的源储配置，已形成气藏。

表 10-4　鄂尔多斯盆地奥陶系中组合天然气组分及碳同位素组成

| 井号 | 亚段 | 井深 / m | 各组分含量 /% | | | | | $\delta^{13}C/‰$ | | | | |
| --- | --- | --- | --- | --- | --- | --- | --- | --- | --- | --- | --- | --- |
| | | | $CH_4$ | $C_2H_6$ | $C_3H_8$ | $C_4H_{10}$ | $C_5H_{12}$ | $CH_4$ | $C_2H_6$ | $C_3H_8$ | $i-C_4H_{10}$ | $n-C_4H_{10}$ |
| 苏 203 | 马五 5 | 3919.0~3926.0 | 98.331 | 0.816 | 0.021 | — | — | −33.56 | −26.46 | — | | |
| 陕 398 | 马五 5 | 3943.3~3947.8 | 99.112 | 0.247 | 0.122 | | | −36.31 | | | | |
| 桃 15 | 马五 5 | 3660.0~3670.0 | 97.794 | 0.892 | 0.077 | 0.101 | 0.004 | −35.68 | −30.45 | −26.81 | | |
| 苏 381 | 马五 5、6 | 3976.0~4038.0 | 96.576 | 1.872 | 0.039 | 0.52 | | −35.95 | −34.51 | −30.47 | | |
| 莲 30 | 马五 6、7 | 4021.5~4023.5 | 97.311 | 0.647 | 0.062 | | | −34.62 | −30.71 | −29.98 | −28.12 | −27.86 |
| 莲 12 | 马五 7 | 4101.0~4107.0 | 98.385 | 0.32 | 0.278 | | | −35.06 | −28.68 | | | |
| 莲 19 | 马五 7 | 4148.0~4155.0 | 95.095 | 0.742 | 0.033 | | | −32.62 | −30.45 | −30.78 | | |
| 合探 2 | 马五 9 | 4118.0~4120.5 | — | — | — | | | −33.56 | −31.62 | | | |
| 桃 38 | 马五 7、马五 9 | 3610.0~3631.0 | 99.234 | 0.205 | 0.208 | | | −35.75 | −26.5 | | | |

## 二、上古生界天然气富集分布规律

鄂尔多斯盆地上古生界天然气主要分布在石炭系—二叠系的砂岩储层中，广覆式分布的煤系烃源岩提供了丰富的气源，大面积发育的致密砂岩与煤系烃源岩直接接触，构成良好的源储配置关系。气层大面积分布，多层系叠置发育（杨华等，2016b）。

1. 平缓底形、多源供砂、强水动力、多期叠加等条件控制大面积储集砂体的分布

晚奥陶世—早石炭世，由于秦岭海槽的闭合，包括鄂尔多斯在内的华北板块经历了长期的隆升剥蚀与填平补齐作用，以整体升降为主的运动导致了长期保持稳定的状态和微弱的构造变形，在盆地形成了非常平缓的沉积古底形，古沉积坡度小于1°（图10-42）。

鄂尔多斯盆地上古生界具有多物源供砂特点。其中，北部造山带持续抬升，物源供给丰富，水动力条件强，沉积物向南逐步推进，砂体与储层大面积分布。受贫石英富岩屑、富石英贫岩屑两大物源的控制，在盆地西部地区以石英砂岩为主，构成苏里格气田

储层的主要岩石类型。东部地区以岩屑石英砂岩和岩屑砂岩为主，构成盆地东部气田储层的主要岩石类型。南部造山带隆升相对较弱，物源供给能力相对不足，沉积物向北的延伸距离较短。其中，陇东地区砂体主要受西部祁连造山带、西南部秦岭造山带、东祁连造山带物源的控制。宜川—黄龙地区受东南部华北地台结晶基底和秦岭造山带物源的制约。

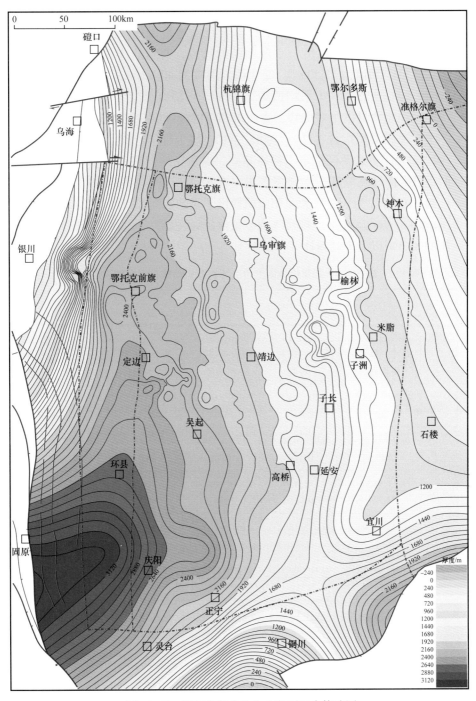

图 10-42　鄂尔多斯盆地盒 8 段顶现今构造图

上古生界沉积体系以三角洲平原分流河道及三角洲前缘水下分流河道为主。沉积期水动力条件较强，形成了纵向上多期叠置，平面上复合连片的砂岩储集体，主力储层段砂体厚10～30m，宽10～20km，延伸达300km以上。来自北部与南部的物源在分流河道和水下分流河道的主河道部位，辫状河心滩砂体和曲流河边滩砂体粒度粗、分选好，形成相对高渗储层，是目前气田勘探开发的主要对象。

2. 广覆式煤系烃源岩控制气藏的大面积分布

鄂尔多斯盆地本溪组—山西组煤系烃源岩在盆地范围内大面积发育，煤系烃源岩厚6～20m，整体上具有南厚北薄、东厚西薄的特点，有机质丰度较高，有机碳含量为38.31%～89.17%（平均值为72.53%）。暗色泥岩厚度为40～100m，有机碳含量变化较大，有机碳含量为0.05%～23.38%（平均值为2.45%），可溶有机质含量较低。煤岩和暗色泥岩的镜质组和惰质组含量占绝对优势，壳质组和腐泥组含量一般低于10%，故成烃以气为主、油为辅。干酪根类型指数（TI）为 -85～-10，属于Ⅲ型干酪根（表10-5）。大面积分布的煤系烃源岩为广覆式生烃奠定了物质基础。煤系烃源岩的 $R_o$ 为0.96%～2.96%，平均为1.78%，处于生排烃高峰期，生气强度集中在 $5 \times 10^8 \sim 50 \times 10^8 m^3/km^2$（图10-43），总生烃量为 $601.34 \times 10^{12} m^3$，为天然气大面积成藏提供了充足的气源条件。勘探实践证实，生气强度大于 $10 \times 10^8 m^3/km^2$ 就能形成规模气藏，盆地生烃强度大于这个生烃门限的区块面积占盆地总面积的83.5%以上（刘新社等，2000）。

表10-5　苏里格地区上古生界烃源岩地球化学参数表

| 层位 | 岩性 | 有机碳 /% 最小～最大 平均值 | 氯仿沥青"A" /% 最小～最大 平均值 | 总烃 / μg/g 最小～最大 平均值 | 显微组分 /% | | |
|---|---|---|---|---|---|---|---|
| | | | | | 镜质组 最小～最大 平均值 | 丝质组 最小～最大 平均值 | 惰质组 最小～最大 平均值 |
| 山西组 | 煤层 | 49.28～89.17 73.61 | 0.20～2.45 0.80 | 519.9～6699.9 2539.8 | 43.8～90.2 71.4 | 6.3～54.0 24 | 0～12.3 4.6 |
| | 泥岩 | 0.07～19.29 2.25 | 0.02～0.50 0.04 | 19.8～524.9 163.8 | 8～47 20.5 | 51.8～87 72 | 0～20.3 7.4 |
| 太原组 | 煤层 | 38.31～83.2 74.72 | 0.17～1.96 0.61 | 222.3～4463.5 2896.2 | 21.2～98.8 64.2 | 1.3～63.7 32.1 | 0～15.1 3.7 |
| | 泥岩 | 0.10～23.38 3.33 | 0.03～1.05 0.12 | 15.6～904.6 361.6 | 8.3～82 38 | 15.3～89.3 53.3 | 0.3～34.5 8.4 |
| 本溪组 | 煤层 | 55.38～80.26 70.83 | 0.41～0.97 0.78 | 240～4556.5 2896.2 | 72～93.3 87.2 | 6.7～25.2 16 | 0～2.8 1.4 |
| | 泥岩 | 0.05～11.71 2.54 | 0.03～0.44 0.07 | 12.5～466.3 322.7 | 12.3～47.8 24.5 | 12.3～59.8 44 | 0.3～39.5 18.2 |

3. 储层致密和成藏时序关系决定了天然气的聚集方式和格局

致密储层形成时间与天然气充注时间的匹配关系影响着天然气的聚集方式和分布格局。成岩作用研究表明，压实作用、压溶作用及硅质胶结作用是上古生界砂岩储层致密的主要原因，晚期硅质胶结作用发生的时间基本代表了致密储层形成的时间，该时间为晚三叠世—中侏罗世。天然气主要形成时期为晚侏罗世—早白垩世末（任战利等，2007；孙少华等，1997），储层致密化时间要早于天然气运聚成藏期，储层具有"先致密、后成藏"的特征。储层的先致密、后成藏造成天然气难以沿构造上倾方向发生大规模的侧向运移，以近距离运移聚集为主，这种运移方式减少了天然气成藏过程中的散失，有利于天然气高效聚集成藏。如在勘探程度较高的苏里格地区，天然气有效供气面积为 $5 \times 10^4 \text{km}^2$，总生气量为 $100.98 \times 10^{12} \text{m}^3$。目前已发现的天然气资源量为 $4.39 \times 10^{12} \text{m}^3$，计算的天然气聚集系数达到 4.35%（闵琪等，2000）。

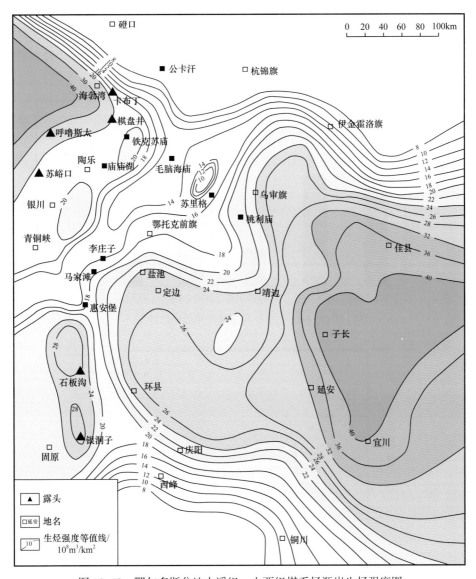

图 10-43　鄂尔多斯盆地本溪组—山西组煤系烃源岩生烃强度图

4. 孔缝网状输导组合是天然气富集的必要条件

通过野外露头剖面观察、钻井岩心描述、地震资料和成像测井资料解释等资料发现，盆地上古生界微裂缝和小型裂缝非常发育。岩心裂缝具有三类：平行层面缝、低角度斜向缝（与岩层层面的夹角一般小于45°）和近垂向缝（与岩层层面的夹角多数大于70°）。平行层面缝和低角度斜向缝多数发育于层面结构发育的泥岩、泥质砂岩及岩性界面附近，裂缝面有明显滑移的痕迹、光亮的摩擦面、条状划痕及阶步。近垂直缝主要发育在相对致密的砂岩中，层面结构不发育。砂岩储层中的裂缝系统主要为垂直缝，次为斜交缝，走向以北西西至近东西向为主，其次为北东东和北东向。裂缝主要以未充填和半充填形式存在（图10-44），裂缝充填物主要为方解石、泥质及碳质沥青等。裂缝间距在2m以内的裂缝长度一般为10～50cm，当裂缝间距增加到2～4m时，裂缝长度降低为2～10cm（图10-45）。在裂缝产出层段附近的岩心内，通常发育较好的有机质纹层。在裂缝发育层段，不仅裂缝密度高，而且裂缝长度也较大；而在裂缝稀疏层段，主要是小裂缝或微裂隙。有裂缝产出层段解释气层和含气层的比例高。除此之外，砂岩中还发育微裂缝，微裂缝多切穿石英颗粒及加大边，在绿泥石等层状硅酸盐矿物边缘终止或改变其发育方向。

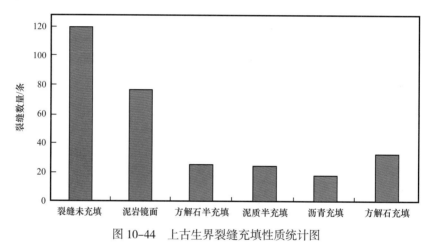

图10-44　上古生界裂缝充填性质统计图

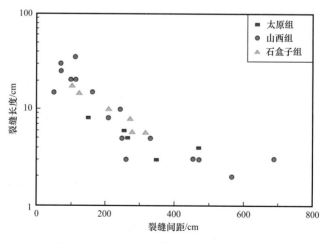

图10-45　上古生界裂缝间距及长度交会图

多种类型的微裂缝与砂岩孔隙共同构成苏里格地区上古生界网状输导体系，储层内的宏观裂缝为天然气在孔渗配套较好的砂体内富集提供良好的运移通道。在整体低渗背景下，由于缺少大规模侧向运移的通道，天然气以近距离运聚为主。平面上，苏里格地区气藏的甲烷含量与 $R_o$ 具有明显的正相关关系（图 10-46）；纵向上，储层越靠近其下的上石炭统—下二叠统气源岩则含气饱和度越高（图 10-47），说明该区天然气以近距离运移成藏为主。

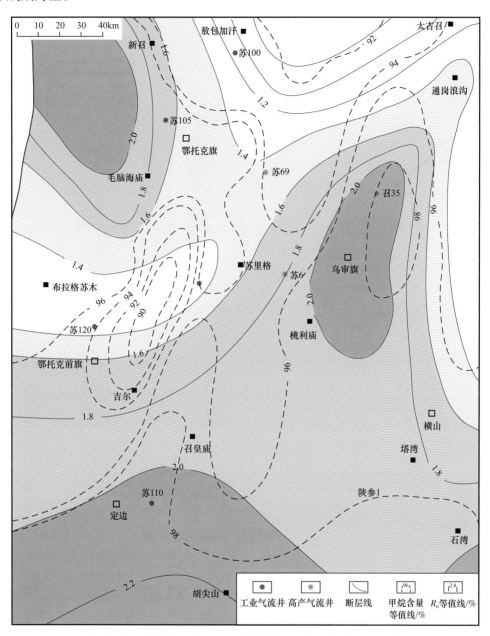

图 10-46　苏里格地区山 1 段气藏甲烷含量与有机质 $R_o$ 叠合图

5. 储层非均质性决定了天然气的富集程度

储层非均质性使气藏内部的分隔性十分明显，天然气的聚集受储层渗透率级差控制。相同气源条件下，渗透率高的砂岩储层中天然气充注的起始压力低，运移阻力小，气容易驱替水；渗透率较低的储层中天然气充注的起始压力高，运移阻力大，气较难进入。储层非均质性控制下的差异充注成藏使得天然气主要富集于渗透率较高的砂岩储层中。苏里格地区区域构造平缓，气层高度连续，主要分布在10～35m，气体向上的浮力（0.08～0.28MPa）难以有效克服储层毛细管阻力（0.15～2.0MPa），天然气运移的动力是气体异常压力。压力演化史研究表明，鄂尔多斯盆地上古生界烃源岩在地质历史上曾发育过明显的超压，是致密砂岩气藏形成的主要运移和聚集动力。

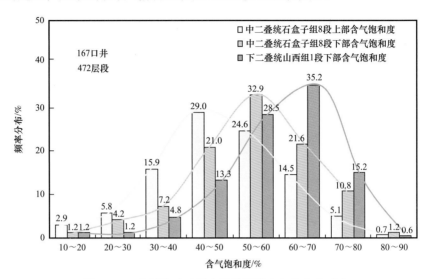

图 10-47　苏里格地区最大孔渗层段含气饱和度对比

气水分布主要受生烃强度和储层非均质性的控制。如苏里格气田生烃强度大于 $15 \times 10^8 m^3/km^2$ 的区域为气层，生烃强度 $10 \times 10^8 \sim 15 \times 10^8 m^3/km^2$ 的区域气水关系复杂，生烃强度小于 $10 \times 10^8 m^3/km^2$ 的区域为含气水区。气田的西北部（构造低部位）多层位产水，产水层段厚度较小，无统一气水界面，主力层系地层水受沉积微相控制，主要分布在河道沉积的翼部，产水井之间往往被气井分隔开。构造上倾部位的东北部分布水层和含气水层，而构造下倾部位的西南部地区分布着大量的工业气流井。

## 三、三叠系延长组石油富集分布规律

延长组具有诸多有利的成藏条件。最大湖侵期广泛发育的深湖相暗色泥岩和油页岩提供了充足的油源，三角洲和重力流沉积砂体复合叠加形成"满盆砂"的有利储集条件，频繁的水退水进构建了多种成藏组合类型。盆地腹部稳定的构造环境和平缓的构造格局为大油田的形成奠定了基础，构造运动控制了油气分配调整，具有幕式成藏特征。

1. 具近源成藏的特征，油藏的分布与规模受烃源岩发育程度的控制

长7油层组烃源岩分布范围广，厚度大，烃源岩类型好，有机质丰度高，成熟度适中，烃产率和排烃效率高，为一套优质烃源岩。长7油层组烃源岩上覆的长6、长4+5及下伏长8油层组主要发育湖相泥岩和低孔渗砂岩，孔隙普遍不发育，孔喉细小，排驱压力高，非均质性强，为典型的低渗透油藏和致密油藏。烃源岩成熟生成油气后，石油向上、向下进入储层的难度大，而且在储层内运移缓慢，油藏分布受长7油层组烃源岩范围的控制。另外，吴起、志丹、富县一带发育长9油层组烃源岩，长10油层组已有出油井点分布一定程度上受上覆长9油层组烃源岩范围的控制，主要位于吴起、志丹

一带。

延长组发育多种成藏组合，主要类型包括：下生上储型组合，长 7 油层组烃源岩 + 长 1 储层—长 6 储层；自生自储型组合，长 7 油层组与长 9 油层组烃源岩及其源内储层；上生下储型组合，长 7 油层组与长 9 油层组烃源岩 + 长 8 储层—长 10 储层。此外陕北地区还发育长 7 油层组烃源岩为主、长 9 油层组烃源岩为辅的双源主次供烃成藏组合。

延长组发现的油藏无论是纵向上还是平面上都呈现出距烃源岩越远石油充注程度越低、石油资源量越小、资源丰度越低的趋势。以西北沉积体系延长组多层系油藏为例，不同小层探明石油储量丰度变化趋势具有明显的规律性（图 10-48）。长 7 油层组致密油为源内成藏，石油最富集，储量丰度高，一般为 $45.8 \times 10^4 \sim 71.9 \times 10^4 t/km^2$；长 8 油层组油藏物性相对较好且紧邻烃源岩，石油储量丰度也较高，平均为 $50 \times 10^4 t/km^2$ 左右；长 7 油层组以上地层随着油气运移距离增大，其储量丰度逐渐降低，至长 3 油层组降到 $20 \times 10^4 t/km^2$ 以下。但是延长组上部长 2、长 1 油层组和下部长 $8_2$ 油层、长 9 油层组的变化反常，储量丰度急剧增大。原因可能是延长组顶部油藏的物性相对较好，油水分异程度高，常在局部鼻状隆起或其他低幅度构造发育区形成有效圈闭，石油富集。储量丰度高，可达 $60 \times 10^4 t/km^2$ 左右，但含油面积小，一般小于 $5km^2$，部分油藏的面积甚至不足 $1km^2$。

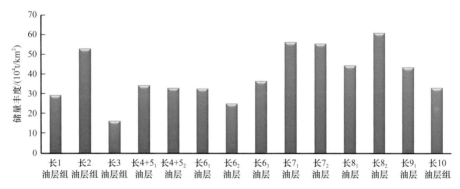

图 10-48　鄂尔多斯盆地西北沉积体系延长组各油层组储量丰度变化特征

不同地区的同一油层组，石油地质储量丰度也显示出同样的趋势。以长 6 油藏为例，华庆地区由于位于生烃中心，长 6 油藏储量丰度较高，一般为 $55.5 \times 10^4 \sim 114.5 \times 10^4 t/km^2$，平均值为 $65.2 \times 10^4 t/km^2$；向东北方向，在吴起、顺宁地区，平均储量丰度分别为 $59.1 \times 10^4 t/km^2$ 和 $43.2 \times 10^4 t/km^2$，至安塞地区长 6 油藏的储量丰度降至 $22.8 \times 10^4 \sim 39.1 \times 10^4 t/km^2$，平均值为 $33.9 \times 10^4 t/km^2$。

*2. 石油大面积富集，储层品质和含油性由含油系统核心向外围呈现规律性变化*

延长组发育大面积连片分布的低渗透岩性油藏和致密油。湖盆中部长 7 油层组优质烃源岩发育，长 4+5 油层组厚层湖相泥岩构成了良好的区域盖层。长 4+5、长 6、长 8、长 9 油层组沉积期，湖区范围广，三角洲前缘砂体发育，长 6、长 7 油层组沉积期，湖盆沉积中心大面积发育三角洲—重力流复合成因厚层深水砂岩（付金华等，2013a）。这几套砂岩位于或靠近生烃中心，油源充注强度大，具有优先捕获油气的位置优势，而且区域盖层良好，因此具备形成大面积连片分布的大型低渗透岩性油藏和致密油的条件，构成了长 7 油层组优质烃源岩与其上覆和下伏地层的含油系统。

在目前已探明的石油储量中，约 80% 的储量都处于与长 7 油层组主力烃源岩上下紧邻的长 4+5、长 6、长 7 和长 8 油层组，主要分布于湖盆中部的姬塬、华池、吴起、庆阳等地区，即该含油系统的"核心区域"（图 10-49），储层物性整体较差，尽管越靠近该体系的核部，储层的孔渗性能越差，但石油未经过大规模长距离运移，含油丰度则越高；而距离核部越远储层物性越好，但含油丰度逐渐降低（图 10-49）。

三角洲前缘存在相对高渗高产石油富集带。与重力流成因储层相比，三角洲前缘砂体粒度相对较粗，抗压实能力加强，有利于粒间孔保存；而且河流注入为三角洲前缘带来丰富的溶解铁，有利于绿泥石膜的形成，如西峰、姬塬油田长 8 储层、陕北地区长 6 储层绿泥石膜都很发育，使得原生粒间孔获得较好的保存（黄思静等，2004）；此外，长 6、长 8 油层组三角洲前缘砂体常常与长 7 油层组优质烃源岩紧密相邻，长 7 油层组烃源岩成熟后形成的有机酸进入上覆和下伏储层，对储层中的易溶组分进行溶蚀改造，形成大量的长石溶孔、岩屑溶孔、浊沸石溶孔等，有效改善了储层物性，提高了其渗流能力与产能。因此，在延长组整体低渗的背景下，三角洲前缘成为高渗高产石油富集区带。

3. 过剩压力 / 压差低值区为延长组中下部油气运移聚集的有利区

对于坳陷型盆地，尤其是致密砂岩岩性油藏，浮力、构造力无法为油气的运聚提供足够的动力，油气运移的主要通道为连通砂体、不整合面及微裂缝，运移动力主要来自地层流体过剩压力（段毅等，2005；刘新社等，2008；邓秀芹等，2011a）。鄂尔多斯盆地延长组油藏形成于晚侏罗世—早白垩世，成藏时间较早，之后虽然经历了多次构造运动，但盆地主体以整体升降为主，构造对内部地层和油藏的改造不明显，因此构造动力对低渗透油藏和致密油藏的影响有限。

早白垩世为延长组最大埋深阶段，长 3 油层组及以上地层基本是正常压实，长 4+5 油层组—长 9 油层组普遍发育较高的流体过剩压力。其中，长 7 油层组过剩压力异常高，压力系数一般为 1.2～1.7，向上、向下过剩压力减少。过剩压力在湖盆中部较高，边缘较低（图 10-50），高值分布范围与沉积中心具有较好的匹配关系。总体上延长组可划分为长 4+5 油层组—长 9 油层组超压封闭成藏动力系统和长 1 油层组—长 3 油层组常压开放成藏动力系统两大成藏动力系统。根据岩性、物性和压力的分布特征，可将长 4+5 油层组—长 9 油层组超压系统进一步划分为西南封闭流体动力子系统和东北半封闭流体动力子系统。

（1）西南沉积体系封闭流体动力子系统。

长 4+5 油层组沉积期和长 9 油层组沉积期分别发生了短暂的湖侵作用，盆地西南沉积体系长 4+5 油层组和长 9 油层组湖相泥岩发育。这两套泥岩分别成为该子系统的上、下遮挡层。长 6 油层组和长 7 油层组的三角洲前缘砂体和重力流沉积砂体与半深湖、深湖泥岩相互叠置。向湖盆沉积中心方向，砂岩储层颗粒更细，储层物性变得更差，因此在西南沉积物源体系的末端构成了岩性、物性双重遮挡。西南沉积体系的长 6、长 7 油层组，三角洲前缘和重力流沉积之间发育一条南北向分布的泥质沉积带（图 10-51），使得重力流沉积砂体显示出"断根"的特征，这条泥质沉积带构成了该子系统的西部遮挡，形成了西南封闭流体动力子系统。该子系统内的储层属于特低渗透、

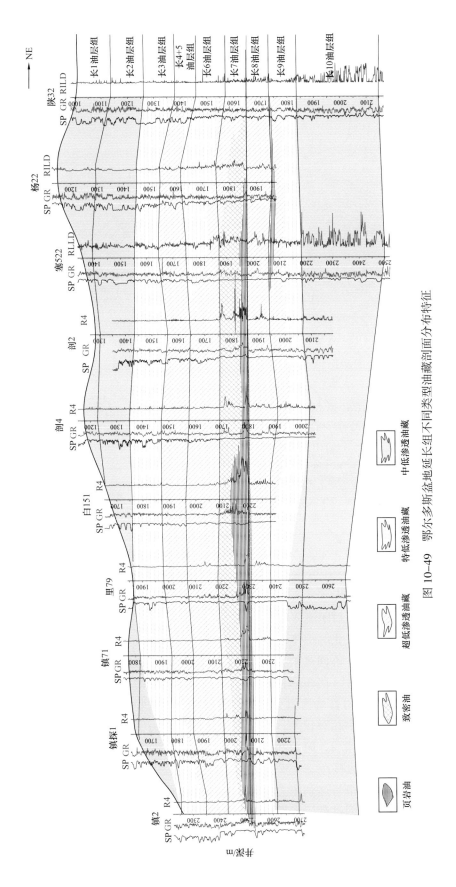

图 10-49 鄂尔多斯盆地延长组不同类型油藏剖面分布特征

－ 411 －

超低渗透和致密储层。由于向东部构造高部位物性变得更差，因此石油运移的方式以纵向运移为主。

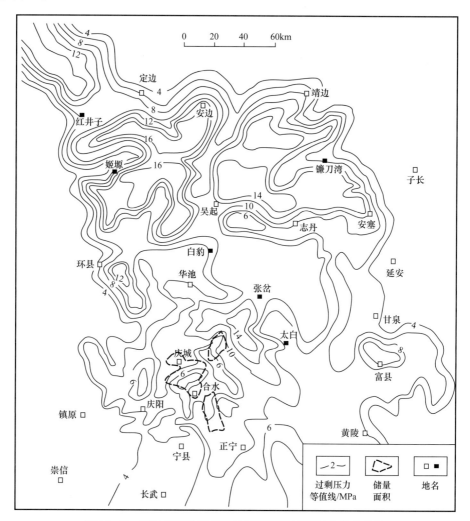

图 10-50　鄂尔多斯盆地长 7 油层组流体过剩压力分布特征

（2）东北沉积体系半封闭流体动力子系统。

与西南体系相似，东北沉积体系的长 4+5 油层组—长 9 油层组超压系统也发育湖相泥岩形成的上下遮挡层。不同之处在于，沉积中心华池—黄陵一带的致密带构成了东北子系统的西部遮挡。另外，向东部构造高部位，由于靠近物源区砂岩粒度变粗，物性相对变好，只有岩性尖灭可作为东部遮挡（图 10-52）。因此与西南体系对比，东北体系的东部遮挡层的遮挡效果相对较差，构成半封闭流体动力子系统。在该系统内，储层属于特低渗透、超低渗透储层，向东部构造高部位，物性变好，因此石油运移既有纵向运移，也有向东部的横向运移。

从含油有利区的分布与过剩压力分布特征匹配情况可以获知，石油主要赋存在过剩压力相对较低的区域，即过剩压力低值区为有利的含油目标区。盆地西南成藏动力子系统低渗透砂岩储层中的油气以纵向运移为主，纵向上的过剩压力差低值区，或高压差区内的相对低值区为油气成藏的有利地区。东北成藏动力子系统存在一定的泄压条件，既存在油、气纵向运移，又存在油气横向运移。平面上，过剩压力低值区为油气运聚的有利地区（图10-53）。

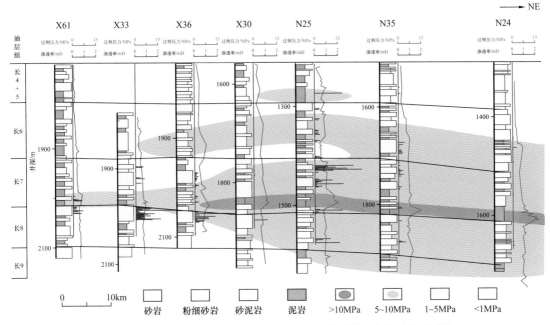

图10-51 鄂尔多斯盆地早白垩世西南沉积体系封闭流体动力子系统

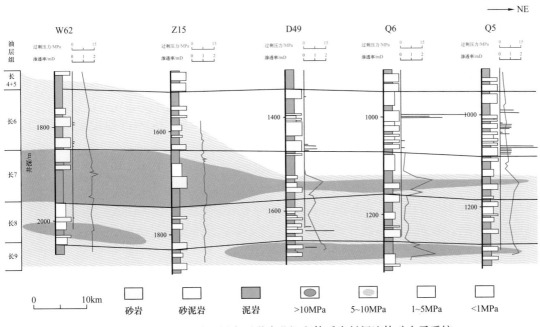

图10-52 鄂尔多斯盆地早白垩世东北沉积体系半封闭流体动力子系统

4.早侏罗世古河是延长组超压封闭系统的泄压通道，古河两侧的延长组上部地层是石油运聚的有利区

三叠纪末的印支运动使鄂尔多斯盆地整体抬升，延长组顶部遭受强烈风化及河流侵蚀等地质作用，形成水系广布、沟壑纵横、丘陵起伏的古地貌景观。

古河对延长组上部长1油藏—长3油藏的形成起到了重要的作用，主要表现在：一是早侏罗世古河通过深切延长组上部地层，使古河发育处的延长组保存不全。古河冲蚀一般下切到长2、长3油层组，局部地区切割冲蚀更深，甚至达到长4+5、长6油层组，导致长4+5油层组—长9油层组超压封闭系统上部的有效遮挡盖层减薄或者缺失，因此古河成为泄压通道。长6油层组过剩压力的分布图显示古河发育处过剩压力相对较低（图10-53）。二是发育古河的砂砾岩、砂岩具有很好的渗透性，成为油气运移的优势通道。延长组中下部烃源岩生成的油气优先选择泄压优势运移通道，或沿着侵蚀面向上运移至富县组、延安组有利的圈闭中聚集成藏，或在古河两侧长1油层组—长3油层组的有效圈闭中聚集成藏，延长组上部的长1油藏—长3油藏和侏罗系油藏往往分布于古河两侧（图10-54）。

综合以上研究成果，编制了鄂尔多斯盆地延长组不同类型油藏发育位置及油藏特征模式图（图10-55）。总体上延长组油藏具有以下几个特征：

（1）以长7油层组优质烃源岩为界，长1油层组—长6油层组主要发育下生上储型成藏组合，长8油层组—长10油层组存在上生下储、复合供烃型两种成藏组合，长7油层组发育自生自储型成藏组合。

（2）长7油层组储层物性最差，向上部、下部层系储层储集性能和渗透性能都逐渐变好。上部长1油层组—长2油层组和下部长9、长10油层组发育中、低渗透油藏，在长3油层组—长8油层组发育特低渗油藏和致密油，尤其是长6油层组—长8油层组，除了位于陕北地区的长6油藏和位于西峰主砂带的长8油藏属于特低渗透油藏外，其他地区均大面积发育致密油。

（3）非常规页岩油气藏主要分布在长7油层组。其中，页岩油广泛分布在半深湖—深湖泥页岩发育区，而页岩气仅在甘泉县、富县等地区长7油层组有发现。长7油层组泥页岩 $R_o$ 一般为 0.9%～1.2%，处于成熟阶段，以生油为主，因此盆地范围内广泛发育页岩油。但在早白垩世末，盆地整体抬升，西部抬升缓慢，幅度小，剥蚀厚度一般为200～400m，而盆地东南部抬升显著，地层剥蚀超过1000m，东南部的快速抬升降压作用造成溶解气解析，局部富集，因此在盆地东南部形成页岩气藏。

（4）中晚侏罗世—早白垩世期间，快速沉降和深埋增温作用导致长7油层组富有机质泥页岩产生欠压实、生烃增压等一系列作用，从而形成超压。受沉积和岩性发育特征影响在延长组"核心位置"（沉积中心区的长4+5油层组—长9油层组）发育超压封闭成藏动力系统，在长1油层组—长3油层组主要为常压开放成藏动力系统。

（5）以长7油层组为核心向周边地区和上、下层系，随着物性的变好，单井产量逐渐增大，但油藏的含油丰度逐渐降低。

（6）从油藏规模上对比分析，特低渗透油藏和致密油具有大面积连片复合分布的特征，油藏规模一般超过亿吨；中低渗透油藏由于沉积粒度较粗，储层物性相对较好，油水分异程度高，局部低幅度构造发育区成为石油聚集的有利区，普遍含油面积小，孤立分布；规模小，最大限于几千万吨，有的甚至仅有几百万吨。

## 四、侏罗系石油富集分布规律

侏罗系油藏主要分布在延9、延10油层组，其储量规模占侏罗系总储量的绝对优

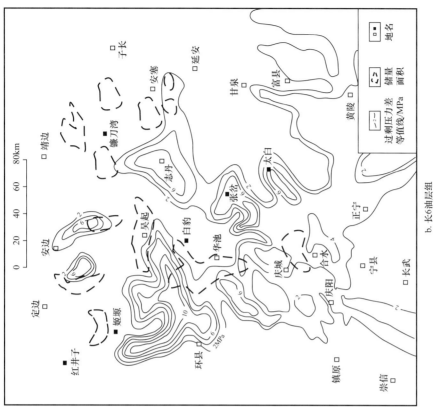

a. 长7油层组—长6油层组

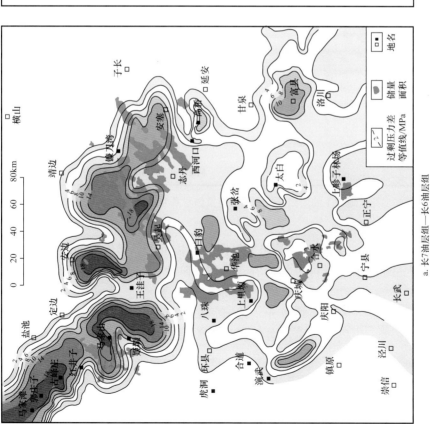

b. 长6油层组

图10-53 鄂尔多斯盆地早白垩世延长组典型油层组过剩压力差分布与石油富集区关系

势。从油源条件分析，侏罗系油藏全部叠置在长 7 油层组烃源岩之上，长 7 油层组油页岩分布范围控制了侏罗系油藏在盆地南部的分布；从储层、圈闭、运移、保存等条件分析，前侏罗纪古地貌是控制侏罗系延安组、特别是下部延 9、延 10 油层组油气运移聚集成藏的主控因素。

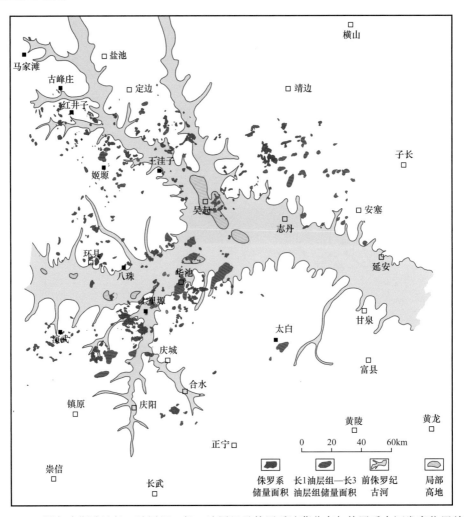

图 10-54　鄂尔多斯盆地长 1 油层组—长 3 油层组及侏罗系油藏分布与侏罗系古河发育位置关系

### 1. 前侏罗纪古地貌特征

通过侏罗系延 10 油层组 + 富县组等厚图及延长组顶面起伏图的编绘，基本恢复出盆地前侏罗纪古地貌形态，可分为河谷、斜坡、阶地、高地和河间丘五种古地貌单元（图 10-33）。

河谷：为地形最低的古地貌单元。按河谷形成时河流的规模可划分为甘陕、宁陕一级古河谷，庆西、蒙陕二级古河谷和斜坡上发育的三级支河谷。古河谷构成古地貌划分的骨架，将盆地南部分割为靖边高地、定边高地、姬塬高地、演武高地和子午岭高地。河谷内延 10 油层组 + 富县组厚度大于 100m。河谷中发育典型的河流充填剖面结构，内部层理发育，最厚处超过 260m。鄂尔多斯盆地中部为甘陕一级古河谷，呈近东西向展布，河谷宽 15～20km，与高地的高差在 180～260m 之间，由西到东河谷中出

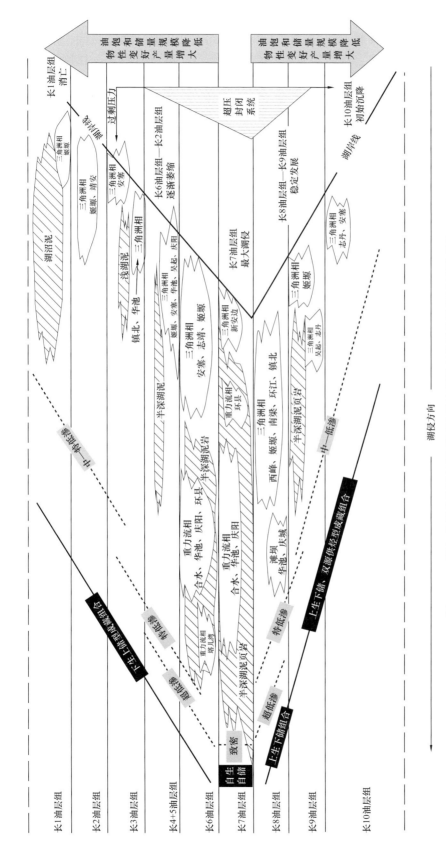

图 10-55　鄂尔多斯盆地延长组不同类型油藏发育位置及油藏特征模式图

露的地层依次为长6、长4+5、长3和长2油层组。东北部为宁陕一级古河谷，呈北西—南东向展布，河谷宽10～15km，与高地的高差在140～200m之间，河谷中出露地层为长2油层组。蒙陕二级古河谷呈近南北向展布，由北而南汇入甘陕一级古河，该河谷宽8～12km，与高地的高差在100～160m之间，河谷中出露的地层为长2油层组。庆西二级古河谷近南北向分布于西南部，河谷宽6～10km，河谷与高地之间的高差在120～200m之间，河流深切处出露地层由南至北为长4+5、长3、长2油层组。在一、二级古河谷两侧发育的次一级支河谷，主要沿斜坡边缘分布，将斜坡分割为众多坡嘴。这些支河谷规模小，河谷窄，流域面积较小，坡降大，河谷中出露的地层有长4+5、长3和长2油层组（图10-56）。

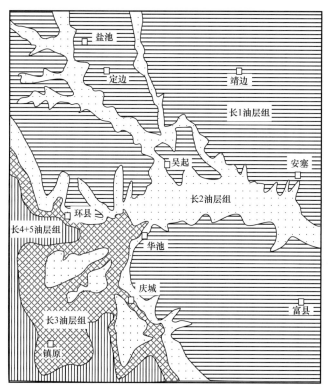

图10-56　鄂尔多斯盆地前侏罗纪古地质图

河间丘：指一级古河谷中剥蚀厚度相对较小的残丘。其特征是河谷中延10油层组＋富县组厚度突然减薄，延长组顶面构造抬高，显示为洼槽背景上出现局部鼻隆，与河谷之间的高差为50～117m。甘陕古河谷中共发育五个河间丘，面积为40～70km²。出露层位分别是长3、长2和长1油层组；庆西二级古河谷中发育两个河间丘，面积约30km²，出露地层为长2油层组。河间丘上沉积厚层砂砾岩，层理发育，可形成披盖压实构造，有利于形成古地貌油藏。

斜坡：为河谷与高地之间具有一定坡度的地带，其上的延10油层组＋富县组厚度为0～120m，盆地南部除靖边高地（陕北平原）较平缓外，其余高地邻近古河一侧斜坡带较发育。其中姬塬南坡和姬塬东坡及定边高地南坡较为宽缓，每千米坡降为5.7～6.3m。因受次一级古河谷的冲刷切割使斜坡前缘肢解破碎，其形态为指状，习惯称之为坡嘴。其上延 10 油层组 + 富县组中砂岩的厚度在 0～110m 之间，向高地砂层减薄，为延 10 油层组边滩相砂体的主要沉积场所，也是古地貌油藏的聚集区。演武北坡较陡，每千米坡降为 28.6～39.2m，不利于边滩相砂体发育，因而该地带延 10 油层组古地貌油藏的勘探前景不大。

阶地：为河谷与高地之间较为平缓的河谷阶地，地形起伏小，与河谷的高差为 40～80m，发育在甘陕、庆西古河的汇水三角区。在富县组沉积期—延 10 油层组沉积早期未接受沉积，因河谷的填平与河床摆动，只在延 10 油层组沉积后期才接受了 20～60m 的边滩相砂体。阶地背景为延安组第一大油田——马岭油田的形成奠定了基础。

高地：地形最高的地貌单元，主要有靖边高地（陕北平原）、定边高地、姬塬高地、演武高地和子午岭高地。富县组沉积期—延 10 油层组沉积期长期处于风化剥蚀，缺失沉积。致使演武高地大连片，面积约 1200km$^2$，在其北东东方向也存在两个小残丘，即岭 117 和岭 96 井区，出露的地层为长 2、长 1 油层组。而姬塬高地则被三级支河谷切割成六个小高地，彼此之间孤立，出露地层为长 1 油层组。高地与高地之间的鞍部接受了延 10 油层组沉积晚期的河漫泥质沉积。子午岭高地呈南北向带状展布，大面积缺失延 10 油层组及富县组，出露地层为长 1 油层组。

古地貌格局严格控制了下侏罗统富县组—延 10 油层组的沉积类型、相带展布及压实披盖构造的形成。前侏罗纪古地质特征表现为：（1）河谷深切处出露地层较老，可达长 6、长 4+5 和长 3 油层组，而古斜坡及高地上地层较新，为长 2、长 1 油层组。（2）出露层位与河流级别有关。甘陕、宁陕一级古河谷及庆西二级古河谷侵蚀强度大，出露的地层较老，可达长 6 油层组；斜坡上发育的三级古河谷侵蚀强度较弱，出露的层位较新，一般为长 1、长 2 油层组。（3）出露层位与河流下切强度及河流流向密切相关。甘陕河谷具有西部（上游）下切强度大、出露层位老（长 6 油层组），东部（中下游）下切较弱，出露层位新（长 2 油层组）的特点；庆西河谷具有南部（上游）下切强度大、出露层位老（长 3 油层组），北部（中下游）下切较弱，出露层位新（长 2 油层组）的特点。（4）出露层位的新老变化，反映了印支运动盆地整体抬升的不均衡性。西部、南部出露层位老，表明抬升幅度大，而东部、北部出露层位新，表明抬升幅度小（图 10-56）。

2. 古地貌控制富县组沉积期—延 10 油层组沉积期沉积相类型及有利储集砂体的分布

侏罗纪富县组沉积期—延 10 油层组沉积期发育河流沉积体系。通过区内 400 余口完钻井录井剖面和测井曲线分析，结合岩心沉积构造的观察描述，砂体平面展布形态及砂/地比分析和流水运动规律研究，可进一步划分为五种沉积亚相，即河床滞留亚相、边滩亚相、心滩亚相、河漫沼泽亚相、风化残积相。

富县组沉积期—延 10 油层组沉积期沉积相的展布受控于前侏罗纪的古地貌格局。从图 4-30 可以看出：河床滞留亚相分布在甘陕、宁陕一级古河谷，庆西、蒙陕二级古河谷及斜坡带上的三级支河谷中。一级古河谷中的河床滞留亚相宽 20～27km，主砂体累计厚度 80～120m，最厚处位于主河道，可达 190m，如剖 5 井砂厚 193m，演 18 井砂厚 145m。

心滩亚相分布在甘陕河谷中的环 20、环 41、木 1、庆 24、华 52 及华 182 井区，砂体形态均呈近似椭圆形，单个面积 40～80km²，砂体累计厚度为 80～160m。

河漫（沼泽）亚相分布于高地周围较为平缓的地带，向河谷方向与边滩亚相共生。

沉积相研究表明，主河床内滞留亚相砂体是河流相中最粗的部分，主要为一套灰白色的含砾粗砂岩（滞留砾岩）及中粗砂岩具多旋回的粗型沉积，砂岩分选差—中等，粒径 0.4～0.6mm，最大可达 14mm。该相带虽然厚度大，但岩性变化大，孔隙度低（小于14%），渗透性差（渗透率小于 5mD），储层非均质性强，该相带内很少发现有价值的油藏。而边滩、心滩亚相沿主河道和支河道近岸分布，是一套以中粗和中细砂岩为主的粗型沉积，分选明显较河床滞留亚相要好，粒度适中，储层非均质性相对减弱，储层孔隙度增高 3% 左右，渗透率增加一个、甚至两个数量级，平均值大于 30mD，部分样品的渗透率高达 678mD（表 10-6）。如此好的渗透性决定了该亚相成为油气富集的最有利相带。

表 10-6　姬塬—马岭地区延 10 油层组不同相带物性对比及所属古地貌单元统计表

| 所属古地貌单元 | 亚相 | 井号 | 岩性 | 孔隙度 /% | 渗透率 /mD | 样品数 |
|---|---|---|---|---|---|---|
| 坡嘴 | 边滩 | 樊 1 | 细砂岩 | 14.79 | 43.77 | 40 |
| | | 樊 2 | 细砂岩 | 14.66 | 41.52 | 10 |
| | | 庆 39 | 粗砂岩 | 15.84 | 149.8 | 150 |
| | | 庆 41 | 中—粗砂岩 | 17.52 | 167 | 90 |
| | | 庆 64 | 细—中砂岩 | 15.67 | 144.1 | 93 |
| | | 庆 102 | 中砂岩 | 16.09 | 678.11 | 110 |
| 河间丘 | 心滩 | 木 1 | 细—中砂岩 | 15.54 | 34.07 | 50 |
| | | 合 7 | 含砾粗砂岩 | 15.46 | 49 | 5 |
| 古河谷 | 河床滞留 | 岭 21 | 含砾砂岩 | 13.2 | 4.3 | 21 |
| | | 庆 12 | 砾状粗砂岩 | 11.9 | 1.44 | 49 |
| | | 岭 103 | 含砾中—粗砂岩 | 13.0 | 1.7 | 63 |
| | | 岭 144 | 中—粗砂岩 | 14.02 | 2.11 | 25 |
| | | 岭 65 | 中—细砂岩 | 12.46 | 2.27 | 79 |

3. 古地貌控制了压实披盖构造（圈闭）的分布

延长组侵蚀面起伏形态如图 10-57 所示，其与前侏罗纪古地貌具有很好的一致性。甘陕、宁陕、蒙陕、庆西河谷表现为幅度较大的洼槽，姬塬、演武、子午岭高地表现为隆起幅度较大的鼻隆，局部为穹隆，在姬塬斜坡有多个局部小高点分布，这些小高点与古地貌坡嘴完全对应并控制了延 10 油藏的分布，如环 46 井、环 50 井、环 47 井、樊 1井、樊 5 井、庆 69 井、庆 77 井、庆 64 井、元城油田、庆 101 井、元 50 井、元 23 井、王洼子油田等；位于甘陕河谷中的木钵、华 182 井河间丘其穹隆构造清晰可辨，构造高点与油藏位置完全吻合；马岭阶地由于贺旗支谷的切割，延长组顶面构造表现为南、北两个向西南倾没的鼻隆，该鼻隆控制了马岭油田延 10 油藏的分布。

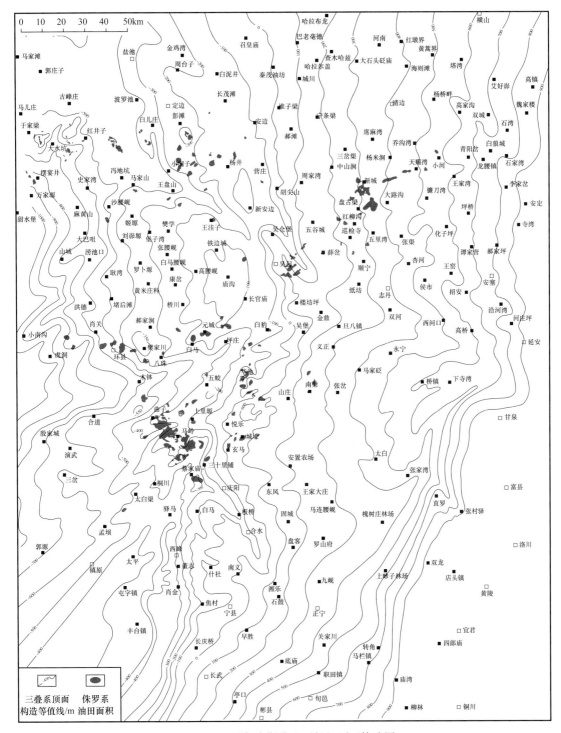

图 10-57　鄂尔多斯盆地延长组顶面构造图

图例：
三叠系顶面 构造等值线/m
侏罗系油田面积

延 10 油层组顶面构造总体形态与延长组顶面起伏形态一致,具有较好的继承性,只是高差明显减小,这是因为延 10 油层组沉积末期区内基本填平补齐,其顶面起伏缩小。由于延 10 油层组 + 富县组厚度及岩性差异形成的压实构造继承了延长组顶面的高地形,所以两者的构造高点较为吻合。延 10 油层组顶面构造总体为西倾单斜上分布成排的鼻隆构造,从它的成排成带性表明,局部差异压实构造受到了后期构造应力的改造。盆地构造演化研究表明,西倾单斜构造是各期燕山运动的结果,而延长组的油气成熟、运移始于白垩纪(燕山运动中期),晚于构造运动或与构造运动同步,这种构造与油气运移的时空配置关系最有利于延安组古地貌油藏的形成,而不被构造运动破坏。如前所述现有的油田(藏)和出油井点均与这些鼻隆构造密切相关。

4. 古地貌控制了油气运移与保存条件

(1)古地貌与油气运移。

古地貌斜坡带邻近沟通延长组油源的深切古河谷,在捕获油气方面具有"近水楼台"的先天优势。延长组大型生油坳陷油源充足,目前侏罗系油田和出油井点无一不是叠置在这一生油坳陷之上,古河谷的下切沟通了延长组的油源,使延安组下部与长 2、长 3 油层组接触,如西部环 26 井可下切至长 6 油层组,虽然长 2、长 3 油层组并非主要生油层系,但缩短了纵向上油气运移的距离,同时河谷内充填的砂砾岩可作为油气运移的输导层,油气沿斜坡向上运移,如果遇到良好的圈闭即可富集成藏。

(2)古地貌控制了地层流体性质及保存条件。

据研究,地下水可以分为早期的地层沉积水和晚期的渗透水两种类型。前者主要形成于沉积(压榨)水压系统,水动力是在上覆地层重力引起的地静压力条件下形成,表现为盆地内生油层和储层间循环压榨式水交替系统。在含油气盆地中,水动力方向一般是由凹陷中心高承压区向边缘和凸起部位(如坳陷内部的古潜台、古隆起等高部位)的低承压区运移,往往与初次油气生、运、聚、保有密切联系。晚期的渗透水压系统主要是由大气降水和地表水向储层的渗入而形成,以外循环渗透式水交替为特征,一般发生在含油气盆地边缘隆起区,来自高势供水区与低势泄水区之间的势能差是水交替的动力,运动方向是由盆地边缘的高势能区向坳陷内部及边部低势能区运移,它将导致油气的再次运移、聚集以及油气藏的氧化、破坏、散失等。

甘陕一级古河是延 10 油层组及富县组渗透水运动的主要通道,西部环县一带为供水区,中部元城—华池一带为承压区,东部延安一带为泄水区。由供水区至承压区,地下水交替由活跃到次活跃,表现为水型及矿化度的差异,如位于供水区的环 10 井地层水为矿化度 6.69g/L 的 $Na_2SO_4$ 型,至木钵地区合 7 井矿化度增高为 32.38g/L,水型仍为 $Na_2SO_4$。同是承压区,不同的古地貌单元地下水交替亦有差异。水交替比较停滞的二级河谷及支河谷(斜坡带)保存条件最好,如位于庆西河谷及其斜坡带的岭 11、岭 63、岭 64、岭 86、岭 100、岭 114、岭 102、岭 87 井为矿化度大于 90g/L 的 $CaCl_2$ 型地层水,甘陕古河南斜坡的华池一带为矿化度 20~40g/L 的 $Na_2SO_4$ 型和 $NaHCO_3$ 型地层水,而甘陕河谷中的元 8、白 1 井为矿化度 16.77g/L 和 20.5g/L 的 $Na_2SO_4$ 型地层水,水交替明显增强,保存条件变差(图 10-58)。所以古地貌斜坡以上地带的地下水交替相对停滞,最有利于油藏的保存。

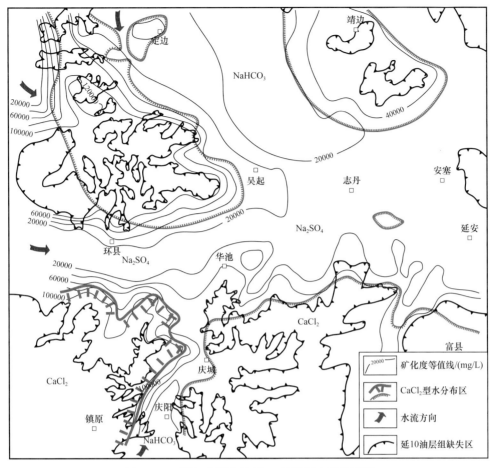

图 10-58　鄂尔多斯盆地延 10 油层组水型分区图

**5. 古地貌控制储层与圈闭的有机配置并决定油气富集成藏**

盆地主力油田区位于延长组大型生油坳陷之中，油源充足。同时一二级河谷内充填的砂砾岩可作为油气运移的输导层，油气沿斜坡向上运移，如遇到有利储集体与背斜、鼻隆等构造有机配置即可富集成藏。而这一空间配置关系在古地貌坡嘴、河间丘处自然天成，即是边、心滩砂体的分布区，又是披盖构造发育区。例如元城油田储集体为边滩砂体，延长组顶面构造显示为东、西两个构造高点，闭合幅度大于 15m，这两个圈闭严格控制了该油田的含油面积，圈闭形态与含油面积基本一致，说明储集体与构造合理配置是该油田成藏的主导因素。

## 五、构造与油气分布的关系

多年来在对鄂尔多斯盆地的油气勘探实践表明，无论是对中生界油藏、还是古生界天然气藏，都是以岩性圈闭或地层圈闭为主的油气藏，构造或局部圈闭构造对油气成藏的控制作用并不突出，而更多地表现在构造演化及构造分异对烃源岩、储层、源储配置等其他成藏要素的宏观控制作用方面。本部分重点从区域构造对烃源岩发育、区域不整合的控藏及对源储配置关系的影响等方面，阐述构造对油气成藏的宏观控制作用。

1. 构造对烃源岩发育的控制

1）差异构造沉降与中—上奥陶统海相烃源岩生烃坳陷的形成

加里东构造期，鄂尔多斯地区从早寒武世晚期开始发生构造沉降（盆地西缘及南缘略早于盆地本部地区），形成寒武系—奥陶系广泛分布的浅海陆棚相陆源碎屑建造与陆表海台地相碳酸盐岩—蒸发岩建造。中—晚奥陶世鄂尔多斯本部整体抬升时，盆地西部及南缘仍处于快速下沉的状态，致使表现出明显不同于盆地本部的差异构造沉降特征。进而控制了盆地西部及南缘在中—晚奥陶世仍接受台缘斜坡—广海陆棚相泥质碳酸盐与灰质泥岩及页岩，形成并控制了西部及南缘中—上奥陶统的有利海相烃源岩的发育层段。该阶段盆地本部与盆地西部及南缘表现出明显的差异性构造升降特征，盆地本部则由于构造转换提前进入了隆升状态，而整体缺失中—上奥陶统沉积（图 5-13）。

2）晚三叠世内陆坳陷与长 7 油层组湖相烃源层的形成

晚三叠世延长组沉积期，勉—略洋盆关闭，扬子地块与华北碰撞拼贴，导致秦岭的崛起隆升。该阶段南北向的挤压作用成为本轮构造运动的主体。作为对此次碰撞造山运动的构造响应，鄂尔多斯西南部发生较强烈的坳陷下沉作用，形成规模较大、长轴近东西向展布的湖相沉积区。在盆地西南部地区延长组沉积厚度达 1500m 以上，而盆地东北部地区则多在 1000m 以内。

随着坳陷深度的不断加大，于延长中晚期的长 7 油层组沉积期发生最大湖泛，形成了面积近 $10 \times 10^4 km^2$ 的半深湖—深湖沉积区，由于是发生在较长时期内的构造沉降背景下的连续湖侵沉积，对于有机质的富集和保存较为有利，因此形成了厚度大、有机质丰度高的长 7 油层组湖相油页岩和泥质烃源岩层段，成为中生界油藏得以形成的主力烃源层。

2. 区域性不整合与油气成藏

1）上、下古生界之间的区域性不整合对下古生界天然气成藏的控制

（1）区域性不整合控制了风化壳储集体的规模分布。

加里东构造旋回末期，鄂尔多斯地区连同华北地块一起整体抬升，遭受了长达 1.5 亿年的风化剥蚀，使鄂尔多斯本部整体缺失了中—上奥陶统至下石炭统的沉积层，并在下古生界顶部形成了广泛分布的岩溶风化壳，以及规模发育的风化壳溶孔型储层。受当时西高东低的古构造格局之影响，由西向东依次发育岩溶台地、岩溶斜坡、岩溶盆地等古地貌单元，邻近古隆起的岩溶台地区奥陶系顶部地层风化剥蚀最为强烈。由靖边向西马五$_{1+2}$亚段乃至马五$_4$亚段渐趋剥蚀殆尽，至古隆起附近马五$_5$亚段—马五$_{10}$亚段及马四段依次剥露地表。

（2）不整合使风化壳储层与上古生界煤系烃源层构造良好源储配置。

在经历了加里东末—海西早期的漫长抬升及风化剥蚀后，至晚石炭世本溪组沉积期，鄂尔多斯及华北地块再一次发生构造沉降，接受了石炭系—二叠系的海陆过渡相及内陆河湖沉积，使下古生界与上古生界之间形成区域性的平行不整合接触。

不整合之上的上古生界从石炭系本溪组—二叠系山西组均发育大段的滨海沼泽及近海湖沼相煤层及碳质泥岩等，是盆地古生界优质的煤系烃源岩层，在盆地大部分地区均已进入过成熟—干气热演化阶段，生气强度达到 $15 \times 10^8 \sim 25 \times 10^8 m^3/km^2$，供气能力良好。因此下古生界顶部的风化壳储层在石炭系—二叠纪煤系地层披覆沉积后，即与上

古生界煤系烃源岩直接接触、构成上生、下储的良好源储配置关系，为印支末—燕山期煤系烃源热演化成熟后大量生烃、在风化壳储层中聚气成藏创造了有利的烃源及圈闭条件。

2）三叠系与侏罗系之间的不整合对中生界石油成藏的控制

三叠纪末的印支运动使盆地整体抬升，抬升幅度西南高、东北低，遭受风化剥蚀，形成沟谷纵横、丘陵起伏、坡系连绵、平原广布的古地貌景观。这一起伏不平的不整合面对上三叠统延长组顶部及下侏罗统富县组及延安组底部的成藏有明显的控制作用，特别是延安组底部的油藏严格受控于这一不整合形成的古地貌，习惯称这种油藏类型为"古地貌油藏"。

（1）不整合面沟通油源，利于侏罗系底部和延长组上部聚集成藏。

该不整合面之上的甘陕、宁陕、蒙陕、庆西几大沟谷，深切至延长组岩层，以甘陕河谷下切最深，可下切至长 6 油层组，大大缩短了长 7 油层组烃源岩生成的油气向上运移的距离，同时不整合面也可作为油气运移的通道，油气沿不整合面及上覆沉积的河道砂岩输导层运移至延长组上部长 1 油层组—长 3 油层组及富县组，以及延 10、延 9 油层组乃至更上部的延 6 油层组中而富集成藏。

（2）不整合面的起伏变化限制了上覆的下侏罗统沉积格局及储层展布。

不整合面造成的沟谷限制了下侏罗统富县组、延 10 油层组河流充填沉积的发育及展布。河流边滩与心滩砂岩是良好的油气储集体，充填在沟谷中的河流相砂砾岩既是油气储集体同时又是油气运移的输导体，长 7 油层组烃源岩中生成的油气进入河道砂岩后在横向上输导扩散，纵向上沿不整合斜坡向上运移，在纵、横向输导运移过程中遇到合适的圈闭即聚集成藏。

（3）不整合面起伏形态为上覆侏罗系底披覆压实构造圈闭形成奠定了基础。

不整合面之下的甘陕、宁陕、蒙陕、庆西一二级河谷两侧发育次级支沟，将古高地斜坡切割的支离破碎，形成等间距分布的坡嘴，在此背景上接受了富县组、延 10 油层组河流相边滩沉积，这些边滩砂沉积在坡嘴上，相比延安组砂岩，不整合面之下的延长组就是刚性基底，在后期压实作用下，可形成压实披覆构造，显示为鼻隆、局部小背斜、穹隆，这些局部构造为捕获油气提供了有利的圈闭。

3. 古隆起构造与油气聚集

1）中央古隆起与古生界天然气成藏

前已述及，中央古隆起主要形成于早古生代，晚古生代早期古隆起仍有一定显示，到中—晚二叠世以后古隆起的构造形态就基本不显现，至印支期及燕山期已演化为西南部内陆湖盆坳陷及前陆盆地坳陷沉积区。因而单纯从古隆起的角度而言，其对中生界油藏形成的控制和影响十分有限；但对于古生界天然气藏而言，中央古隆起区虽不是（直接的）天然气成藏富集区，但其对盆地本部地区的古生界天然气成藏，尤其是下古生界天然气成藏起着十分重要的控制作用，主要表现在以下几个方面。

（1）中央古隆起控制早古生代沉积格局、进而控制了规模储层的发育。

中央古隆起对早古生代的沉积有明显的控制作用。从大的沉积格局来说，古隆起以东属华北海域，发育陆表海碳酸盐岩与局限海蒸发岩交替的旋回沉积；古隆起以西则属祁连海域，主要发育深水盆地相泥页岩及斜坡相碳酸盐岩。从沉积相带展布而言，古隆起对小层沉积相带的控制作用也十分明显，如对盆地中东部地区奥陶系马五段的马五₅亚段而言，沉积相带具有围绕古隆起呈环状分布的特点，自西向东依次发育环隆云坪、靖西台坪、靖边缓坡、东部洼地等相带，岩性也依次由白云岩过渡为石灰岩为主，其中邻近中央古隆起的靖西台坪由于发育藻灰坪、藻屑滩、灰云坪等微相沉积，成为最有利的白云岩储层发育区。

（2）中央古隆起控制前石炭纪岩溶古地貌的发育。

加里东构造造成的抬升剥蚀古风化壳形成期，中央古隆起区的隆升幅度也最大，处在岩溶古地貌的高部位——岩溶高地区，其抬升剥蚀的强度明显大于岩溶斜坡、岩溶盆地等其他古地貌单元。这也是古隆起区奥陶系明显较薄、老地层被剥露的主要原因，导致古隆起所在区域及其东侧邻近区域奥陶系顶部的马五₁₊₂亚段主力储层段被剥蚀殆尽，并由此控制了岩溶风化壳储层的分布。

（3）中央古隆起对上、下古生界源—储配置关系的影响。

由于中央古隆起的存在从早古生代持续到晚古生代的早期，因此加里东古风化壳形成期中央古隆起处于相对高的隆起部位，由于在此过程中盆地古隆起及其邻近区域自东向西的抬升剥蚀，导致向古隆起及邻区奥陶系自东向西的逐层剥露，使得奥陶系马家沟组的风化壳储层（马五₁₊₂亚段）、中组合（马五₅亚段—马五₁₀亚段）的滩相白云岩、马四—马一段等多个不同层段的白云岩与上古生界煤系烃源岩直接接触，从而控制了中央古隆起东侧奥陶系具有多层系天然气富集成藏的源—储配置条件。

2）伊盟隆起与上古生界天然气成藏

如前所述，伊盟隆起为一继承性发育的古隆起，大部分地区缺失早古生代—石炭纪沉积层，中生界由于远离盆内上三叠统油源发育区，加之白垩纪及新生代以来较强的构造活动性，伊盟隆起基本不具备石油成藏的地质条件；伊盟古隆起古生界仅涉及上古生界的天然气成藏组合，该古隆起对成藏的控制和影响作用可概括为以下几方面。

（1）伊盟隆起区晚古生代沉降晚、影响了上古生界煤系烃源层的发育。

伊盟隆起石炭纪—二叠纪早期处于隆起状态，至二叠纪中晚期才开始大幅沉降接受晚古生代的沉积。因此，上古生界煤系烃源层在伊盟隆起区的分布较为局限，仅在部分地区发育少量太原组—山西组煤系地层。伊盟隆起西北部的大部分地区大都缺失有效的烃源层，其东南部由于与盆地本部逐渐过渡，上古生界煤系烃源层相对较为发育。因此，从烃源角度来说，伊盟隆起东南部是上古生界规模成藏的有利区域。

（2）伊盟隆起晚期构造活动影响气藏保存、局部构造控制天然气成藏聚集。

伊盟隆起的北部即为新生代开始发育的河套地堑，在河套断陷盆地发育过程中，伊盟隆起表现出一定的均衡性翘升活动，使得隆起的北部普遍发育较大规模的张性"通天断层"，进而导致伊盟隆起区古生界的天然气保存条件受到较大影响，部分地区先成的天然气藏可能会出现规模逸散而致气藏大量被破坏。盆地北缘达拉特旗—准格尔旗地区多处散见的油气苗就是这种破坏逸散的直接证据。

因此，受晚期构造破坏的影响，伊盟隆起区局部构造可成为控制天然气成藏的重要因素。隆起北部地区断裂活动较强，通常难以形成规模发育的岩性气藏，仅在个别保存相对较好的局部构造圈闭上（如背斜圈闭或半背斜圈闭），才有可能发现有效保存的构造圈闭气藏，但由于圈闭规模通常都较小（多在几至十几平方千米），总体勘探潜力有限。而在隆起南部远离活动断层发育的地区（尤其是泊尔江海子断层以南地区）保存条件相对较好，气藏聚集不一定受局部构造的控制，有可能形成一定规模的岩性圈闭气藏。

3）渭北隆起区油气成藏

（1）隆起核部晚期构造活动强烈，油气藏遭受破坏。

渭北隆起是在较为晚期的构造活动影响下形成的隆起，尤其是新生代以来伴随渭河地堑的陷落，渭北隆起的南端发生了较为强烈的均衡翘升，以至在隆起核部的岐山—淳化—铜川地区下古生界乃至元古宇蓟县系都出露地表，因此核部地区整体保存条件相对较差。

20世纪七八十年代针对隆起核部稍偏北的瑶曲、润镇、旬邑等局部构造的古生界天然气实施的钻探与勘探，虽在下古生界发现较好的碳酸盐岩储层，但由于断裂破坏强烈，未发现好的含油气显示。对渭北隆起中生界的石油勘探，虽在旬邑鸡儿嘴、马栏、石门等局部构造的钻探中发现众多含油显示井点，以及耀州区下石节、陈家山等煤炭钻孔和巷道中也发现石油渗流，但最终都没有发现大的工业性油气藏，主要原因还是在于隆起核部晚期构造活动强烈，对油气藏的破坏较为强烈。

（2）隆起北斜坡区因构造抬升，局部形成中生界浅油层。

燕山晚期以来渭北隆起区构造抬升较为强烈，使中生界的含油层段剥露至埋藏较浅的近地表部位，局部抬升强烈处甚或出露地表（如铜川西柳林地区长10油层组出露地表）。这一方面导致早期形成的油藏被破坏，另一方面也可在部分保存条件相对较好的地区，尤其是在渭北隆起的北斜坡及邻近的伊陕斜坡的南端形成一定规模的浅油层。如20世纪70年代早期的石油勘探中曾在马栏构造的马1井长2+3油层组获得日产1.17t的工业油流；20世纪90年代末又在庙湾构造钻探的庙38井长2油层组获得工业油流，从而发现了庙湾油田。

（3）隆起向西倾没端的构造活动性相对较弱，保存条件应相对较好。

渭北隆起整体呈向西逐渐倾没的趋势，隆起西段埋深增大，保存条件较为有利。布格重力异常图显示，渭北隆起西段重力异常值明显偏负，表明下古生界埋深明显增大，呈向西、向北倾斜的特征。此外，渭北隆起带西段与中段的中生界上部地层发育程度存在显著差别，中段剥蚀强烈，缺失侏罗系—白垩系，西段地层保存较全。表明在侏罗纪—白垩纪（燕山期）时期渭北隆起西段未经历大规模抬升剥蚀，构造活动相对较弱，油气成藏之后的后期保存条件较为有利。

由盆地整体的成藏特征可见，鄂尔多斯盆地局部地区仍有一定规模的构造圈闭油气藏（如西缘冲断带地区及伊盟隆起区），但就盆地整体而言，绝大部分油气藏仍以岩性圈闭或岩性—地层圈闭油气藏为主，局部构造对油气成藏并不起决定性的控制作用，即对大部分区域而言，构造并不直接控制油气的聚集和富集。

但是，从更为宏观的油气成藏演化的角度来看，构造作用对大型油气聚集区带的形成仍起到了极为重要的控制作用，主要表现在大型构造对烃源层（生烃坳陷）发育的控制、由区域性构造运动所形成不整合对源储配置关系的控制以及古隆起构造对大型油气富集带形成的控制等方面。对盆地中生界油藏而言，盆地西南部晚三叠世延长组沉积期内陆坳陷的形成，控制了延长组湖相烃源层的规模发育，才形成了三叠系—侏罗系大型油藏；对盆地下古生界天然气藏而言，加里东末期构造抬升所形成的上、下古生界之间的区域性不整合，使得上古生界广覆式分布的煤系烃源层与下古生界风化壳储层大面积直接接触，才导致了盆地中部地区下古生界顶面风化壳地层圈闭（古地貌圈闭）气藏规模发育。因此，从宏观角度来看，构造作用在鄂尔多斯盆地依然是油气成藏极为重要的控制因素。

**4. 冲断构造与油气成藏**

以盆地西缘逆冲断裂带为例。该冲断带次级构造南北向构造带古生界主要发育上古生界与下古生界两套成藏组合，两者在印支晚期—燕山早期即已达到烃源岩生排烃高峰及成藏阶段，各自形成一定规模的岩性圈闭含气系统。在该构造带南段邻近的中生界延长组湖相烃源发育区，三叠系延长组—侏罗系延安组形成较为有利的成藏组合。但由于燕山中晚期以来的强烈逆冲推覆构造活动，使西缘南段的古生界含气系统遭受了大面积的破坏，因而在冲断前锋带的局部构造上仅残存小量断背斜气藏；但在宽缓的向斜构造区及主冲断层下盘原地岩体的古生界中，构造破坏程度相对较低，仍具有发现规模岩性圈闭气藏的勘探潜力。

而对于中生界成藏组合而言，局部的冲断构造可造成延长组油源与延长组中上部及侏罗系储集砂岩的有效沟通，在局部构造仍具有较好的圈闭成藏条件，如目前已发现的马家滩油田、大水坑油田、姬塬油田等即属此种类型。

六盘山弧形构造带至今仍未取得油气勘探的实质性突破。但汤济广等（2009）研究认为，海原凹陷、固原凹陷是盆地的主要生烃凹陷，在古近纪之前沉降中心与沉积中心基本一致，均为继承性深凹陷。在由断陷盆地向前陆型的冲断构造转换过程中，整体构造变形相对较弱，使油气运、聚仍具较好的空间配置。断层的先正后逆对油气藏形成起到很好的积极作用，生油凹陷之上，有利于油气的聚集成藏。其中海原凹陷的肖家湾构造带和凤凰山构造带、固原凹陷的寺口子构造带和三营隆起带以及盆地西南侧的月亮山推覆体等为油气聚集的有利构造带。

# 第十一章  油气田各论

自 1907 年发现延长油田以来到 2020 年底，鄂尔多斯盆地共发现油气田 47 个，其中油田 35 个，气田 12 个。本章就盆地古生界和中生界主要含油气层位，选取典型的古生界气田和中生界油田 12 个，从油（气）田概况、构造及圈闭、储层、油（气）藏类型及流体特征、开发简况等五个方面依次叙述。

## 第一节  古生界气田

鄂尔多斯盆地古生界天然气的勘探始于 1969 年。截至 2020 年底，共发现气田 12 个，其中上古生界气田 10 个，下古生界气田 2 个，累计探明天然气地质储量 $6.67 \times 10^{12} m^3$（含天然气基本探明地质储量 $2.54 \times 10^{12} m^3$）。在 12 个气田中，正在投入开发的 10 个，停止开发的 2 个。各气田综合数据见表 11-1。

### 一、靖边气田

#### 1. 概况

靖边气田行政区划位于陕西省榆林市的横山区、靖边县、定边县和延安市的志丹县、安塞区以及内蒙古自治区乌审旗境内。气田北部为沙漠覆盖，地形起伏明显，南部为典型的黄土塬地貌。区域构造位于鄂尔多斯盆地陕北斜坡中部、中央古隆起东北侧的靖边—横山一带，北至召 4 井—陕 199 井、南到陕 108 井，东起陕 200 井一线、西接陕 53 井，走向为北北东向，长约 240km、宽约 130km、面积逾 $3.12 \times 10^4 km^2$。靖边气田的勘探始于 1989 年陕参 1 井的成功勘探，目前已发现下古生界马五$_{1+2}$ 亚段、马五$_4$ 亚段等含气层系，其中马五$_{1+2}$ 亚段是该气田的主力气层，是与奥陶系海相碳酸盐岩有关的风化壳型低渗透、低丰度、低产的大型复杂气田。

#### 2. 构造及圈闭

靖边气田区域构造为一宽缓的西倾斜坡（图 11-1），坡降一般为 3～10m/km。在单斜背景上发育 35 排近北东向的低缓鼻隆，鼻隆幅度一般在 10～20m，宽度为 3～6km。这些低缓的鼻隆构造对天然气的聚集有一定控制作用。

盆地中部奥陶系风化壳属于非构造圈闭的隐蔽性大型岩溶古地貌，天然气的聚集和成藏主要受古地貌形态和古沟槽切割封堵的控制。形成的圈闭主要有古地貌圈闭、古地貌—成岩圈闭、差异溶蚀透镜体圈闭和构造—成岩圈闭等四种基本类型。每个单一圈闭内，由于气层间隔层一般较薄，裂缝又较发育，往往形成统一的含气单元。

#### 3. 储层

靖边气田古生界自下而上有下古生界奥陶系马家沟组，上古生界石炭系本溪组、太

表 11-1  长庆油田已探明气田综合数据表

| 序号 | 气田名称 | 发现时间（年） | 发现井号 | 含气层位 | 储层类型 | 气层平均厚度/m | 气层中部深度/m | 孔隙度/% | 渗透率/mD | 含气饱和度/% | 原始地层压力/MP | 原始地层温度/K | 探明储量/$10^8 m^3$ | 气藏类型 |
|------|----------|----------------|----------|----------|----------|----------------|----------------|----------|-----------|--------------|------------------|------------------|----------------------|----------|
| 1 | 靖边气田 | 1989 | 陕参 1 | 马五 $_{1-4}$ 亚段、盒 8 段、山 1 段 | 溶孔型白云岩 | 5.6 | 3310 | 5.7 | 2.63 | 75.9 | 29.2 | 376.9 | 6910.05 | 古地貌 |
| 2 | 苏里格气田 | 2000 | 苏 6 | 盒 8 段、山 1 段、山 2 段、太原组 | 石英砂岩、岩屑石英砂岩 | 6.8 | 3430 | 8.1 | 0.83 | 61.7 | 29.5 | 380.6 | 47238.52 | 岩性 |
| 3 | 榆林气田 | 1996 | 陕 141 | 山 2 段 | 石英砂岩 | 10.1 | 2820 | 6.5 | 5.00 | 74.6 | 27.3 | 360.9 | 1807.5 | 岩性 |
| 4 | 神木气田 | 2003 | 双 3 | 山 1 段、山 2 段、太原组 | 岩屑石英砂岩、岩屑砂岩 | 7.1 | 2590 | 7.6 | 0.60 | 67.9 | 21.9 | 355.2 | 3333.89 | 岩性 |
| 5 | 刘家庄气田 | 1969 | 刘庆 1 | 盒 5 段、山 1 段 | 石英砂岩 | 12.6 | 795 | 11.7 | 49.14 | 76.0 | 7.5 | 302.2 | 1.9 | 构造 |
| 6 | 子洲气田 | 2004 | 榆 30 | 盒 8 段、山 2 段 | 石英砂岩 | 7.6 | 2425 | 7.2 | 0.94 | 70.1 | 23.5 | 348.8 | 1151.97 | 岩性 |
| 7 | 米脂气田 | 1988 | 镇川 4 | 盒 6 段—盒 8 段 | 岩屑石英砂岩、岩屑砂岩 | 5.3 | 2220 | 7.2 | 1.56 | 69.0 | 22.1 | 338.3 | 358.48 | 岩性 |
| 8 | 乌审旗气田 | 1997 | 陕 231 | 盒 8 段、马五 $_{1+2}$ 亚段、马五 $_5$ 亚段 | 岩屑石英砂岩、溶孔型白云岩 | 8.1 | 3115 | 7.5 | 1.73 | 69.6 | 28.3 | 372.1 | 1012.1 | 岩性 |
| 9 | 胜利井气田 | 1980 | 任 4 | 盒 3+4 段、山 1 段 | 石英砂岩 | 7.1 | 2230 | 13.0 | 3.7 | 62.8 | 21.2 | 342.2 | 18.25 | 构造 |
| 10 | 宜川气田 | 2014 | 宜 10 | 山 1 段、本溪组 | 岩屑石英砂岩、岩屑砂岩 | 6.3 | 2470 | 6.9 | 0.61 | 56.9 | 19.9 | 353.7 | 227.5 | 岩性 |
| 11 | 黄龙气田 | 2009 | 宜 6 | 马五 $_{1+2}$ 亚段 | 溶孔型白云岩 | 5.2 | 2330 | 3.9 | 0.43 | 56.0 | 14.3 | 350.2 | 29.7 | 古地貌 |
| 12 | 庆阳气田 | 2012 | 庆探 1 | 山 1 段 | 岩屑石英砂岩 | 5.7 | 4200 | 6.0 | 0.64 | 58.7 | 37.3 | 397.8 | 318.86 | 岩性 |

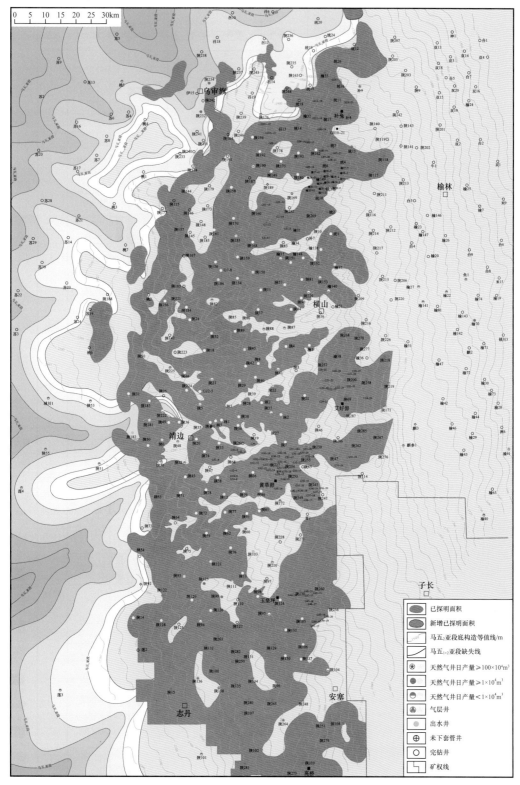

a. 靖边气田含气面积图

图例：
- 已探明面积
- 新增已探明面积
- 马五₂亚段底构造等值线/m
- 马五₁₊₂亚段缺失线
- 天然气井日产量≥100×10⁴m³
- 天然气井日产量≥1×10⁴m³
- 天然气井日产量<1×10⁴m³
- 气层井
- 出水井
- 未下套管井
- 完钻井
- 矿权线

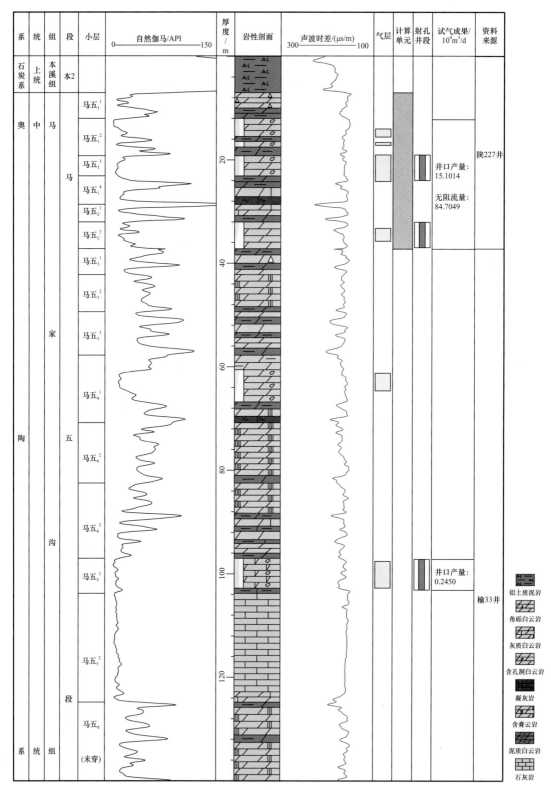

b.靖边气田综合柱状图

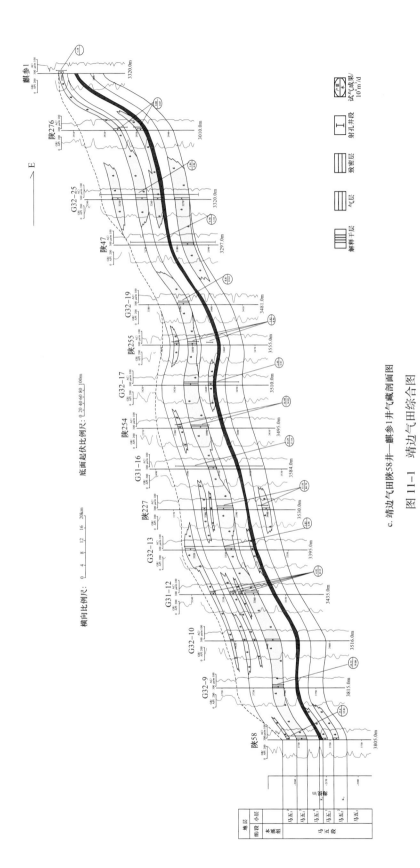

c. 靖边气田陕58井—麒参1井气藏剖面图

图 11-1　靖边气田综合图

原组，二叠系山西组、下石盒子组、上石盒子组和石千峰组。天然气探明储量主要分布在马五$_{1+2}$、马五$_4$亚段（图 11–1）。

靖边气田下古生界储层岩石类型以泥—粉晶含硬石膏云岩为主，约占储层厚度的85%，其次为细晶白云岩和粒屑白云岩等。这些岩石因处于岩溶古地貌单元中的岩溶阶地发育带，先后经历了层间岩溶、风化壳岩溶和压释水岩溶的叠加改造，形成了分布广泛的孔、洞、缝储集空间。其中，层间岩溶作用形成的溶蚀孔洞主要发育于沉积旋回的顶部，具有沿层状延伸展布的特征；风化壳岩溶作用进一步增强了孔、洞、缝及岩溶管道和沟槽网络的发育；埋藏期压释水岩溶作用，改变了风化壳的水化学环境，伴随烃类的成熟，有机质脱酸基作用产生的压释水进入风化壳，通过对前期岩溶孔隙的调整改造，使岩溶储层进一步发育。总体表现为在低孔、低渗背景上，存在相对较好的孔、渗区块，但孔渗发育程度的层间差异较明显。

4. 气藏类型及流体特征

产水井与产水层分布零散，无统一气水界面，气藏受岩性—成岩圈闭控制明显（图 11–1），并且与构造平缓、区域水动力阻滞密切相关。靖边下古生界气藏为地层—岩性圈闭气藏。

靖边气田马五$_1$亚段气藏压力系数测算结果表明，单井压力系数普遍小于 1，平均值为 0.95，并由北向南平均值依次变小。61 口重点井的压力系数与深度之间具有较好的相关性，相关系数为 0.885。压力总趋势表现为西高东低、南高北低，各区原始地层压力在 30.99～31.92MPa 之间，平均值为 31.43MPa。气藏温度分布范围为 99.60～113.50℃，平均值为 105.10℃，地温梯度为 2.93℃/100m。61 口重点井的气藏温度与深度也具有较好的相关性，相关系数为 0.84，表现出靖边气田马五$_1$亚段气藏具有相同的地温场及统一的地温梯度。

靖边气田天然气组分和物理性质稳定，马五$_1$亚段气藏相对密度为 0.59～0.63，全区平均值为 0.61，各个区块平均值十分接近，也表现出同一气藏的共同特点。

马五$_{1+2}$亚段气藏及马五$_4^1$小层气藏均无明显的边、底水，出水层主要分布在气田西部，呈块状或透镜状分布，多数出水层具有气水共存的特点。

5. 开发简况

靖边气田自 1989 年发现以来，经历了前期评价、探井试采、规模上产及稳产四个阶段（详见"第十二章　典型油气勘探案例"）。2003 年底形成年产 $55 \times 10^8 m^3$ 的生产能力，目前已稳产 14 年。至 2017 年底，累计探明储量 $6910 \times 10^8 m^3$，投产气井 1247 口，气田累计生产天然气 $897.8 \times 10^8 m^3$。

## 二、苏里格气田

1. 概况

苏里格气田地理位置位于鄂尔多斯盆地西北部，属于内蒙古鄂尔多斯市乌审旗境内的苏里格庙地区，北起内蒙古自治区鄂托克旗，南至陕西省吴起县，东临陕西省榆林市，西抵内蒙古自治区鄂托克前旗，勘探面积 $5 \times 10^4 km^2$。苏里格气田地表主要为沙漠、草原区，波状沙丘绵延广布，人烟稀少，地势相对平坦，海拔 1200～1350m。属于温带大陆性半干旱季风气候。

苏里格地区的大规模天然气勘探始于 2000 年，气田具有多层系复合含气的特征。其中，上古生界二叠系盒 8 段、山 1 段为主力含气层，盒 6 段、山 2 段、石炭系本溪组以及下古生界奥陶系等是重要的兼探层系。

2. 构造及圈闭

苏里格气田构造位置隶属于鄂尔多斯盆地伊陕斜坡西部（图 11-2），整体表现为东高西低、北高南低的构造特征。在地震 $Tp_8$ 反射层构造图上，苏里格地区构造形态为一宽缓的西倾单斜，坡降 3～10m/km，在此背景上发育多排北东走向的低缓鼻隆，鼻隆幅度 10～20m，南北宽 5～10km，东西长 10～20km。

苏里格地区盒 8 段、山 1 段气藏的展布主要受三角洲平原（前缘）分流河道砂体的控制。区域上近南北向展布的带状砂体与侧向分流间湾、河漫、滨浅湖沉积的泥岩相配置，构成大型岩性圈闭。分布在盒 8 段与盒 7 段储层之间的砂质泥岩，封盖能力强，构成了气藏的直接盖层，上石盒子组分布稳定的泥岩为区域盖层。由于受到气藏上倾部位致密岩性的封堵、侧向泥岩遮挡、上覆区域泥岩封盖，气藏圈闭不受局部构造的控制，气藏成大面积复合连片分布。

3. 储层

苏里格气田上古生界碎屑岩气藏属于大型砂岩岩性气藏。上古生界自下而上可划分为石炭系本溪组、二叠系太原组、下石盒子组、上石盒子组和石千峰组（图 11-2）。主力气层含气层段为二叠系盒 8 段和山 1 段河流相—三角洲砂岩储层。盒 8 段砂体厚度大，一般为 10～50m，砂层多叠置，平面展布规模大，砂体宽度为 10～20km，南北延伸 200km 以上；山 1 段砂体相对较窄，宽度一般为 3～5km，砂岩厚度为 5～15m。盒 8 段—山 1 段储层主要为石英砂岩，其中，盒 8 段石英含量较高，一般为 80%～90%，山 1 段石英含量为 65%～90%。主力储集空间以孔隙为主，裂缝极少。盒 8 段储层由于石英含量较高、次生溶孔较发育，具有较高的孔隙度和渗透率，其中单层孔隙度为 5%～12%，渗透率一般为 0.1～2.0mD，盒 8 段储层产能较高。山 1 段储层物性相对较差，单层孔隙度为 5%～10%，渗透率一般为 0.1～1.0mD。

4. 气藏类型及流体特征

苏里格气藏是大型岩性气藏，其主要控制因素为平缓的构造与广覆式分布的烃源岩，稳定的沉积与大面积分布的储集体，建设性成岩作用与相对高渗透储层，天然气近距离运聚成藏与高的聚集效率等。

实测压力数据显示，苏里格气田盒 8 段气藏的压力为 22.469～31.502MPa，平均值为 28.894MPa；压力系数范围为 0.73～0.95，平均值为 0.84。山 1 段气藏的压力在 23.196～35.694MPa 之间，平均值为 28.875MPa；压力系数范围为 0.85～0.96，平均值为 0.91。压力分布的总趋势表现为西高东低、南高北低。

利用苏里格气田区内钻井的上古生界实测地层温度与对应深度相关分析，求得上古生界地层的地温梯度为 3.06℃/100m，相关系数为 0.85。根据苏里格地区各井区的天然气组分分析结果，其物理性质相对稳定，盒 8 段气藏甲烷含量为 86.96%～93.72%，平均值为 89.82%，天然气相对密度为 0.601～0.643，平均值为 0.628；山 1 段气藏甲烷含量为 85.58%～91.79%，平均值为 89.07%，天然气相对密度为 0.610～0.661，平均值为 0.639；天然气组分分析中未见 $H_2S$，属无硫干气气藏。

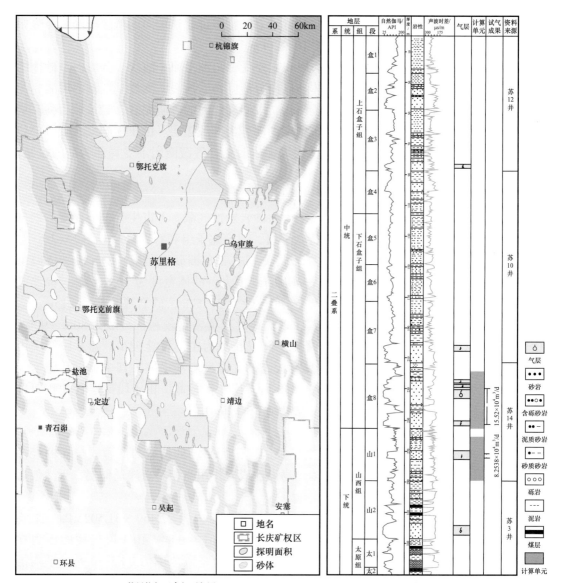

a. 苏里格气田含气面积图

b. 苏里格气田综合柱状图

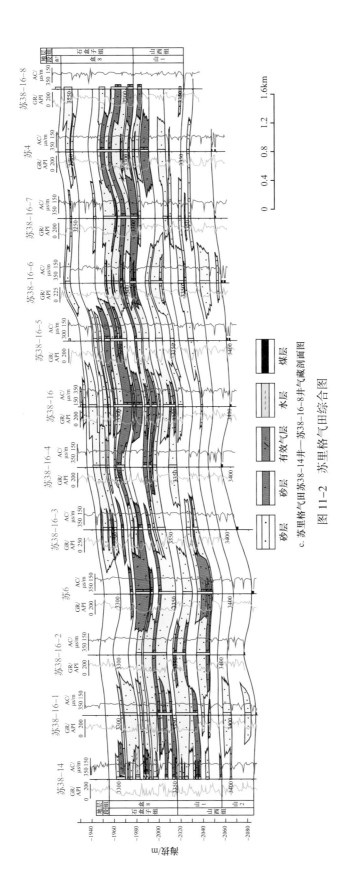

c. 苏里格气田苏38-14井—苏38-16-8井气藏剖面图

图 11-2　苏里格气田综合图

苏里格气田储层横向预测以及地层、构造等地质研究成果表明，盒8段气藏属于岩性圈闭气藏（图11-2），储层的分布受砂体展布和物性的控制，局部存在底层水，但纵向上与横向上均无统一的气水界面。

5. 开发简况

苏里格万亿立方米大气田的整体勘探，为苏里格天然气的开发奠定了坚实的资源基础。经过多年的评价、开发、勘探，总结出"技术集成化、建设标准化、管理数字化、服务市场化"的开发方略及"六统一、三共享、一集中"的开发管理模式，天然气产量实现跨越式增长，天然气产量年新增超过 $30×10^8m^3$。2017年苏里格气田天然气生产达 $230×10^8m^3$，累计天然气产量超过 $1700×10^8m^3$，成为长庆气区产量最大的气田。

## 三、榆林气田

1. 概况

榆林气田位于陕西省榆林市和内蒙古自治区，北起内蒙古南部的阿拉泊，南至陕西横山区塔湾，西邻靖边县，东抵神木市双山，是长庆油田在鄂尔多斯盆地最早探明和开发的上古生界气田，也是典型的"低渗、低压、低丰度"的"三低"气田。榆林气田主要含气层为上古生界下二叠统山2段，次要含气层为中二叠统盒8段，气藏埋深 2650～3100m（图11-3）。

1995年，长庆石油勘探局在勘探靖边气田期间，在陕9井钻探时发现上古生界山西组砂岩含气，特别是陕141井山西组砂岩储层含气性较好；1996年，对陕141井山西组砂岩储层试气，获得日产无阻流量 $76.78×10^4m^3$ 高产工业气流，从此拉开了榆林气田勘探序幕。截至2017年底，榆林气田已完钻探井77口，进尺 $23.47×10^4m$，获工业气流井46口，已累计探明山2段含气面积 $1715.80km^2$，探明天然气地质储量 $1807.50×10^8m^3$。

2. 构造及圈闭

榆林气田构造位置位于鄂尔多斯盆地伊陕斜坡东北部，整体构造为一宽缓的西倾斜坡，坡降一般在 6m/km。在单斜背景上发育着多排近北东向的低缓鼻状隆起，鼻隆幅度一般为 10～20m，宽度为 3～6km（图11-3）。

榆林气田山2段气藏严格受三角洲平原及三角洲前缘沉积砂体控制，主砂体近南北走向，其东西两侧砂岩致密变薄或尖灭相变为洪泛平原及分流间湾泥质沉积，形成气藏的侧向岩性遮挡；上石盒子组上部地层泥岩厚度大，横向连片性好，是良好的区域盖层，分布在山1段、山2段储层之间的泥岩、砂质泥岩封盖能力较强，构成了气藏的直接盖层。

3. 储层

据榆林气田48口井的铸体薄片鉴定资料分析认为，山2段储层以中粗粒—粗粒石英砂岩为主，其次为岩屑石英砂岩。颗粒分选中等偏好，磨圆度为次棱状、次圆状，胶结类型以孔隙式胶结、再生孔隙式胶结为主。岩屑组分以石英岩等变质岩岩屑为主。储层物性较好，孔隙度主要分布在 4.0%～10.1% 之间，平均值为 6.2%；渗透率主要分布在 0.2～20mD 之间，平均值为 4.85mD。山2段砂岩储层以粒间孔、岩屑溶孔为主，其次为晶间孔和杂基溶孔，局部发育微裂隙。

综上所述，榆林气田山2段砂岩储层以石英砂岩为主要储集岩性，石英砂岩纵向上

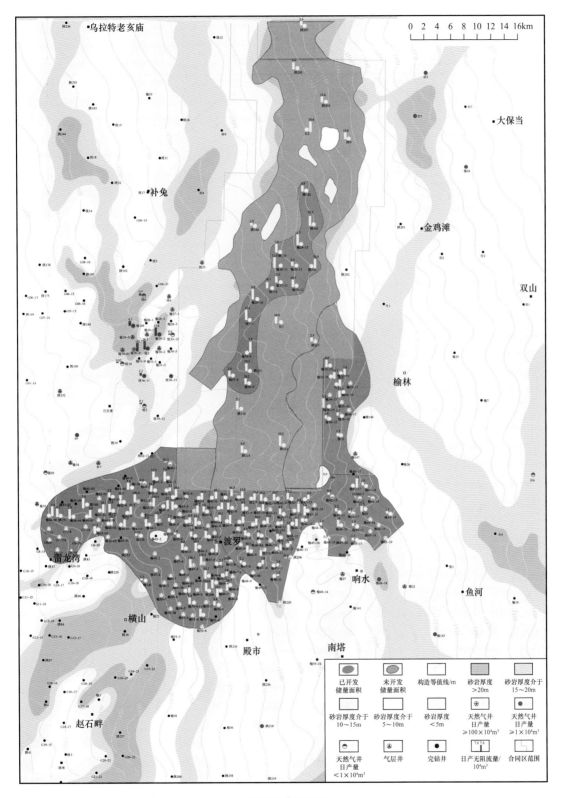

a. 榆林气田含气面积图

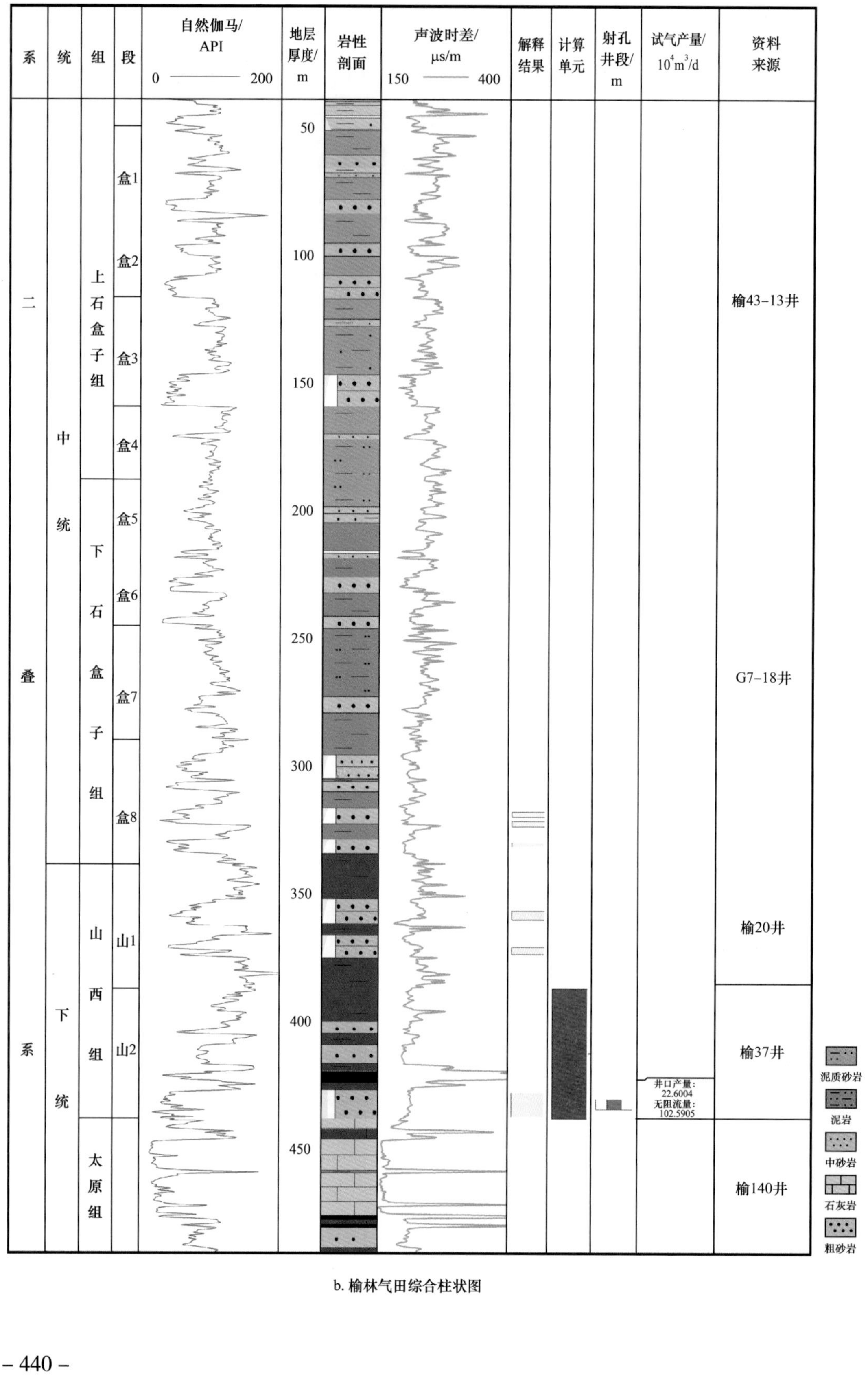

| 系 | 统 | 组 | 段 | 自然伽马/API 0 — 200 | 地层厚度/m | 岩性剖面 | 声波时差/μs/m 150 — 400 | 解释结果 | 计算单元 | 射孔井段/m | 试气产量/$10^4 m^3$/d | 资料来源 |
|---|---|---|---|---|---|---|---|---|---|---|---|---|
| 二 叠 系 | 中 统 | 上石盒子组 | 盒1 | | 50 | | | | | | | 榆43-13井 |
| | | | 盒2 | | 100 | | | | | | | |
| | | | 盒3 | | 150 | | | | | | | |
| | | | 盒4 | | | | | | | | | |
| | | 下石盒子组 | 盒5 | | 200 | | | | | | | |
| | | | 盒6 | | 250 | | | | | | | G7-18井 |
| | | | 盒7 | | | | | | | | | |
| | | | 盒8 | | 300 | | | | | | | |
| | 下 统 | 山西组 | 山1 | | 350 | | | | | | | 榆20井 |
| | | | 山2 | | 400 | | | | | 井口产量:22.6004 无阻流量:102.5905 | 榆37井 |
| | | 太原组 | | | 450 | | | | | | | 榆140井 |

b. 榆林气田综合柱状图

图例:
泥质砂岩
泥岩
中砂岩
石灰岩
粗砂岩

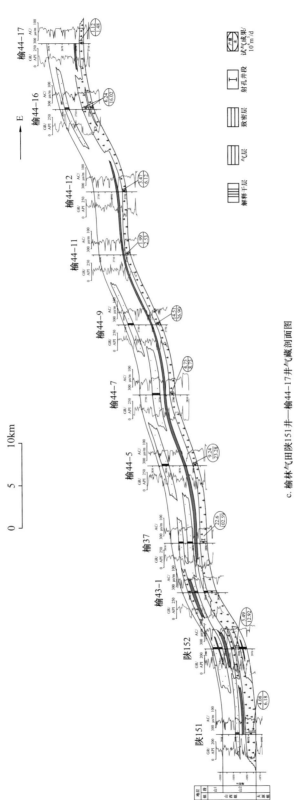

c. 榆林气田陕151井—榆44-17井气藏剖面图

图 11-3　榆林气田综合图

连续、物性分布均匀、孔隙结构良好，岩性、物性、电性及含气性相关性良好，属于上古生界的优质储层。

4. 气藏类型及流体特征

榆林气田山 2 段气藏的气体组分以甲烷（$CH_4$）为主，体积含量为 94.1%。非烃类气体氮气（$N_2$）、二氧化碳（$CO_2$）、硫化氢（$H_2S$）含量低，平均值为 2.09%，其中硫化氢（$H_2S$）平均含量为 5.30$mg/m^3$，属于微含硫级别；二氧化碳（$CO_2$）含量为 1.68%。天然气组分平面分布较稳定，天然气品质优良。

据统计分析，榆林气田中水的 $Cl^-$ 含量平均为 6894$mg/L$，总矿化度平均为 23326$mg/L$，不属于地层水范围，且水 / 气比为 0.11～0.24$m^3/10^4m^3$，呈逐年下降趋势，属于气田凝析水。

5. 开发简况

榆林气田的开发经历了合作区试生产 1999—2001 年、自营区规模开发 2002—2007 年及稳产阶段 2008—2017 年三个阶段，即将进入递减阶段。2008 年建成年产 $53×10^8m^3$ 的生产能力，截至 2017 年底，累计动用储量 $1519×10^8m^3$，生产天然气 $667×10^8m^3$，已稳产 9 年；投产气井 255 口，日产气 $1630×10^4m^3$。

通过 17 年多的不断摸索与实践，同时，开展气田生产动态监测、开发动态地质研究、气藏工程研究、采气工艺技术研究、采集输生产系统工程等多项开发研究，榆林气田已初步形成较完善的开发技术系列，取得了较丰富的开发经验。长庆油田分公司第二采气厂逐渐形成了"榆林模式"及特色开发技术。榆林气田的成功开发，是长庆油田分公司首次开发鄂尔多斯盆地上古生界砂岩气藏的成功实践，为后续上古生界气田的开发积累了宝贵的经验。

# 四、神木气田

1. 概况

神木气田位于陕西省榆林市榆阳区、神木市、佳县及米脂县境内，西邻榆林气田，北与大牛地气田相邻，南抵子洲气田。该区地势西北高、东南低，地貌以明长城为界，北部为沙漠，地形相对平缓；南部为黄土塬覆盖，地形起伏相对较大，沟壑纵横。该区属半干旱大陆性季风气候。区内交通较为便利，陕京一、陕京二、陕京三线从气田穿过，包茂、榆神、神府、神盘、神佳等高等级公路沟通了与周边的联系，与周围形成了全方位的立体交通格局，开发集输条件十分便利。

1996 年在榆林气田外向东的陕 201 井上古生界下二叠统太原组获日产 $2.6969×10^4m^3$ 的工业气流；2003 年，在陕 201 井以北 22km 处完钻的双 3 井，在太原组、山 2 段分别获得了日产 $2.5440×10^4m^3$、$6.9107×10^4m^3$ 的无阻流量。通过进一步勘探，2007 年在双 3 井区太原组提交天然气探明地质储量 $934.99×10^8m^3$；2008—2014 年神木地区加大勘探力度，在米 38 井区上古生界二叠系太原组及山 2、山 1 段提交天然气探明地质储量 $2398.90×10^8m^3$。2020 年加大向东甩开勘探力度，在神 41、神 84 井区二叠系太原组、千 5 段分别提交探明地质储量 $199.12×10^8m^3$、$51.83×10^8m^3$。

2. 构造及圈闭

神木地区构造形态为一宽缓的西倾斜坡，坡降 6～12m/km，倾角不足 1°。在太原组底单斜背景上发育着多排北东走向的低缓鼻隆，鼻隆幅度一般为 10m 左右，宽 4～5km，长 25~30km。勘探开发资料证实，这些鼻隆构造对上古生界气藏没有明显的控制作用。

神木气田上古生界地处盆地东部生烃中心，下部煤层及烃源岩发育，有机质热演化程度 $R_o$ 大于 1.3%，生气强度为 $30 \times 10^8 m^3/km^2$。发育于气源岩之间及其上的三角洲平原分流河道砂岩、三角洲前缘河口坝砂岩、海相滨岸砂岩及潮道砂岩等共同构成了上古生界主要储集岩体；盒 8 段、山 1 段、山 2 段和太原组砂体呈南北向分布（图 11-4），主砂体两侧砂岩致密变薄或尖灭相变为分流洼地的泥质沉积，形成气藏的侧向岩性遮挡；上石炭统本溪组底部的铝土质泥岩横向分布稳定、岩性致密，作为上古生界含气层系的区域性底板；上石盒子组泥质岩类发育，且普遍存在泥岩高压，阻止天然气向上运移，是良好的区域性盖层。上述生、储、盖的最佳配置组合，共同形成了该区千 5 段、盒 8 段、山 1 段、山 2 段、太原组岩性圈闭气藏。

3. 储层

神木气田古生界储层主要有：下二叠统太原组、山 1 段、山 2 段及中二叠统盒 8 段、上二叠统千 5 段五套含气层系（图 11-4），埋藏深度在 1300~2800m 之间。

千 5 段为陆相河流—三角洲沉积体系，储层主要为含砾中—粗粒岩屑长石石英砂岩、岩屑长石砂岩，石英含量平均为 51.6%，岩屑以火成岩屑为主，千枚岩、变质砂岩次之。填隙物主要为水云母、绿泥石、凝灰质及硅质。孔隙以粒间孔为主，溶孔（包括岩屑溶孔、长石溶孔及杂基溶孔）、晶间孔次之，平均孔隙度为 8.9%、渗透率为 2.15mD。

盒 8 段为陆相三角洲沉积体系，储层主要为中—粗粒岩屑石英砂岩、石英砂岩，石英含量平均为 76.18%，岩屑以千枚岩为主，变质砂岩、火成岩屑次之。填隙物主要为水云母、高岭石和硅质。孔隙以岩屑溶孔为主，其次为粒间孔和晶间孔，平均孔隙度为 7.2%、渗透率为 0.71mD。

山 1 段为陆相三角洲沉积体系，储层主要为中—粗粒岩屑砂岩、岩屑石英砂岩，石英含量平均为 71.18%，岩屑以火成岩屑为主，千枚岩、变质砂岩次之。填隙物主要为水云母、铁方解石、硅质和高岭石。孔隙以岩屑溶孔为主，其次为晶间孔，平均孔隙度 7.3%、渗透率 0.55mD。

山 2 段主要为海陆过渡相三角洲沉积体系，储层以岩屑石英砂岩、石英砂岩为主，石英含量平均 79.50%，岩屑以火成岩屑为主，变质砂岩、千枚岩次之。填隙物主要为水云母、铁白云石、高岭石和硅质。孔隙以岩屑溶孔为主，其次为粒间溶孔，平均孔隙度为 7.6%、渗透率为 0.62mD。

太原组属于海相浅水三角洲沉积体系，储层主要为中—粗粒岩屑石英砂岩及石英砂岩，石英含量平均为 85.08%，岩屑以火成岩屑为主，变质砂岩、千枚岩次之。填隙物主要为水云母、铁白云石和硅质。孔隙以岩屑溶孔、杂基溶孔为主，平均孔隙度为 8.0%、渗透率为 0.62mD。

4. 气藏类型及流体特征

按驱动类型，神木气田千 5 段、盒 8 段、山 1 段、山 2 段和太原组气藏均属于岩性圈闭气藏，天然气气藏的分布主要受砂体展布和物性的控制，无明显边、底水，内部压力值与海拔关系明显，属于定容弹性驱动气藏。气藏压力系数在 0.72~0.98 之间，平均值为 0.83，按气藏压力划分，属于低压气藏。按储层物性划分，属于低孔、致密气藏。

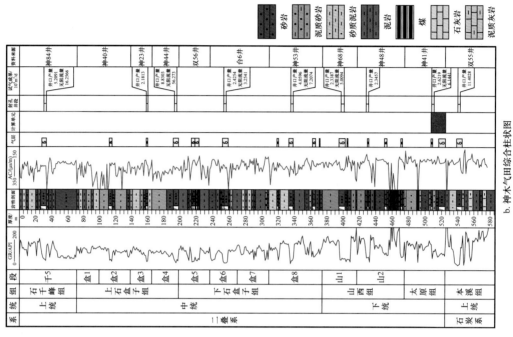

b. 神木气田综合柱状图

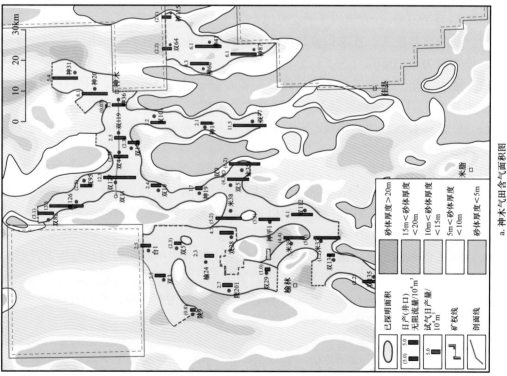

a. 神木气田含气面积图

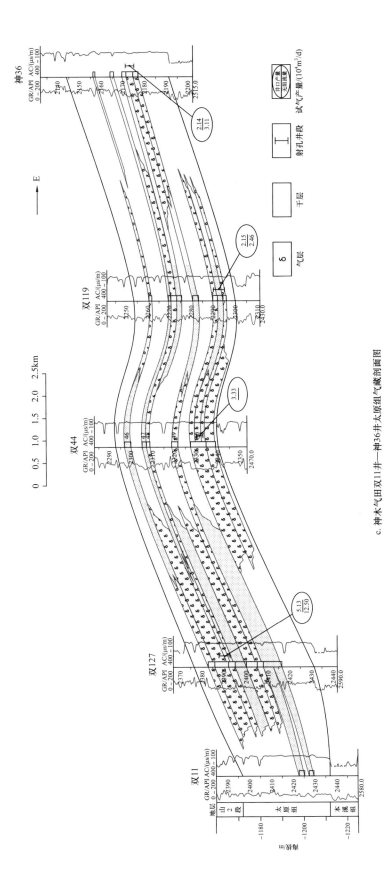

c. 神木气田双11井—神36井太原组气藏剖面图

图11-4 神木气田综合图

神木气田气层的天然气组分分析表明，太原组气藏中甲烷体积含量为 90.07%～99.31%，平均值 94.43%，乙烷体积含量为 0.36%～6.68%，平均值为 3.14%，二氧化碳含量为 0～3.47%，平均值 0.68%；山 2 段气藏的甲烷体积含量为 91.39%～99.19%，平均值为 95.90%，乙烷体积含量为 0.12%～5.09%，平均值为 2.37%，二氧化碳含量为 0～2.07%，平均值为 0.35%；山 1 段气藏的甲烷体积含量为 92.55%～97.26%，平均值为 94.25%，乙烷体积含量为 1.27%～4.81%，平均值为 3.41%，二氧化碳含量为 0～1.22%，平均值为 0.31%；盒 8 段气藏的甲烷体积含量为 90.01%～99.50%，平均值 95.03%，乙烷体积含量为 0.06%～4.75%，平均值为 2.45%，二氧化碳含量为 0～4.82%，平均值为 0.50%，地层压力为 18.6～22.61MPa，平均值为 20.1MPa，压力系数小于 0.9，平均值为 0.81；千 5 段气藏的甲烷体积含量平均值为 95.61%，乙烷体积含量平均值为 2.08%，二氧化碳含量平均值为 0.07%，地层压力平均值为 11.2MPa，压力系数小于 0.9，平均值为 0.83。千 5 段、盒 8 段、山 1 段、山 2 段、太原组气藏均未见 $H_2S$，属无硫干气。

### 5. 开发简况

2009 年开始对神木气田双 3 区块进行前期评价。2011 年新建年产能 $1.0 \times 10^8 m^3$，同时部署了 2 口水平井用于评价太原组气藏水平井开发的可行性，探索直井与水平井开发方式。其中，双平 2 井试气获日产无阻流量 $4.49 \times 10^4 m^3$，双平 1 井试气获日产无阻流量 $12.0 \times 10^4 m^3$，初步落实了气井生产能力，为开发方案的编制及气田的整体开发奠定了基础。

2012 年开始规模建设，坚持"多层系多井型大井组开发"模式，当年新建年产能 $5.0 \times 10^8 m^3$，并开展了 5 口井试采，评价合理日产量为 $0.5 \times 10^4 \sim 4.0 \times 10^4 m^3$，日压降速率为 0.077MPa，平均单井日产量为 $1.8 \times 10^4 m^3$，气井产能逐步落实。2013 年、2014 年大规模开发双 3 区块，于 2014 年 9 月投运，至 2015 年 8 月底，投产气井 210 口，累计产气 $8.31 \times 10^8 m^3$。截至 2015 年 11 月，在双 3 区块建成年产能 $19.8 \times 10^8 m^3$。

截至 2020 年底，神木气田完钻开发井 1813 口，Ⅰ+Ⅱ类井比例占 80% 以上。完试井 1801 口，单井最高日产无阻流量 $203.7 \times 10^4 m^3$（双 48-42H2 井），平均日产无阻流量 $15.4 \times 10^4 m^3$。有效储层钻遇率高，其中，太原组气层钻遇率 61.8%，平均厚度 8.5m；山 2 段气层钻遇率 72.2%，平均厚度 5.9m；山 1 段气层钻遇率 69.8%，平均厚度 5.9m；盒 8 段气层钻遇率 90.7%，平均厚度 8.5m。

## 五、刘家庄气田

### 1. 概况

刘家庄气藏位于宁夏回族自治区灵武县刘家庄。1956 年细测落实构造，1969 年开始钻探，同年 9 月位于构造高部位的刘庆 1 井在下石盒子组及山西组获得工业气流。共钻井 7 口，取心进尺 109.1m，岩心长 86.0m，收获率 78.8%。

### 2. 构造

刘家庄气藏位于鄂尔多斯盆地西缘冲断构造带横山堡段与马家滩段交会处。气藏在一轴向近南北向、西陡东缓的不对称半背斜上。背斜西翼为南北向的逆断层切割，断面东倾，倾角 70°，垂直断距 1300m，刘家庄构造即为该逆冲断层上盘的正牵引背斜。背斜北部被两条东西向的张性断裂所切割，南升北降，垂直断距 170m。背斜构造长 8.5km，宽 2km，闭合面积 17km²，闭合高度 300m（图 11-5）。

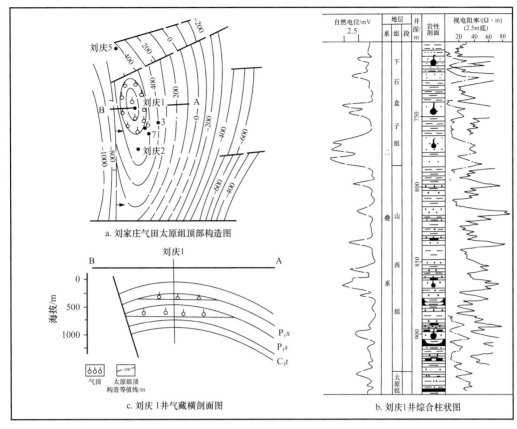

图 11-5　刘家庄气藏综合图（据长庆油田石油地质志编写组，1992）

### 3. 储层

产气层为中二叠统下石盒子组及下二叠统山西组，埋藏深度 900m。其中，盒 8 上亚段、盒 8 下亚段、山 1 段三个气层总厚 21.6m，岩性为粗砂岩及含砾粗砂岩，分选差，最大孔隙度为 18.5%，平均孔隙度为 11.7%，最大渗透率为 1599mD，平均渗透率为 49.1mD。含气饱和度 76.6%，单层试气日产 $4.27\times10^4 \sim 5.79\times10^4 m^3$。山西组气层厚 3.6m，岩性为细—中粒砂岩，日产气 $1.0\times10^4 m^3$。

### 4. 气藏类型及气体特征

刘家庄气藏由于其北部张性断层的破坏，仅在构造顶部形成气藏。构造低部位的刘庆 2、刘庆 3、刘庆 6、刘庆 7 井的下石盒子组均产水，因此属于构造边水驱动气藏。气藏的气体组分以甲烷为主，含甲烷 85.7%，含氮 4.0%，相对密度 0.5720。

### 5. 开发简况

刘庆 1 井为刘家庄气田唯一的气井，1992 年 7 月 17 日—8 月 3 日，长庆石油勘探局对该井试采，计算日产无阻流量 $20.78\times10^4 m^3$，产气 $122.75\times10^4 m^3$，与分层试气时小层最高产能相近。该井以日产 $4.0\times10^4 m^3$ 试采时，产水量日趋上升。因此，长期生产产量不宜配得过高。

刘庆 1 井于 1992 年 12 月建成单井站后投产，$1.90\times10^8 m^3$ 的地质储量已全部动用。单井日配产 $1.50\times10^4 m^3$，累计生产天然气 $0.17\times10^8 m^3$。由于没有形成正规系统地面管线，刘家庄气田于 2004 年停产，累计生产天然气 $0.17\times10^8 m^3$，剩余经济可采储量为 $0.43\times10^8 m^3$。

# 第二节 中生界油田

自 1907 年发现延长油田以来，截至 2020 年底，共发现中生界油田 35 个，累计探明石油地质储量 $59.29 \times 10^8$t。2019 年在陇东地区长 7 油层组生油层系内发现了 10 亿吨级的庆城大油田，累计发现 35 个油田，正在投入开发的 29 个，停止开发的 6 个。各油田综合数据见表 11–2。

## 一、安塞油田

安塞油田是中国陆上开发最早的特低渗透亿吨级整装油田，也是长庆油气区油田开发层系的战略转移、石油储量与产量大幅增长的标志性油田，它的经济有效开发以及建设模式的形成，对长庆油区三叠系低渗透油田的大规模开发，有着重要的示范指导作用。

### 1. 概况

安塞油田分布于陕西省二市四县一区，即延安市安塞区、志丹县、子长县、宝塔区和榆林市靖边县，矿权总面积 3613km²。地表为黄土层，因长期被流水冲刷、切割和自然力的侵蚀，形成塬、梁、峁、沟等多种复杂地形。地面海拔在 1150~1400m 之间，相对高差一般为 100~200m。有延河支流——杏子河流经境内。

1983 年 7 月 30 日，长庆石油会战指挥部在安塞区谭家营乡部署了第一口探井塞 1 井，在三叠系长 2 油层组钻遇油层 31.6m，试油获日产油 64.5t 的高产。与此同时，在安塞地区东部、中部完钻的塞 5、塞 6 井也分别在三叠系长 2、长 6 油层组获得日产 18.2t、11t 的工业油流。发现了坪桥、王窑区块，开拓了陕北地区三叠系延长组找油的新局面。

此后的 1983—1988 年在 2500km² 的范围内共钻井 121 口（其中探井 99 口、生产井 22 口），探明了王窑、侯市、杏河、坪桥、谭家营等五个含油区块。累计探明含油面积 222.8km²，探明石油地质储量 $10561 \times 10^4$t，控制石油地质储量 $3256 \times 10^4$t，发现了长庆油田第一个亿吨级油田。

1989—2001 年，安塞油田进入滚动勘探开发阶段，不仅扩大了主力层长 6、长 4+5 油藏的含油范围，同时发现了 14 个长 2、长 3 油藏，新增探明地质储量 $21332 \times 10^4$t。2002—2017 年，在已探明面积周边开展精细评价勘探，使杏河、侯市区含油范围进一步扩大。截至 2020 年底，安塞油田已累计探明含油面积 970.39km²，探明石油地质储量 $53754.83 \times 10^4$t（图 11–6）。

### 2. 构造及圈闭

安塞油田位于鄂尔多斯盆地伊陕斜坡构造单元的中东部，区域构造背景为平缓的近南北向展布的西倾单斜，地层产状平缓，倾角 1° 左右，平均坡降 8~10m/km，构造活动十分微弱，断层不发育，但发育成排有规律排列的鼻状隆起带，由北向南可细划为三排较大的鼻隆褶皱带：大路沟—坪桥、杏河—谭家营和志丹—王窑鼻隆褶皱带，隆起幅度 20~30m，轴向在北部呈东西向，向南逐渐偏移呈北东向（图 11–6）。

表 11-2 长庆油田已探明油田综合数据表

| 油田 | 区 | 发现时间 | 含油层位 | 岩性 | 孔隙度/% | 渗透率/mD | 油层中部深度/m | 原始地层压力/MPa | 饱和压力/MPa | 油层温度/℃ | 地层原油性质 密度/g/cm³ | 地层原油性质 黏度/mPa·s | 地层原油性质 气油比/m³/t | 地层原油性质 体积系数 | 地面原油性质 密度/g/cm³ | 地面原油性质 50℃黏度/mPa·s | 地面原油性质 初馏点/℃ | 地面原油性质 凝固点/℃ | 油藏类型 |
|---|---|---|---|---|---|---|---|---|---|---|---|---|---|---|---|---|---|---|---|
| 马岭（序号1） | 北一 | 1971.02 | 延4+5油层组—延10油层组 | 中细粒砂岩 | 17.8 | 57.60 | 1550 | 14.55 | 5.33 | 51.3 | | 2.30 | 61.3 | | | | | | 岩性—构造 |
| | 北二 | 1972.03 | 延4+5油层组—延10油层组 | 中细粒砂岩 | 16.9 | 48.10 | 1550 | 14.84 | 2.94 | 53.4 | | 2.30 | 41.8 | | | | | | 岩性—构造 |
| | 中一 | 1971.04 | 延4+5油层组—延10油层组 | 中细石英砂岩 | 17.6 | 134.30 | 1440 | 14.34 | 5.12 | 50.0 | | 2.80 | 46.3 | | | | | | 岩性—构造 |
| | 中二 | 1974.11 | 延4+5油层组—延10油层组 | 中细粒砂岩 | 15.9 | 110.60 | 1600 | 14.90 | 4.36 | 52.5 | | 3.50 | 45.7 | | | | | | 岩性—构造 |
| | 中三 | 1971.12 | 延4+5油层组—延10油层组 | 中细石英砂岩 | 15.7 | 34.30 | 1400 | 14.45 | 3.63 | 48.1 | | 3.50 | 40.5 | | | | | | 岩性—构造 |
| | 南一 | 1971.01 | 延4+5油层组—延10油层组 | 中细粒砂岩 | 14.1 | 94.10 | 1460 | 13.53 | 5.49 | 43.0 | | 3.60 | 59.7 | | | | | | 岩性—构造 |
| | 南二 | 1971.07 | 延4+5油层组—延10油层组 | 中细粒砂岩 | 16.2 | 42.20 | 1430 | 14.65 | 3.87 | 49.3 | | 2.80 | 34.2 | | | | | | 岩性—构造 |
| | 南三 | 1973.01 | 延4+5油层组—延10油层组 | 含砾粗砂岩 | 15.5 | 11.80 | 1380 | | | | | | | | | | | | 岩性 |
| | 南试 | 1971.03 | 延4+5油层组—延10油层组 | 含砾粗砂岩 | 14.5 | 3.70 | 1400 | 14.44 | 5.60 | 48.6 | | 3.20 | 58.1 | | | | | | 岩性 |
| | 上里塬 | 1973.09 | 延4+5油层组—延10油层组 | 中细粒砂岩 | 15.7 | 76.60 | 1500 | 12.45 | 2.60 | 51.9 | | 3.90 | 31.4 | | | | | | 岩性—构造 |

| 序号 | 油田 | 区 | 发现时间 | 含油层位 | 岩性 | 孔隙度/% | 渗透率/mD | 油层中部深度/m | 原始地层压力/MPa | 饱和压力/MPa | 油层温度/℃ | 地层原油性质 密度/g/cm³ | 黏度/mPa·s | 气油比/m³/t | 体积系数 | 地面原油性质 密度/g/cm³ | 50℃黏度/mPa·s | 初馏点/℃ | 凝固点/℃ | 油藏类型 |
|---|---|---|---|---|---|---|---|---|---|---|---|---|---|---|---|---|---|---|---|---|
| 1 | 马岭 | 镇329、镇381 | 2017 | 延10、延9油层组 | 长石岩屑砂岩、岩屑长石砂岩 | 13.5 | 36.03 | 1661~1833 | 12.69 | 5.34 | 59.1 | 0.771 | 1.74 | 55.0 | 1.184 | 0.834 | 5.16 | 67.7 | 17.9 | 构造—岩性 |
| | | 镇473 | 2017 | 长$3_3$油层 | 长石岩屑砂岩、岩屑长石砂岩 | 12.6 | 3.98 | 1882~1918 | 14.27 | 5.85 | 59.7 | 0.774 | 2.48 | 57.0 | 1.176 | 0.837 | 5.00 | 74.2 | 19.8 | 构造—岩性 |
| | | 镇51 | 2017 | 长$8_1$油层 | 岩屑长石砂岩、长石岩屑砂岩 | 9.6 | 1.09 | 2154~2348 | 18.46 | 10.48 | 70.0 | 0.745 | 1.12 | 104.0 | 1.286 | 0.844 | 5.95 | 74.6 | 19.0 | 岩性 |
| 2 | 城壕 | 城壕 | 1972.6 | 延4+5油层组—延10油层组 | 细—粗粒长石石英砂岩 | 15.6 | 66.30 | 1140 | 10.69 | 2.50 | 41.5 | | 4.30 | 23.3 | | | | | | 岩性—构造 |
| | | 玄马 | 1972 | 延4+5油层组—延10油层组 | 细—粗粒长石石英砂岩 | 16.1 | 91.50 | 1150 | 11.17 | 2.67 | 44.5 | | 2.40 | 38.1 | | | | | | 构造—岩性 |
| | | 城55 | 1974.11 | 延安组、直罗组 | 细—粗粒长石石英砂岩 | 16.8 | 254.10 | 1250 | 10.37 | 2.35 | 44.1 | | 5.60 | 13.6 | | | | | | 构造—岩性 |
| | | 城63 | 1972.11 | 延4+5油层组—延10油层组 | 细—粗粒长石石英砂岩 | 16.4 | 90.00 | 1210 | 10.80 | 4.21 | 42.0 | | 2.30 | 53.9 | | | | | | 构造—岩性 |
| 3 | 华池 | 华49 | 1970.08 | 延4+5油层组—延10油层组 | 细—粗粒长石石英砂岩 | 16.6 | 154.00 | 1350 | 11.50 | 1.44 | 46.6 | | 4.40 | 17.1 | | | | | | 构造 |
| | | 悦22 | 1974.12 | 延4+5油层组—延10油层组 | 细—粗粒长石石英砂岩 | 16.3 | 153.70 | 1290 | 10.40 | 1.58 | 52.0 | | 3.80 | 30.3 | | | | | | 构造 |
| | | | | | | | | | | 8.45 | | | 1.70 | 100.0 | | | | | | 构造 |

续表

| 序号 | 油田 | 区 | 发现时间 | 含油层位 | 岩性 | 孔隙度/% | 渗透率/mD | 油层中部深度/m | 原始地层压力/MPa | 饱和压力/MPa | 油层温度/℃ | 地层原油性质 | | | | 地面原油性质 | | | | 油藏类型 |
|---|---|---|---|---|---|---|---|---|---|---|---|---|---|---|---|---|---|---|---|---|
| | | | | | | | | | | | | 密度/g/cm³ | 黏度/mPa·s | 气油比/m³/t | 体积系数 | 密度/g/cm³ | 50℃黏度/mPa·s | 初馏点/℃ | 凝固点/℃ | |
| 4 | 元城 | | 1970.11 | 延4+5油层组—延10油层组 | 中—细粒长石英砂岩 | 17.3 | 203.00 | 1500 | 12.89 | 1.38 | 51.3 | 0.795 | 3.60 | 16.2 | | | | | | 构造—岩性 |
| | | 白267 | 2013 | 延9$_3$油层 | 中—细粒岩屑长石砂岩 | 15.7 | 40.20 | 1629 | 12.89 | 1.50 | 53.2 | 0.808 | 3.49 | 18.2 | 1.069 | 0.858 | 6.11 | 75.8 | 22.3 | 构造—岩性 |
| | | 元299、里74等4个井区 | 2013 | 延10$_1$油层 | 中—细粒岩屑长石砂岩 | 15.7 | 40.20 | 1508~1592 | 12.18 | 1.04 | 52.3 | 0.776 | 3.92 | 11.9 | 1.064 | 0.845 | 4.69 | 77.9 | 14.7 | 构造—岩性 |
| 5 | 镇北 | 镇296、镇250、镇277、镇28 | 2013 | 延10油层组 | 长石岩屑砂岩 | 13.5 | 8.67 | 1755~1908 | 15.45 | 5.21 | 57.2 | 0.776 | 2.93 | 46.0 | 1.171 | 0.837 | 5.48 | 70.3 | 17.8 | 构造—岩性 |
| | | 镇236、镇59、木64 | 2017 | 延10、延9油层组 | 长石岩屑砂岩、岩屑长石砂岩 | 13.5 | 36.03 | 1863~2029 | 9.30~16.34 | 3.92~8.14 | 59.1 | 0.731~0.795 | 1.04~2.96 | 38~85 | 1.129~1.282 | 0.812~0.866 | 2.22~7.55 | 36.0~105.7 | 10.0~32.0 | 构造—岩性 |
| | | 镇300、镇52、镇218 | 2013 | 长3油层组 | 长石岩屑砂岩、岩屑长石砂岩 | 13.3 | 5.67 | 1826~1949 | 14.89 | 7.15 | 62.3 | 0.776 | 1.87 | 77.0 | 1.209 | 0.850 | 6.35 | 60.0 | 17.7 | 构造—岩性 |
| | | 木71、镇276、镇28 | 2004、2017 | 长3$_2$、长3$_3$油层 | 长石岩屑砂岩、岩屑长石砂岩 | 12.6 | 3.98 | 2025~2145 | 13.13~16.67 | 5.39~6.99 | 59.7 | 0.746~0.785 | 1.20~4.00 | 46~80 | 1.151~1.242 | 0.812~0.885 | 2.54~23.67 | 32.0~81.0 | 11.0~33.0 | 构造—岩性 |
| | | 镇53、镇356、镇348 | 2014、2017 | 长8油层 | 岩屑长石砂岩、长石岩屑砂岩 | 10.1 | 0.86 | 2202~2536 | 14.79~21.31 | 7.50~12.29 | 69.5 | 0.725~0.780 | 0.68~4.09 | 67~131 | 1.190~1.331 | 0.833~0.864 | 3.19~19.2 | 43.0~129.8 | 9.0~28.2 | 岩性 |

| 序号 | 油田 | 区 | 发现时间 | 含油层位 | 岩性 | 孔隙度/% | 渗透率/mD | 油层中部深度/m | 原始地层压力/MPa | 饱和压力/MPa | 油层温度/℃ | 地层原油性质 密度/g/cm³ | 黏度/mPa·s | 气油比/m³/t | 体积系数 | 地面原油性质 密度/g/cm³ | 50℃黏度/mPa·s | 初馏点/℃ | 凝固点/℃ | 油藏类型 |
|---|---|---|---|---|---|---|---|---|---|---|---|---|---|---|---|---|---|---|---|---|
| 6 | 樊家川 | 环65 | 1984 | 延安组 | 细—粗粒石英砂岩 | 16.6 | 53.70 | 1810 | 16.13 | 3.70 |  |  | 2.20 | 35.5 |  |  |  |  |  | 构造—岩性 |
|  |  | 里167、木34 | 2013 | 延9油层组 | 中细粒石英岩屑砂岩、岩屑长石砂岩 | 15.1 | 119.70 | 1771 | 15.71 | 2.05 | 55.3 | 0.795 | 3.49 | 18.0 | 1.069 | 0.856 | 7.55 | 75.0 | 24.0 | 构造—岩性 |
|  |  |  | 2013 | 延10油层组 | 中细粒长石岩屑砂岩、岩屑长石砂岩 | 14.5 | 140.10 | 1771~1936 | 12.73~16.43 | 0.97~1.87 | 49.6~56.2 | 0.803 | 3.75 | 12.0 | 1.056 | 0.839 | 5.89 | 50.8 | 18.7 | 构造—岩性 |
| 7 | 南梁 |  | 1971.07 | 延安组 | 中粗粒长石质石英砂岩 | 17.5 | 103.70 | 1100 | 8.80 | 1.33 |  |  | 4.80 | 21.2 |  |  |  |  |  | 构造—岩性 |
|  |  | 山106 | 2003 | 长3₃油层组 | 长石砂岩、岩屑长石砂岩 | 14.2 | 0.49 | 1860 | 9.92 | 8.22 | 57.0 | 0.746 | 1.45 | 87.8 | 1.265 | 0.850 |  |  |  | 岩性 |
|  |  | 午235、午206等5个井区 | 2015、2016 | 延9油层组 | 岩屑长石砂岩、长石岩屑砂岩 | 15.6 | 130.37 | 1385 | 5.18 | 1.19 | 40.0 | 0.820 | 2.68 | 10.0 | 1.049 | 0.836 | 5.12 | 70.2 | 17.4 | 构造—岩性 |
|  |  | 午99、金评23 | 2015、2016 | 延10油层组 | 岩屑长石砂岩、长石岩屑砂岩 | 16.4 | 147.90 | 1100 | 8.64 | 1.13 | 40.9 | 0.821 | 7.68 | 9.0 | 1.062 | 0.846 | 5.19 | 53.0 | 18.0 | 构造—岩性 |

| 序号 | 油田 | 区块 | 发现时间 | 含油层位 | 岩性 | 孔隙度/% | 渗透率/mD | 油层中部深度/m | 原始地层压力/MPa | 饱和压力/MPa | 油层温度/℃ | 地层原油性质 密度/g/cm³ | 黏度/mPa·s | 气油比/m³/t | 体积系数 | 地面原油性质 密度/g/cm³ | 50℃黏度/mPa·s | 初馏点/℃ | 凝固点/℃ | 油藏类型 |
|---|---|---|---|---|---|---|---|---|---|---|---|---|---|---|---|---|---|---|---|---|
| 7 | 南梁 | 金评25-2 | 2016 | 长2油层组 | 岩屑长石砂岩、长石岩屑砂岩 | 13.8 | 1.16 | 1261 | 11.20 | 5.44 | 44.6 | 0.746 | 2.30 | 80.0 | 1.200 | 0.850 | 5.41 | 74.7 | 19.7 | 构造—岩性 |
| | | 塔105-1 | 2016 | 长4油层组+长5₁油层 | 岩屑长石砂岩 | 12.8 | 0.90 | 1318~1842 | 15.11 | 11.52 | 60.3 | 0.731 | 1.59 | 119.0 | 1.326 | 0.836 | 4.65 | 64.8 | 18.1 | 岩性 |
| | | 牛58 | 2016 | 长6油层组 | 岩屑长石砂岩 | 9.8 | 0.26 | 1422~1768 | 14.28 | 9.97 | 67.8 | 0.720 | 0.94 | 111.0 | 1.323 | 0.824 | 2.87 | 62.3 | 15.6 | 岩性 |
| | | 高126 | 2016 | 长8₁油层 | 岩屑长石砂岩 | 9.6 | 0.56 | 1849 | 11.90 | 7.62 | 75.6 | 0.736 | 1.21 | 122.0 | 1.337 | 0.867 | 5.36 | 82.0 | 20.0 | 岩性 |
| 8 | 演武 | 镇191 | 2016 | 延4+5油层组—延10油层组 | 岩屑长石砂岩、长石岩屑砂岩 | 15.0 | 233.39 | 1867~2293 | 16.33 | 1.25 | 55.9 | 0.818 | 4.75 | 7.0 | 1.040 | 0.822~0.862 | 3.30~6.46 | 45.0~81.4 | 16.0~21.0 | 构造—岩性 |
| | | 演123、镇164 | 2016 | 长3油层组 | 岩屑长石砂岩、长石岩屑砂岩 | 12.9 | 12.27 | 2199~2235 | 14.89 | 7.15 | 62.3 | 0.776 | 1.87 | 77.0 | 1.209 | 0.832~0.844 | 5.61~6.78 | 52.7~74.7 | 16.5~18.1 | 构造—岩性 |
| | | 孟39-85 | 2016 | 长8油层组 | 岩屑长石砂岩 | 17.4 | 3.25 | 2325 | 17.88 | 9.88 | 69.3 | 0.751 | 1.83 | 93.0 | 1.259 | 0.836 | 6.89 | 70.9 | 20.8 | 构造—岩性 |
| 9 | 五蛟 | 里37 | 2001 | 延9油层组 | 石英砂岩 | 16.1 | 199.50 | 1502~1573 | | | | | 4.65 | 31.4 | | | | | | 构造 |
| 10 | 西峰 | 庄232 | 2013 | 延7油层组 | 岩屑长石砂岩、长石岩屑砂岩 | | | 1217 | 10.44 | 1.17 | 44.1 | 0.812 | 5.60 | 14.0 | 1.065 | 0.842 | 8.27 | 89.0 | 19.0 | 构造—岩性 |

| 序号 | 油田 | 区 | 发现时间 | 含油层位 | 岩性 | 孔隙度/% | 渗透率/mD | 油层中部深度/m | 原始地层压力/MPa | 饱和压力/MPa | 油层温度/℃ | 地层原油性质 | | | | 地面原油性质 | | | | 油藏类型 |
|---|---|---|---|---|---|---|---|---|---|---|---|---|---|---|---|---|---|---|---|---|
| | | | | | | | | | | | | 密度/g/cm³ | 黏度/mPa·s | 气油比/m³/t | 体积系数 | 密度/g/cm³ | 50℃黏度/mPa·s | 初馏点/℃ | 凝固点/℃ | |
| | | 宁51 | 2013 | 长2$_2$油层 | 长石岩屑砂岩、岩屑长石砂岩 | | | 1094 | 10.60 | 5.40 | 45.3 | 0.751 | 2.10 | 66.0 | 1.194 | 0.842 | 7.63 | 70.1 | 16.7 | 构造—岩性 |
| | | 庄73、西90 | 2013 | 长3$_3$油层 | 长石岩屑砂岩、岩屑长石砂岩 | 13.6 | 3.00 | 1422 | 12.45 | 7.08 | 50.1 | 0.772 | 2.20 | 70.0 | 1.194 | 0.844 | 6.00 | 73.9 | 17.9 | 构造—岩性 |
| 10 | 西峰 | 西41、西33、西58 | 2003、2004 | 长8$_1$油层 | 细中粒长石砂岩、长石岩屑砂岩 | 10.9 | 0.80 | 1880~2100 | 15.54 | 10.58 | 66.3 | 0.751 | 1.67 | 92.3 | 1.261 | 0.858 | 7.41 | 45~110 | 19.0 | 岩性 |
| | | 庄19 | 2005 | 长8$_1$油层 | 细中粒长石砂岩、岩屑长石砂岩 | 11.3 | 1.05 | 1750~1980 | 15.21 | 10.15 | 65.9 | 0.751 | 1.67 | 89.0 | 1.261 | 0.846 | 4.77 | 63.2 | 18.0 | 岩性 |
| | | 庄20 | 2005 | 长8$_1$油层 | 细中粒长石砂岩、岩屑长石砂岩 | 11.8 | 0.58 | 1780~2050 | 16.51 | 10.12 | 66.7 | 0.727 | 1.33 | 115.0 | 1.307 | 0.845 | 5.91 | 62.4 | 19.0 | 岩性 |
| 11 | 马坊 | | 1968.07 | 延安组、直罗组 | 中粗粒长石石英砂岩 | 16.0 | 66.00 | 1850 | 16.30 | 4.10 | 65.0 | | 2.30 | 45.0 | | | | | | 岩性—构造 |
| 12 | 油房庄 | | 1971 | 延安组、延长组 | 细中粒—混粒长石质石英砂岩 | 16.4 | 98.00 | 1810 | 13.94 | 2.30 | 62.9 | | 2.90 | 25.7 | | | | | | 岩性—构造 |
| 13 | 吴起 | 吴68 | 1972.11 | 延4+5油层组—延10油层组 | 细中粒硬砂质长石石英砂岩 | 17.0 | 114.20 | 1210 | 9.50 | 1.63 | 42.4 | | 5.20 | 12.7 | | | | | | 构造 |

| 序号 | 油田 | 区 | 发现时间 | 含油层位 | 岩性 | 孔隙度/% | 渗透率/mD | 油层中部深度/m | 原始地层压力/MPa | 饱和压力/MPa | 油层温度/℃ | 地层原油性质 | | | | 地面原油性质 | | | | 油藏类型 |
|---|---|---|---|---|---|---|---|---|---|---|---|---|---|---|---|---|---|---|---|---|
| | | | | | | | | | | | | 密度/g/cm³ | 黏度/mPa·s | 气油比/m³/t | 体积系数 | 密度/g/cm³ | 50℃黏度/mPa·s | 初馏点/℃ | 凝固点/℃ | |
| 13 | 吴起 | 吴88 | 1975.04 | 延4+5油层组—延10油层组 | 细中粒硬砂质长石石英砂岩 | 17.7 | 102.90 | 1200 | 9.43 | 1.45 | 41.2 | | 4.50 | 19.2 | | | | | | 构造 |
| | | 吴133 | 1974.1 | 延4+5油层组—延10油层组 | 细中粒硬砂质长石石英砂岩 | 18.2 | 403.10 | 1270 | 9.75 | 1.62 | 42.0 | | 4.00 | 23.3 | | | | | | 构造 |
| | | 吴135 | 1982.03 | 延4+5油层组—延10油层组 | 细中粒硬砂质长石石英砂岩 | 17.9 | 264.20 | 1270 | 9.66 | 3.12 | 41.6 | | 4.20 | 29.7 | | | | | | 构造 |
| | | 新308、合106 | 2014 | 延9油层组 | 长石岩屑砂岩、岩屑长石砂岩 | 16.0 | 309.66 | 1360~1477 | 8.08 | 2.37 | 43.0 | 0.811 | 5.72 | 19.0 | 1.081 | 0.859~0.861 | 5.20~6.10 | 58.0~60.0 | 20.0 | 构造—岩性 |
| | | 新81 | 2014 | 长2油层组 | 长石砂岩、岩屑长石砂岩 | 15.3 | 8.60 | 1573~1630 | 11.37 | 1.76 | 44.8 | 0.795 | 3.20 | 22.0 | 1.094 | 0.824~0.825 | 5.53~6.02 | 45.5~49.8 | 21.9~22.0 | 构造—岩性 |
| | | 新291 | 2014 | 长6油层组 | 长石砂岩、岩屑长石砂岩 | 12.9 | 0.87 | 1909~1953 | 13.43 | 7.75 | 61.2 | 0.764 | 2.49 | 71.0 | 1.204 | 0.830~0.841 | 5.77~6.42 | 44.6~66.8 | 21.4~22.3 | 岩性 |
| 14 | 绥靖 | | 2002 | 延9油层组 | 石英砂岩 | 16.8 | 155.40 | | | | | | 5.40~11.40 | | | | | | | 岩性—构造 |
| | | | 2002 | 长2油层组 | 长石砂岩 | 15.9 | 24.40 | | | | | | | | | | | | | 岩性—构造 |
| | | | 2002 | 长6油层组 | 长石砂岩 | 11.5 | 1.35 | | | | | | | | | | | | | 岩性 |

| 序号 | 油田 | 区 | 发现时间 | 含油层位 | 岩性 | 孔隙度/% | 渗透率/mD | 油层中部深度/m | 原始地层压力/MPa | 饱和压力/MPa | 油层温度/℃ | 地层原油性质 密度/g/cm³ | 黏度/mPa·s | 气油比/m³/t | 体积系数 | 地面原油性质 密度/g/cm³ | 50℃黏度/mPa·s | 初馏点/℃ | 凝固点/℃ | 油藏类型 |
|---|---|---|---|---|---|---|---|---|---|---|---|---|---|---|---|---|---|---|---|---|
| 14 | 绥靖 | 杨42、杨57、镰127 | 2015 | 延9油层组 | 长石岩屑砂岩、岩屑长石砂岩 | 17.3 | 119.30 | 705~1289 | 3.47~7.96 | 0.33~1.03 | 34.58~45.10 | 0.819~0.829 | 5.17~6.74 | 5.0~13.0 | 1.028~1.049 | 0.805~0.875 | 2.30~15.40 | 6.0~122.0 | 2.0~27.0 | 构造—岩性 |
| | | 镰39、镰48、镰127 | 2015 | 长2油层组 | 岩屑长石砂岩 | 16.1 | 32.81 | 972~1012 | 5.19 | 0.83 | 37.5 | 0.856 | 14.65 | 5.0 | 1.021 | 0.833~0.886 | 3.24~29.30 | 6.0~113.5 | 2.0~24.0 | 构造—岩性 |
| | | 镰127 | 2015 | 长6油层组 | 岩屑长石砂岩、长石岩屑砂岩 | 10.4 | 0.93 | 1342~1421 | 9.34 | 0.92 | 46.4 | 0.837 | 1.02 | 9.0 | 1.050 | 0.872~0.882 | 9.60~24.00 | 60.0~73.0 | 10.0~20.0 | 岩性 |
| 15 | 安塞 | 谭家营 | 1983.07 | 长2油层组 | 中细细长石砂岩 | 17.6 | 19.20 | 600 | 5.20 | 1.00 | 30.3 | | 8.70 | 9.2 | | | | | | 岩性 |
| | | 坪桥 | 1983.1 | 长2、长6、长4+5油层组 | 细粒长石砂岩 | 11.0 | 0.97 | 1000 | 8.38 | 4.69 | 45.2 | | 2.60 | 55.2 | | | | | | 岩性 |
| | | 王窑 | 1983.12 | 长2、长6、长4+5油层组 | 细粒长石砂岩 | 13.5 | 1.53 | 1165 | 9.13 | 6.11 | 43.6 | | 1.90 | 77.8 | | | | | | 岩性 |
| | | 侯市 | 1985.1 | 长2、长6、长4+5油层组 | 细粒长石砂岩 | 13.8 | 1.68 | 1218 | 9.67 | 6.84 | 45.4 | | 1.80 | 78.6 | | | | | | 岩性 |
| | | 杏河 | 1986.05 | 长2、长6、长4+5油层组 | 细粒长石砂岩 | 12.5 | 1.00 | 1405 | 9.80 | 6.83 | 49.6 | | 2.40 | 77.2 | | | | | | 岩性 |

| 序号 | 油田 | 区 | 发现时间 | 含油层位 | 岩性 | 孔隙度/% | 渗透率/mD | 油层中部深度/m | 原始地层压力/MPa | 饱和压力/MPa | 油层温度/℃ | 地层原油性质 | | | | 地面原油性质 | | | | 油藏类型 |
|---|---|---|---|---|---|---|---|---|---|---|---|---|---|---|---|---|---|---|---|---|
| | | | | | | | | | | | | 密度/g/cm³ | 黏度/mPa·s | 气油比/m³/t | 体积系数 | 密度/g/cm³ | 50℃黏度/mPa·s | 初馏点/℃ | 凝固点/℃ | |
| 15 | 安塞 | 王窑 | 2012 | 延9油层组 | 岩屑长石砂岩、长石岩屑砂岩 | 16.2 | 133.07 | 634~887 | 3.03 | 0.21 | 30.5 | 0.831 | 4.73 | 4.0 | 1.015 | 0.849 | 5.63 | 72.5 | 12.3 | 构造—岩性 |
| | | 化子坪、招安 | 2003、2012 | 长2、长3、油层 | 长石砂岩、长石岩屑砂岩 | 15.1 | 24.12 | 876~922 | 4.79 | 0.91 | 34.2 | 0.826 | 5.72 | 11.0 | 1.038 | 0.848 | 6.40 | 72.3 | 17.0 | 构造—岩性 |
| | | 侯市 | 2008 | 长4油层组+长5、油层 | 细中粒长石砂岩、长石岩屑砂岩 | 11.6 | 0.58 | 1316~1367 | 5.03~5.78 | 2.20~2.90 | 43.6 | 0.790 | 2.95 | 37.1 | 1.119 | 0.851 | 9.23 | 72.9 | 17.5 | 岩性 |
| | | 杏河、侯市、王窑 | 2003、2004、2005、2006、2008、2011 | 长6油层组 | 长石砂岩、长石岩屑砂岩 | 11.4 | 1.01 | 1430 | 9.36 | 6.80 | 48.1 | 0.759 | 2.14 | 76.0 | 1.208 | 0.848 | 6.86 | 76.0 | 20.1 | 岩性 |
| | | 高52 | 2014 | 长10、油层 | 长石砂岩、岩屑长石砂岩 | 10.5 | 2.20 | 1773 | 13.05 | 9.98 | 59.9 | 0.706 | 0.83 | 114.0 | 1.315 | 0.819 | 3.33 | 73.4 | 22.0 | 构造—岩性 |
| 16 | 靖安 | | 1993.11 | 延10、长6油层组 | | | | | | | | | | | | | | | | 岩性 |

| 序号 | 油田 | 区 | 发现时间 | 含油层位 | 岩性 | 孔隙度/% | 渗透率/mD | 油层中部深度/m | 原始地层压力/MPa | 饱和压力/MPa | 油层温度/℃ | 地层原油性质 密度/g/cm³ | 黏度/mPa·s | 气油比/m³/t | 体积系数 | 地面原油性质 密度/g/cm³ | 50℃黏度/mPa·s | 初馏点/℃ | 凝固点/℃ | 油藏类型 |
|---|---|---|---|---|---|---|---|---|---|---|---|---|---|---|---|---|---|---|---|---|
| 16 | 靖安 | 新215、新237、塞265、塞248、新52、新56 | 2003、2005、2012 | 延10、延9油层组 | 中粒岩屑长石砂岩 | 16.2 | 222.00 | 1276~1298 | | 0.31 | 39.8 | 0.847 | | | 1.024 | 0.853 | 6.20 | 79.0 | 16.0 | 构造—岩性 |
| | | 天166、塞360、高105、塞265、塞392、镰125、高15、天160 | 2003、2004、2008、2012、2014 | 长6₁油层 | 细粒长石砂岩、岩屑长石砂岩 | 11.6 | 0.76 | 1637 | 9.13 | 6.47 | 49.2 | 0.768 | 2.81 | 68.0 | 1.192 | 0.824~0.869 | 4.11~15.50 | 60.0~92.0 | 13.0~28.0 | 岩性 |
| | | 高15、塞233、塞515、天160 | 2003、2012、2014 | 长6₂油层 | 细粒长石砂岩、岩屑长石砂岩 | 11.5 | 0.53 | 1661 | 11.54 | 7.86 | 53.0 | 0.759 | 2.12 | 75.0 | 1.213 | 0.827~0.856 | 4.35~7.02 | 36.0~64.0 | 20.0~29.0 | 岩性 |
| | | 高107、谷104 | 2012、2014 | 长6₃油层 | 细粒长石砂岩、岩屑长石砂岩 | 9.8 | 0.47 | 1665 | 13.57 | 5.89 | 61.4 | 0.760 | 1.89 | 62.0 | 1.200 | 0.832~0.853 | 5.44~8.24 | 66.8~84.0 | 25.0~30.0 | 岩性 |
| 17 | 胡尖山 | 新46、安91、安83-15、安65 | 2013 | 延9油层组 | 岩屑长石砂岩、长石岩屑砂岩 | 16.4 | 77.90 | 1470~1760 | 7.95 | 2.07 | 57.2 | 0.807 | 5.79 | 20.3 | 1.084 | 0.847 | 7.91 | 77.4 | 18.8 | 构造—岩性 |

续表

| 序号 | 油田 | 区 | 发现时间 | 含油层位 | 岩性 | 孔隙度/% | 渗透率/mD | 油层中部深度/m | 原始地层压力/MPa | 饱和压力/MPa | 油层温度/℃ | 地层原油性质 密度/g/cm³ | 黏度/mPa·s | 气油比/m³/t | 体积系数 | 地面原油性质 密度/g/cm³ | 50℃黏度/mPa·s | 初馏点/℃ | 凝固点/℃ | 油藏类型 |
|---|---|---|---|---|---|---|---|---|---|---|---|---|---|---|---|---|---|---|---|---|
| 17 | 胡尖山 | 安62、安203 | 2013 | 延10油层组 | 岩屑长石砂岩 | 16.2 | 51.80 | 1500~1790 | 10.54 | 5.21 | 57.2 | 0.776 | 2.93 | 46.0 | 1.171 | 0.854 | 10.10 | 81.1 | 23.9 | 构造—岩性 |
| | | 胡105、胡113等7个井区 | 2015 | 延安组 | 岩屑长石砂岩 | 17.1 | 66.60 | 1560~1862 | 8.24 | 2.42 | 57.2 | 0.776~0.822 | 2.93~8.04 | 11~46 | 1.066~1.171 | 0.834~0.875 | 4.48~10.20 | 50~108 | 14~29 | 构造—岩性 |
| | | 元69 | 2003 | 富县组 | 中粒长石砂岩 | 21.8 | 126.47 | 1912 | | | | | | 36.5 | 1.100 | 0.852 | 9.58 | | 21.0 | 构造—岩性 |
| | | 安24、安116 | 2015 | 长1、长2油层组 | 岩屑长石岩、长石砂岩 | 15.8 | 16.90 | 1600~1885 | 12.03 | 5.73 | 56.0 | 0.774~0.800 | 3.10~3.31 | 22~53 | 1.109~1.191 | 0.822~0.895 | 4.61~9.58 | 46~98 | 13~30 | 构造—岩性 |
| | | 胡130 | 2003 | 长2油层组 | 细—中粒长石砂岩 | 12.7 | 2.10 | 1740~1780 | | | | | | 36.2 | 1.125 | 0.846 | 4.88 | | 15.0 | 构造—岩性 |
| | | 安156、安30 | 2015 | 长8油层组 | 岩屑长石砂岩、长石岩屑砂岩 | 12.7 | 1.26 | 2229~2415 | 15.53 | 4.28 | 71.1 | 0.759~0.803 | 1.36~3.84 | 23~48 | 1.093~1.174 | 0.824~0.859 | 3.98~9.77 | 24~99 | 15~28 | 岩性 |
| | | 新22 | 2015 | 长9油层组 | 岩屑长石岩、长石岩屑砂岩 | 12.2 | 2.16 | 2127 | 15.38 | 3.01 | 71.1 | 0.766~0.793 | 1.47~4.18 | 17~34 | 1.099~1.159 | 0.824~0.859 | 3.70~6.80 | 60~109 | 18~26 | 岩性 |
| 18 | 王洼子 | 元46、元47 | 1993、1998 | 延安组 | | | | | | | | | | | | | | | | |

| 序号 | 油田 | 区块 | 发现时间 | 含油层位 | 岩性 | 孔隙度/% | 渗透率/mD | 油层中部深度/m | 原始地层压力/MPa | 饱和压力/MPa | 油层温度/℃ | 地层原油性质 密度/(g/cm³) | 地层原油性质 黏度/(mPa·s) | 地层原油性质 气油比/(m³/t) | 地层原油性质 体积系数 | 地面原油性质 密度/(g/cm³) | 地面原油性质 50℃黏度/(mPa·s) | 地面原油性质 初馏点/℃ | 地面原油性质 凝固点/℃ | 油藏类型 |
|---|---|---|---|---|---|---|---|---|---|---|---|---|---|---|---|---|---|---|---|---|
| 19 | 白豹 | 关135-2 | 2016 | 延8油层组 | 岩屑长石砂岩、长石砂岩 | 16.3 | 177.40 | 1388 | 9.35 | 0.44 | 36.9 | 0.853 | 1.44 | 3.0 | 1.017 | 0.833 | 6.42 | 87.9 | 17.6 | 构造—岩性 |
|  |  | 白107 | 2005 | 延10油层组 | 长石岩屑砂岩 | 16.6 | 76.70 | 1520 | 11.74 | 2.50 | 48.5 | 0.821 | 4.20 | 2.0 | 1.041 | 0.864 | 10.24 | 71.0 | 14.5 | 构造 |
|  |  | 白129等7个井区 | 2016 | 延10油层组 | 岩屑长石砂岩、长石砂岩 | 16.3 | 177.40 | 1374~1570 | 11.74 | 2.50 | 48.5 | 0.821 | 4.20 | 2.0 | 1.041 | 0.845 | 7.75 | 84.1 | 16.7 | 构造—岩性 |
|  |  | 白207、白208 | 2005 | 长3油层组 | 长石砂岩 | 12.2 | 2.24 | 1735~1920 | 13.30~14.50 | 11.82 | 59.6 | 0.729 | 1.14 | 126.0 | 1.355 | 0.854 | 7.23 | 63.7 | 17.8 | 构造—岩性 |
|  |  | 白102 | 2004 | 长3、长4+5油层组 | 长石砂岩 | 15.3 | 2.52 | 1978 | 13.30 | 11.80 |  |  | 7.49 | 125.5 |  |  |  |  |  | 岩性 |
|  |  | 白157 | 2016 | 长4油层组+长5₁油层 | 长石砂岩 | 14.5 | 0.97 | 1864 | 12.67 | 8.65 | 64.0 | 0.761 | 1.46 | 101.0 | 1.313 | 0.850 | 6.62 | 78.5 | 16.6 | 岩性 |
| 20 | 东红庄 |  | 1970.03 | 延安组 | 中细粒长石砂岩 | 16.5 | 72.90 | 1800 | 14.20 |  |  |  |  |  |  |  |  |  |  | 构造—岩性 |
| 21 | 直罗 |  | 1972 | 长2油层组 | 中细粒长石砂岩 | 17.1 | 7.30 | 790 | 7.15 | 5.17 |  |  | 4.60 | 38.7 |  |  |  |  |  | 岩性 |
| 22 | 庙湾 | 庙38 | 2001 | 长2₁油层 | 岩屑长石砂岩 | 10.2 | 0.33 | 184~310 |  |  |  |  | 7.54 | 36.4 |  |  |  |  |  | 岩性 |

| 序号 | 油田 | 区块 | 发现时间 | 含油层位 | 岩性 | 孔隙度/% | 渗透率/mD | 油层中部深度/m | 原始地层压力/MPa | 饱和压力/MPa | 油层温度/℃ | 地层原油性质 密度/g/cm³ | 地层原油性质 黏度/mPa·s | 地层原油性质 气油比/(m³/t) | 体积系数 | 地面原油性质 密度/g/cm³ | 地面原油性质 50℃黏度/mPa·s | 地面原油性质 初馏点/℃ | 凝固点/℃ | 油藏类型 |
|---|---|---|---|---|---|---|---|---|---|---|---|---|---|---|---|---|---|---|---|---|
| 23 | 姬塬 | 黄120、冯腰岘等5个井区 | 2017 | 延9油层组 | 岩屑长石砂岩 | 10.7 | 0.44 | 1791 | 13.48 | 5.03 | 65.6 | 0.773 | 2.34 | 47.0 | 1.156 | 0.852 | 5.73 | 78.0 | 20.0 | 构造—岩性 |
| | | 黄159等32个井块 | 2013 | 延9、延10油层组 | 岩屑长石砂岩 | 15.8 | 227.27 | 1430~2533 | 9.02~14.43 | 0.35~4.34 | 62.3 | 0.752~0.770 | 1.16~2.58 | 31~64 | 1.067~1.222 | 0.819~0.854 | 4.85~12.2 | 56.5~89.2 | 6.2~28.9 | 构造—岩性 |
| | | 耿166 | 2015 | 延9、延10油层组 | 岩屑长石砂岩 | 15.8 | 227.27 | 1810~2010 | 12.05~13.22 | 2.83~7.20 | 59.4 | 0.749~0.751 | 1.37~1.44 | 66~69 | 1.225~1.234 | 0.802~0.857 | 3.63~8.25 | 52.0~92.0 | 17.0~28.0 | 构造—岩性 |
| | | 黄261、黄292、耿20 | 2003、2016 | 延10油层组 | 岩屑长石砂岩 | 15.8 | 227.27 | 2313~2426 | 15.73~18.07 | 8.68~8.82 | 75.5 | 0.748~0.750 | 1.05~1.15 | 77~78 | 1.132~1.222 | 0.825~0.863 | 4.26~8.36 | 59.0~80.0 | 19.0~26.0 | 构造—岩性 |
| | | 堡子湾、铁边城北 | 2006、2007 | 延安组 | 中粒岩屑长石砂岩 | 16.3 | 117.04 | 1800~2175 | 9.02~14.43 | 0.35~4.34 | 59.0 | | | 43.0 | 1.156 | 0.838~0.84 | 4.5~5.0 | 37~57 | 16~22 | 构造—岩性 |
| | | 元162等3个井块 | 2013 | 长1、长2油层组 | 长石砂岩、岩屑长石砂岩 | 15.5 | 6.07 | 1934~2129 | 13.85~16.32 | 5.71~6.88 | 63.0 | 0.762~0.785 | 1.86~2.57 | 48~67 | 1.109~1.240 | 0.851~0.857 | 6.99~8.76 | 67.7~89.3 | 19.1~23.4 | 构造—岩性 |
| | | 堡子湾 | 2006、2007 | 长2油层组 | 细粒岩屑长石砂岩 | 15.9 | 6.20 | 1840~2110 | 13.86~16.32 | 5.71~6.88 | 63.0 | | | 58.0 | 1.188 | 0.847~0.860 | 5.8~9.17 | 59~91 | 18~23 | 构造—岩性 |
| | | 堡子湾、罗179 | 2008、2017 | 长2油层组 | 细—中粒长石砂岩、岩屑长石砂岩 | 10.7 | 0.44 | 2088 | 12.51 | 5.98 | 64.2 | 0.775 | 1.84 | 56.0 | 1.183 | 0.841 | 5.93 | 69.9 | 25.6 | 构造—岩性 |

| 序号 | 油田 | 区块 | 发现时间 | 含油层位 | 岩性 | 孔隙度/% | 渗透率/mD | 油层中部深度/m | 原始地层压力/MPa | 饱和压力/MPa | 油层温度/℃ | 地层原油性质 | | | | 地面原油性质 | | | | 油藏类型 |
|---|---|---|---|---|---|---|---|---|---|---|---|---|---|---|---|---|---|---|---|---|
| | | | | | | | | | | | | 密度/g/cm³ | 黏度/mPa·s | 气油比/m³/t | 体积系数 | 密度/g/cm³ | 50℃黏度/mPa·s | 初馏点/℃ | 凝固点/℃ | |
| 23 | 姬塬 | 耿166 | 2015 | 长2油层组 | 岩屑长石砂岩、长石砂岩 | 15.5 | 6.07 | 1970~2100 | 13.91~16.32 | 5.71~8.76 | 63.2 | 0.724~0.835 | 0.66~2.21 | 22~102 | 1.107~1.305 | 0.820~0.870 | 4.29~11.80 | 20.0~170.0 | 11.8~31.0 | 构造—岩性 |
| | | 堡子湾、铁边城 | 2005、2006、2007 | 长4+5油层组 | 细粒岩屑长石砂岩 | 11.7 | 0.65 | 1940~2430 | 12.25~18.99 | 7.48~11.5 | 70.0 | | 88.0 | | 1.262 | 0.839~0.862 | 4.03~8.42 | 56~74 | 6.0~22 | 岩性 |
| | | 堡子湾、胡154、虎10 | 2008、2013 | 长4+5油层组 | 长石砂岩、岩屑长石砂岩 | 11.8 | 0.90 | 2036~2456 | 12.25~18.99 | 7.48~11.5 | 71.4 | 0.705~0.786 | 1.38~3.10 | 49~99 | 1.141~1.459 | 0.823~0.853 | 4.55~7.71 | 65.2~73.0 | 16.0~21.4 | 岩性 |
| | | 耿166 | 2015 | 长4油层组+长5$_2$油层 | 长石砂岩、岩屑长石砂岩 | 11.8 | 0.90 | 2036~2456 | 14.18~18.99 | 7.48~10.61 | 71.4 | 0.733~0.846 | 1.15~1.80 | 72~99 | 1.219~1.295 | 0.846~0.858 | 5.35~8.70 | 64.0~80.0 | 18.0~26.0 | 岩性 |
| | | 吴仓堡、堡子湾、铁边城 | 2005、2006、2007 | 长6油层组 | 细粒岩屑长石砂岩 | 13.8 | 1.68 | 1940~2431 | 9.76~19.25 | 5.83~12.54 | 64.0 | 0.758 | 1.56 | 103.0 | 1.282 | 0.828~0.862 | 3.93~8.10 | 50~86 | 7.0~22 | 岩性 |
| | | 黄120、黄116、元175 | 2008、2017 | 长6$_1$油层 | 细粒长石砂岩、岩屑长石砂岩 | 15.5 | 6.07 | 2365 | 17.80 | 7.87 | 76.6 | 0.758 | 1.56 | 72.0 | 1.221 | 0.846 | 6.57 | 75.2 | 21.0 | 岩性 |
| | | 黄120、黄327 | 2017 | 长6$_2$油层 | 细粒岩屑长石砂岩、长石砂岩 | 15.8 | 227.27 | 2508 | 19.25 | 8.04 | 76.6 | 0.757 | 1.58 | 74.0 | 1.228 | 0.839 | 5.60 | 74.5 | 21.0 | 岩性 |

| 油田 | 序号 | 区 | 发现时间 | 含油层位 | 岩性 | 孔隙度/% | 渗透率/mD | 油层中部深度/m | 原始地层压力/MPa | 饱和压力/MPa | 油层温度/℃ | 地层原油性质 密度/(g/cm³) | 黏度/(mPa·s) | 气油比/(m³/t) | 体积系数 | 地面原油性质 密度/(g/cm³) | 50℃黏度/(mPa·s) | 初馏点/℃ | 凝固点/℃ | 油藏类型 |
|---|---|---|---|---|---|---|---|---|---|---|---|---|---|---|---|---|---|---|---|---|
| 姬塬 | 23 | 联73—罗24井区 | 2012 | 长8₁油层 | 岩屑长石砂岩、长石岩屑砂岩 | 8.6 | 0.51 | 2657 | 17.11 | 9.64 | 83.8 | 0.725 | 0.98 | 89.0 | 1.288 | 0.839 | 6.55 | 75.8 | 20.0 | 岩性 |
| | | 黄3—罗1井区 | 2011 | 长8₁油层 | 中细粒岩屑长石砂岩、长石岩屑砂岩 | 8.5 | 0.66 | 2570 | 18.33 | 9.01 | 83.1 | 0.733 | 1.21 | 85.0 | 1.273 | 0.843 | 6.12 | 77.5 | 20.8 | 岩性 |
| | | 黄43、盐67、池97等14个井区 | 2014、2015、2016 | 长8₂油层 | 岩屑长石砂岩、长石岩屑砂岩 | 14.9 | 8.95 | 2664~3001 | 20.85~24.01 | 2.67~4.73 | 93.0 | 0.749~0.780 | 0.50~3.00 | 28~57 | 1.107~1.305 | 0.801~0.854 | 3.41~6.80 | 40.0~90.0 | 18.0~27.0 | 构造—岩性 |
| | | 黄3、黄39等8个井区 | 2016、2015 | 长9₁油层 | 岩屑长石砂岩、长石岩屑砂岩 | 11.7 | 8.26 | 2433~3155 | 18.74~23.64 | 1.66~8.03 | 89.0 | 0.748~0.803 | 0.95~5.49 | 12~69 | 1.072~1.384 | 0.811~0.863 | 2.02~11.08 | 35.0~109.0 | 12.0~27.0 | 构造—岩性 |
| 大水坑 | 24 | 大东 | 1969.03 | 延安组、直罗组 | 细粒长石砂岩 | 17.5 | 72.00 | 1590 | 13.71 | 2.93 | 54.8 | | 6.50 | 11.4 | | | | | | 断块构造 |
| | | 大中 | 1968 | 延安组、直罗组 | 中粗粒长石石英砂岩 | 17.0 | 213.70 | 1680 | 14.51 | 1.40 | 56.0 | | 4.70 | 7.9 | | | | | | 断块构造 |
| | | 大西 | 1966.07 | 延安组、直罗组 | 中粗粒石英砂岩 | 16.0 | 183.20 | 1510 | 13.04 | 0.44 | 57.0 | | 5.30 | 2.3 | | | | | | 断块构造 |

| 序号 | 油田 | 区 | 发现时间 | 含油层位 | 岩性 | 孔隙度/% | 渗透率/mD | 油层中部深度/m | 原始地层压力/MPa | 饱和压力/MPa | 油层温度/℃ | 地层原油性质 密度/(g/cm³) | 地层原油性质 黏度/(mPa·s) | 地层原油性质 气油比/(m³/t) | 地层原油性质 体积系数 | 地面原油性质 密度/(g/cm³) | 地面原油性质 50℃黏度/(mPa·s) | 地面原油性质 初馏点/℃ | 地面原油性质 凝固点/℃ | 油藏类型 |
|---|---|---|---|---|---|---|---|---|---|---|---|---|---|---|---|---|---|---|---|---|
| 25 | 红井子 | 王家场 | 1969.03 | 延安组、直罗组 | 细中粗硬砂质长石砂岩 | 19.0 | 213.30 | 1740 | 15.17 | 1.81 | 65.0 | | 3.60 | 15.7 | | | | | | 构造—岩性 |
| | | 红八 | 1975.09 | 延安组、直罗组 | 细中粗硬砂质长石砂岩 | 19.0 | 151.60 | 1850 | 15.91 | 1.07 | 65.0 | | 4.90 | 15.8 | | | | | | 岩性—构造 |
| | | 红四 | 1974.08 | 延安组、直罗组 | 细中粗硬砂质长石砂岩 | 17.0 | 222.60 | 2035 | 17.41 | 2.03 | 67.0 | | 2.90 | 23.5 | | | | | | 岩性—构造 |
| | | 盐23 | 1975.01 | 延4+5油层组—延10油层组 | 细中粗硬砂质长石砂岩 | 17.0 | 137.60 | 1930 | 14.84 | 3.74 | 65.0 | | 2.20 | 32.5 | | | | | | 岩性—构造 |
| 26 | 李庄子 | | 1960.08 | 延5油层组—延10油层组 | 中细粒长石英砂岩 | 17.5 | 41.50 | 1160 | 10.05 | 2.80 | 53.5 | | 5.00 | 13.7 | | | | | | 构造—岩性 |
| | | | 1973.01 | 延4+5油层组—延10油层组 | 细粒长石英砂岩 | 14.0 | 26.70 | 2040 | 18.05 | 1.45 / 7.85 | 65.0 | 0.771 | 4.70 / 1.60 | 14.8 / 67.7 | | | | | | 断块—构造 |
| 27 | 摆宴井 | 摆29-23 | 2016 | 长8₁油层 | 岩屑长石砂岩 | 12.5 | 0.90 | 2374 | 15.36 | 5.21 | 69.5 | | 1.63 | 51.0 | 1.177 | 0.839 | 7.07 | 81.6 | 22.5 | 构造—岩性 |
| | | 新摆9-731 | 2016 | 长8₁油层 | 岩屑长石砂岩 | 12.5 | 0.90 | 2476 | 17.78 | 6.06 | 82.1 | 0.759 | 1.34 | 53.0 | 1.180 | 0.831 | 4.40 | 81.6 | 24.0 | 构造—岩性 |
| 28 | 马家滩 | | 1960 | 长8油层组—长10油层组 | 细粒长石砂岩 | 14.0 | 28.90 | 810 | 6.90 | 4.35 | 39.0 | | 8.70 | 17.3 | | | | | | 断块—构造 |

续表

| 序号 | 油田 | 区 | 发现时间 | 含油层位 | 岩性 | 孔隙度/% | 渗透率/mD | 油层中部深度/m | 原始地层压力/MPa | 饱和压力/MPa | 油层温度/℃ | 地层原油性质 | | | | 地面原油性质 | | | | 油藏类型 |
|---|---|---|---|---|---|---|---|---|---|---|---|---|---|---|---|---|---|---|---|---|
| | | | | | | | | | | | | 密度/g/cm³ | 黏度/mPa·s | 气油比/m³/t | 体积系数 | 密度/g/cm³ | 50℃黏度/mPa·s | 初馏点/℃ | 凝固点/℃ | |
| 29 | 华庆 | 白271、白257 | 2017 | 延9油层组 | 岩屑长石砂岩、长石岩屑砂岩 | 15.4 | 58.15 | 1323~1425 | 8.52 | 1.37 | 45.2 | 0.807 | 2.80 | 12.0 | 1.044 | 0.838 | 6.19 | 70.9 | 14.5 | 构造—岩性 |
| | | 白211 | 2017 | 延10油层组 | 岩屑长石砂岩、长石岩屑砂岩 | 15.4 | 58.15 | 1493 | 8.64 | 1.13 | 40.9 | 0.821 | 7.68 | 9.0 | 1.062 | 0.835 | 4.77 | 81.6 | 17.6 | 构造—岩性 |
| | | 元284-里70 | 2009 | 长6油层 | 岩屑长石砂岩、长石砂岩 | 11.9 | 0.58 | 2100 | 15.01 | 11.12 | 70.6 | 0.716 | 0.97 | 115.0 | 1.341 | 0.843 | 5.17 | 76.1 | 17.6 | 岩性 |
| | | 白209-白468 | 2010 | 长6油层 | 岩屑长石砂岩、长石砂岩 | 11.6 | 0.50 | 2043 | 15.00 | 10.71 | 68.7 | 0.720 | 0.93 | 115.0 | 1.328 | 0.847 | 5.96 | 76.6 | 17.8 | 岩性 |
| | | 白257-山137 | 2017 | 长6油层 | 细粒岩屑长石砂岩 | 9.6 | 0.41 | 2049 | 13.68 | 9.54 | 67.2 | 0.718 | 0.87 | 115.0 | 1.326 | 0.828 | 4.15 | 68.2 | 15.5 | 岩性 |
| 30 | 彭阳 | 演23、演24、演25、演27、演33、演34 | 2012 | 延7、延8、延9油层组 | 岩屑长石砂岩、长石岩屑砂岩 | 15.0 | 159.10 | 1900 | 16.33 | 1.25 | 55.9 | 0.818 | 4.75 | 7.0 | 1.040 | 0.847 | 6.69 | 65.0 | 17.7 | 构造—岩性 |
| 31 | 黄陵 | 正33 | 2013 | 长6油层 | 岩屑长石砂岩 | 8.3 | 0.07 | 1339 | 11.96 | 5.60 | 53.4 | 0.746 | 2.70 | 76.0 | 1.230 | 0.830 | 4.25 | 64.6 | 16.9 | 岩性 |

| 序号 | 油田 | 区 | 发现时间 | 含油层位 | 岩性 | 孔隙度/% | 渗透率/mD | 油层中部深度/m | 原始地层压力/MPa | 饱和压力/MPa | 油层温度/℃ | 地层原油性质 密度/g/cm³ | 黏度/mPa·s | 气油比/m³/t | 体积系数 | 地面原油性质 密度/g/cm³ | 50℃黏度/mPa·s | 初馏点/℃ | 凝固点/℃ | 油藏类型 |
|---|---|---|---|---|---|---|---|---|---|---|---|---|---|---|---|---|---|---|---|---|
| 32 | 新安边 | 安83 | 2014 | 长$7_2$油层 | 细粒岩屑长石砂岩 | 7.9 | 0.10 | 2256 | 16.90 | 6.56 | 73.9 | 0.748 | 1.48 | 68.8 | 1.222 | 0.839 | 6.64 | 75.0 | 23.2 | 岩性 |
| 33 | 环江 | 罗141、罗146等6个井区 | 2016 | 延7油层组—延10油层组 | 长石岩屑砂岩、岩屑长石砂岩 | 14.0 | 52.81 | 1713~2218 | 9.58~14.58 | 2.50~4.41 | 34.31~63.44 | 0.774 | 2.17 | 33.0 | 1.118 | 0.831 | 4.73 | 97.1 | 18.7 | 构造—岩性 |
| | | 环82、罗158等8个井区 | 2015、2016 | 长$8_1$油层 | 岩屑长石砂岩、长石岩屑砂岩 | 8.3 | 0.36 | 2385~2617 | 19.81~20.23 | 10.76~13.20 | 80.88~89.43 | 0.710 | 1.03 | 121.0 | 1.367 | 0.827 | 4.18 | 64.8 | 15.8 | 岩性 |
| 34 | 合水 | 固城 | 2018 | 长$8_1$、长$6_3$、长$3_1$、长$2_3$油层 | 岩屑长石砂岩、长石岩屑砂岩 | 10.2 | 0.16 | 990~1800 | 10.60~16.51 | 10.60~16.51 | 45.3~66.7 | 0.730 | 1.38 | 97 | 1.301 | 0.838 | 4.84 | 62.5 | 16.4 | 岩性 |
| | | 南义 | 2018 | 长$8_2$、长$8_1$、长$3_1$、长2油层,以及延10、延9、延8油层组 | 岩屑长石砂岩、长石岩屑砂岩 | 9.6 | 0.78 | 990~1800 | 8.73~16.51 | 8.73~16.51 | 34.3~66.7 | 0.802 | 4.70 | 39 | 1.120 | 0.841 | 6.72 | 70.1 | 16.0 | 构造—岩性 |
| 35 | 庆城 | 西233、庄183 | 2019 | 长7油层组 | 岩屑长石砂岩、长石岩屑砂岩 | 8.0 | 0.09 | 1900.2~2028.5 | 14.3~16.0 | 7.40~8.85 | 61.0~66.2 | 0.733 | 1.36 | 106 | 1.291 | 0.829 | 3.89 | 64.79 | 15.68 | 岩性 |

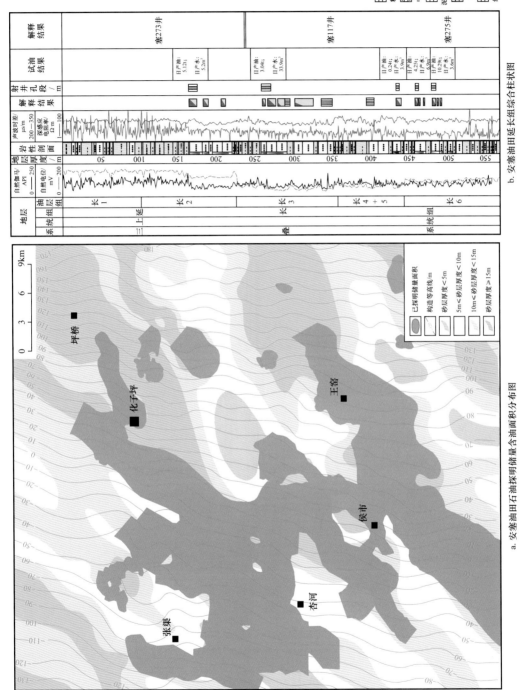

图例：
粗砂岩　中砂岩　泥质砂岩　泥岩　细砂岩

| 地层 | | 油层组 | 自然伽马 API 0—250 自然电位/mV 0—200 | 地层厚度/m | 岩性剖面 | 声波时差 200—350 μs/m 深感应电阻率/Ω·m 1—100 12 | 解释结果 | 射孔孔段/m | 试油结果 | 解释结果 |
|---|---|---|---|---|---|---|---|---|---|---|
| 系统 | 组 | | | | | | | | | |
| 三叠系 | 上延统 | 长1 | | 50 | | | | | | 塞273井 |
| | | 长2 | | 100 150 200 | | | | | 日产油 5.13t; 日产水 5.2m³ | |
| | 延长组 | 长3 | | 250 300 350 | | | | | 日产油 3.04t; 日产水 33.9m³ | 塞117井 |
| | | 长4+5 | | 400 450 | | | | | 日产油 0.24t; 日产水 3.9m³ 日产油 4.25t; 日产水 6.9m³ | |
| | | 长6 | | 500 550 | | | | | 日产油 10.29t; 日产水 3.6m³ | 塞275井 |

b. 安塞油田延长组综合柱状图

图例：
已探明储量面积
构造等高线/m
砂层厚度<5m
5m≤砂层厚度<10m
10m≤砂层厚度<15m
砂层厚度>15m

坪桥　化子坪　王窑　候市　杏河　张渠

0 3 6 9km

a. 安塞油田石油探明储量含油面积分布图

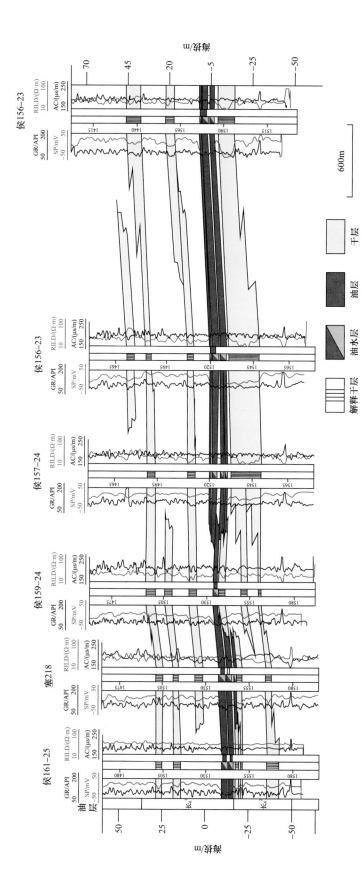

c. 安塞油田侯161-25井—侯156-23井长6₁油藏剖面图

图11-6 安塞油田综合图

野外露头、室内岩心观察、古地磁测定、微地震波法测井、构造应力场研究，以及注水后油田动态等资料证实，安塞油田局部油区储层存在少量天然微裂缝，缝长7.0～20.0cm，缝内常为方解石半充填。微裂缝的分布具有明显的方向性，长6储层主要发育近东西向和近南北向微裂缝，次为北东向和北西向微裂缝。按裂缝的成因，可以将其分为构造应力缝和水平成岩缝两类。注水后动态反映，隐裂缝方位为北东—南西向，是造成油井见水的主要方位。

这些鼻状隆起、微细裂缝的存在与岩性致密和岩性尖灭对油气的遮挡作用的有机结合，构成油气聚集的理想圈闭场所，控制着油气的富集。长6油藏主要受沉积相带和储层物性控制，属于典型的岩性圈闭。

3. 储层

安塞油田的主力生产层是上三叠统延长组河流相、内陆湖泊相及三角洲相砂体，自上而下含油层为长2、长3、长4+5、长6、长8、长10储集砂岩层。其中长6、长2油层组为主要含油层组。此外，中侏罗统延8、延9油层组在油田南部局部分布。

长6油层组储集砂岩主要分布在侯市—杏河—张渠—化子坪一带，主要为中—细粒、细粒、极细—细粒长石砂岩及岩屑长石砂岩，按沉积旋回可细分为长6$_1$、长6$_2$、长6$_3$三个油层，各油层的地层厚度在35.0～45.0m。砂岩中石英含量约为20.1%，长石约为49.8%，岩屑约为8.6%。岩屑以变质岩岩屑为主，岩浆岩及云母类次之，少量沉积岩岩屑。填隙物（11.0%～14.0%）主要由绿泥石、浊沸石、铁方解石、硅质等组成。长6油层组储集砂岩的孔隙度为10.0%～12.4%，主要孔隙类型有剩余粒间孔、长石溶孔、浊沸石溶孔及少量岩屑溶孔、黏土晶间孔等，面孔率为2.1%～7.3%；渗透率为0.59～2.28mD。含油饱和度为55.5%。

长2油层组储集砂岩主要分布在安塞油田中东部的谭家营、谭南、坪桥油区的南部。岩石类型以长石砂岩为主，岩屑长石砂岩次之，砂岩厚度变化不大，一般为40.0～60.0m。砂岩中石英含量平均为27.6%，长石含量平均为43.1%，岩屑含量为10.0%～20.0%，主要有岩浆岩岩屑、中低级变质岩岩屑和少量沉积岩岩屑及云母等。填隙物主要为绿泥石、高岭石、方解石、硅质等。储集砂岩的面孔率为9.0%～15.4%。孔隙度为14.0%～16.8%，渗透率为6.2～29.3mD。

安塞油田储层经历了强烈的成岩作用改造，导致孔隙结构复杂，孔喉组合多为小孔—小细喉型和小孔—细微喉型，退汞效率低，开采难度大。

4. 油藏类型及流体特征

1）油藏类型

长6油藏埋深1000～1300m，原始地层压力8.3～10.0MPa，压力系数0.7～0.8，地饱压差3～4MPa，属于低压、不饱和岩性油藏。长2油藏埋深700～1100m，原始地层压力4～8MPa。延8、延9油藏埋深700～910m，原始地层压力4.57～6.37MPa，孔隙度14%～17%，渗透率10～100mD。油藏原始压力低、物性差，常规钻井无初产，需压裂改造后才具有工业油流，是一个典型的"三低"油气藏。

油藏以岩性圈闭油藏为主。主要发育上倾方向岩性尖灭油藏、成岩圈闭（次生圈闭）油藏、上倾岩性尖灭与次生成岩复合圈闭油藏、构造（差异压实）—岩性油藏等4类（图11-7）。

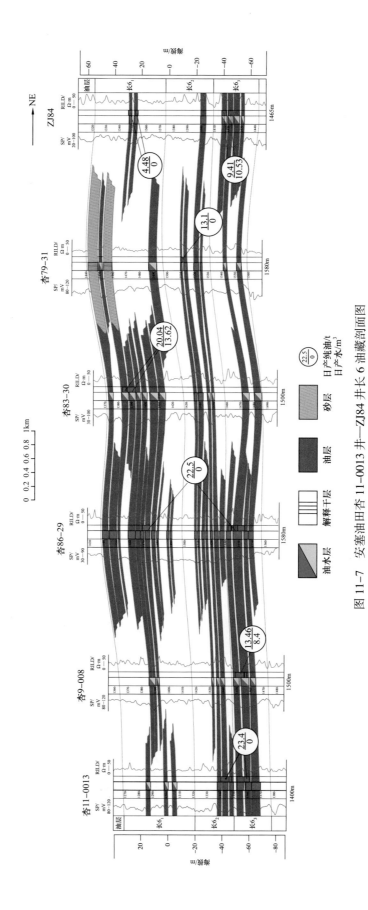

图 11-7　安塞油田杏 11-0013 井—ZJ84 井长 6 油藏剖面图

2）流体特征

安塞油田长6油层朵叶状砂体主体部位地面原油性质较好，原油具有低密度（0.83～0.86g/cm³）、低黏度（4.8～8.8mPa·s）、低沥青质（0.88%～3.97%）的"三低"特点（表11-3），原油凝固点（12～21℃）中等，地层水矿化度高，一般为70～86.67g/L，属于CaCl₂水型。而在朵叶状砂的周边原油密度高、黏度大，地层水矿化度低。三角洲低渗透油藏朵叶状砂主体部位油气保存条件好，外围高密度、高黏度对油藏的封闭也起到重要作用。

表11-3  安塞油田原油性质表

| 项目 | 层位 | 长6油层组 | 长4+5油层组 | 长2油层组 |
|---|---|---|---|---|
| 密度 /（g/cm³） | 地面 | 0.834～0.857 | 0.854 | 0.847～0.861 |
| | 地层 | 0.759～0.782 | 0.791 | 0.824～0.819 |
| 黏度 /（mPa·s） | 地面 | 4.80～8.75 | 6.30 | 5.30～7.90 |
| | 地层 | 1.80～2.60 | 2.95 | 8.70 |
| 凝固点 /℃ | 地面 | 12.1～21.0 | 19.0 | 14.0～16.3 |
| 饱和压力 /MPa | 地层 | 4.69～6.64 | 25.2 | 1.0～1.14 |
| 气油比 /（m³/t） | 地层 | 55.2～77.1 | 37.1 | 9.2～11.1 |

伴生气为湿气，天然气组分中甲烷含量32.5%～74.8%、乙烷9.52%～22.1%、氮气含量0.43%～6.39%。

5. 开发简况

安塞油田具有典型的"三低"特性，被誉为"井井有油、井井不流"的"磨刀石"油田。塞1井的发现揭开了安塞油田的开发帷幕。1983—1989年，先后在安塞油田开展了单井、井组、先导性及工业化开发试验，取得了突破性进展，用实践证明了特低渗透油田开发的可行性。1990年，王窑区块投入全面开发，随后，侯市、杏河、坪桥等区块相继投入开发。1990年5月，安塞油田由开发研究和矿场试验阶段转入开发建设阶段。1991年6月，中国石油天然气总公司批准了长庆石油勘探局《安塞油田整体开发方案》，安塞油田展开大规模的开发建设。2000年年产原油达到100×10⁴t，2006年年产原油跨越200×10⁴t，2009年突破300×10⁴t（图11-8），成为中国最早实现经济有效开发的特低渗透油田。

至2014年底，累计动用含油面积881.25km²，地质储量45929.87×10⁴t，建产能343.0×10⁴t，累计产油4174.74×10⁴t，开发效果良好。2013年年产油量324.0×10⁴t，2014年年产油量314.0×10⁴t。

截至2020年12月底，采油井开井数7476口，日产油水平6940t，平均单井产能0.91t，综合含水68.4%；注水井开井数2826口，日注水平41542m³，平均单井日注14.7m³，注采比1.65。注水开发油藏保持Ⅰ类开发水平，生产平稳，开发效果良好，实现了油田开发良性循环。

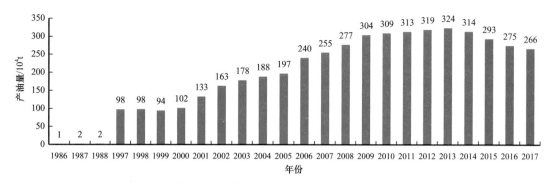

图 11-8　安塞油田历年产油量柱状图

2018 年、2019 年、2020 年产量分别为 263×10⁴t、259×10⁴t、252×10⁴t

## 二、华庆油田

华庆油田是 2009 年在鄂尔多斯盆地湖盆沉积中心深水区发现的一个大型油田，突破了"湖盆中部以泥质为主，缺乏砂体沉积"的传统观点，开创了湖盆中部石油勘探的新领域。

### 1. 概况

华庆油田位于陕西省吴起县和甘肃省华池县境内，北起长官庙，南至上里塬，西起八珠，东到张岔，勘探面积约 5500km²（图 11-9）。地表属黄土塬地貌，黄土层厚 100～200m，地形复杂。在河流下切较深的河谷中，一般可见到出露的白垩系。地面海拔 1350～1660m，相对高差 310m 左右。

华庆地区勘探始于 20 世纪 70 年代，其勘探历程大致可分为侏罗系勘探阶段、延长组上部油藏勘探阶段、华庆油田大发展阶段三个阶段（详见"第十二章　典型油气勘探案例"）。截至 2020 年底，华庆油田累计已提交探明地质储量 71573×10⁴t，含油面积 1170.58km²，显示了该区巨大的资源潜力。

### 2. 构造及圈闭

华庆油田区域构造位于伊陕斜坡西南部，长 6 油层组构造比较简单，总体为一西倾平缓单斜，倾角不足 1°，断层不发育。在单斜背景上由于差异压实作用，局部形成了起伏较小的轴向近东西或北东向的多排鼻状隆起。

华庆油田自北向南主要发育 4 排近东西向鼻状隆起，隆起东西方向延伸近 40km，南北排间距约 10km。这些鼻状隆起与三角洲砂体匹配，但对油气富集没有控制作用。油气圈闭是三角洲沉积砂体和重力流水道沉积砂体侧向尖灭与岩性致密遮挡形成的岩性圈闭（图 11-9）。

### 3. 储层

华庆油田是三叠系延长组和侏罗系延安组两个含油层系的叠合发育区。晚三叠世延长组沉积期沉积演化过程中，盆地内主要存在东北、西南两大物源区，受盆地底部西南陡、东北缓的影响，东北体系主要发育河流—冲积平原—曲流河三角洲沉积，西南体系主要发育冲积扇—辫状河三角洲沉积。在盆地发展、演化过程中，这两大沉积体系此强彼弱、互有消长，共同构成了三叠系纵向上相互叠置、横向上复合连片的多套储集砂岩体（图 11-9）。

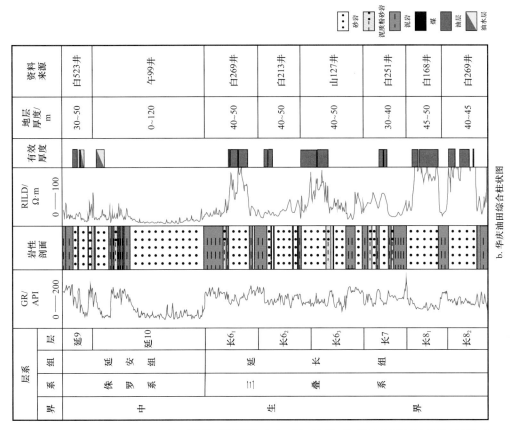

b. 华庆油田综合柱状图

| 界 | 系 | 组 | 层 | GR/API | 岩性剖面 | RILD/Ω·m | 有效厚度 | 地层厚度/m | 资料来源 |
|---|---|---|---|---|---|---|---|---|---|
| | 侏罗系 | 延安组 | 延9 | 0 — 200 | | 0 — 100 | | 30~50 | 白523井 |
| | | | 延10 | | | | | 0~120 | 午99井 |
| 中生界 | 三叠系 | 延长组 | 长6₁ | | | | | 40~50 | 白269井 |
| | | | 长6₂ | | | | | 40~50 | 白213井 |
| | | | 长6₃ | | | | | 40~50 | 山127井 |
| | | | 长7 | | | | | 30~40 | 白251井 |
| | | | 长8₁ | | | | | 45~50 | 白168井 |
| | | | 长8₂ | | | | | 40~45 | 白269井 |

图例：砂岩 · 泥质粉砂岩 · 泥岩 — 煤 ■ 油层 ▨ 油水层 ◪

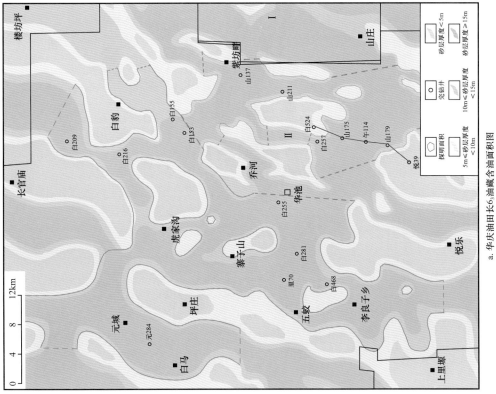

a. 华庆油田长6₃油藏含油面积图

0  4  8  12km

楼坊坪 长官庙 白马 元城 坪庄 白豹 虎家沟 獴子山 五蛟 李良子乡 上里塬 悦乐 山庄 紫坊畔 乔河 华池

图例：
○ 完钻井
□ 探明面积
○ 5m≤砂层厚度<10m
◇ 10m≤砂层厚度<15m
◇ 砂层厚度<5m
◇ 砂层厚度≥15m

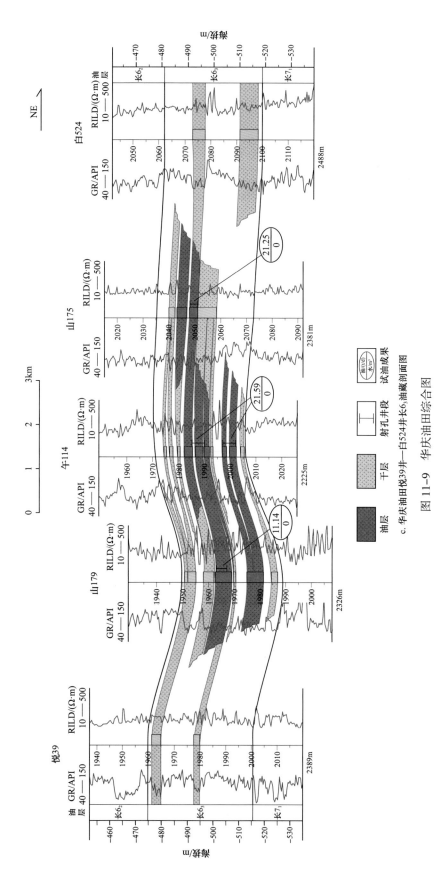

c. 华庆油田悦39井—白524井长6₃油藏剖面图

图 11-9　华庆油田综合图

华庆油田长 $6_3$ 储层岩石学特征主要受东北物源的影响，从成岩矿物来看，受东北物源控制的砂岩储层以长石为主，石英次之，成分成熟度低；受西南沉积体系的影响较小，西南物源控制的砂岩储层以石英为主，长石次之，成分成熟度中等；东北与西南两大物源交会带，表现为石英与长石含量接近。

根据岩石铸体薄片观察与统计，结合扫描电镜研究，华庆油田长 6 储层孔隙类型按成因可分为残余粒间孔、次生溶孔、晶间孔、微裂隙等四种类型。长 6 储层孔隙类型总体特征以残余粒间孔为主，长 $6_2$ 和长 $6_3$ 储层的粒间孔分别占总孔隙的 67.47% 和 63.08%；长石溶孔、岩屑溶孔、粒间溶孔次之，分别占长 $6_2$ 和长 $6_3$ 储层总孔隙的 35.44%、5.38%、0.63% 和 27.64%、4.96%、0.78%；杂基溶孔、晶间孔和微裂缝少见。长 $6_2$ 和长 $6_3$ 储层平均孔径分别为 15.03μm 和 18.04μm，面孔率分别为 2.11% 和 2.48%（表 11-4）。

**表 11-4　华庆油田长 6 油层组砂岩储层孔隙组合类型**

| 区块 | 油层 | 项目 | 粒间孔 /% | 溶孔 /% | | | | | 晶间孔 /% | 微裂缝 /% | 平均孔径 /μm | 面孔率 /% |
| | | | | 长石 | 粒间 | 岩屑 | 杂基 | 小计 | | | | |
|---|---|---|---|---|---|---|---|---|---|---|---|---|
| 华庆 | 长 $6_2$ | 绝对值 | 1.42 | 0.75 | 0.03 | 0.11 | 0.01 | 0.91 | 0.09 | 0 | 15.03 | 2.11 |
| | | 相对值 | 67.47 | 35.44 | 1.58 | 5.38 | 0.63 | 43.2 | 4.11 | 0 | — | — |
| | 长 $6_3$ | 绝对值 | 1.57 | 0.69 | 0.02 | 0.12 | 0.01 | 0.84 | 0.05 | 0.04 | 18.04 | 2.48 |
| | | 相对值 | 63.08 | 27.64 | 0.78 | 4.96 | 0.34 | 33.81 | 1.81 | 1.42 | — | — |

长 $6_3$ 储层是华庆油田的主要产油层位，砂体分布范围广、厚度大，以残余粒间孔的大范围发育为特点，但各区带空隙发育特征又略有不同，具体表现为：西部元 284 井区、中部砂带白 209 及白 239 井区溶蚀孔最为发育，面孔率为 4% 左右，有较好的工业产能。中部砂带白 255 井区主要以残余粒间孔隙的大面积分布为主要特点，由于该井区自身绿泥石黏土膜对孔隙的保护作用，使得这些区域形成相对的含油富集区带。相对于中西部砂带，东部砂带由于储层局部受铁方解石等碳酸盐矿物的胶结，残余粒间孔发育程度较小（图 11-10）。

长 6 储层孔隙度分布范围 8.0%～18.9%，平均值 10.7%；渗透率分布范围 0.08～22.77mD，平均值 0.48mD。从长 6 储层孔隙度分布直方图和渗透率分布直方图可以看出，该区储层属于低孔、低渗储层（图 11-11、图 11-12）。储层具有一定非均值性，沿砂体主带物性较好，储层物性变化不大，而向河道侧翼储层较为致密。

4. 油藏类型及流体特征

1）油藏类型

华庆油田长 $6_2$ 油藏平均埋深为 1966m，油藏中部海拔为 -480m，油藏未见边底水。长 $6_3$ 油藏平均埋深为 2045m，油藏中部海拔为 -503m，油藏未见边底水。根据沉积相、储层展布、含油性综合分析，油藏属于典型的大型溶解气弹性驱动岩性油藏。根据遮挡条件的不同，可以进一步划分为上倾方向泥岩遮挡岩性油藏和上倾方向砂岩致密遮挡岩性油藏两种类型。

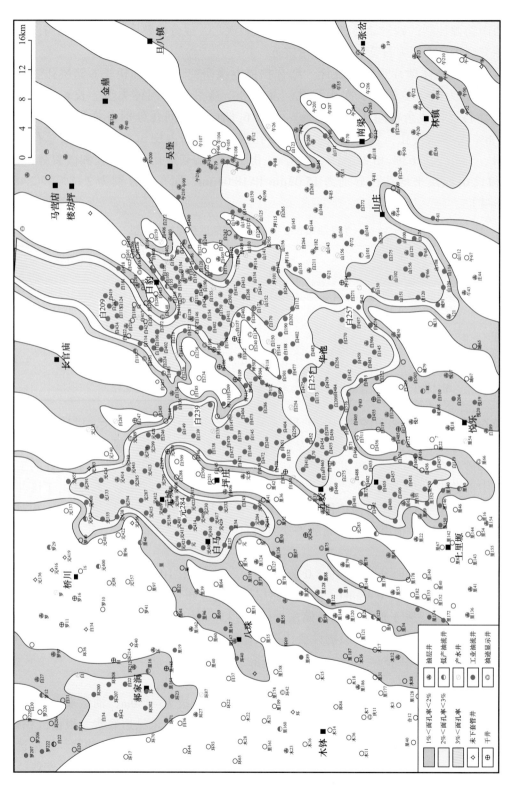

图 11-10 华庆油田长 6₃ 油层面孔率等值线图

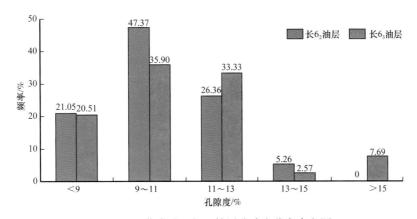

图 11-11　华庆油田长 6 储层孔隙度分布直方图

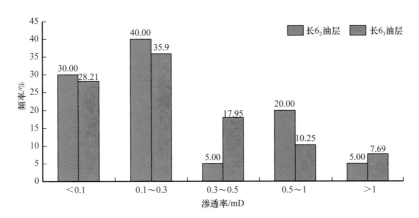

图 11-12　华庆油田长 6 储层渗透率分布直方图

2）流体特征

通过华庆油田高压物性录取资料分析，长 $6_2$ 油层和长 $6_3$ 油层地层原油黏度为 0.90mPa·s，地层原油密度为 0.719g/cm³，体积系数为 1.328，溶解气油比为 115.0m³/t（表 11-5）。地面原油性质具有低密度、低黏度、低凝固点以及不含硫的特征，其中长 $6_2$ 油藏原油密度变化范围为 0.829～0.848g/cm³，平均值为 0.840g/cm³；地面原油黏度范围为 3.58～8.40mPa·s，平均值为 5.24mPa·s，凝固点为 4.0～19.0℃，平均值为 11.9℃，初馏点 70.9～85.0℃，平均值为 74.5℃；长 $6_3$ 油藏原油密度变化范围为 0.819～0.982g/cm³，平均值为 0.839g/cm³，地面原油黏度范围为 1.97～16.45mPa·s，平均值为 4.93mPa·s，凝固点为 8.0～28.2℃，平均值为 16.5℃，初馏点 34.7～159.0℃，平均值为 74.0℃（表 11-5）。华庆油田长 $6_2$ 油藏地层水总矿化度为 52.52g/L，长 $6_3$ 油藏地层水总矿化度为 43.04g/L，水型均为 $CaCl_2$ 型，油藏封闭性好，有利于油气聚集和保存（表 11-6）。

5. 开发简况

华庆油田长 $6_3$ 油藏开发始于 2005 年，前期围绕白 209 井进行开发先导性试验，当年完钻油井 87 口，水井 35 口，单井日产油 3.5t，建产能 9.2×10⁴t，取得了良好效果。

华庆油田于 2009 年发现后分别在白 216、白 155、元 284、白 153、白 281 及白 255 井区规模建产，2010 年年产原油达到 72×10⁴t，2013 年年产原油达到 100×10⁴t，之后一直稳定在百万吨以上，2017 年年产原油 112×10⁴t（图 11-13）。

表 11-5　华庆油田长 6 油层组原油性质对比表

| 区块 | 油层 | 地层原油 | | | | 地面原油 | | | | |
|---|---|---|---|---|---|---|---|---|---|---|
| | | 密度 /<br>g/cm³ | 黏度 /<br>mPa·s | 气油比 /<br>m³/t | 体积<br>系数 | 密度 /<br>g/cm³ | 50℃黏度 /<br>mPa·s | 含硫 /<br>% | 初馏点 /<br>℃ | 凝固点 /<br>℃ |
| 白257 | 长 6₂ | 0.719 | 0.90 | 115 | 1.328 | 0.840 | 5.24 | 0 | 74.5 | 11.9 |
| | 长 6₃ | | | | | 0.839 | 4.93 | 0 | 74.0 | 16.5 |

表 11-6　华庆油田长 6 油层组地层水分析数据表

| 区块 | 油层 | 阳离子 /（mg/L） | | | 阴离子 /（mg/L） | | | pH | 总矿化度 /<br>g/L | 水型 |
|---|---|---|---|---|---|---|---|---|---|---|
| | | Na⁺+K⁺ | Ca²⁺ | Mg²⁺ | Cl⁻ | SO₄²⁻ | HCO₃⁻ | | | |
| 白257 | 长 6₂ | 18570 | 1413 | 261 | 31215 | 937 | 457 | 6.51 | 52.52 | CaCl₂ |
| | 长 6₃ | 12735 | 1510 | 289 | 22885 | 1000 | 350 | 6.37 | 43.04 | CaCl₂ |

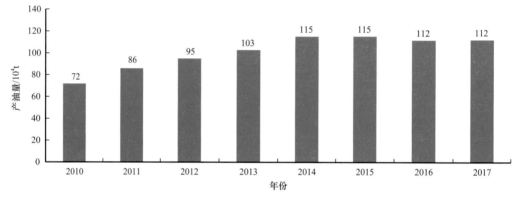

图 11-13　华庆油田历年产油量柱状图
2018 年、2019 年、2020 年产量分别为 125×10⁴t、134×10⁴t、150×10⁴t

　　截至 2020 年 12 月底，华庆油田累计完钻开发井 5901 余口，其中采油井开井数 3222 口，日产油水平 3743t，平均单井产能 1.15t，综合含水 51.35%；注水井开井数 1649 口，日注水平 31166m³，平均单井日注 18.9m³，月注采比 3.25。华庆油田长 6₃ 油藏注水开采初期，单井日产量相对较高，产能稳定，有利于长期稳定开发。

## 三、西峰油田

　　西峰油田是长庆油田继安塞油田、靖安油田之后的第三个探明储量超亿吨、年产超过百万吨的整装特低渗透油田。2001 年在该油田的石油勘探取得重大突破，是 21 世纪初中国陆上石油勘探的重大发现。

　　1. 概况

　　西峰油田位于甘肃省庆阳市西峰区、庆城县、合水县、宁县接壤处，北起庆城县，南到宁县，西至驿马，东抵固城川，勘探面积约 5000km²（图 11-14）。油田地形南北呈一扇状，长约 47.7km，东西宽约 34.8km，地面海拔 1036～1450m，平均值为 1341m。

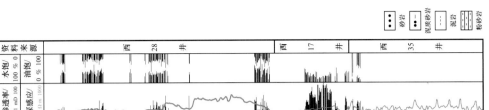

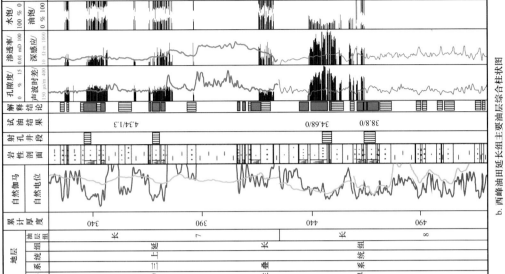

b. 西峰油田延长组主要油层综合柱状图

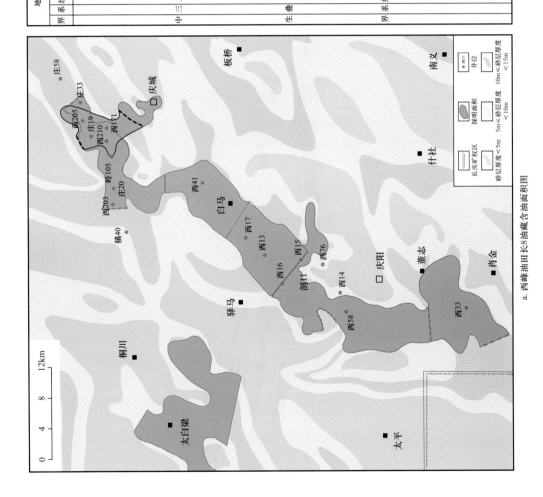

a. 西峰油田长8油藏含油面积图

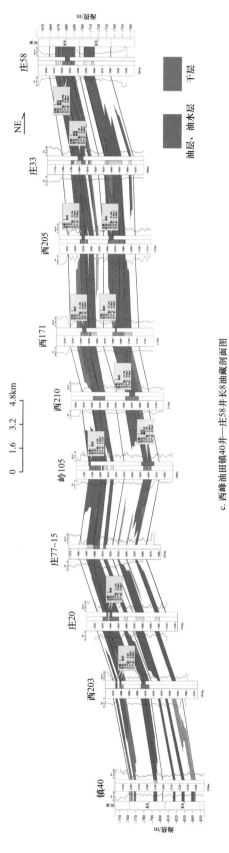

c. 西峰油田镇40井—庄58井长8油藏剖面图

图 11-14　西峰油田综合图

以董志、彭塬两乡为中心的董志塬，塬面较为完整，地势平坦开阔，北高南低，由东北向西南倾斜，属黄土高原沟壑区，是甘肃省最大的黄土高原区。

西峰油田的勘探始于20世纪70年代，主要目的层是侏罗系延安组。个别探井钻遇至三叠系长6、长8油层组。限于当时的压裂技术，针对长6、长8油层试油未取得突破。

2000—2001年，以长6、长8油层组为主要目标的预探部署及实施钻探，相继在白马、董志区喜获成功，先后部署的7口预探井均钻遇长6油层组—长8油层组，6口井获工业油流。2001年，在板桥区庄9井区长$8_2$油层探明含油面积2.2km$^2$，提交探明地质储量69×10$^4$t；西17井区提交长$8_1$油藏探明含油面积94.7km$^2$，地质储量2446×10$^4$t。

2002—2003年以长8油层组为主要目标的勘探工作完钻53口探井、评价井，获工业油流井37口，2002年在白马区西17井区长$8_1$油层探明含油面积66.6km$^2$，地质储量3467×10$^4$t。2003年在白马北区新增探明含油面积60km$^2$，地质储量2596×10$^4$t；董志区新增探明含油面积79.4km$^2$，地质储量4851×10$^4$t。

2004年继续对西峰油田长$8_1$油藏进行评价，年底在白马区南和董志区北的西58井块长$8_1$油藏探明含油面积122.5km$^2$，地质储量6710×10$^4$t。2005年，勘探向宁县及合水北部扩大，庄19井区长$8_1$油藏新增含油面积69.9km$^2$，探明地质储量3866×10$^4$t，长$8_2$油藏新增含油面积8.9km$^2$，探明地质储量1980×10$^4$t。近年来，主要围绕落实储量规模，进行规模开发建产。

截至2020年底，西峰油田累计探明含油面积298.93km$^2$，地质储量28344×10$^4$t。

2. 构造及圈闭

西峰油田区域构造位于伊陕斜坡西南部，整体呈向西倾斜的单斜构造，构造简单，坡度较缓，每千米下降5～10m，局部发育微弱鼻状低幅度构造。

西峰油田范围内未见构造圈闭，长8油层组主要受三角洲前缘水下分流河道砂体和河口坝砂体控制。综合研究表明，圈闭成因与砂岩的侧向尖灭及岩性致密遮挡有关。西峰油田长8油层组主砂带随着砂体由西南向东北的延伸，储层泥质含量及物性的差异变化形成区域性遮挡带；主砂带两侧的河道砂岩相变为分流间湾泥质沉积，形成侧向遮挡；纵向上长7油层组底部的厚层泥岩、油页岩构成了良好的区域盖层。圈闭的形成、发育主要受沉积条件、物性变化控制。

3. 储层

西峰油田主力油层长$8_1$、长$8_2$储层属三角洲前缘水下分流河道和河口坝沉积，主体带展布方向为南西—北东向。叠合砂体厚度5～30m，主体带宽约15km，区内延伸40～60km。储层平均有效厚度12.3m，平均有效孔隙度10.5%，平均渗透率1.27mD。储层以灰绿、灰黑色细—中粒、细粒、中—细粒长石岩屑砂岩为主，岩性致密。储层孔隙类型以粒间孔、长石溶孔、岩屑溶孔、微孔等为主（表11-7），并见有少量的裂缝。孔喉组合以中孔细喉和小孔细喉型为主，并见少量大孔中细喉型。

岩心分析资料表明，西峰油田长8油层组属低孔、特低渗透储层。其中，白马区长$8_1$储层物性相对较好，平均岩心分析孔隙度10.5%，平均渗透率2.72mD；董志区长$8_1$储层平均孔隙度10.0%，平均渗透率0.58mD，油藏原始地层压力15.8～18.1MPa，饱和压力8.66～13.02MPa，属低孔、低渗、低压油藏；板桥区长$8_1$储层物性相对较差，平均孔隙度 10.6%，平均渗透率 0.41mD（表 11-8）。西 17、西 13 井单层渗透率最高分别为 3.49mD 和 13.15mD。

表 11-7　西峰油田长 8 储层孔隙类型统计表

| 油田 | 油层 | 面孔率 /% | 粒间孔 | | 长石溶孔 | | 其他孔隙 | |
| --- | --- | --- | --- | --- | --- | --- | --- | --- |
| | | | 面孔率 /% | 占总孔 /% | 面孔率 /% | 占总孔 /% | 面孔率 /% | 占总孔 /% |
| 白马 | 长 $8_1$ | 4.40 | 3.74 | 85.0 | 0.46 | 10.5 | 0.2 | 4.5 |
| 板桥 | 长 $8_2$ | 3.33 | 2.40 | 72.1 | 0.43 | 12.9 | 0.5 | 15.0 |

表 11-8　西峰油田主要区块长 $8_1$ 储层物性参数统计表

| 项目 | 白马区 | 董志区 | 板桥区 |
| --- | --- | --- | --- |
| 平均有效厚度 /m | 9.3 | 20.0 | 13.4 |
| 平均孔隙度 /% | 10.5 | 10.0 | 10.6 |
| 平均渗透率 /mD | 2.72 | 0.58 | 0.41 |
| 原始地层压力 /MPa | 18.1 | 15.8 | |
| 压力系数 | 0.8 | | |
| 地面原油密度 / ( t/m³ ) | 0.9 | 0.9 | 0.8 |
| 地面原油黏度 / ( mPa·s ) | 6.8 | 6.7 | 3.8 |
| 凝固点 /℃ | 20.5 | 22.0 | 18.0 |
| 地层原油黏度 / ( mPa·s ) | 1.1 | 1.9 | 1.0 |
| 原始气油比 / ( m³/t ) | 117.0 | 80.0 | 118.0 |
| 饱和压力 /MPa | 13.0 | 8.7 | 11.3 |
| 体积系数 | 1.3 | 1.2 | 1.3 |
| 地层水矿化度 / ( g/L ) | 49.4 | 27.8 | 10.2 |

4. 油藏类型及流体特征

1）油藏类型

根据沉积相、储层展布、含油性综合分析，长 8 油层组展布形态与砂岩主体带分布基本类似，油层严格受沉积相带和储层物性的控制，油藏两侧被分流间湾泥岩或粉砂质泥岩遮挡，油藏北部上倾方向由于远离物源区，沉积物粒度变细，泥质含量增加，形成区域性遮挡带，如位于砂体主带东侧的西 14、西 76 井，长 $8_1$ 油层砂层厚分别为 13.9m 和 10.3m，由于物性变差（油层段分析孔隙度平均为 5.5% 和 6.8%，渗透率为 0.097mD 和 0.12mD）而不含油。因此长 $8_1$ 油藏为典型的岩性油藏。油藏未见边底水，为弹性溶解气驱动油藏。

2）流体特征

西峰油田长 8 油藏地面原油性质较好，地面原油相对密度 0.84～0.87，黏度 3.75～

9.64mPa·s，凝固点 18～25℃，沥青质含量 0.97%～2.08%（表 11-9）。

长 8 油层组地层原油黏度 1～1.54mPa·s，平均 1.21mPa·s，平均气油比 106m³/t，地层原油相对密度 0.72～0.75g/cm³。天然气的相对密度平均为 1.06。原始地层压力 18.1MPa，饱和压力 8.66～13.02MPa，气油比 80.1～118m³/t。

地层水总矿化度为 49.35g/L，pH 值为 6，水型为 CaCl₂ 型。属于原生地层水，反映出本区油气保存条件较好。董志区长 8 油层组地层水具有高钙、低镁、中钡离子含量，为中等矿化度的 CaCl₂，总矿化度在 40～60g/L 之间。

表 11-9　西峰油田长 8₁ 油藏地面原油分析数据表

| 区块 | 井号 | 层位 | 密度 / g/cm³ | 凝固点 / ℃ | 沥青质 / % | 黏度 / mPa·s | 馏程 / % | | | |
|---|---|---|---|---|---|---|---|---|---|---|
| | | | | | | | 初馏点 | 205℃ | 250℃ | 300℃ |
| 白马 | 剖 11 | 长 8₁ | 0.87 | 25.00 | 1.56 | 9.64 | 110.00 | 16.00 | | 36.50 |
| | 西 13 | 长 8₁ | 0.85 | 18.00 | 2.08 | 5.78 | 63.00 | 22.00 | 30.00 | 42.00 |
| | 西 15 | 长 8₁ | 0.85 | 19.00 | 1.69 | 5.25 | 64.00 | 23.50 | 31.00 | 43.50 |
| | 西 16 | 长 8₁ | 0.86 | 20.00 | 1.85 | 6.87 | 73.00 | 20.00 | 28.50 | 41.00 |
| | 平均 | 长 8₁ | 0.86 | 20.50 | 1.795 | 6.84 | 78.00 | 20.40 | 30.00 | 40.80 |
| 板桥 | 庄 9 | 长 8₂ | 0.84 | 18.00 | 0.97 | 3.75 | 32.00 | 27.50 | 35.00 | 50.00 |

5. 开发简况

2000 年，西峰油田西 17 井投入试采。2001—2002 年，在西 13 和西 17 井区开展超前注水试验，建产能 10.6×10⁴t，试验区平均单井日产量达到 6t 以上，试验获得成功。有效解决了低渗问题，为后期稳产创造了条件。标志着长庆油田攻克低压的技术取得重大突破，改造低渗的工艺走向成熟。至 2002 年底，西峰油田采油井开井 92 口，日产液能力 597.84m³，日产油能力 479.91t，综合含水 4.4%，平均动液面 1313m；注水井开井 36 口，日注水量 1107m³。

2003—2005 年，西峰油田进行大规模产能建设，三年累计建成原油生产能力 111.1×10⁴t，依据特低渗透油藏的开发规律，基本做到注采井网一次性建成，实施超前注水或同步注水，提高了单井产能和经济效益。

2006 年年产原油达到 100×10⁴t 后，西峰油田进入了全面开发阶段，2016 年产原油达到最高为 190×10⁴t，2017 年产原油 192×10⁴t，2018 年由于发现合水新油田，部分区块划归合水油田区域，因此西峰油田产量出现降低的变化（图 11-15）。

截至 2020 年 12 月底，采油井开井数 1576 口，日产油水平 1694t，平均单井产能 1.09t，综合含水 51.37%；注水井开井数 630 口，日注水平 12348m³，平均单井日注 19.6m³，月度注采比 2.88。

## 四、姬塬油田

姬塬油田开发始于 2003 年，2009 年起年产量以百万吨递增，2013 年超过 700×10⁴t，成为长庆最大的油田。

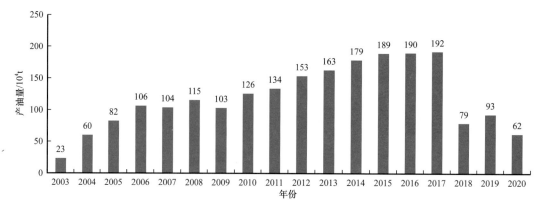

图 11-15　西峰油田历年产油量柱状图

1. 概况

姬塬油田位于鄂尔多斯盆地西部，行政区隶属陕西省定边县、吴起县、宁夏回族自治区盐池县和甘肃省环县，属于典型的黄土塬地貌，地面海拔一般为1350～1850m，勘探面积8000km²（图11-16）。

姬塬油田的石油勘探始于20世纪70年代初期。20世纪70—90年代初，主要针对侏罗系延9、延10油层组勘探。在勘探侏罗系的同时，加强了对延长组上部油层的勘探，在长1、长2油层组见到较好的含油显示。2003年对长4+5、长6油层组目的层的勘探取得了重大突破。初步落实了马家山、堡子湾、铁边城和吴仓堡四条有利含油砂带，随后围绕四条含油砂带加大评价勘探力度，陆续探明了铁边城、堡子湾和吴仓堡长4+5、长6油藏。2006年长8油层组石油勘探获得重要进展。

截至2020年底，姬塬油田已累计提交探明地质储量145427.39×10⁴t，含油面积2682.23km²（图11-16）。其中，累计探明长1、长2油藏石油地质储量7259.05×10⁴t，长8、长9油藏累计提交探明地质储量6.59×10⁸t。

2. 构造及圈闭

姬塬油田横跨伊陕斜坡及天环坳陷两个构造单元，总体构造形态为一近东西向倾伏的平缓单斜，地层倾角约0.5°，局部由于岩性差异压实作用而形成轴向为东北—西南或近东西向分布的多排鼻状构造，这些构造对储层物性大于5mD的长9油藏有一定影响，易形成构造—岩性圈闭。但这些构造对长4+5油藏—长8油藏的控制作用不明显，油藏主要受沉积相带和储层物性控制，属于典型的岩性圈闭油藏。

姬塬油田长2油层组及以上层位的构造显示出自北向南发育多排鼻状构造，这些排状鼻隆构造与条带状砂体配合，形成了长2油层组及以上层位的构造—岩性圈闭。延9油层组顶面构造具有与长2油层组构造相似的特征，自北向南也发育多排状鼻隆构造，受沉积和前侏罗纪古地貌的影响，鼻状构造具有一定的继承性。延安组沉积早期圈闭受古地貌和差异压实作用控制明显，主要形成古地貌构造—岩性圈闭，中晚期构造—岩性圈闭主要为差异压实作用。

3. 储层

姬塬油田是三叠系延长组和侏罗系延安组两套含油层系的叠合发育区，储油层为长9、长8、长7、长6、长4+5、长2、长1油层组和延安组。

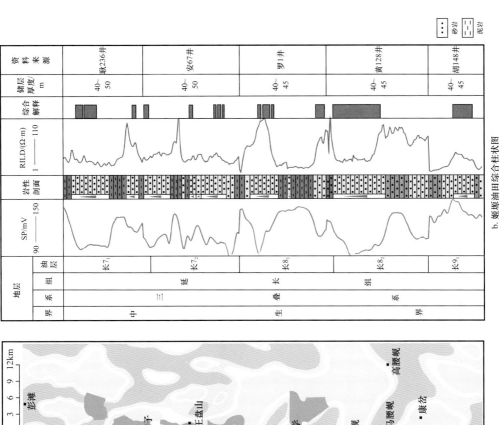

b. 姬塬油田综合柱状图

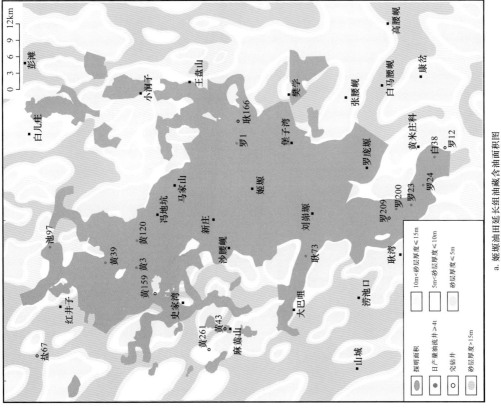

a. 姬塬油田延长组油藏含油面积图

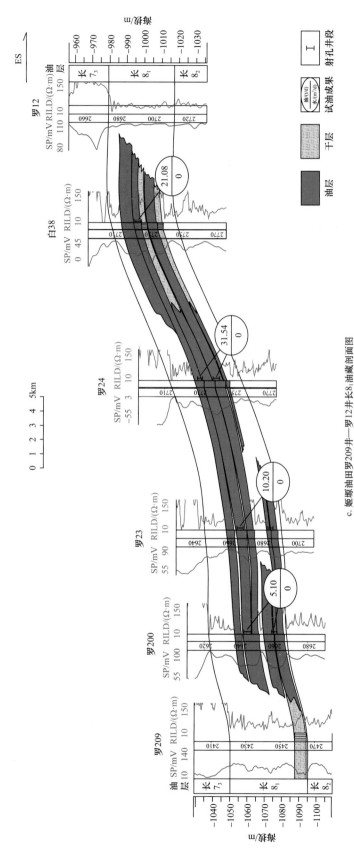

c. 姬塬油田罗209井—罗12井长8₁油藏剖面图

图 11-16  姬塬油田综合图

长 $9_1$ 储层岩石类型主要为灰色中粒、细—中粒和细粒长石砂岩和岩屑长石砂岩，具有"长石含量略高于石英"的特点。岩屑类型以变质岩为主，火成岩次之，沉积岩岩屑含量极少。填隙物总量平均值为 10.4%，成分以绿泥石、硅质、浊沸石和铁方解石为主。粒间孔和长石溶孔是最主要的孔隙类型，面孔率较高，平均值为 6.91%（表 11-10）。储层含油层段孔隙度主要分布范围为 6.0%～16.0%，平均值为 11.7%；渗透率主要分布范围为 0.15～20.0mD，平均值为 8.26mD（表 11-11）。

表 11-10 姬塬油田储层孔隙类型表

| 层位 | 样品数 / 块 | 孔隙组合 /% | | | | | | 平均孔径 / μm |
|---|---|---|---|---|---|---|---|---|
| | | 粒间孔 | 长石溶孔 | 岩屑溶孔 | 晶间孔 | 其他 | 面孔率 | |
| 长 $9_1$ 油层 | 114 | 5.19 | 0.89 | 0.29 | 0.40 | 0.14 | 6.91 | 53.0 |
| 长 $8_2$ 油层 | 108 | 4.31 | 0.60 | 0.17 | 0 | 0.08 | 5.16 | 43.7 |
| 长 $8_1$ 油层 | 110 | 1.48 | 1.49 | 0.14 | 0.03 | 0.02 | 3.16 | 34.9 |
| 长 $7_2$ 油层 | 122 | 0.72 | 1.01 | 0.14 | 0.06 | 0.12 | 2.05 | 20.3 |
| 长 6 油层组 | 184 | 2.65 | 1.20 | 0.11 | 0.05 | 0.04 | 4.05 | 27.1 |
| 长 4+5 油层组 | 162 | 2.41 | 1.44 | 0.19 | 0.08 | 0.04 | 4.16 | 28.7 |
| 长 2、长 1 油层组 | 156 | 2.84 | 1.67 | 0.30 | 0.40 | 0.19 | 5.40 | 47.5 |
| 延 10 油层组 | 247 | 5.70 | 1.90 | 0.50 | 0.60 | 0.20 | 8.90 | 101.5 |

表 11-11 姬塬油田储层物性统计表

| 层位 | 样品井数 / 口 | 样品块数 / 块 | 孔隙度范围 / % | 平均孔隙度 / % | 渗透率范围 / mD | 平均渗透率 / mD |
|---|---|---|---|---|---|---|
| 长 $9_1$ 油层 | 22 | 1774 | 6.0～16.0 | 11.7 | 0.15～20.0 | 8.26 |
| 长 $8_2$ 油层 | 10 | 913 | 12.0～18.0 | 14.9 | 0.50～20.0 | 8.95 |
| 长 $8_1$ 油层 | 126 | 5168 | 6.0～12.0 | 8.6 | 0.07～1.0 | 0.51 |
| 长 $7_2$ 油层 | 145 | 11301 | 3.55～17.12 | 7.9 | 0.006～0.99 | 0.12 |
| 长 6 油层组 | 104 | 4917 | 8.0～16.0 | 10.7 | 0.10～2.00 | 0.44 |
| 长 4+5 油层组 | 69 | 3941 | 8.0～14.0 | 11.8 | 0.10～5.00 | 0.90 |
| 长 2、长 1 油层组 | 12 | 1300 | 12.0～18.0 | 15.5 | 0.10～100.00 | 6.07 |
| 延安组 | 11 | 667 | 12.0～18.0 | 15.8 | 1.00～1000.0 | 227.27 |

长 8 储层岩石类型主要为细—中粒、中—细粒、细粒岩屑长石砂岩、长石岩屑砂岩，碎屑成分成熟度较低。岩屑成分主要为变质岩岩屑，其次为火成岩岩屑及沉积岩岩屑。填隙物（平均 11.3%）成分主要为绿泥石、铁方解石、高岭石、硅质，少量水云母、方解石等。粒间孔和各类溶孔是最主要的孔隙类型，平均面孔率 3.16%～5.16%（表 11-10）；储层孔隙度主要分布范围为 6.0%～12.0%，平均值 8.6%；渗透率主要

分布范围为0.07~1.0mD，平均值0.51mD（表11–11）。含油层段孔隙度主要分布范围6.0%~18.0%；渗透率主要分布范围0.07~20.0mD（表11–11）。属于特低孔、特低渗储层，储层具有一定的非均质性。

长7储层岩性主要为细、极细粒岩屑长石砂岩，少量长石砂岩和长石岩屑砂岩。岩屑成分以变质岩岩屑为主，火成岩岩屑次之，沉积岩岩屑含量极少。填隙物含量较高（平均值为15.41%），以铁方解石为主，其次为绿泥石、高岭石。储层孔隙类型以长石溶孔为主，次为粒间孔，面孔率一般在0.3%~3.8%之间，平均2.05%（表11–10）。储层孔隙度分布范围为3.55%~17.12%，主要分布在5.0%~11.0%；渗透率分布范围为0.006~0.99mD，主要分布在0.04~0.18mD（表11–11），绝大部分样品渗透率小于0.3mD，属于致密砂岩储层。储层非均质性较强。

长6储层岩性为细粒长石砂岩、岩屑长石砂岩，碎屑成分成熟度较低。岩屑成分主要为变质岩岩屑，其次为火成岩岩屑及沉积岩岩屑。填隙物总量平均14.5%，填隙物成分主要为高岭石、绿泥石、铁方解石，其他组分有水云母、硅质、方解石。面孔率一般在0.6%~5.8%之间，平均值为4.05%（表11–10）。长6储层含油层段孔隙度主要分布范围为8.0%~16.0%（平均值为10.7%）；渗透率主要分布范围为0.10~2.00mD（平均值为0.44mD）（表11–11）。属于低孔、特低渗储层，储层具有一定非均质性。

长4+5储层岩性以极细—细粒、细—中粒岩屑长石砂岩、长石砂岩为主。填隙物（12.1%）以高岭石为主，其次为铁方解石、硅质。面孔率一般在0.9%~6.6%之间，平均值4.16%（表11–10）。储层含油层段孔隙度主要分布范围为8.0%~14.0%（平均值为11.8%）；渗透率主要分布范围为0.10~5.00mD（平均值0.90mD）（表11–11）。

长2、长1储层的岩石类型主要为灰绿色细粒长石砂岩、岩屑长石砂岩，碎屑成分成熟度较低。岩屑成分以变质岩岩屑为主，其次为火成岩岩屑及沉积岩岩屑。填隙物（平均值15.4%）成分以高岭石、水云母、方解石为主，少量绿泥石、铁方解石等。面孔率一般在2.6%~16.5%之间，平均5.4%（表11–10）。长2、长1储层含油层段孔隙度主要分布范围为12.0%~18.0%（平均值为15.5%）；渗透率主要分布范围为0.10~100.00mD（平均值6.07mD）（表11–11）。属于中孔、低渗储层，储层具有一定非均质性。

延安组储层岩性为中粒灰白色岩屑长石砂岩，岩屑成分以变质岩岩屑为主。粒径0.25~0.65mm。填隙物总量平均值13.1%，成分以高岭石为主，次为硅质、水云母等。孔隙类型以粒间孔为主，次为长石溶孔，面孔率一般在8.0%~16.0%之间，平均值为8.9%（表11–10）。储层含油层段孔隙度主要分布范围为12.0%~18.0%（平均值为15.8%）；渗透率主要分布范围为1.0~1000.0mD（平均值为227.27mD）（表11–11）。属于中孔、中渗储层，储层具有一定非均质性。

根据储层物性、压汞、铸体薄片资料综合分析，姬塬油田延安组储层属中孔中渗储层，孔喉结构组合类型为大中孔中喉型；长1、长2储层属中孔低渗储层，孔喉组合类型为中小孔细喉型；长4+5储层属低孔特低渗储层，孔喉组合类型以小孔细喉型为主；长6储层属低孔特低渗储层，孔喉组合类型以小孔细喉型为主；长7储层属微孔致密油储层，孔喉组合类型以小孔细喉型为主；长$8_1$储层孔隙结构以中孔—细喉型、小孔—细喉型为主；长$8_2$、长$9_1$储层孔喉组合类型以中小孔细喉型为主。

4.油藏类型及流体特征

1）油藏类型

姬塬油田长 $9_1$ 油藏的油层埋深在 2433～3155m 之间，原始地层压力 18.74～23.64MPa，饱和压力 1.66～8.03MPa，属溶解气未饱和油藏，油水分异较差，油藏一般不具有边底水，个别油藏见少量边水，为构造—岩性油藏和岩性油藏（表 11–12）。

长 $8_2$ 各油藏的油层埋深在 2664～3001m 之间，原始地层压力 20.85～24.01MPa，饱和压力 2.67～4.73MPa，属溶解气未饱和油藏，油水分异较差，油藏具有边底水，为构造—岩性油藏（表 11–12）。长 $8_1$ 油藏平均埋深为 2657m，油藏中部海拔为 –1050m，油藏未见边底水，油藏属于典型的大型溶解气弹性驱动岩性油藏（表 11–12）。

长 7 油藏的油层平均埋深为 2616m，原始地层压力 19.61MPa，饱和压力 6.57MPa，属溶解气未饱和油藏，油藏不具边底水，为典型岩性油藏（表 11–12）。长 6 油藏的油层埋深为 2365～2508m，原始地层压力 17.80～19.25MPa，饱和压力 7.87～8.04MPa，属溶解气未饱和油藏，油水分异较差，油藏不具边底水，为典型岩性油藏（表 11–12）。

长 4+5 各油藏的油层平均埋深为 2246m，原始地层压力 16.62MPa，饱和压力 7.48MPa，属溶解气未饱和油藏，油水分异较差，油藏一般不具有边水或底水，为弹性驱动岩性油藏（表 11–12）。

表 11–12　姬塬油田新增探明储量区块油藏参数表

| 层位 | 油藏类型 | 驱动类型 | 埋藏深度 / m | 原始地层压力 / MPa | 饱和压力 / MPa | 饱和程度 | 地层温度 / ℃ | 样品数 |
|---|---|---|---|---|---|---|---|---|
| 长 $9_1$ 油层 | 构造—岩性、岩性 | 边底水、弹性 | 2433～3155 | 18.74～23.64 | 1.66～8.03 | 未饱和 | 89.0 | 29 |
| 长 $8_2$ 油层 | 构造—岩性 | 边底水 | 2664～3001 | 20.85～24.01 | 2.67～4.73 | 未饱和 | 93.0 | 14 |
| 长 $8_1$ 油层 | 岩性 | 弹性 | 2657 | 17.11 | 9.64 | 未饱和 | 83.84 | 25 |
| 长 7 油层组 | 岩性 | 弹性 | 2616 | 19.61 | 6.57 | 未饱和 | 77.84 | 23 |
| 长 $6_2$ 油层 | 岩性 | 弹性 | 2508 | 19.25 | 8.04 | 未饱和 | 76.60 | 20 |
| 长 $6_1$ 油层 | 岩性 | 弹性 | 2365 | 17.80 | 7.87 | 未饱和 | 76.56 | 20 |
| 长 4+5 油层组 | 岩性 | 弹性 | 2246 | 16.62 | 7.48 | 未饱和 | 75.21 | 21 |
| 长 2 油层组 | 构造—岩性 | 边底水 | 2088 | 15.96 | 5.98 | 未饱和 | 72.13 | 8 |
| 长 1 油层组 | 构造—岩性 | 边底水 | 1934 | 13.85 | 5.71 | 未饱和 | 67.62 | 19 |
| 延安组 | 构造—岩性 | 边底水 | 1791 | 13.48 | 5.03 | 未饱和 | 65.63 | 16 |

长 2 油藏的油层平均埋深为 2088m，原始地层压力 15.96MPa，饱和压力 5.98MPa，属溶解气未饱和油藏，油藏具有底水，为弹性水驱动构造—岩性油藏（表 11–12）。

长 1 油藏的油层埋深为 1934m，原始地层压力 13.85MPa，饱和压力 5.71MPa，属溶解气未饱和油藏，油藏具有底水，为弹性水驱动构造—岩性油藏（表 11–12）。

延安组各油藏的油层平均埋深为 1791m，油层原始地层压力 13.48MPa，饱和压力 5.03MPa，属溶解气未饱和油藏，油藏具有边水或底水，为弹性水驱动构造—岩性油藏（表 11-12）。其中，延 10 油藏的油层埋深在 2313～2426m 之间，油层原始地层压力 15.73～18.07MPa，饱和压力 8.68～8.82MPa，属溶解气未饱和油藏，部分油藏见到边底水，为构造—岩性油藏。

2）流体特征

姬塬油田油藏原油性质好，地层油密度小（0.725～0.803g/cm³）、原油黏度小（0.50～5.49mPa·s），溶解气油比、原油体积系数随埋藏深度的增加而增大。地面原油具有低密度（0.801～0.863g/cm³）、低黏度（2.02～11.08mPa·s）、低凝固点（12.0～27.0℃）和不含沥青质的特征（表 11-13）。

表 11-13　姬塬油田新增探明储量区块原油主要性质表

| 层位 | 地层原油 | | | | 地面原油 | | | |
|---|---|---|---|---|---|---|---|---|
| | 密度 / g/cm³ | 黏度 / mPa·s | 气油比 / m³/t | 体积系数 | 密度 / g/cm³ | 50℃黏度 / mPa·s | 初馏点 / ℃ | 凝固点 / ℃ |
| 长 9₁ 油层 | 0.748～ 0.803 | 0.95～ 5.49 | 12～ 69 | 1.072～ 1.384 | 0.811～ 0.863 | 2.02～ 11.08 | 35.0～ 109.0 | 12.0～ 27.0 |
| 长 8₂ 油层 | 0.749～ 0.780 | 0.50～ 3.00 | 28～ 57 | 1.107～ 1.305 | 0.801～ 0.854 | 3.41～ 6.80 | 40.0～ 90.0 | 18.0～ 27.0 |
| 长 8₁ 油层 | 0.725 | 0.98 | 89 | 1.288 | 0.839 | 6.55 | 75.8 | 20.0 |
| 长 7 油层组 | 0.748 | 1.48 | 69 | 1.222 | 0.839 | 6.64 | 75 | 23 |
| 长 6₂ 油层 | 0.757 | 1.58 | 74 | 1.228 | 0.839 | 5.60 | 74.5 | 21.0 |
| 长 6₁ 油层 | 0.758 | 1.56 | 72 | 1.221 | 0.846 | 6.57 | 75.2 | 21.0 |
| 长 4+5 油层组 | 0.765 | 1.83 | 69 | 1.459 | 0.843 | 6.55 | 73.0 | 21.4 |
| 长 2 油层组 | 0.774 | 1.96 | 53 | 1.183 | 0.841 | 5.93 | 69.9 | 25.6 |
| 长 1 油层组 | 0.774 | 2.27 | 53 | 1.183 | 0.851 | 5.93 | 69.9 | 25.6 |
| 延安组 | 0.773 | 2.34 | 47 | 1.156 | 0.852 | 5.73 | 78.0 | 20.0 |

姬塬地区中生界地层水平均矿化度为 58g/L，其中延安组平均值为 41g/L（172 个样品），延长组平均值为 61g/L（1096 个样品），延长组地层水矿化度要高于延安组（图 11-17）。长 1 油层组—长 9 油层组地层水平均矿化度分别为 56g/L、74g/L、78g/L、78g/L、77g/L、50g/L、30g/L、32g/L（表 11-14），其中，长 2、长 3、长 4+5、长 6 油层组矿化度最高，分布在 74～78g/L，长 8 油层组和长 9 油层组平均矿化度较低，分布在 30g/L 左右（李士祥等，2017）。延长组地层水水型主要为 $CaCl_2$ 型，延安组主要为 $CaCl_2$ 型和 $NaHCO_3$ 型（表 11-14）。

5. 开发简况

姬塬油田的开发始于 2003 年，2007 年年产原油达到 176×10⁴t，之后年产原油量快速攀升，2009 年起年产量平均以百万吨递增，2013 年超过 700×10⁴t，2014 年产量达到最高，为 766×10⁴t，2017 年年产原油 630×10⁴t（图 11-18），成为长庆最大油田。

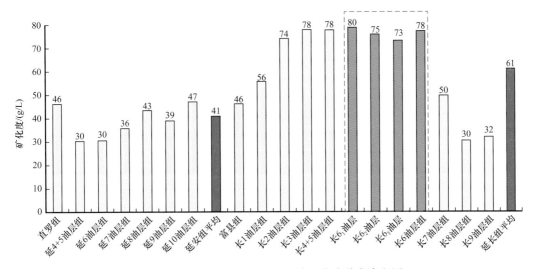

图 11-17　姬塬地区中生界地层水矿化度分布直方图

表 11-14　姬塬油田新增探明储量区块地层水分析数据表

| 层位 | 阳离子 /（mg/L） | | | 阴离子 /（mg/L） | | | pH | 总矿化度 / g/L | 水型 |
|---|---|---|---|---|---|---|---|---|---|
| | Na$^+$+K$^+$ | Ca$^{2+}$ | Mg$^{2+}$ | Cl$^-$ | SO$_4^{2-}$ | HCO$_3^-$ | | | |
| 长 9$_1$ 油层 | 6521 | 3319 | 277 | 12661 | 1626 | 211 | 6.6 | 31.9 | CaCl$_2$ |
| 长 8$_2$ 油层 | 8777 | 2513 | 238 | 11676 | 1248 | 237 | 6.4 | 29.6 | CaCl$_2$ |
| 长 8$_1$ 油层 | 9777.0 | 3516.0 | 593.9 | 21351.3 | 2221.2 | 250.0 | 6.3 | 32.7 | CaCl$_2$ |
| 长 7 油层组 | 14581 | 2006 | 218 | 30310 | 1508 | 302 | 6.52 | 49.7 | CaCl$_2$ |
| 长 6$_2$ 油层 | 24161 | 4999 | 745 | 50258 | 2257 | 273 | 6.1 | 75.7 | CaCl$_2$ |
| 长 6$_1$ 油层 | 22332 | 5422 | 927 | 52622 | 2788 | 230 | 6.2 | 78.8 | CaCl$_2$ |
| 长 4+5 油层组 | 25549 | 5515 | 402 | 52566 | 1273 | 324 | 6.4 | 77.6 | CaCl$_2$ |
| 长 2 油层组 | 22348 | 3105 | 937 | 41324 | 2233 | 427 | 6.2 | 74.1 | CaCl$_2$ |
| 长 1 油层组 | 17150 | 2691 | 563 | 45720 | 1881 | 177 | 6.7 | 55.7 | CaCl$_2$ |
| 延安组 | 8456 | 341 | 75 | 11726 | 264 | 2041 | 7.7 | 41.0 | CaCl$_2$、NaHCO$_3$ |

截至 2020 年 12 月底，采油井开井数 14206 口，日产油水平 17297t，平均单井产能 1.21t，综合含水 58.27%；注水井开井数 5088 口，日注水平 96672m$^3$，平均单井日注 19m$^3$，月注采比 1.87。

## 五、新安边油田

以姬塬、华庆等为代表的储层渗透率为 0.3～1mD 的超低渗透油藏的成功开发，是长庆油田勘探开发对象转向渗透率低于 0.3mD 的致密油的一个里程碑。新安边油田是以长 7 油层组致密油为勘探开发对象而命名的油田，也是中国陆上发现的首个亿吨级致密油油田。

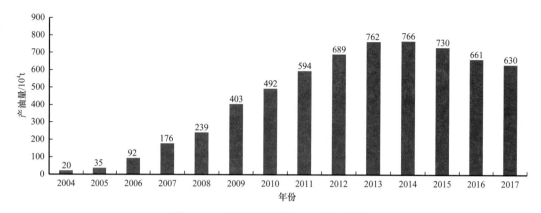

图 11-18 姬塬油田历年产油量柱状图

2018 年、2019 年、2020 年产量分别为 661×10⁴t、653×10⁴t、643×10⁴t

1. 概况

新安边油田位于鄂尔多斯盆地中西部，行政区隶属陕西省定边县、吴起县（图 11-19）。区内属典型的黄土塬地貌，地面海拔一般为 1440～1850m，区内砂石公路横贯探区南北，交通较为便利。

20 世纪 70 年代，在对侏罗系油藏勘探中，为了研究全盆地烃源岩展布及生烃潜力评价，针对三叠系长 7 油层组钻探了一批井，均在该层见到较好含油显示。20 世纪 90 年代在合水地区勘探中，陆续发现了庆阳井组、固城川等致密油有利勘探目标，但受储层物性和压裂工艺限制，勘探未取得实质性突破。

进入 21 世纪，在以长 8 油层组为主要目的层的勘探过程中，陇东、陕北地区在长 7 油层组普遍见到油层，2007 年逐步发现了安 83、庄 230、西 233 井区等长 7 油藏富集区带。2011 年以来，陇东和陕北地区长 7 油层组获得重大突破，发现了多个长 7 油层组含油富集区。特别是借鉴国外"体积压裂"的理念，在陇东地区西 233 井区首次开展了长 7 油层组致密油水平井体积压裂攻关试验，完钻评价水平井 10 口，平均试油日产量 118.48t，最高试油日产量 156.06t（阳平 10 井）。2013 年，在西 233 井区致密油攻关试验取得初步成果的基础上，在庄 183 井区试验裸眼封隔器分段压裂、国产化的水力桥塞等新工艺，实施水平井 10 口，平均水平段长度 1535m，压裂 12.5 段，井均试油日产量 106.1t，致密油勘探配套技术日趋成熟。

2014 年，在新安边地区探明石油地质储量 10060.31×10⁴t，含油面积 132.04km²，发现了亿吨级致密油大油田，致密油进入了规模开发阶段。

2. 构造及圈闭

新安边油田位于伊陕斜坡构造单元的西部，长 7 油层组底构造总体为一西倾平缓单斜。在单斜背景上由于差异压实作用，局部形成了起伏较小轴向近东西或北东—南西向的多排鼻状隆起构造，但该构造对长 7 油藏控制作用不明显。

油藏圈闭成因主要为砂岩的侧向尖灭及岩性致密遮挡两类。前者是由于储层沿上倾方向尖灭而形成圈闭条件，油气聚集其中而成的，这类圈闭是由于砂体与上倾方向的分流间湾泥岩相互配置，构成上倾遮挡；后者的局部遮挡盖层是由于成岩作用所造成的致密砂岩，而非泥质岩类，其特点是油气主要在局部孔渗性较好的优质储层中富集，缺乏

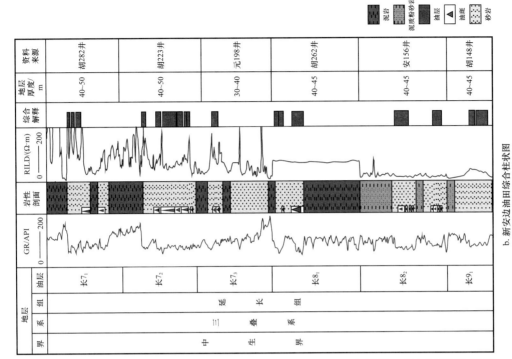

b. 新安边油田综合柱状图

| 界 | 系 | 组 | 油层 | GR/API<br>0 —— 200 | 岩性<br>剖面 | RILD/(Ω·m)<br>0 —— 200 | 综合<br>解释 | 地层<br>厚度/<br>m | 资料<br>来源 |
|---|---|---|---|---|---|---|---|---|---|
| 中<br><br><br>生<br><br><br>界 | 三<br><br><br>叠<br><br><br>系 | 延<br><br><br>长<br><br><br>组 | 长7₁ | | | | | 40~50 | 胡282井 |
| | | | 长7₂ | | | | | 40~50 | 胡223井 |
| | | | 长7₃ | | | | | 30~40 | 元198井 |
| | | | 长8₁ | | | | | 40~45 | 胡262井 |
| | | | 长8₂ | | | | | 40~45 | 安156井 |
| | | | 长9₁ | | | | | 40~45 | 胡148井 |

图例: 泥岩　泥质粉砂岩　油层　▲油斑　砂岩

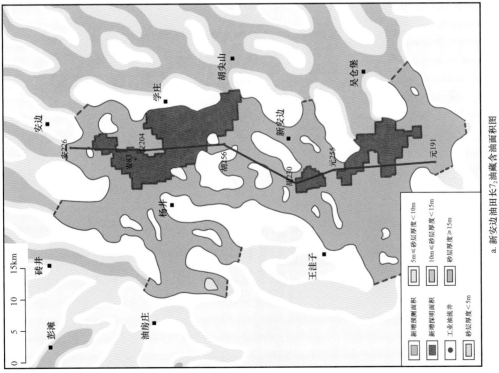

a. 新安边油田长7₂油藏含油面积图

图例: 新增预测面积　新增探明面积　● 工业油流井　砂层厚度<5m　5m≤砂层厚度<10m　10m≤砂层厚度<15m　砂层厚度≥15m

比例尺: 0　5　10　15km

– 493 –

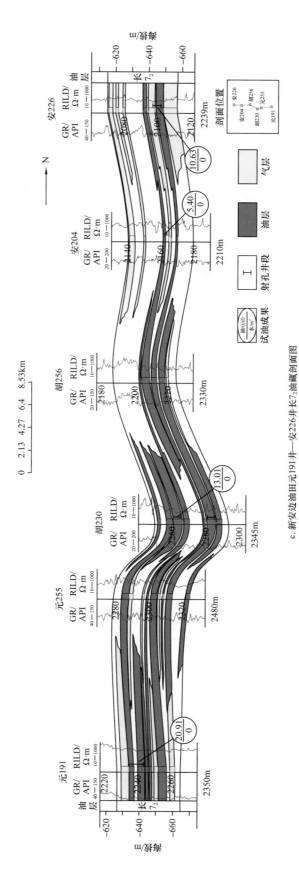

c. 新安边油田元191井—安226井长7₂油藏剖面图

图11–19 新安边油田综合图

侧向运移，物性较差的砂岩形成侧向封堵。整体而言，致密油圈闭边界不明显。

3. 储层

新安边油田长 $7_2$ 储层岩性主要为细粒、极细粒岩屑长石砂岩，少量长石砂岩和长石岩屑砂岩。砂岩中石英平均含量为 25.20%，长石平均含量为 39.44%，岩屑平均含量为 19.95%。岩屑成分以变质岩岩屑为主，火成岩岩屑次之，沉积岩岩屑含量极少。储集砂岩填隙物含量较高，平均含量为 15.41%，填隙物以铁方解石为主，其次为绿泥石、高岭石。

孔隙类型以长石溶孔为主，占总孔隙的 49.27%，粒间孔次之，占总孔隙的 35.12%，岩屑溶孔和粒间溶孔较少，分别占总孔隙的 6.83% 和 0.49%，仅见少量晶间孔、微裂缝，总面孔率为 2.05%。此外，在成像测井及岩心观察中也见到广泛发育的高角度裂缝以及垂直裂缝。

致密油储层以微米级孔隙为主，主要分布频率为 0～12μm，2～8μm 孔隙构成了致密油储层主要的储集空间。致密储层孔喉主要分布于 25～250nm，微米孔隙及纳米喉道形成了由多个独立连通孔喉体积构成的复杂孔喉网络。

储层孔隙度分布范围为 3.55%～17.12%，主要分布在 5.0%～11.0%，平均值为 7.9%，中值为 7.4%；渗透率分布范围为 0.006～0.99mD，主要分布在 0.04～0.18mD，平均值为 0.12mD，中值为 0.10mD，绝大部分样品渗透率小于 0.3mD，属于致密砂岩储层，储层非均质性较强。

4. 油藏类型及流体特征

1）油藏类型

新安边油田长 $7_2$ 油藏平均埋深为 2256m，油藏中部海拔为 −667m，埋藏适中，油藏未见边底水。主砂带致密储层连续大面积分布，与广覆式分布的优质成熟生油岩紧密接触，彼此呈共生关系，属于弹性驱动致密岩性圈闭油藏。

2）流体特征

新安边致密油田地层原油黏度为 1.48mPa·s，地层原油密度为 0.748g/cm³，体积系数为 1.222，溶解气油比为 69m³/t。地面原油密度变化范围为 0.813～0.866g/cm³，平均值为 0.839g/cm³；地面原油黏度范围为 1.13～12.87mPa·s，平均值为 6.64mPa·s；凝固点为 0～30℃，平均值为 23℃；初馏点 18～105℃，平均值为 75℃，具有低密度、低黏度、低凝固点以及不含硫的特征。

地层水总矿化度为 3.31g/L，水型均为 $CaCl_2$ 型。

5. 开发简况

新安边油田致密油开发始于 2010 年。前期评价表明，新安边油田长 $7_2$ 油藏油层稳定，规模较大，储层致密，为了探索致密油有效开发方式及技术政策，提高致密油储量动用程度，当年在安 83 井区北部开展了丛式井注水开发试验，采用井排距 450m×140m 的矩形井网开发，建采油井 23 口、注水井 8 口，建产能 $3×10^4$t。

2011 年扩大试验范围，采用菱形反九点、正方形反九点、水平井五点井网等进行注水开发试验，建采油井 75 口、注水井 39 口，但单井产量始终没有取得较大突破（丛式井单井日产量 1.3t、水平井单井日产量 5.5t），同时暴露出裂缝见水的特征。

2012—2013 年积极转变开发方式，探索更加有效的开发技术。重点开展了长水平段五点井网、交错七点井网和准自然能量开发井网三种井网形式的水平井开发试验。改造模式从常规压裂转为体积压裂，改造规模明显加大。试验效果表明，准自然能量开发和长水平段五点井网的初期单井日产量明显提高（达10t以上），采油速度较高；而交错七点井网由于改造规模受限，采油速度低，见水风险明显增大（见水比例达50.0%）。经济效益评价结果，准自然能量及长水平段五点井网开发内部收益率高，明显好于直井开发，同时也好于交错七点井网开发。

2014—2017年，继续扩大开发规模，探索进一步"提高单井产量、提高作业效率、降低作业成本"的新工艺，明确了致密油开发方式和开发政策，完善丰富了致密油储层压裂改造技术。逐步实现了致密油"资源向储量、储量向产量、产量向效益"的重大转变。

截至2020年12月底，采油井开井数780口，日产油水平918t，平均单井产油1.17t，综合含水64.76%；注水井开井数46口，日注水平768.2m³，平均单井日注16.7m³，月注采比0.25。2015年投入开发，年产原油为38×10⁴t，2020年年产原油34×10⁴t（图11-20）。

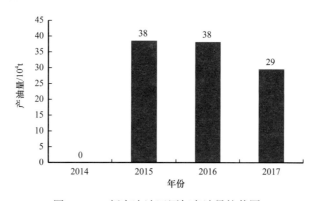

图11-20　新安边油田历年产油量柱状图
2018年、2019年、2020年产量分别为30×10⁴t、31×10⁴t、34×10⁴t

## 六、马岭油田

马岭油田是20世纪七八十年代油田进行勘探开发的主要战场，也是长庆油田最早进行开发的油田。

1. 概况

马岭油田位于鄂尔多斯盆地西南部，行政区隶属甘肃省庆城县。区内属典型的黄土塬地貌，地面海拔一般为1150～1550m，国道309贯穿探区，区内砂石公路交错连接，交通较为便利。

马岭油田的勘探始于20世纪70年代，早期以地质构造详查、黄土塬地震试验为主。1970年9月在马岭的庆1井延10油层组试油获得日产油36.3m³的工业油流，从而发现了马岭油田。1973年在中一区开辟了8km²的注水开发试验区，1976年以后各区块相继投入开发。1977—2001年加大马岭油田侏罗系勘探力度，并在古地貌成藏理论指导下落实了侏罗系延4+5油层组—延10油层组等多层系复合连片油气富集区，并在直罗组、长3、长8油层组获得油气发现。

2001 年以来，随着勘探开发研究的深入及工艺水平的提升，对盆地长 $8_1$ 油层加大勘探力度，在大型岩性油气藏勘探理论指导下，逐步落实西峰、镇北、环江长 $8_1$ 油藏，马岭油田夹持其间，形成了长 $8_1$ 油层大面积连片油气聚集带。

2017 年在马岭油田长 $8_1$、长 $3_3$ 及延 10、延 9 油藏新增石油探明地质储量 $8737.64 \times 10^4 t$，含油面积 $235.42 km^2$。至 2020 年底，马岭油田已累计探明石油地质储量 $18040.46 \times 10^4 t$，含油面积 $432.66 km^2$。

2. 构造及圈闭

马岭油田横跨伊陕斜坡及天环坳陷两个构造单元，构造形态为一个近东西向倾伏的平缓单斜，局部发育北西—南东或近东西向分布的多排鼻状构造（图 11-21），这些构造对储层物性相对好的长 $3_3$ 油藏有一定影响，易形成构造—岩性圈闭。延安组油藏主要分布在构造高部位和斜坡地带，上倾方向由岩性变化形成圈闭，油藏受构造和岩性的双重控制，主要为构造—岩性圈闭。长 $8_1$ 储层较差，受构造影响较弱，油藏主要受沉积相带和储层物性控制，属岩性圈闭。

3. 储层

马岭油田发育三叠系延长组和侏罗系延安组两套含油层系，主要含油层段为长 8、长 3 油层组和延安组。其中，以延 9、延 10 油层组物性较好，长 3、长 $8_1$ 油层组储层物性相对较差，储层具有一定非均质性。

长 $8_1$ 储层岩石类型主要为岩屑长石砂岩和长石岩屑砂岩，砂岩碎屑组分中，石英含量为 31.9%，长石含量为 31.8%，岩屑含量为 25.3%。岩屑类型以变质岩为主，火成岩次之，沉积岩岩屑含量极少。填隙物（平均值为 11.0%）以水云母和铁方解石为主。孔隙类型以粒间孔、长石溶孔为主，面孔率为 3.40%（表 11-15）。含油层段储层孔隙度主要分布范围为 6.0%～12.0%（平均值为 9.6%），渗透率主要分布范围为 0.07～3.00mD（平均值为 1.09mD）（表 11-16）。孔隙组合以小孔细喉型为主。

表 11-15 马岭油田新增探明储量区块储层孔隙类型表

| 层位 | 样品数/块 | 孔隙组合 /% | | | | | | | 平均孔径/ μm |
| --- | --- | --- | --- | --- | --- | --- | --- | --- | --- |
| | | 粒间孔 | 粒间溶孔 | 长石溶孔 | 岩屑溶孔 | 晶间孔 | 其他 | 面孔率 | |
| 长 $8_1$ 油层 | 132 | 2.09 | 0 | 1.06 | 0.21 | 0 | 0.04 | 3.40 | 26.7 |
| 长 3 油层组 | 31 | 3.87 | 0.22 | 1.41 | 0.37 | 0 | 0.07 | 5.94 | 35.2 |
| 延 9、延 10 油层组 | 14 | 5.22 | 0 | 0.78 | 0.64 | 0.52 | 0.18 | 7.34 | 40.0 |

长 3 储层岩石类型主要为细粒、细—中粒长石岩屑砂岩和岩屑长石砂岩，石英含量为 46.5%，长石含量为 18.1%，岩屑含量为 24.1%。岩屑成分以变质岩岩屑为主。填隙物（平均值为 11.3%）主要为硅质、水云母、铁白云石。孔隙类型以粒间孔、长石溶孔为主，面孔率为 5.94%（表 11-15）。含油层段储层孔隙度主要分布范围为 10.5%～15.0%（平均值为 12.6%），渗透率主要分布范围为 0.3～9.0mD（平均值为 3.98mD）（表 11-16）。孔隙结构以中孔细喉型为主。

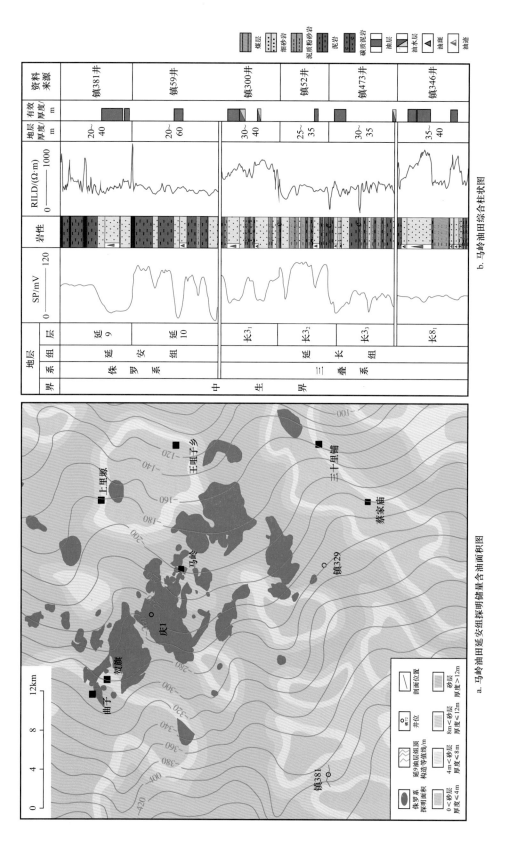

b. 马岭油田综合柱状图

a. 马岭油田延安组探明储量含油面积图

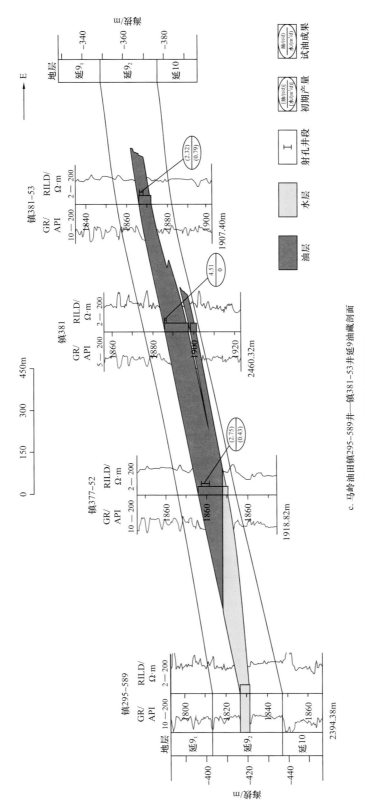

c. 马岭油田镇295-589井—镇381-53井延9油藏剖面

图 11-21　马岭油田综合图

表 11-16　马岭油田新增探明储量区块储层物性统计表

| 层位 | 样品井数/口 | 样品块数/块 | 孔隙度范围/% | 平均孔隙度/% | 孔隙度中值/% | 渗透率范围/mD | 平均渗透率/mD | 渗透率中值/mD |
|---|---|---|---|---|---|---|---|---|
| 长 $8_1$ 油层 | 50 | 2895 | 6.0～12.0 | 9.6 | 9.1 | 0.07～3.00 | 1.09 | 0.23 |
| 长 3 油层组 | 23 | 1062 | 10.5～15.0 | 12.6 | 12.2 | 0.3～9.0 | 3.98 | 1.13 |
| 延 9、延 10 油层组 | 13 | 592 | 11.0～15.5 | 13.5 | 13.1 | 1.0～100.0 | 36.03 | 4.42 |

延 9、延 10 储层岩性为中粒长石岩屑砂岩及岩屑长石砂岩，石英含量为 57.7%，长石含量为 10.6%，岩屑含量为 17.5%。岩屑成分以变质岩岩屑为主。填隙物（平均值为 14.2%）以硅质为主，次为水云母、铁白云石等。孔隙类型以粒间孔、长石溶孔为主，面孔率为 7.34%（表 11-15），含油层段储层孔隙度主要分布范围为 11.0%～15.5%（平均值为 13.5%），渗透率主要分布范围为 1.0～100.0mD（平均值为 36.03mD）（表 11-16）。孔隙结构以大中孔中喉型为主。

4. 油藏类型及流体特征

1）油藏类型

长 $8_1$ 油藏的油层埋深为 2154～2348m，原始地层压力 16.27～21.31MPa，饱和压力 8.26～12.58MPa，属溶解气未饱和油藏，油水分异较差，油藏一般不具有边底水，为岩性油藏（表 11-17）。

长 $3_3$ 各油藏的油层埋深为 1882～1918m，原始地层压力 13.13～16.67MPa，饱和压力 5.39～6.99MPa，属溶解气未饱和油藏，油水分异较差，油藏具有边底水，为构造—岩性油藏（表 11-17）。

延 9、延 10 油藏的油层埋深为 1661～1833m，油层原始地层压力 9.30～16.34MPa，饱和压力 3.92～8.14MPa，属溶解气未饱和油藏，部分油藏见到边底水，为构造—岩性油藏（表 11-17）。

表 11-17　马岭油田新增探明储量区块油藏参数表

| 层位 | 油藏类型 | 驱动类型 | 埋藏深度/m | 原始地层压力/MPa | 饱和压力/MPa | 饱和程度 | 地层温度/℃ | 样品数量 |
|---|---|---|---|---|---|---|---|---|
| 长 $8_1$ 油层 | 岩性 | 弹性 | 2154～2348 | 16.27～21.31 | 8.26～12.58 | 未饱和 | 70.0 | 20 |
| 长 $3_3$ 油层 | 构造—岩性 | 边底水 | 1882～1918 | 13.13～16.67 | 5.39～6.99 | 未饱和 | 59.7 | 12 |
| 延 9、延 10 油层组 | 构造—岩性 | 边底水 | 1661～1833 | 9.30～16.34 | 3.92～8.14 | 未饱和 | 59.1 | 8 |

2）流体特征

马岭油田延 9、延 10 油藏，长 $3_3$、长 $8_1$ 油藏原油性质好，地层原油密度小、原油黏度小（表 11-18）。地面原油具有低密度、低黏度、低凝固点和不含硫的特征（表 11-18）。

表 11-18  马岭油田新增探明储量区块原油主要性质表

| 层位 | 地层原油 | | | | 地面原油 | | | |
|---|---|---|---|---|---|---|---|---|
| | 密度 / g/cm³ | 黏度 / mPa·s | 气油比 / m³/t | 体积系数 | 密度 / g/cm³ | 50℃黏度 / mPa·s | 初馏点 / ℃ | 凝固点 / ℃ |
| 长 8₁ 油层 | 0.745 | 1.12 | 104 | 1.286 | 0.844 | 5.95 | 74.6 | 19.0 |
| 长 3₃ 油层 | 0.774 | 2.48 | 57 | 1.176 | 0.837 | 5.00 | 74.2 | 19.8 |
| 延 9、延 10 油层组 | 0.771 | 1.74 | 55 | 1.184 | 0.834 | 5.16 | 67.7 | 17.9 |

长 8$_1$、长 3$_3$ 层地层水主要为 $CaCl_2$ 型，延 9、延 10 油层组地层水主要为 $Na_2SO_4$ 型，总矿化度分别是 30.9g/L、71.9g/L 和 57.4g/L，油层保存条件好（表 11-19）。

表 11-19  马岭油田新增探明储量区块地层水分析数据表

| 层位 | 阳离子 /（mg/L） | | | 阴离子 /（mg/L） | | | pH | 总矿化度 / g/L | 水型 |
|---|---|---|---|---|---|---|---|---|---|
| | $Na^+ + K^+$ | $Ca^{2+}$ | $Mg^{2+}$ | $Cl^-$ | $SO_4^{2-}$ | $HCO_3^-$ | | | |
| 长 8₁ 油层 | 9878 | 1379 | 347 | 17320 | 1475 | 458 | 5.7 | 30.9 | $CaCl_2$ |
| 长 3₃ 油层 | 25272 | 1988 | 362 | 41606 | 2382 | 273 | 7.0 | 71.9 | $CaCl_2$ |
| 延 9、延 10 油层组 | 13887 | 875 | 255 | 39802 | 1352 | 1198 | 7.1 | 57.4 | $Na_2SO_4$ |

5. 开发简况

马岭油田的开发始于 1971 年。1980 年全面投入开发，1983 年年产原油达到 74×10⁴t，之后年产原油量保持稳定并呈下降趋势（图 11-22）。2000 年产原油为 61×10⁴t，2017 年产原油 20×10⁴t。截至 2020 年 12 月底，采油井开井数 550 口，日产油水平 1058t，平均单井产能 2.1t，综合含水 47.62%；注水井开井数 134 口，日注水平 2894m³，平均单井日注 21.6m³，月注采比 1.42。

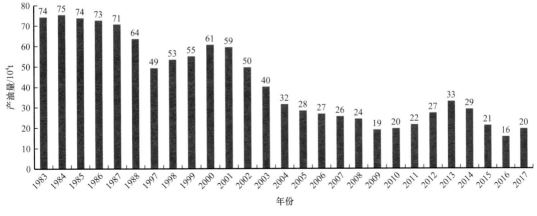

图 11-22  马岭油田历年产油量柱状图
2018 年、2019 年、2020 年产量分别为 25×10⁴t、36×10⁴t、32×10⁴t

## 七、马家滩油田

### 1. 概况

马家滩油田位于宁夏回族自治区灵武县马家滩乡。1956年发现重力异常，1957年经电法测量和1958年地震详查后，1960年7月开始钻探，并在马深2井长8油层组获得工业油流。1966年开始试采，1971年投入开发，1974年9月开始注水试采。截至2017年底，马家滩油田探明石油地质储量226.04×10⁴t，含油面积3.70km²。

### 2. 构造及圈闭

马家滩油田位于鄂尔多斯盆地西缘冲断带马家滩段的北端，处在马家滩背斜的高点位置（图11-23）。构造轴向近南北，长6.0km，宽约2.0km，闭合高度170m，闭合面积约11km²。构造北窄南宽、西陡东缓、西翼倾角8°～9°，东翼倾角4°～5°，境内断层发育，背斜构造被三组断层切割成10个断块。

构造北窄南宽、西陡东缓、西翼倾角8°～9°，东翼倾角4°～5°，境内断层发育，背斜构造被三组断层切割成10个断块。

### 3. 储层

含油层位为长8油层组和长10油层组，以长10油层组为主，埋藏深度720～870m。

长8油层组为上细下粗的正旋回沉积，厚12m左右，砂岩常显三个小层，厚3～6m，分布稳定，连通性好。岩性为硬砂质长石砂岩和长石砂岩，以细粒为主，分选好。以黏土质孔隙胶结为主，部分为方解石和绿泥石充填。油层平均孔隙度为15.6%，空气渗透率为15.2mD，原始含油饱和度为54%。自然产能低，均需压裂改造才具工业产量，日产油0.84～2.5t。

长10油层组由三个大的块状砂岩组成，厚110m左右，砂层间有5～13m的泥质岩相隔。主要产油层为长10油层组顶部的长$10_1$油层，中部的长$10_2$油层仅构造顶部零星产油，下部长$10_3$油层为水层。长$10_1$油层为湖泊相下粗上细的正旋回沉积，岩性为中细粒块状长石砂岩，以孔隙充填为主，充填物以泥质为主，次为云母、绿泥石和方解石。砂岩厚40m，按沉积韵律又可分为四个分布稳定的连通砂体，其间有2～6m厚的致密砂岩相隔。砂体层理发育，以单斜层理为主，次为细波状层理，南部断裂附近裂隙比较发育。油层平均孔隙度为13%，渗透率为42.5mD，原始含油饱和度为54.0%。单井自然产能仅0.84t，压裂后日产可达1.7～5.0t。油层亲水，残余油饱和度30%～50%，水驱油效率42%。

### 4. 油藏类型及流体特征

#### 1）油藏类型

主要为背斜构造油藏。长8油藏油气界面海拔在629～658m之间，油水界面海拔为540～643m。原始地层压力6.4MPa，压力系数0.87，地饱压差2.2MPa。具有原生气顶和不活跃边水，断层、裂隙发育，以溶解气驱动为主之特征。

长10油藏油气界面海拔556m，油水界面海拔523m，原始地层压力7.4MPa，与长8油藏属于同一压力系统，地饱压差2.9MPa，具底水和原生气顶，断层、裂隙发育，也以溶解气驱动为主。

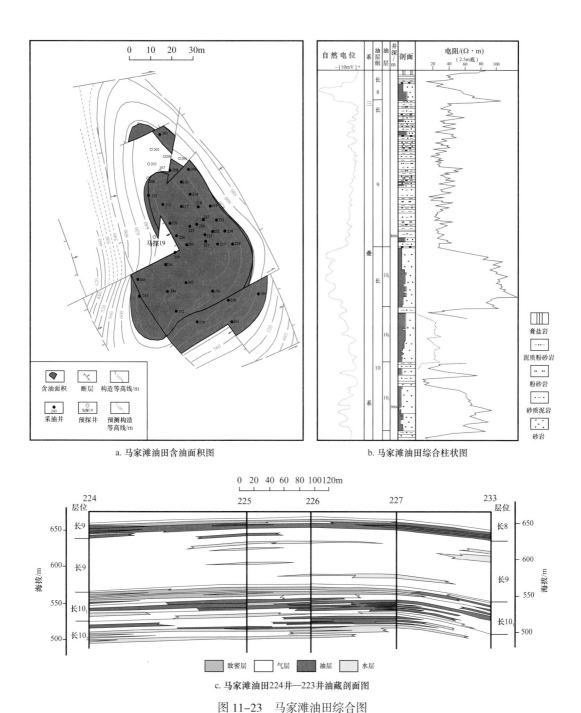

a. 马家滩油田含油面积图　　　b. 马家滩油田综合柱状图

c. 马家滩油田224井—223井油藏剖面图

图 11-23　马家滩油田综合图

2）流体性质

长 8 油藏原油油质轻、黏度低、凝固点高；长 10 油藏原油油质重、黏度高、凝固点低（表 11-20）。

天然气是以甲烷为主的干气，甲烷含量为 96.3%～96.7%，相对密度为 0.571。

长 8 油藏地层水水型主要为 $CaCl_2$ 型，总矿化度为 20.4g/L。长 10 油藏地层水水型主要为 $NaHCO_3$ 和 $CaCl_2$ 型，总矿化度为 80.0g/L。长 8 油藏比长 10 油藏油气保存条件好。

表 11-20　马家滩油田原油性质表

| 项目 | 层位 | 长 8 油层组 | 长 10 油层组 |
|---|---|---|---|
| 地面 | 相对密度 /（g/L） | 0.8695 | 0.9203 |
| | 黏度 /（mPa·s） | 12.7 | 11.2 |
| | 含蜡 /% | 12.2 | 7.3 |
| | 含硫 /% | 0.07 | 0.07 |
| | 凝固点 /℃ | 17 | −16 |
| | 初馏点 /℃ | 99.5 | 250 |
| 地层 | 黏度 /（mPa·s） | 8.7 | 9.4 |
| | 饱和压力 /MPa | 4.2 | 4.5 |
| | 油气比 /（m³/t） | 19.8 | 14.7 |

5. 开发简况

马家滩油田从 1996 年 6 月开始试采，1971 年投入开发，虽然采用了不同的开发方式和注水方式反复试验，但由于油田地质条件复杂，物性差，初始含水高，截至 2020 年，开发效果仍然较差。

# 第十二章 典型油气勘探案例

本章选择鄂尔多斯盆地勘探开发较成功并在国内外影响较大的靖边气田、苏里格气田、姬塬油田、华庆油田、安塞油田等，分别作为鄂尔多斯盆地天然气与石油的典型勘探开发案例。总结各油气田在勘探思路、理论创新、技术方法突破与革新、勘探模式等方面的成功经验，取得的勘探成效和获得的感悟与勘探启示。供国内外类似盆地、相似地质条件下油气田的勘探开发之参考与借鉴。

## 第一节 靖 边 气 田

靖边气田是长庆油气区天然气业务的发祥地和主力气田之一，属于非常规隐蔽性大型海相碳酸盐岩岩溶古地貌气藏，是继四川气田之后20世纪80年代后期探明的、中国陆上最大的世界级整装低渗透、低丰度、低产气田。它的发现突破了以往在构造发育区找气的勘探思路，拓宽了稳定地台区找气的地质认识。靖边气田的勘探开发丰富了中国天然气地质理论，对于改善中国能源结构、支持国家经济建设、加快西部开发、促进天然气工业发展、提高输气管道铺设地区居民的生活质量起到了积极的作用。

### 一、气田概况

靖边气田，2001年前曾称为陕甘宁中部气田，后与榆林气田统称长庆气田。随着乌审旗、苏里格、子洲等气田的发现，于2001年1月更名为靖边气田。该气田位于鄂尔多斯盆地中部，地跨陕西、内蒙古两省区的榆林、延安和鄂尔多斯三地所辖的靖边、横山、榆林、安塞、志丹、乌审旗等六市、县、旗，分布范围约 $3.12 \times 10^4 km^2$。构造位置处于伊陕斜坡的中部（图12-1）。气藏受岩溶古地貌形态与古沟槽的控制，主力产气层为奥陶系马五$_{1+2}$亚段与马五$_4$亚段，储集空间由岩溶作用形成的孔、洞、缝组成，受沉积微相与岩溶发育带控制，具有成层分布的特征（何自新等，2005）。

### 二、勘探历程

靖边气田天然气勘探始于20世纪80年代。30余年来，长庆油田长期坚持碳酸盐岩勘探，在加强风化壳气藏勘探的同时，对新层系的探索不停步，碳酸盐岩天然气勘探不断取得新突破，靖边气田的勘探共经历了四个阶段。

第一阶段：寻找勘探目标阶段（1989年以前）。20世纪80年代末，长庆油田通过"六五""七五"科技攻关，依照煤成气理论及"陕北奥陶系复合含气区"的地质认识，将天然气勘探战场由盆地周边转向腹部。1989年在陕参1、榆3井的奥陶系马五$_{1+2}$亚段分别获得日产 $28.3 \times 10^4 m^3$、$13.6 \times 10^4 m^3$ 的高产工业气流，发现了奥陶系风化壳气藏。通过攻克一个又一个难关，创建了岩溶古地貌理论，勘探目标由陆相碎屑岩转向海相碳

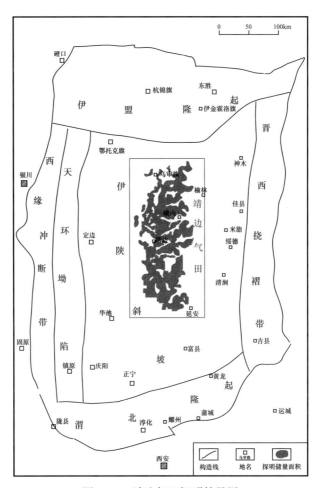

图 12-1　靖边气田探明储量图

酸盐岩风化壳，勘探思路由寻找构造圈闭转变为寻找大型地层岩性圈闭。

第二阶段：气田勘探阶段（1990—1996 年）。随着勘探评价的不断深入以及开发进程的推进，气田规模和良好的开发效果逐渐显露。通过四年艰苦的勘探大会战，探明了中国当时最大的、整装海相碳酸盐岩气田——靖边气田。1992 年 1 月 5 日，长庆油田向国家提交天然气探明储量 $632 \times 10^8 m^3$，占 1991 年全国新增天然气探明储量的 73.1%，创中华人民共和国成立以来一次性提交天然气探明储量的最高纪录。1996 年底累计探明天然气地质储量达到 $2300.13 \times 10^8 m^3$（史兴全等，1998）。

第三阶段：气田东西扩大阶段（1997—2012 年）。勘探表明，靖边气田是以马五$_{1+2}$亚段为主的下古生界与上古生界多层系叠合含气富集区。长庆油田始终坚持多目的层的立体勘探思路，先后发现了下古生界马五$_{1+2}$亚段、马五$_4^1$小层和上古生界盒 8、山 1、山 2 段等多个含气层段，在上、下古生界均获得了可供开发的规模储量。截至 2003 年底，经国家储委会审查批准，靖边气田累计探明含气面积 4239.3km²，成为中国大陆上第一大碳酸盐岩气田。2003—2006 年，按照"找潜台、定边界、探规模"的勘探思路，通过地震地质结合，优选了气田东部巴拉素、艾好峁、黄草峁、玉皇坪、枣湾等五个有利勘探目标，钻探获工业气流井 35 口，靖边东侧新增探明地质储量 $1288.95 \times 10^8 m^3$，靖边气田向东扩大。靖边气田东侧的成功勘探，进一步拓宽了视野，启发重新审视靖西岩溶古高地勘探领域。通过重新认识靖边气田西侧岩溶古地貌格局及储层发育特征，确认该区"仍发育马五$_{1+2}$亚段风化壳型储层"，向西拓展了风化壳气藏勘探范围，使靖边气田马五$_{1+2}$亚段气藏含气范围向西扩展。2012年底靖边气田累计探明天然气地质储量达到 $6910.5 \times 10^8 \text{m}^3$。

第四阶段：探索新层系阶段（2013—2017年）。通过不断深化海相碳酸盐岩地质研究，构建了"上组合（奥陶系马五$_{1-4}$亚段）垂向运聚、中组合（奥陶系马五$_{5-10}$亚段）侧向运聚"的双向运聚模式，2017年在靖西地区马五$_4$、马五$_5$亚段获重大发现，新增预测储量 $2006.63 \times 10^8 \text{m}^3$。在马五$_4$、马五$_5$亚段勘探取得重大突破的同时，积极向下延伸勘探层系，马五$_6$、马五$_7$、马五$_9$亚段等层系也获得重要发现，展现了中组合良好的勘探潜力，为长庆油田的储能调峰及储气库建设提供了可靠的基础。

靖边气田于2003年全面投入开发，2017年靖边本部马五$_{1+2}$亚段气藏建成年产 $50 \times 10^8 \text{m}^3$ 的生产能力，并长期稳产，靖西环带马五$_4$、马五$_5$亚段气藏建成年产 $22 \times 10^8 \text{m}^3$ 的生产能力，盆地碳酸盐岩气藏总计形成了年产 $72 \times 10^8 \text{m}^3$ 的生产能力，占长庆气区当年产量的19%。2004年靖边气田的天然气作为西气东输的先锋气，输向了长江三角洲各大中城市，造福于沿海人民。目前，靖边气田通过陕京、靖西、宁陕等输气管道，实现了向北京、天津、西安、石家庄、银川、呼和浩特等大中城市的供气（杨华等，2011b）。

## 三、理论创新与勘探实践

1. 创立岩溶古地貌成藏理论，探明靖边大气田

1）引入煤层气理论，天然气勘探由盆地周边转向腹部

1969年以前，鄂尔多斯盆地古生界的天然气勘探基本处于区域普查阶段。20世纪80年代，随着煤成气理论的引入和"六五"国家攻关项目"上古生界煤成气气藏形成条件及勘探方向"的开展，认识到鄂尔多斯盆地作为中国第二大含煤盆地，蕴藏着丰富的煤成气资源。利用较为先进的热模拟实验技术和热史重建技术，重新评价古生界尤其是上古生界煤系地层的生气特征。查明了盆内海陆交互相和湖泊—沼泽沉积的煤层厚10~25m，暗色泥岩厚80~100m，石灰岩厚10~30m。除石灰岩分布较为局限外，煤和暗色泥岩在全盆地广泛分布，呈现出西部最厚，东部次之，中部厚度薄而稳定的分布格局。在晚侏罗世—早白垩世的异常高地温场作用下，古生界有机质普遍成熟，大部分地区进入干气生烃阶段。盆地中东部展现为广覆型生气特点，生气强度最高达 $35 \times 10^8 \text{m}^3/\text{km}^2$。气源丰富，全盆地大面积供气，最终评价盆地上古生界总资源量达 $8.4 \times 10^{12} \text{m}^3$。在此认识与研究基础上，确定了煤系烃源岩生烃理论在盆地勘探的可行性，古生界天然气勘探由盆地周边转向腹部。

2）建立岩溶古地貌模式，风化壳气藏勘探获得突破

总结前期勘探经验教训，认识到要寻找较大的气田，必须向盆地内部那些保存条件好、圈闭较大的地区发展。于是天然气的勘探工作不断向盆地中部推进。盆地中部陕参1井奥陶系马家沟组碳酸盐岩气藏的发现使人们确信，位于古生界生、排气中心的盆地本部，应该存在大规模的天然气富集区。

围绕奥陶系马家沟组风化壳，开展天然成藏条件研究，建立了岩溶古地貌成藏理

论，即古生界多层系生烃，中央古隆起全方位运聚，古风化壳潜台区溶孔白云岩大面积储集，岩溶古地貌和成岩作用控制成藏，石炭系铁铝岩广覆式封盖。岩溶古地貌成藏理论的建立，使人们初步认识了风化壳气藏的成藏规律，认识到大面积地层—岩性气藏特征。从而在盆地中部地区 3200 km² 面积内，从东向西、从南向北以十字剖面逐步展开勘探，在较短的时间内和以较快的速度探明了长庆气田（图 12-2）。

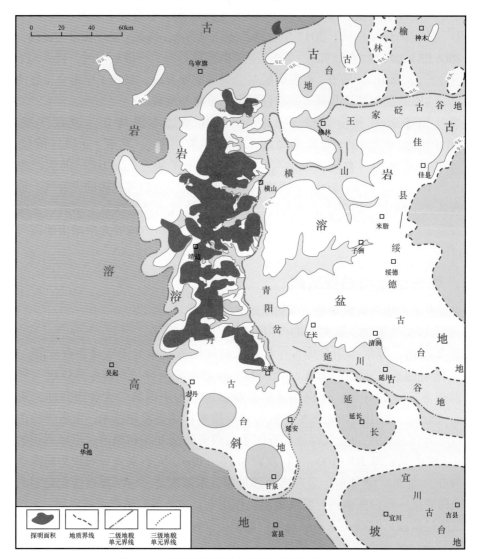

图 12-2 靖边气田天然气勘探成果图（1999 年）

2. 深化岩溶古地貌研究，靖边气田向东西两侧扩大

1）重新认识古沟槽，实现气田向盆地东部扩大

为了进一步扩大靖边气田勘探成果，持续深化岩溶古地貌研究，改变了"主力沟槽南北向展布"的传统认识，提出了古沟槽东西向展布的新认识，为靖边气田向东勘探提供了地质依据。2003—2006 年，按照"找潜台、定边界、探规模"的勘探思路，通过地质与地震结合，优选出气田东部巴拉素、艾好峁、黄草峁、玉皇坪、枣湾等五个有利勘探目标，钻探获工业气流井 35 口，靖边东侧新增探明地质储量 1288.95 × 10⁸m³。

靖边气田东侧的成功勘探，拓宽了研究与勘探视野，启发长庆人重新审视靖西岩溶古高地勘探领域。靖西地区位于盆地中央古隆起东北侧，早期认为岩溶古高地风化壳主力气层缺失（马五$_{1+2}$亚段"秃顶"），勘探遇阻。面对困境，通过重新认识盆地沉积构造格局、精细刻画岩溶古地貌、深入研究岩溶储层形成机理，重新认识古沟槽的展布特征，得以敲开靖西（白云岩）岩性带气藏的大门，实现了勘探的重大突破。

2）主攻岩溶古高地，靖西岩性带落实两千亿立方米规模储量

针对靖边气田西侧的持续勘探，发现马家沟组虽自东向西逐层减薄尖灭，但在靖西岩溶古高地仍存在马五$_{1+2}$亚段保存较全的地区。通过"印模法""残厚法"等地质分析方法，恢复了3亿多年前的古地貌形态；同时利用地震属性技术识别侵蚀面，精细刻画古地貌微单元，预测马五$_{1+2}$亚段分布。通过重新认识靖西地区岩溶古地貌格局及储层发育特征，确认该区"仍发育马五$_{1+2}$亚段风化壳型储层"，为靖西（白云岩）岩性带的勘探提供了地质依据。

2008年针对靖西（白云岩）岩性带部署探井5口。首先完钻的召58井钻遇马五$_{1+2}$亚段厚25.5m，但储层致密，解释含气层仅1.6m。随后完钻的4口井仅1口井钻遇马五$_{1+2}$亚段，储层也较致密。勘探虽然未能取得突破，但这一轮的钻探证实了靖西地区仍发育马五$_{1+2}$亚段风化壳型储层的认识，勘探发现了新苗头。

通过分析，未能取得突破的主要原因有两个：一是对有利储层发育规律缺乏深入认识，二是主力气层的地震预测精度不够。于是科研人员对靖西地区沉积微相、岩溶储层形成机理开展了研究，取得了重要的地质认识。认为靖西地区马五$_1$亚段处于硬石膏结核白云岩坪沉积环境，发育泥—细粉晶准同生白云岩，普遍含硬石膏结核等易溶矿物，具有岩溶储层发育的物质基础（图12-3）。其次，在加里东期1.5亿年的风化期，靖西地区处于较强溶蚀带，具有风化壳储层发育的有利条件。此外，靖西地区马五$_{1+2}$亚段储层孔洞充填物以白云石为主，充填程度低，储集性能较好。面对主力气层单层厚度薄（2～4m）、变化快的储层预测难题，地震工作者积极探索，在利用地震属性识别侵蚀面的同时，采用波阻抗反演技术预测主力气层马五$_{1+2}$亚段厚度，提高了对目的层的识别精度。这一系列重要认识的形成和先进的地震预测技术，有力推动了该区天然气的勘探步伐。

依据对下古生界奥陶系区域沉积储层、岩溶古地貌及天然气富集规律的认识，长庆油田分公司近年来围绕重点区块加大了该区风化壳气藏的勘探力度。在靖边气田西侧共完钻探井100口，其中85口井钻遇马五$_{1+2}$亚段气层，使靖边气田马五$_{1+2}$亚段气藏含气范围进一步扩大，自北向南发现多个含气富集区。

同时，深化古岩溶研究，席麻湾地区发现风化壳新层系。研究认为，席麻湾地区马五$_{1+2}$亚段遭受区域剥蚀，但其下部的马五$_4$亚段处于风化淋滤带范围内，具备形成风化壳储层的条件（图12-4）。通过钻探，该区7口井的马五$_4$亚段获工业气流。其中陕356井钻遇气层2.6m，试气获日产无阻流量$21 \times 10^4 m^3$的高产气流。

对奥陶系发现的风化壳新层系勘探开发的逐步深入，使靖边气田桃利庙区、席麻湾区、高桥区储量落实程度不断提高，使桃利庙区、席麻湾区、高桥区奥陶系马五$_{1+2}$亚段气藏新增天然气探明地质储量$2210.09 \times 10^8 m^3$（杨华等，2013）。

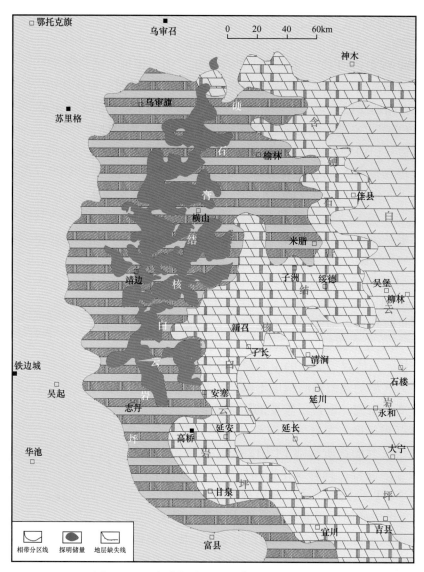

图 12-3　鄂尔多斯盆地马五$_1^3$小层沉积微相图

3. 积极探索新层系，奥陶系碳酸盐岩勘探持续取得重大进展

1）重新认识奥陶系成藏组合特征，中组合白云岩落实千亿立方米储量规模

面对白云岩勘探亟待解决的地质问题，通过十多年对白云岩储层分布规律、有效圈闭形成机理、天然气气源条件等方面的系统研究，在三个地质认识方面取得了突破性进展，为白云岩体的勘探找到了理论上的指导（朱光有等，2010）。

一是重新认识了奥陶系成藏组合特征。随着勘探的不断深入，在马家沟组中部和下部相继发现新的储集类型和含气层系。通过储层发育及成藏特征研究，首次将奥陶系划分为三套含气组合：马五$_1$亚段—马五$_4$亚段风化壳上组合，马五$_5$亚段—马五$_{10}$亚段白云岩中组合，马四段及以下白云岩下组合。其中上组合是靖边气田的主力气层，以风化壳溶孔储层为主；中组合与下组合均以白云岩储层为主，但下组合主体位于盆地西倾单斜低部位，成藏条件复杂；以马五$_5$亚段—马五$_{10}$亚段为主力含气层系的中组合将是未来勘探的新领域。

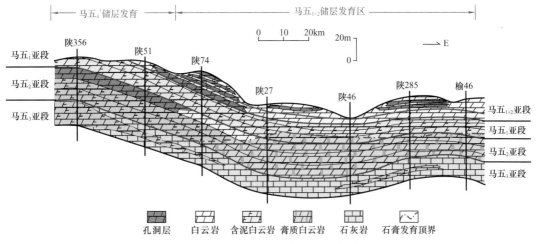

图 12-4　靖西地区风化壳岩溶发育剖面

二是明确了中组合白云岩储层的形成及分布规律。首先开展的沉积相带对白云岩储层发育控制作用的研究表明，马五₅亚段形成于盆地内一次较大的海侵期，沉积相带围绕盆地东部洼地呈环状分布，自东向西依次发育东部洼地、靖边缓坡、靖西台坪及环陆云坪，总体为泥晶灰岩，其中靖西台坪中藻屑滩微相最有利于白云岩化作用（陈志远等，1998）；继之开展的白云岩化作用研究结果揭示，马五₅亚段沉积后古隆起间歇暴露，在其东侧形成大气淡水与富镁卤水混合的浅埋藏成岩作用环境，使藻屑滩相的沉积白云岩化形成晶间孔储层（图 10-41）。

三是建立了白云岩岩性圈闭成藏模式。中组合存在区域岩性相变，为岩性圈闭的形成提供了有利条件。加里东风化期，马家沟组自东向西逐层剥露，中组合滩相白云岩储层与上古生界煤系烃源岩直接接触，构成良好的源储配置，供烃窗口呈南北向带状展布，供烃面积大、范围广，有利于中组合的规模成藏（杨华等，2011a）。

通过从储层—圈闭—成藏的综合地质研究，最终把中组合勘探目标锁定在古隆起东北侧，开始着手勘探领域新的战略转移。

2）"靖边下面找靖边"，奥陶系盐下天然气勘探取得重大突破

马五₅亚段天然气勘探的突破及对中组合的深化研究表明，马五₅₋₁₀亚段具有多旋回的沉积特征，马五₅、马五₇、马五₉亚段同为夹在蒸发岩序马五₆、马五₈、马五₁₀亚段中的短期海侵旋回沉积，均有利于滩相白云岩储层的发育。精细小层的岩相古地理研究也表明，马五₇、马五₉亚段古隆起东侧附近也发育广泛白云岩化作用及云化滩相储层。

于是，在马五₅亚段勘探取得重大突破的同时，把勘探层系延伸到中组合的下部层系，马五₆亚段—马五₉亚段等新层系取得重要发现。其中，苏322、莲20井在马五₆亚段分别获日产 $41.59 \times 10^4 m^3$、$10.36 \times 10^4 m^3$ 的高产气流；莲30、莲12井在马五₇亚段分别获日产 $5.61 \times 10^4 m^3$、$4.60 \times 10^4 m^3$ 的工业气流；桃38井在马五₉亚段获日产 $12.91 \times 10^4 m^3$ 的高产气流，展现了中组合其他层系的勘探潜力。

勘探实践表明，古隆起东侧地区中组合发育以马五₅亚段为主的多层系滩相白云岩储层，与上古生界煤系烃源岩配置关系良好，是大规模岩性圈闭发育的有利成藏区带。

目前已在马五₅亚段初步看到千亿立方米储量规模，马五₆、马五₇、马五₉亚段等层系也取得了重要发现，展现了中组合良好的勘探潜力，为长庆油田的储能调峰及储气库建设提供了保障。

3）推进风险勘探，发现了祁连海域岩溶缝洞体勘探新领域

进入21世纪，充分借鉴四川、塔里木盆地台缘相带礁滩体、岩溶缝洞体的勘探实践与经验，开始了新一轮对祁连海域的探索。在盆地西部祁连海域确立了主攻"岩溶缝洞体目标"的勘探部署思路，同时针对性地开展了综合地质研究及地震技术、钻井工艺技术攻关。

岩溶缝洞体的勘探在盆地尚属首次，因此前期应用地震识别岩溶缝洞体有利目标是井位部署的关键。在充分借鉴塔里木盆地岩溶缝洞体地震识别的实践经验基础上，利用模型正演与典型井分析，确定了短轴状强反射岩溶缝洞体的地震反射响应特征，并依据地震异常反射点段分布，在天环中段地区初步预测岩溶缝洞体 $667.9km^2$，为井位部署提供了依据。

2010年5月，依据综合预测的克里摩里组岩溶缝洞体分布，甩开部署余探1井，开始了由北部礁滩体向南部岩溶缝洞体的探索。2010年12月，余探1井完钻，在克里摩里组上部钻遇角砾状充填岩溶洞穴层11.5m，试气获日产 $3.46 \times 10^4 m^3$ 的天然气流，岩溶缝洞体勘探见到新苗头。余探1井岩溶缝洞体的成功勘探表明，岩溶缝洞体是祁连海域的有效圈闭类型。对于这一新的气藏类型，其储层发育、圈闭成藏控制因素尚不明确，必须继续深化地质研究，加强技术攻关，相应的勘探配套技术也有待完善。为此，针对性地开展了大量工作。

通过对盆地西部前石炭纪岩溶特征及储层形成机理研究，认为风化壳期盆地定边—鄂托克前旗地区发育近南北向展布的古岩溶高地，东高西低的古地貌格局使西侧岩溶斜坡部位岩溶作用强烈，盆地西部克里摩里组石灰岩发生顺层岩溶作用，有利于形成似层状、大规模分布的岩溶洞穴。在此基础上，加强对余探1井单井评价，开展了源储配置及成藏潜力分析，认为岩溶缝洞储集体与周围致密围岩构成有效圈闭，上古生界煤系烃源及下古生界海相烃源同时供气，可形成上生下储为主的岩性圈闭气藏，而且具有一定规模，确定岩溶缝洞体作为祁连海域勘探的现实目标（图12-5）。

以余探1井的成功钻探为契机，继续加强地震攻关，通过地震正演、地震属性识别等技术攻关，建立了缝洞体定性识别方法。沿台缘带向南北两个方向继续追踪，共识别岩溶缝洞体40个，总面积 $1525.85 km^2$，有利储集体分布面积进一步扩大。

同时，引进了充氮气欠平衡控压钻井技术，控制井底压差，预防井漏和平衡地层流体，有效保护缝洞型碳酸盐岩储层，为深化岩溶缝洞体勘探提供了技术保障。

在上述地质研究及勘探技术攻关的基础上，部署实施的余探2、余3井相继在克里摩里组岩溶缝洞段取得发现（余探2井克里摩里组解释洞穴层10.4m，试气获日产 $1.16 \times 10^4 m^3$；余3井克里摩里组解释含气层两段共8m），西部岩溶缝洞体勘探取得初步成效，为进一步拓展祁连海域勘探新领域奠定了基础（杨华等，2010）。

祁连海域目前预测的岩溶缝洞体和礁滩体有利勘探目标约 $2000 km^2$，展示了良好的勘探前景。

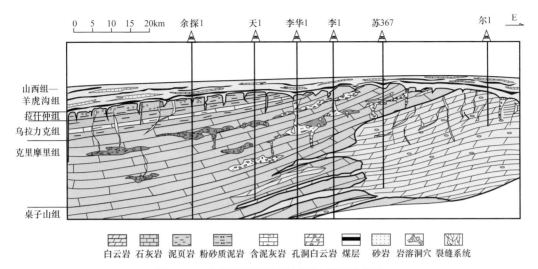

图 12-5 盆地西部岩溶洞穴圈闭成藏模式图

## 四、勘探启示

鄂尔多斯盆地碳酸盐岩天然气勘探不断取得重大成果和发现，为长庆油田实现 $5000 \times 10^4$t 目标奠定了良好的资源基础。纵观近年来天然气勘探中不断取得的重要成果，总结碳酸盐岩气藏勘探获得重大突破的经验，为今后油气勘探工作带来了许多重要启示（杨华等，2011b）。

1. 解放思想，不断开拓是指导勘探方向的重要前提

鄂尔多斯盆地碳酸盐岩的勘探历尽艰辛，曾经成果喜人，也曾举步维艰，在困惑与探索中，长庆人解放思想、不断开拓，实现了继风化壳发现之后有靖西岩性带，靖西岩性带之后有中组合白云岩体，白云岩体之后有西部岩溶缝洞体天然气储层的有序接替。

2. 锲而不舍，顽强探索是实现勘探突破的不竭动力

以中下组合白云岩储层的勘探为例，从 1993 年在定边地区发现优质白云岩储层，到 2009 年勘探取得突破，历经了近 20 年不懈努力与艰苦探索，终于发现了千亿立方米储量规模的中组合含气富集区。

3. 创新认识，敢于超越是引领勘探发现的重要保障

长庆油田勘探者一直以来坚持强化地质综合研究，不断创新地质认识，形成并发展了碳酸盐岩成藏地质理论，实现了碳酸盐岩勘探的五次调整与突破，促进了天然气储量的大幅度攀升。煤层气理论的引入，使勘探由盆地周边转向腹部，从而发现了靖边气田；岩溶古地貌模式的建立，引领勘探由沿靖边潜台向南北延伸，探明了靖边气田；深化岩溶古地貌成藏理论，靖边气田向东西两侧扩展，向东气田面积扩大，向西发现了靖西岩性带；白云岩岩性圈闭成藏模式的建立，开辟了中组合勘探新领域，发现了高产含气富集区；石灰岩缝洞体成藏模式的形成，使勘探由腹部拓展到西部，祁连海域发现新的含气目标。

4. 攻坚克难，技术进步是推动勘探大发展的有力抓手

地质需求推动了勘探技术的发展，勘探技术的进步又加快了勘探突破的步伐。在鄂尔多斯盆地碳酸盐岩勘探过程中，针对奥陶系风化壳、中组合以及岩溶缝洞体等地质目

标，按照"一井一层一工艺，一区一带一方法"的思路，针对不同目标的勘探难点，强化技术攻关，地震预测形成了古地貌精细刻画技术、白云岩储层预测技术、岩溶缝洞体识别技术等技术系列，有效提高了预测符合率；储层改造形成了组合酸压、多级注入酸压、交联酸携砂压裂等深度改造技术，大幅度提高了单井产量，为勘探大发展起到了关键作用。

# 第二节　苏里格气田

2001年1月21日，中国石油天然气集团公司在北京洲际大厦举行了新闻发布会，向中外记者宣布在内蒙古发现特大型气田——苏里格大气田，引起了国内外的极大关注，这是长庆人向21世纪献上的第一份厚礼。苏里格气田的发现，是实践—认识—再实践的成功典范，是长庆油田坚持"重新认识鄂尔多斯盆地，重新认识长庆低渗透，重新认识我们自己"三个基本认识，不断探索勘探新方法与总结勘探经验、突出科技创新的成果结晶。

## 一、气田概况

苏里格气田位于鄂尔多斯盆地西北部，地处内蒙古、陕西两省区。气田北部隶属内蒙古自治区，为沙漠、草原地貌，地势相对平坦，地面海拔1200～1350m；南部位于陕西省境内，为黄土塬地貌，沟壑纵横、梁峁交错，勘探面积 $5.0 \times 10^4 km^2$，天然气资源量达 $5.0 \times 10^{12} m^3$（图12-6）。

苏里格气田纵向上具有多层系复合含气的特征。其中，上古生界二叠系盒8段、山1段为主力含气层，盒6段、山2段、石炭系本溪组以及下古生界奥陶系等是重要的兼探层系。气层分布稳定，厚度一般在8～15m，埋深3000～3750m；孔隙度4%～12%，渗透率0.01～1.0mD，压力系数0.83～0.96，储量丰度 $1.05 \times 10^8 m^3/km^2$。

## 二、勘探历程

### 1. 勘探难点

苏里格气田上古生界发育陆相河流—三角洲沉积，储层非均质性强，气层有效厚度薄，气藏具有"低渗、低压、低丰度"的特征，单井产量较低，勘探开发面临以下难点：

（1）气藏以岩性圈闭为主，隐蔽性强，寻找有利目标难度大，大面积岩性气藏形成机理复杂。

（2）储层普遍具有低孔低渗的特征，其中渗透率小于0.5mD的储层占68.7%，储层孔喉细小，非均质性强，局部发育高渗储层，其控制因素复杂、分布范围预测难度大。

（3）地表、地下条件复杂，沙漠区全数字地震干扰严重，道集保真处理困难；目的层系的砂体纵向相互叠置，横向相互搭接，复合连片，主河道不易识别；气层厚度小、物性差、横向变化快，与围岩阻抗差异小，地震预测困难。

（4）气藏单井一般无自然产能，压裂后直井日产量为 $1 \times 10^4$～$2 \times 10^4 m^3$；气井生产初期压降速率较大，产量下降较快；气藏动用程度和采收率较低，效益开发难度大。

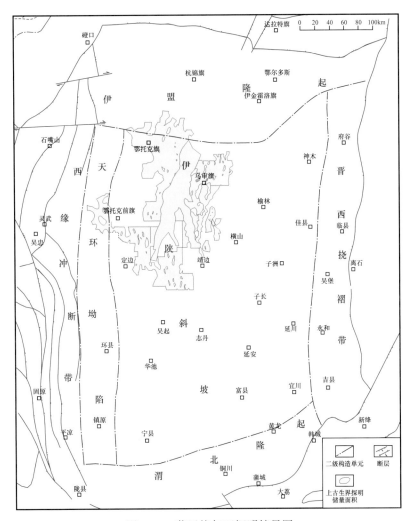

图 12-6　苏里格气田探明储量图

（5）储层孔喉小，普遍含敏感性黏土矿物，优化低伤害压裂液体系难度大。压力系数低，压后排液难度大。单层厚度薄、薄互层发育，深穿透长裂缝改造的压裂规模优化难度大。气—水关系复杂，分异不明显，控水增气工艺技术难度大。

2. 勘探历程

苏里格地区的大规模天然气勘探始于 2000 年，当年部署的苏 6 井在上古生界中二叠统盒 8 段钻遇厚层含砾中—粗粒石英砂岩气层，试气获得了日产无阻流量达 $120.167 \times 10^4 \mathrm{m}^3$ 的高产工业气流，从而拉开了苏里格气田的勘探序幕。按照"区域甩开探相带，整体解剖主砂体，集中评价高渗区"的大型岩性气藏勘探部署思路，高效、快速探明了苏里格大气田，并使之成为当时中国陆上探明天然气储量最大的整装气田。累计探明天然气地质储量达 $5336.52 \times 10^8 \mathrm{m}^3$。

苏里格大气田发现后，针对气藏低丰度、低渗透、低压、低产和储层非均质性较强的特点，开展了大量的前期开发评价工作。2005 年在苏里格气田实行合作开发模式，采用新的市场开发体制，走管理和技术创新、低成本开发之路。集成创新了以井位优选、井下节流、地面优化技术等为重点的 12 项开发配套技术，使开发成本大幅度降低，落实了建产区块，实现了气田的有效开发。

苏里格气田被有效开发后，对该区天然气成藏的地质条件进行了综合研究，认为苏里格地区天然气成藏条件有利，勘探潜力仍然较大，具有形成万亿立方米大型岩性气田的基本地质条件，进而制定了自 2007—2010 年新增天然气基本探明地质储量 $2 \times 10^{12} m^3$ 的规划目标。在勘探部署上确定了整体部署、分步实施的勘探思路，苏里格地区天然气勘探从此进入了整体勘探阶段。自 2007 年以来，苏里格地区已实现了连续 10 年新增探明、基本探明地质储量超 $5000 \times 10^8 m^3$。截至 2017 年底，探明、基本探明天然气地质储量 $4.72 \times 10^{12} m^3$，形成近 $5 \times 10^{12} m^3$ 大气区，成为中国陆上最大的整装天然气田。

## 三、理论创新与勘探实践

1. 拓展思路，发现苏里格上古生界气田

1）系统分析盆地上古生界成藏有利条件，明确大气田勘探方向

1995 年榆林气田的发现开拓了勘探思路，适时提出了"重新认识鄂尔多斯盆地，重新认识长庆低渗透，重新认识我们自己"的基本指导思想。在榆林气田勘探成功的基础上，从全盆地着眼，以盆地为整体进行综合研究，开展了"鄂尔多斯盆地上古生界天然气富集规律研究""鄂尔多斯盆地上古生界盆地分析模拟"的攻关研究。主要形成以下五点认识：

一是上古生界石炭系—二叠系煤系烃源岩发育，煤层厚 6～20m，暗色泥岩厚 40～100m，热演化程度较高，$R_o$ 为 1.2%～2.2%，达到湿气—干气阶段。上古生界煤系烃源岩生烃强度大，气源较充足，生烃强度大于 $20 \times 10^8 m^3/km^2$ 的面积为 $2.05 \times 10^4 km^2$，占区块总面积的 61.2%；生烃强度大于 $12 \times 10^8 m^3/km^2$ 的面积占区块总面积的 90% 以上（杨华等，2014）。

二是盆地北部上古生界发育由北向南展布的大型河流—三角洲沉积砂体，砂体以三角洲平原及三角洲前缘分流河道及水下分流河道为主，岩性为中—粗粒石英砂岩。砂体相互叠置，复合连片，主力气层砂岩厚 15～25m，具有物性相对较好、普遍含气的特征，有利于形成大面积岩性气藏。

三是上古生界主力气层山西组和下石盒子组及其以上的上石盒子组以大面积湖泛沉积为主，发育了一套以泥岩为主的碎屑岩沉积。泥岩累计厚度 50～120m，单层厚 7～15m，区域性大面积稳定分布，形成了良好的区域性泥岩封盖。

四是盆地北部在区域西倾单斜背景下发育近南北向展布的带状砂岩体，与侧向（上倾方向）分流间湾、支间洼地、河漫、滨浅湖沉积的泥岩相配置，构成大型岩性圈闭或地层—岩性圈闭。由于受到气藏上倾部位致密岩性的封堵、侧向泥岩遮挡、上覆区域泥岩封盖，气层展布不受局部构造的控制，为大型岩性气藏，气藏呈大面积复合连片。

五是上古生界属于海陆交互相和河流—三角洲沉积，大面积分布的海陆交互相、河流—三角洲相煤系烃源岩和河流三角洲砂体储层纵向上相互叠置，横向相互交错，辅以上部上石盒子组大面积的湖相泥岩区域封盖，在空间形成最佳生储盖组合。

在天然气成藏地质条件综合研究基础上，建立了"高建设型河流—三角洲天然气成藏模式"（图 12-7），认识到广覆式展布的上古生界气源岩和河流三角洲砂体的良好配

置，是形成大型砂岩气藏的有利条件，指出盆地北部三角洲砂体发育，应是优先勘探的有利目标区，从而为大气田的勘探指明了方向。

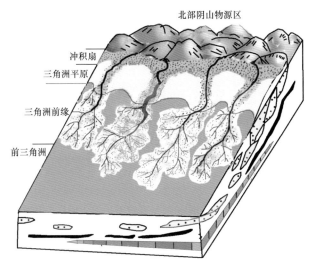

图 12-7　高建设型河流—三角洲沉积模式图

2）明确盒 8、山 1 段主力含气目标，高效探明苏里格气田

1999 年初，按照上、下古生界兼探的原则，在盆地西北部苏里格庙部署了苏 2 井，该井上古生界盒 8 段钻遇了砂层 25.2m，岩性为中—粗粒石英砂岩，测井解释气层厚度 9.2m，试气获日产 $4.1795 \times 10^4 m^3$ 的工业气流，钻探分析显示该区石盒子组砂层纵向上连续性发育，砂岩储层石英含量高，含气显示好。与此同时，苏里格庙地区东部完钻的桃 2、桃 3 井，在山 1 段均发现了好的含气储层，试气分别获得日产 $4.03 \times 10^4 m^3$ 和 $4.34 \times 10^4 m^3$ 的工业气流，证明上古生界盒 8、山 1 段是该区复合有利含气区。

随着 21 世纪的到来，天然气的需求急剧增长，加快鄂尔多斯盆地天然气勘探步伐的要求日趋紧迫。2000 年初，长庆油田制定了"区域展开、重点突破"的勘探方针，加强对盆地上古生界天然气富集规律的研究，从大的沉积格局、区域构造发育背景以及气藏富集因素入手，确定了大型河流三角洲复合砂体——盆地大面积展布的二叠系石盒子组砂体为勘探的重要目标。同时按照"南北展开、重点突破"的工作思路，挑选了 800km 的地震剖面进行了地震精细处理解释。地震地质相结合，编制了盆地北部盒 8、山 1 段砂体厚度分布图，部署了苏 6 井。2000 年 8 月 26 日，苏 6 井经压裂改造，获得日产无阻流量 $120.167 \times 10^4 m^3$ 高产工业气流，成为苏里格气田的发现井和勘探获得重大突破的重要标志。

苏 6 井获得高产工业气流之后，长庆油田进一步总结榆林、乌审旗等上古生界气田的成功勘探经验，完善上古生界大型岩性气藏勘探配套技术，在苏 6 井储层地震反射预测模式的研究基础上，加强地震、地质等多学科的综合勘探技术攻关，以盒 8、山 1 段为主要目的层部署了一批探井。到 2000 年下半年，完钻的 21 口探井中 14 口获工业气流，其中桃 5、苏 4、苏 5、苏 10 等井都相继在盒 8 段获得中、高产工业气流，大气田的轮廓基本清晰，主力含气砂体展布形态基本明确，当年提交天然气探明地质储量 $2204.75 \times 10^8 m^3$。2001—2002 年，长庆油田集中勘探评价苏里格庙地区，先后完钻探井

39 口。到 2003 年底，长庆油田已在苏里格庙地区完钻探井 44 口，累计探明复合含气面积 4067.2km²，探明天然气地质储量 5336.52×10⁸m³，快速高效地探明了中国最大规模的整装气田——苏里格气田。至此，长庆气区也成为中国第一个拥有探明天然气储量上万亿立方米的大气区。

2. 技术创新，实现苏里格气田低成本有效开发

1）开发评价证实，苏里格气田储量可靠、开发有效

如何将苏里格气田巨大的资源优势转化为经济优势？在下游市场迫切需求天然气的情况下，认识苏里格气田的特征和有效开发苏里格气田迫在眉睫。2001—2003 年，先后开展了储量和单井产能的动态评价、水平井实验、大规模压裂、开辟开发试验区等开发前期评价工作。开发评价阶段与勘探阶段的储层参数非常吻合（表 12-1），表明苏里格气田储量是可靠的。

表 12-1　苏里格气田勘探阶段与开发评价阶段储层参数对比表

| 阶段 | 层位 | 井数/口 | 有效厚度/m | 平均孔隙度/% |
|------|------|---------|-----------|-------------|
| 储量申报 | 盒 8 段 | 32 | 9.2 | 10.0 |
| 开发评价 | 盒 8 段 | 94 | 8.7 | 10.2 |
| 储量申报 | 山 1 段 | 14 | 5.3 | 8.3 |
| 开发评价 | 山 1 段 | 43 | 5.2 | 8.4 |

如苏 6 井区生产动态资料预测，Ⅰ类井最终采出量达 3000×10⁴m³ 以上，Ⅱ类井达 2000×10⁴m³ 以上，Ⅲ类井 1000×10⁴m³ 左右，平均单井累计采出量 2000×10⁴m³ 左右（表 12-2），开发效益较好。另外，2006 年苏里格气田合作区新钻Ⅰ+Ⅱ类井的比例为 81.5%，较 2004 年（62%）提高了 19.7%，展现了广阔的开发前景。

表 12-2　苏里格气田苏 6 井试验区参数表

| 井别 | 有效厚度/m | | 日产无阻流量/10⁴m³ | 模拟平均单井累计采出量/10⁴m³ | 井数/口 | 典型井 |
|------|-----------|-----------|------|------|------|------|
| | Ⅰ类储层 | Ⅰ类+Ⅱ类储层 | | | | |
| Ⅰ类井 | >5 | >8 | >10 | 3483 | 9 | 苏 4 |
| Ⅱ类井 | 2~5 | >8 | 5~10 | 2195 | 8 | 39-17 |
| Ⅲ类井 | <2 | <8 | <5 | 1081 | 14 | 35-15 |

2）集成创新十二项开发配套技术，为气田的经济有效开发提供了技术保证

在苏里格气田的开发过程中面临诸多难题，一是有效储层难以识别，井位优选困难；二是单井控制储量少，经济有效开发难度大；三是新工艺、新技术试验未达到预期效果；四是储层非均质性强，缺乏类似气田开发的经验。

为了推动苏里格气田的开发步伐，长庆油田公司加大了技术集成及关键技术攻关的力度，开辟了苏 14 重点开发试验区，在降低开发成本、提高钻井成功率和单井产量方面作了大量的工作，集成创新了三大系列十二项配套开发技术，包括：富集区块优选技

术、地质选井技术、滚动建产技术、稳产接替技术、优化钻井技术、分压合采技术、快速投产技术、排水采气技术、井下节流技术、增压开采技术、地面简化技术、分类管理技术。这些技术的工业化应用，为实现苏里格气田经济有效开发提供了技术保证。

3）创新管理机制，实现苏里格气田的有效开发

在苏里格气田前期开发评价过程中发现，该气藏不同于常规气藏，表现出低丰度、低渗透、低压和储层非均质性较强的特点，属于典型的致密砂岩气藏。针对该类致密气田开发的世界级难题，坚持"依靠科技、创新机制、简化开采、走低成本开发路子"的原则，按照"技术集成化、建设标准化、管理数字化、服务市场化"的工作思路，实现了苏里格致密砂岩气田的规模有效开发，推动了盆地上古生界致密砂岩气规模勘探开发的步伐，坚定了在苏里格周边地区大规模勘探的信心。

3. 突破大型致密砂岩气成藏规律新认识，指导二次勘探不断取得突破

苏里格气田的有效开发和综合研究认为，该气田周边与气田中区成藏条件相似，具有大面积含气特征，有利于形成大型岩性气藏。2006年底，通过对苏里格地区地质背景、成藏条件、关键技术及苏里格气田勘探开发成功经验进行科学分析和系统总结，按照"整体研究，整体勘探，整体评价，分步实施"的勘探思路，制定了"十一五"末新增天然气基本探明地质储量 $2 \times 10^{12} m^3$ 的工作目标，由此拉开了苏里格地区二次勘探的序幕（杨华等，2011c）。

1）构建致密砂岩气成藏模式，突破大型致密砂岩气成藏规律新认识

随着苏里格天然气勘探的不断深入，常规油气藏勘探方法已不能满足致密砂岩气的勘探要求。2006年以来，按照非常规油气藏勘探思路，围绕盆地开展了以大面积致密砂岩气成藏与天然气运聚机理为核心的系统攻关研究，构建了盆地中部"广覆式生烃、大面积成储、连续性聚集"的致密砂岩气成藏模式（图12-8），突破了大型致密砂岩气成藏规律新认识：（1）晚古生代，鄂尔多斯地区沉积古地形非常平缓（古坡度小于1°），湖泊水体较浅，河流携砂能力强，碎屑物质搬运距离远，形成了大型缓坡型三角洲沉积体系；（2）盆地上古生界煤层和暗色泥岩分布广泛、稳定，为广覆式生烃，大面积分布的储集砂体与有效的广覆式煤系烃源岩相互叠置，为上古生界大面积含气奠定了基础；（3）气藏具有"先致密、后成藏"的特征，天然气以近距离运移聚集为主，减少了其在成藏过程中的散失，提高了聚集效率，降低了大气田形成的门槛。最新资源评价结果显示，上古生界天然气聚集系数从0.5%上升到1.55%～4.41%，成藏门槛值从早期的生气强度大于 $20 \times 10^8 m^3/km^2$ 降至 $10 \times 10^8 \sim 14 \times 10^8 m^3/km^2$，进一步拓展了天然气勘探领域，从而提出了苏里格地区大面积含气的科学论断（赵靖舟等，2012）。

2）整体勘探、整体部署，形成 $5 \times 10^{12} m^3$ 大气区

2007年根据天然气勘探程度、成藏地质条件，将苏里格气田周边划分为东一区、东二区、东三区、西一区、西二区、南一区、南二区等七大区带。按照"主攻苏里格东部，落实规模储量；加快苏里格西部勘探与评价，扩大有利含气范围；加强苏里格北部勘探，寻找含气富集区；积极预探苏里格南部，力争新发现"的部署原则，对苏里格气田东区展开了整体评价勘探，获得了重大突破。在东一区新增天然气基本探明储量 $5652.23 \times 10^8 m^3$，为实现在苏里格地区新增天然气基本探明地质储量 $2 \times 10^{12} m^3$ 的工作目标迈出了坚实的一步。

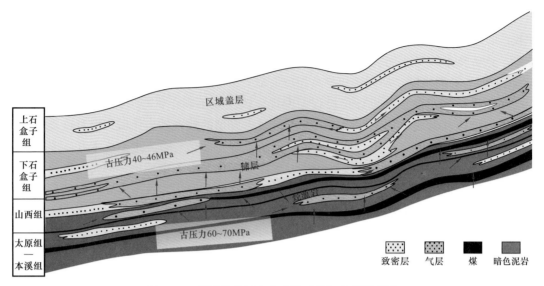

图 12-8　苏里格地区上古生界天然气成藏模式图

在随后的 2008 年到 2010 年间，分别在苏里格西一区、东二区、西二区提交基本探明储量超 $5000 \times 10^8 m^3$。同时，在已提交基本探明储量区，坚持勘探开发一体化，通过深化评价勘探，三年共提交探明储量 $5671.72 \times 10^8 m^3$。到 2010 年底，苏里格气田累计探明、基本探明储量达到 $2.85 \times 10^{12} m^3$，圆满完成了"十一五"末新增天然气基本探明地质储量 $2 \times 10^{12} m^3$ 的工作目标。

2011—2013 年围绕"实现 5000 万吨、建成西部大庆"的发展目标，继续加大对苏里格地区的勘探力度。在成藏地质条件综合研究基础上，加强沉积与成岩对储层控制作用的研究，按照"坚持勘探开发一体化，积极评价苏里格西二区，提交探明储量；加大西一区、苏里格南部勘探力度，扩大含气面积，提交基本探明储量"的部署原则，在西二区新增探明地质储量 $1717.55 \times 10^8 m^3$，在苏里格西一区新增天然气基本探明地质储量 $3081.30 \times 10^8 m^3$，在苏里格南部新增天然气基本探明地质储量 $7482.1 \times 10^8 m^3$。

2014—2017 年围绕 $5000 \times 10^4 t$ 持续稳产和提质增效两大核心任务，坚持精细勘探、高效勘探，突出苏里格规模储量区的整体勘探，在苏里格西二区、南一区新增天然气探明地质储量 $5261.43 \times 10^8 m^3$；在苏里格东三区、南二区、南三区新增天然气基本探明地质储量 $9982.23 \times 10^8 m^3$。通过规模整体勘探，2007—2017 年在苏里格东部、西部、南部勘探取得重大进展，实现了连续 10 年年均新增探明、基本探明地质储量超 $5000 \times 10^8 m^3$。截至 2017 年底，苏里格地区累计完钻古生界探井 978 口，获工业气流井 428 口；累计天然气探明地质储量 $47238.50 \times 10^8 m^3$（含天然气基本探明地质储量 $28640.50 \times 10^8 m^3$），探明含气面积 $41280.98 km^2$；剩余天然气预测地质储量 $2374.27 \times 10^8 m^3$，预测含气面积 $2414.10 km^2$（图 12-9），成为迄今为止中国陆上发现的最大整装天然气田。

目前苏里格气田建成年产 $230 \times 10^8 m^3$ 的生产能力。截至 2017 年底，动用储量 $1.5 \times 10^{12} m^3$，累计生产天然气 $1706.7 \times 10^8 m^3$，气田已稳产 4 年，成为致密砂岩气开发示范基地。苏里格地区致密砂岩气的大规模勘探，确保了长庆油田天然气储量、产量的快速增长，为长庆油气产量 $5000 \times 10^4 t$ 油当量稳产发挥了重要作用。

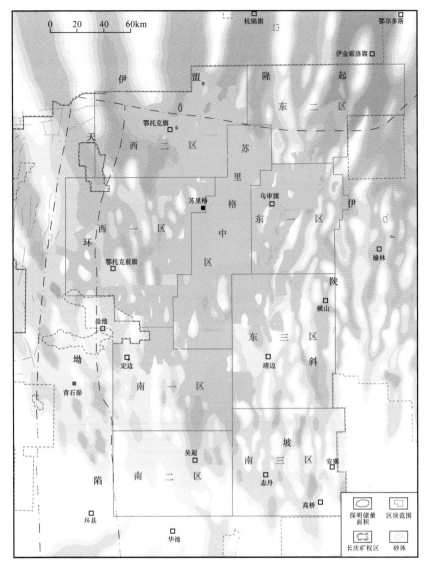

图 12-9　苏里格气田勘探成果图

4.勘探技术系列

在苏里格气田上古生界天然气勘探过程中，积极引进并借鉴国外先进技术的同时，坚持自主科技创新，经过长期探索和技术攻关，形成了适合苏里格上古生界地质特点的配套技术系列。

1）全数字地震技术

鄂尔多斯盆地地表主要为沙漠和黄土区，地震波能量衰减强烈，目的层反射信息弱，气层厚度相对较薄，早期的沟中弯线地震与直测线地震只能满足构造研究和砂体刻画，不能满足叠前地震反演预测气层的需要。长庆油田分公司通过自主攻关，创新形成了沙漠区全数字地震和黄土塬区非纵地震技术系列。全数字地震勘探技术的攻关和规模化应用，实现了由"常规二维到全数字、单分量到多分量、叠后到叠前"的技术转变，获得了高品质、信息丰富的地震资料（图 12-10），满足了用叠前地震资料直接预测气层的条件，实现了储层预测由砂体预测转为含气砂体预测的目的（图 12-11），解决了以苏里格气田为代表的上古生界致密砂岩储层及含气性预测的技术难题，使直井的有效储层预测成功率由初期的 50% 提高到 80% 以上（何自新等，2005）。非纵地震勘探技术由"一炮四线"攻关形成"两炮六线"束状观测，实现了接收线与激发线大距离偏移，研发并推广应用了多域多次静校正、井控 Q 补偿等关键技术，地震资料视主频由 30Hz 提高到 35～40Hz，解决了巨厚黄土塬区地震波衰减快、资料信噪比低等难题，实现了薄储层含气砂体的有效预测。

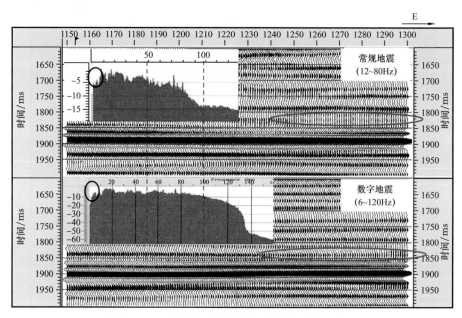

图 12-10　全数字地震与常规地震叠加剖面对比

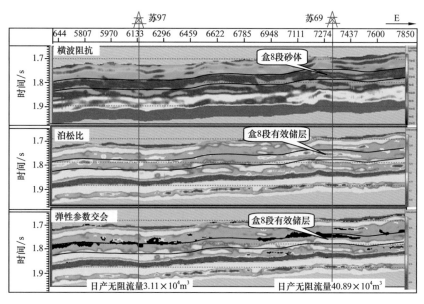

图 12-11　全数字地震有效储层预测剖面

2）致密气层测井精细评价技术

针对苏里格地区上古生界有效储层与非储层、低饱和度气层与水层的测井响应差异小、气层评价难度大的问题，在传统分区、分层评价基础上，提出了分岩性、分成岩相细分解释单元的新思路，建立了以岩石物理研究为基础，以储层有效性、含气性评价为核心的致密气层测井精细评价方法。

由于苏里格地区上古生界致密砂岩储层中黏土矿物含量高，形成高束缚水体积导电，导致气层电阻率低，经典的 Archie 模型难以适用，建立了"三水"导电模型，将岩石的导电视为自由水、微孔隙水、黏土束缚水的并联导电（图 12-12），为砂泥岩电阻率测井解释开辟了新的途径，其应用结果与岩心数据吻合较好，含水饱和度绝对误差小于 5%，提高了含气性评价的精度。针对上古生界低阻气层"双高、双组"孔隙结构特点，提出并推广了高精度数控及阵列感应、侧向电阻率联测，部分井加测核磁、成像的测井系列组合，总结出分区图版法、视弹性模量系数法、密度—中子视孔隙度交会法、纵波时差差值法、气测综合分析法、高分辨率感应—侧向联测解释法等六种低阻气层及气、水层识别技术，并实现了测井图版库在线支持解释，测井解释符合率达到 85%以上。

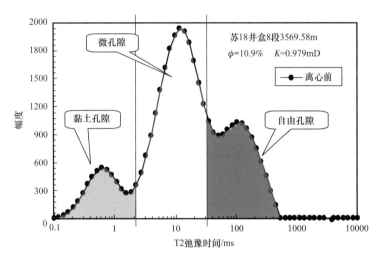

图 12-12 苏 18 井岩心样品核磁共振实验 T2 弛豫时间谱图

3）致密砂岩储层改造技术

苏里格地区上古生界砂岩气藏含气层系多、储层厚度薄、非均质性强，部分地区储层岩屑含量高，局部气—水关系复杂，储层改造技术难度大。通过持续开展攻关试验，逐渐形成了以低伤害压裂液技术、直井分层压裂技术与"控水增气"压裂技术等为主的储层改造技术。研发了表面张力低、不含残渣、破胶彻底的新型阴离子表面活性剂压裂液，可降低毛细管阻力，提高了压裂液返排效率，同时避免了阳离子表面活性剂压裂液对储层造成的伤害。主要适用于岩屑含量高、喉道半径小的储层，与早期的常规瓜尔胶压裂液相比，岩心伤害率由 27.4% 降为 18.3%，投产初期平均每日单井增气 6100m³。针对盆地东部一井多层、单层低产的特点，攻关形成了机械封隔和套管滑套两大分层压裂技术（图 12-13），并开展了分压分试压裂试验，有效提高了储层纵向动用程度。其中，分压、分试压裂技术可实现一趟管柱同时满足 2 层分层压裂和单层独立测试的工艺技术；机械封隔分层压裂技术实现了 11 层连续分压的突破，实现了直井多层低成本、快速分压；套管滑套连续分层压裂实现有限级最高分压 7 层、排量 8～10m³/min。对于气—水关系复杂的储层，采用了"控水增气"储层改造思路，形成水力喷砂射孔求初产、组合控缝高压裂、化学固化压裂、疏水支撑剂压裂等储层改造措施，现场试验显示，高含水井比例由原来的 52.6% 降低至 26.4%，产气量提高 33% 左右，控水增气效果明显。

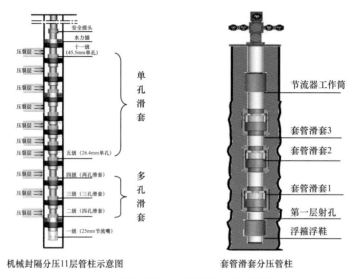

图 12-13　机械封隔和套管滑套分层压裂技术

## 四、勘探启示

长庆油田坚持解放思想，坚持三个重新认识，在苏里格气田的勘探实践中，成藏地质认识不断深化，勘探瓶颈技术持续突破，管理机制日趋完善，实现了"低渗、低压、低丰度"苏里格气田高效勘探和规模有效开发。

**1. 正确的勘探思路、科学的部署原则是大气田发现的基础**

在鄂尔多斯盆地长达 50 多年的油气勘探开发实践中，随着勘探理论的发展以及勘探技术的进步，长庆油田分公司针对各个时期的勘探实际和发展要求，结合勘探所取得的成果以及对盆地天然气气藏勘探认识的深化，制定了相应的勘探方针和勘探部署思路，从而使勘探工作进入了快速、有序、高效的发展轨道，保证了勘探成果的不断深入。

盆地天然气勘探发展过程中，随着勘探程度和地质认识的不断深化，勘探决策发生了四次重大的转变与提高：一是 20 世纪 80 年代中期，在煤成气资源形成与分布理论的指导下，天然气勘探从盆地边缘开始向盆地腹部的转移，改变了以往单一构造指导找气的思路，指出了"立足中东部、兼顾断褶区"的部署原则，很快发现了镇川堡、子洲为代表的上古生界气藏；二是 80 年代末期，随着奥陶系岩溶古地貌成藏理论研究的深入，勘探对象开始转向盆地中部奥陶系大面积分布的碳酸盐岩岩性气藏，拟定了"主探下古，兼顾上古"的勘探方针，从而发现了长庆大气田；三是 90 年代，随着上古生界气藏富集规律研究的不断深入，以及在下古生界勘探过程中上古生界普遍含气的这一特点，提出了"上下古兼探"的勘探部署思路，从而在榆林区、乌审旗区发现了上古生界工业气藏；四是90年代后期，随着河流—三角洲成藏理论的日趋成熟，勘探开始转入以上古生界大型河流—三角洲岩性气藏为主要目标，根据勘探所取得的新成果，适时提出了"三个基本认识"，即"重新认识鄂尔多斯盆地，重新认识长庆低渗透、重新认识我们自己"的基本指导思想，在进一步深入分析长庆油气勘探特点的基础上，按照"地震先行，选准目标；立体勘探，重在发现；科技创新，提高效益"的总体工作思路部署勘探，明确了苏里格庙地区高孔、高渗大型含气砂体为主攻方向，取得了很好的勘探效果。

2. 坚持地质理论创新，选准勘探目标是大气田发现的关键

鄂尔多斯盆地上古生界属于非均质性很强的岩性气藏，勘探具有较大的风险性，"九五"以来，长庆油田进一步贯彻"科技兴气"的发展战略，开展了多学科的技术攻关与科研协作，积极引进先进实用的地质理论，根据不同勘探阶段目标和任务，突出研究的重点，不断总结深化对气藏富集规律的认识，选准勘探目标，精心部署，确保了勘探的成功率。

榆林气田发现以后，通过开展盆地上古生界综合研究，加深了对油气资源分布的整体认识，以现代沉积学理论为指导，在鄂尔多斯盆地形成演化特点研究的基础上，对河流—三角洲成藏地质理论及分布规律进行了深入地探讨，指出：盆地中部构造发展稳定、紧临生烃中心、发育多条大型河流三角洲复合砂体、区域封盖条件好、成藏有利，是大气田勘探的有利方向。在沉积体系研究基础上，首次提出了高建设型河流—三角洲沉积模式，确立了盆地北部米脂、榆林、苏里格、石嘴山四大河流—三角洲砂岩沉积体系，盒8段砂体延伸远、分布宽、厚度大，指出了盆地西北部具有大气田形成的有利条件，从而追踪发现了苏里格气田。

苏里格气田前期开发评价过程中发现该气藏属于典型的致密砂岩气藏，开展上古生界大面积致密砂岩成藏规律研究，构建了大型缓坡型三角洲沉积模式和"广覆式生烃、大面积成储、连续性聚集"的致密砂岩气成藏模式，完善了致密气成藏理论，在大型致密气成藏理论的指导下，认为苏里格周边和苏里格气田有相似的成藏地质条件，通过整体勘探、整体部署，苏里格地区含气范围由以往不足 $1 \times 10^4 km^2$ 扩大到 $5 \times 10^4 km^2$ 以上，形成了近 $5 \times 10^{12} m^3$ 的大气区（赵林等，2000；赵文智等，2005）。

3. 突出技术创新，大力推广应用新技术、新工艺是大气田勘探的根本保证

在天然气勘探过程中，长庆油田始终将技术突破放在首位，采用"以我为主，内联外引"的攻关方式，积极引进与开发先进实用技术，逐步形成适应上古生界致密砂岩地质特点的综合勘探配套技术系列：一是以地质综合研究为主体，以选准勘探目标为主要内容的地质综合评价技术；二是以储层描述为重点，提高探井成功率为目标的地震横向技术；三是以科学钻井为主线，以气层保护、综合录井、井下电测、中途测试为重要环节的气层评价技术；四是立足致密储层压裂改造为主导，以提高试气产量为目标，包括测井分析、测试技术研究为重要内容的产能评价技术系统（胡文瑞，2008）。

在勘探实施中，一切从地质目标和地质任务出发，有针对性地开发应用新技术，充分发挥其有效性和实用性。地质综合评价技术主要通过盆地分析模拟技术、储层评价和气藏综合描述三大技术系列，从动态上分析油气资源的形成富集过程，并建立精细模型

数据体，以达到对气藏的深化认识。地震横向预测是在搞好复杂地表条件下野外采集的基础上，室内在处理提高分辨率上下功夫，根据石盒子组、山西组砂岩的地球物理特性，采用了多种模型反演技术，以达到对储层厚度和物性的预测；根据不同地区地表条件差异，形成了沙漠区全数字地震技术和黄土塬非纵地震技术。在钻井施工中，通过运用低密度水基泥浆进行近平衡钻井，同时开展了暂堵技术试验，这些措施有效地减少了钻井过程中对气层的伤害。针对上古生界致密砂岩气层非均质性明显、普遍低渗的特点，形成了致密气层测井精细评价技术，逐步探索了 $CO_2$ 泡沫压裂、液氮拌注、增加陶粒投放量、加大压裂规模等一系列致密砂岩储层改造增产技术，取得了很好的效果，确保了气井的高效高产。勘探配套技术系列的推广应用在苏里格地区勘探实践中发挥了重要作用，同时为今后鄂尔多斯盆地上古生界致密砂岩气藏的进一步勘探提供了技术保障。

4. 勘探开发一体化，是实现天然气快速增储上产的重要举措

进入 21 世纪，长庆油田不断加快发展节奏，传统的"先探明、后评价、再开发"的勘探开发思路，已不能适应油气快速增储上产的需要。在快速发展与低成本战略驱动下，针对鄂尔多斯盆地大面积岩性油气藏特点，长庆人探索总结形成了勘探开发一体化体系，其核心就是勘探在点上突破，评价、开发立即跟进，迅速扩大油气发现面积；同时，改变以往寻找主力油气层单一勘探目标的做法，在油气叠合区采取上下立体兼顾、找油找气一体实施的方法，获得事半功倍的勘探效果。一体化战略的实施，使勘探、评价、开发同时部署和运行，大大减少了一个整装油气田探明的时间，缩短了从勘探到开发的周期。

坚持整体勘探、整体评价、整体开发。勘探快速发现，评价积极跟进，开发井网一次成型，勘探、评价和开发共同寻找富集区，减少重复建设，促进规模建产、整体开发，有效加快了勘探开发节奏，鄂尔多斯盆地主要大气田勘探开发周期大幅缩短。靖边气田勘探到开发历时 7 年，子洲—榆林气田勘探到开发历时 5 年，苏里格东区勘探到开发缩短到 2 年。

勘探开发一体化，让长庆油田天然气储量从平稳增长步入跨越式增长轨道。近年来，长庆油田着眼于落实探明储量与控制储量规模、寻找含气富集区，全面推行勘探开发一体化战略，持续推进储量增长高峰期工程，天然气勘探呈现出"发现整装""扩大连片"的增长效应，快速落实了一批规模储量区和战略接替区。苏里格地区整体勘探规模不断扩大，形成 $5 \times 10^{12} m^3$ 大气区；盆地东部多层系勘探稳步推进，探明了子洲气田和神木气田，形成新的万亿立方米整装规模储量区；盆地南部天然气获得新发现。

勘探开发一体化不仅在部署上统筹兼顾，在综合研究上相互借鉴，而且在生产运行上相互支持，相互促进，实现整体部署、规模探明、快速开发，提高了气田整体勘探开发效益。苏里格气田前期开发评价过程中，集成创新了以井位优选、井下节流、地面优化等为重点的十二项开发配套技术，开发阶段建井综合成本明显降低，实现了对苏里格气田的规模有效开发，进而推进了苏里格二次整体勘探，为气田快速上产奠定储量基础。2007 年以来，苏里格气田周边勘探不断取得突破，实现了苏里格气田储量、产量快速攀升。

# 第三节  姬塬油田

姬塬油田真正意义上的石油勘探突破是在进入 21 世纪的 2003 年，是继西峰油田之后鄂尔多斯盆地中生界石油勘探的又一重大成果。该地区勘探历史之长、过程之艰辛、含油层系之多、储量规模之大，双向排烃立体成藏之模式在鄂尔多斯盆地独一无二，其典型性、示范引领性不言而喻。

## 一、油田概况

姬塬油田的名称来源于前侏罗纪古地貌单元—姬塬古高地，指位于甘陕古河以北、宁陕古河以南所夹持的区域。姬塬油田行政区划属陕西省定边、吴起县，甘肃省环县以及宁夏回族自治区盐池县，勘探面积 8000km² （图 12-14）。

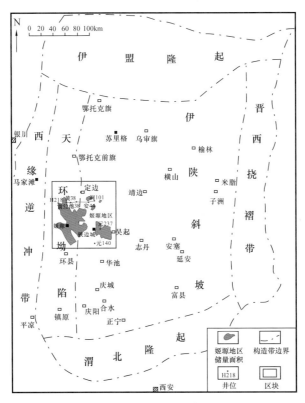

图 12-14  姬塬油田位置图

姬塬油田含油层段有侏罗系延 6 油层组—延 10 油层组与富县组，三叠系长 1、长 3、长 4+5、长 6、长 8、长 9 油层组，主力油层为长 4+5、长 8 油层组。该区位于延长组东北与西北两大沉积体系的交会区，纵向各油层组三角洲砂岩发育，也是长 7 油层组烃源岩的生烃中心，生储有利配置决定了本区多油层复合成藏条件得天独厚。多口井的钻探显示，该区多层系同时发育油藏，其中黄 218 井在主要油层段长 $8_2$、长 $8_1$、长 $6_3$、长 $6_2$ 和长 $4+5_2$ 层段试油分别获得日产 20.91t、7.82t、4.51t、21.59t、10.88t 的工业油流（图 12-15），展现了姬塬地区纵向上多层系复合含油的格局。

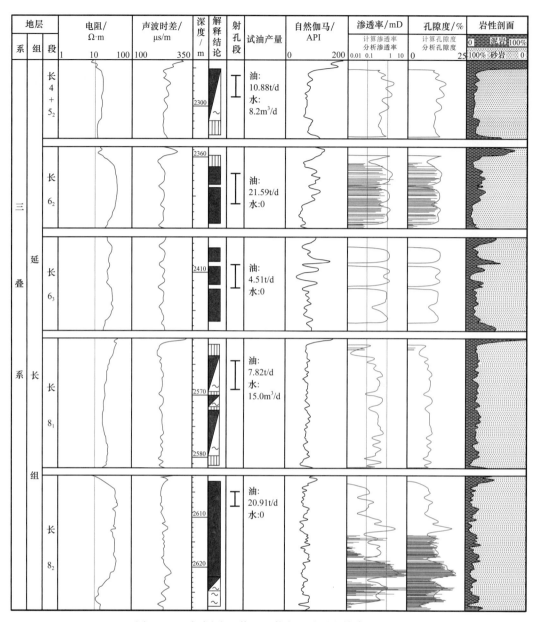

图 12-15　姬塬油田黄 218 井主要油层段综合柱状图

## 二、勘探历程

姬塬油田的石油勘探历经了近 40 余年，过程曲折复杂，历尽艰辛，终获突破。该区的石油勘探可划分为四个阶段。

第一阶段：区域侦察阶段（1950—1969 年）。主要开展了重、磁力详查，电法勘探，完成了一系列电法剖面，并开展地质详查，钻探了七口探井，对区内的石油地质条件及含油性有了初步认识。

第二阶段：侏罗系油藏勘探阶段（1970—1993 年）。以侏罗系古地貌成藏理论为指导，围绕前侏罗纪姬塬古高地外围的北部、东坡、南坡进行勘探，主要针对侏罗系延 9、延 10 油层组，进一步可细分为三个时期。

北部勘探时期（1970—1972 年）：在北部的麻黄山、姬塬一带，以侏罗系为主要目的层，完钻探井 24 口，发现侏罗系出油井点。其中姬 2 井试油初产获得日产 11.53t 的工业油流，证实了姬塬地区侏罗系具有良好的含油显示。

东坡勘探时期（1976—1980 年）：姬塬地区的勘探曾一度处于停滞状态。1979—1980 年恢复了该区勘探，在姬塬东坡完钻探井 20 口，两口井试油获得工业油流，发现元 21、元 23 井等侏罗系油藏，但勘探仍未取得突破。

南坡勘探时期（1982—1993 年）：通过深化地质综合研究，精细刻画古地貌形态，预测侏罗系古地貌油藏分布规律，认为姬塬古高地南坡具有优越的侏罗系古地貌成藏条件。1982—1985 年的四年间共钻探井 24 口，发现了元城、樊家川两个侏罗系油田。后由于安塞油田的发现，盆地勘探整体转移到陕北地区，姬塬地区的勘探再度中断。安塞油田探明后，由于对三叠系延长组特低渗透油层开发，缺乏技术储备不能有效动用，勘探思路又转移到寻找侏罗系油藏，姬塬南坡勘探再次受到重视，1989—1993 年先后完钻探井 28 口，12 口井获得工业油流，探明了庆 101、庆 64、樊 101 井区等一批侏罗系油田，累计提交探明地质储量 $3410 \times 10^4$t。

第三阶段：三叠系延长组上部油层勘探阶段（1997—2002 年）。1994 年后随着安塞油田的成功有效开发，勘探主要集中在志靖地区，盆地其他地区勘探工作量很少，姬塬地区勘探基本处于停滞状态。1997 年恢复勘探后，勘探目的层转移到延长组上部油层，在元城油田北面的元 51 井区完钻探井 9 口，发现姬塬地区第一个延长组油藏，新增长 1 油层组探明地质储量 $532 \times 10^4$t。2002 年在姬塬地区北部完钻探井 12 口，其中，耿 19 井长 $2_1$ 油层试油获得日产 21.85t 的高产油流，发现多个长 2 油层组油藏。值得提及的是，1997 年在姬塬东部钻探的元 48 井长 $4+5_2$ 油层 8.7m，平均孔隙度 9.3%，渗透率 0.54mD，受当时认为长 4+5 油层组为湖侵期沉积，难以形成有效储集体的认识局限，加之其他外部环境因素干扰，对长 4+5 油层组油层未能进行试油，致使这次油气勘探发现机遇擦肩而过。

第四阶段：延长组中、下部勘探突破阶段（2003 年至今）。随着鄂尔多斯盆地勘探工作的不断深入，尤其是陕北、陇东勘探开发的启示，坚定了石油勘探向低勘探程度区以及延长组中、下部含油层系进军的信心。通过盆地综合地质研究与有利目标评价，确定了再上姬塬的战略决策。2003 年针对在新 4 井长 4+5 油层组试油获得日产 8.42t 的工业油流的地质信息，适时对该区以往钻穿长 4+5 油层组油层的探井进行了复查。对 1997 年完钻的元 48 井长 $4+5_2$ 油层进行了试油，获得日产 21.59t 的高产油流，随后开展了油层对比、砂体预测等一系列工作，并结合最新研究成果，确定铁边城区作为勘探突破口，并加大了该目标区钻探工作量。2004—2005 年，共完钻探井、评价井 119 口，完试 87 口，51 口获得工业油流，初步落实了铁边城、堡子湾和小涧子东三个长 4+5 油层组亿吨级规模含油区。钻探长 4+5 油层组的同时部署部分井加深至长 9 油层组，其中耿 130 井在长 6 油层组试油获得日产 21.7t 的纯油流，耿 73 井在长 8 油层组试油获得日产 31.45t 的高产油流，胡 148 井试油获得日产 22.36t 的高产油流，展示出姬塬地区延长组中、下组合的含油潜力。

截至 2020 年底，姬塬油田累计探明石油地质储量 $15.07666 \times 10^8$t（图 12–16），其中直罗组 $3.51 \times 10^4$t，延安组 $8002.06 \times 10^4$t，长 1 油层组探明储量 $1542.58 \times 10^4$t，

长 2 油层组探明储量 $5719.19 \times 10^4 t$，长 3 油层组探明储量 $53.37 \times 10^4 t$，长 4+5 油层组探明储量 $38653.79 \times 10^4 t$，长 6 油层组探明储量 $27276.36 \times 10^4 t$，长 7 油层组探明储量 $24.18 \times 10^4 t$，长 8 油层组探明储量 $63017.61 \times 10^4 t$，长 9 油层组探明储量 $6473.95 \times 10^4 t$，储量规模位居盆地中生界油田之首。

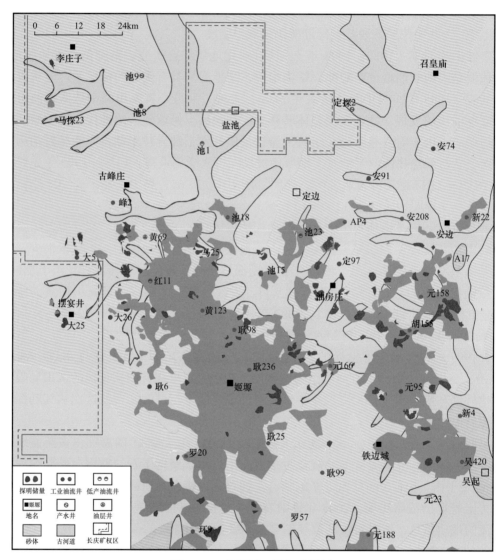

图 12-16 姬塬油田勘探成果图

## 三、理论创新与勘探实践

回顾姬塬油田的勘探历程，特别是近 15 年的勘探突破，在指导思想、地质认识、井位部署、新技术应用方面形成了许多成功做法，值得总结。

1. 重新认识资源潜力，夯实资源基础

应用先进的人工热模拟实验技术，获取直接的产烃率数据，使产烃率值比 20 世纪 80 年代利用残余沥青法获得的高出四倍，从而得出长 7 油层组黑色泥岩和油页岩是有机质高度富集的优质生油岩、具有很强的生烃能力的结论，消除了人们对盆地中生界烃源岩能否在区域上大范围、大规模生油的疑虑，使得盆地长 7 油层组总生油量由 $946.3 \times 10^8 t$ 上升到 $1996.5 \times 10^8 t$，规模扩大了两倍多；生烃强度亦大幅度提高，生烃范围也向湖盆四周明显扩大，特别是姬塬地区有利生烃范围增加近一半，从而拓宽了勘探领域。

在盆地综合分析评价基础上，结合中生界石油勘探的新成果，先后多次计算了鄂尔多斯盆地总资源量，使盆地总资源量由 1982 年的 $15.3 \times 10^8 t$ 增加到 2003 年的 $85.88 \times 10^8 t$。在 80 年代和 90 年代初，计算的盆地石油总资源量为 $19 \times 10^8 t$。2000—2003 年中国石油天然气集团公司设立重点专题，对鄂尔多斯盆地石油资源进行新一轮评价，在总结前期石油勘探成果的基础上，首次运用盆地模拟技术，动态研究了中生界石油生成、运聚和富集特征，综合应用体积法、油田规模序列法、特尔菲法及神经网络法等多种方法，评价盆地总资源量为 $85.88 \times 10^8 t$。这些成果为不断深化鄂尔多斯盆地的石油勘探提供了科学依据。

2. 重新认识沉积演化，勾画三角洲轮廓

三角洲成藏理论为延长组大型岩性油藏的勘探奠定了坚实的理论基础。在总结陕北、陇东勘探经验的基础上，结合盆地预探目标评价研究，认识到长 4+5 油层组沉积期虽是继长 7 油层组沉积期之后的一个短暂湖侵期，但仍发育三角洲储集砂体，具有与长 6 油层组沉积期类似的成藏地质背景。陕北油区的扩边连片，给人们深刻启示，盆地东北体系供屑能力持续稳定，三角洲规模巨大，有不断向西迁移向南进积之势；空间上，长 6 油层组沉积期三角洲不断西移，复合连片；时间上，三角洲建设作用也有从长 6 油层组沉积期延续至长 4+5 油层组沉积期的背景，由此得出姬塬地区应该是东北三角洲空间上迁移、时间上持续发育的最有利地区，从而勾画出长 6 油层组—长 4+5 油层组复合三角洲砂体大轮廓。姬塬地区长 4+5 油层组处于三角洲前缘砂体最发育的地区，具备良好的勘探前景。认识的突破往往会带来勘探的突破，姬塬地区的勘探再一次印证了这一点。

3. 重新评价老井含油信息，实现勘探重大发现

综合研究表明，姬塬地区缓坡带砂体发育，厚度大，物性好，是低渗透背景上的相对高渗透带，三角洲砂体向湖盆中心延伸，生储盖配置好，临近生烃中心，易捕捉油气，是油气聚集的有利场所。在此认识指导下，2003 年针对耿 19 井在长 $4+5_1$ 油层钻遇 5.6m 的油层，以及老井新 4 井长 4+5 油层组试油获得日产 8.42t 工业油流的动态情况，及时对区内近 30 口钻穿长 4+5 油层组的老井进行了复查及油层对比追踪，并结合岩心分析资料，发现了元 48 井长 $4+5_2$ 油层物性及含油显示较好，对其试油获得日产 21.59t 的高产油流。随后集中兵力，以铁边城为勘探突破口和落实长 4+5 油层组油藏规模为重点，采取了沿砂带甩开的部署思路，部署预探井 10 口，完钻 6 口井，5 口井获得工业油流，平均试油日产量 15.1t，其中元 91 井日产油达 23.89t。当年在长 4+5、长 6 油层组提交预测储量近亿吨，从而获得重大发现，实现了石油勘探的重大转移。

4. 强化地质研究，优选有利勘探目标

2003 年在姬塬铁边城区的勘探获得重大发现后，为了尽快实现这一地区石油勘探的整体突破，为勘探选区提供重要依据，主要进行了以下几个方面的工作：

一是开展物源分析。围绕物源方向问题，先后采用了轻重矿物组合特征、稀土元素配分模式及成像测井资料等方法进行了分析，得出姬塬地区长 4+5、长 6 油层组沉积物源来自盆地东北、西北及西部，以北东向为主物源方向。

二是构建沉积模式，分析有利沉积相带。以现代沉积学理论为指导，通过对岩心相标志、地球化学相标志、地震剖面上的前积特征以及成像测井资料的综合分析，认为姬塬地区长4+5油层组主要为三角洲前缘亚相，主要微相为水下分流河道，局部发育河口坝。并应用岩性、沉积序列、沉积构造、化学元素比值法以及暗色泥岩有机组分构成判识水上、水下沉积环境，确定长 $4+5_2$ 油层沉积期湖岸线迁移带位置。指出长4+5油层组沉积期为区域湖侵背景下的三角洲，具有三角洲油藏的成藏背景，其中，三角洲前缘亚相带是勘探最有利的地区。

三是评价储层特征，寻找相对高渗透砂体。长4+5油层组岩性以长石砂岩和岩屑长石砂岩为主，少量长石岩屑砂岩。填隙物主要由方解石（49.7%）、绿泥石（19.8%）、高岭石（12.9%）、水云母组成。从填隙物的平面分布看，绿泥石分带性较明显，在元69井—王洼子—铁边城—庙沟一带含量最高，一般在3%~5%，而西侧马家山、堡子湾一般小于1%。

孔隙类型以粒间孔为主（占总面孔率的57.1%），其次为长石溶孔（占27.8%）和晶间孔（占6.6%）。长 $4+5_2$ 油层平面上安边—杨井面孔率最高，史家湾—马家山最低，堡子湾、铁边城中等。储层物性相对较好，孔隙度为8%~12%，渗透率为0.4~1.0mD。长 $4+5_2$ 油层物性分区性明显，东带铁边城孔、渗高，平均孔隙度8.8%~13.8%，渗透率0.42~2.88mD；西带堡子湾孔、渗相对较低，孔隙度9.9%~11.0%，渗透率0.17~0.98mD。

四是落实砂体分布格局，优选有利区带。在沉积体系、沉积模式研究基础上，以钻井为主，结合地震资料对姬塬地区砂体展布形态进行了精细描述。不但明确了坡折带前缘河口坝、分流河道叠加砂体是勘探的有利勘探部位，而且指出长 $4+5_2$ 油层沉积期中部砂体厚度较大，分布稳定，是最有利的勘探层段。长4+5油层组沉积期平面上自西向东发育马家山、堡子湾、铁边城、吴仓堡四条北东—南西向展布的砂带；纵向上可划分为三期砂体，中部与下部为进积叠置，上部与中部为退积叠置。以中部砂体稳定，上部、下部砂体不及中部。

五是分析圈闭因素，发现有利勘探目标。通过对已发现油藏的圈闭因素分析，油藏受砂体形态及储层物性双重因素控制。油藏两侧为分流间湾泥岩或粉砂泥岩遮挡，油层平面分布与砂体主体带一致，砂体主体带油层厚且稳定，向砂体两侧油层减薄；油层厚度受砂体厚度与储层物性的控制，呈层状。油藏属弹性驱动，未见边底水，属典型的岩性油藏。通过以上沉积相类型、储层特征及圈闭评价等五个方面的系统研究，得出长4+5油层组油藏主要分布在三角洲前缘河口坝、分流河道叠加砂体较厚处，并受储层物性的控制。据此落实了铁边城、堡子湾、马家山和吴仓堡长4+5油层组为近期有利勘探区带。

5. 坚持立体勘探，不断拓展含油新领域

在以长4+5油层组为主要目的层积极甩开寻找发现的同时，通过对延长组物源示踪、沉积体系与沉积相、砂体空间展布与储层特征、烃源岩评价等综合研究，结合烃源岩热模拟结果，认为姬塬地区位于长7油层组生烃中心，该区长7油层组富有机质泥页岩生烃增压，具有上下双向排烃的优势（图12-17）；并且姬塬地区位于湖盆东北物源体系与西北物源体系的结合区，两大体系之砂体在该区交叉叠置，延长组中下组合砂岩厚度大，储集条件优越，长6、长8、长9油层组具有较好的成藏条件（图12-18）。为此，有针对性对延长组中、下部层系实施钻探，发现了长6、长8、长9油层组新的含油层系。落实长6油层组探明储量 $13868.02 \times 10^4 t$，长8油层组探明储量 $59423.38 \times 10^4 t$，长9油层组探明储量 $6473.95 \times 10^4 t$。

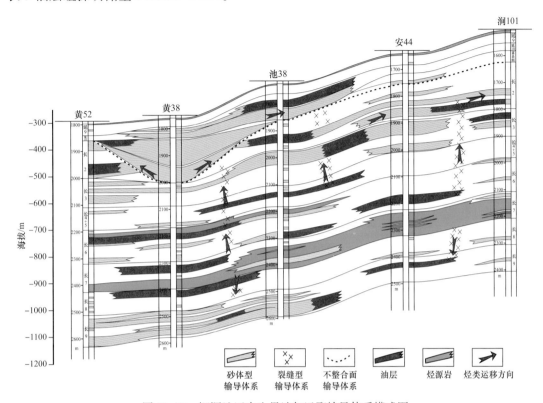

图 12-17　姬塬地区中生界油气运聚输导体系模式图

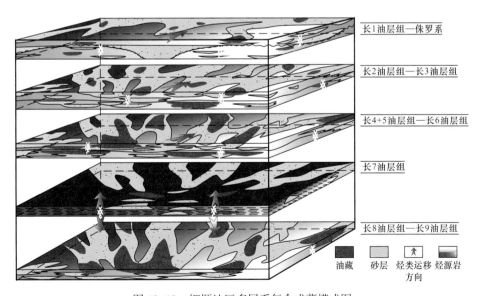

图 12-18　姬塬地区多层系复合成藏模式图

6. 应用新技术新工艺，不断提高勘探成效

在姬塬地区大规模勘探过程中，针对长4+5油层组砂体变化大、非均质强，低阻油层、

高阻水层和高自然伽马砂岩储层的测井难以识别，薄互油层、油水层的压裂改造难度大等一系列技术问题，加大攻关力度，取得了良好的效果，为勘探部署实施提供了技术保障。

1）开展了砂体精细描述，优选钻探井位

及时开展砂体成因与砂体结构研究，分析了湖盆底形对砂体的控制作用，并结合地震剖面资料，进行砂体精细描述，优选钻探井位，有效地指导了勘探部署。

2）强化测井建模，提高复杂岩性及低阻油层判识率

积极开展测井技术攻关，使长 4+5 油层组薄互层、复杂油水关系油藏的解释成功率达到 78.6%，取得了良好的应用效果。

（1）利用密度—中子视孔隙度交会、综合反演等方法，识别高自然伽马砂岩，增加了储层有效厚度。通过岩矿鉴定和能谱测井资料分析，认为高自然伽马是云母类矿物富集的结果，在能谱测井上表现为高钍异常。通过研究提出了计算泥质含量、并能够有效识别高自然伽马砂岩的多参数综合反演法和密度—中子视孔隙度交会法两种新的方法，使部分井解释的有效厚度大幅度增加。经统计，2004 年采用新方法使该区储层有效厚度显著增加的井有 15 口。

（2）利用核磁共振定量评价储层孔隙结构和可动流体，区分特低渗透有效储层和非储层。在延长组中、下部地层，核磁测井在识别和评价有效储层方面可以发挥关键作用。如耿 60 井长 $4+5_1$ 油层常规测井声波时差平均值为 223μs/m，密度平均值为 2.51g/cm³，按常规测井解释为致密储层；但根据核磁共振解释成果，T2 谱后移，孔隙结构分布较好，经计算有效孔隙度为 10.3%，可动流体饱和度为 64.1%，显示为好油层。将常规解释为干层的井段结论改为油层后，有效厚度增至 9.6m，试油日出油 24.65t。

（3）采用视自然电位差、电阻率侵入因子等方法识别长 2 油层组低阻油层，解释成功率达到 72%。姬塬地区长 2 油层组发育受低幅度鼻状构造控制的构造—岩性油藏。由于圈闭幅度低，加之储层渗透率较低，油水分异作用弱，因此长 2 油层组油藏多为低饱和度油藏。研究过程中，利用毛细管压力和油水分异驱动力平衡理论，分析低幅度油藏的饱和度变化规律，针对不同类型储层建立饱和度—自由水面以上高度关系曲线，用来指导测井解释；同时提出了纵向电阻率对比法、"四性"参数综合限值法、侵入因子法、视自然电位差法、横向对比法等多种方法识别长 2 油层组低阻油层。其中，侵入因子法、视自然电位差法利用了油水层电阻率侵入特征的差异，是近两年提出来的新方法，使用效果比较好，多种方法相互结合，使测井解释成功率提高到 72%。

3）优化压裂模式，提高复杂油层的改造效果

重点开展了最优裂缝长度的确定、压裂液体系和施工参数优化的攻关研究。

（1）确定了最优的裂缝长度。室内水力裂缝参数模拟确定最优缝长为 100～150m，为了保证裂缝长度大于 100m，加砂量应在 25m³ 以上；根据测试结果，并借鉴其他区块成功经验，压裂施工排量确定为 1.4～2.2m³/min。

（2）优选出性能优良的压裂液体系。压裂液优化设计技术是通过精确控制压裂液中各种添加剂的加入量，使压裂液在满足储层条件和压裂工艺要求的基础上，力求在低成本、低伤害和满足施工需要之间，使压裂液综合性能达到最优化的技术。

姬塬—铁边城长 4+5 油层组储层为低孔、特低渗透储层，这样的地质特征，必须减少压裂液残渣可能造成的伤害，这样对压裂液的残渣量、破胶能力和返排能力要求较

高；储层压裂层段一般在 1965.0～2350.0m 之间，优化压裂液时必须考虑与之相应的耐剪切能力；压裂层段的井温基本在 75℃ 左右，需要压裂液具有一定的耐温耐剪切性能；由于储层具有中偏弱的水敏特性和较弱的碱敏特性，根据储层的压裂特征和现有成熟技术的现状，选用水基压裂液作为该区块压裂液体系。在前期室内试验及现场试验的基础上确立了具有"耐温耐剪切性、低滤失、破胶快、残渣低"等特点的无机硼交联瓜尔胶和有机硼交联两种压裂液体系，使压裂液对储层的伤害率由 40%～50% 降低到 35%。

（3）总结出有效压裂改造模式。在进一步认识铁边城长 4+5 油层组储层改造地质特征的基础上，进行了储层改造工艺技术研究，研究成果及时应用于 2004 年研究区各类油井的现场改造，改造效果显著提高，形成了适合铁边城地区长 4+5 油层组储层改造的有效模式。截至目前共压裂改造 55 口井，41 口井压后获得工业油流，占压裂总井数的 74.6%，其中 22 口井试排日产量大于 20t，占压裂总井数的 40.0%，压裂改造效果良好。

## 四、勘探启示

鄂尔多斯盆地低渗透岩性油藏，特别是姬塬地区石油勘探的突破，为长庆油田下一步低渗透岩性油藏勘探带来许多启示。

1. 解放思想，不断进取是勘探突破的前提

20 世纪末，为了贯彻"东部硬稳定，西部快发展"的石油工业战略，长庆油田在认真分析盆地自身地质特征的基础上，审时度势，与时俱进，提出了"重新认识鄂尔多斯盆地、重新认识长庆低渗透、重新认识自己"的"三个重新认识"的指导思想。在盆地层面，重新认识评价盆地资源量，重新分析沉积演化及沉积体系展布；针对盆地低渗透，辩证地认识评价，既要看到它的不利，也要正视它的优势；自身要坚信"认识无止境，勘探无禁区"，破除经验主义、教条主义，不断解放思想，勇于探索，制定正确的勘探工作思路，并在实践中大胆创新。正是在这一思想的指导下，陕北油区二次勘探形成了复合连片，陇东长 8 油层组发现西峰亿吨级大油田，并坚定了重上姬塬、拿下姬塬的决心。

2. 脚踏实地，理论创新是勘探突破的关键

鄂尔多斯盆地油气勘探实践证明，地质认识及成藏理论是指导勘探的关键，地质研究不能从本本出发，必须立足盆地固有的特点，形成符合盆地实际的沉积理论、成藏模式，才能有效地指导勘探，并获得突破。鄂尔多斯盆地几次重大的勘探转移，无不处处闪烁着解放思想、理论创新的火花。

20 世纪 50—60 年代按照传统的背斜找油理论，在盆地周边进行钻探，徘徊不前，收效甚微。70 年代，在总结鄂尔多斯盆地油藏分布特点的基础上，建立了侏罗系古地貌成藏模式。首次提出沿古河道两侧寻找披盖压实圈闭的部署思路，从而发现了马岭油田，迎来盆地第一次储量增长高峰期。

20 世纪 80 年代中期，在三角洲成藏理论的指导下，提出了向三叠系延长组低渗透油藏勘探的战略决策，并制定了"东抓三角洲，西找水下扇"的部署思路，从而形成了陕北大型三角洲岩性油藏的地质理论与勘探方法，发现了安塞油田。

20 世纪 90 年代中期，根据安塞油田勘探开发的实践，认真分析陕北地区三角洲砂带的成藏规律，制定了陕北石油二次勘探的部署思路，五年内新增石油探明储量近 $4 \times 10^8 t$，取得了低渗透油藏勘探的根本性突破。

21 世纪初，通过对盆地西南部沉积规律的再认识，突破了原有"水下扇"的地质认识，提出了辫状河三角洲成藏理论，实现了勘探领域向陇东长 8 油层组的转移，发现了 4 亿吨级储量规模的西峰大油田，从而开拓了石油勘探新的主战场。

受陕北二次勘探的启发，通过地质类比、三角洲刻画，强化对新层系、新领域的区带研究，提出了再上姬塬的部署思路，不到三年时间内，在姬塬地区初步落实了 3 个亿吨级的有利目标区，为盆地石油储量稳定增长提供了新的接替区。

3. 正视低渗透，技术攻关是勘探成功的保障

鄂尔多斯盆地延长组岩性油藏是中国最典型的低渗透探区，具有低渗、低压、低产的"三低"特点。对该类油藏的勘探开发无成熟的方法技术可借鉴。多年来，紧密围绕提高勘探成功率和单井产量，坚持科技创新，不断探索先进适用的勘探技术，重点从综合物探、测井、压裂改造等方面加强攻关，为低渗透油层勘探突破、有效开发提供了技术保障。

按照目前国内外对低渗透油藏的划分标准，鄂尔多斯盆地三叠系延长组 82% 的探明储量为低渗透和特低渗透储量。尽管如此，它仍是长庆油田赖以生存和发展的物质基础。深入分析发现，低渗透也有其自身的有利条件：

第一，低孔低渗给油气勘探带来了诸多不利，同时也为油气保存提供了特殊的地质条件。因为在西倾单斜的构造背景上，高孔高渗条件下，油气将沿构造斜坡畅通无阻地运移而失散；此外，如果没有特低孔、特低渗的不规则岩性遮挡，油气运移至有效的储集体场所中也无法保存。

第二，延长组低渗透储层局部发育相对高渗透储层。据统计，盆地延长组不同油层组储层的物性相差较大，其中长 2、长 3 油层组物性较好，其次为长 6、长 8 油层组，而长 4+5、长 7 油层组相对较差。同一油层组内储层的物性也有差异，存在相对高渗区。

第三，长庆低渗透油层具有自身的特殊性，具体表现为结构较为均一，孔喉分选较好；原油密度低，流动性好；储层普遍具有弱水敏、弱速敏性质，有利于注水开发，且改造效果较好。20 世纪 80 年代末，限于当时技术条件的限制，鄂尔多斯全盆地低渗透储量有效动用的下限为 10mD 左右，开发的对象主要为侏罗系延安组油藏；90 年代初，采用"三优一高"（即优选井网、优化压裂、优质注水、高效开发）配套技术，开发了安塞特低渗透油田；随后，借鉴安塞油田开发经验，又成功地开发了靖安油田。90 年代末期，低渗透储量有效动用下限降至 1mD 左右。

每一次技术的进步与技术攻关，使开发低渗透油藏物性的下限不断降低。2000 年以来，通过对特低渗透油藏渗流机理的研究，摸索出了井网优化及超前注水技术，不但成功开发了西峰油田、靖安油田白于山区、安塞油田王窑东区等渗透率为 0.5～1mD 左右的超低渗透油藏，而且低渗透储量有效动用的下限已降至 0.3mD。2010 年以来正在向攻克 0.1～0.01mD 的物性下限进军。

# 第四节 华 庆 油 田

华庆油田无论是沉积相发育特征、储层类型、成藏特征等方面都与早期发现的延长组安塞、西峰、姬塬等油田存在显著差异。对于这种新类型油藏的勘探，在有利区优选

与评价方法、油藏描述、勘探部署思路、压裂与试油工艺技术等方面都与其他油藏不同，因此选作典型勘探案例进行剖析。

## 一、油田概况

华庆地区位于鄂尔多斯盆地中生代湖盆中部，行政区属于甘肃省华池县、陕西省志丹县，勘探面积5500km²（图12-19），勘探目的层为三叠系长8、长6、长4+5、长3油层组及侏罗系延安组。是继陕北、陇东、姬塬地区石油勘探取得重大突破后的又一重点探区。截至2020年底，华庆油田累计已提交探明地质储量71573×10⁴t，含油面积1066.8km²。

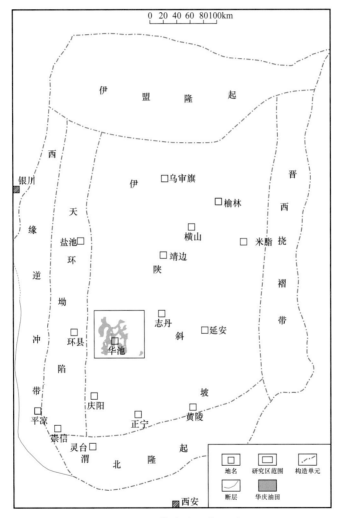

图 12-19　华庆油田位置图

## 二、勘探历程

20世纪80年代—21世纪初，鄂尔多斯盆地中生界延长组石油勘探在东北曲流河三角洲体系、西南辫状河三角洲体系以及西北辫状河三角洲体系先后取得突破，发现了安塞—靖安大油田、西峰大油田和姬塬大油田。然而受长期以来形成的湖盆中部砂体规模小、有效储层分布局限认识的影响，对湖盆沉积中心的研究和勘探投入不足，影响了对湖盆沉积中心勘探潜力的认识。随着盆地延长组综合地质研究的深入开展、储层改造技术的进步，以及盆地内一个个大油田的勘探突破，增强了石油工作者突破勘探禁区的信心。通过 5 年的系统研究和规模勘探，一举攻克了华庆大油田。华庆油田勘探历程大致可分为三个阶段。

第一阶段：侏罗系勘探阶段。20 世纪 70—80 年代初，长庆油田会战初期，钻探目的层为侏罗系延安组。该阶段在古地貌油藏的成藏理论指导下，针对主要目的层延 9、延 10 油层组开展勘探，兼探三叠系延长组。1974 年完钻的剖 16 井为发现井，共钻遇延 9、延 10 油层组及长 2、长 3、长 4+5、长 7 油层组等六套油层，在其中的延 9、延 10 油层组获工业油流。80 年代始，围绕剖 16 井延 9、延 10 油层组进行滚动勘探，在华池地区先后发现元城、五蛟、城壕等一批侏罗系高产油藏。

第二阶段：延长组上部油藏勘探阶段。20 世纪 90 年代投入滚动开发，延 10 油层组提交石油探明地质储量 $124 \times 10^4 t$，含油面积 $2.0 km^2$，建产能 $2.0 \times 10^4 t$。在对侏罗系延安组进行勘探的同时，借鉴安塞油田勘探开发的实践与成功经验，通过深化沉积相研究，在华池、南梁、白豹地区发现三叠系长 3、长 4+5 油层组三角洲复合油藏。并在长 4+5、延 10、长 3 油层组获工业油流。自此，华庆地区进入了低渗透油藏的勘探开发。

第三阶段：华庆油田大发展阶段。2002—2005 年，以长 3、长 4+5、长 6 油层组为主要目的层进行勘探和评价，长 6 油层组完钻 24 口井，均钻遇油层，并在其中的 4 口井及白 209 井区的长 6 油层组获得工业油流，拉开了华庆油田开发建产的序幕。2006—2008 年对华庆地区长 $6_3$ 油层开展整体勘探评价，落实了四个石油富集砂带，提交了规模、控制、预测储量。2009—2010 年，以提交探明储量为目的，通过精细勘探与评价，新增石油探明地质储量 $52170 \times 10^4 t$。2011—2020 年，围绕油藏扩大及深部新层系加大勘探，长 6 油层组勘探成果不断扩大，发现了长 8 油层组石油富集区。

## 三、理论创新与勘探实践

对华庆地区的勘探面临五大技术难题。一是陆相沉积变化大，以岩性圈闭为主，隐蔽性强；二是储层岩性复杂，孔喉细小，非均质性强；三是地表条件差，资料信噪比低，地震勘探难度大；四是岩—电关系复杂，油水层识别难度大；五是油层改造遇阻。针对以上难题，长庆油田积极组织开展技术攻关，推动了大油田的快速探明。

1.创建三角洲—重力流复合控砂成因模式，发现了湖盆中部大规模厚砂体，拓展了勘探领域

早期研究曾认为，华庆地区长 6 油层组沉积期位于湖盆中心深水区，储层不发育，勘探潜力有限。但随着对深水沉积研究和石油勘探工作的不断深入展开，在湖盆底形和沉积演化特征分析基础上，认识到该区发育分布稳定的厚层深水砂岩，具备大油田形成的基础。

1）湖盆中部具备形成大型重力流的有利地质条件

长 6 油层组发育于湖退早期，处于西南、东北两大三角洲交会地带。长 6 油层组沉积期处于湖退早期的侵蚀基准面下降阶段，物源充沛，西南沉积体系和东北沉积体系同时快速向湖盆中心推进，三角洲携带了大量碎屑沉积物，进积的三角洲为湖盆中心厚层

砂体的形成奠定了物质基础。

　　湖盆中心存在坡折带，具备大型重力流发育的底形特征。利用长7油层组深水沉积厚度（油页岩、暗色泥岩及其间所夹的深水砂岩沉积的厚度）所恢复的湖盆底形特征显示（图12-20），西南部斜坡较陡，东北部斜坡宽缓。在构造应力、重力作用下，西南体系的长6油层组三角洲前缘沉积物易于沿斜坡发生滑动、滑塌并引发湍流运动，堆积于坡角及湖底平原地区，形成纵向叠加、横向复合、平行于湖岸线展布的大型复合重力流堆积群。

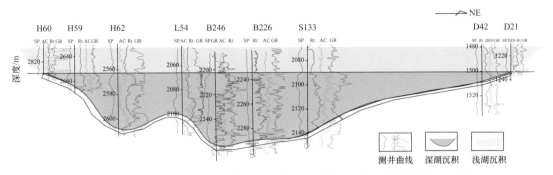

图12-20　鄂尔多斯盆地H60井—D21井长7油层组底部高阻段厚度对比剖面

　　构造活动是形成厚层砂体的主要诱发因素。在长6、长7油层组沉积物中经常可以发现火山活动、地震等构造事件的痕迹。晚三叠世碎屑沉积物中常常夹多层凝灰岩薄层，厚度一般0.2～10cm，分布于长$6_3$、长$6_2$、长$7_3$油层底部的凝灰岩层沉积厚度相对较大，反映当时盆地周缘地区火山活动频繁。此外，钻井岩心中见到大量与地震活动有关的沉积现象，如岩石在地震活动中由震裂、位移产生的阶梯状正断层、震碎角砾岩等（图12-21a）；半固结、未固结泥、砂和水在振动作用下改变其原来的排列状态，形成各类卷曲变形构造和脉体，岩脉规模不等（图12-21b、c）。

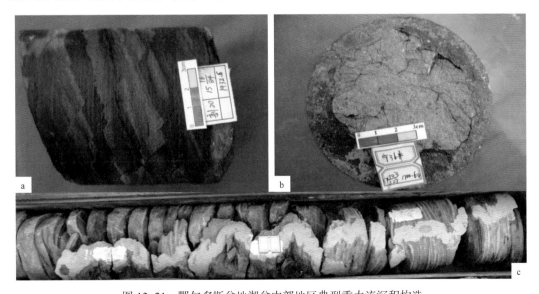

图12-21　鄂尔多斯盆地湖盆中部地区典型重力流沉积构造

a.阶梯状小断层，1932.6m，长7油层组，剖20井；b.泥岩中砂岩岩脉直径约8cm，1700.6m，长7油层组，宁36井；
c.肠状构造，799m，长6油层组，正11井

2）创建了三角洲—重力流复合控砂成因模式

长庆油田长6油层组主要为厚层的灰绿色中、细砂岩、粉砂岩夹黑色、灰黑色泥岩、粉砂质泥岩，沉积成因类型复杂，可划分为深湖—半深湖沉积、重力流沉积、深水三角洲沉积等沉积类型。华庆地区深水砂岩分布稳定、厚度大，砂/地比一般为30%以上，局部地区甚至达到80%以上，砂体围绕三角洲呈群状、带状展布（图12-22）。深水沉积组合复杂，同一区、同一油层组的砂体往往是多种沉积类型的组合，不同沉积相带、不同物源体系控制区，砂体叠置关系及储层物性存在较大差异（邓秀芹等，2010）。

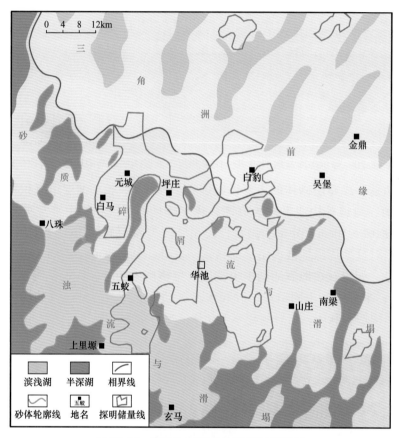

图12-22　湖盆中部长6油层组沉积相图

白豹地区：位于东北物源体系缓斜坡前端及破折带，受东北物源控制。砂体类型包括进积三角洲砂体、滑塌砂体和厚度较小的浊积砂体。砂体平面上呈带状、朵叶状分布，厚度一般为40～75m。

华池地区：位于湖底平原，为东北物源体系的末端和混源区。砂体由砂质碎屑流砂体、滑塌砂体和浊积岩砂体夹底流改造砂体等类型组成，呈群状、带状展布，厚度一般35～80m。

马岭—城壕地区：位于西南物源体系陡斜坡的坡脚。受西南物源影响，砂体为浊积岩、滑塌砂体、砂质碎屑流砂体夹底流改造砂体，其中浊积岩在砂岩中的比重较其他地区大。砂体呈带状、孤立透镜状展布，厚度一般20～50m。

2. 重建了低渗—致密储层成岩—孔隙演化史，发现了绿泥石膜有利成岩相带，预测了高产富集区的分布

1）压实与晚期碳酸盐胶结作用是华庆地区长6油层组储层致密的主要原因

根据成岩矿物间的接触关系、成岩介质环境、成岩矿物成分等方面的分析，建立湖盆中部长6油层组储层的典型成岩现象及成岩序列。

根据 Beard（1973）提出的等大球体颗粒原始孔隙度计算公式，得出华庆地区长6油层组砂岩原始孔隙度为38.7%。结合现今孔隙度、填隙物及溶孔含量，获得华庆地区长6油层组储层主要成岩作用压实作用与胶结作用造成的孔隙损失率（表12-3）。其中，压实作用造成孔隙度损失15.4%，早期胶结作用损失孔隙度2.7%，晚期胶结作用损失孔隙度9.9%。在晚期胶结中，碳酸盐胶结损失的孔隙度平均高达5.4%。由此可知，压实与晚期碳酸盐胶结作用是华庆地区长6油层组储层致密的主要因素。

表12-3　鄂尔多斯盆地湖盆中部主力油层组孔隙度演化表

| 地区 | 原始孔隙度/% | 压实损失孔隙度/% | 早期胶结损失孔隙度/% | 晚期胶结损失孔隙度/% | 溶蚀增加孔隙度/% | 现今孔隙度/% |
|---|---|---|---|---|---|---|
| 华庆 | 38.7 | 15.4 | 2.7 | 9.9 | 0.9 | 11.6 |
| 合水 | 39.0 | 14.8 | 2.6 | 13.0 | 1.0 | 9.6 |

2）保持性成岩作用是形成相对高渗透储层的主控因素

在相同孔隙度条件下，安塞、志靖地区长6油层组的孔隙度可见率都显著高于华庆地区长6油层组储层。华庆北部的三角洲沉积砂体中的孔隙度可见率比华庆北部重力流沉积储层高2%～7%，在孔隙度为3%左右时，华庆地区孔隙度可见率都为0（图12-23），说明这些具极低孔隙度的砂岩的孔隙基本都是由在显微镜下无法识别的微孔构成的。

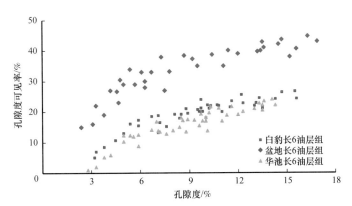

图12-23　华庆地区长6油层组储层孔隙度和孔隙度可见率图

砂岩负胶结物孔隙度与胶结物含量投点图（图12-24）显示，华庆地区压实作用整体较强，胶结作用相对较弱，但受不同物源区沉积成因类型的影响，南部的重力流沉积储层数据更集中靠近左下端压实端点的区域，说明压实减孔作用更强烈。相比之下，北部的三角洲储层粒间孔保存较好，部分样品可以达到7%～10%，这些样品具有以下特征：（1）杂基含量低（0～2%）（表12-4），显著低于华庆地区长6油层组重力流沉积砂

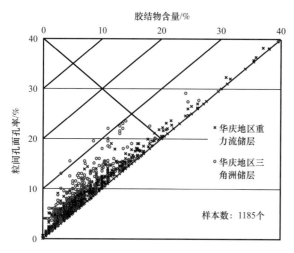

图 12-24　长 6 油层组胶结物与粒间体积关系图

体；（2）自生绿泥石含量高，一般在 6%～10% 之间；（3）碳酸盐胶结物含量平均仅 2.4%。杂基含量低，使得砂岩具有较高的初始孔隙度和较好的抗压实能力，高的绿泥石含量使砂岩的原生孔隙在较深埋藏条件下得以保持。

根据胶结作用、孔隙发育特征，将华庆地区划分为绿泥石膜—粒间孔成岩相、长石溶蚀成岩相、碳酸盐胶结成岩相三种成岩相（图 12-25）。其中，绿泥石膜—粒间孔成岩相的平均孔隙度为 13.4%，平均渗透率为 0.76mD；长石溶蚀成岩相的平均孔隙度为 11.5%，平均渗透率为 0.45mD；碳酸盐胶结成岩相的平均孔隙度为 9.0%，渗透率为 0.13mD。

表 12-4　华庆北地区长 $6_3$ 油层面孔率异常高样品的矿物学、岩石学和孔隙构特征

| 井号 | 白 178 | 山 150 | 白 209 | 白 178 | 白 258 | 白 258 | 白 178 | 白 178 | 山 150 | 山 150 | 白 258 | 平均 |
|---|---|---|---|---|---|---|---|---|---|---|---|---|
| 深度 /m | 2086.06 | 2099.05 | 2056.84 | 2081.43 | 2244.36 | 2247.32 | 2081.82 | 2085.3 | 2098.8 | 2097.99 | 2249.13 | |
| 绿泥石 /% | 7.00 | 9.00 | 10.00 | 6.00 | 6.00 | 9.00 | 8.00 | 7.00 | 10.00 | 8.00 | 6.00 | 7.8 |
| 铁方解石 /% | 0 | 1.50 | 1.50 | 0 | 1.00 | 2.50 | 0 | 0 | 1.00 | 1.00 | 4.00 | 1.1 |
| 铁白云石 /% | 1.00 | 1.00 | 1.50 | 3.00 | 0 | 0 | 3.00 | 2.00 | 1.00 | 1.00 | 0 | 1.2 |
| 杂基 /% | 2.00 | 1.00 | 0 | 1.00 | 0 | 1.00 | 1.00 | 2.00 | 1.00 | 1.00 | 1.00 | 1.0 |
| 原生粒间孔 /% | 7.00 | 7.00 | 6.50 | 6.00 | 7.00 | 7.00 | 6.00 | 6.00 | 5.00 | 6.00 | 6.00 | 6.3 |
| 次生溶孔 /% | 4.00 | 2.50 | 3.00 | 3.00 | 1.50 | 1.50 | 2.50 | 2.50 | 3.00 | 1.50 | 1.50 | 2.4 |
| 面孔率 /% | 11 | 9.5 | 9.5 | 9 | 8.5 | 8.5 | 8.5 | 8.5 | 8 | 7.5 | 7.5 | 8.7 |

3）相对高渗透储层控制了高产富集区的分布

虽然储层的孔隙度、渗透率与单井试油产量的相关性不强，但是也存在一定的趋势。当储层物性相对较好时，尤其是渗透率值较大时，单井产量较高。在华庆地区渗透率大于 0.5mD 的区域，见油井的平均单井试油日产量为 13.2t；渗透率介于 0.2～0.5mD 时，平均单井日产量 9.6t；渗透率小于 0.2mD 的区域，平均单井日产量 5.3t。

3. 构建了过剩压力驱动、持续充注、大面积运聚的成藏模式，指导了连续型大油区的勘探部署

华庆长 6 油层组低渗透储层，孔喉细小，毛细管阻力大，仅依靠浮力不能驱动石油在致密砂岩中发生运移。前面第十章述及，过剩压力对延长组油藏的平面分布特征有一定控制作用。最大埋深期，处于沉积中心的华庆地区长 7 油层组泥岩产生的流体过剩压力可以达到 8～16MPa（图 10-53），因此该区具有很强的生排烃动力。此外，华庆地区处于长 6 油层组过剩压力低值区和长 7 油层组与长 6 油层组过剩压力差高值区向低值区

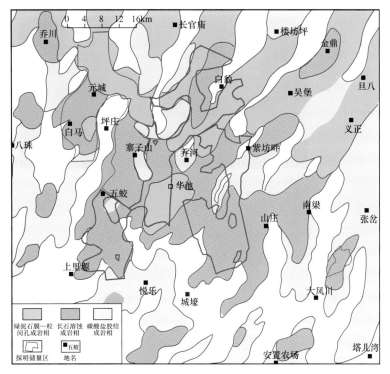

图 12-25　华庆地区长6₃油层成岩相带分布图

的过渡带上（图10-53），为石油运聚的有利地区。

采用P.C.卡西莫夫在1978年提出的运移系数法定量评价油气运移程度。华庆地区长3油层组—长8油层组油藏中，甲烷含量和气油比显示出纵向运移的特征，其变化是连续的，表明油藏的形成连续成藏的过程。延长组上部长1油层组—长2油层组和侏罗系延10油层组—延7油层组油藏的甲烷含量和气油比显示纵向和横向运移相伴的特征，其变化也是连续的（图12-26）。但是二者的变化趋势存在较大差异，产生差异的原因或者是成藏期的差异，或者为储层物性和运移方式不同造成的。由此，建立了过剩压力驱动、持续充注、大面积运聚的成藏模式（图12-27）。

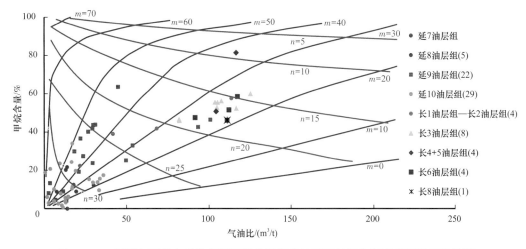

图 12-26　利用卡西莫夫系数判别图版分析华庆地区延长组和延安组石油运移特征

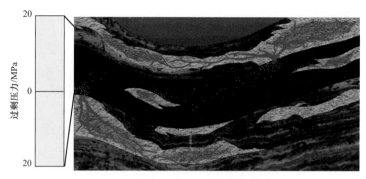

过剩压力/MPa

图12-27    华庆地区长6₃油藏成藏模式

4.突破瓶颈技术，有力保障勘探的顺利实施

1）黄土塬地震技术攻关提高了储层预测精度

针对黄土塬地表条件差、资料信噪比低的难题，长庆油田自主研发了黄土塬非纵地震勘探技术。首次采用大距离偏移的非纵地震采集方式，提高了地震资料信噪比，获得了清晰的成像资料，创新了拟三维的非纵地震处理解释技术。非纵地震勘探是借鉴了三维地震勘探宽方位观测、多方向性采集的优点，其激发点线平行偏离（非纵距）接收点线。由于存在一定的非纵距，能够压制近炮点干扰波，避开沿干燥、巨厚黄土层底部传播的强线性干扰，克服了高精度沟中弯线受地形限制、测线不成网、钻井偏离测线等不足。主频由20Hz提高到35Hz，信噪比由2倍提高到4倍，提高了地震资料的品质。

地震相分析与波阻抗反演相结合，在地震剖面上，寻找"叠瓦状"重力流沉积构造地震反射相，结合井约束波阻抗反演，定量预测砂体厚度。在集中攻关的5年期间，砂体厚度预测符合率由以往的64%提高到69%，为井位部署及储量提交提供依据。

2）强化低渗透储层测井定性、定量评价，提高油层的判识率

在华庆地区大规模勘探过程中，针对长6油层组砂体厚度大，非均质强，低阻油层、高阻水层和高自然伽马砂岩储层的测井难以识别技术问题，以孔隙结构和含油性评价为核心，开展技术攻关。

细分解释单元，建立了测井解释图版，实现了图版库在线支持解释，提高了测井解释符合率；利用密度—中子视孔隙度交会、综合反演等方法，识别高自然伽马砂岩，增加了储层有效厚度；全面推广高精度与核磁测井，深化储层微观孔喉结构研究，定量计算压汞中值喉道半径和可动流体饱和度，实现了华庆地区超低渗透有效储层的准确识别与定量评价。如根据白253井在长6₃油层核磁共振解释成果，T2谱后移，孔隙结构分布较好，经计算平均喉道半径为0.63μm，可动流体饱和度58.2%，显示为好油层，解释油层21.20m，试油日出油20.91t（图12-28）；基于半渗透隔板岩石电学实验装置，系统开展了特低渗透储层岩石物理配套实验，研究了储层孔隙结构的差异对岩石电性的影响，将长4+5、长6油层组的$I—S_w$按流动单元指数分类求取饱和度指数$n$和系数$b$，改善了$I—S_w$交会图中数据点散而乱的现象，使含油饱和度解释误差显著降低，为产能预测提供了高精度参数，规避了产建地质风险。自主研发了测井曲线特征归纳法、产能指数法、模式识别法等测井产能预测技术，并形成测井快速产能预测系统。在华庆地区白209、元414、元284、白281等规模建设区长6油层组推广应用该系统，实现了产能超前预测。

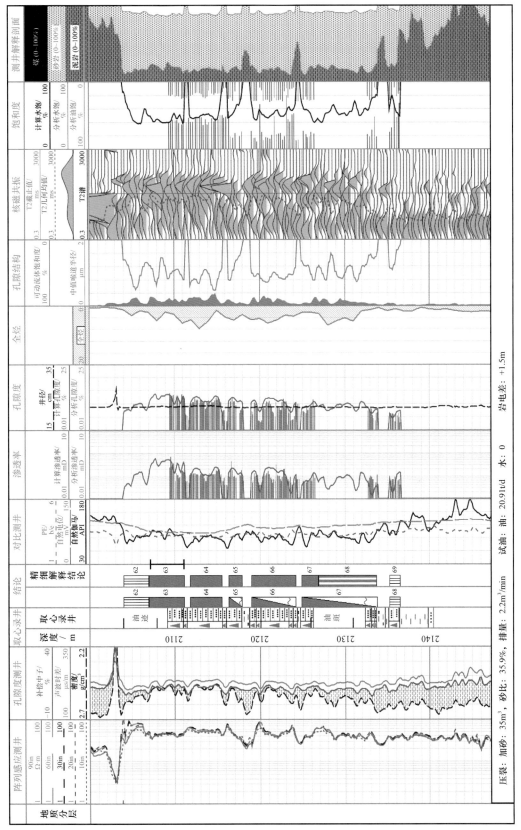

图 12-28　白 253 井长 6 油层组测井孔隙结构评价成果图

3）研发了多级加砂、多缝压裂、水平井"分簇多段"压裂工艺技术，实现了超低渗透厚油层的有效动用

华庆油田长 6 油层组压裂改造遇到的突出难题，主要集中表现在四个方面，一是油层物性差，改造需要造长缝，针对不同储层类型优化难度大；二是压力系数低，排驱压力高，压裂液返排率低，排液结束难度大；三是砂岩中填隙物含量高，面孔率低，中值半径小，储层易造成伤害，常规压裂液体系已不能满足要求；四是砂体厚度大，隔夹层应力小，裂缝纵向上的扩展可控性差，纵向上难以充分改造，横向上增加裂缝长度有限，改造工艺选择、参数优化难度大。针对以上难点，通过开展攻关试验，形成了 4 项有针对性的改造工艺技术。

（1）研发了定向射孔—多缝压裂技术。按照体积压裂的理念，提出了定向射孔—转向压裂的储层改造思路。通过物理模拟实验，当平面应力差为 3～5MPa、射孔夹角 30°～60° 时，裂缝转向可控制程度较高（图 12-29）。

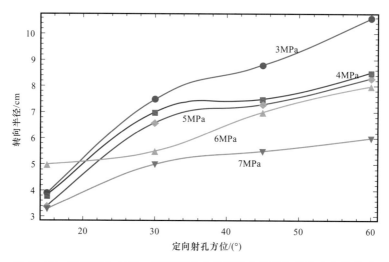

图 12-29　垂向应力 15MPa 时不同应力差下转向半径与射孔方位的关系

（2）研发了多级加砂压裂技术。为了解决华庆地区超低渗厚油层纵向上难以充分动用的难题，提出了多级加砂压裂技术。与常规压裂相比，多级加砂压裂技术改善了裂缝铺砂剖面和导流能力，有利于提高单井产量。2008—2009 年，在华庆地区多级加砂压裂应用了 360 余口井，投产初期，平均单井日产量提高了 15%～20%。

（3）前置酸加砂压裂技术。针对华庆油田长 6 油层组储层物性差、填隙物含量高、普遍发育碳酸盐胶结的特点，在国内首次集成砂岩酸化与加砂压裂技术，形成前置酸加砂压裂工艺技术，有效提高近井地带储层的渗透性，改善了裂缝与地层的连通程度，抑制了黏土膨胀，提高了改造效果。

（4）创新了水平井水力喷射"分簇多段"压裂技术。依据射流增压原理，运用多点水力喷射加砂压裂代替了常规滑套式分段压裂，成功地进行了 10 簇 20 段压裂试验，实现了水平井分簇多段体积压裂技术的突破。

5. 整体研究、整体部署、整体勘探，快速落实了 $8 \times 10^8 \sim 10 \times 10^8 t$ 规模储量，实现超低渗透油藏有效开发

开创一体化研究，勘探开发联手的研究—勘探思路，明确了油藏富集规律。针对长

庆油田长 6 油层组低渗透油藏开发特点和快速上产的需求,改变过去先勘探、后评价、再开发的做法,按照整体研究、整体部署、整体探明、整体开发的工作思路,制定"四个一体化、两个延伸、三个促进"的工作步骤(四个一体化包括组织管理一体化、方案部署一体化、生产运行一体化、资料录取一体化,两个延伸为勘探向后延伸、开发向前延伸,三个促进为促进投资效益的提高、促进整体规模建产、促进油田快速开发),实现了储量和产量的快速增长。

在勘探、评价、开发科研项目的设置上,按照"目前与长远目标的结合、科研与生产的结合、地质与工艺的结合"的原则,形成从有利目标区、含油富集区到高渗高产区逐步快速落实的良好研究序列。"十一五"期间,华庆油田新增探明储量 $5.2 \times 10^8$t,截至 2020 年底,长 6 油层组累计探明储量 $6.17 \times 10^8$t(图 12-30)。

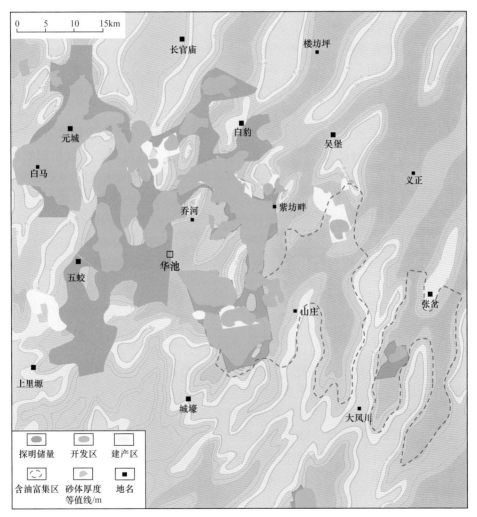

图 12-30　华庆地区长 6 油层组石油勘探成果图

通过产能快速预测技术和"甜点"预测技术,优选建产开发区,优化井位部署,创立了以井网优化、超前注水等为核心的低渗透油藏开发技术,创新形成了小水量、长周期、温和注水等技术,使平面上地层能量分布更均衡,有效提高了单井产量和采收率,单井产量提高了 12.5%,最终采收率提高了 3%～5%,实现了超低渗透油藏的高效开发。

## 四、勘探启示

**1. 创新思维引领拓展了找油新领域，指明了下一步勘探方向**

华庆油田的发现，在鄂尔多斯盆地拉开了重力流勘探开发序幕，打破了以往认为在湖盆中心地区不发育有效储层的认识，实现了三角洲找油向深湖区找油的勘探方向拓展，使得有效勘探范围增大了 $1.5 \times 10^4 km^2$。同样处于湖盆沉积中心的庆阳、合水、正宁地区，大面积连片发育长6、长7油层组重力流沉积储层。其与华庆地区沉积背景和沉积类型相似，紧邻或处于生烃中心，与优质烃源岩互邻共生，油源充足，具有大油田形成的基础条件。因此，华庆油田发现后，长庆油田分公司加强了向湖盆中部的合水、庆阳等地区长6油层组重力流沉积的研究和勘探投入，发现了多个含油富集区，在长7油层组发现了中国第一个致密油田——新安边油田。重力流沉积砂体成为下一步盆地中生界石油勘探的重要领域。

**2. 储层精细评价是寻找高渗高产富集区的重要手段**

勘探开发实践证明，储层评价是低渗透油藏综合研究的核心任务之一。华庆油田的经验说明，地质、地球化学、地球物理方法相结合，精细化的综合评价研究，促进了勘探的突破。

从最初盆地侏罗系油藏的勘探到安塞油田、西峰油田和华庆油田侏罗系与三叠系延长组油藏的勘探开发，对储层的评价研究，逐渐精细化。从沉积相、亚相到微相研究，到油层组到砂层组再到单砂层的研究，从宏观砂体到砂体结构和构型，从砂体展布到优势砂体、有效砂体到高渗砂体分布预测等宏观储层研究，逐渐过渡到从微米孔隙、孔隙组合到纳米孔喉和孔喉结构等微观储层评价研究及从岩石学特征到储层脆性评价研究。同时储层评价也从静态描述到渗流特征研究，从流体特性到可动流体特征研究发展。储层的精细评价为寻找"甜点"目标，并为工艺技术的发展方向和储层改造方式优选提供了重要依据。

**3. 地质研究与工艺改造相结合、勘探开发一体化是快速探明开发大油田的有效途径和勘探模式**

20世纪六七十年代，陇东地区石油勘探伊始，地质工作者就认识到延长组低渗透储层"井井有油、井井不流"的难题。经过几十年的研究，对延长组低渗透油田的类型、轮廓、规模的认识日趋成熟。认为成藏地质条件及主控因素研究、油藏特征与储量计算方法、地震预测与测井新技术攻关，落实有利含油目标区是勘探工作的重点；而油藏描述、地质建模、开发前期评价、储量经济评价、提高单井产量综合研究、落实含油富集区是评价聚焦的重心；开发则应着眼于高渗高产富集区目标优选、油藏精细描述及数模、开发技术政策优化、提高单井产量、提高采收率等研究。另一方面，低渗透油田的发现和快速建产离不开工艺技术的进步，钻井、压裂试油工艺技术的突破与应用，使安塞、西峰特低渗透油田、华庆超特低渗透油藏、新安边致密油逐渐成为鄂尔多斯盆地的主力产油层及石油资源储备的主力军。

长庆油田分公司在鄂尔多斯盆地采用的预探、评价、开发井三位一体，一套井网、整体部署、一体化运作的勘探模式，实现了边发现、边评价、边开发，形成了快速增储上产的新格局，大大缩短了油气田的探明开发周期。

# 第五节　安塞油田

安塞油田是中国石油长庆油田分公司20世纪70年代会战以来探明的第一个三叠系储量超亿吨级规模的大油田，也是中国陆上开发最早的整装特低渗透油田。安塞油田的勘探实践，不但启发引领了鄂尔多斯盆地低渗透油田勘探开发的持续发展，而且对其他同类型的油气田勘探开发树立了成功范例。

## 一、油田概况

安塞油田位于鄂尔多斯盆地陕北斜坡中东部，隶属于陕西省二市四县一区，即延安市安塞区、志丹县、子长县、宝塔区和榆林市靖边县，面积3613km²（图12-31）。含油层系为三叠系长10、长8、长6、长4+5、长2油层组及侏罗系延安组，以长6油层组为主力目的层。

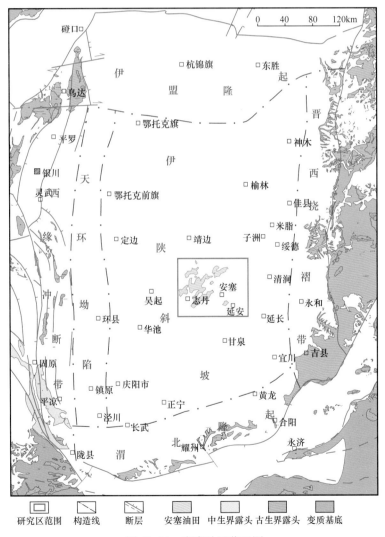

图 12-31　安塞油田位置图

## 二、勘探历程

安塞油田的勘探历程大致可分为三个阶段。

第一阶段：亿吨级安塞油田的发现阶段（1983—1989年）。20世纪80年代初，长庆油田分公司开展了盆地首次资源评价，针对三叠系延长组得出了"盆地东北发育三角洲，西南存在水下扇"的认识，以此为依据，提出石油勘探"东抓三角洲，西找湖底扇"的勘探思路（张文昭，1999）。1983年在安塞以西，石瑶沟以东，席麻湾以南，志丹以北4700km²范围内，部署三纵三横6条大剖面，钻井18口，整体解剖东北三角洲。首批实施的探井中塞1、塞5、塞6井相继在长2、长6等油层组发现工业性油流，从而发现了安塞油田。

1984—1986年集中力量进行勘探，按照整体解剖、局部围歼的思路，抓储量增长。在三叠系长2、长3、长4+5和长6等四个油层组砂岩中发现油层，找到了王窑、坪桥、候寺、杏河及谭家营5个含油区块，地质储量1.0561×10⁸t。1987—1988年为后期评价阶段，仅钻少量探井，提交探明储量1439×10⁴t。至此，在战略上坚持科学勘探程序，在战术上贯彻科学打井，仅用4～5年时间就高效、高速拿下了亿吨级安塞油田。1989—1996年安塞油田进入开发的准备和建设上产阶段，产量达到了100×10⁴t。

第二阶段：二上安塞油田勘探阶段（1997—2000年）。自1997年起，为确保安塞油田持续稳产，根据陕北地区勘探及开发建产形势，勘探二上安塞油田，为其稳产寻找后备储量。由此对安塞地区延长组三角洲油藏进行了全面、系统的综合地质研究及资源潜力评价分析，筛选有利目标，在王窑、候寺、杏河等区块开展滚动扩边，储量大幅度增长，新增探明地质储量8653×10⁴t。

第三阶段：快速发展阶段（2001年至今）。从2001年开始，安塞油田进入快速发展阶段。储量稳定增长，尤其是2007年，在"甩出去、打下去"认识指导下，勘探不断向新领域、新层系进军，勘探取得突破，陕北高52井试油获得日产64.7t的高产油流，拉开了"安塞下面找安塞"的序幕。之后在长7、长8、长10油层组打出一批高产井，2014年该区长10油层组新增探明储量3734.84×10⁴t。陕北地区呈现出12×10⁸t的规模场面。截至2020年底，安塞油田已累计探明含油面积970.39km²，探明石油地质储量53754.83×10⁴t。

## 三、理论创新与勘探实践

安塞油田的发现，拉开了鄂尔多斯盆地大规模低渗透岩性油藏勘探开发的序幕，实现了勘探思路的转变，摸索出了一套内陆湖盆河流三角洲找油的勘探方法。

### 1. 创建曲流河三角洲成藏理论模式，开创了三叠系石油勘探的新局面

应用三角洲找油理论，完成了全盆地沉积相与油气富集规律的研究，并提出了盆地三角洲油藏富集规律的基本认识，制定出"东抓三角洲、西探水下扇"的勘探战略，确定了安塞三角洲为找油突破口。通过进一步区域勘探评价，认为陕北安塞油田具有以下三个特征。

#### 1）发育大型复合三角洲储集体

延长组沉积期，安塞地区地形平缓的宽阔地带，气候温暖潮湿，降雨充沛，盆地边

缘水系发育，盆地内沉积补偿大于沉降，为建设三角洲的形成提供了有利条件。长6油层组以湖泊收缩体系域的进积和加积层序组为特点，由东向西发育沿河湾、安塞—砖窑湾、郝家坪—王窑共10条砂体，单层砂厚20～30m，宽度4～16km，仅三角洲前缘延伸摆动带宽度就达70～110km，砂体平面连片，纵向叠置，形成巨大的三角洲砂体（图12-32）。

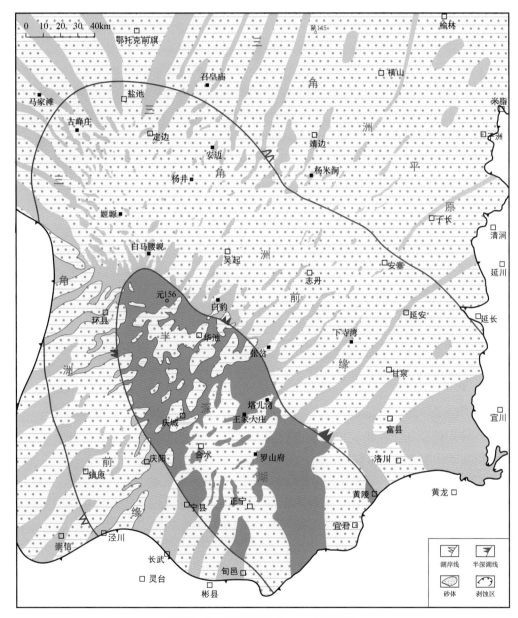

图12-32　三叠系长6₁油层沉积相图

2）发育有利的生储盖组合

安塞三角洲的形成演化过程中，生油层、储层、盖层沉积多期交替发育，并不断向湖盆腹地推进延伸，形成较为理想的生、储、盖配套组合。长6油层组下伏的长7油层组，拥有中生界厚度最大、有机质类型最好、有机质丰度最高、生排烃能力最强的烃源岩，油源十分充足；长 4+5 油层组广泛分布的沼泽相与滨浅湖沉积形成了主要的盖层。长 7 油层组—长 4+5 油层组是本区最有利的成油配置。由生烃中心侧向运移提供的石油，通过叠合砂体向构造高部位长距离侧向运移，形成纵向上多油层复合发育。

3）安塞三角洲延伸方向与油气区域运移方向有机配置

在大型三角洲前缘亚相发育区，由于河口沙坝的横向迁移，在河口沙坝之间往往有浅湖亚相并存发育，它们虽不能作为储层，但为形成以河口沙坝为中心的油藏起了岩性圈闭作用。安塞三角洲呈北东向延伸，与区域近南北向构造线平行或成小角度斜交，有利于形成区域上倾方向的岩性遮挡而大面积捕获油气。

在上述认识的基础上，通过整体解剖与局部围歼的部署原则，进一步查明了区域沉积格架、安塞三角洲体系的轮廓，分析了三角洲沉积体与油气富集的关系，为进一步深入勘探提供了更多的详实探区。已经发现的坪桥、王窑、侯市、杏河和化子坪油田证实，油田范围与油气聚集区严格受三角洲前缘和三角洲平原亚相带砂体的控制。

2. 三角洲分流河道和河口坝砂体储集条件优越，为形成大型岩性圈闭油藏的最有利相带

综合分析盆地成因特点以及晚三叠世湖盆形成演化规律，认为鄂尔多斯盆地陕北地区长 6 油层组发育大面积建设型三角洲沉积体系，三角洲前缘亚相分流河道砂体广泛分布，砂体发育，砂体横向上分布稳定，纵向上叠合连片，储集条件优越。为形成大型岩性圈闭提供了有利的储集条件。

首先，陕北地区长 6 油层组是盆内中生界规模最大的三角洲沉积体，三角洲分流河道砂体十分发育，储集性能相对较好；其次，陕北地区位于伊陕西倾斜坡一级构造单元的东部，构造部位较高，而生油中心位于与其毗邻的西部和西南部，油源充足，石油可通过叠合砂体向侧上方长距离运移至长 6 油层组三角洲前缘而聚集成藏；此外，孔隙发育的三角洲砂体与上倾分流间湾泥质岩和成岩致密砂岩相间展布、相互配置，圈闭条件良好。

因此，对陕北地区长 6 油层组、特别是其三角洲前缘部分而言，找到了三角洲分流河道、河口沙坝储集体，在很大程度上也意味着找到了油藏（图 12-33）。因此，沉积体系与沉积相及砂体展布精细研究与预测，是陕北地区高效、快速、成功勘探的可靠依据。

3. 低渗背景上浊沸石的溶解是形成高渗、高产富集区的关键

安塞地区的勘探实践证明，浊沸石溶蚀作用有效改善了陕北地区长 6 油层组砂岩的储集性能，浊沸石溶孔是长 6 油层组储层有效的储集空间（图 12-34）。

长 6 油层组砂岩储层储集条件优越，储层岩性为中、细粒长石砂岩，具有低成分成熟度、高结构成熟度的特点。孔隙类型以粒间孔和次生溶孔为主。安塞油田长 6 油层组砂岩储层在成岩过程中，浊沸石胶结物的沉淀使岩石体积增加约 40%，但浊沸石形成过程中对 $Ca^{2+}$ 和 $Si^{4+}$ 的消耗限制了自生碳酸盐和石英的生成，使得浊沸石发育层位和地区储层中碳酸盐胶结和自生石英相对不发育。

长 6 油层组储层中长石、浊沸石溶蚀作用发育，溶解作用产生的长石粒内溶孔与铸模孔、岩屑溶孔、晶间溶孔，特别是浊沸石的溶孔有效改善了储层的储集性能。

相比而言，三角洲前缘相带有利于浊沸石溶孔的发育。如子长地区长 6 油层组砂体属于三角洲平原分流河道相，其浊沸石溶蚀孔仅有 0.72%，远低于三角洲前缘相。塞 5

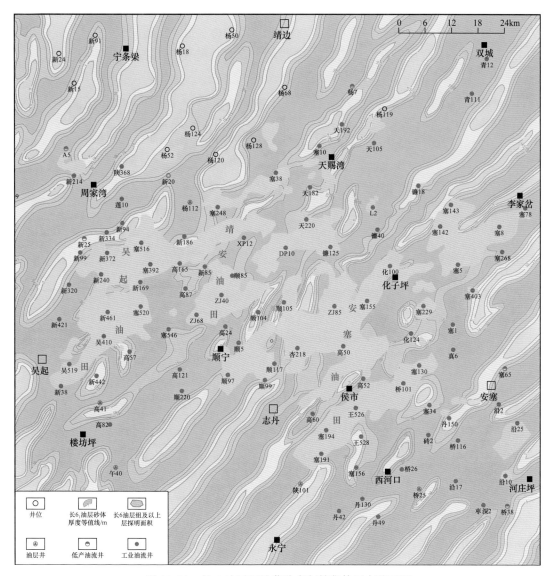

图 12-33 长 6 油层组油藏分布与储集体展布关系图

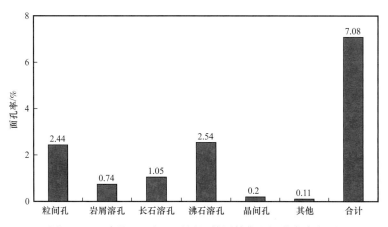

图 12-34 陕北地区长 6 油层组储层储集空间分布直方图

井区—塞8井区、塞6井区—塞29井区—塞37井区和塞38井区三个浊沸石次生孔隙发育区，都分布于三角洲前缘砂体中砂/地比高的部位，其砂/地比分别为61%、71%、92%。砂体主体部位连通性好，有利于酸性水渗流，最终使浊沸石溶蚀发生形成次生溶孔（图12-35）。

a. 浊沸石溶孔，坪40-20井，1167.84m，×100

b. 浊沸石溶孔，塞126井，1505.00m，×100

c. 长石溶蚀孔隙，A21井，2105.27m，×200

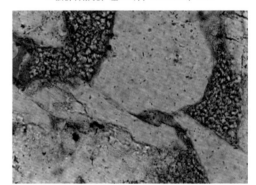
d. 高岭石晶间孔，A14井，2133.50m，×400

图12-35　陕北老区长6油层组主要发育孔隙类型

按照追踪三角洲主砂体、抓次生溶蚀型孔隙发育区和相对高渗带的勘探思路，在北起镰刀湾、南到王窑、东至郝家坪、西到杏河，约2500km²范围内展开勘探，发现了王窑、侯市、杏河、坪桥含油富集区，初步查明了安塞油田整装大油田的轮廓。

4. 勘探技术的创新确保了勘探的顺利实施

1）总结摸索出一套适合本区复杂地表条件下的高分辨率地震采集、处理、反演和储层横向预测技术

针对陕北地区地表条件复杂的实际情况，20世纪90年代初开展了黄土塬区中生界沟中弯线、塬上直测线的高分辨率地震勘探攻关及地震储层预测研究，形成了一套具有长庆特色的、适合本区复杂地表条件下的储层预测技术。（1）经过论证、优选和改进，初步形成了一套适合陕北地区岩性油藏勘探的野外采集方法及资料处理的技术和流程；（2）通过模型正演确立三叠系顶部侵蚀面的解释模式，重塑前侏罗纪古地貌；（3）对主要储层段进行地震地层学解释，进而为储层厚度、含油性预测提供地质概念模式；（4）本区中生界埋藏浅、储层发育，油藏主要受岩性控制，准确预测储层的厚度变化及展布是勘探取得成功的关键。

通过这套技术的实施，明确了砂体分布规律，为探井的部署提供了依据。

2）在分析延长组低渗透储层测井特征的基础上，建立了低渗透、特低渗透储层测井解释模式

（1）建立了对应的测井解释模型。在大量四性关系研究基础上，确立了低渗透、特低渗透油层工业性有效储层的物性下限，建立了复杂孔隙结构条件下渗透率、含水饱和度计算模型和测井综合解释模型。

（2）提高了低幅度圈闭油藏油水层判识精度。根据陕北地区影响长2油层组含水饱和度的主要因素即储层中流体的流动能力，把渗透率引入阿尔奇公式，有效地提高了含水饱和度的计算精度，解决了含油饱和度的计算问题，更有效地判识高含水饱和度油层。

（3）针对陕北延长组低阻油层成因特征，修改了饱和度解释模型，在阿尔奇公式中引入渗透率，降低孔隙结构对电法解释含水饱和度的影响。并根据低阻油层所在的沉积环境及其测井响应特点，采用分区块、分相带建立解释图版的办法，识别低阻油层。

3）探索形成了特低渗透油层压裂改造工艺技术，为提高单井产量和开发效益提供了有效技术支撑

形成了以下三种主要的储层改造工艺技术：

（1）整体压裂技术。长6油层组特低渗透油层具有物性差、低压、低产等特点，油井单井控制地质储量低（$4.6 \times 10^4$t）。采用反九点注采开发井网，井距250～330m，按注水开发采收率20%，采油速度1.2%，可以实现经济有效开发。据此确定的整体压裂目标为：压裂井投产第一年和第三年，单井平均日产油水平分别达到4t和3t以上；形成区块配套压裂工艺体系及模式；通过压裂技术进步，压裂改造成本降低20%以上。

（2）开发压裂技术。开发压裂是将水力压裂裂缝先期介入油田开发井网的部署中，以压裂开发为出发点，进行井网优化，使压裂裂缝与井网相匹配，以达到提高单井产量和区块整体开发效果的目的。

（3）浅层油藏压裂改造工艺技术。浅油层压裂规模、施工参数、压裂方式的选择，应与储层类型、物性、隔层情况相匹配。储层改造遵循"三小一低"即小砂量、小砂比、小排量和低射开程度的设计原则。

## 四、勘探启示

### 1. 创新地质理论是引领石油勘探新突破的不竭动力

盆地东北曲流河三角洲成藏模式的建立，为陕北油区的发现提供了理论依据。20世纪80年代，提出了"湖盆东北部长6油层组沉积期发育大型曲流河三角洲，前缘水下分流河道砂体是石油富集的有利场所"的新认识，锁定长6油层组大面积分布的三角洲砂体为重点勘探目标，分流河道砂体是油气富集的重要场所，发育的浊沸石次生孔隙带是油藏富集的有利条件，储集砂体沿上倾方向侧变为致密层是成藏圈闭的主要类型。在此认识基础上，制定了区域勘探、圈闭预探、评价勘探合理勘探程序（杨华等，2003）。

区域勘探：三角洲油藏富集于三角洲平原和前缘砂体主体带上，因而区域勘探阶段应沿三角洲相带的走向，采用"S"型井网进行部署，以发现有利含油区带为重点。如安塞油田在1983年采取了区域甩开部署探井，不仅有3口井获得工业油流，同时还探明了含油区带。

圈闭预探：在区域勘察和发现有利含油富集区的基础上，采用整体解剖（以含油区带为主）和局部围歼（以圈闭为主）的方针，部署剖面井并围绕新的发现部署预探井。通过预探有利相带，查明了塞5井—塞6井区属三角洲前缘砂体，同时针对前缘砂体沉积特点，在塞5井区采用4.0km的井距进行了预探阶段的评价。

评价勘探：该阶段的重点是针对已发现的油藏评价勘探效果，提交基本探明储量。井距基本为3~4km，这种井距有利于在平面上控制含油范围。安塞油田是在进入评价勘探阶段后，以王窑、坪桥、杏河等区块展开评价勘探而探明的。

通过科学有效的井网实施勘探程序，找到了盆地内第一个亿吨级的安塞油田，实现了长庆油田勘探开发层系的大转折，支撑了长庆油田持续深入发展。

## 2. 突破关键技术是推动石油勘探大发展的重要保障

### 1）地震预测技术

盆地中生界石油勘探因受黄土塬地貌的限制，当钻遇有利储层及发现石油后，主要依赖于钻井和综合地质研究进行勘探。但随着勘探工作的不断深化，其难度及风险逐渐加大。为此，勘探中加大了地震勘探力度，积极应用新技术、新方法，总结摸索出了一套适合本区复杂地表条件的高分辨率地震采集、处理、反演和储层横向预测技术。

### 2）测井解释判识技术

对于安塞油田长6油层组低渗透储层，特别是储层中有放射性的钾长石时，使判识油水层和计算孔隙度、渗透率、含油饱和度变得极为困难。随着测井技术的不断更新，测井解释方法的研究也取得很大的发展。在安塞油田低渗透、特低渗透储层解释方法的应用，为阿尔奇公式在低渗透、特低渗透储层的应用开辟了新的途径。

## 3. 地质与工艺相结合是持续挑战低渗透下限的重要支撑

在安塞油田的勘探开发中，压裂具有举足轻重的作用。随着勘探工作的深入，地质与工艺深度结合，压裂技术不断取得新进展。在大量室内岩石力学、压裂液性能、支撑剂性能评价的基础上，从裂缝穿透性、导流能力、施工参数、工艺方式等方面进行优化设计，逐步形成了安塞油田长6、长2油层组和延安组油层的主体压裂技术。并开展了针对陕北特低渗透油层进行的清洁剂、$CO_2$泡沫等新工艺压裂试验，并取得了一定效果。大大加快了陕北地区资源的转化率。

## 4. 勘探开发一体化是提高勘探成效的重要手段

20世纪90年代后期，科研人员深入研究安塞油田的地质特征、油田开发动态，提出了把评价勘探与滚动勘探开发相结合的"勘探开发一体化"思路，进一步创新油田勘探开发技术、扩大油田含油面积、丰富和发展"安塞模式"内涵。预探、评价、开发井三位一体，一套井网、整体部署、一体化运作，实现了边发现、边评价、边开发，形成了快速增储上产的新格局，大大缩短了油气田的探明开发周期。

# 第十三章　油气资源潜力与勘探方向

鄂尔多斯盆地石油与天然气资源并存，石油主要赋存于中生界，其中侏罗系延安组和三叠系延长组为常规石油，长7油层组为致密油（非常规油）；天然气主要赋存于古生界，其中上古生界为致密砂岩气（非常规气），下古生界为碳酸盐岩气（常规气），垂向上表现为多层系复合含油气。

## 第一节　油气资源评价

鄂尔多斯盆地从20世纪80年代至今，已完成四轮次系统的油气资源评价工作，每轮次资源评价，由于勘探程度、地质认识程度以及勘探开发技术发展程度等的限制，资源评价结果不尽相同，但每轮次的评价结果，都对重新认识盆地资源潜力和制定下一步的勘探部署规划起到了重要的指导作用与实践意义。随着勘探技术、地质认识以及评价方法的不断深入与优化，油气地质资源量最终更加趋于合理。

### 一、鄂尔多斯盆地历次油气资源评价概况

鄂尔多斯盆地先后开展了四轮次盆地级油气资源评价，分别是1981—1984年第一次油气资源评价，1992—1994年第二次油气资源评价，2000—2002年第三次油气资源评价和2013—2016年第四次油气资源评价。

1. 第一次油气资源评价（1981—1984年）

始于1981年为期3年的第一轮资源评价，由于处在盆地的勘探初期，仅在盆地西缘发现李庄子、马家滩、大水坑、摆宴井油田和盆地内部马坊、红井子、东红庄、马岭、城壕等油田，由于油田规模受局部小构造和古地貌单元所控制，单个油田的规模仅 $200 \times 10^4 \sim 300 \times 10^4 t$，累计探明储量 $10301 \times 10^4 t$。在此勘探背景下，第一次资源评价将评价重点侧重于盆地成油地质条件的认识总结上，侧重于深入分析侏罗系古地貌丘嘴的分布规律，评价方法则采用氯仿沥青"A"法、沉积体油层体积法、次生运移系数法和古地貌积分法等相对参数较少、易于提取、计算方便的资评方法。测算盆地侏罗系资源量 $3.1 \times 10^8 t$，三叠系资源量 $12.2 \times 10^8 t$，预测中生界石油资源量 $15.3 \times 10^8 t$。基于延长组顶侵蚀古地貌的刻画和局部小构造的刻画，采用古地貌积分法预测侏罗系资源量的方法，是本论资源评价的亮点技术；同时，针对上古生界发育有大量的煤系地层，引入了煤成气理论，开展了煤和煤系泥岩的成烃机理研究。古生界天然气资源量 $35126 \times 10^8 m^3$，"七五"期间，上、下古生界结合进入盆地腹部勘探，随着对下古生界碳酸盐岩成气条件认识的深化和飞跃，下古生界天然气勘探进入一个新的阶段，利用盆地分析模拟技术重新评价古生界天然气资源量为 $36950 \times 10^8 m^3$，其中上古生界较第一次资

源评价减少 $6950 \times 10^8 m^3$，下古生界增加 $8774 \times 10^8 m^3$。

2. 第二次油气资源评价（1992—1994 年）

本轮资源评价是在中生界低渗透岩性油藏的有效开发和下古生界奥陶系碳酸盐岩风化壳地层气藏的重大发现背景上展开的。盆地内部平缓西倾大单斜背景上发育的大型地层岩性油气藏成为勘探的主要对象，勘探成果与地质认识的突破是第二次资源评价的主要切入点。针对中生界主要采用了体积法、油藏工程模型法、神经网络法、克立金法、油田规模序列法和加拿大发现模型法等六种方法、三个角度进行资源量评价。相比第一轮评价，考虑到岩性油气藏采用了储层体积评价法、油藏发现历程分布模型法。资源量评价结果侏罗系资源量为 $2.6633 \times 10^8 t$，三叠系资源量为 $16.4204 \times 10^8 t$，预测中生界石油资源量为 $19.08 \times 10^8 t$，古生界天然气资源量为 $41788 \times 10^8 m^3$。由于该轮评价按照以圈闭为基础，区带为重点的规范要求进行，而处在岩性油气藏初始勘探阶段，岩性圈闭识别与评价方法尚处于探索阶段，钻探程度也相对较低，资源评价的结果依然偏小。

3. 第三次油气资源评价（2000—2002 年）

第三轮资源评价在烃源岩评价和盆地模拟方面开展了大量工作。确立了长 4+5 油层组—长 8 油层组暗色泥岩为烃源岩，侏罗系煤系地层生烃能力有限；研究了盆地古地温史、构造演化史，进行了剥蚀量的恢复计算，首次开展了中生界盆地模拟；建立了以运聚单元为评价目标（2 个）和以区块为评价目标（5 个）的两个级别的刻度区，用于评价参数的提取和刻度区的类比；经盆地模拟法、产烃率法、勘探经验统计法和盆地类比法，确定盆地侏罗系资源量为 $20.24 \times 10^8 t$，三叠系资源量为 $65.64 \times 10^8 t$，鄂尔多斯盆地石油资源量 $85.88 \times 10^8 t$，天然气资源量 $10.7 \times 10^{12} m^3$。

第三次资源评价后，在油田围绕 $5000 \times 10^4 t$ 上产期间，2008—2009 年中华人民共和国国土资源部组织实施一次资源评价。此次评价相比以往资源评价，主要开展了三方面的工作：一是长 7 油层组张家滩页岩主力烃源岩评价进一步深化，认识评价长 9 油层组李家畔页岩的生烃能力；二是基于低渗透、特低渗透储层评价和有效开发，对有利储集空间纵横向分布开展了大量工作；三是建立了堡子湾、志靖—安塞、西峰、华庆四个多油层组叠合刻度区，确定了类比参数。资源评价方法则是采用产烃率法、地质类比法、体积法和勘探经验法（饱和探井），盆地资源量经特尔菲法确定为 $128.5 \times 10^8 t$，其中侏罗系资源量 $12.3 \times 10^8 t$，三叠系资源量 $116.2 \times 10^8 t$，天然气资源量 $15.16 \times 10^8 m^3$。

4. 第四次油气资源评价（2013—2016 年）

第四次盆地油气资源评价梳理了盆地三次资源评价以来所取得的油气勘探成果和取得的地质认识，这些成果与认识的丰富与深化，有效地构架起本论资源评价的工作基础和方法体系，因而，评价的结果也能更好地应用于油田发展规划和生产部署。其次，厘清了盆地目前所处的勘探程度和地质认识有待进一步深化的主要方面，比较客观地评价了盆地油气资源的富集程度、品位和分布受控因素。第四次盆地油气资源评价的总体思路是针对鄂尔多斯盆地各油、气层组不同成因的储集体，紧扣因沉积条件和生储配置条件的差异而导致油气藏控制因素与含油气性方面的差异这一主题，首次划分常规油、非常规油、常规气和非常规气四种资源类型，提出了"层区带"的评价思路，划分层区带评价单元和层区带刻度区。通过对层区带刻度区进行解剖，来类比求取层区带评价单元的资源量，然后各层叠加形成类比法计算的盆地资源量。作为新类型的刻度区，在地质意义和筛选的关键类比参数方面优点明显，用于类比求取层区带资源量也较易把握。为此，在依据各油层组沉积特点分析的基础上，中生界石油共划分 12 个层区带，44 个评价单元，建立 29 个刻度区，刻度区类型大致可分为古河道披覆型、古河道充填型、缓坡河流—三角洲型、陡坡河流—三角洲型和陡坡扇三角洲型等五类。古生界天然气共划分 10 个层区带，33 个评价单元，建立 13 个刻度区，刻度区类型大致可分为苏里格致密砂岩类型、盆地东部中浅层致密砂岩类型、靖边岩溶风化壳类型、靖西白云岩储层类型等。

通过本次油气资源评价，建立了适用于鄂尔多斯盆地层区带评价单元的地质类比标准，对油气各个评价单元分别进行了地质类比和资源量计算。评价结果显示：盆地常规石油资源量 $116.5 \times 10^8 t$，致密油资源量 $30 \times 10^8 t$，中生界石油总资源量 $146.5 \times 10^8 t$；盆地常规气资源量 $2.36 \times 10^{12} m^3$，致密砂岩气资源量 $13.32 \times 10^{12} m^3$，古生界天然气总资源量 $15.68 \times 10^{12} m^3$。

鄂尔多斯盆地不同轮次的油气资源评价受勘探程度与地质认识程度的影响，资源评价方法也在调整变化。虽然有些资源评价方法多次使用，但选用参数的合理性和涵盖性都会随认识的深化和资料的丰富而不断完善，盆地常规和非常规油气资源分布规律也逐渐清晰，本书后续章节都采用 2013—2016 年第四次油气资源评价结果展开论述。

## 二、油气资源评价结果

### 1. 常规油气资源

鄂尔多斯盆地常规油是指中生界侏罗系延安组和三叠系延长组（长 7 油层组除外）的石油资源，常规气指下古生界奥陶系碳酸盐岩气。资源评价按照"层区带"的原则，将中生界常规油划分为 11 个层区带，35 个评价单元。其中侏罗系划分为 4 个层区带，延长组划分为 7 个层区带；将下古生界常规气划分为 3 个层区带、8 个评价单元。优选盆地模拟法、体积法和资源面积丰度类比法（郭秋麟等，2013）三种方法进行常规油气资源评价，并采用特尔菲法进行综合评价（表 13-1）。

1）盆地模拟法资源量计算

主要是通过计算机定量模拟含油气盆地烃类的生成、运移和聚集过程来估算含油气盆地的油气资源潜力（郭秋麟等，2013）。适用范围：除了油气普查阶段没有系统的盆地油气地质条件，难以开展盆地分析模拟之外，盆地的油气勘探的各个阶段都可以进行盆地模拟分析。使用的前提条件是必须正确地划分运聚单元。通过开展系统盆地模拟，获得运聚单元的生油气量和运聚系数，乘积求得各运聚单元资源量，汇总后得到盆地常规石油资源量为 $122.36 \times 10^8 t$，常规天然气资源量为 $27372.52 \times 10^8 m^3$（表 13-2）。

2）体积法资源量计算

体积法主要通过对储层有效储集空间及其含油气程度的计算，估算有效储层内的油气资源量，其计算公式为

$$Q = 100 \cdot A \cdot C_a \cdot H \cdot \phi \cdot \rho \cdot S_o / B \qquad (13-1)$$

式中　$Q$——资源量；

　　　$A$——圈闭面积；

　　　$C_a$——含油面积系数；

　　　$H$——有效储层厚度；

$\phi$——储层孔隙度；

$S_o$——含油饱和度；

$\rho$——原油密度；

$B$——体积系数。

该方法所需的关键参数如含气面积系数、储层有效厚度、有效孔隙度等均需通过对评价区已有勘探成果统计获得，应用中国石油第四次油气资源评价软件（HyRAS1.0）进行体积法计算资源量。体积法评价结果表明：鄂尔多斯盆地中生界常规油资源量为 $118.75 \times 10^8 t$，天然气资源量为 $21870.36 \times 10^8 m^3$（表 13-2）。

表 13-1　鄂尔多斯盆地常规油气资源评价单元与评价方法统计表

| 资源类型 | 层系 | 层区带 | 评价单元 | 评价方法 |
|---|---|---|---|---|
| 常规油 | 侏罗系 | 直罗组 | 陇东、陕北 | 盆地模拟法、体积法、资源面积丰度类比法 |
| | | 延1油层组—延7油层组 | 姬塬、靖边、陇东 | |
| | | 延8油层组—延9油层组 | 姬塬、靖边、陇东 | |
| | | 延10油层组 | 姬塬、靖边、演武、子午岭 | |
| | 三叠系 | 长1油层组 | 姬塬、志靖—安塞、盆地南部 | |
| | | 长2油层组 | 姬塬、志靖—安塞、盆地南部 | |
| | | 长3油层组 | 陕北、陇东、盆地东南 | |
| | | 长4+5油层组 | 姬塬、志靖—安塞、陇东、盆地东南 | |
| | | 长8油层组 | 姬塬、志靖—安塞、陇东、盆地东南 | |
| | | 长9油层组 | 姬塬、志靖—安塞、陇东、盆地东南 | |
| | | 长10油层组 | 陕北、盆地南部 | |
| 常规气 | 下古生界 | 马家沟组上组合 | 靖边地区、神木—米脂、宜川—黄龙 | 盆地模拟法、体积法、资源面积丰度类比法 |
| | | 马家沟组中组合 | 靖边—吴起、乌审旗—神木、榆林—宜川 | 盆地模拟法、体积法、资源面积丰度类比法 |
| | | 礁滩、缝洞体 | 西缘岩溶缝洞体、南缘礁滩体 | 体积法 |

3）资源面积丰度类比法资源量计算

资源面积丰度类比法属于地质类比法，是由已知区推未知区的评价方法之一。假设某一评价区和某一高勘探程度类比区具有相似的成藏地质条件，那么它们将会有大致相同的含油气丰度（郭秋麟等，2013）。

其核心是根据"三高"原则，结合最新勘探成果，分别对每一个层区带建立相应刻度区，通过对刻度区有效储层厚度、孔隙度、渗透率等关键参数进行详细解剖分析，依此制定详细的常规油、常规气地质风险分析评价标准。首先按照地质风险分析评价标准，对各个评价层系的生油条件、储层条件、盖层及保存条件、圈闭条件、匹配条件等五项石油地质要素进行评分，完成刻度区和评价单元地质风险综合评价，并将评价单元与相应刻度区进行类比，获取相似系数，从而得到评价单元资源面积丰度、层运聚系数及技术可采系数等关键参数。再依照刻度区地质评分与资源面积丰度的直线、二项式、乘幂三类数学关系，计算得到各评价单元在三种算法下的资源面积丰度。最后资源面积丰度与有利含气面积相乘，得到评价单元的资源量。资源面积丰度类比法评价结果表明，鄂尔多斯盆地常规石油资源量为 $106.85 \times 10^8 t$，奥陶系常规天然气地质资源量为 $24088.62 \times 10^8 m^3$（表 13-2）。

表 13-2 鄂尔多斯盆地油气资源综合评价结果数据表

| 资源类型 | 评价方法 | 权重系数 | 计算结果 | | 计算结果 | |
| --- | --- | --- | --- | --- | --- | --- |
| | | | 地质资源量 / $10^8 t$（油），$10^8 m^3$（气） | 可采资源量 / $10^8 t$（油），$10^8 m^3$（气） | 地质资源量 / $10^8 t$（油），$10^8 m^3$（气） | 可采资源量 / $10^8 t$（油），$10^8 m^3$（气） |
| 常规油 | 体积法 | 0.65 | 118.75 | 22.97 | 116.5 | 21.8 |
| | 地质类比法 | 0.25 | 106.85 | 21.18 | | |
| | 盆地模拟法 | 0.1 | 122.36 | 23.57 | | |
| 致密油 | 体积法 | 0.4 | 31.16 | 3.65 | 30.0 | 3.51 |
| | 地质类比法 | 0.3 | 32.96 | 3.86 | | |
| | EUR 类比法 | 0.3 | 25.48 | 2.98 | | |
| 中生界石油资源量 /$10^8 t$ | | | | | 146.50 | 25.31 |
| 致密砂岩气（非常规气） | 体积法 | 0.3 | 119604.10 | 63769.55 | 133180.38 | 71013.70 |
| | 小面元容积法 | 0.3 | 118425.70 | 63141.27 | | |
| | 地质类比法 | 0.2 | 138904.98 | 74088.52 | | |
| | 盆地模拟法 | 0.2 | 169952.23 | 90613.77 | | |
| 碳酸盐岩气（常规气） | 体积法 | 0.5 | 21870.36 | 12918.15 | 23636.27 | 13961.22 |
| | 地质类比法 | 0.3 | 24088.62 | 14228.42 | | |
| | 盆地模拟法 | 0.2 | 27372.52 | 16168.11 | | |
| 古生界天然气资源量 /$10^8 m^3$ | | | | | 156816.65 | 84974.93 |

4）常规油气综合资源量

由于盆地模拟法、类比法、统计法等方法都有一定的适用范围和局限性，因此根据各种方法的适用条件及可靠程度，采用特尔菲法对三种方法评价结果取适当权重系数进行综合评价，从而得到盆地综合资源量。

在对以上不同方法优缺点和适用程度评估的基础上，采用特尔菲法对不同评价方法得到的评价结果分别赋予不同的权重值进行综合评价。常规石油资源评价中，盆地模拟法权重 0.1，体积法权重 0.65，地质类比法权重 0.25，根据以上权重设置和各方法计算的资源结果，综合评价得到盆地常规油资源量为 $116.5 \times 10^8 t$。常规气资源评价中，盆地模拟法权重 0.2，资源面积丰度法权重 0.3，体积法权重 0.5，根据以上权重设置和各方法计算的资源结果，盆地常规天然气资源量为 $23636.27 \times 10^8 m^3$（表 13-2）。

2. 非常规油气资源

鄂尔多斯盆地非常规石油主要是指中生界长 7 油层组致密油，非常规天然气主要指上古生界石炭系—二叠系致密砂岩气。资源评价按照"层区带"的原则，根据储层沉积特征、各层系垂向及东西差异，结合最新勘探成果，将中生界长 7 油层组划分为 1 个层区带、4 个评价单元，上古生界划分为 7 个层区带、25 个评价单元。优选盆地模拟法、体积法、小面元容积法、EUR 类比法、资源面积丰度类比法共五种方法进行致密油气资源评价（郭秋麟等，2011），并采用特尔菲法进行综合评价（表 13-3）。

**表 13-3　鄂尔多斯盆地非常规油气资源评价单元与评价方法统计表**

| 资源类型 | 层系 | 层区带 | 评价单元 | 优选评价方法 |
|---|---|---|---|---|
| 致密油（非常规油） | 三叠系 | 延长组 长 7 油层组 | 姬塬、志靖—安塞、陇东、盆地东南部 | 体积法、资源面积丰度类比法、EUR 类比法 |
| 致密砂岩气（非常规气） | 上古生界 | 石千峰组—石盒子组 石千峰组—上石盒子组 | 盆地中西部、神木—米脂、盆地南部 | 盆地模拟法、体积法、小面元容积法、资源面积丰度类比法 |
| | | 盒 5 段—盒 7 段 | 盆地中西部、神木—米脂、盆地南部 | |
| | | 盒 8 段 | 杭锦旗、盆地西部、陇东、宜川—黄龙、苏里格、神木—米脂 | |
| | | 山西组 山 1 段 | 杭锦旗、盆地西部、陇东、宜川—黄龙、苏里格、神木—米脂 | |
| | | 山 2 段 | 盆地南部、盆地中西部、神木—米脂 | |
| | | 太原组 太原组 | 盆地南部、盆地中西部、神木—米脂 | |
| | | 本溪组 本溪组 | 全盆地 | |

1）盆地模拟法

盆地模拟法方法原理及使用条件前文已有叙述，此处不再重复。本次非常规油气资源评价中，仅将盆地模拟法应用于上古生界致密砂岩气资源评价。评价结果显示：盆地上古生界致密砂岩气资源量为 $169952.23 \times 10^8 m^3$（表 13-2）。

2）体积法资源量计算

体积法方法原理及使用条件前文已有叙述，此处不再重复。本次非常规油气资源评价结果显示：盆地中生界长 7 油层组致密油资源量为 $31.16 \times 10^8 \mathrm{t}$；盆地上古生界致密砂岩气资源量为 $119604.10 \times 10^8 \mathrm{m}^3$（表 13-2）。

3）小面元容积法

小面元容积法是基于体积法的一种评价方法（郭秋麟等，2011）。将评价单元划分为若干网格单元（或称面元、PEBI 网络），考虑每个网格单元致密储层有效厚度、有效孔隙度等参数的变化，应用体积法逐一计算出每个网格单元资源量，然后汇总得到评价单元的总资源量。核心是应用软件构建小面元的网格（PEBI 网格），根据井孔位置调整网格分布，最合理地利用已有的资源信息估算天然气资源量。其计算公式为

$$Q = A \cdot h \cdot C_{\mathrm{f}} \cdot \mathrm{SNF} \tag{13-2}$$

$$\mathrm{SNF} = 0.01 \cdot \phi \cdot (1 - S_{\mathrm{w}}) \frac{T_{\mathrm{sc}} P_{\mathrm{i}}}{T P_{\mathrm{sc}} Z_{\mathrm{i}}} \tag{13-3}$$

式中　$Q$——天然气资源量，$10^8 \mathrm{m}^3$；

$A$——圈闭面积，$\mathrm{km}^2$；

$h$——储层厚度，m；

$C_{\mathrm{f}}$——天然气充满系数；

$\phi$——有效孔隙度，%；

$S_{\mathrm{w}}$——原始含水饱和度，%；

SNF——天然气单储系数；

$P_{\mathrm{i}}$——原始地层压力，MPa；

$P_{\mathrm{sc}}$——地面标准压力，MPa；

$T$——地层温度，K；

$T_{\mathrm{sc}}$——地面标准温度，℃；

$Z_{\mathrm{i}}$——原始气体压缩系数。

该方法所需有效孔隙度、有效厚度、含气饱和度等参数主要通过评价单元内已有探井资料获取。

本次非常规油气资源评价中，仅将小面元容积法应用于上古生界致密砂岩气资源评价。评价结果显示：盆地上古生界致密砂岩气资源量为 $118425.70 \times 10^8 \mathrm{m}^3$（表 13-2）。

4）EUR 类比法资源量计算

EUR（Estimated Ultimate Recovery）类比法是单井评估的最终可采储量的简称，是指已经生产多年以上的开发井，根据生产递减规律，运用趋势预测方法，评估的该井最终可采储量。一般适用于中高勘探开发的地区。根据 EUR 值估算可采资源量的思路，其计算公式为

$$R = \frac{A}{S} Q \tag{13-4}$$

式中　$R$——预测区可采资源量，$10^8 \mathrm{t}$（油），$10^8 \mathrm{m}^3$（气）；

$A$——预测区面积，$\mathrm{km}^2$；

$S$——井平均控制面积，$\mathrm{km}^2$，由标准区给出；

$Q$——类比得到的平均 EUR，$10^8 \mathrm{t}$（油），$10^8 \mathrm{m}^3$（气）。

EUR 类比法的步骤是：（1）根据地质研究开展分类研究；（2）选择典型生产井作为单井 EUR；（3）计算单井的井控制面积 $S$ 和采收率；（4）计算评价区可采资源量。

本次非常规油气资源评价中，仅将 EUR 类比法应用于中生界长 7 油层组致密油资源评价。根据对应的平均井控面积、EUR 均值、评价区的面积，由公式（可采资源量 = EUR 均值 × 评价区面积 / 单井控制面积）分别计算各分类区的可采资源量。勘探生产实践表明：长 7 油层组致密油有效开发井为水平井，因此本次评价主要以水平井为参考，结合长 7 油层组致密油地质特点以及勘探生产现状，制定非常规油地质评价标准，划分出 A、B、C、D 四类区（卢双舫等，2012），并在大量统计工作的基础上，分别得出 A、B、C、D 各类井区的 EUR，结合上述公式以及井控面积、采收率和 EUR 值，即可计算出鄂尔多斯盆地长 7 油层组致密油的资源量，评价结果为 $25.48 \times 10^8$t（表 13-2）。

5）资源丰度（地质）类比法资源量计算

资源丰度类比法方法原理及使用条件前文已有叙述，此处不再重复。资源丰度类比法评价结果表明，盆地中生界长 7 油层组致密油资源量为 $32.96 \times 10^8$t，盆地古生界致密砂岩气资源量为 $138904.98 \times 10^8$m$^3$（表 13-2）。

6）致密油气综合资源量计算

在对以上不同方法优缺点和适用程度评估的基础上，采用特尔菲法对不同评价方法得到的评价结果分别赋予不同的权重值进行综合评价。非常规油资源评价中，体积法权重 0.4，EUR 类比法权重 0.3，资源丰度类比法权重 0.3。根据以上权重设置和各方法计算的资源结果，最终通过计算求取得盆地长 7 油层组致密油资源量为 $30.0 \times 10^8$t。致密砂岩气资源评价中，盆地模拟法权重 0.2，体积法权重 0.3，小面元容积法权重 0.3，资源面积丰度法权重 0.2。根据以上权重设置和各方法计算的资源结果，盆地非常规天然气资源量为 $133180.38 \times 10^8$m$^3$（表 13-2）。

通过以上系统油气资源评价，鄂尔多斯盆地中生界石油地质资源量为 $146.5 \times 10^8$t，技术可采资源量为 $25.31 \times 10^8$t；古生界天然气地质资源量为 $156816.65 \times 10^8$m$^3$，技术可采资源量为 $84974.93 \times 10^8$m$^3$（表 13-2）。油气资源勘探开发潜力巨大。

# 第二节　油气资源分布

## 一、石油资源分布

1. 地质资源分布

1）常规油

层系分布特征：鄂尔多斯盆地中生界常规油资源主要分布在三叠系长 1—长 6、长 8—长 10 油层组和侏罗系，总资源量为 $116.5 \times 10^8$t，其中长 6、长 8 油层组占比较大，可达常规油总资源量的 61.12%；其次长 2、长 3、长 4+5 油层组以及长 9 油层组占比达 28.03%；侏罗系常规油资源量为 $9.3 \times 10^8$t，约占常规油总资源量的 7.98%（图 13-1）。

地区分布特征：平面上延长组石油资源量主要分布在志靖—安塞、陇东和姬塬地区，侏罗系石油资源量主要分布在姬塬和陇东地区（图 13-2）。

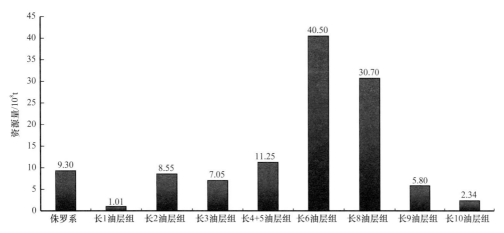

图 13-1 鄂尔多斯盆地中生界常规油地质资源层系分布柱状图

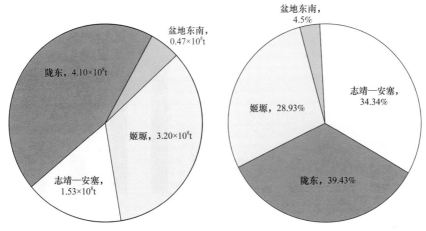

图 13-2 鄂尔多斯盆地中生界常规油地质资源地区分布饼状图

环境分布特征：鄂尔多斯长城以北为干旱沙漠草原区，南部为半干旱黄土塬区，石油资源基本全部分布在盆地南部黄土塬区（表 13-4）。

表 13-4 鄂尔多斯盆地常规油地质资源量环境分布数据表

| 层系 | 资源分布的地理环境 | 石油资源量 /10⁴t | | | | |
| --- | --- | --- | --- | --- | --- | --- |
| | | 探明地质储量 | 控制地质储量 | 预测地质储量 | 未发现地质资源量 | 总地质资源量 |
| 侏罗系 | 黄土塬 | 44089 | 1536 | 1376 | 45999 | 93000 |
| 延长组 | 黄土塬 | 441559 | 90372 | 127172 | 412897 | 1072000 |
| 合计 | | 485648 | 91908 | 128548 | 458896 | 1165000 |

品质分布特征：根据综合评价结果，按照目前渗透率分布范围（中国石油第四次资源量评价项目组提供），对石油资源品位分布作出预测。其中，特低渗（渗透率小于5mD）地质资源量为93.33×10⁸t，约占总资源量的80.11%；低渗透（渗透率为5～50mD）地质资源量为13.73×10⁸t，约占总资源量的11.79%；中高渗透（渗透率大

于 50mD）地质资源量为 $9.44 \times 10^8 t$，约占总资源量的 $8.10\%$。

2）非常规油

层系分布特征：非常规致密油资源主要分布在三叠系长 7 油层组，其地质资源量为 $30 \times 10^8 t$。

深度分布特征：非常规致密油资源浅层资源为 $10.50 \times 10^8 t$，占盆地致密油总资源的 $35\%$，深层资源为 $19.50 \times 10^8 t$，占盆地致密油总资源的 $65\%$。

2. 剩余资源分布

1）常规油

截至 2016 年底，鄂尔多斯盆地三叠系延长组石油剩余资源量为 $67.94 \times 10^8 t$，其中，侏罗系剩余 $4.89 \times 10^8 t$，占总剩余的 $7.2\%$；延长组剩余 $63.05 \times 10^8 t$，占总剩余的 $92.8\%$。

三叠系延长组常规油剩余资源分布在长 1—长 6、长 8—长 10 八个油层组中，主要分布在长 6 和长 8 油层组，约占延长组剩余资源量的 $62.78\%$（图 13-3）。

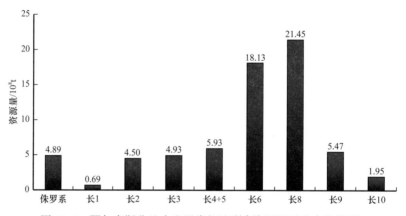

图 13-3　鄂尔多斯盆地中生界常规油剩余资源层系分布柱状图

2）非常规油

非常规致密油已有探明储量 $1.01 \times 10^8 t$，控制储量 $4.31 \times 10^8 t$，预测储量 $3.27 \times 10^8 t$，剩余资源量为 $28.99 \times 10^8 t$，主要分布在陇东、姬塬、志靖—安塞和盆地东南（图 13-4），姬塬剩余资源量为 $5.89 \times 10^8 t$；志靖—安塞剩余资源量为 $2.43 \times 10^8 t$，陇东剩余资源量为 $19.89 \times 10^8 t$，盆地东南剩余资源量为 $0.78 \times 10^8 t$，具有较大的勘探潜力。

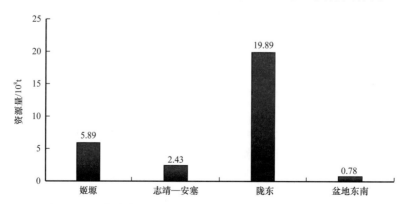

图 13-4　鄂尔多斯盆地长 7 油层组致密油剩余资源平面分布图

## 二、天然气资源分布

1.地质资源分布

1）层系分布特征

上古生界致密砂岩气资源占盆地天然气总资源量的84.90%；下古生界常规气资源占盆地天然气总资源量的15.10%（图13-5）。

上古生界致密砂岩气资源主要集中在盒8段和山1、山2段，三层合计地质资源量$10.27 \times 10^{12} m^3$，占上古生界总量的77.1%。

下古生界常规气资源主要集中在马五$_{1+2}$亚段和马五$_4$亚段，两层合计地质资源量$1.54 \times 10^{12} m^3$，占下古生界总量的64.98%。

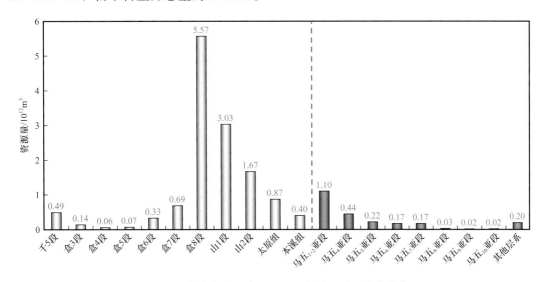

图13-5　鄂尔多斯盆地古生界天然气资源层系分布柱状图

2）地区分布特征

鄂尔多斯盆地下古生界常规气资源主要分布在盆地中部靖边地区，为$1.87 \times 10^{12} m^3$，占下古生界常规气总资源量的79.24%。盆地东部$0.15 \times 10^{12} m^3$，乌审旗—神木地区$0.12 \times 10^{12} m^3$，盆地西部$0.09 \times 10^{12} m^3$，盆地南部的陇东地区$0.09 \times 10^{12} m^3$，宜川—黄龙地区$0.04 \times 10^{12} m^3$（图13-6）。

鄂尔多斯盆地上古生界致密砂岩气资源主要分布在盆地中部苏里格地区和盆地东部神木—米脂地区，两地区合计$10.94 \times 10^{12} m^3$，占盆地致密砂岩气总资源量的82.13%；盆地南部的陇东地区$0.96 \times 10^{12} m^3$，宜川—黄龙地区$0.66 \times 10^{12} m^3$；盆地西部$0.46 \times 10^{12} m^3$；盆地北部杭锦旗地区$0.30 \times 10^{12} m^3$（图13-7）。

3）环境分布特征

鄂尔多斯盆地天然气分布环境主要有沙漠、草原和黄土塬。常规天然气资源在黄土塬环境下分布的资源量最大，约占常规气总资源量的51.59%，沙漠环境次之，占常规气总资源量的43.98%，草原环境下分布的资源量最小，仅占4.43%。非常规天然气资源在沙漠环境下分布的资源量最大，约占非常规气资源量的72.59%，黄土塬环境次之，约占非常规气资源量的21.23%，草原环境下分布的资源量最小，仅占6.18%（表13-5）。

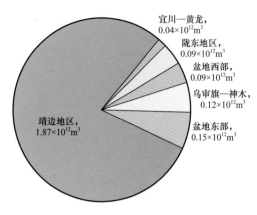

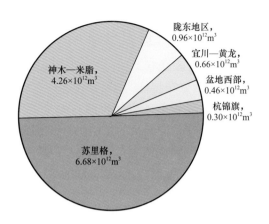

图 13-6　鄂尔多斯盆地常规气资源地区
分布饼状图

图 13-7　鄂尔多斯盆地致密砂岩气资源地区
分布饼状图

表 13-5　鄂尔多斯盆地天然气资源环境分布数据表

| 资源类型 | 环境 | 三级储量 /10$^8$m$^3$ | | | 资源量 /10$^8$m$^3$ | |
|---|---|---|---|---|---|---|
| | | 探明 | 控制 | 预测 | 地质资源量 | 可采资源量 |
| 非常规气<br>（致密砂岩气） | 沙漠 | 42472.52 | 251.08 | 5724.02 | 96672.35 | 51505.79 |
| | 草原 | 3764.73 | 0 | 0 | 8227.20 | 4409.43 |
| | 黄土塬 | 10459.97 | 1843.93 | 3905.02 | 28280.83 | 15098.48 |
| 常规气<br>（碳酸盐岩气） | 沙漠 | 3163.66 | 8.27 | 4.95 | 10394.12 | 6128.35 |
| | 草原 | 275.10 | 0 | 0 | 1047.82 | 620.36 |
| | 黄土塬 | 3438.76 | 80.86 | 0 | 12194.33 | 7212.51 |

4）品位分布特征

鄂尔多斯盆地常规天然气资源中，渗透率小于 0.1mD 的特低渗透天然气资源量最大，约占常规气总资源量的 55.27%；渗透率在 0.1～1mD 之间的低渗透天然气资源量次之，约占常规气总资源量的 36.76%，渗透率大于 1mD 的中—高渗透天然气资源量最小，仅占 7.97%。非常规天然气资源中，渗透率小于 0.1mD 的特低渗透天然气资源量最大，约占非常规气总资源量的 73.10%；渗透率在 0.1～1mD 之间的低渗透天然气资源量次之，约占非常规气总资源量的 25.31%，渗透率大于 1mD 的中—高渗透天然气资源量最小，仅占 1.59%（表 13-6）。

2. 剩余资源分布

截至 2016 年底，鄂尔多斯盆地古生界天然气探明储量 $6.95 \times 10^{12}$m$^3$（含长庆油田基本探明储量 $3.10 \times 10^{12}$m$^3$，含长庆油田矿权外 $0.68 \times 10^{12}$m$^3$），剩余资源量 $8.77 \times 10^{12}$m$^3$。

1）常规气

截至 2016 年底，鄂尔多斯盆地奥陶系常规气探明储量 $0.69 \times 10^{12}$m$^3$，剩余资源量 $1.68 \times 10^{12}$m$^3$，层位上主要分布在马五$_{1+2}$ 和马五$_4$ 亚段，两层合计 $0.86 \times 10^{12}$m$^3$，占常规气总剩余资源量的 51.2%，马五$_5$ 亚段及盐下层位有一定的剩余资源量（图 13-8）。平面上主要分布在靖边地区，为 $1.19 \times 10^{12}$m$^3$，占常规气总剩余资源量的 70.83%，神木—米脂地区次之，其他地区有一定的剩余资源量（图 13-9）。

表 13-6 鄂尔多斯盆地天然气资源品位分布数据表

| 资源类型 | 品质 | 三级储量 /$10^8m^3$ | | | 资源量 /$10^8m^3$ | |
| --- | --- | --- | --- | --- | --- | --- |
| | | 探明 | 控制 | 预测 | 地质资源量 | 可采资源量 |
| 非常规气<br>（致密砂岩气） | 中—高渗透天然气 | 12.09 | 0 | 0 | 2119.79 | 1127.68 |
| | 低渗透天然气 | 7015.25 | 257.46 | 1188.88 | 33701.10 | 18005.53 |
| | 特低渗透天然气 | 49669.89 | 1837.55 | 8440.16 | 97359.49 | 51880.49 |
| 常规气<br>（碳酸盐岩气） | 中—高渗透天然气 | 412.65 | 5.35 | 2.97 | 1882.67 | 1117.11 |
| | 低渗透天然气 | 2585.95 | 33.51 | 0.99 | 8689.46 | 5135.40 |
| | 特低渗透天然气 | 3878.92 | 50.27 | 0.99 | 13064.15 | 7708.71 |

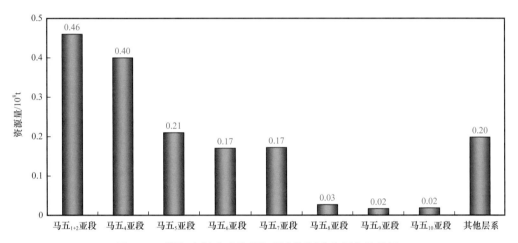

图 13-8 鄂尔多斯盆地常规气剩余资源分布层位柱状图

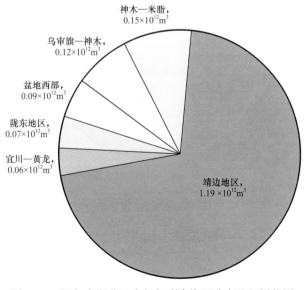

图 13-9 鄂尔多斯盆地常规气剩余资源分布地区饼状图

2）致密砂岩气

截至 2016 年底，鄂尔多斯盆地上古生界致密砂岩气探明储量 $6.23 \times 10^{12} m^3$（含长庆油田基本探明储量 $3.10 \times 10^{12} m^3$，含长庆油田矿权外 $0.68 \times 10^{12} m^3$），剩余资源量 $7.09 \times 10^{12} m^3$，层位上主要分布在盒 8、山 1 和山 2 段，三层合计 $4.29 \times 10^{12} m^3$，占致密砂岩气总剩余资源量的 60.5%，太原组、本溪组及石千峰组也有一定的剩余资源量（图 13-10）。平面上主要分布在神木—米脂地区和苏里格地区，两地区合计 $4.74 \times 10^{12} m^3$，占致密砂岩气总剩余资源量的 66.9%。陇东地区、宜川—黄龙地区次之，盆地西部和杭锦旗地区也有一定的剩余资源量（图 13-11）。

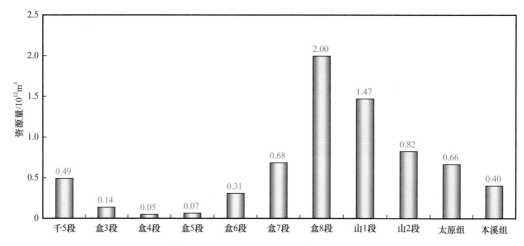

图 13-10　鄂尔多斯盆地致密砂岩气剩余资源层系分布柱状图

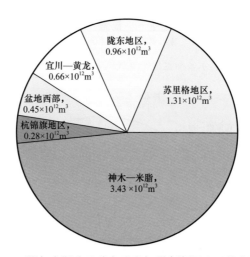

图 13-11　鄂尔多斯盆地致密砂岩气剩余资源地区分布饼状图

# 第三节　油气勘探方向

油气资源评价结果表明，鄂尔多斯盆地石油、天然气资源类型多样，在全盆地范围内分布广泛，重点层位和局部地区富集。盆地油气勘探整体处于勘探中期，部分地区石油、天然气处于勘探早期，勘探潜力大。下一步勘探立足盆地资源类型和富集规律，以寻找新层系、新领域为导向。其中石油预探主要集中在两个方面，一是持续强化陇东、姬塬、志靖—安塞等规模勘探区的勘探部署，二是突出西缘冲断带、盐池北、天环南等新区新领域甩开勘探，寻找储量接替区；天然气勘探突出天环北段、陇东、宜川—黄龙及奥陶系盐下等新区新领域甩开勘探力度，寻求新突破、新发现，强化盆地东部、苏里格及靖西中上组合等规模储量区精细评价，落实高效建产目标。

## 一、石油勘探方向

1. 4 个亿吨级规模储量区

姬塬、华庆、陇东、志靖—安塞等四个集中勘探区已形成了 4 个超亿吨级的规模储量区，整体预计可形成探明地质储量超 $60 \times 10^8 t$，储量潜力巨大。

1）姬塬地区

位于鄂尔多斯盆地中西部，北起盐池，南到乔川，西抵马坊，东至吴仓堡，勘探面积 $1.03 \times 10^4 km^2$。行政区划属于陕西省定边县、吴起县、宁夏回族自治区盐池县和甘肃省环县。姬塬地区为多油层复合发育区，主力含油层为长 4+5、长 6、长 7、长 8、长 9 油层组，目前已有探明储量 $13.0 \times 10^8 t$，剩余控制储量 $0.6 \times 10^8 t$，剩余预测储量 $8.3 \times 10^8 t$，潜在资源量 $25 \times 10^8 t$。

2）志靖—安塞地区

该区位于鄂尔多斯盆地伊陕斜坡中部，北起城川，南到永宁，西抵吴起，东至安塞，勘探面积 $1.01 \times 10^4 km^2$，该区主要含油层系为三叠系长 6、长 8 油层组，已发现了安塞、靖安等亿吨级油田。该区目前已有探明储量 $11.8 \times 10^8 t$，剩余控制储量 $1.5 \times 10^8 t$，剩余预测储量 $4.6 \times 10^8 t$，潜在资源量 $25 \times 10^8 t$。

3）陇东地区

包括镇北—马岭、宁县—合水等主力勘探区，该区目前已有探明储量 $5.8 \times 10^8 t$，剩余控制储量 $8.5 \times 10^8 t$，剩余预测储量 $2.3 \times 10^8 t$，在重点深化沉积体系与沉积微相研究基础上，精细刻画砂体展布形态，优选有利勘探目标，围绕已发现的长 6 油层组—长 8 油层组含油富集区进行整体勘探与评价，并加大致密油层压裂改造技术攻关及勘探力度，预计陇东区带潜在资源量可达 $34 \times 10^8 t$。

4）华庆地区

位于晚三叠世延长组沉积期湖盆中部，目前区内已发现华庆、华池、南梁、元城、白豹、五蛟及城壕七个油田，目前已有探明储量 $6.9 \times 10^8 t$，剩余控制储量 $3 \times 10^8 t$，剩余预测储量 $0.9 \times 10^8 t$。该区位于中生界湖盆中部，发育三角洲分流河道与重力流复合成因的厚层砂体，且处于生烃中心，成藏条件有利，持续深化湖盆中部长 6、长 8 油层组勘探，落实含油面积，取得新的突破，预计华庆地区潜在资源量约 $10 \times 10^8 t$。

2. 低勘探程度区及延长组下组合

主要集中在西缘冲断带、盐池以北、天环以南、盆地东南部、三边地区以及陕北下组合。

1）西缘冲断带

该区勘探始于 20 世纪 70 年代，主要针对构造油藏，先后发现了马家滩油田、李庄子油田、大水坑油田和摆宴井油田，探明含油面积 20.4km²，探明石油地质储量 1151.97×10⁴t。近年来，通过西缘断褶带的构造演化史、盆山演化时空关系和油气运聚成藏条件的研究，认为该区是值得重视的一个勘探领域。第一，该区在中生界盆地形成过程中是沉积区，南窄北宽向西开口，虽经多期的构造改造，延长组中下部含油目的层和侏罗系延安组目的层保存较全；第二，该区在盆地生排烃高峰期，处于油气运移的指向区，且紧邻生烃区，该段的北、中、南都找到了油藏；第三，该区以构造油藏为主，易于形成多层系复合含油，提高储量丰度，较浅的埋深也利于节约勘探成本；第四，地震勘探技术的进步、多种测井资料的精细处理解释，以及试油工艺的改进，使得发现描述局部构造圈闭、识别油气层有了技术保障。该区勘探突破对于寻找后备勘探战场，拓宽勘探领域，深化西缘构造带的认识都具有积极的现实意义。

2）盐池以北

低勘探程度区指马坊、油坊庄等老油田以北盐池—城川勘探范围。该区的勘探程度比较低，在以往的勘探生产中，由于该区离生烃区较远，针对浅部油层的勘探效果不理想而投入工作量较少，勘探工作滞后多年。近年来，随着石油勘探不断向北延伸，以及在古生界天然气勘探中于中生界油层组的发现，使得该区的勘探成为值得深入的领域。

3）天环南段

位于盆地西部天环坳陷，勘探面积 3000km²，目的层为长 9、长 8、长 6 油层组及侏罗系，勘探程度低。处于构造低部位，断裂系统和微幅度构造发育，成藏条件复杂。近年来深化成藏条件研究，加大甩开勘探力度，发现了多个高产油井，展现出较好的勘探前景。长 7 油层组沉积期为最大湖泛期，发育了厚度较大烃源岩，TOC 大于 3%，$S_1+S_2$ 大于 12mg/g，综合评价为好的烃源岩，为向西甩开勘探提供了物质基础。研究与钻探成果揭示，该区主要为构造—岩性油藏，在井震结合的基础上，开展地震二维/三维连片成图，对主要目的层构造形态进行精细刻画，可落实一批有利圈闭，拓宽勘探范围。

4）鄂尔多斯盆地东南部

北起甘泉，南到西安，西至陕甘交界，东至临汾，横跨陕西中南部和山西西南部，所辖 9 个区块。该区邻近渭北隆起，构造活动强烈，不同时期的断层、裂缝较为发育，地层变化复杂，出露层位为白垩系—侏罗系—三叠系，南部和东部有二叠系、石炭系或奥陶系出露。盆地东南石油勘探在长 2、长 6、长 8 油层组发现油层，油层埋藏浅，裂缝发育，物性较差，油藏规模小，勘探领域应跃过渭北隆起从构造—岩性油藏向盆地本部岩性油藏勘探转移，通过该区各油层组成藏条件的分析，认为还有较大勘探潜力。

5）三边地区

即定边、安边和靖边地区，勘探面积 5000km²，勘探程度相对较低，主要目的层为长 6、长 2 油层组及侏罗系油层。该区远离生烃中心，成藏条件复杂，近年来通过深化油藏富集规律研究，加大甩开勘探力度，有多口井获工业油流，揭示了该区具有一定的勘探潜力。

6）陕北下组合

主要集中于鄂尔多斯盆地伊陕斜坡中部，北起城川，南到永宁，西抵吴起，东至安塞，勘探面积 1.01×10⁴km²。该区近年来随勘探程度的不断提高，钻井深度的不断加大，逐步认识到长9、长10油层组是不容忽视的含油层系，尤其在盆地东北部长9烃源岩分布区，长9、长10油层组具有形成油藏的必备条件，在油岩过剩压力的驱动下，可望形成上生下储、自生自储油藏。截至目前，长9、长10油层组已有多口井获工业油流，提交探明储量$3290 \times 10^4$t，且油层厚度较大，物性好，为下一步主要的接替领域。下一步通过"安塞下面找安塞"的思路，开展成藏动力及输导体系研究，加大延长组下部勘探部署力度，同时开展油层混合水体积压裂技术应用，提高单井产量，预计可新增$2 \times 10^8 \sim 3 \times 10^8$t储量规模。

### 3. 页岩油新类型

长7油层组新类型主要指鄂尔多斯盆地三叠系长7油层组致密砂岩储层以及页岩油，其中页岩油目前尚处于探索阶段。在湖盆中部，页岩分布广、厚度大且薄砂岩夹层发育的地区，深湖沉积的薄夹层砂岩中混有一定数量的沉积有机质，具有较强的生烃能力且表现为自生自储和大面积连续成藏，目前，盆地内针对长7油层组烃源岩试油的井达到18口，试油获工业油流井8口，其中宁148井致密油单井试油产量超过24.23t，长7油层组致密油展现出良好的勘探前景，同时，为探索致密油研究提供了丰富的资料。

## 二、天然气勘探方向

鄂尔多斯盆地油气资源丰富，但随着盆地勘探程度提高，勘探开发的对象已经转向致密、深层、盆地周边及外围成藏条件复杂区域，勘探层系已面向品位更低、风险更大的深层资源，发现的气藏具有"低、深、难、小、散"的特征，理论研究、技术攻关和勘探部署等方面面临着一系列的突出问题。为保持油气稳产$5000 \times 10^4$t，长庆油田科学地制定了"稳油增气、持续发展"、加快天然气发展的"两步走"战略目标。按照加快发展的要求，结合对勘探实践和资源潜力的分析，明确了长庆油田未来的勘探方向。

### 1. 奥陶系海相碳酸盐岩

近年来，随着勘探工作的不断深入，一批探井在奥陶系马家沟组钻遇白云岩气层，试气获日产超百万立方米的高产工业气流，奥陶系中部组合及奥陶系膏盐下等层位勘探取得了重要突破，评价马五$_4$亚段—马五$_{10}$亚段剩余资源潜力为$6700 \times 10^8$m$^3$，盆地东部马五$_{1+2}$亚段资源潜力为$722 \times 10^8$m$^3$。这些新发现的气藏其孔隙类型、岩石特征与靖边气田风化壳气藏既有相似之处，又有不同的特征。下一步勘探将围绕这些新发现，精细分析气藏的特征，在靖边西侧奥陶系马五$_4$、马五$_{5-10}$亚段及盆地东部马五$_{1+2}$亚段等领域寻找新的勘探有利目标区，实现盆地碳酸盐岩天然气勘探领域的有序接替。

#### 1）靖边地区西侧奥陶系马五$_4$亚段气藏

该区主要发育风化壳溶孔型储层，与靖边气田马五$_{1+2}$亚段具有类似的成藏条件，具有局部高产富集的特征，勘探面积$1.25 \times 10^4$km$^2$。目前已有28口探井获工业气流，其中14口井日产量大于$10 \times 10^4$m$^3$。已落实陕234、桃54、陕356、陕373等4个含气富集区，有利含气面积5000km$^2$。提交天然气探明储量$96.65 \times 10^8$m$^3$、基本探明储量$330.42 \times 10^8$m$^3$、控制储量$719.47 \times 10^8$m$^3$。马五$_4$亚段气藏处于岩溶高地古地貌单元，存在风化壳残缺、有效储层分布局限、气藏控制因素复杂等地质问题，下一步在储层含气性及流体地震预测、低阻气水层测井识别等方面加强技术攻关，寻找新的有利目标区，进一步扩大气藏的含气面积。

2）靖边西部地区奥陶系马五$_5$亚段—马五$_{10}$亚段气藏

该区主要发育白云岩晶间孔、溶孔型储层，气藏沿古隆起呈环带状局部分布，具有高产富集的特征。目前已有 40 口探井获工业气流，其中 19 口试气日产量大于 $10 \times 10^4 m^3$，落实了苏 203、统 99 等多个有利含气区，面积约为 8000 km$^2$。提交天然气探明储量 $39.10 \times 10^8 m^3$、控制储量 $1376.64 \times 10^8 m^3$。该区存在白云岩储层多为"薄互层"状、储层展布稳定性差等地质问题，下一步需加强各向异性成像、白云岩储层预测等地震技术攻关，加大多体系酸液转向、多级交替注入、大酸量深度刻蚀等酸压技术攻关，提升勘探效益。

3）盆地东部奥陶系马五$_{1+2}$亚段气藏

该地区是靖边气田向东侧的延伸，风化壳储层分布相对稳定、气藏连续。储层孔隙充填物以方解石、白云石为主，局部岩溶残丘发育优质储层，勘探面积 $1.5 \times 10^4 km^2$。区内已获工业气流井 31 口，落实了双 5、双 15、米 36、麒 20 等 16 个含气有利区，面积约为 4000 km$^2$。该区存在储层普遍致密，地震古地貌刻画与"甜点区"优选难度大等地质问题，下一步以开展水平井攻关试验和气藏工程技术研究为主，以提高单井产量为目标，向东侧寻找新的含气领域，预计可形成 $500 \times 10^8 m^3$ 规模储量。

2. 致密气精细勘探

盆地致密气具有储层致密、单井产量低的特点。通过深化致密气藏形成机理和有效储层控制因素研究，强化压裂改造技术攻关，加大盆地东部多层系立体勘探和盆地南部甩开勘探的力度，可实现致密气规模储量持续扩大。

1）神木—米脂上古生界气藏

该地区勘探面积约 $2.0 \times 10^4 km^2$，发育上古生界二叠系石盒子组、山西组、太原组和石炭系本溪组等多套含气层系。二叠系盒 8 段具有储集砂体分布广、气藏含气普遍、规模大且大面积连续分布的特征，发现有利含气面积 3000 km$^2$。山西组是榆林、子洲气田的主力层系，气藏分布连续，规模较大，发现有利含气范围 4000 km$^2$。太原组是神木气田的主力层系，气藏呈带状分布，南北向延伸距离远，规模较大，落实有利含气范围 1500 km$^2$。本溪组气藏规模相对较小，具有单井产量高、局部高产富集的特征，已落实了 14 个含气富集区，是高效建产的主要现实目标。神木—米脂地区已有探明地质储量 $788.06 \times 10^8 m^3$，剩余资源潜力为 $3.68 \times 10^{12} m^3$，是提交和扩大规模储量的现实目标区。该区存在砂岩储层塑性组分、黏土矿物含量高，孔隙结构复杂，敏感性、水锁性较强，单井单层日产量低（$1 \times 10^4 \sim 2 \times 10^4 m^3$ 为主），有效勘探开发难度大等问题，下一步通过加强工艺技术对储层的改造，开展多层系整体勘探部署思路，预计可新增探明储量 $1 \times 10^{12} m^3$ 以上，是近期增储上产的现实目标。

2）盆地南部古生界气藏

盆地南部主要有陇东地区和宜川—黄龙两个勘探区域，勘探程度相对较低，从近几年勘探效果来看，具有良好的勘探潜力。该区有利勘探范围约 $2.5 \times 10^4 km^2$。陇东地区气藏集中分布在上古生界盒 8 段和山 1 段，通过前期勘探，已有 9 口探井获工业气流，日产量介于 $4.41 \times 10^4 \sim 11.86 \times 10^4 m^3$，已发现四个含气富集区，落实含气面积 5000 km$^2$。陇东地区已有探明储量 $318.86 \times 10^8 m^3$，剩余资源潜力为 $1.01 \times 10^{12} m^3$。该区存在盒 8 段、山 1 段砂体厚度较小、埋深大，储层致密、地震预测难度高等问题，下一步需加强黄土塬区地震技术攻关，落实砂体并预测含气性，预计可形成千亿立方米规模储量。宜川—黄龙地区勘探面积 $0.9 \times 10^4 km^2$，上古生界石盒子组、山西组及下古生界马家沟组等多层系含气，气藏埋深相对较浅。区内有 21 口探井获日产 $2 \times 10^4 m^3$ 以上工业气流，落实有利含气面积 $4000 km^2$，截至 2019 年底已提交天然气探明地质储量 $257.17 \times 10^8 m^3$，剩余资源潜力为 $0.73 \times 10^{12} m^3$。该区具有下古生界奥陶系气层叠合发育，气藏规模较大；上古生界本溪组局部砂体厚度较大，物性好，局部高产富集；山 1 段砂体复合连片，发育含气富集层；盒 8 段砂体分布广泛、大面积普遍含气等特点。同时，存在储层普遍致密，单层试气产量偏低等问题，下一步需继续开展上古生界成藏地质研究，持续扩展各层系的勘探面积，同时重点开展多层多段与合层压裂改造工艺技术攻关，提高单井产量，提升勘探效益。

3. 深层及非常规新层系

在寻找优质规模储量和落实整装储量的基础上，针对近年来新层系的勘探发现，积极探索深层气和非常规天然气的勘探方法和技术，重点在奥陶系深层碳酸盐岩气、二叠系煤系地层气和奥陶系泥质碳酸盐岩气等领域寻找新的有利接替区。

1）奥陶系深层碳酸盐岩气

深层指奥陶系马四段—马一段，发育多个海侵—海退沉积旋回。海侵旋回主要发育晶间孔型白云岩储层，海退旋回以膏溶孔型白云岩储层为主。目前奥陶系深层勘探程度低，已发现的主要含气层为马四段，有 14 口探井获低产气流，主要集中在盆地中东部的靖边—榆林地区。该区主要发育晶间孔、晶间溶孔及膏溶孔多种储集空间。有机碳含量相对较高（平均值为 0.36%，最大值 1.86%），有效烃源岩累计厚 20～40m，具有一定的生烃能力。马四、马三段等层段均发育白云岩夹层，向东发育岩性相变，有利于形成自生自储型白云岩岩性气藏。2017 年桃 90 井在马三段发生气侵，进一步证实了奥陶系深层具备较好的成藏条件。初步评价资源潜力为 $0.63 \times 10^{12} m^3$，在盆地中部榆林—横山地区优选马四、马三段有利目标区 $3.0 \times 10^4 km^2$。下一步需要系统开展气源判识、白云岩储层地震识别及分布规律等方面研究，为甩开部署提供依据。

2）二叠系煤系地层气

煤系地层气指除致密砂岩气之外，赋存在煤层、泥页岩、粉细砂岩中的天然气。前期研究表明：盆地东部上古生界本溪组、太原组和山西组煤系地层中的煤层、暗色泥岩、致密砂岩呈互层分布，含气显示活跃。盆地东部山 2 段泥岩厚 10～25m，泥岩 TOC 含量为 1%～4%，$R_o$ 为 0.8%～2.6%，埋深 1600～3200m。现场罐装样取心解吸试验分析，山 2 段泥岩含气量 0.19～2.16 $m^3/t$，煤层含气量为 20 $m^3/t$，致密粉细砂岩含气量 1.6 $m^3/t$，不同层系具有良好的含气性。2013 年，针对部署的榆 94、桃 50 井在山西组煤系地层试气分别获日产 $6366 m^3$、$1226 m^3$ 的气流，进一步明确了寻找可持续发展的接替资源的方向，初步估算资源潜力为 $3.0 \times 10^{12} m^3$。煤系地层气（页岩气）富集控制因素及资源评价方法等方面还有待进一步深化研究，针对该类储层配套的压裂改造技术尚不成熟，下一步需开展针对性的地质研究，加强砂、泥、煤岩薄互层钻完井和水平井体积压裂等技术的攻关，着力提升这种新类型气藏的单井产量。

3）奥陶系泥质碳酸盐岩气

泥质碳酸盐岩气指盆地西部奥陶系乌拉力克组泥质碳酸盐岩含气层系，主要分布在李庄子—惠安堡地区，勘探面积为3000km²。目前已有3口井在乌拉力克组泥质灰岩试气获天然气流，其中忠4井获日产$4.12 \times 10^4 m^3$工业气流，显示出较好的勘探前景。泥质碳酸盐岩自身具有较好的气源条件，主要目的层乌拉力克组为台缘洼地沉积环境，有效烃源岩厚度在30～60m之间，有机质含量0.21%～0.93%，平均值为0.56%。镜质组反射率1.81%～1.83%。干酪根有机质类型以Ⅰ—Ⅱ₁型为主。储层孔隙度为1.6%～4.4%，平均值2.3%，孔隙类型以微米级孔隙、微缝为主，具一定储集及吸附天然气的能力，局部发育的层间缝是有利的渗流通道。近年来盆地西缘祁连海域勘探部署多口井钻遇明显的气测异常，评价资源潜力为$867 \times 10^8 m^3$。目前，该领域存在泥质碳酸盐岩气成藏地质条件和储层形成机理认识不清等问题，下一步需加强海相烃源岩评价研究及储层改造工艺技术攻关，进一步评价勘探潜力。

4）寒武系—元古宇

盆地南部寒武系三道撞组发育黑色碳质页岩、灰黑色泥岩，累计厚度40～50m，有机碳含量平均值为2.56%，最大值为8.53%。盆地南缘发育寒武系裂陷槽，向盆地内部有一定延伸，可能存在与秦岭三道撞组相当的下寒武统烃源岩层，可为南部寒武系提供气源。张夏组沉积期是寒武纪最大海侵期，盆地南部主要为碳酸盐岩台地环境，发育浅水高能的鲕粒滩沉积，白云岩化作用强烈，容易形成晶间孔型储层，具有发育较好的白云岩储层的条件。裂陷槽内部的烃源岩与两侧隆起带白云岩储层构成良好的源储配置，可在寒武系形成自生自储型气藏。目前盆地寒武系整体勘探及认识程度比较低，仅有38口探井钻穿寒武系。盆地南部古裂陷槽周边可能形成寒武系天然气成藏的有利区带，近期已在盆地南部优选出灵台、正宁、黄龙等有利勘探目标，下一步需加强井位论证，寻找有利接替领域。

# 第十四章 油气勘探技术进展

本章主要介绍几代长庆科技工作者通过多年勘探实践，经过锲而不舍科技攻关，反复试验，不断改进勘探技术，最终形成不同勘探阶段适合长庆特色的勘探技术方法；重点从地震、测井及压裂等方面对技术发展阶段及重要节点进行总结回顾。

## 第一节 地震技术

鄂尔多斯盆地油气勘探始于20世纪初期，从第一口油井到现在已近百年历史。而地震勘探工作开始于20世纪50年代，伴随着油田发展各个阶段，地震不断攻克各种勘探难点，不断满足油田勘探开发各阶段对地震技术的需求，为盆地油气勘探开发做出了巨大的贡献，同时，随着地震设备的不断更新，地震技术的快速发展，地震勘探能力不断提升，地震勘探已成为油田快速发展不可或缺的有力技术支撑。

盆地地震勘探技术是随着勘探需求和相关设备进步一步一步发展起来的。20世纪50—60年代为探索阶段，以构造成像为目标，采用光点、模拟设备以及单次或几次覆盖技术，人工处理解释为主；70—80年代为起步阶段，仍以构造勘探为主，在多道模拟仪器和计算机数据处理技术的基础上形成多次覆盖地震技术；90年代为成形阶段，数字仪器规模应用，形成了基于多次覆盖技术和人机交互处理解释技术的高分辨率地震技术，在构造勘探的基础上岩性勘探也取得一定的进展；2000—2010年为快速发展阶段，以高分辨率岩性勘探为目标，初步形成了黄土山地区和沙漠区两大地震勘探技术系列；2011—2019年为提升阶段，以油气藏描述为主要目标，形成了具有盆地特色的高精度二维和"两高一宽"三维地震勘探技术系列。伴随着油田发展的坚实步伐，长庆物探人攻坚克难不断创新，地震技术实现了"模拟到数字""二维到三维""构造到岩性""叠后到叠前"进步，可以说地震勘探技术的发展史就是一部油田欣欣向荣的发展史。

### 一、地震技术的勘探难点

1. 表层地震地质难点

北部沙漠区表层结构分为三层：表层为速度极低（300～600m/s）的流沙层，厚度为几米到十几米，部分地区较厚；其下为降速层，速度在1000～2000m/s，厚度达到50～300m，部分地区厚达500m，第三层为潜水面，深度为15～30m，高梁区潜水面深达100m以上。南部为著名的黄土塬区，黄土干燥、疏松，厚度达300～400m，表层黄土速度（400～800m/s）较低，其下伏黄土层没有明显的速度界面。

沙漠和黄土均属地震波激发和传播的最差介质，地震波在其传播过程中会产生强烈的吸收效应，使能量严重衰减，高频成分损失严重，面波、声波、浅层折射波等干扰波很强，又严重影响到原始资料的品质，使其信噪比极低。

2. 深层地震地质难点

鄂尔多斯盆地内的广大地区，由于盆地总体的稳定沉降特征和广泛发育的海陆相沉积体系，构成了大面积低渗透的岩性圈闭，成为石油、天然气富聚的主要地区。含油层系主要在中生界三叠系、侏罗系，其中，上三叠统延长组和中侏罗统延安组为最主要的含油层系；含气层系主要在上古生界石炭系—二叠系石盒子组、山西组和下古生界奥陶系马家沟组。

油气层主要地质特点为：

（1）目的层埋藏深，中生界油层埋藏深度 1000～2000m，古生界气层埋藏深度 2800～4000m；

（2）储层薄，油层和气层厚度仅几米到几十米，岩性界面不明显；

（3）构造幅度低，油气富集区多为低幅度构造，油气藏多为构造—岩性圈闭。

这些特点造成地震识别困难，成为深层地震地质难点。

## 二、地震勘探技术的发展历程

1. 初期地震勘探的不断探索与积累阶段

1）在地质调查背景下，开始地震勘探探索试验

在没有仪器和设备的解放前，石油勘探的方法主要为地面地质路线调查，可以说，盆地地震勘探是从零起步的。中华人民共和国成立以来，陕北地区的石油勘探事业就一直受到中央领导的重视和关怀，1950 年，燃料工业部决定"在陕北地区主要进行地面地质调查和地球物理勘探工作"，从而揭开了鄂尔多斯盆地规模勘探的序幕，是年，组建勘探大队，在北起延安、延长，南至铜川、韩城一带，进行地面地质调查和重力调查，在中生界中发现了 20 多个构造；1951 年 3 月，中国第一个地震队组建，中国第一个光点仪勘探在陕北延长县严家湾开展地质调查，全部靠计算尺进行组合参数计算，采用手工方法描绘有效波和干扰波波形，绘制平面波前，形成地震剖面，进行粗浅的地震解释工作。

2）在综合勘探中，不断积累技术经验

20 世纪 60 年代，石油工业部与地质部会同陕西、甘肃、宁夏、内蒙古、山西五省（区）制定了鄂尔多斯盆地石油区域勘探规划，主张深入盆地内部、推行区域勘探与准备构造、重点钻探的方针，确定在全盆地展开系统的区域勘探，地震勘探转战到盆地西南部的宁夏回族自治区灵武、盐池一带，进行了一次石油勘探会战，在马家滩、李庄子构造上首次钻探，获得工业油流，打开了盆地西缘地区找油的突破口，发现了马家滩、李庄子油田。此期间，地震勘探在综合勘探发现的构造中复查构造，不断积累地震勘探技术经验。

3）随着设备的更新，地震工作平稳起步

20 世纪 70 年代，模拟地震仪器（仅 24 道、48 道）的投入使用，开始了地震勘探工业化生产时代，拉开了地震勘探技术全盆地应用的序幕。多年的地震勘探技术探索和积累多次覆盖技术逐步成形，多次覆盖技术逐渐成为了地震勘探的主流技术，逐步奠定了物探技术的雏形。1983 年 12 月 26 日，与美国地球物理服务公司（GSI）在北京签订包括提供一个地震队（GSI1839 队）和一个数据处理中心（GSI4831—HMAR-Ⅳ）来长

庆油田服务，1983 年，又与法国 CGG 公司签订垂直地震剖面法（VSP）采集设备引进和采集方法服务合同；1985 年，物探处用从法国引进的 SN338 数字地震仪在杏子河一带首次开展了岩性勘探攻关。

20 世纪 80 年代中期先后从国外引进了美国莫茨等可控震源 23 台，菲灵水气两用钻机 10 部，奔驰、曼卡等运输车辆 120 多台，共装备 3 个沙漠可控震源队和 2 个沙漠井炮队。装备实力的增强，地震的作业能力大幅提升，地震勘探技术快速发展，为地震勘探挺进浩瀚的沙漠腹地创造了条件。

随着大型计算机和处理系统的应用，数据处理方法和技术也得到了进步，主要有：早期的模拟转换技术（把胶带记录转换成数字记录）、原始记录解编技术（把 SEGB 时序采样格式分选成道序格式）、微测井资料控制的近地表基础静校正技术、球面扩散振幅补偿技术、叠前 KF 去噪和倾角滤波技术、反褶积技术、叠后去噪与时间偏移技术等；解释方法仍以手工构造解释为主，主要提交地震解释剖面、构造图、断裂纲要图、地层厚度图、古地质图、发育史剖面、沉积相略图、有利勘探目标评价等成果。在构造、沉积研究成果的基础上，以寻找构造圈闭为主导，发现了天池构造及大水坑、红井子、横山堡等构造控藏为主的油田及横山堡气田。

随着一批侏罗系延安组和三叠系延长组油田的发现，盆地油藏地质认识进一步增强，多套湖泊沉积砂岩储层厚度（仅几米到几十米），对地震分辨率要求高，地震勘探由构造勘探转变为岩性勘探，通过多年的攻关研究，多次覆盖地震勘探技术逐渐提升为高分辨率地震勘探技术，地震勘探技术再上一个新台阶。

2. 持续强化地震技术的研究攻关阶段

20 世纪 80 年代后期至 90 年代，长庆油田全面步入油气并举的时代，岩性勘探的位置凸显。针对中生界古地貌刻画、小幅度构造识别、砂体厚度预测，上古生界砂体储层预测，下古生界古地貌刻画等目标，形成"四小、三高、两中、一深"采集及多域初至波静校正、高保真处理和侵蚀面解释与古地貌刻画、叠后反演与储层预测等高分辨率地震勘探技术。

1）挺进浩瀚的沙漠腹地，形成沙漠区二维直测线技术

1989 年 6 月 23 日，根据地震资料布设的国家 10 口科学探索井之一的陕参 1 井获得日产无阻流量 28.3×10⁴m³ 的高产工业气流，日产气达 13.9×10⁴m³，宣告了靖边气田的发现，20 世纪 80 年代后期，随着数字地震仪器的投入和沙漠设备的不断引进，采集装备的不断进步，沙漠直测线地震采集技术，大道距（25～50m），12～24 次覆盖，偏移距（1200～1500m），地震资料有了较为明显的提升，1995 年，地震服务于上古生界天然气勘探，利用地震资料提供的陕 141、苏 2、苏 6、榆 14、麒 2、召 2 等一批探井，在二叠系盒 8 段、山西组获得高产工业气流，为长庆气田榆林区大幅度提高探井、开发井的成功率和提交近千亿立方米天然气储量提供了可靠的地震成果；同时为苏里格庙、神木—子洲、乌审召等地区天然气区域勘探发现新层系、开辟新领域、实现新突破做出了重要贡献。

2）逐步攻克黄土禁区，形成黄土直测线勘探技术

鄂尔多斯盆地南部是面积达 15×10⁴km² 的黄土山地区，沟壑纵横，连绵起伏，地表条件极为复杂，交通十分困难，地震勘探所需装备和物资全凭人抬肩扛。同时，巨厚黄

土像一块巨大的海绵体吞噬着地震波，干扰严重，反射微弱，曾被誉为地震勘探的磨刀石，被国内外同行称为地震勘探"禁区"。长庆物探人迎难而上，持续进行黄土山地直测线勘探技术攻关，该技术的重大突破有力地支撑了长庆油气田的快速增储上产。

黄土山地地震勘探技术攻关始于20世纪70年代，初期为了实现沟与沟之间测线的联络和闭合而采用"隔山"放炮法，取得两沟之间距离较小的黄土梁之下的有效反射。70—80年代，地震勘探仅能沿老地层出露的沟系开展弯线地震生产，1985—1987年主要对前期的试验进行了补充，通过这个阶段的工作，对黄土的地震地质特性、黄土覆盖区地震资料特点有了初步认识，但收效甚微。

在不断总结前人经验的基础上，1987年，物探处开始了新一轮黄土山地地震勘探技术攻关。1989年，与加拿大Teknica公司联合进行黄土山地直测线攻关，1993年，应用遥测地震仪在靖边进行黄土山地直测线单线试生产初见效果；1998年采用多线直测线技术获得突破，从而掀开了黄土山地地震勘探技术神秘的面纱，为后续黄土山地直测线多线和非纵地震勘探技术的快速发展奠定了坚实的基础。

1999年黄土山地多线地震技术试生产，1999年冬由长庆物探处和俄罗斯地球物理研究所合作开展了中国首例黄土塬山区网状三维地震勘探，开始勘探新领域研究和实践。通过该阶段的研究和攻关，总结出了黄土覆盖区地震勘探的基本方法，使黄土山地直测线向工业化生产能力迈进了一大步。

3）地震处理解释技术不断进步，形成了盆地特色的岩性预测处理解释技术

（1）地震处理解释紧跟采集技术的进步，处理方面主要形成了区域近地表数据库控制的初至折射静校正、微测井资料控制下初至波符号位静校正、多域迭代法初至折射静校正等多方法联合静校正技术，共反射面元选排与均化技术，地表一致性处理技术，高保真高分辨率处理技术，叠后时间偏移技术等处理技术进一步提升了地震资料品质。

（2）解释方面围绕地质目标和需求，主要形成了黄土塬弯线反射波对比追踪，前侏罗纪、前石炭纪古地貌刻画技术，储层厚度预测技术（宏观定性预测——波形特征归纳、地震相分析，半定量预测——人工合成声波测井技术）等解释技术。

（3）充分利用人机交互工作站优势和反演技术，进一步提高了延9油层组底部、长7油层组页岩顶部及本溪组煤层顶部等主要标志层构造成果精度，同时获得了前侏罗纪和前石炭纪古地貌及中生界延长组、古生界山西组等目标层储层预测成果，为预探井和评价井井位的确定、含气面积计算和储量评审提供了必不可缺的资料。发现了古地貌控藏为主的靖边气田、吴起油田和榆林气田、志丹—安塞等岩性油气田。

3. 二维地震工业化生产，地震技术进一步完善阶段

1999年以后，特别是自苏里格气田发现以后，围绕苏里格气田的勘探开发评价，先后实施了大量二维沙漠直测线、全数字及多波地震资料，通过攻关，形成了以叠前储层预测需求为主的针对苏里格低渗透致密砂岩储层预测处理解释技术，进一步支撑了苏里格气田的井位优选与储量提交工作。针对黄土山地多直测线地震勘探首先在靖安油田的胡尖山开始攻关试验，采用多线激发、接收、高覆盖采集，取得非常好的勘探效果。从而使黄土山地多直测线地震勘探技术进入了工业化生产阶段。先后在靖边气田开发和榆林、子洲气田勘探开发中取得了良好的效果。特别是2002年以来，黄土山地直测线采集、处理技术有了跨越性的进步，到目前已形成了以高覆盖次数、多线接收、逐线逐段

设计、优选激发岩性、大药量—多井组合激发、多域多次迭代、层析反演、矢量分析法静校正等处理技术为要点的黄土塬区直测线地震勘探技术系列，同时，还形成了网状三维、非纵等黄土塬区地震勘探技术，地震勘探技术进一步完善。

1）全数字三维地震技术服务苏里格气田

2000年8月26日，主要依据二维沙漠直测线地震资料确定的苏6井，经测试获日产 $120 \times 10^4 m^3$ 的强大工业气流，标志着苏里格气田横空出世。2003—2004年，长庆油田在苏6、桃5井区等开展了国内陆上首例全数字三分量二维多波和三维多波地震勘探。2004年8月10日，鄂尔多斯盆地物探技术研讨会在内蒙古呼和浩特市召开，中国工程院院士李庆忠、世界著名地球物理学家孟尔盛、中国石油油气和新能源分公司副总经理赵邦六等参加会议，进一步推动了鄂尔多斯盆地全数字勘探进程。2008年，在苏14井区实施的全数字高精度三维地震使钻探成功率高达90%以上，Ⅰ+Ⅱ类井比率提高近10个百分点。地震布井技术已成为苏里格气田有效开发的五项主要配套技术之一。

2）黄土山地多线、非纵地震技术工业化生产

（1）天然气勘探新发现：2003—2007年，在盆地东部神木—府谷、子洲—清涧、绥德—米脂地区，投入16个地震队次，完成黄土山地直测线近 $1 \times 10^4 km$ ，为探明神木、子洲等大气田做出了贡献。

（2）三上董志塬：早在20世纪70年代，长庆人就曾走上董志塬，但受技术制约，无功而返；90年代再次挺进董志塬，依然未能获得规模储量；2001年10月24日，西17井喜获日产34.68t工业油流，吹响了长庆人又一次进军西峰油田的号角。2003—2006年，物探处在白马、宁县—合水、环江等地区完成黄土山地直测线地震勘探8000km，为揭开储量规模超6亿吨级的西峰油田立下了新功。

（3）五下六上攻姬塬：1968—2000年，长庆人对姬塬油田进行的五次勘探受投资、技术、装备和认识限制没有获得大的突破，2001年，黄8-9井喜获日产 $20m^3$ 的纯油，重新拉开了姬塬油田的勘探序幕。2007年以来，黄土山地非纵勘探技术为探明储量规模达 $10 \times 10^8 t$ 的姬塬油田发挥了重要作用。2009年，黄土山地非纵勘探技术成功应用于马岭老油田。

3）二维岩性储层处理解释技术进一步完善，低渗透致密储层含气性预测技术取得突破

（1）针对储层预测和含气性预测特别是叠前预测需求攻关形成了初至波多域多次迭代静校正技术、Mpis折射波静校正技术、黄土塬不规则三维处理技术、针对苏里格低渗透岩性气藏的叠前保真处理技术、全数字纵横波处理技术、叠前时间偏移处理技术等主要处理技术。

（2）地震资料解释方面主要围绕低渗透致密砂岩储层含气性预测形成了以精细的岩石物理分析与敏感因子优选技术、AVO分析与叠前反演为核心的纵波叠前预测技术、多波资料解释技术、储层物性及含油气性预测技术、井位优选技术等解释技术和综合研究技术。在精细构造与古地貌形态刻画的基础上，实现了叠后预测向叠前预测、储层预测向有效储层预测的转变。

该阶段通过地震与地质结合，发现了苏里格气田、西峰油田、华庆油田、姬塬油田、彭阳油田、子洲气田等油气田，并在地震技术的支持下，靖边、苏里格、榆林、子洲等气田得到了高效开发，开发井Ⅰ+Ⅱ类井比例保持在85%以上。

**4."两宽一高"三维及二维高密度地震勘探阶段**

伴随2013年西部大庆的如期建成,长庆油田地震勘探工作认真贯彻落实油田公司"二次加快发展"战略部署,以推动"二维向三维、盆地北部沙漠向南部黄土塬、勘探向勘探开发一体化"三个转变为目标,以"三个强化"为抓手,解放思想,加大技术创新与攻关,通过"三个结合",推进了勘探开发一体化成果应用,地震勘探工作取得了新进展,在天然气勘探、开发,石油勘探井位部署和研究工作中发挥了支撑作用,助力油田公司油气勘探开发。随着 $5000 \times 10^4$t 连续稳产和"二次加快发展"需求,二维地震在技术上难以满足复杂区勘探和高效建产、水平井轨迹设计、开发支撑的需求,盆地进入三维勘探时代。

为了保障油田"二次加快发展",如期实现 $6300 \times 10^4$t,地震勘探目标面向新层系、新领域,勘探难度更大,勘探区域向更深、更隐蔽的中下组合及外围复杂构造区转移,为了更好地服务油田二次加快发展的要求,开展了黄土山地宽方位三维地震攻关、黄土山地可控震源激发攻关、黄土山地高密度地震攻关、节点接收技术攻关、单点接收技术攻关、黄土塬激发技术攻关、黄土塬表层调查技术攻关、井震联合技术攻关及"两宽一高"三维处理解释技术攻关等一系列攻关试验工作,通过几年攻关试验,形成了复杂构造区高密度束线技术,低频可控震源应用技术,"两宽一高"三维地震采集处理解释配套技术等,为现阶段油气增储上产提供了主要保障。

1)在黄土山地全面应用"宽方位、高覆盖、适中面元"井震混采三维地震技术

继2013年在盆地南部黄土塬过渡带实施黄257三维60km²之后,积极推进黄土腹地三维实施勘探,盘克三维地震采集项目地处陇东复杂黄土山地腹地,资料品质低,首次面向致密油领域,地震作用发挥受多方质疑,长庆油田多部门联合多家单位,大力推进地震项目的部署,在国家科技重大专项投资削减、计划下达晚的情况下,于2017年9月底下决心实施盘克致密油气三维地震项目。股份公司及油田各级领导高度重视,全程支持、指导项目的设计与实施,为高品质完成项目奠定了坚实的基础。

2017年开始,在各级领导的大力推动下,加大黄土塬区三维地震部署力度,2019年部署三维地震2130km²,实现了二维向三维转变。围绕油气高效、立体勘探开发需求,2017—2018年在盆地南部黄土塬区完成三维地震1613km²,实现了盆地北部沙漠区向南部黄土塬区转变。

近三年,油田公司各油气勘探、评价、开发项目大力推进三维地震技术应用,在勘探开发方面优选井位,在致密油、致密气水平井导向、工程预警、地质地震结合定向射孔设计上都见到效果,实现了三维地震在勘探开发方面的全面应用。

近几年形成的"宽方位、高覆盖、适中面元"井震混采三维地震技术,单点检波器接收在黄土山地三维项目中得到了全面推广应用,已成为黄土山地三维勘探的主要地震勘探技术。

2)沙漠区"两宽一高"地震技术落地

借鉴东方公司"两宽一高"勘探技术,2016年首次在盆地古峰庄地区应用"两宽一高"低频可控震源激发三维地震技术,通过大量的试验和分析论证,确立了基于盆地特色的"两宽一高"低频可控震源激发三维地震技术,并在油藏评价项目古峰庄三维得到了应用,取得了较好的效果,使得"两宽一高"低频可控震源激发三维地震技术在北部

沙漠区全面推广应用。

2016年古峰庄三维创长庆探区地震三个第一（第一块可控震源三维地震、第一个616次高覆盖、第一个154万炮道密度），获得了高品质全方位地震资料，开启盆地"两宽一高"三维地震勘探先河。通过三维地震精细的处理和解释，进一步明确了盆地浅—中—深层均发育多期断裂，颠覆了以往认为"盆地为典型的克拉通盆地，内部断层不发育"的传统认识。油藏评价项目在古峰庄地区连续三年部署三维地震采集工作，并取得了较好的钻探效果。

3）单点接收技术逐步推广

随着盆地勘探程度的深入和勘探节奏的加快，要求地震获得更宽频带更高分辨率的地震资料来满足勘探开发对储层预测、低幅度构造刻画、"甜点"识别、水平井布设和轨迹设计等地质需求，单点宽频接收技术就成为三维采集的必然需求。

盆地开展单点接收技术起步较晚，2013年在陇东地区开展单点接收的黄土直测线技术攻关，并取得了一定的效果，2016年在油藏评价项目古峰庄三维开展了单点检波器和组合检波器对比攻关试验，得到了一定的认识。通过攻关试验分析认为，单点接收技术在配合较高覆盖次数的前提下可以在资料信噪比较低的地区应用；基于以前的攻关试验认识，2018年在庆城北三维应用单点接收技术取得成功，在后续的洪德三维、陕18井三维和麻黄山三维等共计1900km² 三维采集中也规模化采用了单点接收技术，为保证资料品质、降低劳动强度提供了保障。

4）可控震源开上黄土塬

随着长庆油田分公司二次加快发展和低成本战略的要求，积极解放思想，大胆尝试，2017年首次在巨厚黄土塬区开展可控震源激发试验，获得高品质资料，开启了盆地黄土塬地震勘探新时代。井震混合激发技术在国家重大科技项目盘克三维成功应用，并连续在庆城北三维、洪德三维、麻黄山三维等黄土山地三维应用该技术，取得了较好的效果。首创黄土塬井震混采技术，大规模推广黄土塬井震混采，可控震源最高比例突破50%。实践表明黄土塬井震混采技术对盆地西南部黄土塬资料品质、炮点均匀性的提升、低成本发展起到了至关重要的作用。

5）创新、完善线束三维地震勘探技术

多年来从二维直测线到多线直测线到非纵直测线到高密度直测线等地震勘探技术的应用，都不能搞清西缘构造的特点，因此西缘构造刻画一直是盆地地震勘探的难点。

2019年借鉴四川盆地等盆地宽线和束线技术，结合西缘地区的构造特点，创新形成束线三维地震勘探技术在盆地西缘地区进行攻关试验，通过束线三维地震攻关，优化炮点设计，井震混采，资料品质大幅提升，剖面断点清晰，层序清楚，为落实构造特征及地层展布奠定了良好的资料基础，为西缘构造刻画提供了新技术手段。

6）推动创新，打造黄土塬激发新利器

黄土山地地震钻井是一个老大难问题，地震勘探一直采用多井组合激发，早期采用人工麻花钻，钻井效率低下，井深太浅；到1998年引进人工洛阳铲，钻井深度可达到8～24m，基本能满足地震勘探要求，并沿用至今。1995年引进机械风钻在黄土山地作业，由于设备沉重，人工搬运费时费力，生产效率低下，无法推广应用；期间多家公司进行不同设备的研制，如机械洛阳铲、机械麻花钻等，都因设备沉重、效率低而放弃。

为了加快黄土山地钻井效率，改变人工钻井费时费力局面，适应盆地勘探快节奏的要求，长庆物探"杨新勇创新工作室"在总结前人研究成果和外部钻具的基础上，大胆创新，通过不断试验和改进，成功研发了黄土塬全气动轻便钻机，通过试生产，钻井效率提高 8 倍，全面改变了黄土塬地区单一依靠洛阳铲钻井的局面，黄土山地激发井钻井走向多元化，形成了黄土塬激发新格局，保障了黄土塬三维地震提速、提效、降本和可持续发展。

7）初步形成油气勘探开发全过程的油气藏描述三维地震处理解释技术系列

（1）逐步完善"双高"处理技术。

① 基于微测井约束的层析静校正技术，确保低幅度构造真实可靠。面对地表剧烈起伏、地下构造幅度低的困难，采集加大微测井 $Q$ 值调查，处理创新形成微测井约束变网格逐层层析静校正技术，提升了目标层的成像精度。

② 近地表 $Q$ 补偿 +$Q$ 偏移技术有效提高了分辨率，提升薄储层刻画能力。近地表 $Q$ 补偿可消除地表对高频信息的吸收，提高子波一致性，提高分辨率；$Q$ 偏移在偏移成像的同时，完成中、深层地层 $Q$ 吸收补偿，进一步恢复深层弱信号能量，提高资料分辨率，同时改善深层成像质量。

③ 叠前保真高信噪比处理技术。六分法去噪发挥宽方位数据空间连续性好的优势，利用多套处理系统保幅保真性好的模块进行多域保幅去噪，去噪贯穿整个处理过程。

④ 完善以叠前裂缝预测为目标的 OVT 域处理技术。挖掘宽方位数据潜力，提取方位各向异性信息，最终提供高质量道集和方位各向异性信息。OVT 资料优势是：偏移后的数据保留了方位角和偏移距信息；利用保留的方位角信息可以根据地质需求灵活划分方位；偏移后的道集可以进行方位各向异性分析和裂缝检测；偏移距和方位角相对恒定，有利于规则化和偏移处理，改善成像精度。

⑤ 多信息融合的速度建模技术。重视浅层速度建模，综合利用微测井、小折射、VSP 等资料层析反演建立近地表速度模型，通过多信息融合、迭代优化的速度场分析技术，建立更加准确的速度场。

（2）面向油气勘探开发目标，形成了针对断层解释、裂缝预测、低幅度构造及古地貌刻画、储层预测、含油气性预测、水平井设计与轨迹实时导向、工程压裂参数优化等地震解释流程和配套技术系列。

① 低幅度构造精细描述技术。结合不同方位的数据体进行联合解释，综合相干和曲率两种属性的特征，进行不同尺度断裂属性的融合。

② 宽方位资料古地貌雕刻技术。针对中生界三叠纪末期古构造控藏的特征，创新应用宽方位三维数据，攻关形成了宽方位古地貌雕刻技术，精细刻画了前侏罗纪古地貌。

③ 页岩油、气地质和工程"甜点"预测技术。采用岩石物理分析、叠前弹性反演、多参数融合等技术，预测致密气地质"甜点"分布；同时通过优选脆性表征方法，进行致密气"工程甜点"预测技术。

④ 三维水平井一体化设计、轨迹导向、压裂参数优化等技术。主要包括：处理解释一体化优化水平井静态设计；针对五种地质风险，地震地质一体化，取长补短，制定相应靶点调整对策，开展实时跟踪精细导向；地震、工程一体化深度融合，创新性依据三维地震成果雕刻的有效储层空间展布特征，结合实钻数据，优选改造位置、明确改造方

向、确定改造规模，个性化裂缝差异设计，提高井间与单井可动用储量。

技术的应用取得了良好的勘探效果：

一是古峰庄三维较好地支撑了古峰庄地区油气勘探与开发。

石油勘探、评价井钻探成功率提升43个百分点。三维地震部署探评井位111口：完试73口，工业油井52口，钻探成功率71.2%，较三维地震应用前钻探成功（28%）提高了43.2%。支撑盐池地区60口水平井部署与调整，地震建议继续实施30口，调整19口，暂缓5口，增发6口。完钻29口水平井，平均砂体钻遇率98.23%，油层钻遇率93.7%，较三维地震实施前提高了9个百分点。

天然气勘探三维区古生界天然气勘探初见成效，通过岩石物理分析，确定储层物性参数分布特征及其与弹性参数间的统计关系，采用叠前弹性参数反演，定量预测储层厚度、含气性，评价致密气储层"甜点"。利用古峰庄三维资料提供井位14口，完钻6口（李42、李51、李52、李53、李55、李57井）均在盒8段、乌拉力克组钻遇良好气显示。其中李42井在盒8段获得日产 $4.5 \times 10^4 \mathrm{m}^3$ 的工业气流，李57井在盒8段获得日产 $16.8 \times 10^4 \mathrm{m}^3$ 的高产气流。

二是黄土塬三维地震打开天环地区侏罗系勘探新局面。

演武北三维是长庆油田石油预探项目组在黄土塬腹地实施的第一块三维，该区以往主要是二维黄土直测线，地震测网 $2 \mathrm{km} \times 4 \mathrm{km}$，地震资料品质较差，依据地震资料部署的中生界石油预探井评价成功率不到20%。2019年通过该三维的精细处理解释，综合评价演武北三维Ⅰ+Ⅱ类有利区10个，面积 $254.3 \mathrm{km}^2$；部署落实12口井，完钻6口，合20井于延9油层组获日产53.5t高产油流，演28-50井于延8油层组获日产20.4t高产油流，镇47-56井于延8油层组获日产34.56t高产油流。钻探成功率达到了50%以上。

三是地震地质深度融合，开展水平井实时导向，助力致密气示范区气层钻遇率明显提升。

2019年初，长庆油田专门成立致密气项目组，确立了"提高致密气单井产量，探索致密气高效开发模式，拓宽致密气有效开发下限"的工作目标。充分利用苏东南连片三维的处理解释成果全力支撑致密气项目组水平井开发示范区井位优选及地震地质实时导向技术工作。

三维地震高效助力鄂尔多斯盆地致密气水平井开发，效果显著！助力长庆油田致密气项目组收获"六胞胎"高产井，G3-15井组所辖6口水平井日产无阻流量均超百万立方米，平均值为 $171.4 \times 10^4 \mathrm{m}^3$，创长庆水平井大井组开发历史之最！其中靖72-60H1测试日产无阻流量为 $217.41 \times 10^4 \mathrm{m}^3$，为长庆油田上古生界水平井历史最高！

地震参与且完钻水平井共53口，平均水平段长1422m，平均砂岩钻遇率85.1%，平均气层钻遇率69.2%。完成水平井压裂方案优化53口，其中压裂44口380段，平均单井8.6段；完试35口井，平均日产无阻流量 $100.0 \times 10^4 \mathrm{m}^3$，17口井超百万立方米。

# 第二节　测 井 技 术

测井是对油气资源进行信息采集的主要手段，是油气勘探开发的主体工程技术之一，在石油工业中扮演着重要角色。测井技术是准确发现油气层和精细描述油气藏必不可少的手段，为油气储量参数计算、产能评估及开发方案制定与调整提供重要的科学依据。主要包括以下测井装备。

第一代：JD-581 多线仪和苏制 51 型电测仪并用。

20 世纪 70 年代初期，应用的测井仪器多为 JD-581 多线仪，测井系列以声波时差、感应电阻率、七侧向电阻率为主的声感测井系列，保留了 4m、1m 和 2.5m 电极系。全井段测 2.5m、自然电位、井径 1：500 曲线。

1979 年，全面开发马岭油田，测井形成两大系列，一是以侏罗系为主要对象的声感测井系列；二是以延长统为对象的声、感、浅七侧向系列。JD-581 多线仪在长庆油田服务 20 年之久，共测探井、生产开发井 1 万多口，为油田勘探开发和发展起到关键作用。

第二代："83" 系列仪引用投产。

1985 年，为满足天然气勘探的需要，开始引入 "83" 系列测井仪和磁测井仪，开始形成 "三孔隙度（声波、密度、补中）" 系列和深、中、浅电阻率测井系列，采集水平有所提高。由于 "83" 系列仪器数量不足，未能完全替代 JD-581 多线仪。

"83" 系列测井系列有：八侧向、双侧向、声波时差、补偿中子、补偿密度、自然伽马、自然电位、井径、井温流体等 11 条曲线，部分井测微球—双感应。

第三代：数控测井装备。

1990 年起，引进了 CLS-3700 数控测井仪，实现了测井采集的计算机控制及测井资料数字化记录。

CLS-3700 仪器有双侧向、邻近侧向、长源距声波、补偿声波、补偿中子、岩性密度、环形声波、碳氧比、自然电位、地层倾角、介电、地层测试及井径等 10 多项，大大丰富了测井手段，使长庆的测井技术水平得到提高。CLS-3700 数控测井仪还包括自然伽马能谱、地层倾角、地层测试器等特殊测井方法。CLS-3700 的双侧向、邻近侧向测井仪可测得地层深、中、浅三种不同深度的电阻率曲线。三电阻率结合，基本可以确定原状地层电阻率、侵入带电阻率及冲洗带电阻率。深侧向电阻率，纵向分辨率高，受侵入影响较小，分层好，能比较真实地反映地层电阻率。

2001 年 6 月，SKN-3000 数控测井系统投产。

随着长庆油田的测井系列有了进一步优化，形成了新的五种测井系列。

（1）天然气测井系列：测井系列由普通的声感组合到实现 "新九条" 天然气测井系列。又分为两个子系列：气探井系列和天然气开发井系列。气探井系列必须测 9 项，天然气开发井系列测 7 项。

（2）油探井、评价井测井系列：电阻率采用双感应—八侧向、4m 电阻率、微电极、自然电位；孔隙度用声波时差、补偿密度、补偿中子；岩性测井有自然伽马、井径、井斜等，选测地层倾角、自然伽马能谱。

（3）油田开发井测井系列：电阻率采用双感应—八侧向、4m 电阻率、微电极、自然电位；孔隙度用声波时差，其他项目有自然伽马、井径、连斜。

第四代：成像测井系统的引进投产。

21 世纪初，引进了 ECLIPS-5700 成像测井系统和美国哈里伯顿公司的 EXCELL-INSITE（Log-IQ）成像测井系统，使长庆测井装备上了一个台阶，可以完成套管井、裸眼井以及电缆射孔等多项测井任务。

Log-IQ 成像测井系统有合理的仪器刻度和采集参数，能提高原始数据的采集精度和解释水平，在油田范围内推广使用这一先进仪器，以高精度、高效率来展现测井新技术的优越性，能够更好解决油气田勘探开发中的难题。

第五代：EILog 成套测井装备。

2005 年 3 月由中国石油集团测井有限公司自主研制开发的 EILog 快速与成像测井系统开始投入推广使用。EILog（Express and Image Logging System：快速与成像测井系统）地面仪器主要由数据采集硬件平台、数据采集和控制软件平台、现场解释处理平台组成。2008 年 6 月，随着自主研发的阵列感应 MIT 成像测井仪的大规模推广使用，阵列感应取代常规双感应—八侧向仪器。

## 一、测井解释技术的难点

鄂尔多斯盆地分布面积广，含油气层系多，其内的石油、天然气资源大部分赋存于低缓构造背景下的低渗、特低渗碎屑岩和裂缝—孔洞型碳酸盐岩复杂储层中。其显著特点是：孔隙度、渗透率低；成岩后生作用和非均质性强烈；次生孔占重要地位，微孔、微缝（微裂隙）作用明显；低异常压力；成岩黏土矿物发育；储层易伤害；片状或微细喉道发育，应力敏感性强；单井一般无自然产能或产能低，须经压裂或酸化改造才能投产。这些特点给鄂尔多斯盆地的油气勘探开发带来了许多世界级的难题。

低缓构造背景和低孔、低渗的储层条件使得常规储层中一些行之有效的测井评价方法在低渗透储层面临一系列困难和不适应。如因泥浆滤液对地层的侵入作用弱，泥饼较难形成，微电极曲线在渗透层通常表现出的低值、均匀和正差异特征消失或不明显；可直观指示油气层和水层的深、中、浅电阻率在常规储层的有序排列基本消失；另外由于储层普遍发育的微裂缝可使钻井井眼呈不规则扩径，这对测井尤其是密度、中子测井的质量影响严重，上述情况常导致该类储层测井解释失误。通过四十余年的艰苦奋斗、刻苦钻研，形成了具有"长庆特色"的测井解释技术。长庆解释技术的形成，经历了从早期的手工解释阶段到初级数字化解释阶段；从数字化解释到精细解释阶段；从精细解释阶段到区域油气评价阶段；从区域油气评价阶段到储层油气产能评价阶段。

## 二、测井解释技术的发展历程

### 1. 测井解释起步阶段

长庆 10 年艰难创业期间，随着淘汰"老横向"，代之以"声、感组合"测井系列，测井资料解释任务从主要划分岩性、划分渗透层逐步过渡到划分油气水层、确定孔隙度、渗透率、油气饱和度等地层参数，测井解释由基于单一的、定性的电阻率解释转向到提供含油饱和度的半定量解释，实现了本性的转折。

1972—1975 年设备和仪器比较落后，解释方法也是"老横向"，测井解释技术处于手工处理阶段，不能提供定量解释的有关参数，加上鄂尔多斯盆地复杂的地质情况，油层解释失误较多。受设备、技术条件的限制，凭着有限的测井信息、现场经验和手工解释划分储层、判识油、水，测量精度和解释精度都是亟待解决的问题。

为了不断适应和满足油气勘探开发的需要，主要从两方面提高解释符合率和测井解释技术。一是狠抓基础工作。确保资料采集环节的准确，实现测井仪器重复性、直线性、一致性和标准化的"三性一化"，分别建立起专用的电缆深度标准井、声感仪器标准井和测井仪器检查试验井。二是狠抓解释方法的研究。通过岩电实验建立了孔隙度与相对电阻率关系图版；含水饱和度与电阻增大率关系图版；用统计法编制了声波时差与孔隙度关系图版；采用可变含油性指标，评价油（气）水层的岩性系数法，在探井和生产井中都收到较好的应用效果。

### 2. 测井解释稳定发展阶段

20世纪80年代，测井资料处理解释技术引进PE-3230计算机，开始步入了数字化阶段，测井解释开始摆脱手工解释模式，实现了由定性解释到定量解释的实质性迈进。同时，由于资料采集种类的增加和计算机技术的应用，在资料应用的深度和广度上均有相应的发展。

完成应用判别分析法解释完井砂泥岩地层的全性能综合解释法，对解释储层进行综合判识，并且在吸收了阿特拉斯复杂岩性解释软件CRA、砂泥岩解释程序SAND的解释方法优点的基础上，结合长庆油田分布面积广、含油层系多、沉积环境多变、油气藏岩性和物性变化范围大的特点，吸收了油田多年的地质、测井解释方法研究成果，开发了能够处理解释各种测井系列资料，适应不同岩性剖面、不同地区和储层性质的综合测井解释软件CQCRA和CQPORC，提高了测井解释工作的时效和针对性。

### 3. 测井解释快速发展阶段

20世纪90年代，随着国产数控测井技术、计算机应用技术的全面推广和测井资料应用的全面深化，加大对测井精细解释方法研究，一方面扩充了体现低渗透特点的解释方法系列，另一方面根据勘探生产中提出的问题，通过攻关，开拓新思路，针对不同类别井及不同油气田和区块，建立起比较成熟的解释方法和解释图版，形成长庆特色的解释模式。在复杂岩性评价、低阻油层解释、裂缝识别与评价、地应力估算、水泥胶结界面评价等多方面的研究和实践，开拓了新的测井应用领域，深化了应用水平，形成了长庆"低渗透"特色，为新油气田发现、含油气面积扩大和增储上产做出了应有的贡献。

### 4. 从精细解释到精准解释阶段

进入21世纪，随着鄂尔多斯盆地进一步勘探开发，测井采集技术向成像化、阵列化趋势发展。长庆测井解释技术加速发展，形成了适应长庆油田低渗透特色的解释技术系列，特别是Lead2.0和Forward解释平台的全面推广应用，极大地提高了测井解释的能力和效率。一是测井装备水平显著提高，测井系列进一步完善。随着勘探对象的变化，原有的国产小数控系列和3700系列采集精度低、设备成旧、仪器型号多杂的矛盾比较突出。为满足勘探需求，加大了设备制造和引进的力度，2007年在油气探井和评价井中全面实现了高精度测井装备，满足了低渗透储层测井评价对资料一致性和精度的要求。建立了比较完善的标准井和刻度校验装置，形成了能满足小井眼、定向井、水平井等各种井型的测井作业能力；具有成像测井、生产测井、井壁取心、特殊射孔各方面的测井工艺技术。通过测井系列适应性分析和对比试验，形成了以高精度密度—阵列电阻率为核心的常规测井系列和以核磁共振为主的特低渗透有效储层识别新技术测井系列。二是发展针对性解释方法，提高了复杂油气层识别能力。加大了低阻、低孔低渗等复杂油气层测井技术攻关的力度。在低阻油层方面，利用成藏动力—毛细管力平衡条件总结了低阻油层发育的规律，指出低幅度的构造油藏或岩性油藏距离烃源岩较远的双组孔喉结构储层容易出现低阻／低对比度油层。低对比度油层总是和低含油饱和度相联系，因而与烃源岩条件和储层条件均有关系。以成因机理研究为基础，提出了有针对性的解释评价方法，包括纵横向对比法、侵入分析法、可动水法、视自然电位差等方法。在姬塬地区长2、延9油层组，苏里格盒8段等低阻油气层识别中发挥了重要作用。在低孔低渗储层解释中，以孔隙结构分析为核心，加强岩电关系、有效储层识别和产能预测方法研究，积极探索分储层类型的测井参数精细解释模型，提出了加权储能系数等产能预测方法，在合水、白豹等地区取得良好效果，解决了勘探生产中的疑难问题。三是测井新技术应用效果突出。在成像测井解释方面，在储层岩性识别、孔隙结构分析、层理构造识别、钻井液侵入定量计算、裂缝及孔洞识别、流体性质识别、地层真电阻率计算、孔隙度、渗透率、可动流体体积、束缚流体体积计算及油、气、水界面划分等方面见到初步效果，引导测井向估算储层参数方面的"多""新""精"方面发展，突破一孔之见，向地层的深部—井间—区域评价发展。利用快速平台测井提高了资料精度和测井时效，快速平台测井仪器下井次数由过去的3～5次减少到1次，可节约占井时间2/3；利用成像测井发现了一批裂缝性油层，如黄39井长6油层组、元156井长1油层组等；利用过套管偶极横波测井进行压裂缝检测，增强了压裂诊断能力；利用核磁测井识别特低渗、高自然伽马有效储层，避免有效厚度的丢失，在白豹、姬塬等地区长4+5、长6油层组效果明显。同时，在吸取国外技术经验的基础上，自主研发了声电成像测井资料微机处理解释系统。完成了数据预处理、图像处理、裂缝拾取、孔洞参数计算、地应力等方法研究，建立了成像测井地质解释模型，实现了成像测井的倾角处理功能，具有分层计算输出地质参数的功能，形成一套功能强大的声电成像测井资料微机处理软件。

5. 持续创新特色解释评价技术阶段

在2013年突破 $5000 \times 10^4$ t、实现"西部大庆"后，围绕落实规模储量区和战略新发现两大重点，持续推进储量增长高峰期工程；随着盆地勘探开发程度的不断深入，油藏类型逐步从常规油气藏发展到非常规油气藏，勘探领域从现实领域发展到四新领域，新区新层系隐蔽性、不确定性更强，岩性复杂、储层结构复杂、储集性能差异大，油气层准确识别困难。同时规模建产以非常规油气藏为主，储层非均质性强，油气水关系复杂，储层精细评价难度剧增。

围绕提高解释符合率和产能预测准确率目标，加强科研攻关和成果应用，发展了测井快速定量解释与产能预测、成像特色地质解释、致密油"三品质"、碳酸盐岩缝洞定量计算及水平井分段分级评价等特色解释评价技术。一是完善了快速定量解释和产能预测技术。紧密围绕复杂目标区，持续深化测井快速定量解释和产能预测系统，通过开展测井数据库建设，创新研发动态图版工具，建立分区分层图版，明确了不同区域、不同层系油气水识别标准，确定了油气层下限和储层分类级别，编写了油气层解释图版图册。二是提升了成像测井评价技术。在岩心刻度测井识别裂缝标准的基础上，形成了合水、姬塬、苏里格等十多个地区延长组和上古生界裂缝发育程度、分布规律及地应力方向分析图册。发展了基于成像资料的地层孔隙结构、岩石力学参数、非均质性等定量评价技术，形成了核磁移谱法、视地层水电阻率谱、阵列声波孔隙空间模量法等多种流体精准识别方法。成像技术的规模应用，解决了复杂岩性、复杂储集空间、复杂油气水关系的油气水识别难题，为姬塬、环江、合水、苏里格油气田的勘探开发提供了强力支撑。三是针对致密油岩石物理特点与地质工程应用需求，重构测井评价参数体系，创新建立了致密油储层品质、烃源岩品质和工程力学参数品质的"三品质"定量评价方法；根据烃源岩与致密储层的配置关系、油藏分布特征，提出了基于源储配置模式的分区解释方法，大幅提高解释图版精度；研发致密油测井关键属性参数地质建模技术，优选开发"甜点"；创新形成三参数融合水平井分段分级评价技术，提高了试油选段针对性。四是创新了低渗透水淹层测井解释技术。针对老区加密井注入水与原始地层水水性差异大、水淹机理复杂等特点，首次系统开展了水淹层岩石物理实验，通过配制地层水饱和岩样模拟原始地层，半渗透隔板油驱水模拟成藏过程，不同矿化度溶液驱油模拟水淹过程，理清了水淹层电阻率变化规律及成因机理；将水驱油岩电与相渗结合，首次建立了不同注入水类型、不同油层类型的水淹层水淹级别识别方法，通过核磁实验和核磁测井资料结合，提出了水淹级别评价参数剩余油指数，创新建立了基于核磁共振测井移谱水淹级别识别评价技术。解决了水淹层水淹级别识别方法单一、多解性难题，并开发了一套适用性、扩充性、移植性强的处理解释软件，实现了工业化出图。五是完善建立了水平井随钻及完井测井解释技术。基于三维地质模型的随钻测井正反演方法研究，结合随钻方位伽马、远探测声波等测井新技术，建立了水平井随钻地质导向方法和技术流程，指导井眼轨迹优化；建立了常规随钻伽马测井响应正反演方法，通过正演曲线与随钻实测曲线拟合，修正地质模型，指导井眼轨迹调整，通过刻画井眼与地层几何关系，为压裂方案优化提供依据；精细评价致密油气储层品质和工程品质，形成了多信息融合水平井分段分级评价技术，为压裂方案优化提供技术支持；完成了基于各向异性的岩电及岩石力学实验，为水平井储层参数和岩石力学测井精细评价奠定了基础。

# 第三节　油气藏压裂技术

鄂尔多斯盆地是国内主要的低渗、特低渗致密油气盆地，油气田具有低渗、低压、低产、低丰度等特点，不经过压裂改造无自然产能，号称"口口有油，井井不流"，长庆的油气开发被业界称为"磨刀石上闹革命"。因此，形成了具有长庆特色的油气储层改造技术。

## 一、油气储层改造技术的难点

近年来，长庆油田压裂技术虽然取得了长足的进步和发展，初步形成了低渗透油气田技术系列，但面对低渗透—致密油气藏开发对象日趋复杂，如何提高单井产量、实现经济有效开发还存在诸多技术难点需要攻关解决。主要包括：致密油层压裂技术、盆地多层系致密气藏改造技术、苏里格高含水饱和度气层改造技术、油气田水平井压裂技术以及新型低成本压裂材料的研究应用等等。致密油层具有储层渗透率较低、填隙物含量高、面孔率低、非均质强等特征，常规压裂增产幅度有限，针对此类储层，引入体积压裂新工艺，增大卸油体积，形成多级多缝压裂技术；盆地多层系致密砂岩气层具有一井多层比例高，各层系岩屑含量高、物性差、压力系数低等特征，针对该类储层需借鉴北美页岩气成功开发的经验，解放纵向多层系致密层系，攻关多层、低成本、高效改造配套技术；苏里格气田部分区域气水关系复杂，压裂改造时易压窜水层影响单井产量，需要开展新型控缝高压裂工艺及控水材料研究实验，实现控水增气。同时，针对盆地致密油气藏的特点，急需开展水平井分段压裂改造技术以及配套工具的研发，从而实现致密油层的高效开采。

## 二、油气储层改造技术的发展历程

### 1. 油田储层改造技术

油田储层改造坚持"技术先进、工艺简单、综合考虑、经济有效"的技术思路，突出低成本开发理念，经过多年的攻关研究，初步形成了一套适合长庆低渗透油气藏储层改造技术，有力推动了长庆油田的经济有效开发。

1）早期的侏罗系单井压裂

长庆油田开发初期，开发对象主要是侏罗系油藏，以李庄子、马家滩油田为代表。侏罗系油藏物性较好，渗透率可以达到几百毫达西，通常采用小型解堵性压裂解除钻井泥浆污染。进入 20 世纪 80 年代后，长庆油田开发对象仍为侏罗系油藏，以马岭、马坊油田为代表。该时期面临的侏罗系油藏渗透率明显下降，一些油层渗透率在几十毫达西，对于该类油层以单井压裂为主，以最大限度提高单井产能为目标，优化水力裂缝参数，进行单井方案设计，不考虑开发井网。针对底水不发育油藏，形成了"深穿透、饱填砂、快返排"为主要内容的试油压裂工艺；针对底水发育油藏，形成了"三控制、一坚持"试油压裂工艺，即控制射孔段长度、控制求产压差、控制压裂强度、坚持求初产，大部分油井改造后不产水或只产少量水，使底水油藏投入了正常的开发。

2）安塞油田等整体压裂

（1）定向井整体压裂。

长庆油田在 20 世纪 90 年代开始试验整体压裂，以五点法井网为基础，以井组为单元，整体优化压裂方案，开展单项工艺试验，综合评价效果，改进整体方案，取得了重大成果，构成了"安塞模式"中的主体技术，实现了安塞油田的经济有效开发。随后在靖安油田 ZJ60 井区开展开发压裂技术先导试验，以区块为单元，以矩形井网为基础，考虑裂缝与井网的适配性，合理部署井网，优化压裂方案，提高改造效果，构成了"靖安模式"中的主体技术，实现了靖安油田的经济有效开发。面对区块或油田，在确定的井网条件下，仅能被动调整压裂参数，以获得较好的油田开发效果。

（2）水平井分段压裂

为提高单井产量，自 1993 年起，分别在安塞、靖安、马岭等低渗透油田完钻 8 口水平井，其中安塞油田 6 口、靖安油田 1 口、马岭油田 1 口。完钻的 8 口水平井套管完井 7 口、裸眼完井 1 口。1994 年 10 月，应用分段压裂、填复合砂加液体胶塞、自定位定向射孔等多项工艺技术，完成第一口水平井——塞平 1 井分段压裂改造试验，取得一定的突破，也积累了一定的经验。1998 年底，对套管完井进行分段压裂改造，对裸眼完井裸眼段进行酸洗作业，累计进行水平井压裂改造 7 口井、18 层段，塞平 5 井裸眼段进行酸洗措施 1 次（表 14-1）。

表 14-1　安塞油田完钻水平井试油结果统计表

| 井号 | 完井方式 | 完钻层位 | 油层垂深 / m | 水平段长度 / m | 作业层段 | 加砂量 / m³ | 排量 / m³/min | 砂比 / % | 试油结果 / m³/d |
|---|---|---|---|---|---|---|---|---|---|
| 塞平 1 | 套管完井 | 长 6 油层组 | 1253.3 | 273 | 4 | 27.5 | 2.25 | 40.7 | 64.4 |
| | | | | | | 21.0 | 2.24 | 40.9 | |
| | | | | | | 16.0 | 2.07 | 32.3 | |
| | | | | | | 21.0 | 2.29 | 39.9 | |
| 塞平 2 | | | 1254.1 | 301 | 4 | 30.0 | 2.27 | 35.7 | 18.5 |
| | | | | | | 20.0 | 1.59 | 59.7 | |
| | | | | | | 21.0 | 2.12 | 43.4 | |
| | | | | | | 25.0 | 2.04 | 52.4 | |
| 塞平 3 | | | 1265.5 | 311 | 2 | 25.0 | 1.9 | 37.2 | 30.4 |
| | | | | | | 16.6 | 1.87 | 36.6 | |
| 塞平 4 | | | 1259.9 | 313 | 2 | 21.0 | 2.07 | 43.4 | 8.52 |
| | | | | | | 23.5 | 2.04 | 40.1 | |
| 塞平 6 | | | 1292.95 | 306 | 2 | 28.0 | 2.17 | 45.8 | 12.4 |
| | | | | | | 21.4 | 2.08 | 41.3 | |
| 靖平 1 | | | 1794.6 | 362 | 1 | 25.0 | 2.1 | 38.9 | 39.7 |
| 岭平 1 | | 长 8 油层组 | 1899.33 | 325 | 3 | 28 | 1.95 | 43.0 | 0 |
| | | | | | | 28 | 2.12 | 43.1 | 1.19 |
| | | | | | | 21 | 1.98 | 44.7 | 0 |
| 塞平 5 | 裸眼完井 | 长 6 油层组 | 1264.9 | 356 | 酸洗 | | | | 12.8 |

3）西峰油田大规模开发压裂

以西峰油田开发重大项目为依托，以油田为单元，以菱形反九点井网为基础，系统考虑人工裂缝与开发井网、裂缝导流能力与储层渗流能力、低伤害压裂液体系与储层特点、超前注水与压裂时机的优化配置，发挥综合效能，提高单井产量和稳产效果，构成了"西峰模式"中以"人工裂缝与井网相适配、裂缝导流能力与地层渗流能力相适配、压裂液伤害性能与储层条件相适配、压裂时机与超前注水相适配"为主要内容的整体开发压裂技术，并规模化应用，实现了西峰油田的经济有效开发。开发压裂技术模式逐步完善，支撑了陕北、陇东地区三叠系长 6—长 8、长 4+5 油层组油藏的大规模开发，并在推行三叠系油藏超前注水开发的过程中不断发展。

4）0.3mD 类特低渗储层攻关试验

在安塞油田、靖安油田及西峰油田等油藏先后获得开发以后，长庆油田组织 0.3mD

类储层压裂改造攻关试验研究，2005年该项目被列为中国石油天然气股份公司"十大重大开发试验项目"之一。通过室内研究和现场工艺攻关，取得了重要阶段成果，一是开展了水平井水力射孔射流分段压裂工艺试验，并在一年内实现了该工艺的引进、工具设计加工、工艺设计与现场实施；二是形成了定向井多级压裂技术，具体包括前置酸加砂压裂技术、多级加砂压裂技术和多级水力射流压裂技术，大幅提高了单井产量；三是引入国外井下微地震裂缝测试技术，为开发产建区的井网部署提供了更为可靠的基础数据，为工艺评价提供了支持。

（1）定向井多级压裂技术。

多级压裂技术包括前置酸加砂压裂技术、多级加砂压裂技术和多级水力射流压裂技术。前置酸加砂压裂技术用于改造酸溶性矿物含量高的储层，多级加砂压裂技术用于改造油层叠合发育和缺少常规分压条件的厚油层，多级水力射流压裂技术适用于多薄层发育或层内层间差异小且存在多个相对高渗段的储层改造。

① 前置酸加砂压裂技术。前置酸加砂压裂工艺是将砂岩酸化和加砂压裂集成起来，先注酸液，再进入常规压裂环节，注入前置液、携砂液、顶替液等。该技术集合了酸化与加砂压裂的优点，前置酸具有以下五个方面作用：酸岩溶蚀反应可提高裂缝附近地层的渗透性；酸液具有抑制黏土矿物膨胀的作用；酸液可以溶解部分压裂液滤饼和裂缝壁面残胶；酸液可以提高压裂液破胶程度；酸液对支撑裂缝具有清洗作用。因此，利用前置酸可以改善地层与裂缝及裂缝内部的连通性，扩大泄油面积，降低流动阻力，适用于孔喉半径小，填隙物含量高，水云母、方解石等胶结严重的超低渗储层，与同类常规压裂井相比，单井日增油0.4t左右。

② 多级加砂压裂技术。多级加砂压裂工艺是将优化设计的总砂量通过合理的多阶段施工过程加入储层，第一阶段（一级）压裂施工完毕后停泵，待支撑剂充分沉降、裂缝闭合后进行第二级压裂施工，以此类推。施工过程中，第一级压裂造出了一条人工裂缝，支撑剂由于重力作用沉降到裂缝下部，第二级压裂时前置液的流动遵循阻力最小化原则，沿着第一级压裂造出的裂缝流动，受下部沉降的支撑剂及裂缝端部支撑剂的影响，水力裂缝向下及向远处延伸受阻，迫使水力裂缝向宽度及高度方向扩展，使支撑剂有效地铺置在油层中上部，形成一条较高较宽的高导流能力支撑裂缝。该技术一方面改善油层铺砂剖面，增加支撑缝内支撑剂浓度，提高缝内导流能力；另一方面增加储层纵向上动用程度，提高纵向上的泄油面积。主要用于油层叠合发育和缺少常规分压条件的储层。与常规单级压裂井相比，单井日增油0.5t以上。

③ 多级水力射流压裂技术。水力喷射压裂工艺技术是近年石油工程领域的新技术，它将水力喷砂射孔和水力压裂工艺合为一体，能够快速准确的进行多层压裂。水力射流压裂技术利用水力喷射击穿套管后在储层形成一定直径和深度的射孔孔眼，依靠水力喷射产生的增压效应使裂缝起裂。裂缝形成后，油管中流体携带支撑剂由喷嘴喷射泵入裂缝，由环空泵入液体进行压力补偿。其理论依据是伯努利原理，即在喷射时动能和压能相互转换，流速越高，动能越大。该技术在一些低压、低产、低渗、多薄互层的油气层压裂改造中取得了较好的效果，已实现单井最多喷射压裂四层，同时在直井中一趟钻具喷射压裂三段。与常规分层压裂井相比，单井日增油0.4t左右。

（2）水平井水力喷砂分段压裂技术。

① 水力喷射分段压裂技术引进试验。从提高多段压裂的有效性、提高施工效率、降低液体伤害等方面出发，2005 年长庆油田引进了哈里伯顿水平井水力喷砂压裂工艺，成功实施了靖平 1、庄平 3 两口井 6 段水力喷砂压裂试验，并取得了良好的改造效果。靖平 1 井水平段长 361.7m，套管固井完井，井眼方向垂直于最大主应力方向，1996 年、2001 年先后对该井 2264～2267.0m、2170～2173m 采用填砂＋液体胶塞分段改造工艺进行了压裂试油，为探索水力喷砂分段压裂技术的现场施工可操作性，采用水力喷砂压裂技术对该井（1937～1938m、2058～2059m）进行分段改造，一趟管柱压裂了两段，平均加砂 19.0m³，砂比 25.5％，注入排量 2.0m³/min，施工顺利。庄平 3 井水平段轨迹方向平行于最大主应力方向，采用 5¹/₂in 套管不固井完井，采用水力喷砂压裂技术对 1965m、2080m、2238m 和 2365m 四段油层进行压裂试油，四段平均加砂 21.0m³，砂比 32.0％，注入排量 2.0m³/min，试油日产纯油 39m³，是邻井庄 40 井（直井）试油产量的 2.5 倍以上。水平井水力喷砂压裂工艺的成功试验，为水平井技术的应用提供了一增产措施新途径。

水力喷砂分段压裂工艺施工效率显著提高，水力射孔射流分段压裂一趟管柱可连续进行多段射孔和压裂的集成作业，与填砂＋液体胶塞工艺对比，省略了多次射孔作业、多次填砂和打液体胶塞作业，以及配套的起下钻工序，大大缩短了试油周期，也有利于降低对储层的伤害。水力射孔射流分段压裂与机械分段压裂对比：作业工序大幅度简化，试油周期大幅度缩短，施工费用大幅度减少，作业风险明显降低，增产效果有所提高。

② 水力喷射分段压裂配套工具研发。按照水力喷砂压裂工艺要求，在理论研究和工艺参数优化的基础上，成功研发了水平井水力喷砂器和压裂配套工具，开发研制了水力喷砂压裂万向节、偏心定位器、喷射器、单流阀等关键工具（图 14-1）。对研发的水力喷射工具在镇 217-17 井开展了地面模拟试验。套管采用 φ139.7mm、材质采用 P110、壁厚 9.17mm，喷射器双喷嘴对称分布。套管右端高出左端 10cm，模拟水平井向上倾斜不规则井眼轨迹，喷射工具组成为：油管＋万向接头＋油管短节＋万向接头＋偏心定位器＋水力喷砂器＋单流阀＋筛管＋堵头。施工按压裂工矿模拟，喷射采用胍胶压裂体系配方，套管射孔喷射排量 0.6m³/min，水力喷射时间 1 分 30 秒套管瞬时射开，排量 0.8～1.0m³/min，砂比 15％～30％，加砂 13m³。射孔压裂后套管射开孔径 22～24mm。地面试验泵注压力最高 44MPa，现场压裂实际施工油套环空注入压力 10～20MPa，研发配套工具现场施工泵注（油管注入）压力可达 54MPa 以上，能够满足长庆油田油井改造技术要求。

图 14-1　水力射孔压裂＋小直径封隔器管柱组成示意图

室内数模及物模实验结果表明，水力喷砂压裂在目前的施工参数下增压有限。为了确保非均质性储层水力喷砂压裂的封隔有效性，研发了小直径封隔器 K344-95、K344-105，形成了水力喷砂压裂与封隔器联作工艺技术。在镇平 2 井现场试验成功，该井水平段长 170.0m，水平段方位 251.81°，套管固井完井，采用水力分段射孔压裂＋封隔器联作，一趟管柱成功压裂 3 段，三段分别加砂 15m³、20m³、15m³，起钻顺利，单井试排日产纯油 36t。试验表明水力喷射工具与配套封隔器组合拖动分段射孔压裂能够实现管柱自动居中、锚定、有效封隔一体化，管柱拖动顺利安全，作业速度快。有效地解决了储层非均质性引起的地应力差异较大、层段间压裂封隔有效性和可靠性较差的技术问题，提高了水平井水力喷砂压裂的分段有效性。

③ 多级水力喷砂分段压裂技术。为提高施工效率，在常规"单喷射器＋小直径封隔器"压裂管柱基础上，设计了 PSK 多级水力喷砂分段压裂管柱（图 14-2、图 14-3），即将多套喷射器串接施工，提高了单趟钻具施工能力。施工时先用第一级喷枪施工（此时PSK 喷射封隔工具为关闭状态），待一级喷枪或封隔器失效后，投球逐级打开 PSK 喷射封隔工具，拖动管柱实现水力喷砂射孔及压裂。

图 14-2　两级 PSK 水力喷射分段压裂管柱示意图

图 14-3　三级 PSK 水力喷射分段压裂管柱示意图

该技术关键配套工具为投球式滑套喷射器与滑套封隔器，其主要技术优势为通过一次投球可同时打开喷射器和封隔器，而且当级数大于两级时可根据井下工具情况选择不同的球开启对应的喷射封隔工具。另外一项配套工具是防冲蚀喷射器。由于常规喷嘴用螺纹连接，喷嘴外围受冲蚀伤害最大，起出喷射器发现存在喷嘴脱落的现象。为提高喷嘴喷射效率，通过焊接的方式连接喷嘴，并在喷嘴外围喷涂镍基合金粉，改进后喷嘴磨损程度大幅降低。与常规分段多簇工具相比，应用多级水力喷砂分段压裂技术的单井平均下钻次数减少 1.5 次，单趟工具改造段数增加 3.1 段，单井平均施工周期缩短 2.5 天，单趟工具最大改造段数达 9 段。

（3）压裂裂缝监测技术。

限于技术条件，早期压裂很少监测裂缝。直到 1990 年安塞油田大规模开发以后，由于测井技术的进步，井温测井开始应用于压后裂缝高度的粗略判断。从安塞油田开发以来，对于新的开发区块，采集有代表性的岩心，送石油勘探开发研究院廊坊分院酸化压裂中心，通过 DSA（差应变分析）与古地磁定向结合确定区域最大主应力方向。这一方法一直是确定裂缝方位的主要实验手段。

20 世纪 90 年代后期以来，由于计算机技术的进步，采用相应的模型进行裂缝模拟（净压力分析）、试井、生产历史拟合等方法，描述压裂裂缝的延伸情况。在安塞、靖安油田开发过程中，井温测井解释压后裂缝高度、地面微地震法实时监测压裂裂缝延伸方位，是现场裂缝监测应用最多的方法。地面微地震法最早由北京石油勘探开发研究院采油所引入长庆，1993 年起用于裂缝监测。

2002 年，大地电位法开始应用。在陇东、陕北地区长 6 油层组—长 8 油层组开发过程中应用较多，在安塞油田重复压裂的老井上也有应用。2003 年，西峰油田长 8 油层组进入大规模开发以后，除上述裂缝监测方法外，还综合应用微电阻率扫描成像测井、正交偶极阵列声波测井（X-MAC）、放射性示踪剂测井等多种测井方法，分析评估地层地应力分布、天然裂缝发育情况和压裂裂缝效果。

2004 年，引进美国 Pinnacle 公司"井下微地震"技术，在陇东庄 9 井区庄 59-21、庄 61-23、安塞油田王窑区王 25-02 三口井，进行了压裂裂缝实时监测。这是国内第一次利用井间地震技术监测压裂裂缝形态。

2005 年起，引进美国岩心公司"零污染示踪剂测井"更为先进的裂缝监测技术，在罗平 1、塞平 392 井进行压裂裂缝测试，测试结果表明封隔有效率 100%。，这是国内第一次利用井间地震技术监测压裂裂缝形态。

5）超低渗透油藏开发试验

（1）定向井多缝压裂技术。

超低渗透油藏在确定井网下仅靠增加单一缝长增产幅度有限。利用特定的技术手段在储层内形成多条独立的人工裂缝，从而达到增加泄油面积、提高单井产量的目的。当前，定向射孔多缝压裂、斜井多段压裂、多级暂堵多缝压裂等多缝压裂技术已在超低渗透油藏开发过程中发挥重要作用。

① 定向射孔多缝压裂技术。该技术是利用定向射孔，使射孔孔眼与最大水平主应力方位呈一定夹角，以改变起裂方向、强制裂缝转向，同时配合应用分段压裂工艺，形成相互独立的双 S 型裂缝，扩大泄油面积，提高单井产量。定向射孔技术包括油管传输定向射孔、交错排状定向射孔、电缆传输定向射孔和动力旋转定向射孔，可适用于不同类型超低渗透储层和井身轨迹条件，从工艺成熟性、施工强度和作业成本角度考虑，目前应用较多的是电缆传输定向射孔，而动力旋转定向射孔技术可一次完成深度定位、方位刻度、旋转定向射孔等作业，作业程序少、工艺流程简单，具有很大的发展潜力。该技术配套不动管柱分压工具，不动管柱下段压后暂不放喷，近裂缝地带孔隙压力较高，地应力增加，提高了分层压裂的有效性和井下作业安全性。该项技术改造单段油层的最大段数达 4 段，同常规压裂井相比单井日增油 0.5～0.8t，有效提高了超低渗储层改造效果。

② 斜井多段压裂技术。斜井多段压裂是对于丛式大井组井型，充分利用井斜与井眼方位有利条件，在平行于最大主应力方位上形成多条相互独立的人工裂缝，扩大泄油体积，提高单井产量。该技术的增产原理主要体现在平面上可形成多条相互独立的平行的人工裂缝，扩大泄流面积；纵向上可充分动用储层，油层越厚优势越明显；横向上不考虑压窜，每条裂缝独立设计，有利于增加有效支撑缝长，实现深度穿透。该项技术改造单段油层的最大段数达 4 段，同常规压裂井相比单井日增油 0.5t。

③ 多级暂堵多缝压裂技术。针对超低渗透油藏天然微裂缝发育的特点，运用多级暂堵的方法实现缝内净压力增高，使天然裂缝开启并产生有限延伸，形成人工裂缝与天然裂缝相结合的缝网系统，提高储层基质向裂缝壁面的供油能力，扩大泄流体积，提高单井产量与稳产期。多级暂堵多缝压裂可分为层内暂堵和层间暂堵，层内暂堵是针对天然裂缝发育储层，加入暂堵剂提高缝内净压力，迫使天然微裂缝开启，参与流动；层间暂堵是针对不具备坐封条件的老井，用压裂液携带暂堵剂封堵已压开层段，迫使压裂液进入其他未压开层，实现层间暂堵多缝压裂目的。研制了层间暂堵暂堵剂和层内暂堵暂堵

剂，研发了堵剂远程遥控自动投加装置可实现不停泵连续多次投加，降低劳动强度和施工风险。暂堵剂加入后升压明显，实现了大厚度储层纵向充分改造。该技术适用于天然微裂缝较发育的超低渗透油藏，日增油能达0.3t左右。

（2）水平井分段多簇压裂工艺技术。

2010年，为进一步提高超低渗透油藏水平井改造效果，借鉴了国外水平井分段多簇压裂经验，将以提高人工裂缝泄流面积为目标转变为扩大裂缝与油藏的接触体积，研发了双喷射器水力喷射压裂钻具（图14-4），配套"水力喷砂+小直径封隔器联作+连续混配"技术，充分利用段内双簇裂缝的缝间干扰，增加裂缝复杂程度，扩大泄流体积，形成了水平井分段多簇压裂技术，在庆平4井首次试验获得成功，通过喷射参数的优化和配套工具的持续改进，实现了一趟管柱连续施工4段8簇的跨越。

喷射器1　　　　喷射器2

图14-4　双喷射器分段多簇压裂工具示意图

为保证较大加砂规模与施工排量下分段压裂的有效性，形成了双底封分段多簇压裂管柱和锚定式分段多簇压裂管柱（图14-5、图14-6），适用于不同加砂规模与施工排量。其中，双底封分段多簇压裂管柱由下到上为：导向丝堵+眼管+接箍+单流阀（带球和挡板）+双封隔器+双喷射枪+安全接头+油管至井口，双封隔器可起"双保险"作用，提高管柱密封性。锚定式分段多簇压裂管柱由下到上为：导向丝堵+眼管+接箍+单流阀（带球和挡板）+水力锚+小直径封隔器+双喷射枪+安全接头+油管至井口，水力锚可增加管柱锚定力，减小加砂过程中管柱蠕动损坏封隔器。井下微地震监测表明，水平井分簇多段压裂达到了扩大裂缝泄流体积的目的，庆平4井下微地震测试表明，压裂形成的微地震事件带相互补充又重叠，形成的微地震事件宽度为290m，大幅提高了裂缝泄流体积。水平井分段多簇压裂技术已成为超低渗透油藏水平井的主体改造技术。

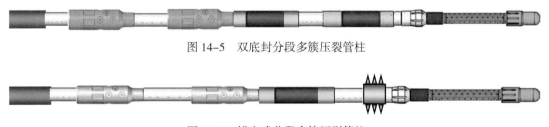

图14-5　双底封分段多簇压裂管柱

图14-6　锚定式分段多簇压裂管柱

6）页岩油体积压裂攻关试验

（1）直井体积压裂技术。

体积压裂是通过压裂的方式将可以进行渗流的有效储集体"打碎"，形成网络裂缝，使裂缝壁面与储层基质的接触面积最大，使得油气从任意方位的基质向裂缝的渗流距离最短，实现对储层在长、宽、高三维方向的立体改造，极大地提高储层整体渗流能力。

体积压裂技术的关键在于在压裂过程中，以更多液体、更低支撑剂浓度、更高排量泵入以产生足够的人工裂缝和天然网络裂缝网络。体积压裂技术主要有滑溜水压裂和混合水压裂两种工艺类型。其中，滑溜水压裂使用淡水作为主压裂液，主要添加剂为降摩阻剂。通过滑溜水大排量携带低浓度支撑剂来实现储层的改造。混合水压裂含有线性胶或交联凝胶液体段的水压裂称为混合水压裂，混合压裂的液体泵注程序中，除滑溜水之外还包括线性胶或（和）交联凝胶液体阶段，以提高携带支撑剂的能力；通过提高光套管施工排量以增加缝内净压力，实现天然微裂缝开启，前期采用小粒径支撑剂、段塞式加砂充填天然微裂缝和地层剪切错动形成的微裂隙，随后采用常规粒径支撑剂、阶梯式加砂提高缝口导流能力。

该技术适用于油层厚度较大、天然微裂缝发育、岩石脆性高（＞40%）、水平两向应力差较小（＜5MPa）的油层，可通过体积压裂使天然裂缝张开并与人工主裂缝沟通，形成缝网系统。2011年以来，在合水、姬塬、志靖—安塞等长7、长6、长8油层组规模应用混合水体积压裂884口井，平均油层厚度18.9m，加砂58.7m³，排量6.8m³/min，试油日产油14.0t，平均单井每日增产5.0t。

（2）定点多级压裂技术。

针对盆地致密厚砂体多隔夹层纵向上力学参数差异大、裂缝扩展形态复杂、有效支撑程度低等问题，以纵向提高有效动用程度、横向提高有效支撑缝长、侧向提高裂缝带宽为目的，创新形成了以"定点喷孔、干扰压裂、脉冲加砂、增液蓄能"为核心的直井定点多级体积压裂技术，建立了关键参数图版，配套了关键化学材料，打造了增产技术新利器。

在宁县—合水、南梁—华池、姬塬、志靖—安塞等长7、长6、长8油层组厚砂体多隔夹层开展定点多级压裂规模试验390口井，试验结果表明储层纵向动用程度提高50%以上，横向有效支撑缝长增加30%以上，侧向裂缝带宽增大20%以上；试油日产量由6.9t提高到14.5t；拓展至超低渗透油藏开发井扩大试验，在南梁长4+5油层组、合水长6油层组、华庆长6油层组等规模应用235口，初期单井日产量提高1.0t。

（3）水平井体积压裂技术。

2011年以来，以"非常规理念、非常规技术、非常规管理"为指导，积极开展页岩油水平井体积压裂攻关试验，经历了技术探索、创新提升两个阶段，形成了水力喷砂体积压裂和水力桥塞体积压裂两大主体技术。

① 技术探索阶段。水力喷射体积压裂技术获得成功，建成了西233国内首个致密油体积压裂示范区。2011年，借鉴国外页岩油"水平井＋体积压裂"开发理念，在西233区阳平1、阳平2井首次开展"大排量双水平井水力喷射分段多簇同步压裂"技术探索试验。主要试验内容包括大排量水力喷射双喷射器压裂、双井交替/同步压裂施工、"低黏＋交联"混合压裂液技术、体积压裂施工作业模式、微地震监测实时调整优化设计等。阳平1、阳平2井试油分别日产纯油105.83t和87.64t，投产初期日产量均达10t以上，实现了致密油单井产量的突破。在此基础上，建成了西233国内首个致密油体积压裂示范区。通过技术创新，在盆地致密油首次实现了"十方排量、千方砂量、万方液量"。西233示范区10口试验井初期日产油13.6t（表14-2）。

表 14-2　西 233 示范区水平井试油压裂情况统计表

| 井号 | 井距 / m | 水平段 / m | 油层钻遇率 / % | 压裂段（簇） | 加砂 / m³ | 入地液 / m³ | 排量 / m³/min | 试排产量 / t/d |
|---|---|---|---|---|---|---|---|---|
| 阳平 1 | 600 | 1543 | 86.9 | 13 段 26 簇 | 519.9 | 7794.4 | 6 | 105.83 |
| 阳平 2 | 600 | 1555 | 87.5 | 13 段 26 簇 | 515.1 | 7472.1 | 6 | 87.64 |
| 阳平 3 | 300 | 1535 | 97.0 | 11 段 22 簇 | 483.4 | 6559.5 | 6.0 | 112.71 |
| 阳平 4 | 300 | 1535 | 92.7 | 10 段 20 簇 | 438.8 | 7652.8 | 6.0 | 131.07 |
| 阳平 5 | 300 | 1535 | 93.6 | 10 段 20 簇 | 438.5 | 5898.5 | 6.0 | 119.68 |
| 阳平 7 | 1000 | 1536 | 82.0 | 15 段 30 簇 | 1488.3 | 13611.4 | 7.6 | 116.28 |
| 阳平 8 | 1000 | 1536 | 91.2 | 14 段 28 簇 | 1447.8 | 12582.2 | 7.5 | 128.78 |
| 阳平 6 | 1000 | 1536 | 98.3 | 9 段 44 簇 | 1274.0 | 12875.8 | 15.0 | 120.87 |
| 阳平 9 | 1000 | 1535 | 84.4 | 8 段 39 簇 | 1019.2 | 10270.4 | 15.0 | 109.14 |
| 阳平 10 | — | 1535 | 90.0 | 21 段 42 簇 | 1058.0 | 16047.0 | 6.0 | 156.44 |

② 创新提升阶段。庄 183、宁 89 区规模试压指标全面提升，规模试验显著。2013 年，在西 233 试验区成功的基础上，选择渗透率更低的庄 183 井区继续开展试验，关键工具材料全部实现自主研发，技术指标全面提升，现场试验效果显著。技术水平不断提升，自主研发速钻桥塞规模试验成功、EM30 滑溜水压裂液全面应用、单井液量整体提升（15000m³）、压裂排量不断提高（10m³/min 以上）、工艺参数持续优化（单井段数减少 8%，单段簇数由 2 簇增至 4～5 簇）、单井压裂周期由 12 天缩短至 8 天。庄 183 示范区 10 口试验井，水平段长 1535m，平均压裂 13 段，排量 9m³/min，液量 13690m³，试油平均日产油 108.3t（表 14-3）。10 口井初期日产油 14.0t。

表 14-3　庄 183 示范区水平井试油压裂情况统计表

| 井号 | 水平段 /m | 油层钻遇率 /% | 压裂段（簇） | 排量 / m³/min | 入地液 / m³ | 加砂 / m³ | 试排产量 / t/d |
|---|---|---|---|---|---|---|---|
| 合平 1 | 1534.5 | 93.1 | 18 段 36 簇 | 6 | 15497 | 1320 | 91.6 |
| 合平 2 | 1535.0 | 86.6 | 12 段 24 簇 | 6 | 13769 | 1411 | 120.5 |
| 合平 3 | 1535.0 | 86.0 | 15 段 30 簇 | 8 | 13969 | 1511 | 106.1 |
| 合平 4 | 1535.0 | 94.0 | 15 段 30 簇 | 8 | 14284 | 1441 | 97.4 |
| 合平 7 | 1535.1 | 90.5 | 12 段 24 簇 | 10 | 7254 | 580 | 96.4 |
| 合平 8 | 1535.0 | 97.0 | 12 段 24 簇 | 10 | 11055 | 522 | 106.6 |
| 合平 5 | 1536.0 | 94.9 | 8 段 48 簇 | 15 | 15468 | 1273 | 105.4 |
| 合平 6 | 1535.0 | 97.6 | 11 段 44 簇 | 10 | 14219 | 958 | 130.9 |
| 合平 9 | 1535.0 | 92.7 | 10 段 40 簇 | 10 | 11332 | 741 | 112.6 |
| 合平 10 | 1535.0 | 81.5 | 12 段 48 簇 | 10 | 20057 | 955 | 115.8 |
| 平均值 | 1535.0 | 91.4 | 13 段 39 簇 | 9 | 13690 | 1071 | 108.3 |

2015年，以挑战致密油物性下限、提高储量动用、实现资源掌控为目标，瞄准储层条件更差的致密油Ⅱ类储层，优选宁89井区深化水平井体积压裂攻关试验，关键技术指标再上新台阶。宁89试验区4口井投产初期平均日产油8.6t，标志着致密油Ⅱ类储层改造取得重要突破（表14-4）。

表14-4　宁89示范区4口水平井试油压裂情况统计表

| 井号 | 水平段／m | 压裂段（簇） | 排量／m³/min | 加砂／m³ | 入地液／m³ | 试排产量／t/d |
|---|---|---|---|---|---|---|
| 宁平6 | 1832 | 13段66簇 | 12.0 | 1016 | 19578 | 109.4 |
| 宁平7 | 1835 | 16段71簇 | 12.0 | 1232 | 23089 | 51.1 |
| 宁平8 | 1835 | 19段45簇 | 8.0 | 1123 | 16236 | 124.1 |
| 宁平9 | 1835 | 17段58簇 | 10.0 | 1160 | 20897 | 57.0 |
| 平均值 | 1834 | 16段60簇 | 12.0 | 1133 | 19950 | 85.4 |

西233、庄183、宁89和宁46试验区25口水平井初期平均单井日产油12.75t，目前平均5.42t；19口井单井累计产油突破$1 \times 10^4$t，6口井累计产油超$2 \times 10^4$t，最高单井累计产油达到$4.2 \times 10^4$t（阳平7井），试验区累计产油45.38×10⁴t，呈现出良好的稳产潜力。2014年以来，以示范区为引领，在西233、安83、吴464、庄230等区块规模开展页岩油开发试验，盆地页岩油进入快速上产阶段。

7）页岩油体积压裂规模试验

2018年，以"建设国家级开发示范基地、探索黄土塬地貌工厂化作业新模式、形成智能化—信息化劳动组织管理新架构"为目标，按照"多层系、立体式、大井丛、工厂化"的思路，开展页岩油规模试验。借鉴北美非常规改造理念和做法，针对长7油层组储层非均质性强、地层压力系数低、岩石脆性指数低等提产提效技术瓶颈，采用"长水平段、大液量、大砂量、高排量、多簇射孔、低黏压裂液、多尺度支撑剂"体积压裂改造技术模式，创新集成"三项核心设计""三项关键技术""三项降本措施"，形成了长庆特色长水平井小井距细分切割体积压裂技术。

（1）三项核心设计。

高密度细分切割设计。针对人工裂缝条带状特征，设计思路由"大排量打碎储集体"调整为"密切割剁碎储集体"，发展形成长水平段细分切割压裂模式。微地震事件覆盖面积由前期的50%～60%提升至90%以上，裂缝复杂因子由前期的0.2～0.3提升至0.4～0.5，水平井阶段累计产油显著提升。

压前注清水补能设计。针对原始地层压力系数低，将压裂造缝与注水工程相融合，通过增加入地液量实现压裂补能一体化，压后压力系数达到1.2以上，投产初期自喷井数比例达到92%，年递减率降至30%以下。

提升油水置换率设计。针对渗吸主导的渗流特征，将压裂工程与三次采油相融合，通过加入渗吸改善剂加快油水置换效率、闷井提高油水置换程度，实现存地滞留压裂液发挥高效持久作用，测算单井EUR由前期的$1.8 \times 10^4$t提升至$2.6 \times 10^4$t。

（2）三项关键技术。

平台整体压裂优化。针对大井丛布井，在三维地质建模的基础上，综合砂体展布、应力分布和纵向叠置特征，裂缝设计由单井改造体积最大向平台缝控储量最大转变，整体优化多层多井交错布缝模式。通过三维地质力学建模、应力分布特征分析、井组裂缝系统设计、整体改造规模优化，平台井间干扰概率降低70%，井组缝控程度达到90%以上。

DMS可溶球座工具。页岩油水平井压裂工艺实现了由引进试验向自主创新发展，主体工艺由水力喷砂分段压裂到可溶桥塞分簇压裂到可溶球座体积压裂的升级换代，技术能力显著增强，作业成本持续下降。

CSI驱油压裂液体系。以改善基质润湿性、增强毛细管自吸力为目的，自主研发了集"造缝、携砂、驱油、防垢"为一体的CSI驱油压裂液，规模应用$25.3 \times 10^4 m^3$，渗吸置换效率较常规压裂液提升27%，见油周期缩短30%，阶段累计产油提高10%。

（3）三项降本措施。

关键参数经济优化。基于室内模拟研究及矿场数据统计结果，对影响单井效益的平台井数、水平段长、压裂段数和改造规模等关键参数开展技术经济分析，初步形成了四大类5项参考图版，指导体积压裂优化设计。

FDA裂缝精细控制技术。针对细分切割提单产与控成本之间的矛盾，集成动态暂堵转向和极限分簇射孔技术，规模应用多簇裂缝有效性提升至85%以上，单井改造段数由24段降至22段，在确保效果前提下实现单井成本控降$100 \times 10^4$元。

工具材料自研自产。近年来形成了两大系列近10项产品，通过全面推广应用低成本压裂工具材料，单井费用降低$210 \times 10^4$元，提效降本效果显著。DMS可溶球座单支工具费用降低20%，简化滑溜水压裂液单立方米成本降低40%，石英砂全面替代陶粒单井支撑剂成本降低$150 \times 10^4$元。

攻关形成的长水平井细分切割体积压裂技术，强力支撑了百万吨示范区建设，为盆地页岩油规模效益开发提供关键技术手段。示范区单井初期日产量由前期的10～12t提升至18.6t，第1年递减率由前期的40%～45%降到30%以下，第1年累计产油达4680t以上。

2. 气田储层改造技术

长庆气田储层改造技术伴随着气田的成长不断发展创新，经过多年持续攻关与试验，形成了靖边气田下古生界碳酸盐岩储层酸压改造技术系列、榆林气田低渗砂岩压裂改造技术系列以及苏里格气田为代表的致密气储层改造技术系列，为长庆气田经济有效开发奠定了坚实的技术基础。

1）靖边气田下古生界碳酸盐岩储层酸压技术

长庆靖边气田下古生界奥陶系马家沟组白云岩储层属于低压、低渗气层，在"八五"攻关期间，针对下古生界白云岩储层，在储层地质特征研究和室内实验研究的基础上，建立起以普通酸酸压技术与稠化酸酸压技术为主体的改造模式。但随着下古生界碳酸盐岩储层条件越来越差的地质现状，为进一步提高气田下古生界碳酸盐岩气藏开发效益，在工艺技术研究和现场工艺试验基础上，近年来逐渐形成了稠化酸与普通酸组合酸化、变黏酸酸压、下古生界加砂压裂技术以及上、下古生界分层改造工艺，为长庆气田下古生界碳酸盐岩气藏的进一步经济有效开发奠定了一定的技术基础。

靖边气田勘探初期，1989 年对下古生界气井主要采取了普通酸酸压工艺，主要用于解除钻井过程中的污染以达到提高产量的目的。用该工艺处理后，表皮系数一般由大于 10 降为 –5～–2。

1989 年 6 月 10 日，对长庆气田下古生界储层的第一口探井，陕参 1 井采用了 20% 的盐酸进行酸压改造，注入盐酸 $50m^3$，获得日产 $14.16 \times 10^4 m^3$ 的无阻流量，拉开了长庆气田碳酸盐岩储层酸化改造的序幕。

该工艺试验 190 口井表明，平均单井日增产 $10.895 \times 10^4 m^3$，改造效果明显。存在的主要问题是，对于有些气层物性差的井，采用普通酸酸压工艺处理后效果仍然不理想。针对普通酸存在的问题，试验了稠化酸酸压工艺。

稠化酸与普通酸相比具有明显的缓速效果，而且由于稠化酸具有一定高黏度、滤失速度慢等特点，因而稠化酸能有效压开储层并延伸裂缝，延缓酸岩反应速度，从而提高酸液的穿入深度和有效作用距离。稠化酸酸蚀缝长一般为 20～30m，较普通酸酸化有所提高，主要适用于 Ⅱ 类储层。

1991 年 9 月 1 日，对陕 18 井采用了稠化酸的重复酸压改造，获得日产气量 $2.0412 \times 10^4 m^3$，成为长庆气田稠化酸酸压改造储层的起点。截至 1999 年，累计在靖边气田施工 36 口井。

由于稠化酸酸压工艺针对物性较好的层滤失速度较快，稠化酸可通过控制滤失来增加酸蚀有效作用距离，再注入普通酸，则既可发挥后顶液的作用，提高稠化酸利用率，又可弥补近井地带导流能力。因此，在此基础上试验了稠化酸 + 普通酸酸压工艺。

1999 年现场实施稠化酸酸压 + 普通酸工艺 12 口井，平均日产无阻流量为 $16.38 \times 10^4 m^3$；2000 年实施 39 口井，平均日产无阻流量为 $33.19 \times 10^4 m^3$。在 2001—2005 年靖边气田下古生界气层的五年开发期间，采用稠化酸与普通酸组合注入工艺共进行了 109 井次的施工，选井选层主要针对物性中等的 Ⅱ 类储层，平均稠化酸用量在 $54m^3$，普通酸用量在 $25m^3$，采用该工艺总体上获得了较好的改造效果，平均试气日产无阻流量为 $20 \times 10^4 m^3$。

2000 年，为进一步提高酸压的改造效果，研究了变黏酸酸压工艺。其特点是该酸液体系在初始状态保持了稠化酸的性能，酸液的黏度为 30～45mPa·s，进入地层后，随着酸岩反应，当 pH 值不小于 3 时，酸液黏度瞬间迅速大幅度升高，大大降低了酸液滤失速度，该酸液的滤失在同等条件下可较稠化酸减少 50% 以上，达到非反应性流体的滤失水平，随着酸液浓度的进一步降低或消耗，液体又恢复到原来的线性流体状况，黏度随之降低，提高了残酸的返排能力。

2000 年，在 G34–12、G17–8 两口井进行试验，经变黏酸酸压后，分别获得了日产 $4.4559 \times 10^4 m^3$ 和 $107.1986 \times 10^4 m^3$。2001 年在 G18–6 上进行了试验，获得日产无阻流量 $45.5781 \times 10^4 m^3$，取得了较好的效果。2000—2003 年，在长庆气田下古生界碳酸盐岩共进行了 24 口井的变黏酸酸压工艺试验，平均试气日产无阻流量达到了 $40.3 \times 10^4 m^3$。

2006—2009 年长庆气田下古生界碳酸盐岩开展了交联酸携砂压裂试验，首次实现酸压与压裂相结合，进一步提高致密碳酸盐岩储层单井产量，该工艺在碳酸盐岩规模应用上百口井，平均试气日产无阻流量 $13.1 \times 10^4 m^3$，最高试气日产无阻流量 $37 \times 10^4 m^3$，与常规酸压工艺相比单井增产 25% 以上。

2）榆林气田低渗砂岩压裂技术

榆林气田主力气层山2段具有中低渗、低压、低产的特征，一般无自然产能，压裂改造是气井获得产能的最重要手段。

前期勘探主要应用长庆气田砂岩储层压裂改造工艺，这套工艺对榆林气田的发现起到了重要的作用。进入开发阶段后，通过开展以提高单井产量为目的储层改造技术研究和攻关试验，并加大了对外交流合作的力度，气田储层改造工艺技术逐渐发展并趋于成熟配套，对榆林气田高效开发发挥了重要的技术支撑。

榆林山2段储层泥质含量低，属弱—中水敏储层，从成本、环保、安全方面综合考虑，2003年之前，榆林气田选用国内外广泛应用的羟丙基瓜胶水基压裂液体系。

2003年，榆林南区开始大规模开发，储层地质情况日益复杂，压裂改造中砂堵井较多。针对此问题，在原配方基础加入开发的TA-6抗温剂，通过改变现用压裂液体系的pH值，提高压裂液体系的耐温、耐剪切性能，减少压裂液在地层中的滤失，从而提高整个压裂液体系的性能，适应榆林南复杂地质情况下气井压裂的需要。优化的新配方自2004年应用以来，榆林南砂堵井大幅度减少，表明改进的压裂液体系配方和性能基本能满足目前储层改造的需要。

在勘探和初期开发阶段，榆林气田大部分气井只钻遇山2段主力气层，压裂管柱主要部件为Y344单上封封隔器和水力锚，与$2^7/_8$in油管组合进行压裂酸化。封隔器的座封方式为水力压差式，与节流嘴配套使用。单上封压裂管柱在压裂结束后，投球打掉滑套，保持油管通径，同时，封隔器收缩，压裂管柱就转化为生产管柱，达到一趟管柱多种用途。适合于气井单层的改造。

2004年，榆林气田兼顾下古生界马五段，单层开采采用Y344封隔器完井管柱，分层开采采用Y241封隔器压裂管柱。同时，引进贝克休斯公司的可捞式桥塞分层改造工艺。

压后排液方面在2002年开展伴注液氮与未伴注液氮改造井的排液情况对比试验，试验表明二者相差不明显，从经济角度出发，2003年以后一般不伴注液氮。2003年和2004年施工井未伴注液氮助排，绝大部分井均一次喷通。

2006年以后，压裂设计理念以及分压工艺随着苏里格气田的快速发展，进行了借鉴和参考，开始采用混合压裂设计思路，分压工艺开始推广应用Y344、K344等封隔器分压管柱。

3）苏里格气田致密砂岩多层多段压裂技术

苏里格气田在勘探评价初期，针对石盒子组砂岩气藏低渗、低压、低产和非均质性强的特点和储层改造的技术难题，以提高单井产量为核心目标，开展了一系列压裂增产改造工艺技术研究与现场试验；与此同时，苏里格气田通过广泛对外交流与合作，开展了大量室内实验研究及现场新工艺试验，提高了低渗气藏压裂改造的工艺技术水平，并初步总结出一套适合该气田气藏特点的压裂改造工艺和配套技术。

2001年，苏里格气田开发评价提前介入，伴随着对地质认识的不断加深，压裂改造也不断调整思路，重点围绕着提高单井稳产产量的目标，实施了一系列技术研究与试验。总体上，压裂改造工艺技术的发展主要经过三个阶段。

（1）评价试验阶段（2001—2005年）。

① 2001年及以前，主要沿用靖边气田、榆林气田的储层改造技术：以常规水基压

裂为主，对压裂液、支撑剂、工艺参数进行了筛选。

② 2001 年开展了 2 口水平井先导性试验，分别为苏平 1 井和苏平 2 井，由于受压裂改造工艺的限制，主要采用笼统酸压、酸洗改造工艺，其中苏平 1 井压后获井口日产量 $2.16 \times 10^4 m^3$，苏平 2 井改造后出水，日产水达 $31 m^3$，水平井先导性试验未取得突破。

③ 2002 年针对苏里格气田低压储层、压力系数低易受伤害、储层水锁等特点造成液体滞留，为提高返排率、降低对储层的伤害，先后开展了 10 口井 11 层次的 $CO_2$ 压裂试验，结果试气日产无阻流量大于 $4 \times 10^4 m^3$ 的井有 7 口，占 70%。对比分析认为，苏里格气田 $CO_2$ 压裂增产效果与常规工艺改造增产效果不明显，同时成本高，在苏里格气田适应性不强。

2002 年，从突破低渗阻流带出发，为了探索加大规模、增加裂缝长度、提高单井产量的可能性，先后共开展了 10 口大型压裂井试验，压后试气日产无阻流量在 $1 \times 10^4 \sim 15 \times 10^4 m^3$ 之间，平均日产无阻流量为 $5.1 \times 10^4 m^3$，其中有 6 口井未达到工业气流标准（占 3/5），试验未达到预期效果。

④ 2003 年鉴于大规模压裂增产不明显而成本大幅度提高，因而从低伤害和低成本出发，实施了 22 井次适度规模压裂技术，压后单井试气日产无阻流量为 $6.863 \times 10^4 m^3$，压裂改造效果平均水平高于大型压裂试验井。通过分析对比大规模压裂与适度规模压裂井投产后的生产动态，同样表明大规模压裂井没有明显的增产优势。由此确立了苏里格气田适度规模压裂的基本思路。

2003 年，从提高储层纵横向动用程度出发，通过开展填砂、可捞桥塞和机械封隔三种方式分层压裂试验，从而确定了机械封隔分层压裂是苏里格气田储层改造的主体技术。

同时，为了比较压裂实施效果，还开展了液氮伴注工艺优化、不同方式注入压裂、小井眼压裂等试验。

⑤ 2004 年以来，针对低压储层改造，从进一步降低压裂液对储层伤害为出发点，研发了对地层伤害较小的低伤害压裂液体系；为了提高储层纵横向动用程度，主要以分层压裂为重点展开深化压裂工艺研究工作，完善小井眼压裂配套技术；从进一步提高压裂液返排率出发，对液氮伴注工艺和排液方式进行了优化。

（2）技术攻关阶段（2005—2015 年）。

在前期评价试验和效果分析的基础上，结合苏里格气田特征，开展了直井分层压裂技术和水平井分段压裂技术攻关与试验，逐步形成适度规模、分压合采等关键技术，为苏里格气田经济有效开发奠定了基础。

① 直井分压合采攻关。

苏里格气田一井多层的现象较为普遍，通过单层的改造很难达到有效提高单井产量的目的。2000—2003 年，对苏里格气田产气剖面进行了测试，结果表明，各气层段只要得到充分改造，对产量的提高都会有所贡献。因此，从提高单井产量的思路出发，必须提高储层纵向上的动用程度，一次压裂改造多个层系。

2005 年，苏里格气田在 2003—2004 年 3 口井分压合采试验的基础上，扩大了机械分层压裂试验范围，开展了 4 口井双 Y241-115 双封隔器分层压裂（图 14-7、图 14-8），实现了一次分压两层的目标，并且均取得了较好的压裂改造效果，获得了近四年来最好的增产效果。

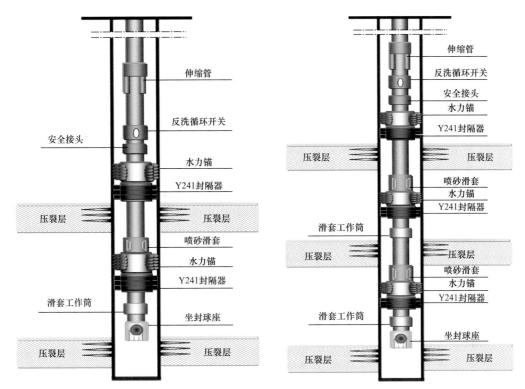

图 14-7　Y241 双封隔器分压合采管柱 　　　图 14-8　Y241 三封隔器分压合采管柱

2006 年以后，为提高管柱起钻性，又相继研发了 Y344、K344 等封隔器分压管柱，试验均取得成功，实现分压 2～3 层的突破，进一步在苏里格气田规模应用。

通过扩大试验，苏里格气田已形成了以机械分压为核心的分层压裂主体技术，在苏里格中区、东区、西区开发得到了广泛应用。截至 2016 年，累计在苏里格气田应用超过 8000 口井，为苏里格气田经济开发发挥了重要技术支撑作用。

2009 年以来，为探索致密多层系提高单井产量新途径，长庆与哈里伯顿、斯伦贝谢公司等国外大型油服公司合作开展了新型分压技术攻关与试验。

2009—2011 年，长庆油田与哈里伯顿公司在苏里格气田开展了 8 口井 41 层连续油管多层压裂工艺现场试验，单井最高分压 8 层，最快实现了一天连续分压 4 层。在引进试验基础上，长庆气田自主研发连续油管压裂关键工具，配套形成关键工艺，在气田累计应用超过 300 余口井，为气田多层系压裂工艺升级换代奠定基础，该技术已成为气田小井眼压裂主体技术，并实现扩大应用。

2010—2012 年，长庆油田与斯伦贝谢公司合作开展了套管固井滑套完井分层压裂工艺试验，累计试验 15 口井 74 层，最多实现一次连续分压 9 层，创造了该工艺在国内气田直井压裂的纪录。产气测试结果表明，套管固井滑套多层连续分压工艺充分动用致密层储量，达到多层动用提高单井产量的目的；同时自主研发形成系列关键工具，在气田实现规模应用 900 余口井（含苏南道达尔合作区 700 余口井），助推长庆气田工艺技术快速发展。

② 水平井分段压裂攻关。

为探索致密气提高单井产量新途径，借鉴国外致密气开发经验，开展了水平井分段压裂攻关试验。

2008年，苏里格气田开展了水平井开发试验，在苏10-30-38H井首次采用水力喷射压裂工艺完成1段压裂施工作业，实现由前期笼统酸压向加砂压裂的转变；同年在苏平14-13-36井采用水力喷射拖动压裂工艺，首次实现分段压裂2段的目标，实现了国内水平井分段压裂工艺从无到有的突破，压后测试日产无阻流量为12.382×10⁴m³。

2009年，水平井分段压裂技术进一步发展，自主研发形成不动管柱水力喷射分段压裂技术（图14-9），同时引进了裸眼封隔器分段压裂技术（图14-10），具备分压3～5段技术水平。自主研发形成的不动管柱水力喷射分段压裂技术在苏平14-19-09井首次成功开展3级水平井分段压裂，压后试气日产无阻流量83.3×10⁴m³。

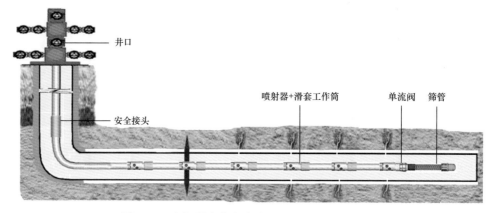

图14-9 多级滑套水力喷砂分段压裂管柱示意图

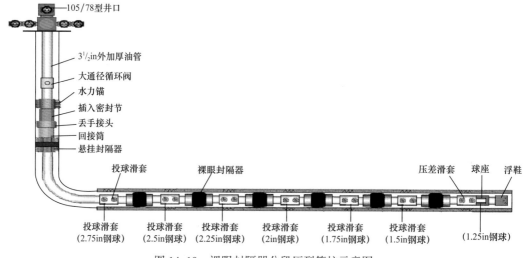

图14-10 裸眼封隔器分段压裂管柱示意图

2016年引进试验了水平井裸眼封隔器分段压裂工艺，进一步丰富完善水平井分段压裂工艺。在苏平14-2-08井开展了4级分段压裂，测试日产无阻流量31.0175×10⁴m³；在苏平36-6-23井开展3级裸眼封隔器分段压裂试验，测试日产无阻流量101.5×10⁴m³，气田上古生界水平井试气产量首次突破百万立方米。

2010年与斯伦贝谢公司合作，在苏东13-65H2井国内首次试验了水平井桥塞分段压裂技术，成功开展 15 段分段压裂施工，压后由于受日产水 16.2m³ 的影响，试气日产无阻流量 5.0333×10⁴m³，从而影响了该技术进一步扩大试验。

2011—2014 年，气田水平井分段压裂技术处于快速发展阶段，分段能力大幅提升，不动管柱多级滑套水力喷射以及裸眼封隔器分段压裂工艺实现 10～23 段分压能力，最高能够分压 23 级。2011 年在苏 36-11-16H 井采用水力喷射压裂，首次实现水平井分段压裂 15 段，试气日产无阻流量达 127.5205×10⁴m³；2012 年靖 67-65H1 井采用裸眼封隔器分段压裂 18 段，试气日产无阻流量达 34.6684×10⁴m³；2013 年靖 55-24H1 井采用 4.5in 基管裸眼封隔器分段压裂 20 段，试气日产无阻流量达 83.1542×10⁴m³。

（3）技术提升阶段（2015—2019 年）。

前期气田水平井主体采用裸眼完井分段压裂技术，规模应用超过 1200 口井，助推致密气规模有效开发。2015 年以来，随着气田开发不断拓展，储层物性逐年变差，前期裸眼完井分段压裂工艺适应性变差，为进一步提高封隔有效性，坚持改变完井方式，开展了固井完井桥塞分段压裂技术攻关与试验。

2015 年在苏东 59-33H2 井开展固井完井桥塞压裂先导性试验，该井分压改造 9 段，分段压裂，测试日产无阻流量 44.0996×10⁴m³，初期投产日产量达 5.1×10⁴m³，截至 2019 年底累计 953 天，累计产气 5368×10⁴m³，较同期裸眼完井分段压裂工艺邻井增产 50% 以上。

2017—2019 年气田水平井逐步扩大固井完井桥塞压裂工艺，至 2019 年全面推广应用，截至 2019 年底，固井完井桥塞分段压裂工艺累计实施 327 口井，测试平均日产无阻流量 61×10⁴m³，与前期裸眼完井平均日产无阻流量 41.4×10⁴m³ 相比，单井产量大幅提升，为气田规模效益开发提供重要技术支撑。

# 第十五章 外围盆地

在 1992 年出版的《中国石油地质志·卷十二 长庆油田》中，外围盆地部分记述了 8 个中小盆地。随着矿权区块的更迭变迁，其中的 5 个盆地（银川盆地、六盘山盆地、银根盆地、雅布赖盆地和定西盆地）不再属于长庆油田管辖范围。从与鄂尔多斯盆地关系来看，这 5 个盆地与鄂尔多斯盆地的关系也不如另外 4 个盆地（河套盆地、巴彦浩特盆地、渭河盆地和沁水盆地）更加密切。根据 2000—2017 年勘探工作的投入情况，以及新矿权的从属关系，本次仅对河套盆地、巴彦浩特盆地、渭河盆地进行修编，并增加沁水盆地。1992 年出版《中国石油地质志·卷十二 长庆油田》记述的 8 个中小盆地和本次修编及增加的 4 个盆地基本地质特征详见表 15–1。

表 15–1 鄂尔多斯盆地周边附属小盆地基本地质特征表

| 《中国石油地质志》版本 | 序号 | 盆地名称 | 大地构造位置 | 盆地面积 / $10^4km^2$ | 目的层 | 盆地类型 | 烃源岩类型 | 盆地基底 |
|---|---|---|---|---|---|---|---|---|
| 中国石油地质志·卷十二 长庆油田 | 1 | 银川盆地 | 华北地台内部（鄂尔多斯地块西北缘） | 0.7 | 渐新统 | 新生代断陷盆地 | 湖相 | 下古生界 |
| | 2 | 六盘山盆地 | 祁连山山前走廊过渡带，与鄂尔多斯西缘相邻 | 1.4 | 下白垩统 | 中生代剪切挤压盆地 | 湖相 $II_1$ 和 I 型 | 古生界褶皱山系 |
| | 3 | 银根盆地 | 内蒙古—兴安岭褶皱带 | 5.4 | 下白垩统、石炭系—二叠系 | 中生代挤压型山间盆地 | 湖相 $II_1$ 和 I 型 | 海西期变质基底 |
| | 4 | 雅布赖盆地 | 阿拉善地块 | 0.8 | 侏罗系 | 中生代山间断陷盆地 | 湖相和湖沼相 | 元古宇变质基底 |
| | 5 | 定西盆地 | 祁连褶皱带 | 1.0 | | 新生代断陷盆地 | 无❶ | 下古生界变质岩 |
| 本卷 | 1 | 河套盆地 | 华北地台内部（鄂尔多斯地块北缘） | 4.0 | 第四系、渐新统临河组、下白垩统固阳组 | 中—新生代坳断盆地 | 湖相 $II_1$ 和 I 型 | 古元古界变质结晶基底（伊盟古陆核） |
| | 2 | 巴彦浩特盆地 | 华北—阿拉善地块邻近走廊过渡带 | 1.8 | 石炭系—二叠系 | 叠合盆地：中生代断陷盆地、古生代残余盆地（克拉通边缘裂谷盆地） | 海陆过渡相煤系地层 III 和 $II_2$ 型 | 古元古界变质结晶基底（阿拉善古陆） |

❶ 长庆油田，2005 年钻探畔 1 井证实，盆地为新生代红色沉积充填，无有效烃源岩层（据内部资料）。

| 《中国石油地质志》版本 | 序号 | 盆地名称 | 大地构造位置 | 盆地面积/$10^4km^2$ | 目的层 | 盆地类型 | 烃源岩类型 | 盆地基底 |
|---|---|---|---|---|---|---|---|---|
| 本卷 | 3 | 渭河盆地 | 华北地台内部（鄂尔多斯地块南缘） | 2.0 | 上新统、始新统—渐新统 | 新生代断陷盆地 | 湖相、湖沼相 | 下古生界碳酸盐岩、中元古界碎屑岩、古元古界—太古宇变质岩 |
| | 4 | 沁水盆地 | 华北地台内部 | 3.6 | 上古生界石炭系、二叠系 | 古生界、中生界叠合盆地 | 海相腐殖腐泥 $II_1$—$II_2$ 型；海陆过渡相煤系地层 $III$ 和 $II_2$ 型 | 太古宇变质岩、古元古界浅变质岩系 |

# 第一节　河套盆地

河套盆地位于内蒙古自治区中部，东经 $106°$～$112°$，北纬 $39°20'$～$41°20'$ 之间，东西长约 600km，南北宽 30～90km，面积约 $4×10^4km^2$。该盆地北邻阴山山脉，南接鄂尔多斯高原，西南与贺兰山、桌子山毗邻，是原伊盟古陆核沉陷形成的中—新生界坳断盆地。盆地基底为古元古界变质结晶岩系，沉积岩主要为下白垩统、古近系、新近系及第四系，厚 3000～15000m。下白垩统和渐新统是主要的含油层系，上新统—第四系有浅层生物气分布。

## 一、勘探历程

早在 20 世纪 50 年代和 60 年代，石油工业部、地质矿产部曾对盆地内做过重力、磁力普查，以及三条电测深剖面和少量单次地震测线，完钻 3 口 1200m 左右的浅井。较大规模的勘探始于 20 世纪 70 年代末，至今断断续续投入了一定的工作量。该盆地的勘探历程可分为三个阶段。

第一阶段：石油普查勘探阶段（1979—1987 年）。这一时期以石油地质普查为主要目的，完成二维地震剖面 20326.2km（剔除模拟测线和低品质数字测线，现今可用 2783.7km），完钻探井 11 口，基本查明了盆地地层结构和构造面貌，发现了下白垩统和渐新统两套含油层系，5 口井见到含油显示。经完钻测试，临深 3、临深 2 井分别在下白垩统、渐新统获得少量油流。这一阶段由于目的层埋深大、构造圈闭有效性差等原因，未获得勘探突破。之后，勘探工作暂缓，长期无实质性工作量投入。

第二阶段：油气探索勘探阶段（2004—2016 年）。在柴达木盆地第四系生物气取得勘探突破的启发下，从 2004 年开始，长庆油田转变勘探思路，以第四系—上新统浅层为主力目的层，开展了生物气的勘探工作。完成非地震 CEMP 870km，二维地震 650.6km，完钻探井 8 口（井深 1200.0～2700.0m），普遍见到含气显示，6 口井试气分别获得日产 3.4～121.2m³ 的低产天然气流，日产水量 21.2～129.6m³。认识到河套盆地第四系—上新统具备了生物气形成的烃源岩与储层条件，但缺乏有效构造圈闭等因素导致生物气不能规模聚集成藏。

由于浅层生物气勘探没有获得突破，在深化总结与研究的基础上，按照"源控论"的指导思想，重新评价下白垩统和渐新统的生烃条件。认为这两套烃源岩埋深大、热演化程度高，特别是临河坳陷的北部深凹陷，现今可达高成熟—过成熟演化阶段，具有形成石油和天然气的有利条件，油气勘探仍应以渐新统和下白垩统为主力目的层。按此思路以渐新统为主要目的层在临河地区钻探了隆 1 井，证实渐新统发育半深湖沉积，有机质丰度较高，渐新统资源潜力得到进一步落实。与此同时，2013 年中华人民共和国国土资源部在盆地西南缘的庆格勒图地区乌拉山群基岩凸起上开展铁矿地质调查过程中，在 ZK230 等 3 口浅钻孔中意外发现原油，地球化学分析与地质研究认为油源来自邻近下白垩统生烃凹陷，说明深凹陷区成熟的油气已经发生了运移。为进一步探索下白垩统油气勘探前景，于 2016 年钻探了松探 1 井和松探 2 井。其中，松探 1 井在下白垩统钻遇低成熟度暗色泥岩，发现石油生成并黏附于纹层面和裂隙面上，发生初次运移进入到邻近的砂岩层中。

第三阶段：油气勘探快速发现阶段（2017—2020 年）。2017 年 8 月 11 日，中国石油召开首次矿权流转会，将河套盆地探矿权区块流转给华北油田，同时安排长庆油田继续完成当年钻井计划工作量。基于前期大量的基础研究工作，科研人员分析认为吉西凸起邻近北部生烃洼槽，其上的钻孔 ZK230、ZK500 已在太古宇变质岩裂隙中见到了油苗，埋深在 1000m 以内，是实现低成本、快速高效勘探的有利区，为此，华北油田将吉西凸起变质岩潜山及其围斜带作为优先勘探目标，采取先打验证井（HZK1），同步部署高精度重磁、时频电法及二维地震的做法。2017 年底验证井 HZK1 在太古宇 519～558m 钻遇油斑 4m/1 层、油迹 25m/3 层，钻井取心裂缝较发育，证实了潜山的含油性，加快了勘探进程，2018 年针对吉西凸起完成高精度重磁 869km²、时频电磁 69km、二维地震 265km，完钻探井 13 口，7 口井获高产和工业油流，在潜山和碎屑岩两大领域、以及古近系、白垩系和太古宇三套层系获勘探发现，其中 JHZK2、JHZK7 井在太古宇 447.8～559.9m 井段试油获日产 21.59m³、27.96m³ 的高产油流，吉华 2x 井在渐新统临河组试油获日产 7.13m³ 工业油流，吉华 4x、吉华 8x 井在下白垩统固阳组试油分获日产 201.9m³、301.8m³ 的高产油流。同年，长庆油田在淖西生洼烃槽东翼的中央断裂带完钻松 5 井，在渐新统临河组试油获日产 62.6m³ 工业油流。河套盆地在临河坳陷吉西凸起和中央断裂带两个区带同时发现了工业油流，勘探取得了重大突破。

2019—2020 年积极甩开预探临河坳陷北部兴隆构造带，构建了"多级顺向断层—砂体阶梯式输导、反向断层控圈、多层系聚集"的油气成藏模式，风险探井临华 1 井在临河组 374～3379.2m 井段试油获日产 308.76m³ 的高产油流，兴华 1 井在临河组钻遇油层 129.8m/41 层，对 4370.4～4378.6m 井段试油获日产 274m³ 的高产油流，实现临河坳陷北部勘探重大发现。

截至 2020 年底，河套盆地共完成 CEMP 测线 1253.8km，二维地震 9048.3km（不包括早期模拟测线和剔除的低品质数字测线），钻井 62 口，其中临河坳陷 54 口，呼和坳陷 8 口，总进尺 19.6769×10⁴m（表 15-2、图 15-1）。

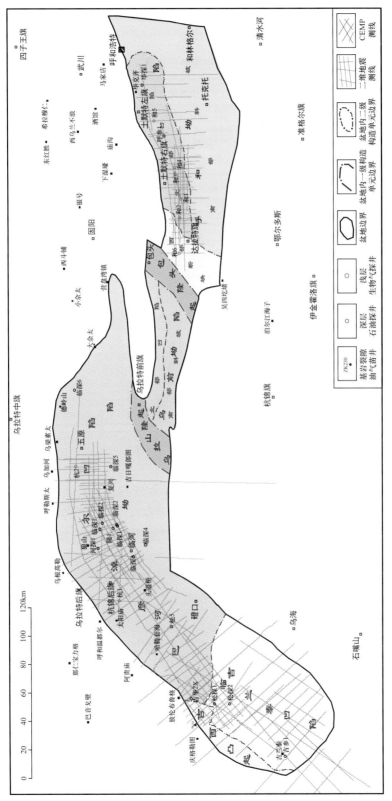

图 15-1  河套盆地构造单元划分及勘探程度图

随着勘探的突破，河套盆地石油开发建设迅速跟进。2018—2020 年累计建产能 $42.2 \times 10^4$t，累计生产原油 $17.56 \times 10^4$t，其中 2020 年生产原油 $14.5 \times 10^4$t，计划 2025 年原油产量达到 $200 \times 10^4$t。

表 15-2 河套盆地勘探实物工作量完成情况表

| 构造单元 | 完成时间 | 工作量投入情况 | | | | CEMP/ km | 重力磁力/ km² | 时频电磁/ km |
| --- | --- | --- | --- | --- | --- | --- | --- | --- |
| | | 地震 | | 探井 | | | | |
| | | 三维/ km² | 二维/ km | 井数/ 口 | 进尺/ 10⁴m | | | |
| 临河坳陷 | 1979—1986 年 | — | 1651.0 | 9 | 3.8785 | — | — | — |
| | 2004—2008 年 | — | 352.6 | 2 | 0.3900 | 870.0 | — | — |
| | 2010—2017 年 | — | 2680.0 | 3 | 1.0600 | — | — | — |
| | 2018—2020 年 | 1160 | 2734.0 | 40 | 12.2521 | 383.8 | 15452 | 109 |
| | 小计 | 1160 | 7417.6 | 54 | 17.5806 | 1253.8 | 15452 | 109 |
| 呼和坳陷 | 1979—1986 年 | — | 1132.7 | 2 | 0.7850 | — | — | — |
| | 2004—2006 年 | — | 298.0 | 6 | 1.3113 | — | — | — |
| | 2014—2017 年 | — | 200.0 | — | — | — | — | — |
| | 小计 | | 1630.7 | 8 | 2.0963 | — | — | — |
| 合计 | | 1160 | 9048.3 | 62 | 19.6769 | 1253.8 | 15452 | 109 |

## 二、地层

河套盆地沉积岩主要为中生界白垩系、新生界古近系、新近系和第四系（表 15-3、表 15-4）。另外，在吉兰泰东南部地区，地震剖面显示在古元古界和白垩系之间多出一套地层，其与上、下围岩均呈角度不整合接触，内部层状特征明显，推测为石炭系—二叠系。

1. 白垩系

包括下白垩统李三沟组、固阳组和上白垩统毕克齐组，李三沟组仅分布在吉兰泰一带，毕克齐组仅分布在呼和坳陷，临河坳陷缺失上白垩统。

1）下白垩统李三沟组（?）

仅在吉兰泰东南部早期断陷区发育，厚 300～1200m。地震剖面上显示呈楔形的大段空白反射，东厚西薄，推测为冲积扇砂砾岩沉积，其顶面近于平直，被固阳组顶超。与下伏石炭系—二叠系（?）及古元古界变质岩角度不整合接触。

2）下白垩统固阳组

固阳组是河套盆地第一套广泛分布的沉积盖层，全盆地均有分布。以角度不整合披覆于下伏古元古界乌拉山群变质结晶基底之上，或超覆于李三沟组之上，厚度 489～1800m。可分为上、下两段，下段底部为棕色不等粒砂岩及杂色砾岩，夹紫红色泥岩；上部为紫红、棕红色泥岩，夹同色中、细砂岩。上段下部为深灰、黑灰色泥岩、灰色粉细砂岩、中砂岩、砂质鲕粒灰岩，夹薄层泥灰岩；上部为紫红、棕红色泥岩与灰色细砂岩互层，夹灰绿色泥岩和泥灰岩。

固阳组含蕨类植物孢子 *Lygodiumsporites* 光面海金沙孢、*Lygodioisporites* 瘤面海金沙孢、*Cicatricosisporites* 无突肋纹孢等。裸子植物花粉有 *Classopollis* 环沟粉属、*Jiaohepoillis* 蛟河粉属、*Parvisaccites* 微囊粉属、*Piceaepollenites* 云杉粉属、*Piceites* 拟云杉粉属、*Protoconifera* 原始松柏粉属。含轮藻 *Mesocharavoluta* 旋卷中生轮藻、*Aclistocharahuihuipuensis* 惠回堡开口轮藻、*Atopochara trivovris trivolvis* 三褶奇异轮藻三褶亚种等。介形虫以 *Cypridea* 女星介为主。

表 15-3　河套盆地地层序列及岩性简表

| 地层系统 | | | | | 厚度 /m | 岩性简述 |
|---|---|---|---|---|---|---|
| 系 | 统 | 群 / 组 | 段 | 符号 | | |
| 第四系 | 全新统 | 河套群 | | $Q_4$ | 140～2600 | 棕黄、棕灰、浅灰色粉砂、细砂层 |
| | 更新统 | | | $Q_{1-3}$ | | 以黄灰、浅灰色黏土层为主，夹粉细砂层 |
| 新近系 | 上新统 | 乌兰图克组 | 一段 | $N_2wl_1$ | 360～5000 | 以黄灰、浅灰色粉细砂岩为主，夹棕红、浅灰色泥岩 |
| | | | 二段 | $N_2wl_2$ | | 中上部为棕红、棕褐色泥岩与黄灰、棕灰色粉细砂岩互层，底部以浅灰、黄灰色块状粉细砂岩为主 |
| | 中新统 | 五原组 | | $N_1w$ | 468～3800 | 以棕紫、棕褐、褐灰色泥岩为主，夹浅灰色粉细砂岩 |
| 古近系 | 渐新统 | 临河组 | 一段 | $E_3l_1$ | 350～2200 | 棕红、棕紫、浅灰、灰绿色砂泥岩互层 |
| | | | 二段 | $E_3l_2$ | | 以深灰、绿灰、褐灰色泥岩、硬石膏质泥岩为主，夹浅灰色粉细砂岩及泥质白云岩 |
| | | | 三段 | $E_3l_3$ | | 以浅灰、棕红色厚层块状细砂岩、含砾砂岩为主，夹棕红、棕紫色泥岩 |
| | 始新统 | 乌拉特组 | | $E_2w$ | 200～610 | 棕红、浅灰、灰绿色砂泥岩互层，底部为厚层砂岩 |
| 白垩系 | 上统 | 毕克齐组 | | $K_2b$ | 435～500 | 棕红、棕褐色含砾砂岩、不等粒砂岩与紫红色、浅灰色泥岩交互层，仅在呼和坳陷发育 |
| | 下统 | 固阳组 | 上段 | $K_1g_1$ | 480～1800 | 上部为棕红、浅灰色砂泥岩互层，夹泥灰岩；下部为深灰色泥岩、泥灰岩、灰白色砂岩，为主要的烃源岩段 |
| | | | 下段 | $K_1g_2$ | | 紫红色、棕红色泥质岩，底部为杂色砂砾岩 |
| | | 李三沟组 | | $K_1ls$ | 300～1500 | 棕红、棕紫、棕黄色砾岩，含砾砂岩，夹紫红色泥岩，仅在吉兰泰地区分布 |
| 石炭系—二叠系? | | | | C—P | 300～1000 | 灰黑、深灰色泥岩与浅灰色砂岩互层，夹煤线、碳质泥岩，仅在吉兰泰以东分布，面积约 $700km^2$ |
| 古元古界 | | 乌拉山群变质结晶基底 | | $Pt_1$ | | 深灰色角闪斜长片麻岩、斜长角闪片麻岩，棕红色花岗片麻岩，灰色石英岩等 |

表15-4 河套盆地主要钻井分层数据表

| 构造单元 | | | | 临河坳陷 | | | | | | | | | | | |
|---|---|---|---|---|---|---|---|---|---|---|---|---|---|---|---|
| 井号 | | | | 吉参1 | | 松探1 | | 松探2 | | JHZK2 | | JHZK4 | | JHZK5 | |
| 完钻井深/m | | | | 3217.41 | | 3345.0 | | 2350.0 | | 1169.0 | | 1372.0 | | 800 | |
| 地层 | | | | 底深/m | 厚度/m | 底深/m | 厚度/m | 底深/m | 厚度/m | 底深/m | 厚度/m | 底深/m | 厚度/m | 底深/m | 厚度/m |
| 第四系 | 更新统—全新统 | 河套群 | | 265.0 | 261.5 | 638.0 | 631.7 | 150.0 | 144.0 | 12.0 | 12.0 | 20.0 | 20.0 | | |
| 新近系 | 上新统 | 乌兰图克组 | 一段 | | | | | | | | | | | | |
| | | | 二段 | 1020 | 755.0 | 1142.0 | 504.0 | 598.0 | 448.0 | | | | | | |
| | 中新统 | 五原组 | | | | | | | | | | | | | |
| 古近系 | 渐新统 | 临河组 | 一段 | | | | | | | | | | | | |
| | | | 二段 | 1300 | 280.0 | 2063.0 | 921.0 | 1524.0 | 926.0 | | | | | | |
| | | | 三段 | | | | | | | | | | | | |
| | 始新统 | 乌拉特组 | | | | | | | | | | | | | |
| 白垩系 | 上统 | 毕克齐组 | 上段 | 1547 | 247.0 | 2504.0 | 441.0 | 1862.0 | 338.0 | | | | | | |
| | | | 下段 | 1733 | 186.0 | 3237.0 | 733.0 | 2142.0 | 280.0 | | | | | | |
| | 下统 | 固阳组 | | | | | | | | | | | | | |
| | | 李三沟组 | | 3177 | 1444.0 | 3345 | 108.0 | 2350 | 208.0 | 439.0 | 427 | 987.0 | 967 | 469 | 469 |
| 古元古界—太古宇 | | 乌拉山群 | | 3217.41 | 40.41 | | | | | 1169.0 | 730.0 | 1372.0 | 385.0 | 800 | 331 |

**临河坳陷**

| 构造单元 | | | | 临河坳陷 | | | | | | | | | | | |
|---|---|---|---|---|---|---|---|---|---|---|---|---|---|---|---|
| 井号 | | | | JHZK7 | | 吉华2x | | 吉华4x | | 吉华6 | | 吉华6x | | 吉华8x | |
| 完钻井深/m | | | | 950.0 | | 1746.0 | | 2778.0 | | 4488.0 | | 3770.0 | | 3854.0 | |
| 地层 | | | | 底深/m | 厚度/m | 底深/m | 厚度/m | 底深/m | 厚度/m | 底深/m | 厚度/m | 底深/m | 厚度/m | 底深/m | 厚度/m |
| 第四系 | 更新统—全新统 | | | | | 18.0 | 18.0 | | | | | | | | |
| 新近系 | 上新统 | 乌兰图克组 | 一段 | | | | | | | | | | | | |
| | | | 二段 | | | 722.0 | 704.0 | 692 | 692 | 1088 | 1088 | 1088 | 1088 | 681 | 681 |
| | 中新统 | 五原组 | | | | 1120.0 | 398.0 | 1467 | 775 | 2053 | 965 | 2066 | 978 | 1466 | 785 |
| 古近系 | 渐新统 | 临河组 | 一段 | | | | | 1855 | 388 | 2513 | 460 | 2577 | 511 | 1739 | 273 |
| | | | 二段 | | | | | 2226 | 371 | 2785 | 272 | 2847 | 270 | 2060 | 321 |
| | | | 三段 | | | 1746 | 626.0 | 2502 | 276 | 3326 | 541 | 3267 | 420 | 2314 | 254 |
| | 始新统 | 乌拉特组 | | | | | | | | | | | | | |
| 白垩系 | 上统 | 毕克齐组 | | | | | | | | | | | | | |
| | 下统 | 固阳组 | 上段 | | | | | 2744 | 242 | 3744 | 418 | 3692 | 425 | 3346 | 1032 |
| | | | 下段 | | | | | 2778 | 34 | 3966 | 222 | 3770 | 78 | 3524 | 178 |
| | | 李三沟组 | | 345 | 345 | | | | | 4488 | 522 | | | 3854 | 330 |
| 古元古界—太古宇 | | 乌拉山群 | | 950 | 605 | | | | | | | | | | |

| 构造单元 | | | | 临河坳陷 | | | | | | | | | | | | |
|---|---|---|---|---|---|---|---|---|---|---|---|---|---|---|---|---|
| 井号 | | | | 临深2 | | 临探1 | | 隆1 | | 临深3 | | 临深4 | | 松5 | |
| 完钻井深/m | | | | 3812.5 | | 5269.34 | | 4905 | | 5755.72 | | 4360.83 | | 4375 | |
| 地层 | | | | 底深/m | 厚度/m | 底深/m | 厚度/m | 底深/m | 厚度/m | 底深/m | 厚度/m | 底深/m | 厚度/m | 底深/m | 厚度/m |
| 第四系 | 更新统—全新统 | 河套群 | | 912.0 | 908.5 | 910.0 | 903.3 | 862.0 | 852.2 | 825.0 | 818.3 | 445.0 | 438.3 | 920.0 | 912.5 |
| 新近系 | 上新统 | 乌兰图克组 | 一段 | 1602.5 | 690.5 | 1587.5 | 677.5 | 1205.0 | 343.0 | 1499.0 | 674.0 | 872.5 | 427.5 | 2497 | 1577 |
| | | | 二段 | 2562.0 | 959.5 | 2538.0 | 950.5 | 2186.4 | 981.4 | 2797.0 | 1298.0 | 1736.0 | 863.5 | | |
| | 中新统 | 五原组 | | 3572 | 1010 | 3539.0 | 1001.0 | 3194.44 | 1008.04 | 3915 | 1118 | 2597.0 | 861.0 | 2489.6 | 2879 |
| 古近系 | 渐新统 | 临河组 | 一段 | 3812.5 | 240.5 | 3730.0 | 191 | 3496.0 | 301.56 | | 0 | 2891.0 | 294.0 | 断缺 | |
| | | | 二段 | | | 3991.0 | 261 | 3922.0 | 426 | 4410 | 495 | 3169.0 | 278.0 | 3295 | 416 |
| | | | 三段 | | | | 0 | 4309.0 | 387 | 4943.0 | 533 | 3549.0 | 380.0 | 3437 | 142 |
| | 始新统 | 乌拉特组 | | | | 4622 | 631 | 4847.0 | 538 | 5182.0 | 239 | 3769.0 | 220.0 | 3429.0 | 3792 |
| 白垩系 | 上统 | 毕克齐组 | | | | 4923.0 | 301 | 4905.0 | 58 | | | | | | |
| | 下统 | 固阳组 | 上段 | | | | | | | 5496.0 | 313.5 | 3979.0 | 210.0 | 4191 | 399 |
| | | | 下段 | | | 5119.0 | 196.0 | | | 5710.0 | 214.0 | 4285.5 | 306.5 | 4351 | 160 |
| 古元古界—太古宇 | | 乌拉山群 | | | | 5269.34 | 150.3 | | | 5755.72 | 45.7 | 4360.83 | 75.3 | 4375 | 129.4 |

| 构造单元 | | | | 临河坳陷 | | | | | | | | 呼和坳陷 | | | |
|---|---|---|---|---|---|---|---|---|---|---|---|---|---|---|---|
| 井号 | | | | 临深5 | | 临深1 | | 临探2 | | 临深6 | | 呼参1 | | 毕探1 | |
| 完钻井深/m | | | | 3803.34 | | 3679.55 | | 5080.13 | | 3806 | | 4239.17 | | 3610.52 | |
| 地层 | | | | 底深/m | 厚度/m | 底深/m | 厚度/m | 底深/m | 厚度/m | 底深/m | 厚度/m | 底深/m | 厚度/m | 底深/m | 厚度/m |
| 第四系 | 更新统—全新统 | 河套群 | | 550.0 | 546.5 | 1010.0 | 1006.4 | 1030.0 | 1023.3 | 1249.0 | 1245.5 | 1383.0 | 1369.0 | 586.0 | 579.2 |
| 新近系 | 上新统 | 乌兰图克组 | 一段 | 759.0 | 209.0 | 1744.0 | 734.0 | 1702.0 | 672.0 | 2479.0 | 1230.0 | 2508.0 | 1125.0 | 946.0 | 360.0 |
| | | | 二段 | 1387.0 | 628.0 | 3398.0 | 1654.0 | 3992.0 | 2290.0 | | | | | | |
| | 中新统 | 五原组 | | 2369.0 | 982.0 | 3679.55 | 281.6 | 4939.5 | 947.5 | 3394.5 | 915.5 | 3210.0 | 702.0 | 1414.0 | 468.0 |
| 古近系 | 渐新统 | 临河组 | 一段 | 2628.0 | 259.0 | | | 5080.13 | 140.6 | 3806 | 411.5 | 3564.0 | 354.0 | 1871.0 | 457.0 |
| | | | 二段 | 2852.5 | 224.5 | | | | | | | | | | |
| | | | 三段 | | | | | | | | | | | | |
| | 始新统 | 乌拉特组 | | 3211.5 | 187.5 | | | | | | | 3758.0 | 194.0 | 2160.0 | 289.0 |
| 白垩系 | 上统 | 毕克齐组 | | | | | | | | | | 4225.0 | 467.0 | 2595.0 | 435.0 |
| | 下统 | 固阳组 | 上段 | 3803.34 | 592.0 | | | | | | | 4239.17 | 14.2 | 3540.0 | 855.0 |
| | | | 下段 | | | | | | | | | | | | |
| 古元古界—太古宇 | | 乌拉山群 | | | | | | | | | | | | 3610.52 | 70.5 |

注：▨▨▨ 表示地层缺失。

3）上白垩统毕克齐组

仅在呼和坳陷局部分布，厚 435～467m，岩性为浅灰、绿灰、棕红色泥岩、砂质泥岩与同色粉细砂岩互层。该组与下白垩统相比，蕨类植物孢子及裸子植物花粉含量减少，被子植物花粉大量出现。蕨类植物孢子主要为 *Schizaeoisporites* 希指蕨孢属；裸子植物花粉常见 *Ephedripites* 麻黄粉属；被子植物花粉以含 *Proteacidites* 龙眼粉属、*Crassimarginpollenites* 厚沟沿粉属、*Rugupolarpollenits* 皱极粉属、*Morinopollenites* 刺参粉属、*Callistopollenites* 华丽粉属为特征（蔡友贤，1988a，1988b，1990）。含轮藻化石 *Gabichara deserta* 荒漠戈壁轮藻、*Nemegtichara prima* 第一纳莫格特轮藻、*Raskyaechara gobica* 戈壁拉氏轮藻等。

2. 古近系

河套盆地整体缺失古新统，古近系仅包括始新统乌拉特组和渐新统临河组。

1）始新统乌拉特组

棕红、棕紫色泥岩与棕红、灰绿、灰色细砂岩、粉砂岩互层，夹含砾砂岩及泥灰岩、泥云岩薄层，底为褐棕、棕红色砾岩、含砾砂岩。下与白垩系平行不整合接触，厚度 194～610m。

该组含丰富的裸子植物孢粉 *Ephedripites*（D.）双穗麻黄粉、*Pinuspollenites* 松粉等；含少量被子植物花粉 *Ulmipollenites undulosus* 波形榆粉、*Nitrariadites* 拟白刺粉、*Labitricolpites* 唇形三沟粉等。

2）渐新统临河组

按照岩性组合和旋回特征，可分为三段：下段（临三段）下部为棕褐、棕色泥岩与灰色粉细砂岩互层，上部为浅灰、棕灰色厚层—块状中细砂岩，夹棕褐、棕红色泥岩；中段（临二段）以深灰、灰黑、绿灰、褐灰色泥岩、含硬石膏质、白云质泥岩为主，夹浅灰色粉、细砂岩及纹层状泥质白云岩薄层；上段（临一段）为棕红、棕紫、浅灰、灰绿色泥岩与灰色中细砂岩互层。该组与下伏始新统乌拉特组整合接触，在呼和坳陷较薄，一般为 350～600m，临河坳陷较厚，一般为 750～1200m，在北部深凹陷厚度超过1200m，最厚可达 2200m。

该组含裸子植物花粉 *Pinuspollenites* 松粉、*Abiespollenite* 冷杉粉、*Piceaepollenites* 云杉粉、*Tsugaepollenites* 铁杉粉、*Ephedripites*（D.）双穗麻黄粉；被子植物花粉 *Ulmipollenites undulosus* 波形榆粉、*Carpinipites* 枥粉、*Alnipollenites* 桤木粉、*Nitrariadites* 拟白刺粉、*Labitricolpites* 唇形三沟粉、*Graminidites* 禾本粉、*Chenopodipollis* 藜粉等。

3. 新近系

1）中新统五原组

以棕紫、棕褐、褐灰色泥岩为主，夹薄层浅灰、棕黄色粉细砂岩及泥灰岩、鲕状灰岩、生物碎屑灰岩薄层。下与渐新统为连续沉积，厚度 470～3800m。

该组含被子植物花粉 *Ulmipollenites* 榆粉属、*Arlemisia* 嵩属等；裸子植物花粉 *Pinuspollenites* 松 粉 属、*Piceaepollenites* 云 杉 粉 属、*Ephedripites* 麻 黄 粉 属、*Podocarpidites* 罗汉粉属；蕨类孢子有 *Lycopodiumsporites* 石松粉属。

产轮藻 *Nitellopsis*（T.）*globula*，*Nitellopsis*（T.）*meriani*，*Maedlerisphaera chinensis*，*Tectochara* cf. *meriani bicarinata*，*Croftiella zhui*。产介形虫 *Eucypris* sp. 真星介未定种、

*Cypriddeis* sp. 等（傅智雁等，1994）。

2）上新统乌兰图克组

棕红、浅棕红色泥岩与棕灰、灰黄色细—中粒砂岩互层，中下部细粒砂岩中含石膏斑块，底部为厚层砂岩。下与五原组为连续沉积，厚300～5000m。

该组含 *Ilyocypris verrucosus* 瘤状土星虫、*Eucypris micida* 薄真星介化石。

4.第四系

1）更新统（$Q_{1-3}$）

岩性为灰、黄灰色黏土、黏土质粉砂与浅灰、灰色粉细砂岩、泥质砂岩互层，底部夹含砾砂岩，中上部局部层段发育黑色含碳质层，由碳化、半碳化的植物枝干与深灰色淤泥组成，富含有机质，是浅层生物气主要的气源岩层段，厚200～2200m。

2）全新统（$Q_4$）

上部为黄灰色沙土，中部为灰色含砾不等粒沙层，下部为浅灰色粉细沙层，厚50～300m。

## 三、构造

河套盆地大地构造位置位于华北地台的西北部，北接内蒙地轴，西邻阿拉善地块，南靠鄂尔多斯盆地的伊盟隆起以及西缘桌子山—贺兰山台褶带，是围绕鄂尔多斯地块西北转角河套弧形构造体系的重要组成部分，盆地形成、演化发展与弧形构造密切相关（赵重远等，1984）。该弧形构造自北向南由狼山弧形山脉—山间盆地构造带、阴山弧形断裂、河套弧形盆地和黄河弧形断裂四个部分组成（图15-2、图15-3）。

1.构造单元

综合航磁、重力、地震和钻井资料，主要根据基底结构、起伏形态将盆地划分为"二隆三坳"五个一级构造单元，自西向东分别为：临河坳陷、乌拉山隆起、乌前坳陷、包头隆起和呼和坳陷。总体上盆地北深南浅，呈现不对称箕状地堑形态，三个负向沉积坳陷都表现为北部洼槽和南部斜坡的构造格局（图15-1、表15-5）。

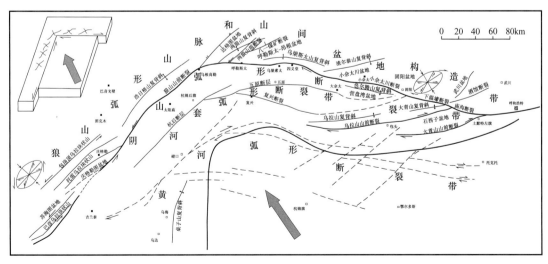

图15-2　河套弧形构造体系燕山期构造格局和应力场分布

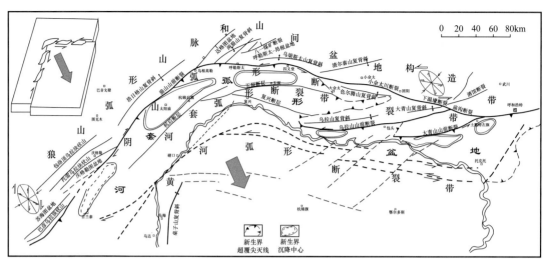

图 15-3 河套弧形构造体系喜马拉雅期构造格局和应力场分布

表 15-5 河套盆地沉积坳陷概况表

| 坳陷名称 | 面积 / km² | 次级构造单元名称 | | 面积 / km² | 沉积岩厚度 / m | 主要构造特征 |
|---|---|---|---|---|---|---|
| 临河坳陷 | 24580 | 巴彦淖尔凹陷 | 淖西洼槽带 | 7090 | 4500～15000 | 重力强负异常、双断式地堑 |
| | | | 中央断裂带 | 6410 | 3000～6000 | 重力正异常、由南向北阶状段落 |
| | | | 黄河断槽带 | 3190 | 4000～6500 | 重力负异常 |
| | | 吉西凸起 | | 890 | 500～2000 | 基岩凸起区，重力梯度带 |
| | | 吉兰泰凹陷 | 吉西洼槽 | 3190 | 2250～4500 | 重力负异常、向北缓倾、与北部深凹陷以吉西凸起为界 |
| | | | 吉东斜坡 | 3810 | 500～300 | 向东抬升的斜坡、重力较低的负异常 |
| 呼和坳陷 | 10680 | 北部凹陷 | | 2700 | 3000～7000 | 重力、航磁负异常，北深南浅的单斜，发育三条鼻状隆起带 |
| | | 南部斜坡 | | 6720 | 1000～3000 | 发育众多三级断层，向南倾斜的斜坡 |
| | | 西部断块 | | 1260 | 2500～5000 | 构造复杂、晚期断块活动强烈 |
| 乌前坳陷 | 2210 | 北部凹陷 | | 770 | 2000～5000 | 重力较弱的负异常，面积小、埋深浅 |
| | | 南部斜坡 | | 1440 | 1000～2000 | 向南倾斜，被黄河断裂限定 |

临河坳陷是盆地内最大的一个坳陷，长约 400km，宽 50～90km，面积约 $2.46 \times 10^4 km^2$。结合中—新生代地层发育特点、构造变形样式差异将临河坳陷划分为吉兰泰凹陷、吉西凸起、巴彦淖尔凹陷三个二级构造单元。根据东西分带的特点，进一步

划分出洼陷和斜坡等三级构造单元。在巴彦淖尔凹陷中央断裂带发育北东走向的断垒构造，被北西走向的变换构造分隔成两个构造带，自南往北依次为纳林湖断裂潜山带、兴隆断裂构造带（图15-4）。

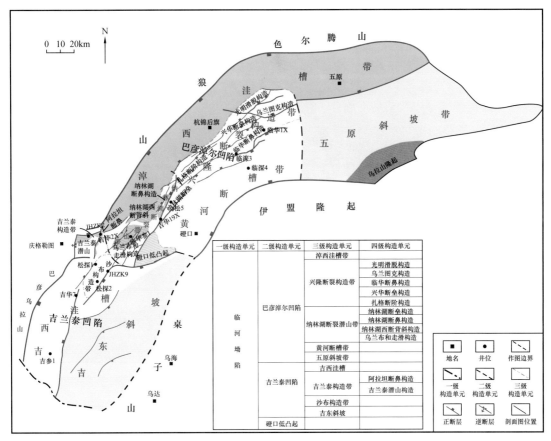

| 一级构造单元 | 二级构造单元 | 三级构造单元 | 四级构造单元 |
|---|---|---|---|
| 临河坳陷 | 巴彦淖尔凹陷 | 淖西洼槽带 | |
| | | 兴隆断裂构造带 | 光明滑脱构造 |
| | | | 乌兰图克构造 |
| | | | 临华断鼻构造 |
| | | | 兴华断垒构造 |
| | | | 扎格断阶构造 |
| | | 纳林湖断裂潜山带 | 纳林湖断垒构造 |
| | | | 纳林湖断鼻构造 |
| | | | 纳林湖西断背斜构造 |
| | | | 乌兰布和走滑构造 |
| | | 黄河断槽带 | |
| | | 五原斜坡带 | |
| | 吉兰泰凹陷 | 吉西洼槽 | |
| | | 吉兰泰构造带 | 阿拉坦断鼻构造 |
| | | | 吉兰泰潜山构造 |
| | | 沙布构造带 | |
| | | 吉东斜坡 | |
| | 碹口低凸起 | | |

图例：地名、井位、作图边界、一级构造单元、二级构造单元、三级构造单元、正断层、逆断层、剖面位置图

图15-4 河套盆地临河坳陷构造单元划分图

北部淖西洼槽带宽16～34km，面积7090km²，基底埋深大，中—新生界沉积盖层密度低，重力表现为强负异常（图15-5），剖面上呈现双断式地堑形态，是河套盆地最主要的生烃凹陷。南部吉西洼槽埋深相对较浅，白垩系底界埋深一般在2000～3500m，其与北部深凹陷以吉西凸起为界。

2.断裂系统及局部构造

1）断裂系统

盆地内断裂发育，不仅规模大、数量多，而且分布广泛。在盆地内共发现断层146条，绝大多数为正断层，垂直断距一般数百米到数千米，最大可达1.5km。其中的12条一级断层控制着盆地与坳陷边界及构造单元的划分。这些断层形成于燕山期，结束于喜马拉雅期，具有发育早、持续久、延伸长、落差大及继承性活动的同生断层性质。盆地边界断层直今仍在活动，如狼山、乌拉山、大青山、杭五、兴隆断裂等。控制二级构造带的二级断层规模较小，断距200～1000m。三级断层控制局部构造的形成和发展，是组成断背斜、断块、半背斜、断鼻等局部构造的主要断层，多数形成于喜马拉雅期，断距100～500m。四级断层形成于喜马拉雅期，规模小，但数量众多（图15-6），主要

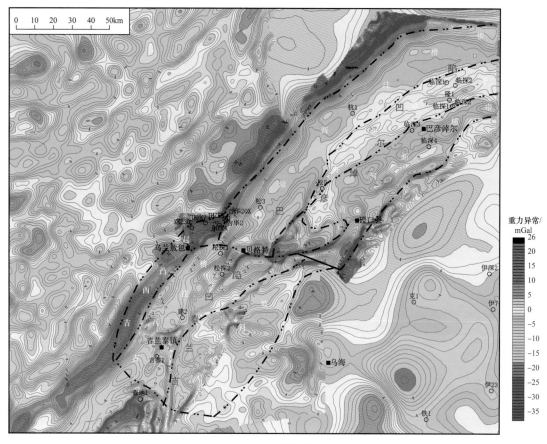

图 15-5　河套盆地临河坳陷剩余重力异常图

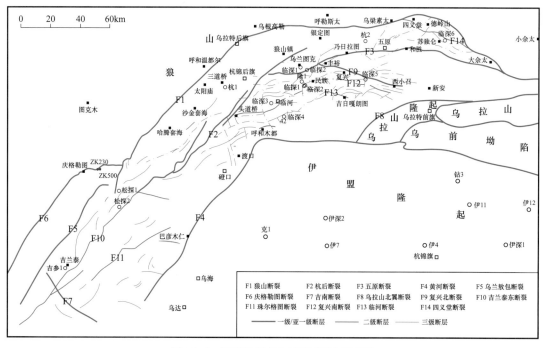

图 15-6　河套盆地临河坳陷断裂系统图

发育在中新统—第四系中，对油气保存条件有重要影响。

2）局部构造

河套盆地的局部构造比较发育，主要分布在临河坳陷，以断块、断鼻、半背斜以及鼻隆为主，尚未发现完整的背斜构造。临河坳陷北部兴隆断裂构造带在兴隆断层下降盘主要是受同生断层拖曳和牵引的半背斜，较落实的如光明背斜、乌兰图克背斜；在南部纳林湖断裂潜山带主要是受不同级别断层切割的断垒、断块和断鼻构造，如纳林湖断垒等。

3. 构造演化史

河套盆地处于伊盟古陆核的主体区，基底为古元古界乌拉山群的变质岩系，白垩纪之前长期处于隆升剥蚀状态，仅在吉兰泰以东靠近乌达地区可能有石炭系—二叠系沉积。盆地的形成经历了早白垩世反转成盆期，古近纪差异伸展坳断期，新近纪强烈伸展断陷期，第四纪走滑（或反转）改造期等四个阶段。

1）早白垩世反转成盆期

白垩系固阳组沉积前，临河坳陷大部分地区一直处于隆升成山阶段，太古宇变质岩出露地表，长期遭受风化剥蚀。而狼山及伊盟隆起地区处于沉降成盆阶段，在伊盟隆起上沉积并保留了二叠系、三叠系、侏罗系及白垩系李三沟组，在狼山地区同样发现有侏罗系和白垩系李三沟组。白垩系固阳组沉积期，河套盆地开始整体沉降，并角度不整合于李三沟组或太古宇之上，狼山和伊盟隆起开始隆升，狼山断裂以及伊西断裂开始发生负反转控制固阳组沉积。白垩系固阳组沉积期开始形成现今河套盆地的雏形，完成了由山到盆的转换，为重要的反转成盆期。

2）古近纪差异伸展期

古近系临河组沉积期，河套盆地受区域板块俯冲作用的影响，再次进入伸展期，受先存构造影响，沉降中心继承性发育，狼山断层和巴彦乌拉山断层伸展活动再次增强，在两条控盆大断层的转换处形成的吉兰泰山前构造带持续发育，同时在临河坳陷南北差异伸展作用下，盆地沉降中心向北迁移。

3）新近纪强烈伸展断陷期

新近纪，盆地进入强烈伸展断陷期，狼山断裂活动显著增强，同时坳陷内发育数条控沉积大型断裂，将巴彦淖尔凹陷分隔成淖西洼槽带和黄河断槽带，南部吉兰泰凹陷形成了吉西洼槽和吉东斜坡，整体形成了临河坳陷东西分带的构造格局。同时，巴彦淖尔凹陷晚期强烈伸展快速沉积，使盆地基底埋藏深（最深达 14000m），有利于深层烃源岩的成熟演化。

4）第四纪走滑（或反转）改造期

3Ma 以来，喜马拉雅山山脉进入快速隆升期，处于环青藏高原盆山体系的中国中北部地区受到强烈挤出效应影响，发育区域大型走滑断裂，河套盆地及周边地区也发生了局部走滑活动。不论原控盆断裂还是盆内断裂均表现出一定程度的走滑活动，根据地震资料显示的走滑构造样式，临河坳陷北部地区走滑断层以表皮走滑为主，一般未切穿基底面，上部表现为宽缓的负花状构造形态，或正型负花状形态，尤其对于同沉积大断层晚期走滑，有利于浅层圈闭的形成和油气的运移聚集；南部吉兰泰凹陷基底埋藏浅，走滑断层以基底卷入型为主，往往表现为直立状，或形成走滑破碎带，上部负花状构造形态不明显，该走滑构造往往难以形成有效圈闭。同时，该时期吉兰泰凹陷不仅发生了区域走滑活动，还发生了一定程度的正反转，尤其在吉兰泰构造带到纳林湖一带表现尤为显著，从过南北方向的地震剖面可以清楚地看出新近纪和第四纪地层遭到不同程度的削截，推测可能与该地区深部异常体侵入引起的基底隆升有关。

## 四、沉积相

河套盆地主要目的层下白垩统、渐新统、中新统、第四系的沉积相简述如下。

1. 下白垩统固阳组沉积相

下白垩统固阳组沉积时，河套盆地与周边鄂尔多斯盆地、巴彦浩特盆地均有一定连通，形成一个广泛分布的内陆湖盆，沉积类型多样、沉积相带齐全（图15-7）。

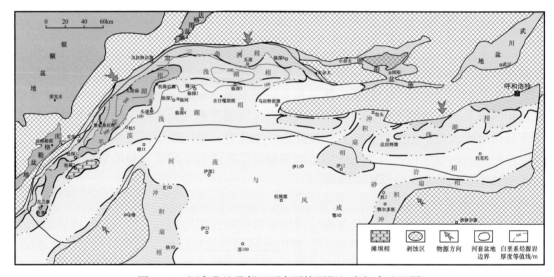

图15-7　河套盆地及邻区下白垩统固阳组岩相古地理图

在临河坳陷，分别于西北部哈腾套海—太阳庙一带和东部五原—复兴一带形成两个沉积、沉降中心，固阳组厚度超过1000m，最大可达1600～1800m（图15-8）。固阳组上段在地震剖面上均为空白反射或零星反射，说明岩性较为单一，以相对静水环境下的泥岩沉积为主。五原—复兴地区水体较浅，这可以从附近临深5井岩性分析得来，以滨浅湖相红色泥岩为主，中部夹暗色泥岩，暗色泥岩厚度不足300m。考虑到临深5井尚未钻穿固阳组，其北侧复兴地区比临深5井区地震反射振幅更为微弱，分析沉积环境为浅湖相，面积2750km²。西北部哈腾套海—太阳庙一带沉积水体较深，可能为半深湖相带，暗色泥岩厚度可达300～600m，邻近松探1井在固阳组上段底部已发现纹层状半深湖相暗色泥岩（图15-9）。

在呼和坳陷，沉积中心位于三间房—哈素一带，地震反射为空白反射，可能为浅湖沉积，面积1880km²，暗色泥岩厚度可达60～160m。乌前坳陷浅湖相面积只有620km²。

半深湖—浅湖沉积北部主要是近物源的冲积扇和水下扇体，在地震剖面上显示空白反射或杂乱反射特征，呈现厚度不均一的楔形，这在临河坳陷、呼和坳陷均是如此。

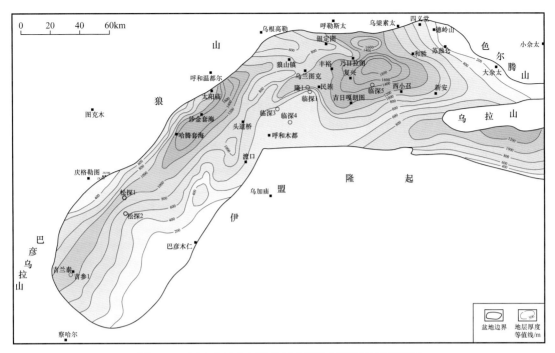

图 15-8　河套盆地临河坳陷下白垩统固阳组地层等厚图

a. 岩心照片，纹层面和小型断层面见刚排出的原油膜，
TOC为0.91%，2445.35m

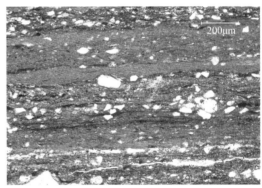

b. 铸体薄片照片，含粉砂，TOC为1.42%，2445.71m

图 15-9　临河坳陷松探1井灰黑色季纹层状泥岩

主湖盆南侧主要是滨浅湖相带和三角洲发育区（主要发育在固阳组上段的底部），最大湖侵期可形成一定厚度的暗色泥岩，如临深3、临探1井一带，暗色泥岩厚度60～80m，松探2井还形成一定规模的砂质鲕粒灰岩、生物碎屑灰岩组成的湖滩沉积。南部广大地区到鄂尔多斯盆地伊盟隆起区主要是以风成沙丘为主（程守田等，2003），间夹河流相或冲积扇砂砾岩沉积。

2. 渐新统临河组沉积相

区域地质研究表明，中国西北部地区渐新世是一个气候干旱的地质时期，以沉积"红色"地层和含石膏地层为特征（宁夏回族自治区地质矿产局，1990）。在河套盆地周边狼山山前阿拉善左旗敖伦布拉格西部梦幻峡谷、布连乌拉山、千里山西麓杭锦旗伊克布拉格沟、巴拉贡北等地发育的渐新统均是一套红色地层，只有在临河以北的临深2、隆1等井渐新统中部发育湖相暗色泥岩，且普遍见到硬石膏、白云岩等蒸发环境的岩性组合，在巴拉贡北渐新统发育多层石膏矿脉，说明当时处于干旱的气候条件。

纵向上暗色泥岩仅发育在渐新统临河组中部的临二段，其上部的临一段和下部的临三段均以"红色"沉积为主，有机质丰度低，无有效烃源岩发育。经隆1井合成记录标定，临二段暗色泥岩在地震剖面上具有空白反射的特征，其顶底面与临一段和临三段三角洲砂岩之间形成强反射界面，横向追踪对比发现在北部深凹陷杭锦后旗—乃日拉图一带这种特征更为稳定，对应的空白反射段厚度更大，说明在沉积期该区确系较深水湖相发育区。地震预测的半深湖相区面积4040km²（图15-10）。

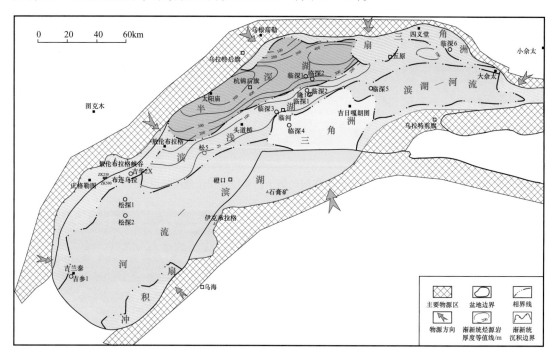

图15-10　河套盆地临河坳陷渐新统沉积相平面图

松探1井以南主要是河流沉积，该区吉参1、松探1、松探3三口井渐新统均以厚层砂岩为主，夹有棕红色泥岩和灰色泥灰岩，地震剖面上为中—弱振幅平行较连续反射相。

呼和坳陷主要水体浅，区内钻探的毕探1和呼参1井揭示渐新统不发育暗色泥岩。

3. 中新统五原组沉积相

临河坳陷中新世是一个构造沉降活动较为稳定、广泛发育浅湖相泥岩的沉积时期。湖平面变化幅度小，湖区范围相对稳定，湖区面积可达9200km²（图15-11），岩性相对单一，以棕红、灰褐色泥岩、泥质粉砂岩夹粉砂岩为主。环湖区周边主要是冲积平原区，冲积扇和水下扇体发育差。

4. 上新统—第四系沉积相

上新世—晚更新世，河套地区为封闭的内陆湖泊，各坳陷北缘紧靠阴山物源区，长期发育以山麓洪积及冲积扇为主的沉积；南部靠近伊盟隆起物源区，发育多条小型河流，沉积以河流相为主；中部则以湖相为主。其中的临河坳陷湖泊范围广、面积大，但

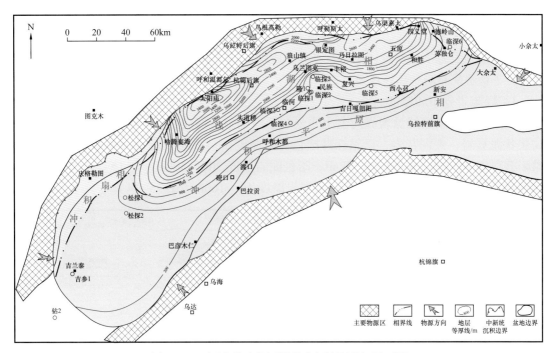

图 15-11　河套盆地临河坳陷中新统沉积相平面图

水体相对较浅。呼和坳陷虽然湖泊面积小，但湖区相对稳定、湖水深度大、水体封闭性好（图 15-12），上新世及更新世曾发育半深湖相暗色泥岩。更新世晚期气候及沉积环境变化较大，曾一度变为湖沼沉积环境，沉积的褐黑色腐殖土似泥炭（有机碳含量高达 10% 以上），在呼和坳陷和临河坳陷都有一定的分布。更新世晚期气候转为干燥，在呼和坳陷湖盆变为盐湖，发育灰白色芒硝沉积，厚度 2.8～33.4m，沉积范围 2000km$^2$ 以上。

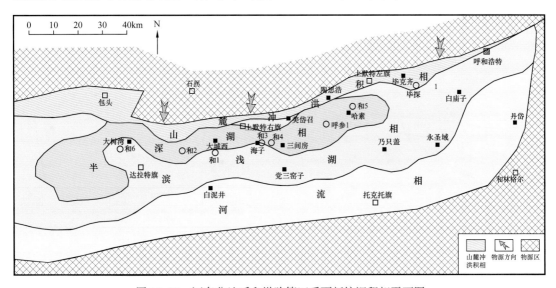

图 15-12　河套盆地呼和坳陷第四系更新统沉积相平面图

全新世河套湖盆大幅度收缩，大部分地区变为河流沉积区，以松散的砂岩沉积为主。

## 五、烃源岩

河套盆地发育下白垩统固阳组、渐新统临河组和上新统—第四系三套湖相烃源岩。

### 1. 下白垩统和渐新统烃源岩

#### 1）烃源岩分布和厚度

下白垩统固阳组烃源岩纵向上主要分布于固阳组上段底部，岩性为深灰色、灰黑色纹层状泥页岩，夹泥灰岩，已钻探井暗色泥岩厚度21~80m（表15-6），地震预测临河坳陷有利生烃凹陷区面积约2540km²，暗色泥岩厚度200~600m（图15-13），呼和坳陷有利生烃凹陷区面积约1880km²，暗色泥岩厚度40~160m（图15-14）。

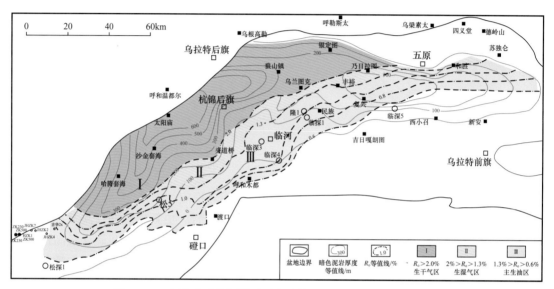

图15-13　河套盆地临河坳陷下白垩统固阳组烃源岩综合评价图

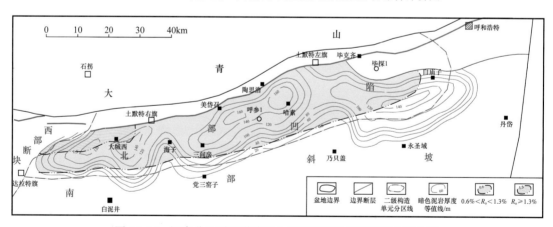

图15-14　河套盆地呼和坳陷下白垩统固阳组烃源岩综合评价图

渐新统临河组烃源岩纵向上主要分布于临河组临二段，岩性为深灰色、灰黑色纹层状泥岩、白云质泥岩与含硬石膏泥岩，已钻探井暗色泥岩厚度45.5~199.6m（表15-6），生烃凹陷主要位于临河坳陷的西北部，有利生烃凹陷面积4040km²（图15-15），烃源岩厚度350~600m（图15-15）。呼和坳陷毕探1、呼参1井渐新统均以红色地层为主，无生烃能力。

表 15-6　河套盆地临河坳陷下白垩统、渐新统烃源岩有机质丰度统计表

| 地层 | 沉积相带 | 井号 | 暗色泥岩 厚度/m | 暗色泥岩 有机碳/% | 暗色泥岩 氯仿沥青"A"/% | 暗色泥岩 总烃含量/μg/g | 烃源岩 厚度/m | 烃源岩 有机碳/% | 烃源岩 氯仿沥青"A"/% | 烃源岩 总烃含量/μg/g | 烃源岩 生油潜量/mg/g | 评价 |
|---|---|---|---|---|---|---|---|---|---|---|---|---|
| 渐新统临河组 | 滨浅湖相 | 临探1 | 111.7 | 0.29~2.54 / 1.02(17) | 0.0104~0.2341 / 0.1192(10) | 39.19~1164.25 / 546.30(10) | 98.6 | 0.44~2.54 / 1.09(17) | 0.0394~0.2341 / 0.1391(8) | 450.00~1164.25 / 638.20(8) | 0.27~14.91 / 3.19(15) | 好烃源岩 |
| | | 临深2 | 119.0（未穿） | 0.24~2.12 / 0.70(10) | 0.0389~0.1911 / 0.0883(5) | 142.53~1194.95 / 413.80(5) | 83.3 | 0.44~2.12 / 0.80(26) | 0.0389~0.1911 / 0.0993(4) | 142.53~1194.95 / 542.00(4) | 0.13~15.27 / 3.03(17) | 中等烃源岩 |
| | | 临深3 | 112.2 | 0.17~1.64 / 0.52(21) | 0.0059~0.4044 / 0.1233(8) | 22.76~2846.33 / 691.40(9) | 48.1 | 0.42~1.72 / 0.81(9) | 0.0341~0.4044 / 0.2353(4) | 166.77~2346.33 / 1319.00(4) | 0.57~8.58 / 4.01(6) | 中等烃源岩 |
| | | 隆1 | 199.6 | 0.07~5.10 / 0.78(70) | 0.0045~1.8473 / 0.3578(20) | 8.49~4079.55 / 1030.05(12) | 71.6 | 0.40~5.10 / 1.87(24) | 0.0686~1.8473 / 0.4936(13) | 608.64~4079.55 / 1747.70(7) | 0.63~9.729 / 8.30(24) | 好烃源岩 |
| | | 平均 | | 0.07~5.10 / 0.76(118) | 0.0045~1.8473 / 0.2273(43) | 8.49~4079.55 / 725.40(36) | 58.9 | 0.40~5.10 / 1.20(76) | 0.0341~1.8473 / 0.3058(29) | 142.53~4079.55 / 1077.50(23) | 0.13~39.72 / 5.20(62) | 中等—好烃源岩 |
| | 半深湖相 | 临探2 | 45.5（未穿） | 0.35~3.71 / 1.03(7) | 0.0134~0.2088 / 0.1045(6) | 50.80~1315.44 / 618.90(6) | 32.5 | 0.45~3.71 / 1.30(5) | 0.0559~0.2088 / 0.1480(4) | 319.41~315.44 / 893.70(4) | | 好烃源岩 |
| | 三角洲相 | 临深4 | 76.0 | 0.11~0.78 / 0.30(12) | 0.0066~0.0408 / 0.0211(3) | 75.13~145.78 / 110.50(2) | 19.0 | 0.40~0.78 / 0.56(5) | 0.0408(1) | 145.80(1) | 0.19~1.28 / 0.69(3) | 差烃源岩 |
| 下白垩统固阳组 | 滨浅湖相 | 临探1 | 78.0 | 0.49~1.69 / 1.10(6) | 0.0153~0.0782 / 0.0502(4) | 71.50~506.30 / 296.30(4) | 65.0 | 0.49~1.69 / 1.18(5) | 0.0394~0.0782 / 0.0618(3) | 202.8~506.3 / 371.20(3) | | 中等烃源岩 |
| | | 临深3 | 80.3 | 0.13~1.64 / 0.80(34) | 0.0094~0.1268 / 0.0573(20) | 51.14~914.99 / 362.30(12) | 68.4 | 0.40~1.64 / 0.89(29) | 0.0242~0.1268 / 0.0722(9) | 144.47~914.99 / 464.00(9) | | 中等烃源岩 |
| | | 临深4 | 79.5 | 0.26~1.47 / 0.78(18) | 0.0052~0.0238 / 0.0152(3) | 22.80~166.30 / 97.40(3) | 53.0 | 0.41~1.47 / 1.00(12) | 0.0167~0.0238 / 0.0203(2) | 103.2~166.3 / 134.00(2) | | 中等烃源岩 |
| | 半深湖相 | 松探1 | 29.6 | 0.10~1.42 / 0.59(22) | 0.5249~1.3153 / 0.9015(6) | 5124.4~6861.4 / 5888.1(6) | 15.8 | 0.43~1.42 / 0.86(13) | 0.5249~1.3153 / 0.9015(6) | 5124.4~6861.4 / 5888.1(6) | 0.69~18.75 / 5.19(14) | 中等烃源岩 |
| | | 平均 | 66.8 | 0.10~1.69 / 0.76(80) | 0.0041~1.3153 / 0.2036(33) | 22.8~6861.4 / 1646.18(25) | 50.55 | 0.4~1.69 / 0.93(59) | 0.016~1.3153 / 0.314(20) | 103.2~6861.4 / 2044.3(20) | 0.69~18.75 / 5.19(14) | 中等—好烃源岩 |
| 下白垩统李三沟组 | 半深湖相 | 吉参1 | 39.0 | 0.17~2.63 / 0.94(11) | 0.0041~0.1304 / 0.0384(4) | 78.12~557.07 / 267.50(3) | 21.3 | 0.81~2.63 / 1.45(6) | 0.0396~0.1304 / 0.085(2) | 166.03~557.07 / 362.00(2) | 1.36~25.60 / 6.98(6) | 未熟—好烃源岩 |

注：生烃指标表示方式为 最小值~最大值 / 平均值（样品数）。

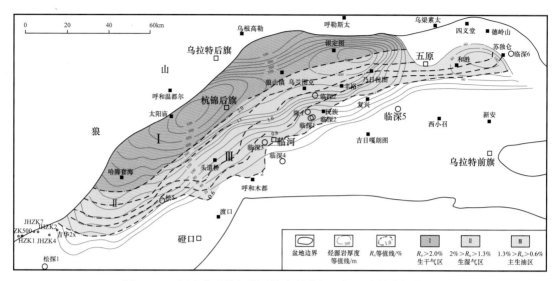

图 15-15  河套盆地临河坳陷渐新统临河组烃源岩综合评价图

2）有机质丰度

已钻探井主要位于滨浅湖相带，半深湖相带的生烃凹陷尚无探井控制。根据已钻探井资料分析，下白垩统固阳组暗色泥岩有机碳含量为 0.10%～1.69%，平均值为 0.76%；氯仿沥青"A"含量为 0.0041%～1.3153%，平均值为 0.2036%；总烃含量为 22.8～6861.4μg/g，平均值为 1646.18μg/g；单位岩石生烃潜量为 0.69～18.75mg/g，平均值为 5.19mg/g，为中等丰度烃源岩。所有样品中，松探 1 井可溶有机质含量最高，与该井相对偏咸水的沉积环境有关。

渐新统暗色泥岩有机质丰度变化较大，位于滨浅湖相带的隆 1 等井有机碳含量为 0.07%～5.10%，平均值为 0.78%；氯仿沥青"A"含量为 0.0045%～1.8473%，平均值为 0.2273%；总烃含量为 8.49～4079.55μg/g，平均值为 725.40μg/g；单位岩石生烃潜量为 0.13～39.72mg/g，平均值为 5.20mg/g，为中等—好烃源岩（表 15-6）。位于半深湖相带边缘的临探 2 井钻入渐新统仅 140.5m，暗色泥岩有机碳含量为 0.35%～3.71%，平均值为 1.03%；南部三角洲相带的临深 4 井暗色泥岩有机碳含量为 0.11%～0.78%，平均值为 0.30%。

3）有机质类型

根据干酪根元素分析、镜下鉴定，并考虑了热解色谱等资料，对有机质类型进行综合判断，发现下白垩统与渐新统烃源岩有机质类型相似，以 $II_1$ 混合型为主，少量 $II_2$ 混合型和 I 型（图 15-16、图 15-17）。

4）有机质热演化阶段

河套盆地是一个快速沉降的中—新生代盆地，地温梯度低。据临深 2、临深 3 井实测井温资料，以地表温度 10℃计算，现今平均地温梯度仅 2.8℃/100m，渐新统和下白垩统两套烃源岩均具有生油门限埋深大、成烃时间晚的特点。对临河坳陷渐新统有机质演化的分析表明，大体在井深 3400m 有一个明显的拐点（图 15-18），氯仿沥青"A"含量大于 0.1%，总烃含量大于 500μg/g，烃转化系数大于 5，镜质组反射率大于 0.6%，反映 3400m 为生油门限深度，温度为 110℃。

临深 2 井渐新统 3746～3789m 井段的原油及临深 3 井渐新统 4158～4182m 井段的

原油组分的研究结果表明（表 15-7），临深 2 井原油属典型低成熟原油，临深 3 井原油带有低成熟原油的特征，证实 3400～3600m 为成熟门限深度基本可靠。

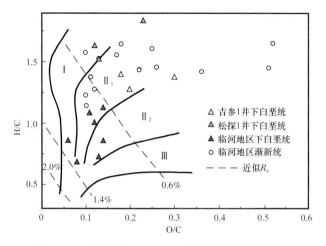

图 15-16　干酪根 H/C—O/C 判别有机质类型图解

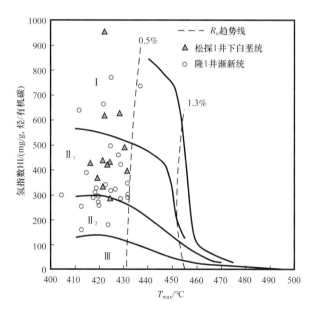

图 15-17　热解氢指数与 $T_{max}$ 判别有机质类型图解

**表 15-7　河套盆地临深 2、临深 3 井原油分析数据表**

| 井号 | 井深 / m | 相对密度 | 黏度 / mPa·s | 凝固点 / ℃ | 含硫 / % | 含蜡 / % | 初馏点 / ℃ | 300℃前馏分 / % | 饱和烃 / % | 芳香烃 / % | 非烃 / % | 沥青质 / % |
|---|---|---|---|---|---|---|---|---|---|---|---|---|
| 临深 2 | 3746～3789 | 0.9124 | 24.32 | 54 | 1.38 | 20.1 | 211 | 7.6 | 56.32 | 23.48 | 19.4 | 0.8 |
| 临深 3 | 4158～4182 | 0.8961 | 7.64 | 52 | | 12.8 | | | 75.87 | 9.08 | 7.76 | 7.29 |

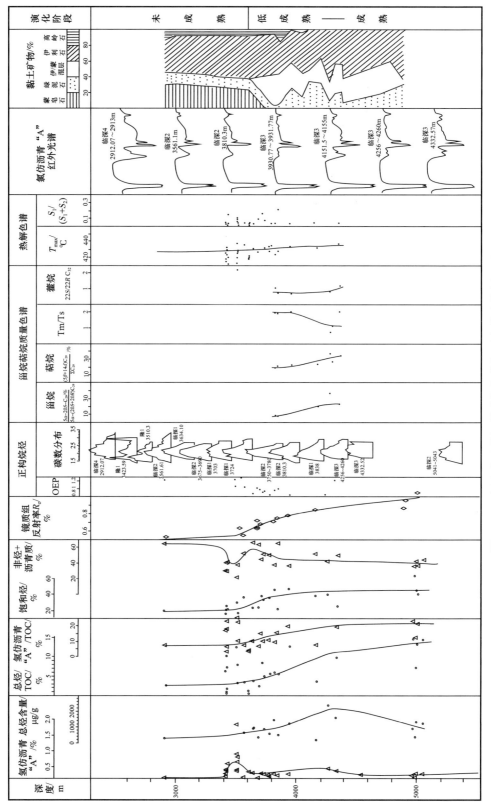

图 15-18 河套盆地临河坳陷渐新统烃源岩热演化剖面图

5）烃源岩成熟度

利用吉参 1、临深 2、临深 3 等井渐新统和下白垩统 20 个实测 $R_o$ 数据点拟合出 $R_o$ 与埋深关系曲线（图 15-19），据此预测 6000m 以深的 $R_o$ 值（表 15-8）。

表 15-8　河套盆地临河坳陷模拟计算的 $R_o$ 和深度、井温对应关系表

| 埋深 /m | $R_o$/% | 井温 /℃ | TTI | 埋深 /m | $R_o$/% | 井温 /℃ | TTI |
|---|---|---|---|---|---|---|---|
| 2500 | 0.45 | 83.5 | | 5780 | 1.30 | 168.4 | 64 |
| 3000 | 0.53 | 98.2 | | 6000 | 1.39 | 174.4 | |
| 3500 | 0.62 | 112.9 | 1 | 6020 | 1.40 | 174.9 | |
| 3600 | 0.64 | 115.8 | | 6500 | 1.64 | 188.1 | |
| 4000 | 0.73 | 126.0 | | 7000 | 1.92 | 201.8 | |
| 4300 | 0.81 | 134.7 | 8 | 7120 | 2.00 | 205.1 | 256 |
| 4500 | 0.86 | 136.0 | | 7500 | 2.26 | 215.5 | |
| 5000 | 1.01 | 147.0 | | 7800 | 2.49 | 223.7 | |
| 5500 | 1.19 | 160.7 | | 8000 | 2.65 | 229.2 | |

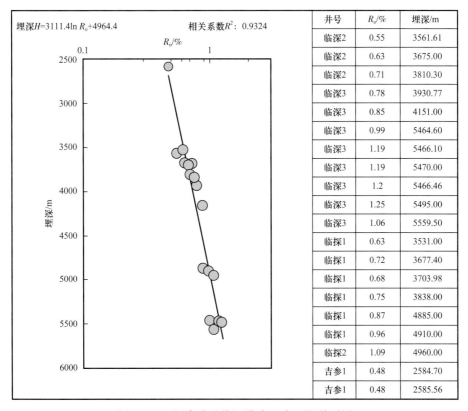

| 井号 | $R_o$/% | 埋深/m |
|---|---|---|
| 临深2 | 0.55 | 3561.61 |
| 临深2 | 0.63 | 3675.00 |
| 临深2 | 0.71 | 3810.30 |
| 临深3 | 0.78 | 3930.77 |
| 临深3 | 0.85 | 4151.00 |
| 临深3 | 0.99 | 5464.60 |
| 临深3 | 1.19 | 5466.10 |
| 临深3 | 1.19 | 5470.00 |
| 临深3 | 1.2 | 5466.46 |
| 临深3 | 1.25 | 5495.00 |
| 临深3 | 1.06 | 5559.50 |
| 临探1 | 0.63 | 3531.00 |
| 临探1 | 0.72 | 3677.40 |
| 临探1 | 0.68 | 3703.98 |
| 临探1 | 0.75 | 3838.00 |
| 临探1 | 0.87 | 4885.00 |
| 临探1 | 0.96 | 4910.00 |
| 临探2 | 1.09 | 4960.00 |
| 吉参1 | 0.48 | 2584.70 |
| 吉参1 | 0.48 | 2585.56 |

埋深 $H$=3111.4ln $R_o$+4964.4　　　相关系数 $R^2$：0.9324

图 15-19　河套盆地临河坳陷 $R_o$ 与埋深关系图

6）烃源岩综合评价

河套盆地已钻探井的烃源岩尚未成熟或仅处于低成熟阶段，如松探1、吉参1下白垩统和隆1井渐新统烃源岩尚未成熟，临深2井渐新统刚进入生烃门限，临深3井渐新统处于低成熟阶段，下白垩统烃源岩处于成熟阶段。根据埋藏史和热史分析，临河坳陷成熟烃源岩主要分布于北部淖西洼槽带，在埋深大于7200m的范围达到过成熟阶段（$R_o$大于2.0%），以生天然气为主，形成哈腾套海—杭锦后旗—银锭图生烃中心，其中渐新统分布面积约2820km$^2$，烃源岩厚度300～550m，下白垩统分布面积3790km$^2$，暗色泥岩厚度300～600m，该区有机质丰度高、类型好，以$II_1$型和$I$型为主，具有很强的生气能力（图15-13、图15-15）。

在杭五断裂带附近，埋深在6000～7200m之间的区域$R_o$处于1.3%～2.0%之间，以生湿气为主，处于该演化阶段的下白垩统烃源岩主要分布在杭锦后旗—五原断裂南翼，分布面积1097km$^2$，暗色泥岩厚100～200m（图15-13）；渐新统主要分布于杭锦后旗—五原断裂北翼，面积851km$^2$，烃源岩厚200～400m（图15-15）。

杭五断层以南的大部分地区目的层热演化处于低成熟—成熟阶段（0.5%＜$R_o$＜1.0%），烃源岩厚度薄，有机质丰度低，类型以$II_1$—$II_2$型为主，生烃能力相对较差，可以生成一定量的石油。

呼和坳陷烃源岩以下白垩统为主，成熟烃源岩主要分布在北部凹陷，面积1637km$^2$，生烃中心位于大城西、哈素地区（图15-14）；$R_o$大于1.3%的高成熟烃源岩区分布面积仅120km$^2$，生气能力较差。

2. 上新统—第四系生物气源岩

第四系、上新统气源岩中有机碳平均含量为0.49%，氯仿沥青"A"平均含量为0.0123%，总烃平均含量为47.96μg/g。气源岩占地层厚度的16.4%～47.2%。总体上，第四系—上新统有机质丰度较低，仅更新统顶部的腐殖土层有机质丰度较高，据水文井和呼参1井分析有机碳最高可达15.4%，平均值为0.79%，埋深在400m以内，厚度5～30m。

有机质类型以$II_2$型、$III$型为主，镜质组反射率$R_o$小于0.5%，处于生物化学生气阶段，所产天然气甲烷碳同位素为-74.183‰～-77.57‰，具有典型生物气特征。

## 六、储层

临河坳陷具有典型陆相断陷湖盆的特征，多物源、短水系，湖盆震荡变化，砂、泥频繁间互（赵文智等，2004），因而各个时期均有储集体发育，加之沉降快速、成岩作用弱，5100m以上储层物性较好，孔隙度普遍大于8%，5100～5500m仍有孔隙度达6%～8%的储层发育（付锁堂等，2018）。就现阶段而言，含油层主要见于固阳组和临河组中，变质岩裂隙中也有发现，以下主要针对这三套储层进行分析。

1. 下白垩统固阳组储层

临河坳陷东部临深3、临深4、松探1等井固阳组储层较为发育，厚度260～310m，占地层总厚度的26%～62%。岩性为长石砂岩、长石石英砂岩、岩屑砂岩和岩屑质长石砂岩。储层物性与埋深和胶结物成分关系最大，一般在5000m以下储层物性变差。临深3井埋深超过5100m处砂岩的孔隙度仅为3.2%～8.2%（平均值6.3%），渗透率为

0.1～6.56mD（平均值为 1.4mD）。毛细管压力曲线为分选较差的细歪度，储层喉道细、分选差。临深 4、临深 5 井储层埋深分别小于 4300m 和 3850m，由于埋深变浅，砂岩的成岩作用减弱，次生溶孔稍发育，储层物性相对变好，孔隙度最大可达 18.8%，平均值为 10.0%，渗透率最大 88.5mD，平均值为 26.3mD。松探 1 井埋深在 2100～3100m，储层物性好，平均孔隙度 19.6%，平均渗透率 299.4mD，孔喉特征与渐新统相似。松探 2井储层埋深虽然不足 2000m，但由于钙质胶结致密，平均孔隙度仅 11.9%，渗透率最大仅 33mD，平均值为 11.0mD。

坳陷西部吉西凸起带吉华 4x、吉华 8x 井固阳组岩性主要为不等粒岩屑长石砂岩，碎屑岩为片麻岩、石英岩、片岩等，含少量细砾，粒间不均匀分布泥质杂基和方解石。据薄片资料分析，岩石类型主要为不等粒岩屑长石砂岩。碎屑含量占 85%～88%，其中，石英含量为 46%～54%，长石含量为 34%～38%，岩屑含量为 12%～18%，岩屑以变质岩为主，占 8%～14%；胶结物含量占 7%～15%，其中，泥质占 4%～14%、方解石占 1%～3%；颗粒风化中等，分选差，磨圆度呈次棱—次圆状，胶结类型以孔隙式为主，颗粒接触关系主要为点—线式，孔隙类型主要为粒间溶孔、粒内溶孔，孔隙分布不均，局部连通性较差。孔隙度分布范围为 11.6%～19.8%，中值为 14.9%；渗透率分布范围为 1.94～243.0mD，中值为 4.59mD，为低孔特低渗透储层。

2. 渐新统临河组储层

临河坳陷东部中央断裂构造带临深 3、临华 1x 等井临河组储层厚 260～340m，占地层总厚度的 46%～60%。岩性为长石砂岩、硬砂质长石砂岩，根据 501 块样品统计结果，孔隙度为 2.4%～27.1%，平均值为 15.1%；渗透率为 0.1～2199mD，平均值为162mD，为中孔、中高渗透率储层。孔隙喉道粗，分选好，毛细管压力曲线为分选好的粗歪度，有明显的平台段。据镜下观察具有原生粒间孔隙、微孔隙、解理缝隙孔隙、微裂缝孔隙及溶蚀孔隙等五种类型，以粒间孔隙为主。

临河坳陷西部吉西凸起带吉华 2x、吉华 4x 等井临河组储层岩石类型主要为不等粒岩屑长石砂岩。据薄片资料分析，碎屑含量占 81%～95%，平均值为 89.4%。其中，石英含量为 37%～57%，平均值为 44.2%；长石含量为 30%～47%，平均值为 37.2%；岩屑含量为 10%～26%，平均值为 16.8%，岩屑以变质岩为主，占 8%～20%，平均值为 10.9%。填隙物含量占 5%～19%，平均值为 11.6%；填隙物中以泥质和方解石为主，其中，泥质占 2%～11%，平均值为 4.5%，方解石占 1%～13%，平均值为 5.2%。颗粒风化中等，分选差—中，磨圆度呈次棱—次圆状，胶结类型以孔隙式为主，颗粒接触关系主要为点—线式，孔隙类型主要为粒间溶孔、粒内溶孔，孔隙分布不均，局部连通性较差。孔隙度分布范围为 10.7%～19.8%，中值为 14.3%；渗透率分布范围为 1.56～385.0mD，中值为 11.2mD，为低—中孔特低—低渗透储层。

3. 基岩裂缝型储层

临河坳陷西部吉西凸起带上基底乌拉山群变质岩系还发育裂隙性储层，主要为黑云母斜长片麻岩、斜长角闪片麻岩等，片麻岩主要由浅色矿物石英、斜长石、钾长石和暗色矿物黑云母、角闪石、紫苏辉石组成，粗粒变晶结构，显微片麻状构造。次生变化有钠黝帘石化、绿泥石化、绢云母化等，岩性主要为黑云母花岗片麻岩、角闪斜长片麻岩，特征变质矿物为黑云母、角闪石、紫苏辉石。

储集空间以裂缝为主，局部存在少量孔隙和晶洞储层。孔隙性储层含油呈大小不等的斑块状，少量呈斑点状，孔隙可能为破碎粒间孔隙。岩心局部可见晶洞含油，晶洞中常见碳酸盐矿物，显示其成因与化学淋滤有关。但在其他区域钻井揭示，乌拉山群的变质岩普遍致密，孔隙和裂缝发育均较差，储集非均质性很强。

## 七、盖层

临河坳陷中新统五原组的湖相泥岩是一套区域性盖层，泥岩及粉砂质泥岩单层厚度一般为 20～40m，总厚度可达 300～1000m（图 15-20），具有较强的封盖能力。固阳组和渐新统的湖相泥岩不仅是有效的烃源岩层，也是油气藏的直接盖层。

据毕探 1 和呼参 1 井揭示，呼和坳陷上白垩统以湖泊沉积为主，泥质岩发育，是该区下白垩统的区域性盖层。

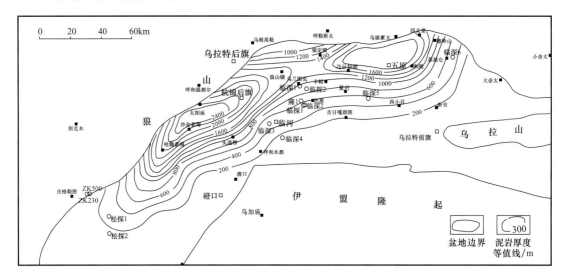

图 15-20　河套盆地临河坳陷中新统泥岩厚度等值线图

呼和坳陷更新统顶部 120～300m 段发现大范围展布的芒硝层，厚 2.8～33.4m，单层最厚 25m，一般 2～10m，面积约 2000km² （图 15-21）。芒硝为化学岩，形成于干涸的盐湖内，在钠离子与硫酸根离子的过饱和溶液中结晶而成，成岩快，岩性致密，性能与石膏相似，封盖能力强，为浅层生物气直接盖层。

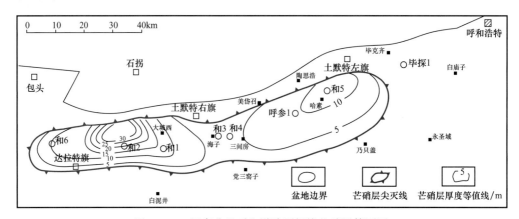

图 15-21　河套盆地呼和坳陷更新统芒硝层等厚图

# 八、油藏特点及区块评价

## 1. 油气分布规律

对临河坳陷基本石油地质特征研究的基础上，分析河套盆地油气藏成藏关键因素及其空间和时间的匹配关系，认为临河坳陷具有"多源供烃、强势输导、环洼汇聚、复式富集"油气成藏特征。

临河坳陷烃源岩主要分布在下白垩统固阳组和渐新统临河组。固一段沉积期，盆地持续伸展拉张，洼陷分割性增强，临河坳陷沉积中心向中部迁移，水体加深，封闭性增强，发育盐湖相优质烃源岩；渐新统沉积期，区域伸展作用再次增强，盆地沉积中心继承性发育，水体深而封闭，发育咸水湖相烃源岩。

构造演化研究表明，临河坳陷在现今狼山与巴彦乌拉山过渡区、贺兰山与桌子山过渡区、东北部的乌拉山隆起区及伊盟隆起和狼山西北部由北东向东西转换的过渡区发育大型构造转换带，控制形成大型源汇体系，综合地震相、钻井、地质等各种资料开展沉积体系研究。西部陡带主要发育冲积扇—扇三角洲沉积体系，扇缘或扇中砂体对接优质烃源岩；东部缓坡发育辫状河三角洲沉积体系，坡折内带前缘砂或浊积扇砂体对接优质烃源岩。

围绕临河坳陷发育吉西凸起、中央断裂带等正向构造带，成藏期油气在流体势能差的作用下，烃源岩层生成的油气通过砂体、断裂和不整合面输导，从高势区的凹陷中心向低势区的斜坡位置运移，可以在环洼正向构造带形成断块、断鼻等多种类型的构造油气藏。

吉西凸起埋藏浅，发育变质岩潜山和碎屑岩断鼻圈闭，具有形成多域聚集成藏的先决条件。在上新统沉积期，盆地烃源岩开始进入生排烃期，此时狼山分支断层处于强烈伸展活动期，油气沿断—砂—不整合输导，由深层高势区向潜山及浅层低势区运移，油气首先在最低势区的潜山高部位以及临河组逆牵引背斜圈闭聚集成藏；到第四纪，狼山分支断裂发生持续走滑压扭活动，并在断层处形成大型断鼻圈闭，狼山分支断层由早期的张启输导转为挤压闭合，固阳组和临河组烃源岩生成的油气沿砂体输导到狼山分支断层后，受到断层闭合和潜山深层内幕致密变质岩封堵，在中深层碎屑岩断鼻圈闭内聚集成藏（图15-22）。

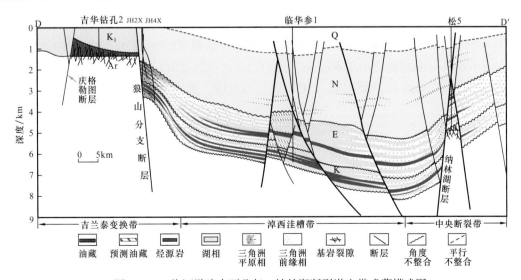

图15-22　临河坳陷吉西凸起—纳林湖断裂潜山带成藏模式图

中央断裂带处于古近系咸化烃源岩发育区，发育逆牵引背斜、反向断块、断垒、顺向断鼻等多种有利构造样式；古近系晚期开始生排烃与断裂强活动期相匹配，断至基底的深大断裂沟通临河组和固阳组油源，油气沿断层垂向运移、沿砂体横向输导，受顺向和反向断层遮挡，有利于形成多套油水系统的复式油藏（图15-23）。

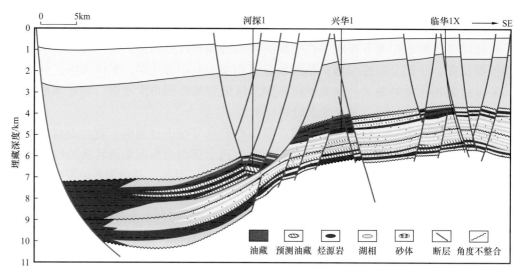

图15-23　临河坳陷中央断裂带兴隆断裂构造带成藏模式图

**2. 油藏特点**

2018—2020年，先后在吉西凸起、兴隆断裂构造带、纳林湖断裂潜山带实施钻探，完钻40口探井，18口井获得工业油流和高产油流，发现了三种类型的油藏。

**1）断块型**

松5井在淖西洼槽带东南侧纳林湖断裂潜山带上发现断块油藏（图15-24），储层为临河组中部三角洲前缘中粒长石砂岩储层，油层埋深2918～3144m，测录井综合解释油层20.4m/5层，含油水层5.0m，2983.4～2995.7m油层段采用负压射孔与地层测试联作求初产获得日产原油12.6m³。由于原油黏稠、流动性差，随后改用水力射流泵热采获得日产62.6m³的高产工业油流。油藏温度94.8℃，地层压力29.86MPa，压力系数1.02，属于正常压力系统。原油组分饱和烃含量57.39%，芳香烃含量22.32%，非烃含量13.4%，沥青质含量6.89%。原油密度0.9366g/cm³（50℃），运动黏度60.78mm²/s（50℃），原始油层温度下黏度15.5mPa·s，凝固点31℃，属于高密度、高黏度、高凝固点的重质油（稠油）藏。

**2）断背斜型**

吉华2x断背斜油藏位于吉西凸起东翼狼山断层下降盘，高点紧邻狼山断层，构造向北部深凹陷倾没（图15-22、图15-25）。构造发育较早，白垩系固阳组沉积时期（145.5Ma），由于狼山分支断层差异活动，在断层下降盘形成多个相对独立的横向背斜；古近系—新近系沉积时期，横向背斜继承性发育；伴随新近纪末构造反转，地层整体向南掀斜，局部调整改造，形成现今统一的鼻状构造形态。固阳组顶面构造高点埋深2000m，圈闭面积8.5km²，闭合幅度600m。

扇三角洲前缘储层岩性为岩屑长石砂岩、砂砾岩，储层单层厚度50～140m，砂/地

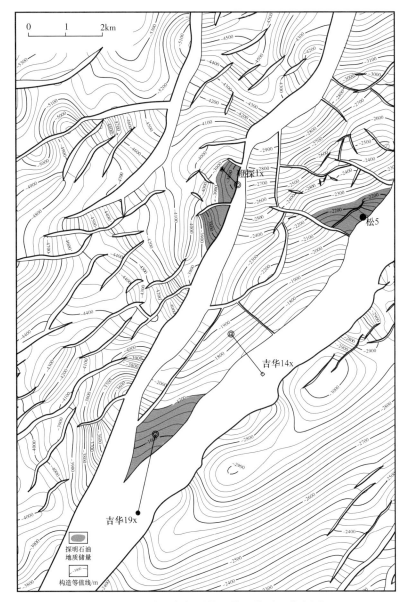

图 15-24　纳林湖断裂潜山带油藏平面分布图

比大于 80%。孔隙度 11.6%～19.8%，平均值为 14.9%，渗透率 1.94～243mD，平均值为 4.59mD。

油藏发现井——吉华 2x 井于 2018 年 7 月在临河组砂砾岩获日产 10.26m³ 的工业油流，随后钻探吉华 4x、吉华 8x 井，在固阳组试油获日产 201.9m³、301.8m³ 的高产油流，构成多套含油层系的复式油藏，上交预测石油地质储量 6225×10⁴t，升级探明石油地质储量 2378.12×10⁴t。

临河组发育临一段、临二段、临三段等三套含油层系，钻遇油层厚度为 37.3～89.3m，含油面积 0.3～1.8km²，油藏充满程度为 4%～25%。临河组原油密度在 0.9362～0.9429g/cm³ 之间，平均值为 0.940g/cm³；黏度为 167.60～215.40mPa·s，平均值为 190.42mPa·s；凝固点 12～25℃，平均值为 18℃；胶质＋沥青质为 41.60%～

56.95%，平均值为50.00%；含蜡量为4.10%～13.75%，平均值为8.01%；含硫为3.93%～5.22%，平均值为4.69%。从原油密度看吉华2x区块临河组油藏原油性质为高含硫重质油。

固阳组发育固一段Ⅰ油组、Ⅱ油组等两套含油层系，其中固一段Ⅰ油组平均钻遇油层厚度16m，含油面积3.4 km²；固一段Ⅱ油组平均钻遇油层厚度76.6m，含油面积4.7km²。固阳组原油密度在0.866～0.9266g/cm³之间，平均值为0.892g/cm³；黏度为7.08～30.10mPa·s，平均值为22.03mPa·s；凝固点8～26℃，平均值为17℃；胶质＋沥青质为18.15%～32.70%，平均值为25.35%；含蜡量为7.60%～15.25%，平均值为10.98%；含硫为1.49%～2.25%，平均值为1.94%。从原油密度看吉华2x区块固阳组油藏原油性质主要为高含硫中质油。

临河组、固阳组地层水总矿化度为46525.2～66592.6mg/L，平均值为58237.3mg/L，氯离子含量为28005.5～40944.8mg/L，平均值为35610.1mg/L，属于$CaCl_2$水型。

根据吉华2x等4口井地层测试成果，地层温度为44.37～68.13℃，地温梯度为2.01～2.26℃/100m，地层压力为13.38～22.71MPa，压力系数为0.99～1.04，为正常温压系统。

3）基岩裂隙型

基岩凸起带裂隙型油藏位于吉西凸起带北部邻近深凹陷处，主要为受庆格勒图断裂和狼山断裂控制的断块山，向东南倾伏，内部被多条断层复杂化，为孔缝双重介质块状底水潜山油藏（图15-22、图15-25）。潜山高点埋深125m，圈闭面积150km²，闭合幅度2000m。潜山之上覆盖下白垩统、渐新统。

储集岩性为花岗片麻岩和角闪斜长片麻岩，储集空间为构造缝，局部存在少量孔隙和晶洞。基质孔隙度分布范围为0.7%～9.0%，中值为3%，基质渗透率分布范围为0.02～0.44mD，为低孔特低渗透储层。

本油藏于2018年4月发现，JHZK2井于439m进入太古宇，揭开变质岩厚度730m，对447.86～599.93m井段压裂试油获日产21.59m³的工业油流，成为河套盆地第一口工业油流井。至2018年底，潜山共完钻探井11口，7口井在乌拉山群变质岩顶部风化裂隙带见含油显示，4口井获工业油流，上交预测石油地质储量3829×10⁴t，升级探明石油地质储量1127.63×10⁴t。

潜山油藏为块状底水油藏，油水界面海拔为473.2m，含油面积26.5km²。潜山原油性质为中质油，原油密度在0.8940～0.9075g/cm³之间，平均值为0.9013g/cm³（20℃），黏度23.13～45.85mPa·s，平均值为33.43mPa·s（50℃），凝固点4～7℃，平均值为5℃，胶质＋沥青质为32.95%～36.03%，含蜡量为6.75%～7.83%，含硫为2.69%～3.00%。地层水水型为$CaCl_2$，氯离子含量平均为6209.3mg/L，总矿化度8056.9～12372.3mg/L，平均值为11572.3mg/L，属中等矿化度水性。

根据JHZK2、JHZK4井地层测试成果，潜山油藏压力系数在0.90～0.95之间，地层温度梯度在1.01～1.86℃/100m之间，属于正常温压系统。

油源对比分析表明，松5井油藏原油来自临河组烃源岩（付锁堂等，2018），吉华2x油藏和吉西凸起带基岩裂隙原油来自固阳组烃源岩（张以明等，2018；罗丽荣等，2019；王会来等，2021）。

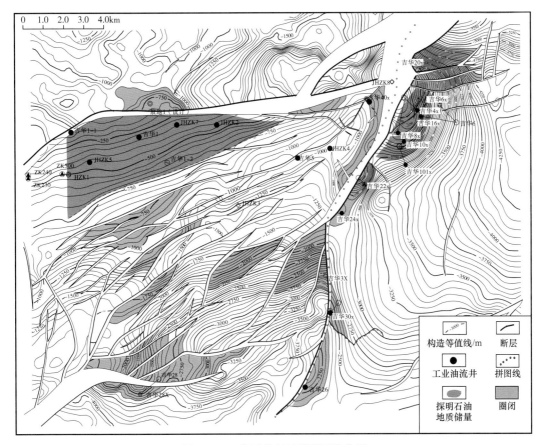

图 15-25　吉西凸起油藏平面分布图

吉兰泰潜山地区为太古宇顶面构造图：吉兰泰南部、吉兰泰潜山围斜部位地区为白垩系顶面构造图

3．区带评价

从坳陷规模、沉积岩厚度、生油条件、构造圈闭发育程度、源储配置关系分析，油气地质条件临河坳陷好于呼和坳陷，乌前坳陷最差。

临河坳陷渐新统和下白垩统两套烃源岩生烃中心均处于靠近西北部的深凹陷内，于上新世晚期开始成熟，第四纪进入生烃高峰期，现今仍在大量生烃。综合油源—运移—圈闭等成藏组合要素分析，在临河坳陷评价优选出四个有利勘探区带（图 15-26）。

1）吉西凸起

吉西凸起位于临河坳陷西部，处于狼山与巴彦乌拉山的构造转换处。受狼山分支断层控制发育上升盘吉兰泰潜山构造和下降盘阿拉坦断鼻构造。狼山分支断层上升盘潜山埋藏深度浅，潜山顶面埋深浅，仅为 23～1500m，整体为受庆格勒图断裂、狼山分支断裂夹持的断垒山，潜山高部位为反向断层控制的断鼻山形态，构造背景条件好，有利区面积达 150km²。第四纪狼山分支断裂发生持续走滑压扭活动，并在断层处形成大型断鼻圈闭，狼山分支断层由早期的张启输导转为挤压闭合，古近系—白垩系碎屑岩侧向与潜山内幕致密变质岩对接，有利形成侧向封堵。

吉西凸起紧邻北部深洼区，油源条件好。2016 年完钻的松探 1 井和松探 2 井证实下白垩统发育半深湖沉积相带，存在发育好烃源岩的条件。洼槽区生成油气沿断层—砂体向吉西凸起运移，在狼山分支断层下降盘断鼻圈闭聚集，优先在固阳组和临河组冲积

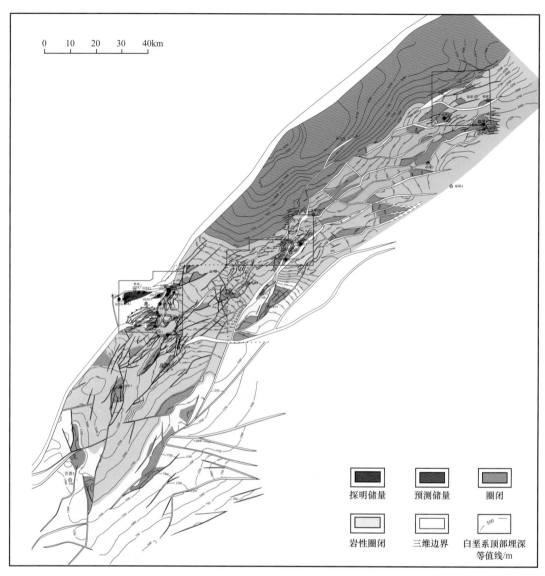

图 15-26　河套盆地临河坳陷有利勘探目标评价图
底图为白垩系顶反射层构造图

扇储层富集，在上覆五原组泥岩盖层封堵下成藏。过剩的石油穿越断裂带，进入到吉西凸起带乌拉山群变质岩裂隙，沿乌拉山群和下白垩统之间的不整合面和风化裂隙层侧向运移，顶部被李三沟组的泥岩层封盖，在上倾方向受庆格勒图断裂遮挡而聚集成藏。因此，从油气运聚成藏规律来分析，吉西凸起基岩裂隙型油藏与吉华 2x 断背斜油藏构造位置、油源等关系密切。根据华北油田钻探情况来看，吉西基岩凸起裂隙型油藏受构造控制明显，主要是沿庆格勒图断裂上升盘构造高点分布，如 JHZK2 和 JHZK7 井，位于构造低部位的 JHZK4 井含油性较差。吉华 2x 所在断背斜近油源分布，石油充注程度高，油层厚度大，具有较好的勘探前景，预测圈闭资源量 $7980 \times 10^4$t。

　2）兴隆断裂构造带

　兴隆断裂构造带位于临河坳陷中央断裂构造带北部，整体呈西北低、东南高的构造形态，为大型的鼻状构造，构造带面积约 1500km²。以杭五断层、兴隆断层、临河断层为界可进一步细分为兴隆内带、中带及外带三个有利区带。外带位于兴隆断裂构造带的东部，整体表现为受临河断层和杭五断层两条反掉断层所夹持的断垒构造形态。在平面上，由西向东发育有两排鼻状构造，受反向断层控制有利于形成断鼻圈闭。该带主要发育临深1东、隆1西、临河断层等多条油源断层，围绕油源断层发育一系列断鼻、断块、塌陷背斜构造圈闭。中带位于兴隆断裂构造带中部，整体为受多条北西向断层控制的断阶构造。由西向东有三排次级的小型鼻状构造，与派生的三级断层相匹配有利于形成断鼻圈闭。从剖面来看，为受大断层控制的似花状构造，有利于形成构造圈闭，同时与油源断层匹配可以起到纵横向分配油气的作用。发育多套有利储层，且具有沟通深浅层的油源断层，成藏条件有利。内带位于兴隆断裂构造带西部洼槽带，具有受兴隆重力滑脱断层控制的背斜构造背景，构造走向与兴隆断层基本一致，为北东向。深层受两条次级断层切割形成断背斜，浅层则表现为受一整体呈花状构造组合样式的三级断层分割形成的塌陷背斜。

兴隆断裂构造带紧邻主生烃洼槽，盆地在新近纪晚期开始生排烃与断裂强活动期相匹配，断至基底的深大断裂沟通淖西洼槽带的临河组和固阳组油源，油气沿断层垂向运移、沿砂体横向输导、阶梯状向斜坡运移，在中带、外带反向断层遮挡聚集成藏。前期共钻探井9口，有8口井分别见到了不同级别的油气显示，其中临深3井白垩系试油获得24.84m³的低产油流，临华1x、兴华1井在临河组试油获日产305.76m³、274m³的高产油流。综合评价兴隆断裂构造带源储关系良好、流体势强，是油气运聚的有利场所，为重点勘探区带，预测圈闭资源量6.2×10⁸t。

3）纳林湖断裂潜山带

纳林湖断裂潜山带位于临河坳陷中央断裂构造带的中部，整体构造呈"两洼夹一垒"的结构特征。以纳林湖断层为界，下降盘表现为被多条断层复杂化的大型鼻状构造带；上升盘表现为受纳林湖和图布断层共同控制的断垒，整体平面呈北东构造走向；断垒东部为断槽区，发育一些反向断阶。发育洼中低隆、断鼻、断垒等多种构造样式，为油气运聚提供了有利的构造背景。晚期断裂和不整合是油气运移的主要通道，资源基础好。

纳林湖断裂潜山带西部为临河坳陷主洼槽区，纳林湖断层下降盘与烃源岩对接良好，上升盘区域紧邻生油洼槽，是油气运移的有利指向。松5井在临河组发现高产工业油流；吉华19x井在临河组、固阳组测井解释油层70.2m/19层，在临河组2987.4～2997.6m试油获日产32.7m³的工业油流，在固阳组4264～4271m试油获日产10.35m³的工业油流；磴探1井在临河组测井解释油层121.2m/19层。已钻井证实该区带具有良好的勘探潜力，预测圈闭资源量1.47×10⁸t。

4）淖西洼槽带

北部淖西洼槽带下白垩统和渐新统半深湖相发育区是河套盆地生烃中心，其中渐新统半深湖相带分布面积4040km²，烃源岩厚度350～600m，下白垩统半深湖相带分布面积2540km²，暗色泥岩厚度300～600m。该区地形较为平缓，局部构造欠发育。储层主要是三角洲前缘和水下扇砂体，粒度较细，多为粉砂岩和细砂岩级别，因处于烃源岩发育区而具有"近水楼台"的优势，油源供给充足，在周围致密岩性、断层以及微幅度构造共同作用下，具有形成岩性圈闭和构造—岩性圈闭的条件。但该区勘探风险也较大，一是目的层埋深大，普遍超过5000m；二是尽管地震预测为生烃凹陷区，但只是定性预测，烃源岩厚度、烃源岩质量尚具有不确定性。

# 第二节　巴彦浩特盆地

巴彦浩特盆地位于东经103°～106°、北纬38°～39°40′，内蒙古自治区西部阿拉善左旗境内，北接河套盆地，西南连武威、潮水两盆地，三面环山。盆地东缘为贺兰山脉，西缘为巴彦乌拉山，东南部被六盘山弧形冲断推覆体东西向断续分布的残山所围限。

该盆地北窄南宽，总体呈"三角"形态，面积约 $1.8 \times 10^4 km^2$，大地构造位置处于华北板块西部鄂尔多斯地块、阿拉善地块和走廊过渡带的结合部位（图15-27），是一个多旋回叠合盆地，其中晚古生代石炭纪—二叠纪为海陆交互相的含煤盆地，经印支期构造破坏后，现今以残留盆地形式存在，中生代晚侏罗世为叠加其上的内陆断陷盆地，白垩纪以后演变为坳陷型盆地。

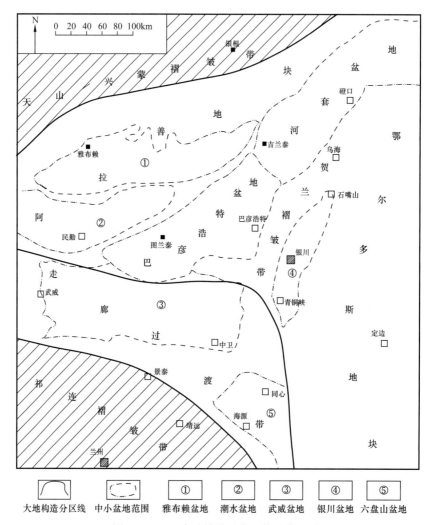

图 15-27　巴彦浩特盆地大地构造位置图

# 一、勘探历程

巴彦浩特盆地油气勘探历史可以追溯到 20 世纪 50 年代初期，历时半个多世纪。根据勘探特点和勘探详细程度，该盆地的勘探历程大致可以分为三个阶段。

第一阶段：早期石油地质普查阶段（1950—1985 年）。20 世纪 50 年代初，燃料工业部石油管理总局 102 地质队就在盆地东缘开始石油普查，1954 年发现锡林郭勒重磁力负异常区。1955 年石油工业部西安地质调查处在盆地南缘 1∶20 万石油地质普查中，在中卫市孟家湾、上河沿等地发现多处石炭系油苗。此后石油、地矿系统多个单位又相继做了数次地质调查、航空磁测等一系列工作，取得了大量地层、古生物及区域地质等方面资料。

第二阶段：集中勘探及局部钻探阶段（1986—2002 年）。石油工业部（1988 年后为中国石油天然气总公司）在 1986—1992 年针对巴彦浩特盆地开展了规模较大的集中勘探。1986—1987 年石油工业部物探局组织综合物探队在该区进行了重力、电法、地震普查工作，查明了盆地"三坳一隆"的构造格局，发现广袤沙漠覆盖下的巨厚沉积。1988 年，中国石油天然气总公司新区勘探事业部通过招标成立了贺西石油勘探公司负责巴彦浩特盆地勘探工作，截至 1992 年累计完成地震二维剖面 258 条测线，11204.3km，同时在沙漠区、重点评价区开展了油气地表化探、航空物化探、大地电磁、卫星遥感等非地震勘探，先后钻探巴参 1、巴参 2 两口参数井和预探井锡 1 井，累计进尺 11470m，取心 258.37m，心长 237.13m，平均取心收获率 91.78%[1]。巴参 1 井揭示西部坳陷是一个中生界巨厚红色沉积充填的断陷，无生油能力；巴参 2 井在东部坳陷锡林凹陷发现了厚度 1111m 的石炭系煤系地层，所夹砂岩层见到油迹、油斑，从而确立了以石炭系为勘探目的层的勘探思路；随后，在 1990 年针对局部构造又钻探了锡 1 井，因羊虎沟组缺失，保存条件差导致勘探失利，巴彦浩特盆地油气勘探随即陷入低潮。这一阶段勘探主要厘定了盆地范围，了解盆地地质结构、充填地层特征，明确了勘探目的层，发现了一批圈闭。并实现了由盆地西部转向东部，由中生界侏罗系、白垩系转向古生界石炭系，由陆相转向海陆过渡相地层的三个重大勘探转变，使巴彦浩特盆地由石油地质普查阶段进入寻找油气发现的区域甩开预探阶段。

1999—2001 年，中国石油化工股份有限公司河南油田为了寻找油气勘探接替区，进入巴彦浩特盆地，展开了新一轮针对局部构造的钻探工作。分别在盆地南部坳陷阿门子构造和北部锡林凹陷黑山托构造钻探了巴参 3 井和锡 2 井，相继失利，巴彦浩特盆地油气勘探再次陷入低潮[2]。这一阶段的特点是以石炭系为勘探目的层，针对构造圈闭开展钻探寻找油气新发现。

第三阶段：岩性油气藏勘探阶段（2007—2017 年）。伴随岩性油气藏勘探理论和实践的深入人心，中国石油长庆油田分公司按照岩性油气藏的思路，于 2007 年再次进入巴彦浩特盆地进行油气勘探。截至 2017 年底，先后采集了 16 条 CEMP 测线 1504km，高品质二维地震测线 1600km（表 15-9），在赛力克凹陷钻探了阿参 1 井，在多个砂岩层段见到油迹、油斑及含气显示。

---

[1] 凌升阶等，巴彦浩特盆地油气地质综合评价，1994，长庆油田分公司，内部资料。

[2] 章贵松等，鄂尔多斯盆地周边与外围盆地成藏条件评价及勘探潜力研究，2007，长庆油田分公司，内部资料。

表 15-9  巴彦浩特盆地勘探工作量完成情况简表

| 完成年代 | 重力、电法等非地震 | 二维地震 /km | 钻井 / 口 |
|---|---|---|---|
| 1986—1992 | 1：20 万重力、航磁以及伽马能谱大地电磁测深 2352.1km，地表化探 45 条 1.8×10⁴km²，卫星遥感 4.0×10⁴km² | 11204.3（品质较差，现基本不再使用，仅供参考） | 3（巴参 1、巴参 2、锡 1 井） |
| 1999—2001 | — | — | 2（巴参 3、锡 2 井） |
| 2007—2008 | 16 条 CEMP 测线 1504km | 500 | — |
| 2015—2017 | — | 1100 | 2（阿参 1、阿 2 井） |
| 合计 | | 1900（包含可用 300km 老测线） | 7 |

这一阶段在对前期勘探经验总结的基础上，得益于地球物理勘探方法和技术的进步，新采集的资料品质大幅度提高，使得精细识别地震反射层和落实石炭系分布规律成为可能，勘探思路从单纯针对构造圈闭进行钻探转变为以岩性为主，兼顾构造。

2018 年长庆油田为进一步评价锡林凹陷油气地质条件，在巴参 2 井以北锡林郭勒苏木钻探阿 2 井，完钻井深 3368m，完钻层位奥陶系中梁子组。该井在石炭系羊虎沟组底部砂层见有荧光显示，试油结果为水层。

## 二、地层

根据钻井揭示，巴彦浩特盆地内自下而上充填了震旦系、寒武系、奥陶系、石炭系、二叠系、侏罗系、白垩系、古近系—新近系、第四系。缺失志留系、泥盆系、三叠系（表 15-10、表 15-11）。盆地盖层厚度 3000～7000m。长城系、蓟县系在盆地东缘贺兰山地区出露，盆地内部是否发育尚未得到证实，但存在可能性较大。

1. 新元古界震旦系

震旦系露头见于贺兰山中段，北至苏峪口，南至三关口以南，分为下部正目观组和上部兔儿坑组（蔡雄飞等，2013）。正目观组与蓟县系王全口组呈平行不整合接触，是一套冰川沉积的角砾岩，角砾大小混杂，成分以来自王全口组的燧石条带白云岩为主，夹少量来自黄旗口群的石英岩状砂岩角砾（顾其昌，1982），厚 11.1～252m。盆地内阿参 1 井钻遇该套地层厚 46m 未穿，岩性特征与贺兰山区露头一致。

在贺兰山区，兔儿坑组与正目观组整合接触，岩性为灰绿色—灰黑色、灰黄色板岩、砂质板岩，为海水较深的静水沉积，厚 96.1m。井下阿参 1 井厚 111.4m，岩性为深灰色—灰黑色泥岩，基本未变质。

另外，阿参 1 井兔儿坑组泥岩之上另有一层含角砾的泥质粉砂岩层，厚 61.2m，角砾大小混杂，分布不均，砾石成分主要是白云岩和少量石英岩砾石，砾石含量及砾石直径明显小于正目观组，是一套有别于正目观组和兔儿坑组的与冰水作用有关的海相沉积。

2. 下古生界

1）寒武系

区内阿参 1 井钻穿寒武系，揭示寒武系岩性与贺兰山区基本一致，显示为滨浅海碳酸盐岩台地沉积特征。贺兰山苏峪口露头剖面寒武系沉积连续，发育齐全，厚 1066.7m，井下阿参 1 厚 660m，巴参 3 井 218m（未穿），锡 2 井厚 1156m（未穿）。

表 15-10 巴彦浩特盆地钻井分层数据表

| 界 | 系 | 统 | 组 | 巴参1 深度/m | 巴参1 厚度/m | 巴参2 深度/m | 巴参2 厚度/m | 巴参3 深度/m | 巴参3 厚度/m | 阿参1 深度/m | 阿参1 厚度/m | 锡1 深度/m | 锡1 厚度/m | 锡2 深度/m | 锡2 厚度/m | 钻2 深度/m | 钻2 厚度/m |
|---|---|---|---|---|---|---|---|---|---|---|---|---|---|---|---|---|---|
| 新生界 | 第四系 | 中新统-渐新统 | 未定组-清水营组 | 40.0 | 33.3 | 450.0 | 145.2 | 189.1 | 184.3 | 94.0 | 83.5 | 240.0 | 234.8 | 116.0 | 111.3 | | |
| | 古近系-新近系 | | | 643.0 | 594.0 | 672.0 | 522.0 | 741.0 | 551.9 | 649.0 | 555.0 | 830.0 | 590.0 | 723.0 | 607.0 | 291.0 | 291.0 |
| 中生界 | 白垩系 | 下统 | 巴彦浩特组 | 2347.0 | 1713.0 | 1919.0 | 1247.0 | 1461.5 | 720.5 | 1397 | 924.0 | 2272.5 | 1442.5 | 1905.0 | 1182.0 | 367.0 | 76.0 |
| | 侏罗系 | 上统 | 芬芳河组 | 3636.5 | 1289.5 | 2766.5 | 587.5 | 2641.0 | 1179.5 | 2708.5 | 1311.5 | 2411.0 | 138.5 | | | | |
| | | 中统 | 直罗组 | | | 2841.0 | 64.5 | | | | | | | | | | |
| 上古生界 | 二叠系 | 中统 | 石盒子组 | | | | | 2845.6 | 204.6 | 2876.0 | 167.5 | | | | | | |
| | | 下统 | 山西组 | | | | | 3275.0 | 429.4 | 3010.0 | 134.0 | | | | | | |
| | | | 太原组 | | | | | | | 3209.2 | 199.2 | | | | | | |
| | 石炭系 | 上统 | 羊虎沟组 | | | 3301.5 | 460.5 | | | 3369.8 | 160.6 | | | | | | |
| | | | 靖远组 | | | 3779.0 | 477.5 | | | | | 2926.0 | 515.0 | | | | |
| | | 下统 | 臭牛沟组 | | | 3952.0 | 173.0 | | | | | 3113.0 | 187.0 | | | | |
| 下古生界 | 奥陶系 | 上统 | 樱桃沟组 | | | 4149.0 | 175.0 | | | | | | | | | | |
| | | 中统 | 前中梁子组 | | | 4250↓ | 101.0 | | | 3399.0 | 29.2 | 3381.5 | 268.5 | | | | |
| | | 下统 | 下岭南沟组 | | | | | 3342.0 | 67.0 | 3476.2 | 77.2 | 3475.0 | 93.5 | | | | |
| | 寒武系 | 上统 | 阿木切亥组 | | | | | 3560↓ | 218.0 | 3839.2 | 363.0 | 3500↓ | 25 | 2324.5 | 420.0 | | |
| | | 中统 | 徐庄组 | | | | | | | 3903.6 | 64.4 | | | 2565.0 | 241.0 | | |
| | | | 毛庄组 | | | | | | | 3977.0 | 73.4 | | | 2798.0 | 233.0 | | |
| | | 下统 | 五道湖组 | | | | | | | 4096.0 | 119.0 | | | 3060↓ | 262.0 | | |
| | | | 苏峪口组 | | | | | | | 4136.2 | 40.2 | | | | | | |
| 新元古界 | 震旦系 | | 兔儿坑组-正目观组 | | | | | | | 4355↓ | 218.8 | | | | | | |
| 古元古界-太古宇变质结晶基底 | | | | 3720↓ | 83.5 | | | | | | | | | | | 523↓ | 156.0 |

# 表 15-11  巴彦浩特盆地地层岩性简表

| 界 | 系 | 统 | 组 | 厚度/m | 岩性简述 | 备注 |
|---|---|---|---|---|---|---|
| 新生界 | 第四系 | | 吉兰泰组 | 30~240 | 灰黄色冲积砂砾层及细—粗砂，顶部夹砂质黏土及淤泥 | |
| | 新近系—古古近系 | 中新统—渐新统 | 未定组名—清水营组 | 290~650 | 砂岩、石膏质砂岩及高杂基的粉—中粒岩屑质长石砂岩，局部夹粉砂质泥灰岩，底部为砾状砂岩 | |
| 中生界 | 白垩系 | 下统 | 巴彦浩特组 | 76~1800 | 棕褐色、紫褐色泥岩与同色砂岩互层，底部为厚层含砾砂岩 | |
| | 侏罗系 | 上统 | 芬芳河组 | 0~2000 | 棕褐色泥岩、砂质泥岩与浅灰绿、绿灰色粉细粒混合砂岩、岩屑质长石砂岩互层，底部棕红、灰褐色砾状砂岩及砾岩 | |
| | | 中统 | 直罗组 | 0~64.5 | 暗灰绿色粉砂质泥岩、泥岩为主，夹灰白色细、中粗砂岩，底部夹两层薄煤层 | 仅巴参2井钻遇 |
| 上古生界 | 二叠系 | 中统 | 石盒子组 | 0~167.5 | 灰白色含砾粗粒长石石英砂岩，夹灰色、灰绿色泥岩 | 仅阿参1井钻遇 |
| | | 下统 | 山西组 | 0~204.6 | 深灰、灰黑色泥岩，夹粗粒长石石英砂岩和碳质泥岩，底部为厚层含砾粗砂岩 | 阿参1、巴参3井钻遇 |
| | | | 太原组 | 0~429.4 | 灰黑色粉砂质泥页岩，夹灰白色砂岩、煤层及生物碎屑灰岩 | 阿参1、巴参3井钻遇 |
| | 石炭系 | 上统 | 羊虎沟组 | 0~460.5 | 灰、浅灰色石英砂岩、岩屑石英砂岩与深灰色、灰黑色泥页岩互层，夹薄层石灰岩、碳质泥岩和薄煤层 | |
| | | | 靖远组 | 0~515 | 灰黑色厚层泥页岩、砂质泥岩夹少量灰色粉—中粒石英砂岩及薄煤层和生物碎屑灰岩 | |
| | | 下统 | 臭牛沟组 | 0~187 | 以灰黑色石灰岩、生物灰岩为主，夹泥灰岩、泥页岩及少量碳质页岩和粉砂岩 | |
| 下古生界 | 奥陶系 | 上统 | 樱桃沟组 | 0~175 | 杂色角砾岩、石灰岩夹少量泥灰岩 | 仅巴参2井钻遇 |
| | | 中统 | 中梁子组 | 0~285 | 灰棕色、棕紫色角砾灰岩，灰色泥晶灰岩夹泥质条带 | |
| | | 下统 | 前中梁子组 | 29.2~268.5 | 灰色中厚层石灰岩、含燧石条带灰岩夹薄层泥质条带灰岩 | |
| | | | 下岭南沟组 | 77.2~93.5 | 厚层块状和中薄层白云岩、白云质灰岩及石灰岩 | |

| 地层 | | | | 厚度 /m | 岩性简述 | 备注 |
|---|---|---|---|---|---|---|
| 界 | 系 | 统 | 组 | | | |
| 下古生界 | 寒武系 | 上统 | 阿不切亥组 | 363～420 | 薄层状泥晶灰岩、泥质条带灰岩、竹叶状灰岩、砾屑灰岩，下部夹鲕粒灰岩 | 阿参 1 井钻穿，锡 2 井未穿 |
| | | 中统 | 徐庄组 | 64.4～241 | 灰色薄层—中厚层泥晶灰岩，泥质条带岩，夹灰绿色页岩和数层鲕粒灰岩 | |
| | | | 毛庄组 | 57.6～73.4 | 下部为灰色薄层状白云岩，向上变为泥质白云岩，顶部为灰色、紫红色页岩 | |
| | | 下统 | 五道淌组 | 85.4～119 | 浅灰色、灰色厚层块状白云岩、灰质白云岩，见藻灰结核 | |
| | | | 苏峪口组 | 29.3～40.4 | 褐黄色、灰色含泥含粉砂泥粉晶白云岩，底部为含磷砂砾岩 | |
| 新元古界 | 震旦系 | | 未建组 | 0～61.2 | 灰色含角砾泥质粉砂岩，角砾为石英岩、白云岩 | 阿参 1 井钻遇 |

（1）苏峪口组：是该区寒武系最底部的地层，与下伏震旦系呈平行不整合接触，岩性为褐黄、灰色含泥含粉砂泥粉晶白云岩，底部为含磷砂砾岩，苏峪口剖面厚 29.3m，阿参 1 井厚 40.2m。

（2）五道淌组：相当于鄂尔多斯南缘的朱砂洞组＋馒头组，为一套浅水碳酸盐岩沉积，岩性为浅灰色、灰色厚层块状白云岩、灰质白云岩，见藻灰结核，苏峪口剖面厚 85.4m，阿参 1 井厚 119m。

（3）毛庄组（或陶思沟组）：下部为灰色薄层状白云岩，向上变为泥质白云岩，顶部为灰色、紫红色页岩，与上覆中寒武统徐庄组及下伏下寒武统五道淌组为连续沉积，苏峪口剖面厚 57.6m，阿参 1 井厚 73.4m。

（4）徐庄组（或呼鲁斯太组）：岩性主要为灰色薄层—中厚层泥晶灰岩，泥质条带灰岩，夹灰绿色页岩和数层鲕粒灰岩，苏峪口剖面厚 155.6m。阿参 1 井徐庄组中部夹有鲕粒白云岩，上部见杂色泥岩和棕褐色泥岩，厚 64.4m。

（5）阿不切亥组：相当于华北地台张夏组—凤山组，岩性主要为薄层状泥晶灰岩、泥质条带灰岩、竹叶状灰岩、砾屑灰岩，下部夹鲕粒灰岩，该组与下伏徐庄组和上覆奥陶系下岭南沟组均为整合接触，苏峪口剖面厚 738.4m，阿参 1 井厚 363m，巴参 3 井厚 218m（未穿）。

阿参 1 井该组中上部产牙形刺 *Westergaardodina wimani* 魏曼韦斯特刺、*Furnishina furnishi* 费氏费氏刺、*Teridentus nakamurai* 中村圆柱刺、*Cordylodus proavus* 原始肿刺、*Prooneotodus rotundatus* 圆原奥尼昂塔刺、*Eoconoduntus notchpeakensis* 诺峰始刺等。

2）奥陶系

区内奥陶系厚度大，与下伏寒武系为连续沉积。根据岩性和古生物特征，区内奥陶系划分为下统下岭南沟组、前中梁子组，中统中梁子组，中统—上统樱桃沟组。巴参2、巴参3、阿参1以及锡1井钻遇奥陶系。奥陶系下统—中统中下部为浅海碳酸盐岩，中统顶部—上统为砂岩、页岩夹石灰岩透镜体的类复理石建造，为半深海—深海斜坡沉积。

（1）下岭南沟组：相当于华北地区的冶里组，与下伏寒武系阿不切亥组呈整合接触。岩性为厚层块状和中薄层白云岩、白云质灰岩及石灰岩，中下部各夹一层深灰色厚层含叠层石白云岩。阿参1、锡1和巴参3井钻遇下岭南沟组，岩性稍有变化，锡1井为白云岩、白云质灰岩和石灰岩呈略等厚互层，厚93.5m；阿参1井和巴参3井岩性为浅红色、浅灰色厚层石灰岩与泥质灰岩互层，厚度分别为77.2m和67.0m。东部贺兰山胡基台剖面厚89.7m。

阿参1井该组产牙形刺 *Glyptoconus quadraplicatus* 四褶雕锥刺、*Chosonodina herfurthi* 郝氏朝鲜刺、*Rossodus manitouensis* 马尼托罗斯刺、*Scolopodus basslleri* 巴氏尖刺、*Scolopodus resitrictus* 限制尖刺、*Teridentus gracilis* 纤细圆柱刺、*Teridentus nakamurai* 中村圆柱刺等。

（2）前中梁子组：相当于华北地区的亮甲山组，为灰色中厚层石灰岩、含燧石条带（或团块）灰岩夹薄层泥质条带灰岩，底部有一层灰绿色钙质板岩。为开阔海碳酸盐岩台地沉积，岩性、岩相稳定。锡1井前中梁子组与上覆石炭系不整合接触，岩性为石灰岩、白云岩，含燧石团块，268.5m。阿参1井前中梁子组大部分被剥蚀，仅底部残存29.2m。东部贺兰山区胡基台剖面厚219.6m。

阿参1井该组产牙形刺 *Glyptoconus quadraplicatus* 四褶雕锥刺、*Paracordylodus gracilis* 纤细副肿刺、*Triangulodus brevibasis* 宽基三角刺、*Utahconus beimadaoensis* 北马道犹他角刺等。

（3）中梁子组：相当于鄂尔多斯西缘的三道坎组—桌子山组（或马家沟组）。巴参2井钻遇中梁子组厚101.0m（未穿），岩性为灰棕色、棕紫色角砾灰岩夹泥晶灰岩及泥质条带。东部贺兰山胡基台剖面厚280.0m。

（4）樱桃沟组：相当于鄂尔多斯西缘的克里摩里组＋乌拉力克组，或米钵山组下段，盆地内仅巴参2井钻遇，厚175.0m，岩性为杂色角砾岩、石灰岩夹少量泥灰岩。根据钻井、地震资料分析，区内樱桃沟组分布较为局限主要是加里东期构造抬升剥蚀所致。

3. 上古生界

包括石炭系和二叠系，是该盆地唯一的一套含油气层系，石炭系在巴参2、锡1和阿参1井钻遇，二叠系在巴参3和阿参1井钻遇。

1）石炭系

受加里东构造运动影响，上奥陶统、志留系、泥盆系在盆地内缺失。石炭系在盆地东缘、西缘及南缘广泛出露，盆地内除西部坳陷外均有分布，为海陆交互相的含煤地层，巴参2、锡1、阿参1井钻遇，以巴参2井发育最全、厚度最大，可达1111m。巴彦浩特盆地石炭系从下到上发育臭牛沟组、靖远组和羊虎沟组，下石炭统前黑山组缺失。

（1）臭牛沟组：在盆地内部主要见于北部锡林凹陷的巴参 2 和锡 1 井，岩性主要为深灰色中厚层石灰岩、灰黄色—灰白色钙质石英砂岩、深灰色、灰黑色粉砂岩、泥岩、碳质泥岩和薄煤层，厚 173～187m。盆地南部受骡子山隆起影响，普遍缺失该套地层，例如巴参 3 和阿参 1 井均缺失。

巴参 2 井产珊瑚化石 *Sphonodendron irregulare* 不规则丛管珊瑚、*Lithostrotion planocystatum* 平泡沫板石柱珊瑚、*Hexaphyllia hexagonae* 六边六异珊瑚、*Pentaphyllia* 五异珊瑚等。小有孔虫 *Endothyranopsis crassus* 厚内卷虫、*Forschiella subangulata* 稍偏福希虫、*Bradyina rotula* 轮状布拉迪虫、䗴类主要是 *Eostaffellah* 始史塔夫䗴和 *Pseudoendothra* 假内卷䗴。孢粉以 *Triparties* 三片孢属和 *Ahrensisporites* 耳角孢属为代表。

（2）靖远组：以灰黑色泥页岩、碳质泥岩、灰色粉砂岩、中细粒砂岩、含砾砂岩互层为主，夹薄煤层和数层生物碎屑灰岩。盆地内巴参 2、锡 1 井钻遇，厚度分别为 477.5m、515m。

据巴参 2 井，该组产䗴类 *Ozawainella* 小泽䗴和 *Eostaffellah* 史塔夫䗴。小有孔虫 *Archaeodiscus* 古盘虫等。蕨类孢子产套环孢属 *Densosporites anulatus*、*D.duriti*、*D.microanulatus*，鳞木孢属 *Lycospora pusilla*、*L.pellucida*、*L.granulata*，盾环孢属 *Crassispora kosankei*、*C.punctata*、*C.maculosa*，囊盖孢属 *Vestispora costata*、*V.magna*，厚角孢属 *Triquitrites tribullatus Tr.exiguas*，曲环孢属 *Sinusporties sinuatus*、*S.cinguloides* 等（耿国仓，1998）。

（3）羊虎沟组：灰色、浅灰色石英砂岩、岩屑石英砂岩与灰黑色泥页岩互层，夹薄层石灰岩和薄煤层。页岩、石灰岩中富产植物化石和腕足类。盆地内巴参 2、阿参 1 井均钻遇羊虎沟组，厚度分别为 460.5m 和 160.6m。

阿参 1 井顶部石灰岩层产牙形刺 *Streptognathus elegantulus* 优美曲鄂刺、*S. oppletus* 长隆脊曲鄂刺、*S.parvus* 微小曲鄂刺、*Idiognathodus tersus* 整洁异鄂刺、*I.hebeiensis* 河北异鄂刺、*I.delicatus* 娇柔异鄂刺等。产䗴类 *Triticites lalaotuensis* 拉老兔麦䗴，*Quasifusulina* sp. 似纺锤䗴（未定种）。巴参 2 井蕨类孢子占 95% 以上，常见套环孢属 *Densosporites bellulus*、*D.reticuloides*，盾环孢属 *Crassispora latigranifer*、*C.kosankei*、*C.macula*，鳞木孢属 *Lycospora granulata*、*L.pellucida*、*L.minuta*，囊盖孢属 *Vestispora costata* 等（耿国仓等，1996）。阿参 1 井孢粉和蕨类孢子含量均等，孢子以 *Laevigatosporites* 光面单缝孢属、*Leiotriletes* 光面三缝孢属、*Lycospora* 鳞木孢属为主，花粉类型单一，以单囊类花粉为主，*Florinites* 费氏粉属最为发育，双气囊花粉产 *Pityosporites* 松型粉属。

2）二叠系

二叠系仅在盆地南部有分布，阿参 1 和巴参 3 井钻遇，盆地北部二叠系沉积可能在印支期构造抬升时遭剥蚀。

（1）太原组：岩性为灰黑色粉砂质泥页岩，夹灰白色砂岩、煤层及生物碎屑灰岩，盛产动物植物化石。盆地内巴参 3 井因夹有辉长岩侵入体，厚度较大，达 429.4m；阿参 1 井太原组顶部被剥蚀，残留厚度 167.5m。

据阿参 1 井太原组产植物化石 *Neuropteris ovata* 卵脉羊齿等，孢粉组合与下伏羊虎沟组相似，单缝类孢子 *Laevigatosporites* 光面单缝孢属和单囊类花粉 *Florinites* 费氏粉属占绝对优势。

（2）山西组：岩性为深灰色、灰黑色泥岩，夹粗粒长石石英砂岩和碳质泥岩，底部为厚层含砾粗砂岩，厚 134～204m。

据巴参 3 井❶，该组孢粉基本上延续下伏太原组的属种，但 *Gulisporites* 匙唇孢属更为常见，新出现 *Sinulatisporites.shansiensis* 山西波环孢子。阿参 1 井以 *Lycospora* 鳞木孢属消失为典型特征。

（3）石盒子组：盆地内仅阿参 1 井钻遇，岩性为灰白色含砾粗粒长石石英砂岩，夹灰色、灰绿色泥岩，厚 167.5m。

据阿参 1 井，该组孢粉组合中裸子植物花粉略占优势，平均含量为 57.1%，双气囊花粉含量明显增多，占 22.62%，以 *Disaccites*（*non-Striatiti*）无肋两气囊粉属，*Alisporites* 阿里粉属，*Limisporites* 直缝二囊粉属，*Pityosporites* 松型粉属，*Klausipollenites* 克氏粉属为主；单囊类花粉含量减少，占 15.64%，仍以 *Florinites* 费氏粉属为主。

4. 中生界

1）侏罗系

印支运动造成盆地内部普遍缺失三叠系和侏罗系中、下统，上侏罗统芬芳河组以角度不整合或平行不整合超覆于古老地层之上。芬芳河组属于山间断陷盆地沉积，主要是一套红色碎屑岩地层，地表见于贺兰山南段，在盆地内则广泛分布，受当时断陷活动控制，呈现西、南厚，东、北薄的格局。岩性为棕褐色泥岩、砂质泥岩与浅灰绿、绿灰色粉细粒混合砂岩、岩屑质长石砂岩互层，底部棕红、灰褐色砾状砂岩及砾岩。与上覆白垩系不整合接触。

中侏罗统直罗组在盆地内分布局限，仅巴参 2 井钻遇，厚 64.5m，其与下伏上石炭统羊虎沟组和上覆芬芳河组均为平行不整合接触。岩性以暗灰绿色粉砂质泥岩、泥岩为主，夹灰白色细、中粗砂岩，底部夹两层薄煤层，厚 0.5～10m。盆地周缘见于贺兰山汝其沟等地，岩性为深灰色泥岩夹灰白色长石、石英砂岩及煤系地层。

巴参 2 井产轮藻 *Aclistochara abshirica* 阿勃希尔开口轮藻、*A.yunuanensis* 云南开口轮藻、*A.maxima* 特大开口轮藻、*A.obovata* 倒卵形开口轮藻等（卢辉楠等，1991）。产介形虫 *Darwinula sarytimenensis* 萨雷提缅达尔文介、*Timiriasevia* sp. 季米里亚介（未定种）。产蕨类孢子 *Cyathidites minor* 小桫椤孢、*Converrucosisporites venitus* 维奈块瘤三角孢等。裸子类花粉 *Classopollis classoides* 克拉梭环沟粉属、*C.annulatus* 环圆环沟粉属、*Quadraeculina* 四字粉属、*Q.minor* 小四字粉、*Piceites* 拟云杉粉属、*Podocarpidites* 拟罗汉松粉属等。

2）白垩系

钻井揭示巴彦浩特盆地仅沉积了下白垩统，上统缺失。下白垩统较之侏罗系分布更广。盆地内 6 口井均钻遇下白垩统，厚度 720.5～1827m，巴参 3 井最薄，仅 720.5m，巴参 1 井最厚，达 1713m，总体上北厚南薄，与下伏侏罗系北薄南厚的格局呈互补性。岩性主要为棕红色、棕褐色、紫褐色泥岩、砂质泥岩与同色不等粒岩屑质长石砂岩互

---

❶ 中国石化河南石油勘探局地质录井公司，2000，巴参 3 井完井地质总结报告。

层，底部为厚层含砾砂岩。

阿参 1 井白垩系产蕨类孢子 *Cyathidites* 桫椤孢属、*Deltoidospora* 三角孢属、*Contignisporites* 具环肋纹孢属、*Cibotiumspora* 金毛狗孢属、*Concavisporites* 凹边孢属、*Osmundacidites* 紫萁孢属等。产裸子类花粉 *Quadraeculina* 四字粉属、*Classopollis* 克拉梭粉属、*Cycadopites* 苏铁粉属等。

巴参 2、锡 1 井产 *Aclistochara sublacvis* 近光滑开口轮藻、*A.bransoni* 勃朗逊开口轮藻等。巴参 3 井产 *Aclistochara brevis* 短开口轮藻、*A.microturbinata* 小陀螺开口轮藻、*A.jianyouensis* 江油开口轮藻、*A.yongpingensis* 永平开口轮藻、*A.nuguishanensis* 奴贵山开口轮藻等。

5. 新生界

1）古近系

古近系渐新统清水营组。上部为浅棕红色膏质胶结的泥质粉砂岩及砂质泥岩，其下有 28m 厚的棕红色膏质中—细粒岩屑质长石砂岩夹数层石膏；中部为浅棕红色砂质泥岩与泥质粉砂岩互层，局部见粉砂质泥灰岩夹层，见 *Tiliaepollenite pseudinstructus* 假锻粉；下部为浅棕红色块状含砾粉—粗粒混合砂岩，底部含砾，厚 360m。与下伏巴彦浩特组为假整合接触。

2）新近系中新统

上部为浅棕红色厚层块状中—细粒岩屑质长石砂岩，胶结疏松，成岩性差；下部为浅棕红、棕黄色泥质粉砂岩，粉砂质泥岩。厚 161m。

3）第四系

上部为灰黄色冲积砂砾岩层夹砂质黏土及淤泥，中下部为半固结的灰黄色灰质粉—中粒混合砂岩，底部为灰黄色黏土质砾石，松散，未成岩。与下伏地层呈不整合接触。盆地内厚度 30～240m 不等。

## 三、构造

1. 构造单元划分

主要依据盆地构造特征，中—新生界分布格局，结合石炭系残存情况和前石炭系起伏形态，将盆地划分为"一隆三坳一斜坡"五个一级构造单元，即西部坳陷、东部坳陷、南部坳陷、中部隆起及通古楼阶状斜坡（图 15-28），并细分为 4 个凸起和 8 个凹陷（表 15-12）。

巴彦浩特盆地处于阿拉善地块与华北地台西缘的结合部位，大致以中部隆起带为界，东部隶属于华北地台西缘，在古元古界变质基底上沉积了中—新元古界、下古生界寒武系—奥陶系和上古生界石炭系—二叠系巨厚的沉积地层；西部隶属于阿拉善地块，古元古界变质基底长期处于隆升状态，缺失古生界，区内钻探的巴参 1 井上侏罗统芬芳河组直接覆盖于古元古界乌拉山群变质结晶基底之上。直到晚侏罗世才断陷接受沉积，是一个晚侏罗世的断陷。

勘探早期认为，南部坳陷属于走廊过渡带下古生界褶皱变质基底（汤锡元等，1990），2000 年中国石化河南油田钻探的巴参 3 井揭示该区仍然属于华北地台，下古生界寒武系—奥陶系并未变质。

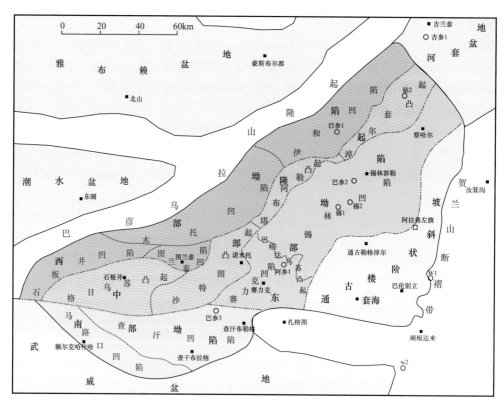

图 15-28 巴彦浩特盆地构造单元划分图

表 15-12 巴彦浩特盆地构造单元划分表

| 构造单元名称 | | 面积 / km² | 基岩埋藏深度 /m | | 中生界以下地层 |
| --- | --- | --- | --- | --- | --- |
| | | | 最大 | 最小 | |
| 西部坳陷 | 伊和凹陷 | 1700 | 6200 | | Pt₁—AR |
| | 木托凹陷 | 1100 | 5400 | | Pt₁—AR |
| | 图兰泰凹陷 | 428 | 5000 | | Pt₁—AR |
| | 石板井凹陷 | 1100 | 1800 | | Pt₁—AR |
| 东部坳陷 | 锡林凹陷 | 2526 | 4000（C 底） | | C、O、€ |
| | 赛力克凹陷 | 1038 | 3900（C 底） | | P、O、€ |
| 南部坳陷 | 查汗凹陷 | 1584 | 4000（C 底） | | P、O |
| | 马路口凹陷 | 1162 | 3200（C 底） | | P、O |
| 中部隆起 | 漳尔套凸起 | 1036 | | 366（Pt₁—AR） | |
| | 塔布阿勒凸起 | 954 | | 1500（Pt₁—AR） | |
| | 沙特图凸起 | 1574 | | 1500（PT—AR） | C |
| | 格日乌苏凸起 | 950 | | 500（PT—AR） | C |
| 通古楼阶状斜坡 | | 2848 | | | O、€ |

勘探目的层石炭系—二叠系主要分布在东部坳陷、南部坳陷和中部隆起区，通古楼阶状斜坡区大部分被剥蚀，仅在局部残留。

石炭系主要分布在东部坳陷区，根据2015—2016年新采集的二维地震资料综合解释，北部以巴参2井为中心的锡林凹陷和南部阿参1井区的赛力克凹陷石炭系残留厚度最大，分布最为连续。

1）锡林凹陷

锡林凹陷位于东部坳陷北部，东侧以巴彦浩特断裂与通古楼阶状斜坡为界，中生界由东向西逐渐增厚；在锡林断层以西，中生界向西侧中央隆起带超覆减薄。

石炭系是一个残留凹陷，分布于锡林逆断层以西（下盘），西薄东厚，顶部被消截，是印支期挤压作用下被逆断层切割的斜向单斜，倾向约120°，厚度大于700m的面积约521km$^2$，后期整体沉降后被中生界掩埋。

2）赛力克凹陷

赛力克凹陷位于东部坳陷南部，与锡林凹陷以斜坡相接。石炭系—二叠系残留凹陷分布于阿参1井区，厚度大于500m面积约100km$^2$，四周被印支期逆断层围限。

2. 断裂系统

巴彦浩特盆地经历了多期构造运动，断裂极为发育，中生界以上主要是燕山期以来的正断层，除边界断裂外，规模小、数量少；中生界以下主要是加里东期和印支期形成的逆断层，规模大、数量众多（图15-29），受此类断裂切割和控制，古生界多发生褶皱、冲断形成复杂的断块和褶皱变形构造。根据断裂级别和对盆地的控制作用，可分为盆缘断裂和盆内断裂两类。

1）盆缘断裂

（1）巴彦乌拉山山前断裂。顺延于巴彦乌拉山山前，是一支隐伏基底大断裂，长340km。地震资料反映为张性正断层，倾向南或东南，倾角50°～70°，上陡下缓，并有分支断层伴生，剖面有时呈"Y"字形。基岩面断距在伊和凹陷最大，可达7000m，一般4000～6000m，平移距2000～4000m，重、磁力资料也有明显梯度异常，是一支形成期早的继承性断裂。

（2）贺兰山山前断裂。沿贺兰山西麓呈南北向延伸，向南与龙首山—青铜峡—固原断裂相交，北段被第四系覆盖，长度大于100km。该断裂具反转性质，燕山早期为冲断层，在阿拉善左旗南寺见中元古界白云岩、石英岩向西逆冲于石炭系—二叠系碎屑岩之上，沿该断裂还分布有构造片岩、千枚岩、碎裂岩及挤压劈理和片理；晚期此断裂变为张性，可见构造角砾岩，断面西倾，倾角75°。该断裂控制了盆地的东部边界（汤锡元等，1990）。

（3）马路口断裂。位于马路口凹陷南缘，重力为一北西向的梯度异常带，长度大于60km，西北端与查汗断裂相接。地震剖面（87～128测线）反映为一北倾正断层，断距500m左右，是控制盆地西南缘的边界断层。

2）盆地内断裂

（1）巴彦浩特断裂：顺延于阿拉善左旗南北向公路，长达40km以上，为一隐伏性断裂。地震剖面反映为一西倾正断层，倾角50°～70°，断距500～700m。

（2）锡林断裂：是一隐伏断裂，位于巴参2井以东，呈向西凸出的弧形，东倾逆断层，倾角较陡（50°～70°），断距500～1000m，长123km。形成于加里东晚期，印支期进一步活动，燕山期反转呈张性，形成顶部分支正断层。该断裂控制着东部坳陷石炭系分布，断裂以东石炭系缺失，如锡2井，下白垩统和奥陶系直接接触。

（3）伊南断裂：是伊和凹陷东南缘之边界断裂，和巴彦乌拉山山前断裂相向倾斜，期间形成地堑，但断裂规模要小，长35km。基岩面断距最大约3500m，向上变小，至渐新统消失。

（4）查汗断裂：是一隐伏断裂，分隔南部坳陷与其他构造单元。经查汗布勒格村以北，呈东西向横过盆地腹部腾格里沙漠，长达200km。重力异常图上显示明显的梯度带。地震剖面（87～158测线）反映为南倾正断层，倾角50°～70°，断距500～1500m，仅断开上古生界以下地层。形成于加里东晚期，以压扭为特征，燕山期则转为张性。

（5）咀头湖北断裂：地震剖面（87～128测线）反映为南倾正断层，倾角45°～55°，断距800m，断层上古生界延入基底，是马路口、查汗两凹陷的分界断层。

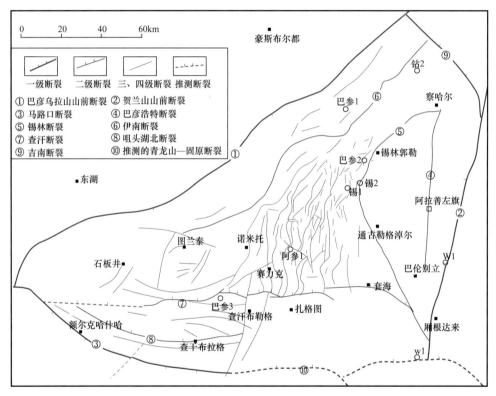

图15-29 巴彦浩特盆地断裂系统图

3.构造演化历史

纵观地质发展史，巴彦浩特盆地经历了多次构造运动与地层形变，其形成与演化大体可划分六个阶段。

1）太古代—古元古代结晶基底形成阶段

盆地结晶基底的形成，经历了阜平、五台、吕梁等多次构造运动，遭受了多期花岗岩化、混合岩化和复杂的脆塑性形变，并伴有岩浆侵入活动，而后形成由一套深变质的绿岩带和花岗质岩系等岩石组成的结晶基底。如贺兰山北段及巴彦乌拉山出露的中深变质岩——黑云片麻岩、变粒岩及各种大理岩、石英岩等，盆地内巴参1井钻遇这套岩层。该基底可与华北陆块太古宇河口群、阜平群和古元古界五台群、滹沱群结晶基底对比，表明本区陆核与华北陆核基本一致。

2）元古宇—古生界浅海台地阶段

中元古界晚期的长城纪—中奥陶世，巴彦浩特盆地及毗邻的贺兰山区虽经历过数次构造沉降与抬升剥蚀，但总体上是一个向南濒临秦岭—祁连大洋的浅海台地。中元古界长城系黄旗口组—蓟县系王全口组沉积时期，本区所处阿拉善地块与鄂尔多斯地块连为一体，是一个缓慢沉降的大陆台地，沉积了一套滨浅海相的碎屑岩和潮坪相的碳酸盐岩，沉积边界大致位于巴参1井以东中部隆起区。蓟县运动后隆升为陆，缺失了青白口系。

新元古代震旦系受控于全球气候变化和海平面升降，有规律的沉积了一套底部为冰碛砾岩，向上变为较深水泥质岩，顶部再次受到冰水环境影响的含砾粉砂岩，沉积中心位于阿参1井一侧，显示出一定的裂陷特征，为本区初始裂陷阶段。

寒武纪—中奥陶世阿拉善地块与鄂尔多斯地块尚未分离，巴彦浩特盆地与邻区均为浅海碳酸盐岩台地，台地的西部边界在巴参1井以东的中部隆起区一带。

3）中—晚奥陶世弧后裂谷阶段

中奥陶世晚期（樱桃沟组沉积期或米钵山组沉积期），北祁连弧前小洋盆俯冲在阿拉善地体之下形成北祁连火山岛弧和弧前增生楔，在弧后的走廊过渡带和贺兰地区拉张而形成弧后盆地。沉积了一套巨厚的深水—半深水类复理石相砂质泥岩夹斜坡相角砾岩。晚奥陶世，海水由北向南退出。加里东晚期构造抬升，该区与华北地台一起缺失志留系—泥盆系沉积，奥陶系不同程度被剥蚀，如阿参1井中—上奥陶统全被剥蚀，仅保留下奥陶统前中梁子组（相当于亮甲山组）下部及以下地层，而巴参2井尚有中奥陶统上部的樱桃沟组残留。

4）晚古生代海陆交互相断陷盆地阶段

早石炭世，由于祁连造山带碰撞造山挤压应力的衰减和消亡，在造山带后缘走廊过渡带构造回弹，形成造山后的拉张伸展，开始再次断陷沉降，沉积了一套海陆交互相的含煤系地层。受骡子山隆起控制，盆地南北两侧沉积差异较大，北侧巴参2井所在的锡林凹陷石炭系沉积较全，臭牛沟组—羊虎沟组均有分布，石炭系沉积厚度达800m以上，南侧阿参1井所在锡林凹陷和巴参3井所在的南部坳陷缺失石炭系下部臭牛沟组与靖远组，仅发育羊虎沟组和太原组、山西组，上古生界厚度不足700m。晚石炭世最晚期海水与东部鄂尔多斯地区连通，整体演变为大华北坳陷型盆地。

二叠纪晚期，海水退出巴彦浩特盆地，沉积了陆相的河湖沉积，仅在盆地东缘及南缘有零星的分布，盆地内巴参3、阿参1井钻遇该套地层。

海西—印支运动，本区发生强烈褶皱冲断变形，盆地南部边缘伴生岩浆侵入及喷发，全区上升隆起，古生界遭受强烈剥蚀和变形改造。

5）中生代重新断陷活动阶段

进入中生代，受燕山运动第一幕影响，在东部形成大量高角度冲断层及推覆构造，构成贺兰山冲断隆起；在贺兰山以西地区，则形成巴彦浩特断陷盆地，沉积了侏罗系—白垩系巨厚（2000多米）的红色碎屑岩层。由于盆地断陷强度、沉降幅度不同，表现为西强东弱、西厚东薄的沉积特征，形成盆地"三坳一隆一斜坡"的基本格局。

早白垩世以后，盆地再度全面隆起，缺失上白垩统和古新统、始新统。

6）新生界整体坳陷沉降

渐新世后，盆地又整体沉降，接受了厚约500m的干旱河湖相红色碎屑岩沉积。南部边缘剖面上有明显挤压与冲断，局部有喜马拉雅期岩浆侵入和喷发活动。至此，盆地中生代形成的隆起与坳陷面貌已不复存在。

综上所述，巴彦浩特盆地的形成和发展，经历了元古宙—古生代浅海台地、中—晚奥陶世弧后裂谷、晚古生代海陆交互相断陷盆地、中生代重新断陷和新生代整体坳陷沉降6个发展阶段。

## 四、沉积相

1. 早古生代寒武纪—奥陶纪

早古生代寒武纪—奥陶纪，本区处于华北地台陆表海西缘，邻近阿拉善古陆，沉积环境总体表现为开阔海台地—潮坪环境（图15-30），岩性以石灰岩为主。

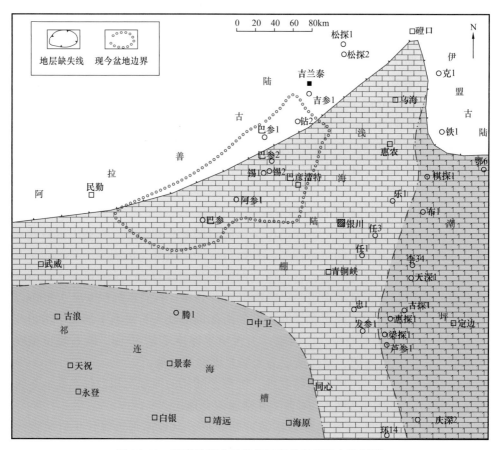

图15-30　巴彦浩特盆地及邻区寒武纪岩相古地理图

2. 晚古生代石炭纪—二叠纪

晚古生代石炭纪时，本区受主干断裂控制，呈现出垒堑相间的地貌特征，地堑区沉积厚度大，地层发育全；地垒区沉积厚度薄，往往缺失石炭系下部地层。印支期由于构造抬升上古生界顶部地层不同程度被剥蚀。

早石炭世，巴彦浩特地区西、北部被阿拉善古陆围限，东部被鄂尔多斯西缘古隆起阻挡，南部受骡子山古隆起分隔，沉积区被限定在一个北东—南西向展布的狭长海湾内。

臭牛沟组沉积时，海水由西南方向的祁连浅海侵入，经由巴参2井向北东方向沉积范围逐渐扩大。早期以海湾潟湖沉积为特征，岩性以灰黑色泥岩与泥灰岩互层为主，夹碳质泥岩、薄煤线和砂质泥岩；晚期以浅水台地相石灰岩为主，富含珊瑚、腕足及蜓类和有孔虫化石。民勤毛山陆源碎屑供给充足，以扇三角洲沉积为特征，发育巨厚层的砂岩、砂砾岩，夹颗粒石灰岩。

到靖远组沉积时海水已经波及乌达和呼鲁斯太地区。早期以滨海沼泽沉积环境为主，在巴参2、锡1井见到多套薄煤层。晚期逐渐变为海湾潟湖、潮坪和滨浅海相，纵向上构成多个由碳酸盐岩台地—潟湖泥岩—潮道砂或砂泥坪反复叠置的旋回。在乌达和呼鲁斯太地区则三角洲沉积体系最为发育，夹有海湾—潟湖、浅海石灰岩丘等沉积体系（图15-31）。并形成骡子山古隆起，从而限定了早石炭世晚期—晚石炭世早期沉积格局。

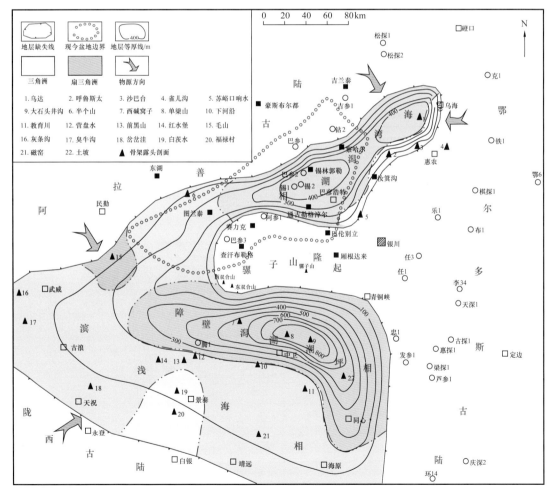

图15-31 巴彦浩特盆地及邻区石炭纪靖远组沉积期岩相古地理图

晚石炭世羊虎沟组沉积期，海域范围进一步扩大，三角洲沉积体系更加发育（图15-32），砂岩粒度较靖远组变粗，以中粗粒、含砾石英砂岩、岩屑石英砂岩为主。到羊虎沟组沉积晚期（相当于晋祠段），骡子山隆起和鄂尔多斯西缘古隆起均被海水侵没，祁连海域与东部华北海域最终贯通，垒堑相间的断陷格局不复存在，统一的大华北陆表海形成，表现为早二叠世太原组沉积时的整体坳陷沉降。太原组沉积早期，断垒相间古地貌格局基本消失，古地形趋于平坦，一个统一的大华北盆地再次形成。此时，古气候湿润，植被茂盛，滨海沼泽平原环境最为发育，也是该区主要的产煤期。

山西组沉积古地形趋于平缓，仅在盆地南部残留有三角洲平原沉积，岩性以分流间湾和淡水湖泊灰色、深灰色泥岩为主，夹分流河道砂岩。

石盒子组沉积时周边造山活动强烈，物源供给充足，以河流沉积为主，岩性以中—粗粒、含砾长石石英砂岩为主，夹有灰色、深灰色泥岩和薄层碳质泥岩。

总体上，石炭系—二叠系沉积表现为海水由西南方向侵入，从早到晚沉积范围逐渐扩大，沉积环境由臭牛沟组沉积期的海相环境，逐渐演变为靖远组—羊虎沟组沉积期的海陆交互相，到山西组沉积时海水退出本区，转变为陆相沉积环境。

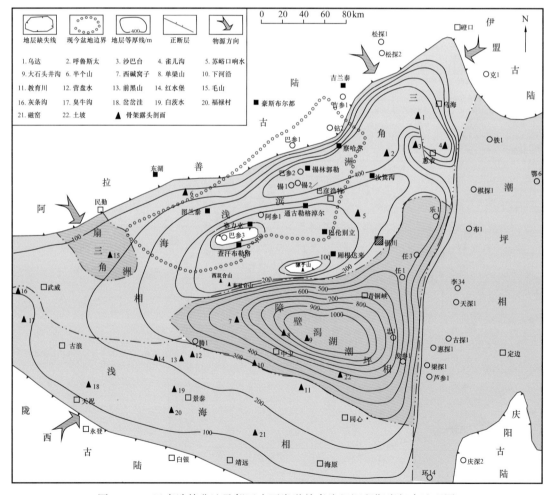

图 15-32　巴彦浩特盆地及邻区晚石炭世羊虎沟组沉积期岩相古地理图

3. 中生代侏罗纪—白垩纪

中侏罗统直罗组仅在巴参2井发现（2777～2842m），岩性为含砾砂岩、粉细砂岩夹绿灰、黑灰色泥岩及煤层。砂岩厚层呈块状。粉细砂岩具平行纹理，层理有丰富的镁绿泥石、菱铁矿、炭屑等。泥质岩呈灰绿色，见植物根和网状白色方解石脉，并含有丰富的开口轮藻、达尔文介、季米里亚介等化石。为低洼区温湿沼泽沉积。

上侏罗统芬芳河组以棕褐色泥岩、砂质泥岩夹浅灰绿色粉细粒混合砂岩，底部为含砾砂岩和砾岩。为干旱环境下冲积扇、河流和滨浅湖相交互沉积。

下白垩统底部以冲积扇、河流相棕红色砂砾岩为主，中上部变为间歇性湖泊和旱三角洲相。干旱间歇性湖泊相岩性以棕、棕红、灰、灰绿色砂岩、粉砂岩、泥岩互层，偶见泥灰岩、石灰岩薄夹层。该相带有丰富的轮藻、介形虫化石，并见瓣鳃类等生物碎片。旱三角洲岩性主要由棕红、灰褐色与浅棕、灰黄色中细砂岩、不等粒砂岩的互层组成，具有底部多为泥岩，向上砂岩增多，岩性变粗和前积结构的特点。

4. 新生代古近纪

古近系下部为棕红色块状含砾混合砂岩，向中、上部变细为棕红色中—细粒岩屑质长石砂岩与浅棕红、棕黄色泥质粉砂岩、砂质泥岩的互层夹数层石膏，是一套干旱环境下以冲积扇、河流相为主，夹间歇性滨浅湖相的沉积。盆地6口井均钻遇古近系渐新统，厚522～607m，厚度基本一致，表明巴彦浩特地区已经成为一个统一、稳定的坳陷盆地，差异活动基本停止。

# 五、烃源岩

本区上古生界石炭系—二叠系煤层、碳质泥岩和暗色泥岩组成的煤系地层是主要的烃源岩层，广泛分布于靖远组、羊虎沟组、太原组和山西组中，臭牛沟组也有一定的分布。其中煤层厚15～33m，暗色泥岩（包括碳质泥岩）厚度较大，可达300～650m（图15-33），占地层总厚度的40%～60%，如巴参2、锡1和阿参1井暗色泥岩厚度分别为614.4m、311.0m和332.8m，占地层总厚度的55.4%、44.3%和50.3%。

1. 有机质丰度

煤层是最重要的烃源岩层，有机质丰度高，TOC含量一般为42%～82%（表15-13），平均值为62.28%，氯仿沥青"A"含量为0.5445%～3.2270%，平均值为1.8133%。

除煤层外，本区暗色泥岩有机质丰度也比较高，TOC含量为0.12%～6.2%（表15-13），平均值为2.44%；氯仿沥青"A"含量为0.0025%～0.2217%，平均值为0.0675%。

碳质泥岩有机碳含量高于一般的暗色泥岩，其生烃指标也远远优于一般泥岩。TOC含量为5.56%～43.42%，平均值为14.36%；氯仿沥青"A"含量为0.0458%～0.8320%，平均值为0.3138%。

从已钻4口探井情况来看，巴彦浩特盆地煤系烃源岩有机质丰度高，达到好烃源岩级别。

2. 有机质类型

多数样品由于热演化程度较高的原因（$R_o$为0.8%～1.3%），利用有机质元素分析、热解等资料划分有机质类型存在一定的困难（图15-34），因此主要依据干酪根镜检判断，有机质类型以Ⅲ和Ⅱ$_2$型为主，含少量Ⅱ$_1$型。

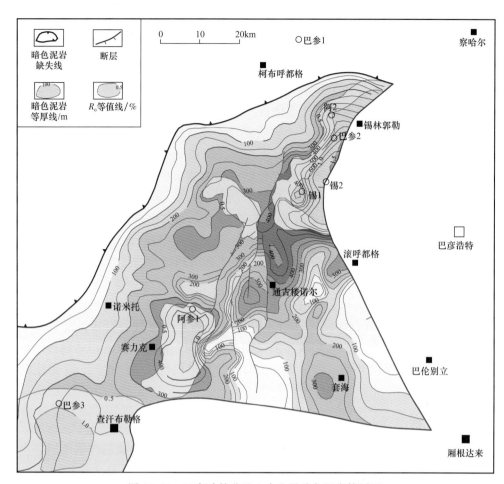

图 15-33　巴彦浩特盆地上古生界暗色泥岩等厚图

表 15-13　巴彦浩特盆地上古生界煤系烃源岩有机质丰度表

| 岩性 | 层位 | 井名 | 有机碳 /% | 氯仿沥青 "A" /% | $S_1+S_2$/（mg/g） |
|---|---|---|---|---|---|
| 暗色泥岩 | 石盒子组 | 阿参 1 | $\dfrac{2.09\sim4.3}{3.19\,（3）}$ | $\dfrac{0.0283\sim0.0516}{0.0379\,（3）}$ | $\dfrac{1.78\sim2.24}{2.02\,（3）}$ |
| | 山西组 | 阿参 1 | $\dfrac{0.12\sim4.75}{1.84\,（7）}$ | $\dfrac{0.0025\sim0.0891}{0.0247\,（4）}$ | $\dfrac{0.04\sim5.64}{1.49\,（7）}$ |
| | 太原组 | 阿参 1 | $\dfrac{0.14\sim6.2}{2.76\,（30）}$ | $\dfrac{0.0300\sim0.1280}{0.0784\,（5）}$ | $\dfrac{0.08\sim8.49}{3.24\,（8）}$ |
| | | 巴参 3 | $\dfrac{0.55\sim3.47}{1.73\,（7）}$ | — | $\dfrac{0.69\sim2.56}{1.14\,（6）}$ |
| | 羊虎沟组 | 巴参 2 | $\dfrac{1.51\sim4.76}{2.96\,（18）}$ | $\dfrac{0.0189\sim0.0999}{0.0606\,（17）}$ | $\dfrac{0.97\sim11.22}{3.27\,（12）}$ |
| | | 阿参 1 | $\dfrac{0.47\sim5.63}{1.79\,（35）}$ | $\dfrac{0.0304\sim0.1043}{0.0551\,（5）}$ | $\dfrac{0.04\sim11.22}{2.80\,（27）}$ |

| 岩性 | 层位 | 井名 | 有机碳 /% | 氯仿沥青 "A" /% | $S_1+S_2/$（mg/g） |
|------|------|------|-----------|----------------|------------------|
| 暗色泥岩 | 靖远组 | 巴参 2 | $\dfrac{1.15\sim5.81}{3.11（14）}$ | $\dfrac{0.0203\sim0.2251}{0.1018（13）}$ | $\dfrac{1.5\sim3.15}{2.18（3）}$ |
| | | 锡 1 | $\dfrac{1.61\sim5.16}{2.97（12）}$ | $\dfrac{0.0243\sim0.0896}{0.0558（8）}$ | $\dfrac{0.6\sim3.03}{1.6（5）}$ |
| | 臭牛沟组 | 巴参 2 | $\dfrac{0.40\sim5.14}{2.08（8）}$ | $\dfrac{0.0132\sim0.2217}{0.0946（8）}$ | $\dfrac{0.32\sim0.67}{0.47（5）}$ |
| | | 锡 1 | $\dfrac{0.99\sim1.65}{1.32（2）}$ | $\dfrac{0.0158\sim0.0281}{0.0219（2）}$ | $\dfrac{0.31\sim0.52}{0.41（2）}$ |
| 碳质泥岩 | 山西组 | 阿参 1 | $\dfrac{13.43\sim21.22}{17.32（2）}$ | $\dfrac{0.0542\sim0.6444}{0.3493（2）}$ | $\dfrac{6.27\sim71.42}{38.84（2）}$ |
| | 太原组 | 阿参 1 | $\dfrac{7.22\sim38.84}{15.78（11）}$ | $\dfrac{0.0458\sim0.5710}{0.2477（4）}$ | $\dfrac{5.92\sim126.4}{37.11（6）}$ |
| | | 巴参 3 | $\dfrac{9.11\sim43.42}{21.94（3）}$ | — | — |
| | 羊虎沟组 | 阿参 1 | $\dfrac{5.56\sim30.40}{14.55（13）}$ | $\dfrac{0.0630\sim0.8320}{0.4690（4）}$ | $\dfrac{9.19\sim80.48}{30.82（6）}$ |
| | | 巴参 2 | $\dfrac{6.62\sim13.86}{10.64（4）}$ | $\dfrac{0.1456\sim0.736}{0.3587（4）}$ | 9.64 |
| | 靖远组 | 巴参 2 | $\dfrac{9.72\sim15.34}{12.65（3）}$ | $\dfrac{0.293\sim0.5362}{0.4146（2）}$ | 11.48（1） |
| | | 锡 1 | $\dfrac{6.11\sim6.75}{6.39（3）}$ | $\dfrac{0.0817\sim0.1403}{0.1108（3）}$ | — |
| | 臭牛沟组 | 巴参 2 | $\dfrac{12.22\sim12.47}{12.35（2）}$ | 0.1147（1） | — |
| 煤层 | 太原组 | 阿参 1 | $\dfrac{44.90\sim80.37}{62.70（20）}$ | $\dfrac{1.0360\sim3.2270}{1.7814（8）}$ | $\dfrac{126.58\sim252.66}{195.16（7）}$ |
| | 羊虎沟组 | 巴参 2 | $\dfrac{52.6\sim67.7}{62.08（3）}$ | — | — |
| | | 阿参 1 | $\dfrac{42.27\sim81.91}{61.59（9）}$ | $\dfrac{2.5540\sim2.7320}{2.6430（2）}$ | $\dfrac{256.27\sim264.39}{259.26（3）}$ |
| | 靖远组 | 巴参 2 | $\dfrac{65.25\sim69.2}{67.9（3）}$ | $\dfrac{1.569\sim2.766}{2.1675（2）}$ | — |
| | | 锡 1 | $\dfrac{45.57\sim60.9}{53.23（2）}$ | $\dfrac{0.5445\sim0.9699}{0.7572（2）}$ | — |

注：$\dfrac{最小值\sim最大值}{平均值（样品数）}$。

3.有机质成熟度

根据巴参2、巴参3、锡1和阿参1井4口井的数据，现今石炭系—二叠系镜质组反射率在0.5%～1.3%之间（图15-35），达到低成熟—成熟阶段。局部受岩浆热活动影响，热成熟度增加，如锡1井辉长岩侵入体周围$R_o$最大可以达到2.3%，纵向上侵入体影响范围可达其厚度的2倍。

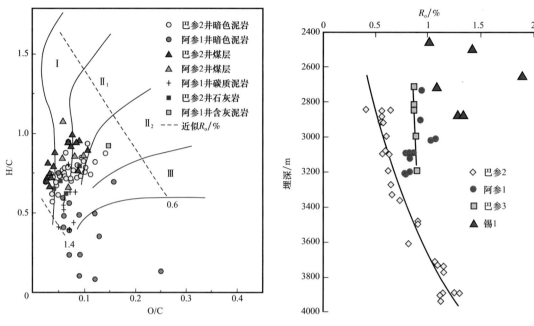

图15-34　巴彦浩特盆地上古生界烃源岩 H/C—O/C
元素比

图15-35　巴彦浩特盆地镜质组反射率随埋深
关系图

盆地地温梯度南高北低，导致生烃门限深度南北差异较大，北部巴参2井生烃门限深度在2800m左右，而南部阿参1、巴参3井门限深度在2600m左右。

4.有利生油区分布

石炭系—二叠系暗色泥岩和镜质组反射率叠合图显示，成熟烃源岩区主要分布于东部坳陷的锡林凹陷和赛力克凹陷，面积分别为379km$^2$和260km$^2$（图15-33）。南部坳陷勘探程度低，成熟烃源岩分布落实程度低。

## 六、储层

上古生界发育的滨海浅滩、三角洲分流河道、河口沙坝、潮道和堡坝砂体为主要储集岩。盆地内探井钻遇砂岩厚度142.5～344.84m，砂/地比20%～30%，单层厚度1～5m，局部层段厚达10～22m；碳酸盐岩物性差，储层不发育。砂岩储层主要分布在石炭系中上部靖远组、羊虎沟组以及二叠系太原组、山西组、石盒子组。储层岩性为石英砂岩、岩屑石英砂岩和长石石英砂岩等。

储层孔隙类型为溶孔（粒间溶孔和粒内溶孔）、原生粒间孔、晶间孔和微孔。储层物性分析孔隙度3.24%～13.25%，平均值为8.85%，渗透率0.04～23.86mD，平均值为2.86mD，除砂岩原始成分和粒度外，储层物性主要受埋深影响，北部地区埋深在3300m

以浅储层物性相对较好，如巴参 2 井羊虎沟组孔隙度 12.51%，渗透率 11.2mD；锡 1 井靖远组孔隙度 12.51%，渗透率 11.2mD。3300m 以深储层物性变差，如巴参 2 井靖远组孔隙度 9.4%，渗透率 0.58mD。南部地区埋深在 2800m 以浅储层物性较好，如阿参 1 井石盒子组孔隙度 13.15%，渗透率 10.34mD，2800m 以深储层物性变差，如阿参 1 井山西组、太原组和羊虎沟组孔隙度一般小于 9%，渗透率小于 1mD。总体上古生界储层以低孔低渗为主，个别层段和地区发育高孔高渗储层。

## 七、盖层

石炭系—二叠系泥质岩类发育，分布面积较广，既是有效的烃源岩层，也是良好的盖层。巴参 2 井羊虎沟组泥岩在饱和煤油时气体突破压力为 10～14MPa，阿参 1 井太原组泥质粉砂岩在饱和煤油时气体突破压力为 49～52.8MPa，具有很强的封盖能力（表 15-14）。

表 15-14　巴彦浩特盆地泥岩盖层封盖能力试验数据表

| 井号 | 层位 | 井深 / m | 岩性 | 岩样长度 / mm | 岩样直径 / mm | 孔隙度 / % | 渗透率 / mD | 饱和煤油 | | 饱和盐水 | |
|---|---|---|---|---|---|---|---|---|---|---|---|
| | | | | | | | | 突破压力 / MPa | 突破时间 / min | 突破压力 / MPa | 突破时间 / min |
| 巴参 2 | 羊虎沟组 | 2138.2 | 黑色泥岩 | 34.5 | 24.85 | 0.57 | $1.8 \times 10^{-6}$ | 14.7 | 24 小时未突破 | | 48 小时未突破 |
| | | 3211.5 | | 34.4 | 24.9 | 1.34 | $6.9 \times 10^{-6}$ | 14.7 | 1200 | | |
| | 臭牛沟组 | 3894.0 | 灰黑色钙质泥岩 | 31.2 | 24.9 | 0.92 | $1.7 \times 10^{-4}$ | 14.0 | 630 | 14.0 | |
| | | | | 34.25 | 24.8 | 0.79 | $4.8 \times 10^{-5}$ | 10.0 | 20 | 14.0 | |
| 阿参 1 | 太原组 | 3079.93 | 灰黑色泥质粉砂岩 | 10.0 | 24.9 | | | 49.0 | | | |
| | | 3186.42 | | 10.0 | 24.9 | | | 52.8 | | | |
| | | 3191.9 | | 10.0 | 24.9 | | | 50.3 | | | |

侏罗系则以杂色泥岩厚度数十米至 400m，在盆地南部和西部最为发育，是一套区域性的盖层。侏罗系泥质岩富含碎屑，结构相对疏松，埋藏深度相对较浅（一般小于 2200m），成岩作用相对较弱。诚然未进行专门盖层分析，但相比石炭系羊虎沟组的封闭性要差。

## 八、区块评价

由于印支期的构造抬升，上古生界烃源岩热演化过程被中断，晚侏罗世以后经历了持续的埋藏，有机质成熟度不断提高，现今仍处于大量生油阶段。但烃源岩母质类型主要为 Ⅲ 型，生油能力弱，生气高峰阶段尚未达到。这就造成了该盆地油气资源生成量有限，油气充注程度低，如巴参 2 井和阿参 1 井上古生界多个层段的砂岩储层见到油迹、油斑显示，取心岩心油味重，荧光薄片也可以见到充填孔隙的原油，但试油气普遍为水层，少数为干层，阿参 1 井仅 1 个层位点火闪燃，火长仅 0.1～0.2cm。

虽然局部有燕山期侵入岩体，如锡1、巴参3井有晚白垩世辉绿岩侵入到石炭系—二叠系中，但侵入岩体引起的热异常范围有限，盆地总体上在晚侏罗世以后处于正常地温梯度（2.7～3.0℃/100m），只有埋深较大的深洼陷区才能达到生烃门限，故成熟烃源岩主要分布于锡林凹陷和赛力克凹陷的核心区。这些区域由于烃源岩成熟期晚，运移聚集时间短，运移范围和距离有限，油气优先充注于与烃源岩邻近的砂岩储层中，在锡林凹陷和赛力克凹陷的凹中低隆区因处于生烃凹陷的相对高部位而具有形成构造—岩性油气藏的优势，有可能发现工业价值的油气藏。

在远离锡林凹陷和赛力克凹陷上古生界埋深较大的核心区，多是一些构造复杂区，后期断裂活动频繁，油气保存条件较差；再加上这些地区埋深较浅，均未达到生烃门限，原地的生油层不能有效生烃，这就使得油气成藏的概率大大降低。

综上所述，巴彦浩特盆地虽然上古生界石炭系—二叠系煤系地层厚度大、有机质丰度高，但母质类型和热演化程度决定了该区油气生成量有限，这大大降低了油气勘探发现的概率。

# 第三节　渭河盆地

渭河盆地位于东经107°10′～110°20′，北纬34°10′～35°10′，北至麟游西崛山、淳化嵯峨山、耀州区、铜川、白水、合阳奥陶系组成的山地，西端为宝鸡峡谷地带，南抵秦岭北麓，习惯上东以黄河为界，东西长约400km，南北宽35～70km，面积约$2×10^4km^2$（图15-36）。渭河盆地属于新生代断陷盆地，钻探和地震资料揭示盆地内新生界厚7000m，主要为一套红色碎屑沉积，仅上新统张家坡组出现较厚的深灰色、绿灰色层系。

根据地热井含气显示和地球化学资料，上新统张家坡组是生物气的主要产层，甲烷碳同位素为-62.7‰～-65.0‰；中新统灞河组和高陵群是地热水的主要产层，伴生少量甲烷气体和氦气，地球化学特征显示甲烷气体有煤型气特征（刘建朝等，2014；李玉宏等，2013）。

## 一、勘探历程

早期勘探（1960—1975年）全部由地质部第三石油普查大队完成，2005年以后油气勘探主要由长庆油田完成，西安地质调查中心开展氦气普查完成了少量实物工作。

20世纪60—70年代，第三石油普查大队在渭河盆地开展了两轮石油普查工作，共钻探井28口，进尺62850.72m，其中深度大于2000m的井15口，井深最大的渭深10井达5217.71m。共完成地震反射剖面4539.1km（现已全部废弃）。同时，还系统地进行了地面地质、电法、重力、航磁的普查，完成了1∶20万重力测量和航空磁测工作，对周边地质进行了1∶20万地质填图。这一时期的工作基本查明了盆地基底性质、盖层发育特征、盆地范围和构造单元轮廓，对盆地二级构造、局部构造、断层的分布等，有了较为详细的了解。截至2018年底，长庆油田在渭河盆地完钻探井3口，进尺12265m，完成了CEMP测线957.6km，二维地震1166.84km，三维MT、重力勘探2563km²（表15-15）。西安地质调查中心以氦气、油气综合调查为目的，于2013年完成了南北向

2条地球物理大剖面102km，综合投入二维地震、重力、磁法、大地电磁测深和油气化探5种方法；2014—2017年又陆续完成CEMP测线8条536km（表15-15）。这些工作的开展，进一步查明了渭河盆地构造格局和地层分布规律。

另外，20世纪90年代以来渭河盆地地热资源得到了充分的利用，在地热水开采中，发现普遍含有甲烷气和氦气，特别是氦气含量占到气组分的0.1%以上，达到了工业分离的标准，成为与甲烷气伴生的另一种具有工业价值的天然气资源（薛华锋等，2004；卢进才等，2005；李玉宏等，2011，2016）。

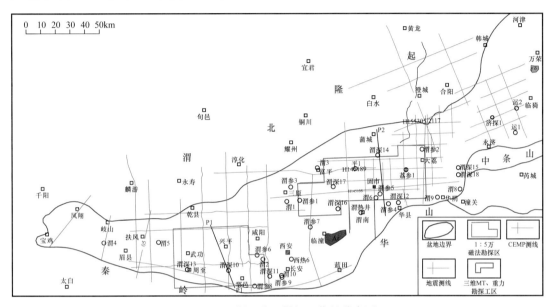

图 15-36　渭河盆地勘探工作量分布图

表 15-15　渭河盆地油气勘探工作量统计表

| 工作量 | | 早期勘探阶段 | | | 2005—2017 年 | | | 合计 |
|---|---|---|---|---|---|---|---|---|
| | | 1960—1968 年 | 1971—1976 年 | 小计 | 长庆油田 | 西安地质调查中心 | 小计 | |
| 重力 | | 1：50 万概查 1：20 万普查 | — | 1：50 万概查 1：20 万普查 | — | — | — | |
| 磁法 | | | | | — | 武功—鄠邑 1：5 万 | — | |
| 二维地震 /km | | 1993 | 2546.1 | 4539.1 | 1166.8 | 102 | 1268.8 | 1268.8 （早期测线废弃） |
| CEMP/km | | — | — | — | 957.6 | 536 | 1493.6 | 1493.6 |
| 三维 MT、重力 / km² | | — | — | — | 2563 | — | 2563 | 2563 |
| 钻井 | 井数 / 口 | 17 | 11 | 28 | 3 | — | 2 | 30 |
| | 进尺 /m | 28960.1 | 36748.1 | 65708.2 | 12265 | — | 12265 | 77973.2 |

## 二、地层

渭河盆地为新生代断陷盆地，沉积盖层为古近系、新近系、第四系，沉积岩最厚7000m（表15-16）。自古近系始新统至第四系地层较全，整体特点为南厚北薄，自南而北，逐层超覆。固市、西安两个凹陷处于沉降及沉积中心，地层厚度最大。除上新统张家坡组发育较厚的深灰色、绿灰色泥岩外，主要为一套红色碎屑沉积，岩性横向变化很大，岩相复杂。根据渭参3、济探1和平1等井资料，前新生界沉积地层主要是中元古界长城系、下古生界寒武系—奥陶系，局部残留有二叠系。黄河以东的运城盆地是渭河盆地的东延部分，新生代以来地质结构和构造、沉积演化特征始终与渭河盆地保持一致，有关地层的论述参考了运城盆地的资料。

**表 15-16　渭河盆地地层及岩性简表**

| 地层 | | | | 厚度/m | 岩性概述 | 气显示情况 |
|---|---|---|---|---|---|---|
| 界 | 系 | 统 | 群/组 | | | |
| 新生界 | 第四系 | 全新统—中更新统 | 秦川群 | 126～749 | 黄灰、灰黄色粉砂质黏土，夹黄灰色砂、砾石层，顶部为黄土冲积层，底部为砂砾石层 | — |
| | | 下更新统 | 三门组 | 139～745 | 黄棕、黄褐色砂质黏土夹砂层或钙质黏土层，底部有砂砾层，含丰富的脊椎动物化石 | — |
| | 新近系 | 上新统 | 张家坡组 | 60.5～1400 | 灰绿色泥岩与粉砂质泥岩互层，夹灰白色砂岩、灰绿色砂岩、粉砂岩，底部常有花斑泥岩层或红色砂、泥岩层 | 生物气 |
| | | | 蓝田组 | 10～75 | 棕红色黏土，富含灰白色灰质结核，具海绵状结构，底部有厚薄不等的底砾岩 | — |
| | | 中新统 | 灞河组 | 227～989 | 黄棕、棕红、深褐色泥岩、粉砂质泥岩，与灰黄、灰白色中细砂岩互层，夹含砾砂岩，顶部夹灰黑、深绿色粉砂质泥岩薄层 | 水溶甲烷气及氦气显示 |
| | | | 高陵群 寇家村组 | 542～1457 | 黄棕、棕红、紫红色泥岩、粉砂质泥岩，与灰白、灰绿色砂岩互层，夹含砾粗砂岩、粉砂岩，泥岩中见灰质结核。下粗上细，底有砂砾岩层，是地震强反射界面 | |
| | | | 高陵群 冷水沟组 | | | |
| | 古近系 | 渐新统 | 白鹿塬组 | 96～785 | 上部为紫红、棕红色含砾泥岩、泥岩，夹灰色细砂岩；中部为灰色砂砾岩与棕红、紫红色泥岩互层；下部为棕红、紫红色泥岩，夹灰色砂砾岩 | 潜在含气层 |
| | | 始新统 | 红河组 | 200～820 | 中上部褐色砂砾岩与砂质泥岩互层，夹含砾泥质砂岩；下部灰褐色砾石层，夹泥岩透镜体 | — |
| 上古生界 | 二叠系 | 中统 | 石盒子组 | — | 紫棕色砂质、铁质泥岩与砂砾岩、砾状石英砂岩等厚或略等厚互层 | — |

| 地层 | | | | 厚度/ m | 岩性概述 | 气显示情况 |
|---|---|---|---|---|---|---|
| 界 | 系 | 统 | 群/组 | | | |
| 下古生界 | 寒武系—奥陶系 | | | 443～981 | 奥陶系主要由白云岩组成，寒武系三山组、朱砂洞组为白云岩，张夏组为鲕粒灰岩，徐庄组、毛庄组、馒头组为石灰岩、泥页岩 | — |
| 中元古界 | 长城系 | | | 430～600 | 中下部为浅红色、灰白色石英砂岩，夹砂质白云岩及薄层泥岩，上部为深灰色泥岩、灰绿色和杂色泥岩 | 潜在含气层 |
| 变质基底 | | | | — | 古元古界：暗绿色片岩、千枚岩、大理岩；太古宇：片麻岩、石英岩、混合岩 | — |

1. 前新生界

1）中元古界长城系

平1井和运城盆地济探1井钻遇，相当于洛南地区高山河组和中条山地区汝阳群，从上到下依次可划分出崔庄组和北大尖组。据济探1井崔庄组厚91.2m，中上部为灰绿色泥岩、杂色泥岩，厚68.2m，平1井该段厚72m未穿；底部23m为深灰色、灰黑色泥岩。与下伏北大尖组整合接触。

在中条山区，永济市陶家窑水幽剖面北大尖组厚270m，分上下两段，上段厚147m，以灰白、浅红、灰黄色中细粒石英砂岩为主，顶部见有厚层含硅质白云岩和薄层白云质砂岩，中部夹有紫红及灰色页岩；下段厚123m，上部以石英砂岩与灰色页岩互层，下部以石英岩状砂岩为主。济探1井北大尖组岩性组合特征与水幽剖面相似，上段厚105m，下段未穿，仅钻入78m。

2）下古生界寒武系—奥陶系

渭河盆地下古生界寒武系与下伏长城系平行不整合接触，奥陶系与寒武系整合接触，奥陶系—寒武系岩性特征与鄂尔多斯盆地一致，在此不再赘述。

3）上古生界二叠系

仅渭参3井钻遇，厚74.4m，岩性为紫棕色砂质、铁质泥岩与砂砾岩、砾状石英砂岩等厚或略等厚互层，平1、济探1等井均未钻遇，根据地震剖面显示渭河盆地前新生界主要是下古生界，上古生界残留的规律不明。

2. 新生界

1）古近系

渭河盆地钻至古近系的探井有荔参1、渭参3、渭深10、渭南中医学校地热井（简称渭热井），仅荔参1井钻穿古近系，厚1770m。结合地面露头资料，渭河盆地缺失古新统及始新统下部，发育始新统上部和渐新统，自下而上划为红河组、白鹿塬组，总厚500～2000m。

（1）始新统红河组：该组岩性组合以紫红色泥岩为特征，底部为灰褐色砾岩层和角砾岩层夹少量薄层泥岩透镜体，厚200～1110m。代表性剖面为蓝田县支家沟上游。骊山东麓戏河、陈刘沟和西麓的洪庆沟、韩峪沟都有分布。盆地内部见于固市凹陷的渭参

3 井和荔参 1 井，分别厚 393.5m 和 1090m。

红河组中发现哺乳动物 *Arctotion houghoensis* 红河熊雷兽、*Breviodon* sp. 小型貘形类；介形虫 *Cyprois* sp. 柔星虫（未定种）、*Cypriuotus* sp. 美星虫（未定种）、*Eucypris wutaensislee* 五图真星虫等化石。

该组不整合于前新生界之上，受后期构造运动的影响，局部地区呈断层接触。

（2）渐新统白鹿塬组：地面建组剖面位于西安市灞桥区灞陵乡毛西村，但蓝田县支家沟剖面发育齐全，代表性最好，岩性组合以大套灰白色砂岩为特征。上部为灰白色砂岩，夹紫红色泥岩；中部为灰白色砂岩与紫红色泥岩互层；下部为灰白色厚层状砂岩，夹紫红色薄层泥岩，砂岩单层厚 7～8m，底部为砂砾岩。盆地内见于荔参 1、渭参 3、XR085、渭深 10 和渭热井，荔参 1 井厚 659.7m，岩性特征与野外剖面基本一致。

白鹿塬组产 *Arctotion houghoensis* 红河熊雷兽、*Breviodon* sp. 小型貘形类、*Sianoensis baahoensis Xu* 灞河西安两栖犀、*Palaeolagiuae Indet* 古鱼类碎片等化石。

2）新近系

新近系分布广、厚度大，全盆地均有分布，总厚 1500～3500m。

（1）中新统：包括下部的高陵群和上部的灞河组。

① 高陵群：地面剖面上划分为冷水沟组和寇家村组，盆地内钻井剖面未细分，统称高陵群。多数井虽钻遇该群，但仅渭参 3、渭深 10、渭热、荔参 1、平 1 和济探 1 井 6口井钻穿高陵群，厚 542～1555m。与下伏渐新统不整合接触。当渐新统缺失时，与下古生界寒武系或奥陶系不整合接触，平 1 井和渭 3 井高陵群与奥陶系接触，济探 1 井与寒武系张夏组接触。

固市凹陷高陵群中上部为褐色、紫红色泥岩、粉砂质泥岩，与浅灰、灰白色细砂岩互层，夹含砾粗砂岩；底部为砾岩。自下而上，岩性由粗变细。在地震剖面上，该组底界与渐新统之间为一强反射界面。

与固市凹陷相比，西安凹陷高陵群岩性变粗，砂岩普遍含砾。

高陵群产哺乳类动物化石，主要有 *Gomphotherium shensiensis* 陕西嵌齿象、*Alloptox wionor* 小跳鼠、*Oioceros lishanensis* 骊山孤羊、*Serridentinus* sp. 锯齿象（未定种）。

② 灞河组：骊山的东、西、南均有分布，尤以灞河左岸出露最好。在骊山西麓冷水沟、龚家沟一带，以灰白色粗砂岩为主夹棕黄色砂质泥岩，底部有砾岩。

井下固市凹陷的主要岩性为黄棕、褐色泥岩、粉砂质泥岩、泥质粉砂岩，与灰黄、灰白色中细砂岩、含砾砂岩互层。自上而下，砂岩增多，岩性变粗，厚 292～875m。华县—大荔以西富含石膏晶体。富平一带，底部为厚 60m 的灰白、灰黑色砾岩。

西安凹陷的灞河组厚度更大，岩性更粗，厚 227～989m，为棕红、紫棕色含砾泥质砂岩、含砾砂质泥岩，与灰白色砾状砂岩互层。

该组地层产 *Hipparion plocodus Sefve* 环齿三趾马、*Gazella guudryi schlosser* 高氏羚羊、*Chleuastochoeras* sp. 上新猪（未定种）、*Hipparion houfencensis* 贺风三趾马、*Stegodon zdauskyi* 山西剑齿象、*Cervavitus* sp. 双角鹿、*L.Leai* 莱氏丽蚌等化石。

时代原定为早上新世（张玉萍等，1978），古地磁定年结合生物地层学表明时代为 7～11Ma（王斌等，2014），即中国地层年代表（2014）灞河阶，时代为晚中新世早期。

（2）上新统：包括蓝田组和张家坡组。

① 蓝田组：在灞河左岸水家嘴、九老坡一带出露较全，厚 75m，与上覆下更新统为不整合接触，并不整合于灞河组之上。由上下地层限定地质年龄为 7—2.6Ma，属中新世晚期—上新世早期。由棕红、深红色黏土、砂质黏土互层构成，底部为底砾岩，黏土层有大量黄白色灰质结核。产 *Hipparion plocodus Sefve* 环齿三趾马、*Gazella guudryi schlosser* 高氏羚羊、*Chleuastochoeras sp.* 上新猪（未定种）等化石。井下蓝田组特征不明显，往往将蓝田组和灞河组合并，统称为蓝田—灞河组。

② 张家坡组：出露于沈河张坡、赤水河、华县瓜坡、故城，洛河下游，合阳黄河边的东雷、徐水河等地。在张坡—芦家壕剖面，岩性为一套灰绿色、灰黄色黏土、亚黏土、粉砂、粉砂质黏土互层，厚 23.67m 未见底，属浅湖沉积。地表露头未见底，古地磁年龄为 2.5～3.4Ma（胡巍等，1993；岳乐平等，1999）。

井下固市凹陷的岩性较细、较暗，厚 60.5～1400m。中上部以灰、绿灰色泥岩、粉砂质泥岩为主，夹黄灰色泥岩及灰白色中细砂岩；下部以灰绿、灰黑色泥岩为主，夹灰白、黄灰色泥灰岩及细砂岩。凹陷中南部岩性细、厚度大，以暗色泥岩为主，含黄铁矿晶体。向四周地层减薄，岩性变粗、变红。

西安凹陷岩性较粗，为绿灰、黄棕、黄灰色泥岩、粉砂质泥岩，与砾岩、含砾中粗砂岩互层，厚 262～1392m。

该组中发现 *Hipparion houfenensis* 贺风三趾马、*Stegodon zdanskyi* 山西剑齿象、*Cervavinus sp.* 双角鹿等化石。

野外露头蓝田组发育的地区普遍缺失张家坡组，张家坡组发育的地区又见不到蓝田组，张家坡组和蓝田组缺乏简单的上下关系（王斌等，2013）。

3）第四系

根据岩性组合及成岩程度的差异，自下而上，第四系分为三门组、秦川群，下部的三门组初步成岩，岩性为黄褐色砂质黏土，夹砂层，局部夹有钙质黏土层，底部为砂砾层。三门组古地磁年龄 1.2～2.5Ma（胡巍等，1993）。上部的秦川群未成岩，岩性为黄色黏土，粉砂质黏土，夹砂砾石层，厚 126～1350m。其中，西部隆起厚度最小，仅 100m 上下；固市、西安两个凹陷厚度最大，厚 415～1350m。与下伏新近系呈整合接触。

## 三、构造

1. 构造单元划分

渭河盆地夹于秦岭和渭河北山之间，秦岭与渭河平原接触线是一条长 350km、断距近万米的依次北降的阶梯状断裂带。渭河北山与渭河平原接触线是一条长 300 余千米，断距大于千米，依次南降的断阶带。它的南侧断陷深、北侧断陷浅，是一个不对称的箕状断陷盆地（图 15-37）。

盆地的结晶基底由两部分组成。大致以三原、长安一线为界，其东为太古宇花岗片麻岩及燕山期火成岩组成；其西由古元古界片岩及燕山期侵入岩体组成，二者接触关系或以断层为界，或为不整合。

由于盆地沉积基底（前新生界）及其构造形态的不同，将盆地分为北部斜坡区、南部坳陷区、西部隆起区三个一级构造单元（图 15-37）。

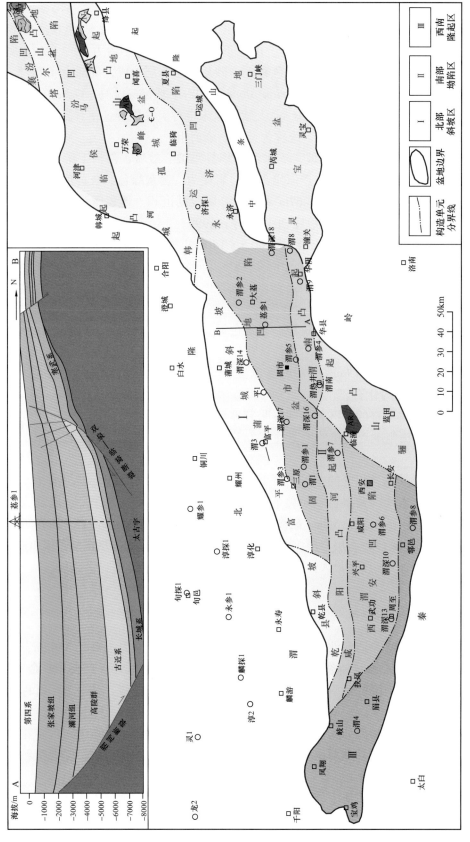

图 15-37 渭河裂谷系构造单元划分图

1）北部斜坡区

位于盆地北部扶风、礼泉、富平、蒲城以北，多以断层为界。基底埋深100～1000m，为一微向东南倾斜的阶梯状斜坡，倾角6°左右。基底主要是下古生界，局部为上古生界。盖层为上新统和第四系。由于断层活动，将该区切割成断阶及小型的地堑和地垒，根据其活动的差异，又可细分为乾县斜坡、富平—蒲城斜坡和韩城凸起三个次级构造单元。

2）南部坳陷区

位于北部斜坡区之南，哑柏（周至正西约10km）断层之东，南北宽40～50km，东西长约200km，是一个深而窄、南深北浅的箕状坳陷，其北翼倾角10°～20°，南翼倾角大于40°，为一系列北降断阶组成。北部基底为下古生界，南部为太古宇或中新元古界。基岩埋藏深，鄂邑区宋村的渭深10井，在5217m的深度才见到古近系上部地层，预计最深处可达7000m；边部埋藏较浅，坳陷轴与地表渭河河床位置大体对应。该区中的骊山凸起位于临潼以南，高出渭河河床300～800m，为一北东—北西向两组断层控制的菱形地垒构造，其核心部位出露太古宇变质岩及中生界岩浆岩体，新生界围绕其呈环形分布。

根据沉积特征、构造活动的不同，又分为四个次级单元，由北向南分别为固市凹陷、咸阳—渭南凸起、西安凹陷和骊山凸起（图15-37）。其中固市凹陷、西安凹陷为主要的沉积凹陷，面积分别为3486km$^2$和2530km$^2$。

3）西部隆起区

位于盆地西段，哑柏断层（地理上大体是岐山—马召一线）以西的地区，基底南部为元古宇片岩及燕山期黑云母二长岩类，北部为下古生界，千阳河断层以西为下白垩统，基底埋深约700m。本区在中—新生代一直处于隆起状态，至上新世开始接受沉积，形成一套冲积相地层，钻井揭示厚300～540m，其上为厚100～300m的黄土所覆盖。重力资料、地貌等表明存在一系列东西向断层，由南、北两边老山向盆内逐级下降。

2. 断裂系统

盆地内断层极为发育，已知有近百条之多，纵横切割，在盆地发生和发展中起了决定性作用。但是控制盆地构造轮廓的断裂构造，乃是一个近东西走向的弧形断裂系及其伴生的花岗岩侵入的放射状横张断裂系。该弧形断裂系规模甚大，向东、西两侧可越出盆地范围。根据延伸长度、断距大小及地质作用，盆地断层可分为以下几类（图15-38）。

1）盆地边缘大断裂

（1）盆地南缘控盆断裂。该断裂系统包括北秦岭山前断裂、华山山前断裂两条控制盆地边界的一级断裂，和围绕骊山—渭南周边的两条二级断裂，即长安—临潼断裂、骊山北缘断裂，它们控制着沉积凹陷的发育。

北秦岭山前断层西起宝鸡益门，走向为北西50°，过鄂邑区余下转为东西向，至焦岱呈北东50°与华山山前断裂相接，于华阴孟塬附近隐伏于新生代地层之下。一支呈北东40°方向插入中条山内，构成渭河盆地的东界；另一支向东过孟塬直入豫西构成灵宝盆地与秦岭的分界线。区内全长350km，常由数条平行断层组成断裂带，地貌和物探资料显示明显，沿断层线有汤峪、温水沟等一系列温泉分布。断层总体呈锯齿状，每个锯齿长约40km。断面北倾、倾角60°～70°，断距大于1000m。该断裂形成时间早，经历

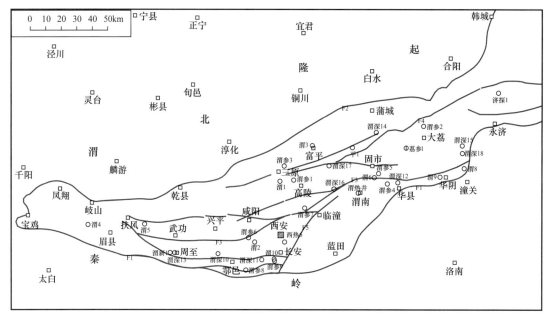

图 15-38　渭河盆地主要断裂系统图

F1：秦岭山前—华山山前断裂；F2：北缘断裂；F3：渭河断裂；F4：双泉—临猗断裂；F5：长安—临潼断裂

长期多次活动，现今为一张性断裂带，它的南盘是北秦岭，出露前震旦纪片麻岩、片岩及大理岩；北盘则下降成渭河平原，堆积了巨厚的新生界。

临潼—长安断裂带位于骊山凸起与西安凹陷之间，控制了西安凹陷的东边界。断裂带以张性活动为主，总体走向北东—北北东，可分为三条近平行断裂，由东北向西南呈帚状展布，基底最大断距超过 1000m。骊山北麓断裂近东西向，西段终止于长安—临潼断裂，为北倾箕状正断层。这两条断裂相互交切，依附于南缘控盆断层，限定了骊山凸起和渭南凸起的范围。

（2）北缘断裂系统。即渭河北山前断裂带，也是山区和平原的分界线。由于后期构造运动的改造，使其分为三段。西段起于岐山，经过乾县至口镇，长 95km，走向由北东 80° 转为北东 45°，为一北升南降的高角度正断层带，总断距愈千米，是上新统的北界，乾县一带断层北盘为中更新统以上地层，厚约 200m。断层以南有较厚的第四系及上新统分布；泾河口筛珠洞和乾县羊毛湾有温泉出露，水温 23～34℃；公元前 780 年岐山曾发生 8 级地震，都是新构造运动的表现。

中段展布在嵯峨山—耀州—白水以东，由一系列北东 60° 走向的断层组成断裂带。底店—白水断裂就是它的北部边界断层，它倾向东南，断开古近系—新近系 250～520m，药王山一带的断层崖清晰可辨。该段在白水以东以北东东向经澄城延伸到合阳的杜康沟。

东段集中出现在合阳、韩城、禹门口一带，是一个不到千米的山麓地带。该段东缘走向北东 30°～40°，为古生界石灰岩（奥陶系）与第四系黄土平原的接触线，重磁力反映为一明显的正断层，断面东南倾，倾角 60°～80°，断距 30～250m，沿线可见断层崖和角砾岩。韩城、禹门口一带老山中有一系列叠瓦状逆断层，为明显挤压带。

在盆地北部，与上述断层性质相似的断裂还有关山—雷村断裂和扶风—三原鲁桥—

富平—黑池断裂，都为高角度南倾正断层。

2）盆地内对构造分区和沉积起重大作用的断层

此类断层中渭河断裂当属首位，次为双泉—临猗断裂。

（1）渭河断裂系统。是渭河盆地内部最重要的一个断裂带，它横贯盆地轴部，西起宝鸡，向东进入渭河盆地，大体沿渭河东西向延伸，宝鸡—兴平一段为北西西走向，兴平以东转为北东东走向，东至华阴分为两支：一支向东直入豫西，另一支拐向北东过黄河插入运城盆地，与中条山西北麓断裂带相接，全长大于300km，宽1~10km。草滩以西断层面为南倾，北盘成为黄土塬，南盘则下降为渭河低阶地，草滩以东则为北倾，正好相反（王景明，1984）。新生界盖层中断距由浅而深逐渐加大，表明自新生代以来，断裂带既已控制渭河南北的沉积，有边断、边沉积的长期活动历史，并成为盆地基底岩相南北两区的分界。温泉沿断裂从西向东在蔡家坡、咸阳呈线状分布，第四纪以来，渭河河床多次迁移摆动。历史上地震频繁发生，1556年华县8级地震的发震构造就是渭河断裂。这些都说明该断裂近期活动之强烈。

（2）双泉—临猗断裂系统。由一条北东东—北东走向南倾弧形主干断裂和其南侧3~4条与之平行，或低角度斜交的小型正断层组成，由北向南阶梯状断落。主干断裂切穿基底，断距可达100~300m，长约150km，是一条分割南部坳陷与北部斜坡的亚一级断裂，控制了渭河盆地东段古近系沉积的北界。该断裂带隐伏于洛河河谷，地震揭示向西可一直延伸到关山镇以北，但断距减小，不足100m；向东经双泉镇延伸过黄河直至临猗西侧，临猗以东分叉，循北东方向延入太行山中，断层断距大，地形地貌上北侧为黄土台塬，南侧为关中冲积平原，地表高差达50~300m。

总观渭河盆地断层，有以下特征：

（1）断层走向以东西和近东西向为主，也有北西和北东向的；

（2）断层性质为高角度正断层，断面倾角一般50°~70°，还未发现较大的逆断层；

（3）断距一般较大，达千米以上，尤其是盆地南缘大断层（东西向），用基岩面计算总断距达万米以上；

（4）主要断层形成期早，经历了多期活动，其受力性质在不同活动期也有不同。

3.局部构造

盆地内地层平缓而且被为数众多的断层切割成断块，未见发育好的背斜。通过地震工作，只发现了一些小面积的平缓局部构造，主要是半椭圆、扇形、楔形、鼻状四种。较可靠的有三原、宋村、卢家湾、辛市、甘河5个构造。在这5个构造中，除了辛市，其他4个高点都钻了参数井或深井，基本上都无油气显示。

盆地内这些地震勘探发现的局部构造，除三原构造外，均分布于南部坳陷区的南坡。显然，这些局部构造和断层活动有成因上的联系。

# 四、沉积相

1.古近系

盆地内钻入古近系的井很少、资料不多。地面上古近系集中出露于盆地东南部，厚度大于1600m。始新世晚期接受红河组沉积，早期岩性粗杂，不含生物化石，以坡积、洪积相的浅棕红色砂砾岩为主，直接超覆在前震旦纪石英岩、花岗岩之上，如骊山东、西两侧。此后水体略有扩大，成为以浅湖为主的河湖相交替沉积，岩性为棕黄色含砾细砂岩与棕红、褐色（局部夹灰绿色条带）泥质岩互层。泥质岩具水平状、不规则水平状、波状层理，含淡水介形类、轮藻、孢粉（如麻黄科等）及植物化石，并有较多的虫迹。推测当时气候为干旱暖热型，属氧化环境。

2. 新近系

从出露剖面看到，中新世早期高陵群沉积物以砾岩、含砾至砾状砂岩为主，应为河流相沉积。晚期水体有所扩大，岩性以浅棕褐、浅褐、棕黄色泥质岩为主，夹粉细—细中砂岩，为河湖沉积。鄠邑区宋村的渭参8井、长安西乾河渭深11井下还见到夹有深绿灰、深灰色泥岩及煤线的湖泊沉积。

中新统上部灞河组，在水家嘴一带出露厚293.8m，底部为河流相砾岩，随后发展为河湖相质紫褐、棕黄色泥岩与灰黄、黄色细砂岩互层沉积，中期水体又有收缩，演变成为河流沉积，属半干旱温热性环境。

中新统上部—上新统下部蓝田组，地表虽经剥蚀，在蓝田一带仍有75.7m的厚度，岩性主要为棕红色泥质岩，为风成沉积（王斌等，2013）。

上新统张家坡组沉积时，地壳缓慢下降，水体逐渐扩大。在西安凹陷沉降速度和堆积速度都较快，为岩性粗、颜色杂、厚度大的河湖沉积，属氧化、弱氧化环境。固市凹陷岩性较细，泥质岩以绿色及黑色为主，生物化石较为丰富，为温暖、潮湿气候条件下，弱还原—还原环境的湖泊沉积，湖盆的中心靠近渭河断裂一侧，主体位于固市和渭南之间，是生物气的主要气源岩发育区（图15-39）。

3. 第四系三门组

三门组沉积时，除在固市凹陷仍继承有浅水湖泊相外，广大地区为河湖交替沉积的地带，尤其是骊山及秦岭山前流入盆地之河网较为发育，湖盆面积缩小，河流相范围宽广。西安凹陷虽仍然存在，其沉积中心已东移至大荔朝邑附近。本期气候仍为温暖、潮湿，但较前变冷，早期有冰川期存在。

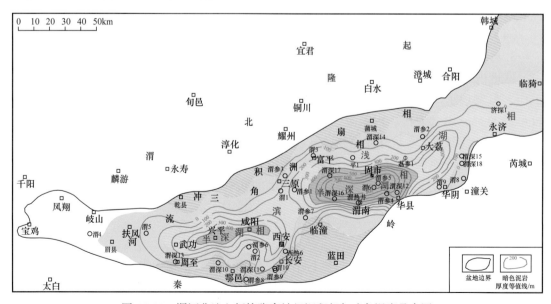

图15-39　渭河盆地上新统张家坡组沉积相与暗色泥岩叠合图

## 五、烃源岩

渭河盆地新近系上新统张家坡组暗色泥岩是生物气的气源岩，已通过地热井伴生气得到证实，如在渭南市渭热2-1井张家坡组瞬时日产量可达2000m²（李玉宏等，2013），为渭河盆地获得的最高天然气产量数据。地球化学指标显示甲烷气碳同位素（$\delta^{13}C_1$）在 −65‰～−55.5‰之间，干燥系数93%以上，为典型生物降解成因气（李荣西等，2009；李玉宏等，2013；张雪等，2014）。另外，根据渭深10井、周边露头、地震资料解释预测西安凹陷、固市凹陷可能有古近系烃源岩层。

### 1. 张家坡组生物气源岩

盆地内钻遇张家坡组的30口井中，26口发育暗色泥岩，颜色为褐灰、绿灰、深灰、灰黑色，厚度10～815m，占地层厚度的1.2%～74.4%（表15-17）。该组沉积时水体较浅，仅有短暂的较深水湖沉积。

**表15-17　渭河盆地各构造单元暗色泥岩统计表**

| 构造单元 | 井号 | 暗色泥岩厚度 / m | 占地层厚度 / % | 构造单元 | 井号 | 暗色泥岩厚度 / m | 占地层厚度 / % |
|---|---|---|---|---|---|---|---|
| 固市凹陷 | 渭参1 | 292.0 | 71.0 |  | 渭9 | 36.0 | 59.5 |
|  | 渭参2 | 0 | 0 | 固市凹陷 | 渭热井 | 476.0 | 74.4 |
|  | 渭参3 | 78.9 | 27.4 |  | 平1 | 165.0 | 19.0 |
|  | 渭参4 | 592.5 | 68.7 |  | 渭2 | 8.4 | 3.2 |
|  | 渭参5 | 815.0 | 74.1 |  | 渭4 | 0 | 0 |
|  | 渭参7 | 184.0 | 35.8 |  | 渭5 | 2.0 | 0.7 |
|  | 渭深12 | 632.0 | 57.4 |  | 渭10 | 35.8 | 6.3 |
|  | 渭深14 | 84.0 | 14.4 |  | 渭参6 | 26.0 | 2.0 |
|  | 渭深15 | 11.0 | 1.3 | 西安凹陷 | 渭参8 | 26.5 | 2.0 |
|  | 渭深16 | 673.0 | 59.7 |  | 渭参9 | 33.5 | 4.5 |
|  | 渭深17 | 491.0 | 47.4 |  | 渭深10 | 0 | 0 |
|  | 渭深18 | 0.0 | 0 |  | 渭深11 | 147.0 | 14.9 |
|  | 渭1 | 92.3 | 34.7 |  | 渭深13 | 10.0 | 1.2 |
|  | 渭3 | 166.5 | 60.4 |  | 西热6 | 192.0 | 29.7 |
|  | 渭8 | 0 | 0 |  |  |  |  |

### 1）有机质丰度

在固市凹陷，渭参3、渭参4、渭参5、渭深12、渭深16、渭深17、平1等七口井及渭南市沈河剖面资料，张家坡组147块暗色泥岩样品的有机碳含量为0.21%～1.17%，平均值为0.49%。124块暗色泥岩样品的氯仿沥青"A"含量为0.0022%～0.0706%，平均值为0.0192%（表15-18）。

表 15-18　渭河盆地张家坡组烃源岩有机质丰度统计表

| 构造单元 | 剖面名称 | 井深 /m | 有机碳 | | | 氯仿沥青 "A" | | |
|---|---|---|---|---|---|---|---|---|
| | | | 样品数 | 含量范围 /% | 平均值 /% | 样品数 | 含量范围 /% | 平均值 /% |
| 固市凹陷 | 渭参 3 | 658.0~835.0 | 5 | 0.325~0.408 | 0.360 | 5 | 0.0107~0.0254 | 0.0174 |
| | 渭参 4 | 1295.0~2144.3 | 31 | 0.288~0.464 | 0.450 | 39 | 0.0116~0.0351 | 0.0282 |
| | 渭参 5 | 1368.0~2204.0 | 21 | 0.262~0.786 | 0.462 | 21 | 0.0111~0.0706 | 0.0352 |
| | 渭深 12 | 1161.8~2230.5 | 27 | 0.240~0.920 | 0.521 | 27 | 0.0011~0.0633 | 0.0274 |
| | 渭深 16 | 1595.0~2281.5 | 18 | 0.210~1.170 | 0.607 | 18 | 0.0046~0.0368 | 0.0174 |
| | 渭深 17 | 1125.0~2161.0 | 18 | 0.220~1.30 | 0.690 | | | |
| | 平 1 | 525.0~1125.0 | 20 | 0.250~0.770 | 0.490 | 7 | 0.0028~0.0156 | 0.0060 |
| | 沋河剖面 | 沋河水库西北 | 7 | 0.240~0.50 | 0.336 | 7 | 0.0022~0.0029 | 0.0025 |
| | 平均 | | | | 0.490 | | | 0.0192 |
| 西安凹陷 | 渭参 6 | 1425.7~1773.0 | 4 | 0.128~0.632 | 0.401 | 4 | 0.0089~0.0315 | 0.0178 |
| | 渭参 7 | 1014.0~1037.0 | 1 | 0.210 | 0.210 | 1 | 0.0172 | 0.0172 |
| | 渭参 8 | 1015.0~1672.0 | 5 | 0.178~0.437 | 0.270 | | | |
| | 交大地热井 | 835.0~1025.0 | 3 | 0.400~0.470 | 0.430 | | | |
| | 平均 | | | | 0.328 | | | 0.0175 |

在西安凹陷，渭参 6、渭参 7、渭参 8 及交大地热等 4 口井资料，张家坡组 13 块暗色泥岩样品的有机碳含量为 0.13%~0.63%，平均值为 0.328%。5 块样品的氯仿沥青 "A" 含量为 0.0089%~0.0315%，平均值为 0.0175%。有机质丰度低于固市凹陷。

2）有机质类型

据渭参 3、渭参 4、渭参 5、渭参 6、渭深 12、渭深 16、平 1 井七口井及渭南市沋河剖面 43 块样品的干酪根镜检、有机质元素及热解资料，张家坡组泥岩的有机质类型与沉积环境关系较大，半深湖相区 I、II 型占优势，较浅水体区以 II、III 型占优势（图 15-40）。

3）有机质成熟度

平 1 井张家坡组实测镜质组反射率 $R_o$ 为 0.35%~0.41%，渭南地热井实测 $R_o$ 为 0.51%~0.60%，热解最高峰温数值范围 422~432℃，平均值为 428℃，均小于 435℃有机质成熟阶段的下限值（陈五泉，2015；刘建朝等，2014）。张家坡组埋深浅，最大埋深不超过 2400m，热演化程度低，总体处于细菌降解生物气形成阶段。

4）有利烃源岩分布

平面上，张家坡组的暗色泥岩在固市凹陷最为发育，地层厚 200~1400m，发育暗色泥岩 2~56 层，最厚 815m，一般 80~673m，占地层厚度的 1.3%~74.1%。单层最厚 147m，一般 5~20m。

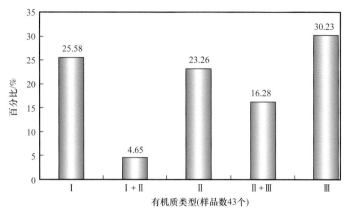

图15-40 渭河盆地张家坡组烃源岩有机质类型分布直方图

2.古近系潜在烃源岩

古近系露头主要分布在临潼—蓝田一带，主要是一套干旱气候条件下的砂砾岩与紫红色泥岩互层沉积，未见暗色泥岩。井下渭参3井红河组也未见暗色泥岩。但渭深10井在渐新统白鹿塬组上段钻遇27.5m（4981～4008.5m）湖沼相细粒沉积。上部为灰绿色粉砂质泥岩、泥岩和浅灰黄色粉砂岩等厚互层；下部为绿灰、深灰色泥岩、粉砂质泥岩和碳质页岩、煤线等厚互层。碳质页岩页理发育，污手，可燃。煤线为亮煤。另外，同处渭河地堑系的河南灵宝盆地西涧河剖面始新统项城组三、四段发育多层暗色泥岩和煤线。地震解释渭河盆地古近系厚度1000～3000m，从渭深10井和西涧河剖面来看，渭河盆地古近系存在暗色泥岩和煤系地层。渭河地热井中高陵群、蓝田—灞河组所产水溶气具有煤型气源的特征（刘建朝等，2014；李玉宏等，2013），有可能来自古近系。

## 六、储层

渭河盆地新生界由砂砾岩、砂岩、粉砂岩和泥质岩间互组成，储层主要为孔隙型碎屑岩储层。

1.古近系户县群储层

古近系在骊山厚1600余米，分红河组和白鹿塬组。

红河组下部是一套浅红棕色角砾岩、砾岩、砂砾岩及泥质砂岩为主的坡积、洪积相，向上变为以湖相为主的河湖交替沉积，岩性为棕黄色细砂岩、含砾—砾状砂岩与红色泥质岩。储层多而分散，单层一般厚3m，最厚78m。以孔隙式和基底式胶结为主，胶结物含量一般20%，最高45%。物性上部较下部好，有效孔隙度平均值为8.03%，渗透率平均值为2.05mD。

白鹿塬组为灰白色块状粗—中砂岩为主的河流沉积，砂岩胶结类型多为孔隙式和接触式，胶结物以碳酸盐为主，含量一般10%～30%，最高达47%。储层多而稳定，单层平均厚度为4m，富含水。渭深10井由于埋藏较深，有效孔隙度平均仅3.12%，其他地区粒度粗，砂砾岩厚度大，孔渗条件相对较好。

2.中新统高陵群储层

中新统高陵群在骊山周围厚400m，分冷水沟组和寇家村组。骊山南麓因上部地层遭受剥蚀，仅残留 30～150m，下部为河流相的砾岩、砂砾岩，向上水体范围扩大，为河湖交替相的以泥岩为主夹粉、细砂岩沉积，除下部外，一般储集条件很差。

盆地内部高陵群的岩性、岩相和边缘出露区差别不大，也是下部较粗，砂、砾明显居多，多为冲积、洪积相和河流相，向上转化为河湖交替相，砂岩比较分散，总层数在渭深 10 井达 280 层，单层厚一般在 2m 以上（表 15-19）。以孔隙式胶结为主，也有镶嵌式和基底式，胶结物多为灰质，含量一般为 30%。储层物性较好，有效孔隙度 7.7%～30.26%，平均在 17% 以上，渗透率变化比较大，从小于 0.16～135970mD，一般为 100～1000mD。

表 15-19 渭河盆地中新统高陵群储层数据表

| 井号 | 储集物性 | | | | 层数 | 砂层 | |
| | 孔隙度 /% | | 渗透率 /mD | | | 单层厚度 /m | |
| | 变化范围 | 平均 | 变化范围 | 平均 | | 变化范围 | 一般 |
| --- | --- | --- | --- | --- | --- | --- | --- |
| 渭参 1 | 17.71～25.26 | 21.78 | 212.28～1032.93 | 488.48 | 63 | 0.5～8.5 | 2.5 |
| 渭参 2 | 7.81～24.64 | 14.91 | 0.16～318.25 | 87.78 | 88 | 0.5～5.75 | 3.0 |
| 渭参 3 | 7.70～30.26 | 14.58 | 0.22～13597.0 | 3401.8 | 82 | 0.5～16.0 | 2.0 |
| 渭参 5 | | | | | 25 | 0.7～3.0 | 1.5 |
| 渭参 7 | | | | | 83 | 0.5～6.0 | 2.0 |
| 渭参 9 | | | | | 228 | 0.5～5.5 | 1.0 |
| 渭参 10 | | | | | 280 | 0.7～10.0 | 1.5 |
| 渭参 13 | | | | | 93 | 0.5～5.3 | 2.0 |
| 渭参 14 | | | | | 68 | 0.5～15.0 | 2.0 |
| 渭参 15 | | | | | 42 | 0.7～5.0 | 2.0 |

3. 中新统灞河组储层

从沉积特征看，灞河组基本上继承了高陵群的沉积条件，处于河湖交替相。西安凹陷以渭深 10 井为中心，厚度近千米，向东西延伸，减薄为 600～300m；固市凹陷以渭参 7 井—渭参 5 井为中心，厚度超过 800m，比西安凹陷厚度略小，也呈东西向。西安凹陷岩性粗，砂岩百分比高，单层厚度大；固市凹陷岩性相对较细，普遍含石膏，除凹陷中心部位有浅湖亚相分布外，广大地区为河流相、河湖相和冲积、洪积相。

灞河组在盆地内部砂层比较发育，单层厚度在 2m 以上，最厚达 60m。以灰质胶结为主，含量约 30%，胶结类型以孔隙式为主，次为镶嵌式和基底式。砂岩物性较好，有效孔隙度 7%～30%，一般 15%，渗透率变化较大，0.05～5684mD，多数大于 30mD（表 15-20）。

4. 上新统张家坡组储层

张家坡组在固市凹陷中心渭参 4、渭参 5、渭深 16、渭深 17 井至渭深 12 井所围绕的范围为较深湖沉积，总厚 1100m 左右。岩性细，属粉、细砂岩，砂层少而薄，单层厚

1～1.5m，在剖面上呈零散状分布，砂/地比为8.7%～22%，一般在15%左右，胶结物为灰质和泥质，含量10%～64%，一般为35%，胶结类型主要为镶嵌式和基底式。储层物性差，渗透率一般小于1mD。

表15-20  渭河盆地中新统灞河组储层数据表

| 井号 | 储集物性 | | | | 砂层 | | | 砂岩百分比/% |
| | 孔隙度/% | | 渗透率/mD | | 层数 | 单层厚度/m | | 总厚/m |
| | 变化范围 | 平均 | 变化范围 | 平均 | | 变化范围 | 一般 | |
|---|---|---|---|---|---|---|---|---|---|
| 渭1 | 6.68～31.25 | 18.8 | 0.05～1569.8 | 388.3 | 24 | 0.5～3.0 | 1.0 | | |
| 渭3 | | 17.96 | | 3.5 | 12 | 1.0～16.0 | 2.0 | 160.6 | 43.6 |
| 渭5 | | 29.29 | | 0.6 | 18 | 1.0～5.0 | 2.0 | | |
| 渭7 | 15.44～27.13 | 21.88 | 0.28～184.18 | 29.6 | 31 | 1.0～8.0 | 2.0 | 152.3 | 19.4 |
| 渭参1 | 11.39～24.38 | 17.71 | 0.3～140.99 | 2259.1 | 48 | 0.5～8.0 | 1.5 | 231.0 | 30.9 |
| 渭参2 | 13.76～29.40 | 21.58 | 0.6～5684.34 | 13.6 | 134 | 0.5～8.3 | 4.0 | 361.0 | 52.5 |
| 渭参3 | 10.35～29.98 | 15.12 | 0.37～66.58 | 9.3 | 45 | 1.0～11.7 | 2.0 | 256.6 | 48.4 |
| 渭参4 | 7.94～8.29 | 8.12 | 2.0～16.63 | 34.2 | 118 | 1.0～6.0 | 2.5 | | |
| 渭参5 | | 10.01 | | 50.2 | 95 | 0.5～3.8 | 1.0 | 161.6 | 21.0 |
| 渭参6 | 9.68～23.11 | 14.89 | 0.05～150.62 | | 54 | 1.0～6.5 | 3.0 | 192.5 | 52.7 |
| 渭参7 | | | | | 147 | 1.0～6.5 | 2.0 | 344.5 | 39.2 |
| 渭参9 | | | | | 55 | 0.5～5.0 | 1.5 | 175.1 | 77.1 |
| 渭参10 | | | | | 51 | 1.0～11.0 | 3.0 | 50.4 | 51.0 |
| 渭参13 | | | | | 45 | 1.0～10.0 | 3.0 | 248.7 | 35.9 |
| 渭参14 | | | | | 56 | 0.5～8.0 | 3.0 | 145.0 | 49.6 |
| 渭参15 | | | | | 80 | 1.0～4.0 | 1.5 | 145.0 | 21.4 |

由凹陷中心向外，地层总厚度减薄（南部200～300m，北部500～800m）过渡为浅湖、河湖沉积。由于凹陷中心偏南，所以相带围绕中心呈不对称的环状，南窄北宽，砂层由凹陷中心向外逐渐发育，厚度加大，砂岩百分比增高，浅湖相区为12%～38%，河湖相区为31%～44%，少数可达50%～62%。砂岩胶结物为灰质和泥质，含量10%～20%，胶结类型以孔隙式为主，溶蚀式和基底式次之。储层物性较好，有效孔隙度为10%～32%，多数在20%以上，渗透率一般在10mD以上，最大达9739.3mD（表15-21）。

西安凹陷的沉降幅度及地层厚度略大于固市凹陷，但水体较浅，岩性较粗，储层厚度大于固市凹陷。岩性为粉细砂岩、中粗砂岩、含砾砂岩，厚30.1～489m，占地层厚度的11.5%～35.1%。孔隙度6.78%～49.32%，平均值为27.94%，渗透率0.59～3710.28mD，平均值为625.16mD，储层物性好。

表 15-21　渭河盆地上新统张家坡组储层物性统计表

| 构造单元 | 井 号 | 井深 /m | 孔隙度 /% | 渗透率 /mD | 构造单元 | 井 号 | 井深 /m | 孔隙度 /% | 渗透率 /mD |
|---|---|---|---|---|---|---|---|---|---|
| 固市凹陷 | 渭 1 | 918.00 | 15.11 | 0.05 | 西安凹陷 | 渭参 6 | 1427.21 | 30.19 | 204.49 |
| | | 961.00 | 17.51 | 0.05 | | | 1575.80 | 34.66 | 705.00 |
| | | 1060.00 | 23.25 | 121.63 | | | 1689.00 | 6.78 | 1.03 |
| | | 1096.00 | 6.86 | 0.05 | | | 1915.80 | 32.32 | 656.49 |
| | 渭 3 | | 26.20 | 4.30 | | 渭 5 | 450.40 | 28.80 | 202.84 |
| | 渭参 2 | 1398.00 | 28.65 | 13.35 | | | 588.30 | 21.88 | 2.55 |
| | | 1567.00 | 29.61 | 1104.62 | | | 615.00 | 49.32 | 3710.28 |
| | 渭参 4 | 2099.88 | 3.84 | 0.05 | | | 620.00 | 27.26 | 143.17 |
| | | 2100.30 | 1.99 | 0.05 | | | 675.00 | 20.29 | 0.59 |
| | | 2100.80 | 10.05 | 1.33 | | 平均值 | | 27.94 | 625.16 |
| | | 2101.60 | 13.60 | 0.05 | | | | | |
| | 渭参 5 | | 23.10 | 14.40 | | | | | |
| | 渭深 14 | | 31.20 | 250.00 | | | | | |
| | | | 28.40 | 121.00 | | | | | |
| | 平均值 | | 18.53 | 116.50 | | | | | |

## 七、区块评价

渭河盆地张家坡组具备生物气藏的气源岩条件，且固市凹陷好于西安凹陷，在渭南地区已有多口地热井见到含气显示（李玉宏等，2013）。今后应在围绕固市凹陷张家坡组半深湖相带区开展生物气的钻探工作，有可能获得工业性气流。

古近系勘探程度低，渭深 10 井已经见到薄层煤系地层，且中新统高陵群、灞河组地热水溶气地球化学指标显示来自深部的煤型气源岩，可能来自古近系，因此是一个潜在的勘探层系。目前来说，古近系最大的问题在于埋深大，普遍大于 4000m，勘探困难。

# 第四节　沁　水　盆　地

沁水盆地地理位置位于山西省东南部，北起北纬 38° 太原至阳泉一线；南至北纬 35°30′ 晋城、运城一线；西自东经 112° 介休至翼城一线；东抵 114° 阳泉至晋城一线。行政区划隶属于太原、晋中、阳泉、长治、晋城、临汾等市。

地形以黄土高原为主，镶嵌在太行山、中条山、太岳山、吕梁山及五台山之间，地势崎岖不平，属于中低山区和丘陵，海拔 800～1400m。晋中断陷和长治地区地势较平缓，局部为小平原，海拔 800～900m。主要河流有海河流域的漳河水系清漳河、浊漳河；黄河流域的沁河水系，汾河水系流经盆地西侧。与之匹配的支流水系遍及全区，水流受季节性影响很大，枯水期与洪水期的流量可相差百倍，河水含沙量大，具黄土高原河流的特点。据近年气象资料统计，年平均气温为 13℃，一月最低气温为 -4℃，七月最高气温 27℃。八、九月是雨季，年降水量 520～620mm，初雪一般在十一月中旬，属于大陆性气候。矿产资源丰富，素以"煤铁之乡"著称。除煤铁资源外，铅、铝、黏土、石膏、石灰石等矿产也驰名中外。目前，在沁水盆地南部已建成煤层气商业化开发生产基地。

构造位置处于山西隆起南部，盆地似椭圆形，南北长 300km，东西宽 150km，以上古生界分布边界线圈定盆地范围，面积 $3.6 \times 10^4 km^2$（图 15-41）。沁水盆地为一北北东向复式向斜，轴线位于榆社—沁县—沁水一线，构造较为简单，断裂不甚发育，东西两翼似对称状，东翼较缓，西翼稍陡，两翼倾角平均 4° 左右，南北两端翘起呈箕状斜坡。盆地边缘地层较陡，向盆内逐渐变平缓。褶皱比较发育，幅度不大，面积较小。盆地西部和西北部被汾渭新生代地堑叠置，中部双头—襄垣断裂呈北东东向横切盆地中南部。

## 一、勘探概况

沁水盆地是中国重要的聚煤盆地之一，早在 1882 年德国的李希霍芬就在本区进行过地质研究工作。长期以来，中国的黄汲清、张文佑、谢家荣、王竹泉、李四光、翁文灏、刘鸿允、曾鼎乾、王鸿祯等老一辈地质学家及广大的区调、煤炭、金属、石油等地质工作者都在本区进行了大量的地质和地球物理工作，积累了丰富的资料，奠定了扎实的基础。

截至 2020 年底，盆地内开展石油天然气勘探共完成重磁力勘探 $20410km^2$，电法勘探 $6644km^2$，地球化学勘探 $3152km^2$，二维地震 2145.87km，主要分布在盆地中部榆社—沁源区域和晋中断陷。已完钻石油天然气探井 34 口，总进尺 38125.94m，有 11 口井见到气显示，仅阳 1 井获得工业气流。

自 1992 年开展煤层气勘探以来，华北油田在沁水盆地南部五个勘探区块经过二十多年的煤层气勘探评价，截至 2020 年底，在华北油田矿权范围共采集二维地震 5509.47km，三维地震 $755.098km^2$，共钻探煤层气探井 419 口，总进尺 $37.29 \times 10^4 m$，探明煤层气地质储量 $2980 \times 10^8 m^3$，发现了中国第一个千亿立方米煤层气大气田，成为中国重要的煤层气生产基地。

## 二、勘探历程

沁水盆地石油天然气勘探工作始于 1957 年，至 2020 年已 63 年，其勘探历程可以分为前后两部分，即前期的常规石油天然气勘探和后期的煤层气勘探两个阶段。

1.常规石油天然气勘探历程

常规石油天然气勘探自 1957—1995 年，大致划分为四个阶段。

1）古生界石油地质普查阶段（1957—1975 年）

主要由山西省地质局实施。进行了 1∶20 万区域地质调查，大部分地区进行了

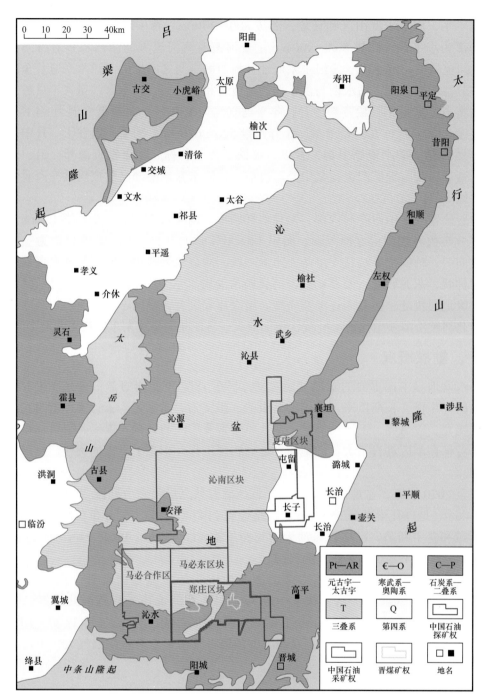

图 15-41　沁水盆地地质图

1：20 万航磁测量，局部地区进行了 1：10 万或 1：20 万磁法、重力及电法勘探。对湾里、磨盘垴、柳湾、北斗沟、冀氏等 5 个构造进行了 1：2.5 万的构造细测和详查，对红崖头、漳源、李家庄、油房、龙旺、马陵关等 6 个构造进行了 1：10 万的地质调查。自1962 年由山西地质局 212 队在湾里构造钻探第一口石油勘探井始，该阶段先后钻探了 6口探井，总进尺 7237.85m，仅沁 1 井和连 1 井在石炭系——二叠系见到槽面气泡显示，未发现油气藏，其结论是缺乏生烃条件。

2）晋中断陷新近系石油普查阶段（1975—1979 年）

主要由山西省地质局和华北石油管理局实施。在以古生界为目的的石油地质普查失利后，转向晋中断陷新近系进行石油普查，完成二维地震测线1958.55km，测网密度3km×6km。钻井 19 口，进尺 23898.83m。其中有 7 口井钻穿新近系，进入三叠系，所钻井都未见油气显示。综合研究结论是：有机质丰度低，未成熟，不具备生烃条件。

3）沁水盆地上古生界煤成气普查阶段（1982—1987 年）

主要由山西省地质局实施。主要对冀氏、油房、龙旺构造进行了 1∶2.5 万的构造详查，钻井 8 口，总进尺 5039.26m。钻探井均在石炭系—二叠系砂岩、石灰岩和煤层中见到不同程度的气测异常，经测试 5 口井（阳 1、阳 3、畅 1、老 1、沁 4），仅阳 1 井获工业气流。阳 1 井位于阳泉冶西鼻状背斜上，在井深 22.8～27.8m 太原组石灰岩中钻井见气泡，气测全烃 0.14%～0.54%，重烃 0.06%～0.12%，综合解释为气层。经 11mm 油嘴、20mm 孔板测试，日产气 2300m$^3$。井口压力为 0.07MPa，关井最大压力 0.22MPa。

"六五""七五"计划期间，煤炭科学研究院地质勘探分院（西安）对本区进行了煤成气研究和评价工作，完成了"沁水煤田煤成气赋存规律及资源评价"（"六五"攻关课题 1986）和"我国主要煤田煤成气赋存规律及资源评价"（1987）研究成果。

该阶段的勘探实践，明确了沁水盆地石炭系—二叠系煤系地层天然气资源的巨大潜力。

4）沁水盆地古生界天然气地质综合评价阶段（1987—1995 年）

主要由华北石油管理局、石油地球物理勘探局和石油勘探开发科学研究院实施。长庆油田在古生界发现大型气田后，石油工业部于 1987 年 4 月 23 日以〔87〕油科字第208 号文件正式下达"秦晋地区古生界天然气地质综合研究项目"，其中，华北石油管理局负责山西沁水盆地的综合研究及评价。

1987—1990 年，华北石油管理局组织开展了沁水盆地天然气地质综合研究工作，分析整理了前人大量资料，进行了遥感解译、地震、电法、化探、重磁力和地质调查等项勘探工作。在构造、岩相、储层及气源岩研究的基础上，对沁水盆地古生界天然气地质条件进行早期评价，获得了以下认识：

（1）具有两套烃源岩。石炭系—二叠系烃源岩有机质含量高，煤、泥岩、石灰岩都属好烃源岩；中奥陶统石灰岩有机质含量低，但厚度大，属中等烃源岩。计算常规天然气资源量为 $5533 \times 10^8 m^3$，煤层甲烷资源量 $44434 \times 10^8 m^3$。

（2）首次编制了全区三叠系刘家沟组顶和奥陶系顶面构造图，发现了众多的构造圈闭，认为主要构造形成时间为燕山期。

（3）发育两种类型常规储层，即碎屑岩和碳酸盐岩。二者均为低孔低渗储层，但碳酸盐岩有多次岩溶期，岩溶较发育，改善了储集性能；盆地内大部分地区 $R_o$ 大于 2%，$T_{max}$ 大于 510℃，已进入过成熟阶段。南北两端（阳城和阳泉）热演化程度高，$R_o$ 大于2.5%，为无烟煤区。东西两侧热演化程度较低，东侧 $R_o$ 为 1.5%～2%，以瘦煤为主，属湿气阶段，西侧 $R_o$ 介于 0.75%～1.25%，为焦煤至气煤，处于生油阶段。

（4）本区中—新元古代至侏罗纪为地台阶段，构造岩浆活动较微弱，属均衡热演化阶段，处于气、肥煤至瘦煤阶段。燕山期构造岩浆活动强烈，属于差异热演化阶段，是主要生气期，同时构造圈闭形成也在这个时期。因此，认为生气期与圈闭形成有较好的配置关系，从而提高了对沁水盆地天然气勘探前景的评价。

1991—1995 年，华北石油管理局承担完成"八五"国家重点科技攻关项目"大中型天然气田形成条件、分布规律和勘探技术研究"的三级专题——"冀晋地区石炭系—二叠系分布区天然气勘探方向及目标评价"。其子课题"山西沁水盆地古生界天然气综合评价及勘探目标选择"，研究了沁水盆地发育史、气源岩和资源量、储层、盖层和储盖组合、圈闭和水文保存、天然气成藏条件、勘探方向和目标评价，指出晋中断陷的祁县凸起和盆地北部核心部位的油房背斜是常规天然气勘探的突破口。并指出石炭系—二叠系煤层气应列为本区天然气勘探的重要方向和目标，选择阳泉、阳城、晋城和沁水煤矿区为主攻目标。

2. 煤层气勘探开发历程（1992—2020 年）

沁水盆地面积约 $3.6 \times 10^4 \mathrm{km}^2$，预计煤层气资源量约 $4.038 \times 10^{12} \mathrm{m}^3$。1994 年开始，中国石油天然气总公司、中联煤层气有限责任公司、中国石油化工集团、中国海洋石油总公司以及亚美大陆煤层气公司等单位开展了大规模的勘探开发工作，在沁水盆地南部逐渐建成了中国第一个煤层气商业化开发的生产基地。回顾二十余年的勘探开发历程，经历了勘探试验突破、评价选区、规模建产开发等三个阶段。

1）勘探试验突破阶段（1992—1996 年）

从 1992 年开始，原晋城矿务局与美国美中能源集团合作开发晋城矿区新区的煤层气，在潘庄井田施工了煤层气井组试采。1993 年 3 月完成第一口井——潘 1 井的取心测试；1994 年 2 月钻潘 2 井，进行清水加砂压裂，获得排水日采气 $4300 \mathrm{m}^3$ 的高产气量，这是沁水盆地第一口有工业价值的煤层气产气井。此后，1995—1997 年，先后钻了另外 5 口井，并进行了压裂、排采，最高日产气量达到 $1.2 \times 10^4 \mathrm{m}^3$。

1996 年，中联煤层气有限责任公司（中国石油天然气总公司、煤炭工业部、地质矿产部共同出资组建）按照"整体评价，重点突破"的勘探思想对沁水盆地开展研究评价和勘探试验，施钻了 TL3-4、TL6-9、TL11 等多口煤层气勘探井，其中在 TL-3 井、TL-6 井分别获得了日产 $7000 \mathrm{m}^3$、$1 \times 10^4 \mathrm{m}^3$ 以上工业煤层气流，TL-7 井最高单井日产气量达 $1.6 \times 10^4 \mathrm{m}^3$。煤层气勘探试验取得了突破性进展。

2）勘探选区评价阶段（1997—2005 年）

中国石油天然气集团公司通过前期的地质评价和勘探试验，优选沁水盆地南部作为煤层气突破的有利区带。1997 年 10 月在樊庄钻探晋试 1 井，1998 年 2 月对该井山西组 3 号煤层进行排采获得了稳产每日 $2716 \mathrm{m}^3$、最高日产 $4050 \mathrm{m}^3$ 的工业性气流。1998 年，在晋试 1 井周围钻晋 1-1、晋 1-2、晋 1-3、晋 1-4、晋 1-5 等 5 口井，与晋试 1 井共同组成梅花形开发试验井组。1999 年进行井组排采试验，排采时间 154～160 天，除了晋 1-5 井产气量较小外，其余 5 口井均获工业气流，单井日产气一般 1411～3394 $\mathrm{m}^3$，最高日产气量（晋 1-2 井）达 $9780 \mathrm{m}^3$，晋试 1 井组排采试验获得初步成功。1999 年 11 月又钻了晋试 2、晋试 3、晋试 4 三口井，煤层气排采获得成功。通过对樊庄区块 3 号煤层的煤层气勘探与排采试验，2001 年探明了樊庄 3 号煤层煤层气含气面积 182.2 $\mathrm{km}^2$，煤层气地质储量 $287.94 \times 10^8 \mathrm{m}^3$；15 号煤层煤层气含气面积 65.47 $\mathrm{km}^2$，煤层气地质储量 $64.32 \times 10^8 \mathrm{m}^3$。

1999 年，郑庄区块首先钻探了晋试 5 井，在 2000 年 5 月开始对晋试 5 井 3 号煤层进行煤层气排采，单井日产气 2903～3085m³，取得了较好的效果。同年，在郑庄区块北部钻探了晋试 6 井，2000 年对该井 3 号煤层进行煤层气排采，单井日产气最高达到 3277m³。2002 年，郑庄区块 3 号煤层上报煤层气含气面积 380.25km²，地质储量 471.15×10⁸m³；15 号煤层煤层气含气面积 477.10km²，煤层气地质储量 440.05×10⁸m³。

2004—2006 年又钻探了晋试 7、晋试 8、晋试 9、晋试 10、晋试 11、晋试 12、晋试 13 等 7 口井，对各井的 3 号煤层进行了煤层气排采。2007 年探明了晋试 7 井区山西组 3 号煤层煤层气含气面积 454.39km²，煤层气地质储量 578.36×10⁸m³。

3）规模建产阶段（2006—2020 年）

2005 年，经过中国石油天然气股份有限公司批准，华北油田在樊庄开始煤层气规模产能建设，经过 15 年的发展，截至 2020 年底，累计建设年产能 27×10⁸m³；华北油田煤层气区块从 2008 年开始商品化生产，2020 年底井口气量达到每年 13.3×10⁸m 的生产能力，累计生产商品气量 87.06×10⁸m³，产量保持持续增长势头。

沁水盆地 50 多年的石油天然气勘探，经历了从古生界到新生界再到古生界、从找油到找气、从常规石油天然气到煤层气的勘探实践，终于在煤层气领域获得了突破，揭示了中国煤层气资源开发的巨大潜力。充分说明了石油天然气勘探必须坚定信念、反复研究、开拓创新，不断探索新领域、新技术才能取得突破。

## 三、地层

沁水盆地由于钻井较浅，大多数井只钻到上古生界，仅少数井钻至下古生界。根据周边隆起区的地层出露情况结合地震资料分析，盆地内地层可分为两套，即太古宇至古元古界的基底变质岩系和上覆中—新元古界、古生界、中生界和新生界的盖层沉积岩系。

地层分布具有典型复式向斜特征，盆地边缘出露老地层，盆内出露新地层。下古生界在盆地四周出露地表，向盆地内部依次出露上古生界、中生界，盆地中部大面积出露三叠系，侏罗系仅在晋中断陷太谷一带出露，盆地局部地区零星残留。

1. 基底地层

基底地层由三套变质岩系组成。

1）太古宇结晶变质岩系

包括周边隆起区的阜平群、龙泉群、下赞皇群、界河口群、霍县群、太岳山群、涑水群。以黑云母角闪石、斜长石矿物为主的各种片麻岩、变砾岩及斜长角闪岩夹薄层大理岩，混合岩化强烈，普遍形成各种混合岩化花岗岩。

2）太古宇（五台群）变质岩系

五台群及与之相当的吕梁群、绛县群、上赞皇群、龙华河群。以斜长石、黑云母及角闪石为主的变砾岩、角闪岩、角闪片麻岩及绿片岩组成。

3）古元古界（滹沱群）浅变质岩系

包括五台山的豆村群、东冶群、郭家寨群；太行山区的甘陶河群、东焦群；中条山区的中条群、担山石群，吕梁山的岚河群、野鸡山群、黑茶山群。主要岩性由片岩、千枚岩、石英岩、大理岩等浅变质岩系组成。

2. 沉积盖层

沉积盖层由中—新元古界、古生界、中生界和新生界组成。

1）中—新元古界

分布于沁水盆地东部太行山区，主要为长城系，角度不整合于基底变质岩系之上，以石英砂岩为主，间有页岩和白云岩，上部缺失蓟县系至震旦系。沁水盆地目前未有井钻到，根据地震资料推测盆地内长城系最大厚度可达 2000m，长城系以下还有近 3000m 的平行反射层，推测该套地层与中条山区西阳河群相当，由安山岩及碎屑岩组成。

2）下古生界

寒武系、奥陶系在沁水盆地分布广泛，平行不整合于中—新元古界之上，缺失上奥陶统和志留系。寒武系、奥陶系是以碳酸盐岩为主的海相沉积建造，厚 800～1300m。

3）上古生界

石炭系中上统、二叠系在沁水盆地分布广泛，平行不整合于奥陶系之上，缺失泥盆系和下石炭统。石炭系为海陆交互相含煤沉积，厚 100～260m；二叠系为近海三角洲及河湖沉积，厚 450～1000m。其中，石炭系太原组 15 号煤层和二叠系山西组 3 号煤层在沁水盆地分布稳定，是主采煤层，也是煤层气的主产层。

4）中生界

三叠系在沁水盆地分布广泛，与下伏古生界连续沉积；侏罗系仅发育中统黑峰组，平行不整合于三叠系之上；缺失白垩系。三叠系为河湖相红色粗碎屑岩沉积，残留最大厚度达 2300m。

侏罗系黑峰组主要见于西北部晋中断陷，沁水盆地内有零星分布，为河湖相碎屑岩及火山碎屑岩沉积，最大厚度 254m。

5）新生界

与下伏地层角度不整合接触。古近系、新近系分布于晋中断陷和山间盆地中，为河流、湖泊相碎屑岩沉积，厚 0～268m；第四系主要分布在河谷地带，为淡黄色砂、砾石、亚砂土、亚黏土等，厚度为 0～330m。

各层系特征详见表 15–22。

## 四、构造

1. 构造演化

受华北地台构造演化的影响，沁水盆地的构造演化可划分为六个阶段（图 15–42）。

（1）中—新元古代裂陷槽阶段。沁水盆地结晶基底为太古宇—古元古界变质岩系。中元古代盆地东北部、西北部分别为燕山—太行和熊耳—西阳河两个三向裂陷槽，形成滨、浅海相碎屑岩及碳酸盐岩沉积建造。至新元古代随华北陆块第一次整体隆升为陆，处于大陆剥蚀状态长达 230Ma 以上，缺失中元古代中晚期和新元古代地层。

（2）早古生代陆表海稳定沉积阶段。沁水盆地整体下沉，为浅海陆棚沉积，形成早古生代碳酸盐岩沉积建造。至中奥陶世末华北地台受加里东运动影响第二次隆升为陆，经历了 130Ma 的剥蚀夷平，缺失了上奥陶统、志留系、泥盆系、下石炭统。

表 15-22　沁水盆地地层与构造事件简表

| 地层 | | | 岩石地层单位及简要特征 | 构造旋回 | 主要地质事件 |
|---|---|---|---|---|---|
| 新生界 | 第四系 | | 淡黄色砂、砾石、亚砂土、亚黏土等，厚度 0～330m | 喜马拉雅旋回 | 伸展背景下的断块差异性振荡升降，山间和山前断陷盆地河湖相碎屑堆积 |
| | 古近系—新近系 | | 浅黄—浅红色亚黏土、砾石层等，厚度 0～268m | | |
| 中生界 | 侏罗系 | 白垩系 | | 燕山旋回 | 地壳整体抬升剥蚀岩浆活动强烈，褶皱和脆性断裂发育 |
| | | 上统 | | | |
| | | 中统 黑峰组 | 砂质页岩及含砾粗砂岩，厚度 0～254m | | |
| | | 下统 | | | |
| | 三叠系 | 上统 延长组 | 黄绿色长石石英砂岩，厚度 30～138m | 印支旋回 | 陆壳差异升降，山间断陷盆地河湖相杂色碎屑岩 |
| | | 中统 铜川组 二马营组 | 由浅红色—灰蓝色砾岩、砂岩、砂质泥岩组成，厚度 22～2200m | | |
| | | 下统 和尚沟组 刘家沟组 | | | |
| 古生界 | 二叠系 | 上统 石千峰组 | 河流相砂砾岩、杂斑砂岩、砂岩、粉砂岩、泥岩组成，厚度 245～870m | 海西旋回 | 河流三角洲、湖泊、含煤碎屑岩 |
| | | 中统 上石盒子组 | | | |
| | | 下石盒子组 | 泥岩、砂岩、粉砂质泥岩，厚度 48～297m | | |
| | | 下统 山西组 | 近海三角洲及河湖相砂岩、泥岩、粉砂岩和煤组成，厚 34～72m | | |
| | | 太原组 | 海陆交互相砂岩、粉砂岩、泥岩、石灰岩和煤组成，厚 73～177m | | 海陆交互相含煤沉积 |
| | 石炭系 | 上统 本溪组 | 铝土铁质泥岩、粉砂岩，厚度 0～30m | | |
| | | 下统 | | | |
| | 泥盆系—志留系 | | | | 加里东上升剥蚀 |
| | 奥陶系 | 上统 | | 加里东旋回 | 稳定陆表海碳酸盐岩 |
| | | 中统 峰峰组 | 石灰岩、泥质灰岩、白云质灰岩夹薄层石膏，厚度 80～150m | | |
| | | 马家沟组 | 上部为豹皮灰岩夹泥岩，局部为泥灰岩，下部为厚层状石灰岩，底部钙质页岩，厚度 200～500m | | |
| | | 下统 | 中—厚层状白云岩，局部为泥质白云岩夹竹叶状白云岩，厚度 38～105m | | |
| | 寒武系 | | 浅海相紫红色砂砾岩、泥岩、鲕状灰岩、白云岩和竹叶状灰岩组成，厚度 377～570m | | |

| 地层 | | | 岩石地层单位及简要特征 | | 构造旋回 | 主要地质事件 |
|---|---|---|---|---|---|---|
| 元古宇 | 中—新元古界 | 震旦系<br>青白口系<br>蓟县系 | | | 滹沱旋回<br>（吕梁） | 蓟县系上升剥蚀 |
| | | 长城系 | 团山子组<br>串岭沟组<br>常州沟组<br>西阳河群 | 硅质白云岩、紫色黑色页岩、石英砂岩及偏碱性基性火山岩，厚度59～330m | | 滨浅海碎屑岩—碳酸盐岩，裂陷槽火山碎屑岩 |
| | 古元古界 | 滹沱群 | 片岩、千枚岩、石英岩、大理岩等浅变质岩系组成 | | | |
| 太古宇 | 五台群<br>变质岩系 | | 五台群及与之相当的吕梁群、绛县群、上赞皇群、龙华河群。以斜长石、黑云母及角闪石为主的变粒岩、角闪岩、角闪片麻岩及绿片岩组成 | | 五台旋回 | 中高级变质和韧性剪切变形，盆地基底形成 |
| | 阜平群<br>结晶变质岩系 | | 以黑云母角闪石、斜长石矿物为主的各种片麻岩、变粒岩及斜长角闪岩夹薄层大理岩，混合岩化强烈，普遍形成各种混合岩化花岗岩 | | 阜平旋回 | |

（3）晚古生代海陆交替含煤沉积阶段。具有广泛造陆性质的加里东运动，使华北陆块剥蚀夷平，为晚古生代华北含煤盆地的形成准备了古构造、古地理条件。沁水盆地石炭纪构造环境稳定，地壳缓慢沉降，形成了滨浅海、潟湖、三角洲等海陆交互相含煤碎屑岩夹碳酸盐岩沉积建造。海西晚期华北陆块第三次抬升为陆，海水退出形成了大型陆盆，二叠纪为河流、湖泊等陆相沉积。

（4）印支—燕山早期（T—J）持续差异抬升盆地雏形阶段。印支期，沁水盆地处于相对稳定发展阶段，但构造活动较前期有所加强。并以差异升降运动特征代替了先前的整体升降运动特征。华北板块与相邻板块对接，开始产生差异分化，沁水盆地开始了其独立的演化过程。

三叠纪末华北陆块结束了相对稳定的地台发育阶段，进入了活化阶段。燕山运动使华北陆块抬升遭受剥蚀，并分割成几个块体。位于山西隆起的沁水盆地，两侧的吕梁山及太行山开始隆起，盆地雏形开始形成，沁水盆地中心保留了中侏罗世陆相碎屑岩。太行山断裂以东形成一系列断陷盆地，并伴随了大规模的火山喷发和中酸性岩浆侵入。

（5）燕山晚期（K）挤压抬升盆地形成阶段。早白垩世继承了晚侏罗世的构造特征，沁水盆地进一步抬升遭受剥蚀，燕山期强烈的陆内造山运动使沁水盆地东侧形成北北东向的逆断层，由于该时期岩浆活动剧烈，在太行山东侧及沁水盆地的西侧处于强烈伸展作用之下，形成了沁水盆地西侧的晋中断陷及太行山东侧的断陷盆地，太行山和吕梁山最终形成；晚白垩世，沁水盆地仍以挤压抬升剥蚀为主，逐渐形成了复向斜构造的形态。

（6）喜马拉雅期（Cz）多期次挤压抬升盆地改造定性阶段。古近纪仍然继承了白垩纪的构造演化历程，以抬升剥蚀为主，仅在沁水盆地西侧的晋中断陷为断陷沉降区，但由于其早期抬升较高，没有接受古近纪沉积；新近纪及第四纪，沁水盆地及周缘地区

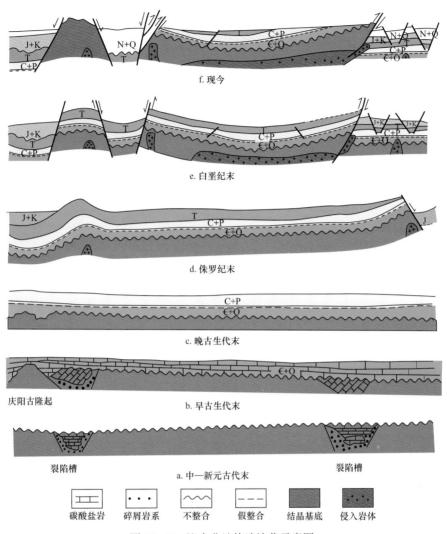

鄂尔多斯盆地 吕梁隆起 晋中断陷　　　　　沁水盆地　　　　　太行山隆起 渤海湾盆地

f. 现今

e. 白垩纪末

d. 侏罗纪末

c. 晚古生代末

b. 早古生代末

庆阳古隆起

裂陷槽　　　　　　　　　a. 中—新元古代末　　　　　　　　裂陷槽

| 碳酸盐岩 | 碎屑岩系 | 不整合 | 假整合 | 结晶基底 | 侵入岩体 |

图 15-42　沁水盆地构造演化示意图

以抬升剥蚀为主，仅在晋中断陷和山间断陷盆地接受了新近纪和第四纪沉积，并且由于喜马拉雅期多期次的挤压抬升，使先期形成的褶皱进一步被改造，逐渐形成现今的构造格局。

2. 构造分区及主要构造带

沁水盆地西部以褶皱和正断层相叠加为特征，东北部和南部以东西向、北东向褶皱为主，中部以北北东—北东向褶皱发育为主。断层则主要发育于东西边部，在盆地中部有一组近东西向的正断层，即双头—襄垣断裂构造带。根据盆地内不同地区构造式样差异，可将其划分为 12 个构造区带（图 15-43）。

（1）寿阳—阳泉斜坡带（Ⅰ）：沁水复向斜的北翘起端，亦即阳泉复向斜。除盂县附近发育近东西向褶曲外，其他多以北北东、北东向构造为主，北北西向构造次之。陷落柱较发育，平昔矿区平均 1km² 可达 3.5 个，多为圆形、椭圆形，直径几十米到百余米

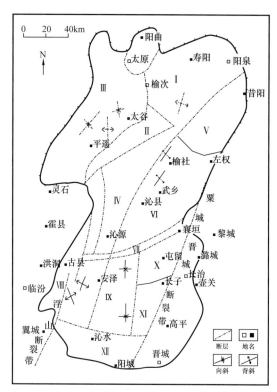

图 15-43　沁水盆地构造分区简图

不等，陷壁角 70°～80° 左右。

（2）天中山—仪城断裂构造带（Ⅱ）：位于沁水复向斜西北，地表为一走向北东东的断裂鼻隆构造带。其内褶曲主体走向为北东东，背斜开阔，向斜紧闭，与其平行有断裂发育，组成地堑、地垒结构，地堑中有零星三叠系—侏罗系出露。

（3）聪子峪—古阳斜坡带（Ⅲ）：位于沁水复向斜中部细腰处西侧，其上倾方向即为万荣复背斜北端的霍山倾覆部分。二者以冯家集—苏堡断裂带相接。断层走向北东东，正断层。单斜带上的褶曲表现为在近南北向左行剪切作用下形成的雁列构造。本带南部有古县背斜，东缘有赤石桥—坚友雁列背斜带。

（4）漳源—沁源带状断裂背斜构造带（Ⅳ）：为沁水复向斜中段的西翼部分。走向近南北，褶曲构造西有胡家沟—沁源背斜带、景风—鹿儿回背斜带，东有分水岭—柳湾雁列背斜带和漳源—王家庄背斜带。断裂走向多为北北东、北东东。

（5）娘子关—坪头挠褶带（Ⅴ）：位于沁水向斜东翼北部边缘，东与赞皇复背斜相接。在构造上表现为较陡的挠曲带，边缘发育鼻状背斜构造。较大的褶曲有范家岭向、背斜，轴向北东东，两翼倾角平缓。断层较少，此外，有少数陷落柱。

（6）榆社—武乡断裂背斜构造带（Ⅵ）：即沁水复向斜中段的东翼。次级褶曲呈北北东向雁行排列，比较大的褶曲有大佛头—李家垴向斜，寺沟—后扶峪背斜。区内断层走向北北东，倾向北西西，延伸长度较短，落差较小，具东弱西强的发育特点。

（7）双头—襄垣断裂构造带（Ⅶ）：为一横切盆地中南部、走向北东东的左行走滑断裂带，东段形成文王山地垒，西段构造线断续出现，规模较小。

（8）古县—浇底断裂构造带（Ⅷ）：位于沁水复向斜南部西翼边缘，西以浮山正断层与万荣复背斜的霍山背斜相接，由一系列走向北北东及北东的断层组成，并发育少量褶曲构造。

（9）安泽—西坪断裂背斜构造带（Ⅸ）：沁水复向斜南段西翼。主体构造由一系列紧密排列的南北向背斜构造组成的大型背斜隆起，为万荣复背斜的向北延伸部分，向北抵双头—襄垣断裂带后，被该断裂带左行平行错开，北段在霍山复出，然后向北东方向倾伏达到晋中地堑之南，即下伏于天中山—仪城断裂带之下。

（10）丰宜—晋义复向斜带（Ⅹ）：沁水复向斜南段东翼，主体构造线为南北向，局部发育北东向构造。在北部形成二岗山地垒构造、安昌—中华楔形裂陷槽。在南部区下部已呈隆起状态，边缘断阶处可形成局部圈闭。内部褶曲可分成东西两带，西为张店—

横水褶曲带，东为丰宜—岳家庄背、向斜构造带。

（11）屯留—长治斜坡带（Ⅺ）：位于沁水复向斜南部东翼边缘，东侧被长治断裂所截，与陵川复背斜相接。发育幅度较小的背、向斜构造。北部有余吾、屯留和东李高等背斜，南部的鲍村、漳河等背、向斜均呈带状分布。区内发育北东向及北北东向断裂。

（12）固县—晋城断裂鼻状构造带（Ⅻ）：位于沁水复向斜南部翘起端。西缘与万荣复背斜相接处为一断裂带，由近南北向断层组成地垒地堑。断裂走向东西向，有高角度逆冲断层，也有正断层。东部发育北北东向断裂，并与寺头断层斜交。在固县地区发育北西向倾伏的鼻状构造，可分为固县鼻状挠曲带和布村—北留挠曲带。沁水县南发育城后腰向斜、东山向斜、南坪向斜等，均呈近东西向延展。

3. 岩浆活动

山西地区中生代火成岩同位素年代测量数据表明（任战利等，2005），岩浆侵入和喷发时代为侏罗纪—白垩纪，距今 110～150Ma，主峰值为 120～140Ma，相当于早白垩世。沁水盆地及周缘中生代火成岩体同位素年龄测定结果为 90～170Ma，主峰值为 130～140Ma，与山西地区火成岩体同位素年龄分布规律一致，表明沁水盆地构造热事件主要发生在距今 130～140Ma。

沁水盆地煤层高变质带的分布与岩浆岩体的分布相吻合，暗示其与岩浆活动的关系密切。平面上，煤质的分带以岩浆岩体侵入位置为中心依次向外展布，其中心往往为无烟煤，高变质带的宽窄受岩体规模大小和侵入深度的控制，侵入浅则高变质带较窄。西部襄汾、浮山、翼城之间的二峰山、塔尔山花岗岩，晋中地堑祁县石英二长岩岩体，太原西山煤田西部的狐堰山花岗岩，临县紫山花岗岩，都与煤的高变质带相对应。东部阳泉、阳城、高平、晋城及其以东的陵川、平顺西沟等地都发现有岩浆热液岩脉。岩浆活动和断裂带有关，沁水盆地南部形成的高变质带受东西向断裂带的影响，在航磁图上，沁水盆地南端出现东西向展布的断续状航磁正异常，这些航磁正异常可能是岩浆岩体的反映。

## 五、沉积环境与相

沁水盆地作为华北沉积盆地一部分，与其有着相同的沉积发育史。中元古代，华北陆块在太古宇—古元古界结晶基底上发育裂陷槽，形成滨、浅海相碎屑岩沉积；新元古代为陆缘发展阶段，至早古生代处于构造稳定阶段，为浅水碳酸盐岩海相沉积；中奥陶世末再次隆升，缺失晚奥陶世、志留纪、泥盆纪、早石炭世地层；中石炭世环境趋于稳定，形成了晚古生代滨—浅海相、海陆交互相含煤沉积；二叠纪为陆源碎屑沉积；中生代三叠纪—侏罗纪为陆内河流湖泊相碎屑岩沉积，缺失晚侏罗世、白垩纪地层；新生代为河流及湖泊沉积。

1. 中—新元古代海相沉积

沁水盆地中—新元古代总体为陆表海环境，长城系底部以灰白、浅肉红色层理平直的厚层石英砂岩为主，中部为灰绿、灰黑色粉砂质页岩，并富含海绿石，顶部发育硅质白云岩，含燧石结核，反映了湿热气候条件下滨、浅海相碎屑岩沉积特征。

2. 早古生代海相沉积

沁水盆地的早古生代沉积是在中—新元古界的古剥蚀面上开始的。早寒武世海水由南而北侵入本区，至中奥陶世末华北地块整体上升后，在大部分地区结束了早古生代的沉积历史。早古生代为稳定的浅水碳酸盐岩台地相海相沉积。

1）寒武纪海相沉积

早寒武世初，沁水盆地大部分仍处于古陆状态，海水从盆地东南部向西北逐渐海侵，沉积了以紫红色砂砾岩、泥页岩为主厚度不等的滨岸碎屑岩。中寒武世，早期随着海侵区域进一步扩大，古陆区向西部退去，整个沁水盆地为具有陆表海特征的浅水碳酸盐岩台地，沉积环境以潮坪—潟湖为主，灰泥坪广泛分布，盆地以西为滨岸沙滩。这个时期气候炎热干燥，沉积以紫红色页岩及泥质条带石灰岩为主。晚期随着盆地海域继续扩大，海水明显加深，为开阔的浅水环境，以厚层块状鲕粒灰岩沉积为主，长治以北的盆地中部、北部出现高能鲕滩，盆地南部则主要为开阔海。晚寒武世，继续保持中寒武世特点，但海平面时有升降。沉积物仍以浅水碳酸盐岩为主，但鲕粒灰岩明显减少，而潮渠中的竹叶状砾屑灰岩夹层明显增加，反映了半局限的活动性潮坪沉积特点。

2）奥陶纪海相沉积

早奥陶世早期，沁水盆地北部为泥云坪，南部安泽—长治一带为局限海环境，岩性由灰色、浅灰色白云岩、泥质白云岩夹竹叶状灰岩组成。早奥陶世晚期，随着海侵局限海范围继续扩大，沉积了中厚层富含燧石团块及燧石条带的结晶白云岩，东南部海域开阔见有藻礁，早奥陶世末随华北地台整体上升经历剥蚀。中奥陶世海侵后，沁水盆地东部长治—阳泉一带主要为开阔海环境，西北部太原—平遥一带及南部安泽—临汾一带普遍发育潟湖—潮坪环境，形成广泛分布的泥云灰坪和含膏云灰坪沉积。中奥陶世晚期，盆地东部仍以开阔海环境为主，西部含膏云灰坪沉积范围有所扩大，沉积岩性主要由灰色、灰白色巨厚层状石灰岩、白云岩和石膏组成。

3. 晚古生代海陆交替相到陆相沉积

由于受华北地台整体抬升剥蚀的影响，沁水盆地缺失了晚奥陶世、志留纪、泥盆纪和早石炭世地层，直到中石炭世才开始接受沉积。中—晚石炭世海域范围逐渐扩大，形成广阔的滨、浅海海域；晚石炭世末期，海水开始从华北陆台大规模退出，于早二叠世逐渐进入内陆盆地沉积阶段；早二叠世晚期全区进入河流、湖泊和湖成三角洲为主的陆相沉积环境，并稳定延续到晚二叠世。

1）石炭纪海陆交互沉积——晚石炭世本溪组沉积期

此时期发生的再一次海侵，使沁水盆地在中奥陶统古剥蚀面上再次接受沉积，沉积环境以潟湖相为主，沉积岩性主要由铝质泥岩、砂质泥岩、粉砂岩等组成。

2）二叠纪陆相沉积

（1）早二叠世太原组沉积期：整个沁水盆地属于海陆交互相的沉积环境，北部阳泉—和顺—左权一带为三角洲沉积体系，发育三角洲平原、三角洲前缘、三角洲前缘远端、泛滥盆地和沼泽亚相，但以三角洲平原相为主。盆地中部是以潟湖为主的成煤环境，夹有三角洲前缘相，南部的沁水—潞安一带为碳酸盐岩台地—潟湖为主的沉积体系，为障壁岛—潟湖—潮坪相区。台地潮坪相指在碳酸盐岩台地上直接成煤的环境，该环境成煤条件差，灰分和硫分高。由于太原组沉积期海侵来自东南，故区域上聚煤作用首先发生在盆地北部，煤层较厚，而盆地南部聚煤作用发生较晚，煤层相对较薄，物源区主要来自北部（图15-44）。

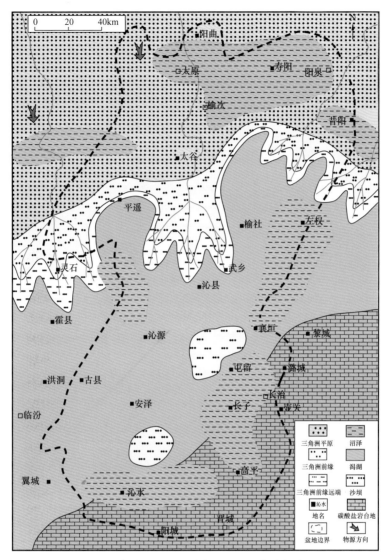

图 15-44　沁水盆地早二叠世太原组沉积期岩相古地理图

（2）早二叠世山西组沉积期：为河控三角洲沉积体系，在三角洲平原沼泽环境中沉积形成了厚度较大的 3 号煤层。

沁水盆地北部是以河流相泛滥盆地和三角洲平原为主的成煤环境，成煤环境以三角洲平原相占优势，形成广泛分布的河流与三角洲平原分流河道砂岩。其中，北岔沟砂岩由北往南由河流相变为三角洲平原相至三角洲前缘相。厚煤层形成于河流泛滥的泥炭沼泽，如太原一带。盆地中部是以三角洲前缘、三角洲间湾和湖泊为主的成煤环境，较厚煤层形成于下三角洲平原、三角洲间湾、废弃三角洲前缘、填平补齐后的湖泊。南部是以湖泊为主的成煤环境，湖相分布面积广，南缘阳城、襄垣发育来自南部物源的三角洲前缘亚相。南部地区煤层分布稳定，厚度较大，形成于三角洲平原间的泥炭沼泽。

山西组沉积期的物源区主要来自北部阴山古陆以及西南部附近的中条古陆（图 15-45）。

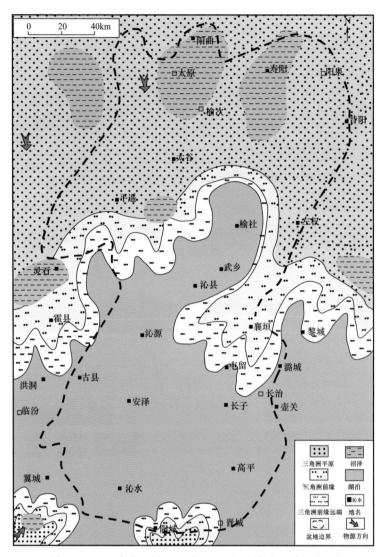

图 15-45　沁水盆地早二叠世山西组沉积期岩相古地理图

（3）中二叠世石盒子组沉积期：下石盒子组沉积期仍为三角洲沉积体系，岩性主要由砂岩、泥岩、粉砂质泥岩组成；上石盒子组沉积期沁水盆地以冲积平原沉积体系为主，岩性主要由杂色泥岩及浅灰、灰白、灰绿色砂岩组成。

（4）晚二叠世：石千峰组沉积期属于湖泊沉积体系，岩性主要由黄绿色、灰绿色不等粒砂岩及紫红色、砖红色砂质泥岩和泥岩组成。

4. 中生代到新生代陆相沉积

沁水盆地中生代到新生代整体为陆相沉积环境。印支运动表现并不强烈，三叠纪是陆内河流、湖泊相碎屑沉积岩，大面积分布于沁水盆地，岩性主要由杂色碎屑岩组成，可见波痕、泥裂等沉积构造。

燕山运动是一次强烈的陆内造山运动。沁水盆地大部分地区缺失侏罗纪地层，仅在局部地区保留有中侏罗世陆相碎屑岩沉积。白垩纪地层在本区基本缺失。

新生代古近纪、新近纪为河流及湖泊沉积，主要分布于河谷和山间盆地，岩性主要由浅红色、褐黄色砂质黏土及细砂、粉砂岩组成；第四纪多为河床冲积和山前洪积，为淡黄色沙、砾石及亚沙土、亚黏土，常含钙质结核。

## 六、烃源岩

沉积构造发育史和有机地球化学研究表明，沁水盆地具有两套不同类型的烃源岩：其一是上古生界煤系地层，有机碳含量高，是主要的烃源岩；其二是下古生界中奥陶统暗色碳酸盐岩，有机碳含量为0.10%～0.33%，具有一定的生烃能力，是次要烃源岩。

二叠系上、下石盒子组泥岩有机碳含量普遍较低（小于0.5%），下奥陶统和寒武系石灰岩、白云岩有机碳含量均低于碳酸盐岩烃源岩下限值（0.1%），表明为差—非烃源岩层。

### 1. 上古生界烃源岩

上古生界富有机质烃源岩主要是下二叠统山西组、太原组、上石炭统本溪组的煤层、暗色泥岩和生物灰岩。

华北地区中石炭世为一个稳定的聚煤盆地。石炭纪海侵过程中海水大面积进退，形成海陆交互沉积，中—晚石炭世陆生植物演化到新阶段，在滨海湿润地带，芦木、鳞木、种子蕨等乔木繁茂，为聚煤提供了丰富物源。二叠世早期以羊齿类为代表的植物群，在温湿气候条件下的森林沼泽中广泛发育，成为主要造煤植物。广泛分布的煤层和暗色泥岩，经过长期复杂的地质、地球化学作用及物理作用形成的气态烃，是形成天然气的雄厚物质基础。

1）烃源岩厚度

煤层厚度：山西组有煤层2～9层，厚度一般为1～9m，大于6m的富煤带主要分布在盆地东部阳泉至沁县、长治至阳城一带和太原西山，局部大于10m，如晋城固10–9井3号煤厚13.65m（图15–46）。太原组有煤层3～10层，厚度一般为2～10m，北部阳泉至榆社和太原一带最厚，为8～10m，南部长治和沁水厚6～8m（图15–47）。

暗色泥岩厚度：山西组暗色泥岩在阳泉至榆社一带厚90～100m，由北向南逐渐变薄，到阳城、晋城一带为30～50m。太原组暗色泥岩也具有北厚南薄的特点，阳泉至榆社厚60m，向南逐渐变薄，阳城、晋城一带10～30m。本溪组较薄，阳泉一带厚25m，阳城一带仅厚2～3m。

石灰岩厚度：太原组石灰岩一般厚10～20m。

2）有机地球化学特征

（1）有机质丰度。

山西组和太原组煤岩的有机碳含量平均为72.28%（表15–23），最高可达80%以上，氯仿沥青"A"平均为0.2447%，总烃平均为1051μg/g。盆地内煤炭储量高达$6000 \times 10^8 t$，是本区最重要的烃源岩。山西组和太原组暗色泥岩有机碳含量平均为2.88%，氯仿沥青"A"平均为0.561%，总烃平均为185μg/g。因此，山西组和太原组暗色泥岩是本区主要的烃源岩。本溪组暗色泥岩有机碳含量为1.64%，地层平均厚度在11m左右，太原组石灰岩的有机碳含量大于0.5%，高的可达1.5%以上，平均值为0.97%，也是较好的烃源岩。

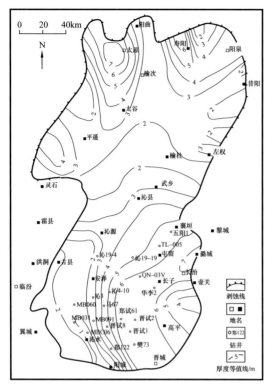

图 15-46　沁水盆地山西组煤层等厚图

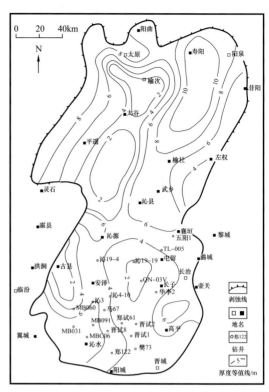

图 15-47　沁水盆地太原组煤层等厚图

表 15-23　沁水盆地主要烃源岩有机质丰度表

| 层位 | 岩性 | 有机碳 /% | 氯仿沥青 "A" /% | 总烃 / μg/g | 生烃潜量 / mg/g | 评价 |
|---|---|---|---|---|---|---|
| P₂ | 泥岩 | 0.32 | 0.0073 | 30 | | 差—非烃源岩 |
| C—P₁s | 煤岩 | 72.28 | 0.2447 | 1051 | 5～220 | 好烃源岩 |
| | 泥岩 | 2.88 | 0.561 | 185 | 0.1～4.5 | 好烃源岩 |
| | 石灰岩 | 0.97 | 0.0082 | 73 | 0.23 | 烃源岩 |
| O₂ | 石灰岩 | 0.126 | 0.0031 | 14 | 0.01～0.155 | 中等—差烃源岩 |

（2）有机质性质。

沁水盆地有机质演化程度普遍较高，可溶有机质含量和生烃潜量很低，已不能反映原来有机质生烃能力。只能根据干酪根的电镜扫描、显微镜鉴定、元素组成、碳同位素及氯仿沥青 "A" 的族组成和红外光谱分析等资料评价有机质性质。

山西组、太原组煤岩显微组分以镜质组、惰质组为主，无壳质组（表 15-24）。干酪根电镜扫描和显微镜鉴定均为典型腐殖型，仅蒲县东河矿区一带有腐泥煤。氯仿沥青 "A" 中饱和烃含量低（多小于 11.5%），芳香烃含量高（11%～58%），饱/芳比值比较低（小于 0.4），碳同位素偏重（-25.6‰～-23‰），红外光谱参数 2920/1600cm⁻¹ 比较低。上述资料均说明煤为典型Ⅲ类干酪根。

表 15-24　沁水盆地低成熟煤样显微组分含量统计表

| 序号 | 井号 | 煤层 | 镜质组 /% | 惰质组 /% | 矿物质 /% | $R_o$ /% |
|------|------|------|-----------|-----------|-----------|----------|
| 1 | 樊 61 | 3 号 | 79.3 | 17.5 | 3.2 | 3.70 |
| 2 | | 15 号 | 82.3 | 12.2 | 5.5 | 3.73 |
| 3 | 华固 | 3 号 | 92.4 | 5.3 | 2.3 | 3.42 |
| 4 | 郑试 25 | 3 号 | 70.8 | 24.8 | 4.4 | 3.86 |
| 5 | 郑试 14 | 15 号 | 81.2 | 9.1 | 9.7 | 3.66 |
| 6 | 沁 15-24 | 3 号 | 78.7 | 11.1 | 10.2 | 2.27 |
| 7 | | 15 号 | 69.1 | 23.3 | 7.6 | 2.48 |
| 8 | 安 3 | 3 号 | 83.2 | 7.7 | 9.1 | 2.56 |
| 9 | | 15 号 | 86.2 | 9.0 | 4.8 | 2.55 |

山西组、太原组泥岩大多数样品与煤的有机质性质相似，主要为Ⅲ型干酪根，另外也有一部分样品稳定组分、饱和烃含量、饱 / 芳比值、$2920/1600cm^{-1}$ 比值较高，电镜扫描和显微镜鉴定为腐泥—腐殖型，属于Ⅱ$_2$型干酪根。

太原组石灰岩各项指标均较奥陶系石灰岩差一些，主要为Ⅱ$_1$—Ⅱ$_2$型干酪根。本溪组泥岩有机质比山西组和太原组泥岩要好一些，为Ⅱ$_2$型干酪根。

（3）有机质成熟度。

主要成熟度参数具有两高四低的特征，镜质组反射率（$R_o$）高，为 1.92%～2.17%；热解峰温（$T_{max}$）高，为 496～527℃；H/C 原子比低，为 0.50～0.57；氢指数（HI）低，煤的氢指数为 68～86mg/g（烃 /TOC），泥岩和石灰岩为 6～22mg/g（烃 /TOC）；有效碳（CP/COT）低，煤为 5.9%～7.5%，泥岩和石灰岩为 1.6%～3.0%；生烃潜量（$S_1+S_2$）低，煤为 50.34～63.5mg/g，泥岩为 0.55～1.29mg/g，石灰岩为 0.23mg/g。这些都表明沁水盆地有机质热演化程度较高，大都进入了过成熟阶段，是以生气为主的烃源岩。

煤系地层的成熟度变化很大。盆地南部成熟度最高，沁水、阳城、晋城一带，煤的反射率为 2.5%～5.0%，襄汾毛家岭高达 6.95%～8.17%，$T_{max}$ 大于 550℃，H/C 原子比小于 0.40，HI 小于 5mg/g（烃 /TOC），有效碳小于 0.5%，$S_1+S_2$ 小于 5mg/g。东北部阳泉地区及沁县以北深凹区，$R_o$ 为 2.5%～3.0%，$T_{max}$ 大于 530℃，H/C 小于 0.45，HI 小于 10mg/g（烃 /TOC），有效碳小于 0.5%，$S_1+S_2$ 小于 5mg/g。上述地区是沁水盆地无烟煤的主要分布区。盆地中部 $R_o$ 为 2.00%～2.50%，属贫煤阶段。盆地东翼左权到襄垣一带大约为瘦煤、焦煤阶段。沁水盆地霍山以西是成熟度最低的地区，大约处于焦煤、肥煤、气煤阶段，$R_o$ 在 1.25%～0.7% 左右，$T_{max}$ 大于 450℃，H/C 原子比大于 0.60，HI 可达 150～240mg/g（烃 /TOC），$S_1+S_2$ 可达 140～220mg/g。目前仍处于生油阶段。

2. 下古生界烃源岩

沁水盆地早古生代中奥陶世处于局限海、开阔台地、含膏灰云坪等沉积相，石灰岩中生物发育，有机质比较丰富，是较好的烃源岩。下奥陶统和寒武系多为台地边缘和浅滩沉积，生物相对较少，有机质保存条件也差，生烃能力较差。

1）烃源岩厚度

中奥陶统石灰岩在沁水盆地沉积厚度大、分布广泛，盆地中心厚度为 600m 左右，向盆地边缘逐渐变薄至 450m 左右。

2）有机地球化学特征

（1）有机质丰度。

沁水盆地内中奥陶统石灰岩有机碳平均为 0.126%（表 15-23），高值区在北部深凹区，沁 1 井为 0.33%，因地层较厚，可作为第二套气源岩。氯仿沥青"A"含量平均为 0.0031%，总烃平均为 14μg/g。奥陶系石灰岩的生烃潜量极低，为 0.006～0.15mg/g，北部沁 1 井—沁 2 井一带最高，分别为 0.139 mg/g 和 0.155mg/g，向周边逐渐减小到 0.01mg/g 左右。

（2）有机质性质。

奥陶系石灰岩有机质性质与石炭系煤和泥岩有明显的区别。以低等生物为主，干酪根电镜扫描主要为腐泥型，有部分样品为腐殖—腐泥型，显微组分以稳定组和沥青质为主，含量大于 95%。氯仿沥青"A"中饱和烃含量高，为 22%～57%，芳香烃含量低，为 6%～24%，饱/芳比值高，为 0.73～15.67，碳同位素较轻，小于 −27‰，红外光谱参数 2920/1600cm$^{-1}$ 比值比较高，说明奥陶系石灰岩干酪根主要为 Ⅰ—Ⅱ$_1$ 型。

（3）有机质成熟度。

与上古生界煤系地层一样，奥陶系石灰岩主要成熟度参数也具有两高四低的特征。镜质组反射率（$R_o$）高，干酪根反射率为 2.11%；热解峰温（$T_{max}$）高，为 535℃；H/C 原子比低，为 0.46；氢指数（HI）低，为 6～12mg/g（烃/TOC）。有效碳（CP/COT）低，为 1.6%～3.0%；生烃潜量（$S_1+S_2$）低，为 0.06～0.023mg/g。同样，沁水盆地奥陶系石灰岩有机质热演化程度较高，大都进入了过成熟阶段，主要是生气烃源岩。

## 七、储层

沁水盆地的油气储层主要有三大类，一类是煤层气自生自储的煤层储层，另外两类是常规油气的碳酸盐岩储层和碎屑岩储层。目前仅煤层储层具备商业开采价值，受到广泛关注。

煤层气是与煤伴生并储藏在煤层中的一种气体，主要以吸附形式赋存在煤层当中，是一种"自生自储"型的非常规天然气，煤层本身既是生气层，又是储层。

### 1.煤层发育与分布特征

沁水盆地煤层展布受古构造、古环境的影响，呈规律性分布，主要煤系含煤 11～12 层，其中可采煤层 3～8 层。山西组煤层为北部、东南部厚，西部、中部薄，太原组煤层为北厚南薄。全区稳定发育的可采煤层有两层，也是煤层气勘探开发层系，即山西组 3 号煤层和太原组 15 号煤层。煤层从露头线向盆地中央埋藏深度逐渐增大，以沁县为中心的沁水向斜轴部地区，煤层埋藏深度超过 2000m，埋深 2000m 以浅地区约占盆地总面积的四分之三。

1）太原组煤层发育与分布

沁水盆地太原组自下而上发育有 16 号—6 号煤层。其中，下部 15 号煤层厚度大、横向分布稳定，厚度一般在2～8m之间，北部较厚南部较薄；受控于古构造格局和古环境及盆地沉降速度，盆地内有两个厚煤区，阳泉—武乡一带和太原—平遥西部，厚6～8m。盆地南部的安泽—屯留—长治一带煤层较薄，只有2～4m左右。15号煤层煤体结构复杂，含1～5层夹矸，分叉现象明显，在阳泉地区分为两层，在潞安和阳城北部地区分为三层。

太原组煤层埋藏深度一般浅于2000m。以15号煤层为例，受太行山抬升挤压作用，盆地的东部地区煤层倾角较大，而西部和南部倾角较小，煤层出露于盆地的周缘，现在开采的煤层大多分布于埋深1000m以浅，在沁县—榆社—太谷一带埋深达到最大约2000m，在南部安泽等地区埋深在500～1500m之间，北部的太原—阳泉一带埋深普遍小于1000m。

2）山西组煤层发育与分布

山西组含煤2～7层，由下至上命名为5号—1号，煤层总厚度1～11.51m。其中3号为主煤层，厚度一般在1～8m之间。盆地北部和东南部煤层较厚，连续性好，有三个厚煤区，分别是太原西山最厚可达8m以上、寿阳和长治地区最厚可达7m以上；盆地西南部煤层较薄。煤体结构复杂，夹矸最多的地方可达5～6层，一般2～3层。3号煤层埋深趋势与15号煤层基本相似，只是浅了90～110m。

2. 煤储层含气性特征

1）含气量特征

煤岩样品含气量测试表明：沁水盆地石炭系—二叠系煤层的含气量相对较高，埋深大于300m时，含量一般为10～24m³/t。太原组煤层共测试33个样品，最低1.28 m³/t，最高可达32.11 m³/t，平均含气量18.78 m³/t，主峰值在18～28m³/t；山西组煤层共测试90个样品，最低1.09m³/t，最高31.47 m³/t，平均含气量17.9m³/t，没有明显的主峰，总体上含气量略低于太原组煤层。

从分布区域看，沁水盆地中部含气量大于四周边部（图15-48、图15-49）。以3号煤层为例，盆地的南部晋城樊庄煤层含气量最高超过22m³/t，盆地北部寿阳—武乡一带含气量为22～26m³/t，盆地东缘只有10～14m³/t。

2）含气饱和度特征

煤储层含气饱和度与常规天然气的含气饱和度不同，常规气层的含气饱和度是气体在岩石孔隙中占据空间的百分比，而煤储层含气饱和度是实测含气量与原始储层压力下对应的吸附气量的百分比。华北油田三个主要煤层气区块3号煤层的煤层气含气饱和度测试结果分别为：郑庄区块35%～55%，平均值为52.21%；樊庄区块35%～55%，平均值为47.69%；安泽区块40%～55%，平均值为50.57%。可以看出，三个区块的煤层均为未饱和储层。

3. 煤岩煤质特征

1）煤岩类型

沁水盆地煤层均为腐殖煤。宏观煤岩组分总体上以亮煤为主，其次为镜煤和暗煤（表15-25）。宏观煤岩类型上多以半亮煤和半暗煤为主，光亮煤和暗淡煤较少。太原组煤宏观煤岩类型以半亮煤（平均值为42.87%）和半暗煤（平均值为31.20%）为主，其次为光亮煤（平均值为17.23%），再次为暗淡煤（平均值为9.23%）。山西组煤宏观煤岩

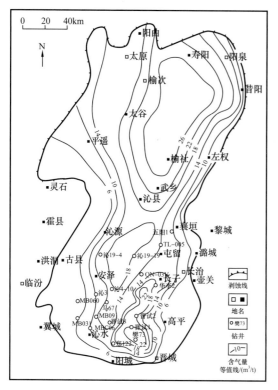

图 15-48　沁水盆地 3 号煤层含气量等值线图　　图 15-49　沁水盆地 15 号煤层含气量等值线图

类型与太原组基本相似，以半亮煤（平均值为 43.95%）和半暗煤（平均值为 31.36%）为主，其次为暗淡煤（平均值为 19.80%），再次为光亮煤（平均值为 4.55%）（表 15-25）。

表 15-25　沁水盆地宏观煤岩类型统计表

| 层位 | 光亮煤 /% | 半亮煤 /% | 半暗煤 /% | 暗淡煤 /% |
|---|---|---|---|---|
| | 最小～最大 / 平均 | 最小～最大 / 平均 | 最小～最大 / 平均 | 最小～最大 / 平均 |
| 太原组 | 0～43.3/17.23 | 4.1～63.8/42.87 | 0～82.9/31.20 | 0～22.7/9.23 |
| 山西组 | 0～17.9/4.55 | 18.2～62.7/43.95 | 15.4～59.2/31.36 | 0～47.6/19.80 |

2）煤岩显微组分特征

石炭系—二叠系煤岩的显微组分主要由镜质组和惰质组构成，镜质组含量最高，一般在 50%～91% 之间，其中大部分是均值镜质体和基质镜质体；其次为惰质组，大部分为丝质体，微粒体与菌类体较少；再次为壳质组，一般低于 10%（表 15-26）。受沉积环境和物源的影响，太原组和山西组的煤层在显微组分特征上有差异，强还原环境下适合镜质组形成，弱还原环境下有利于形成惰质组，壳质组是在成煤过程中植物的富氢组分（树皮、树脂、孢子等）富集的产物，生烃能力强。

太原组煤显微组分特征：镜质组含量为 50.8%～92.5%，平均值为 73.8%，以均质镜质体和基质镜质体为主；惰质组含量为 0.8%～36.4%，平均值为 17.1%，主要是由丝质体构成；由于热演化程度高，壳质组含量较低，一般为 0～29.4%，平均值仅有 5.1%；矿物质含量为 0～12.9%，平均值为 5.9%。

表 15-26 沁水盆地煤岩显微组分统计表

| 层位 | 镜质组 /% | 壳质组 /% | 惰质组 /% | 矿物质 /% |
| --- | --- | --- | --- | --- |
| | 最小～最大 / 平均 | 最小～最大 / 平均 | 最小～最大 / 平均 | 最小～最大 / 平均 |
| 太原组 | 50.8～92.5/73.8 | 0～29.4/5.1 | 0.8～36.4/17.1 | 0～12.9/5.9 |
| 山西组 | 46.0～89.5/71.5 | 0～11.4/1.9 | 10.2～36.9/24.1 | 0～15.6/5.1 |

山西组煤显微组分特征：镜质组含量 46.0%～89.5%，平均值为 71.5%，比太原组略低，以均质镜质体和基质镜质体为主；惰质组含量 10.2%～36.9%，平均值为 24.1%，大多以丝质体为主，少量为微粒体和菌类体；壳质组含量较低，一般为 0～11.4%，平均值为 1.9%；矿物质含量为 0～15.6%，平均值为 5.1%。

受沉积环境和物源的影响，盆地南部的镜质组含量比北部高，晋城樊庄、柿庄地区最高，镜质组含量在 96% 以上；盆地西部比东部镜质组含量高。

3）煤质特征

通过煤岩样品的工业分析数据统计表明，沁水盆地石炭系—二叠系两大主煤层水分、灰分和挥发分的含量都呈现出一定的非均质性（表 15-27）。

表 15-27 沁水盆地煤岩工业分析数据统计表

| 层位 | 水分 /% | 灰分 /% | 挥发分 /% |
| --- | --- | --- | --- |
| | 最小～最大 / 平均 | 最小～最大 / 平均 | 最小～最大 / 平均 |
| 太原组 | 0.42～3.29/1.50 | 4.80～40.55/15.60 | 6.16～21.39/11.71 |
| 山西组 | 0.90～2.61/1.42 | 9.00～27.44/16.38 | 3.60～35.29/10.62 |

煤岩水分：太原组主要分布在 0.42%～3.29% 之间，平均值为 1.50%，南部的晋城和潘庄最高，长治一带最低；山西组主要分布在 0.90%～2.61% 之间，平均值为 1.42%，在南部的晋城和潘庄以及北部阳泉地区最高。

煤岩灰分：太原组主要分布在 4.80%～40.55%，平均值为 15.60%；山西组分布在 9.00%～27.44%，平均值为 16.38%。按照中国的煤岩灰分等级划分来看，山西组和太原组的煤都属低灰煤。灰分产率与煤岩类型和煤岩组分有着密切的关系，一般而言，暗煤—亮煤—镜煤的灰分产率依次降低，主要受控于成煤环境，后期的构造运动和地下水活动对煤岩孔隙的矿物充填也会影响煤岩的灰分含量。

煤岩挥发分：在煤岩的成岩过程中，有机质受到温度压力影响发生变化，含量随着热演化程度增高而减低。因此，石炭系—二叠系煤岩的挥发分变化大。总体上煤岩挥发分产率分布在 3.6%～35.29% 之间，主峰为 6%～9%。南部高平、沁水县一带为 10% 左右，阳城—晋城地区镜质组反射率较高，约为 5%；东北部阳泉—寿阳一带高热演化区小于 10%，盆地边缘以及霍山隆起西缘演化程度相对较低，煤岩挥发分产率比其他地区要高，分布在 10%～19%，在西山、洪洞地区最高可达 40% 以上。

4.煤储层物性特征

1）孔隙发育特征

扫描电镜观测结果显示（图15-50），主力煤层3号煤岩孔隙总体上不发育，孔隙中铸模孔多见，呈不规则到次圆形，多密集分布、连片分布，铸模孔通常比较浅，彼此之间大多不连通，部分孔隙被黏土矿物充填。植物残留组织孔和气孔少见，其中组织孔大部分已变形，有的甚至被压扁，呈条带和孤立状分布，多数被矿物质充填；气孔呈气孔群、条带状和零散状出现，气孔直径大小不等，一般为0.1～18μm，多呈圆形和次圆形。偶见矿物粒间孔。

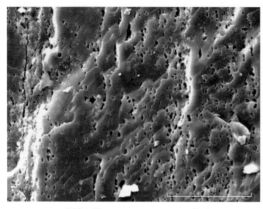

a. 郑试66井，1074.53～1075.08m，气孔　　　　　b. 樊70井，632.00～632.35m，颗粒状含Fe、S的矿化物

图15-50　3号煤孔隙发育特征扫描电镜（SEM）照片

3号煤储层孔比表面积结构分布显示，小于100nm的孔占70%～80%，大于1000nm的孔只占10%～20%，体现了高煤阶煤孔隙系统以微孔为主的特点。

沁水盆地高煤阶的微孔呈孤立状分布，相对中低煤阶而言降低了储层的渗透性，但是对于高煤阶煤的储层渗透性不起决定作用，因为对渗透性影响较大的是煤层中裂隙网络的发育程度以及压裂改造和应力改变形成的裂隙、裂缝数量。

2）裂隙发育特征

扫描电镜下，3号煤岩的微裂缝多为树枝状、近网格状及阶梯状，少数为短裂纹状。微裂缝以张性裂隙为主。裂隙多呈高角度相交，有的呈近平行分布，裂隙间距从几微米到上千微米不等。微裂隙长度一般为0.01～2cm，宽度一般为2～150μm，密度一般为3～10条/cm。裂隙多呈半闭合到闭合状态，少见开放裂隙，局部充填黏土、方解石矿物薄膜。扫描电镜下，煤岩微裂缝非常发育，宽度大于1μm的裂隙密度为262条/cm，大于0.5μm的为1736条/cm，大于0.2μm的为5401条/cm，其中宽度在0.2μm和1μm之间的微裂缝条数比大于1μm的微裂缝多数十倍（图15-51）。

通过对沁水盆地南部煤岩宏观描述的裂隙统计发现，3号煤层的主裂隙密度分布特征呈现西大东小的特征，西部主裂隙密度可达8～14条/cm，东部主裂隙密度为4～6条/cm。15号煤层主裂隙密度分布特征表现为东南部大，西北部小，东南部主裂隙密度为5～9条/cm，西北部主裂隙密度为2～5条/cm。3号煤层的次裂隙密度分布特征总体上与主裂隙密度分布特征类似，同样表现为西部裂隙分布密度大，为4.5～9条/cm，其余地区为1.5～4.5条/cm。15号煤层次裂隙密度表现为沁水北部—安泽南部一带、屯留北部—五阳地区密度较大，为3～6条/cm，中部地区次裂隙密度为1.5～3.0条/cm。

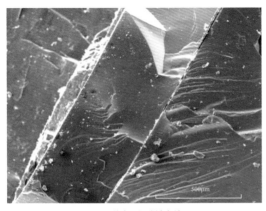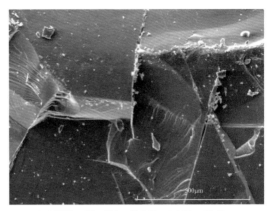

| a. 裂隙,部分被充填 | b. 短裂隙,断口形态,樊62井,670.25~670.60m |

图15-51　3号煤裂隙发育特征扫描电镜（SEM）照片

裂隙对渗透率的贡献在高阶煤中占主导地位,裂隙的发育情况在一定程度上体现了渗透率高低及其分布特征。

3）煤岩渗透率

利用试井法求取煤层渗透率是目前国内外公认的最佳做法。国内近年来主要采用注入/压降法来求取煤层的渗透率,但由于缺乏统一的标准和各施工单位工艺技术水平的差别,不同施工单位对同井同层测试的渗透率存在一定差异,从而影响了对煤层渗透率的认识。

从测试结果看,3号煤层的渗透率为0.008~2.14mD,一般在0.1~0.4mD,与国内外中低煤阶区煤层渗透率相比,明显偏小,基本反映了沁水盆地高煤阶煤层的原始渗透性。

煤层气的产气能力是由煤层气藏的压力和煤储层物性共同决定的。煤层气藏压力高,即含气饱和度高,代表了煤层气藏能量充足,具备高产的物质基础;而要实现高产,必须还要具备良好的储层物性,需要有良好的渗流通道。影响煤层物性的因素是多方面的,对于高阶煤,其孔隙以微孔为主,孔隙直径很小,在电子显微镜下观察,这些小孔大多不连通,呈孤立状分布于煤基质中。而煤层的双孔隙特征为增加渗透性提供了另一种通道,这就是裂隙,也就是通常说的割理,其对渗流通道的形成起了决定性的作用,从这种意义上讲,煤储层物性研究的重点是裂隙的发育特征。通过研究发现:不同的煤岩类型发育裂隙的能力不同,亮煤、镜煤、半亮煤容易产生裂缝,暗煤和半暗煤中裂缝一般不太发育;显微组分的差异也会对裂隙的发育产生影响,镜质组含量越高,煤岩中裂缝越发育。沁水盆地南部煤层中镜质组含量均在60%以上,其中大多数超过85%,具备形成裂缝发育的良好物质基础。煤质工业组分亦是影响裂隙发育的因素,煤质分析表明,灰分含量越低,煤质越纯净,越有利于内生裂隙的发育;工业分析中碳元素的含量越高,煤岩的脆性越大,越容易产生裂隙。

## 八、水文地质特征及保存条件

水文地质条件与天然气和煤层气的富集、运移密切相关。一方面,地层水作为气传输的介质,控制着气的运移和聚集;另一方面,作为与气相伴的流体,地层水的特征同时也反映着气藏的存在环境。沁水盆地主要的水文地质特征是一个独立的水文地质单元，属地下水外流型盆地，不同时代的含水层有不同的补给、径流、排泄系统，奥陶系—寒武系岩溶含水层是控制各个时代不同含水层系统的主导因素。

1. 水文地质分层

沁水盆地沉积地层在水文地质结构上可划分为四个大的含水层：

（1）煤系底奥陶系—寒武系石灰岩裂隙岩溶含水层，为区域性强含水层；

（2）煤系地层裂隙含水层，可以划分出太原组和山西组两个亚层，太原组亚层以石灰岩夹可采煤层为特征，山西组亚层则以碎屑岩和可采煤层为特征，含水性弱；

（3）煤系上覆石盒子组和中生界碎屑岩裂隙含水层，主要含水层为砂岩；

（4）新生界松散孔隙含水层，分布于新生界断陷盆地和较大河流的河谷中。

奥陶系—寒武系石灰岩裂隙岩溶含水层为主要的含水层，顶部虽然有铝土质泥岩分隔，但是由于断裂和岩溶陷落，对煤层影响较大；石炭系—二叠系煤系为独立的主要含水系统，煤层本身和围岩含水性强弱变化，对煤层直接产生影响。

2. 奥陶系—寒武系水文地质

奥陶系—寒武系地层水主要赋存于岩石的裂隙和岩溶孔隙中，是沁水盆地地下水系统主导控制图素。主要表现在以下方面。

1）奥陶系—寒武系是煤系地层的基底，对盆内地下水活动起着关键作用

奥陶系—寒武系石灰岩是盆地中富水性最强、厚度最大、补给条件最好的含水岩组，是盆地中各含水层中最积极的因素，对盆地内地下水活动起着关键作用。盆地中不同时代的各单斜含水构造，向盆地中心延展时均表现为从积极径流交替状态向滞流状态变化，而由于各地层渗透性不同等原因，滞流带出现的先后有不同。奥陶系—寒武系的滞流区出现较晚，积极交替带向盆地中心延伸最远，对盆地内地下水的活动起着主导作用，影响或促进其他含水岩层中的地下水的活动。

2）奥陶系—寒武系岩溶地下水是控制地下水动力场和流场的主导因素

奥陶系—寒武系岩溶含水层，是通过与煤系及其上覆地层相互间的水位差别和水力联系状况而达到对盆地内地下水流场起控制作用的。在有水力联系的各含水层间起主导作用的常常是那些渗透性能好的强富水的含水层。沁水盆地奥陶系—寒武系石灰岩与其他含水层间可以通过岩溶陷落柱、断层、裂隙带、隔水层隔水性薄弱地带而发生水力联系，尽管各个区段水力联系的程度不同，但互相制约的因素是存在的。盆地内的各含水层的补给主要来自大气降水，奥陶系—寒武系赋存于盆地底部，构造位置处于边部，上覆地层中地下水只能流入奥陶系—寒武系中或者以泉水方式补给地表水。从盆地中各含水层的水位分布特征而言，在盆地边部煤系地层的水位往往高于奥陶系石灰岩，至深部两者水位则逐渐接近，甚至形成反差，这是盆地内水动力场的显著特点，起主导作用的仍然是奥陶系—寒武系石灰岩的水位及变化。不仅从水文地质条件的分析上可以得到以上结论，而且在盆地周边矿区多年煤田开采的实践上也证明了这一点。许多生产矿井，主采煤层的标高多高于奥陶系石灰岩水位，矿井的充水含水层为煤系地层中的砂岩含水层和薄层石灰岩含水层，地下水的补给来源主要是大气降水和部分地面河谷渗漏补给。由于奥陶系石灰岩水位低于开采矿井，也低于矿井的直接充水含水层，它不可能补给煤系地层含水层，而只能接受煤系地层的少量补给。矿井水文地质条件简单，矿井开采时

排水对煤层气的逸散作用弱。向盆地深部，煤层埋藏深度增加，煤层标高则逐渐低于奥陶系石灰岩的水位标高，奥陶系石灰岩的水位标高也逐渐和煤系地层水位接近，使得奥陶系石灰岩和太原组石灰岩间的水力联系密切起来。在煤层和煤层气开采时，奥陶系石灰岩水便可能成为煤系中直接充水含水层地下水的补给来源。在某些地段奥陶系石灰岩水也可能以底板突水的方式对矿井直接充水，使得矿井水文地质条件趋向复杂化。

3）沁水盆地奥陶系—寒武系岩溶含水层分为三个水动力系统

受构造分区及供、泄水区的制约，沁水盆地奥陶系—寒武系大致形成了三个水动力系统，即西北部的晋中断陷、东北部的榆社北—阳泉和沁县—晋城。并具有 6 个相对独立的泉域（表 15–28）。

表 15–28　沁水盆地及周缘岩溶大泉状况表

| 泉名 | 地名 | 类型 | 泉出露标高 /m | 含水层位 | 泉水涌量 /（m³/h） |
|------|------|------|------|------|------|
| 娘子关泉 | 平定县娘子关 | 侵蚀构造下降泉 | 373 | 中奥陶统 | 36000～57600 |
| 辛安泉 | 平顺县辛安村 | 构造侵蚀下降泉 | 638.6 | 中寒武统 | 32400～36000 |
| 三姑泉 | 晋城市孔庄村 |  | 302.3 | 寒武系 | 16920 |
| 延河泉 | 阳城县延河村 |  | 464 | 中奥陶统 | 16200 |
| 广胜寺泉 | 洪洞县广胜寺 | 构造下降泉 | 598 | 中奥陶统 | 16308 |
| 洪山泉 | 介休市洪山村 | 构造下降泉 | 900 | 中奥陶统 | 3960～5760 |

晋中断陷承受西侧吕梁山隆起、南侧霍山凸起及北侧太原东山三个方向的供水，水流汇集于断陷内形成了较为封闭的水动力系统。据太原一带深水文钻孔资料，奥陶系地层水的承压性好，压力系数接近于 1，证明了封闭的水动力条件。东北部水动力系统存在三个供水方向，即由太原东山经孟州向东南的补给、由太行山向西的补给以及由霍山凸起向北东方向的补给。三股水流最终在阳泉区汇集并由娘子关大泉泄出。南部水动力系统的主要供水区为霍山凸起，地下水主要径流方向是由西向东、由北而南，与地表河流的流向基本一致。最终在东部的辛安泉和南部的延河泉泄出。这些岩溶水系统既是独立的岩溶水文地质单元，同时也是独立的煤系及上覆地层水文地质单元，形成叠置状态，有共同的边界，又有一定的水力联系，表现出协调性和一致性，大气降水、岩溶地下水和地表水常常发生转化，而上覆含水层的地下水也常常参与这种转化，在盆地中心部位，上覆地层受地形切割，可能补给地表水，河流流经石灰岩地段又可能渗透补给岩溶水，经过一定距离后，在条件适宜时又可能以泉水的形式再次转化为地表水。奥陶系—寒武系石灰岩岩溶含水层和煤系及上覆岩层水位的差别状况对于沁水盆地水文地质条件是至关重要的。

4）奥陶系—寒武系岩溶地下水影响煤层气的富集

当地壳上升，地层遭受剥蚀和切割，此时会导致各地层中地下水压力下降，地下水在含水层的露头区由承压变为无压，水层的水和煤系中的气向奥陶系石灰岩中运移。在三叠纪后，沁水盆地地壳又经历过数次上升和下降过程，储层压力的下降和煤层孔隙度不可恢复的减少，导致煤层气的逸散和煤层渗透率的降低。

盆地内，奥陶系—寒武系石灰岩强含水层，成为煤系下伏的低温垫层，特别是在岩溶地下水径流比较强烈的地段，水对地热向上的传递起着吸收作用，可以导致盆地内煤系地层地温偏低现象，一定程度上减弱了地热向上的传递，从而对煤层气的富集起作用。

### 3. 石炭系—二叠系水文地质

沁水盆地石炭系—二叠系煤系地层在盆地周边出露，自周边向盆地中心倾斜，总体呈向斜构造，与奥陶系—寒武系有着基本相同的供泄水条件，水动力场基本一致。因底部铝土质泥岩起着隔水作用，又各成独立的水动力系统。就整个盆地而言，大致以霍山系—襄垣一带为界，分为南北两个水动力系统：北部以霍山、太原东山和太行山为供水区，娘子关一带为泄水区；南部以霍山和太行山为供水区，阳城一带为泄水区。

#### 1）北部石炭系—二叠系地下水系统

地下水水位从1400m到700m。地下水从北部向南流动，在东部煤层露头处接受补给向西流动，总体为向盆地内部（深部）径流，到深部地下水滞流。但是，在边缘浅部可形成局部小区域的地下水流动单元。

一般，系统内各含水层之间没有水力联系，山西组和太原组含水层之间相互独立。只有在盆地边缘，断层发育的浅部，由于张性构造发育，沟通了不同的含水层，使他们发生水力联系。据野外水文地质观察，沿北部的桃河、中西部到南部的沁河、东部的浊漳河，以及南部的沁河支流固县河，在石盒子组露头有大量的上升泉，表明这些河流沟谷地带是地下水的排泄区，上石盒子组和下石盒子组含水层从盆地边缘接受侧向补给，或接受垂向补给，向盆地内部径流，在河谷低地排泄，表明煤系上覆地层地下水是边浅部向盆地中心径流的。

#### 2）南部石炭系—二叠系地下水系统

该系统东、南、西侧为煤层露头。地下水水位从1000m到550m，东缘水位高为1000m，西部水位降低为600m左右，南部最低为550m。含水层为石灰岩与砂岩，总厚度15～52m，平均值为35m。据钻孔抽水资料，单位涌水量0.00038～0.026L/s·m，渗透系数0.0001～0.0644m/d，为承压水，弱富水性，水质类型为$HCO_3^-$—$K^+ + Na^+$型。根据地下水流场特征，南部石炭系—二叠系地下水系统可以分为四个子系统：潞安单向流子系统，潘庄—大宁汇流子系统，霍东单向流子系统，沁源单向流子系统。

潞安单向流子系统地下水由东向西、由南向北径流，在深部屯留县、襄垣县一带形成滞留洼地；潘庄—大宁汇流子系统，北界为高村—南庄地下分水岭，地下水由北向南径流，东界和南界为煤层露头，地下水自东向西和自南向北径流，西界为寺头断层，地下水自西南向北东流动、形成汇流特征，深部地下水径流弱，在潘庄形成滞水洼地；霍东单向流子系统地下水向盆地外部流动；沁源单向流子系统地下水总体由西北向东南、由东北向西南径流，前者径流能力强，后者径流能力弱，在南部受阻于寺头断层，在沁水县一带形成滞水洼地。

与北部系统不同，南部的地下水流动方向比较复杂。因而煤层气富集呈现多样性，导致各区域煤层气饱和度和储层压力存在明显差异。

沁水盆地石炭系—二叠系水化学特征清楚地反映地下水流动方向。由于石炭系—二叠系含水层埋藏较浅，尤其是靠近盆地边缘区，直接受大气降水补给，主要表现为渗入水的化学特点：$HCO_3^-$含量高、矿化度低，如南端的晋城、阳城矿化度为0.3～0.9g/L，东北端的阳泉地区为0.5～1.1g/L，水型主要为$HCO_3^-$—$Ca^{2+}$—$Mg^{2+}$或$HCO_3^-$—$SO_4^{2-}$—$Ca^{2+}$—$Mg^{2+}$型。靠近盆地中心部位的沁参1井石炭系—二叠系地层水矿化度为2.5g/L，水型为$Cl^-$—$HCO_3^-$—$Na^+$型，说明由盆地边缘向盆地中心地层水矿化度由低向高变化。

4. 保存条件

综合上述沁水盆地水文地质特征，结合盖层和封隔层的展布，沁水盆地煤层气和常规油气保存条件有以下特点。

1）煤层主要受上、下围岩含水层的影响

新生界疏散孔隙含水层底部黏土层隔水性好，与煤层水利联系小。三叠系和二叠系上、下石盒子组的含水层其下都有多层较厚的泥质岩隔水性能良好，对煤层影响亦很小。影响煤层的主要是上、下围岩含水层，3号煤层顶板砂岩含水层位于煤层之上数米，在中部地区直接为顶板，由1～3层砂岩组成，厚6m，最厚23m，富水性弱，盆地南部抽水涌水量仅0.0011L/s·m，东部潞安部分钻孔一抽即干，说明顶板砂岩含水层对3号煤层水浸有限。15号煤层在一些地区直接顶板为石灰岩，岩溶不发育，裂隙不太发育，且多被方解石充填，富水性弱，对煤层影响不大。但寿阳钻井涌水量达8.102L/s·m，局部可能含水性较强，对煤层有一定的影响。

2）煤系之上的封盖层发育，对煤层气保存较为有利

石炭系—二叠系煤系之上的上、下石盒子组泥岩厚度大，单层最大厚度60m，累计厚度超过400m，在全盆地发育稳定，是良好的区域性盖层。山西组3号煤之上的泥岩和太原组15号煤之上的泥岩比较发育，厚度稳定。从主煤层顶底板封盖条件分析，15号煤顶板厚2～16m，北部为泥岩，中部为砂岩，南部为石灰岩，可见封盖条件北部优于南部。3号煤顶板厚2～6m，为砂质泥岩、泥质粉砂岩和致密砂岩，封盖条件较好；底板是厚1～4m的泥岩，分布稳定，最厚14m，是良好的分隔层。本溪组铝土岩分布广泛，厚1.5～6m，中部最厚可达13m，是石炭系煤层与奥陶系间的良好隔层。

3）水头高度对煤层含气性的影响

水头高度是衡量煤储层压力的重要参数。一般水头高度越高，说明储层压力越大。各含水岩组的水头高度同时受到补给区和排泄区标高控制，补给区高程越高，地下水水头压力越大，而排泄区水位越低，水头梯度或径流强度越大，则不利于煤层气的富集。反之，在水位标高变化平缓，水力坡度小的地方，煤层气则可以很好的保存，并富集成藏。在寿阳、阳城其水头都高于15号煤层底标高，越向盆地中部高差越大，奥陶系石灰岩含水层与15号煤间的铝土岩一般能起到隔水作用，但在有裂隙时可能会连通。可见，煤层含水性与围岩水利沟通程度取决于围岩的裂隙开启和岩溶发育程度。石炭系—二叠系砂岩含水层富水性较弱，泥岩隔水层发育，对煤层气开发影响有限。奥陶系石灰岩和太原组石灰岩局部富水层，在断裂及岩溶发育区对煤层有直接影响，不利于煤层气开发。

# 九、煤层气形成条件

### 1. 煤层气的生成及演化

研究煤层气的生成机理，首先应研究煤岩生成演化的地质历史。沁水盆地煤岩镜质组反射率$R_o$集中在1.5%～4.0%之间，呈现南高北低的特点。

以沁水盆地南部地区为例，煤层热演化受埋深及受热双重的影响，煤层生烃大体经历了五个阶段（图15-52）：

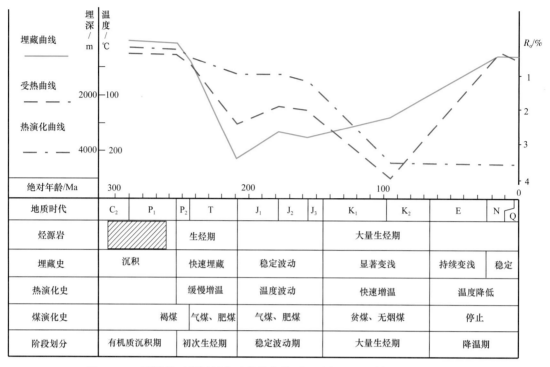

图 15-52　晋城地区煤层埋藏及热演化关系图（据赵孟军等，2005，修改）

第一阶段，有机质沉积期。石炭系—二叠系煤层从中石炭世中期开始沉积，直至早二叠世晚期沉积结束，这一过程持续了近40Ma。从沉积作用开始直至晚二叠世早期，煤层在表层埋藏很浅，有机质只发生了轻微的煤化，形成了褐煤。

第二阶段，初次生烃期。晚二叠世早期是个转折点，之后煤层发生快速埋藏，埋深迅速增加，直至三叠纪结束，最大埋深将近4200m，这一过程持续了近50Ma。在此期间，随着埋深的快速增加，煤层古地温值相应的快速增大，使煤岩发生在正常地温背景环境下的变质作用，在此阶段末期，煤岩的镜质组反射率 $R_o$ 上升到了0.8%左右，煤阶提升至气煤、肥煤，伴随着煤层气的快速生成，为初次生烃。

第三阶段，稳定波动期。整个侏罗纪，煤层的埋深发生了比较稳定的波动，经历了抬升—沉降—抬升的过程，但总体上，煤层的埋深在侏罗纪时期是抬升的。由于这个时期煤层的埋深一直浅于最大埋深，并且未经历异常热事件，煤层受热较稳定且低于生烃温度，热演化处于停滞状态，所以生烃作用基本停止，煤阶仍为气煤、肥煤。

第四阶段，大量生烃期。整个白垩纪，煤层依然受到抬升而显著变浅，但是由于燕山期强烈的岩浆活动，使得煤层在埋深变浅的情况下快速增温，发生强烈的变质作用，煤岩的镜质组反射率 $R_o$ 上升至4.0%左右，煤阶快速升高到了贫煤和无烟煤，伴随着剧烈的生烃作用。在这个过程中，生烃期和煤的变质作用并不同步，在早白垩世末期，热活动基本结束，煤变质到此为止，变质作用达到了最大，而大量生烃作用一直持续至白垩纪末期。

第五阶段，降温期。进入新生代后，煤层埋深仍继续变浅并伴随地层降温，变质作用一直处于停止状态。

2. 煤层气的成因类型及特征

煤层气成因类型的划分，主要依据煤层气气体成分和甲烷碳、氢同位素组成的特征，煤层气主要有生物成因和热成因两类，其中生物气有原生生物气和次生生物气之分。

热成因煤层气在热演化过程有规律的生成，主要生气阶段的 $R_o$ 分布在 0.6%～4.0%。热演化早期 $R_o$ 在 0.7% 附近时，生气量仅占热成因气总量的 10%，而当 $R_o$ 达到 1.6% 时，可达 80%。热降解气产生在中低煤级长焰煤到瘦煤阶段，$R_o$ 在 0.6%～1.8%，这一阶段产生的煤层气中乙烷、丙烷等重烃组分含量较高，又称湿气；$R_o$ 在 2.0% 以上的高煤级煤主要产生热裂解干气。煤化作用早期，二氧化碳等组分首先大量生成，伴随着热演化的进行，甲烷含量逐渐增加，重烃组分和二氧化碳含量逐渐降低。

沁水盆地南部煤层在晚二叠世早期到三叠纪为初次生烃期，主要为生物气阶段，随着埋深的不断增大，生物气被保存在煤储层中。煤中有机质的生烃演化主要对应于热降解气阶段初期，累计生烃量达到 81.45m³/t，但由于煤岩变质程度较低，吸附能力较弱，含气量小于 10m³/t。

白垩纪阶段为第二次生烃期，主要是热成因气阶段，是沁水盆地南部主力煤层的主要生气时期，生气范围广，生气强度大，累计生气量可达 359.10m³/t，同时，岩浆侵入活动产生的高温环境增大了煤层中微观孔隙和宏观孔隙的数量，煤储层吸附能力极大增强，含气量最大可达 30m³/t。

同时，燕山期和喜马拉雅期强烈的构造运动对于煤层气藏的分布产生了明显的控制作用，盆地边缘埋深变浅，含气量降低。断层、陷落柱发育的区域，不利于煤层气的保存，导致含气量偏低。在一些水动力条件较强的区域，由于水洗作用，同样不利于煤层气的保存。而埋深较大、构造较稳定、水动力较弱的地区，有利于煤层气藏的富集。

生气母质类型、演化过程及形成机理等是煤层气成因类型划分的重要依据，而掌握各成因类型煤层气的气体成分、同位素组成以及母质生物标志化合物等地球化学特征成为准确判别煤层气成因的关键（表 15-29）。

煤层气组成差异很大，主要包含 $CH_4$、重烃气（$C_{2+}$）、$CO_2$、$N_2$ 等，另外还含有一些微量组分：CO、$H_2S$、He、Ar、Hg 等。其中，$CH_4$ 含量一般在 50% 以上，在浅部 $N_2$ 与 $CH_4$ 存在消长关系，反映了大气对煤层气的改造。当然，有机质含氮化合物在细菌等降解作用下会形成内生氮气。随着演化程度的提高，重烃组分（$C_{2+}$）含量具有先变高再变低的规律，含量有时也可达 20%，其中乙烷和丙烷较常见，其他组分较少。一般随着碳数的增加和埋深变浅，煤层气中各烃类组分含量逐渐降低。

由于产气有机质类型多样、产气机理复杂和构造演化多变等原因，不同成因的煤层气，在气体组成上有明显差异。因此，可以通过分析气体组分特征，对煤层气成因进行初步的判别，具体的指标有 $C_1/\sum C_{1-5}$（%，vol）、$C_1/(C_2+C_3)$（%，vol）、CDMI 等，其中 CDMI=$\phi(CO_2)/[\phi(CO_2)+\phi(CH_4)]$。

低煤级和高煤级阶段产生的煤层气一般是干气（$C_1/C_{1-5}>0.95$），而中煤级阶段产生大量湿气（$C_1/C_{1-5}\leq0.95$）。生物成因气和热裂解气都具有干气特征，由于次生生物作用或者湿气遭到氧化，浅部煤层气相对深部煤层气变干。热成因气 $C_1/(C_2+C_3)<100$，生

物成因气 $C_1/(C_2+C_3)>1000$，而 $100<C_1/(C_2+C_3)<1000$ 则是热成因气与生物成因气的混合。$C_1/(C_2+C_3)$ 与 $\delta^{13}C(CH_4)$ 相结合，能有效地区分热成因湿气与生物成因干气。

煤层中 $CO_2$ 含量变化很大，在特定条件下含量最高可达99%，但是其化学性质活泼，易溶于水。当 $CO_2$ 浓度达到60%以上时，是无机成因的；而 $CO_2$ 浓度小于15%时，是有机成因的。热降解干酪根或溶解有机质形成的煤层气不仅浓度变化很大，而且 $\delta^{13}C$ $(CO_2)$ 偏轻，在 $-28‰\sim-10‰$。也有学者认为热成因气中CDMI不超过90%，裂解气更不会超过0.15%。$\delta^{13}C$ $(CO_2)$ 组成重（有时达到18‰）、$CO_2$ 浓度低、CDMI小于5%的煤层气是微生物降解所致；$\delta^{13}C$ $(CO_2)$ 组成轻（$-5‰\sim-10‰$）的煤层气，如果 $CO_2$ 浓度高，CDMI可达99%，可能是外部来源。Clayton指出，$CO_2$ 有多种来源，包括干酪根脱羧基反应、碳酸盐矿物热解反应、细菌分解有机质及地幔来源等。因此，煤中 $CO_2$ 的无机成因，除了幔源以外，地壳岩石化学反应也是其含量异常的重要因素。

沁水盆地南部地区煤层气成分以 $CH_4$、$N_2$ 和 $CO_2$ 为主，3号煤甲烷含量为 $54.71\%\sim99.28\%$，平均值为93.52%，$N_2$ 含量为 $0.35\%\sim43.88\%$，平均值为6.07%，$CO_2$ 含量为 $0.16\%\sim1.65\%$，平均值为0.39%，重烃气（$C_{2+}$）很少，普遍低于0.5%，$C_1/\sum C_{1-5}$ 为0.99，为典型的干气，$C_1/(C_2+C_3)$ 为187，CDMI为0.004，综合判断，沁水盆地南部地区煤层气主要为热裂解气。

表 15-29　煤层气成因分类

| 成因类型 | | | 示踪指标 | | $R_o$/% | 备注 |
| --- | --- | --- | --- | --- | --- | --- |
| | | | 同位素组成 | 组分特征 | | |
| 有机成因 | 生物成因 | 原生生物气 | $\delta^{13}C_1<-55‰$ | $C_1/C_{1-5}>0.95$ $C_1/(C_2+C_3)>1000$ | $\leqslant0.6$ | 生成早，难保存 |
| | | 次生生物气 醋酸发酵气 | $\delta^{13}C_1<-55‰$ $\delta^{13}C(CO_2): -40‰\sim+20‰$ | $C_1/C_{1-5}>0.95$ $C_1/(C_2+C_3)>1000$ CDMI$\leqslant5.00$ | $>0.6$ | 气源岩生物标志化合物记录相关微生物活动信息；与大气降水的混入有关，埋深较浅 |
| | | $CO_2$ 还原气 | $\delta D_1: -415‰\sim-117‰$ $\varepsilon(CO_2-CH_4): 60‰\sim80‰$ | | | |
| | 热成因 | 热降解气 | $\delta^{13}C_1>-55‰$ $\delta D_1\geqslant-250‰$ $\delta^{13}C(CO_2): -25‰\sim-5‰$ $\varepsilon(CO_2-CH_4): 20‰\sim40‰$ | $C_1/C_{1-5}\leqslant0.95$ $C_1/(C_2+C_3)<100$ CDMI$\leqslant90$ | $0.6\sim1.8$ | 随着热演化程度提高，煤层气 $CH_4$ 浓度提高和 $\delta^{13}C_1$、$\delta D_1$ 变重 |
| | | 热裂解气 | $\delta^{13}C_1>-40‰$ $\delta D_1: \geqslant-200‰$ $\varepsilon(CO_2-CH_4): 20‰\sim40‰$ | $C_1/C_{1-5}>0.99$ $C_1/C_2\geqslant3385$ CDMI$\leqslant0.15$ | $>2.0$ | |
| | 混合成因 | 混合气 | $\delta^{13}C_1: -60‰\sim-55‰$ $\varepsilon(CO_2-CH_4): 40‰\sim60‰$ | $C_1/(C_2+C_3):$ $100\sim1000$ CDMI$: 0.15\sim5.00$ | $>0.6$ | 热降解气、热裂气与次生生物成因气的混合程度决定了其组分、同位素组成特征 |
| 无机成因 | 无机气 | 幔源气 | $\delta^{13}C(CO_2)>-8‰$ $\delta D_1: -350‰\sim-150‰$ | $CO_2>60\%$ CDMI$>90$ | — | $R/Ra$、$\delta^{13}C(CO_2)$ 等是鉴别无机成因气的重要依据 |
| | | 岩石化学反应气 | $\delta^{13}C_1>\delta^{13}C_2>\delta^{13}C_3$ | | | |

## 十、资源潜力及勘探方向

依据前述沉积特征、构造发育和烃源岩热演化史，结合勘探实践表明，沁水盆地以生气为主，应致力于天然气的勘探。因此，主要针对天然气资源量进行了计算，分为常规天然气和煤层气资源量。

1. 生气量及资源量

1）常规天然气生气量计算

（1）计算方法与计算公式。

生气量计算均采用产气率法。两种不同岩性气源岩生气量计算公式如下。

泥岩计算公式：

$$Q_n = M_n \times S_n \times D_n \times C_n \times g_n \times 10^{-4} \tag{15-1}$$

石灰岩计算公式：

$$Q_h = M_h \times S_h \times D_h \times C_h \times g_h \times 10^{-4} \tag{15-2}$$

式中 $Q$——生气量或生气强度，$10^8 m^3/km^2$；

$M$——气源岩的厚度，$m$；

$S$——气源岩的分布面积，$km^2$；

$D$——气源岩的密度，$t/m^3$；

$C$——气源岩的有机碳含量，%；

$g$——气源岩的产气率，$m^3/t$。

（2）参数选取。

计算生气量所涉及的气源岩厚度、$R_o$、有机碳含量主要为实测值，少部分是根据等值线图推测的。

密度：泥岩取 $2.6t/m^3$，石灰岩取 $2.74t/m^3$。

产气率：泥岩产气率借用长庆油田环 14 井热模拟实验资料，参考北京石油勘探开发科学研究院泥岩产气率资料综合而成；石灰岩产气率由于本区未采到低成熟样品，计算石灰岩产气率根据河北省下花园和长庆环 14 井的石灰岩模拟实验成果（表 15-30）。

表 15-30　气源岩各煤阶界限点产气率表

| $R_o$/% | | 0.5 | 0.65 | 0.9 | 1.2 | 1.7 | 1.9 | 2.5 | 3.0 |
|---|---|---|---|---|---|---|---|---|---|
| 产气率 / ($m^3/t$) | 泥岩 | 5 | 16 | 45 | 98 | 176 | 203 | 250 | 270 |
| | 石灰岩 | | 11 | 65 | 150 | 314 | 390 | 645 | 745 |

（3）生气强度。

分层系按岩性分别编制了石炭系煤、泥岩、石灰岩和奥陶系石灰岩的生气强度等值线图。在石炭系总生气强度等值线图上有两个高值区，一个是阳泉至盆地中部地区，一般为 $70 \times 10^8 m^3/km^2$ 左右，最高可达 $130 \times 10^8 m^3/km^2$；另一个是晋城至阳城地区，一般为 $60 \times 10^8 \sim 90 \times 10^8 m^3/km^2$，最高为 $112.42 \times 10^8 m^3/km^2$。盆地中部一般为 $50 \times 10^8 \sim 60 \times 10^8 m^3/km^2$；盆地西部最低，为 $20 \times 10^8 \sim 50 \times 10^8 m^3/km^2$。

奥陶系石灰岩在盆地北部沁县至寿阳一带生气强度最大，为 $15 \times 10^8 \sim 20 \times 10^8 \mathrm{m}^3/\mathrm{km}^2$，南部安泽至阳城为 $15 \times 10^8 \mathrm{m}^3/\mathrm{km}^2$，盆地西部为 $4.5 \times 10^8 \sim 10 \times 10^8 \mathrm{m}^3/\mathrm{km}^2$。

（4）生气量。

各区块面积乘以平均生气强度，求出各区块生气量，各区块生气量累加，即取得全盆地总生气量为 $3140691 \times 10^8 \mathrm{m}^3$。其中石炭系生气量为 $2532910 \times 10^8 \mathrm{m}^3$，奥陶系生气量为 $607781 \times 10^8 \mathrm{m}^3$。

（5）资源量计算。

先分区块计算资源量，各区块累加求得全盆地总资源量，计算结果：常规天然气资源量为 $5532.55 \times 10^8 \mathrm{m}^3$，其中石炭系 $4455 \times 10^8 \mathrm{m}^3$，奥陶系为 $1078 \times 10^8 \mathrm{m}^3$。

2）煤层气生气量计算

煤层气资源量的计算主要参考沁水盆地第四次煤层气资源评价成果，采用体积法作为主要的评价方法。根据煤炭储量数据的有无，分别采用以下两种评价方法。

在计算单元内可获得煤炭储量数据或资源量数据，可采用下面公式计算煤层气地质资源量：

$$G_i = \sum_{j=1}^{n} C_{rj} \times \overline{C_j} \qquad (15\text{-}3)$$

式中　$n$——计算单元中划分的次一级计算单元总数；

　　　$G_i$——第 $i$ 个计算单元的煤层气地质资源量；$10^8 \mathrm{m}^3$；

　　　$C_{rj}$——第 $j$ 次一级计算单元的煤炭储量或资源量；$10^8 \mathrm{t}$；

　　　$\overline{C_j}$——第 $j$ 次一级计算单元的煤储层平均原地基含气量，$\mathrm{m}^3/\mathrm{t}$。

在计算单元内尚未获得煤炭储量或资源量，则计算公式为

$$G_i = \sum_{j=1}^{n} 0.01 \times A_j \times \overline{h_j} \times \overline{D_j} \times \overline{C_j} \qquad (15\text{-}4)$$

式中　$A_j$——第 $j$ 个次一级计算单元的煤储层含气面积，$\mathrm{km}^2$；

　　　$\overline{h_j}$——第 $j$ 个次一级计算单元的煤储层平均厚度，$\mathrm{m}$；

　　　$\overline{D_j}$——第 $j$ 个次一级计算单元的煤储层平均原地基视密度，$\mathrm{t}/\mathrm{m}^3$。

煤层是一种裂缝—孔隙型双重孔隙介质储层，煤层气主要以吸附状态赋存于煤层中，体积法较为适合煤层气资源量的计算。

（1）煤层气可采资源量评价方法。

在获取煤层气地质资源量后，再经过可采系数校正可计算出煤层气可采资源量，计算公式为

$$G_r = G_i \times R \qquad (15\text{-}5)$$

式中　$G_r$——煤层气可采资源量，$10^8 \mathrm{m}^3$；

　　　$G_i$——煤层气地质资源量，$10^8 \mathrm{m}^3$；

　　　$R$——煤层气可采系数。

（2）主要参数的选取。

严格按照新一轮煤层气资源评价的相关规范和要求，紧密接合煤层气科研报告的参

数，同时根据相关的等值线图推测出资源量计算所需参数的期望值。

① 煤炭储量或资源量的选取是通过收集和分析沁水盆地以往的煤田地质精查、详查报告，按公式计算求得。

$$煤炭储量 = 煤厚 \times 视密度 \times 计算单元面积 \tag{15-6}$$

② 含煤面积的选取是在圈定计算单元的基础上通过两种方法互相验证求取的：一是采用求积仪测量计算单元面积；二是用 Geomap 软件中的求面积工具进行求取。

③ 煤储层厚度的选取主要有以下几个步骤：第一，查阅沁水盆地的相关煤田地质报告、煤田勘探获得的钻孔数据及煤层气勘探获得的煤层气井数据，并按其地理坐标将煤层厚度标注在底图上；第二，根据标注的煤层厚度绘制煤层厚度等值线图；第三，将圈定的计算单元与煤层厚度等值线叠加，最终获取煤储层厚度值。

④ 煤储层含气量值是指钻井取心获得的含气量，为损失气量、解吸气量（模拟地下温度）和残余气量之和。煤储层含气量值的选用主要采用以下方法：一是可采用煤层气井中实测的含气量，也可采用煤田勘探所实测的煤层含气量；二是在缺乏煤层气含气量实测值的计算单元内，可以类比相邻或地质条件相似、具有相同埋深范围内的含气量值；在类比时，注意研究上覆有效厚度和含气量之间的关系，以便预测的含气量更接近地质实际。三是以获得浅部计算单元内含气量与深度关系为前提，可推算地质条件相似、相邻的深部计算单元内的含气量值。根据实际情况，可选择梯度法和等温吸附曲线法。对于所有参与计算的煤层甲烷，均以原地基为准。

⑤ 煤密度的选取主要采用的是煤的视密度，此数据是通过查阅沁水盆地不同煤田的煤田地质等报告获得的，具体数值见表 15-31。

表 15-31　沁水盆地不同煤田的煤密度

| 区块 | 西山 | 霍西 | 阳泉 | 和顺 | 潞安 | 晋城 |
|---|---|---|---|---|---|---|
| 视密度 / (t/m³) | 1.51 | 1.36 | 1.31 | 1.36 | 1.45 | 1.47 |

⑥ 煤储层兰氏体积和兰氏压力的选取是在查阅煤层气井试井资料和等温吸附实验来获得实测的兰氏体积和兰氏压力，对于没有实测值的计算单元，则是根据相同煤级以及相邻计算单元的实测兰氏参数进行类比，以获得兰氏参数。

⑦ 废弃压力的选取是根据国土资源部资源评价文件进行取值的，主要是按煤级的不同来选取：贫煤和无烟煤区采用 1.38MPa，长焰煤—瘦煤区采用 0.7MPa，褐煤采用 0.4MPa。

⑧ 储层渗透率的选取除利用煤层气井的测试资料外，对于没有煤层气井的区域，通过类比法获得，类比过程中考虑了煤级、埋深等因素对渗透率的影响，求取较为准确的渗透率参数。

⑨ 可采系数的选取依据计算公式为

$$R = 1 - \frac{V_L \times P_a}{C_i(P_L + P_a)} \tag{15-7}$$

式中　$R$——煤层气可采系数；

$V_\mathrm{L}$——煤储层兰氏体积，$\mathrm{m^3/t}$；

$P_\mathrm{L}$——煤储层兰氏压力，$\mathrm{MPa}$；

$P_\mathrm{a}$——废弃压力，$\mathrm{MPa}$；

$C_\mathrm{i}$——煤储层原始含气量，$\mathrm{m^3/t}$。

（3）煤层气评价结果。

资源评价结果表明：山西沁水盆地煤层气地质资源量为 $40384.5\times10^8\mathrm{m^3}$，可采资源量为 $16636.25\times10^8\mathrm{m^3}$。

2. 煤层气与常规油气勘探方向

根据资源量计算结果，结合沁水盆地的地质结构、储层、盖层、圈闭、保存条件等综合评价，进一步明确了勘探方向。

1）煤层气勘探方向

沁水盆地是中国煤层气资源丰富的地区，煤层气资源量为 $40384.5\times10^8\mathrm{m^3}$，平均资源丰度超过 $1\times10^8\mathrm{m^3/km^2}$，目前在盆地南部已建成煤层气商品生产基地。煤层气勘探要充分利用煤层气的资源优势，优选区块，扩大成果。沿整个盆地的东侧及南侧约800m埋深线以内，多数为煤田精查区和详查区，仅少数为普查和找煤区，煤田勘探程度很高。但是在多数地区勘探程度还相对较低。当前煤层气的开采深度主要集中在800m以浅的区域，800m以深是下一步的勘探方向和资源潜力区。结合前期煤层气勘探开发经验，全面分析全盆地煤层分布状况的基础上，优选出潞安（沁南—夏店）、阳泉以及太原西山地区为下一步勘探的有利区带。

2）常规油气勘探方向

目前，沁水盆地常规油气还未取得突破。多年的勘探实践经验表明，作为富煤盆地，沁水盆地以成气为主，生气能力较高的石炭系—二叠系煤系烃源岩和下古生界海相碳酸盐岩烃源岩具有 $5532.55\times10^8\mathrm{m^3}$ 的巨大常规天然气资源量。较有利的砂岩、碳酸盐岩储层和较好的储盖组合、众多的背斜圈闭构造等，都是有利的条件。但后期保存相对较差则是长期勘探未获突破的主要原因之一。基于盆地的这些基础地质条件，在沁水盆地应致力于寻找保存条件较好的各类圈闭。因此，以煤系地层中的砂岩及下古生界碳酸盐岩为主要的勘探目的层，着眼全盆地，积极探索有利的圈闭。晋中断陷和盆地中北部深凹陷水动力相对不活跃的滞流区，是较有利选区。

# 十一、煤层气勘探理论及技术进展

沁水盆地是中国最大的煤层气生产基地，经过多年的勘探开发实践及技术攻关，华北油田公司在煤层气勘探理论及技术方面取得了重要进展，创新提出了高阶煤煤层气沉积、热动力、构造和水文地质条件"协同、互补、共存"四元富集地质理论，建立了高煤阶煤层气非富集成藏模式；创新提出了高阶煤储层固流耦合控产机理，建立了高阶煤储层固—流体耦合控产效应评价方法。

1. 高阶煤煤层气"四元"富集地质理论

随着沁水盆地南部煤层气勘探开发程度的不断提高，对高阶煤煤层气成藏地质理论的认识不断深入和完善，形成了：沉积作用控制煤储层分布、深成和岩浆热变质作用叠加控制生烃、构造作用控制成藏条件配置、水文地质作用持续调整含气量，多种作用互补共存成藏的"四元"富集地质理论。

1）沉积作用控制煤储层

前已述及，在太原组沉积之前，华北板块由南升北降转为北升南降，造成本区总体上北高南低的地势，并且以整体缓慢波动式沉降为特征，为聚煤作用创造了稳定的构造背景，使本区发育多层可采煤层，其中太原组 15 号煤层和山西组 3 号煤层厚度较大，全区分布相对稳定。同时，沉积体系控制的岩性组合影响煤层气的封存条件。含煤岩系中泥岩及粉砂岩比例占 50% 以上，砂岩层致密封盖性较好。就山西组煤层直接顶底板盖层而言，泥质含量高，盖层厚度大，突破压力高，对保存有利。例如，沁水盆地南部樊庄—潘庄、马必北—郑庄、沁南—夏店等区块直接顶板泥岩发育，煤层含气量普遍在 15m³/t 以上。

2）深成和区域岩浆热变质作用叠加控制生烃

沁水盆地南部煤层埋藏史恢复结果表明，煤中有机质生烃演化过程经历了两个关键时期（图 15-52）：一是海西期—印支期，晚古生代煤层最大埋深将近 4200m，地热梯度为 2.8℃/100m，属于正常古地热场，煤化作用服从深成变质作用，最高达到气煤阶段，累计生烃量达到 46.47～81.45m³/t；二是燕山期，地热梯度为 6～9℃/100m，显示其异常地温，煤化作用服从区域岩浆热变质作用，煤化作用最高接近超无烟煤，煤化作用停止，累计生烃量达到 97.86～359.10 m³/t。

通过这两次关键热演化时期，一方面使得煤阶剧增，有效提高了煤中有机质生气效率，生烃量迅速提高；另一方面，快速热变质使煤储层微孔隙极度发育，比表面积大，对煤层气具有极强的吸附能力，为煤层气提供了优质的储集空间。生烃量和储集能力的协同提高，为本区煤层气富集奠定了重要的基础。

3）构造作用控制成藏条件配置

构造作用是控制沁水盆地煤层气成藏的重要因素。首先，沁水盆地属于构造活动相对较弱的克拉通内断陷盆地，但它既有别于其西侧的鄂尔多斯盆地（石炭系—二叠系煤系沉积之后长期持续稳定沉降，上覆地层巨厚，构造相对简单），也有别于其东侧太行山以东石炭系—二叠系被后期构造运动强烈改造的华北东部断块含煤区，受构造改造程度介于二者之间。此构造环境造成了含煤地层裂隙适度发育，且煤层具有一定渗流能力，有利于煤层气聚集和保存。第二，燕山期—喜马拉雅中期，本区煤层抬升至逸散带时间为 0～27Ma，抬升回返时间晚且短，煤层气散失时间短，有利于煤层气的保存。第三，喜马拉雅晚期，沁水盆地构造抬升回返且区域构造应力环境由挤压状态转变为拉张状态，有利于煤储层裂隙的拉张，从而有利于渗透性的改善。

4）水文地质作用持续调整含气量

国内学者普遍认为，地下水的冲洗、溶解运移作用不利于煤层气富集，水力封闭和封堵作用是煤层气保存的重要条件。沁水盆地南部煤层气成藏明显受注地滞流水动力条件控制。地下水补给主要来自西北部地区，盆地从边缘到轴部，地下水条件由活跃转变为滞流。盆缘强径流带煤层含气量低。中西部沁源地区 1000 m 以浅煤层气含气量普遍低于 10m³/t；又如，地下水经由盆地东缘高平—襄垣一线排泄，导致该地段煤层含气量较低。弱径流区位于中部和东南部，地下水总体表现为滞留的特性，煤层气保存条件好，含气量普遍较高。例如，大宁、潘庄、郑庄、樊庄等区块，显示出寺头断裂和晋获大断裂南段的高度阻水以及洼地部位地下水严重滞留的特性，矿化度高于 1000mg/L，径流条件极弱，对煤层气保存较为有利，含气量一般都在 15m³/t 以上。

在实际成藏作用过程中，并不是某一个因素单独作用，而是表现出"协同、互补、共存"的特性。"协同"即沉积、热、构造和地下水动力四大动力因素在煤层气成藏过程中协同发生作用，任意成藏时期都存在多地质因素作用。"互补"是指成藏过程中多种地质因素差异演化，互为补充成藏，比如生烃母质差而热作用强烈可成藏，热作用不强烈而沉积和构造有利也可成藏，构造引起煤层裂隙不发育而水文地质条件封堵好也可成藏等。"共存"即成藏过程中建设性和破坏性作用共存。

由于受多种因素的控制，单一地质因素对煤层气成藏作用程度和贡献难以量化，无法用一个或多个成藏模式来表征某个盆地甚至某个区块成藏过程，即煤层气藏的概念难以明确。以传统的地质圈闭方式来定义煤层气藏存在的影响富集因素众多，难以模式化描述，更难以有效指导开发。反之，控制煤层气非富集（逸散）的因素有限，主要为煤层风化带、张性断层及邻近区、陷落柱和强水动力区等因素，且特征明显。因此，通过找非富集区来界定富集成藏区可使成藏问题简单化，且可以直接指导开发选区。煤层风化带不具备开采价值，贯通地表或地下含水层的张性断层造成煤层气逸散，煤层与直接顶底板含水层接触在水力运移逸散作用下含气量低。据此，建立了本区高阶煤层气富集成藏模式，即煤层气非富集剔除模式（图 15-53）：张性大断层附近煤层气逸散带（Ⅰ）；与上覆（下伏）富水含水层相连的断层附近煤层气逸散带（Ⅱ）；地面露头附近煤层风化带（Ⅲ）；高渗透性顶（底）岩层与上、下强水动力区域（Ⅳ），（Ⅳ₁ 中煤层与含水层间由渗透性泥质砂岩沟通，Ⅳ₂ 中煤层与含水层间裂隙沟通区）；岩溶陷落柱（Ⅴ）。剔除这些非富集因素后，即为富集区。

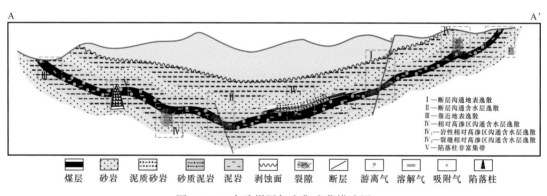

图 15-53　高阶煤层气富集成藏模式图

2. 高阶煤储层固—流体耦合控产效应及评价方法

煤层气产出受储层开启和流体有效排出的耦合作用控制。储层开启（通道效能）主要受控于孔/裂隙的发育程度和其在地应力作用下的开合程度，流体有效排出受地层水有效输排和煤层气流畅解吸—扩散—渗流控制。同时，流体的排出会诱导储层应力和裂隙发生动态变化，进而影响通道效能，而通道效能变化又影响着流体的输导，两者相辅相成，通过耦合作用控制煤层气产出效果（图 15-54）。

作为双孔隙介质，高阶煤储层以纳米级孔隙占优势，孔径小于 10nm 的孔隙对煤层渗透率贡献极小。由此，作为连通孔隙和外生裂隙（包括压裂裂缝）的通道，内生微裂隙成为影响煤层渗透性的关键要素。沁水盆地南部煤层裂隙开合程度受现代构造应力场影响。为此，微裂隙的发育程度和现代构造应力场两个地质因素共同控制了沁水盆地南部高阶煤储层裂隙通道的效能，即渗透性。

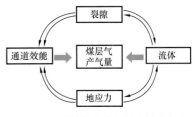

图 15-54　煤储层固流耦合控产机理示意图

煤层气开采是通过排水—降压—解吸—渗流这一完整过程予以实现。除了煤储层渗透性以外，储层和内蕴流体耦合作用同样对煤层气井产能造成显著影响，作用方式主要体现在排水和煤层气解吸难易程度上。进一步而言，煤岩对地层水的润湿性越弱，则地层水越易于输导，有利于流体压力的传递；临界解吸压力与储层流体压力之差越小，越有利于煤层气早期解吸。

综上所述，储层和流体耦合作用是煤层气井高产的关键，而微观裂隙发育状况、地应力作用和流体可输导性三个要素反映了储层、流体之间的耦合作用状况和获得高产的难易程度，三个要素任何一个不利都会对煤层气井生产造成负面影响。

基于煤储层固流耦合控产机理的上述认识，提出并定义了煤微裂隙发育指数、地应力控产指数和煤储层流体可输导指数，应用统计方法建立了 3 个指数表征控产效应的量化评价指标。

1）高阶煤储层微裂隙发育指数

高阶煤储层渗流能力很大程度上取决于微裂隙的宽度和密度，裂隙导流能力与裂缝宽度呈 3 次方关系。基于这一原理，煤储层渗流能力可用微裂隙发育指数（单位长度内微裂隙的平均总宽度）表征：

$$F_i = (\sum_{i=1}^{n} w_i) / l \qquad (15-8)$$

式中　$F_i$（Fracture Development Index）——微裂隙发育指数，$\mu m/cm$；

$w_i$——第 $i$ 条裂隙的宽度，$\mu m$；

$n$——裂隙条数，条；

$l$——显微镜下垂直于微裂隙发育方向的煤基质块长度，cm。

沁水盆地南部煤层气开发资料统计显示，微裂隙发育指数与高峰日产气量呈显著的两段式分布（图 15-55）。微裂隙发育指数大于 $50\mu m/cm$ 的情况下，具备获得高产的条件，且日产气量随微裂隙发育指数增大而趋于增高；反之，日产气量均在 $500m^3$ 以下。

2）地应力控产指数

地应力通过控制煤储层裂隙开合程度

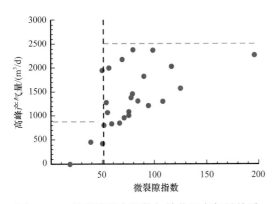

图 15-55　微裂隙发育指数与单井日产气量关系

而影响煤层气井产能，主要表现为两类控制方式：一是地应力绝对值大小，研究区现今处于三向构造挤压状态，地应力越大，裂隙受挤压越强，裂隙越趋闭合；二是差应力大小，研究区煤储层裂隙优势发育方位与北东东—南西西向的最大水平应力方向基本一致，主应力差越大，越有利于煤层裂隙呈相对拉张状态。

换言之，煤储层裂隙张开程度与地应力绝对值大小呈负相关，而与主应力差大小呈正相关。由此，提出了地应力控产指数：

$$G_i = \frac{\sigma_{H,max} - \sigma_{H,min}}{(\sigma_{H,max} + \sigma_{H,min} + \sigma_V)/3} \quad (15\text{-}9)$$

式中　$G_i$——地应力控产指数（Geo-stress Index）；

　　　$\sigma_{H,\ max}$——最大水平主应力，MPa；

　　　$\sigma_{H,\ min}$——最小水平主应力，MPa；

　　　$\sigma_V$——垂向应力，MPa。

该参数的物理意义在于，煤储层裂隙的开合程度（渗流能力）不单纯与某一方向地应力绝对值相关，同时决定于三向地应力的综合作用效应，突破了传统的单一应力（深度效应）参数控制的局限。

沁水盆地南部地应力控产指数与峰值日产气量正相关关系明显（图15-56）。当地应力控产指数大于0.3时，有利于煤储层裂缝保持张开，产气量较高；当地应力控产指数小于0.3时，裂缝趋向于闭合，煤层气井生产呈低效状态。

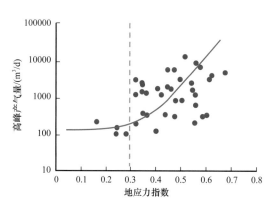

图15-56　地应力控产指数与单井日产气量关系图

3）高阶煤储层流体可输导指数

储层流体可输导性越高，越有利于煤层气井排水降压解吸产气形成高产。可输导性受地层水能势与煤储层润湿性和解吸性的综合控制。参考毛细管力公式，提出了储层流体可输导指数：

$$F_i = -\frac{2\sigma\cos\alpha}{p_r - p_g} \quad (15\text{-}10)$$

式中　$F_i$（Fluid Production Index）——煤储层流体可输导指数，nm；

　　　$\sigma$——水的表面张力，N/m；

　　　$\alpha$——水对煤层的润湿角，（°）；

　　　$p_r$——原始储层压力，Pa；

　　　$p_g$——临界解吸压力，Pa。

沁水盆地南部煤储层流体可输导指数与单井产量有极好的关联性，呈三段式分布（图15-57）。当可输导指数低于20nm或大于130nm时，单井日产气量随输导指数的增大而线性增高；在20～130nm之间时，单井产量随可输导指数变化而保持稳定，出现平衡产量段，单井平均日产气量为 2254m³。由此，进一步划分为 3 种产量模式：高产气量区（＞130nm）、平衡产气量区（20～130nm）及低产气量区（＜20nm）。

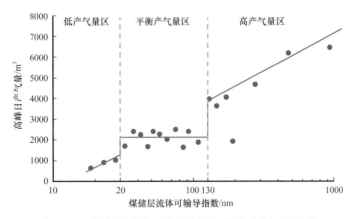

图 15-57　煤储层流体可输导指数与单井日产气量关系

三段式产量模式是不同孔径下流体流动方式转换的必然结果。当储层流体可输导指数小于 20nm 时，表征储层流体入浸孔径小于 20nm，该类孔隙流体流动以表面扩散为主，储层流体输导效率极低，煤层气难以解吸—扩散与渗流，煤层气井产量低。当可输导指数在 20～130nm 时，流体流动方式由表面扩散向混合扩散发生第一次跃变，储层流体输导效率得到显著提高，煤层气井产量增加，然而扩散输导能力有限，在该阶段产量基本稳定；可输导指数大于 130nm 时，流体流动从扩散为主转变为渗流为主，流动方式发生第二次跃变，储层流体以渗流方式输导，煤层压力输降效率得到极大提高，使煤层气解吸、扩散和渗流得以快速连续传递，煤层气井产量迅速升高（图 15-57）。

根据上述论述，进一步将煤储层微裂隙发育指数、地应力控产指数两分，储层流体可输导指数三分，集成三元参数，建立了 12 种理论模式类型（表 15-32）。

表 15-32　煤储层固流耦合控产模式及其描述

| 大类 | 类型 | 量化指标 | | | 不利因素 | 主要增产措施 |
|---|---|---|---|---|---|---|
| | | $F_f/$ μm/cm | $G_i$ | $F_l/$nm | | |
| I 类（高产气量区） | I | ＞50 | ＞0.3 | ＞130 | 无 | 重点关注钻井、完井过程中造成储层伤害的解除 |
| II 类（平衡产气量区） | II₁ | ＞50 | ＞0.3 | 20～130 | 储层流体可输导能力中等 | 适当改善储层流体可输导能力 |
| | II₂ | ＞50 | ＞0.3 | ＜20 | 储层流体可输导能力差 | 重点改善储层流体可输导能力 |
| | II₃ | ＞50 | ＜0.3 | ＞130 | 地应力不利裂隙张开 | 卸压 |
| | II₄ | ＞50 | ＜0.3 | 20～130 | 地应力不利裂隙张开，储层流体可输导能力中等 | 优先卸压，次适当改善储层流体可输导能力 |
| | II₅ | ＜50 | ＞0.3 | ＞130 | 微裂隙不发育 | 造缝 |
| | II₆ | ＜50 | ＞0.3 | 20～130 | 微裂隙不发育，储层流体可输导能力中等 | 优先造缝，次适当改善储层流体可输导能力 |

| 大类 | 类型 | 量化指标 | | | 不利因素 | 主要增产措施 |
|---|---|---|---|---|---|---|
| | | $F_l/$ $\mu m/cm$ | $G_i$ | $F_i/nm$ | | |
| Ⅲ类（低产气量区） | Ⅲ₁ | >50 | <0.3 | <20 | 地应力不利裂隙张开，储层流体可输导能力差 | 卸压与重点改善储层流体可输导能力 |
| | Ⅲ₂ | <50 | >0.3 | <20 | 微裂隙不发育，储层流体可输导能力差 | 造缝与重点改善储层流体可输导能力 |
| | Ⅲ₃ | <50 | <0.3 | >130 | 微裂隙不发育，地应力不利裂隙张开 | 造缝和卸压 |
| | Ⅲ₄ | <50 | <0.3 | 20～130 | 微裂隙不发育，地应力不利裂隙张开，流体可输导能力中等 | 造缝和卸压，次适当改善储层流体可输导能力 |
| | Ⅲ₅ | <50 | <0.3 | <20 | 微裂隙不发育，地应力不利裂隙张开，储层流体可输导能力差 | 造缝、卸压与改善储层流体可输导能力并重 |

为方便现场应用，进一步归纳为三大类模式：

（1）高产气量区模式。含1种类型，微裂隙发育，地应力有利于裂缝保持张开，储层流体可输导能力强，采用一般的改造措施易获得高产。

（2）平衡产气量区模式。含6种类型，微裂隙发育或地应力有利于裂缝张开，储层流体可输导能力中等以上。这类模式主控因素为微裂隙发育程度和地应力状态，次之为储层流体可输导能力。该类区域需要采用针对性的储层改造措施，卸压或增加微裂隙发育程度，并改善储层流体可疏导能力。

（3）低产气量区模式。含5种类型，储层流体可输导能力差或者微裂隙不发育，地应力不利于裂隙张开，针对性储层改造措施相对复杂，一般需要对两个较差地质条件进行有效改造。

# 参 考 文 献

安作相.1998.陕北气区的形成与中央古隆起[J].中国海上油气(地质),12(3):6-9.

白云来.2010.鄂尔多斯盆地西缘构造演化及与相邻盆地关系[M].北京:地质出版社.

包洪平,郭玮,刘刚,等.2020.鄂尔多斯地块南缘构造演化及其对盆地腹部的构造——沉积分异的效应[J].地质科学,55(3):703-725.

包洪平,邵东波,郝松立,等.2019.鄂尔多斯盆地基底结构及早期沉积盖层演化[J].地学前缘,26(1):33-43.

包洪平,邵东波,武春英,等.2018.鄂尔多斯西缘冲断带南段构造特征及其对古生界天然气成藏演化的影响[J].地质科学,53(2):434-457.

蔡雄飞,杨捷,何文键,等.2013.贺兰山震旦系研究的新进展——对正目观组、兔儿坑组的再认识[J].地层学杂志,37(3):377-386.

蔡友贤.1988a.内蒙古河套盆地白垩纪地层层序及生油层时代讨论[J].石油勘探与开发,(3):27-32.

蔡友贤.1988b.内蒙古河套盆地晚白垩世地层新资料[J].地层学杂志,12(4):273-280.

蔡友贤.1990.内蒙古河套盆地白垩纪古气候、沉积环境及油气勘探远景[J].地质论评,36(2):105-115.

长庆油田石油地质志编写组.1992.中国石油地质志(卷十二)长庆油田[M].北京:石油工业出版社.

中国含油气盆地烃源岩评价编委会.1989.中国含油气盆地烃源岩评价[M].北京:石油工业出版社.

陈瑞银,罗晓容,陈占坤,等.2006a.鄂尔多斯盆地埋藏演化史恢复[J].石油学报,27(2):43-47.

陈瑞银,罗晓容,陈占坤,等.2006b.鄂尔多斯盆地中生代地层剥蚀量估算及其地质意义[J].地质学报,80(5):685-693.

陈万钢,伍爱平,段川,等.2012.子洲气田山$2^3$段富水区水化学特征研究.内蒙古石油化工,38(5):124-126.

陈志远,马振芳,张锦泉.1998.鄂尔多斯盆地中部奥陶系马五$_5$亚段白云岩成因[J].石油勘探与开发,25(6):37-39+5+11.

程克明,关德师,陈建平,等.1991.烃源岩产烃潜力的热压模拟实验及其在油气勘探中的应用[J].石油勘探与开发,18(5):1-11.

程守田,蒋磊,李志德,等.2003.鄂尔多斯东北缘东胜地区下白垩统划分的有关问题[J].地层学杂志,27(4):336-339.

戴金星,倪云燕,张文正,等.2016.中国煤成气湿度和成熟度关系[J].石油勘探与开发,43(5):675-677.

邓秀芹,李文厚,李士祥,等.2010.鄂尔多斯盆地华庆油田延长组长6油层组深水沉积组合特征[J].地质科学,45(3):745-756.

邓秀芹,罗安湘,张忠义,等.2013.秦岭造山带与鄂尔多斯盆地印支期构造事件年代学对比[J].沉积学报,31(6):939-953.

邓秀芹,付金华,姚泾利,等.2011a.鄂尔多斯盆地中及上三叠统延长组沉积相与油气勘探的突破[J].古地理学报,13(4):443-455.

邓秀芹，姚泾利，胡喜锋，等．2011b．鄂尔多斯盆地延长组超低渗透岩性油藏成藏流体动力系统特征及其意义［J］．西北大学学报（自然科学版），41（6）：1044-1050.

邓秀芹，李文厚，刘新社，等．2009．鄂尔多斯盆地中三叠统与上三叠统地层界线讨论［J］．地质学报，83（8）：1089-1096.

翟明国．2011．克拉通化与华北陆块的形成［J］．中国科学：地球科学，41（8）：1037-1046.

翟明国．2012．华北克拉通的形成以及早期板块构造［J］．地质学报，86（9）：1335-1349.

邸世祥．1991．油田水文地质学［M］．西安：西北大学出版社．

董春艳，刘敦一，李俊建，等．2007．华北克拉通西部孔兹岩带形成时代新证据：巴彦乌拉—贺兰山地区锆石SHRIMP定年和Hf同位素组成［J］．科学通报，52（16）：1913-1922.

段毅，吴保祥，郑朝阳，等．2005．鄂尔多斯盆地西峰油田油气成藏动力学特征［J］．石油学报，26（4）：29-33.

冯增昭，鲍志东．1999．鄂尔多斯奥陶纪马家沟期岩相古地理［J］．沉积学报，17（1）：1-8.

付金华，邓秀芹，楚美娟，等．2013a．鄂尔多斯盆地延长组深水岩相发育特征及其石油地质意义［J］．沉积学报，31（5）：928-938.

付金华，李士祥，刘显阳，等．2013b．鄂尔多斯盆地姬塬大油田多层系复合成藏机理及勘探意义［J］．中国石油勘探，18（5）：1-9.

付金华，魏新善，任军峰．2008．伊陕斜坡上古生界大面积岩性气藏分布与成因［J］．石油勘探与开发，35（6）：664-667+691.

付金华，喻建，徐黎明，等．2015．鄂尔多斯盆地致密油勘探开发新进展及规模富集可开发主控因素［J］．中国石油勘探，20（5）：9-19.

付锁堂，付金华，喻建，等．2018．河套盆地临河坳陷石油地质特征及勘探前景［J］．石油勘探与开发，45（5）：749-762.

付锁堂，田景春，陈洪德，等．2003．鄂尔多斯盆地晚古生代三角洲沉积体系平面展布特征［J］．成都理工大学学报（自然科学版），30（3）：236-241.

傅家谟，刘德汉，盛国英．1990．煤成烃地球化学［M］．北京：科学出版社．

傅家谟，秦匡宗．1995．干酪根地球化学［M］．广州：广东科技出版社．

傅智雁，袁效奇，耿国仓．1994．河套盆地第三系及其生物群［J］．地层学杂志，18（1）：24-29.

部建军，李明宅，胡愠麟，等．1996．浅水台地相碳酸盐岩的生烃潜力［J］．石油与天然气地质，17（2）：128-133.

耿国仓．1998．内蒙古巴彦浩特盆地东部上石炭统靖远组孢子花粉［J］．甘肃地质学报，7（2）：42-49.

耿国仓，袁效奇．1996．巴彦浩特盆地东部上石炭统羊虎沟组孢粉组合［J］．甘肃地质学报，5（2）：12-21.

顾其昌．1982．贺兰山的晚前寒武纪冰碛层［J］．地层学杂志，6（2）：156-157.

关德师，程克明，张文正，等．1991．依模拟实验结果论不同母质产油气特征及潜力［J］．天然气地球科学，（1）16-22.

郭秋麟，陈宁生，吴晓智，等．2013．致密油资源评价方法研究［J］．中国石油勘探，18（2）：67-76.

郭秋麟，周长迁，陈宁生，等．2011．非常规油气资源评价方法研究［J］．岩性油气藏，23（4）：12-19.

郭正权，潘令红，刘显阳，等．2001．鄂尔多斯盆地侏罗系古地貌油田形成条件与分布规律［J］．中国石油勘探，6（4）：20-27.

郭正权，张立荣，楚美娟，等．2008.鄂尔多斯盆地南部前侏罗纪古地貌对延安组下部油藏的控制作用
[J].古地理学报，10（1）：63-71.

郭忠铭，张军，于忠平．1994.鄂尔多斯地块油区构造演化特征[J].石油勘探与开发，21（2）：22-
29+120.

韩吟文，马振东，张宏飞，等．2003.地球化学[M].北京：地质出版社.

何登发，谢晓安．1997.中国克拉通盆地中央古隆起与油气勘探[J].勘探家，2（2）：11-19+5-6.

何义中，陈洪德，张锦泉．2001.鄂尔多斯盆地中部石炭—二叠系两类三角洲沉积机理探讨[J].石油
与天然气地质，22（1）：68-71.

何自新．2003.鄂尔多斯盆地演化与油气[M].北京：石油工业出版社.

何自新，郑聪斌，王彩丽，等．2005.中国海相油气田勘探实例之二 鄂尔多斯盆地靖边气田的发现与勘
探[J].海相油气地质，10（2）：37-44.

侯光才，苏小四，林学钰，等．2007.鄂尔多斯白垩系地下水盆地天然水体环境同位素组成及其水循环
意义[J].吉林大学学报（地球科学版），37（2）：255-260.

胡安平，李剑，张文正，等．2007.鄂尔多斯盆地上、下古生界和中生界天然气地球化学特征及成因类
型对比[J].中国科学（D辑：地球科学），37（S2）：157-166.

胡见义，黄第藩．1991.中国陆相石油地质理论基础[M].北京：石油工业出版社.

胡健民，刘新社，李振宏，等．2012.鄂尔多斯盆地基底变质岩与花岗岩锆石SHRIMP U—Pb定年
[J].科学通报，57（26）：2482-2491.

胡巍，岳乐平，田新红．1993.渭南沋河宋家北沟剖面磁性地层学研究[J].陕西地质，11（2）：
26-32.

胡文瑞．2008.苏里格气田建设中的管理模式创新与技术创新[J].科技进步与对策，25（10）：112-
115.

黄海平，马刊创，王国庆．2000.异常流体高压研究现状与展望[J].江汉石油学院学报，22（3）：
45-48+6-5.

黄思静，刘洁，沈立成，等．2001.碎屑岩成岩过程中浊沸石形成条件的热力学解释[J].地质论评，
47（3）：301-308.

黄思静，张萌，朱世全，等．2004.砂岩孔隙成因对孔隙度/渗透率关系的控制作用——以鄂尔多斯盆
地陇东地区三叠系延长组为例[J].成都理工大学学报（自然科学版），31（6）：648-653.

霍福臣，潘行适，尤国林，等．1989.宁夏地质概论[M].北京：科学出版社.

贾进斗，何国琦，李茂松，等．1997.鄂尔多斯盆地基底结构特征及其对古生界天然气的控制[J].高
校地质学报，3（2）：17-26.

解国爱，张庆龙，郭令智．2003.鄂尔多斯盆地西缘和南缘古生代前陆盆地及中央古隆起成因与油气分
布关系[J].石油学报，24（2）：18-23+29.

解国爱，张庆龙，潘明宝，等．2005.鄂尔多斯盆地两种不同成因古隆起的特征及其在油气勘探中的意
义[J].地质通报，24（4）：373-377.

金强．2001.有效烃源岩的重要性及其研究[J].油气地质与采收率，8（1）：1-5.

金博，刘震，张荣新，等．2004.沉积盆地异常低压（负压）与油气分布[J].地球学报，25（3）：
351-356.

孔庆芬，张文正，李剑锋，等 . 2019. 鄂尔多斯盆地奥陶系盐下天然气地球化学特征及成因［J］. 天然气地球科学，30（3）：423-432.

李继宏，李荣西，韩天佑，等 . 2009. 鄂尔多斯盆地西缘马家滩地区地层水与油气成藏关系研究［J］. 石油实验地质，31（3）：253-257.

李剑锋，马军，昝川莉，等 . 2012. 鄂尔多斯盆地上古生界凝析油成因研究［J］. 天然气地球科学，23（2）：313-318.

李剑锋，孙林，马军，等 . 2007. 鄂尔多斯盆地西缘推覆带上古生界天然气成藏地球化学特征［J］. 天然气地球科学，18（3）：436-439.

李江海，钱祥麟，翟明国，等 . 1996. 华北中北部高级变质岩区的构造区划及其晚太古代构造演化［J］. 岩石学报，12（2）：13-26.

李荣西，刘建朝，魏刚峰，等 . 2009. 渭河盆地地热水水溶烃类天然气成因与来源研究［J］. 天然气地球化学，20（5）：774-780.

李士祥，楚美娟，王腾飞，等 . 2017. 鄂尔多斯盆地姬塬地区延长组长 6 油层组地层水特征与油藏聚集关系［J］. 中国石油勘探，22（5）：43-53.

李士祥，邓秀芹，庞锦莲，等 . 2010. 鄂尔多斯盆地中生界油气成藏与构造运动的关系［J］. 沉积学报，28（4）：798-807.

李士祥，施泽进，刘显阳，等 . 2013. 鄂尔多斯盆地中生界异常低压成因定量分析［J］. 石油勘探与开发，40（5）：528-533.

李树同，张海峰，王多云，等 . 2011. 聚油古地貌成因类型及其有利成藏条件分析——以鄂尔多斯盆地上里塬地区前侏罗纪古地貌为例［J］. 沉积学报，29（5）：962-969.

李艳霞，赵靖舟，李净红 . 2011. 鄂尔多斯盆地东部上古生界气藏成藏史［J］. 兰州大学学报（自然科学版），47（3）：29-34+39.

李英华 . 1998. 油田水地化指标研究的新认识［J］. 中国海上油气（地质），12（1）：19-23.

李玉宏，卢进才，李金超，等 . 2011. 渭河盆地富氦天然气井分布特征与氦气成因［J］. 吉林大学学报（地球科学版），41（S1）：47-53.

李玉宏，王行运，韩伟 . 2016. 陕西渭河盆地氦气资源赋存状态及其意义［J］. 地质通报，35（Z1）：372-378.

李玉宏，王行运，韩伟，等 . 2013. 陕西渭河盆地固市凹陷渭热 2 井组甲烷气成因及其意义［J］. 地质通报，32（11）：1790-1797.

李仲东，惠宽洋，李良，等 . 2008. 鄂尔多斯盆地上古生界天然气运移特征及成藏过程分析［J］. 矿物岩石，28（3）：77-83.

梁晓伟，牛小兵，李卫成，等 . 2012. 鄂尔多斯盆地油田水化学特征及地质意义［J］. 成都理工大学学报（自然科学版），39（5）：502-508.

刘建朝，张林，王行运，等 . 2014. 固市凹陷非常规水溶甲烷气成因及来源［J］. 地质力学学报，20（1）：61-69.

刘显阳，惠潇，李士祥 . 2012. 鄂尔多斯盆地中生界低渗透岩性油藏形成规律综述［J］. 沉积学报，30（5）：964-974.

刘新社，席胜利，付金华，等 . 2000. 鄂尔多斯盆地上古生界天然气生成［J］. 天然气工业，20（6）：19-23+9-8.

刘新社，席胜利，黄道军，等．2008．鄂尔多斯盆地中生界石油二次运移动力条件［J］．石油勘探与开发，35（2）：143-147．

刘新社，周立发，侯云东．2007．运用流体包裹体研究鄂尔多斯盆地上古生界天然气成藏［J］．石油学报，28（6）：37-42．

楼章华，金爱民，朱蓉，等．2006．松辽盆地油田地下水化学场的垂直分带性与平面分区性［J］．地质科学，41（3）：392-403．

卢辉楠，袁效奇．1991．巴彦浩特盆地及其边缘地区侏罗纪和早白垩世轮藻类［J］．微体古生物学报，8（4）：373-394+489-492．

卢进才，魏仙样，李玉宏，等．2005．汾渭盆地富氦天然气成因及成藏条件初探［J］．西北地质，28（3）：82-86．

卢双舫，黄文彪，陈方文，等．2012．页岩油气资源分级评价标准探讨［J］．石油勘探与开发，39（2）：249-256．

卢欣祥，董有，常秋岭，等．1996．秦岭印支期沙河湾奥长环斑花岗岩及其动力学意义［J］．中国科学（D 辑：地球科学），26（3）：244-248．

罗丽荣，李剑锋，赵占良，等．2019．河套盆地临河坳陷新生界油源对比及其勘探意义［J］．中国石油勘探，24（3）：323-330．

马海勇，周立发，邓秀芹，等．2013．鄂尔多斯盆地姬塬地区延长组长 8 地层水化学特征及其地质意义［J］．西北大学学报（自然科学版），43（2）：253-257．

梅博文，刘希江．1980．我国原油中异戊间二烯烷烃的分布及其与地质环境的关系［J］．石油与天然气地质，1（2）：99-115．

闵琪，付金华，席胜利，等．2000．鄂尔多斯盆地上古生界天然气运移聚集特征［J］．石油勘探与开发，27（4）：26-29+110-119．

内蒙古石油学会．1983．鄂尔多斯盆地西缘地区石油地质论文集［M］．呼和浩特：内蒙古人民出版社．

宁宁，陈孟晋，刘锐娥，等．2007．鄂尔多斯盆地东部上古生界石英砂岩储层成岩及孔隙演化［J］．天然气地球科学，18（3）：334-338．

钱祥麟，李江海．1999．华北克拉通新太古代不整合事件的确定及其大陆克拉通构造演化意义［J］．中国科学（D 辑：地球科学），29（1）：1-8．

邱家骧．1993．秦巴碱性岩［M］．北京：地质出版社．

饶丹，章平澜，邱蕴玉．2003．有效烃源岩下限指标初探［J］．石油实验地质，25（S1）：578-581．

任文军，张庆龙，张进，等．1999．鄂尔多斯盆地中央古隆起板块构造成因初步研究［J］．大地构造与成矿学，23（2）：92-97．

任战利．1999．中国北方沉积盆地构造热演化史研究［M］．北京：石油工业出版社．

任战利，崔军平，郭科，等．2015．鄂尔多斯盆地渭北隆起抬升期次及过程的裂变径迹分析［J］．科学通报，60（14）：1298-1309．

任战利，肖晖，刘丽，等．2005．沁水盆地中生代构造热事件发生时期的确定［J］．石油勘探与开发，32（1）：43-47．

任战利，张盛，高胜利，等．2006．鄂尔多斯盆地热演化程度异常分布区及形成时期探讨［J］．地质学报，80（5）：674-684．

任战利，张盛，高胜利，等．2007．鄂尔多斯盆地构造热演化史及其成藏成矿意义［J］．中国科学（D

辑：地球科学），37（S1）：23-32.

陕西省地质矿产局.1989.陕西省区域地质志.北京：地质出版社.

沈忠民，宫亚军，刘四兵，等.2010.川西坳陷新场地区上三叠统须家河组地层水成因探讨［J］.地质论评，56（1）：82-88.

石铨曾，尚玉忠，庞继群，等.1990.河南东秦岭北麓的推覆构造及煤田分布［J］.河南地质，8（4）：22-34+21.

史兴全，何自新，赵业荣.1998.科学、高效勘探开发长庆气田［J］.天然气工业，18（5）：12-15.

孙少华，李小明，龚革联，等.1997.鄂尔多斯盆地构造热事件研究［J］.科学通报，42（3）：306-309.

孙永祥.1990.综合运用水文地质资料预测区域含油气性和普查油气藏［J］.天然气地球科学，1（2）：37-41.

汤济广，梅廉夫，李祺，等.2009.六盘山盆地构造演化及对成藏的控制［J］.石油天然气学报，31（5）：1-6+429.

汤锡元，冯乔，李道燧.1990.内蒙古西部巴彦浩特盆地的构造特征及其演化［J］.石油与天然气地质，11（2）：127-135.

汤锡元，郭忠铭，陈荷立.1992.陕甘宁盆地西缘逆冲推覆构造及油气勘探［M］.西安：西北大学出版社.

汤锡元，郭忠铭，王定一.1988.鄂尔多斯盆地西部逆冲推覆构造带特征及其演化与油气勘探［J］.石油与天然气地质，9（1）：1-10.

腾格尔，刘文汇，徐永昌.2004.鄂尔多斯盆地奥陶系海相沉积有效烃源岩的判识［J］.自然科学进展，14（11）：42-49.

田在艺，张庆春.1996.中国含油气沉积盆地论［M］.北京：石油工业出版社.

王斌，郑洪波，何忠，等.2014.基于磁性地层的渭河盆地灞河组研究［J］.高校地质学报，20（3）：415-424.

王斌，郑洪波，王平，等.2013.渭河盆地新生代地层与沉积演化研究：现状和问题［J］.地球科学进展，28（10）：1126-1135.

王红伟，刘宝宪，毕明波，等.2011.鄂尔多斯盆地西北部地区奥陶系岩溶缝洞型储层发育特征及有利目标区分析［J］，现代地质，25（5）：917-924.

王会来，孙瑞娜，张锐锋，等.2021.河套盆地厚层砂砾岩油藏特征及成藏主控因素：以临河坳陷吉华2X油藏为例［J］.现代地质，35（3）：861-870+882.

王景明.1984.渭河地堑断裂构造研究［J］.地质论评，30（3）：217-223.

王起琮，李文厚，赵虹，等.2006a.靖边—安塞地区延长组长1段沉积相特征［J］.西北大学学报（自然科学版），36（1）：107-111.

王起琮，李文厚，赵虹，等.2006b.鄂尔多斯盆地东南部三叠系延长组一段湖相浊积岩特征及意义［J］.地质科学，41（1）：54-63+183.

王双明，吕道生，佟英梅，等.1996.鄂尔多斯盆地聚煤规律及煤炭资源评价［M］.北京：煤炭工业出版社.

卫平生，李天顺，李安春，等.2005.巴彦浩特盆地石炭系沉积相及沉积演化［J］.沉积学报，23（2）：240-247.

吴凯，李善鹏，罗丽荣，等．2013.特低渗—致密砂岩储层成藏模拟试验与成藏机理［J］.地球科学与环境学报，35（4）：10-17.

吴亚生，何顺利，卢涛，等．2006.长庆中部气田奥陶纪马家沟组储层成岩模式与孔隙系统［J］.岩石学报，22（8）：2171-2181.

席胜利，刘新社．2005.鄂尔多斯盆地中生界石油二次运移通道研究［J］.西北大学学报（自然科学版），35（5）：138-142.

席胜利，李文厚，刘新社，等．2009.鄂尔多斯盆地神木地区下二叠统太原组浅水三角洲沉积特征［J］，古地理学报，11（2）：187-194.

夏新宇．2000.碳酸盐岩生烃与长庆气田气源［M］.北京：石油工业出版社．

肖红平，刘锐娥，李文厚，等．2012.鄂尔多斯盆地上古生界碎屑岩相对高渗储集层成因及分布［J］.古地理学报，14（4）：543-552.

熊亮，康保平，史洪亮，等．2011.川西大邑气藏气田水化学特征及其动态运移［J］.西南石油大学学报（自然科学版），33（5）：84-88+194.

熊永强，耿安松，刘金钟．2004.煤成甲烷碳同位素分馏的动力学模拟［J］.地球化学，33（6）：545-550.

薛华锋，朱兴国，王润三，等．2004.西安地热田伴生富氦天然气资源的发现及意义［J］.西北大学学报（自然科学版），34（6）：751-754.

阎存凤，袁剑英．2011.武威盆地石炭系沉积环境及含油气远景［J］.天然气地球科学，22（2）：267-274.

阎存凤，袁剑英，赵应成．2008.北祁连东部石炭纪岩相古地理［J］.沉积学报，26（2）：193-201.

杨福忠，刘三军．1997.六盘山盆地构造特征及勘探方向［J］.勘探家，2（4）：27-30+54-6.

杨华，刘新社，张道锋，等．2013.鄂尔多斯盆地奥陶系海相碳酸盐岩天然气成藏主控因素及勘探进展［J］.天然气工业，33（5）：1-12.

杨华，付金华，包洪平．2010.鄂尔多斯地区西部和南部奥陶纪海槽边缘沉积特征与天然气成藏潜力分析［J］.海相油气地质，15（2）：1-13.

杨华，刘新社，杨勇．2012.鄂尔多斯盆地致密气勘探开发形势与未来发展展望［J］.中国工程科学，14（6）：40-48.

杨华．2012.长庆油田油气勘探开发历程述略［J］.西安石油大学学报（社会科学版），21（1）：69-77.

杨华，魏新善，席胜利，等．2016b.鄂尔多斯盆地大面积致密砂岩气成藏理论［M］.北京：科学出版社．

杨华，包洪平．2011a.鄂尔多斯盆地奥陶系中组合成藏特征及勘探启示［J］.天然气工业，31（12）：11-20+124.

杨华，金贵孝，荣春龙．2002.低渗透油气田研究与实践［M］.北京：石油工业出版社．

杨华，付金华，魏新善，等．2011b.鄂尔多斯盆地奥陶系海相碳酸盐岩天然气勘探领域［J］.石油学报，32（5）：733-740.

杨华，付金华，喻建．2003.陕北地区大型三角洲油藏富集规律及勘探技术应用［J］.石油学报，24（3）：6-10.

杨华，梁晓伟，牛小兵，等．2017.陆相致密油形成地质条件及富集主控因素——以鄂尔多斯盆地三叠系延长组7段为例［J］.石油勘探与开发，44（1）：12-20.

杨华，刘新社 . 2014. 鄂尔多斯盆地古生界煤成气勘探进展 [J] . 石油勘探与开发，41（2）：129-137.

杨华，刘新社，孟培龙 . 2011c. 苏里格地区天然气勘探新进展 [J] . 天然气工业，31（2）：1-8+119.

杨华，牛小兵，徐黎明，等 . 2016a. 鄂尔多斯盆地三叠系长7段页岩油勘探潜力 [J] . 石油勘探与开发，43（4）：511-520.

杨华，魏新善 . 2007. 鄂尔多斯盆地苏里格地区天然气勘探新进展 [J] . 天然气工业，27（12）：6-11+157.

杨华，张文正 . 2005. 论鄂尔多斯盆地长7段优质油源岩在低渗透油气成藏富集中的主导作用：地质地球化学特征 [J] . 地球化学，34（2）：147-154.

杨华，张文正，李剑锋，等 . 2004. 鄂尔多斯盆地北部上古生界天然气的地球化学研究 [J] . 沉积学报，22（S1）：39-44.

杨华，张文正，昝川莉，等 . 2009. 鄂尔多斯盆地东部奥陶系盐下天然气地球化学特征及其对靖边气田气源再认识 [J] . 天然气地球科学，20（1）：8-14.

杨俊杰 . 2002. 鄂尔多斯盆地构造演化与油气分布规律 [M] . 北京：石油工业出版社 .

杨俊杰，裴锡古 . 1996. 中国天然气地质学 卷四 鄂尔多斯盆地 [M] . 北京：石油工业出版社 .

杨友运 . 2006. 鄂尔多斯盆地白垩系沉积建造 [J] . 石油与天然气地质，27（2）：167-172.

杨友运，常文静，侯光才，等 . 2006a. 鄂尔多斯白垩系自流水盆地水文地质特征与岩相古地理 [J] . 沉积学报，24（3）：387-393.

杨友运，侯光才，王治华 . 2006b. 鄂尔多斯早白垩世自流水盆地沉积特征岩性分布与盆地演化 [J] . 兰州大学学报（自然科学版），42（3）：25-31.

杨郧城，文冬光，侯光才，等 . 2007. 鄂尔多斯白垩系自流水盆地地下水锶同位素特征及其水文学意义 [J] . 地质学报，81（3）：405-412.

杨钟健，周明镇 . 1956. 甘肃灵武渐新世哺乳类动物化石 [J] . 古生物学报，4（4）：447-460+467-649.

姚泾利，周新平，惠潇，等 . 2019. 鄂尔多斯盆地西缘古峰庄地区低级序断层封闭性及其控藏作用 [J] . 中国石油勘探，24（1）：72-81.

袁效奇，傅智雁，耿国仓 . 1992. 河套盆地第三系有孔虫的发现及其生态环境的分析 [J] . 石油学报，13（2）：109-115+2.

岳乐平，张云翔，王建其，等 . 1999. 中国北方陆相沉积5.30Ma磁性地层序列 [J] . 地质评论，45（4）：444-448.

张成立，苟龙龙，第五春荣，等 . 2018. 华北克拉通西部基底早前寒武纪地质事件、性质及其地质意义 [J] . 岩石学报，34（4）：981-998.

张国伟，张本仁，袁学诚，等 . 2001. 秦岭造山带与大陆动力学 [M] . 北京：科学出版社 .

张家声，何自新，费安琪，等 . 2008. 鄂尔多斯西缘北段大型陆缘逆冲推覆体系 [J] . 地质科学，43（2）：251-281.

张抗 . 1989. 鄂尔多斯断块构造和资源 [M] . 西安：陕西科学技术出版社 .

张立宽，王震亮，于在平 . 2004. 沉积盆地异常低压的成因 [J] . 石油实验地质，26（5）：422-426.

张林晔，张春荣 . 1999. 低熟油生成机理及成油体系——以济阳坳陷牛庄洼陷南部斜坡为例 [M] . 北京：地质出版社 .

张文昭 . 1999. 鄂尔多斯盆地油气勘探重大突破 [J] . 世界石油工业，6（4）：5.

张文正，杨华，李剑锋，等 . 2006. 论鄂尔多斯盆地长7段优质油源岩在低渗透油气成藏富集中的主导作用——强生排烃特征及机理分析［J］. 石油勘探与开发，33（3）：289-293.

张文正，关德师. 1997. 液态烃分子系列碳同位素地球化学［M］. 北京：石油工业出版社.

张文正，李剑峰. 2001. 鄂尔多斯盆地油气源研究［J］. 中国石油勘探，6（4）：28-36.

张文正，裴戈，关德师. 1991. 烃源岩轻烃生成与演化的热压模拟实验研究［J］. 石油勘探与开发，18（3）：7-15.

张文正，杨华，付锁堂，等. 2007. 鄂尔多斯盆地长 $9_1$ 湖相优质烃源岩的发育机制探讨［J］. 中国科学（D 辑：地球科学），37（S1）：33-38.

张文正，杨华，解丽琴，等. 2010. 湖底热水活动及其对优质烃源岩发育的影响——以鄂尔多斯盆地长 7 烃源岩为例［J］. 石油勘探与开发，37（4）：424-429.

张文正，杨华，彭平安，等. 2009. 晚三叠世火山活动对鄂尔多斯盆地长 7 优质烃源岩发育的影响［J］. 地球化学，38（6）：573-582.

张雪，刘建朝，李荣西，等. 2014. 陕西渭河盆地固市凹陷生物气资源潜力［J］. 地质通报，33（12）：2051-2057.

张以明，张锐锋，王少春，等. 2018. 河套盆地临河坳陷油气勘探重要发现的实践与认识［J］. 中国石油勘探，23（5）：1-11.

张玉萍，黄万波，汤英俊，等. 1978. 陕西蓝田地区新生界［M］. 北京：科学出版社.

张宗清，刘敦一，付国民. 1994. 北秦岭变质地层同位素年代研究［M］. 北京：地质出版社.

赵国春. 2009. 华北克拉通基底主要构造单元变质作用演化及其若干问题讨论［J］. 岩石学报，25（8）：1772-1792.

赵靖舟，付金华，姚泾利，等. 2012. 鄂尔多斯盆地准连续型致密砂岩大气田成藏模式［J］. 石油学报，33（S1）：37-52.

赵林，夏新宇，洪峰，等. 2000. 鄂尔多斯盆地中部气田上古生界气藏成藏机理［J］. 天然气工业，20（2）：17-21+10-9.

赵孟军，宋岩，苏现波，等. 2005. 沁水盆地煤层气藏演化的关键时期分析［J］. 科学通报，50（S1）：110-116.

赵文智，胡素云，汪泽成，等. 2018. 中国元古界—寒武系油气地质条件与勘探地位［J］. 石油勘探与开发，45（1）：1-13.

赵文智，汪泽成，朱怡翔，等. 2005. 鄂尔多斯盆地苏里格气田低效气藏的形成机理［J］. 石油学报，26（5）：9-13.

赵文智，邹才能，汪泽成，等. 2004. 富油气凹陷"满凹含油"论——内涵与意义［J］. 石油勘探与开发，31（2）：5-13.

赵重远，郭忠铭，惠斌耀. 1984. 河套弧形构造体系及其形成和演化机制［J］. 石油与天然气地质，5（4）：349-361.

郑荣才，柳梅青. 1999. 鄂尔多斯盆地长 6 油层组古盐度研究［J］. 石油与天然气地质，20（1）：22-27.

周鼎武，刘良，张成立，等. 2002. 华北和扬子古陆块中新元古代聚合、伸展事件的比较研究［J］. 西北大学学报（自然科学版），32（2）：109-113.

周新平，惠潇，邓秀芹，等. 2019. 鄂尔多斯盆地盐池地区中生界油藏分布规律及成藏主控因素［J］. 西北大学学报（自然科学版），49（2）：268-279.

朱光有，金强，王锐．2003.有效烃源岩的识别方法［J］.石油大学学报（自然科学版),27(2）：6-10+9.

朱光有，张水昌，张斌，等．2010.中国中西部地区海相碳酸盐岩油气藏类型与成藏模式［J］.石油学报，31（6）：871-878.

朱国华．1985.陕北延长统砂体成岩作用与油气富集的关系［J］.石油勘探与开发，12（6）：1-9.

邹才能，陶士振，朱如凯，等．2009."连续型"气藏及其大气区形成机制与分布——以四川盆地上三叠统须家河组煤系大气区为例［J］.石油勘探与开发，36（3）：307-319.

邹才能，朱如凯，白斌，等．2015.致密油与页岩油内涵、特征、潜力及挑战［J］.矿物岩石地球化学通报，34（1）：3-17+1-2.

Almanza A. 2011. Integated three dimensional geological model of the Devonian Bakken Formation elm coulee field, Williston basin：Richland county Montana［D］. Colorado：Colorado School of Mines.

Cook T A. 2013. Procedure for calculating estimated ultimate recoveries of Bakken and Tree Forks Formations horizontal wells in the Williston Basin［R］. Open-File Report.

Gaswirth S B, Marra K R U S. 2013. Geological Survey 2013assessment of undiscovered resources in the Bakken and Three Forks Formations of the U. S. Williston Basin Province［J］. AAPG Bulletin, 99（4）：639-660.

Weiwei Y, Guangdi L, Yuan F. 2016. Geochemical significance of $17\alpha$（H）-diahopane and its application in oil-source correlation of Yanchang formation in Longdong area, Ordos basin, China［J］. Marine and Petroleum Geology, 71（6）：238-246.

Yusheng Wan, Xie Hangqiang, Yang Hua, et al. 2013. Is the Ordos Block Archean or Paleoproterozoic in age Implications for the Precambrian evolution of the North China Craton［J］. American Journal of Science, 313（7）：683-711.

Zhang C L, Diwu C R, Kr ner A, et al. 2015. Archean-Paleoproterozoic crustal evolution of the Ordos Block in the North China Craton：Constraints from zircon U-Pb geochronology and Hf isotopes for gneissic granitoids of the basement［J］. Precambrian Research, 267：121-136.

Zhang W Z,Yang H,Hou L H,et al. 2009. Distribution and geological significance of $17\alpha$（H）-diahopanes from different hydrocarbon source rocks of Yanchang Formation in Ordos Basin［J］. Science in China（Series D：Earth Sciences）, 52（7）：965-974.

# 附录 大事记

## 1907 年

6 月 5 日　在延长县城西门外用钝钻打官矿第一井——延 1 井。

9 月 10 日　延 1 井钻至井深 81m，在井深 68.89m 发现油层，初日产油量只有 0.2～0.3t，后来日产油量增加到 1.5t，成为中国大陆第一口工业油井。

## 1934 年

7 月　资源委员会陕北油矿勘探处成立。

是年　该处先在延长官厂之南钻 101 井，在井深 100m 处钻遇油层，日产油量为 1.5t；后相继在延长钻井 4 口、在永坪钻井 3 口，井深 80～140m，其中，201 井日产油量为 3t，发现永坪油田。

## 1940—1941 年

1941 年　中国共产党中央军事委员会后勤保障部军工局在延长附近发现了七里村油田，布井 20 口，其中 15 口井见油、6 口井获得高产，七里村七 1 井钻达 79.4m 处自喷。

## 1960 年

是年　银川石油勘探局在马家滩马探 2 井的三叠系延长组长 8 油层组中获得日产 750L 的油流，发现了马家滩油田；在李庄子李探 1 井发现 20 多层油砂，李探 4 井延 6 油层组试油获得日产 1108L 的油流，发现了李庄子油田。

## 1968 年

9 月　玉门石油管理局银川石油勘探指挥部在宁夏盐池马坊构造北端的盐 9 井侏罗系延安组中部的延 5 地层中，获得日产 77m$^3$ 的高产工业油流，发现了马坊油田。

是年　在大水坑构造的大 2 井，获得日产 4.13m$^3$ 的工业油流；年底，大 3 井又获得日产 41.95m$^3$ 的高产工业油流，发现了大水坑两个油田。

## 1969 年

3 月　玉门石油管理局在王家场地区的王 1 井，于侏罗系延安组顶部延 1 油层组获得 39.77t 的工业油流，探明石油储量 518×10$^4$t，发现了红井子油田。

是年　在大东构造的大东 1 井和王家场地区的王 1 井，分别获得日产 68.76m$^3$ 和 39.77m$^3$ 的高产工业油流。

是年　在刘家庄构造上的刘庆 1 井也获得了 5.7×10$^4$m$^3$ 的工业气流，这是鄂尔多斯盆地的第一口天然气井。

## 1970 年

4 月　玉门石油管理局陇东勘探筹备处钻探的庆 3 井，首先在侏罗系延安组钻遇油层 6.2m；8 月 7 日试油，获得日产原油 27.2t 的工业油流，是陇东油区第一口出油井，成为华池油田的发现井。

9 月 15 日　燃料化学工业部向中华人民共和国国务院呈报了《关于兰州军区组织陕甘宁地区石油勘探指挥部的请示报告》。

9 月 26 日　庆 1 井在侏罗系延安组获得日产油 36.3t 的高产工业油流，是马岭油田的发现井，拉开了鄂尔多斯盆地大规模石油会战的序幕（2009 年 11 月 16 日，庆 1 井以其对长庆油田发展的贡献，被列入甘肃省工业文化遗产保护备考名录）。

11 月 17 日　兰州军区正式通知：为完成陕甘宁地区石油勘探任务，由兰州军区组织一个指挥机构。为了有利于保密和工作，其番号为"长庆油田会战指挥部。"长庆油田会战指挥部于 11 月 25 日前进驻甘肃宁县长庆桥镇并开始工作。

11 月 26 日　陇东元城庆 16 井出油，日产油 25～52t，后经压裂改造获得日产 84t 的高产工业油流，是元城油田的第一口发现井。

## 1971 年

1 月 15 日　长庆油田会战指挥部正式确定编制序列和机构设置。

6 月 27 日　马岭油田岭 9 井喷油，日产原油 258m³，是陇东第一口高产自喷井。

## 1972 年

4 月　城 7 井获得日产 21.12 m³ 的工业油流，为城壕油田的发现井。

是年　共发现了城壕、华池、南梁、吴起、东红庄等六个中小型油田。

## 1973 年

1 月　钻探的大 24 井，在侏罗系延 6、延 10 油层组中，分别获得日产 6.513m³、27.3m³ 的工业油流，发现了摆宴井油田。

## 1974 年

11 月　在华 92 井区—悦 22 井区第一口探井华 92 井，钻遇延 8、延 9 油层 14.6m，试油获得日产纯油 128t，是当时陇东油区产量较高的油井之一。

## 1975 年

是年　在灵盐探区发现了红井子油田，其中 12 口井见油气。

## 1976 年

是年　演 3 井在延 7 地层钻遇厚度 6.1m 的油层，在 1846.2～1848.2m 井段，压裂后试油获得日产 50m³ 的纯油，是演武油田的发现井。

## 1977 年

11 月 5 日　油田第一口超深井——庆深 1 井开钻，该井位于华池县悦乐公社新堡。于 1979 年 8 月 12 日完钻，井深 4640m。

是年　在陕北吴起油田建成产能 $5 \times 10^4$t。

## 1978 年

7 月 1 日　红井子至惠安堡的红—惠线和惠安堡至中宁石空的惠—宁线两条长输管道正式建成。

是年  直罗油田建成产能 $5 \times 10^4 t$（至 20 世纪 80 年代核销 $2 \times 10^4 t$）。

## 1979 年

12 月  元 21 井在侏罗系延 10 油层组发现 7.2m 的油层和 2.9m 的油水层，经压裂试油，获得日产 30.65t 的纯油。

是年  陕、甘、宁三个地区建成 9 个油田，开发 15 个区块，投产 604 口油井、163口注水井，原油日产水平达到 3416t，长庆油田原油年产量突破 $100 \times 10^4 t$。

## 1980 年

2 月  马岭 $30 \times 10^4 t$ 炼油厂投产。

## 1982 年

12 月 19 日  任 4 井经压裂在盒 3 段获得日产 $3.95 \times 10^4 m^3$ 的天然气流，日产凝析油 $0.48 m^3$，成为鄂尔多斯盆地继刘庆 1 井在古生界出气后十三年来的第二口气井，发现了胜利井气田。

是年  马岭油田年产油量达到 $78.2 \times 10^4 t$，成为当时长庆油田产量最多、注水开发水平最高的油田。

## 1983 年

4 月 27 日  位于内蒙古河套盆地临河坳陷的临深 3 井钻到 5755.07m，是该坳陷第一口钻穿全部沉积岩的井，也是战区当时最深的一口井。

7 月 30 日  在谭家营钻探的第一口探井——塞 1 井，井深 1300m，在三叠系长 2 油层组试油，获得日产 64.45t 的高产工业油流，成为安塞油田的发现井。

## 1984 年

1 月 1 日  根据石油工业部〔83〕油劳字第 729 号文件通知，长庆油田会战指挥部改名为长庆石油勘探局，启用新印章。

9 月 29 日 西缘断褶带横山堡的任 11 井获得日产 $25.86 \times 10^4 m^3$ 的高产工业气流。

## 1986 年

9 月 3 日—5 日  盆地西部天池构造上的天 1 井中途试气，获得日产 $16.4 \times 10^4 m^3$ 的工业气流，经大型酸化后，试气获得日无阻流量 $32.8 \times 10^4 m^3$。

## 1987 年

4 月 1 日  在子洲县麒麟沟隆起上部署钻探的麒参 1 井，是盆地内部第一口天然气探井，在上古生界二叠系山 2 气层压裂试气，获得日产 $2.83 \times 10^4 m^3$ 的天然气流，成为米脂气田的发现井。

## 1988 年

是年  长庆石油勘探局按"之"字形布详探井 5 口，钻开发准备井 5 口，在梁 7 井发现三叠系长 4+5 油藏。

## 1989 年

6 月 11 日  陕参 1 井奥陶系酸化压裂获得日产 $13.9 \times 10^4 m^3$、日产无阻流量 $28.3 \times 10^4 m^3$ 的高产工业气流，拉开了靖边大气田勘探的序幕。

## 1990 年

12 月 11 日　陕 5 井经过酸化压裂，获得日产无阻流量 $110 \times 10^4 \mathrm{m}^3$ 的天然气流，这是靖边天然气探区第一口日产突破百万立方米的高产工业气井；时隔一个月，陕 6 井经过酸化，又获得日无阻流量 $126 \times 10^4 \mathrm{m}^3$ 的天然气流。

## 1992 年

1 月 5 日　靖边大气田一次向国家提交天然气探明储量 $632 \times 10^8 \mathrm{m}^3$，占 1991 年全国新增天然气探明储量的 73.1%，创中华人民共和国成立以来一次性提交天然气探明储量的最高纪录。

## 1995 年

9 月 15 日　"陕参 1 井科学探索井综合研究及新发现"获得中国石油天然气总公司重大科技成果奖、获得国家科技进步一等奖。

9 月 15 日　"安塞特低渗透油田开发配套技术"被中国石油天然气总公司评为重大科技成果、并被誉为"安塞模式"，在全国石油系统推广。

12 月 20 日　陕 141 井山 2 气层压裂改造获得 $76.78 \times 10^4 \mathrm{m}^3$ 的高产工业气流，标志着榆林地区上古生界天然气勘探的重大突破。

## 1996 年

4 月 18 日　正式破土动工建设当时全国乃至亚洲最大的天然气净化厂——靖边气田第一净化厂。

## 1997 年

8 月 14 日　陕 231 井在盒 8 段试气，获得日产无阻流量 $24.9 \times 10^4 \mathrm{m}^3$ 的高产工业气流，成为乌审旗气田的发现井。

9 月 10 日　长庆天然气途经 4 省（市）22 县，提前 20 天实现"十一"向北京供气的目标。

## 1999 年

1997—1999 年　榆林地区分别在陕 141、陕 211、陕 207 井区山 2 段提交探明天然气地质储量 $737.2 \times 10^8 \mathrm{m}^3$。

## 2000 年

8 月 26 日　苏 6 井经压裂改造，获得日产无阻流量 $120.16 \times 10^4 \mathrm{m}^3$ 的高产工业气流，成为苏里格气田的发现井。

## 2001 年

1 月 21 日　中国石油天然气集团公司在北京洲际大厦举行新闻发布会，宣告苏里格大气田的诞生。

11 月 9 日　陇东地区西 17 井长 8 油层组获得日产纯油 34.7t 的高产工业油流。西 17 井的重大发现拉开了西峰地区大规模石油勘探的序幕。

## 2002 年

12 月 12 日 《西峰油田的发现和综合勘探技术》被中国石油天然气股份有限公司列为 2002 年度"十项重大突破"之首。

## 2003 年

2 月 28 日 《苏里格大型气田发现及综合勘探技术》荣获国家科技进步一等奖。

6 月 26 日 姬塬地区元 48 井长 4+5 油层组试油获日产 21.59t 的工业油流，拉开了姬塬油田大规模勘探的序幕。

7 月 24 日 榆 37 井在山 2 段获得日产 $102.6 \times 10^4 m^3$ 的高产工业气流，是榆林气田自勘探以来获得的第一口百万立方米的探井。

9 月 12 日 神木地区双 3 井在太原组试气获日产无阻流量 $2.54 \times 10^4 m^3$，成为神木气田的发现井。

10 月 1 日 "西气东输"工程东段进气典礼在长庆油田公司第一采气厂所在地的陕西省榆林市靖边县举行，标志着作为"西部大开发"龙头工程、举世瞩目的"西气东输"管线东段正式投入运行，长庆天然气作为"先锋气"如期输往上海及华东地区。

是年 长庆油田油气产量突破 $1000 \times 10^4 t$ 油当量。

## 2004 年

3 月 22 日 白 209 井长 6 油层组试油获得日产 21.93t 的高产工业油流，标志着华庆地区长 6 油层组油藏取得了新的突破，拉开了华庆亿吨级油田勘探的序幕。

6 月 21 日 子洲地区榆 30 井在山 2 段试气获日产无阻流量 $12.98 \times 10^4 m^3$，成为子洲气田的发现井。

## 2005 年

是年 子洲地区山 2、盒 8 段气层合计探明天然气地质储量 $1151.97 \times 10^8 m^3$，使子洲气田成为鄂尔多斯盆地东部上古生界继榆林气田之后发现并快速探明的又一个千亿立方米储量规模的大气田。

## 2006 年

12 月 30 日 经国土资源部储量评审中心终审，姬塬油田新增石油探明储量 $11150 \times 10^4 t$，技术可采储量 $2128 \times 10^4 t$，标志着又一个超亿吨级的整装大油田的诞生。

是年 在彭阳地区侏罗系获得新的发现，演 25 井在延 7 地层获得日产 51.26t 的高产工业油流，发现了彭阳油田。

是年 在靖边东侧统 5、陕 200 等区块马五 $_{1+2}$ 亚段提交探明天然气地质储量 $1288.95 \times 10^8 m^3$。

是年 在乌审旗陕 231、陕 165 等区块盒 8 段、马五 $_{1+2}$ 亚段、马五 $_5$ 亚段等层段提交探明天然气地质储量 $1012.10 \times 10^8 m^3$。

是年 中国石油天然气集团公司将"苏里格 2 万亿方大气田整体勘探与综合技术研究"列为重点科技攻关项目，勘探与生产分公司组织开展了计划单列的苏里格天然气专项勘探，起止时间为 2007—2010 年，计划每年新增基本探明储量 $5000 \times 10^8 m^3$。

## 2007 年

11 月 16 日　苏里格气田日产水平突破了 $1000 \times 10^8 m^3$。

是年　苏里格气田新增基本探明天然气地质储量 $5652.23 \times 10^8 m^3$，标志着中国第一个探明天然气地质储量上万亿立方米的苏里格大气田诞生。

是年　在神木地区双 3 区块太原组、山 2 段、山 1 段新增探明天然气地质储量 $934.99 \times 10^8 m^3$。

是年　长庆油田油气产量突破 $2000 \times 10^4 t$ 油当量。

## 2008 年

2 月底　姬塬油田新增探明石油地质储量 $11916 \times 10^4 t$，姬塬地区从 2006—2008 年，连续三年提交的探明储量都超过 $1 \times 10^8 t$，累计探明石油地质储量 $40606 \times 10^4 t$。

## 2009 年

是年　长庆油田油气产量突破 $3000 \times 10^4 t$ 油当量。

## 2010 年

5 月 8 日　宜 6 井在马五 $_{1+2}$ 亚段试气获日产无阻流量 $2.08 \times 10^4 m^3$，成为黄龙气田的发现井。

6 月 24 日　苏 203 井在马五 $_5$ 亚段试气获日产 $104.09 \times 10^4 m^3$ 的高产工业气流，马家沟组中组合白云岩气藏获得重大突破。

8 月 6 日　召 94 井在马五 $_1$ 亚段试气获日产 $122.79 \times 10^4 m^3$ 的高产工业气流，靖边气田西侧天然气勘探获得重大突破。

## 2011 年

是年　长庆油田油气产量突破 $4000 \times 10^4 t$ 油当量。

## 2012 年

5 月 17 日　庆探井在山 1 段试气获日产无阻流量 $6.62 \times 10^4 m^3$，成为庆阳气田的发现井。

10 月 8 日　苏里格气田苏东 38-61H 水平井酸化改造后测试，获得日产 $454.71 \times 10^4 m^3$（无阻流量）的高产工业气流，创长庆气区开发以来最高单井日产新纪录。

是年　在靖边西侧召 94、统 47 等区块马五 $_{1+2}$ 亚段提交探明天然气地质储量 $2210.09 \times 10^8 m^3$。

## 2013 年

12 月 15 日　苏里格气田年产量达到 $200.6 \times 10^8 m^3$。

是年　长庆油田油气产量突破 $5000 \times 10^4 t$，生产原油 $2432 \times 10^4 t$，生产天然气 $346.8 \times 10^8 m^3$，实现油气产量 $5195 \times 10^4 t$，建成了中国油气产量最高的现代化大油气田。

## 2014 年

10 月 12 日　宜 10 井在山 1 段试气获日产无阻流量 $3.27 \times 10^4 m^3$，成为宜川气田的发现井。

10 月 19 日　统 74 井在马五 $_7$ 亚段试气获日产 $127.98 \times 10^4 m^3$ 的高产工业气流，在

奥陶系盐下获得重大突破。

是年 以提交 $1 \times 10^8 t$ 致密油探明地质储量为标志,在陕北姬塬发现了中国第一个亿吨级大型致密油田——新安边油田。

## 2015 年

是年 长庆油田在陇东环江地区新增探明石油地质储量 $1.1 \times 10^8 t$,形成超 $3 \times 10^8 t$ 的规模储量,发现了环江整装大油田,从而与西峰油田、镇北油田连片形成陇东 10 亿吨级大油区。

## 2016 年

1 月 8 日 党中央、国务院在北京人民大会堂隆重举行国家科学技术奖励大会。长庆油田"5000 万吨级特低渗透—致密油气田勘探开发与重大理论技术创新"获国家科技进步一等奖。

是年 环江油田新增石油地质探明储量 $1.0 \times 10^8 t$,累计探明储量达 $2.1 \times 10^8 t$;南梁、白豹油田新增探明石油地质储量 $1.73 \times 10^8 t$;长庆油田连续 5 年年度新增石油探明储量超 $3 \times 10^8 t$。

2007—2016 年,苏里格地区按照"整体研究,整体勘探,整体部署,分步实施"思路,经过 10 年的专项勘探,连续十年年均新增探明、基本探明天然气地质储量超 $5000 \times 10^8 m^3$,累计探明天然气地质储量 + 基本探明储量 $4.23 \times 10^{12} m^3$,建成了年产 $230 \times 10^8 m^3$ 的产量规模,成为中国陆上最大的天然气田。

## 2017 年

6 月底 长庆油田长 7 油层组致密油累计产油突破 $200 \times 10^4 t$,达到 $238.7 \times 10^4 t$,已建成国内最大的致密油开发试验区。

8 月 22 日 南梁油田原油日产一举突破 1376t 大关,标志着红色沃土——南梁建成了年产原油 $50 \times 10^4 t$ 的大油田,比三年规划提前一年完成。

是年 在黄龙地区宜 10 区块马五$_{1+2}$ 亚段提交探明天然气地质储量 $29.7 \times 10^8 m^3$。

是年 全年油气产量达到 $5315.68 \times 10^4 t$ 油当量,生产原油 $2372 \times 10^4 t$,天然气 $369.43 \times 10^8 m^3$,连续五年实现油气产量 $5000 \times 10^4 t$ 油当量以上稳产。

## 2018 年

7 月 15 日 在河套盆地临河坳陷吉兰泰地区部署探井松 5 井完钻,在渐新统临河组中部钻遇油层四段,总长 25.2m。

8 月 15 日 松 5 井临河组油层采用自清洁负压射孔与地层测试联作求初产试油,自喷获得日产 $12.6 m^3$ 的高产油流,至此,长庆油田打开了河套盆地 2 万多平方千米、近 40 年找油久攻不克的新局面。

是年 在庆阳地区庆探 1 区块山 1 段提交探明天然气地质储量 $318.86 \times 10^8 m^3$。

## 2019 年

9 月 8 日 位于天环坳陷的李 57 井在石盒子组盒 8 段试气获日产 $16.8 \times 10^4 m^3$ 的高产工业气流,宁夏青石峁地区天然气勘探获得重大突破,当年提交预测储量 $2035.57 \times 10^8 m^3$。

9 月 29 日　在中国石油油气勘探重大成果发布会上，长庆油田在鄂尔多斯盆地长 7 油层组生油层内勘探获得重大发现，新增探明石油地质储量 $3.58 \times 10^8 t$，预测地质储量 $6.93 \times 10^8 t$，发现了 10 亿吨级的庆城大油田。

是年　在靖西 234、苏 203 等区块马五 $_4$、马五 $_5$ 亚段提交探明天然气地质储量 $2123.81 \times 10^8 m^3$。

## 2020 年

10 月 26 日　忠平 1 井在乌拉力克组试气获日产 $26.48 \times 10^4 m^3$ 的高产气流，海相页岩气勘探取得重大突破。

12 月 27 日上午 10 时　长庆油田油气产量突破 $6000 \times 10^4 t$，达到 $6000.08 \times 10^4 t$，其中原油产量达 $2451.8 \times 10^4 t$，天然气产量 $445.31 \times 10^8 m^3$。这标志着长庆油田已建成中国首个年产 $6000 \times 10^4 t$ 级别的特大型油气田，从而开创了中国石油工业发展史上的新纪元。

2017—2020 年　宜川地区宜 10、宜 39 区块山 1 段、本溪组、盒 8 段、山 2 段等层段提交探明天然气地质储量 $730.99 \times 10^8 m^3$。

## 2021 年

5 月 18 日　米探 1 井在马四段试气获日产 $20.73 \times 10^4 m^3$ 的高产气流，首次突破马四段工业气流关，实现奥陶系盐下战略接替领域重大突破。

# 《中国石油地质志》

（第二版）

# 编辑出版组